McWeeny
Coulsons Chemische Bindung

Coulsons Chemische Bindung

Von Prof. Roy McWeeny
Istituto di Chimica Fisica Universita di Pisa

Aus dem Englischen übersetzt und für die deutsche Ausgabe überarbeitet
von Prof. Dr. Rudolf Janoschek
Institut für Theoretische Chemie der Universität Graz

2. Auflage von „C. A. Coulson, Die Chemische Bindung“

Mit 201 Abbildungen und 48 Tabellen

S. Hirzel Verlag Stuttgart 1984

Die deutsche Ausgabe erscheint mit freundlicher Genehmigung von Oxford University Press, Oxford/GB. Die Übersetzung wurde vorgenommen nach „Coulson's Valence“ by Roy McWeeny, Third Edition 1979.

CIP-Kurztitelaufnahme der Deutschen Bibliothek

McWeeny, Roy:
Coulsons Chemische Bindung / von Roy McWeeny. Aus d. Engl. übers. u. für d. dt. Ausg. überarb. von Rudolf Janoschek. – 2. Aufl. von „C. A. Coulson, Die chemische Bindung“. – Stuttgart : Hirzel, 1984.
Einheitssacht.: Coulson's valence ⟨dt.⟩
ISBN 3-7776-0383-X

NE: Janoschek, Rudolf [Bearb.]; Coulson, Charles A.: Chemische Bindung

S. Hirzel Verlag, D-7000 Stuttgart 1, Birkenwaldstraße 44
Printed in Germany
Satz und Druck: Sulzberg-Druck GmbH, 8961 Sulzberg

Inhalt

Vorwort zur zweiten deutschen Auflage

Nach Auffassung des Übersetzers ist ein Lehrbuch, dem „einfache Formen des Verstehens" zugrunde liegen, für den Studierenden nur dann wirklich zu empfehlen, wenn es in seiner Muttersprache geschrieben ist. Diese Übersetzung war aber nicht eine nur linguistische Aufgabe. Oft mußte ein Kompromiß geschlossen werden zwischen Originaltreue, korrekter Sprache und optimaler Klarheit des Sachverhalts. Ferner war die Literatur dem deutschsprachigen Leser anzupassen, insbesondere dann, wenn weiterführende Lehrbücher empfohlen werden. Zahlreiche Verbesserungen und Ergänzungen sowohl im Text als auch in Formeln, Abbildungen und Tabellen wurden in die übersetzte Fassung miteinbezogen. Anmerkungen, die im Zuge der Zeit notwendig geworden sind, wurden in Form von Fußnoten angebracht.

Mein Dank gilt Herrn Professor Dr. Wolfgang Walter für viele nützliche Diskussionen sowie dem S. Hirzel Verlag Stuttgart für die freundliche Bereitschaft zur Drucklegung.

Graz, im Mai 1984 Rudolf Janoschek

Vorwort zur ersten deutschen Auflage

Die Übersetzung wurde durchgeführt, um den deutschsprachigen Studenten eine einfache und klare Einführung in die Betrachtungsweise der theoretischen Chemie in die Hand zu geben. Dabei war es möglich, manchen neueren Erkenntnissen, die seit dem Erscheinen des Originals erhalten wurden, durch einige Änderungen gerecht zu werden. Das Kapitel 13 der deutschen Ausgabe enthält einen neuen Abschnitt des Autors, in welchem die Edelgasverbindungen behandelt werden.

München, im September 1969 Franz Wille

Vorwort zur dritten englischen Auflage

Der größte Teil des Inhalts der älteren Ausgaben von Coulsons *Valence* stammt aus der Zeit vor 1950. Dieses Buch enthielt damals die erste ausführliche und kompetente Beschreibung der Molekülorbital-Theorie im Rahmen der für die chemische Bindung erforderlichen Quantentheorie. Das Buch war für Studierende der Chemie mit bescheidenen mathematischen Vorkenntnissen geschrieben worden. Viele Jahre hindurch gab es kein vergleichbares Werk, so daß die Übersetzung in sechs Sprachen erfolgte. Auf diese Weise hatte das Werk bald die Zuneigung sowohl der Studenten als auch ihrer Lehrer auf der gesamten Welt gewonnen. Die Bedeutung dieses Buches für die Chemie war enorm, aber um die Mitte der siebziger Jahre war es veraltet. Schon zehn Jahre nach der Ausgabe von 1961 wäre eine vollständige Überarbeitung und Neufassung fast des gesamten Buches erforderlich gewesen. Der Autor hatte keine Zweifel an den erforderlichen Änderungen; bedauerlicherweise war es ihm nicht mehr gegönnt, diese Aufgabe zu erfüllen.

In dieser dritten Auflage habe ich versucht, das Buch umfassend so zu erneuern, wie möglicherweise sein ursprünglicher Autor es sich gewünscht hätte. Meine persönlichen Beziehungen zu Charles Coulson reichen zurück in die Zeit 1946–48, als ich in Oxford Student war, und endeten wenige Tage vor seinem Tode im Jahr 1974. In dieser Epoche war die theoretische Chemie einem bedeutenden Wandel unterworfen und die manuell zu bedienenden Rechenmaschinen wurden durch programmgesteuerte elektronische Rechenautomaten ersetzt. Während dieser Zeit verlor Coulson niemals den Glauben an die Bedeutung der „einfachen Formen des Verstehens", wie er sich auszudrücken pflegte. Wäre er noch zum Schreiben der dritten Auflage gekommen, so wäre sicher diese seine Grundüberzeugung in seinem Buche erhalten geblieben. Beim Versuch, das Buch zu erneuern, habe ich angesichts der beängstigend angewachsenen mathematischen Entwicklung der letzten fünfundzwanzig Jahre mein bestes versucht, den Geist des Originals einzufangen, dem hohen Niveau an Klarheit und Stil nachzueifern und eine Überladung des Textes mit mathematischen Formeln immer dann zu vermeiden, wenn bildliche Argumente ausreichen.

Die Anordnung des Inhalts ist ganz ähnlich der in den älteren Ausgaben. Kapitel 1 wurde nur wenig verändert; nur zwei kurze Abschnitte über die neuere Entwicklung der Theorie der chemischen Bindung wurden hinzugefügt. Die Kapitel 2 und 3 sind von Grund auf neu geschrieben worden, um die Grundlagen der Quantenmechanik so ausführlich darzulegen, daß keine andere Literatur zum Studium dieses Buches herangezogen werden muß. Nur ein Abschnitt (§ 3.10) ist von der Sache her etwas anspruchsvoller; er kann aber ohne allzu große Verluste beim ersten Studium übersprungen werden. In den folgenden Kapiteln ist so manches nahezu verschwunden, dafür aber sind neue Abschnitte entstanden, um den gegenwärtigen Entwicklungen gerecht zu werden. Im besonderen sind das Theorien der chemischen Reaktivität, denen ein ganzes Kapitel gewidmet ist. Die Behandlung des Bändermodells wurde hinsichtlich der wachsenden Bedeutung der Festkörperchemie erweitert. Am Schluß wurde ein Kapitel für solche Leser hinzugefügt, die genauere Einblicke in gängige Methoden zur Berechnung der Elektronenstruktur von Molekülen gewinnen wollen. Die drei Abschnitte des Anhangs sind ebenso neu wie die Aufgaben am Ende eines Kapitels. Bei der Angabe von Daten wurden durchweg SI-Einheiten verwendet.

Die Literatur zur Theorie der chemischen Bindung ist inzwischen ziemlich umfangreich geworden; den entsprechenden Autoren bin ich zu Dank verpflichtet. Dieses Buch ist allerdings mehr den Studierenden der Chemie und deren Lehrern zugeeignet, als den Experten der Quantenmechanik der Moleküle. Aus diesem Grund war ich bei der Angabe von Literaturzitaten von Originalarbeiten sparsam. Die erwähnte Literatur bezieht sich hauptsächlich auf den Zugang zu den wichtigsten Entwicklungen sowie auf den Ursprung der wesentlichen Vorstellungen und Konzepte. Mein Ziel war es nicht, einen Überblick über Theorien und Berechnungen zu liefern.

Ich hoffe, daß *Coulson's Valence* ein würdiger Nachfolger der beiden älteren Ausgaben von *Valence* ist. Dieses Buch ist das Ergebnis einer Zusammenarbeit, obwohl ich für die Fehler und Unklarheiten, die sicher noch vorhanden sind, unglücklicherweise allein die volle Verantwortung trage. Um die Worte eines älteren Vorworts zu wiederholen: „Ich wäre dankbar, wenn man mir sagen würde, wo ich etwas besser machen könnte."

Ich habe Mrs. Eileen Coulson für die Ermutigung zu dieser neuen Ausgabe zu danken, sowie für die freundliche Überlassung von persönlichen Anmerkungen zu den älteren Ausgaben, insbesondere für den englischen Text des Abschnitts über Edelgasverbindungen in der (ersten) deutschen Ausgabe. Die scharfsinnigen Kommentare von Charles Coulson gaben mir stets eine gewisse Rückversicherung. Ebenso bin ich Dr. P. W. Atkins zu Dank verpflichtet. Er hat das gesamte Manuskript sorgfältig durchgelesen und eine lange Liste kritischer Anmerkungen aufgestellt, die er in bescheidener Weise als „unbedeutend und quacksalberisch" bezeichnet hat, die aber trotzdem recht nützlich waren. Ich danke allen Autoren und Herausgebern, die mir die Erlaubnis zur Reproduktion gewisser Ergebnisse erteilt haben. Ferner danke ich Oxford University Press für die Herausgabe des Werkes und für die freundliche Art des Anschiebens, wenn mein Geist zu erlahmen drohte. Mrs. S. P. Rogers danke ich für die Herstellung eines fehlerlosen Manuskripts aus meiner handgeschriebenen Niederschrift.

1979 Roy McWeeny

Vorwort zur zweiten englischen Auflage

Seit dem Erscheinen der ersten Auflage sind jetzt zehn Jahre vergangen. Da sich bei einem notwendig gewordenen Neudruck die Gelegenheit bot, habe ich einen beträchtlichen Teil des Buches neu geschrieben. Während der vergangenen Jahre ist einiges, das früher noch im Blickfeld der Diskussion stand, geklärt worden, und bei manchem anderen ist eine Akzentverschiebung eingetreten. Neben diesem Bedürfnis, das Buch auf den neuesten Stand zu bringen, habe ich empfunden, daß es notwendig ist, ausführlicher auf die *d*-Elektronen einzugehen. Dies hat mir die Möglichkeit gegeben, der in den letzten Jahren erfolgten bemerkenswerten Entwicklung der Theorie in der anorganischen Chemie gerecht zu werden. Die Leser werden ein neues Kapitel, das der Ligandenfeldtheorie und den komplexen Ionen gewidmet ist, vorfinden. Sonst aber habe ich mich bemüht, wo es möglich war, dieselbe Reihenfolge und sogar den gleichen Wortlaut beizubehalten wie in der ersten Auflage.

Es ist mir eine Freude, vielen Chemikern aus den verschiedensten Ländern, die mir geholfen haben, Fehler zu korrigieren und Unklarheiten zu beseitigen, zu danken. Sie sind zu zahlreich, um einzeln genannt zu werden. Aber der Wert, den dieses kleine Buch besitzen mag, ist in hohem Maße ihnen, eher als mir, zuzuschreiben.

Danken möchte ich Herrn Dr. L. E. Orgel, den Herausgebern der *Acta Crystallographica* und der Zeitschrift *Research* für die Erlaubnis, Diagramme abdrucken zu dürfen.

Im Januar 1961 C. A. C.

Vorwort zur ersten englischen Auflage

In den letzten 25 Jahren hat die Theorie der chemischen Bindung bedeutende Fortschritte zu verzeichnen gehabt. Das ist zum großen Teil auf das Aufkommen der Wellenmechanik zurückzuführen. Die Entwicklung ist inzwischen so weit gediehen, daß man heute wohl sagen kann, die Ausbildung eines Chemikers ist nicht vollständig, wenn er nicht die Hauptwege kennt, auf denen sich dieser Fortschritt vollzogen hat. Das soll aber nicht heißen, daß jeder Student der Chemie imstande sein sollte, seine eigenen theoretischen Rechnungen auszuführen; das wäre übertrieben und wird auch wahrscheinlich nie eintreten. Wohl aber sollte er mit den Hauptideen und den wesentlichen Hilfsmitteln, welche die Basis der modernen Theorie der chemischen Bindung bilden, genügend vertraut sein. Diese prächtige und elegante Entwicklung in einem so großen Teil der chemischen Wissenschaft, wie wir sie in den letzten zwei Dekaden erlebt haben, sollte ihm nicht unbekannt bleiben. Man sollte sich heute nicht mehr länger mit einer Elektronentheorie der chemischen Bindung zufrieden geben, die sich der Ausdrucksweise bedient, wie sie vor der Entwicklung der Wellenmechanik üblich war.

Dieses Buch wurde geschrieben, um dieses Verständnis zu erleichtern. Es ist kein Lehrbuch der Chemie, und es versucht auch nicht, irgendein Standardlehrbuch zu ersetzen. Es ist vielmehr als eine Ergänzung dieser Bücher anzusehen; es soll die Schablone geben, in die vieles paßt, das man in den Lehrbüchern findet; es soll die Gründe dafür aufzeigen, warum die Moleküle so sind, wie wir sie beobachten, und wie Theoretiker die Probleme sehen, die auf sie zukommen. Für diesen Zweck wird nahezu keine Mathematik benötigt; denn fast alles kann anschaulich dargestellt werden. Im Gegensatz zu dem, was zuweilen angenommen wird, ist der theoretische Chemiker kein Mathematiker, der mathematisch denkt, sondern ein chemisch denkender Chemiker. Daher müßte nahezu alles in diesem Buch für einen Chemiker mit etwas mathematischem Rüstzeug verständlich sein.

Zwei Erläuterungen, die die Anlage des Buches betreffen, sollen noch gegeben werden. Zuerst betonen wir, daß keine Kenntnisse der Wellenmechanik vorausgesetzt werden, und daß die gesamte notwendige Technik und Methodik in den einführenden Kapiteln entwickelt wird. Experten auf dem Gebiet der Wellenmechanik werden die hier gebrachte „Mischung“ etwas ungewöhnlich finden. Das liegt daran, daß die Theorie nur so weit erklärt ist, als sie in unserer späteren Anwendung gebraucht wird. Es ist überraschend, wie wenig tatsächlich notwendig ist.

Und dann wurde hier der Versuch gemacht, die beiden wesentlichen konkurrierenden Theorien – sie sind gewöhnlich unter den Namen Molekül-Orbital-Methode und Valenzbond-Methode bekannt – zusammen zu benutzen. Beide sind Näherungen, deren Gültigkeitsbereich uns jetzt genügend vertraut ist, so daß es unklug wäre, nur einer allein zu vertrauen. Frühere Abhandlungen haben dahin tendiert, eine von beiden stärker zu befürworten, oft bis zum Ausschluß der anderen. Dieses Vorgehen ist jetzt nicht mehr angebracht, und daher werden beide in diesem Buch entwickelt. Zuerst werden sie getrennt besprochen, aber im letzten Drittel werden sie nahezu gleichwertig nebeneinander angewendet. Auf dem Gebiet der chemischen Bindung gab es und gibt es immer noch rasche Änderungen, wie es bei einem lebenden Wissenszweig immer nötig ist; aber es gibt doch jetzt schon viel, das von Bestand zu sein scheint. Und wir dürfen wohl erwarten, daß das meiste des Materials aus den ersten elf Kapiteln allgemein akzeptiert wird. Der Inhalt des 13. und letzten Kapitels unterscheidet sich von dem übrigen Teil dadurch, daß für mehrere Themata, bei denen die allgemeinen Ansichten noch differieren, und wo bald weitere Fortschritte zu erwarten sind, nur der gegenwärtige Stand skizziert wird.

In dem ersten Teil des Buches sind einige Abschnitte in Kleindruck gebracht worden. Diese mögen von denen überschlagen werden, die unter einer angeborenen Angst vor der Mathematik leiden; denn sie sind für die Erörterung nicht wesentlich.

Der größere Teil des Buches wurde geschrieben, während ich Professor für Theoretische Physik am King's College in London war. Ich möchte dieses Vorwort nicht abschließen, ohne für die freundschaftlichen Beziehungen und anregenden Diskussionen zu danken, die ich mit meiner Gruppe von fortgeschrittenen Studenten hatte. Besonderen Dank schulde ich Professor R. D. Brown, der die Korrekturbögen gelesen hat und mir geholfen hat, einige Unklarheiten zu beseitigen. Es ist sicher übertrieben zu hoffen, daß keine geblieben sind. Aber für diese bin ich verantwortlich, und ich würde dankbar sein, wenn man mich auf solche Stellen aufmerksam machen würde, die ich verbessern könnte.

Zu danken habe ich Professor H. Eyring, Professor K. Fajans, Professor N. H. Frank, Dr. G. Herzberg, Professor G. E. Kimball, Dr. Allan Maccoll, jetzt Professor am University College in London, Professor N. F. Mott, Professor Linus Pauling und Dr. A. F. Wells für die Erlaubnis, ihre Diagramme abzudrucken. Ebenso danke ich dem Council der Chemical Society und der Faraday Society, den Herausgebern der Zeitschriften *Endeavour, Science Progress, Philosophical Magazine, Journal of Chemical Physics* und *Physical Review*. Mein Dank gilt ferner den Verlagen Blackie, McGraw-Hill, Prentice Hall und der Cornell University Press sowie den Bevollmächtigten der Oxford University Press.

1. November 1951 C. A. C.

1. Theoretische Vorstellungen über die chemische Bindung

1.1 Die wesentlichen Merkmale einer Theorie der chemischen Bindung

Das Thema dieses Buches ist die Theorie der chemischen Bindung. Es ist daher angebracht, zu Anfang an einige der wichtigsten Phänomene zu erinnern, die eine brauchbare Theorie erklären muß. Es handelt sich dabei nicht hauptsächlich um Einzelheiten von Molekülstrukturen, so interessant diese auch oft sein mögen, sondern vor allem um die wesentlichen Gesetzmäßigkeiten der Molekülbildung. Einzelheiten, soweit diese von Bedeutung sind, müssen aus fundamentalen Prinzipien folgen.

Zuerst haben wir zu zeigen, warum sich Moleküle überhaupt bilden. Warum, beispielsweise, können zwei Wasserstoffatome eine beständige und stabile Verbindung, den molekularen Wasserstoff H_2, bilden, während zwei Heliumatome keine entsprechende Verbindung He_2 eingehen können? Selbst wenn He_2 die Eigenschaften eines kurzlebigen Moleküls hätte, so darf es wegen seiner Unbeständigkeit nicht eine chemische Verbindung genannt werden. An zweiter Stelle ist zu erklären, warum bei den chemischen Verbindungen stets bestimmte Atomverhältnisse auftreten. Schon seit den Tagen von Gay-Lussac und Berzelius weist das Gesetz der multiplen Proportionen auf die fundamentale Bedeutung der Zahlenverhältnisse hin, in denen sich die verschiedenen Atome vereinigen können. Das Atommodell aber, das aus den Arbeiten später wirkender Forscher, wie Frankland und Kekulé, entwickelt wurde, war das einer kleinen Kugel mit einer bestimmten Anzahl von Erhöhungen auf deren Oberfläche, den Valenzen, die die Zahl der anderen Atome, welche mit ihm verknüpft werden können, festlegte. Diese Vorstellung ist mit dem bekannten chemischen Verhalten nicht verträglich. Beispielsweise verbindet sich ein Wasserstoffatom (mit einer Erhöhung) mit einem anderen Wasserstoffatom zum H_2-Molekül. Drei Wasserstoffatome können dagegen kein H_3-Molekül bilden. Diese sogenannte „Valenzabsättigung" der chemischen Bindung ist zwar richtig eingeführt, aber wie erklärt sich damit die Existenz von sowohl CO als auch CO_2? Eine zufriedenstellende Theorie muß neben der Erklärung der Zahlenverhältnisse der verschiedenen Atome in einem Molekül zusätzlich die Existenz von *mehrfachen* Valenzbetätigungen mancher Atome beinhalten. Darüberhinaus ist nach der Beziehung der multiplen Valenzen zur Stellung der jeweiligen Atome im Periodensystem gefragt.

Ein dritter Punkt der Anforderungen an eine Theorie betrifft die Fähigkeit, den sterischen Aufbau der Moleküle befriedigend erklären zu können. Formen und Größen von Molekülen können heute mit zunehmender Genauigkeit durch eine Vielfalt von spektroskopischen und anderen physikalischen Methoden ermittelt werden. Solche

Möglichkeiten und Erkenntnisse stellen auch neue Fragen und Anforderungen an eine Theorie der chemischen Bindung. Warum, beispielsweise, weisen in Methan (CH_4) alle HCH-Winkel den Wert 109°28′ des regulären Tetraeders auf, während in Chloroform ($CHCl_3$) die entsprechenden ClCCl-Winkel auf 110°30′ ansteigen? Warum ist CO_2 linear, während H_2O gewinkelt ist?

Eine brauchbare Theorie der chemischen Bindung sollte auch eine *einheitliche* Erklärung der drei oben erwähnten Wesenszüge der Molekülstruktur liefern können. Sie sollte zeigen, daß *wenn* ein Atom überhaupt die Fähigkeit hat, eine chemische Bindung einzugehen, *wieviele* Atome gebunden werden können und in *welcher geometrischen Anordnung* dies geschehen kann.

Schließlich liefern uns neuere physikalische Methoden sehr genaue Einblicke in die Natur und in die Eigenschaften von Bindungen. Diese Erkenntnisse sind wesentlich tiefgreifender als es ein Bindestrich zur Symbolisierung einer einfachen Bindung oder zwei Bindestriche zur Symbolisierung einer Doppelbindung ausdrücken können. Die Antworten auf Fragen nach speziellen Merkmalen einer chemischen Bindung soll eine brauchbare Theorie ebenfalls liefern können.

1.2 Der elektronische Charakter der chemischen Bindung

In einem einfachen Sinne bedeutet die Beschreibung von Bindungen in einem Molekül die Beschreibung der Elektronenverteilung um die Atomkerne. Die frühen Versuche der Entwicklung einer elektronischen Theorie der chemischen Bindung basierten auf geometrischen Modellen, in denen die Elektronen als statische Punktladungen betrachtet wurden, die an den Ecken von Würfeln oder Tetraedern plaziert sind, wobei die Atomkerne in den Zentren dieser Polyeder zu denken sind. Diese Modelle lieferten eine Interpretation der Oktettregel, in der jedes Atom eine Konfiguration mit acht äußeren Elektronen anstrebt, die an den Ecken eines Würfels liegen. Somit war eine Beziehung zum Periodensystem hergestellt, das durch Mendelejev im Jahre 1869 eingeführt worden war. Solche Modelle verstoßen allerdings gegen ein fundamentales Gesetz der Elektrostatik, das besagt, daß sich eine statische Ladungsverteilung niemals in einem stabilen Gleichgewicht befinden kann. Daraus folgt, daß sich die Ladungen *bewegen* müssen. Sogar die ersten Ideen, die auf Berzelius (1819) zurückgehen und die sich auf die Bindung in ionischen Verbindungen beziehen, krankten an diesem Defekt. Die Anziehung zwischen Ionen mit unterschiedlichen Vorzeichen der Ladungen führten auf den elektrostatischen Ursprung der Bindung, aber neue abstoßende Kräfte waren dann notwendig, um den Zusammenbruch der gesamten Struktur zu verhindern. Das Gleichgewicht in Ionenkristallen konnte die Elektrostatik alleine nicht erklären. In Molekülen mit kovalenten Bindungen, wie H_2, konnten die elektrostatischen Kräfte vom Coulomb-Typ die Anziehung zwischen den einzelnen elektrisch neutralen Atomen sogar noch weniger erklären.

Der erste Versuch eines dynamischen Modells geht auf Bohr (1913) zurück, der annahm, daß das Elektron im Wasserstoffatom eine *Bahn* rund um den positiv geladenen Kern beschreibt. Durch Anwendung der klassischen, auf Newton zurückgehenden Bewegungsgesetze, zusammen mit einer geforderten „Quantenbedingung", erhielt er einen Satz von erlaubten Bahnen, von denen jede eine bestimmte Energie besitzt. Übergänge von einem Energiewert zu einem anderen lieferten fast perfekt die für Emission und Absorption spektroskopisch beobachteten Energiequanten der Strahlung. Diese Theorie brach allerdings völlig zusammen, als versucht wurde, sie auf Systeme mit mehr als einem Elektron, oder mit mehr als einem Kern (H_2^+) anzuwenden.

Die Theorie von Bohr war deshalb ungeeignet, weil sie die Gesetze der klassischen Physik auf Elektronen und Kerne anzuwenden versuchte. Die klassischen Gesetze entspringen der Beobachtung der Bewegung von Massen im Laboratorium, während Elektronen und Kerne so kleine Teilchen sind, daß deren Bewegung auf einer bestimmten Bahn niemals wirklich in einem Experiment beobachtet werden kann. Wir können nicht erwarten, daß dieselben Gesetze notwendigerweise auf das elektronische Geschehen zutreffen; oder anders ausgedrückt, daß die klassischen Konzepte ihre Gültigkeit behalten. Es ist inzwischen allgemein bekannt, daß wir zur Beschreibung der Geschehnisse im atomaren Bereich die Gesetze der Quantenmechanik anwenden müssen. Eine spezielle Formulierung der Quantenmechanik, die Wellenmechanik, wurde von Schrödinger im Jahre 1926 eingeführt. Die Gesetze der klassischen Mechanik erweisen sich als Sonderfälle der Gesetze der Quantenmechanik, falls man zu Systemen mit großen Massen übergeht*, wie diese bei alltäglichen Objekten im Laboratorium vorkommen. Die Gesetze der Quantenmechanik gelten zweifellos insbesondere für die Elektronen in Atomen und Molekülen. Im Rahmen der Quantenmechanik ist es im Prinzip – und in gewisser Weise auch in der Praxis – möglich, eine einheitliche und vollständige Theorie der molekularen Struktur und der Moleküleigenschaften aufzustellen.

1.3 Die Bedeutung der Energie

Im weitesten Sinn dürfen wir sagen, daß sich ein Molekül deshalb aus zwei Atomen bildet, weil bei dieser Vereinigung die Gesamtenergie abnimmt. Im allgemeinen kann die Energie eines Moleküls als die Summe aus der elektronischen Energie, der gegenseitigen Abstoßungsenergie der Kerne und der Energien der Vibration, Rotation und Translation des Moleküls als Ganzes aufgefaßt werden. Dabei setzt sich die elektronische Energie aus der kinetischen Energie der Elektronen, der Abstoßungsenergie der Elektronen untereinander und der Anziehungsenergie der Elektronen durch die

* Es ist erwähnenswert, daß *Gravitationskräfte* für Elektronen völlig bedeutungslos sind. Zur Trennung der beiden Atome von H_2, von denen jedes die Masse 1.7×10^{-27} kg hat, und wobei nur Gravitationskräfte zu überwinden wären, ist die Energie 2.5×10^{-54} J aufzuwenden. Die wirkliche thermodynamisch bestimmte Energie beträgt dagegen 6.7×10^{-19} J, die um etwa einen Faktor 10^{35} größer ist! Die auftretenden Energien sind demnach ausschließlich elektrischer Natur.

Kerne zusammen, wobei die Kerne als unbeweglich betrachtet werden. Die Energien der Vibration, Rotation und Translation beziehen sich fast vollständig auf die Kerne, da diese vergleichsweise große Massen besitzen. Die Energien der Vibration, Rotation und Translation des Moleküls sind, obwohl spektroskopisch bedeutungsvoll, im allgemeinen Bruchteile der gesamten Energie. Diese ist demnach nahezu identisch mit der elektronischen Energie, wenn noch die Coulomb-Abstoßung der Kerne addiert wird. Es ist im allgemeinen üblich, die Abstoßungsenergie der Kerne als gesonderten Term in der elektronischen Energie mitzuführen. Unter der gesamten elektronischen Energie wollen wir deshalb die Gesamtenergie in *Abwesenheit einer Kernbewegung* verstehen. Diese „elektronische Energie" spielt dann die wesentliche Rolle bei der Bestimmung von Molekülstrukturen. Beispielsweise folgt die Tatsache, daß Wasserstoff diatomar (H_2) und nicht triatomar (H_3) auftritt, aus der energetischen Bilanz, nach der die elektronische Energie von H_3 größer als die Summe der elektronischen Energien von H_2 und H ist. Auf ähnliche Weise folgt, daß der HOH-Winkel im Wassermolekül etwa 104.5° und die beiden OH-Bindungslängen 96 pm betragen, da für diese Werte der internen Molekülkoordinaten die Energie am niedrigsten ist. Eine Theorie der chemischen Bindung muß zeigen können, wie die elektronische Energie von den Lagen der Kerne abhängt, wodurch nicht nur die Gleichgewichtskonfiguration vorhergesagt werden kann, sondern auch wie sich die Energie hinsichtlich einer Moleküldeformation ändert. Dies bedeutet, daß wir die rücktreibenden Kräfte bezüglich jeglicher Deformation kennen und somit sämtliche Informationen haben, die zur Berechnung von Normalschwingungen erforderlich sind. Die Theorie der chemischen Bindung ist demnach für die Infrarot- und für die Raman-Spektroskopie von unmittelbarer Bedeutung, wobei charakteristische Frequenzen von Schwingungskraftkonstanten abhängen. Entsprechendes gilt für die Diskussion der Rotationsfeinstruktur, in die Trägheitsmomente eingehen, die wiederum durch die Lagen der Kerne bestimmt sind. Eine Vielzahl weiterer geometrieabhängiger Effekte soll hier nicht aufgeführt werden.

Bei der Diskussion der Bildung und Dissoziation von Molekülen haben wir es gewöhnlich mit kleinen *Energiedifferenzen* zu tun, die Differenzen zwischen sehr großen Energiebeträgen sind. Demzufolge ist manchmal dabei die Kernbewegung zu berücksichtigen. Die Differenz zwischen der gesamten elektronischen Energie des Moleküls (wie vereinbart soll darin die Abstoßungsenergie zwischen allen Kernpaaren enthalten sein) und der elektronischen Energie aller das Molekül enthaltenden Atome wird die *elektronische Bindungsenergie* des Moleküls genannt. Diese ist nicht identisch mit der experimentell beobachtbaren Dissoziationsenergie, die aufgebracht werden muß, um das Molekül in seine Atome zu zerlegen. Die Kernbewegung, die praktisch immer gegenwärtig ist, ist dabei berücksichtigt. Die drei zu berücksichtigenden Terme sind die folgenden: (1) die Nullpunktsenergie der Schwingung, die für große mehratomige Moleküle einen Gesamtwert erreichen kann, der im Bereich der Energie einer Bindung liegt; für zweiatomige Moleküle ist dieses Verhältnis im Bereich 1/10 bis 1/20; (2) die Translationsenergie $3/2\ kT$, sowohl für das Molekül, als auch für jedes seiner Fragmente; (3) die Energie der Rotation des gesamten Moleküls, die, mit Ausnahme von nahe 0 K, den Betrag von $3/2\ kT$ hat, falls das System nicht-linear ist, und einen Wert von kT hat, falls das System linear ist. Für ein zweiatomiges Molekül ist die Dissoziationsenergie identisch mit der Dissoziationsenergie der Bindung. Infolge der Effekte (1)–(3) ist die Dissoziationsenergie geringfügig temperaturabhängig, im Gegensatz zur elektronischen Bindungsenergie, die temperaturunabhängig ist. Bei einem mehratomigen Molekül kann man immer noch von der Dissoziationsenergie einer Bindung sprechen, denn diese stellt diejenige Energie dar, die benötigt wird, um im Molekül diese Bindung aufzubrechen, was unter Umständen zur Fragmentierung führen kann. Berücksichtigt man die Tatsache, daß nach dem Aufbrechen einer Bindung oft eine beachtliche Umordnung der Elektronenverteilungen in den Folgeprodukten stattfindet, was manchmal zum Freiwerden eines größeren Energiebetrages führen kann, so ist die gesamte Dissoziationsenergie eines Moleküls im allgemeinen nicht gleich der Summe der Dissoziationsenergien der einzelnen Bindungen. Ein einfaches Beispiel für diese Unterscheidung zwischen der gesamten Dissoziationsenergie und der Summe der Dissoziationsenergien der einzelnen Bindungen stellt das Wassermolekül H_2O dar. Die gesamte Dissoziationsenergie beträgt 9.49 eV, woraus eine mittlere Dissoziationsenergie einer Bindung von 4.75 eV resultiert. Die Dissoziationsenergie zum Aufbrechen der ersten OH-Bindung beträgt jedoch 5.18 eV, während zum Aufbrechen der zweiten OH-Bindung im OH-Radikal nur 4.31 eV benötigt werden.

Es gibt noch eine weitere erwähnenswerte Unterscheidung. Dissoziationsenergien werden gewöhnlich aus Reaktionswärmen gewonnen, die auf einen konstanten Druck von 1 bar und auf eine Temperatur von 25°C bezogen sind. Diese Reaktionswärmen stellen Änderungen der Enthalpie $H = U + PV$ dar und nicht Änderungen der inneren Energie U*. Wenn sich das Volumen ändert, was bei einer Dissoziation praktisch immer der Fall ist, so müssen wir das im Term PV berücksichtigen.

Viele dieser Korrekturen der ursprünglichen elektronischen Bindungsenergie des Moleküls wären unnötig, wenn sich alle Werte auf den absoluten Nullpunkt der Temperatur beziehen würden. Aber solche Korrekturen sind gewöhnlich nicht leicht und zuverlässig durchzuführen, und wenn sie durchgeführt werden, so ergeben sich dabei kaum wesentliche relative Änderungen in den Energien der Bindungen. Aus diesem Grunde enthalten die Tabellen für Dissoziationsenergien solche Werte, die sich auf die Standardwerte von Druck und Temperatur beziehen. Sie sind demnach strenggenommen keine Bindungsenergien. In sehr genauen numerischen Arbeiten muß stets zwischen Energie und Enthalpie unterschieden werden. In diesem Buch haben wir es fast ausschließlich mit elektronischen Bindungsenergien zu tun.

Um die Bedeutung einiger dieser Energieterme hervorzuheben, sollen die Werte für den speziellen Fall des H_2-Moleküls, wie sie teilweise bei Herzberg und Monfils

* Die thermodynamische innere Energie U bezieht sich auf die Menge 1 mol, während wir hier die Energie E eines einzelnen Atoms oder Moleküls diskutiert haben. Für 1 mol eines Gases bei hinreichend niedrigem Druck (intermolekulare Kräfte können dann vernachlässigt werden) gilt $U = LE$, wobei L die Avogadro-Zahl ist (6.022×10^{23} mol^{-1}). Die oben erwähnten Dissoziationsenergien werden im allgemeinen in kJmol^{-1} angegeben (beispielsweise ist 916 kJ die Dissoziationsenergie von 6.022×10^{23} H_2O-Molekülen, während sie für ein einzelnes Molekül 9.49 eV beträgt). Tabellen für Einheiten und ihre Umwandlungsfaktoren sind am Ende dieses Buches zu finden.

(1960) zu finden sind, aufgeführt werden. Die temperaturabhängigen Terme gelten für $T = 291$ K.

Einige Energieangaben für H_2

Gesamte elektronische Energie des H_2-Moleküls	3098·3 kJ mol^{-1}
Elektronische Energie der beiden H-Atome	2642·6 kJ mol^{-1}
Elektronische Bindungsenergie	458·1 kJ mol^{-1}
Nullpunkts-Schwingungsenergie	25·9 kJ mol^{-1}
Rotationsenergie des H_2-Moleküls	2·5 kJ mol^{-1}
Translationsenergie des H_2-Moleküls	3·8 kJ mol^{-1}
Korrektur für den PV-Term	2·1 kJ mol^{-1}
Dissoziationsenergie des H_2-Moleküls	435·1 kJ mol^{-1}

Zwei Feststellungen folgen unmittelbar aus diesen Zahlen. Man sieht erstens, daß die Korrekturen für die Rotations- und die Translationsenergien sowie für den PV-Term klein sind; etwas mehr fällt die Nullpunktsenergie ins Gewicht. Zweitens ist die elektronische Bindungsenergie nur ein Bruchteil (hier etwa 1/7) der gesamten elektronischen Energie. Hätten wir ein Molekül mit schwereren Atomen gewählt, so wäre dieser Bruchteil noch kleiner. Zum Beispiel beträgt für Li_2 dieser Bruchteil 1/14 und für Methan nur 1/38. Offenbar ist die Bindungsenergie die Differenz von zwei sehr viel größeren Energien, und wenn wir sie einigermaßen genau berechnen wollen, dann müssen wir die beiden anderen Größen (die gesamte elektronische Energie des Moleküls und die elektronische Energie der getrennten Atome) mit noch größerer Genauigkeit ermitteln. Wie wir sehen werden, bedeuten diese Erkenntnisse sehr starke Einschränkungen für erfolgreiche *ab initio*-Berechnungen von Bindungsenergien. Die wesentlichen Grundlagen unserer Bindungstheorie werden aber glücklicherweise davon nicht berührt.

Ein weiterer interessanter Schluß folgt unmittelbar aus den oben angegebenen Energiewerten. Da die Bindungsenergie eine kleine Differenz großer Energiebeträge ist, müssen wir erwarten, daß sie sehr stark von den Atomen abhängt, die miteinander gebunden sind. Dissoziationsenergien haben eine Besonderheit, die bei den meisten Kräften anderer Art nicht wieder beobachtet wird. Das war schon zur Zeit von Berzelius bekannt gewesen, doch konnte er diese Besonderheit nicht wie wir auf feinere Unterschiede im elektronischen Verhalten zurückführen. Zwei Beispiele sollen dieses Phänomen, den gegenseitigen Einfluß der gebundenen Atome, illustrieren.

(*a*) Die stärkste bekannte Einfachbindung in einem zweiatomigen Molekül ist die Bindung im Fluorwasserstoff mit 563.4 kJmol^{-1}. Sie ist wesentlich stärker als die im Wasserstoffmolekül mit 432.0 kJmol^{-1} oder die im Fluormolekül mit 154.9 kJmol^{-1}. Offenbar sind Wasserstoff- und Fluoratome zur Bildung einer starken Bindung miteinander wesentlich besser geeignet als H-Atome oder F-Atome unter sich. Eine Erklärung dafür wird in Kapitel 5 gegeben.

(*b*) Sowohl Phosphor als auch Stickstoff haben für Einfachbindungen Dissoziationsenergien von etwa gleicher Größe. Für die P-P-Bindung beträgt diese etwa 200 kJmol^{-1} und für die N-N-Bindung etwa 167 kJmol^{-1}. Außerdem ist die Atomstruktur in beiden Fällen nahezu gleich. Aber Phosphor bildet ein stabiles tetraedrisches Molekül P_4 und Stickstoff nicht*.

(*c*) Von den Atomen Kr, Xe ... hat man lange Zeit angenommen, daß sie keine chemische Bindung eingehen können. Aber in jüngerer Zeit wurden viele stabile Edelgasverbindungen, wie etwa XeF_2, synthetisiert, wobei Dissoziationsenergien bis zu 200 $kJmol^{-1}$ auftreten.

Die chemische Bindung hängt von der speziellen Paarung der Atome oder von einer speziellen Geometrie einer Verbindung und nicht unbedingt von speziellen Eigenschaften der einzelnen Atome ab. Damit eine Theorie im ganzen erfolgreich genannt werden kann, muß diese alle derartigen Besonderheiten meistern können.

1.4 Energiediagramme

Energetische Beziehungen in einem Molekül werden gerne in einem Energiediagramm graphisch dargestellt. Zwei solche Diagramme sind in Fig. 1.1 zu sehen. Die erste Kurve zeigt die potentielle Energie V eines Teilchens, das durch eine elastische Kraft proportional der Teilchenauslenkung, $F = -kx$, an den Ursprung ($x = 0$) gebunden ist. Eine positive Kraftkomponente bedeutet, daß diese entlang der positiven x-Achse wirkt. Das Minus-Zeichen deutet an, daß diese Kraft zum Ursprung zeigt.

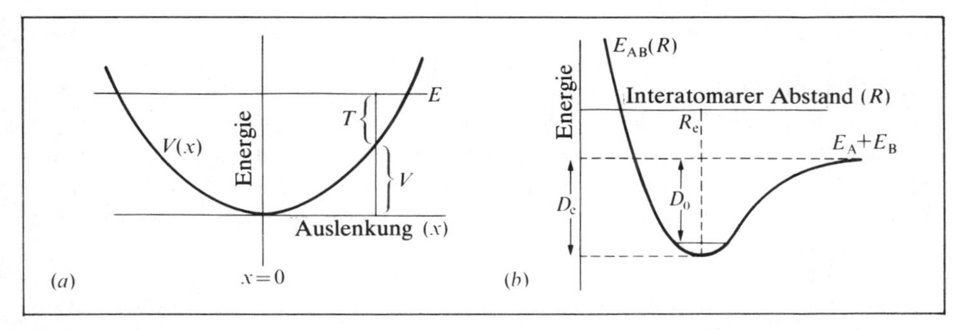

Fig. 1.1. Energiediagramme: (*a*) Teilchen, das um den Ursprung ($x = 0$) mit der Energie E oszilliert; (*b*) Kurve der potentiellen Energie für ein zweiatomiges Molekül AB, wobei E_{AB} eine Funktion des interatomaren Abstandes R ist.

* Ein wesentlicher Unterschied in der Atomstruktur zwischen P und N betrifft den Atomradius. Dieser beträgt für P mehr als das Eineinhalbfache des N-Radius, wodurch die der Bindung entgegenwirkende Abstoßung nicht abgeschirmter Kernladungen für die P-P-Bindung geringer als für die N-N-Bindung ist. Dadurch neigen größere Atome auch zur Bildung vielatomarer Komplexe, im Gegensatz zu kleineren Atomen. Außerdem stehen dem Phosphoratom aus energetischen Gründen 3d-Orbitale zum Aufbau von Hybriden viel leichter zur Verfügung als dem Stickstoffatom; (vgl. dazu § 6.2 und § 12.4). Eine weitere Begründung kann in der π-Bindung von N_2, bzw. P_2 gefunden werden, die im ersten Fall wesentlich stärker als im zweiten ist. Dadurch wird für P_4 eine thermodynamische Stabilität eher erreicht als für N_4. (Anmerkung des Übersetzers)

Die Arbeit zur Bewegung des Teilchens vom Ursprung bis zum Abstand x lautet $\int_0^x kx\,dx = \frac{1}{2}kx^2$, wobei die Kraft zwar den gleichen Betrag, aber die entgegengesetzte Richtung als vorher hat. Dieses negative Arbeitsintegral ist die *potentielle Energie* als Funktion von x, und $V = V(x) = \frac{1}{2}kx^2$ ist die dargestellte Parabel. Nach den Gesetzen der klassischen Mechanik, die sich für die Behandlung von relativ großen Massen, wie dies bei Kernen der Fall ist, als recht gute erste Näherungen erweisen, kann die Schwingungsbewegung für eine Gesamtenergie E wie folgt behandelt werden. Wir ziehen im Diagramm in der Höhe E eine horizontale Linie und verwenden die Beziehung $E = T + V$ (Erhaltung der Energie), wobei $T = \frac{1}{2}mv^2$ die *kinetische Energie* ist.

Für jeden Wert der Teilchenlage x liefern die beiden Abschnitte auf einer vertikalen Linie (Fig. 1.1(*a*)) gleichzeitig die Werte der kinetischen und der potentiellen Energie. Befindet sich das Teilchen im Ursprung, so ist $V = 0$ und die gesamte Energie ist kinetische Energie. Vergrößert sich die Auslenkung, so wird T kleiner. An den Umkehrpunkten der Bewegung kommt das Teilchen für einen Augenblick zur Ruhe, wobei die gesamte Energie als potentielle Energie vorliegt. Das Teilchen kommt an den Punkten für $T = 0$ nicht vorbei, denn sonst müßte die kinetische Energie negativ werden, was für einen reellen Wert der Geschwindigkeit unmöglich ist. Die Punkte mit $T = 0$ sind die Umkehrpunkte der Bewegung nach den Gesetzen der klassischen Physik und somit die *Amplitude* der Schwingung. Enthält das System mehr Energie, indem E erhöht wird, so vergrößert sich auch die Amplitude der Bewegung. Aber das Teilchen bleibt innerhalb des klassisch erlaubten Bereiches zwischen den Punkten, in denen die Linie in der Höhe E durch die Kurve der potentiellen Energie geschnitten wird. Die auf das Teilchen wirkende Kraft beträgt $F = -\mathrm{d}V/\mathrm{d}x$ und verschwindet deshalb in den stationären Punkten der potentiellen Energiekurve. Entspricht dem stationären Punkt ein *Minimum,* wie das im Ursprung in Fig. 1.1(*a*) der Fall ist, so wird sich ein in diesem Punkte ruhendes Teilchen in einem *stabilen Gleichgewicht* befinden. Jede kleine Auslenkung erzeugt eine Kraft, die das Gleichgewicht wieder herzustellen versucht. Energiediagramme behalten in der Quantenmechanik ihre Bedeutung, allerdings mit einer modifizierten Interpretation, die in Kapitel 2 diskutiert werden wird.

Das zweite Diagramm, Fig. 1.1(*b*), zeigt die Kurve der potentiellen Energie für ein zweiatomiges Molekül AB. Die dargestellte Größe ist $E_{AB}(R)$, die gesamte elektronische Energie, die für die Kernbewegung die Rolle der potentiellen Energie übernimmt. Für sehr große Werte von R gilt $E_{AB} \to E_A + E_B$, die Summe der elektronischen Energien der getrennten Atome A und B. Nähern sich die beiden Atome, so erreicht E_{AB} für $R = R_e$ ein Minimum, wobei R_e der interatomare Gleichgewichtsabstand des stabilen Moleküls AB ist. Für Abstände kleiner als R_e beginnt die Energiekurve anzusteigen, wobei jeglicher Bindungseffekt der Elektronen von der starken gegenseitigen Abstoßung der positiv geladenen Kerne übertroffen wird. Die in § 1.3 eingeführten energetischen Beziehungen sind in der Abbildung dargestellt. In der Nähe des Minimums zeigt die Kurve parabolisches Verhalten und die Schwingungsenergie der Kerne ist, wie in Fig. 1.1(*a*), durch eine horizontale Linie angedeutet. Der Betrag der Energie, der für die vollständige Trennung der Kerne aufzuwenden ist, ist in Abwesenheit einer Schwingung D_e, die elektronische Bindungsenergie. In Gegenwart einer Schwingung ist die erforderliche Energie nur D_0, die Dissoziationsenergie.

Während in der klassischen Physik die Schwingungsenergie durch Hinzufügen von Energie stetig anwachsen kann, nimmt die beobachtete Schwingungsenergie nur gewisse Werte E_1, E_2, ... an. Derartige diskrete Werte werden gewöhnlich in Form von *Energieniveaus* in das Diagramm eingezeichnet. Die Existenz diskreter Werte, die auf die Quantisierung hinweist, ist eine der charakteristischen Eigenschaften der Quantenmechanik. Die Dissoziationsenergie ist, wie angedeutet, für ein Molekül in dessen niedrigstem Schwingungszustand (E_1) definiert.

Eines der wesentlichen Probleme der Bindungstheorie ist die Vorhersage der exakten Form der Kurve für die potentielle Energie eines gegebenen Moleküls. Empirisch werden solche Kurven gelegentlich durch den Morse-Ansatz (1929) dargestellt. Definieren wir die Energien bezüglich der getrennten Atome und setzen $E(R) = E_{AB}(R) - (E_A + E_B)$, so lautet der Morse-Ansatz

$$E(R) = D_e[\exp\{-2a(R-R_e)\} - 2\exp\{-a(R-R_e)\}]$$

wobei a eine zu justierende Konstante (Parameter) ist. Der minimale Wert ist offensichtlich $-D_e$ an der Stelle $R = R_e$. In der Nähe des Minimums gilt

$$E(R) = -D_e + D_e a^2 (R-R_e)^2 + \ldots$$

und diese Parabel hat ebenfalls das Minimum $E = -D_e$. Für ein mehratomiges Molekül ist entsprechend eine *Fläche* für die potentielle Energie zu definieren, weil dann E von *mehreren* unabhängigen Variablen, das sind Bindungslängen und Bindungswinkel, abhängt. Solche Energiehyperflächen sind in der Theorie der chemischen Reaktionen von großer Bedeutung.

1.5 Quantenchemie

Die Bindungstheorie ist nur ein Aspekt eines viel umfassenderen Gebietes, für das uns die Gesetze der Quantenmechanik die Berechnung nicht nur der Energie eines elektronischen Systems ermöglichen. Daraus lassen sich zwar Molekülstrukturen vorhersagen, aber zusätzlich können wir im Prinzip noch eine Vielzahl weiterer Moleküleigenschaften berechnen. Einige davon sind angeregte Zustände und die Energien spektroskopischer Übergänge, die Intensitäten von Spektrallinien und wie diese von der Wechselwirkung des Strahlungsfeldes mit dem Molekül abhängen, die optische Aktivität von Molekülen, die intermolekulare Wechselwirkung, Folgerungen aus Stößen zwischen Molekülen und schließlich die chemischen Reaktionen. Das Studium solcher Eigenschaften und Vorgänge unter Verwendung quantenmechanischer Prinzipien nennen wir zusammenfassend „Quantenchemie“. Bevor die chemische Bindung in ihren Einzelheiten studiert wird, wird es nützlich sein, einen allgemeinen Überblick über den gegenwärtigen Stand der Quantenchemie und über deren jüngste Entwicklungen zu gewinnen.

Von der Quantentheorie ging ein zweifacher Impuls aus, der die Chemie nachhaltig beeinflußt hat. Der erste betrifft das *Konzept,* denn es gibt kaum eine chemische Disziplin, in der nicht die Sprache und die Ideen der Quantenmechanik Verwendung finden. Diese werden in späteren Kapiteln formuliert werden. Der zweite betrifft die Möglichkeit, mit modernen Rechenanlagen und unter Verwendung fundamentaler Prinzipien wissenswerte Eigenschaften von Molekülen wirklich auszurechnen. Dieses Buch behandelt hauptsächlich die physikalischen Konzepte und deren Anwendung zur Gewinnung der „einfachsten Formen des Verstehens“. Ein derartiges Niveau ist jedoch keinesfalls geringer zu schätzen als jenes, auf dem leistungsfähige Rechenautomaten zur Lösung quantenmechanischer Gleichungen herangezogen werden. Diese beiden Standpunkte sind zueinander komplementär. Sind unsere Konzepte und „Formen des Verstehens“ richtig, so werden sie durch Rechnungen bestätigt werden; wenn nicht, so müssen die Ideen verworfen werden. Umgekehrt liefert die physikalische Idee oft die passendste mathematische Behandlung oder die beste Näherung. Die Situation ist wie folgt beschrieben worden (Coulson (1960)):

> „Chemie ist eine experimentelle Wissenschaft, deren Ergebnisse zu einem Muster zusammengesetzt werden können, wobei ganz elementare Konzepte zu beachten sind. Die Rolle der Quantenchemie besteht in der Begründung dieser Konzepte. Außerdem soll sie die wesentlichen Merkmale des chemischen Verhaltens aufzeigen. Die Aussage des elektronischen Rechenautomaten, daß D(H-F) >> D(F-F) gilt, ist keinesfalls eine Erklärung, sondern eher eine Bestätigung des Experiments. Eine brauchbare „Erklärung“ muß mit allgemeinen Begriffen wie Abstoßung zwischen nicht-bindenden Elektronen, Dispersionskräfte zwischen atomaren Rümpfen, und ähnlichem erfolgen.“

Wir werden uns hauptsächlich mit Erklärungen dieser Art befassen; trotzdem soll nicht versäumt werden, darauf hinzuweisen, daß heutzutage quantitative Rechnungen ausgeführt werden können, deren Präzision manchmal die des Laboratoriums übertrifft. Dies ist der Fall für das Wasserstoffmolekül (Kolos und Wolniewicz (1968)), sowie für eine beachtliche Anzahl kleiner Moleküle und Ionen, von denen viele astrophysikalische Bedeutung haben (Hammersley und Richards (1974)). In solchen Fällen wurden die Energiewerte und die Feinstruktur der Spektrallinien sogar unter der Berücksichtigung extrem kleiner Korrekturen, wie sie in der Relativitätstheorie erforderlich sind, berechnet. Solche Arbeiten sind, abgesehen von den speziellen Aussagen, insofern wichtig, als sie einen experimentellen Test der Gleichungen und Methoden der Quantenmechanik darstellen können. Bis heute gibt es keinen Hinweis darauf, daß an den Aussagen der Quantenmechanik irgendwelche Zweifel bestehen. Dirac behauptete im Jahre 1929:

> „Die physikalischen Gesetze für die mathematische Theorie eines großen Teils der Physik *und der gesamten Chemie* sind vollständig bekannt.“

Die Schwierigkeiten bei der Anwendung der Gesetze auf komplizierte Moleküle sind praktischer Natur, und diese Schwierigkeiten alleine sind es, die uns in den meisten Fällen zwingen, ein Verständnis der chemischen Bindung und der Molekülstrukturen auf qualitativer Ebene anzustreben.

Wie kann man ein solches Verständnis erlangen? Was meinen wir, wenn wir sagen, die Bindungen in einem Molekül „verstanden“ zu haben? Oder was meinen wir, wenn von der „Größe“ und von der „Gestalt“ eines Moleküls gesprochen wird? Wir wollen für einen Augenblick zu dem allgemeinen Bild zurückkehren, das in § 1.3 entwickelt worden ist. Niemals können wir ein Molekül wirklich sehen. Alle unsere Informationen beziehen sich auf eine große Vielfalt von Experimenten. Die Entwicklung leistungsfähiger physikalischer Methoden wie Röntgen- und Elektronenbeugung, optische-, Ultraviolett(UV)- und Infrarot(IR)-Spektroskopie, Kernmagnetische Resonanz (NMR) und Elektronenspin-Resonanz (ESR), Kernquadrupol-Resonanz (NQR), Photoelektronen(PE)- und Auger-Spektroskopie, um nur einige zu nennen, hat uns umfangreiche Informationen über die Lagen und Bewegungen von Elektronen und Kernen in einem Molekül geliefert.

Das nun in den Vordergrund tretende Bild ist das in § 1.3 beschriebene, und das soll jetzt etwas weiter entwickelt werden. Die Kerne schwingen um gewisse mehr oder weniger genau definierte Gleichgewichtslagen (diese bestimmen die Gleichgewichtsgeometrie des Moleküls), aber ihre Schwingungsamplituden sind kaum größer als 10 pm, während die benachbarten Atome Entfernungen im Bereich 100–300 pm aufweisen. Sprechen wir von der Struktur eines Moleküls, so können wir annehmen, daß die Kerne ihre mittleren Lagen, die Gleichgewichtslagen, einnehmen. In vielen Fällen können wir sie als fest betrachten. Die Elektronen dagegen werden am besten als „Ladungswolke" betrachtet, deren Dichte sich von Ort zu Ort ändert. Die genaue Bedeutung dieser Interpretation wird später klar werden, aber für den Augenblick können wir uns die Ladungswolke als das vorstellen, was wir sehen könnten, wenn eine Zeitaufnahme der sich schnell bewegenden Elektronen hergestellt werden würde. Das Bild wäre unscharf und dort am dunkelsten, wo die Elektronen ihre meiste Zeit verbringen, oder in anderen Worten, wo sie am ehesten vorgefunden werden. Die Ladungswolke ist durch ihre Dichte P charakterisiert, deren Wert in jedem Punkt die Anzahl der Elektronen pro Einheitsvolumen an diesem Punkt darstellt.

Die Gestalt der Elektronenladungswolke in einem Molekül kann experimentell ermittelt werden. Röntgenstrahlen werden durch Elektronen gestreut, und aus der Messung der Streuintensität bei verschiedenen Winkeln ist es möglich, auf die Ladungsdichte des Streuzentrums zu schließen. Die häufigste Möglichkeit der Darstellung der Ergebnisse ist die einer Umrißzeichnung. Die durch Röntgenstrahlkristallographiker hergestellten Umrißbilder liefern eine experimentelle Darstellung der Ladungsdichte P. Ein Umrißbild für das Anthracen-Molekül ist in Fig. 1.2 dargestellt. Jede Umrißlinie in der Molekülebene verbindet Punkte gleicher Gesamtladungsdichte. Es gibt offensichtlich Spitzen an den Stellen der 14 Kohlenstoffkerne, woraus die interatomaren Abstände (Bindungslängen) erhalten werden können. Man beachte, daß auf diesem Diagramm die Stellen der Wasserstoffatome kaum genau ermittelt werden können. Ein Wasserstoffatom bringt nur ein Elektron mit, während ein Kohlenstoffatom sechs Elektronen enthält. An den Stellen der Wasserstoffatome ist die gestreute Röntgenstrahlintensität demnach vergleichsweise klein, was zur Unsicherheit in der Bestimmung der Protonlagen führt.

Die Ladungsdichte P kann auch quantenmechanisch *berechnet* werden, und im allgemeinen ist die Übereinstimmung zwischen gemessener und berechneter Dichte gut. Die Bedeutung des Ladungsdichte-Konzepts kann kaum überschätzt werden, denn ein Molekül verhält sich in vielen Fällen genau so, als wären seine Elektronen in Form einer kontinuierlichen Ladungsdichteverteilung P „verschmiert". Beispielsweise

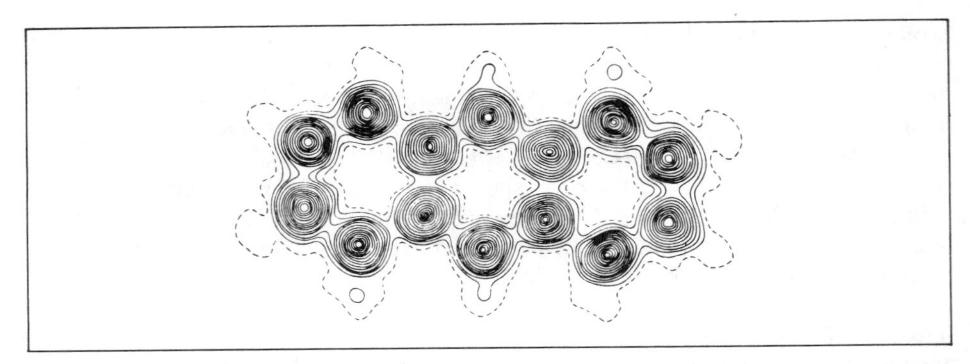

Fig. 1.2. Elektronendichte-Umrißlinien für Anthracen durch Röntgenbeugung. (Aus der Zeitschrift *Endeavour* **25,** 129 (1969), mit freundlicher Erlaubnis von G. E. Bacon).

können die Kräfte, die zwei Kerne in einem Molekül gegen ihre gegenseitige Abstoßung zusammenhalten, unter Verwendung der klassischen Elektrostatik genau berechnet werden, vorausgesetzt, daß die Ladungsdichte bekannt ist. Chemische Bindung entsteht durch die anziehenden Kräfte zwischen den positiv geladenen Kernen und den negativ geladenen Elektronen, die wolkenförmig die Kerne umgeben. Wie in Fig. 1.2 zu sehen ist, konzentriert sich die Elektronendichte hauptsächlich um jeden Kern, ähnlich wie in einem freien Atom, aber es gibt noch hinreichend viel Dichte im Bindungsbereich (angedeutet durch den Paß zwischen jedem Paar von Dichtemaxima), die für die Anziehungskraft notwendig ist.

Die Elektronendichte muß demnach eine zentrale Rolle bei der Diskussion der chemischen Bindung spielen. Darüberhinaus bestimmt sie einen großen Bereich anderer elektronischer Eigenschaften der Moleküle. Viele davon, wie etwa die Röntgenstrahlbeugung, liefern ein Fundament für die experimentelle Behandlung der Molekülstruktur. Am Ende dieses Kapitels sollen einige weitere Beispiele den enormen Wert des Ladungswolken-Konzepts als ein Mittel zur Interpretation experimenteller Ergebnisse aufzeigen.

(I) Zieht ein Atom in einem Molekül die Elektronen stärker an als ein anderes Atom, so wird sich die Elektronendichte dort erhöhen; damit ist eine „Polarisation" verbunden und das Molekül wird ein Dipolmoment aufweisen. Das Dipolmoment kann ausgerechnet werden, da das System aus einer Menge positiver Punktladungen besteht, die sich in einer kontinuierlichen Elektronenverteilung mit der Dichte P befindet. Solche Änderungen in den gemessenen Dipolmomenten, die durch Substituenten hervorgerufen werden, können demnach mit der Polarisation der Ladungswolke korreliert werden. Höhere Momente, wie Quadrupolmomente, können auf ähnliche Weise gemessen und berechnet werden.

(II) In einem Kernquadrupolresonanz (NQR)-Experiment wird die Wechselwirkung eines *Kernes,* der ein elektrisches Quadrupolmoment hat, mit der Elektronenverteilung gemessen. (Ist die positive Ladung nicht sphärisch verteilt, so kann das Feld das eines *Quadrupols* sein, den man sich aus zwei Dipolen aufgebaut denken kann, die gegeneinander so plaziert sein müssen, daß das resultierende Dipolmoment ver-

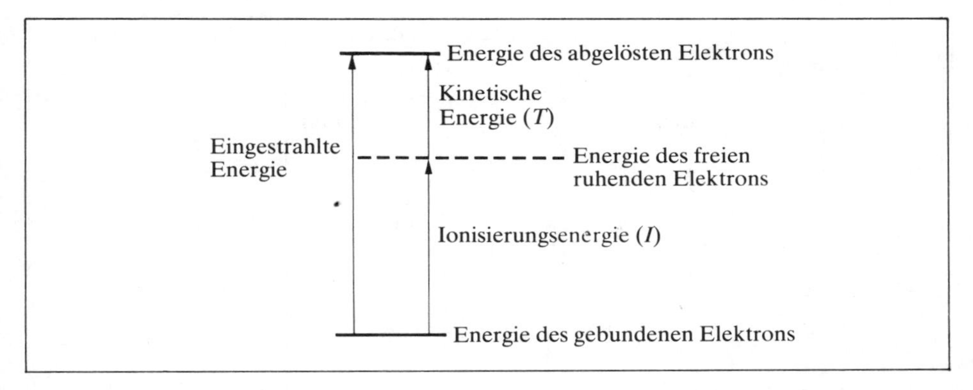

Fig. 1.3. Energiediagramm für die Photoelektronenspektroskopie. Aus der Kenntnis der eingestrahlten Energie und der Messung der kinetischen Energie der freiwerdenden Elektronen folgt die Ionisierungsenergie.

schwindet). Die Wechselwirkungsenergie, die gemessen werden kann, liefert Auskunft über Veränderungen des elektrischen Feldes, die durch die Elektronendichte am Ort des Kernes entstehen. Dieses Feld kann auch aus P berechnet werden. NQR-Experimente liefern Informationen über die Elektronendichte, womit wir unsere Bindungstheorie überprüfen können. Der Kern wirkt als „Sonde", mit der wir die Ladungswolke messen können.

(III) Erhält ein Elektron hinreichend viel Energie, etwa durch Absorption von Strahlung, so kann die Ionisation eines Moleküls eintreten. Dabei werden die Kräfte überwunden, die das Elektron an das Molekül binden. Eine eventuelle Überschußenergie tritt als kinetische Energie des freiwerdenden Elektrons auf, und diese kann gemessen werden (Fig. 1.3). Ein Elektron, das eng an einen Kern gebunden ist (in einer „inneren Schale"), erfordert einen großen Energiebetrag für seine Ablösung. Der genaue Betrag hängt jedoch von der Umgebung des Atoms ab, aus dem das Elektron kommt. In der Photoelektronenspektroskopie erhält man auf Grund der variablen Ionisierungsenergien Maxima der gemessenen kinetischen Energie der abgelösten Elektronen. Fig. 1.4 zeigt Maxima, die der Ablösung von Elektronen aus inneren Schalen der vier Kohlenstoffatome des angegebenen Moleküls entsprechen. Die absorbierte Strahlungsenergie (ein Photon) ist dabei in allen Fällen die gleiche. Warum gibt es für ein Elektron aus einer inneren Schale des Kohlenstoffs nicht nur *ein* Maximum? Bei der Beantwortung dieser Frage müssen wir wieder an die Elektronenverteilung denken. Fluor hat die Eigenschaft der starken Anziehung von Elektronen, wodurch die Elektronendichte am benachbarten Kohlenstoff erniedrigt wird. Ein Elektron der inneren Schale an diesem C-Atom erfährt deshalb eine Energieerniedrigung und ist demnach stärker als im freien Kohlenstoffatom gebunden. (Die potentielle Energie der Ladungen q_1 und q_2 bei einem Abstand r lautet $q_1q_2/4\pi\varepsilon_0 r$). Der Kohlenstoff, an dem Sauerstoffatome gebunden sind, wird ähnlich beeinflußt, aber nicht so stark. Die beiden weiteren Kohlenstoffatome werden noch weniger beeinflußt. Folglich erwarten wir vier geringfügig unterschiedliche Ionisierungsenergien

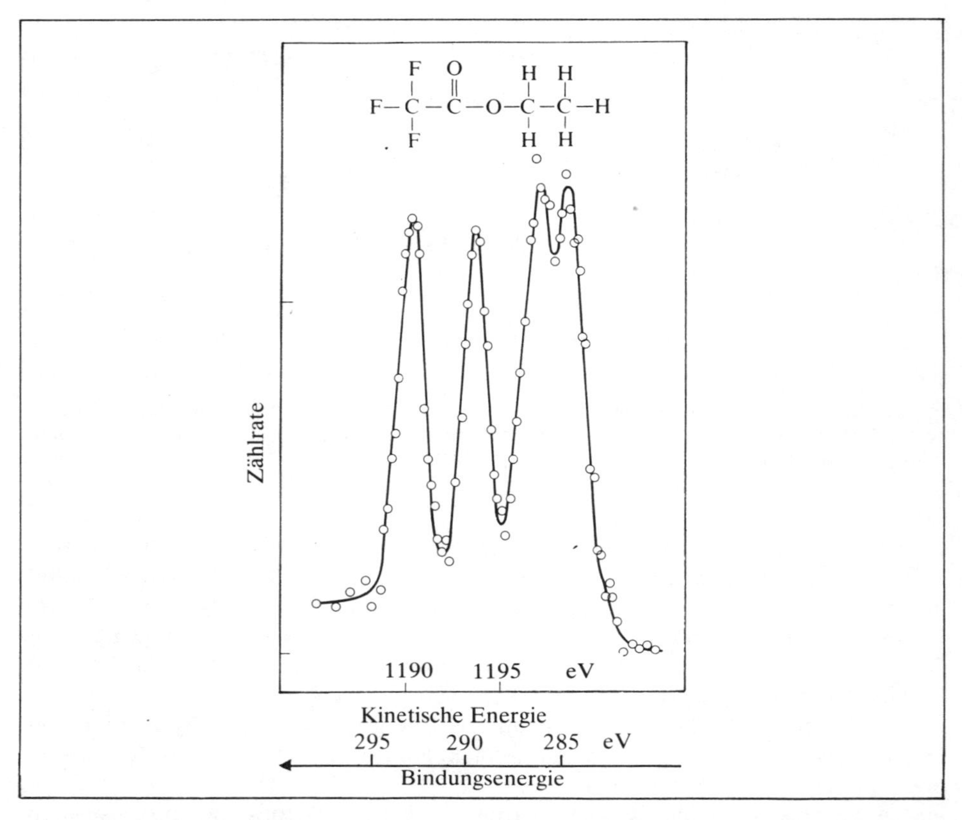

Fig. 1.4. Kohlenstoff-1s-Photoelektronenspektrum von Ethyltrifluoracetat. Die Ablösungsrate von 1s-Elektronen ist über deren kinetischer Energie aufgetragen. Jedes Maximum entspricht einem Kohlenstoffatom, das durch seine elektronische Umgebung charakterisiert ist. (Mit Erlaubnis von J. M. Hollander und W. L. Jolly, *Acc. Chem. Res.* **3,** 193 (1970)).

und vier Maxima der kinetischen Energie. Wieder wirken die Kerne als Sonden, die uns mitteilen, wie die Ladungsverteilung durch verschiedene Substituenten polarisiert wird. Fig. 1.5 zeigt ein weiteres Beispiel, wobei jetzt Stickstoff an die Stelle von Kohlenstoff getreten ist. Die unterschiedliche Größe der Maxima gibt weitere Aufschlüsse über das Molekül, was Gegenstand von Aufgabe 1.8 am Ende dieses Kapitels ist.

Solche Beispiele illustrieren deutlich die „einfachen Formen des Verstehens", mit denen wir uns in den folgenden Kapiteln auseinanderzusetzen haben. Unser „Verständnis" der Bindung und der elektronischen Eigenschaften muß auf einfachen physikalischen Modellen beruhen, die leicht einer bildhaften Sprache unterworfen werden können, aber weniger eines Zahlenfriedhofs bedürfen, den ein Rechenautomat produziert hat! Bevor die notwendigen Ideen genauer formuliert werden können, müssen die Konzepte der Quantenmechanik sowie einige der einfachsten lösbaren

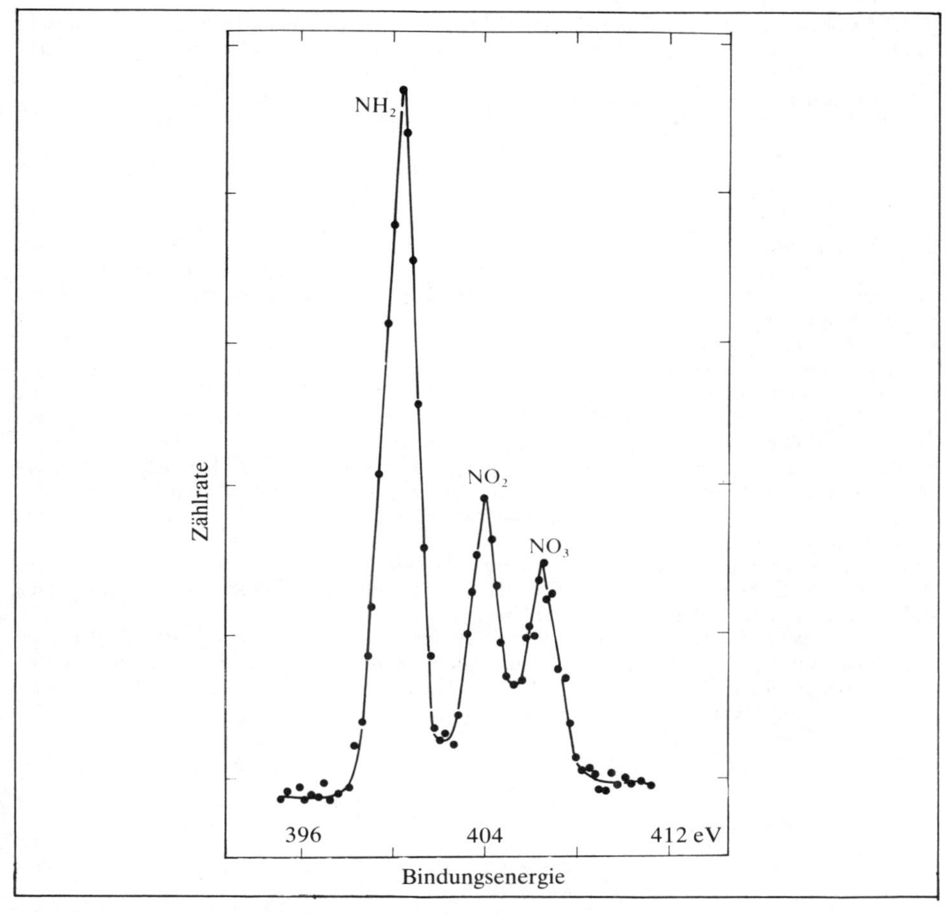

Fig. 1.5. Stickstoff-1s-Photoelektronenspektrum von trans-Dinitro-bis(ethylendiamin)cobalt (III)-nitrat $[Co(H_2N\text{-}CH_2\text{-}CH_2\text{-}NH_2)_2(NO_2)_2]NO_3$ (Mit Erlaubnis von J. M. Hollander und W. L. Jolly, *Acc. Chem. Res.* **3,** 193 (1970)).

Probleme behandelt werden. Erst dann werden wir im Stande sein, uns den massiven Problemen zu widmen, die bei der molekularen Bindung zu erwarten sind.

Aufgaben

1.1. Man zeichne die Funktion der potentiellen Energie $V = V(r)$ für zwei harte Kugeln, jede mit dem Radius R, die sich gegenseitig mit einer Kraft anziehen, die umgekehrt proportional zum Quadrat des Abstandes r ihrer beiden Zentren ist.

1.2. Die Kugeln aus Aufgabe 1.1 werden im Zustand der Ruhe in einem Abstand $r = r_0$ losgelassen. Unter Verwendung eines Energiediagramms diskutiere man, was daraufhin geschieht, wenn die Kugeln von einem sehr großen Abstand aus aufeinander losfliegen?

1.3. Vorausgesetzt, die Kugeln aus den beiden vorhergehenden Aufgaben seien kompressibel und stoßen einander stark ab, wenn der Abstand zwischen den Zentren kleiner als $2R$ wird. Wie muß die Kurve der potentiellen Energie modifiziert werden? Wie lautet ein mathematischer Ausdruck für den Abstoßungsterm in der potentiellen Energie?

1.4. Die Funktion der potentiellen Energie für zwei Heliumatome kann recht gut mit

$$V = \frac{A}{r^{12}} - \frac{B}{r^6}$$

ausgedrückt werden, wobei $A/a_0^{12} = 103.534 \times 10^4$ eV, $B/a_0^6 = 67.127$ eV und $a_0 = 52.9$ pm der Bohrsche Radius ist. Man zeichne V über r/a_0 (die Längeneinheit sei a_0). Ferner zeige man, daß die Atome ein Molekül bilden können, für das der Gleichgewichtsabstand der Atome (R_e) und die Bindungsenergie (D_e) zu bestimmen sind.

1.5. Wie können R_e und D_e aus Aufgabe 1.4 ohne Zeichnung bestimmt werden? (Hinweis: Durch Differentiation ist das Minimum zu suchen).

1.6. Angenommen, die thermische Energie (Schwingungsenergie der Kerne) des Systems aus Aufgabe 1.4 ist von der Größenordnung kT, nämlich 2.6×10^{-2} eV bei 300 K. Ist das He_2-Molekül gegenüber der Dissoziation in zwei Helium-Atome stabil? Man ziehe eine Linie im Energiediagramm (Aufgabe 1.4), um einen Schwingungszustand darzustellen, für den die Dissoziationsenergie die Hälfte der elektronischen Bindungsenergie ist. Wie groß ist die entsprechende Schwingungsamplitude nach der klassischen Mechanik (diese gilt näherungsweise für schwere Teilchen)?

1.7. Zwei Helium-Atome stoßen aufeinander. Wieviel kinetische Energie müssen sie haben, damit sich ihre Zentren bis auf (a) 0.9 R_e und (b) 0.8 R_e annähern können? Müßte man ein Helium-Atom als „hart" oder „weich" bezeichnen?

1.8. Man gebe eine Erklärung für (I) die relativen Lagen und (II) die relativen Größen der drei Maxima in Fig. 1.5. (Hinweis: Es kann angenommen werden, daß die Elektronen der inneren Schalen aller Stickstoffatome, gleichgültig ob in NH_2, NO_2 oder NO_3, durch die Strahlung gleich gut abgelöst werden).

2. Wellenfunktionen: Atomorbitale

2.1 Wellenfunktionen

Bevor wir das Verhalten der Elektronen in einem Molekül diskutieren können, müssen wir uns mit den freien Atomen befassen. Im einzelnen müssen wir lernen, wie die Quantenmechanik die Bewegung eines einzelnen Elektrons in einem Zentralfeld beschreibt. Dieses wird durch einen Kern erzeugt, wie das beispielsweise im Wasserstoffatom der Fall ist. Dazu benötigen wir einen kurzen Überblick über die wesentlichen Grundzüge der Quantenmechanik, oder genauer gesagt, der Wellenmechanik, der speziellen Formulierung der Quantenmechanik nach Schrödinger, die uns durch dieses Buch begleiten wird. Durch die Behandlung der Bewegung eines Elektrons in einem Zentralfeld werden wir uns in einfachster Weise alle für die Diskussion der Elektronenstrukturen von Atomen und Molekülen notwendigen Kenntnisse aneignen.

In den ersten Arbeiten von Bohr wurde angenommen, daß das Elektron in einem wasserstoffähnlichen System (H, He^+, Li^{2+}, ...) sich genau so um den Kern bewegt, wie sich ein Planet um die Sonne bewegt, nämlich in einer bestimmten Bahn, die mit den Gleichungen der klassischen Mechanik (Gesetze von Newton) berechnet werden kann. Heisenberg (1927) hat als erster auf die logische Inkonsistenz bei der Anwendung des Bohrschen Bildes auf Teilchen der Größe eines Elektrons hingewiesen. Kurz gesagt, es gibt keine Möglichkeit einer gleichzeitigen Messung der Geschwindigkeit und des Ortes eines Elektrons mit beliebiger Genauigkeit. Je genauer man versucht, den Ort eines Elektrons zu bestimmen, umso mehr verändert man seine Bewegung und umso ungenauer wird die Geschwindigkeit gemessen werden können. Die „Unschärferelation" von Heisenberg drückt dieses Prinzip in mathematischer Form aus. Demnach ist es unmöglich, die Bewegung längs einer klassischen Bahn zu verfolgen, in der in jedem Punkt Ort und Impuls genau und gleichzeitig bekannt sind. Die klassische Beschreibung muß aufgegeben werden, und die Gleichungen von Newton müssen durch neue Gleichungen ersetzt werden, die das Unschärfeprinzip berücksichtigen und demnach im wesentlichen *statistischer* Natur sind. Gerade die Wellenmechanik hat eine unmittelbare experimentelle Basis, die auf die Versuche Schrödingers zurückgeht, die augenscheinliche Koexistenz von Wellen- und Teilcheneigenschaften eines bewegten Elektrons miteinander in Einklang zu bringen. Wir wollen drei Beispiele des „nicht-klassischen" Verhaltens betrachten, die sich alle auf den Welle-Teilchen-Dualismus beziehen.

(I) *Der Photoeffekt.* Licht der Frequenz ν fällt auf eine saubere Metalloberfläche im Vakuum. Ist ν größer als ein gewisser „Schwellenwert" ν_0, so treten Elektronen aus, deren kinetische Energie zu

$$\tfrac{1}{2}mv^2 = h(\nu - \nu_0) = h\nu - W \tag{2.1}$$

bestimmt wird, wobei h die *Plancksche Konstante* mit der Dimension Energie × Zeit ist;

$$h = 6{\cdot}625 \times 10^{-34}\,\mathrm{J\,s}\,.$$

Die Energie eines ausgetretenen Elektrons hängt nur von der *Frequenz* ab, obwohl die *Anzahl* der Elektronen proportional der Intensität der Strahlung ist.

Die Interpretation des Experiments mit Hilfe eines Energiediagramms (§ 1.4) kann nach Fig. 2.1 geliefert werden, wobei die einzelnen Größen folgende Bedeutung haben: E_0 ist die Energie eines *ruhenden* Elektrons „im Unendlichen" (d. h., außerhalb des Metalls), die als Nullpunkt der potentiellen Energie dient; E ist die Energie des abgelösten Elektrons (kinetische Energie $T = \frac{1}{2}mv^2$); E_F ist die höchste Energie, die ein Elektron im Metall annehmen kann, die sogenannte Fermi-Energie; W ist die minimale Austrittsenergie für ein Elektron aus dem Metall. Ist die Strahlungsintensität extrem niedrig, so können die Elektronen einzeln austreten; die Energie, die das Elektron dem Strahlungsfeld entnimmt, beträgt

$$E - E_F = \tfrac{1}{2}mv^2 + W = h\nu.$$

Wird die Intensität erhöht, so ändert sich außer der *Anzahl* der absorbierten Energieeinheiten nichts. Jedes Energiequantum $h\nu$ löst ein Elektron ab. Dabei wird vernachlässigt, daß ein Teil der Energie Gitterschwingungen anregt, was zu einer Erwärmung des Metalls führt. Die wichtigste Erkenntnis aus diesem Experiment ist die, daß die Energie aus dem Strahlungsfeld *quantenhaft* absorbiert wird, wobei die Größe eines Energiequantums $h\nu$ beträgt. Ein Quantum der Feldenergie wird *Photon* genannt, und jedes Photon kann als lokalisiertes „Wellenpaket" aufgefaßt werden, dessen Eigenschaften in gewisser Weise denen eines Teilchens gleichen.

(II) *Der Compton-Effekt.* Ein Photon mit der Energie $E = h\nu$ besitzt einen bestimmten Impuls p. Beim Stoß eines Photons mit einem Elektron werden beide Teilchen gestreut, woraus der Impuls des Photons erhalten werden kann. Das ist der Compton-Effekt. Nach der Relativitätstheorie gibt es eine Energie-Massen-Beziehung, und für ein freies Teilchen gilt $E = (m^2c^4 + p^2c^2)^{1/2}$, wobei m die Ruhemasse ist.

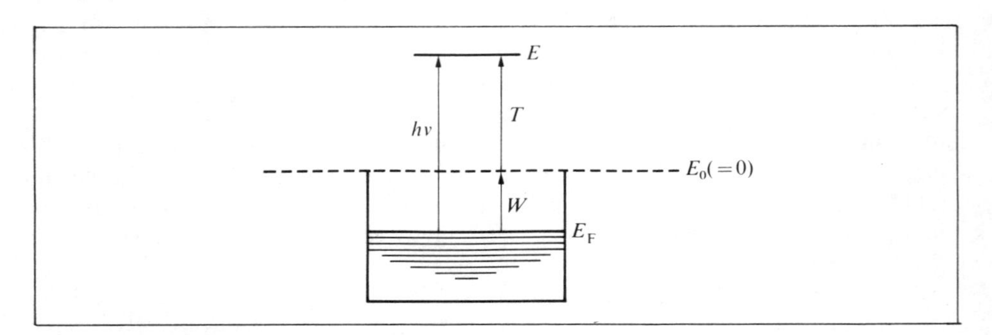

Fig. 2.1. Energiediagramm für den Photoeffekt.

Für ein ruhendes Teilchen ($p=0$) lautet die Energie-Massen-Beziehung nach Einstein

$$E = mc^2, \tag{2.2}$$

während für ein Photon, für das die Ruhemasse null angenommen wird ($m=0$), $E=(p^2c^2)^{1/2}$ und demnach

$$p = E/c \tag{2.3}$$

gilt. Aus der Planckschen Gleichung $E=h\nu$ und mit dem Photonenimpuls gilt $p=h\nu/c$. Eine Welle wandert mit der Phasengeschwindigkeit $c=\nu\lambda$, wobei λ die Wellenlänge ist. Daraus folgt

$$\lambda = h/p. \tag{2.4}$$

Diese Beziehung zwischen der Wellenlänge eines Lichtstrahls und dem Impuls seiner Photonen wurde durch Compton genau verifiziert.

(III) *Elektronenbeugung*. Die Beziehung (2.4) gilt nicht nur für Photonen, sondern auch für Teilchen wie Elektronen mit einer von null verschiedenen Ruhemasse. Experimente zeigen, daß Elektronen an einem Spalt *gebeugt* werden (Fig. 2.2). Für die Praxis ist ein Spalt weniger geeignet; die Natur selbst liefert mit einem Kristallgitter ein Beugungsgitter, das im Prinzip die gleichen Dienste leistet wie ein Spalt. Die Intensitätsverteilung auf einem Schirm (photographische Platte) ist genau die gleiche, die wir für einen Strahl mit der Wellenlänge nach (2.4) erwarten würden. Für ein Masseteilchen ($p=mv$) bedeutet das*

$$\lambda = \frac{h}{mv}. \tag{2.5}$$

Für ein Elektron kann die Teilchengeschwindigkeit v leicht aus der Beschleunigungsspannung ermittelt werden. Ist das Potentialgefälle V, so wird an den Elektronen die Arbeit eV verrichtet, und diese ist in kinetische Energie $1/2\ mv^2$ umzuwandeln. Gleichung (2.5) wurde erstmals von de Broglie vorgeschlagen und später durch Davisson und Germer (1927) und durch Thomson (1928) experimentell bestätigt.

Bei dieser Gelegenheit sei darauf hingewiesen, daß die experimentelle Technik, die beim Photoeffekt und bei der Elektronenbeugung erforderlich ist, heutzutage in der Chemie fest etabliert ist. Durch Elektronenbeugung werden Geometrieparameter von Molekülen bestimmt (Bauer (1970)). Der Photoeffekt stellt die Basis der Photoelektronenspektroskopie dar (Baker (1970)). Dabei wird das Metall durch ein einzelnes Molekül ersetzt und W, die Austrittsenergie, wird durch I, die Ionisierungsenergie, ersetzt. Diese ist die Energie zur Entfernung eines Elektrons aus einem Zustand, den dieses im Molekül besetzt hat. Man vergleiche dazu Fig. 2.1 mit Fig. 1.3. Sogar der Compton-Effekt hat jetzt Eingang in das Studium der Elektronenverteilung in Molekülen gefunden. Neuere Entwicklungen in Theorie und Technik sind bei Williams (1977) zusammengefaßt.

* Vorausgesetzt, daß sich das Teilchen mit „nicht-relativistischer" Geschwindigkeit bewegt (die Geschwindigkeit ist klein gegenüber der Lichtgeschwindigkeit).

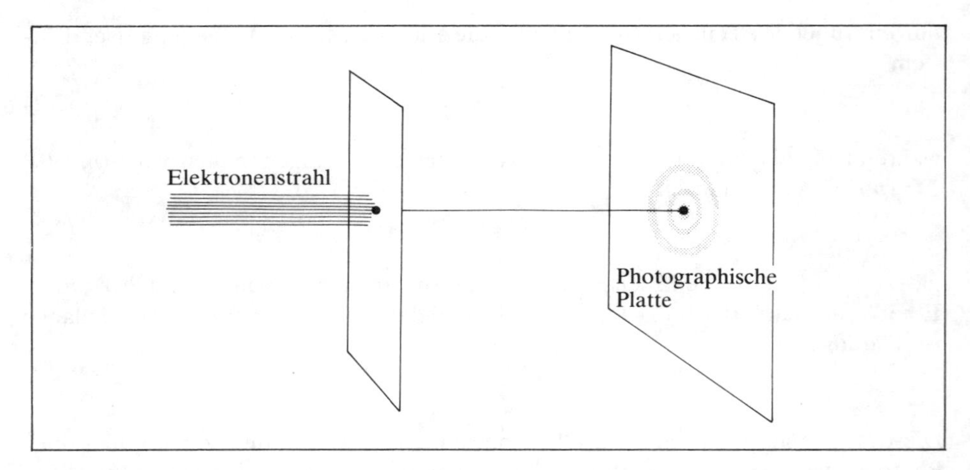

Fig. 2.2. Schematische Darstellung der Elektronenbeugung.

Wie können Wellen- und Teilcheneigenschaften eines Elektrons miteinander in Einklang gebracht werden? Einerseits ist der Schwärzungsgrad in einem Punkt einer photographischen Platte als Folge des gebeugten Elektronenstrahls proportional der dort auftreffenden Elektronen; andererseits kann der Schwärzungsgrad nach den Methoden der physikalischen Optik genau berechnet werden. Dabei wird der Strahl als ankommende Welle durch eine Wellenfunktion ψ beschrieben, die eine Wellenlänge nach (2.5) hat. Ferner wird angenommen, daß der Schwärzungsgrad durch die *Intensität* ψ^2 bestimmt ist. Daraus folgt, daß die Anzahl der Elektronen in einem gewissen Punkt des Schirms proportional dem Quadrat der Wellenfunktion in diesem Punkt ist. Die Wellenfunktion für bewegte Teilchen in einem Strahl, charakterisiert durch die Wellenlänge $\lambda = h/p$, muß eine Wellengleichung erfüllen, nämlich die Schrödingergleichung, die in Kapitel 3 behandelt werden wird. Wichtig ist hier, daß kein Versuch unternommen wird, für ein gewisses Elektron eine Bahn zu definieren, sondern daß das Ergebnis des Experiments *statistisch* beschrieben wird. Wird der Strahl gebeugt, so ist für jedes der großen Anzahl von Elektronen das gleiche Experiment (Elektron am Spalt) durchzuführen. Der *Bruchteil,* der in einem gegebenen Punkt auftrifft, ist nach Definition die *Wahrscheinlichkeit,* ein Elektron aus dem Strahl später in diesem Punkt anzutreffen. Eine Zusammenfassung der Definition und der Eigenschaften von Wahrscheinlichkeiten findet man im Anhang 1. Offensichtlich kann die Wellenfunktion ψ sogar zur Beschreibung des Verhaltens eines *einzigen* Teilchens herangezogen werden; ψ ist eine Funktion des Ortes, $\psi = \psi(x, y, z)$, und $|\psi(x, y, z)|^2$ bestimmt die Wahrscheinlichkeit, das Teilchen an einem Punkt mit den Koordinaten x, y, z vorzufinden. Im Strahlexperiment verursacht jedes Elektron nur einen Punkt auf der photographischen Platte; mit Vorliebe dort, wo $|\psi|^2$ groß ist, und weniger dort, wo $|\psi|^2$ klein ist. Erst mit vielen Elektronen ergibt sich dann das bekannte Beugungsbild, wobei die Elektronenzahl an jedem Punkt proportional $|\psi|^2$ ist. Wir schreiben

$$P(x, y, z) = |\psi(x, y, z)|^2 \tag{2.6}$$

und nennen $P = P(x, y, z)$ die *Wahrscheinlichkeitsdichte* als Funktion des Ortes. Es ist zu beachten, daß in (2.6) das Quadrat des Betrages von ψ verwendet wird und nicht einfach ψ^2. Dadurch wird gewährleistet, daß P immer eine reelle positive Zahl ist (wie das nach Definition der Fall sein muß), sogar dann, wenn ψ komplex sein sollte*.

Genau genommen ist die Wahrscheinlichkeit, ein Elektron *in* einem *Punkt* vorzufinden, null. Die Funktion P ist eine Wahrscheinlichkeitsdichte, das ist eine Wahrscheinlichkeit pro Volumeneinheit. Das Volumenelement lautet für Cartesische Koordinaten $d\tau = dx\, dy\, dz$, ein Quader mit den Seiten dx, dy, dz, und damit gilt

$$\begin{pmatrix}\text{Wahrscheinlichkeit, das Teilchen} \\ \text{im Volumenelement } d\tau \text{ am} \\ \text{Punkt } x, y, z \text{ vorzufinden}\end{pmatrix} = P(x,y,z)\,d\tau, \tag{2.7}$$

wobei P durch (2.6) gegeben ist. Die Wahrscheinlichkeit, das Teilchen überhaupt *irgendwo* im Raum zu finden, muß eins sein, also (siehe Anhang 1)

$$\int P(x, y, z)\,d\tau = 1, \tag{2.8}$$

wobei sich die Integration über den gesamten Raum erstreckt. Diese physikalisch notwendige Eigenschaft stellt eine bedeutende Einschränkung für ψ dar, nämlich

$$\int |\psi(x, y, z)|^2\,d\tau = 1. \tag{2.9}$$

Eine Wellenfunktion mit dieser Bedingung nennt man eine *normierte* Wellenfunktion. Erfüllt eine sonst brauchbare Lösung der Schrödingergleichung die Bedingung (2.9) nicht, so kann diese Lösung mit einem „Normierungsfaktor“ N multipliziert werden. Dieser folgt aus der Forderung

$$N^2 \int |\psi(x, y, z)|^2\,d\tau = 1, \tag{2.10}$$

vorausgesetzt, daß das Integral endlich ist. Wir sagen auch, die Wellenfunktion muß *quadratintegrierbar* sein. Das Integral über *jeden* Bereich muß endlich sein, um die unsinnige Möglichkeit auszuschließen, daß dort ein Teilchen mit unendlicher Wahrscheinlichkeit gefunden werden kann.

Wir wollen nun das Verfahren zusammenfassen, das bei der Diskussion des Verhaltens eines Teilchens unter dem Einfluß einer gegebenen Kraft (etwa ein Elektron unter dem Einfluß eines oder mehrerer Kerne) einzuschlagen ist.

(I) Hinschreiben der Wellengleichung unter Berücksichtigung der gegebenen Bedingungen.

* Ist ψ eine komplexe Größe, so können wir schreiben $\psi = f + ig$, wobei $i = \sqrt{-1}$ und f und g reelle Zahlen sind. Durch Einführung der zu ψ konjugiert komplexen Größe $\psi^* = f - ig$ kann das Quadrat des Betrages von ψ als $|\psi|^2 = \psi\psi^* = f^2 + g^2$ geschrieben werden.

(II) Lösen dieser Gleichung, um eine Wellenfunktion $\psi(x, y, z)$ zu finden.

(III) Die Wahrscheinlichkeitsdichte lautet

$$P = |\psi(x, y, z)|^2 .$$

Die Einzelheiten dieser Technik werden wir jetzt nicht beschreiben. Sie werden den hauptsächlichen Inhalt von Kapitel 3 bilden. Hier belassen wir es bei der qualitativen Beschreibung des Vorgehens beim Studium der Atomstruktur und der Angabe seiner Ergebnisse. Das, was hiervon anschaulich ist, kann man leicht verstehen, bevor man dafür eine theoretische Begründung gibt. Aber ehe wir weitergehen, müssen wir noch auf einen sehr wichtigen Punkt hinweisen, den wir bisher ausgelassen haben. Die Wellengleichung hat eine unendlich große Anzahl von Lösungen, aber keineswegs entsprechen alle einer physikalischen oder chemischen Realität; es gibt also nicht-relevante Lösungen. Relevante Lösungen müssen gewisse Bedingungen erfüllen. Im Fall eines Elektrons, das in einem Atom oder in einem Molekül gebunden ist, muß das Integral $\int |\psi|^2 \, d\tau$, wie bereits bemerkt, endlich sein; ferner muß die Funktion ψ überall endlich, eindeutig und stetig sein, und außerdem muß ihr Gradient stetig sein. Diese Bedingungen scheinen sehr einfach und einleuchtend, aber sie sind doch von sehr weittragender Bedeutung. Für ein gebundenes Elektron folgt, daß für große Kernabstände ψ stetig gegen null geht. Solche Lösungen können nur für ganz gewisse „erlaubte“ Werte der Energie E gefunden werden. Die entsprechende „quantisierte Energie“, die durch Bohr für das Wasserstoffatom nur unter der Voraussetzung einer bestimmten „Quantenbedingung“ erfolgreich vorhergesagt worden ist, erscheint in der Quantenmechanik auf sehr natürliche Weise durch die allgemeine physikalische Bedingung einer mathematisch „vernünftigen“ Wellenfunktion. Die entsprechenden Bewegungszustände werden *stationäre Zustände* genannt, nicht etwa deshalb, weil sich das Elektron in einem solchen Zustand nicht bewegt, sondern weil die Energie E und die Funktion $P(=\psi\psi^*)$ *zeitunabhängig* sind. Es gibt auch andere Zustände, in denen die Energie nicht konstant ist und in denen die charakteristischen Größen ψ und P zeitlich veränderlich sind. Solche Zustände haben in der Theorie der Streuung und der Stöße sowie bei der Wechselwirkung eines Teilchens mit oszillierenden Feldern (diese können *Übergänge* von einem stationären Zustand zu einem anderen bewirken) eine große Bedeutung. Sie sollen in diesem Buch nur kurz erwähnt werden, da sie keine besondere Rolle in der Bindungstheorie spielen. Wenn wir von „erlaubten“ Energiewerten und Wellenfunktionen sprechen, so meinen wir damit immer die stationären Zustände.

2.2 Die Interpretation von $|\psi|^2$ als Ladungswolke

Ein bewegtes Teilchen wird in der Quantenmechanik durch eine Wellenfunktion ψ beschrieben, und zwar so, daß $|\psi|^2 d\tau$ die Wahrscheinlichkeit ist, es in einem Volumenelement $d\tau$ anzutreffen. Es gibt aber noch eine andere besser illustrierende Interpretation von ψ, die allerdings weniger streng ist, und auf die wir schon in § 1.5 vorgegriffen haben. Wir besprechen sie im folgenden und betrachten dazu als bewegtes Teilchen ein Elektron. Nun wollen wir annehmen, daß sich das Elektron in eine Wolke aufgelöst habe, die sogenannte Ladungswolke, deren Dichte an jedem Ort proportional $|\psi|^2$ ist. Dort, wo $|\psi|^2$ am größten ist, hat die Ladungswolke ihre größte Dichte, und dementsprechend ist dort auch die größte Menge der negativen elektrischen Ladung. Der wesentliche Unterschied zwischen dieser Interpretation und unserer früheren besteht darin, daß wir an Stelle von einer *Wahrscheinlichkeitsdichte* (so daß $P\,d\tau$ die Wahrscheinlichkeit des Auffindens des Elektrons in $d\tau$ ist) jetzt das Elektron als solches als „verschmiert" betrachten mit einer Dichte P (Elektronen/Volumeneinheit). Gleichung (2.9) besagt dann genau genommen, daß die gesamte Ladung, die durch Integration der Dichte über den ganzen Raum erhalten wird, genau die Ladung eines Elektrons ist. Wenn nun ein einzelnes Elektron ein Teilchen ist, dann kann es sich nicht über Bereiche von der Größe eines Atoms oder Moleküls, diese haben etwa 10^{-10} m Durchmesser, ausbreiten. Daher darf dieses Bild einer Ladungswolke, obwohl es sehr nützlich ist, nicht wörtlich genommen werden. Richtig ist nur die statistische Interpretation. Beide Betrachtungsweisen können aber zueinander in Beziehung gesetzt werden. Dazu nehmen wir einmal an, daß es auf irgendeine Weise möglich sei, den Aufenthaltsort für ein Elektron zu einem bestimmten Zeitpunkt genau zu erfahren. Wir markieren dann den Ort durch einen kleinen Punkt im Raum. Eine solche Beobachtung wollen wir nun sehr oft wiederholen (sagen wir eine Million Mal), und jedes Mal werde wieder ein Punkt an entsprechender Stelle im Raum gemacht. Sind nun die Punkte so dicht, daß benachbarte nicht unterschieden werden können, dann ist der Eindruck, den uns das Diagramm vermittelt, der einer Wolke. Die dichtesten Teile der Wolke sind die, welche die meisten Punkte enthalten. Und das sind genau die Stellen, an denen wir am wahrscheinlichsten das Elektron antreffen werden. So ist die Dichte der Ladungswolke ein direktes Maß für die Wahrscheinlichkeitsdichte. Die Elektronendichte, die im Experiment der Röntgenstrahlbeugung „beobachtet" wird und zu Fig. 1.2 führt, ist die Funktion $P(x, y, z)$, welche die Aufenthaltswahrscheinlichkeit pro Volumeneinheit am Punkt x, y, z für ein Elektron angibt.

Trotz diesem Mangel an Realität ist die Vorstellung der Ladungswolke sehr wertvoll und hat auch eine gewisse formale Gültigkeit. Ihr großer Wert liegt, wie in § 1.5 angedeutet, in der Möglichkeit einer bildlichen Vorstellung, abgesehen von Mehrelektronen-Wellenfunktionen. Viele beobachtbare Größen (siehe § 3.10) können durch die Prinzipien der klassischen Elektrostatik berechnet werden, *genau so, als wäre das Elektron wirklich mit der Dichte P verschmiert.* Darüberhinaus kann die Ladungsdichte sogar für *Mehrelektronen*-Systeme definiert werden, die ähnliche Eigenschaften hat.

Im folgenden Abschnitt sollen graphische Darstellungen für einige stationäre Zustände des Elektrons im Wasserstoffatom gezeigt werden; auf ähnliche Weise soll das auch für die Wellenfunktion ψ selbst geschehen.

2.3 Das Wasserstoffatom im Grundzustand: atomare Einheiten

Die soeben gegebenen Vorstellungen können sehr gut am Beispiel des Wasserstoffatoms im Grundzustand illustriert werden. Hier haben wir es mit nur einem Elektron zu tun, das sich um den Kern bewegt, den wir uns im Zentrum des Koordinatensystems fixiert denken. In einem derartigen Fall gibt es viele erlaubte Wellenfunktionen und dazugehörige Energiewerte; den niedrigsten davon nennt man den Grundzustand.

Nach der Bohrschen Theorie bewegt sich das Elektron in diesem Zustand auf einem Kreis, dessen Radius man den Radius der ersten Bahn nennt oder einfach den „Bohrschen Radius", abgekürzt geschrieben a_0. Zwischen dem Radius a_0, der Masse m des Elektrons und seiner Ladung e besteht die Beziehung

$$a_0 = \kappa_0 \hbar^2 / me^2 \qquad (2.11a)$$

wobei zwei bequeme Abkürzungen eingeführt werden: $\hbar$ (h quer) ist ein Symbol für $h/2\pi$, der modifizierten Planckschen Konstanten; $\varkappa_0 = 4\pi\varepsilon_0$ (ε_0 ist die Dielektrizitätskonstante für das Vakuum). Die zugehörige erlaubte Energie lautet

$$E = -\frac{me^4}{2\kappa_0^2 \hbar^2} = -\frac{e^2}{2\kappa_0 a_0} = -13{\cdot}60\,\text{eV}. \qquad (2.11b)$$

Das Minuszeichen bedeutet, daß die Energie niedriger als der Nullpunkt der Energie liegt, der nach Konvention der unendlichen Entfernung von Proton und Elektron entspricht. Die Bewegung findet in einer Ebene statt. Obwohl diese Theorie aufgegeben werden mußte, sind die in (2.11) definierten Größen nach wie vor von fundamentaler Bedeutung.

In der Quantenmechanik wird das Elektron, anstatt mit einer Bahnkurve, mit Hilfe einer geeigneten Wellenfunktion beschrieben. Sie lautet (Kapitel 3)

$$\psi = \left(\frac{1}{\pi a_0^3}\right)^{1/2} \exp\left(-\frac{r}{a_0}\right), \qquad (2.12)$$

wobei r der Abstand vom Koordinatenursprung ist. Daraus folgt die Wahrscheinlichkeitsdichte

$$P = \psi^2 = \frac{1}{\pi a_0^3} \exp\left(-\frac{2r}{a_0}\right). \qquad (2.13)$$

Man erkennt sofort, daß jetzt die Bewegung nicht mehr auf eine Ebene beschränkt ist, denn P ist kugelsymmetrisch bezüglich des Ursprungs und die Punkte konstanter Aufenthaltswahrscheinlichkeit liegen auf einer Kugelfläche mit dem Radius r. Des weiteren ist die Wellenfunktion (2.12) bereits normiert, denn mit $\int_0^\infty r^2 \mathrm{e}^{-cr}\,\mathrm{d}r = 2/c^3$ und mit $\mathrm{d}\tau$ als Volumen einer Kugelschale mit der Stärke $\mathrm{d}r$ gilt

$$\int \psi^2 \,\mathrm{d}\tau = \int_0^\infty \psi^2 4\pi r^2 \,\mathrm{d}r = \int_0^\infty 4 a_0^{-3} r^2 \exp\left(-\frac{2r}{a_0}\right)\mathrm{d}r = 1\,.$$

Es gibt verschiedene Möglichkeiten der graphischen Darstellung von (2.12) oder (2.13).

Wir könnten

(*a*) die Kurve für ψ (oder P) über r zeichnen.
(*b*) Niveauflächen für konstante Werte von ψ (oder P) zeichnen. Diese Flächen sind

hier konzentrische Kugelflächen. Alle Punkte mit einem konstanten Wert für ψ (oder P) liegen auf einer Kugelfläche.

(*c*) die Ladungswolke zeichnen (oder, wie hier, die Dichte in einer Schnittebene durch den Koordinatenursprung); verschiedene Werte für P werden dabei durch den unterschiedlichen Schattierungsgrad angedeutet.

(*d*) eine „Grenzfläche" zeichnen. Sie ist eine jener Flächen von (*b*), für welche die außerhalb liegende Ladung nur ein bestimmter kleiner Prozentsatz (beispielsweise 10%) der gesamten elektronischen Ladung ist.

In Fig. 2.3 sind alle diese Möglichkeiten dargestellt. Von diesen Diagrammen sind nur (*a*) und (*b*) quantitativ gezeichnet, was eine analytische Form von ψ erfordert. Das Bild (*c*) vermittelt einen guten allgemeinen Eindruck von der Ladungsverteilung, selbst dann, wenn die Dichte der Ladung nicht mit hoher Genauigkeit dargestellt werden kann. Die einfachste Darstellungsweise ist die in (*d*), trotzdem gibt sie für viele Zwecke ein überraschend brauchbares Bild, das wir häufig verwenden werden.

Es gibt noch eine andere Methode zur Darstellung der Ladungsdichte, die oft für Atome Verwendung findet. Hat P sphärische Symmetrie, wie das bei Atomen der Fall ist, so ist P eine Funktion nur des Abstandes r, und wir können die sogenannte *radiale* Dichte $4\pi r^2 P(r)$ zeichnen. Da $4\pi r^2 \mathrm{d}r$ das Volumen zwischen zwei konzentrischen Kugeln mit den Radien r und $r+\mathrm{d}r$ ist, ergibt sich mit $4\pi r^2 P(r)\mathrm{d}r$ die Wahrscheinlichkeit, das Elektron *irgendwo* in der Kugelschale mit der Dicke $\mathrm{d}r$ beim Abstand r anzutreffen. Fig. 2.4 (*a*) zeigt graphisch den Verlauf dieser radialen Dichte. Vergleicht man mit der Bohrschen Theorie, so findet man das interessante Ergebnis, daß in der neuen Theorie die maximale radiale Dichte für $r=a_0$ auftritt. Somit ist der *wahrscheinlichste* Abstand des Elektrons vom Kern genau gleich dem Radius der Bohrschen Bahn.

Auf der rechten Seite der Fig. 2.4 (*b*) ist die Funktion $F(r)$ dargestellt, wobei $F(r)$ der Bruchteil der gesamten Ladung ist, der außerhalb einer Kugel mit dem Radius r liegt. Selbstverständlich gilt $F(0)=1$ und $F(\infty)=0$. Man sieht, daß $F(r)$ mit wachsendem r rasch abnimmt. Wenn beispielsweise in Fig. 2.3 (*d*) die Grenzfläche so gezogen werden soll, daß 10% der Ladung außerhalb liegt, dann ist der Radius $2.6a_0$ (~ 140 pm). Der analytische Ausdruck für $F(r)$ lautet

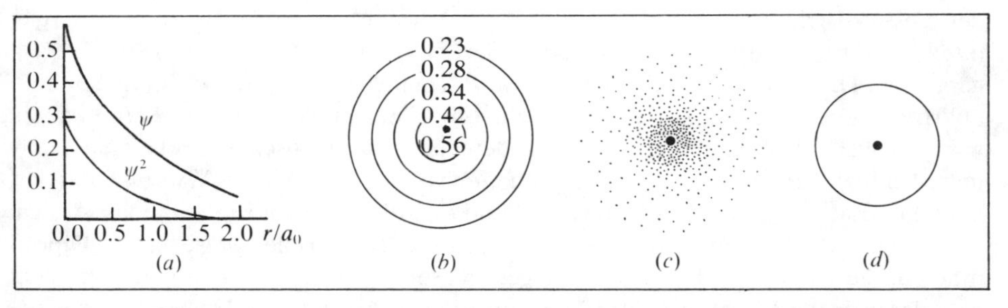

Fig. 2.3. Verschiedene Darstellungsmöglichkeiten der Wellenfunktion für den Grundzustand des Wasserstoffatoms: (*a*) Die Kurven von ψ und ψ^2 über r; (*b*) Schnitte von Niveauflächen von ψ mit einer Ebene, die den Kern enthält; (*c*) Ladungswolke P ($=\psi^2$); (*d*) Grenzfläche.

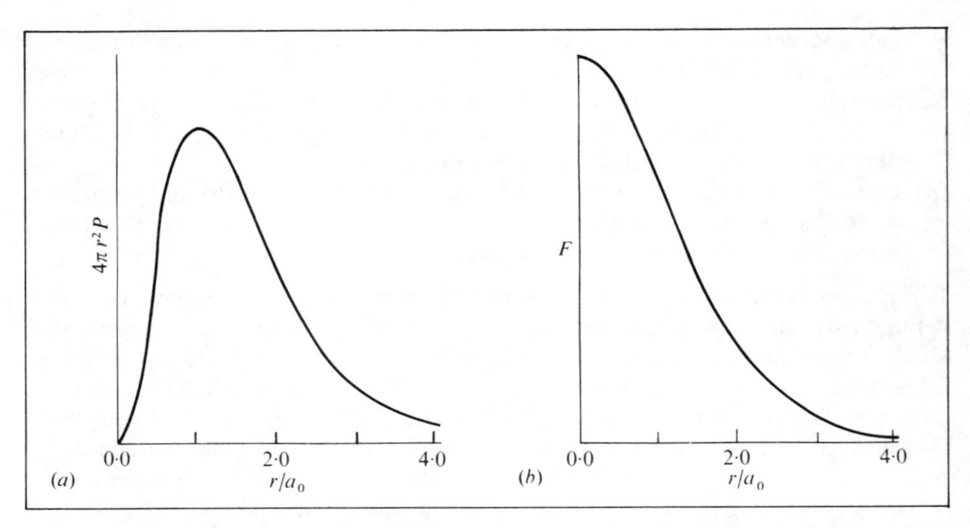

Fig. 2.4. (*a*) Radiale Dichte für das Wasserstoffatom im Grundzustand. (*b*) Bruchteil der Ladung außerhalb einer Kugel mit dem Radius *r*.

$$F(r) = \int_r^\infty \psi^2 4\pi r^2 \,\mathrm{d}r = \left(1 + \frac{2r}{a_0} + \frac{2r^2}{a_0^2}\right) \exp\left(-\frac{2r}{a_0}\right) \tag{2.14}$$

und es ist deshalb nicht schwer, andere Grenzflächen zu zeichnen, außerhalb derer ein größerer oder kleinerer Ladungsbruchteil liegt.

Atomare Einheiten. Es ist manchmal von Vorteil, den Bohrschen Radius a_0 als „atomare Einheit" der Länge zu verwenden, denn in den Gleichungen (2.12), (2.13) und (2.14) tritt der Abstand r immer in Verbindung mit a_0 auf (speziell in den Formen r/a_0 oder $(r/a_0)^2$). Dabei bedeutet r/a_0 einfach, daß der Abstand r „in Einheiten von a_0" gemessen wird. Genau genommen ist a_0 gar keine *Einheit*, denn diese Größe hängt von e, m, $\hbar$, $\varkappa_0$ ab, deren Werte durch *Messungen* bestimmt werden, wobei die primären Einheiten (Coulomb, Kilogramm, usw.) verwendet werden, die durch Konvention festgelegt sind. Trotzdem wird der Begriff „atomare Einheit" allgemein verwendet, dessen Bedeutung nun klar sein dürfte. Auf ähnliche Weise wird die Energie durch fundamentale Naturkonstanten in der Zusammensetzung $e^2/\varkappa_0 a_0$ in (2.11*b*) gemessen. Diese Größe bezeichnen wir mit E_h (manchmal wird diese Energieeinheit „hartree" genannt), und E/E_h mißt die Energie E in Einheiten von E_h. Somit haben wir ein vollständiges Einheitensystem, in dem jeder physikalischen Größe eine „atomare Einheit" zugeordnet wird. Die Einheiten von Ladung, Masse, Wirkung und der Dielektrizität lauten im einzelnen e, m, $\hbar$ und $\varkappa_0$. Alle weiteren Einheiten lassen sich durch passende Kombinationen dieser vier ausdrücken. Beispielsweise hat das Dipolmoment die Dimension Ladung × Länge, und seine atomare Einheit lautet deshalb ea_0 oder, wegen (2.11*a*), $\varkappa_0\hbar^2/me$. Meistens ist es bequemer, den Einheitensatz e, m, a_0, E_h an Stelle von e, m, $\hbar$, $\varkappa_0$ zu verwenden. Die entsprechenden Ausdrücke für die atomaren Einheiten häufig verwendeter Größen sind in Tabelle 2.1 zusammengefaßt.

Tabelle 2.1. Einige häufig verwendete atomare Einheiten

Größe und Dimension	Atomare Einheit	SI-Einheit
Länge (L)	a_0 (bohr)	$5{\cdot}292 \times 10^{-11}$ m
Masse (M)	m (Elektronenmasse)	$9{\cdot}110 \times 10^{-31}$ kg
Ladung (Q)	e (Protonenladung)	$1{\cdot}602 \times 10^{-19}$ C
Energie ($ML^2T^{-2} = W$)	E_h (hartree)	$4{\cdot}359 \times 10^{-18}$ J
Dielektrizität ($Q^2W^{-1}L^{-1}$)	e^2/a_0E_h ($= 4\pi\varepsilon_0$)	$4\pi \times 8{\cdot}854 \times 10^{-12}$ F m^{-1}
Wirkung (WT)	$\hbar$	$1{\cdot}055 \times 10^{-34}$ J s
Zeit (T)	$\hbar/E_h$	$2{\cdot}419 \times 10^{-17}$ s
Elektrisches Potential (WQ^{-1})	E_h/e	$2{\cdot}721 \times 10^1$ V
Elektrische Feldstärke ($WQ^{-1}L^{-1}$)	E_h/ea_0	$5{\cdot}142 \times 10^{11}$ V m^{-1}
Magnetische Flußdichte ($MT^{-1}Q^{-1}$)	$\hbar/ea_0^2$	$2{\cdot}351 \times 10^5$ T

Die atomaren Einheiten für Ladung, Masse, Länge und Energie lauten

$$e, \qquad m, \qquad a_0 = \frac{\kappa_0 \hbar^2}{me^2}, \qquad E_h = \frac{me^4}{\kappa_0^2 \hbar^2}.$$

Die Elektronenladung beträgt $-e$ (-1 atomare Ladungseinheit), die Elektronenmasse beträgt m (1 atomare Masseneinheit), die Energie des Wasserstoffatoms im Grundzustand beträgt $-1/2\ E_h$ ($-1/2$ atomare Energieeinheit oder $-1/2$ hartree). Die Interpretation der Energieeinheit E_h ist einfach: das Elektron im Wasserstoffatom hat im Grundzustand die Energie $1/2\ E_h$ unterhalb des Nullpunktes, der sich auf das im Unendlichen ruhende Elektron bezieht. Demnach ist $1/2\ E_h$ die Ionisierungsenergie des Wasserstoffatoms. Nach (2.11) ist

$$E_h = 27{\cdot}20\,\text{eV}$$

das Doppelte der Ionisierungsenergie des Wasserstoffatoms, wobei die Kernbewegung vernachlässigt ist.

Werden in einer Arbeit atomare Einheiten verwendet, so erhalten die Größen e, m, a_0, $\hbar$, usw. alle den Zahlenwert eins und verschwinden deshalb aus allen Gleichungen. *Die Ergebnisse sind dann in den entsprechenden atomaren Einheiten zu verstehen.* Beispielsweise lautet dann die Wahrscheinlichkeitsdichte (2.13)

$$P = \left(\frac{1}{\pi}\right) e^{-2r}.$$

In diesem Fall ist es besonders wichtig, die Größen richtig zu interpretieren. Demnach ist r die Maßzahl des Abstandes vom Kern, die an Stelle der *Zahl* r/a_0 eingeführt ist, die eine „dimensionslose Variable" ist. P erscheint ebenfalls als reine Zahl; diese ist die Wahrscheinlichkeitsdichte, die als Vielfaches der atomaren Dichteeinheit, nämlich a_0^{-3}, ausgedrückt ist. Sollen P und r in absoluten Einheiten ausgedrückt werden, so ist zu schreiben

$$P = a_0^{-3}\left(\frac{1}{\pi}\right)\exp\left(-\frac{2r}{a_0}\right);$$

der Faktor a_0^{-3} bestimmt die richtige, physikalisch sinnvolle Dimension (L^{-3}). Somit sind wir wieder bei der ursprünglichen Form (2.13). Die Verwendung dimensionsloser Variablen (das sind *Zahlen*, die Größen als Vielfaches von bestimmten Einheiten ausdrücken, an Stelle der *Größen* selbst) ist bei numerischen Arbeiten sehr vorteilhaft. Allerdings ist große Sorgfalt zur Beibehaltung der Konsistenz erforderlich, das heißt, daß *alle* Größen auf das *gleiche* Einheitensystem bezogen sind.

2.4 Atomorbitale

Man kann sagen, daß die Wellenfunktion (2.12) den *Zustand* des Elektrons beschreibt. Den klassischen Begriff der Bewegung in einer bestimmten Bahn mußten wir aufgeben, aber nun liefert stattdessen eine Wellenfunktion die beste Vorstellung, die wir uns überhaupt machen können. Diese nennen wir deshalb ein *Atomorbital* oder einfach ein AO.

Das AO in Fig. 2.3 ist nur das erste, es gehört zur niedrigsten Energie, aus einem unendlich großen Satz von Lösungen der Schrödingergleichung. Es ist das Orbital des Grundzustands und daher das wichtigste zur Beschreibung des chemischen Verhaltens. Wird ein ausreichender Energiebetrag auf das Atom übertragen (etwa durch Strahlung), so kann es zu einem Übergang oder „Sprung" in einen der „angeregten Zustände" kommen, dessen AO einer höheren Energie entspricht. Wir sollten nun mit der systematischen Behandlung einiger Atomorbitale aus diesem unendlichen Satz beginnen, aber nicht nur für das Wasserstoffatom mit der Ordnungszahl $Z=1$, sondern für beliebige Ordnungszahlen, denn wir wollen Aussagen für alle Atome des Periodensystems gewinnen. Dafür ist es unbedingt erforderlich, eine klare bildliche Vorstellung einiger häufig vorkommenden Atomorbitale zu haben sowie deren Symmetrieeigenschaften und Namen zu beherrschen.

Die Atomorbitale für ein Elektron, das sich im Feld eines Kernes der Ladung Ze bewegt, werden gewöhnlich in sphärischen Polarkoordinaten r, θ, ϕ dargestellt (Fig. 2.5). Diese Darstellungsform ist zur Klassifizierung der Lösungen am besten geeignet, obwohl wir uns später bei deren bildlicher Darstellung der Cartesischen Koordinaten x, y, z bedienen werden müssen. Für diese Umwandlung benötigen wir die Transformationsgleichungen der beiden Koordinatensysteme: $x=r \sin\theta \cos\phi$, $y=r\sin\theta\sin\phi$, $z=r\cos\theta$. Die erlaubten Funktionen haben alle die Form

$$\psi_{nlm}(r, \theta, \phi) = R_{nl}(r) Y_{lm}(\theta, \phi), \tag{2.15}$$

wobei verschiedene Lösungen durch verschiedene Indizes n, l, m symbolisiert werden. Diese ganzzahligen Indizes heißen *Quantenzahlen*. Der Faktor R_{nl} ist eine Funktion nur des Abstandes des Elektrons vom Kern und hängt von den beiden Quantenzahlen n und l ab; während der Faktor Y_{lm} eine Winkelabhängigkeit aufweist und von den beiden Quantenzahlen l und m abhängt. Während n die Werte 1, 2, 3, ... annehmen kann, beschränken sich die Werte für l und m auf folgende Bereiche:

$$l=0, 1, \ldots, n-1 \qquad m=l, l-1, \ldots, -l \tag{2.16}$$

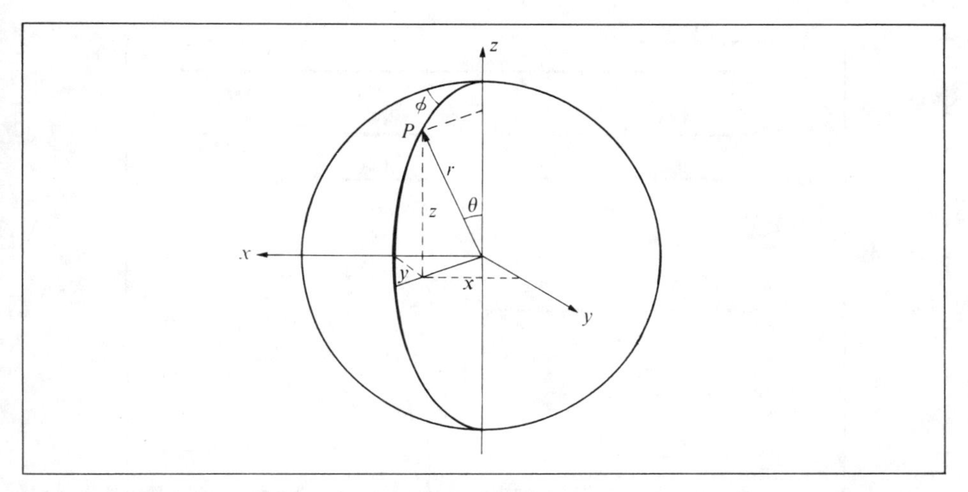

Fig. 2.5. Sphärische Polarkoordinaten und ihre Beziehung zum Cartesischen System.

Obwohl es drei Quantenzahlen gibt, hängt die Energie nur von einer ab, nämlich von n. Dieser Zusammenhang lautet

$$E_{nlm} = -\frac{1}{2}\frac{Z^2}{n^2}E_h = -\frac{1}{2}\frac{Z^2}{n^2}\,\text{hartree}, \tag{2.17}$$

der für $Z=1$ und $n=1$ das bereits bekannte Ergebnis für das Wasserstoffatom enthält. Die Zahl n wird *Hauptquantenzahl* genannt. Da für $n > 1$ die Quantenzahlen l und m verschiedene Werte annehmen können, ohne daß sich dabei die Energie ändert, müssen die erlaubten Zustände alle zur gleichen Energie gehören. Solche Zustände werden *entartet* genannt und die Anzahl der unabhängigen Zustände zur gleichen Energie wird *Entartungsgrad* genannt.

Die Anordnung der möglichen Energiewerte ist in Fig. 2.6 so vorgenommen, daß der Entartungsgrad zu gegebenem n deutlich wird. Die konventionellen Bezeichnungen der Zustände sind angegeben und es ist zu berücksichtigen, daß für jeden Wert l eine $(2l+1)$-fache Entartung gemäß den $2l+1$ möglichen Werten für m $(=l, l-1, \ldots, -l)$ vorliegt. Beispielsweise zeigt das 2p-Niveau die gemeinsame Energie dreier verschiedener Zustände mit $m=1, 0, -1$ auf. Die Bezeichnung der Zustände besteht aus der *Hauptquantenzahl n*, die die Energie angibt sowie aus einem Buchstaben, der das Winkelverhalten der Wellenfunktion angibt. Die Symbole s, p, d, f, ... (entsprechend $l=0, 1, 2, 3, \ldots$) haben historischen Ursprung und dienten früher der Klassifizierung von Spektralserien nach den Kategorien: Scharfe Serie, Hauptserie, diffuse Serie, fundamentale Serie, ... In der Symbolik sind die englischen Bezeichnungsweisen allgemein üblich: sharp, principal, diffuse, fundamental.

Bevor die Atomorbitale graphisch dargestellt werden, muß etwas über die Signifikanz der Quantenzahl m gesagt werden. Diese wird gelegentlich „Magnetquantenzahl" genannt, da ein Magnetfeld Zustände mit verschiedenen m-Werten verschieden beeinflußt, was in der Spektroskopie geläufig ist. Die drei 2p-Zustände werden nach

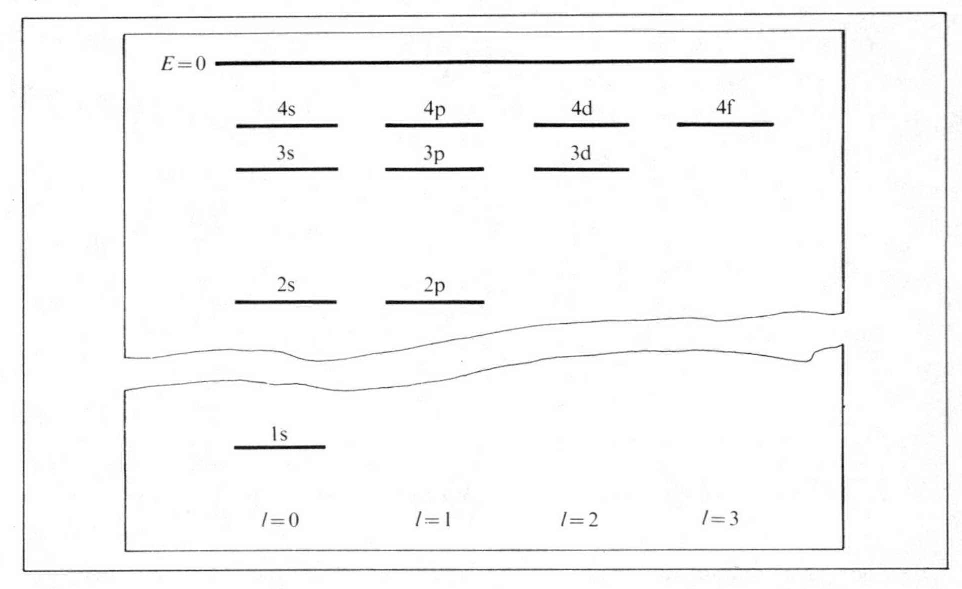

Fig. 2.6. Klassifizierung der Energiewerte für das Wasserstoffatom. (In Wirklichkeit ist der 1s-Wert von der Linie für $E=0$ *doppelt* so weit entfernt).

(2.15) mit $\psi_{2,1,1}$, $\psi_{2,1,0}$, $\psi_{2,1,-1}$ bezeichnet. Sie alle sind Lösungen der Schrödingergleichung zur gleichen Energie E_{2p}, aber es gibt noch weitere Lösungen. Eine „Linearkombination"

$$\psi = a\psi_{2,1,1} + b\psi_{2,1,0} + c\psi_{2,1,-1} \tag{2.18}$$

(wobei a, b, c beliebige Zahlen sind) ist ebenfalls Lösung der Schrödingergleichung und ist ebenfalls eine 2p-Funktion zur Energie E_{2p}. Es gibt demnach eine gewisse Willkür bei der Wahl der miteinander entarteten Zustände, und diese Willkür kann nur durch eine Konvention eingeschränkt werden. Die gebräuchlichste Konvention in der Bindungstheorie (aber nicht in der Atomspektroskopie) ist die Kombination von Paaren von Funktionen mit betragsgleichen Werten m (beispielsweise $\psi_{2,1,1}$ und $\psi_{2,1,-1}$), indem sowohl deren Summe als auch deren Differenz gebildet wird. Die so definierten Atomorbitale können graphisch dargestellt werden und können durch Cartesische Symbole charakterisiert werden.

Die Funktion $\psi_{2,1,0}$, eine 2p-Funktion, soll als Beispiel ausführlich behandelt werden. Wir setzen die Kernladung Ze voraus und schreiben nach (2.15) die Funktion auf, wobei Cartesische Koordinaten und atomare Einheiten verwendet werden sollen. Der radiale Faktor $R_{21}(r)$ hat die einfache Form $r\exp(-Zr/2)$, wobei der Abstand mit Hilfe Cartesischer Koordinaten die Gestalt $r=(x^2+y^2+z^2)^{1/2}$ annimmt. Der winkelabhängige Faktor lautet einfach $\cos\theta$; nach Fig. 2.5 kann man dafür auch z/r schreiben. Somit hat die Wellenfunktion die Form $z\exp(-Zr/2)$. Der exponentielle Anteil ist kugelsymmetrisch und sorgt für das Verschwinden der Wellenfunk-

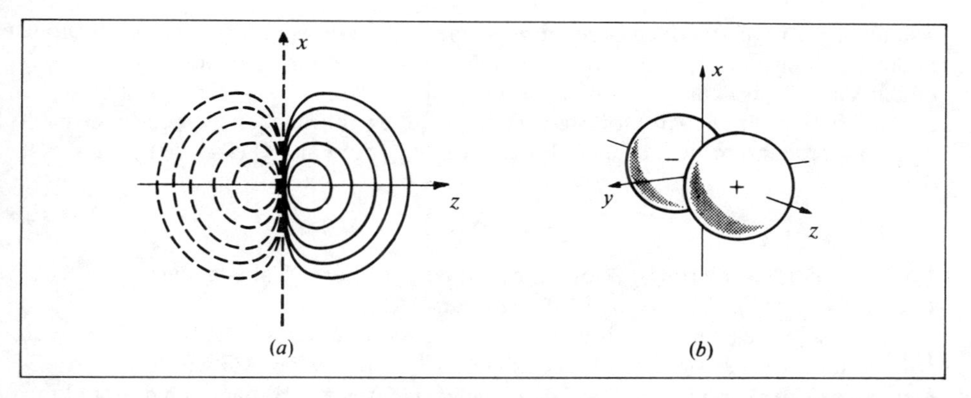

Fig. 2.7. Darstellungen eines 2p-Atomorbitals: (*a*) Niveaulinien für verschiedene Werte von ψ in der xz-Ebene, negative Werte sind durch unterbrochene Linien angedeutet; (*b*) vereinfachte dreidimensionale Darstellung des Atomorbitals.

tion bei anwachsendem Abstand vom Kern. Der Faktor z dagegen bewirkt eine Winkelabhängigkeit und schneidet die Funktion in zwei Teile, denn in allen Punkten der xy-Ebene ist $z = 0$ und somit ist die Wellenfunktion dort null. Für $\psi = 0$ sagen wir, die Funktion hat einen *Knoten.* Für unser Beispiel ist die xy-Ebene eine *Knotenfläche.* Darüberhinaus ist ψ auf der einen Seite der Knotenfläche positiv (z positiv), aber auf der anderen Seite negativ (z negativ). Bei der Spiegelung eines Punktes an der xy-Ebene (das Vorzeichen von z wird geändert, während x und y unverändert bleiben) wird nur das Vorzeichen von ψ geändert. Die eine Hälfte der Funktion ist deshalb mit der anderen Hälfte identisch, bis auf das Vorzeichen. Diese Funktion ist mit Hilfe ihrer Niveaulinien in Fig. 2.7 (*a*) dargestellt. Dieses Orbital erstreckt sich entlang der z-Achse und wird deshalb $2p_z$-AO genannt. In der Abbildung sind nur die Werte von ψ in einer Schnittebene, der xz-Ebene, gezeigt, während die Gestalt von ψ in Wirklichkeit dreidimensional ist. Demnach erhalten wir immer dasselbe Niveaulinienbild, wenn nur die gewählte Schnittebene die z-Achse enthält. Wählen wir einen beliebigen Punkt und bewegen diesen bei festem z-Wert auf einem Kreis rund um die z-Achse (dabei werden sich x und y ändern, aber der axiale Abstand $(x^2 + y^2)^{1/2}$ wird konstant bleiben), so wird $z \exp\{-1/2 Z(x^2 + y^2 + z^2)^{1/2}\}$ konstant bleiben. Ändert sich eine Funktion bei einer Rotation nicht, so nennen wir die Funktion *axial-symmetrisch.* Wir wollen nun ein vereinfachtes Bild von ψ entwerfen, wobei von der Grenzfläche Gebrauch gemacht werden soll, wie diese in Fig. 2.3 (*d*) eingeführt worden ist, wobei außerhalb dieser Grenzfläche ψ klein sein soll. Wir könnten dabei eine Grenzfläche für einen speziellen ψ-Wert heranziehen, aber wir könnten auch ganz einfach diejenigen Regionen skizzieren (etwa durch Kugelflächen), in denen ψ groß ist. Auf diese Weise erhalten wir die Darstellung in Fig. 2.7 (*b*), die perspektivisch die dreidimensionale Gestalt des Atomorbitals zeigt. Für qualitative Zwecke ist diese Art der Darstellung eines Atomorbitals vollkommen ausreichend, und deshalb werden wir sie laufend benutzen. Es ist zu beachten, daß die beiden „Lappen“ des Atomorbitals mit Vorzeichen versehen sind, um die positiven und negativen Werte von ψ zu unterscheiden. Selbstverständlich ist ψ^2 nirgends negativ, aber wenn wir die Atomorbitale in der Bindungstheorie verwenden, so ist die Unterscheidung der Bereiche verschiedenen Vorzeichens von ψ besonders wichtig.

Nun können wir alle Atomorbitale darstellen, die wir brauchen, wobei wir sie nach ihrer Hauptquantenzahl n ordnen. Für $n=1$ gibt es nur ein AO ($l=m=0$); dieses ist das 1s-AO

$$\psi_{1s} = N_{1s} e^{-Zr}, \tag{2.19}$$

wobei N_{1s} ein Normierungsfaktor ist, der in einer späteren Tabelle angegeben wird. Die Funktion ψ_{1s} ist bereits in Fig. 2.3 (*d*) dargestellt worden.

Für $n=2$ gibt es ein AO mit $l=m=0$, das 2s-AO; aber nach (2.16) ist jetzt auch $l=1$ erlaubt, woraus sich die Möglichkeiten $m=0$ (dieses 2p-AO wurde soeben genau beschrieben) und $m=\pm 1$ ergeben. Die geeigneten Kombinationen der Funktionen für $m=\pm 1$ (Summe und Differenz) führen zu zwei Atomorbitalen, die wir mit $2p_x$ und $2p_y$ abkürzen. Diese beiden Funktionen haben die gleiche Gestalt wie $2p_z$, nur daß sich die eine entlang der x-Achse und die andere entlang der y-Achse erstreckt (Fig. 2.8). Der vollständige Satz der Atomorbitale zur Hauptquantenzahl $n=2$ ist in Tabelle 2.2 aufgeführt. Es soll hier nur angemerkt werden, daß das 2s-AO einen *radialen* Knoten in Gestalt einer Kugelfläche mit dem Radius $r=2/Z$ hat, für den der Faktor $2-Zr$ verschwindet. Die drei 2p-Atomorbitale haben je einen Knoten, der durch den Winkelanteil bewirkt wird, so daß der Knoten in Form einer Ebene in Erscheinung tritt. Alle drei 2p-Atomorbitale, die wie Hanteln aussehen, sind mit Ausnahme ihrer Orientierung im Raum identisch. Es ist nicht überraschend, daß die

Tabelle 2.2. Wasserstoffähnliche 2s- und 2p-Atomorbitale in atomaren Einheiten. (Zur Umwandlung in absolute Einheiten ist r durch r/a_0, x durch x/a_0, usw. zu ersetzen).

2s-Orbital ($n=2, l=0$)	$\psi_{2s} = N_{2s}(2-Zr)\exp(-Zr/2)$
2p-Orbitale ($n=2, l=1$)	$\psi_{2p_x} = N_{2p}x\exp(-Zr/2)$
	$\psi_{2p_y} = N_{2p}y\exp(-Zr/2)$
	$\psi_{2p_z} = N_{2p}z\exp(-Zr/2)$

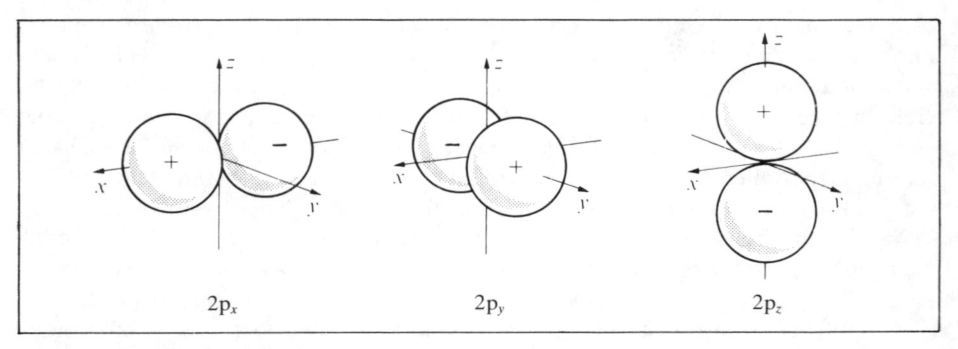

Fig. 2.8. Die drei 2p-Atomorbitale.

Tabelle 2.3. Wasserstoffähnliche 3s- und 3p-Atomorbitale in atomaren Einheiten. (Zur Umwandlung in absolute Einheiten ist r durch r/a_0, x durch x/a_0, usw. zu ersetzen).

3s-Orbital ($n=3, l=0$)	$\psi_{3s} = N_{3s}(27-18Zr+2Z^2r^2)\exp(-Zr/3)$
3p-Orbitale ($n=3, l=1$)	$\psi_{3p_x} = N_{3p}x(6-Zr)\exp(-Zr/3)$
	$\psi_{3p_y} = N_{3p}y(6-Zr)\exp(-Zr/3)$
	$\psi_{3p_z} = N_{3p}z(6-Zr)\exp(-Zr/3)$

2p-Atomorbitale entartet sind und zur Energie E_{2p} (Fig. 2.6) gehören. Diese Entartung ist *symmetriebedingt,* durch die sphärische Symmetrie des Zentralfeldes. Die Entartung des 2s-Atomorbitals mit den 2p-Atomorbitalen ist demgegenüber bemerkenswert, zumal die Atomorbitale völlig verschiedene Formen haben. In diesem Fall spricht man von „zufälliger" Entartung, die als spezielle Eigenschaft des Coulomb-Potentials betrachtet werden muß und die nicht aus einer einfachen Symmetriebetrachtung folgt.

Für $n=3$ erhalten wir wieder s- und p-Atomorbitale, die zu $l=0$ und $l=1$ gehören. Die 3s- und 3p-Atomorbitale sind in Tabelle 2.3 aufgeführt und haben gewisse Ähnlichkeiten mit den entsprechenden 2s- und 2p-Atomorbitalen. Der wesentliche Unterschied ist der zusätzliche radiale Knoten für die 3s- und 3p-Atomorbitale. Für ψ_{3s} wird dieser durch den quadratischen Faktor $27-18Zr+2Z^2r^2$ bewirkt, der für *zwei* r-Werte verschwindet, während jedes 3p-AO einen Faktor $6-Zr$ enthält und deshalb einen radialen Knoten für $r=6/Z$ aufweist. Die genauen Lagen dieser Knoten sind im allgemeinen bedeutungslos*.

Nun gibt es aber eine neue Möglichkeit für die Hauptquantenzahl $n=3$. Diese lautet $l=2$ und $m=2,1,0,-1,-2$, wodurch man fünf entartete 3d-Funktionen erhält. Diese Atomorbitale unterscheiden sich von den bisher behandelten völlig. Sie sind in Tabelle 2.4 aufgeführt, wobei wieder die Funktionen für $m=\pm 2$ und die Funktionen für $m=\pm 1$ paarweise kombiniert wurden, so daß sie gezeichnet werden können, was in Fig. 2.9 geschehen ist.

Tabelle 2.4. Wasserstoffähnliche 3d-Atomorbitale in atomaren Einheiten. (Zur Umwandlung in absolute Einheiten ist r durch r/a_0, x durch x/a_0, usw. zu ersetzen).

3d-Orbitale ($n=3, l=2$)	$\psi_{3d_{z^2}} = N_{3d}\frac{1}{2}(3z^2-r^2)\exp(-Zr/3)$
	$\psi_{3d_{x^2-y^2}} = N_{3d}\frac{1}{2}\sqrt{3}\,(x^2-y^2)\exp(-Zr/3)$
	$\psi_{3d_{xy}} = N_{3d}\sqrt{3}\,xy\exp(-Zr/3)$
	$\psi_{3d_{xz}} = N_{3d}\sqrt{3}\,yz\exp(-Zr/3)$
	$\psi_{3d_{zx}} = N_{3d}\sqrt{3}\,zx\exp(-Zr/3)$

* Die 3s- und 3p-Atomorbitale unterscheiden sich von den entsprechenden 2s- und 2p-Atomorbitalen vor allem aber auch dadurch ganz wesentlich, daß erstere eine bedeutend größere Reichweite haben, und in diesem Zusammenhang sei auf die maximale radiale Dichte hingewiesen, die sogar proportional dem *Quadrat* der Hauptquantenzahl n ist; die für das Verständnis der Atomradien wichtige Beziehung lautet $r_{max}=n^2/Z\ a_0$ (siehe dazu § 2.6, Gleichung (2.23). (Anmerkung des Übersetzers)

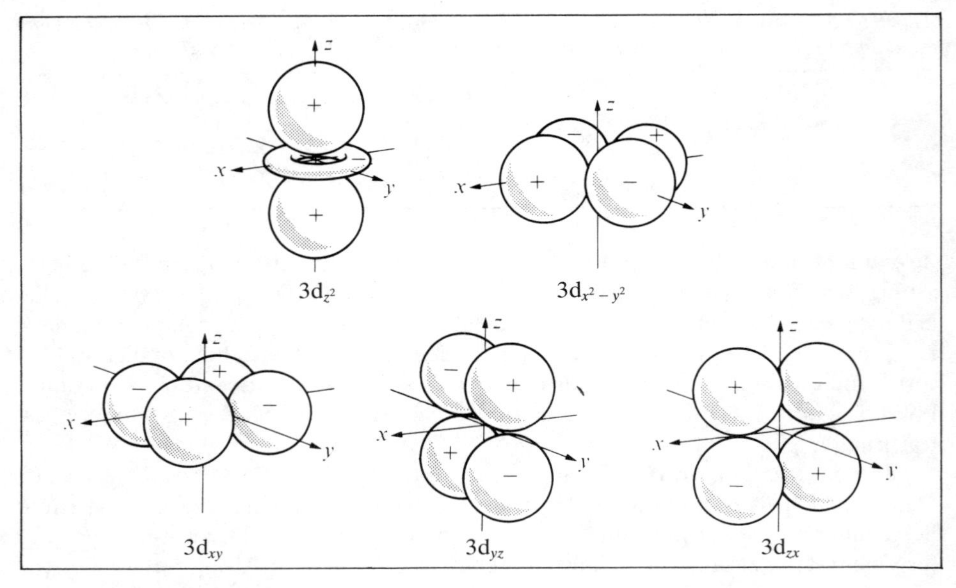

Fig. 2.9. Die fünf 3d-Atomorbitale.

Der Name der Atomorbitale weist auf die winkelabhängigen Faktoren der Wellenfunktionen hin. Vier der fünf Atomorbitale sind mit Ausnahme ihrer räumlichen Orientierungen gleich. Warum ist das fünfte AO anders und warum gibt es nicht *sechs* gleiche 3d-Funktionen

$$3d_{xy}, \quad 3d_{yz}, \quad 3d_{zx}, \quad 3d_{x^2-y^2}, \quad 3d_{y^2-z^2}, \quad 3d_{z^2-x^2},$$

wobei die beiden letzten so wie $3d_{x^2-y^2}$ vier Lappen haben? Die Antwort ist einfach, denn von den sechs Funktionen sind nur fünf *unabhängige* Lösungen der Schrödingergleichung für $n=3$ und $l=2$. Welche fünf wir auswählen ist Konvention. Zum Beweis der Abhängigkeit der drei Funktionen $3d_{x^2-y^2}$, $3d_{y^2-z^2}$, $3d_{z^2-x^2}$ müssen wir diese nur zusammenzählen. Man erhält dann

$$(x^2-y^2)f(r)+(y^2-z^2)f(r)+(z^2-x^2)f(r)=0\,. \tag{2.20}$$

Jede kann als das (-1)-fache der Summe der beiden anderen geschrieben werden. Die Tatsache, daß wir $3d_{x^2-y^2}$ und $3d_{z^2}$, nicht aber $3d_{x^2-y^2}$ und $3d_{y^2-z^2}$ auserwählt haben, ist Konvention. Die Wahl der ersten Alternative zeichnet sich durch eine sehr nützliche Eigenschaft, der Orthogonalität der Funktionen, aus; genaueres darüber wird später kommen. Trotz seiner unterschiedlichen Form kann das $3d_{z^2}$-AO als Kombination von zwei vier-lappigen Funktionen dargestellt werden, denn es gilt

$$\begin{aligned}(z^2-x^2)f(r)-(y^2-z^2)f(r) &= (2z^2-x^2-y^2)f(r)\\ &= (3z^2-r^2)f(r)\end{aligned}$$

Tabelle 2.5. Normierungsfaktoren für wasserstoffähnliche Atomorbitale in atomaren Einheiten. (Für absolute Einheiten ist mit $a_0^{-3/2}$ zu multiplizieren).

1s	2s	2p	3s	3p	3d
$\frac{Z^{3/2}}{\sqrt{\pi}}$	$\frac{Z^{3/2}}{4\sqrt{(2\pi)}}$	$\frac{Z^{5/2}}{4\sqrt{(2\pi)}}$	$\frac{2Z^{3/2}}{81\sqrt{(3\pi)}}$	$\frac{2Z^{5/2}}{81\sqrt{\pi}}$	$\frac{Z^{7/2}}{81\sqrt{(6\pi)}}$

und das ist, mit einem passenden Normierungsfaktor, das $3d_{z^2}$-AO in Tabelle 2.4. Die fünf 3d-Atomorbitale können demnach durch sechs Funktionen ausgedrückt werden, die mit Ausnahme ihrer räumlichen Anordnung identisch sind. Die Gleichheit der entsprechenden Energien kann auch hier wieder als symmetriebedingte Entartung aufgefaßt werden. Die Entartung der 3s-, 3p- und 3d-Funktionen (Fig. 2.6) ist wiederum als Eigenheit des Coulomb-Potentials zu betrachten.

Nun könnten wir mit $n=4$ fortfahren, wobei die Atomorbitale mit den Bezeichnungen 4s, 4p, 4d gewonnen werden können. Aber l würde auch den Wert 3 annehmen, wobei eine neue Gruppe von Atomorbitalen, die 4f-Orbitale, von denen es gemäß $2l+1$ sieben verschiedene gibt, auftreten wird. Während die s-, p- und d-Funktionen wieder eine gewisse Ähnlichkeit zu den entsprechenden Funktionen mit niedrigerer Hauptquantenzahl aufweisen, sind die f-Atomorbitale von ziemlich komplizierter Gestalt. Wir werden uns in diesem Buch kaum mit f-Orbitalen befassen und deshalb sollen sie auch nicht im einzelnen aufgeführt werden.

Zusammenfassend sind in Tabelle 2.5 die Normierungsfaktoren der bisher besprochenen Atomorbitale angegeben. Dazu sollen auch einige allgemeine Bemerkungen gemacht werden. Zunächst haben wir festgestellt, daß mit steigendem n auch die Energie ansteigt, und daß dann die Orbitale sehr komplizierte Formen annehmen. Die Orbitale setzen sich aus vielen Bereichen zusammen, die durch Knotenflächen voneinander getrennt sind und die auch unterschiedliche Vorzeichen aufweisen. Eine allgemeine Eigenschaft der Wellenfunktionen lautet demnach, daß mit steigender Energie die Anzahl der Knoten steigt. Im einzelnen gilt für Wasserstoff, daß alle Atomorbitale zu vorgegebenem n (und somit zur gleichen Energie) die gleiche Anzahl von Knotenflächen besitzen, nämlich $n-1$. Eine weitere Feststellung betrifft die Tatsache, daß jedes Orbital als Funktion von Zx, Zy, Zz geschrieben werden kann. Die Kernladung Z tritt demnach als räumlicher Skalierungsfaktor auf; wird beispielsweise Z verdoppelt, so nimmt ein vorgegebenes ψ den gleichen Wert für die durch zwei dividierten Koordinaten an. Das 1s-AO für Li^{2+} unterscheidet sich von demjenigen für H nur dadurch, daß es um einen Faktor 3 geschrumpft ist. Eine weitere Bemerkung betrifft große r-Werte. Jedes AO geht für große r-Werte exponentiell gegen null und zwar umso schneller, je größer der exponentielle Parameter im Faktor $\exp(-Zr/n)$ ist. Wird also n verdoppelt, so muß zur Beibehaltung eines vorgegebenen Funktionswertes auch r verdoppelt werden*. Diese beiden miteinander konkurrie-

* Bei einer Änderung der Hauptquantenzahl n ändert sich auch die Form des radialen Polynoms in ψ, und die Reichweite von ψ ist deshalb proportional n^2. (siehe § 2.6, Gleichung (2.23)). (Anmerkung des Übersetzers)

renden Faktoren – ein AO schrumpft, wenn Z wächst, und ein AO breitet sich aus, wenn n wächst – werden bei der Diskussion der räumlichen Ausdehnung von Atomen und Ionen entlang der Zeilen und Spalten des Periodensystems bedeutungsvoll werden.

2.5 Die elektronischen Strukturen von Atomen

Wir wenden uns nun der allgemeinen quantenmechanischen Beschreibung von Mehrelektronen-Atomen zu. Zunächst aber sollen die bisher gewonnenen Erkenntnisse zusammengefaßt werden, die sich auf das Wasserstoffatom ($Z=1$) oder auf wasserstoffähnliche Ionen ($Z>1$) beziehen.

(*a*) Das Elektron wird durch eine Wellenfunktion beschrieben, der eine Energie E zugeordnet ist und die eine physikalisch relevante Lösung der Schrödingergleichung ist. Die Wellenfunktion kann ein Atomorbital (AO) genannt werden und $|\psi(x,y,z)|^2$ ist die Wahrscheinlichkeitsdichte im Punkt x,y,z, die über den Aufenthalt des Elektrons Auskunft gibt.

(*b*) die Atomorbitale (die relevanten Lösungen) werden mit Quantenzahlen indiziert. Davon ordnet n ($=1,2,3,\ldots$) die Atomorbitale in energetisch steigender Reihenfolge (gleichermaßen steigt deren Größe); l ($=0,1,2,\ldots, n-1$) sagt uns etwas über die geometrische Form der Atomorbitale (s, p, d, ...) und über den Entartungsgrad $(2l+1)$; m oder ein anderes entsprechendes Symbol unterscheidet zwischen den $2l+1$ entarteten Atomorbitalen.

(*c*) Die Energiewerte (Fig. 2.6) beziehen sich auf experimentell beobachtbare Größen. Beispielsweise gilt $E_{1s}=-I_{1s}$, wobei I_{1s} die Ionisierungsenergie aus dem 1s-AO ist. Außerdem kann ein Elektron von einem Zustand mit der Energie E_1 in einen Zustand höherer Energie E_2 übergehen, vorausgesetzt, daß die dazu erforderliche Energie

$$|E_1 - E_2| = h\nu$$

durch ein Photon der Frequenz ν geliefert wird (Lichtabsorption). Umgekehrt kann das Elektron von einem Energiewert E_2 auf einen Energiewert E_1 *fallen*, wobei ein Photon *emittiert* wird. Solche Übergänge liefern die Grundlage zur Interpretation von Spektralserien (für H, He^+, usw.), was in Fig. 2.10 angedeutet ist. Die gemessenen Frequenzen und die Tatsache, daß gewisse „Auswahlregeln" die im Prinzip erlaubten Sprünge bestimmen, werden durch die Theorie bestätigt.

Wir werden feststellen, daß ähnliche Erkenntnisse für viel kompliziertere Systeme gewonnen werden, hauptsächlich deshalb, weil sich jedes Elektron in gewissem Sinne „unabhängig" von den anderen bewegt. Jedes Elektron kann dabei durch sein „eigenes" Orbital beschrieben werden.

Im Prinzip unterscheidet sich die Methode zur Behandlung eines Atoms mit mehreren Elektronen nur wenig von der bereits beschriebenen. Wir schreiben die entsprechende Wellengleichung auf und versuchen diese zu lösen. Es ist zwar leicht, diese Gleichung aufzuschreiben (Kapitel 3), aber es ist ganz ausgeschlossen, diese auf die gleiche exakte Weise zu lösen, wie das für das Wasserstoffatom mit nur einem Elek-

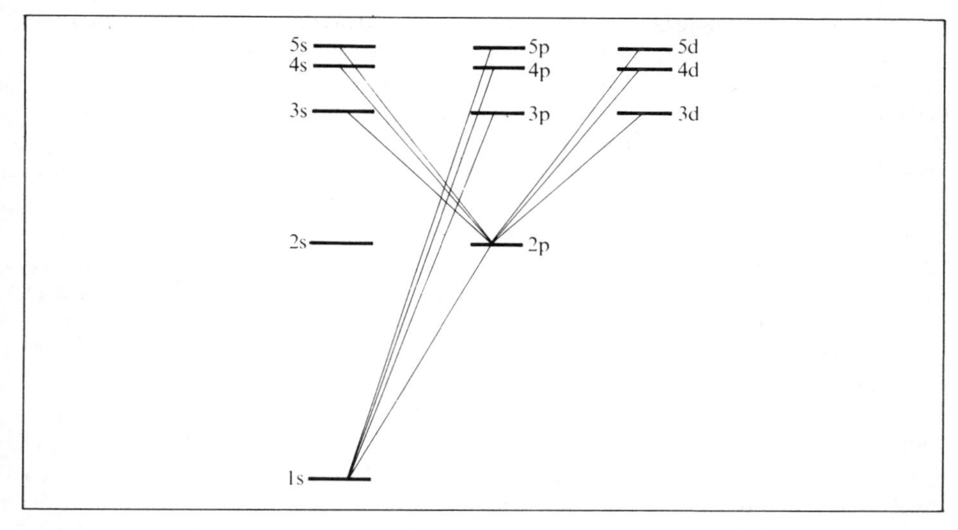

Fig. 2.10. Schematische Erklärung für Spektralserien eines wasserstoffähnlichen Systems. Die Linien zwischen den Niveaus zeigen die Serien der „erlaubten" Übergänge an.

tron möglich war. Die fundamentale Schwierigkeit besteht darin, daß jedes Elektron jedes andere nach dem Coulomb-Gesetz abstößt, so daß die Bewegung jedes Elektrons von der Bewegung aller anderen Elektronen abhängt. Diese Nicht-Separierbarkeit der einzelnen elektronischen Bewegungen ist das eigentliche Problem. Gleichzeitig bietet sich dadurch ein Weg aus diesem Dilemma. Wir wollen voraussetzen, daß wir bei der Behandlung eines Elektrons die *veränderlichen* Wechselwirkungen mit den anderen Elektronen vernachlässigen dürfen, und wir wollen uns vorstellen, daß sich das Elektron stattdessen in einem effektiven elektrischen Feld bewegt, das man durch einen passend gewählten *Mittelwert* über alle Orte aller anderen Elektronen erhält.

In diesem Falle wird jedes Elektron durch eine Wellengleichung beschrieben, in der nur die eine Koordinate dieses Elektrons enthalten ist, aber nicht diejenigen der anderen Elektronen. Der Effekt aller anderen Elektronen wird durch die Wahl der Funktion für die potentielle Energie des einen Elektrons berücksichtigt. Eine solche Wellengleichung ist wesentlich einfacher zu behandeln als eine exakte und kann immer mit numerischen Methoden gelöst werden. Da das gemittelte Potential, hervorgerufen durch die anderen Elektronen, als kugelsymmetrisch betrachtet werden kann (genau genommen trifft das nicht zu, aber es ist eine brauchbare Näherung), bleibt die s, p, d, ...-Klassifikation erhalten und die Wellenfunktionen sind ganz ähnlich den bereits beschriebenen Funktionen für Wasserstoff.

Damit ist allerdings unser Problem nicht gelöst, denn nach diesem Schema können wir nur dann die Wellengleichung für ein Elektron aufschreiben, wenn wir die Wellenfunktionen für alle anderen Elektronen bereits kennen. Und die Anzahl der möglichen Wellenfunktionen ist für jedes Elektron unendlich! Ein möglicher Ausweg könnte durch die Einschränkung gefunden werden, daß wir uns im allgemeinen nur um den *Grundzustand* eines Atoms bemühen, in dem sich die Elektronen in den *energetisch tiefsten* Atomorbitalen befinden, abgesehen von anderen Bedingungen. Die wichtigste davon war sogar vor der Entwicklung der Quantenmechanik bekannt. Höchstens zwei Elektronen können sich im Zustand mit den Werten n, l, m (d.h., zu dem ein vorgegebenes AO gehört) befinden. Wir werden später erkennen, daß diese Feststellung eine Form des *Ausschließungsprinzips von Pauli* ist und daß zwei Elektronen in einem Orbital sich durch eine *vierte* Quantenzahl unterscheiden müssen. Diese bezieht sich auf den *Elektronenspin*; mit anderen Worten, die Elektronen müssen entgegengesetzten Spin haben. Im gegenwärtigen Stadium können wir den Spin außer acht lassen, denn er übt auf die Orbitalbeschreibung der Elektronen keinen Einfluß aus; lediglich die Anzahl der Elektronen in einem gegebenen Zustand (Orbital) begrenzt er auf 0, 1 oder 2. Für diese drei Fälle sagen wir im einzelnen „unbesetzt", „einfach besetzt" oder „doppelt besetzt". Im Grundzustand ordnen wir deshalb den Elektronen zunächst die Atomorbitale 1s, 2s, 2p, ... in aufsteigender energetischer Reihenfolge zu, wobei jedes AO als „gefüllt" betrachtet wird, wenn es durch zwei Elektronen besetzt ist. Sind alle Elektronen auf diese Weise untergebracht, so geben die Anzahlen der Elektronen in den einzelnen Atomorbitalen die sogenannte *Elektronenkonfiguration* des Grundzustands an.

Wir nähern uns jetzt schrittweise dem Problem, das erstmalig von Hartree (1928) und Fock (1930) bewältigt worden ist. Angenommen, N Elektronen eines Atoms sind gewissen Atomorbitalen zugeordnet worden, so daß die Elektronenkonfiguration angegeben werden kann. Weiters sollen plausible Wellenfunktionen für jedes dieser Elektronen geschätzt werden. Dieser Vorgang ist nicht so schwierig, wie es zunächst den Anschein hat, denn mit einer gewissen Erfahrung können recht gute Wellenfunktionen ohne viel Schwierigkeiten erraten werden. Nun greifen wir ein Elektron heraus und bestimmen dafür das durch die anderen Elektronen bewirkte gemittelte Feld. Dieses gemittelte Feld ist einfach das der Ladungswolken aus § 2.2. Nötigenfalls mitteln wir dieses Feld über alle Richtungen, um das winkelunabhängige Feld zu erhalten, das für eine kugelsymmetrische Ladungsverteilung charakteristisch ist. Dieser Vorgang gewährleistet einerseits das Aufschreiben und andererseits das Lösen der Wellengleichung eines Elektrons. Wir erhalten dabei eine erste verbesserte Wellenfunktion für dieses Elektron. Die gleiche Vorgangsweise kann dann zur Berechnung des gemittelten Feldes für ein zweites Elektron verfolgt werden, wodurch wir auch für dieses Elektron eine erste verbesserte Wellenfunktion erhalten. Dieser Prozeß wird so lange fortgesetzt, bis wir einen vollständigen Satz erster verbesserter Orbitale haben. Dann starten wir mit den neuen Orbitalen und verbessern diese neuerdings, eines nach dem anderen, so lange, bis wir einen Satz zweiter verbesserter Atomorbitale haben. Diese Technik wird so lange fortgesetzt, bis die schrittweise Iteration keine spürbaren Änderungen in den Orbitalen bewirkt. Wir sagen dann, daß die resultierenden Atomorbitale „selbstkonsistent" sind. Das bedeutet, daß die Ladungswolke irgendeines Elektrons genau aus der Lösung der Wellengleichung folgt, in der das Potential durch die Kernladung und durch die Summe der Ladungswolken aller anderen Elektronen bewirkt wird. Diese Aussage gilt für jedes Elektron. Aus diesem Grunde nennen wir diese Methode die des selbstkonsistenten Feldes, oder, als Abkürzung, die SCF-Methode. Die resultierenden Orbitale aus einer solchen Rechnung werden SCF-Atomorbitale genannt.

Selbstverständlich ist diese Methode mit gewissen Fehlern behaftet. Diese beruhen hauptsächlich auf dem Mittelungsprozeß, dem die Gesamtelektronenverteilung mit Ausnahme des gerade betrachteten Elektrons unterworfen wird. Es kann aber gezeigt werden, daß diese Fehler nicht sehr einschränkend sind, und wenn wir genügend Zeit aufbringen, so können die so erhaltenen Wellenfunktionen als sehr guter Ausgangspunkt für genauere Berechnungen verwendet werden, wobei keine derartigen Mittelungsprozesse auftreten. Dabei zeigt sich, daß sich die Ladungsdichte um maximal einige Prozent ändert. Die einfachere Methode ist aber für die meisten Zwecke völlig ausreichend. Die gesamte elektronische Energie, die mit SCF-Atomorbitalen berechnet wird, hat einen Fehler von nur etwa 1 Prozent – ein wahrhaft befriedigendes Resultat.

Hinsichtlich der späteren Anwendung auf Moleküle sollen an dieser Stelle die Prinzipien zusammengefaßt werden, die zur Beschreibung der Elektronenstruktur eines Atoms verwendet werden. Wir werden sofort erkennen, daß diese Prinzipien natürliche Erweiterungen derjenigen für atomaren Wasserstoff sind, die bereits beschrieben sind.

(*a*) Jedes Elektron wird durch eine Wellenfunktion ψ, die man ein Atomorbital nennt, dargestellt. Dieses Orbital ist Lösung der entsprechend angesetzten Schrödingerschen Wellengleichung, die man durch Anwendung des Hartree-Verfahrens oder eine andere ähnliche Technik erhält. ψ^2 beschreibt die Dichte der Ladungswolke für dieses Elektron.

(*b*) Jedes AO wird durch einen Satz von Quantenzahlen gekennzeichnet. Hier haben wir zuerst die Hauptquantenzahl n, die hauptsächlich die Energie und die Ausdehnung des Orbitals bestimmt. Elektronen in Orbitalen mit dem gleichen Wert von n gehören – wie man zu sagen pflegt – der gleichen „Schale“ an. Die geometrische Gestalt eines Orbitals wird durch die Quantenzahl l oder die Bezeichnung s, p, d, ... mit entsprechendem Index wie (p_x, p_y, p_z) angegeben. Damit wird angezeigt, welches der entarteten Orbitale dieser Symmetrie wir tatsächlich verwenden.

(*c*) Zu jedem AO gehört eine bestimmte Energie, die aus der Wellengleichung erhalten wird. Diese Energie ist eine Näherung für die Arbeit, die man zur Entfernung dieses Elektrons aus dem Atom aufwenden muß, um ein Ion zu bilden. Jedes AO hat sein eigenes Ionisierungspotential. Die normale Reihenfolge der Energieniveaus ist (Fig. 2.11)

$$1s < 2s < 2p < 3s < 3p < 3d \sim 4s \ldots,$$

in der wir sehen, daß die zufälligen Entartungen der Atomorbitale in der gleichen Schale, aber mit unterschiedlicher Symmetrie (Fig. 2.6), aufgehoben sind. Das Potential für jedes Elektron hat jetzt nicht mehr die einfache Form des reziproken Abstands. Die Gesamtenergie eines Atoms ist die Summe der Energien aller Atomorbitale, die von Elektronen besetzt sind, wobei als Korrektur die gegenseitige Abstoßung der Elektronen abzuziehen ist. Ohne diese Korrektur würde die Wechselwirkungsenergie doppelt gerechnet werden, denn die Coulombsche Abstoßungsenergie $e^2/\varkappa_0 r_{ij}$

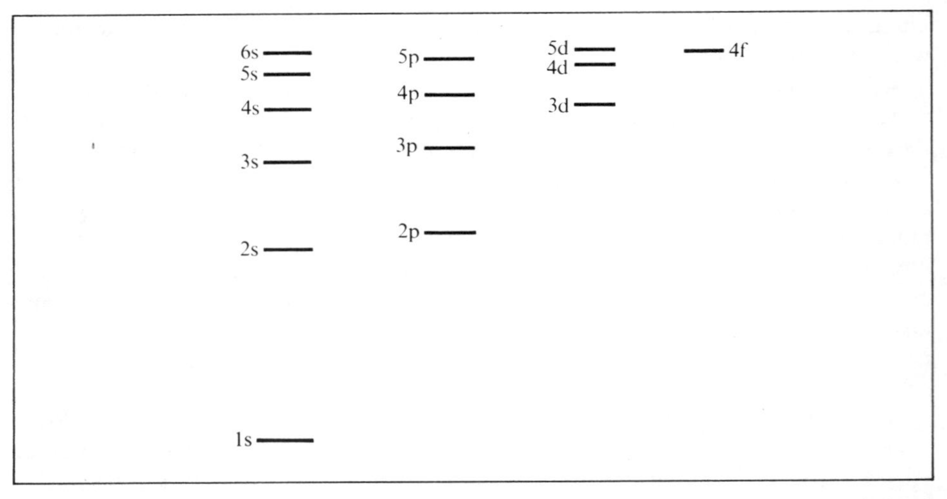

Fig. 2.11. Orbitalenergiediagramm für Mehrelektronen-Atome. Die Energieniveaus sind bezüglich jener in Fig. 2.6 infolge der Elektronenwechselwirkung verschoben. Die Energieskala ist nicht maßstabsgetreu, da hier die *Reihenfolge* der Niveaus von Interesse ist.

zwischen den Elektronen i und j geht in ihre Wellengleichungen ein und somit auch in ihre Energiewerte, und zwar für jedes Elektron gesondert.

(*d*) Bei der Zuordnung von Elektronen zu den verschiedenen erlaubten Atomorbitalen ist das Pauliprinzip zu berücksichtigen. Es verlangt, daß in einer Elektronenkonfiguration ein Orbital von höchstens zwei Elektronen besetzt sein darf; aber auch nur dann, wenn ihre Spins entgegengesetzt sind. In diesem Fall sprechen wir von gepaarten Elektronen, oder auch von der Spinpaarung (Spinabsättigung). Im Grundzustand werden die Orbitale mit den *niedrigsten* Energien zuerst gefüllt. Im Falle einer Mehrdeutigkeit (zwei oder mehr Zuordnungen der Elektronen zu den Atomorbitalen mit der gleichen Summe der Orbitalenergien) werden weitere Regeln erforderlich sein, wie wir gleich sehen werden.

(*e*) Eine bedeutsame Gruppe von angeregten Zuständen kann durch Beförderung eines Elektrons aus einem AO in ein solches höherer Energie beschrieben werden; damit verbunden ist eine Änderung der Elektronenkonfiguration, wobei alle übrigen Atomorbitale unverändert bleiben. Haben die an der Anregung beteiligten Atomorbitale die Energien E_1 und E_2, so lautet die entsprechende spektroskopische Absorptionsfrequenz näherungsweise $|E_2 - E_1| = h\nu$. Gewisse Auswahlregeln liefern dann erlaubte und verbotene Übergänge.

Die hier aufgeführten Prinzipien verkörpern eine Näherung zur Beschreibung der Atomstrukturen, das sogenannte *Aufbauprinzip*. In dieser Näherung, die wir nun an einigen Atomen illustrieren wollen, starten wir mit einem Satz erlaubter Orbitale (entsprechend den Niveaus in Fig. 2.11) und ordnen die Elektronen, eines nach dem anderen, diesen Orbitalen zu. Wir beginnen dabei mit 1s, dem energetisch tiefsten, und beachten das Ausschließungsprinzip, indem höchstens zwei Elektronen zugeordnet werden. Die resultierende Elektronenkonfiguration wird durch die Liste der

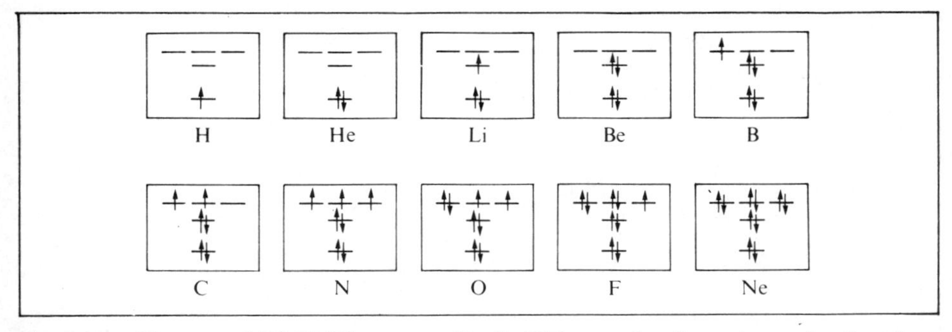

Fig. 2.12. „Niveau-und-Pfeil"-Diagramme für die Elektronenkonfigurationen der Grundzustände der ersten 10 Atome des Periodensystems.

besetzten Orbitale symbolisiert, wobei auch für jedes AO die Besetzungszahl in Form eines Index aufscheint. Für einige Atome lauten die Grundzustände dann folgendermaßen: Wasserstoff (1s), Helium $(1s)^2$, Lithium $(1s)^2(2s)$, Stickstoff $(1s)^2(2s)^2(2p)^3$, usw. Die Methode ist in ihrer Darstellung sehr einfach, wenn man Fig. 2.11 im Auge behält, aber jedes entartete Niveau durch einen *Satz* von Niveaus ersetzt. Diese werden manchmal als „Zellen" oder „Kästen" gezeichnet. Ist ein Orbital einfach besetzt, so wird ein Pfeil in die Niveaulinie gesetzt; ist es zweifach besetzt, werden zwei Pfeile gesetzt, die gemäß der entgegengesetzten Spins entgegengesetzte Richtungen (nach oben oder nach unten) haben. Diagramme dieser Art sind für die ersten 10 Atome des Periodensystems in Fig. 2.12 zu sehen. Bei der Herstellung dieser Diagramme mußte die Hundsche Regel herangezogen werden, um in den Fällen Kohlenstoff, Stickstoff und Sauerstoff entscheiden zu können, welche der äquivalenten Orbitale (hier sind es die Orbitale $2p_x, 2p_y, 2p_z$) zu besetzen sind. Im allgemeinen ist die Hundsche Regel dann anzuwenden, wenn die Zuordnung der Elektronen zu entarteten Orbitalen nicht eindeutig erfolgen kann. Diese Regeln* für entartete Orbitale lauten: (I) Wenn möglich vermeiden es zwei Elektronen, das gleiche Orbital zu besetzen; (II) Zwei Elektronen, die ein Paar entarteter Orbitale je einfach besetzen ($2p_x, 2p_y$) haben im Zustand der niedrigsten Energie parallele Spins. Die Regeln zeigen unmittelbar, daß im Stickstoffatom die 1s- und 2s-Orbitale doppelt besetzt sind, während die Orbitale $2p_x, 2p_y, 2p_z$ je einfach besetzt sind, wobei diese drei Elektronen parallele Spins haben. Das Sauerstoffatom, mit einem zusätzlichen 2p-Elektron, hat ein 2p-Orbital (etwa $2p_z$) doppelt besetzt, während die beiden anderen Orbitale einfach besetzt sind, wieder mit parallelen Spins dieser beiden Elektronen (Fig. 2.12). Der $(2p_z)^2$-Anteil hat keinen Einfluß auf den zweiwertigen Charakter des Sauerstoffatoms, was später gezeigt wird. Man spricht in diesem Falle von einem „einsamen Elektronenpaar". Ein ähnlicher Fall liegt beim Stickstoffatom vor, wo der $(2s)^2$ -Anteil ebenfalls so bezeichnet werden kann. Allgemein verwenden wir diesen Ausdruck für jedes Elektronenpaar der äußeren Elektronenschale. Bei der Angabe von

* Siehe Herzberg (1944), Kapitel III. (Wir benötigen nur solche Regeln, die uns über die Besetzung der Atomorbitale Auskunft geben und weniger die verfeinerten Betrachtungen, die zur Interpretation der Atomspektren führen.)

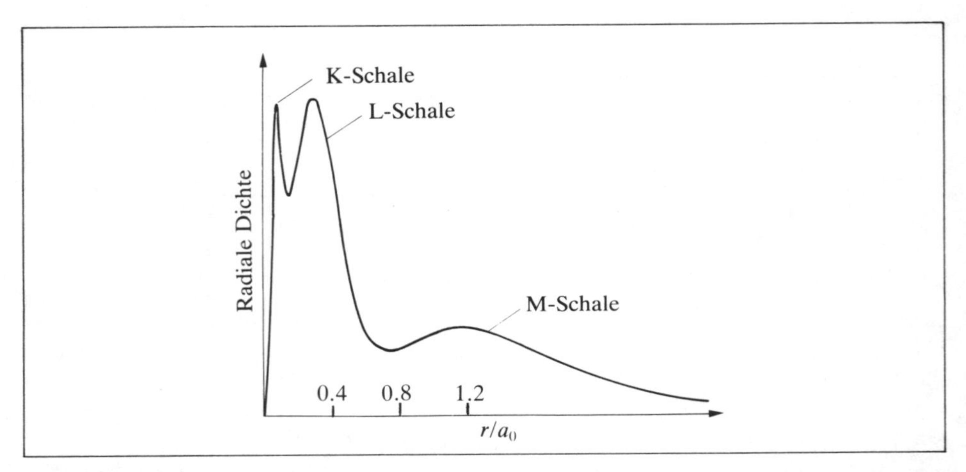

Fig. 2.13. Ladungsverteilung in Ar nach Hartree. Die Fläche unter der Kurve ist gleich der Anzahl der Elektronen, hier 18.

Elektronenkonfigurationen werden die inneren abgeschlossenen Schalen, deren Hauptquantenzahlen kleiner als die der äußersten Schale sind, meistens weggelassen. Die Konfigurationen für Stickstoff und Sauerstoff lauten dann im einzelnen s^2p^3 und s^2p^4.

Das *Aufbauprinzip* liefert eine unmittelbare Erklärung für das Periodensystem der Elemente. Demnach füllen zwei Elektronen gemäß $(1s)^2$ die innerste Schale oder auch K-Schale. Weitere acht Elektronen füllen gemäß $(2s)^2(2p)^6$ die L-Schale und wiederum acht weitere Elektronen füllen die Nebenschale der M-Schale, und so weiter. Die Einzelheiten sollen als bekannt vorausgesetzt werden, so daß sie hier nicht wiederholt werden müssen (Puddephatt (1973)).

Verwenden wir die berechneten Atomorbitale zur graphischen Darstellung der Elektronendichte, so werden wir erkennen, warum wir in diesem Zusammenhang von Schalen sprechen. In Fig. 2.13 ist als Beispiel die radiale Dichte des Ar-Atoms gezeichnet (Hartree & Hartree (1938)). Die vollständige Ladungsverteilung wird dabei durch Summation der Einzelbeiträge aus $(1s)^2$, $(2s)^2(2p)^6$ und $(3s)^2(3p)^6$ erhalten. Die Schalen K, L und M sind hier offensichtlich deutlich voneinander getrennt*; der äußere Teil des Atoms wird sogar vollständig durch die äußere Schale bestimmt. Hat die Größe eines Atoms überhaupt eine Bedeutung, so ist diese gänzlich durch die äußere Schale bestimmt. In der Tat stellen derartige Berechnungen das Fundament jeder theoretischen Bestimmung des Radius eines Atoms oder Ions dar. Dieser Radius hängt von der Anzahl der Elektronen und von der Kernladung ab. Mit steigender Kernladung rückt jede einzelne Schale gegen den Kern, so daß die Edelgasatome, die am Ende jeder Reihe des Periodensystems stehen, die kleinsten Atomradien haben. Die Alkaliatome am Anfang jeder Reihe haben die größten Atomradien. In Fig. 2.14 sind die radialen Dichten für die Grundzustände einer Reihe von Ionen gezeich-

* Diese Trennung ist keinesfalls selbstverständlich, wenn an Stelle von $4\pi r^2 P(r)$ nur $P(r)$ gezeichnet wird; der r^2-Faktor „vergrößert“ die Dichtefluktuationen.

net, wobei ein einheitlicher Maßstab verwendet wurde. Alle diese Ionen haben Edelgasstruktur (abgeschlossene Hauptschalen) und sind vergleichsweise klein. Die schwereren Atome sind im allgemeinen größer als die leichteren.

2.6 Genäherte SCF-Orbitale. Abschirmkonstanten

Genaue SCF-Rechnungen sind ziemlich aufwendig, obwohl diese heutzutage auf elektronischen Rechenmaschinen vollkommen automatisiert durchgeführt werden können.

Die erhaltenen Resultate können in Form von Zahlentabellen dargestellt werden, wodurch die Formen der Radialfaktoren in den Atomorbitalen sichtbar werden. Diese unterscheiden sich etwas von den wasserstoffähnlichen Faktoren (Polynom × Exponentialterm) der Tabellen 2.2–2.4. Eine weitere Möglichkeit ist die Angleichung durch analytische Ausdrücke, die einige unterschiedliche Exponentialterme enthalten. Derartige Ausdrücke sind sehr ausführlich von Clementi und Mitarbeiter (1963, 1964, 1967, 1974) tabelliert worden. Die einfachsten analytischen Näherungen für SCF-Atomorbitale wurden zuerst von Slater (1930) angegeben. Man erhält diese aus den Funktionen der Tabellen 2.2–2.4, indem nur die *höchste Potenz* von r in jedem

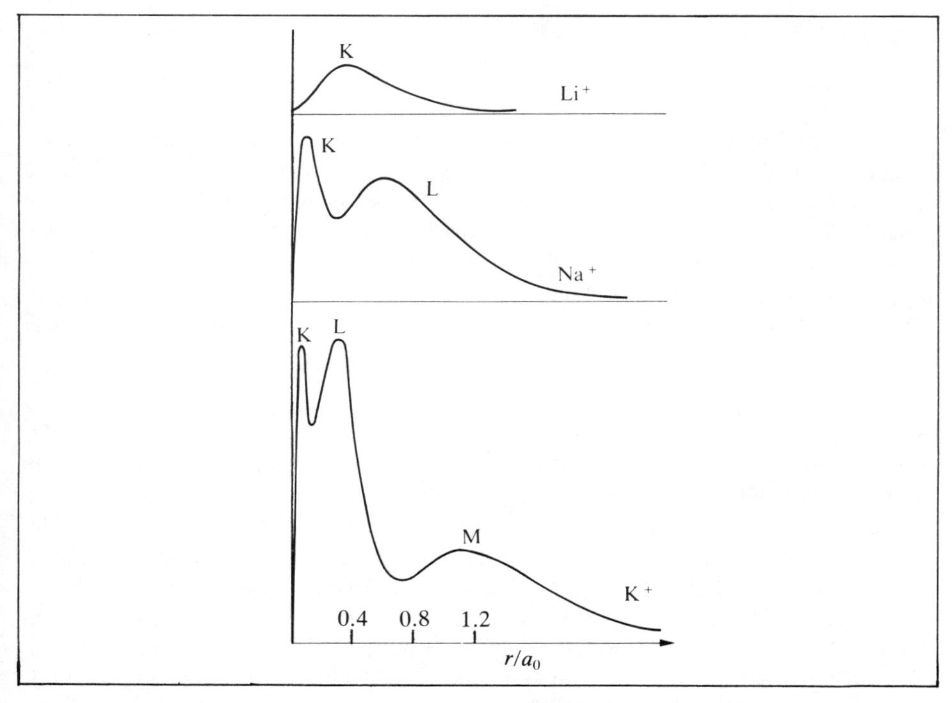

Fig. 2.14. Kurven der radialen Dichten für die Grundzustände von Li^+, Na^+, K^+. Alle Kurven beziehen sich auf einen einheitlichen Maßstab.

radialen Polynom verwendet wird und die wirkliche Kernladung Z (in Einheiten von e) durch eine „effektive“ Kernladung Z_e ersetzt wird. Selbstverständlich ändern sich dabei auch die Normierungsfaktoren. Diese sogenannten Slater-Funktionen (abgekürzt STO, von Slater-type orbital) haben demnach Radialanteile der Form

$$f_n(r) = r^{n-1} \exp\left(-\frac{Z_e r}{n}\right) \tag{2.21}$$

für eine Schale mit der Hauptquantenzahl n. Abstände werden wieder in Einheiten von a_0 verwendet. Es ist zu beachten, daß die $2p_z$-Slaterfunktion $N_{2p}(z/r)re^{-Z_e r/2}$ lautet, wobei z/r ($= \cos\theta$, Fig. 2.5) nur von einem Winkel abhängt. Die *Radialfaktoren* für die 2s- und die 2p-Slaterfunktionen sind demnach dieselben. Die Größe des Atomorbitals kann durch den Parameter Z_e variiert werden; größeres Z_e läßt das AO an der Kern heranrücken, während kleineres Z_e das AO diffus werden läßt. Die modifizierten Normierungsfaktoren sind in Tabelle 2.6 aufgeführt.

Tabelle 2.6. Normierungsfaktoren für Slaterfunktionen (STO), wobei $\zeta = Z_e/n$ der „Orbitalexponent“ ist.

1s	2s	2p	3s	3p	3d
$\frac{\zeta^{3/2}}{\sqrt{\pi}}$	$\frac{\zeta^{5/2}}{\sqrt{(3\pi)}}$	$\frac{\zeta^{5/2}}{\sqrt{\pi}}$	$\frac{\sqrt{2}\zeta^{7/2}}{3\sqrt{(5\pi)}}$	$\frac{\sqrt{2}\zeta^{7/2}}{\sqrt{(15\pi)}}$	$\frac{\sqrt{2}\zeta^{7/2}}{3\sqrt{\pi}}$

Es ist zu beachten, daß Slaterfunktionen keine radialen Knoten besitzen. Für $n > 1$ steigt der Radialanteil mit wachsendem Abstand vom Kern zunächst an, erreicht ein Maximum und geht dann glatt gegen null. Slaterfunktionen beschreiben vor allem im äußeren Teil die entsprechenden SCF-Atomorbitale recht gut. Dieser Bereich, außerhalb der radialen Knoten der SCF-Atomorbitale, ist für die Diskussion der chemischen Bindung besonders wichtig.

Schreibt man den Zusammenhang zwischen Z_e und der wirklichen Kernladung Z als

$$Z_e = Z - s, \tag{2.22}$$

so nennen wir s eine „Abschirmkonstante“. Diese beschreibt näherungsweise das selbstkonsistente Feld als das einer Kernladung Z (eine Anziehung), vermindert um einen Betrag s, der näherungsweise den Abstoßungseffekt der Elektronen in anderen Orbitalen beschreibt, die dem Kern näher sind als das gerade betrachtete Orbital. Die gegenseitige Abstoßung der Elektronen ist somit berücksichtigt, allerdings nicht so genau wie in der SCF-Methode. Der entscheidende Begriff dabei ist der „Abschirmeffekt“. Das 2s-Elektron des Lithiumatoms, beispielsweise, befindet sich in einem Zentralfeld, das nicht der Kern alleine ($Z = 3$) bewirkt, sondern ein Kern, der von zwei stark gebundenen 1s-Elektronen umgeben ist. Die zu erwartende effektive Ladung wird nicht viel größer als die Nettoladung eines heliumähnlichen „Rumpfes“ sein, nämlich $3 - 2 = 1$. Eine genaue Rechnung hat ergeben, daß das SCF-2s-Orbital am besten mit $Z_e = 1.28 = 3 - 1.72$ approximiert wird. Der Abschirmeffekt der Elektronen in der *gleichen* Schale ist weitaus geringer. In Helium, beispielsweise, ist für ein Elektron die Kernladung $Z = 2$ infolge des anderen 1s-Elektrons um 0.31 zu verringern.

Für die Bestimmung der Abschirmkonstanten hat Slater Regeln aufgestellt*.

(I) Man teile die Atomorbitale in folgende Unterschalen:

(1s) (2s, 2p) (3s, 3p) (3d) (4s, 4p) (4d) (4f) usw.

(II) Die Abschirmkonstante s für die Atomorbitale in einer gegebenen Unterschale besteht aus der Summe folgender Beiträge: (*a*) keine Beiträge von Schalen außerhalb der betrachteten; (*b*) ein Beitrag von 0.35 von jedem weiteren Elektron der gerade betrachteten Schale (eine Ausnahme bildet die 1s-Schale, für die der Beitrag 0.30 zu verwenden ist); (*c*) ist die betrachtete Schale eine s- oder eine p-Schale, so ist für jedes Elektron der nächst inneren Schale ein Beitrag von 0.85 zu verwenden und für alle weiteren inneren Schalen ein Beitrag von 1.00 für jedes Elektron. Ist aber die betrachtete Schale vom d- oder f-Typ, so ist für jedes Elektron auf weiter innen liegenden Schalen 1.00 zu verwenden.

Als Beispiel sei die gemeinsame Abschirmkonstante für die 2s- und 2p-Atomorbitale des Kohlenstoffs angegeben.

$$s = 3 \times (0{\cdot}35) + 2 \times (0{\cdot}85) = 2{\cdot}75$$

Die effektive Ladung lautet also $Z_e = 6 - 2.75 = 3.25$. Die wirklichen SCF-Atomorbitale werden am besten mit den Werten $Z_e(2s) = 3.216$ und $Z_e(2p) = 3.136$ angenähert. Die Slater-Regeln beschreiben also die Situation ausgesprochen gut, zumindest für Atomorbitale mit $n < 4$. Sie gelten sogar noch für Elektronenkonfigurationen von Atomen und Ionen in angeregten Zuständen, in denen einige der Unterschalen nicht vollständig gefüllt sind**.

Eine wichtige Anwendung der Abschirmkonstanten besteht in der Diskussion sequentieller Aussagen über AO-Energien und AO-Radien, insbesondere für Reihen im Periodensystem. Die Orbitalenergien können näherungsweise durch (2.17) bestimmt werden, wobei Z durch die effektive Ladung Z_e zu ersetzen ist. Die „Größe" kann durch denjenigen r-Wert angegeben werden, für den die radiale Dichte des äußersten Atomorbitals ihr Maximum annimmt (das ist der wahrscheinlichste Abstand des Elektrons vom Kern). Ausgehend von der Form (2.21) brauchen wir das Maximum von $r^{2n}\exp(-2Z_e r/n)$, das bei $r = n^2/Z_e$ auftritt. Verwenden wir atomare Einheiten, so lauten die Ausdrücke für Energie und Größe eines Atomorbitals

$$E \simeq -\frac{1}{2}\frac{Z_e^2}{n^2}E_h, \qquad r \simeq \frac{n^2}{Z_e}a_0. \tag{2.23}$$

* Die ursprünglichen Regeln sind von Clementi und anderen verbessert worden. Eine ausführliche Diskussion geben Karplus und Porter (1970). Optimale Werte für $\zeta = Z_e/n$ sind von Clementi und Raimondi (1963) berechnet worden.

** Die Slater-Regeln gelten für neutrale Systeme und Kationen. Für Anionen versagen sie, weil dafür andere Gesetzmäßigkeiten beim Schalenaufbau zu beachten sind. (Anmerkung des Übersetzers)

Bewegen wir uns in einer Zeile des Periodensystems von links nach rechts, so werden Orbitale der gleichen Schale nach und nach gefüllt. Dabei ist n fest, aber Z_e steigt nach (2.22) ständig (Z in Schritten von 1.0 und s in Schritten von 0.35). Deshalb steigen die Ionisierungsenergien entlang einer Zeile von links nach rechts, während die Atomradien fallen. Am Ende einer Zeile, in der Edelgaskonfiguration, hat Z_e seinen maximalen Wert für eine Schale erreicht. Am Beginn der nächsten Zeile fällt Z_e, denn während Z zwar um 1.0 wächst, werden alle anderen Elektronen zu solchen innerer Schalen und schirmen den Kern deshalb viel stärker ab (jedes um 0.85). Der Verlauf in der vorhergehenden Zeile wiederholt sich dann. Bewegen wir uns in einer Spalte von oben nach unten, so haben die Elemente ähnliche Elektronenkonfigurationen für die äußersten Elektronen (beispielsweise $(ns)^2$ für die Erdalkalien). Z_e steigt vergleichsweise gering an, denn die Elektronen der inneren Schalen tragen sehr viel zur Abschirmung bei. Für Be und Mg, mit den Konfigurationen $(2s)^2$ und $(3s)^2$, lauten die Z_e-Werte 1.9 und 3.3, während Z die Werte 4 und 12 hat. Nun ist es der ansteigende Wert der Hauptquantenzahl, der dominiert. Dadurch erklären sich die ansteigenden Atomradien und die fallenden Ionisierungsenergien. Auf diese Weise können beobachtete Zusammenhänge im Periodensystem verstanden werden, wobei nur die Grundideen des selbstkonsistenten Feldes und seine vereinfachte Darstellung durch Abschirmkonstanten verwendet werden.

Zusammenfassend soll darauf hingewiesen werden, daß die Energien der s- und p-Elektronen innerhalb der gleichen Schale bei dieser Näherung nicht unterschieden werden; erst die Einführung von unterschiedlichen Z_e-Werten für s- und p-Orbitale könnte einen energetischen Unterschied bewirken. Diese Energiedifferenz (vgl. Fig. 2.11) ist aber im Aufbauprinzip bedeutungsvoll. Wir wollen uns deshalb eine Vorstellung über die Größenordnung dieser Energiedifferenz machen. Gehören die betrachteten Elektronen der Valenz- oder Außenschale des Atoms an, so ist der Energieunterschied $E_p - E_s$ zwischen einem Atomorbital des p-Typs und des s-Typs bei gleicher Hauptquantenzahl für die Elemente der 1. Hauptgruppe des Periodensystems gewöhnlich 2–4 eV. Er steigt weiter an, wenn wir zu Elementen höherer Gruppen übergehen. Beispielsweise ist die bekannte Natrium D-Linie dem Elektronenübergang 3p $\rightarrow$ 3s zuzuordnen, dessen Energie 2.10 eV beträgt. Beim Chloratom ist der entsprechende Wert 10 eV. Die Energiedifferenz $E_d - E_p$ ist gewöhnlich etwas größer als $E_p - E_s$, so daß ein d-Orbital der Hauptquantenzahl n etwa im gleichen Energiebereich wie ein s-Orbital der Hauptquantenzahl $n+1$ liegt. Für Kalium ist die energetische Reihenfolge der Orbitale 4s, 4p, 3d, aber die Niveaus sind nur wenig voneinander verschieden. Der Unterschied $E_f - E_d$ ist auch groß (Fig. 2.11), so daß 4f, 5d, 6s wieder vergleichbare Energiewerte haben. Berechnete Orbitalenergien sind in der Literatur zu finden (Slater (1955)).

Aufgaben

2.1. Die Austrittsarbeit für ein Elektron aus metallischem Natrium beträgt 2.3 eV. Mit welcher minimaler Strahlungsfrequenz würden die auftreffenden Photonen Elektronen ablösen? Man verwende die Wellenzahl ($1/\lambda$) in Einheiten von cm^{-1} als Maß für die Frequenz ($\nu = c/\lambda$). Diese in der Spektroskopie übliche Einheit ist keine SI-Einheit, aber erlaubt. Wie groß ist die maximale kinetische Energie der austretenden Elektronen, wenn die einfallende Strahlung die Wellenlänge 106.7 nm (Argon (I)-Quelle) hat? Warum treten manche Elektronen mit weniger Energie aus?

2.2. Wieviele Elektronen treten pro Sekunde und pro Flächeneinheit aus, wenn die Strahlungsintensität 10 Wm^{-2} beträgt und wenn jedes absorbierte Photon im Experiment (Aufgabe 2.1) ein Elektron ablöst? (Hinweis: Wie lautet die Photonenenergie in joules?)

2.3. Kehren wir zu Aufgabe 1.4 zurück. Das betrachtete Photoelektronenspektrum (Fig. 1.5) wurde durch Al-K_α-Strahlung der Wellenlänge 1487 pm gewonnen. Man bestimme die Tiefe des 1s-Niveaus (in eV) unter der Ionisierungsgrenze für jede der drei Arten von Stickstoffatomen. Bei welchem Abstand vom Kern würde eine zusätzliche Einheitsladung (ein positives Ion) eine „chemische Verschiebung" von der beobachteten Größenordnung erzeugen?

2.4. Wird das Elektron im Wasserstoff-1s-Orbital eher bei einem Kernabstand vorgefunden, der größer als 1 bohr ist, oder bei einem, der kleiner als 1 bohr ist? Der empirische „kovalente Radius" des Wasserstoffatoms beträgt ~30 pm; wie groß ist die Aufenthaltswahrscheinlichkeit für das Elektron innerhalb der entsprechenden Kugelfläche? (Hinweis: Man verwende atomare Einheiten und Gleichung (2.14)).

2.5. Die „Feinstrukturkonstante" $e^2/4\pi\varepsilon_0\hbar c$ ist eine reine Zahl mit dem Wert 1/137.03. Wie groß ist die Lichtgeschwindigkeit in atomaren Einheiten? Daraus ($c = 2.998 \times 10^8$ ms^{-1}) leite man den Wert der atomaren Einheit für die Zeit (τ_0) in Sekunden her. Welche Strecke (in bohr) legt ein Photon in 1 sec zurück?

2.6. Das Virialtheorem der klassischen Mechanik besagt, daß für ein bewegtes Teilchen, unter der Voraussetzung einer Kraft, die proportional dem reziproken Abstandsquadrat ist, die Mittelwerte der potentiellen und der kinetischen Energie der Beziehung $\overline{V} = -2\overline{T}$ gehorchen.

Man bestimme die Geschwindigkeit als Wurzel aus dem Mittelwert des Geschwindigkeitsquadrates (unter Verwendung von $T = 1/2mv^2$) für ein 1s-Elektron im (I) Wasserstoffatom, (II) Argonatom, (III) Uranatom. Wie verhalten sich diese Geschwindigkeiten zur Lichtgeschwindigkeit? (Hinweis: Man verwende atomare Einheiten). Diese Resultate sind insofern von Bedeutung, als bei Annäherung der Elektronengeschwindigkeit an die Lichtgeschwindigkeit eine Korrektur in der Schrödingergleichung vorgenommen werden muß. Diese Korrektur betrifft die von der Relativitätstheorie vorhergesagte Geschwindigkeitsabhängigkeit der Masse.

2.7. Man gebe die Elektronenkonfigurationen für die Atome Li, B, N, F und Na, Al, P, Cl an. Unter Verwendung der Slater-Regeln bestimme man die effektiven Kernladungen für die Valenzelektronen. Damit und mit den Gleichungen (2.23) sind die qualitativen Argumente des Textes zu bestätigen, die sich auf die Verläufe von Ionisierungsenergien und Atomradien entlang der Zeilen und Spalten im Periodensystem beziehen. Um wieviel kleiner wären diese Atome, wenn die äußersten Elektronen die volle, nicht abgeschirmte Kernladung spüren würden?

2.8. Unter Verwendung der Slater-Regeln bestimme man (I) die 2s-Orbitalenergie im Grundzustand des Lithiumatoms und daraus die erste Ionisierungenergie, (II) die zweite Ionisierungsenergie. Schließlich berechne man die dritte Ionisierungsenergie für die Entfernung des 1s-Elektrons aus Li^{2+} und daraus die gesamte elektronische Energie des Lithiumatoms. Die experimentellen Werte lauten $I_1 = 5.39$ eV, $I_2 = 75.7$ eV, $I_3 = 122.4$ eV, $E = -203.5$ eV. Warum erhält man durch Addition der Orbitalenergien ($E = 2E_{1s} + E_{2s}$), die man für das neutrale Atom berechnet, nicht die Gesamtenergie?

2.9. Man zeige, daß die Elektronendichte im Stickstoffatom Kugelsymmetrie hat (die Dichte hängt nur von r ab), wobei die Orbitale von Tabelle 2.2 verwendet werden. Gilt diese Aussage (I) für *jede* p^n-Schale, oder (II) nur für gewisse Anzahlen von Elektronen? Man versuche, diese Ergebnisse auf abgeschlossene und teilweise besetzte d-Schalen unter der Verwendung der Atomorbitale in Tabelle 2.4 zu übertragen.

3. Die Prinzipien der Wellenmechanik

3.1 Die Wellengleichung

Im letzten Kapitel war im wesentlichen eine Übersicht über Ergebnisse gebracht worden, die man durch Anwendung der Wellenmechanik auf den Atombau erhalten hat. Dieses Kapitel wird uns nun zeigen, wie diese Ergebnisse aus einer Wellengleichung erhalten werden können, und es soll die Grundlage für die nachfolgende Behandlung der Moleküle bilden. Wir können diese Wellengleichung keinesfalls „ableiten", denn es gibt keine Ableitung für sie, ebensowenig, wie es eine Ableitung für die Newtonschen Bewegungsgleichungen gibt. Solche Gleichungen, die fundamentale „Naturgesetze" verkörpern, sind einfach kompakte allgemeine Ausdrücke für die experimentellen Erfahrungen. Wir können deshalb nur „Plausibilitätserklärungen" abgeben darüber, welche allgemeinen Eigenschaften die Wellengleichung haben muß, damit sie den experimentellen Erfahrungen gerecht werden kann (man vergleiche dazu § 2.1).

Wir betrachten zunächst ein freies Teilchen, das sich entlang der x-Achse bewegt. Für jede Art der Wellenausbreitung können wir $\Psi = \Psi(x, t)$ ansetzen. Für die Diskussion einer großen Anzahl von verschiedenen Arten von Wellenbewegungen sei Coulson (1941) empfohlen. Die einfachste Form einer Welle ist die sinusförmige; der Ψ-Wert wiederholt sich, wenn x um den Wert λ erhöht wird (die *Wellenlänge*), oder wenn t um den Wert $1/\nu$ erhöht wird (die reziproke Frequenz oder die *Schwingungsdauer*). Ψ hängt also durch einen Faktor $\exp(\pm 2\pi i k x)$ von x ab, wobei $k = 1/\lambda$ die „Wellenzahl" ist (Anzahl der Wellenlängen pro Längeneinheit). Ferner hängt Ψ durch einen Faktor $\exp(\pm 2\pi i \nu t)$ von t ab. Mit Hilfe der Eulerschen Formel $\exp(i\theta) = \cos\theta + i\sin\theta$ kann $\exp(2\pi i k x)$ als Überlagerung von Sinus- und Cosinustermen aufgefaßt werden. Im allgemeinen ist jede Kombination, oder „Mischung", der vier möglichen Produkte mit konstanten Koeffizienten gleichwertig. Wird x um λ erhöht, so erhöht sich der Exponent um $\pm 2\pi i$, wodurch Ψ mit $\exp(\pm 2\pi i) = 1$ multipliziert wird; ähnliches gilt für t. Nehmen wir irgendeines der vier Produkte, etwa $\Psi = \exp(2\pi i k x)\ \exp(2\pi i \nu t)$, so kann die Gleichung, der Ψ genügt, durch Differentiation gefunden werden. Zweimaliges Differenzieren nach x und zweimaliges Differenzieren nach t liefert

$$\frac{\partial^2 \Psi}{\partial x^2} = -4\pi^2 k^2 \Psi \qquad \frac{\partial^2 \Psi}{\partial t^2} = -4\pi^2 \nu^2 \Psi.$$

Demnach hat Ψ die Eigenschaft

$$\frac{\partial^2 \Psi}{\partial x^2} = \frac{1}{u^2}\frac{\partial^2 \Psi}{\partial t^2}, \tag{3.1}$$

wobei $u = \lambda\nu$ die Geschwindigkeit der Wellenausbreitung („Phasengeschwindigkeit") ist. Gleichung (3.1) ist die klassische „Wellengleichung", die für Schallwellen, Wasserwellen, elektromagnetische Wellen, usw. gilt, je nachdem wie Ψ interpretiert wird.

Man sieht sofort, daß (3.1) als Schrödingersche Wellengleichung nicht in Frage kommen kann, denn im allgemeinen wird $\int \Psi^* \Psi \, dx$ zeitabhängig sein und deshalb wird eine zunächst normierte Wellenfunktion nicht normiert bleiben. Wenn *nur ein* Zeitfaktor möglich wäre, *entweder* $\exp(2\pi i\nu t)$ *oder* $\exp(-2\pi i\nu t)$, aber keine Mischung der beiden, so würde das Produkt wegen $\exp(2\pi i\nu t) \times \exp(-2\pi i\nu t) = 1$ eine zeitunabhängige Normierung bewirken. In diesem Falle müßte die Differentialgleichung bezüglich t von *erster* Ordnung sein (eine Lösung) und nicht von *zweiter* Ordnung (zwei Lösungen). Wir wollen deshalb annehmen, daß nur *ein* Zeitfaktor erlaubt ist, etwa $\exp(-2\pi i\nu t)$, und suchen nun die Differentialgleichung, die

$$\Psi(x, t) = \{A \exp(2\pi i k x) + B \exp(-2\pi i k x)\} \exp(-2\pi i \nu t)$$

als Lösung hat. Der erste Faktor hängt nur vom Ort ab und wird als *Amplitude* der Welle bezeichnet. Ferner wollen wir die experimentell fundierte Beziehung einbauen (§ 2.1), daß für ein freies Teilchen (in einem Bereich konstanten Potentials)

$$k = 1/\lambda = p/h \qquad \nu = E/h \tag{3.2}$$

gilt und daß E und p auf klassische Weise verknüpft sind.

$$E = \tfrac{1}{2}mv^2 + V = p^2/2m + V \tag{3.3}$$

Zur Eliminierung von Ψ benötigen wir die zweite Ableitung nach x, aber nur noch die erste nach t:

$$\frac{\partial^2 \Psi}{\partial x^2} = -\frac{4\pi^2}{\lambda^2}\Psi = -\frac{p^2}{\hbar^2}\Psi \qquad \frac{\partial \Psi}{\partial t} = -2\pi i\nu\Psi = -\frac{Ei}{\hbar}\Psi. \tag{3.4}$$

Dabei wurde (3.2) mit Hilfe von $\hbar = h/2\pi$ verwendet. Nun können wir nach (3.3) die mathematische Identität

$$\left(\frac{1}{2m}p^2 + V\right)\Psi = E\Psi$$

hinschreiben, die durch Substitution mit (3.4) die Differentialgleichung

$$\boxed{-\frac{\hbar^2}{2m}\frac{\partial^2 \Psi}{\partial x^2} + V\Psi = i\hbar\frac{\partial \Psi}{\partial t}} \tag{3.5}$$

ergibt. Das ist die bekannte Schrödingersche Wellengleichung in eindimensionaler Form. Sie ist zunächst für die experimentell beobachtbaren Eigenschaften eines freien Teilchens (die Bewegung findet in einem Bereich mit konstantem V statt) „hergeleitet" worden. Es zeigt sich aber, daß diese Gleichung viel allgemeiner ist, denn selbst wenn $V = V(x)$ *nicht* konstant ist, führt diese Gleichung zu experimentell relevanten Aussagen.

Es ist bemerkenswert, daß Gleichung (3.5) durch ein sehr einfaches Rezept gewonnen werden kann. Dabei geht man vom klassischen Ausdruck für die Energie als Funktion von Ort und Impuls aus; diese Funktion ist als Hamilton-Funktion bekannt und wird mit H bezeichnet. Wir schreiben

$$E = H(x, p) = \frac{1}{2m} p^2 + V(x) \tag{3.6}$$

und wo immer auch p auftaucht, ersetzen wir es durch den „Operator" $(\hbar/\mathrm{i})(\partial/\partial x)$. Dieser Operator ist eine Vorschrift der Art: Differenziere die nachstehende Funktion nach x und multipliziere das Ergebnis mit $\hbar/\mathrm{i}$. Auf ähnliche Weise ersetzen wir E durch den Operator $-(\hbar/\mathrm{i})(\partial/\partial t)$. Nun setzen wir Ψ jeweils rechts von den drei Termen in (3.6) ein, so daß die Operatoren auf eine Funktion angewendet werden können. Das Ergebnis ist in (3.5) zu sehen. Diese Regel für die Zuordnung von Operatoren zu dynamischen Größen ist in der Schrödingerschen Formulierung der Quantenmechanik von großer Bedeutung.

Bewegt sich ein Teilchen im dreidimensionalen Raum, so ist p^2 in (3.6) eine Summe von Quadraten der drei Impulskomponenten $p_x = mv_x$, usw., während V von x, y und z abhängt. Die entsprechenden Zuordnungen lauten

$$p_x \to \frac{\hbar}{\mathrm{i}} \frac{\partial}{\partial x}, \quad p_y \to \frac{\hbar}{\mathrm{i}} \frac{\partial}{\partial y}, \quad p_z \to \frac{\hbar}{\mathrm{i}} \frac{\partial}{\partial z}, \quad E \to -\frac{\hbar}{\mathrm{i}} \frac{\partial}{\partial t}. \tag{3.7}$$

Die dreidimensionale Form der Wellengleichung lautet dann

$$\boxed{-\frac{\hbar^2}{2m} \nabla^2 \Psi + V(x, y, z)\Psi = -\frac{\hbar}{\mathrm{i}} \frac{\partial \Psi}{\partial t}} \tag{3.8}$$

wobei $\nabla^2 \Psi$ eine Abkürzung für

$$\nabla^2 \Psi = \frac{\partial^2 \Psi}{\partial x^2} + \frac{\partial^2 \Psi}{\partial y^2} + \frac{\partial^2 \Psi}{\partial z^2} \tag{3.9}$$

ist; ∇^2 wird Laplace-Operator genannt. Die Operatorschreibweise ist weit verbreitet und (3.8) lautet in Kurzschreibweise

$$\boxed{\hat{H}\Psi = -\frac{\hbar}{\mathrm{i}} \frac{\partial \Psi}{\partial t}} \tag{3.10}$$

wobei

$$\hat{H} = -\frac{\hbar^2}{2m} \nabla^2 + V(x, y, z) \tag{3.11}$$

der Hamiltonoperator genannt wird, da dieser aus der klassischen Hamiltonfunktion (3.6) hergeleitet worden ist. In (3.10) wird der Operator mit einer Funktion versehen, auf die er wirkt. Durch diese dem Operator nachgestellte Funktion Ψ kommen wir schließlich zur Originalgleichung (3.8). Das Symbol (ˆ) wird als Kennzeichen einer Operatorgröße in diesem Buch durchweg verwendet.

3.2 Stationäre Zustände

In § 2.1 wurde bereits erwähnt, daß die für die Bindungstheorie wichtigsten Lösungen der Schrödingergleichung sich auf *stationäre Zustände* beziehen, in denen die Energie und die Ladungsdichte zeitunabhängig sind. In § 2.4 haben wir es ausschließlich mit zeitunabhängigen Wellenfunktionen zu tun gehabt – genauer gesagt, mit „Amplitudenfunktionen“. Für solche Zustände haben die Wellenfunktionen die spezielle Form

$$\Psi(x, y, z; t) = \psi(x, y, z) f(t) \tag{3.12}$$

und die Amplitudenfunktion ist Lösung einer vereinfachten Form von (3.10), aus der die Zeit eliminiert ist. Setzen wir (3.12) in (3.10) ein und dividieren dann durch Ψ, so erhalten wir

$$\frac{\hat{H}\psi}{\psi} = -\frac{\hbar}{\mathrm{i}}\frac{1}{f}\frac{\partial f}{\partial t}.$$

Dabei haben wir von der Beziehung $\hat{H}\Psi = f\hat{H}\psi$ Gebrauch gemacht, denn der Faktor $f(t)$ wirkt auf die Operatoren der partiellen Differentiation in $\hat{H}$ wie eine Konstante; aus ähnlichen Gründen gilt $\partial\Psi/\partial t = \psi(\partial f/\partial t)$. Nun sind aber die beiden Seiten dieser Gleichung völlig unabhängig voneinander, wobei die eine nur von den Koordinaten und die andere nur von der Zeit abhängt. Die Gleichheit beider Seiten ist für alle x, y, z und t nur dann möglich, wenn diese konstant sind. Diese Konstante bezeichnen wir mit E. Die Lösung von

$$-\frac{\hbar}{\mathrm{i}}\frac{1}{f}\frac{\mathrm{d}f}{\mathrm{d}t} = E$$

lautet einfach

$$f(t) = \exp\left(-\frac{\mathrm{i}Et}{\hbar}\right) \tag{3.13}$$

während die Gleichung für ψ, nämlich

$$\boxed{\hat{H}\psi = -\frac{\hbar^2}{2m}\nabla^2\psi + V\psi = E\psi} \tag{3.14}$$

die *zeitunabhängige Schrödingergleichung* ist. Die stationären Zustände erhält man demnach durch Lösen von (3.14), woraus die Amplitudenfunktion $\psi(x, y, z)$ folgt, die dann mit dem Zeitfaktor (3.13) versehen wird. Die Anwesenheit des zweiten Faktors bedeutet, daß die Ableitung der Wellenfunktion nach der Zeit gleichbedeutend mit einer Multiplikation mit $(-\mathrm{i}E/\hbar)$ ist. Das ist aber auch die Eigenschaft (3.4) der de Broglie-Wellen, bei denen E als *Teilchenenergie* interpretiert wird. Daraus schließen wir, daß die Größe E in der zeitunabhängigen Gleichung (3.14) die *Energie* des Systems im stationären Zustand mit der (zeitunabhängigen) Wellenfunktion ψ ist.

Selbstverständlich liefert die Wellenfunktion (3.12), die jetzt

$$\Psi(x, y, z; t) = \psi(x, y, z)\exp\left(-\frac{\mathrm{i}Et}{h}\right)$$

lautet, eine zeitunabhängige Ladungsdichte, denn

$$P = \Psi\Psi^* = \psi \exp\left(-\frac{\mathrm{i}Et}{\hbar}\right)\psi^* \exp\left(+\frac{\mathrm{i}Et}{\hbar}\right) = \psi\psi^*$$

hängt nur von den räumlichen Koordinaten x, y, z ab. Alle physikalischen Eigenschaften des Systems, die von dem Produkt $\Psi\Psi^*$ abhängen, sind stationär und bestehen auf unbestimmt lange Zeit. Um das System von einem Zustand in einen anderen zu befördern (um einen Übergang herbeizuführen), benötigen wir eine zeitabhängige Störung, die eine Änderung von $\hat{H}$ bewirkt. Sodann ist der zeitliche Verlauf von ψ zu studieren, was die Lösung der allgemeineren Gleichung (3.10) erfordert. In der Bindungstheorie wollen wir uns allerdings fast ausschließlich mit stationären Zuständen befassen, und wenn wir von „der Wellengleichung" oder „der Schrödingergleichung" sprechen, so wollen wir damit stets (3.14) oder das entsprechende Analogon für mehrere Elektronen verstehen.

3.3 Einige Beispiele für Wellengleichungen. Das Hartree-Feld

Es ist offensichtlich von Bedeutung, die Wellengleichung für alle möglichen Probleme unvermittelt hinschreiben zu können. Die folgenden Beispiele werden zeigen, wie leicht das ist.

Das Wasserstoffatom. Das Elektron bewegt sich im dreidimensionalen Raum, so daß die kinetische Energie $1/2m(v_x^2 + v_y^2 + v_z^2)$ lautet. Die potentielle Energie ist von der Form $-e^2/\varkappa_0 r$, denn die Kernladung beträgt $+e$, die Elektronenladung $-e$, und r ist der Abstand zwischen den beiden Teilchen. Die Wellengleichung lautet

$$\hat{H}\psi = -\frac{\hbar^2}{2m}\nabla^2\psi - \frac{e^2}{\kappa_0 r}\psi = E\psi. \tag{3.15}$$

Für die Kernladung Ze lautet sie

$$\hat{H}\psi = -\frac{\hbar^2}{2m}\nabla^2\psi - \frac{Ze^2}{\kappa_0 r}\psi = E\psi. \tag{3.16}$$

Das Heliumatom. Dieses System stellt unsere erste Anwendung der Quantenmechanik auf ein Atom mit mehr als einem Elektron dar. Wir verwenden das gleiche Rezept (3.7), wodurch wir für alle Teilchen ähnliche Terme erhalten. Dieses System enthält zwei Elektronen, 1 und 2 (Fig. 3.1), mit den Koordinaten (x_1, y_1, z_1) und (x_2, y_2, z_2). Beide Elektronen bewegen sich um eine im Ursprung befindliche Kernladung $2e$. Mit Hilfe der Begriffe in Fig. 3.1 folgt

$$T = \frac{1}{2m}(p_{x1}^2 + p_{y1}^2 + p_{z1}^2 + p_{x2}^2 + p_{y2}^2 + p_{z2}^2)$$

$$V = -\frac{1}{\kappa_0}\left(\frac{2e^2}{r_1} + \frac{2e^2}{r_2} - \frac{e^2}{r_{12}}\right).$$

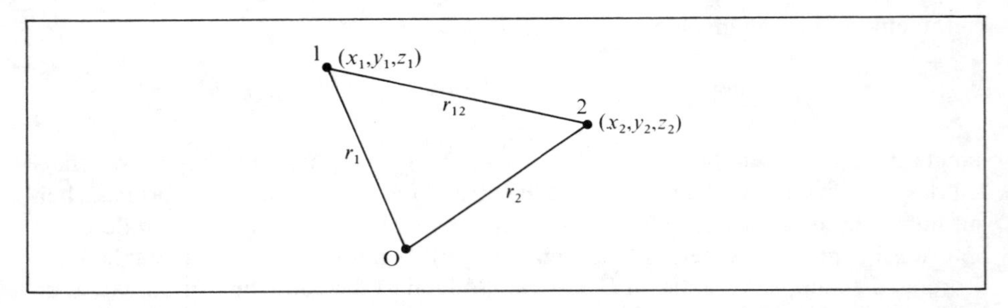

Fig. 3.1. Koordinaten für das Heliumatom. Die Elektronen befinden sich in den Punkten 1 und 2, während der Kern im Ursprung O liegt.

Die Wellengleichung lautet

$$\hat{H}\psi = -\frac{\hbar^2}{2m}\nabla_1^2\psi - \frac{2e^2}{\kappa_0 r_1}\psi - \frac{\hbar^2}{2m}\nabla_2^2\psi - \frac{2e^2}{\kappa_0 r_2}\psi + \frac{e^2}{\kappa_0 r_{12}}\psi = E\psi \tag{3.17}$$

wobei ∇_1^2 der Laplaceoperator (3.9) bezüglich der Koordinaten x_1,y_1,z_1 und ∇_2^2 der Laplaceoperator bezüglich der Koordinaten x_2,y_2,z_2 ist. Diese Gleichung ist eine partielle Differentialgleichung in den sechs Variablen x_1,y_1,z_1,x_2,y_2,z_2. Es gibt nur sechs unabhängige Variablen, da die Größen r_1,r_2,r_{12} alle mit Hilfe der sechs ursprünglichen Variablen ausgedrückt werden können.

Das Wasserstoffmolekül-Ion H_2^+. Nun wollen wir die Wellengleichung für das einfachste Molekül, das Wasserstoffmolekül-Ion, aufschreiben. Dieses System enthält nur ein Elektron, das sich im Feld zweier festgehaltener Kerne A und B bewegt (Fig. 3.2), die auf das Elektron eine anziehende Kraft ausüben. Wir können schreiben

$$T = \frac{1}{2m}(p_x^2 + p_y^2 + p_z^2) \qquad V = -\frac{e^2}{\kappa_0 r_a} - \frac{e^2}{\kappa_0 r_b}.$$

Die Wellengleichung lautet*

$$\hat{H}\psi = -\frac{\hbar^2}{2m}\nabla^2\psi - \frac{e^2}{\kappa_0}\left(\frac{1}{r_a} + \frac{1}{r_b}\right)\psi = E\psi. \tag{3.18}$$

Auf die Gültigkeit der Annahme festgehaltener Kerne während der Behandlung der Elektronenbewegung kommen wir in § 3.5 zurück.

Das Wasserstoffmolekül H_2. Nun haben wir zwei Elektronen 1 und 2 mit den Koordinaten x_1,y_1,z_1 und x_2,y_2,z_2, und mit den Bezeichnungen der Fig. 3.3 erhalten wir

* Im Hamiltonoperator $\hat{H}$ fehlt der Beitrag $e^2/(\varkappa_0 R)$ der Kernabstoßung, der auch in den folgenden Kapiteln stets weggelassen wird. Für eine Erklärung sei auf § 3.5 verwiesen. (Anmerkung des Übersetzers)

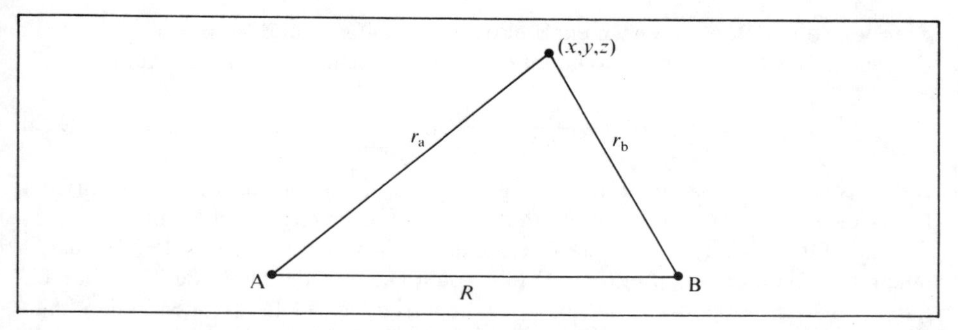

Fig. 3.2. Koordinaten für das Wasserstoffmolekül-Ion H_2^+.

$$T = \frac{1}{2m}(p_{x_1}^2 + \ldots) + \frac{1}{2m}(p_{x_2}^2 + \ldots)$$

$$V = -\frac{e^2}{\kappa_0}\left(\frac{1}{r_{a1}} + \frac{1}{r_{a2}} + \frac{1}{r_{b1}} + \frac{1}{r_{b2}}\right) + \frac{e^2}{\kappa_0 r_{12}}.$$

Die Wellengleichung lautet daher

$$\hat{H}\psi = -\frac{\hbar^2}{2m}(\nabla_1^2 + \nabla_2^2)\psi + V\psi = E\psi. \tag{3.19}$$

Nachdem man die Wellengleichung für ein System aufgestellt hat, ist die nächste Aufgabe stets die gleiche: Man hat diejenigen Energiewerte aufzusuchen, für die relevante Wellenfunktionen existieren. Wie wir im Kapitel 2 festgestellt haben, ist eine relevante Wellenfunktion eine Funktion, die überall endlich, eindeutig und stetig ist; ferner muß ihr Gradient stetig differenzierbar sein und die Funktion muß normierbar sein.

Das Hartree-Feld. Bei der Behandlung eines Mehrelektronenatoms (§ 2.5) nach Hartree geht man von der Vorstellung aus, daß sich jedes Elektron im gemittelten Feld der restlichen Teilchen des Systems bewegt. Diese sind die Kerne und die übri-

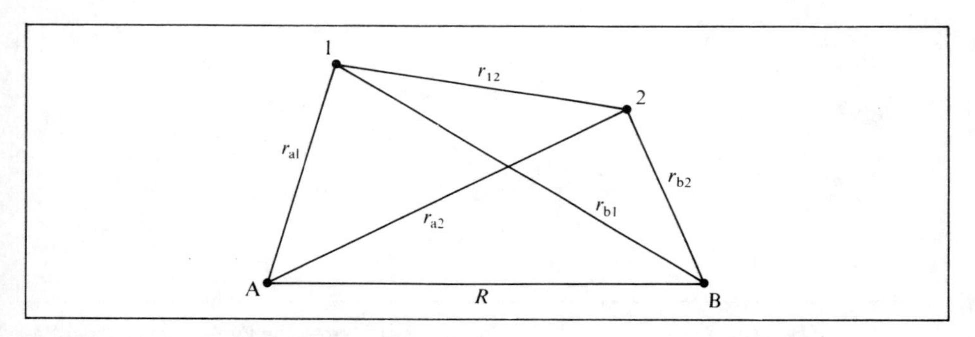

Fig. 3.3. Koordinaten für das Wasserstoffmolekül.

gen Elektronen. Betrachten wir ein Elektron im Orbital ψ_1 und nennen die potentielle Energie dieses Elektrons V_1, so lautet die Wellengleichung zur Bestimmung von ψ_1

$$\hat{H}\psi_1 = -\frac{\hbar^2}{2m}\nabla^2\psi_1 + V_1\psi_1 = \varepsilon_1\psi_1 . \tag{3.20}$$

Dabei ist die *Orbitalenergie* mit ε_1 abgekürzt, denn sie ist von der elektronischen Energie des Atoms (E in der Mehrelektronen-Schrödingergleichung) zu unterscheiden. Die Orbitalenergie stellt die Energie eines einzelnen Elektrons dar, das sich in einem hypothetischen „effektiven Feld“ – dem Hartree-Feld befindet. Zur Berechnung von V_1 benötigen wir das Feld, das die übrigen $N-1$ Elektronen in den Orbitalen $\psi_2, \psi_3, \ldots, \psi_N$ erzeugen. Nun hat die Ladungswolke des Elektrons 2 in ψ_2 die Dichte ψ_2^2 Elektronen/Volumeneinheit, und die Ladung in einem Volumenelement $d\tau_2$ beträgt somit $-e\psi_2^2 d\tau_2$. Die potentielle Energie des Elektrons 1 in Anwesenheit dieser Ladung lautet $e^2\psi_2^2 d\tau_2/\varkappa_0 r_{12}$ (Fig. 3.4).

In Anwesenheit der ganzen Ladungswolke lautet die potentielle Energie

$$\frac{e^2}{\kappa_0}\int\frac{\psi_2^2\, d\tau_2}{r_{12}} .$$

Beiträge dieser Art werden aufsummiert, und dazu wird die potentielle Energie bezüglich des Kerns addiert ($-Ze^2/\varkappa_0 r_1$). Sodann wird der gesamte Ausdruck über alle Winkel gemittelt, um die Kugelsymmetrie der potentiellen Energie V_1 zu gewährleisten, die in (3.20) enthalten ist. In der Praxis löst man diese Gleichung numerisch und erhält dann eine erste verbesserte Funktion ψ_1 (siehe § 2.5). Nach diesem Schema wird der gesamte in § 2.5 beschriebene Rechenprozeß durchgeführt, und zwar so lange, bis weitere Iterationen keine wesentlichen Änderungen an den Orbitalen mehr zur Folge haben. Wir haben jetzt das selbstkonsistente Feld erhalten sowie die entsprechende gesamte Elektronenverteilung $P = \psi_1^2 + \psi_2^2 + \ldots + \psi_N^2$. Man beachte, daß für den Fall $\psi_2 = \psi_1$ (das bedeutet, daß ψ_1 *doppelt* besetzt ist) P zwei identische Terme enthält und somit ein Beitrag $2\psi_1^2$ für ein *Elektronenpaar* in ψ_1 auftritt. Ist ein Orbital doppelt besetzt, so müssen wir einfach seinen Beitrag zur Elektronendichte verdoppeln.

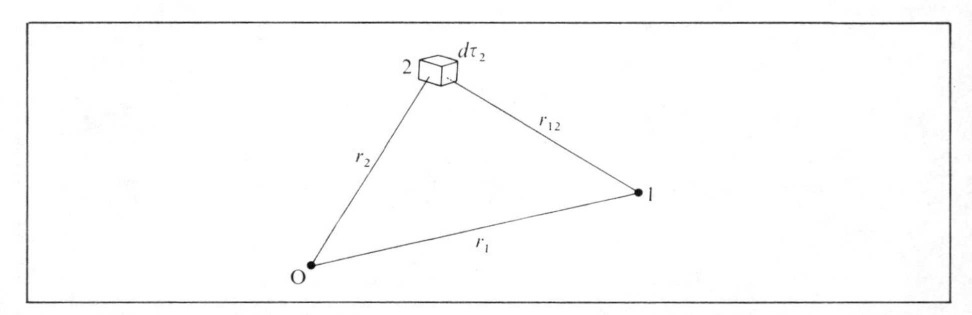

Fig. 3.4. Die Berechnung der potentiellen Energie eines Elektrons im Punkt 1 im Feld der Ladungswolke eines zweiten Elektrons. Das Volumenelement $d\tau_2$ enthält die Ladung $-e\psi_2^2 d\tau_2$.

3.4 Einige Beispiele für exakt lösbare Wellengleichungen

Zwei oder drei Beispiele sollen uns damit vertraut machen, wie relevante Lösungen der Wellengleichung gefunden werden können. Zunächst einmal müssen wir uns anhand des eindimensionalen Falles die allgemeinen Eigenschaften von ψ verschaffen sowie die Herkunft der „Quantisierung" der erlaubten Energien studieren.

Wir wollen ein bewegtes Teilchen mit der in Fig. 3.5 dargestellten potentiellen Energie betrachten. Das klassisch interpretierte Energiediagramm besagt, daß es drei wichtige Bereiche gibt: das Teilchen kann niemals in (a) oder (c) gefunden werden, denn das sind die „klassisch verbotenen" Bereiche mit $V > E$. Die Bewegung bleibt also auf den Bereich (b) beschränkt. Das Teilchen bewegt sich zwischen den Wänden eines „Potentialkastens" hin und her.

In der Quantenmechanik muß diese Vorstellung allerdings modifiziert werden. Wir müssen nämlich ψ berechnen und dann mit Hilfe von ψ^2 eine Aussage über die Aufenthaltswahrscheinlichkeit des Teilchens machen. Wird die potentielle Energie $V(x)$ in (a) durch den konstanten Wert V_a angenähert, so genügt ψ dort der Gleichung (nach Umformung von (3.14))

$$\frac{\mathrm{d}^2\psi}{\mathrm{d}x^2} = \omega_\mathrm{a}^2\psi \tag{3.21a}$$

wobei $\omega_\mathrm{a}^2 = 2m(V_\mathrm{a} - E)/\hbar^2$ positiv und konstant ist. Eine ähnliche Näherung, $V \simeq V_\mathrm{b}$ (konstant) in (b), liefert

$$\frac{\mathrm{d}^2\psi}{\mathrm{d}x^2} = -\omega_\mathrm{b}^2\psi \tag{3.21b}$$

wobei $\omega_\mathrm{b}^2 = 2m(E - V_\mathrm{b})/\hbar^2$ wieder positiv ist, denn es gilt $E > V_\mathrm{b}$. Schließlich liefert eine solche Näherung für (c)

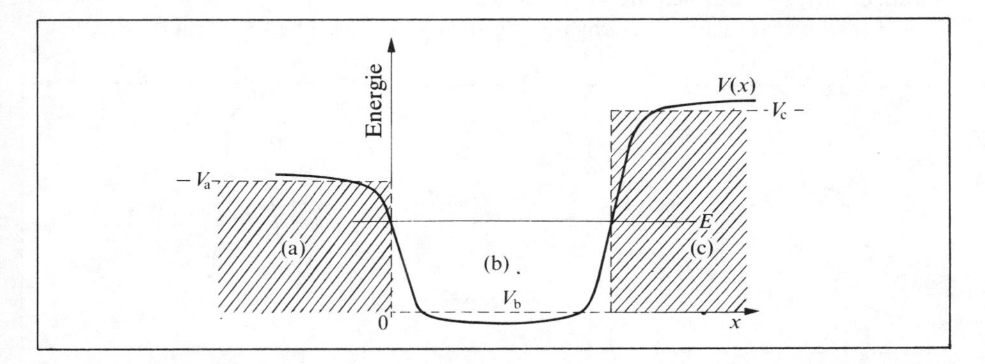

Fig. 3.5. Klassisches Energiediagramm für die Bewegung mit der Energie E und der potentiellen Energie $V(x)$. Außerhalb der senkrechten unterbrochenen Linien befinden sich die klassisch „verbotenen" Bereiche (a) und (c). Der unterbrochene Linienzug deutet einen „Potentialkasten" an, der als grobe Näherung für $V(x)$ dienen kann.

$$\frac{d^2\psi}{dx^2} = \omega_c^2 \psi. \tag{3.21c}$$

Diese Differentialgleichungen sind in der elementaren Physik sehr verbreitet und haben die Lösungen (wie durch Differentiation verifiziert werden kann)

$$\text{Bereich (a)} \qquad \psi = A\exp(-\omega_a x) + B\exp(\omega_a x) \tag{3.22a}$$

$$\text{Bereich (b)} \qquad \psi = C\sin\omega_b x + D\cos\omega_b x \tag{3.22b}$$

$$\text{Bereich (c)} \qquad \psi = E\exp(-\omega_c x) + F\exp(\omega_c x). \tag{3.22c}$$

Die Wellenfunktion „oszilliert“ in einem klassisch erlaubten Bereich, und zwar umso stärker, je höher die Energie ist. Beim Eintritt in einen verbotenen Bereich verschwindet sie exponentiell, und zwar umso schneller, je größer $V-E$ ist.

Die Relevanz der Wellenfunktion hängt von ihren Eigenschaften ab; sie darf nicht unendlich werden und deshalb muß für die Bereiche (a) und (c) die Konstante vor dem *ansteigenden* Exponentialterm (für $x \to -\infty$, beziehungsweise für $x \to +\infty$) null gesetzt werden. Dadurch bekommt ψ *exponentiell verschwindende Anhängsel*, wenn wir in den klassisch verbotenen Bereich eintreten. Das allgemeine Verhalten von ψ in den drei Bereichen ist in Fig. 3.6 (*a*) dargestellt. Die vollständige Wellenfunktion erhalten wir durch *glattes* Aneinanderfügen der einzelnen Anteile. Das kann nur durch die sehr genaue passende Wahl der einzelnen Integrationskonstanten (einschließlich E, das in jedem ω enthalten ist) geschehen. In Fig. 3.6 (*a*) ist die Wellenlänge im Kasten für einen glatten Anschluß gerade recht, allerdings muß dafür der exponentielle Anteil im Bereich (c) einen negativen Koeffizienten erhalten. In Fig. 3.6 (*b*) sieht man, daß jetzt die Kurvenstücke glatt zusammengefügt sind. Das wäre aber nicht möglich, wenn die Wellenlänge zu groß gewählt wird, etwa so, daß eine halbe Welle nicht mehr in den Kasten paßt. *Die Quantisierung der Energie hat ihren Ursprung einfach in den Bedingungen der Relevanz von* ψ.

Gewiß sind diese Diskussionen nur qualitativ, und hätten wir eine Variation von V_b durchgeführt, so hätte sich die Wellenlänge der Oszillation im Bereich (b) etwas geändert. Die wesentlichen Gesichtspunkte dieser Diskussionen sind ganz allgemein.

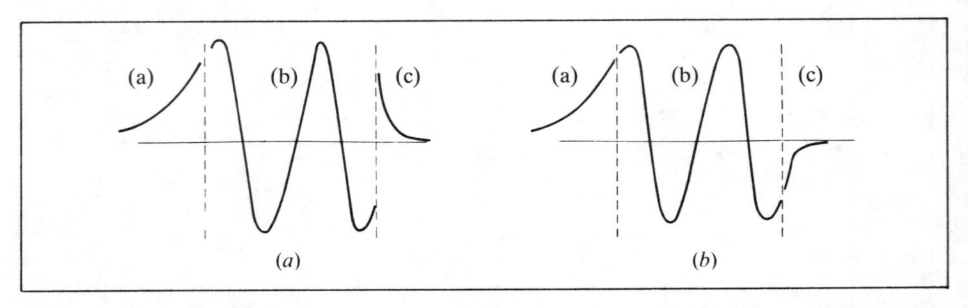

Fig. 3.6. (*a*) Die Wellenfunktion in den drei Bereichen – exponentieller Anteil in den verbotenen Bereichen, wellenartiges Verhalten im erlaubten Bereich. Die Integrationskonstanten sind nicht korrekt gewählt: ψ ist unstetig. (*b*) Die Integrationskonstanten sind so gewählt, daß eine relevante Wellenfunktion entsteht.

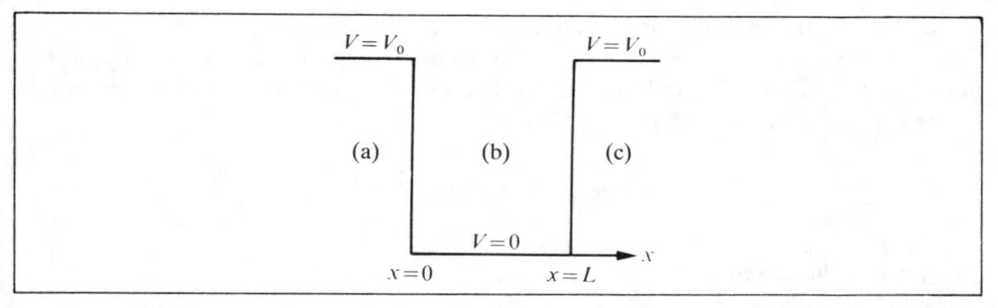

Fig. 3.7. Unendlich tiefer Potentialkasten; die potentielle Energie ist null innerhalb des Kastens ($V=0$), V_0 ist beliebig groß außerhalb ($V_0 \to \infty$).

Im ersten unserer lösbaren Beispiele betrachten wir ein Kastenpotential, für das alle quantisierten Zustände exakt berechnet werden können.

Der unendlich tiefe Potentialkasten. Wir betrachten den „rechteckigen Kasten" in Fig. 3.7, wobei die potentielle Energie in den Bereichen (a) und (c) unendlich ist, während sie in (b) null ist. Der exponentielle Anteil (mit $\omega_a, \omega_b \to \infty$) geht nun unendlich rasch gegen null, und deshalb können wir an den Grenzen des Bereichs (b) $\psi = 0$ setzen. Diese Grenzen sind bei $x=0$ und $x=L$. Nur die Sinusfunktion in (3.22*b*) kann diese Bedingungen erfüllen, und wir setzen $D=0$ und erhalten

$$\psi = C \sin \omega x \qquad (\omega^2 = 2mE/\hbar^2).$$

Wir müssen auch darauf achten, daß ein ganzzahliges Vielfaches einer halben Welle genau in den Kasten paßt (Fig. 3.8). Das bedeutet $L = n \times 1/2\,(2\pi/\omega)$ und somit sind die relevanten Werte für $\omega\,(=\sqrt{(2mE)}/\hbar)$ und damit für die Energie festgelegt. Die relevanten Lösungen lauten (mit $\hbar = h/2\pi$)

$$\psi_n(x) = C \sin\left(\frac{n\pi x}{L}\right) \qquad E_n = \frac{h^2 n^2}{8mL^2}, \tag{3.23}$$

wobei $n = 1, 2, 3, \ldots$ eine Quantenzahl ist. Es ist leicht, die Wellenfunktion durch $C = \sqrt{2/L}$ zu normieren (§ 2.1).

Dieses System ist ein sehr nützliches Modell, wenn es auch hypothetischen Charakter hat. Es kann zur näherungsweisen Beschreibung leicht beweglicher Elektronen in langen kettenförmigen Polyenen (mit der Länge L) und auch als Basis für das „Modell der freien Elektronen" bei einem metallischen Leiter herangezogen werden.

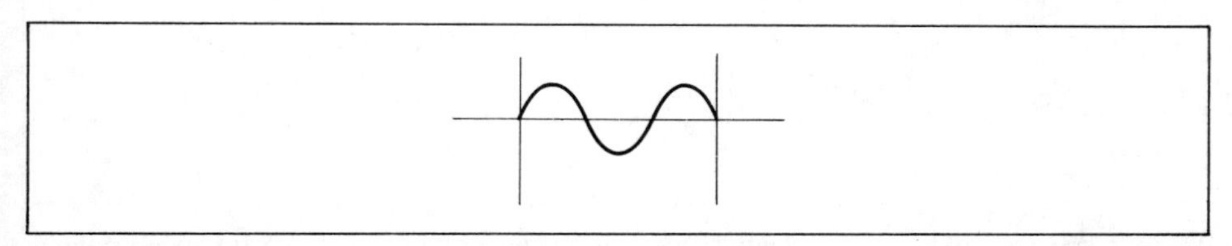

Fig. 3.8. Die Bedingung $\psi = 0$ an den Rändern. Ein ganzzahliges Vielfaches einer halben Welle muß den Kasten ausfüllen.

Die Verallgemeinerung auf drei Dimensionen ist ohne weiteres möglich; man kann leicht zeigen, daß für einen Kasten mit den Kantenlängen L_1, L_2, L_3, in dessen Innerem $V=0$ ist, die Wellenfunktion als Produkt der drei entsprechenden eindimensionalen Lösungen geschrieben werden kann.

$$\psi_{n_1 n_2 n_3}(x, y, z) = C \sin\left(\frac{n_1 \pi x}{L_1}\right) \sin\left(\frac{n_2 \pi y}{L_2}\right) \sin\left(\frac{n_3 \pi z}{L_3}\right) \tag{3.24a}$$

Die entsprechende Energie lautet

$$E_{n_1 n_2 n_3} = \frac{h^2}{8m}\left(\frac{n_1^2}{L_1^2} + \frac{n_2^2}{L_2^2} + \frac{n_3^2}{L_3^2}\right). \tag{3.24b}$$

Jeder Zustand wird durch drei Quantenzahlen charakterisiert. Für $L_1 = L_2 = L_3$ haben die Wellenfunktionen eine gewisse Ähnlichkeit mit den Atomorbitalen aus Kapitel 2. Sie beziehen sich auf ein Teilchen, das in einem kleinen *Würfel* gebunden ist und nicht in einem kugelförmigen Bereich. Die Wellenfunktionen für $n_1 = n_2 = n_3 = 1$ und für $n_1 = n_2 = 1$, $n_3 = 2$ sind in Fig. 3.9 dargestellt; sie zeigen eine gewisse Ähnlichkeit zu den s- und $2p_z$-Atomorbitalen.

Das wasserstoffähnliche Atom. Nach (3.16) lautet die Wellengleichung

$$\nabla^2 \psi + \frac{2m}{\hbar^2}\left(E + \frac{Ze^2}{\kappa_0 r}\right)\psi = 0. \tag{3.25}$$

Mit $r = (x^2 + y^2 + z^2)^{1/2}$ gilt

$$\frac{\partial r}{\partial x} = \frac{x}{r}$$

und es kann gezeigt werden, daß diese Gleichung die Lösung

$$\psi = e^{-kr} \tag{3.26}$$

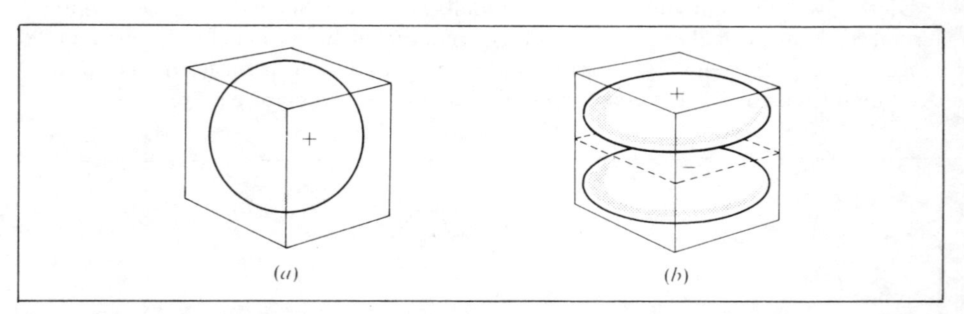

Fig. 3.9. Wellenfunktionen für einen dreidimensionalen Kasten (Würfel): (*a*) Quantenzahlen $n_1 = n_2 = n_3 = 1$; (*b*) $n_1 = n_2 = 1, n_3 = 2$ (*z*-Achse vertikal). Es gibt eine Knotenebene, die durch die unterbrochenen Linien angedeutet ist.

hat (siehe Aufgabe 3.5), vorausgesetzt daß

$$k = \frac{mZe^2}{\kappa_0 \hbar^2} = \frac{Z}{a_0}\,, \tag{3.27}$$

wobei a_0 der Bohrsche Radius ist (§ 2.3). Die Energie lautet

$$E = -\frac{\hbar^2 k^2}{2m} = -\frac{Z^2 m e^4}{2\kappa_0^2 \hbar^2} = -\frac{Z^2 e^2}{2a_0 \kappa_0}. \tag{3.28}$$

Das ist der Grundzustand des Atoms, und für den speziellen Fall von Wasserstoff, für den $Z=1$ gilt, sind das die Gleichungen (2.12) und (2.11*b*), die in Kapitel 2 ohne Beweis angegeben waren. Die Gleichung (3.26) liefert uns nach der Normierung das 1s-AO eines Atoms mit der Kernladung *Ze*.

Auf ähnliche Weise kann gezeigt werden, daß auch

$$\psi = x \exp(-\tfrac{1}{2}kr)$$

eine Lösung ist, wobei *k* ebenfalls durch (3.27) gegeben ist. Aus Symmetriegründen sind auch $y\exp(-1/2kr)$ und $z\exp(-1/2kr)$ Lösungen. Diese sind die $2p_x, 2p_y, 2p_z$-Atomorbitale in Tabelle 2.2.

3.5 Über die Notwendigkeit einer vereinfachenden Näherung zur Lösung der Wellengleichung

Die Wellengleichung hat nur für gewisse ziemlich spezielle Formen der Potentialfunktion *V* Lösungen, die als geschlossene Ausdrücke darstellbar sind. Zum Beispiel ist sie für alle Atome und Ionen unlösbar mit Ausnahme derer, die nur ein Elektron haben. Zwangsläufig ist auch die Wellengleichung für Moleküle nicht lösbar. Wir wollen an einem einfachen Beispiel die Kompliziertheit des Problems darlegen. Methan (CH_4) hat fünf Kerne und zehn Elektronen, so daß die vollständige Wellengleichung insgesamt $3\times 15=45$ unabhängige Variablen hat. Eine partielle Differentialgleichung mit so vielen Variablen ist nicht mehr exakt lösbar, selbst dann nicht, wenn wir uns der besten Rechenautomaten bedienen.

Es ist ein glücklicher Umstand, daß wir die Gleichung aber ohne Schwierigkeit beträchtlich vereinfachen können, indem wir bei festgehaltenen Kernen zunächst nur die Elektronenbewegung behandeln. Wegen ihrer größeren Masse (ein Proton hat eine ungefähr 1836-mal so große Masse wie ein Elektron) bewegen sich die Kerne sehr viel langsamer als die Elektronen. Bildlich gesprochen heißt das, daß sich die Elektronen so schnell bewegen, daß sie die Kerne als ruhend sehen. Diese Erkenntnis wurde von Born und Oppenheimer (1927) in die Sprache der Wellenmechanik übertragen, und die daraus resultierenden Folgerungen konnten verifiziert werden. (Siehe auch Born und Huang (1954) und Longuet-Higgins (1961).) Diese besagen, daß Schwingungs- und Rotationsbewegungen eines Moleküls unabhängig von den Bewegungen der Elektronen ablaufen. Zu jeder vorgegebenen Lage der Kerne gibt es eine bestimmte Energie (oder einen Satz von Energiewerten) für die Elektronen. Diese Energien können wir berechnen, indem wir die Kerne festhalten und dann die entsprechende Wellengleichung lösen. Damit ist unser Vorgehen gerechtfertigt, die Wellengleichung für H_2^+ und H_2 in den Formen (3.18) und (3.19) zu schreiben.

Auf diese Weise vereinfacht sich die vollständige Molekülwellengleichung, denn wir können jetzt die Terme fortlassen, die sich auf die Bewegung der Kerne beziehen. Diese Näherung unter der Annahme ortsfester Kerne ist erstaunlich genau. So ist der Fehler, den man bei H_2 macht, nicht größer als 4.95 cm^{-1} (0.00062 eV) (Kolos (1964)); zum Vergleich seien die gesamte elektronische Energie für die Gleichgewichtslage von 32 eV und die Dissoziationsenergie von 4.746 eV angeführt. Aber abgesehen von der erreichbaren Genauigkeit ist allein die Tatsache, daß es diese Näherung gibt, von ganz wesentlicher Bedeutung. Denn nur weil man Elektronen- und Kernbewegungen getrennt behandeln kann, ist es gerechtfertigt, die Vorstellung von Kurven oder Flächen für die potentielle Energie eines Moleküls zu entwickeln. Wir können so, wenn E die gesamte elektronische Energie plus Kernabstoßungsenergie bedeutet, diese Energie als Funktion der relativen Lagen aller Kerne ansehen. Im speziellen Fall eines zweiatomigen Moleküls ist E eine Funktion des interatomaren Abstands R, und es ist wenigstens prinzipiell möglich, mit Hilfe der Wellengleichung die Funktion $E(R)$ zu bestimmen. Trägt man $E(R)$ gegen R auf, so erhält man die Kurve der potentiellen Energie des Moleküls, die wir in § 1.4 besprochen haben. Da $E(R)$ die *kinetische* Energie der Elektronen enthält, ist diese Größe nur insofern eine „potentielle Energie“, als sie zur *Behandlung der Kernbewegung* verwendet wird.

Sicherlich vereinfacht diese Näherung mit ortsfesten Kernen unsere Wellengleichung, aber sie ist immer noch viel zu kompliziert. Beim Methan bleiben immer noch 30 Variablen, und sogar beim Wasserstoffmolekül sind es noch 6. Es ist offensichtlich, daß wir, um weiter zu kommen, ein Verfahren brauchen, das es gestattet, eine Lösung der Wellengleichung näherungsweise durchzuführen und die entsprechenden Energien näherungsweise zu erhalten. Hätten wir auf irgendeine Weise die wahre Wellenfunktion ψ erhalten, so wären wir auch imstande, leicht die wahre Energie zu berechnen. In Wirklichkeit kennen wir aber keine von beiden, so daß wir zwei miteinander verflochtenen Aufgaben konfrontiert sind.

(I) Wie erhält man aus einer Reihe von Versuchsfunktionen die beste Näherung für ψ?

(II) Wie können wir diese Näherungsfunktion für ψ zur näherungsweisen Berechnung von E verwenden?

Zur Lösung dieser beiden Aufgaben erwies sich die Variationsmethode als das wirkungsvollste Verfahren.

3.6 Das Variationsprinzip

Wir gehen von der ursprünglichen Formulierung (3.14) der Wellengleichung aus

$$\hat{H}\psi = E\psi. \tag{3.29}$$

Nach beidseitiger Multiplikation dieser Gleichung mit ψ^* und Integration über sämtliche beteiligten Koordinaten erhalten wir*

$$E = \frac{\int \psi^* \hat{H} \psi \, \mathrm{d}\tau}{\int \psi^* \psi \, \mathrm{d}\tau}. \tag{3.30}$$

Für eine normierte Wellenfunktion ψ wäre der Nenner eins, aber (3.30) gilt ganz allgemein, vorausgesetzt daß ψ (3.29) erfüllt. Diese besonders wichtige Beziehung ermöglicht die Berechnung von E, *wenn* ψ *bekannt ist.*

Kennen wir die Funktion ψ nicht exakt, so liefert (3.30) auch keine exakte Energie. Wie Rayleigh jedoch gezeigt hat, kann jede „Versuchsfunktion“ ψ zur *näherungsweisen* Berechnung der Energie herangezogen werden. Wir schreiben dafür

$$\mathscr{E}(\psi) = \frac{\int \psi^* \hat{H} \psi \, \mathrm{d}\tau}{\int \psi^* \psi \, \mathrm{d}\tau} \tag{3.31}$$

mit der Bedeutung, daß $\mathscr{E}$ von der Form der *Funktion* ψ abhängt. Die Funktion ψ kann dabei der physikalischen oder chemischen Intuition entspringen. Der „Rayleigh-Quotient“ $\mathscr{E}(\psi)$ wird in der Mathematik ein „Funktional“ genannt. Die wichtige Eigenschaft von $\mathscr{E}(\psi)$ besagt, daß dieser Ausdruck immer größer oder höchstens gleich der exakten Energie E_1 des Grundzustands (die tiefste Energie) ist:

$$\mathscr{E}(\psi) \geqslant E_1. \tag{3.32}$$

Das ist die Aussage des *Variationsprinzips***. Es besagt, daß wie wir auch unsere Näherung für die Grundzustandswellenfunktion wählen, die beste Wahl diejenige ist, die zum tiefsten Wert für $\mathscr{E}$ führt.

Es ist ziemlich unergiebig und unnötig schwer, einzeln herausgegriffene Funktionen ψ im Variationsverfahren zu verwenden. So weit wie möglich werden wir immer gleich eine ganze Funktionenschar für ψ behandeln. Das kann dadurch verwirklicht werden, indem wir eine Versuchsfunktion mit einem oder mehreren variablen Parametern wählen. Nennen wir diese $c_1, c_2, \ldots$, so ist ψ eine Funktion von $c_1, c_2, \ldots$. Nun variieren wir die Werte von $c_1, c_2 \ldots$, um $\mathscr{E}$ zu minimieren. Diese Werte geben uns die beste Näherungsfunktion im Rahmen des gewählten Funktionstyps. Diese Vorgangsweise nennen wir das *Variationsverfahren.* Selbstverständlich hängt die Flexibilität unserer Versuchsfunktion von der verwendeten Anzahl der unabhängigen Parameter c ab. Je mehr Parameter wir verwenden, umso besser wird unsere Näherung für ψ. Mit hinreichend großer Parameterzahl können wir uns dem wahren ψ beliebig gut an-

* Wir werden stets der Konvention folgen, daß $\int \ldots d\tau$ eine Integration über alle im Integranden vorkommenden Koordinaten bedeutet, wenn nicht eine anderslautende Vereinbarung getroffen wird.
Wir müssen sorgfältig auf die Reihenfolge achten und $\psi^* \hat{H} \psi$ schreiben, aber nicht $\hat{H} \psi \psi^*$, denn $\hat{H}$ ist ein Operator, der nach (3.29) nur auf ψ wirkt.

** Eigentlich lautet die entscheidende Aussage des Variationsprinzips, daß *die erste Variation der Gesamtenergie verschwindet* – $\delta E = 0$. Wird die exakte Wellenfunktion ψ in erster Ordnung (um $\delta\psi$) verändert, so ändert sich die Energie in erster Ordnung nicht. Dieser Sachverhalt, und weniger der im Text erwähnte, liefert eine Grundlage für erfolgversprechende genäherte Berechnungen der Energie. (Anmerkung des Übersetzers)

nähern. Aber nur in wenigen Fällen kann man das uneingeschränkt tun. In Wirklichkeit wird der rechnerische Aufwand bei der zusätzlichen Einführung weiterer Parameter ganz beträchtlich erhöht, so daß wir uns mit einigen Kompromissen hinsichtlich Güte und Bequemlichkeit begnügen müssen.

Das Variationsverfahren kann auch zur näherungsweisen Berechnung angeregter Zustände herangezogen werden, aber wir wollen uns hauptsächlich mit Grundzuständen befassen, die von größerem chemischen Interesse sind.

3.7 Die Berechnung des Grundzustands für das Wasserstoffatom nach dem Variationsverfahren

Das Variationsverfahren ist ein so wichtiges Hilfsmittel, daß wir es schon hier demonstrieren wollen, selbst wenn wir diese Illustration an einem Beispiel durchführen, dessen Wellengleichung exakt gelöst werden kann und für welches daher keine Näherungsmethode nötig ist. Wir wählen das Wasserstoffatom mit dem Hamiltonoperator (3.15)

$$\hat{H} = -\frac{\hbar^2}{2m}\nabla^2 - \frac{e^2}{\kappa_0 r}. \tag{3.33}$$

Zuerst müssen wir uns nach relevanten Wellenfunktionen umschauen. In diesem Fall ist es ganz offensichtlich, daß mit wachsender Entfernung vom Kern $\psi \to 0$ geht. Eine plausible Annahme ist, daß die Funktion kugelsymmetrisch ist und ihre Werte mit wachsendem r exponentiell kleiner werden. Wir versuchen als hypothetische Wellenfunktion

$$\psi = \mathrm{e}^{-cr} \tag{3.34}$$

mit einem beliebigen Parameter c, der aus physikalischen Gründen positiv sein muß. Man verifiziert leicht (vgl. Aufgabe 3.5), daß

$$\nabla^2\psi = \left(c^2 - \frac{2c}{r}\right)\mathrm{e}^{-cr}.$$

Der Rayleigh-Quotient (3.31) lautet

$$\mathscr{E}(c) = \frac{\hbar^2}{2m}c^2 - \frac{e^2 c}{\kappa_0}.$$

Die Funktion $\mathscr{E}(c)$ ist in Fig. 3.10 gegen c aufgetragen. Der kleinste Wert von $\mathscr{E}$ resultiert aus der Forderung $\partial\mathscr{E}/\partial c = 0$. Dadurch erhält man

$$c = \frac{me^2}{\kappa_0\hbar^2} \qquad \mathscr{E}_{\min} = -\frac{me^4}{2\kappa_0^2\hbar^2}. \tag{3.35}$$

Ein Vergleich mit (2.11a) liefert $c = 1/a_0$ und $\mathscr{E}_{\min} = -e^2/2a_0\varkappa_0$. In diesem speziellen Fall haben wir bereits im Ansatz dafür gesorgt, daß wir die wahre Grundzustandswellenfunktion und die wahre Energie erhalten (siehe die Gleichungen (3.26) und

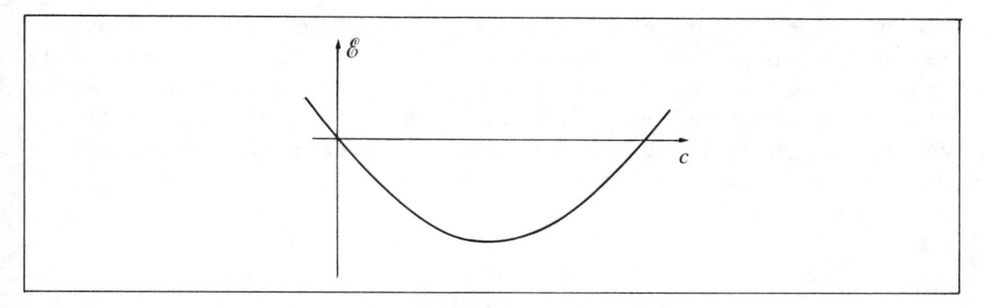

Fig. 3.10. Die Abhängigkeit der Energiefunktion $\mathscr{E}(c)$ vom Parameter c.

(3.28)). Dieses Ergebnis konnte aus den Zusammenhängen, die wir verwendet haben, nicht vorhergesehen werden. Es folgt aus der besonders glücklichen Wahl der Exponentialfunktion in (3.34).

Wir hätten auch eine weniger glückliche Wahl treffen können. Beispielsweise hätten wir eine Gauß-Funktion nehmen können

$$\psi = \exp(-cr^2)$$

mit der Energiefunktion

$$\mathscr{E}(c) = \frac{3\hbar^2}{2m}c - \frac{2e^2\sqrt{2}}{\kappa_0\sqrt{\pi}}c^{1/2}.$$

Diese erreicht ihren minimalen Wert für

$$c = 8/9\pi a_0^2$$

und die entsprechende minimale Energie beträgt

$$\mathscr{E}_{\min} = -\frac{4}{3\pi}\frac{e^2}{\kappa_0 a_0} = -\frac{0{\cdot}424e^2}{\kappa_0 a_0}.$$

Diese liegt etwa 15 % höher als der wahre Wert von $-0.5e^2/\varkappa_0 a_0$. Es wäre möglich gewesen, unserer Versuchsfunktion eine größere Flexibilität zu verleihen. Beispielsweise hätten wir eine Kombination von zwei Gauß-Funktionen

$$\psi = \exp(-c_1 r^2) + k\exp(-c_2 r^2)$$

ansetzen können, wobei die Variablen c_1, c_2 und k als Variationsparameter behandelt werden. Dabei könnte man feststellen, daß der Fehler in der Energie von 15 % auf etwa 1.3 % reduziert wird. (McWeeny (1953) hat erstmalig die Slaterorbitale durch Kombinationen von Gaußfunktionen angenähert). Die Verwendung von Gaußfunktionen ist heutzutage für Molekülberechnungen weit verbreitet, da sie rechentechnisch besonders einfach handzuhaben sind (siehe beispielsweise Boys (1950), oder den Übersichtsartikel von Shavitt (1963)).

Schließlich sei noch angemerkt, daß die exakte Energie nicht erreicht werden kann, wenn die analytische Form der Versuchsfunktion ψ nicht richtig ist; aber durch die Einführung von hinreichend vielen Parametern kann man eine recht gute Näherung erhalten. Ein weiterer glücklicher Umstand ist in der Fehlerfortpflanzung von der Versuchsfunktion zur Energie zu sehen; der Fehler in der Energie ist meistens viel kleiner als der in der Wellenfunktion, denn letzterer mittelt sich bei der Integration (3.31) weitgehend heraus.

3.8 Die Methode der Linearkombination

Eine besondere Art des Variationsverfahrens hat sich als äußerst praktisch erwiesen. Da sie oft angewendet wird, soll ihr ein eigener Abschnitt gewidmet sein, vor allem deshalb, weil sie einen der Hauptwege angibt, auf dem die chemische Intuition auf den Ansatz von Wellenfunktionen Einfluß nimmt.

Es sei zuerst angenommen, daß wir Grund haben zu vermuten, die wahre Wellenfunktion ψ habe gewisse charakteristische Merkmale von zwei bekannten Funktionen ϕ_1 und ϕ_2. Dabei ist es nicht notwendig, daß ϕ_1 und ϕ_2 selbst Lösungen einer besonderen Wellengleichung sind. Ein Beispiel hierfür ist ein Elektron, das ein s-AO besetzt. Das Atom möge nun unter dem Einfluß eines in x-Richtung wirkenden elektrischen Feldes stehen. Dieses Feld sucht das Elektron bevorzugt in der negativen x-Richtung vom Kern wegzuziehen und polarisiert damit das Atom. Jetzt dürfen wir erwarten, daß die wahre Funktion ψ zugleich charakteristische Eigenschaften eines s-Atomorbitals ϕ_1 hat und die Eigenschaften eines Orbitals ϕ_2, das gerichtet ist und hier vielleicht ein p_x-AO ist, was durch die Feldrichtung erklärt werden kann. In diesem Fall sollten wir natürlich versuchen, die vollständige Wellenfunktion als Summe der Beiträge der beiden Orbitale anzusetzen, etwa in der Form

$$\psi = c_1\phi_1 + c_2\phi_2. \tag{3.36}$$

Hier sind c_1 und c_2 zwei Konstanten, die so gewählt werden, daß der Energieausdruck ein Minimum annimmt. In obigem Beispiel würde sicherlich c_2 verschwinden, wenn das Feld gegen null geht. Bei starkem Feld würde c_2 entsprechend größer sein.

Versuchswellenfunktionen der Art (3.36) sind für die Variationsmethode besonders gut geeignet. Verwenden wir der Einfachheit halber reelle Funktionen und setzen (3.36) in (3.31) ein, so erhalten wir

$$\mathscr{E}(\psi) = \frac{c_1^2\int\phi_1\hat{H}\phi_1\,\mathrm{d}\tau + 2c_1c_2\int\phi_1\hat{H}\phi_2\,\mathrm{d}\tau + c_2^2\int\phi_2\hat{H}\phi_2\,\mathrm{d}\tau}{c_1^2\int\phi_1^2\,\mathrm{d}\tau + 2c_1c_2\int\phi_1\phi_2\,\mathrm{d}\tau + c_2^2\int\phi_2^2\,\mathrm{d}\tau}. \tag{3.37}$$

Dabei haben wir die sehr wichtige „Symmetrieeigenschaft“

$$\int\phi_1\hat{H}\phi_2\,\mathrm{d}\tau = \int\phi_2\hat{H}\phi_1\,\mathrm{d}\tau \tag{3.38a}$$

verwendet, die für die Operatoren der Quantenmechanik charakteristisch ist (siehe Aufgabe 3.9). Sind die Wellenfunktionen komplex, so lautet die entsprechende Eigenschaft

$$\int \phi_1{}^* \hat{H} \phi_2 \, \mathrm{d}\tau = \int (\hat{H}\phi_1)^* \phi_2 \, \mathrm{d}\tau \tag{3.38b}$$

die wir „hermitisch" nennen. Der Operator kann auf die links stehende Funktion (gesternt) oder auf die rechts stehende Funktion (ungesternt) angewendet werden; dabei ergibt sich kein Unterschied.

Zur Vereinfachung von (3.37) führen wir die Abkürzungen

$$H_{rs} = \int \phi_r \hat{H} \phi_s \, \mathrm{d}\tau \qquad S_{rs} = \int \phi_r \phi_s \, \mathrm{d}\tau \tag{3.39}$$

ein und beachten die Symmetrie: $H_{rs} = H_{sr}$ und $S_{rs} = S_{sr}$. Mit diesen Symbolen lautet (3.37)

$$\mathscr{E} = \frac{c_1^2 H_{11} + 2c_1 c_2 H_{12} + c_2^2 H_{22}}{c_1^2 S_{11} + 2c_1 c_2 S_{12} + c_2^2 S_{22}}. \tag{3.40}$$

Sind ϕ_1 und ϕ_2 beide normiert, was meistens sehr nützlich aber keinesfalls notwendig ist, so gilt $S_{11} = S_{22} = 1$. Wir bezeichnen H_{rs} als das „Matrixelement" von $\hat{H}$ bezüglich ϕ_r und ϕ_s, denn solche Zahlen werden gewöhnlich in Form eines quadratischen Feldes, das wir *Matrix* nennen, angeordnet. H_{rs} ist dabei das Element in der r-ten Zeile und in der s-ten Spalte. Auf ähnliche Weise nennen wir S_{rs} das Matrixelement des Einheitsoperators; diese Größe wird im allgemeinen ein *Überlappungsintegral* genannt. Die Interpretation dieses Integrals ist in Fig. 3.11 dargestellt, wobei ϕ_1 und ϕ_2 zwei Orbitale sind, die außerhalb ihrer durch Kreise angedeuteten Bereiche vernachlässigbar sind. Offensichtlich stammt der einzige wesentliche Beitrag zu $\int \phi_1 \phi_2 \, \mathrm{d}\tau$ von einem räumlichen Bereich, in dem *sowohl* ϕ_1 *als auch* ϕ_2 gleichermaßen groß sind; das ist der Bereich der „Überlappung" der beiden Funktionen.

Nun wollen wir zu (3.40) zurückkehren. Die einzigen Variablen sind die Parameter c_1 und c_2. Wir stellen uns folgende Frage: Für welches Wertepaar c_1, c_2 wird die Funktion der Gestalt $c_1\phi_1 + c_2\phi_2$ die beste mögliche Näherung für die Grundzustandswellenfunktion? Die Antwort lautet, daß $\mathscr{E}$ bezüglich einer Variation von c_1 und c_2 ein Minimum annehmen muß. Schreiben wir die notwendigen Bedingungen auf

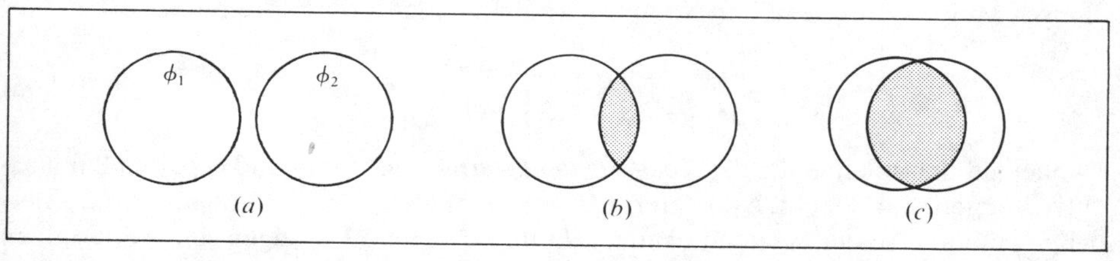

Fig. 3.11. Die Überlappung S_{12} zwischen zwei gleichen s-Orbitalen ϕ_1 und ϕ_2: (*a*) $S_{12} \simeq 0$; (*b*) S_{12} klein; (*c*) $S_{12} \rightarrow 1$.

$$\frac{\partial \mathscr{E}}{\partial c_1} = 0 \qquad \frac{\partial \mathscr{E}}{\partial c_2} = 0\,,$$

so erhalten wir daraus die bekannten „Säkulargleichungen“

$$\begin{aligned} c_1(H_{11}-ES_{11})+c_2(H_{12}-ES_{12}) &= 0 \\ c_1(H_{12}-ES_{12})+c_2(H_{22}-ES_{22}) &= 0. \end{aligned} \tag{3.41}$$

In (3.41) haben wir E an Stelle von $\mathscr{E}$ geschrieben, denn für diese Werte von c_1 und c_2 ist $\mathscr{E}$ der wahren Energie E am nächsten. Bei der Lösung der Gleichungen (3.41) erhalten wir E und das Koeffizientenverhältnis zwischen c_1 und c_2.

Diese spezielle Form des Variationsverfahrens wird gelegentlich das Verfahren von Rayleigh-Ritz oder das Ritz-Verfahren genannt. Wie das Variationsverfahren von Rayleigh wurde auch das Ritz-Verfahren lange vor der Begründung der Wellenmechanik entwickelt und auf viele Probleme der klassischen Mechanik und der Wellenlehre angewandt. Das Ritz-Verfahren kann leicht auf mehr als zwei Basisfunktionen erweitert werden. Für eine Versuchsfunktion ψ, die sich aus n Funktionen $\phi_1, \phi_2, \ldots, \phi_n$ in Form einer Linearkombination zusammensetzt,

$$\psi = c_1\phi_1 + c_2\phi_2 + \ldots + c_n\phi_n \tag{3.42}$$

gibt es n Säkulargleichungen

$$\begin{aligned} c_1(H_{11}-ES_{11})+c_2(H_{12}-ES_{12})+\ldots+c_n(H_{1n}-ES_{1n}) &= 0 \\ c_1(H_{12}-ES_{12})+c_2(H_{22}-ES_{22})+\ldots+c_n(H_{2n}-ES_{2n}) &= 0 \\ \ldots\ldots\ldots\ldots\ldots\ldots\ldots\ldots\ldots\ldots\ldots\ldots & \\ c_1(H_{1n}-ES_{1n})+c_2(H_{2n}-ES_{2n})+\ldots+c_n(H_{nn}-ES_{nn}) &= 0. \end{aligned} \tag{3.43}$$

Diese Gleichungen liefern die Grundzustandsenergie und die entsprechenden Koeffizienten c_r $(r = 1, 2, \ldots, n)$ für (3.42); diese Wellenfunktion wird besser als die mit nur zwei Termen (3.36) sein.

Für den Fall von nur zwei Funktionen kann (3.41) leicht gelöst werden; durch Division können c_1 und c_2 eliminiert werden, wodurch eine Bedingung entsteht, der E genügen muß, nämlich

$$\frac{H_{11}-ES_{11}}{H_{12}-ES_{12}} = \frac{H_{12}-ES_{12}}{H_{22}-ES_{22}}. \tag{3.44}$$

Durch Multiplikation mit den Nennern erhält man dafür die Schreibweise

$$\begin{vmatrix} H_{11}-ES_{11} & H_{12}-ES_{12} \\ H_{12}-ES_{12} & H_{22}-ES_{22} \end{vmatrix} = 0 \tag{3.45}$$

wobei auf der linken Seite die *Koeffizientendeterminante* für c_1 und c_2 in den Säkulargleichungen (3.41) steht. Nun liefert (3.44), oder (3.45), eine in E quadratische Gleichung mit den beiden reellen Lösungen E_1 und E_2. Diese Lösungen sind Näherungen für die Energien des Grundzustandes *und des ersten angeregten Zustandes.* Die Tatsache, daß als Nebenprodukte einer Grundzustandsberechnung die Energie und die

Wellenfunktion eines angeregten Zustandes geliefert werden, ist eine besonders wertvolle Eigenschaft der Ritzschen Form des Variationsverfahrens.
Mit n Funktionen sind die Folgerungen ganz ähnlich; die Säkulardeterminante verschwindet für n E-Werte, und diese Energien $E_1, E_2, \ldots, E_n$ sind jeweils obere Schranken für die n ersten exakten Energiewerte*. Zur Berechnung der „Mischungskoeffizienten" $c_1, c_2, \ldots, c_n$ für irgendeine bestimmte Lösung, etwa $E = E_1$, müssen wir nur diesen Wert in die ursprünglichen Säkulargleichungen einsetzen und das lineare homogene Gleichungssystem lösen.

Das Ritz-Verfahren ist sehr leistungsfähig, allgemein und leicht anzuwenden. Welche Funktionen wir miteinander kombinieren steht uns völlig frei; sie verkörpern unsere Vorstellungen, die auf der chemischen Intuition beruhen. Eine „schlechte" Funktion wird eine Rechnung nicht verderben, denn der Beitrag einer solchen Funktion wird durch einen kleinen Koeffizienten automatisch klein gehalten. Die auftretenden Gleichungen haben immer die gleiche Form (3.43), so daß für deren Lösung eines der üblichen Standard-Computerprogramme verwendet werden kann. Das Ritz-Verfahren ist das zentrale mathematische Konzept für dieses Buch.

3.9 Die gegenseitige Abstoßung zweier Energiekurven: die Entkreuzungsregel**

Aus dem Ritzschen Variationsverfahren folgt für den besonderen Fall von nur zwei Funktionen ϕ_1 und ϕ_2 eine allgemeine und wichtige Regel, die besondere Beachtung verdient. Bei ihrer Diskussion wollen wir der Einfachheit halber annehmen, daß die Funktionen ϕ_1 und ϕ_2 jeweils normiert sind, so daß gilt

$$S_{11} = S_{22} = 1.$$

Die Energie $\mathscr{E}$, die mit der Komponentenfunktion ϕ_1 verbunden ist, lautet

$$\mathscr{E} = \frac{\int \phi_1 \hat{H} \phi_1 \, d\tau}{\int \phi_1^2 \, d\tau} = \frac{H_{11}}{S_{11}} = H_{11}. \tag{3.46}$$

Wir wollen diesen Wert E_1^0 nennen; der hochgestellte Index null besagt, daß das die Energie „ohne Kombination von ϕ_1 und ϕ_2" ist. Entsprechend ist $H_{22} = E_2^0$ die Energie, die mit der Komponentenfunktion ϕ_2 verbunden ist. Die Säkulargleichungen (3.41) lauten

$$c_1(E_1^0 - E) + c_2(H_{12} - ES_{12}) = 0$$
$$c_1(H_{12} - ES_{12}) + c_2(E_2^0 - E) = 0.$$

* Genauer gesagt sind es die Energiewerte der n ersten Zustände einer *gegebenen Symmetrie*. Sind $\phi_1, \ldots, \phi_n$ alle p_x-Funktionen, so kann man damit keine Näherungen für 1s, 2s, 3s erhalten, aber solche für $2p_x, 3p_x, \ldots$.

** Gelegentlich werden dafür auch die Ausdrücke „Nichtüberkreuzungsregel" oder „Kreuzungsverbot", sowie „vermiedene Kreuzung" verwendet. (Anmerkung des Übersetzers)

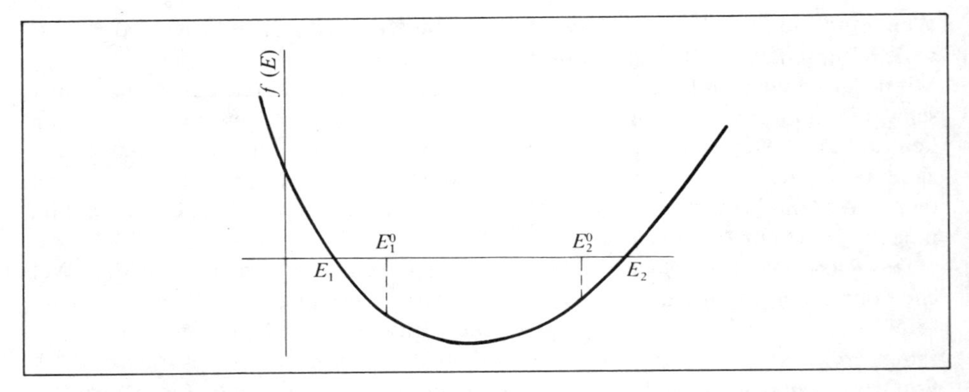

Fig. 3.12. Die Funktion $f(E)$. Die Werte E_1 und E_2 rücken infolge der Kombination bezüglich der Werte E_1^0 und E_2^0 auseinander.

Eliminierung von c_1/c_2 liefert E als Lösung der quadratischen Gleichung

$$(E-E_1^0)(E-E_2^0)-(H_{12}-ES_{12})^2 = 0.$$

Die linke Seite dieser Gleichung wollen wir nun als die Funktion $f(E)$ auffassen. Diese Funktion ist in Fig. 3.12 für den Fall $E_1^0 < E_2^0$ dargestellt. Die Kurve ist eine Parabel, deren Werte für große Beträge von E positiv sind. Für $E = E_1^0$ oder E_2^0 ist $f(E)$ negativ. Offenbar liegen die Werte von E, für die $f(E) = 0$ ist, außerhalb des Bereichs, der zwischen E_1^0 und E_2^0 liegt. Dieses Ergebnis ist ganz unabhängig von der relativen Größe der Werte von E_1^0, E_2^0, H_{12} und S_{12}. Wir erhalten also, wenn wir die beiden Funktionen ϕ_1 und ϕ_2 linear kombinieren, zwei mögliche Kombinationen und zwei mögliche Energiewerte. Der eine liegt unterhalb der beiden ursprünglichen Energiewerte, der andere darüber. Es ist so, als hätten sich die beiden Energiewerte gegenseitig abgestoßen.

Eine sehr wichtige Anwendung dieses Gesetzes ist bei den zweiatomigen Molekülen möglich. Die Energie eines solchen Moleküls hängt, wie wir in § 3.5 gesehen haben, vom Abstand R der beiden Kerne ab. Das bedeutet, daß E_1^0 und E_2^0, die mit den Näherungsfunktionen ϕ_1 und ϕ_2 berechnet worden sind, ihrerseits Funktionen von R sind. Gehen wir nun zu den Linearkombinationen von ϕ_1 und ϕ_2 über, so werden die für diese neuen Funktionen berechneten Energiewerte nach dem Vorangehenden größer und kleiner als E_1^0 und E_2^0 sein. Hat man jetzt zwei Kurven $E_1^0(R)$ und $E_2^0(R)$, die die Abhängigkeit der Energiewerte vom Kernabstand R beschreiben und die sich sogar schneiden mögen, so werden sich die zu Linearkombinationen von ϕ_1 und ϕ_2 gehörenden beiden Kurven der verbesserten Näherungen sicher niemals schneiden. In Fig. 3.13 sind zwei mögliche Situationen illustriert. Man sieht die Abstoßung der beiden ursprünglichen Energiekurven. Die Tatsache, daß die beiden neuen Kurven sich nicht schneiden, bezeichnet man als die „Entkreuzungsregel". Diese Regel ist von größter Wichtigkeit, wenn man Molekülzustände mit den Zuständen der entsprechenden Dissoziationsprodukte in Beziehung setzen will, etwa durch Korrelationsdiagramme. Selbstverständlich muß bei der Entkreuzungsregel angenommen wer-

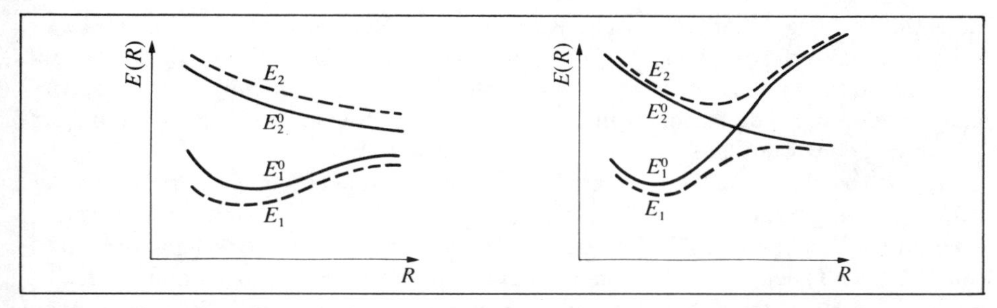

Fig. 3.13. Zwei Beispiele für die Entkreuzungsregel. Das zweite zeigt eine „vermiedene Kreuzung".

den, daß die Funktionen ϕ_1 und ϕ_2 überhaupt kombinieren; haben sie verschiedene Symmetrie, so kombinieren sie nicht, und dann gilt auch die Entkreuzungsregel nicht. Die Kurven für E_1^0 und E_2^0 können sich kreuzen und der Versuch einer Kombination bleibt wirkungslos. Die Bedeutung der Symmetrie soll später diskutiert werden.

Man kann die vorstehende Betrachtung über die Linearkombination von zwei Funktionen auch auf drei und mehr ausdehnen. Jedesmal wenn eine neue Komponentenfunktion ϕ_{n+1} addiert wird, erhält man einen neuen Satz von Säkulargleichungen mit einem weiteren Energiewert. Man kann zeigen, daß zwischen je zwei aufeinander folgenden Energiewerten der neuen Serie gerade ein Wert der vorhergehenden liegt (eine einfache Erklärung geben McWeeny und Sutcliffe (1969) auf den Seiten 30–33). Demnach werden die ersten n Näherungen für die Energie abgesenkt, in Richtung der exakten Energiewerte, und ein neuer Wert E_{n+1} erscheint an der Spitze. Dieses Ergebnis stellt die Grundlage für die Aussage in § 3.8 dar, wonach die lineare Variationsmethode Näherungen für angeregte Zustände und für den Grundzustand liefert.

3.10 Weitere Begriffe aus der Quantenmechanik*

Während der letzten Jahre wurden auf dem Gebiet der quantentheoretischen Behandlung der chemischen Bindung große Fortschritte erzielt. Diese erfordern zu ihrem Verständnis eine etwas breitere Behandlung der wesentlichen Prinzipien und Begriffe der Quantenmechanik. Gleichzeitig fand eine eindrucksvolle Entwicklung im Gebrauch experimenteller Methoden statt, die aus dem Gebiet der Physik kommen. Viele dieser Methoden, wie etwa die magnetische Resonanz- und die elektrische Quadrupolresonanz-Spektroskopie, beziehen sich auf die Anwendung elektrischer und magnetischer Felder. Auch solche Methoden erfordern zu ihrem Verständnis eine etwas genauere Behandlung von Begriffen wie etwa den „Elektronenspin", dem noch vor 20 Jahren höchstens ganz kurze Beschreibungen gewidmet waren. Eine ge-

* Der Leser kann diesen Abschnitt überspringen, oder erst bei Bedarf studieren. Der folgende Stoff kann im wesentlichen auch ohne die Kenntnisse dieses Abschnitts verstanden werden.

naue Behandlung dieser Dinge ist im Rahmen dieses Buches nicht möglich. Der Leser sei verwiesen auf Atkins (1970), der eine einführende Darstellung gibt; oder auf McWeeny (1972), der eine etwas mehr fortgeschrittene Darstellung gibt. Beide Bücher wenden sich hauptsächlich an Chemiker. Einige Prinzipien werden wir nun kurz erwähnen, da wir uns laufend auf diese beziehen werden.

(1) *Observablen und Operatoren.* Die Schrödingergleichung, geschrieben in der Form (3.14), ist ein Beispiel für einige Gedankengänge, die unmittelbar verallgemeinert werden können. Die *Energie*, geschrieben in der Hamiltonschen Form (3.6) mit Hilfe der Teilchenkoordinaten und der entsprechenden Impulskomponenten, ist ein Beispiel für eine klassisch definierte *Observable.* Durch geeignete Beobachtungen eines Systems in einem bestimmten Zustand kann einer Observablen ein „Meßwert" zugeordnet werden.

In der Quantenmechanik haben wir der Energie einen *Operator* $\hat{H}$ zugeordnet, wobei die Vorschrift (3.7) verwendet wurde. Dann wurden mit der Gleichung

$$\hat{H}\psi = E\psi \tag{3.47}$$

die möglichen Wellenfunktionen $\psi_1, \psi_2, \ldots$ und die entsprechenden Energien E_1, $E_2, \ldots$ aufgesucht, die relevante *stationäre Zustände* charakterisieren. In diesen Zuständen hat die Energie (und möglicherweise andere Größen) bestimmte meßbare Werte, die sich nicht ändern. Diese Zustände sind die „quantisierten" Atom- und Molekülzustände, die in der Spektroskopie beobachtet werden können. Der Zustand mit der niedrigsten Energie (Grundzustand) ist in der Chemie von besonderer Bedeutung.

Solche Überlegungen sind ausgesprochen allgemein und können neben der Energie auch auf *andere* physikalische Größen übertragen werden; wir müssen uns nur die klassische Definition der Observablen (wir nennen sie L) zurechtlegen, dieser einen Operator $\hat{L}$ zuordnen (wieder mit Hilfe der Vorschrift (3.7)) und eine zu (3.47) analoge Gleichung

$$\hat{L}\psi = \lambda\psi \tag{3.48}$$

formulieren. Gleichungen dieser Art werden *Eigenwertgleichungen* genannt; die Werte λ, für die relevante Lösungen gefunden werden können, sind die *Eigenwerte* von $\hat{L}$, und diese sind die quantisierten Meßwerte von L. Die damit verbundenen Wellenfunktionen oder *Eigenfunktionen* beschreiben die entsprechenden Zustände auf übliche Weise. Man sagt gelegentlich, daß eine Observable in einem Eigenzustand einen „definiten" Wert – den Eigenwert – besitzt.

Ein spektroskopischer Zustand wird meistens durch die Werte *mehrerer* observabler Größen, und nicht nur durch die Energie, charakterisiert. In solchen Fällen muß die Wellenfunktion des Zustandes *gleichzeitig* Eigenfunktion von $\hat{H}$ (für die Energie) und von den anderen Operatoren, die diesen Observablen zugeordnet sind, sein. Die entsprechenden Observablen haben dann gleichzeitig definite Werte, die sogenannten „Konstanten der Bewegung", die wir aus der klassischen Mechanik kennen. Es gibt jedoch eine Grenze für die Anzahl der Größen, die Bewegungskonstanten für ein bestimmtes System sein können. Es ist leicht zu beweisen, daß zwei Größen nur dann gleichzeitig definite Werte haben können, wenn die Reihenfolge der Anwendung ihrer Operatoren auf die Wellenfunktion ψ unbedeutend ist. Haben wir beispielsweise zwei Größen mit den entsprechenden Operatoren $\hat{H}$ und $\hat{L}$, so muß gelten

$$\hat{H}\hat{L}\psi = \hat{L}\hat{H}\psi. \tag{3.49}$$

Gilt diese Beziehung allgemein (nicht nur für ein spezielles ψ, sondern für *alle* Zustände), so sagen wir, daß die Operatoren $\hat{H}$ und $\hat{L}$ miteinander vertauschbar sind (*kommutieren*) und schreiben dafür $\hat{H}\hat{L} = \hat{L}\hat{H}$. *Gewisse Größen sind nur dann Bewegungskonstanten, wenn ihre Operatoren alle mit $\hat{H}$ und untereinander kommutieren.*

Ein wichtiges Beispiel für die Verwendung von Bewegungskonstanten sind die Wellenfunktionen ψ_{nlm} eines wasserstoffähnlichen Systems, wie wir es in § 2.4 behandelt haben. Ausgehend von den Operatoren für die klassischen Komponenten des Drehimpulses eines Elektrons, das sich um einen Kern bewegt (siehe Aufgabe 3.8), stellen wir fest, daß ψ_{nlm} eine Eigenfunktion des Operators, der sich auf die z-Komponente bezieht, ist. Der entsprechende Eigenwert lautet $m\hbar$. Nun ist $\hbar$ die natürliche Einheit des Drehimpulses, die wir vom Operator und vom Eigenwert abspalten können, um die bequeme Schreibweise

$$\hat{L}_z \psi_{nlm} = m\psi_{nlm} \tag{3.50}$$

zu erhalten. Der Eigenwert des Drehimpulsoperators $\hat{L}_z$ ist die ganze Zahl m, und in diesem Zustand besitzt das Elektron m Drehimpulseinheiten bezüglich der z-Achse. Auf ähnliche Weise können wir dem Quadrat des Betrages des Drehimpulses (in Einheiten von $\hbar^2$) den Operator $\hat{L}^2 = \hat{L}_x^2 + \hat{L}_y^2 + \hat{L}_z^2$ zuordnen. Es kann gezeigt werden, daß dieser Operator mit $\hat{L}_z$ kommutiert, und wir finden

$$\hat{L}^2\psi_{nlm} = l(l+1)\psi_{nlm}. \tag{3.51}$$

Deshalb beschreiben s-Orbitale Zustände mit dem Drehimpuls null, p-Orbitale beschreiben Zustände mit dem Drehimpuls $\sqrt{(1\times 2)}\hbar$, d-Orbitale beschreiben Zustände mit dem Drehimpuls $\sqrt{(2\times 3)}\hbar$, und so fort. Die Quantenzahlen n, l, m spezifizieren einen Satz von Bewegungskonstanten – die *Energie*, den *Drehimpuls** und *eine Komponente des Drehimpulses.* Zwei verschiedene Komponenten können nicht gleichzeitig definite Werte haben, denn ihre Operatoren kommutieren nicht. Wollen wir eine Komponente spezifizieren, so müssen wir diese beobachten, und das bedeutet, daß wir eine Achse physikalisch definieren müssen (etwa mit Hilfe eines angelegten Magnetfeldes, wie das in vielen spektroskopischen Experimenten der Fall ist). Die Tatsache, daß wir dazu gewöhnlich die z-Achse verwenden, ist ausschließlich Konvention. Einige weitere Eigenschaften des Drehimpulses, auf die wir uns nur gelegentlich beziehen, sind im Anhang 2 zusammengefaßt.

(2) *Eigenschaften von Eigenfunktionen.* Der Satz von Eigenfunktionen $\psi_1, \psi_2, \psi_3, \ldots$ (meistens sind es unendlich viele Funktionen), den man durch die Lösung der Schrödingergleichung (3.47) erhält, besitzt ganz gewisse wichtige mathematische

* Genau genommen ist nur *das Quadrat des Betrages des Drehimpulses* eine Bewegungskonstante. (Anmerkung des Übersetzers)

Eigenschaften. Die relevanten Funktionen müssen normierbar sein und verschiedene Funktionen können als *orthogonal* in dem Sinne

$$\int \psi_i^* \psi_j \, d\tau = 0 \qquad (i \neq j) \tag{3.52}$$

angenommen* werden. Sind die Funktionen sowohl normiert als auch zueinander orthogonal, so sprechen wir von einem *orthonormierten Satz*. Unter gewissen Bedingungen ist ein Satz von Eigenfunktionen *vollständig* in dem Sinne, daß eine beliebige Funktion (natürlich mit den gleichen Variablen) in der Form

$$\psi = c_1\psi_1 + c_2\psi_2 + c_3\psi_3 + \ldots \tag{3.53}$$

geschrieben werden kann, wobei die Zahlen c die Entwicklungskoeffizienten der Funktion ψ hinsichtlich des Funktionensatzes sind. Mit einer hinreichend großen Anzahl von Termen kann ψ beliebig genau dargestellt werden.

(3) *Erwartungswerte.* Hat eine Größe L mit dem Operator $\hat{L}$ für einen bestimmten Zustand ψ *keinen* definiten Wert, so können wir bestenfalls einen „Mittelwert" oder „Erwartungswert" ausrechnen. Diese Größe, die gewöhnlich als $\langle L \rangle$ geschrieben wird, ist als Mittelwert über viele verschiedene Werte definiert, die wir bei einer großen Anzahl von Beobachtungen finden würden (das System befindet sich dabei jeweils im Zustand ψ). Die Vorschrift zur Bestimmung von $\langle L \rangle$ lautet:

$$\langle L \rangle = \int \psi^* \hat{L} \psi \, d\tau \tag{3.54}$$

wobei ψ eine normierte Wellenfunktion ist, die den Zustand des Systems beschreibt. Ist ψ eine Eigenfunktion, so daß (3.48) erfüllt ist, so erhalten wir $\langle L \rangle = \lambda$; der Mittelwert stimmt mit dem definiten Wert λ überein, und jede Beobachtung liefert das gleiche Resultat. Allgemein gesagt sind die Meßwerte „gestreut" und $\langle L \rangle$ ist der Wert, den wir vorhersagen können.

Das Energiefunktional $\mathscr{E}(\psi)$ in § 3.6 kann nun als Energieerwartungswert betrachtet werden. Ist die normierte Wellenfunktion ψ keine Eigenfunktion von $\hat{H}$ und kann demnach ψ keinen stationären Zustand mit einer definiten Energie beschreiben, so erhalten wir

$$\mathscr{E}(\psi) = \int \psi^* \hat{H} \psi \, d\tau = \langle E \rangle. \tag{3.55}$$

Das Variationsprinzip (§ 3.6) liefert somit eine einleuchtende Aussage; der Mittelwert, den wir aus einer Reihe von Messungen der Energie erhalten, kann sicher nicht unterhalb des niedrigsten Wertes liegen!

(4) *Magnetische Dipole. Der Elektronenspin.* In der klassischen Physik stellt ein auf einer Bahn sich bewegendes geladenes Teilchen einen Ringstrom dar, so daß ein

* Lösungen mit $E_i \neq E_j$ sind „automatisch" orthogonal; falls $E_i = E_j$ ist, so können immer solche Kombinationen von ψ_i und ψ_j gefunden werden, die orthogonal sind (vgl. (2.18)). Wenn immer möglich, sollte man aus Bequemlichkeitsgründen mit orthogonalen Funktionen arbeiten.

Magnetfeld erzeugt wird; dieses ist einem *magnetischen Dipol* gleichwertig, und das magnetische Moment dieses Dipols ist proportional dem Drehimpuls des Teilchens. In der Quantenmechanik gilt das gleiche; mit dem Drehimpulsvektor $\hbar\mathbf{L}$ (die Komponenten lauten $\hbar L_x, \hbar L_y, \hbar L_z$) ist ein magnetisches Dipolmoment

$$\boldsymbol{\mu}_{\text{orb}} = \gamma\hbar\mathbf{L} \tag{3.56}$$

verbunden, wobei die Proportionalitätskonstante γ das „gyromagnetische Verhältnis" genannt wird, und dieses lautet

$$\gamma = -e/2m. \tag{3.57}$$

Das Minuszeichen deutet an, daß der Dipol die entgegengesetzte Richtung zum Drehimpuls aufweist, was auf der negativen Ladung der Elektronen beruht. Die Gleichung (3.56) wird auch oft in der Form

$$\boldsymbol{\mu}_{\text{orb}} = -\mu_{\text{B}}\mathbf{L} \tag{3.58}$$

geschrieben, wobei

$$\mu_{\text{B}} = e\hbar/2m \tag{3.59}$$

das „Bohrsche Magneton" genannt wird. Dieses magnetische Moment ist mit der Einheit des Orbital-Drehimpulses verbunden. Der so entstehende kleine magnetische Dipol ist die Ursache für den sogenannten „Orbital-Paramagnetismus" der freien Atome, die einen Bahndrehimpuls aufweisen. In Molekülen tritt im allgemeinen wegen der starken Wechselwirkung zwischen den Atomen kein elektronischer Bahndrehimpuls auf. Aus diesem Grunde brauchen wir die Theorie des Drehimpulses in der Chemie nur selten.

Es gibt jedoch noch eine weitere Ursache für das Auftreten eines magnetischen Moments, sogar dann, wenn sich das Elektron in einem Zustand mit dem Bahndrehimpuls null befindet. Dieses magnetische Moment hat seine Ursache im *Eigendrehimpuls* des Elektrons, der *Spin* genannt wird. Demnach bewirkt ein magnetisches Feld bei einem 1s-Elektron im Wasserstoffatom das Auftreten zweier Zustände, wobei der magnetische Dipol des Elektrons einmal parallel und einmal antiparallel zum Feld eingestellt ist. In Analogie zum Bahndrehimpuls, der durch die Quantenzahlen l, m_l charakterisiert wird (vorübergehend fügen wir der zweiten Quantenzahl einen Index l zu), führen wir die Spinquantenzahlen s, m_s ein. Genau so, wie es $2l+1$ Werte für m_l gibt, werden wir auch $2s+1$ Werte für m_s erwarten. Da es aber nur *zwei* beobachtete Zustände gibt, folgt daraus $s = 1/2$. Wir nennen ein Elektron ein „Spin-1/2"-Teilchen. Beobachten wir den Drehimpuls eines Spin-1/2-Teilchens bezüglich einer bestimmten Achse (wir wollen sie z-Achse nennen), so finden wir immer einen Wert $+1/2$ oder $-1/2$, in Einheiten von $\hbar$. Diese beiden Zustände (meistens so wie in Fig. 3.14 gezeichnet) werden mit „α-Spin" und „β-Spin" bezeichnet. Wir sehen nun deutlicher die Signifikanz der Niveau-und-Pfeil-Diagramme in Fig. 2.12.

Die nicht ganzzahlige Quantenzahl $s = 1/2$ ist nicht die einzige anomale Eigenschaft des Spins. Bezeichnen wir den Spindrehimpuls-Vektor mit $\hbar\mathbf{S}$ (das Analogon von $\hbar\mathbf{L}$) mit den Komponenten $\hbar S_x, \hbar S_y, \hbar S_z$, so ist der entsprechende magnetische Dipol fast genau *zweimal* so groß wie wir aufgrund klassischer Überlegungen erwarten würden; an Stelle von (3.58) gilt jetzt

$$\mu_{\text{spin}} = -g\mu_{\text{B}}\mathbf{S}. \tag{3.60}$$

Dirac berücksichtigte die Effekte der Relativitätstheorie, und man fand schließlich den Wert $g = 2.0023$ in guter Übereinstimmung mit dem Experiment. Wird ein Magnetfeld angelegt, das die z-Achse auszeichnet, so lautet die Komponente von μ_{spin} bezüglich der Feldrichtung $-g\mu_{\text{B}}S_z = -g\mu_{\text{B}}m_s$. Die Energie eines Dipols in einem Magnetfeld mit der Flußdichte B lautet $-B\times$(Komponente des Dipols entlang des Feldes), und die Wechselwirkungsenergie des Elektrons mit dem Feld lautet daher

$$\Delta E_{\text{spin}} = g\mu_{\text{B}}Bm_s \qquad (m_s = \pm\tfrac{1}{2}) \tag{3.61}$$

Die Energieaufspaltung der beiden Zustände $m_s = \pm 1/2$ (im Falle des Grundzustands des Wasserstoffatoms) infolge der Wirkung des Feldes lautet $g\mu_{\text{B}}B$. Dieser Effekt wird die spinbewirkte „Zeeman-Aufspaltung" genannt. Zeeman hat als erster den Einfluß eines Magnetfeldes auf die Energieniveaus eines Atoms untersucht. Übergänge zwischen solchen Paaren von Niveaus können durch Einstrahlung der Frequenz $h\nu = g\mu_{\text{B}}B$ bewirkt werden, was in der Elektronenspinresonanz-Spektroskopie (ESR) gemacht wird.

(5) *Spinfunktionen und Spinorbitale.* Die magnetischen Effekte des Spins sind in der Bindungstheorie von vergleichsweise geringer Bedeutung; aber die Existenz des Spins ist, wie wir bereits aus Kapitel 2 wissen, von fundamentaler Bedeutung bei der Bestimmung von Elektronenkonfigurationen. Die daraus sich ergebenden Folgerungen beeinflussen die gesamte Chemie. Wir müssen deshalb wissen, wie der Spin in die Wellenfunktion eingebaut werden kann. Die Schwierigkeit dabei besteht darin, daß es zum Elektronenspin kein klassisches Analogon gibt. Außerdem gibt es keine „Spinkoordinaten", die den Cartesischen Koordinaten x,y,z entsprechen, die den Ort des Elektrons angeben und in der Wellenfunktion $\psi(x,y,z)$ in Erscheinung treten. Zur Einführung des Spins gehen wir deshalb zu den fundamentalen Prinzipien zurück: gibt es nur zwei mögliche Spinzustände, die den Werten $S_z = \pm 1/2$ entsprechen, so

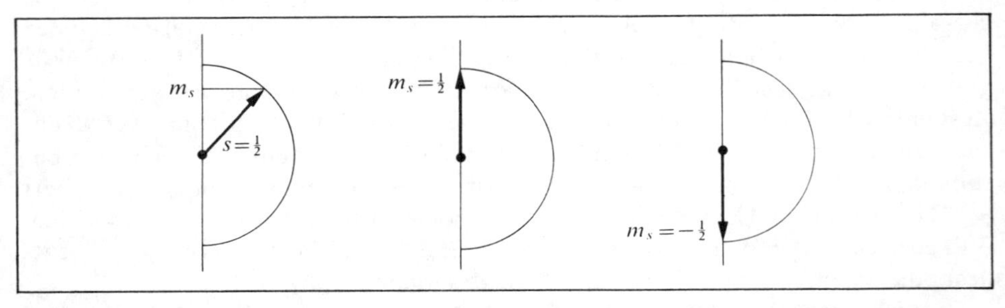

Fig. 3.14. Darstellung des Elektronenspins durch einen Vektor. Nur zwei Zustände werden beobachtet, entsprechend $m_s = 1/2$ (Vektor parallel zum angelegten Feld) und $m_s = -1/2$ (Vektor antiparallel).

muß es zwei Eigenfunktionen zu $\hat{S}_z$ geben, die wir α und β nennen und die den Gleichungen

$$\hat{S}_z\alpha = \tfrac{1}{2}\alpha \qquad \hat{S}_z\beta = -\tfrac{1}{2}\beta$$

genügen. Die Eigenwerte sind die zwei möglichen Werte (in Einheiten von $\hbar$), die wir für die z-Komponente des Spindrehimpulses finden können. Gelegentlich werden α und β als Funktionen einer Spinvariablen s geschrieben, so daß $\alpha(s)$ und $\beta(s)$ wie Wellenfunktionen $\psi(x, y, z)$ aussehen. Obwohl es nicht unbedingt notwendig ist, kann die Analogie sogar noch weiter getrieben werden. Interpretiert man nämlich s als den Wert S_z und betrachtet $|\alpha(s)|^2\,\mathrm{d}s$ als die Wahrscheinlichkeit, S_z im Bereich zwischen s und $s+\mathrm{d}s$ vorzufinden, so muß $\alpha(s)$ die in Fig. 3.15(a) gezeigte Form haben (eine beliebig schmale Spitze bei $s=1/2$). Denn im Spinzustand α gibt es nach Definition keine Wahrscheinlichkeit, für S_z einen anderen Wert außer 1/2 zu finden. Aus ähnlichen Gründen muß $\beta(s)$ die in Fig. 3.15(b) gezeigte Form haben. Die Spinfunktionen überlappen sich nicht und sind deshalb orthogonal; außerdem können wir sie im üblichen Sinne als normiert betrachten. Somit gilt

$$\int |\alpha(s)|^2\,\mathrm{d}s = \int |\beta(s)|^2\,\mathrm{d}s = 1$$

$$\int \alpha(s)\beta(s) = 0.$$

Die Spinfunktionen können nun wie jede andere Wellenfunktion verwendet werden.

Es soll nun gezeigt werden, daß die Wellenfunktion für ein Elektron, das sich im Raum bewegt *und das einen bestimmten Spin* hat, als *Produkt* eines Orbitalfaktors ψ und eines Spinfaktors α oder β geschrieben werden kann. Mit anderen Worten

$\psi\alpha$ beschreibt ein Elektron im Orbital ψ mit $S_z=1/2$
$\psi\beta$ beschreibt ein Elektron im Orbital ψ mit $S_z=-1/2$.

Um das zu zeigen, müssen wir nur die Definitionen verwenden:

$\hat{H}\psi = E\psi$ (Beschreibung des Ortes durch die Wellenfunktion ψ, Energie E)
$\hat{S}_z\alpha = 1/2\alpha$ (Beschreibung des Spins durch die Spinfunktion α, z-Komponente 1/2).

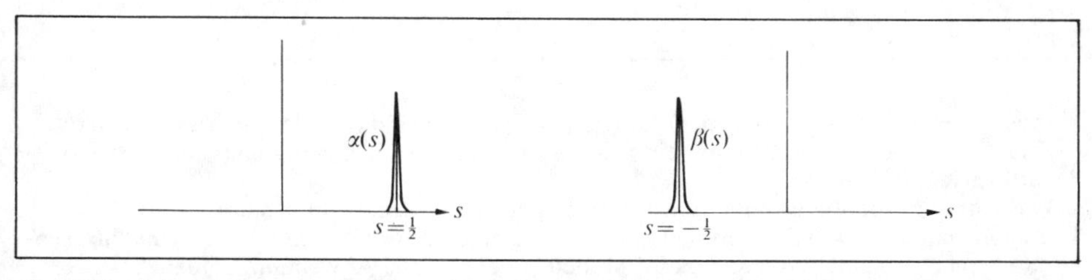

Fig. 3.15. Schematische Darstellung der beiden Spinfunktionen. $\alpha(s)$ ist eine Funktion der „Spinvariablen" s und diese ist mit Ausnahme von $s \simeq +1/2$ null. Auf ähnliche Weise hat $\beta(s)$ seine Spitze bei $s=-1/2$. Die Funktionen überlappen sich natürlich nicht und werden als normiert betrachtet.

Ferner müssen wir uns daran erinnern, daß $\hat{H}$ nur auf Funktionen wirkt, die von den *räumlichen* Variablen x, y, z abhängen, während $\hat{S}_z$ nur auf Funktionen wirkt, die von der Spinvariablen s abhängen. Also gilt

$$\hat{H}(\psi\alpha) = (\hat{H}\psi)\alpha = E(\psi\alpha)$$
$$\hat{S}_z(\psi\alpha) = \psi(\hat{S}_z\alpha) = \tfrac{1}{2}(\psi\alpha)$$

wobei $\psi\alpha$ eine Eigenfunktion sowohl von $\hat{H}$ als auch von $\hat{S}_z$ ist. Der Energieeigenwert lautet E (so, als wäre der Spin vernachlässigt) und der Spineigenwert lautet $S_z = 1/2$. Eine ähnliche Argumentation gilt für das Produkt $\psi\beta$, aber in diesem Zustand gilt $S_z = -1/2$. Die Einelektronen-Wellenfunktionen $\psi\alpha$ und $\psi\beta$ werden *Spinorbitale* genannt; zur Berücksichtigung des Spins müssen wir die Elektronen an Stelle von Orbitalen den Spinorbitalen zuordnen. Das Pauli-Prinzip, das wir bei der Behandlung der Elektronenkonfigurationen im Aufbauprinzip verwendet haben, hat nun eine etwas einfachere Form; „nicht mehr als zwei Elektronen pro Orbital, mit entgegengesetztem Spin" bedeutet nun, daß wir nicht mehr als *ein* Elektron in jedem zur Verfügung stehenden *Spinorbital* unterbringen können. Die tiefere Bedeutung dieses Prinzips wird in einem späteren Abschnitt (§ 5.6) klar werden.

Aufgaben

3.1. Man schreibe die Schrödingergleichung auf: (*a*) für das Molekül LiH; (*b*) für das Ion LiH^+. (Hinweis: Man verwende die Bezeichnungsweise von Fig. 3.3.)

3.2. Hartree nahm an, daß sich jedes Elektron eines Mehrelektronenatoms in einem mittleren Feld bewegt, das durch den Kern und die anderen Elektronen verursacht wird (§ 3.3). Welche qualitative Form hat die potentielle Energie $V(r)$ für ein 2s-Elektron im Lithiumatom, wenn (*a*) die 1s-Elektronen ignoriert werden; (*b*) die 1s-Elektronen mit Hilfe der Hartree-Methode berücksichtigt werden? Man schlage passende Formen für $V(r)$ vor: (*a*) in Kernnähe ($r \to 0$) und (*b*) für große Abstände vom Kern ($r \to \infty$).

3.3. Ein Teilchen bewegt sich entlang der x-Achse und die potentielle Energie hat die Form

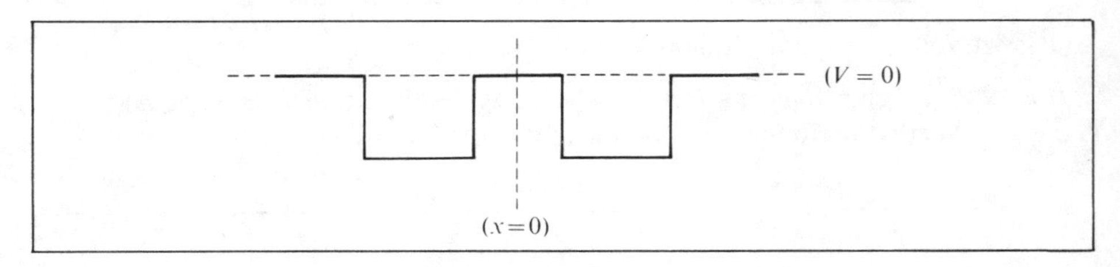

Skizziere die Wellenfunktionen $\psi(x)$ für (*a*) den Grundzustand (mit der niedrigsten Energie); (*b*) den ersten angeregten Zustand (ein Knoten); (*c*) einen hoch angeregten (aber noch gebundenen) Zustand.

Was würde passieren, wenn der linke Kasten gegenüber dem rechten stark abgesenkt wird? Wie kann man die relative Aufenthaltswahrscheinlichkeit des Teilchens im linken und im rechten Kasten bestimmen? Wo kann dieses Modell in der Chemie Anwendung finden?

3.4. Man schreibe die Wellenfunktionen und die Energieniveaus für ein Teilchen im Würfel mit der Kantenlänge L auf. Welche Wahl der Quantenzahlen liefert eine Wellenfunktion, die eine Ähnlichkeit mit einem d_{xy}-Atomorbital hat? Wieviele weitere Wellenfunktionen haben die gleiche Energie und wie sehen diese aus? Wie wird diese Entartung beeinflußt, wenn der

Würfel in z-Richtung leicht gestaucht wird? (Hinweis: Beginne mit den Gleichungen (3.24) und bestimme für die drei Sinuswellen in (3.24*a*) die Stellen ihrer maximalen Werte für verschiedene Kombinationen von n_1, n_2, n_3.)

(Diese Ergebnisse beleuchten die Wirkung von kubischen und tetragonalen „Kristallfeldern" auf die Energieniveaus der d-Elektronen in Übergangsmetallionen, Kapitel 9.)

3.5. Man verifiziere die Aussage (§ 3.4), daß eine Wellenfunktion von der Form $\psi = e^{-kr}$ die Schrödingergleichung für ein wasserstoffähnliches System erfüllt. Die Werte für k und E sind die im Text angegebenen. (Hinweis: man verwende die Beziehung

$$\frac{\partial\psi}{\partial x} = \frac{d\psi}{dr}\frac{\partial r}{\partial x} = \frac{x}{r}\frac{d\psi}{dr}$$

um $(\partial^2\psi/\partial x^2)$ zu berechnen und ersetze dann x durch y und z, um $\nabla^2\psi$ zu erhalten. Man entwickle die linke Seite der Gleichung (3.25) und setze jeden Koeffizienten vor einer Potenz von r gleich null.)

3.6. Man zeige mit Hilfe der Methode von Aufgabe 3.5, daß das 2p-Orbital $\psi = xe^{-kr/2}$ auch eine Lösung von Gleichung (3.25) ist. Ferner ist zu zeigen, daß k durch (3.27) gegeben ist, und man berechne den Wert von E_{2p}.

3.7. Mit Hilfe des Variationsprinzips bestimme man eine genäherte 1s-Wellenfunktion für ein wasserstoffähnliches System (siehe Gleichung (3.16)) in der Form $\psi = e^{-cr^2}$. Dann verallgemeinere man die Folgerungen aus § 3.7. (Hinweis: man entwickle $\nabla^2\psi$ genau so wie in Aufgabe 3.5. Das Volumenelement in den Integralen lautet $d\tau = 4\pi r^2\,dr$; und man braucht das bestimmte Integral

$$\int_0^\infty r^{2n} e^{-cr^2}\,dr = \frac{1\cdot 3\cdot 5\cdots(2n-1)}{2^{n+1}}\left(\frac{\pi}{c^{2n+1}}\right)^{1/2}$$

für die Entwicklung des Rayleigh-Quotienten $\mathscr{E}(c)$.)

3.8. Die Komponenten des Drehimpulses eines Teilchens, das sich um den Ursprung bewegt, sind in der klassischen Mechanik wie folgt definiert:

$$M_x = yp_z - zp_y, \quad M_y = zp_x - xp_z, \quad M_z = xp_y - yp_x.$$

Man schreibe die quantenmechanischen Operatoren für diese Größen auf. Es ist zu beachten, daß M die Dimension ML^2T^{-1} (Länge × Masse × Geschwindigkeit) hat, die mit der Dimension von $\hbar$ übereinstimmt. Schreiben wir $M_x = \hbar L_x$, usw., so sind die Größen L_x, L_y, L_z dimensionslos. (Hinweis: man gehe von den Grundbeziehungen in Gleichung (3.7) aus.)

3.9. Man zeige, daß die Wellenfunktion $\psi = e^{2\pi ikx}$ eine Eigenfunktion des Hamiltonoperators für ein freies Teilchen ($V = 0$) ist; und daß sie gleichzeitig auch Eigenfunktion des Operators für den Impuls p_x ist. Man zeige ferner, daß die entsprechenden Werte für Energie und Impuls in diesem Fall miteinander in der gleichen Beziehung stehen wie in der klassischen Mechanik.

Man zeige auch, daß $\hat{p}_x$ in Übereinstimmung mit (3.38) ein hermitischer Operator ist. (Hinweis: partielle Integration.)

3.10. Zu der Wellenfunktion von Aufgabe 3.9 ist der passende Zeitfaktor (siehe (3.13)) hinzuzufügen, um die zeitabhängige Wellenfunktion zu erhalten (in der Form (3.12)). Man verifiziere, daß bei positivem k die Wellenfunktion Ψ zur Zeit t, entwickelt um einen beliebigen Punkt $x' = x + ut$ (eine Veränderung des Ortes nach rechts um einen Betrag ut) mit $u = E/p_x$, identisch ist mit Ψ für $t = 0$ im Punkt x. Das bedeutet, daß Ψ eine nach rechts fortschreitende Welle darstellt, wobei die Phasengeschwindigkeit u ist.

(Das ist der Grund für die Wahl des Zeitfaktors als den in § 3.1. Mit der anderen Vorzeichenalternative würden sich das Teilchen und die es beschreibende Welle in entgegengesetzte Richtungen bewegen, was physikalisch sinnlos ist.)

3.11. Man zeige, daß ein Elektron in einem $2p_x$-AO keinen definiten Drehimpuls bezüglich der z-Achse hat und daß der Mittelwert einer großen Anzahl von Messungen null ist.

3.12. Man zeige, daß der Operator $\hat{L}_z$ (siehe Aufgabe 3.8) in Polarkoordinaten (Fig. 2.5) in der Form

$$\hat{L}_z = \frac{1}{\mathrm{i}} \frac{\partial}{\partial \phi}$$

geschrieben werden kann und daß eine Wellenfunktion der Form (2.15), deren ϕ-Abhängigkeit durch den Faktor $\mathrm{e}^{im\phi}$ gegeben ist, einen Zustand mit m Drehimpulseinheiten ($M_z = m\hbar$) bezüglich der z-Achse beschreibt. (Hinweis: aus Fig. 2.5 folgt $x = r \sin\theta \cos\phi$, $y = r \sin\theta \sin\phi$, $z = r \cos\theta$. Nun verwende man das gegebene Resultat und die Beziehung

$$\frac{\partial \psi}{\partial \phi} = \frac{\partial \psi}{\partial x} \frac{\partial x}{\partial \phi} + \frac{\partial \psi}{\partial y} \frac{\partial y}{\partial \phi} + \frac{\partial \psi}{\partial z} \frac{\partial z}{\partial \phi}$$

um die Gleichwertigkeit mit der Cartesischen Form (Aufgabe 3.8) zu zeigen.)

4. Die qualitative Molekülorbitaltheorie: Zweiatomige Moleküle

4.1 Theorien für Elektronen in Molekülen

Aus bereits bekannten Gründen müssen beim Versuch der Lösung der Wellengleichung für ein Mehrelektronen-Molekül drastische Näherungen in Kauf genommen werden, sogar dann, wenn wir die Näherung der festgehaltenen Kerne verwenden. Historisch gesehen haben sich im wesentlichen zwei Näherungen durchgesetzt: die erste basiert auf der ersten erfolgreichen Berechnung der Bindung im einfachsten aller Moleküle, dem H_2-Molekül, durch Heitler und London (1927); die andere ging von Begriffen wie Aufbauprinzip und Atomstruktur aus, wobei die Elektronen unabhängig voneinander ihren Orbitalen zugeordnet werden. Die erste Näherung ist unter dem Namen *Valenzstruktur-Theorie* (*VB* abgekürzt, vom englischen valence bond) bekannt geworden, die zweite unter dem Namen *Molekülorbital-Theorie* (*MO* abgekürzt). In der VB-Theorie wird die Wellenfunktion so konstruiert, daß die Rolle der getrennten *Atome* und der lokalisierten *Atomorbitale* hervorgehoben wird; andererseits werden in der MO-Theorie die Elektronen den Orbitalen zugeordnet, die sich über das ganze Molekül erstrecken können, und somit stehen Begriffe wie *Verteilung* und *Delokalisierung* der Elektronen im Vordergrund. Gewiß, die Variationsmethode sagt uns, daß wir bei einer Verbesserung unserer ersten Näherungen, etwa durch Hinzufügen weiterer Terme in der Variationsfunktion, beliebig nahe an die exakte Grundzustandslösung herankommen können. Wenn also beide Näherungen erweitert und verbessert werden, so sollten die entsprechenden Entwicklungen konvergieren und somit wäre es gleichgültig, mit welcher Näherung wir unsere Entwicklung beginnen. Demgegenüber ist aber die Einfachheit und die Leistungsfähigkeit der ersten Näherung von entscheidender Bedeutung, denn oft ist eine Erweiterung zur Erlangung höherer Genauigkeit nicht möglich, und dann müssen wir die Vor- und Nachteile der verschiedenen Näherungen gegeneinander abwägen. Die ersten Anwendungen der Wellenmechanik auf die Bestimmung von Molekülstrukturen wurden von der VB-Theorie beherrscht, aber heutzutage werden die meisten Berechnungen im Rahmen der MO-Theorie durchgeführt, vor allem wegen ihrer einfachen mathematischen Struktur.

Wegen ihres einfachen *Konzepts* wollen wir die MO-Näherung zuerst entwickeln. Die MO-Näherung zeigt auch eine nahe Verwandtschaft zu der Methode, die wir bei der Behandlung der Atome schon kennengelernt haben. In diesem Kapitel wollen wir uns mit den einfachen und qualitativen Eigenschaften der Theorie befassen, was gleichzeitig als Einführung in ihre systematische Entwicklung in späteren Kapiteln gedacht ist.

4.2 Allgemeines über Molekülorbitale

Der Ausgangspunkt für die Molekülorbitaltheorie ist die Annahme, daß die wesentlichen Vorstellungen, die der Methode des selbstkonsistenten Feldes bei Atomen zugrunde liegen, ebenso gut auch auf Moleküle übertragbar sind. Dementsprechend übernehmen wir einen großen Teil von § 2.5 und formulieren die folgenden wesentlichen Prinzipien.

(1) Jedes Elektron eines Moleküls wird durch eine bestimmte Wellenfunktion ψ beschrieben, die ein Molekülorbital genannt wird (abgekürzt MO), denn diese Funktion beschreibt das Elektron im *Molekül*. Zum Unterschied von den einzentrischen Atomorbitalen sind die Molekülorbitale im allgemeinen mehrzentrisch. Sind die Orbitale normiert, so daß $\int \psi^2 \mathrm{d}\tau = 1$ erfüllt ist, so lautet die Interpretation von ψ, daß $\psi^2 \mathrm{d}\tau$ (oder $\psi\psi^* \mathrm{d}\tau$, falls ψ komplex ist) die Aufenthaltswahrscheinlichkeit für das Elektron im Volumenelement $\mathrm{d}\tau$ an einem gewissen Punkt ist. Alternativ dazu können wir von der Ladungswolke für dieses Orbital sprechen. Die Dichte der Ladungswolke beträgt ψ^2, in der Einheit Elektronen pro Volumeneinheit. Wir können das Orbital darstellen, indem wir Niveauflächen für ψ (oder ψ^2) zeichnen; oder wir können Grenzflächen zeichnen, innerhalb derer praktisch die gesamte Ladungswolke liegt.

(2) Jede dieser Funktionen ψ ist durch gewisse Quantenzahlen bestimmt, die mit der zugehörigen Energie und der Gestalt in enger Beziehung stehen.

(3) Jeder Funktion ψ ist ein bestimmter Energiewert zugeordnet. Dieser gibt ziemlich gut die Energie an, die man aufwenden muß, um ein Elektron, das von dieser Funktion beschrieben wird, aus dem Molekül durch Ionisierung zu entfernen. Die gesamte Energie des Moleküls setzt sich zusammen aus der Summe der Energien aller besetzten Molekülorbitale, wovon die Energie der gegenseitigen Abstoßung aller Elektronen abzuziehen ist. Bei sehr qualitativen Betrachtungen wird die letztere oft vernachlässigt*. Diese Vernachlässigung ist eigentlich nicht gerechtfertigt (siehe Abschnitt (*c*) in § 2.5). Denn wenn wir die Energie eines Molekülorbitals berechnen, setzen wir die Abstoßung des betreffenden Elektrons mit allen anderen in Rechnung. Das bedeutet, daß bei der Summierung aller MO-Energiewerte jede elektronische Abstoßung doppelt gezählt wird. Diese Terme (siehe Tabelle 4.2 in § 4.5) sind meistens viel größer als die gesamte Bindungsenergie und deshalb ist eine weiterführende Diskussion erforderlich (§ 8.9).

(4) Wie beim Atom hat auch beim Molekül jedes Elektron einen Spin. Die z-Komponente des Spins kann die Werte $\pm 1/2\hbar$ annehmen, entsprechend den Spinquantenzahlen $m_s = \pm 1/2$.

* Auch bei qualitativen Betrachtungen wird die gegenseitige Abstoßung der Elektronen niemals ersatzlos vernachlässigt, sondern im Sinne einer Kompensation mit anderen Größen eliminiert. Bei den Atomen war das die Verringerung der Kernladung (Abschirmung, § 2.6), bei den Molekülen sind es Kernabstoßungsbeiträge, die an die Stelle der vernachlässigten Elektronenabstoßung treten (§ 5.1). (Anmerkung des Übersetzers)

(5) Bei der Beschreibung eines Moleküls werden zuerst die möglichen Orbitale bestimmt. Dann wird das Aufbauprinzip (§ 2.5) angewendet, wobei die Elektronen nacheinander in die Orbitale in steigender Energiefolge gegeben werden. Dabei ist dem Pauli-Prinzip Rechnung zu tragen, so daß höchstens zwei Elektronen die gleiche Funktion ψ besetzen dürfen. Diese beiden Elektronen müssen entgegengesetzten Spin haben.

Die gesamte Beschreibung kann nahezu Wort für Wort von den Atomen auf die Elektronen in Molekülen übertragen werden. Aber bevor wir eine brauchbare Anwendung des Ganzen machen können, müssen wir die Molekülorbitale detaillierter beschreiben und zeigen, inwieweit neue Wesenszüge auftreten, die durch den Charakter der Moleküle bedingt sind. Wir stehen vor der Frage: Was für allgemeingültige Angaben können wir über die Natur dieser Molekülorbitale machen?

4.3 Die LCAO-Darstellung

Die auffallendste Eigenschaft eines Molekülorbitals für ein zweiatomiges Molekül ist die Zweizentrigkeit. Dadurch unterscheidet es sich von einem Atomorbital. Man beschreibt das Elektron physikalisch am besten, wenn man sagt, es bewege sich in einem Orbital, das die Umgebung beider Kerne umfaßt.

Aber noch auf etwas anderes muß aufmerksam gemacht werden. Befindet sich das Elektron in der Nähe des einen Kerns, dann wirken auf dieses Elektron vornehmlich die Kräfte, die von diesem Kern und seinen kernnahen Elektronen herrühren. Vernachlässigen wir die Elektronenwechselwirkung, so wird die Wellengleichung ähnlich der für H_2^+ sein (§ 3.3), nämlich

$$\hat{H}\psi = -\frac{\hbar^2}{2m}\nabla^2\psi - \frac{e^2}{\kappa_0}\left(\frac{Z_A}{r_a} + \frac{Z_B}{r_b}\right)\psi = E\psi \tag{4.1}$$

wobei Z_A und Z_B die beiden Kernladungen sind (diese können wie in § 2.6 durch „effektive" Kernladungen ersetzt werden, um den Effekt der Elektronenwechselwirkung zu simulieren). Wir können nun sagen, daß im Gebiet des einen Kerns A diejenigen Terme des Hamiltonoperators $\hat{H}$ von überwiegender Bedeutung sind, die er für das isolierte Atom A enthalten würde. Der Term Z_B/r_b ist zwar nicht genau null, aber vergleichsweise klein. Da nun die Wellengleichung des Moleküls hier der Wellengleichung des Atoms sehr ähnlich wird, so müssen es auch ihre Lösungen sein. Das bedeutet, daß in der Umgebung des einen Kerns A das MO dem AO ϕ_A ähnlich ist. Ganz analog ähnelt in der Umgebung des anderen Kerns B das MO dem AO ϕ_B. Da das vollständige MO demnach sowohl charakteristische Eigenschaften von ϕ_A wie ϕ_B hat, ist es ein natürlicher Schritt, hier die in § 3.8 beschriebene Methode der Linearkombination anzuwenden. Wir schreiben

$$\psi = c_A\phi_A + c_B\phi_B. \tag{4.2}$$

Diesen Ansatz schreibt man zweckmäßig um in die Form

$$\psi = N(\phi_A + \lambda\phi_B), \tag{4.3}$$

wobei N ein Normierungsfaktor ist. Der Wert von N ergibt sich aus der Forderung (siehe (2.9))

$$\int \psi^2 \, d\tau = N^2(S_{AA} + 2\lambda S_{AB} + \lambda^2 S_{BB}) = 1$$

zusammen mit dem Ergebnis von (3.39) zu

$$N = (1 + \lambda^2 + 2\lambda S_{AB})^{-1/2}. \tag{4.4}$$

Dabei wurde vorausgesetzt, daß ϕ_A und ϕ_B für sich bereits normiert sind. In den meisten Fällen gibt man den Normierungsfaktor nicht an, sondern schreibt (4.3) in der unnormierten Form

$$\psi = \phi_A + \lambda \phi_B. \tag{4.5}$$

Die Konstante λ ist ein Maß für die „Polarität" des Orbitals und kann je nach der Art der zu kombinierenden Atomorbitale jeden beliebigen Wert im Bereich $-\infty$ bis $+\infty$ annehmen. Der Wert von λ wird nach dem Variationsprinzip berechnet, so daß das Energiefunktional

$$\mathscr{E}(\psi) = \frac{\int \psi \hat{H} \psi \, d\tau}{\int \psi^2 \, d\tau} \tag{4.6}$$

minimal wird. Die durch (4.2) angegebene Beschreibung eines Molekülorbitals nennt man die Darstellung durch „Linearkombination von Atomorbitalen", oder abgekürzt LCAO (vom englischen „linear combination of atomic orbitals").

Wir haben nun noch zu überlegen, welche Orbitale ϕ_A und ϕ_B der beiden Atome A und B in der Form (4.5) kombiniert werden können. Für eine erfolgreiche Kombination zweier bestimmter AO ϕ_A und ϕ_B ist notwendig, daß

(*a*) die Energiewerte von ϕ_A und ϕ_B in den entsprechenden Atomen von vergleichbarer Größe sind,

(*b*) die Funktionen ϕ_A und ϕ_B sich möglichst gut überlappen*,

(*c*) die Funktionen ϕ_A und ϕ_B bezüglich der Molekülachse AB die gleiche Symmetrie haben.

Ohne diese Bedingungen kombinieren ϕ_A und ϕ_B entweder schlecht oder überhaupt nicht; in diesem Fall ist $|\lambda|$ in (4.5) klein oder null, bzw. groß gegen eins oder unendlich. Der Beweis, daß diese Bedingungen notwendig sind, ist leicht zu erbringen. Hier wollen wir nur darauf verweisen, daß die Bedingungen aus den Säkulargleichungen (3.41) hervorgehen müssen, aus denen die Koeffizienten resultieren, so daß das Energiefunktional (4.6) stationär wird. Mit nur zwei Funktionen ϕ_A und ϕ_B sind die Abkürzungen $H_{AA} = \alpha_A$, $H_{BB} = \alpha_B$, $H_{AB} = \beta$, $S_{AB} = S$ üblich, so daß die Säkulargleichungen wie folgt lauten:

$$\begin{aligned} (\alpha_A - E)c_A + (\beta - ES)c_B &= 0 \\ (\beta - ES)c_A + (\alpha_B - E)c_B &= 0. \end{aligned} \tag{4.7}$$

* Die Bedingung (*b*) bezieht sich hier nicht auf das Überlappungsintegral $S = \int \phi_A \phi_B \, d\tau$, sondern auf dessen Integranden, die sogenannte Überlappungsdichte oder auch differentielle Überlappung, die nicht im ganzen Raum identisch null sein soll. (Anmerkung des Übersetzers)

Durch Eliminierung der Koeffizienten c_A und c_B erhalten wir (vgl. § 3.9)

$$(\alpha_A - E)(\alpha_B - E) - (\beta - ES)^2 = 0. \tag{4.8}$$

Die Lösungen E_1 und E_2 dieser quadratischen Gleichung bestimmen die Werte der Energie, für die die Gleichungen (4.7) lösbar sind. Diese beiden Energiewerte sind Näherungen für die Energien zweier Zustände.

Größen wie $\alpha_A, \alpha_B, \beta, S$ treten in allen Anwendungen der LCAO-MO-Theorie auf, und deshalb ist es wichtig, ihre physikalische Bedeutung genau zu kennen. Im einzelnen gilt

$$\alpha_A = \int \phi_A \hat{H} \phi_A \, d\tau \qquad \alpha_B = \int \phi_B \hat{H} \phi_B \, d\tau \tag{4.9}$$

und

$$\beta = \int \phi_A \hat{H} \phi_B \, d\tau \qquad S = \int \phi_A \phi_B \, d\tau \, . \tag{4.10}$$

Wir erkennen mit Hilfe von (3.31), daß unter der Annahme einer normierten Funktion ϕ_A die Größe α_A etwa die Energie darstellt, die das Elektron haben würde, wenn es sich im Orbital ϕ_A am Atom A bewegen würde; eine analoge Interpretation gilt für α_B. Die Energie α_A ist nicht genau so groß wie E_A, die Energie eines Elektrons in ϕ_A am isolierten Kern A, denn $\hat{H}$, definiert in (4.1), enthält auch einen anziehenden Term für den Kern B. In der Terminologie von § 3.10(3) ist α_A der Erwartungswert der Energie eines Elektrons, das durch ϕ_A beschrieben wird. Die Beiträge für α_A kommen hauptsächlich aus dem kernnahen Bereich von A, wo auch ϕ_A groß ist, und das ist genau der Bereich, in dem $\hat{H}$ dem Operator eines freien Atoms ähnlich ist. Demnach ist α_A (oder α_B) etwa die Energie eines Elektrons in ϕ_A (oder ϕ_B) am Atom A (oder B), die durch die Anwesenheit des zweiten Atoms geringfügig verändert wird. Die Größen α_A und α_B enthalten Coulomb-Wechselwirkungsterme und werden deshalb kurz *Coulombintegrale* genannt. Der Betrag der α-Werte steigt, wenn wir für einen bestimmten Orbitaltyp im Periodensystem von links nach rechts gehen. Von links nach rechts nimmt die Elektronegativität oder die „elektronenanziehende Wirkung" der Atome zu. Die Integrale in (4.10) hängen sowohl von ϕ_A als auch von ϕ_B ab. Es dürfte klar sein, daß β und S nur dann dem Betrage nach größerer Werte fähig sind, wenn sich beide Atomorbitale hinreichend stark überlappen (Fig. 3.11). Wir nennen die Größe S *Überlappungsintegral* und die Größe β *Bindungsintegral* (in der älteren Terminologie *Resonanzintegral*)*.

* Die alternative Bezeichnungsweise „Resonanzintegral" ist, obwohl noch im Gebrauch, etwas irreführend, denn sie stützt sich auf eine Analogie zur Mechanik, die bisher zu vielen Mißverständnissen geführt hat. Könnten wir ein Elektron in ϕ_A starten und die Wellenfunktion zu späteren Zeiten in die Form $\phi = c_A\phi_A + c_B\phi_B$ zwingen, so würde die Lösung von (3.10) ein oszillatorisches Verhalten zeigen. Das Elektron würde sich zwischen ϕ_A und ϕ_B hin und her bewegen. Diese Eigenschaft erinnert an das Verhalten zweier gekoppelter Pendel, wobei die Amplitude des einen wächst, während die des anderen verschwindet. Während die mechanische Resonanz ein beobachtbares Phänomen ist, gibt es in einem quantenmechanischen stationären Zustand keinerlei solche Oszillationen. Die Dichte ψ^2 ist zeitunabhängig und die Elektronen oszillieren zwischen den beiden Atomen in keiner Weise. Die stationären Zustände erhalten wir durch Lösung von (3.14) und nicht von (3.10).

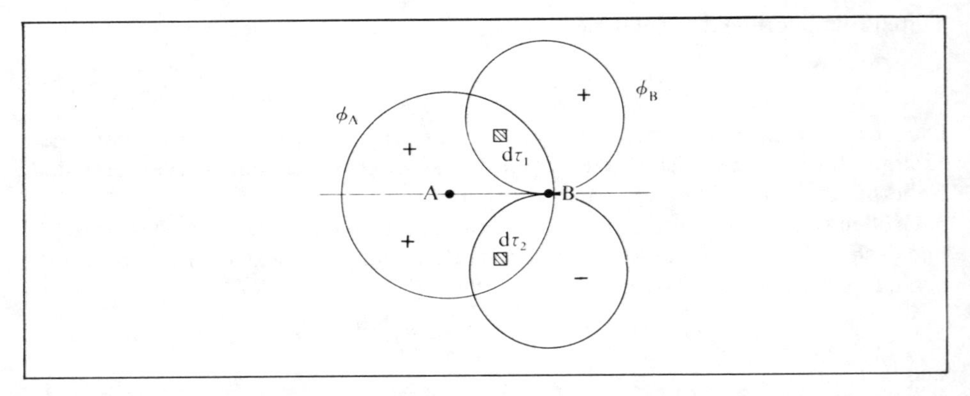

Fig. 4.1. Überlappung zweier Orbitale von unterschiedlicher Symmetrie. Hier ist ϕ_A vom s-Typ und ϕ_B vom p_x-Typ, AB liegt in der z-Achse.

Die Lösungen der Säkulargleichungen lauten für homonukleare Moleküle ($\alpha_A = \alpha_B$) etwas anders als für heteronukleare Moleküle ($\alpha_A \neq \alpha_B$), und deshalb werden wir die beiden Fälle gesondert behandeln. Zunächst einmal beachten wir die qualitative Bedeutung der Kombinationsbedingungen, die bereits angegeben worden sind. Aus Bedingung (*a*) folgt beispielsweise, daß die Valenzorbitale zweier Atome ausgesprochen stark miteinander kombinieren; im Gegensatz dazu gibt es aber keine nennenswerte Kombination zwischen Valenzorbitalen und Orbitalen der inneren Schalen. Letztere liegen energetisch ausgesprochen tief. Die Bedingung (*b*) wird oft das „Prinzip der maximalen Überlappung" genannt und daraus folgt, daß die Bindung umso stärker ist, je stärker die Überlappung ist*. Die Bedingung (*c*) soll später genauer untersucht werden; trotzdem kann jetzt bereits festgestellt werden, daß wegen (4.7) *keine Kombination* von ϕ_A und ϕ_B möglich ist, wenn aus irgendwelchen Gründen $S = 0$ und somit auch $\beta = 0$ ist, denn dann gibt es zwei voneinander unabhängige Gleichungen mit den Lösungen $E = \alpha_A$, $\psi = \phi_A$ und $E = \alpha_B$, $\psi = \phi_B$. Dieser Fall kann eintreten, wenn sich zwei Orbitale überhaupt nicht überlappen (im Sinne von Fig. 3.11), oder wenn es gewisse Symmetrieeigenschaften von ϕ_A und ϕ_B ermöglichen, jedes der Integrale S_{AB} und β_{AB} in zwei betragsgleiche Teile, aber mit entgegengesetzten Vorzeichen, zu zerlegen. In diesem Fall können wir sagen, daß ϕ_A und ϕ_B aus Symmetriegründen nicht miteinander kombinieren, und deshalb gibt es auch kein MO, in dem beide Funktionen gemeinsam auftreten. Ein Beispiel dafür ist in Fig. 4.1 dargestellt, wobei ϕ_A ein s-AO, ϕ_B ein p_x-AO und die x-Achse senkrecht zur Molekülachse AB gewählt ist. Nach Konvention wird die Molekülachse in die z-Achse gelegt. Aus Fig. 4.1 folgt, daß das Integral $S_{AB} = \int \phi_A \phi_B \, d\tau = 0$ ist, wobei der Unterschied im Vorzeichen für die beiden Lappen des p_x-Orbitals entscheidend ist. Zu jedem kleinen Volumenelement $d\tau_1$

* Diese Aussage gilt für den Vergleich verschiedener Bindungen an deren vorgegebenen Gleichgewichtsabständen. Auf keinen Fall darf man nach diesem Prinzip bedenkenlos Gleichgewichtsabstände errechnen wollen, denn beispielsweise wird beim H_2-Molekül die Überlappung maximal ($S = 1$), wenn der Kernabstand gegen null geht. (Anmerkung des Übersetzers)

gibt es ein entsprechendes Element $d\tau_2$, so daß die Integranden in den beiden Elementen betragsgleich sind, aber entgegengesetztes Vorzeichen haben. Wir können deshalb sagen, daß das Integral *symmetriebedingt* verschwindet. Sind die Funktionen ϕ_A und ϕ_B vom s-Typ und vom p_x-Typ, so gilt $S_{AB} = 0$, unabhängig von den speziellen Formen dieser beiden Funktionen. Es ist unmittelbar einleuchtend, daß ein p_x-AO an einem Atom nicht mit einem p_y-AO oder p_z-AO oder s-AO am anderen Atom kombinieren kann. Mögliche Kombinationen von Orbitalen vom s-Typ, p-Typ und d-Typ sind in Tabelle 4.1 aufgeführt.

Tabelle 4.1. Mögliche Kombinationen von Atomorbitalen im LCAO-Ansatz

ϕ_A	kombiniert mit ϕ_B	kombiniert nicht mit ϕ_B
s	s, p_z, d_{z^2}	p_x, p_y, $d_{x^2-y^2}$, d_{xy}, d_{yz}, d_{xz}
p_z	s, p_z, d_{z^2}	p_x, p_y, $d_{x^2-y^2}$, d_{xy}, d_{yz}, d_{xz}
p_x†	p_x, d_{xz}	s, p_y, p_z, $d_{x^2-y^2}$, d_{z^2}, d_{xy}, d_{yz}
d_{xz}†	p_x, d_{xz}	s, p_y, p_z, $d_{x^2-y^2}$, d_{z^2}, d_{xy}, d_{yz}
$d_{x^2-y^2}$	$d_{x^2-y^2}$	s, p_x, p_y, p_z, d_{z^2}, d_{xy}, d_{yz}, d_{xz}
d_{z^2}	s, p_z, d_{z^2}	p_x, p_y, $d_{x^2-y^2}$, d_{xy}, d_{yz}, d_{xz}

† Mögliche Kombinationen für p_y und d_{yz} erhält man durch Austausch von x und y in jeder der beiden Zeilen.

Ist das Integral $\int \phi_A \phi_B \, d\tau$ gleich null, so nennen wir die Wellenfunktionen ϕ_A und ϕ_B zueinander *orthogonal.* Es ist oft von größter Wichtigkeit zu wissen, ob zwei gegebene Funktionen orthogonal sind oder nicht. Die folgenden Regeln helfen uns dabei.

(1) Sind ϕ_A und ϕ_B Orbitale verschiedener Symmetrie (etwa bei unterschiedlichem Verhalten bezüglich einer Spiegelung an einer Symmetrieebene), so sind sie orthogonal.

(2) Sind ϕ_A und ϕ_B Lösungen einer gemeinsamen Wellengleichung, so sind diese notwendigerweise orthogonal, wenn die entsprechenden Energien E_A und E_B verschieden sind. Das ist die in § 3.10(2) erwähnte Eigenschaft.

(3) Zwei beliebige, nach der Ritzschen Methode der Linearkombination (§ 3.8) erhaltenen Näherungs-Wellenfunktionen sind orthogonal, wenn sie aus demselben Satz von Basisfunktionen erhalten wurden.

In späteren Kapiteln werden Beispiele gegeben für die gleichzeitige Kombination eines Atomorbitals ϕ_A mit zwei oder mehr Atomorbitalen ϕ_B am Kern B. Mögliche Kombinationen können aus der Tabelle 4.1, Rubrik „kombiniert mit ϕ_B", entnommen werden. Da wir als Molekülachse die z-Achse gewählt haben, ist es zweckmäßig, die folgenden fünf d-Orbitale zu verwenden (Fig. 2.9): $d_{xy}, d_{yz}, d_{zx}, d_{z^2}, d_{x^2-y^2}$.

Die bereits erwähnten Bedingungen (*a*)–(*c*) für eine wirksame Kombination von Atomorbitalen im LCAO-Ansatz können wir beispielsweise am Molekül HCl demonstrieren. Zunächst sagt uns die Bedingung (*a*), die vergleichbare Größe der Energiewerte fordert, daß die Atomorbitale 1s, 2s, 2p, 3s von Cl nicht wesentlich mit einem AO von H kombinieren werden, denn ihre Energien (mit der eventuellen Ausnahme von 3s) liegen viel zu tief. In der folgenden Gruppe haben wir beim Chloratom als einzige andere Möglichkeit die Orbitale $3p_x$, $3p_y$ und $3p_z$. Nun ist das energetisch tiefste AO des Wasserstoffatoms das 1s-AO. Dieses kann, wie der Tabelle 4.1 zu entnehmen ist, aus Symmetriegründen nur mit einem $3p_z$-AO kombinieren. Wie wir später sehen werden, beteiligt sich in geringem Maße auch noch das 3s-AO von Cl an dieser Kombination, aber dadurch ändert sich an der hier gegebenen Beschreibung nichts wesentliches. Es gibt noch weitere Molekülorbitale höherer Energie, die uns aber jetzt nicht interessieren sollen. Aus dieser Diskussion, zusammen mit dem Aufbau-Prinzip, folgt für die Beschreibung des Grundzustands des HCl-Moleküls

$$(1s)^2(2s)^2(2p)^6(3s)^2(3p_x)^2(3p_y)^2\{H(1s)+\lambda Cl(3p_z)\}^2,$$

wobei die nicht gekennzeichneten Orbitale 1s, 2s, ..., $3p_y$ Atomorbitale am Cl-Atom sind.

Die Beziehung zwischen einem LCAO-MO eines Moleküls AB und seinen Komponenten, den Atomorbitalen ϕ_A und ϕ_B, hat noch eine besondere Bedeutung. Diese kommt am besten zum Ausdruck, wenn die beiden Elektronen, die das Molekülorbital $\psi = \phi_A + \lambda\phi_B$ besetzen, Valenzelektronen für die Bindung zwischen den Atomen A und B sind. Diese Elektronen werden gewöhnlich von beiden Atomen einzeln mitgebracht, und in diesen Atomen besetzen sie die Orbitale ϕ_A und ϕ_B. Auf diese Weise wird eine Beziehung hergestellt zwischen dem von zwei Elektronen besetzten MO und den beiden Atomorbitalen, in welche die beiden Elektronen erwartungsgemäß gehen würden, wenn die beiden Atome beliebig weit voneinander getrennt werden. Man kann so etwa von dem Elektron sprechen, das ursprünglich im Zustand ϕ_A war, und dem im Zustand ϕ_B, und die dann als gepaarte Elektronen im Zustand $\psi = \phi_A + \lambda\phi_B$ des Moleküls AB vorliegen. Wir könnten uns vorstellen, wie sich die beiden Atome A und B einander nähern, ohne daß eine Wechselwirkung eintritt und dann die geeigneten Elektronen in A und B miteinander paaren. Diese ziemlich grobe und sicher nicht ganz korrekte Beschreibung der Molekülbildung weist auf den Zusammenhang hin, der zwischen der MO-Theorie und der Lewisschen Bindungsvorstellung durch anteilige Elektronenpaare, sowie der Langmuirschen Oktett-Theorie besteht.

4.4 Das Wasserstoffmolekül-Ion H_2^+

Eine besonders einfache Form nimmt die LCAO-Entwicklung für homonukleare zweiatomige Moleküle an; das sind Moleküle mit gleichen Atomen, wie beispielsweise H_2, O_2, N_2, usw. Es empfiehlt sich, mit dem einfachsten dieser Systeme zu beginnen, dem Wasserstoffmolekül-Ion H_2^+. Da dieses Molekül-Ion nur ein Elektron enthält, hat seine Betrachtung dieselbe zentrale Bedeutung für Moleküle wie die des Wasserstoffatoms für die Struktur der Atome.

Wir haben die Molekülorbitale aus Paaren von Atomorbitalen zu bilden und verfahren dabei nach den Prinzipien von § 4.3. Für das System H_2^+ nehmen wir für ϕ_A und ϕ_B die 1s-Atomorbitale an den beiden Zentren und machen den Ansatz

$$\psi = c_A\phi_A + c_B\phi_B. \tag{4.11}$$

Dabei beachten wir, daß in den Säkulargleichungen (4.6) die Größen α_A und α_B gleich sein müssen. Die beiden Enden des Moleküls sind nämlich nicht unterscheidbar und ein Elektron hat in ϕ_A (an einem Kern) dieselbe Energie wie in ϕ_B (am anderen Kern). Setzen wir $\alpha_A = \alpha_B = \alpha$, so lauten die Lösungen der Gleichungen (4.7)

$$E_\pm = \frac{\alpha \pm \beta}{1 \pm S}. \tag{4.12}$$

Durch Einsetzen dieser Ergebnisse in (4.7) erhalten wir $c_A = \pm c_B$, und deshalb lauten die entsprechenden Molekülorbitale

$$\psi_+ = N_+(\phi_A + \phi_B) \qquad \psi_- = N_-(\phi_A - \phi_B) \tag{4.13}$$

wobei N_+ und N_- Normierungsfaktoren sind. Die Energiewerte (4.12) können auch in folgender Form geschrieben werden:

$$E_\pm = \alpha \pm \frac{\beta - \alpha S}{1 \pm S}. \tag{4.14a}$$

In manchen Fällen ist S so klein, daß es näherungsweise gegen den Wert 1 vernachlässigt werden kann*; dann gilt mit $\beta - \alpha S = \gamma$

$$E_\pm \simeq \alpha \pm \gamma. \tag{4.14b}$$

Die Gleichungen (4.14*a*) und (4.14*b*) zeigen, wie sich ein ursprünglich entartetes Paar von Energiewerten α in zwei verschiedene Werte aufspaltet. Der eine liegt dann höher und der andere niedriger als zuvor. Man erkennt auch, daß die Größe der Aufspaltung durch den Wert des reduzierten Bindungsintegrals γ bestimmt ist. Das MO mit der tieferen Energie wird *bindendes* MO genannt, und dieses stellt den Grundzustand des Moleküls dar, wobei eine Bindung vorliegt. Das andere MO mit der höheren Energie ist das *antibindende* MO; dessen Energie ist größer als die des Was-

* Im Original, sowie in manchen anderen Werken wird fälschlicherweise die Redewendung „S wird vernachlässigt" verwendet, obwohl wir gerade festgestellt haben, daß mit $S = 0$ auch das Bindungsintegral β (und γ) verschwindet und somit eine Diskussion der Bindung gar nicht möglich wäre. Demnach wird im Original auch nicht zwischen dem Bindungsintegral β und dem reduzierten Bindungsintegral γ unterschieden, obwohl es sich um zwei verschiedene Größen handelt. Der Übergang von Gl. (4.12) zu Gl. (4.14*a*) erfolgt durch die folgende Umformung:

$$E_\pm = (\alpha \pm \beta)/(1 \pm S) = (\alpha \pm \alpha S \mp \alpha S \pm \beta)/(1 \pm S) = \alpha \pm (\beta - \alpha S)/(1 \pm S)$$

Der unmittelbare Übergang von Gl. (4.12) zu Gl. (4.14*b*) erfolgt durch Reihenentwicklung von $1/(1 \pm S)$ und durch Berücksichtigung von Gliedern bis einschließlich *der ersten Ordnung in S*:

$$E_\pm = (\alpha \pm \beta)/(1 \pm S) \simeq (\alpha \pm \beta)(1 \mp S) \simeq \alpha \pm (\beta - \alpha S) = \alpha \pm \gamma$$

In § 8.4 wird die hier mit γ bezeichnete Größe im Hückelverfahren wie üblich als β verwendet. Erst in § 8.8 wird von den unterschiedlichen Bindungsintegralen in der hier eingeführten Bezeichnungsweise Gebrauch gemacht. (Anmerkung des Übersetzers)

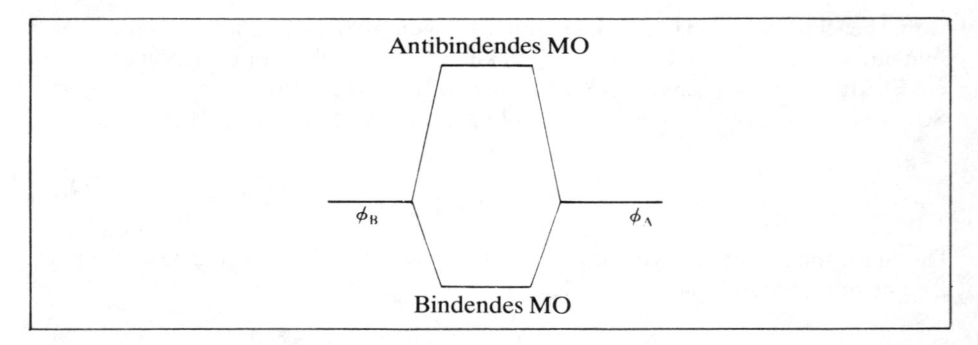

Fig. 4.2. Energieniveau-Diagramm für die Bildung von Molekülorbitalen. Die Energie eines Elektrons im bindenden MO ist *niedriger* als im ursprünglichen AO (ϕ_A oder ϕ_B); für das antibindende MO ist die Energie höher.

serstoffatoms*. Die Ergebnisse sind in Fig. 4.2 schematisch dargestellt. Die charakteristische Asymmetrie der Aufspaltung tritt nur dann auf, wenn S nicht gegen 1 vernachlässigt wird (4.14*a*).

Für den weiteren Verlauf der Rechnung verwenden wir für ϕ_A und ϕ_B die Form (2.12) als 1s-AO für das Wasserstoffatom; damit können dann α, β und S für jeden vorgegebenen interatomaren Abstand R berechnet werden. Auf diese Weise erhalten wir die elektronische Energie, und wenn wir dazu noch die Energie der Kernabstoßung $e^2/\varkappa_0 R$ addieren, so erhalten wir die Energiekurve für das Molekül. Die Ergebnisse sind in Fig. 4.3 dargestellt; auf der linken Bildhälfte ist die Energiekurve für das MO ψ_+ und auf der rechten Seite für ψ_- gezeichnet. Die Energiekurve für ψ_+ ist die für den Grundzustand des Moleküls.

Aus diesen Energiekurven folgen einige Eigenschaften des Moleküls. Zunächst hat die Kurve für ψ_+ ein Minimum bei einem Kernabstand von etwas mehr als $2a_0$ (etwa 100 pm). Daraus folgt, daß das Ion H_2^+ stabil sein muß, wobei die berechnete Bindungsenergie etwa 1.77 eV beträgt, während der experimentell bestimmte Wert bei 2.77 eV liegt. Somit ist gezeigt, wie die Energiekurve eines Moleküls, das experimentell bekannt ist (vgl. § 1.4), berechnet werden kann. Für den Chemiker ist H_2^+ zwar nicht besonders interessant, aber dieses Molekül-Ion ist aus Gasentladungsexperimenten und vom Massenspektrometer her wohlbekannt. Einer Kritik darüber, daß wir nur Näherungswellenfunktionen verwendet haben und deshalb nur Näherungswerte für die Energie erhalten haben, kann man entgegenhalten, daß nach § 3.6 bessere Wellenfunktionen auch tiefere Energiewerte geben und daher die Stabilität sicher größer ist.

An zweiter Stelle ist zu erwähnen, daß die Energiekurve für ψ_- kein Minimum aufweist, so daß das Molekül in diesem Zustand instabil ist und spontan unter Energieabgabe in H und H^+ zerfällt. Energiekurven dieser Art nennt man „anziehend“ und

* Genau genommen (§ 4.3) ist die Referenzenergie α die Energie des Elektrons in einem H-Atom, die durch die Anwesenheit eines zweites Protons im Bereich des Gleichgewichtsabstands geringfügig erhöht wird.

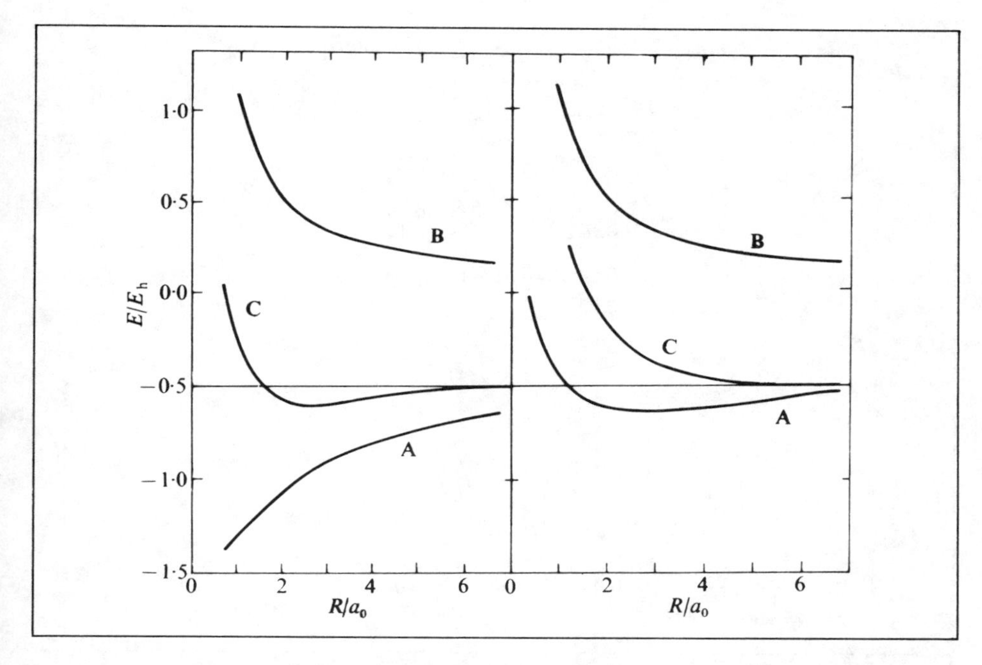

Fig. 4.3. Energiekurven für das H_2^+-Ion. Links für das bindende MO und rechts für das antibindende MO: Kurve A zeigt die rein elektronische Energie; Kurve B die Kernabstoßungsenergie; Kurve C die Gesamtenergie des Moleküls.

„abstoßend", und dementsprechend heißen die Molekülorbitale „bindend" und „antibindend".

Die Unterscheidung zwischen bindenden und antibindenden Molekülorbitalen ist so grundlegend, daß sie eine weitere Diskussion wert ist. Fig. 4.4 zeigt Niveaulinien für ψ^2, das ist die Dichte der Ladungswolke oder der Aufenthaltswahrscheinlichkeit. Die Papierebene ist eine beliebige Ebene, welche die Kerne A und B enthält. Obwohl genauere Wellenfunktionen die Gestalt der Niveaulinien sicher etwas verändern werden, geben diese Diagramme die Verhältnisse im wesentlichen richtig wieder. Fig. 4.5 zeigt die Werte von ψ^2 in Punkten längs der Kernverbindungslinie und zum Vergleich auch die Werte für ϕ_A^2, der Elektronendichte des H-Atoms A. Wird ein zweites Proton an die Stelle B gesetzt, so verteilt sich die Ladungsdichte symmetrisch auf die beiden Kerne. Im gebundenen Zustand gibt es im „Bindungsbereich" eine *Zunahme* der Elektronendichte, während im anti-bindenden Zustand eine Abnahme festzustellen ist.

In der Quantenmechanik gibt es ein wichtiges Theorem, das bereits in § 1.5 erwähnt worden ist und das besagt, daß die Kräfte auf die Kerne auf klassische Weise berechnet werden können, wenn uns $P = \psi^2$ zur Verfügung steht. Die wirkenden Kräfte werden verursacht durch die positiven Kerne, die sich in einer negativen Ladungsverteilung der Dichte P Elektronen/Volumeneinheit befinden. Dieses wertvolle Ergebnis

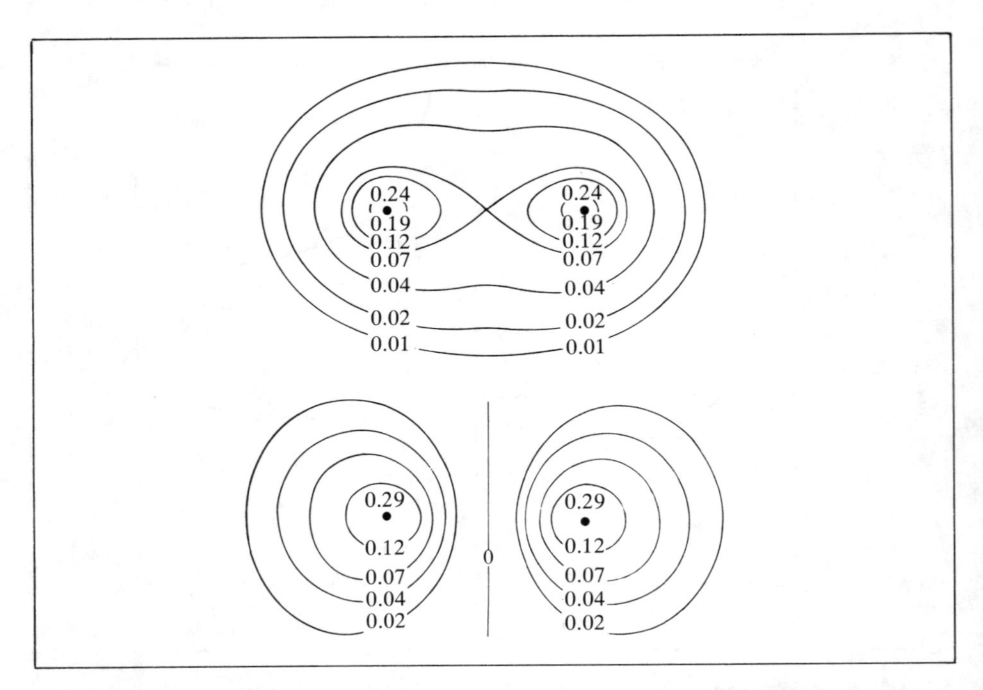

Fig. 4.4. Die Elektronendichte im H_2^+-Ion. Das obere Diagramm zeigt die Dichte des bindenden Molekülorbitals, das untere Diagramm die des antibindenden Molekülorbitals (die üblichen Bezeichnungen für diese Molekülorbitale lauten $1\sigma_g$ und $1\sigma_u$).

liefert eine sehr einfache elektrostatische Vorstellung über das Zustandekommen und die Natur der Bindung in einem Molekül. In der älteren Literatur wurde manchmal behauptet, daß die Bindung durch das Absenken der kinetischen Energie hervorgerufen wird, denn das Elektron findet im Atom einen kleineren Bewegungsbereich vor als in einem Molekül. Diese Interpretation ist fehlerhaft, denn es kann allgemein bewiesen werden, daß in einem Molekül die kinetische Energie *größer* sein muß als in den beteiligten Atomen. Die kinetische Energie wird nur in der ersten Phase der Annäherung zweier Atome abgesenkt, lange bevor die Bindung ausgebildet ist. Die Kerne stoßen zwar einander ab, aber sie werden gleichzeitig gegen den Bereich der stärksten negativen Elektronenladungsdichte gezogen. Das Gleichgewicht tritt dann ein, wenn sich Abstoßungen und Anziehungen die Waage halten. Im bindenden Zustand (MO ψ_+) befindet sich genug Elektronenladung zwischen den Kernen, um diese zusammenzuhalten*. Im antibindenden Zustand (MO ψ_-) gibt es keine Ladung zwischen den Kernen und diese erfahren im gesamten Abstandsbereich eine Abstoßung.

* Diese Aussage hat bisher zu vielen Mißverständnissen geführt, denn sie suggeriert ein falsches elektrostatisches Bild, nach dem die Elektronendichte zwischen den Kernen sozusagen als Bindekitt für die beiden positiven Kerne fungieren soll. In Wirklichkeit ist aber das Gegenteil der Fall, denn die Elektronendichte im Bindungsbereich ist sogar im Sinne der potentiellen

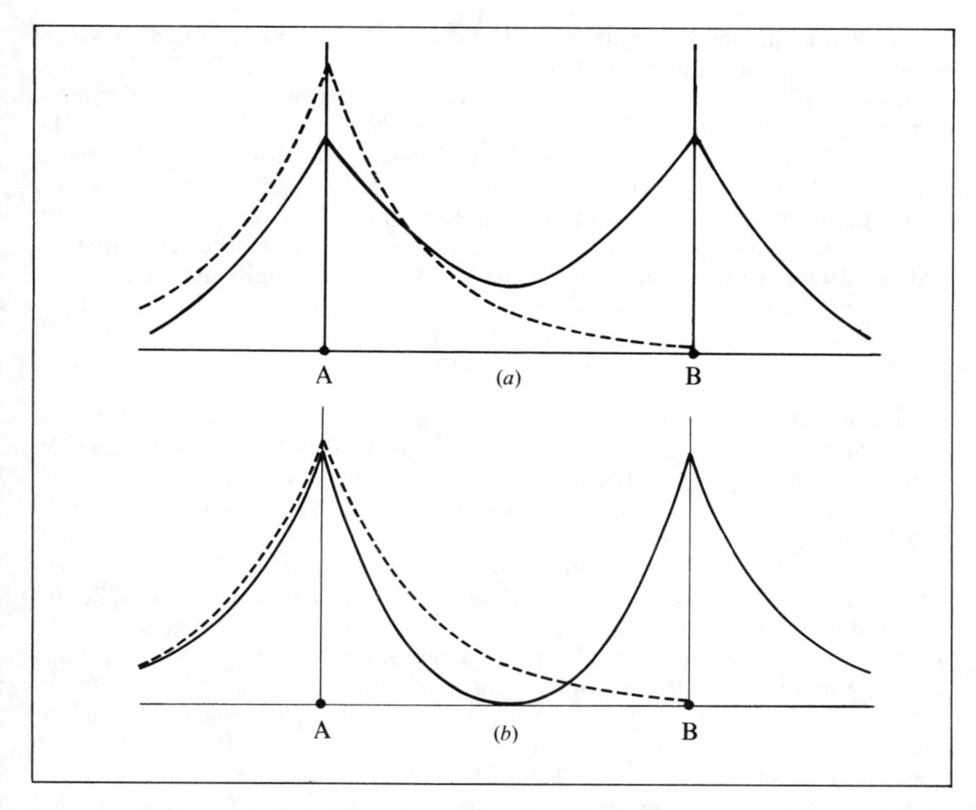

Fig. 4.5. Die Elektronendichte entlang der Kernverbindungslinie in H_2^+. Im oberen Bild wird ψ_+^2 (Dichte des bindenden Orbitals) mit ϕ_A^2 (Dichte des isolierten H-Atoms) verglichen; im unteren Bild ist ψ_-^2 dargestellt (Dichte des antibindenden MO).

Bevor wir diese Berechnung des H_2^+ abschließen, die einerseits eine zufriedenstellende qualitative Interpretation der Bindung und andererseits die Größenordnung der Bindungsenergie lieferte, ist die Frage gerechtfertigt, ob es auch genauere Rechnungen gibt. Für dieses einfache Einelektronensystem ist es Burrau (1927) sogar *vor* der ersten LCAO-Rechnung gelungen, das exakte MO zu berechnen. Man beachte auch die Arbeiten von Bates *et al.* (1953) und von Power (1973). Burrau führte die Koordinaten $r_a \pm r_b$ ein und konnte dadurch die Schrödingergleichung separieren und mit numerischen Methoden integrieren. Seine Ergebnisse sind in vollständiger Übereinstimmung mit dem Experiment.

Mit Hilfe des Variationsverfahrens können wir die einfache LCAO-Darstellung verbessern und dadurch beliebig nahe an die Ergebnisse von Burrau herankommen.

Energie ungünstig, aber sie bewirkt eine geringere Abschirmung an den Kernen und somit ein Ansteigen der Dichte an den Kernen, was letzten Endes zum Absenken der potentiellen Energie und somit der Gesamtenergie führt. (Anmerkung des Übersetzers)

Die Wellenfunktionen haben dabei eine sehr einfache Form und enthalten Variationsparameter. Die erste LCAO-Rechnung wurde von Pauling (1928) durchgeführt; Verbesserungen wurden von Dickenson (1933), Coulson (1937) und vielen anderen gemacht. Eine übersichtliche Zusammenstellung findet man bei Richards *et al.* (1971). Ein erster verbessernder Schritt ist die Ermöglichung einer Kontraktion der einzelnen Atomorbitale, wenn das Elektron durch *zwei* Protonen gebunden ist. Ein zweiter Schritt betrifft die Einführung einer axialen Polarisation der Atomorbitale, wodurch die Anziehung des Elektrons durch das andere Proton besser beschrieben wird. Eine andere Alternative wäre, die LCAO-Darstellung ($\phi_A \pm \phi_B$) überhaupt nicht zu verwenden, sondern beispielsweise den Ansatz

$$\psi = \{1 + c_2(r_a - r_b)^2\} \exp\{-c_1(r_a + r_b)\}, \tag{4.15}$$

wobei c_1 und c_2 Variationsparameter sind. Mit dieser Funktion hat James (1935) ausgesprochen gute Resultate erzielt. Es gibt heutzutage kaum Schwierigkeiten, gute Ergebnisse zu erhalten. Eine Übersicht darüber gibt Kolos (1968). Die Tatsache, daß eine Funktion der Form (4.15) eine viel bessere Näherung für die exakte Wellenfunktion sein kann als eine approximative LCAO-Darstellung, erinnert uns daran, daß die von uns verwendeten Atomorbitale *keine wirkliche Signifikanz* haben. Wir verwenden diese lediglich als bequeme „Bausteine“ für die Konstruktion von Näherungen für die Molekülwellenfunktionen. Bequem sind sie deshalb, weil sie uns die Interpretierbarkeit der Elektronendichte in einem Molekül gestatten, derart, daß die Dichte in *atomare* Beiträge unterteilt werden kann. Man bedient sich oft der Redewendung, daß bei der Molekülbildung die Atomorbitale der beteiligten Atome miteinander kombinieren, um so die Molekülorbitale zu bilden; aber eine solche Ausdrucksweise kann sehr mißverständlich wirken, wenn wir uns nicht bewußt sind, daß es sich nur um eine bequeme, aber unpräzise Abkürzung handelt. Ein Orbital ist eine mathematische Funktion, die Lösung einer Einelektronen-Schrödingergleichung, und diese Funktion beschreibt den Zustand eines Teilchens. Die LCAO-Darstellung ist ein Versuch, vernünftige Näherungslösungen für ein kompliziertes System (Molekül) mit Hilfe bekannter Lösungen für seine Bestandteile (Atome) zu erhalten.

Eine abschließende Bemerkung betrifft weitere Molekülorbitale des H_2^+. Wir erhielten die beiden energetisch niedrigsten Molekülorbitale durch den LCAO-Ansatz $\phi_A \pm \phi_B$, indem wir für ϕ_A und ϕ_B die 1s-Atomorbitale der Atome A und B einsetzten. Ebenso können wir weitere Molekülorbitale erhalten, wenn wir für ϕ_A und ϕ_B etwa 2s, $2p_x$, ...-Atomorbitale verwenden. Diese beschreiben angeregte Zustände (siehe beispielsweise Bates *et al.* (1953)), von denen manche stabil und andere instabil sind. Die Zerfallsprodukte der instabilen angeregten H_2^+-Ionen sind ein Proton und ein *angeregtes* Wasserstoffatom in den Zuständen 2s, 2p, ... Jedes Paar von Atomorbitalen führt zu zwei Molekülorbitalen, entsprechend den beiden Möglichkeiten für die Vorzeichen; in einem Fall steigt die Energie, im anderen wird sie abgesenkt, was in Fig. 4.2 dargestellt ist.

4.5 Das Wasserstoffmolekül

Wir werden feststellen, daß sich viel von dem, was über das Wasserstoffmolekül-Ion H_2^+ gesagt wurde, auf andere zweiatomige Moleküle übertragen läßt. Das Beispiel des Wasserstoffmoleküls ist besonders einfach. Es unterscheidet sich von H_2^+ nur dadurch, daß es statt eines Elektrons zwei Valenzelektronen hat. Es ist anzunehmen, daß die beiden Elektronen ein MO besetzen, das dem des H_2^+, $\phi_A + \phi_B$, ähnlich ist. Im Grundzustand des H_2 wird dieses MO doppelt besetzt sein, und die Elektronen haben entgegengesetzten Spin*. Der Hauptunterschied zwischen den beiden Molekülen ist, daß jetzt *zwei* Elektronen zur Bindungsenergie beitragen, aber diese Energie wird etwas verkleinert wegen ihrer gegenseitigen Abstoßung. Diese Abstoßung kann im Rahmen der Hartree-Methode (§ 2.5) genau so behandelt werden wie bei einem Atom. Die entsprechende MO-SCF-Rechnung (Coulson (1938) hat als erster eine solche Rechnung durchgeführt) liefert eine Energiekurve, die eine ähnliche Form wie die für H_2^+ hat, aber deren Minimum bei einem interatomaren Abstand von $1.40a_0$ (74 pm) liegt, im Gegensatz zu dem Wert von $2.00a_0$ für H_2^+. Zufälligerweise ist die Bindungsenergie von H_2 (4.75 eV) ungefähr doppelt so groß wie für H_2^+ (2.79 eV), aber das hat keine besondere Bedeutung. Beim Vergleich von H_2^+ mit H_2 müssen wir daran denken, daß es in H_2 eine starke Elektronenabstoßung gibt, aber nicht in H_2^+. Außerdem gibt es einen deutlichen Unterschied in der Kernabstoßung, 13.6 eV in H_2^+ und 19.3 eV in H_2. Es gibt keinen Grund für die Annahme, daß ein ähnlicher „Zufall“ auch bei anderen Molekülen auftritt, und tatsächlich tritt diese Situation nur selten auf. Würden wir die Energien von H_2^+ und H_2 bei einem gemeinsamen interatomaren Abstand berechnen und nicht an den entsprechenden unterschiedlichen Gleichgewichtsabständen, so wäre die Bindungsenergie von H_2 bei weitem nicht etwa doppelt so groß wie von H_2^+. Die Verhältnisse werden klarer, wenn wir Tabelle 4.2 betrachten, in der die berechneten Werte der einzelnen Energiebeiträge für H_2 aufgeführt sind. Die berechnete Bindungsenergie ist ungefähr 1.1 eV zu klein, und die Genauigkeit kann im Rahmen der Hartree-SCF-Näherung für Moleküle nicht verbessert

Tabelle 4.2. Energiebeiträge für H_2, berechnet nach der MO-Theorie

Energie eines Elektrons (MO-Energie)	−16.2 eV
Abstoßungsenergie der Elektronen	17.8 eV
Abstoßungsenergie der Kerne	19.3 eV
Energie zweier H-Atome	−27.2 eV
Berechnete Bindungsenergie $D_e = -27.2 - (-2 \times 16.2 - 17.8 + 19.3)$	3.6 eV

(Nach den MO-SCF-Rechnungen von C. A. Coulson (1938).)

* Dabei wird die Gesamtwellenfunktion als *Produkt* der Molekülorbitale angesetzt: $\Psi(1,2) = \psi(1)\psi(2)$ mit $\psi = \phi_A + \phi_B$ (unnormiert). Die Zahlen 1 und 2 sind Indizes für die beiden Elektronen. Im Produktansatz stellt sich die *Einteilchen-Näherung* (hier speziell die MO-Näherung) dar, die in § 5.1 theoretisch begründet wird. Der Spin kann hier außer acht gelassen werden, denn das Pauliprinzip kann für Systeme im Grundzustand erst bei drei oder mehr Elektronen selektiv zur Wirkung kommen. (Anmerkung des Übersetzers)

werden. Dieser Fehler ist etwas größer als im entsprechenden vereinigten Atom (Grundzustand des Heliums), aber von der gleichen Größenordnung.

In der letzten Zeile in Tabelle 4.2 muß die Elektronenabstoßung von 17.8 eV abgezogen und nicht addiert werden, denn nach § 2.5 ist diese Abstoßung bei der Addition der MO-Energien doppelt gezählt worden. Diese Tabelle zeigt noch einmal ganz deutlich, um wieviel kleiner die Bindungsenergie gegenüber den anderen Energiebeiträgen ist.

Das Wasserstoffmolekül wird in einem späteren Abschnitt genauer behandelt, wobei verschiedene Berechnungen miteinander verglichen werden. An dieser Stelle soll nur bemerkt werden, daß die selbstkonsistenten Molekülorbitale, die zu den Ergebnissen in Tabelle 4.2 geführt haben, eine gewisse formale Ähnlichkeit mit denen von (4.15) haben und deshalb keine LCAO-Darstellungen sind. Mit einer approximativen LCAO-Darstellung sind die Resultate weitgehend ähnlich, aber weit weniger genau*.

Wie bei H_2^+ wollen wir auch hier die Gestalt der Ladungswolke untersuchen. Bei H_2 wird ψ durch zwei Elektronen besetzt, wodurch die Dichte jetzt $P=2\psi^2$ lautet. Verwenden wir der Einfachheit halber die LCAO-Darstellung (4.13) für das bindende MO, so erhalten wir

$$P = 2N_+^2(\phi_A^2+\phi_B^2+2\phi_A\phi_B).$$

Der Normierungsfaktor resultiert aus der Forderung $\int\psi^2 d\tau=1$ zu $N_+^2=1/2(1+S)$. Die Dichte lautet dann

$$P = \frac{\phi_A^2+\phi_B^2+2\phi_A\phi_B}{1+S}. \qquad (4.16)$$

Integrieren wir P über dem ganzen Raum, so erhalten wir die gesamte Elektronenladung, nämlich zwei Elektronen. Die Beiträge für P stammen aus drei Bereichen: der erste Term (ϕ_A^2) in (4.16) stellt die Elektronendichte in einem Wasserstoffatom A dar, multipliziert mit $1/(1+S)$. Wegen $\int\phi_A^2 d\tau=1$ lautet der entsprechende Ladungsbeitrag $1/(1+S)$; auf ähnliche Weise steuert der zweite Term einen Beitrag $1/(1+S)$ aus dem Bereich des Atoms B bei. Der letzte Term liefert einen Beitrag $2S/(1+S)$ (wegen $\int\phi_A\phi_B d\tau=S$), der aus dem „Überlappungsbereich" kommt, in dem das Produkt $\phi_A\phi_B$ deutlich von null verschieden ist. Dadurch erhalten wir eine schematische Beschreibung der Bindung; wir können sagen, daß im Molekül $1/(1+S)$ Elektronen formal jedem Atom zugeordnet werden, während $2S/(1+S)$ Elektronen „in die Bindung gehen". Die drei Bereiche sind in Fig. 4.6 schematisch dargestellt, und die Anzahlen der Elektronen, die diesen Bereichen zugeordnet werden, nennen wir „Elektronenpopulationen". Dieser Begriff wurde von Mulliken (1955) eingeführt, obwohl diese Größen bereits früher für verschiedene Zwecke verwendet worden sind (beispielsweise von McWeeny (1952) für Anwendungen in der Kristallographie)**. Die Summe aller Populationen ist in diesem Fall 2,

* Mit einer besseren LCAO-Entwicklung erhält man natürlich die gleichen Ergebnisse wie in Tabelle 4.2. (Anmerkung des Übersetzers)

** Die Idee der Populationsanalyse geht auf Coulson zurück: B. H. Chirgwin, C. A. Coulson, *Proc. R. Soc. London* **A 201**, 197 (1950). (Anmerkung des Übersetzers)

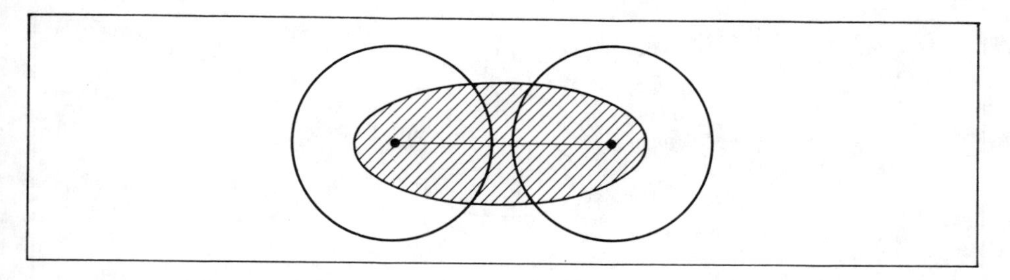

Fig. 4.6. Die schematische Aufteilung der Ladungswolke in „Orbital"- und „Überlappungs"-Bereiche. Der Überlappungsbereich ist schraffiert dargestellt.

$$1/(1+S)+1/(1+S)+2S/(1+S) = 2$$

und somit ist unsere „Buchhaltung" geprüft und für korrekt gefunden worden. Diese Gedanken werden wir später noch weiter entwickeln. Vorerst soll nur festgestellt werden, daß die Ladungswolke die Symmetrie des Moleküls hat, daß beide Atome – wie zu erwarten – die gleichen Populationen haben, und daß die positive Überlappungspopulation eine „Anhäufung" von Dichte im Bindungsbereich anzeigt. Die beiden Elektronen sind demnach auf beide Kerne aufgeteilt und die Anziehung der Kerne durch die Bereiche hoher Dichte der Ladungswolke ist ein typisches Merkmal einer sogenannten Elektronenpaar-Bindung.

Noch einmal soll daran erinnert werden, daß die Terme in einer LCAO-Entwicklung keine relevante Bedeutung haben. Es ist lediglich die Interpretierbarkeit unserer konstruierten Wellenfunktion, die eine LCAO-Darstellung rechtfertigt, und manchmal hat eine solche Wellenfunktion noch nicht einmal eine besonders hohe Genauigkeit. Sind uns die Aussagen der Elektronenpopulationen nicht genau genug, so können wir stattdessen die Elektronendichte entlang einer vorgegebenen Achse zeichnen, so wie das in Fig. 4.5 geschehen ist, oder wir stellen ein Niveauliniendiagramm wie in Fig. 4.4 her. Um zu zeigen, daß die Elektronendichte zwischen den Kernen durch die Bindung erhöht wird, subtrahieren wir die Dichte der beiden nicht gebundenen H-Atome mit dem gleichen interatomaren Abstand wie im Molekül. Die resultierende „Differenzdichte" (Fig. 4.7) wird besonders oft in der Kristallographie benutzt und zeigt in unserem Fall, wie die Dichte im Bindungsbereich ansteigt und in anderen Bereichen abnimmt*. Die numerischen Werte zeigen, daß die wirkliche Ladungsbewegung (etwa 0.1–0.3 Elektronen fließen in den Bindungsbereich) viel geringer ist, als das die Populationswerte vermuten lassen. Mit der Annahme $S = 1/2$ beträgt die formale Überlappungspopulation 2/3 Elektronen; dieses Ergebnis ist wegen des viel zu großen Überlappungsbereichs irreführend, wenn man es mit dem Ergebnis der punktweisen Variation der Dichte vergleicht.

* Hier soll noch einmal darauf hingewiesen werden, daß die Dichte nicht nur im Bindungsbereich, sondern auch an den Kernen ansteigt; die Bereiche der Dichteabnahme liegen weit außerhalb der Bindung. (Anmerkung des Übersetzers)

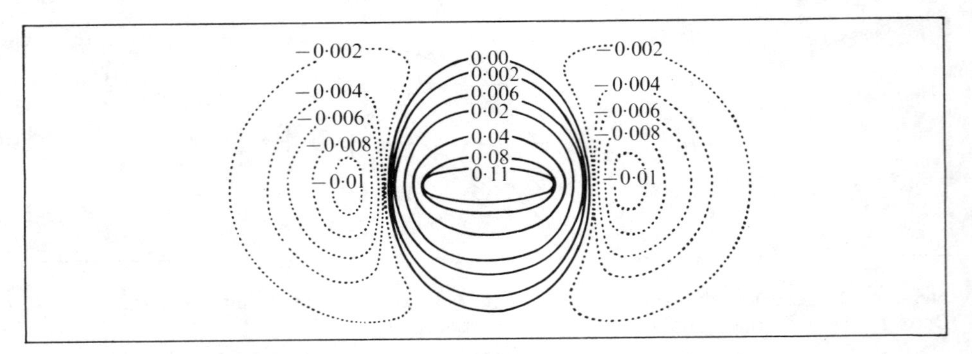

Fig. 4.7. Differenzdichtelinien für H_2. Die ausgezogenen Linien deuten eine ansteigende Elektronendichte an, die punktierten Linien eine abnehmende Dichte.

4.6 Zweiatomige Moleküle mit gleichen Kernen

Für eine große Anzahl zweiatomiger Moleküle wurden MO-Berechnungen durchgeführt, wobei eine modifizierte Form der SCF-Methode von Hartree verwendet worden ist. Typische Elektronendichtediagramme findet man bei Wahl (1966) und Bader (1970). Einige dieser Ergebnisse sind in Kapitel 6 reproduziert. Davon abgesehen kann eine ausreichende qualitative Diskussion immer noch mit Prinzipien geführt werden, die bereits vor vielen Jahren von Lennard-Jones (1929) und von Mulliken (1932) formuliert worden sind. Demnach sind die Atomorbitale ϕ_A und ϕ_B durch Molekülorbitale (in der LCAO-Darstellung $N_\pm(\phi_A \pm \phi_B)$) zu ersetzen, wenn zwei identische Atome zusammengeführt werden; eines der Molekülorbitale ist im allgemeinen bindend, das andere wird antibindend sein; die Energiedifferenz zwischen den beiden Molekülorbitalen ist durch das entsprechende Bindungsintegral γ bestimmt. Für große Atomabstände nähern sich die beiden MO-Energien der Energie des Atomorbitals ϕ_A. Beispielsweise liefern zwei 2s-Atomorbitale zwei Molekülorbitale der Form

$$\psi_\pm = N_\pm[\phi_\mathbf{A}(2s) \pm \phi_\mathbf{B}(2s)] \tag{4.17}$$

mit dem gleichen Energiediagramm wie in Fig. 4.2. Wir können solche Orbitale genau so zeichnen wie Atomorbitale (Fig. 2.3), nämlich mit Hilfe von Grenzflächen, um die Bereiche mit betragsmäßig großem ψ anzudeuten. Die Bildung der Molekülorbitale in (4.17) aus den beteiligten Atomorbitalen ist in Fig. 4.8 dargestellt. Ähnliche Diagramme für p-Atomorbitale, die entweder parallel oder senkrecht zur Molekülachse verlaufen, sind in Fig. 4.9, beziehungsweise in Fig. 4.10 zu sehen. In jedem Fall erhält man den Wert für ψ an irgendeinem Punkt durch Addition (oder Subtraktion) der Werte von ϕ_A und ϕ_B an diesem Punkt, wobei anschließend noch mit der Konstanten N_+ (oder N_-) zu multiplizieren ist. Es ist wichtig zu bemerken, daß die einzelnen „Lappen“ in einem MO-Diagramm Teile ein und desselben Molekülorbitals sind; normalerweise haben diese Lappen unterschiedliche Vorzeichen und sind somit

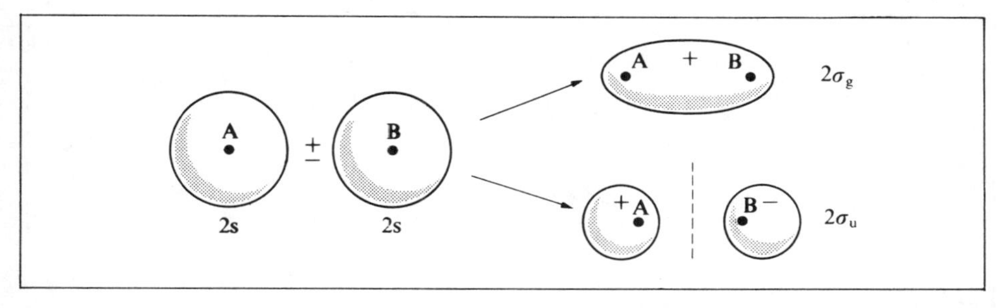

Fig. 4.8. Die Kombination zweier 2s-Atomorbitale zur Erzeugung eines bindenden und eines antibindenden Molekülorbitals, symbolisiert durch $2\sigma_g$ und $2\sigma_u$. Die Knotenebene ist durch die unterbrochene Linie angedeutet.

durch Knotenflächen (auf diesen gilt $\psi = 0$) voneinander getrennt, genauso wie bei den Atomorbitalen (Fig. 2.7).

Die Molekülorbitale in Fig. 4.4 und 4.8–4.10 tragen Symbole, die auf einer Standard-Konvention beruhen, die eine gewisse Ähnlichkeit mit derjenigen für Atomorbitale hat. Die Symbole σ und π stehen in Analogie zu s und p und beziehen sich auf die *Symmetrie* des Molekülorbitals; ein σ-MO bleibt bei einer Rotation um die Molekülachse unverändert, mit anderen Worten, es hat eine axiale Symmetrie, ein π-MO, das positive und negative Lappen hat, die durch eine Knotenebene voneinander getrennt sind, ändert bei einer Drehung um 180° das Vorzeichen; ein MO, das aus d_{xy}-Atomorbitalen an den Zentren A und B aufgebaut ist, hat zwei Knotenebenen, die das MO in vier Lappen unterteilen, und dadurch ändert sich das Vorzeichen des Molekülorbitals, wenn dieses um 90° gedreht wird. Eine physikalische Eigenschaft der σ, π, δ, ...-Orbitale betrifft den elektronischen Drehimpuls um die Bindungsachse; für die betreffenden Zustände nimmt der Drehimpuls die Werte 0, 1, 2, ... in Einheiten von $\hbar$ an (vgl. § 3.10(1)). Wie bei den s, p, d, ...-Atomorbitalen ist das Verhalten bei einer Rotation um eine Achse mit einer entsprechenden Drehimpulskomponente verknüpft. Je größer die Anzahl der azimutalen Knoten ist, desto größer ist der Drehimpuls*. In Wirklichkeit stellen die Kombinationen $1/\sqrt{2}(\pi_x \pm i\pi_y)$ (vgl. Anhang 2) die passenden Lösungen mit definitem Drehimpuls dar; korrekterweise sollten wir an Stelle von x, y die Indizes ± 1 an unseren Molekülorbitalen anbringen.

Die Indizes g oder u (gerade oder ungerade) sind ebenfalls Symmetriesymbole, die sich auf ein *Symmetriezentrum* beziehen, das ein Molekül haben kann. Wird ein Molekül mit einem Symmetriezentrum der Operation einer *Inversion* unterworfen, so bleibt dieses im Raum unverändert. Bei einer Inversion wird jeder Punkt mit einem entsprechenden anderen Punkt, der diametral bezüglich des Symmetriezentrums liegt, vertauscht. Wird eine Wellenfunktion bei einer solchen Operation nicht verändert, so hat sie den Charakter g; ändert sie aber dabei ihr Vorzeichen, so hat sie den

* Durchläuft der Azimutalwinkel ϕ seinen Wertebereich von 0 bis 2π, so treten in den Faktoren $\cos m\phi$, bzw. $\sin m\phi$ der Atomorbitale $2m$ Nullstellen auf; diese bilden m azimutale Knoten. (Anmerkung des Übersetzers)

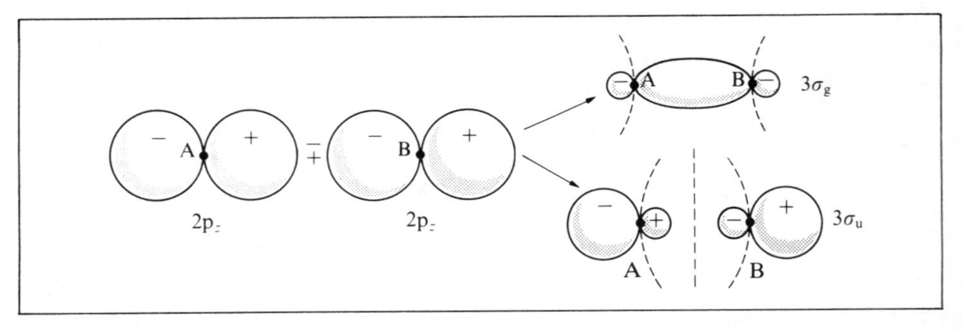

Fig. 4.9. Die Kombination von zwei $2p_z$-Atomorbitalen zur Erzeugung eines bindenden und eines antibindenden Molekülorbitals, symbolisiert durch $3\sigma_g$ und $3\sigma_u$. Die z-Achse zeigt nach rechts; man beachte die Vorzeichen an den Lappen und wie diese kombinieren. Die Knotenflächen sind durch unterbrochene Linien angedeutet.

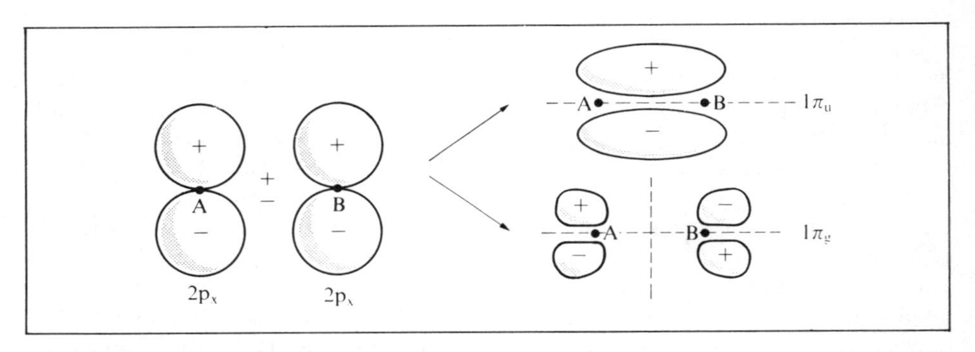

Fig. 4.10. Die Kombination von zwei $2p_x$-Atomorbitalen zur Erzeugung eines bindenden und eines antibindenden Molekülorbitals, symbolisiert durch $1\pi_u$ und $1\pi_g$. Die x-Achse verläuft senkrecht zur Bindungsachse. Man beachte die Vorzeichen an den Lappen. Die Knotenflächen sind durch unterbrochene Linien angedeutet. Jedes MO ist zweifach entartet, wobei das andere MO auf ähnliche Weise mit den $2p_y$-AO konstruiert wird.

Charakter u. Beispielsweise haben s- und d-Atomorbitale den Charakter g, während p-Atomorbitale den Charakter u haben; dabei liegt der Kern im Symmetriezentrum. Bei der Betrachtung von Fig. 4.9 und 4.10 erkennen wir, daß die g- oder u-Klassifikation sowohl von den Eigenschaften der kombinierten Atomorbitale, als auch von der Art der Kombination, mit + oder −, abhängt. Beispielsweise hat in einem σ-MO die bindende Kombination g-Charakter, während in einem π-MO die bindende Kombination u-Charakter hat.

Die Zahlen 1, 2, 3, ..., die vor dem Symmetriesymbol stehen, zählen die Molekülorbitale einer bestimmten Symmetrie in energetisch ansteigender Reihenfolge. Wollen wir auch für die Molekülstruktur ein Aufbauprinzip einführen, so müssen wir die energetische Reihenfolge aller Orbitale kennen, genauso wie im Fall der Atome (vgl. Fig. 2.11). Nach heutigen Erkenntnissen lautet diese Reihenfolge

$$1\sigma_g < 1\sigma_u < 2\sigma_g < 2\sigma_u < 1\pi_u < 3\sigma_g < 1\pi_g < 3\sigma_u < \ldots$$

und wie diese Molekülorbitale aus den entsprechenden Atomorbitalen gebildet werden, sehen wir in Fig. 4.11. Dabei ist zu beachten, daß jedes π-MO zweifach entartet ist. Beispielsweise können wir unter dem $1\pi_u$-MO das Paar $1\pi_{xu}$, $1\pi_{yu}$ verstehen, das den Aufbau aus p_x- und p_y-AO deutlich macht. Die $1\pi_u$- und $3\sigma_g$-Molekülorbitale haben ziemlich ähnliche Energiewerte und deshalb können diese in manchen Molekülen (O_2, O_2^+, F_2, F_2^+) vertauscht sein*. Bei zweiatomigen Molekülen mit Atomen aus der *zweiten* Reihe des Periodensystems liegt σ_g immer unterhalb von π_u.

Die energetische Reihenfolge der Molekülorbitale wurde das erste Mal von Mulliken (1932) durch das Studium von Molekülspektren diskutiert. Seine Vorhersagen haben sich im wesentlichen durch die Berechnung der Molekülorbitale mit Hilfe der SCF-Methode bestätigt, was durch die Computerentwicklung möglich geworden ist. Es gibt aber auch noch einen anderen experimentellen Hinweis auf die Reihenfolge der Molekülorbitale. Dieses Experiment liefert eine bemerkenswerte Rechtfertigung für die Verwendung des Orbitalbildes, obwohl dieses, wie bereits angedeutet, selbst nur eine Näherung ist**. Dieses Experiment beruht auf dem Photoeffekt (§ 2.1), der von Turner und Price für die genaue Messung von Ionisierungsenergien verwendet worden ist. Diese Technik ist bereits in § 1.5(3) beschrieben worden. Einen guten Überblick darüber findet man bei Hollander und Jolly (1970) und eine zusammenfassende Übersicht bei Turner *et al.* (1970). Ist I die Energie für die Entfernung eines Elektrons aus einem bestimmten Orbital des Moleküls und wird diese Energie durch ein auftreffendes Photon der Energie $h\nu$ geliefert, so beträgt die kinetische Energie des abgelösten Elektrons

$$T = h\nu - I\,.$$

Genaue Messungen der kinetischen Energie der abgelösten Elektronen, unter Verwendung eines homogenen Lichtstrahls, liefern eine ganze Reihe von Maxima, die den entsprechenden I-Werten eines ganzen Bereichs von Molekülorbitalen zugeordnet werden können. Nun lauten aber die entsprechenden Orbitalenergien einfach $-I$, so daß die geschilderten Experimente direkt Informationen über das Energieniveaudiagramm liefern. Ein Beispiel ist in Fig. 4.12 zu sehen, wo die Maxima mit den MO-Symbolen versehen sind, die angeben, aus welchem MO die Elektronen abgelöst werden. Die „Feinstruktur“, die einige Maxima aufspaltet, ist auf die Schwingungsniveaus des ionisierten Moleküls zurückzuführen und ist eine wertvolle Hilfe bei der Zuordnung der Maxima.

* Diese Ausnahme wird gelegentlich bestritten. Die Sequenz dicht beieinander liegender doppelt besetzter Molekülorbitale ist allerdings physikalich nicht relevant. (Anmerkung des Übersetzers)

** Und diese Näherung ist für den Vergleich mit den Ergebnissen der Photoelektronenspektroskopie nur dann brauchbar, wenn die Molekülorbitale energetisch hinreichend separiert sind. Strenggenommen gibt es kein Experiment, das die MO-Sequenz liefert, denn die Photoelektronenspektroskopie gibt keine Auskunft über das Ensemble der Elektronen, sondern nur darüber, wie dieses reagiert, wenn eines ihrer Mitglieder entfernt wird. (Anmerkung des Übersetzers)

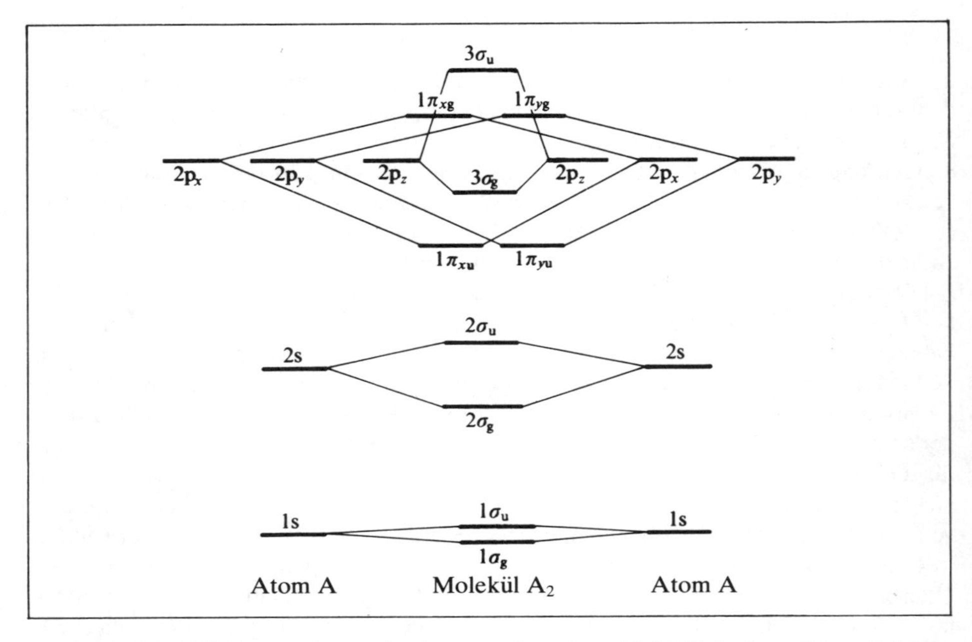

Fig. 4.11. Die MO-Energieniveaus in einem zweiatomigen Molekül A_2, korreliert mit denen der getrennten Atome A (schematisch).

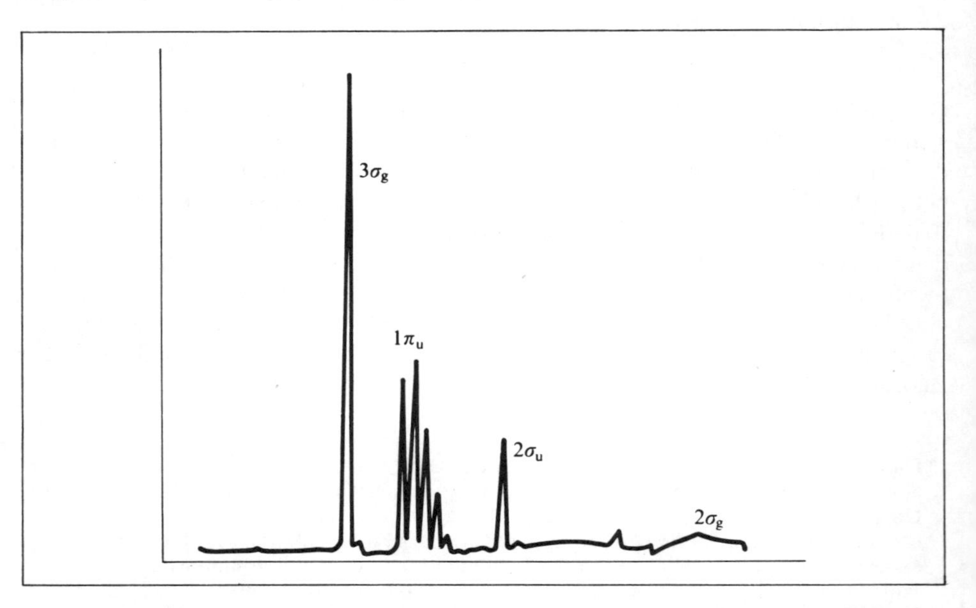

Fig. 4.12. Das Photoelektronenspektrum von N_2, dessen Spitzen die Ionisierung aus den vier angegebenen Molekülorbitalen wiedergeben. Die „Substruktur“ wird durch Schwingungseffekte bewirkt. (Mit freundlicher Erlaubnis von W. C. Price.)

Die relative Lage der MO-Energieniveaus wird oft mit Hilfe eines *Korrelationsdiagramms* diskutiert. Ein solches Diagramm zeigt die Abhängigkeit der Orbitalenergien vom interatomaren Abstand R. Wird R sehr groß, so gehen die Molekülorbitale in die Atomorbitale der getrennten Atome über; für $R \to 0$ gehen die Molekülorbitale in die Atomorbitale des „vereinigten Atoms" über, in dem die beiden Kerne vereinigt sind. Die beiden Seiten, von denen aus man das Verhalten der Molekülorbitale betrachten kann, sind einerseits die „getrennten Atome" und andererseits das „vereinigte Atom". Bei mittleren Atomabständen müssen die Atomorbitale kombiniert werden, um Molekülorbitale zu erzeugen; dabei kombinieren die Atomorbitale um so stärker, je dichter sie energetisch beisammen liegen. Für $R \to 0$ ändert sich die *Symmetrie* eines Molekülorbitals nicht und deshalb muß dieses letzten Endes in ein AO der gleichen Symmetrie übergehen, wenn das vereinigte Atom erreicht ist. Ein typisches Korrelationsdiagramm für ein zweiatomiges Molekül mit gleichen Kernen ist in Fig. 4.13 zu sehen. Als Beispiel für eine Korrelation nehmen wir die Kombination der $2p_x$-Atomorbitale der getrennten Atome (ganz rechts in Fig. 4.14). Wir erhalten die beiden Molekülorbitale $1\pi_u$ und $1\pi_g$, die für $R \to 0$ in die beiden Atomorbitale $2p_x$ und $3d_{xz}$ des vereinigten Atoms übergehen. Die geraden Linien, die in Fig. 4.13 die Orbitale auf den beiden Seiten miteinander verbinden, deuten solche Korrelationen an und geben dabei die Richtungen an, in die sich die Energieniveaus bewegen, wenn sich der interatomare Abstand ändert. Bei dem Abstand, der durch die senkrechte unterbrochene Linie angedeutet ist, wurde die Folge der Energieniveaus in Fig. 4.11 gewählt. Es ist darauf zu achten, daß bei der Herstellung solcher Diagramme die Entkreuzungsregel nicht verletzt wird (§ 3.9). Jede Kreuzung muß zwischen Zuständen *verschiedener* Symmetrie erfolgen. Für diese Regel gibt es keine Ausnahmen, *solange die Symmetrie erhalten bleibt.* Wie jedoch das Beispiel des H_2^+ zeigt, liefert die Zuordnung eines Elektrons zu einem MO der *getrennten Atome* keine vernünftige Beschreibung der *physikalischen* Situation; das Elektron im H_2^+ kann für $R \to \infty$ nicht jeweils zur Hälfte bei den getrennten Kernen sein. Wir werden später erkennen, daß das ein Mangel der MO-Näherung, aber keinesfalls ein Mangel der Korrelationsdiagramme ist.

Nun ist es relativ einfach, mit Hilfe des Aufbauprinzips zweiatomige Moleküle mit gleichen Kernen zu beschreiben. Wir haben bereits gesehen, daß in H_2 die beiden Elektronen das bindende MO besetzen, so daß die Elektronenkonfiguration $(1\sigma_g)^2$ lautet. Gehen wir weiter zum He_2^+, so hätte dieses die Grundzustandskonfiguration $(1\sigma_g)^2(1\sigma_u)$; He_2 hätte die Konfiguration $(1\sigma_g)^2(1\sigma_u)^2$. Tatsächlich ist He_2 im Grundzustand ein instabiles Molekül, währenddessen es in spektroskopisch beobachteten angeregten Zuständen, in denen ein Elektron sich in einem energetisch höher liegenden MO befindet, stabil ist.

Die Instabilität von He_2 illustriert ein ziemlich allgemeines Prinzip: Sind ein bindendes MO und sein entsprechender antibindende „Partner" beide voll besetzt, so gibt es keine resultierende Bindung, oder sogar eine leicht überwiegende Antibindung (Abstoßung). Unter „Partner" verstehen wir zwei Molekülorbitale, die aus demselben AO-Paar aufgebaut sind. Die energetische Begründung hierfür folgt aus Fig. 4.2, denn die resultierende Energie ist natürlich *größer* als die der beiden getrennten He-Atome. Andererseits ist auch die Betrachtung der Ladungsdichte recht in-

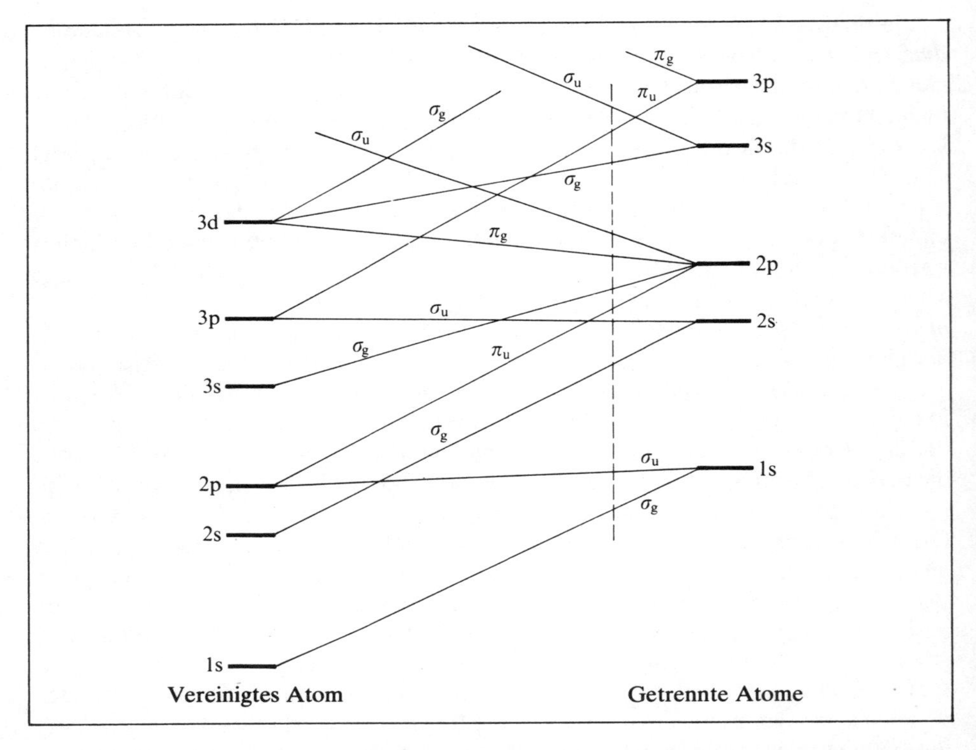

Fig. 4.13. Korrelationsdiagramm für ein zweiatomiges Molekül mit gleichen Kernen, wobei die Niveaus des vereinigten Atoms (links) mit denjenigen der getrennten Atome (rechts) korreliert werden. Die Symmetrie der Molekülorbitale ($\sigma_g, \sigma_u, \pi_g, \ldots$) muß bei Änderungen des Atomabstands erhalten bleiben; Molekülorbitale mit unterschiedlicher Symmetrie können nicht miteinander kombinieren. Die vertikale gestrichelte Linie, mehr auf der Seite der getrennten Atome, entspricht der Energieniveausequenz in Fig. 4.11. Das Diagramm ist rein schematisch; Berechnungen von Energieniveaus über dem interatomaren Abstand zeigen ein etwas komplizierteres Verhalten.

formativ. Diese lautet $P = 2\psi_+^2 + 2\psi_-^2$, wobei ψ_+ und ψ_- die durch (4.13) gegebenen Molekülorbitale sind. Mit Hilfe der Atomorbitale ausgedrückt, erhält man

$$P = \frac{2}{1 - S^2}\left[\phi_A^2 + \phi_B^2 - 2S\phi_A\phi_B\right]. \tag{4.18}$$

Demnach ist die Ladung $4S^2/(1 - S^2)$ aus dem Überlappungsbereich abgezogen worden, was mit dem Minuszeichen vor dem $\phi_A\phi_B$-Term angedeutet ist (man vergleiche dazu die Diskussion von H_2, speziell Gleichung (4.16)). Für He_2 ist S klein und der antibindende Effekt ist nicht groß. Wird S vernachlässigt, so lautet die Dichte nur noch $2\phi_A^2 + 2\phi_B^2$, und das ist die Dichte zweier nicht wechselwirkender He-*Atome*, von denen jedes zwei Elektronen in seinem AO hat. Genauer gesagt ist die Dichte im Überlappungsbereich geringfügig reduziert. Die Kerne erfahren eine Abstoßung.

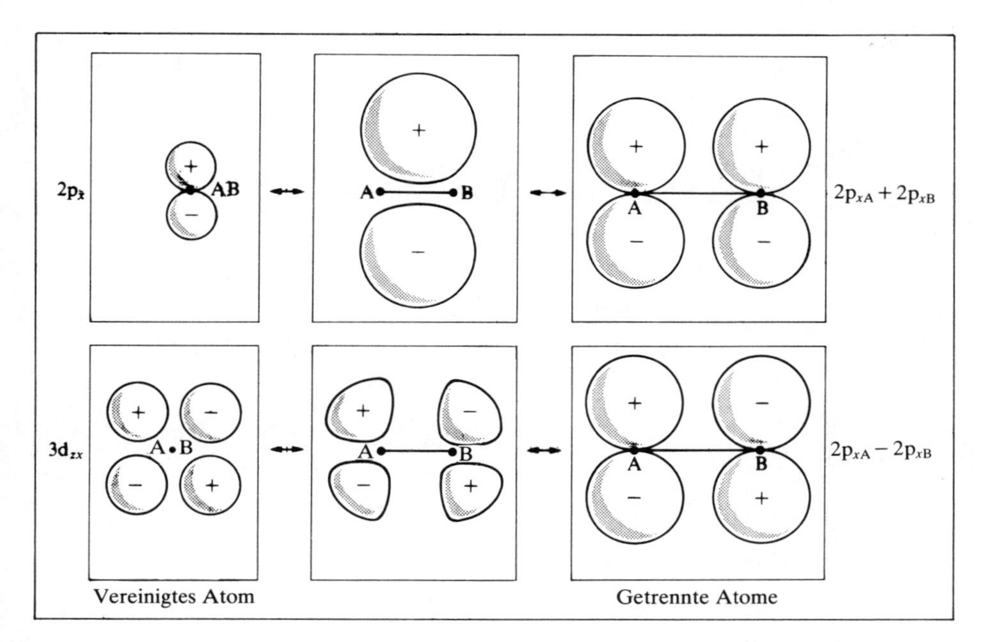

Fig. 4.14. Beispiele der Korrelation von Orbitalen für die Grenzfälle des vereinigten Atoms und der getrennten Atome (für zweiatomige homonukleare Moleküle). Das obere Diagramm zeigt, wie die π_u-Kombination zweier p-Orbitale der getrennten Atome (rechts) mit dem p-Orbital des vereinigten Atoms (links) korreliert. Das untere Diagramm zeigt, wie die π_g-Kombination (rechts) mit dem d-Orbital des vereinigten Atoms (links) korreliert. Die Atomorbitale des vereinigten Atoms sind relativ kompakt infolge der erhöhten Kernladung beim Zusammenführen von A und B.

Nun können wir zu anderen zweiatomigen Molekülen übergehen, wobei die Überlagerung von bindenden und antibindenden Paaren zu einer Gesamtbindung führt. Für die inneren Schalen (mit sehr kleinen Werten für S) ist die MO-Beschreibung identisch mit der für die ungestörten Atome. Im allgemeinen werden die inneren Schalen durch die Buchstaben K, L, M ... bezeichnet, so daß Li_2 mit zwei Valenzelektronen außerhalb der inneren Schalen entweder als

$$Li_2[(1\sigma_g)^2(1\sigma_u)^2(2\sigma_g)^2] \qquad \text{oder} \qquad Li_2[KK(2\sigma_g)^2]$$

geschrieben werden kann, wobei KK die beiden ungestörten K-Schalen sind. Auf ähnliche Weise erhalten wir die Konfiguration für F_2

$$F_2[KK(2\sigma_g)^2(2\sigma_u)^2(1\pi_u)^4(3\sigma_g)^2(1\pi_g)^4],$$

wobei $(1\pi_u)^4$ das *entartete Paar* der doppelt besetzten Molekülorbitale $(1\pi_{xu})^2(1\pi_{yu})^2$ ist. Nun sind $2\sigma_g$ und $2\sigma_u$ bindende und antibindende Partner und ebenso $1\pi_u$ und $1\pi_g$. Daraus folgt, daß von den 14 Valenzelektronen nur das $(3\sigma_g)^2$-Paar zur Bindung beiträgt; somit ist die *Einfachbindung* vom σ-Typ erklärt.

Tabelle 4.3. Elektronenkonfigurationen für die Grundzustände der homonuklearen zweiatomigen Moleküle

	Elektronenkonfiguration*	Anzahl der Valenzelektronen		Anzahl der Bindungen	Bindungs-** energie (eV)	Spektroskopisches Symbol
		Bindende	Antibindende			
H_2^+	$1\sigma_g$	1	0	½	2·793	$^2\Sigma_g^+$
H_2	$1\sigma_g^2$	2	0	1	4·748	$^1\Sigma_g^+$
He_2^+	$1\sigma_g^2 1\sigma_u$	2	1	½	2·470	$^2\Sigma_u^+$
He_2	$1\sigma_g^2 1\sigma_u^2$ (≙KK)	2	2	0	0·001	$^1\Sigma_g^+$
Li_2^+	$KK2\sigma_g$	1	0	½	1·46	$^2\Sigma_g^+$
Li_2	$KK2\sigma_g^2$	2	0	1	1·068	$^1\Sigma_g^+$
Be_2	$KK2\sigma_g^2 2\sigma_u^2$	2	2	0		$^1\Sigma_g^+$
B_2	$KK2\sigma_g^2 2\sigma_u^2 1\pi_u^2$	4	2	1	3·08	$^3\Sigma_g^-$
C_2^+	$KK2\sigma_g^2 2\sigma_u^2 1\pi_u^3$	5	2	1½	5·40	$^2\Pi_u$
C_2	$KK2\sigma_g^2 2\sigma_u^2 1\pi_u^4$	6	2	2	6·32	$^1\Sigma_g^+$
N_2^+	$KK2\sigma_g^2 2\sigma_u^2 3\sigma_g 1\pi_u^4$	7	2	2½	6·478	$^2\Sigma_g^+$
N_2	$KK2\sigma_g^2 2\sigma_u^2 3\sigma_g^2 1\pi_u^4$	8	2	3	7·519	$^1\Sigma_g^+$
O_2^+	$KK2\sigma_g^2 2\sigma_u^2 3\sigma_g^2 1\pi_u^4 1\pi_g$	8	3	2½	6·781	$^2\Pi_g$
O_2	$KK2\sigma_g^2 2\sigma_u^2 3\sigma_g^2 1\pi_u^4 1\pi_g^2$	8	4	2	5·214	$^3\Sigma_g^-$
F_2^+	$KK2\sigma_g^2 2\sigma_u^2 3\sigma_g^2 1\pi_u^4 1\pi_g^3$	8	5	1½	3·405	$^2\Pi_g$
F_2	$KK2\sigma_g^2 2\sigma_u^2 3\sigma_g^2 1\pi_u^4 1\pi_g^4$	8	6	1	1·659	$^1\Sigma_g^+$

* Diese Reihenfolge der Orbitale ist nicht in allen Fällen die energetische Sequenz (siehe Text).
** Diese Werte sind die zur Zeit glaubwürdigsten; in manchen Fällen gibt es noch einige Unsicherheiten. Verbesserungen und Ergänzungen wurden nach Huber und Herzberg (1978) durchgeführt. (Anmerkung des Übersetzers)

Im Stickstoffmolekül gibt es vier Valenzelektronen weniger, so daß die Konfiguration wie folgt lautet

$$N_2[KK(2\sigma_g)^2(2\sigma_u)^2(1\pi_u)^4(3\sigma_g)^2].$$

Dieser Fall ist von besonderem Interesse, denn in diesem Molekül liegt bekanntlich eine *Dreifachbindung* vor. Bedient man sich der MO-Sprache, so gibt es eine Bindung vom σ-Typ $(3\sigma_g)^2$, sowie zwei Bindungen vom π-Typ, verursacht durch die Elektronenpaare $(1\pi_{xu})^2(1\pi_{yu})^2$. Die Dreifachbindung besteht also nicht aus der Überlagerung von drei axialsymmetrischen Einfachbindungen, denn die π-Beiträge liegen *außerhalb* der Achse (Fig. 4.10). Zur Bestimmung der Form der π-Dichte schreiben wir das $1\pi_{xu}$-MO in der LCAO-Form

$$\psi_{\pi x} = x\{f(r_a)+f(r_b)\}$$

also als Kombination zweier $2p_x$-AO, die senkrecht zur Bindungsachse (z) angeordnet sind. Einen ähnlichen Ausdruck finden wir für das $1\pi_{yu}$-MO, so daß die π-Dichte $P_\pi = 2\psi_{\pi x}^2 + 2\psi_{\pi y}^2$ die folgende Form bekommt

$$P_\pi = 2(x^2+y^2)\{f(r_a)+f(r_b)\}^2.$$

Nun gilt $x^2+y^2=r^2$, wobei r der Abstand des Punktes (x,y,z) von der z-Achse ist. P_π ist deshalb axialsymmetrisch, aber auf der Bindungsachse selbst $(x=y=0)$ hat diese Dichte den Wert null. Die π-Dichte in einer Dreifachbindung kann man sich als Röhre vorstellen, welche die σ-Bindung einhüllt und die gesamte Bindung verstärkt.

In Tabelle 4.3 sind die Ergebnisse einer Anzahl von Molekülen zusammengefaßt, wobei auch die Anzahl der Bindungen aufgeführt ist. Diese ist definiert als die Hälfte der Differenz von bindenden und antibindenden Elektronen. Die Tabelle erklärt, warum es höchstens Dreifachbindungen gibt; außerdem zeigt sie eine gewisse Proportionalität zwischen der „Anzahl der Bindungen" in einem Molekül und dessen Bindungsenergie.

Die letzte Spalte in Tabelle 4.3 enthält die spektroskopischen Symbole der einzelnen Zustände. Diese Symbole enthalten (a) einen hochgestellten Index 1, 2, 3, ..., (b) einen großen griechischen Buchstaben Σ, Π, Δ, ... und (c) einen tiefgestellten Index g oder u. Der erste Index gibt die Spinmultiplizität $2S+1$ für den Gesamtspin S an. Jedes Elektronenpaar, das ein MO besetzt, trägt dazu nichts bei, denn wegen des Pauliprinzips muß der Spin dieser beiden Elektronen entgegengesetzt sein. Gibt es keinen resultierenden Gesamtspin, so ist die Multiplizität 1. Gibt es aber genau ein ungepaartes Elektron, dessen Spin $+1/2$ oder $-1/2$ sein kann, so liegt ein Dublett-Zustand vor. Bei zwei ungepaarten Elektronen kann deren Spin parallel sein, was zu einem Triplett-Zustand $(S=1)$ führt, oder er kann antiparallel sein, was zu einem Singulett-Zustand führt. Singulett- und Triplett-Zustände werden in § 5.6 ausführlicher behandelt. Die Frage, ob der Singulett- oder der Triplett-Zustand energetisch niedriger liegt (bei gleicher Elektronenkonfiguration), wird gewöhnlich durch die Hundsche Regel (§ 2.5) entschieden.

Das Hauptsymbol in der spektroskopischen Schreibweise betrifft den resultierenden Symmetriecharakter, und dieser hängt von den Beiträgen der einzelnen Elektronen ab. (0 für ein σ-MO, ± 1 für ein π-MO, usw.). Das Symmetriesymbol gibt die Komponente des Gesamtdrehimpulses bezüglich der Molekülachse an (§ 3.10). Ist dieser Wert 0, so handelt es sich um einen Σ-Zustand; ist er 1, so hat man einen Π-Zustand, usw.

Der Index g oder u beschreibt das Verhalten der Gesamtwellenfunktion* bezüglich einer Inversion (§ 4.6) am Mittelpunkt der Bindung. Der Vorzeichenindex $\pm$ bei Σ-Zuständen bezieht sich auf das Verhalten der Wellenfunktion bezüglich einer Spiegelung an einer Ebene, die die Kerne enthält. Ein u-Orbital wird bei einer Inversion mit -1 multipliziert, während ein g-Orbital unverändert bleibt. Die Gesamtwellenfunktion ist vom g-Typ, es sei denn, sie enthält eine ungerade Anzahl von besetzten u-Orbitalen.

Die letzte Spalte von Tabelle 4.3 zeigt die Anwendung dieser Regeln. Eine ganz ähnliche Beschreibung kann für heteronukleare zweiatomige Moleküle verwendet werden, mit Ausnahme der Charaktere g und u. In diesen Molekülen gibt es kein Symmetriezentrum und deshalb gibt es auch nicht die g-u-Klassifikation.

Fassen wir mit einigen allgemeinen Bemerkungen zusammen. Erstens beziehen sich die Begriffe Einfach-, Zweifach-, Dreifachbindung auf die Anzahl der bindenden Elektronenpaare, die effektiv zur Bindung beitragen. Die Bindungsart hängt vom σ- oder π-Typ des Paares ab. Die charakteristischen Elektronenkonfigurationen lauten

$$\text{Einfachbindung } \sigma^2, \text{ Doppelbindung } \sigma^2\pi^2, \text{ Dreifachbindung } \sigma^2\pi^4.$$

Für die Atome der ersten Reihe gibt es keine weiteren Bindungsarten, aber für Moleküle mit schwereren Atomen gibt es auch noch andere Möglichkeiten**. In einigen starken homonuklearen Metall-Metall-Bindungen (Cotton (1969)) kann es auch Vierfachbindungen mit der Konfiguration $\sigma^2\pi^4\delta^2$ geben.

Zweitens besagt das Prinzip der maximalen Überlappung (§ 4.3), daß π-Atomorbitale (senkrecht zur Bindung) weniger überlappen als σ-Atomorbitale (parallel zur Bindung) und daß deshalb π-Bindungen schwächer als σ-Bindungen sind. Diese Vermutung konnte in vielen Fällen durch Rechnungen bestätigt werden. So stehen beispielsweise bei einem Kohlenstoff-Kohlenstoff-Abstand von 154 pm die p_σ- und p_π-Überlappungsintegrale im Verhältnis 2:1. Die relativ schwache π-Bindung wirkt sich in der hohen Reaktivität der Ethylen-Doppelbindung und der Acetylen-Dreifachbindung aus, denn es ist leichter, die weniger starke π-Bindung aufzubrechen und dafür andere Atome zu binden. Bei kürzeren Abständen kann sich wegen der Form der p-Atomorbitale die Situation umkehren, indem die σ-Überlappung wieder *abnimmt.* Dieser Fall tritt bei N_2 ein (Mulliken (1952)). Wir werden aber später sehen, daß die Verhältnisse nicht so einfach sind wie es hier den Anschein hat (§ 6.2).

Schließlich sei noch bemerkt, daß beim Besetzen entarteter Orbitale (in diesem Fall

* In § 5.1 wird gezeigt, daß das Verhalten der Wellenfunktion durch das Produkt von Orbitalfaktoren gekennzeichnet werden kann; somit kann das Verhalten der Gesamtwellenfunktion aus dem der Orbitale gefolgert werden.

** Als Unikum sei aber hier noch die Doppelbindung mit der Konfiguration π^4 im C_2-Molekül erwähnt. (Anmerkung des Übersetzers)

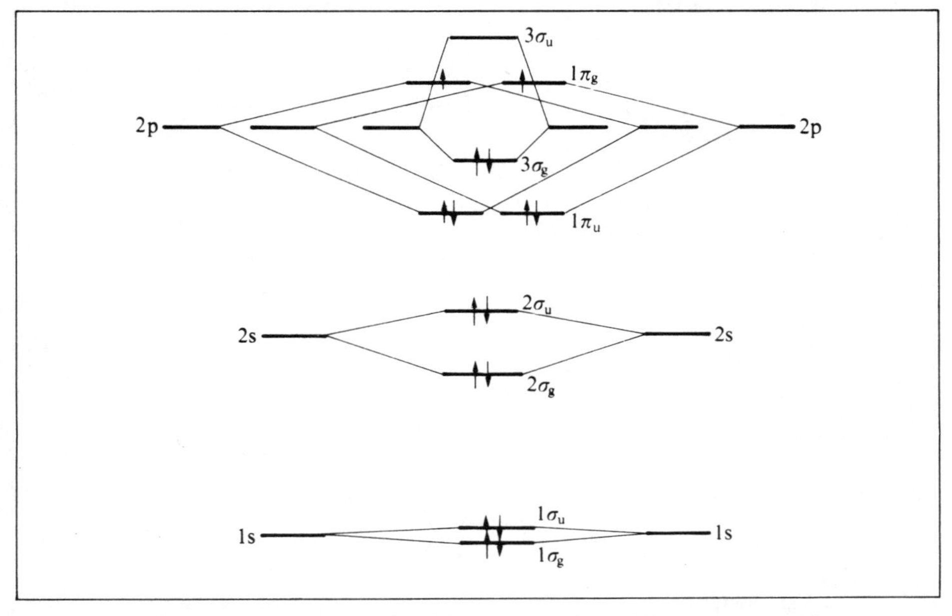

Fig. 4.15. Die Besetzung der Molekülorbitale im O_2-Molekül. Die Energieniveaus der entarteten Orbitale sind einzeln eingetragen ($1\pi_u$ setzt sich aus den beiden Molekülorbitalen $1\pi_{xu}$ und $1\pi_{yu}$ zusammen) und der Spin der Elektronen im $1\pi_g$-Paar ist parallel. Das Molekül ist paramagnetisch.

ist es das π_x, π_y-Paar) die Hundsche Regel zu beachten ist und zwar genauso wie beim Aufbauprinzip der Atome. Es ist oft von Nutzen, die besetzten Molekülorbitale in einem Energieniveaudiagramm zu kennzeichnen, wie das in Fig. 4.11 bereits geschehen ist. Ein solches Diagramm ist für das O_2-Molekül in Fig. 4.15 dargestellt, wobei die Niveaus für die getrennten Atome rechts und links von den Niveaus für das Molekül aufgetragen sind. Die Abbildung zeigt sofort, daß im O_2-Molekül alle Niveaus bis zu $1\pi_u$ hinauf voll besetzt sind und daß der parallele Spin in den entarteten $1\pi_g$-Niveaus zu einem Triplett-Grundzustand führt ($S = 1$). Es war einer der ersten großen Erfolge der MO-Theorie, den beobachteten Triplett-Grundzustand von O_2 und den damit verbundenen Paramagnetismus erklären zu können.

4.7 Zweiatomige Moleküle mit verschiedenen Kernen

Die bis jetzt behandelten Moleküle, in denen die Atome identisch waren, zeigten die „homöopolare“ Bindung. Jedes Atom übt dabei denselben polarisierenden Effekt auf die Elektronenverteilung aus. Demzufolge resultiert keine Elektronendichteverschiebung von einem Atom zum anderen. Viel häufiger aber treffen wir die hetero-

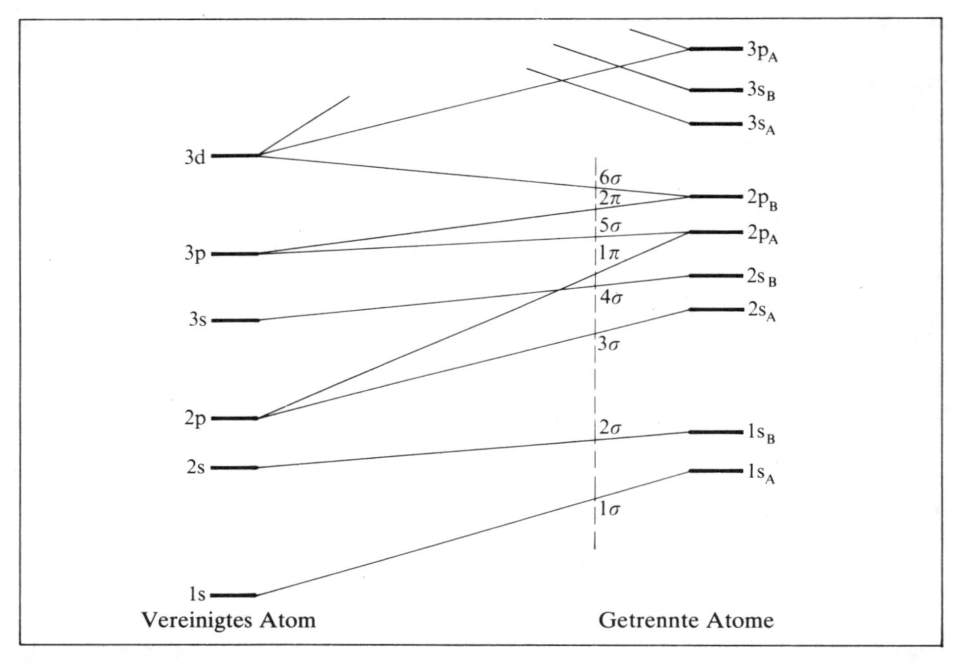

Fig. 4.16. Das Korrelationsdiagramm für ein heteronukleares zweiatomiges Molekül (vgl. Fig. 4.13). Als Symmetriesymbole treten nur σ und π auf, die g-u-Klassifikation tritt nicht mehr in Erscheinung. Die vertikale unterbrochene Linie entspricht einer Sequenz von MO-Energien, wie sie im NO-Molekül auftreten. (Nach R. S. Mulliken, *Rev. mod. Phys.* **4**, 1 (1932).)

polare Bindung an, an der zwei verschiedene Atome A und B beteiligt sind. Trotzdem können wir das meiste aus der vorhergegangenen Diskussion auch hier verwenden. Für heteronukleare zweiatomige Moleküle können wir ebenfalls die LCAO-Entwicklung ansetzen (§ 4.3), indem wir wie in (4.11) für das MO den Ausdruck

$$\psi = c_A \phi_A + c_B \phi_B \tag{4.19}$$

aufschreiben. Nur gilt jetzt nicht mehr $c_A = \pm c_B$, und auch für die Energie gilt der einfache Ausdruck (4.12) nicht mehr. Wir müssen ab jetzt die quadratische Gleichung (4.8) lösen. Die Bedingungen $(a)-(c)$ von § 4.3, nämlich die fast gleichen Energiewerte, die maximale Überlappung und die gleiche Symmetrie bezüglich der Bindungsachse, erlauben uns, schnell festzustellen, welche Atomorbitale ϕ_A und ϕ_B miteinander kombinieren. Nach wie vor können wir die Molekülorbitale mit $\sigma, \pi, \ldots$ charakterisieren und die Anzahl dieser Orbitale (ihr Entartungsgrad) ist dieselbe wie im homonuklearen Fall. Die Entkreuzungsregel aus § 3.9 ist auch in diesem Fall wirksam und hält die Energien der Molekülorbitale zur gleichen Symmetrie voneinander fern; dabei wird jedes molekulare Energieniveau mit den entsprechenden Niveaus des vereinigten Atoms und der getrennten Atome korreliert. Das entsprechende Diagramm ist ähnlich aufgebaut wie das von Fig. 4.13 für homonukleare Moleküle und ist in Fig. 4.16 dargestellt. Die wesentlichen Unterschiede zwischen den beiden Diagrammen sind (*a*) das Verschwinden der g, u-Eigenschaft (§ 4.6), das aus dem Fehlen eines Symmetriezentrums in allen diesen Molekülen folgt und (*b*) die Tatsache, daß bei den getrennten Atomen die Energien ähnlicher Orbitale verschieden sind. Im NO-Molekül korreliert beispielsweise das 3σ-MO mit dem 2s-AO von Sauerstoff, während das 4σ-MO mit dem 2s-AO von Stickstoff korreliert. Infolge der größeren Kernladung ist das Sauerstoffniveau niedriger als das Stickstoffniveau. Beim O_2-Molekül korrelieren 3σ und 4σ mit denselben Atomenergieniveaus bei unendlich großem Kernabstand.

Um die Wesenszüge des Korrelationsdiagramms erkennen zu können, gehen wir zu den Säkulargleichungen (4.7) zurück, aus denen die Energien des bindenden und des antibindenden Molekülorbitals folgen, die wir nun mit ψ_1 und ψ_2 bezeichnen; die entsprechenden Koeffizienten sind die in (4.19). Die Lösungen für die homonukleare und für die heteronukleare Bindung sind sehr verschieden und deshalb wollen wir die beiden Fälle einander gegenüberstellen.

Fall (1) $\alpha_A = \alpha_B$. Diese Situation tritt in einem homonuklearen Molekül auf, wenn ϕ_A und ϕ_B identische Atomorbitale sind, etwa die beiden 2s-Atomorbitale in N_2. Wir haben bereits gefunden (§ 4.4), daß dabei mit $\alpha_A = \alpha_B = \alpha$ die Ergebnisse wie folgt lauten

$$E = \frac{\alpha \pm \beta}{1 \pm S} \qquad \psi = \frac{\phi_A \pm \phi_B}{\sqrt{\{2(1 \pm S)\}}}. \tag{4.20}$$

Die Korrelation zwischen den bindenden und antibindenden Niveaus (oberes und unteres Vorzeichen) und den Niveaus der ungebundenen Atome ist in Fig. 4.17 (*a*) dargestellt. Für $S \ll 1$ ist die Aufspaltung der AO-Niveaus 2γ (§ 4.4), und da der Betrag von γ (diese Größe ist stets negativ) um so größer ist, je größer die Überlappung ist*, haben wir eine Grundlage für das Prinzip der maximalen Überlappung (§ 4.3) gewonnen. Die Formen von ψ_1 und ψ_2 sind *unabhängig* von β oder γ und sind allein durch die Symmetrie bestimmt. In jedem MO haben die beiden Atomorbitale das gleiche Gewicht und zwar bei allen interatomaren Abständen.

Fall (2) $\alpha_A \neq \alpha_B$. Diese Situation tritt in einem heteronuklearen Molekül auf, wenn sich die zu kombinierenden Atomorbitale in ihrer Energie etwas unterscheiden, wie das beispielsweise bei den 2s-Atomorbitalen im NO-Molekül der Fall ist. An Stelle durch Lösung der quadratischen Gleichung (4.8) erhalten wir aber auch durch eine einfache Näherung Auskunft über die allgemeinen Eigenschaften der Ergebnisse. Die Wechselwirkung wird durch den Term $(\beta - ES)^2$ hervorgerufen, dessen Vernachlässigung zu den Lösungen $E = \alpha_A$ und $E = \alpha_B$ führt; die entsprechenden Wellenfunktionen sind die ursprünglichen Atomorbitale ϕ_A und ϕ_B. Nun wollen wir annehmen, daß $E = \alpha_A$ die niedrigere der beiden AO-Energien ist (das Atom A ist elektronegativer als das Atom B) und daß die Energie des bindenden MO nahe bei α_A liegt. Dadurch können wir überall in (4.8) die Ersetzung $E \simeq \alpha_A$ machen, nur in dem Faktor

* Diese Aussage gilt an den Gleichgewichtsabständen der Bindungen, nicht aber für variablen Kernabstand. Beim H_2-Molekül wird für maximales S $(= 1)$ der Betrag von γ sogar minimal $(= 0)$. (Anmerkung des Übersetzers)

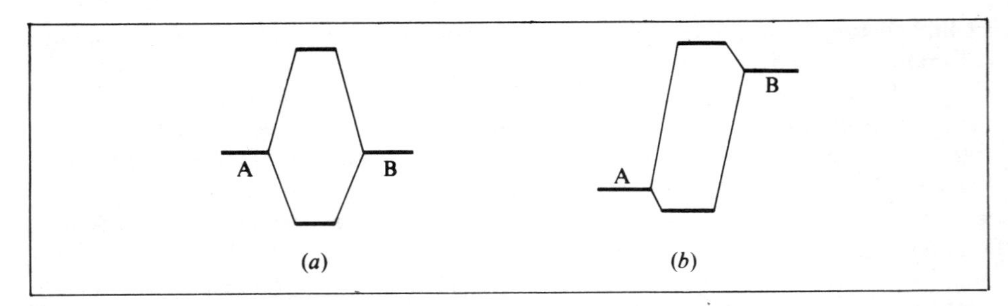

Fig. 4.17. Die Änderung der AO-Energien durch Kombination; (*a*) homonuklearer Fall, (*b*) heteronuklearer Fall. (Das Atom A ist elektronegativer als B.)

$\alpha_A - E$ nicht, denn dieser würde sonst null werden. Durch diese Vorgangsweise haben wir die Gleichung in E linearisiert und haben somit einen bequemen Zugang zur Berechnung der Änderung von E, die durch die Wechselwirkung entsteht, gewonnen. Dieses Resultat lautet

$$(\alpha_A - E)(\alpha_B - \alpha_A) - (\beta - \alpha_A S)^2 = 0,$$

das nach einer Umformung die Energie des bindenden Molekülorbitals liefert

$$E_1 = \alpha_A - \frac{(\beta - \alpha_A S)^2}{\alpha_B - \alpha_A}. \tag{4.21a}$$

Die niedrigere AO-Energie α_A wird demnach um $(\beta - \alpha_A S)^2/(\alpha_B - \alpha_A)$ nach *unten* verschoben und wird dabei zur Energie des bindenden Molekülorbitals. Ebenso wird die höhere AO-Energie α_B um einen ähnlichen Betrag $(\beta - \alpha_B S)^2/(\alpha_B - \alpha_A)$ nach *oben* verschoben

$$E_2 = \alpha_B + \frac{(\beta - \alpha_B S)^2}{\alpha_B - \alpha_A}. \tag{4.21b}$$

Diese Situation ist in Fig. 4.17 (*b*) zusammengefaßt. Während die Niveauverschiebungen im homonuklearen Fall etwa $\pm\gamma$ sind, sind diese im heteronuklearen Fall proportional γ^2 (man beachte, daß es jetzt zwei etwas verschiedene γ-Werte gibt). Im heteronuklearen Fall sind die Niveauverschiebungen im allgemeinen geringer als im homonuklearen Fall und sind auch klein gegenüber der Differenz der AO-Energien. Die Wechselwirkung ist demnach von „zweiter Ordnung" im Gegensatz zum homonuklearen Fall. Allerdings kann auch ein Effekt zweiter Ordnung sehr groß werden, falls die Atomorbitale energetisch zusammenrücken, $\alpha_A \simeq \alpha_B$. Liegen α_A und α_B sehr dicht beisammen, so versagt unsere einfache Näherung.

Nun haben wir eine gute Grundlage für die qualitativen Regeln (*a*) und (*b*) in § 4.3. Zunächst ist die Energieerniedrigung des bindenden Molekülorbitals um so größer, je größer der Betrag des reduzierten Bindungsintegrals γ ist, unabhängig davon, ob es sich um ein homonukleares oder um ein heteronukleares Molekül handelt. Nun gilt aber im Bereich der Gleichgewichtsabstände von Bindungen, daß der Betrag von β (und von γ) um so größer ist, je größer die Überlappung ist, womit wir das Kriterium der maximalen Überlappung für die Bindungsstärke erhalten haben. Für die Darstellung von Molekülorbitalen mit Hilfe verschiedener Atomorbitale brauchen wir nur solche AO-Paare, die vergleichbare Energie haben, denn für verschiedene Atomorbitale gilt (4.21*a*), wonach die Wechselwirkung um so schwächer ist, je größer die Energiedifferenz im Nenner ist.

Die Form der Molekülorbitale erhält man durch Einsetzen der entsprechenden Energiewerte in (4.7). Die erste Gleichung liefert für das Verhältnis der AO-Koeffizienten (λ in der Schreibweise von Gleichung (4.3)) im bindenden MO

$$\lambda = \frac{c_B}{c_A} = -\frac{\beta - \alpha_A S}{\alpha_B - \alpha_A}, \tag{4.22a}$$

während für das antibindende MO folgender Ausdruck resultiert

$$\frac{1}{\lambda} = \frac{c_A}{c_B} = \frac{\beta - \alpha_B S}{\alpha_B - \alpha_A}. \tag{4.22b}$$

An Stelle der Kombination mit gleichen Gewichten bei allen Abständen, wie das im homonuklearen Fall ($c_B/c_A = \pm 1$) eintritt, können die relativen Gewichte stark von den γ-Werten beziehungsweise von S, und somit vom internuklearen Abstand abhängen. Wir sind nun in der Lage, das Korrelationsdiagramm in Fig. 4.16 zu diskutieren. Für diesen Zweck ist es bequemer, das bindende MO in der Form

$$\psi_1 = N_1\left(\phi_A - \frac{\beta - \alpha_A S}{\alpha_B - \alpha_A}\phi_B\right) \tag{4.23a}$$

zu schreiben, wobei N_1 ein Normierungsfaktor ist. Entsprechend schreiben wir das antibindende MO in der Form

$$\psi_2 = N_2\left(\phi_B + \frac{\beta - \alpha_B S}{\alpha_B - \alpha_A}\phi_A\right). \tag{4.23b}$$

Nun sind β und α immer negativ und S ist positiv, woraus folgt, daß in (4.23*a*) ϕ_A und ϕ_B mit demselben Vorzeichen kombiniert werden. Demgegenüber wird in (4.23*b*) mit unterschiedlichen Vorzeichen kombiniert, wodurch der erwartete Knoten im antibindenden MO entsteht. Eine besonders wichtige Folgerung erhält man unter der Voraussetzung, daß die Brüche in (4.22*a*) und (4.22*b*) kleiner als 1 sind (das ist in unserer Näherung eine Bedingung).

In einem heteronuklearen Molekül neigt sich ein bindendes MO mehr zum elektronegativen Atom hin (wir nennen dieses A), wobei ϕ_A dominiert, während sich der entsprechende antibindende Partner mehr zum weniger elektronegativen Atom neigt, wobei ϕ_B dominiert.

Bei realistischen interatomaren Abständen kann $\beta - \alpha S$ vergleichsweise groß sein, so daß beide Atomorbitale mit vergleichbarem Gewicht auftreten. Wir aber haben nur untersucht, was beim Übergang zu den getrennten Atomen ($\beta, S \to 0$) geschieht.

Mit den bisher gewonnenen Kenntnissen ist es nicht schwer, sich eine Vorstellung über die Änderung der Orbitale zu machen, wenn wir uns zwischen dem vereinigten Atom und den getrennten Atomen bewegen. Einige Beispiele sind in Fig. 4.18 dargestellt, wo ähnliche Atomorbitale gepaart sind (etwa $2p_{xA}$ und $2p_{xB}$), einmal mit + und einmal mit −. Die bindende Kombination hat ihren Hauptanteil am A-Orbital, während die antibindende Kombination ihren Hauptanteil am B-Orbital hat. Es soll noch einmal darauf hingewiesen werden (vgl. § 2.4), daß die anwachsende Zahl der Knoten, die durch entsprechende Kombinationen entstehen, beim vereinigten Atom zu Atomorbitalen mit höherer Quantenzahl führen. Die Ungenauigkeit des Diagramms in Fig. 4.16 muß ebenfalls erwähnt werden; dieses beruht nämlich auf der *paarweisen* Kombination der Atomorbitale (es wird die Annahme gemacht, daß etwa $2s_A$ und $2s_B$ energetisch näher beisammen liegen als $2s_A$ und $2p_B$), während in Wirklichkeit *alle* Atomorbitale einer gegebenen Symmetrie (σ oder π) in der LCAO-Entwicklung miteinander kombinieren. Das bedeutet, daß das Diagramm stark vereinfacht ist und daß die Linien, die das vereinigte Atom und die getrennten Atome verbinden, bei weitem nicht gerade verlaufen. Sie können aber trotzdem vermiedene

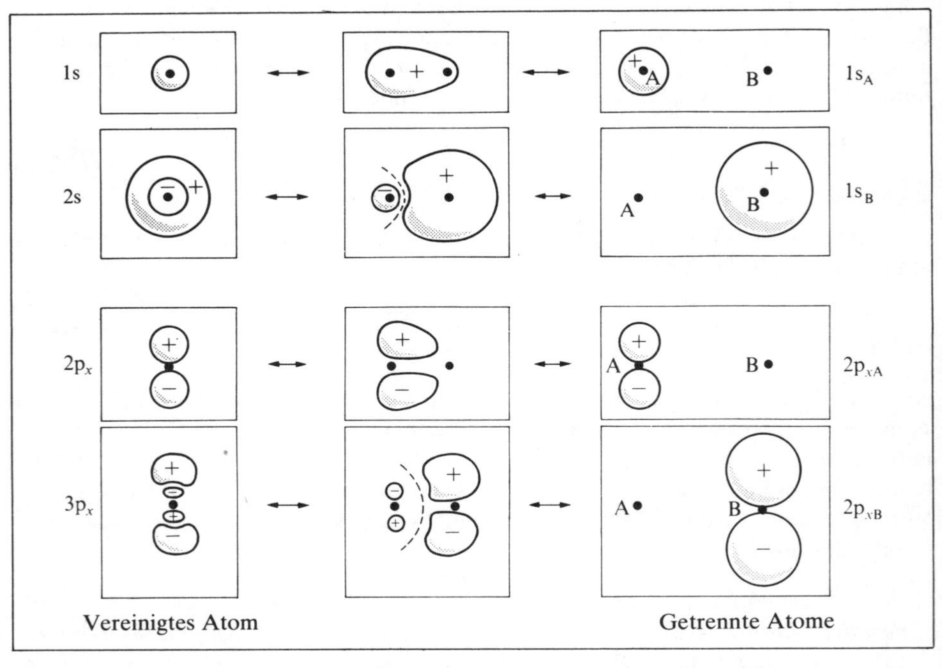

Fig. 4.18. Beispiele der Korrelation zwischen Orbitalen des vereinigten Atoms und der getrennten Atome für ein heteronukleares zweiatomiges Molekül. Die Atomorbitale der getrennten Atome auf der rechten Seite liefern mit Hilfe einer bindenden und einer antibindenden Kombination je ein MO (in der Mitte) und schließlich die Atomorbitale des vereinigten Atoms (links). Man beachte, daß die antibindende Kombination durch die Erzeugung eines weiteren Knoten zu einem AO höherer Hauptquantenzahl führt.

Kreuzungen anzeigen (wie in Fig. 3.13), was auf die starke Wechselwirkung *mehrerer* Orbitale bei gewissen Abständen zurückzuführen ist. Diese Orbitale müssen denselben Symmetriecharakter (σ oder π) haben. Dessen ungeachtet können solche Diagramme oft die Reihenfolge der MO-Energien in einem Molekül richtig vorhersagen. Versagen diese Diagramme aber, so kann eine Erweiterung der AO-Kombination zum Ziel führen. Dadurch kommt man dann zum Konzept der „Hybridisierung", das in späteren Abschnitten behandelt werden wird.

Als Beispiel für die Verwendung eines Korrelationsdiagrammes soll das NO-Molekül dienen. Fig. 4.16 liefert eine zufriedenstellende Interpretation für die Struktur von NO, die wie folgt beschrieben werden kann:

$$\mathrm{N}[(1s)^2(2s)^2(2p)^3] + \mathrm{O}[(1s)^2(2s)^2(2p)^4] \rightarrow \mathrm{NO}[\mathrm{KK}(3\sigma)^2(4\sigma)^2(5\sigma)^2(1\pi)^4(2\pi)].$$

Dieses Molekül besitzt ein ungepaartes 2π-Elektron, dessen Spin zum Paramagnetismus führt. Die unterbrochene Linie in Fig. 4.16 deutet die Lage dieses Moleküls im Diagramm an.

Obwohl das Korrelationsdiagramm sehr nützlich sein kann, sollten wir es nicht überstrapazieren. Es kann zwar eine richtige Information über die Änderung eines Molekülorbitals liefern, wenn die Atome getrennt werden, aber es kann trotzdem versagen, wenn es um die richtigen Elektronenkonfigurationen der Dissoziationsprodukte geht. Betrachten wir beispielsweise das LiH-Molekül mit vier Elektronen, so liefert Fig. 4.16 für das Molekül die MO-Beschreibung $(1\sigma)^2(2\sigma)^2$. Trennen wir die Kerne, so geht das energetisch niedrigste Orbital in das 1s-AO des Lithiumatoms über, während das zweite Orbital in das 1s-AO des Wasserstoffatoms übergeht. Das Diagramm liefert also $\mathrm{LiH} \rightarrow \mathrm{Li}^+ + \mathrm{H}^-$; diese Situation findet man nur in Lösungen, wobei die Solvatationsenergien eher geladene Systeme begünstigen als neutrale. Die wahre Situation bei LiH ist die, daß die gegenseitige Abstoßung der beiden Elektronen im 2σ-MO so groß ist, daß diese auf beide Kerne verteilt werden, so daß man erhält

$$\mathrm{LiH} \rightarrow \mathrm{Li}[(1s)^2(2s)] + \mathrm{H}[(1s)].$$

Mit anderen Worten, die Besetzungszahlen der Orbitale müssen sich ändern, um an Stelle von $(1s_A)^2(1s_B)^2$ die Elektronenkonfiguration $(1s_A)^2(2s_A)(1s_B)$ zu erhalten. Derartige Schwierigkeiten hätten wir bei der Dissoziation des Dreielektronensystems LiH^+ nicht gehabt, wo die Zuordnung $(1s_A)^2(1s_B)$ automatisch zu $\mathrm{Li}^+ + \mathrm{H}$ führt. Die falsche Beschreibung der Dissoziation ist ein Mangel der MO-Theorie selbst, aber nicht etwa ein Versagen des Korrelationsdiagramms. Genaueres darüber werden wir in Kapitel 5 erfahren.

4.8 Verschiedene Arten von Molekülorbitalen

Aus den Beschreibungen in § 4.6 und § 4.7 folgt, daß in zweiatomigen Molekülen die Elektronen vier verschiedene Arten von Orbitalen besetzen können. Diese sind (*a*) die Orbitale der inneren Schalen, (*b*) die nicht-bindenden Orbitale der Valenzschale, (*c*) die bindenden Orbitale der Valenzschale und (*d*) die antibindenden Orbitale der Valenzschale. Diese vier Gruppen werden zweckmäßig an zwei typischen Beispielen diskutiert, HCl und O_2.

In HCl gehören alle Elektronen der K- und der L-Schale des Chloratoms zum Typ (*a*); sie sind um den Chlorkern konzentriert. Ist die z-Richtung die Molekülachse von Cl nach H, dann ist das bindende Orbital der Valenzschale (Typ (*c*)) aus dem $Cl(3p_z)$ und dem H(1s) aufgebaut; beide haben σ-Charakter. Die $Cl(3p_x)$- und $Cl(3p_y)$-Orbitale jedoch können mit dem Wasserstofforbital kein MO der LCAO-Form bilden, denn das niedrigste AO des Wasserstoffs, das π-Charakter hat, ist das H(2p)-Orbital, dessen Energie so viel größer als die des $Cl(3p_y)$-Orbitals ist, daß keine wirksame Kombination zustande kommt. Die Folge ist, daß diese Elektronen, obwohl sie Elektronen der Valenzschale sind, in ihren Atomorbitalen bleiben und damit auch in der Nähe ihres Kerns; sie werden lediglich geringfügig polarisiert. Diese Elektronen bilden die nicht-bindenden Elektronen der Valenzschale (Typ (*b*)). Zwei Elektronen mit entgegengesetztem Spin in Orbitalen dieser Art nennt man einsame oder freie Elektronenpaare. Die 3s-Elektronen am Chlor liegen deutlich energetisch tiefer als die 3p-Elektronen, obwohl ihr Atomorbital dieselbe σ-Symmetrie hat wie das bindende MO. Deshalb werden die 3s-Elektronen am Cl durch die Bindung kaum beeinflußt und können somit als drittes einsames Elektronenpaar betrachtet werden*. Damit sind alle Elektronen in HCl besprochen.

Die Elektronen in O_2 können in gleicher Weise ohne Schwierigkeit, lediglich durch Bezugnahme auf Fig. 4.15 und Tabelle 4.3, dem passenden Orbitaltyp zugeordnet werden; wir müssen hier daran denken, daß es bei zwei sehr tief liegenden Orbitalen wie $2s_A \pm 2s_B$ unwesentlich ist, ob wir sie durch die Atomorbitale $2s_A$ und $2s_B$, aus denen sie aufgebaut sind, ersetzen oder nicht (§ 4.6). Der Chemiker zieht meist die letztere Beschreibung vor. Das einzig Neue beim O_2 ist das entartete oberste Niveau $1\pi_g$ ($1\pi_{xg}$, $1\pi_{yg}$). Diese Elektronen sollten antibindend wirken. Wenn diese Betrachtung richtig ist, sollte die Bindungsenergie des O_2^+-Ions, das nur eines dieser antibindenden Elektronen enthält, einen merklich größeren Wert haben als die des O_2, das zwei antibindende Elektronen enthält. Das ist auch tatsächlich der Fall; die betreffenden Energiewerte sind 6.78 und 5.21 eV. Wir können dieses Ergebnis mit der Situation beim N_2 vergleichen. Dessen Konfiguration ist (siehe Tabelle 4.3, § 4.6) ähnlich der des O_2 in Fig. 4.15, lediglich die beiden antibindenden $1\pi_g$-Elektronen fehlen. Daher ist die Bindungsenergie des neutralen Moleküls größer als die des positiven Ions (7.52 eV für N_2, 6.48 eV für N_2^+).

Aufgaben

4.1. Am interatomaren Gleichgewichtsabstand ($R = 1.40$ bohr) des H_2-Moleküls hat das Überlappungsintegral S der beiden Wasserstoff-1s-Atomorbitale etwa den Wert 0.75. Man bestimme die Normierungsfaktoren für das bindende und antibindende MO in Gleichung (4.13). Mit den 1s-Funktionen von Gleichung (2.12) bestimme man ψ^2, für jedes MO, entlang der Kernverbindungslinie. Sodann sind Kurven zu zeichnen, wobei die Ladungsdichte im Molekül

* Genau genommen (§ 6.2) kombinieren 3s und $3p_z$ geringfügig und liefern ein „Hybrid"-AO; dieses ist aber trotzdem nicht-bindend und am Chlor-Atom lokalisiert.

mit der für zwei isolierte Wasserstoffatome verglichen wird. Folgende Fälle sind dabei zu untersuchen: (*a*) beide Elektronen im bindenden MO, (*b*) Anregung eines Elektrons in das antibindende MO.

4.2. Man berechne die Orbital- und Überlappungspopulationen (§ 4.5) für die Situationen (*a*) und (*b*) aus Aufgabe 4.1.

4.3. Man versehe die Zeilen in Tabelle 4.1 mit den Symbolen σ, π, δ, ..., um die Symmetrie der LCAO-MO anzugeben. In welchen Fällen hat das bindende MO g-Charakter und in welchen u-Charakter?

4.4. Man diskutiere qualitativ die elektronische Struktur der zweiatomigen Moleküle aus der zweiten Reihe, Na_2, P_2, S_2, mit Hilfe der im Text für die Moleküle der ersten Reihe gegebenen Beschreibung. Werden die Bindungen in P_2^+ und S_2^+ stärker oder schwächer als die in den entsprechenden neutralen Molekülen sein?

4.5. Man leite die Gleichung (4.18) für die Ladungsdichte im hypothetischen Molekül He_2 her.

4.6. Unter Verwendung von Fig. 2.5 zeige man, daß die komplexen Molekülorbitale $\psi_{\pi,\pm 1} = 1/\sqrt{2}\,(\psi_{\pi x} \pm i\psi_{\pi y})$, die aus der Kombination der entarteten reellen Molekülorbitale π_x und π_y (Fig. 4.10) entstehen, mittels des Faktors $\exp(\pm i\phi)$ vom Winkel ϕ abhängen. Weiter zeige man (vgl. Aufgabe 3.12), daß die komplexen Molekülorbitale Zustände beschreiben, in denen die Elektronen ± 1 Drehimpulseinheiten bezüglich der Bindungsachse haben. (Wie im Fall der Atomorbitale stellen die reellen und die komplexen Wellenfunktionen relevante Lösungen der Schrödingergleichung dar, die „stehenden Wellen", beziehungsweise „fortschreitenden Wellen" entsprechen. Die komplexen Darstellungen werden zur Diskussion spektroskopischer Zustände verwendet. Siehe dazu Anhang 2.)

4.7. Man berechne die Energien des bindenden und antibindenden σ-Molekülorbitals, die sich aus dem Li-2s-AO und dem H-1s-AO in LiH zusammensetzen (unter Vernachlässigung einer 2p-Beteiligung), unter der Annahme $S = 0.47$ und

$$\alpha_{2s} = -0{\cdot}23 \text{ hartree}, \qquad \alpha_{1s} = -0{\cdot}39 \text{ hartree}, \qquad \beta = -0{\cdot}21 \text{ hartree}.$$

Man zeichne ein Diagramm wie das in Fig. 4.17 (*b*). (Hinweis: man löse die quadratische Gleichung (4.8).)

4.8. Man wiederhole die Rechnung von Aufgabe 4.7, aber unter Verwendung der Näherungen (4.21*a*, *b*), und vergleiche die beiden Ergebnisse.

4.9. Unter Verwendung der Daten von Aufgabe 4.7 und der Gleichung (4.22*a*) bestimme man näherungsweise ein bindendes MO für das LiH-Molekül. Man normiere dieses MO und führe eine Analyse wie in § 4.5 durch, um die Ladungsdichte in der Bindung mit Hilfe der Orbital- und Überlappungspopulationen zu beschreiben.

5. Elektronenpaar-Wellenfunktionen

5.1 Zweielektronen-Wellenfunktionen

In den vorangehenden Kapiteln haben wir versucht, eine qualitative Beschreibung der Elektronenstruktur von Atomen und zweiatomigen Molekülen zu geben, wobei das Modell der unabhängigen Teilchen (§ 2.5) zugrunde gelegt war. Dabei wird jedes Elektron so betrachtet, als würde es sich *allein* in einem effektiven Feld (dem „selbstkonsistenten Feld") bewegen. Wir haben dazu nur eine *Ein*-Elektronen-Schrödingergleichung gebraucht, um als deren Lösungen die erforderlichen Einelektronen-Wellenfunktionen oder *Orbitale* zu erhalten. Atome und Moleküle sind aber im allgemeinen *Viel*elektronen-Systeme, und wir wollen nun etwas genauer vorgehen und zeigen, wie eine bessere Molekülwellenfunktion wirklich berechnet werden kann. Dabei werden wir einerseits ein besseres Fundament für die bisher benutzten Modelle erhalten und andererseits einen Weg finden, diese zu verbessern und die Verbindung zu anderen Methoden für die Bestimmung von genäherten Wellenfunktionen herzustellen. Die meisten chemischen Bindungen lassen sich mit dem Begriff des *Elektronenpaares* erklären. In diesem Kapitel wollen wir uns mit der einfachsten aller „Elektronenpaar"-Bindungen befassen, nämlich mit der im Wasserstoffmolekül.

Zunächst müssen wir uns ein sehr allgemeines und wichtiges Ergebnis zunutze machen. Besteht ein System aus zwei *nicht miteinander wechselwirkenden* Teilsystemen A und B, so hat der entsprechende Hamiltonoperator die Form

$$\hat{H} = \hat{H}_A + \hat{H}_B, \tag{5.1}$$

wobei $\hat{H}_A$ und $\hat{H}_B$ die Hamiltonoperatoren der Teilsysteme sind. Das System A möge die Zustände $1, 2, \ldots, i, \ldots$ mit den Wellenfunktionen $\Psi_1^A, \Psi_2^A, \ldots, \Psi_i^A, \ldots$ haben; für das System B soll das entsprechende gelten. Das große Psi werden wir stets für *Viel*elektronenfunktionen verwenden, im Gegensatz zum kleinen Psi für Orbitale. Eine relevante Wellenfunktion für das Gesamtsystem AB lautet

$$\Psi_{ij}^{AB} = \Psi_i^A \Psi_j^B, \tag{5.2}$$

wobei die beiden Faktoren des Produkts das System A im Zustand i und das System B im Zustand j beschreiben. Die entsprechende Energie lautet $E = E_i^A + E_j^B$.

Dieses Ergebnis folgt unmittelbar aus den Eigenschaften

$$\hat{H}_A \Psi_i^A = E_i^A \Psi_i^A, \quad \hat{H}_B \Psi_j^B = E_j^B \Psi_j^B, \tag{5.3}$$

wodurch die stationären Zustände der beiden Systeme definiert sind. Mit (5.1) erhalten wir

$$\hat{H}\Psi_{ij}^{AB} = (\hat{H}_A\Psi_i^A)\Psi_j^B + \Psi_i^A(\hat{H}_B\Psi_j^B),$$

denn $\hat{H}_A$ wirkt nur auf die Koordinaten, die den Teil A des Systems beschreiben, während die Funktion Ψ_j^B dabei unberührt bleibt, und umgekehrt. Aus (5.3) folgt

$$\hat{H}\Psi_{ij}^{AB} = E\Psi_{ij}^{AB}, \quad E = E_i^A + E_j^B, \tag{5.4}$$

womit unsere Behauptung bewiesen ist; Ψ_{ij}^{AB} ist ein Eigenzustand mit der Energie E. Daß sich die Gesamtenergie aus der Summe der Energien der beiden unabhängigen Teilsysteme zusammensetzt, ist nicht überraschend. In der Ausdrucksweise von § 3.10 wäre auch anzumerken, daß Ψ_{ij}^{AB} gleichzeitig auch Eigenfunktion von $\hat{H}_A$ und $\hat{H}_B$ ist und das Teilsystem A beschreibt, wobei die Energie E_i^A ist; entsprechendes gilt für das Teilsystem B.

Nun wollen wir diese Ergebnisse auf das System zweier Wasserstoffatome anwenden, wobei sich jedes in seinem Grundzustand befinden soll. Der Hamiltonoperator (§ 3.3) lautet

$$\hat{H} = \left(-\frac{\hbar^2}{2m}\nabla_1^2 - \frac{e^2}{\kappa_0 r_{a1}} - \frac{e^2}{\kappa_0 r_{b1}}\right) + \left(-\frac{\hbar}{2m}\nabla_2^2 - \frac{e^2}{\kappa_0 r_{a2}} - \frac{e^2}{\kappa_0 r_{b2}}\right) + \frac{e^2}{\kappa_0 r_{12}} \tag{5.5}$$

und setzen wir voraus (siehe Fig. 3.3), daß A (mit Elektron 1) und B (mit Elektron 2) hinreichend weit voneinander entfernt sind, so erhalten wir dafür

$$\hat{H} = \left(-\frac{\hbar^2}{2m}\nabla_1^2 - \frac{e^2}{\kappa_0 r_{a1}}\right) + \left(-\frac{\hbar^2}{2m}\nabla_2^2 - \frac{e^2}{\kappa_0 r_{b2}}\right) = \hat{H}_A + \hat{H}_B, \tag{5.6}$$

wobei $\hat{H}_A$ der Hamiltonoperator für ein isoliertes Wasserstoffatom A ist und $\hat{H}_B$ der für ein H-Atom B ist. Bezeichnen wir die beiden Grundzustandswellenfunktionen mit ϕ_A und ϕ_B (das sind 1s-AO), so können wir nach den bisherigen Kenntnissen schreiben*

$$\Psi(1, 2) = \phi_A(1)\phi_B(2) \tag{5.7}$$

und das ist eine Zweielektronen-Wellenfunktion für das Gesamtsystem; die entsprechende Energie lautet

$$E = E_A + E_B = 2E_{1s} = -E_h,$$

das ist zweimal die Energie eines isolierten Wasserstoffatoms in dessen Grundzustand, − 1 hartree. Dieses Ergebnis stimmt um so genauer, je weiter die Atome voneinander entfernt sind.

Nun soll angenommen werden, daß der interatomare Abstand klein sei. In diesem Fall kann (5.5) nicht vereinfacht werden, es sei denn, man *vernachlässigt* einfach den

* An Stelle der Anführung aller Elektronenkoordinaten ist es bequemer, diese durch einzelne Zahlen abzukürzen. $\Psi(1,2)$ ist eine Funktion aller Koordinaten der Elektronen 1 und 2. Analog dazu bedeutet beispielsweise $\hat{H}(1)$ einen Operator, der nur auf die Koordinaten des Elektrons 1 wirkt.

Elektronenwechselwirkungsterm $e^2/\varkappa_0 r_{12}$*. Der genäherte Hamiltonoperator lautet dann

$$\hat{H} = \hat{H}(1) + \hat{H}(2) \tag{5.8}$$

mit

$$\hat{H}(1) = -\frac{\hbar^2}{2m}\nabla^2(1) - \frac{e^2}{\kappa_0 r_{a1}} - \frac{e^2}{\kappa_0 r_{b1}}$$

und das ist der Hamiltonoperator für das *Wasserstoffmolekül-Ion* (vgl. (3.18)), das aus dem Elektron 1 und den *beiden* Kernen A und B besteht. $\hat{H}(2)$ ist der entsprechende Operator für das Elektron 2. *Vernachlässigt* man also die *Elektronenwechselwirkung*, so kann die Wellenfunktion in der Form

$$\Psi(1,2) = \psi(1)\psi(2) \tag{5.9}$$

geschrieben werden, wobei ψ eine Wellenfunktion für H_2^+ ist (ein *Molekülorbital*). Für die Gesamtenergie erhält man $E = 2E(H_2^+)$.

Wir erkennen nun, wie die Vernachlässigung der Elektronenwechselwirkung in jedem Fall zu einer Näherungswellenfunktion in *Produktform* führt, wobei jeder Faktor ein *Orbital* ist, das ein Elektron beschreibt. Die Orbitale können entweder Elektronen an verschiedenen Atomen beschreiben (dann können dafür wie in (5.7) Atomorbitale angesetzt werden), oder sie können, falls die Atome nahe beieinander liegen, solche Elektronen beschreiben, die sich über zwei oder mehr Zentren verteilen (dann können dafür wie in (5.9) Molekülorbitale angesetzt werden). Die gesamte MO-Vorstellung beruht auf der Näherung, daß „r_{12}-Terme" im Hamiltonoperator vernachlässigt werden. Könnten wir aber *exakte* Wellenfunktionen berechnen, so würden wir dabei keine Spur von Orbitalen bemerken! Gleichzeitig erkennen wir, wie die Orbitale unter Zuhilfenahme einfacher physikalischer Vorstellungen in den *genäherten* Wellenfunktionen verwendet werden. Solche Ansätze, die im allgemeinen auch zu justierende Parameter enthalten, können dann systematisch durch Anwendung des Variationsprinzips (§ 3.6) verbessert werden.

* Die MO-Näherung entspringt nicht einfach nur aus der Vernachlässigung der Elektronenwechselwirkung. Es wäre unverständlich, daß die Streichung eines Beitrages, der etwa viermal so groß wie die Bindungsenergie ist (bei H_2), trotzdem zu einer Näherung führen kann, mit der sich Bindungsenergien vergleichsweise gut berechnen lassen (vgl. Tabelle 4.2). In Wirklichkeit muß der Fehler bei der Vernachlässigung der Elektronenwechselwirkung, ähnlich wie bei den Atomen, durch einen weiteren Fehler wieder weitgehend korrigiert werden. Für H_2 verfährt man dabei so, daß der Hamiltonoperator wie folgt umgeschrieben wird:

$$\hat{H} = \hat{H}(1) + \hat{H}(2) + e^2/\varkappa_0(1/r_{12} - 1/R)$$

(Im Gegensatz zum Text enthalten $\hat{H}(1)$ und $\hat{H}(2)$ und somit auch $\hat{H}$ den Kernabstoßungsbeitrag.)
Hier offenbart sich der Schritt, nämlich $1/r_{12} \sim 1/R$ (die Elektronenabstoßung ist etwa gleich der Kernabstoßung), der zur MO-Näherung führt, in dem Sinne, daß die Wellenfunktion für H_2 als Produkt zweier Wellenfunktionen für H_2^+ geschrieben werden kann. (Anmerkung des Übersetzers)

5.2 Einige Berechnungen des Wasserstoffmoleküls

Die ersten Berechnungen des H_2-Moleküls stellen ein ausgezeichnetes Beispiel für die variationsmäßige Verbesserung einer einfachen, auf dem Orbitalbegriff beruhenden Näherung dar. Beginnen wir mit der Funktion (5.7), die zwei getrennte H-Atome beschreibt, so können viele Modifikationen unterschieden werden. Im allgemeinen verkörpert jede mathematische Verbesserung gleichzeitig auch eine gewisse chemische Intuition und Erfahrung. Für die folgenden Betrachtungen wollen wir durchweg atomare Einheiten verwenden (§ 2.3).

Funktion (*a*). Wir gehen aus von der Funktion (5.7) mit den normierten Atomorbitalen

$$\phi_A(1) = \pi^{-1/2}\exp(-r_{a1}), \quad \phi_B(2) = \pi^{-1/2}\exp(-r_{b2}). \tag{5.10}$$

Wir wissen, daß diese Funktion an der Dissoziationsgrenze ($R \to \infty$) exakt wird, aber wir können sie auch bei *jedem* interatomaren Abstand als Variationsfunktion für die Berechnung einer oberen Grenze für die Energie verwenden. Für diesen Zweck benötigen wir den vollständigen Hamiltonoperator (*mit* dem Elektronenwechselwirkungsterm), um

$$E = \int \Psi^* \hat{H} \Psi \, d\tau$$

zu berechnen. Dabei bedeutet $d\tau = d\tau_1 d\tau_2$ die Integration über alle Koordinaten; Ψ soll bereits normiert sein

$$\int \Psi^2 \, d\tau = 1.$$

Nun kann $\hat{H}$ von (5.5) in der Form

$$\hat{H} = \hat{H}_A + \hat{H}_B - \frac{1}{r_{b1}} - \frac{1}{r_{a2}} + \frac{1}{r_{12}} \tag{5.11}$$

geschrieben werden. Außerdem haben wir bereits festgestellt, daß (5.7), nämlich

$$\Psi(1, 2) = \phi_A(1)\phi_B(2) \tag{5.12}$$

Eigenfunktion von $\hat{H}_A + \hat{H}_B$ ist, wobei der Eigenwert $2E_{1s}$ lautet. Daraus folgt für die Energie unmittelbar

$$E = 2E_{1s} + Q, \tag{5.13a}$$

wobei Q aus den drei letzten Termen in (5.11) resultiert und ein „Coulombintegral" genannt wird, denn diese Größe läßt sich elektrostatisch interpretieren. Unter Berücksichtigung unserer Konvention (§ 1.4), wonach wir stets die Kernabstoßung zur elektronischen Energie addieren, um die Geometrieabhängigkeit der Energie studieren zu können, erhalten wir (in der Näherung der festgehaltenen Kerne) für die Gesamtenergie

$$E = 2E_{1s} + Q + 1/R = -E_h + (Q + 1/R), \tag{5.13b}$$

wobei $1/R$ der Beitrag von der Coulombabstoßung der beiden Kerne ist. Die Größe Q enthält die Coulombabstoßung der beiden Ladungswolken mit den Dichtefunktionen ϕ_A^2 und ϕ_B^2 (durch den $1/r_{12}$-Term), die Anziehung zwischen dem Kern B und der Ladungswolke ϕ_A^2 (durch den $-1/r_{b1}$-Term) und eine ähnliche Anziehung zwischen dem Kern A und der Ladungswolke ϕ_B^2 (durch den $-1/r_{a2}$-Term). Nur wenn die beiden letzten Terme, die als einzige negativ sind, dem Betrage nach hinreichend groß sind, um die abstoßenden Coulombterme zu kompensieren, wird es eine Bindung geben. In der Tat weist die nach (5.13*b*) berechnete Energiekurve ein Minimum auf; bei einem Abstand von etwa $1.7a_0$ wird $Q + 1/R$ negativ. Die Tiefe dieses Minimums (Kurve a in Fig. 5.1) beträgt allerdings nur 0.25 eV, und das ist im Vergleich zum gemessenen Wert von 4.75 eV ausgesprochen wenig.

Funktion (*b*). Die Wellenfunktion (5.12) ist wohl mathematisch einwandfrei, aber *physikalisch* unzureichend, denn sie behandelt die beiden Elektronen in einer unsymmetrischen Weise. Mit einer hohen Wahrscheinlichkeit werden Elektron 1 am Zentrum A und Elektron 2 am Zentrum B angetroffen (dann sind $\phi_A^2(1)$ und $\phi_B^2(2)$ beide groß), aber mit geringer Wahrscheinlichkeit werden 1 bei B und 2 bei A angetroffen (dann sind $\phi_A^2(1)$ und $\phi_B^2(2)$ beide klein). Nun sind aber zwei Situationen, die sich durch den Austausch der identischen Elektronen unterscheiden, *ununterscheidbar* und müssen deshalb mit gleicher Wahrscheinlichkeit auftreten. Diese Bedingung kann erfüllt werden, wenn an Stelle von (5.12) der Ansatz

$$\Psi(1,2) = N_{\pm}[\phi_A(1)\phi_B(2) \pm \phi_B(1)\phi_A(2)] = N_{\pm}[\Phi_1(1,2) \pm \Phi_2(1,2)] \qquad (5.14)$$

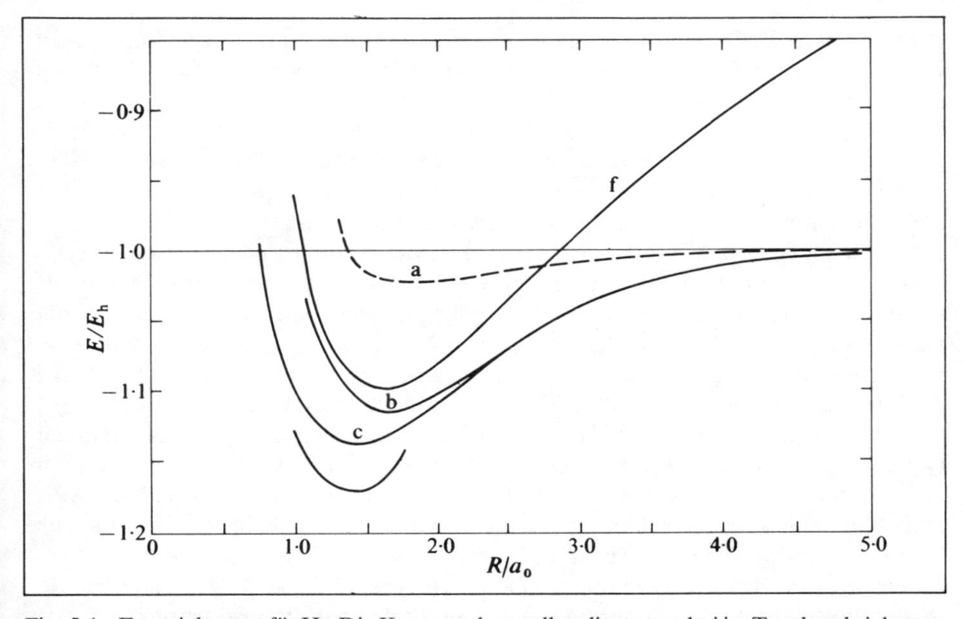

Fig. 5.1. Energiekurven für H_2. Die Kurven a, b, c stellen die ersten drei im Text beschriebenen Näherungen dar (mit den Funktionen (*a*), (*b*), (*c*), während sich f auf die Funktion (*f*) bezieht). Die unterste Kurve ist aus experimentellen Daten gewonnen.

gemacht wird, denn für jedes der beiden Vorzeichen erhält man eine Wahrscheinlichkeitsdichte $|\Psi(1,2)|^2$, die invariant gegenüber einer Platzvertauschung der Elektronen ist. Dieses Ergebnis ist auch auf einem anderen Weg zu erreichen. Die Funktion Φ_2 hat die gleichen Eigenschaften wie Φ_1 und liefert ebenfalls die Energie $E = E_A + E_B = 2E_{1s}$ an der Dissoziationsgrenze. Aus diesem Grunde sollten beide Funktionen mit gleichem Gewicht kombiniert werden, was zur Variationsfunktion

$$\Psi(1, 2) = c_1\Phi_1 + c_2\Phi_2$$

führt. Die Säkulargleichungen (3.41) liefern $c_1 = \pm c_2$. Die Wellenfunktionen und die Energien resultieren zu

$$\Psi_+(1, 2) = \frac{[\phi_A(1)\phi_B(2) + \phi_B(1)\phi_A(2)]}{\sqrt{\{2(1+S^2)\}}}, \quad E_+ = \frac{H_{11} + H_{12}}{1+S^2} \tag{5.15a}$$

$$\Psi_-(1, 2) = \frac{[\phi_A(1)\phi_B(2) - \phi_B(1)\phi_A(2)]}{\sqrt{\{2(1-S^2)\}}}, \quad E_- = \frac{H_{11} - H_{12}}{1-S^2} \tag{5.15b}$$

mit

$$H_{11} = \int \Phi_1^* \hat{H} \Phi_1 \, d\tau = H_{22}$$

$$H_{12} = \int \Phi_1^* \hat{H} \Phi_2 \, d\tau = H_{21}.$$

Die Nenner in (5.15*a, b*) sind durch die Überlappung der Funktionen Φ_1 und Φ_2 zu verstehen; S ist das herkömmliche Überlappungsintegral der Atomorbitale ϕ_A und ϕ_B.

Sowohl H_{11} als auch H_{12} sind negative Größen, und deshalb bezieht sich die Lösung (5.15*a*), mit dem positiven Vorzeichen, auf den energetisch niedrigsten Zustand. Die verschiedenen Integrale können genauso wie für die Funktion (*a*) entwickelt werden, und die resultierende Grundzustandsenergie kann wieder als Funktion von R gezeichnet werden (Fig. 5.1, Kurve b). Diese Kurve ist viel befriedigender als die vorhergehende; sie erreicht ihre minimale Energie bei etwa dem gleichen interatomaren Abstand wie die vorhergehende, aber die Bindungsenergie beträgt jetzt 3.14 eV, und dieser Wert ist dem experimentellen Wert von 4.75 eV schon beträchtlich näher. Die Verbesserung geht im wesentlichen auf den H_{12}-Term zurück (H_{11} und H_{22} liefern die Energie für die Funktion (*a*)). Die zweite Lösung (5.15*b*) führt zu einer Kurve (sie ist hier nicht gezeichnet), die für $R \to 0$ gleichmäßig ansteigt und kein Minimum hat. Diese Kurve beschreibt einen *angeregten* Zustand, in dem das Molekül spontan in zwei Atome dissoziiert. Die Funktion (5.15*a*) geht auf Heitler und London (1927) zurück, und diese haben später eine ähnliche Näherung für mehratomige Moleküle entwickelt. Diese Näherung wird als „Elektronenpaar"- oder als „Valenzstruktur"-Näherung bezeichnet. Die verallgemeinerte Theorie, in der jeder Komponente der Wellenfunktion eine Zuteilung von Elektronen zu *Atomorbitalen* entspricht, wird die Theorie der Valenzstrukturen (VB, vom englischen valence bond) genannt. In (5.15*a*) ist es die Anwesenheit zweier Terme, die sich durch den „Austausch" der

Elektronen unterscheiden, und die zu der Größe H_{12} führen. Aus diesem Grunde wird die Bindungsenergie oft etwas unpräzise als „Austauschenergie“ bezeichnet. Es soll jedoch daran erinnert werden, daß es sich hierbei nicht um eine *physikalische* Größe handelt, sondern lediglich um eine bestimmte Art des Aufbaus einer Näherungswellenfunktion.

Funktion (*c*). Die nächste Verbesserung beruht wieder auf physikalischen Überlegungen (Wang (1928)). Die Funktionen ϕ_A und ϕ_B in (5.15*a*) entsprechen Einheitskernladungen ($Z=1$), aber im Feld *zweier* Protonen wird ein Elektron eine stärkere Anziehung erfahren und diese entspricht einer effektiven Ladung $Z_e > 1$. Im Grenzfall des vereinigten Atoms (He) wäre der entsprechende Wert $Z_e \simeq 1.65$ (§ 2.6). An Stelle von (5.10) sollten wir deshalb die normierten Atomorbitale

$$\phi_A(1) = \sqrt{(c^3/\pi)}\exp(-cr_{a1}) \qquad \phi_B(2) = \sqrt{(c^3/\pi)}\exp(-cr_{b2}) \tag{5.16}$$

verwenden, wobei die effektive Ladung c für jeden interatomaren Abstand R so variiert wird, daß das Energiefunktional minimal wird. Als Ergebnis erhalten wir die Kurve c in Fig. 5.1. Diese Kurve verläuft im gesamten Bereich unterhalb der Kurven a und b, denn eine zusätzliche Flexibilität der Wellenfunktion muß immer zu einer Energieerniedrigung führen. Am Minimum erhält man für $c=1.166$ eine Bindungsenergie von 3.76 eV, eine deutliche Verbesserung gegenüber dem vorhergehenden Wert von 3.14 eV. Die Abhängigkeit der optimalen effektiven Ladung $Z_e(=c)$ vom interatomaren Abstand ist in Fig. 5.2(*a*) dargestellt.

Funktion (*d*). Wie im Fall des Ions H_2^+ (§ 4.4) ist eine weitere Verbesserung dadurch möglich, daß der „Polarisierung“ der Atomorbitale durch die Anwesenheit eines zweiten Kerns Rechnung getragen wird. Eine axialsymmetrische Störung (die z-Achse sei die Bindungsachse) kann durch die Ersetzung der bisher verwendeten sphärischen Funktion ϕ_A durch

$$\phi_A(1) = \lambda_1 \exp(-cr_{a1}) + \lambda_2 z_a \exp(-cr_{a1}) \tag{5.17}$$

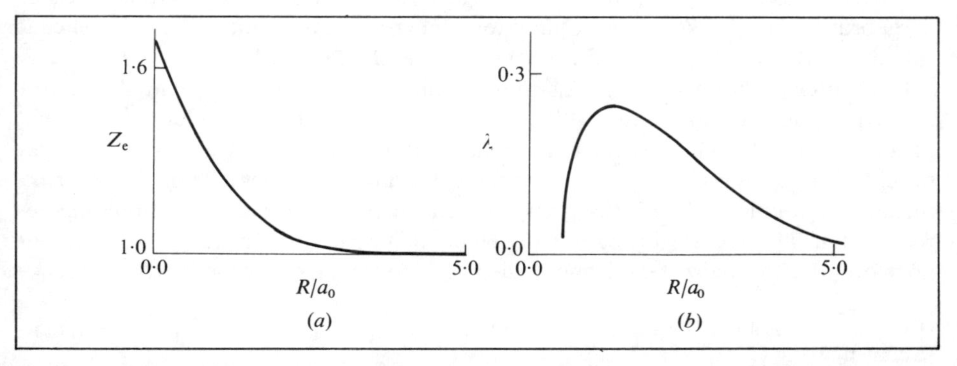

Fig. 5.2. Die Variation von Parametern in der H_2-Wellenfunktion in Abhängigkeit des interatomaren Abstands: (*a*) der optimale Wert der effektiven Kernladung Z_e; (*b*) der optimale Wert des Ionencharakters λ.

herbeigeführt werden; eine ähnliche Ersetzung ist für $\phi_B(2)$ durchzuführen (Rosen (1931)). Minimierung der Energie durch Variation des Verhältnisses λ_2/λ_1 und auch von c liefert eine Verbesserung der Bindungsenergie von 3.76 eV zu 4.02 eV.

Funktion (*e*). Die Vorstellung, daß die Ladungswolke an den Wasserstoffatomen durch die Bindung kontrahiert und polarisiert ist, kann noch verbessert werden. Mit einer gewissen, wenn auch geringen, Wahrscheinlichkeit können sich beide Elektronen gleichzeitig am gleichen Kern aufhalten. Dieser Gedanke ist durchaus nicht unvernünftig, wenn wir uns daran erinnern, daß das negative Ion H^- existiert und stabil ist. Halten sich beide Elektronen am Atom A auf, so lautet die entsprechende Wellenfunktion

$$\phi_A(1)\phi_A(2)$$

mit der Näherungsfunktion

$$\phi_A(1) = \sqrt{(c'^3/\pi)}\exp(-c'r_{a1}).$$

Da wir für gleiche Gewichte sorgen müssen (die Wahrscheinlichkeiten, daß beide Elektronen bei A oder beide bei B sind, müssen aus Symmetriegründen gleich sein), lautet die sogenannte „ionische" Wellenfunktion (Weinbaum (1933))

$$\Psi_{\text{ion}} = \phi_A(1)\phi_A(2) + \phi_B(1)\phi_B(2). \tag{5.18}$$

Nennen wir die vorhergehende Wellenfunktion* Ψ_{kov}, wobei der Index den rein kovalenten Charakter der Wellenfunktion anzeigt, so lautet die vollständige Molekülwellenfunktion

$$\Psi = \Psi_{\text{kov}} + \lambda\Psi_{\text{ion}}. \tag{5.19}$$

Die Energie dieser Wellenfunktion hängt von $\lambda_1, \lambda_2, \lambda, c, c'$ und R ab. Viel Rechenarbeit ist erforderlich um zu zeigen, für welche Werte für diese Parameter die niedrigste Energie erreicht wird. Schließlich ergibt sich für die Bindungsenergie ein Wert von 4.10 eV. Sind Ψ_{kov} und Ψ_{ion} für sich normiert, so erhält man $\lambda \simeq 1/4$, womit gezeigt ist, daß beim Gleichgewichtsabstand der Ionencharakter der Bindung weitaus weniger ausgeprägt ist als der kovalente Charakter. Bei großen Abständen ist der Ionencharakter viel kleiner als 1/4. Fig. 5.2(*b*) zeigt den Verlauf von λ**.

Eine Interpretation von (5.19) besteht darin, daß die „rein kovalente" Struktur H–H (mit der Wellenfunktion Ψ_{kov} oder Ψ(H–H)) mit den beiden „ionischen" Strukturen H^+H^-, H^-H^+ (mit den Wellenfunktionen $\Psi(H^+H^-)$, $\Psi(H^-H^+)$) gemischt wird. Vorausgesetzt, daß wir dabei nicht glauben, daß die rein kovalente Struktur und die rein ionischen Strukturen wirklich existieren, ist diese Beschreibung gerechtfertigt. Die Überlagerung der verschiedenen Strukturen in (5.19) wird immer noch oft als „Resonanz" bezeichnet (vgl. § 4.3). Es muß ganz besonders hervorgeho-

* Das ist die VB-Funktion (5.15*a*), aber mit „geschrumpften" und „polarisierten" Atomorbitalen, wie in (5.17).

** Coulson und Fischer (1949). Diese Berechnungen wurden unter Vernachlässigung des Polarisationseffekts durchgeführt, Funktion (*d*); diese Vernachlässigung würde die Kurve nicht merklich verändern.

ben werden, daß Begriffe wie Resonanz zwischen kovalenten und ionischen Strukturen rein formal aufzufassen sind und nur andeuten, wie die Wellenfunktion durch eine Überlagerung von Termen aufgebaut wird, (5.19), wobei diese Terme einer gewissen bildlichen Interpretation fähig sind. Solche Interpretationen können wirklich sehr nützlich sein, aber deshalb dürfen sie noch lange nicht als signifikant bezeichnet werden.

Funktion (*f*). Alle bisher untersuchten Wellenfunktionen (*a*)–(*e*) sind vom VB-Typ, zumal sie so aufgebaut sind, daß Elektronen in irgendeiner Weise *Atomorbitalen* zugeordnet werden, auch wenn diese durch Kontraktion und/oder Polarisation verändert werden. Wir wollen nun zur MO-Näherung zurückkehren, wie sie in § 4.3 dargelegt worden ist. Dabei soll aber ein mehr quantitativer Weg eingeschlagen werden, um vielleicht zu ähnlichen Aussagen zu kommen, wie das für die VB-Näherung möglich war.

In der MO-Beschreibung des H_2-Grundzustands (§ 4.5) werden zwei Elektronen dem normierten bindenden *Molekülorbital*

$$\psi = \frac{\phi_A + \phi_B}{\sqrt{2(1+S)}} \tag{5.20}$$

zugeordnet, wodurch man die Zweielektronen-Wellenfunktion (5.9) erhält. Die mit dieser Funktion berechnete Energie ist als Kurve (f) in Fig. 5.1 dargestellt. Offensichtlich stellt die MO-Funktion einen enttäuschenden Rückschritt bezüglich unserer ersten und einfachsten Näherung* im Rahmen der VB-Methode dar. Sie liefert eine etwas schlechtere Bindungsenergie (2.70 eV) und verläuft für große Abstände R völlig falsch. Sie beschreibt demnach die Dissoziation des Moleküls in seine Atome nicht korrekt. Das ist ein schwerwiegender und ziemlich allgemeiner Defekt der MO-Theorie. Zur Ergründung der Ursache dafür setzen wir (5.20) in (5.9) ein und erhalten

$$\Psi(1,2) = \frac{\phi_A(1)\phi_A(2) + [\phi_A(1)\phi_B(2) + \phi_B(1)\phi_A(2)] + \phi_B(1)\phi_B(2)}{2(1+S)}. \tag{5.21}$$

Dieses Ergebnis kann in der „AO-Sprache" wie folgt interpretiert werden: die Wellenfunktion besteht aus einer Überlagerung der kovalenten und der ionischen Struktur, genauso wie Funktion (*e*). Werden die Strukturen normiert, so können wir das Ergebnis wieder in der Form (5.19) schreiben, aber mit $\lambda = 1$. Nun müssen wir dieses Resultat mit dem vergleichen, das den optimalen λ-Wert enthält, der vom Kernabstand abhängt (Fig. 5.2 (*b*)). Offensichtlich liefert die MO-Funktion mit $\lambda = 1$ Dissoziationsprodukte, die aus einem Gemisch von zwei *gleich bewichteten* Produkten bestehen, nämlich

$$\text{(I) H–H,} \qquad \text{(II) } H^-H^+ \text{ oder } H^+H^-.$$

Diese Situation entspricht aber nicht der Dissoziation in zwei neutrale H-Atome. Die Heitler-London-Funktion (*b*) für die Struktur H–H liefert die richtige Dissoziations-

* Mit Ausnahme der Funktion (*a*), der die notwendige Symmetrie fehlt.

Tabelle 5.1. Die Ergebnisse einiger Berechnungen von H_2

Beschreibung der Wellenfunktion	D_e eV	R_e pm
Heitler-London (Funktion (*b*)*)	3.14	86.9
Heitler-London, mit Abschirmung (Funktion (*c*))	3.78	74.3
Heitler-London, mit Abschirmung und Polarisation (Funktion (*d*))	4.04	74
Heitler-London und ionische Strukturen, mit Abschirmung und Polarisation (Funktion (*e*))	4.12	74.9
Molekülorbital (Funktion (*f*))	2.70	85
Molekülorbital, mit Abschirmung (Coulson (1937))	3.49	73.2
Molekülorbital SCF (Coulson (1938))	3.62	74
James-Coolidge (1933), ohne r_{12}-Terme	4.29	74
James-Coolidge (1933) (Funktion (*g*), 13 Terme)	4.72	74.0
Kolos-Wolniewicz (1968) (Funktion (*g*), 100 Terme)	4.7467	74.127
Experimentelle Werte	4.7467	74.12

* Die Funktionen sind im Text beschrieben.

grenze, während die ionischen Terme in (5.21) zu einer Energie führen, die in der Mitte zwischen der Energie zweier H-Atome und der Energie des negativen Wasserstoffions liegt (das Proton hat die Energie null).

Funktion (*g*). Zum Abschluß wollen wir uns mit einem Ansatz befassen, der weniger auf physikalischen oder chemischen Intuitionen beruht, sondern mehr auf mathematischen Überlegungen. James und Coolidge (1933) haben als erste neue Koordinaten eingeführt, $\lambda_1 = (r_{a1} + r_{b1})/R$ und $\mu_1 = (r_{a1} - r_{b1})/R$ für das Elektron 1 (ähnliche Koordinaten für das Elektron 2) und r_{12} für den interelektronischen Abstand. Sie setzten als Variationsfunktion eine Kombination von Termen der Art

$$\lambda_1^m \lambda_2^n \mu_1^j \mu_2^k r_{12}^p \exp\{-\alpha(\lambda_1 + \lambda_2)\} \tag{5.22}$$

an, wobei m, n, j, k, p ganze Zahlen sind und α ein Variationsparameter ist. Die Autoren haben mit einer Funktion, die 13 Terme enthält, vollständige Übereinstimmung mit der experimentell bestimmten Energiekurve erzielt. Sowohl das Experiment (Herzberg (1970)), als auch die Rechnung (Kolos und Wolniewicz (1968)) wurden im folgenden verbessert und die Übereinstimmung der Bindungsenergie (unter Einschluß der Schwingungskorrektur und weiterer viel kleinerer Korrekturen) ist erstaunlich genau (die relative Abweichung beträgt 10^{-6}). Die wesentlichen Gründe für die Erwähnung solcher Rechnungen sind die folgenden: (1) Sie demonstrieren ziemlich gut die Gültigkeit der Schrödingergleichung als die richtige Grundgleichung für die Berechnung der elektronischen Struktur; die Schrödingergleichung spielt dabei eine ähnliche Rolle wie die Newtonschen Gesetze in der klassischen Dynamik. (2) In diesen Rechnungen zeigt sich keine Spur von Orbitalen oder von einer Austauschenergie! Solche Begriffe treten nur in unseren vereinfachten mathematischen Modellen für die Beschreibung der Elektronen auf, aber sie sind für die Elektronen selbst nicht relevant. In Tabelle 5.1 sind die Ergebnisse einiger repräsentativer Berechnungen des H_2-Moleküls zusammengefaßt.

5.3 Die Valenzstrukturmethode (VB)

Die Wellenfunktion (*c*) in § 5.2 ist die typische Funktion in der Theorie der Valenzstrukturen (VB); diese wurde im Anschluß an die Begründung der Wellenmechanik (1927) von Heitler und London entwickelt und später von Slater, Pauling und anderen weiter ausgebaut. Die Standardquelle für diese Näherung und ihre qualitativen Anwendungen ist bei Pauling (1973) zu finden. Obwohl die VB-Theorie (zumindest in ihrer ursprünglichen Form) fast vollständig von der MO-Theorie und ihren Varianten verdrängt worden ist, so hat sie dennoch ein Erbe zurückgelassen, das aus weitverbreiteten Konzepten besteht, die nach wie vor zur Beschreibung der chemischen Bindung Verwendung finden. Wir wollen deshalb die wesentlichen Gesichtspunkte dieser Methode zusammenfassen und zeigen, wie diese auf andere zweiatomige Moleküle angewendet werden kann. In nachfolgenden Kapiteln wird die Diskussion noch etwas erweitert werden, um mehratomige Moleküle beschreiben zu können.

Der wesentliche Gesichtspunkt bei der VB-Beschreibung von H_2 war die Zuordnung zweier Elektronen zu den Atomorbitalen ϕ_A und ϕ_B und die Bildung einer Zweielektronen-Wellenfunktion $\phi_A(1)\phi_B(2)+\phi_B(1)\phi_A(2)$. Dieser Vorgang kann als Elektronenpaarung bezeichnet werden, und die Methode wird manchmal die Methode der Elektronenpaare bezeichnet. Wird der Elektronenspin berücksichtigt (§ 5.6), so werden wir feststellen, daß in der bindenden Funktion der Spin der gepaarten Elektronen antiparallel sein muß, damit der resultierende Spin null ist. Das Elektron in ϕ_A muß deshalb frei sein, damit es mit dem in ϕ_B gepaart werden kann, und demnach können wir nur mit solchen Elektronen eine Bindung bilden, die nicht bereits in den Atomen gepaart sind. Es gibt aber keinen Grund dafür, wenn es zwei, drei oder mehr ungepaarte Elektronen in einem Atom gibt, daß wir diese nicht mit den entsprechenden Elektronen in einem anderen Atom paaren könnten. Auf diese Weise erhalten wir Mehrfachbindungen, ähnlich wie in der MO-Theorie (Kapitel 4). Die einzelnen Bindungen sind weitgehend unabhängig voneinander, und die Gesamtladungswolke wird durch die Überlagerung der Ladungswolken der einzelnen Bindungen erhalten.

Besteht keine absolute Sicherheit darüber, welche Elektronen gepaart werden sollen, so kann man wieder das Kriterium der maximalen Überlappung heranziehen (§ 4.3). Dieses Kriterium gilt nach wie vor, denn nach (5.15*a*) hängt die Stärke der Bindung vom Betrag von H_{12} ab; diese Größe ist aber nur dann merklich von null verschieden, wenn es Bereiche gibt, in denen das Produkt $\phi_A\phi_B$ merklich von null verschieden ist. Demnach müssen sich die Orbitale ϕ_A und ϕ_B spürbar überlappen. Die Paarung von ϕ_A und ϕ_B liefert demnach eine starke Bindung, wenn sich ϕ_A und ϕ_B stark überlappen.

Einige Beispiele sollen zeigen, auf welche Weise die VB-Näherung anzuwenden ist.
(1) Die Li-Li-Bindung ist eine Einfachbindung, denn das isolierte Li-Atom wird durch die Konfiguration $(1s)^2(2s)$ beschrieben. Die Bindung entsteht aus der Paarung der beiden vorher ungepaarten 2s-Elektronen der getrennten Atome.
(2) Die N≡N-Bindung ist eine Dreifachbindung, denn das N-Atom hat die Konfiguration

$$N[(1s)^2(2s)^2(2p_x)(2p_y)(2p_z)]\,.$$

Wir können deshalb die beiden $2p_z$-AO paaren, wobei die z-Achse die Richtung der Kernverbindungslinie angibt, um eine σ-Bindung zu bilden. Die $2p_x$- und $2p_y$-AO bilden zwei π-Bindungen, genauso wie in § 4.6. Die 2s-Elektronen bleiben bei dieser Methode unberührt, da sie bereits gepaart sind, bevor das Molekül gebildet ist.
(3) In den Molekülen F_2, Cl_2, ... liegen Einfachbindungen vor. Im Cl_2-Molekül ist an jedem Atom nur ein 3p-AO einfach besetzt, und zeigt die z-Achse die Bindungsrichtung an, so liefert die Paarung dieser $3p_z$-AO eine σ-Bindung.
(4) Zwei sich einander nähernde He-Atome können keine Bindung miteinander eingehen, da die Atome keine ungepaarten Elektronen aufweisen. Eine Bindung ist nur dann möglich, nachdem eines der Atome angeregt worden ist. Diese Feststellung steht in Übereinstimmung mit spektroskopischen Erkenntnissen auf dem Gebiet der Reaktionen von Heliumatomen.

Auf diese Weise werden viele Ergebnisse, die durch die MO-Methode erhalten wurden und in Tabelle 4.3 (§ 4.6) aufgeführt sind, durch die VB-Methode noch einmal verifiziert. Es gibt aber auch gewisse Schwierigkeiten, von denen zumindest eine erwähnt werden soll. Das Sauerstoffatom hat die Konfiguration

$$O[(1s)^2(2s)^2(2p_x)^2(2p_y)(2p_z)]$$

und wenn die ungepaarten Elektronen gepaart werden, so erhält man eine Doppelbindung. Das Kriterium der maximalen Überlappung liefert eine σ- und eine π-Bindung. Nun wird zwar diese Bindung im allgemeinen als Doppelbindung betrachtet, aber diese Beschreibung liefert nicht den Triplett-Zustand, in dem zwei Elektronen parallelen Spin haben. Außerdem ist nicht klar, daß die π-Bindung aus den $2p_y$-Atomorbitalen aufgebaut werden soll, denn ebenso könnten die $2p_x$-Atomorbitale die ungepaarten Elektronen darstellen. Nur eine aufwendige mathematische Behandlung kann solche Zweideutigkeiten meistern. Der mathematische Aufwand für die VB-Theorie ist nicht ohne Schwierigkeiten.

Im Fall eines heteronuklearen zweiatomigen Moleküls AB treten weitere Schwierigkeiten auf, denn die Polarität der Bindung kann ohne die ionischen Strukturen A^+B^- und A^-B^+ nicht erfaßt werden. Sogar bei nur einer Elektronenpaarbindung sollte man deshalb stets eine Wellenfunktion der Art (vgl. § 5.2)

$$\Psi = c_1\Psi_{AB} + c_2\Psi_{A^+B^-} + c_3\Psi_{A^-B^+} \tag{5.23}$$

ansetzen, wobei zumindest eine der ionischen Strukturen beigemischt wird (die mit dem erwartungsgemäß größeren Gewicht), um die Polarität zu beschreiben.

Ein Beispiel soll die Verhältnisse klarstellen. Wir betrachten das HCl-Molekül. Die zu paarenden Elektronen sind das H-1s-Elektron und das Cl-$3p_z$-Elektron. Lassen wir für einen Augenblick alle anderen Elektronen des Cl-Atoms unberücksichtigt, so lautet die unnormierte kovalente Wellenfunktion

$$\Psi_{HCl} = \phi_H(1)\phi_{Cl}(2) + \phi_H(2)\phi_{Cl}(1), \tag{5.24}$$

während die ionische Wellenfunktion folgende Form hat

$$\Psi_{H^+Cl^-} = \phi_{Cl}(1)\phi_{Cl}(2). \tag{5.25}$$

Die andere ionische Funktion $\Psi_{H^-Cl^+}$ ist weitgehend bedeutungslos, denn die atomaren Ionisierungsenergien und Elektronenaffinitäten zeigen, daß für einen Elektronentransfer von H nach Cl etwa 9.6 eV aufgebracht werden muß, während für den umgekehrten Vorgang 12.3 eV erforderlich sind. Da nun die Coulombkräfte zwischen H^+ und Cl^- ähnlich denen zwischen H^- und Cl^+ sein dürften (bei gleichem Kernabstand), können wir annehmen, daß die Struktur H^+Cl^- um etwa 3 eV stabiler sein wird als H^-Cl^+. Das Kriterium der ähnlichen Energiewerte (vgl. § 4.7)* für eine wirksame Kombination in einer linearen Variationsfunktion ist nicht erfüllt, so daß der Koeffizient von H^-Cl^+ viel geringer als der von H^+Cl^- sein wird. Wenn wir nicht sehr genaue Rechnungen durchführen wollen, so kann die Funktion für H^-Cl^+ weggelassen werden. Davon abgesehen sind besonders bei mehratomigen Molekülen viele ionische Strukturen erforderlich, vor allem wenn es sich um polare Moleküle handelt. Selbst auf einem qualitativen Niveau fehlt der Behandlung der Bindung die von der MO-Theorie her bekannte Einfachheit und Eleganz.

Zum Abschluß dieser kurzen Zusammenfassung über die VB-Näherung wollen wir uns noch einmal mit dem Begriff „Struktur" befassen, wie wir diesen bei der Überlagerung der einzelnen Wellenfunktionen verwenden. Wenn wir von einer Struktur sprechen, so meinen wir damit eine bestimmte Art der Paarung von Orbitalen, wobei die beiden Atomorbitale symmetrisch auftreten (wie in (5.15*a*))**. Beispielsweise haben wir soeben die kovalente Struktur diskutiert, die man durch Paarung von ϕ_A und ϕ_B erhält; die ionischen Strukturen erhält man, wenn beide Elektronen bei A oder beide bei B sind. Die entsprechenden Wellenfunktionen sind die in (5.23). Das besondere an diesen Strukturen ist, daß sie außer in unserer Vorstellung nicht existieren! Was bereits für das Wasserstoffmolekül festgestellt worden ist, gilt allgemein. Die Strukturen selbst sind ohne jede Realität, und es wäre ganz unpassend, von irgendeiner Resonanz zwischen zwei oder mehreren Strukturen zu sprechen. In keinem Falle darf man schließen, daß jede Struktur eine bestimmte Zeit lang existiert, die durch das Gewicht der entsprechenden Wellenfunktion gegeben ist. Es gibt keine unabhängigen ionischen oder kovalenten Strukturen, aus dem einfachen Grund, weil die entsprechenden Wellenfunktionen keine Eigenfunktionen für stationäre Zustände sind. Der wesentliche Wert der VB-Methode besteht darin, daß sie aus einer Wellenfunktion gewisse wichtige Komponenten selektieren kann, die bildlich dargestellt werden können. Könnten wir zwei sich einander nähernden Atomen erlauben, daß sich ihre Atomorbitale dabei überhaupt nicht ändern, mit Ausnahme der Paarung je eines Elektrons aus einem Atom, so beschreibt die resultierende Wellenfunktion die kovalente (nicht-polare) Situation, die wir durch das Symbol A–B andeuten. Die ionischen Strukturen erhält man durch Änderung der Besetzung der Atomorbitale (Elektronentransfer), die zu Situationen führt, die durch die in der Chemie üblichen Symbole A^+B^- und A^-B^+ angedeutet werden.

* Man beachte, daß ähnliche Überlegungen notwendig sind, unabhängig davon, ob wir zwei Atomorbitale kombinieren, um eine Einelektronenwellenfunktion (MO) zu bilden, oder ob wir VB-Strukturen kombinieren, um Mehrelektronenwellenfunktion zu bilden.

** Mit dieser Definition sollten wir (5.12) nicht als Struktur bezeichnen, dagegen sind (5.24) und (5.25) Strukturen. Die Interpretation der Strukturen mit Hilfe der Spinpaarung wird in § 5.6 aufgegriffen.

Selbstverständlich können wir einer Struktur formal eine Energie zuordnen. Haben wir für eine Struktur die Wellenfunktion Ψ, so ist diese Energie einfach der „Erwartungswert“ (§ 3.10), der immer gebildet werden kann, unabhängig davon, ob Ψ eine Eigenfunktion ist oder nicht:

$$E = \frac{\int \Psi^* \hat{H} \Psi \, d\tau}{\int \Psi^* \Psi \, d\tau}. \tag{5.26}$$

Somit können wir also von der Energie einer rein kovalenten Struktur A–B, oder einer rein ionischen Struktur A^-B^+, usw. sprechen. So wie die Strukturen selbst sind auch diese Energien ohne Realität. Die einzige Energie, die den Charakter einer Observablen hat, ist die für die exakte Wellenfunktion. Aufgrund des Variationsprinzips liegt diese Energie unterhalb jeder der Komponenten E_{kov} oder E_{ion}. Mit der notwendigen Vorsicht bei der Wortwahl könnte man sagen, daß die Überlagerung von Strukturen einer „Resonanz“ entspricht, als deren Ergebnis die Energie erniedrigt wird. Der Betrag der Energieerniedrigung bezüglich der niedrigsten Komponente wird „Resonanzenergie“ genannt. Diese Resonanzenergie hat keinerlei absolute Bedeutung und hängt von der von uns gewählten niedrigsten Struktur ab. Ändern wir die Wahl der Strukturen, so ändern wir die Resonanzenergie – ein ziemlich unbefriedigender Zustand in dieser Theorie.

Die Schwierigkeiten und Mängel der VB-Methode sollten nun klar geworden sein. Glücklicherweise werden die VB- und die MO-Näherung identisch, wenn man beide hinreichend mit weiterführenden Näherungen verbessert; darüber wird im nächsten Abschnitt berichtet. Wir können deshalb zunächst die Theorie anwenden, die mathematisch am bequemsten ist, um anschließend die Ergebnisse in der Sprache der einen oder der anderen Theorie zu interpretieren. Zum größten Teil werden wir uns der MO-Näherung bedienen. Bei Elektronenpaarbindungen ist es gleichgültig, welche Näherungsfunktion wir ansetzen.

5.4 Die Gleichwertigkeit der Methoden MO und VB

Wir wollen zunächst die Wellenfunktionen (*b*) und (*f*) in § 5.2 genauer betrachten, denn diese sind die Ausgangspunkte der VB- und der MO-Theorie. Zur Vereinfachung der Schreibweise werden wir an Stelle von $\phi_A(1)$ ab jetzt $a(1)$ schreiben, um das AO für das Elektron 1 am Zentrum A zu kennzeichnen. Die Heitler-London (VB)-Funktion (5.15*a*) lautet dann

$$\Psi_{\text{HL}} = ab + ba, \tag{5.27}$$

wobei der erste Faktor in jedem Produkt eine Funktion der Koordinaten des Elektrons 1 ist, während der zweite Faktor eine Funktion der Koordinaten des Elektrons 2 ist. Der Normierungsfaktor wird nicht mitgeführt, kann aber jederzeit nachträglich eingesetzt werden. Die entsprechende MO-Funktion folgt aus (5.9) und (5.20) (wieder ohne Normierung) zu

$$\Psi_{\text{MO}} = (a+b)(a+b) = (ab+ba) + (aa+bb), \tag{5.28}$$

wobei die ionischen Terme (z.B. aa $= a(1)a(2)$ bedeutet, daß beide Elektronen am Zentrum A sind) ebenfalls wichtig sind, was in der Diskussion in § 5.2 bereits angedeutet worden ist. Eine Funktion des Typs (*e*), die „Heitler-London plus ionische Strukturen“ genannt werden kann (Kontraktion und Polarisation der Atomorbitale sind vernachlässigt), ist eine Verbesserung der einfachen VB-Funktion (5.27) und lautet

$$\Psi_{\mathrm{HLPI}} = (ab+ba)+\lambda(aa+bb). \tag{5.29}$$

Am Gleichgewichtsabstand ist λ klein, und Ψ_{HL} ist eine bessere Näherung für (5.29) als Ψ_{MO}; dieser Unterschied in der Güte nimmt mit wachsendem R noch zu (siehe Fig. 5.2(*b*)).

Da nun Ψ_{HLPI} eine Verbesserung der VB-Funktion (5.27) darstellt, ist die Frage berechtigt, ob Ψ_{MO} auf ähnliche Weise verbessert werden kann. Das könnte etwa durch Hinzufügen von Termen geschehen, in denen die Elektronen auf andere Weise den Orbitalen – nun aber den *Molekülorbitalen* – zugeordnet werden. Das einzige andere MO, das uns zur Verfügung steht, ist in dieser einfachen Näherung die antibindende Kombination $(a-b)$. Wir können also (5.28) verbessern, indem wir einen Term mit einer anderen Elektronenkonfiguration hinzufügen, wobei beide Elektronen das antibindende MO besetzen. Dieses Verfahren nennt man *Konfigurationenwechselwirkung**, oder abgekürzt CI (vom englischen configuration interaction); der Ansatz lautet

$$\Psi_{\mathrm{MOCI}} = (a+b)(a+b)+k(a-b)(a-b). \tag{5.30}$$

Je größer der Koeffizient k ist, desto wirksamer ist die CI-Methode; der Grenzfall $k=0$ liefert die MO-Funktion (5.28). Es ist nicht schwer zu zeigen, daß es mit einer Konfiguration $(a+b)(a-b)$ zu keiner Wechselwirkung kommt, da die notwendige Symmetriebedingung nicht erfüllt ist.

Ein Vergleich von (5.30) mit (5.29) zeigt nach einer einfachen Umformung, daß Ψ_{HLPI} und Ψ_{MOCI} identisch sind (abgesehen von hier unbedeutenden Normierungsfaktoren), wobei

$$\lambda = \frac{1+k}{1-k} \tag{5.31}$$

gilt. In jedem Fall wählen wir k und λ so (§ 3.6), daß die Energiefunktion stationär wird; folglich erhalten wir durch beide Methoden exakt dieselbe Wellenfunktion. Auf diese Weise werden die beiden Methoden, MO und VB, gleichwertig, wenn wir nicht bei den einfachsten Ansätzen bleiben. Diese Feststellung gilt ganz allgemein, so kompliziert das Molekül auch sein mag, vorausgesetzt, daß wir alle möglichen VB-Strukturen und alle möglichen MO-Elektronenkonfigurationen berücksichtigen. Es gibt demnach keine wirkliche Diskrepanz zwischen den beiden Theorien, MO und VB. Sie liefern zwar für Molekülwellenfunktionen verschiedene erste Näherungen, die

* Dabei handelt es sich keinesfalls um eine Wechselwirkung im physikalischen Sinne. Zutreffender wäre der Ausdruck *Konfigurationenmischung* (vgl. § 3.8, Ritzsches Verfahren), der sich aber bisher nicht eingebürgert hat. (Anmerkung des Übersetzers)

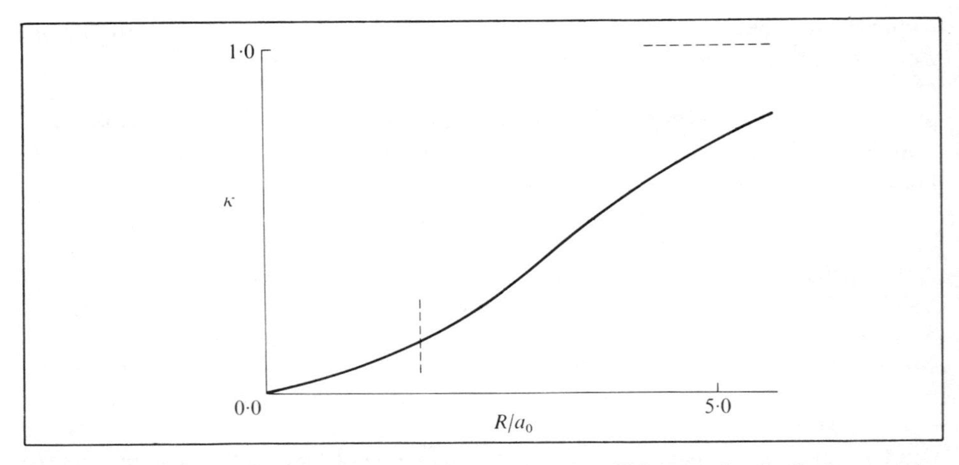

Fig. 5.3. Konfigurationenwechselwirkung für H_2. Der Koeffizient $\varkappa$ gibt die Bedeutung der „angeregten" Konfiguration an. Die vertikale unterbrochene Linie entspricht dem Gleichgewichtsabstand; die horizontale Linie zeigt den Grenzfall für $R \to \infty$ an. (Nach C. A. Coulson und I. Fischer, *Phil. Mag.* **40,** 386 (1949).)

aber zum gleichen Ergebnis konvergieren, wenn diese systematisch verbessert werden. Diese Erkenntnis kann kaum überbewertet werden*.

Wir haben bereits gesehen (Fig. 5.2 (*b*)), wie der Koeffizient λ, der den Beitrag der ionischen Strukturen angibt, für das H_2-Molekül vom Kernabstand R abhängt. Gleichung (5.31) liefert den entsprechenden Wert von k. Dieser Koeffizient kann besser diskutiert werden, wenn wir die Wellenfunktionen der Konfigurationen in (5.30) normieren,

$$\Psi_{\mathrm{MOCI}} = \frac{(a+b)(a+b)}{2(1+S)} - \kappa \frac{(a-b)(a-b)}{2(1-S)} \tag{5.32}$$

wobei gilt

$$\kappa = -\frac{1-S}{1+S} k. \tag{5.33}$$

Die Größe $\varkappa$ gibt nun das Gewicht der angeregten Konfiguration $(a-b)(a-b)$ an, mit dem diese bezüglich der Basiskonfiguration $(a+b)(a+b)$ an der Gesamtwellenfunktion teilnimmt. Die Abhängigkeit von $\varkappa$ vom Abstand R ist in Fig. 5.3 dargestellt. Am Gleichgewichtsabstand ist $\varkappa$ ziemlich klein, aber mit wachsendem interatomaren Abstand wird der Beitrag der zweiten Konfiguration größer und geht asymptotisch gegen eins. Diese Situation sei eine Warnung dafür, daß die MO-Näherung schon bei nicht allzu großen Kernabständen unbrauchbar wird. Wenn wir beispielsweise den

* Dieser Konflikt tritt in den älteren Ausgaben dieses Buches deutlich hervor. Um 1970 hat man aber folgendes erkannt (Coulson (1970)): „Um 1930 war die Theorie der chemischen Bindung durch einen Konflikt zwischen der MO- und der VB-Näherung stark erschüttert. Aber nach 1940 hat man die beiden Methoden miteinander in Einklang gebracht ..."

Verlauf einer chemischen Reaktion verfolgen wollen, wobei wir für das System der Verbindungen in jeder Phase der Reaktion die Energie berechnen, sollten wir nicht die MO-Methode, sondern besser die VB-Methode wählen. Im Fall einer einfachen Wellenfunktion kann nur die VB-Näherung brauchbare Resultate liefern.

Dieses Versagen der MO-Näherung* bei größeren Kernabständen stellt einen wesentlichen Unterschied zwischen den beiden Näherungen dar. Kurz gesagt wird in der MO-Näherung die *Elektronenkorrelation* nicht ausreichend berücksichtigt, während sie in der VB-Näherung überbewertet wird. Damit ist gemeint, daß die Coulombabstoßung $e^2/\varkappa_0 r_{12}$ zwischen den beiden Elektronen einer Bindung dafür sorgt, daß sich die Elektronen nicht zu nahe kommen. Die Wahrscheinlichkeit ist sehr gering, daß sich die beiden Elektronen gleichzeitig in einem kleinen Bereich aufhalten. Ist das eine Elektron momentan in der Umgebung des einen Kerns, so ist die Wahrscheinlichkeit groß, daß sich das andere Elektron in der Umgebung des anderen Kerns aufhält. Wir sagen deshalb, daß sich die Elektronen „korreliert" bewegen, derart, daß sie sich nicht zu nahe kommen. Die mathematische Formulierung dieser Gedanken wird im Anhang 1 nachgeholt. Eine derartige Korrelation fehlt in der einfachen MO-Wellenfunktion $(a+b)(a+b)$ völlig, denn die Verteilung des Elektrons 2 ist unabhängig von dem momentanen Ort des Elektrons 1. Ist das Elektron 1 bei A, so hat das Elektron 2 dieselbe Wahrscheinlichkeit, auch dort zu sein. Entwickeln wir die MO-Funktion wie in (5.28) und schreiben diese als

$$\Psi_{\mathrm{MO}} = ab + ba + aa + bb,$$

so folgt daraus tatsächlich, daß die vier Situationen ab, ba, aa und bb je die gleiche Wahrscheinlichkeit von 1/4 besitzen. Diese Werte sind unabhängig vom Kernabstand, so daß wir für die Dissoziation schließen müssen, daß mit der Wahrscheinlichkeit 1/2 zwei H-Atome entstehen, während mit der Wahrscheinlichkeit 1/2 die Produkte H^+ und H^- entstehen. Die Elektronenkorrelation bewirkt, daß das Gewicht der Komponente $aa+bb$ reduziert wird. Im Gegensatz dazu wird mit der einfachen VB-Wellenfunktion $ab+ba$, obwohl diese die Dissoziation richtig beschreibt, die Elektronenkorrelation überbewertet. Diese Wellenfunktion verlangt (in Abwesenheit der Terme aa und bb), daß bei allen Kernabständen die Elektronen an verschiedenen Zentren sind.

Wir erkennen nun auch, warum die Korrelationsdiagramme** für heteronukleare zweiatomige Moleküle, in denen wir das Verhalten der einzelnen Molekülorbitale verfolgen, wenn wir vom vereinigten Atom über das Molekül zu den getrennten Atomen gehen, nur mit großer Vorsicht verwendet werden sollten (Fig. 4.16). Die paarweise Zuordnung von Elektronen zu den Molekülorbitalen kann im Bereich des Gleichgewichtsabstandes zu einer guten Einkonfigurationen-Wellenfunktion führen; aber wenn aus den Molekülorbitalen bei der Dissoziation Atomorbitale werden, kann sich die Doppelbesetzung ändern. Die Elektronen können durch ihre gegenseitige

* In ihrer einfachsten Form, also ohne CI, was im allgemeinen mit großem rechnerischem Aufwand verbunden wäre. Die einfache Form ist nur in einem Sonderfall für alle R-Werte gültig: im Fall der Wechselwirkung zweier Systeme mit abgeschlossenen Schalen (etwa He–He).

** Man beachte, daß der Begriff der Korrelation hier in ganz anderem Sinne verwendet wird.

Abstoßung in verschiedene Atomorbitale gezwungen werden. Das ist auch der Grund dafür, daß in LiH (§ 4.7) eines der beiden bindenden Elektronen $(2\sigma)^2$ zum Li-Atom geht, während das andere zum H-Atom geht. Das Korrelationsdiagramm dagegen liefert die Information, daß beide Elektronen zum H-Atom gehen sollten.

Abschließend wollen wir einen Blick auf die Ladungsverteilungen werfen, die aus den verschiedenen Näherungswellenfunktionen resultieren, denn diese bieten einen Einblick in die Natur der chemischen Bindung (§ 2.2). Auch diese Ladungsverteilungen werden einander sehr ähnlich, wenn die beiden Näherungen hinreichend verbessert werden. Die einfache MO-Funktion (5.28) führt direkt zur Ladungsdichte, wie wir sie in § 4.5 diskutiert haben. Sie lautet

$$P = \frac{a^2 + b^2 + 2ab}{1 + S}, \tag{5.34}$$

wobei S das Überlappungsintegral für die Atomorbitale a und b ist.

Mit der einfachen VB-Funktion (5.27) erhalten wir die Dichte nicht ganz so einfach*. Es muß daran erinnert werden, daß $P\mathrm{d}\tau$ die Wahrscheinlichkeit für das Auffinden eines Elektrons in einem gegebenen Volumenelement $\mathrm{d}\tau$ ist. Demgegenüber ist $|\Psi(1,2)|^2\mathrm{d}\tau_1\mathrm{d}\tau_2$ die Wahrscheinlichkeit, *gleichzeitig* das Elektron 1 in $\mathrm{d}\tau_1$ und das Elektron 2 in $\mathrm{d}\tau_2$ zu finden. Die Wahrscheinlichkeit, das Elektron 1 in $\mathrm{d}\tau_1$ und das Elektron 2 *irgendwo* zu finden, erhält man durch Summation aller möglichen Orte für das zweite Elektron, während Elektron 1 in einem festen $\mathrm{d}\tau_1$ bleibt. Die Wahrscheinlichkeit, das Elektron 1 in $\mathrm{d}\tau_1$ zu finden, lautet unter Verwendung der normierten Funktion (5.15*a*)

$$\begin{aligned}\mathrm{d}\tau_1 \int |\Psi(1,2)|^2\,\mathrm{d}\tau_2 &= \mathrm{d}\tau_1 \int \frac{[a^2(1)b^2(2) + b^2(1)a^2(2) + 2a(1)b(1)a(2)b(2)]}{2(1+S^2)}\,\mathrm{d}\tau_2 \\ &= \frac{[a^2(1) + b^2(1) + 2Sa(1)b(1)]}{2(1+S^2)}\,\mathrm{d}\tau_1.\end{aligned}$$

Mit anderen Worten ist $(a^2 + b^2 + 2Sab)/2(1 + S^2)$ die Wahrscheinlichkeit pro Volumeneinheit, das Elektron 1 dort zu finden, wo die Funktion entwickelt ist. Es kann leicht gezeigt werden, daß die Wahrscheinlichkeit für das Elektron 2 durch denselben Ausdruck gegeben ist. Das ist eine Folge der Nichtunterscheidbarkeit der Elektronen. Demnach müssen wir für zwei Elektronen das erhaltene Ergebnis lediglich verdoppeln und erhalten

$$P = \frac{a^2 + b^2 + 2Sab}{1 + S^2} \tag{5.35}$$

als Ladungsdichte.

Die Dichten (5.34) und (5.35) wurden in § 4.5 bereits diskutiert. Die gesamte Ladung, in diesem Fall zwei Elektronen, kann man sich in die Anteile q_a, q_b, q_{ab} aufgeteilt denken. Diese Größen nennen wir die „Elektronenpopulationen" des Orbitalbereichs und des Überlappungsbereichs. Wir erkennen nun, daß die Ladungsdichte

* Für eine ausführliche Diskussion sei auf Anhang 1 verwiesen.

für die einfachen Ansätze in der MO- und in der VB-Näherung etwas unterschiedliche Ergebnisse für die Populationen liefert. Beide Näherungen liefern die Ladungsdichte in der Form

$$P = q_a a^2 + q_b b^2 + q_{ab}(ab/S), \tag{5.36}$$

wobei (ab/S) eine *normierte* Überlappungsdichte ist (die Integration von ab über den ganzen Raum ergibt S). Der Unterschied liegt jedoch darin, daß in der MO-Theorie die Elektronenladung im Bindungsbereich durch

$$q_{ab} = \frac{2S}{1+S} \tag{5.37}$$

gegeben ist (man vergleiche (5.36) mit (5.34)), während man in der VB-Theorie aus (5.35) den Ausdruck

$$q_{ab} = \frac{2S^2}{1+S^2} \tag{5.38}$$

erhält. Mit $S \simeq 0.75$ lauten diese Größen 0.857, beziehungsweise 0.720. Sowohl die MO- als auch die VB-Theorie stimmen darin überein, daß bei der chemischen Bindung eine Ladungsanhäufung im Bindungsbereich stattfindet; das ist der Bereich, in dem sich die Atomorbitale überlappen. Obwohl es viele Jahre heftige Kontroversen über die Verdienste dieser beiden extremen Näherungen (AO gegen MO) gegeben hat, ist man nun zu der Überzeugung gekommen, daß dieser Konflikt nur scheinbar besteht.

Verbessern wir beide Näherungen entweder durch den Ansatz (5.29) oder durch den dazu äquivalenten Ansatz (5.30), so erhalten wir in beiden Fällen exakt dieselbe Ladungsdichte. Eine einfache Rechnung, ähnlich der für die Heitler-London-Funktion, liefert für die resultierende Überlappungspopulation

$$q_{ab} = \frac{2(S^2 + 2\lambda S + \lambda^2 S^2)}{(1+S^2) + 4\lambda S + \lambda^2(1+S^2)}. \tag{5.39}$$

Für $\lambda \to 0$ erhält man daraus (5.38) für die VB-Näherung ohne ionische Strukturen, während für $\lambda \to 1$ die Beziehung (5.37) für die MO-Näherung ohne CI resultiert.

5.5 Die Coulson-Fischer-Wellenfunktion

Bis jetzt läßt sich sagen, daß sogar die einfachste Elektronenpaarbindung auf verschiedene äquivalente oder nahezu äquivalente Weisen beschrieben werden kann. Das gemeinsame an allen Orbitalbeschreibungen ist aber die Grundidee der *Überlappung* eines Paares von Atomorbitalen, von denen sich jedes an einem Atom befindet, und die Erhöhung der Elektronendichte im Überlappungsbereich. In der qualitativen Bindungstheorie suchen wir das einfachste Schema für die Beschreibung der Bindung und, wenn möglich, für die Verfolgung des gesamten Prozesses der Bildung und Brechung von Bindungen. Wie wir gesehen haben, ist die MO-Theorie für die

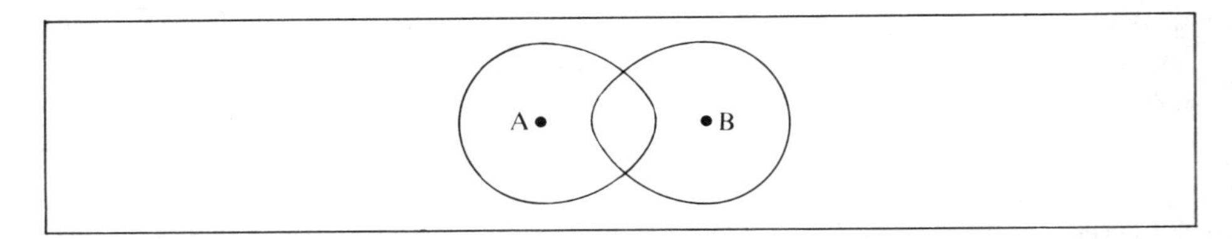

Fig. 5.4. Modifizierte Orbitale für die verallgemeinerte Valenzstrukturbeschreibung des H_2-Moleküls.

Moleküle im Bereich ihrer Gleichgewichtsgeometrie geeignet; aber sie kann vollständig versagen (ohne CI), wenn Bindungen gebrochen werden. Die einfachste VB-Wellenfunktion ist in solchen Situationen vorzuziehen, sogar ohne Beifügung ionischer Strukturen.

Es gibt jedoch eine weitere Möglichkeit, bei der die Wellenfunktion immer als eine kovalente Struktur dargestellt wird. Dabei werden zwei sich stark überlappende Orbitale verwendet, die eine bildliche Beschreibung ermöglichen, wenn eine Bindung gebrochen wird. Diese Näherung wurde von Coulson und Fischer (1949) eingeführt und wird die Näherung der verallgemeinerten Valenzstrukturen (GVB, vom englischen generalized valence bond) genannt. Während der letzten Jahre wurde die GVB-Näherung weiter entwickelt (Goddard *et al.* (1973)), als ein Mittel zur Beibehaltung des einfachen chemischen Konzepts der lokalisierten Elektronenpaarbindungen. Die Grundidee besteht in der Verwendung eines Paares einander überlappender Orbitale A und B, die an der Dissoziationsgrenze in die Atomorbitale a und b übergehen. Bei mittleren Abständen können sie ihre Form ändern, so daß die bestmögliche Wellenfunktion entsteht.

Nähern sich die Atome einander, so müssen wir dafür sorgen, daß sich das Orbital a zum anderen Atom hin ausbreiten kann (zur Erzielung einer besseren Überlappung), und das gewährleistet eine geringfügige Beimischung von b. Dieselbe Prozedur wird für das Orbital b wiederholt, so daß man schließlich zwei eiförmige Orbitale (Fig. 5.4)

$$A = a + \mu b, \quad B = b + \mu a \tag{5.40}$$

erhält, wobei μ ein kleiner positiver Koeffizient ist. Aus Symmetriegründen ist dieser in beiden Fällen gleich. Die einfache kovalente Heitler-London-Funktion (5.27) lautet dann

$$AB + BA = (1+\mu)(ab+ba) + 2\mu(aa+bb)$$

oder, ohne Normierungsfaktor,

$$\Psi_{\mathrm{CF}} = (ab+ba) + \lambda(aa+bb) \tag{5.41}$$

und dieser Ausdruck ist identisch mit (5.29). Die ionischen Terme sind trotzdem berücksichtigt, obwohl ursprünglich rein formal nur eine kovalente Struktur angesetzt worden ist! Die Beziehung zwischen λ, womit der Ionencharakter bestimmt ist, und μ, womit der „Grad der Veränderung" der AO nach (5.40) angegeben ist, lautet

$$\lambda = \frac{2\mu}{1+\mu}, \quad \mu = \frac{\lambda}{2-\lambda}. \tag{5.42}$$

Mit anderen Worten heißt das, daß die beste Näherungswellenfunktion, die wir aus den Atomorbitalen a und b bilden können, als eine kovalente VB-Struktur geschrieben werden kann und genauso wie die Heitler-London-Funktion (5.27) aussieht, nur daß die Atomorbitale verändert sind ($a \rightarrow A$, $b \rightarrow B$), um eine bessere Überlappung zu gewährleisten. Diese GVB-Funktion behält ihre Gültigkeit und Güte für alle Kernabstände und eignet sich deshalb besonders für die Diskussion von Energiekurven, von ihrem einfachen Konzept ganz abgesehen. Das Verhalten von μ ist einleuchtend; für große R gilt $\mu \rightarrow 0$ und es entsteht die Heitler-London-Funktion; wird R kleiner als der Gleichgewichtswert (beginnende Situation des vereinigten Atoms), so gehen die optimalen Werte für λ und μ rasch gegen 1 und es entsteht die MO-Wellenfunktion, wobei beide Elektronen das bindende Orbital $(a+b)$ besetzen. In diesem Sinne kann man sagen, daß die einfache MO-Funktion im Grenzfall des vereinigten Atoms am besten ist, während die einfache VB-Funktion im Grenzfall der getrennten Atome am besten ist. Die Coulson-Fischer (GVB)-Funktion ist flexibel genug, um in beiden Grenzfällen eine gute Näherung zu sein. Wellenfunktionen dieser Art werden in späteren Kapiteln wieder aufgegriffen werden.

5.6 Singulett- und Triplett-Zustände: das Pauli-Prinzip

Bis jetzt wurde der Elektronenspin in unserer Beschreibung der chemischen Bindung nicht erwähnt. Daraus können wir folgern, daß die sehr geringe magnetische Wechselwirkung, die durch den Elektronenspin verursacht wird, mit der chemischen Bindung nichts zu tun hat. Tatsächlich enthält der Hamiltonoperator in § 5.1 außer der kinetischen Energie und der Coulombwechselwirkung keine weiteren Terme. Spinterme können nur als kleine Korrekturen auftreten, die bisher vernachlässigt worden sind. Sie sind in der Spektroskopie von Bedeutung, wo ein extrem hohes Auflösungsvermögen der Energieniveaus erreicht werden kann; für die übrige Chemie sind sie bedeutungslos. Die Atome in Molekülen werden durch *elektrostatische* Kräfte zusammengehalten, die um einige Größenordnungen stärker sind, und der Ursprung dieser Kräfte ist in der Ladungsdichte zu suchen (§ 2.2). Gewiß, die Dichte muß durch Lösen der Wellengleichung berechnet werden, aber die tatsächliche Interpretation der chemischen Bindung erfordert keine geheimnisvollen nicht-klassischen Konzepte. Die Elektronenpaarbindung wird oft mit Begriffen wie „Paarung" der Spins verknüpft und manchmal wird auch von einer „Spinpaarungsenergie" gesprochen. Wir müssen nun zu verstehen versuchen, wie solche irreführenden Begriffe je entstehen konnten.

Wir wollen zur Heitler-London-Berechnung (§ 5.2) zurückkehren, wo die Produkte $\phi_A(1)\phi_B(2)$ und $\phi_B(1)\phi_A(2)$ die Elektronen 1 und 2 beschreiben, die sich bei A und B, beziehungsweise bei B und A aufhalten. Diese Produkte wurden kombiniert, um eine bezüglich des Elektronenaustausches *symmetrische* Wellenfunktion zu erhalten

$(1,2 \rightarrow 2,1$, wobei die Funktion unverändert bleibt). Zusätzlich erhält man eine *antisymmetrische* Wellenfunktion $(1,2 \rightarrow 2,1$, wobei die Funktion nur das Vorzeichen ändert). Die zuerst erwähnte Funktion liefert eine gute Beschreibung des Grundzustands. Führen wir nun den Spin ein, so wird die Auswahl der Funktionen umfassender; an Stelle von ϕ_A haben wir jetzt die *Spinorbitale* $\phi_A\alpha$ und $\phi_A\beta$, und an Stelle von ϕ_B haben wir $\phi_B\alpha$ und $\phi_B\beta$. Die zu kombinierenden Produkte stellen verschiedene Zuordnungen der Elektronen 1 und 2 zu den Zentren A und B dar, wobei noch jedes Elektron mit zwei verschiedenen Spinsorten ($m_s = \pm 1/2$) auftreten kann. Demnach erhält man

$$\begin{array}{ll}\phi_A(1)\alpha(1)\phi_B(2)\alpha(2), & \phi_A(1)\alpha(1)\phi_B(2)\beta(2),\\ \phi_A(1)\beta(1)\phi_B(2)\alpha(2), & \phi_A(1)\beta(1)\phi_B(2)\beta(2),\\ \phi_B(1)\alpha(1)\phi_A(2)\alpha(2), & \phi_B(1)\alpha(1)\phi_A(2)\beta(2),\\ \phi_B(1)\beta(1)\phi_A(2)\alpha(2), & \phi_B(1)\beta(1)\phi_A(2)\beta(2).\end{array}$$

Diese acht Funktionen kann man in einem Variationsansatz verwenden, und wir wollen diese $\phi_1, \phi_2, \ldots, \phi_8$ nennen. Dann haben wir die Größen H_{11}, H_{12}, usw. zu berechnen und eine Säkulargleichung zu lösen, um die Energiewerte und Linearkoeffizienten zu erhalten, wie das in § 3.8 dargelegt worden ist. Diese Rechnung können wir umgehen, wenn wir eine einfache Betrachtung der Symmetrieverhältnisse anstellen und uns der Tatsache bewußt werden, daß die Wellenfunktion als Produkt einer Ortsfunktion und einer Spinfunktion geschrieben werden kann (da der Spin im Hamiltonoperator nicht auftritt (5.5) und deshalb auch nicht die resultierenden Energien beeinflussen kann). Die beiden Ortsfunktionen sind bereits bekannt (5.15*a*,*b*). Somit erhalten wir

$$\Psi = N_{\pm}[\phi_A(1)\phi_B(2) \pm \phi_B(1)\phi_A(2)] \times [\text{Spinfaktor}] \tag{5.43}$$

und da die Spinfunktion eine Kombination der Produkte $\alpha(1)\alpha(2), \alpha(1)\beta(2), \beta(1)\alpha(2), \beta(1)\beta(2)$ sein muß, folgt daraus, daß wir eine Kombination von Spinorbitalprodukten erhalten, die wir bereits kennen. Die Symmetrieüberlegung lautet wie folgt. Vertauschen wir die Elektronen, indem wir dem Elektron 1 den Ort (x_2, y_2, z_2) und den Spin (s_2) zuordnen und umgekehrt, so darf sich $|\Psi|^2$ nicht ändern. Der Grund dafür ist, daß sich die neue Situation physikalisch von der alten nicht unterscheidet (die Elektronen sind nicht unterscheidbar). Beide Situationen müssen deshalb mit derselben Wahrscheinlichkeit auftreten. Das bedeutet, daß der Austausch $1,2 \rightarrow 2,1$ in beiden Orbitalen und Spinfunktionen höchstens einen Vorzeichenwechsel in Ψ verursachen kann. Die Wellenfunktion muß bezüglich eines Austausches der Variablen für die Elektronen entweder symmetrisch oder antisymmetrisch sein. Das Verhalten des Ortsfaktors in (5.43) ist bereits geklärt; die Grundzustandsfunktion (mit dem + Zeichen) ist symmetrisch bezüglich eines Austausches der *Ortsvariablen*, während die zweite Funktion (sie beschreibt einen angeregten Zustand) antisymmetrisch ist. Der Spinfaktor muß deshalb ähnliche Eigenschaften besitzen. Es gibt die vier Möglichkeiten

$$\alpha(1)\alpha(2), \quad \alpha(1)\beta(2)+\beta(1)\alpha(2), \quad \beta(1)\beta(2), \quad \alpha(1)\beta(2)-\beta(1)\alpha(2).$$

Davon sind die ersten drei symmetrisch und die vierte antisymmetrisch. Normieren wir diese Spinfunktionen und verwenden $\Phi_+(1,2)$ und $\Phi_-(1,2)$ für die beiden Ortsfunktionen (sie sind in normierter Form in (5.15*a*,*b*) angegeben), so lauten die möglichen Orts-Spin-Produkte wie folgt.

Ortsfaktor	(1) Spinfaktor	(2) Spinfaktor
$\Phi_+(1,2)\times$	$1/\sqrt{2}[\alpha(1)\beta(2)-\beta(1)\alpha(2)]$	$\alpha(1)\alpha(2)$ $\beta(1)\beta(2)$ $1/\sqrt{2}[\alpha(1)\beta(2)+\beta(1)\alpha(2)]$
$\Phi_-(1,2)\times$	$\alpha(1)\alpha(2)$ $\beta(1)\beta(2)$ $1/\sqrt{2}[\alpha(1)\beta(2)+\beta(1)\alpha(2)]$	$1/\sqrt{2}[\alpha(1)\beta(2)-\beta(1)\alpha(2)]$

Die Produktfunktionen mit den Spinfunktionen aus Spalte (1) unterscheiden sich wesentlich von denen mit den Spinfunktionen aus Spalte (2). Dieser Unterschied beruht auf der unterschiedlichen Symmetrie. Tauschen wir überall in einer Funktion 1 und 2 aus, so werden wir feststellen, daß die vier Produktfunktionen mit Spalte (1) alle mit -1 multipliziert werden, während die mit Spalte (2) unverändert bleiben. Wir sagen deshalb, daß die ersten bezüglich Elektronenaustausch antisymmetrisch sind, während die letzteren symmetrisch sind. Aus allgemeinen Prinzipien der Quantentheorie folgt, daß eine Symmetrieeigenschaft dieser Art nicht veränderlich ist (sie ist eine „Bewegungskonstante"). Symmetrische Wellenfunktionen bleiben immer symmetrisch.

Es gibt keine Möglichkeit, von vornherein zu entscheiden, ob zur Beschreibung irgendwelcher Teilchen symmetrische oder antisymmetrische Funktionen erforderlich sind. Nur das Experiment kann zeigen (als erster hat Heisenberg (1926) darauf hingewiesen), daß Elektronen, Protonen, Neutronen und alle anderen Teilchen mit halbzahligem Spin ($n+1/2$, wobei n eine ganze Zahl ist) nur antisymmetrische Wellenfunktionen haben; demgegenüber haben α-Teilchen, Photonen, gewisse Mesonen und alle anderen Teilchen mit ganzzahligem Spin (einschließlich null) nur symmetrische Wellenfunktionen. Wir müssen deshalb in der oben diskutierten Tabelle Spalte (2) streichen und von nun an nur noch Spalte (1) diskutieren. Daraus folgt, daß die Grundzustandswellenfunktion $\phi_A(1)\phi_B(2)+\phi_B(1)\phi_A(2)$ nur einen einzigen möglichen Spinfaktor besitzen kann, die Funktion für den angeregten Zustand aber drei. Legen wir ein starkes Magnetfeld an (§ 3.10) und führen im Hamiltonoperator eine schwache Spin-Feld-Wechselwirkung ein, so werden die drei Energiewerte geringfügig getrennt. Deshalb haben wir mit der Grundzustandsfunktion (5.15*a*) einen Singulett-Zustand und mit der anderen Funktion (5.15*b*) einen Triplett-Zustand beschrieben. Nun können Elektronen ihre Spinzustände nicht ändern (es sei denn sehr langsam, durch schwache Spin-Spin und Spin-Bahn-Wechselwirkungen), deshalb treten keine unmittelbaren Übergänge zwischen den Zuständen mit den Orbitalfaktoren (5.15*a*) und (5.15*b*) auf.

Die Interpretation der Spinfunktionen ist von besonderem Interesse. Die Möglichkeiten $\alpha(1)\alpha(2)$ und $\beta(1)\beta(2)$ entsprechen „parallelem Spin", wie in Fig. 5.5 zu er-

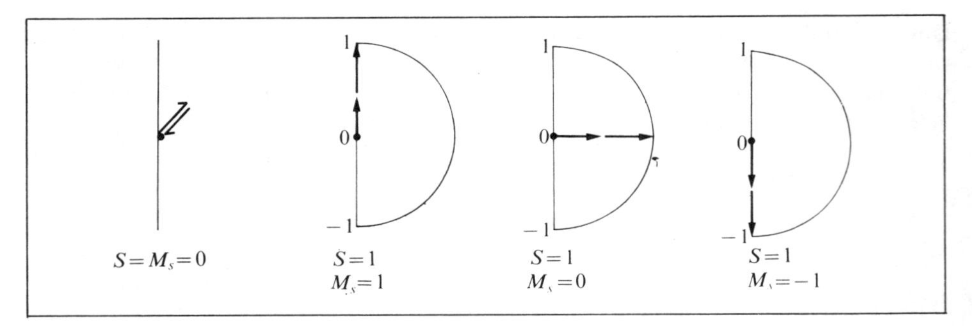

Fig. 5.5. Vektordiagramm für die Spinzusammensetzung. Antiparallele Kopplung („Paarung") ergibt nur einen Zustand ($S=0$). Parallele Kopplung ergibt den Gesamtspin $S=1$; durch Anlegen eines Magnetfeldes (vertikale Richtung) nimmt die quantisierte Komponente in Feldrichtung die drei möglichen Werte $M_s=1, 0, -1$ an. Der Triplett-Zustand wird durch ein Feld in drei Zustände mit etwas unterschiedlichen Energiewerten aufgespalten.

kennen ist; die z-Komponente für den *Gesamtspin** lautet dafür $M_s=+1$ oder $M_s=-1$. Die beiden anderen Funktionen mit antiparallelem Spin liefern beide den Wert $M_s=1/2-1/2=0$. Es kann gezeigt werden (mit Hilfe des „Eigenwert-Tests" (3.48), zusammen mit den allgemeinen Eigenschaften von Drehimpulsoperatoren), daß die drei Funktionen der symmetrischen Klasse alle den gleichen *Gesamtspin* haben, dessen quadrierter Betrag (in Einheiten von $\hbar^2$) den Wert $S(S+1)$ mit $S=1$ hat. Demgegenüber gilt für die eine antisymmetrische Funktion $S=M_s=0$. Wir sprechen von „paralleler und antiparalleler Kopplung" von zwei Spins mit $s=1/2$ zu einem Gesamtspin mit $S=1$, beziehungsweise $S=0$. Die gesamte Situation ist in Fig. 5.5 dargestellt und kann mit Fig. 3.14 verglichen werden. Die antiparallele Kopplung wird oft als „Spinpaarung" bezeichnet und wir erkennen nun, daß die Wellenfunktion, mit der wir die chemische Bindung beschreiben, die mit der *Spinpaarung* ist. Daraus folgt aber noch lange nicht, daß hier irgendeine Art *physikalischer* Kopplung vorliegt; vielmehr folgt die Spinpaarung aus dem Antisymmetrieprinzip, das die symmetrische Ortsfunktion (Φ_+) mit der antisymmetrischen Spinfunktion verknüpft. Van Vleck (1935) hat diese Situation sehr treffend dadurch charakterisiert, indem er sagt, daß die Spinkopplung lediglich ein *Indikator* für die chemische Bindung ist. Wodurch die Bindung wirklich bestimmt wird, hängt von der Form der Ortsfunktion ab sowie von der daraus resultierenden Ladungsdichte. Man darf nicht dem Trugschluß erliegen, daß wo immer auch eine Spinpaarung stattfindet, auch eine chemische Bindung gebildet wird. Für eine Wellenfunktion der Form (5.43) hängt die Ladungsdichte *nur von der Ortsfunktion* ab; bei der Berechnung der Dichte fällt der Spinfaktor heraus. Die Argumentation verläuft ganz analog zu der in § 5.4 (siehe auch Anhang 2). Sind wir an der Aufenthaltswahrscheinlichkeit für ein Elektron in einem vorgegebenen Volumenelement interessiert, *unabhängig von seinem Spin*, so summieren

* Große Buchstaben werden zur Bezeichnung der Quantenzahlen für den *Gesamtdrehimpuls* verwendet. Demnach sind s und m_s durch S, M_s, sowie l, m_l durch L, M_L zu ersetzen.

(integrieren) wir über alle möglichen Spinwerte. Die Wahrscheinlichkeit P, entwickelt aus (5.43), enthält demnach $\int(\text{Spinfaktor})^2\, ds_1\, ds_2$; dieser Ausdruck ist 1, falls der Spinfaktor normiert ist. Das ist die Begründung dafür, daß in früheren Abschnitten dieses Kapitels lediglich die Ortsfunktion der Wellenfunktion diskutiert worden ist.

Die Aussage, daß jede elektronische Wellenfunktion in jedem Elektronenpaar antisymmetrisch sein muß, stellt das *Antisymmetrieprinzip* dar. Dieses Prinzip ist die allgemeinere Fassung des Pauliprinzips. Die ursprüngliche Form des Pauliprinzips bezieht sich auf das Modell der unabhängigen Teilchen und kann deshalb unmittelbar auf Wellenfunktionen angewandt werden, die sich aus Molekülorbitalen zusammensetzen. In der MO-Beschreibung des Wasserstoffmoleküls wird das bindende MO ψ durch die beiden Molekül-*Spinorbitale* $\psi\alpha$ und $\psi\beta$ ersetzt. Mit einem Elektron für $\psi\alpha$ und einem für $\psi\beta$ lautet die antisymmetrische Wellenfunktion

$$\begin{aligned}\Psi(1,2) &= \psi(1)\alpha(1)\psi(2)\beta(2) - \psi(2)\alpha(2)\psi(1)\beta(1)\\ &= \psi(1)\psi(2)[\alpha(1)\beta(2) - \beta(1)\alpha(2)],\end{aligned}$$

wobei eine Spinpaarung auftritt und dadurch eine Singulettfunktion mit $S=0$ entsteht; die symmetrische Ortsfunktion ist das doppelt besetzte bindende MO. Beim Versuch, beide Elektronen im gleichen Spinorbital $\psi\alpha$ unterbringen zu wollen, können wir nur eine symmetrische Wellenfunktion

$$\Psi(1,2) = \psi(1)\alpha(1)\psi(2)\alpha(2)$$

erhalten, und diese widerspricht dem Antisymmetrieprinzip. Mit dieser Art von Wellenfunktion erlaubt das Antisymmetrieprinzip nicht mehr als ein Elektron in einem Spinorbital; oder mit anderen Worten, mit einem bestimmten Satz von Quantenzahlen (einschließlich m_s) können wir nur ein Elektron beschreiben. Diese Aussage gilt ganz allgemein. Werden für N Elektronen N Spinorbitale $\psi_1, \psi_2, \ldots, \psi_N$ bereitgestellt, so können wir eine antisymmetrische Funktion konstruieren. Dabei beginnen wir mit dem Produkt $\psi_1(1)\psi_2(2)\ldots\psi_N(N)$ und bilden nun alle möglichen Permutationen durch Elektronenaustausch. Für jeden Austausch müssen wir einen Vorzeichenwechsel vornehmen; anschließend werden die $N!$ Terme summiert. Wären beispielsweise ψ_1 und ψ_2 identisch, so würde es zu jedem Term $\psi_1(i)\psi_1(j)\ldots\psi_N(k)$ einen Term $-\psi_1(j)\psi_1(i)\ldots\psi_N(k)$ geben und die Wellenfunktion würde identisch verschwinden*. *Tritt in einer Wellenfunktion ein Spinorbital doppelt auf, so kann diese nicht antisymmetrisiert werden.* Eine auf diese Weise konstruierte antisymmetrische Wellenfunktion, ausgehend von einem Produkt von Spinorbitalen, wird „Eindeterminanten"-Wellenfunktion genannt, denn die Summe der Produkte ist gleichbedeutend mit der Entwicklung einer Determinante.

* Diese gängige Schlußweise ist nicht korrekt. Würde man mit einer *normierten* Funktion den Grenzübergang $\psi_1 \to \psi_2$ durchführen, so würde zwar die hier diskutierte Funktion gegen null, aber der Normierungsfaktor gegen unendlich gehen. Die so entstehende unbestimmte Form der Art „$0\cdot\infty$" bedarf aber einer gesonderten Untersuchung. (Anmerkung des Übersetzers)

Die Betrachtungen in diesem Abschnitt klären einige Aussagen aus Kapitel 4. Beispielsweise können wir jetzt verstehen, warum die Elektronenkonfiguration von O_2 (§ 4.7)

$$O_2[KK(2\sigma_g)^2(2\sigma_u)^2(1\pi_u)^4(3\sigma_g)^2(1\pi_g)^2]$$

zu einem Triplett- oder Singulett-Zustand führen kann, je nachdem ob der Spin der beiden Elektronen in den beiden $1\pi_g$-Molekülorbitalen parallel oder antiparallel ist. Es ist hier darauf hinzuweisen, daß die einfach besetzten Molekülorbitale ($1\pi_{gx}$ und $1\pi_{gy}$) nicht unbedingt die gleiche Energie haben müssen. Wenn immer wir die Situation antreffen, daß alle Molekülorbitale doppelt besetzt sind, mit Ausnahme von zweien, die je ein Elektron enthalten, so muß der resultierende Zustand mit *offenen Schalen* entweder ein Singulett- oder ein Triplett-Zustand sein, je nach der Spinsituation der beiden Elektronen in diesen Orbitalen. Mit drei ungepaarten Elektronen (vgl. das N-Atom) können wir einen Dublett- oder Quartett-Zustand erhalten, und mit vier ungepaarten Elektronen (vgl. ein angeregter Zustand des C-Atoms) erhalten wir einen Singulett-, Triplett- oder Quintett-Zustand.

Zum Abschluß muß noch darauf hingewiesen werden, daß ohne numerische Berechnung nicht entschieden werden kann, welche der möglichen Spinkombinationen zur niedrigsten Gesamtenergie für das Molekül führt; die alleinige Betrachtung der Spinkombinationen reicht dazu nicht aus. Mit zwei einfach besetzten Orbitalen liefert die Hundsche Regel die *empirische* Aussage, daß der Triplett-Zustand zur niedrigeren Energie führt, aber eine theoretische Begründung ist nicht einfach. Die Tatsache, daß Heitler und London für die Elektronen in ϕ_A und ϕ_B die *Singulett*-Kopplung gefunden haben, die zur niedrigeren Energie führt, sollte für uns eine Warnung sein, daß glaubwürdige Vorhersagen nicht möglich sind, wenn nicht der *Orbitalteil* in der Wellenfunktion ausführlich untersucht wird. Selbstverständlich beruht die niedrigere Energie für den Singulett-Zustand (5.15*a*) auf dem „Austauschintegral" H_{12}, das bei starker Überlappung negativ ist. Demgegenüber ist für die orthogonale Basis in der MO-Theorie H_{12} positiv (Slater (1960)), und dadurch wird der Triplett-Zustand niedriger als der Singulett-Zustand. Aber auch die optimalen Formen der Molekülorbitale in den Singulett- und Triplett-Funktionen können sehr unterschiedlich sein, und dann wird der Energieunterschied nicht mehr nur noch vom Austauschintegral abhängen*. Die genaue Berechnung von Energien für Zustände mit offenen Schalen bereitet auch heute noch Schwierigkeiten.

Aufgaben

5.1. Angenommen, $\Psi_1^A, \Psi_2^A, \Psi_1^B, \Psi_2^B$ seien Wellenfunktionen für den Grundzustand und den ersten angeregten Zustand zweier Heliumatome A und B. Man schreibe die Wellenfunktionen

* Die energetische Sequenz von Multipletts wird durch die Einelektronenbeiträge bestimmt; die Elektronenabstoßungsenergien allein zeigen sogar eine umgekehrte Sequenz. Die Interpretation der Hundschen Regel mittels Austauschintegralen beruht auf einem Artefakt einer einfachen Näherung (gleiche Orbitale für verschiedene Multipletts), die zufällig die richtige Sequenz liefert (J. Katriel und R. Pauncz (1977)). (Anmerkung des Übersetzers)

für die Beschreibung der folgenden Situationen auf (unter der Vernachlässigung der Wechselwirkung):
(1) den Grundzustand des Gesamtsystems (zwei Heliumatome);
(2) einen Zustand, in dem das Atom A angeregt ist;
(3) einen Zustand, in dem beide Atome A und B angeregt sind;
(4) zwei Zustände, in denen entweder A oder B angeregt ist.
Wie lauten die Energien für diese Zustände? Wie können diese Wellenfunktionen für eine näherungsweise Bestimmung der Energie unter Berücksichtigung der Wechselwirkung verwendet werden?

5.2. Das Heliumatom wird unter Vernachlässigung der Elektronenwechselwirkung durch die Zuordnung der Elektronen zu Einelektronenzuständen mit den Wellenfunktionen $\phi_{1s}, \phi_{2s}, \ldots$ beschrieben. Man schreibe die Wellenfunktionen für die Beschreibung folgender Situationen auf:
(1) beide Elektronen befinden sich im 1s-Orbital;
(2) ein Elektron befindet sich im 1s-, das andere im 2s-Orbital;
(3) beide Elektronen befinden sich im 2s-Orbital.
Man verfahre wie in Aufgabe 5.1.

5.3. Der Elektronenspin wird durch eine der beiden „Spinfunktionen" α oder β beschrieben. Wie wäre unter Vernachlässigung der Spin-Bahn-Wechselwirkung ein Wasserstoffatom mit einem Elektron mit α-Spin im 1s-Orbital zu beschreiben? (Die resultierende Wellenfunktion ist ein „Spinorbital" (siehe § 3.10).) Man gehe zu Aufgabe 5.2 zurück und gebe einige Wellenfunktionen, unter Berücksichtigung des Spins, für das Heliumatom an.

5.4. Mit Hilfe des Aufbauprinzips gebe man die beiden Produktwellenfunktionen (einschließlich Spin) für den entarteten Grundzustand (Dublett-Zustand) des Lithiumatoms an. (Hinweis: Zu den beiden Elektronen in Li^+ füge man ein drittes hinzu.)

Warum ist ein einfaches Produkt als Wellenfunktion physikalisch unzureichend? Für den Zustand mit α-Spin versuche man eine Kombination von Produkten anzusetzen, die das Vorzeichen wechselt, wenn für ein Elektronenpaar die Koordinaten (Ort und Spin) ausgetauscht werden. (Hinweis: man schreibe alle möglichen Produkte für die Zuordnung der Elektronen zu den gegebenen Spinorbitalen auf und kombiniere diese mit den passenden Koeffizienten ± 1.)

5.5. Man leite die Normierungsfaktoren in den Gleichungen (5.15*a*, *b*) her. (Hinweis: man beachte, daß jedes Integral in zwei voneinander unabhängige Faktoren aufspaltet.)

5.6. Man betrachte das Lithiumhydridmolekül als ein System, das zwei Valenzelektronen enthält, die sich im Feld zweier Punktladungen bewegen. Diese sind der Li^+-Rumpf und das Proton. Man gebe Wellenfunktionen vom MO- und vom VB-Typ an, um die Elektronenpaarbindung zu beschreiben. Wodurch unterscheidet sich diese Wellenfunktion von der für eine homöopolare Bindung (wie in H_2) und wie kann in dieser Wellenfunktion der polare Charakter der Bindung erkannt werden?

5.7. Man führe einen Vergleich zwischen der MO- und der VB-Funktion für LiH (Aufgabe 5.6) durch, indem beide mit Hilfe von „Strukturen" beschrieben werden. Was bedeuten diese Strukturen und ihre Gewichte? (Hinweis: man entwickle die MO-Funktion. Im Zweifelsfall wiederhole man § 5.4.)

5.8. Welche Koeffizientenänderung ist für die kovalente und für die ionische Struktur in der VB-Funktion für LiH (Aufgabe 5.7) zu erwarten, wenn man die Atome voneinander entfernt? Wie würden sie sich beim HF-Molekül ändern?

5.9. Man verifiziere die Gleichung (5.31).

5.10. Für die Wellenfunktion (5.29) ist ein Ausdruck für die Ladungsdichte anzugeben. Dann leite man Gleichung (5.39) her. (Hinweis: man verwende die gleichen Argumente, die zu (5.35) geführt haben.)

5.11. Man normiere die Eindeterminantenwellenfunktion (§ 5.6), die aus dem Produkt $\psi_1(1)\psi_2(2)\ldots\psi_N(N)$ der Spinorbitale hergeleitet worden ist, wobei die Spinorbitale als orthonormal vorausgesetzt werden. (Hinweis: man beachte, daß ψ^2 $N! \times N!$ Terme enthält, die durch alle Permutationen der Variablen entstehen; beim Integrieren geben nur gewisse Produkte einen Beitrag.)

5.12. Unter Verwendung der normierten Wellenfunktion von Aufgabe 5.11 und der Vorgangsweise von § 5.4 zeige man, daß die Wahrscheinlichkeit pro Volumeneinheit, das Elektron 1 in $d\tau_1$ zu finden, durch

$$N^{-1}[|\psi_1(1)|^2 + |\psi_2(1)|^2 + \cdots + |\psi_N(1)|^2]$$

gegeben ist. Weiter zeige man, daß die entsprechende Wahrscheinlichkeitsdichte für irgendein Elektron genau die Summe der Spinorbitalbeiträge in der eckigen Klammer ist. Dann zeige man durch Eliminierung des Spins, daß die Elektronendichte eine Summe von *Orbitaldichten* ist. (Hinweis: man verwende die Näherung von Aufgabe 5.11 und achte darauf, welche der Terme nach $N-1$ Integrationen einen Beitrag liefern und wie oft jeder dieser Terme auftritt. Dann setze man die Spinfaktoren wirklich ein, indem $\psi_1, \psi_2, \psi_3, \psi_4, \ldots$ durch $\phi_1\alpha, \phi_1\beta, \phi_2\alpha, \phi_2\beta, \ldots$ ersetzt wird, und integriere über den Spin. Im Fall von Schwierigkeiten betrachte man zunächst die Fälle $N=2$ und $N=3$.)

6. Die Bindung in zweiatomigen Molekülen

6.1 Einige numerische Ergebnisse von Berechnungen

Einige homonukleare zweiatomige Moleküle wurden in Kapitel 4 mit Hilfe der MO-Näherung qualitativ diskutiert. Die mehr quantitative Behandlung der kovalenten Bindung in H_2 hat uns im letzten Kapitel gezeigt, daß die einfache MO-Wellenfunktion mit anderen Wellenfunktionen (im besonderen die VB-Funktion von Heitler und London) nicht besonders gut übereinstimmt. Die einfache MO-Funktion steht hinsichtlich der numerischen Ergebnisse und der Flexibilität deutlich zurück und liefert im allgemeinen nicht die richtige Dissoziationsenergie. Trotzdem ist die MO-Näherung im Bereich der Gleichgewichtsgeometrie nicht schlecht und liefert eine Ladungsverteilung, die nicht allzusehr von der abweicht, die man durch die VB-Näherung erhält; die besten Ergebnisse liegen dazwischen. Wesentlich ist die Tatsache, daß die beiden Näherungen in vielerlei Hinsicht mehr Übereinstimmung als Diskrepanzen zeigen, wenn in beiden Fällen der gleiche AO-Basissatz verwendet wird, und daß bei Verbesserungen beide Methoden zum gleichen Grenzwert konvergieren. Die Elektronenpaarbindung ist durch eine Ladungswolke der Form (5.36), nämlich

$$P = q_1\phi_1^2 + q_2\phi_2^2 + q_{12}(\phi_1\phi_2/S_{12}) \tag{6.1}$$

charakterisiert, unabhängig davon, ob die Wellenfunktion durch die eine oder die andere Methode aufgebaut wird. Die Funktionen ϕ_1 und ϕ_2 sind stark überlappende Orbitale, die jeweils an den beteiligten Atomen lokalisiert sind; q_{12} ist positiv und entspricht einer gewissen „Ladungsanhäufung" im Überlappungsbereich. Die beiden Theorien stimmen darin überein, daß die Wellenfunktion für die Beschreibung der Bindung einen Singulett-Spinfaktor ($S = 0$) enthält, der einer Spinpaarung entspricht. Die wesentlichen Vorteile der MO-Näherung sind (1) das einfache Konzept und (2) die mathematische Einfachheit. Der zweite Vorteil spiegelt sich in der Tatsache wieder, daß etwa 95 % der gegenwärtigen *ab initio*-Berechnungen (das sind Berechnungen, bei denen für die Gewinnung einer Näherungslösung der Schrödingergleichung keinerlei experimentelle Daten verwendet werden) für Moleküle, die mehrere Elektronen besitzen, MO-Berechnungen sind, die zum Teil durch das CI-Verfahren (§ 5.4) verbessert worden sind. Solche Berechnungen sind bestens dokumentiert, und deshalb sollen sie hier nicht in allen Einzelheiten besprochen werden (ein Standardwerk für die umfangreiche und rasch angewachsene Literatur ist Richards *et al.* (1971; 1974; 1978))*. Es wird aber nützlich sein, einige dieser Ergebnisse darzustel-

* Diese Literatur ist inzwischen durch Ohno und Morokuma (1982) zu ergänzen. (Anmerkung des Übersetzers)

len, denn sie liefern eine quantitative Bestätigung für viele bisher entwickelten Konzepte und Argumente.

Solche Berechnungen werden am besten in zwei Kategorien unterteilt: (1) Rechnungen, denen eine LCAO-Entwicklung zugrunde gelegt wird, die auf einem *Basissatz* beruht, der nur solche Atomorbitale enthält, die im Grundzustand der beteiligten Atome besetzt sind; (2) Rechnungen, in denen eine erweiterte Basis verwendet wird, die für die *exakte* Lösung der Hartree-Fock-SCF-Gleichungen (im Rahmen einer vorgegebenen Genauigkeit) ausreicht. Die jeweils besten Werte für die berechnete Grundzustandsenergie (für eine vorgegebene Molekülgeometrie) werden als „Grenzfall der minimalen Basis", beziehungsweise als „Hartree-Fock-Grenze" bezeichnet. Der letztere Fall stellt das beste Ergebnis dar, das mit einer einfachen MO-Wellenfunktion (antisymmetrische Wellenfunktion, ein Orbital pro Elektron) erhalten werden kann. Der erstere Fall krankt an der zusätzlichen Einschränkung bei der Darstellung der Molekülorbitale durch einen sehr beschränkten Basissatz von Atomorbitalen. Diese beiden Näherungen sind durch die sechste und siebente Funktion in Tabelle 5.1 charakterisiert. Der Vorteil bei der Berechnung mit einer minimalen Basis ist eine gute Wellenfunktion (besonders dann, wenn die Atomorbitale Abschirmkonstanten enthalten, die durch das Variationsverfahren optimiert werden), die eine besonders einfache Interpretation ermöglicht. Beispielsweise kann die Ladungswolke wie in (6.1) in eine relativ geringe Anzahl von Termen zerlegt werden, die sich auf Atom- und Bindungs(Überlappungs)-Bereiche beziehen. Berechnungen an der Hartree-Fock-Grenze liefern zwar eine etwas bessere Elektronendichte, aber deren Beschreibung ist jetzt nicht mehr so einfach. Für viele qualitative Eigenschaften der Bindung sind Berechnungen mit einer minimalen Basis ausreichend. In beiden Fällen kann die Berechnung durch eine der LCAO-Entwicklung angepaßten Hartree-Fock-SCF-Methode durchgeführt werden. Dieses Konzept wurde unabhängig voneinander von Hall (1951) und Roothaan (1951) entwickelt und später von vielen anderen erweitert.

Wir wollen nun die Ergebnisse von *ab initio*-MO-Berechnungen für einige der einfachsten zweiatomigen Moleküle (mit Atomen aus der ersten Reihe des Periodensystems), die in Kapitel 4 bereits behandelt wurden, diskutieren.

(1) *Das Li_2-Molekül.* Die Elektronenkonfiguration wurde bereits in § 4.3 diskutiert; sie lautet

$$\mathrm{Li}_2[(1\sigma_\mathrm{g})^2(1\sigma_\mathrm{u})^2(2\sigma_\mathrm{g})^2]\,.$$

Die Berechnungen mit Hilfe einer minimalen Basis liefern Molekülorbitale, deren Ladungsdichten in Fig. 6.1 (*a, b, c*) abgebildet sind. Die Gesamtdichte der Ladungswolke ist die Summe der MO-Beiträge und in Fig. 6.1 (*d*) dargestellt. Diese Darstellung der Orbitale kann dadurch vereinfacht werden, daß lediglich die äußerste der Niveaulinien gezeichnet wird (längs dieser Linie ist ψ^2 konstant ($=6.1\times10^{-5}$ Elektronen bohr^{-3}) und deshalb auch ψ konstant) und Vorzeichen angegeben werden, um die positiven und negativen Bereiche von ψ anzugeben. Die resultierenden Bilder ähneln den schematischen Darstellungen der Molekülorbitale in Fig. 4.8–4.10. Dabei ist zu bemerken, daß die Situation eines Elektrons in $1\sigma_\mathrm{g}$ (oder in $1\sigma_\mathrm{u}$) fast exakt gleichwertig der eines halben Elektrons in einer 1s-Dichte an jedem Kern ist. Die vier

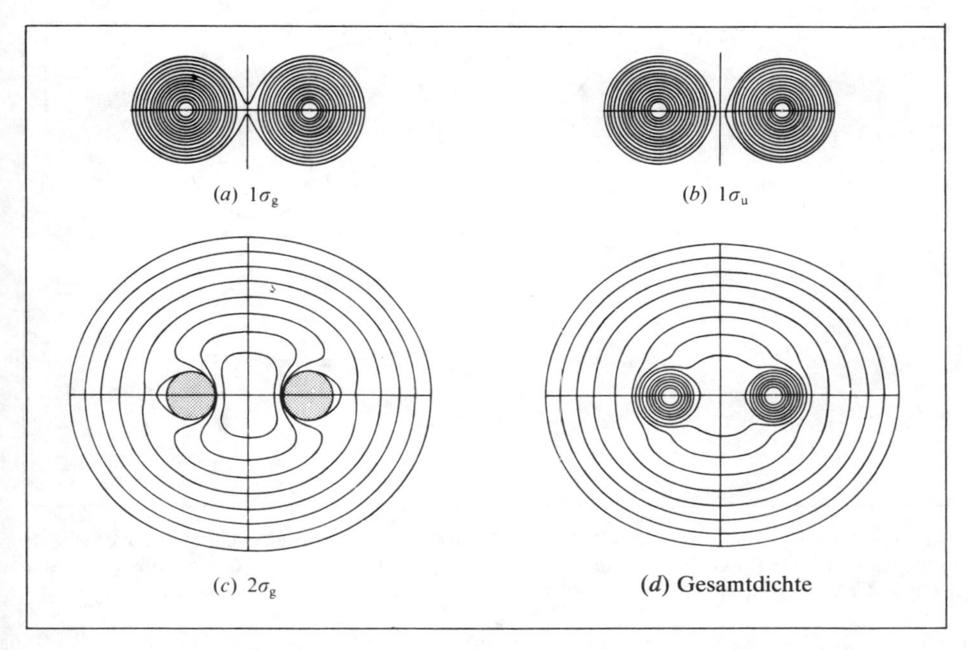

Fig. 6.1. Die Orbitalbeiträge zur Elektronendichte im Li_2-Molekül. Die MO $1\sigma_g$, $1\sigma_u$ und $2\sigma_g$ sind doppelt besetzt; die Überlagerung der entsprechenden Dichten liefert die gezeigte Gesamtdichte. (Niveaulinien in Kernnähe liegen zu dicht, um gezeichnet werden zu können.) (Mit freundlicher Erlaubnis von A. C. Wahl, *Science* **151**, 961 (1966).)

Elektronen in diesen zwei MO liefern tatsächlich fast exakt die gleiche Dichte wie zwei voneinander unabhängige K-Schalen; die gegenseitige Kompensierung der gleich besetzten bindenden und antibindenden MO (§ 4.6) ist offensichtlich so gut wie exakt, wenn die Überlappung klein ist.

Die berechnete elektronische Gesamtenergie beträgt* -14.8715, während der „experimentelle“ Wert** bei -14.9944 liegt. Der Fehler von 0.82% scheint sehr klein zu sein. Unglücklicherweise ist aber die Bindungsenergie nur ein geringer Bruchteil der Gesamtenergie; der berechnete Wert, den man durch Subtraktion der Hartree-Fock-Energie der getrennten Atome erhält, beträgt 0.17 eV, und dieser Wert stimmt nicht besonders gut mit dem experimentellen Wert von 1.07 eV überein. Dabei ist das Li_2-Molekül noch begünstigt, denn es hat nur vier Elektronen in den inneren Schalen, die auch noch energetisch hoch liegen. Das enttäuschende Ergebnis stellt die besondere Schwierigkeit der Berechnung von guten Bindungsenergien in den Vordergrund. Sogar mit einer minimalen Basis ergibt sich für die elektronische Gesamtenergie ein Fehler von nur 1.03%, und deshalb ist es klar, daß der wesent-

* Bei der Angabe von Energiewerten werden wir stets atomare Einheiten (1 hartree = 27.2108 eV) verwenden, falls keine anderen Einheiten angegeben sind.

** Aus spektroskopischen Daten.

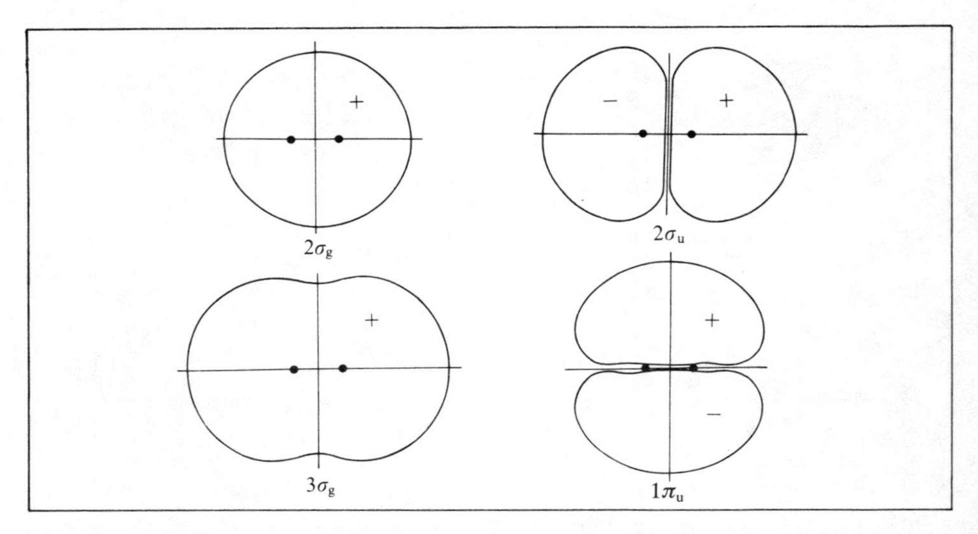

Fig. 6.2. Die Formen der Valenz-MO im Stickstoffmolekül. Die gezeichneten Niveaulinien entsprechen einer Elektronendichte von 6.1×10^{-5} Elektronen bohr^{-3}. (Aus den Ergebnissen von A. C. Wahl, *Science* **151**, 961 (1966).)

liche Defekt bei den Berechnungen in der Verwendung von Einkonfigurationen-MO-Wellenfunktionen zu suchen ist und nicht in der Wahl der AO-Basis.

(2) *Das N_2-Molekül.* Die Elektronenkonfiguration lautet (§ 4.6)

$$N_2[KK(2\sigma_g)^2(2\sigma_u)^2(1\pi_u)^4(3\sigma_g)^2].$$

Die berechneten Molekülorbitale sind in Fig. 6.2 dargestellt, wobei die gezeichneten Linien Flächen andeuten, die einer Elektronendichte (ψ^2) von 6.1×10^{-5} Elektronen bohr^{-3} entsprechen. Wieder ist festzustellen, daß die Diagramme in Fig. 4.8–4.10 qualitativ richtige Bilder über die MO-Formen vermitteln. Die berechnete Gesamtenergie beträgt -108.993, während der experimentelle Wert bei -109.586 liegt; der Fehler beträgt nur 0.54%, doch die berechnete Bindungsenergie von 5.31 eV bleibt deutlich unter dem experimentellen Wert von 7.52 eV.

(3) *Das F_2-Molekül.* Die Elektronenkonfiguration (§ 4.6), die man durch das Hinzufügen von vier weiteren Elektronen erhält, wobei das antibindende entartete $1\pi_g$-MO besetzt wird, lautet

$$F_2[KK(2\sigma_g)^2(2\sigma_u)^2(1\pi_u)^4(3\sigma_g)^2(1\pi_g)^4].$$

Einige dieser Orbitale sind in Fig. 6.3 dargestellt. Das zusätzliche MO ($1\pi_g$) hat die bereits angedeutete Gestalt (vgl. Fig. 4.10). Obwohl die Gesamtenergie einen Fehler von nur 0.44% aufweist, resultiert die berechnete Bindungsenergie zu -1.37 eV, während der experimentelle Wert bei 1.66 eV liegt. Die Theorie liefert in diesem Fall Instabilität gegenüber einer Dissoziation in zwei Fluoratome!

Diese Beispiele zeigen die Grenzen von *ab initio* SCF-Rechnungen, sogar dann, wenn man sich beim Rechenverfahren der besten technischen Hilfsmittel bedient und

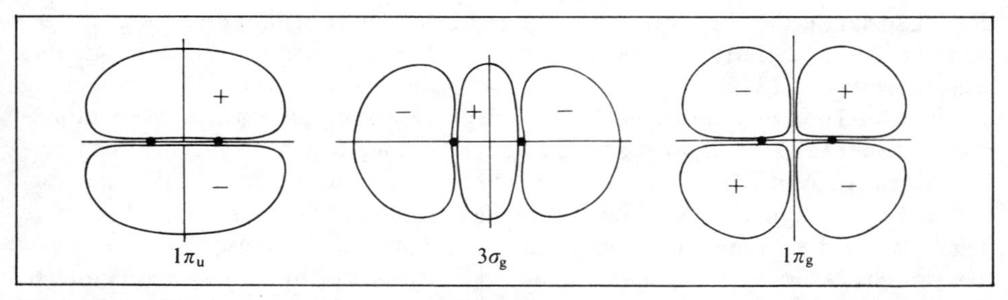

Fig. 6.3. Die Formen der höchsten besetzten Molekülorbitale im Fluor-Molekül. (Aus den Ergebnissen von A. C. Wahl, *Science* **151**, 961 (1966).)

die Hartree-Fock-Grenze erreicht hat. Um diese Grenzen zu überwinden, muß man Methoden wie VB, GVB oder CI anwenden (diese wurden an Hand des H_2-Moleküls in § 5.4–5.5 erläutert). Solche Methoden sind im Prinzip zwar einfach, aber rechentechnisch sehr aufwendig. Um zu zeigen, wie ein Ausweg gefunden werden kann, und um zu demonstrieren, wie einschneidend das Versagen der einfachen MO-Näherung ist, sollten wir einige der neuesten Ergebnisse für das F_2-Molekül erwähnen. Diese wurden von Wahl und Das (1970) erhalten (Fig. 6.4). Ihre „optimierte Valenzkonfigurationen"-Methode ist im Sinne der CI-Entwicklung ausreichend dafür, daß bei

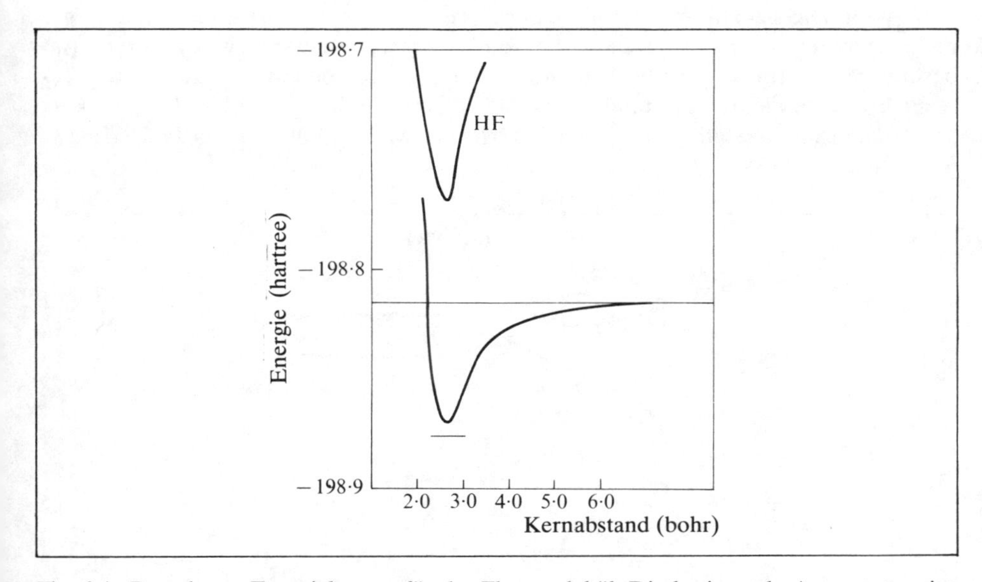

Fig. 6.4. Berechnete Energiekurven für das Fluormolekül. Die horizontale Asymptote zeigt die Hartree-Fock-Energie der getrennten Atome an; die berechnete Bindungsenergie bezieht sich auf diesen Wert, der experimentelle Wert ist durch eine kurze horizontale Linie angedeutet. Die Hartree-Fock-Rechnung für das Molekül liefert die durch HF gekennzeichnete Kurve. (Nach A. C. Wahl und G. Das, *Adv. Quantum Chem.* **5**, 261 (1970).)

der Dissoziation die Wellenfunktion die richtige Elektronenkonfiguration der getrennten Atome liefert; außerdem werden die Formen aller verwendeten Valenzschalenorbitale mit Hilfe des Variationsprinzips optimiert. Obwohl diese Näherung auf der MO-Theorie basiert, sind die einfacheren Formen einer solchen Wellenfunktion mit einer GVB-Funktion (§ 5.5) mathematisch äquivalent, wobei die sich überlappenden (deformierten) „Atomorbitale" optimiert sind. Es ist deshalb zu erwarten, daß die erhaltenen Energiewerte ziemlich genau auf der wahren Energiekurve liegen, wenn die Atome getrennt werden. Fig. 6.4 bestätigt diese Erwartung; der theoretische Wert der Bindungsenergie (1.57 eV) liegt dicht beim experimentellen Wert. Der für diese Genauigkeit erforderliche Rechenaufwand ist auch für ein so kleines Molekül wie F_2 ziemlich groß. Das Konzept für die Überwindung der Hartree-Fock-Grenze erfordert aber nur wenig mehr als das, was bei der Behandlung des Wasserstoffmoleküls in Kapitel 5 dargelegt worden ist.

Ab initio-Berechnungen liefern uns auch die Energiewerte der besetzten Molekülorbitale in der Einkonfigurationennäherung. Wir werden der üblichen Konvention folgen und die *Orbitalenergien* durch den griechischen Buchstaben ε (Epsilon) abkürzen, um diese von der gesamten elektronischen Energie (E) zu unterscheiden. Die Orbitalenergien können mit den Ionisierungsenergien korreliert werden und sind deshalb für die Zuordnung und Interpretation von Photoelektronenspektren von Bedeutung. Außerdem liefern sie eine quantitative Grundlage für die Erzeugung von Korrelationsdiagrammen, wie sie in § 4.6 und § 4.7 behandelt worden sind. Ein Korrelationsdiagramm für N_2, wie es von Mulliken (1972) angegeben ist, ist in Fig. 6.5 dargestellt. Das detaillierte Verhalten der einzelnen Niveaus wäre ohne eine sehr genaue Rechnung kaum vorherzusagen und die Tatsache, daß einige der Kurven (im besonderen die für $3\sigma_g$ und $1\pi_u$) einander überschneiden und in einem größeren Bereich des interatomaren Abstands sehr dicht beieinander liegen, erklärt die Unsicherheit bezüglich der relativen Lage einiger Niveaus während der letzten Jahre. In Ta-

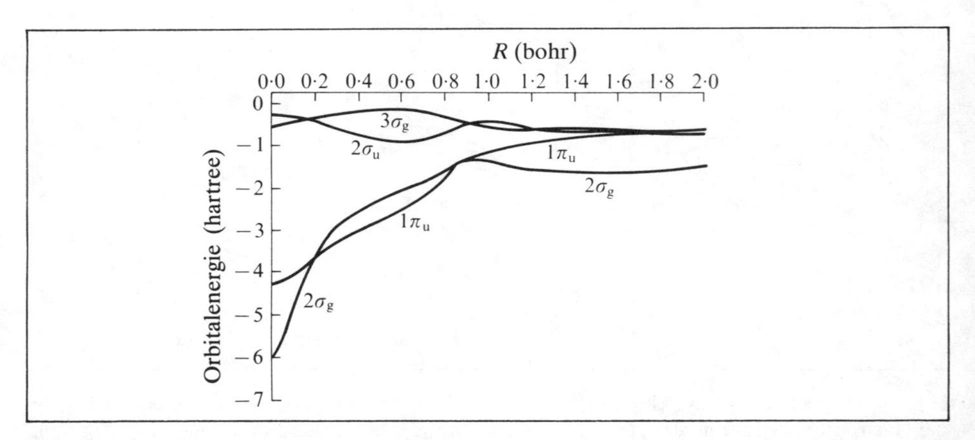

Fig. 6.5. Korrelationsdiagramm für die Valenzorbitale des Stickstoffmoleküls im Bereich von $R = 0$ (vereinigtes Atom) bis $R = R_e = 2.013 a_0$. (Nach R. S. Mulliken, *Chem. Phys. Lett.* **14**, 137 (1972).)

Tabelle 6.1. Orbitalenergien für die Moleküle N_2 und F_2

	N_2		F_2	
$1\sigma_g$	−15·6471*	−15·6820**	−26·3595*	−26·4227**
$1\sigma_u$	−15·6442	−15·6783	−26·3593	−26·4224
$2\sigma_g$	−1·4211	−1·4736	−1·6259	−1·7565
$2\sigma_u$	−0·7137	−0·7780	−1·3613	−1·4950
$3\sigma_g$	−0·5555	−0·6350	−0·5461	−0·7460
$1\pi_u$	−0·5454	−0·6154	−0·6079	−0·8052
$1\pi_g$			−0·4744	−0·6629

* Die Werte in der ersten Spalte entsprechen SCF-Rechnungen mit minimaler Basis von Ransil (1960).

** Die Werte in der zweiten Spalte entsprechen SCF-Rechnungen mit erweiterter Basis an der Hartree-Fock-Grenze, nach Cade *et al.* (1966) und nach Wahl (1964).

belle 6.1 sind die MO-Energien für N_2 und F_2 angegeben (am Gleichgewichtsabstand), wobei (*) der Rechnung mit einer minimalen Basis entspricht, während (**) einer Rechnung an der Hartree-Fock-Grenze entspricht. Nicht einmal experimentell (durch Photoelektronenspektroskopie) ist eine Auflösung solcher Unsicherheiten möglich, denn die Molekülorbitale *existieren in Wirklichkeit nicht* (vgl. § 4.4)! Sie sind Artefakte einer speziellen *Theorie*, die auf dem Modell der unabhängigen Teilchen basiert. Molekülorbitale besitzen nur dann eine experimentelle Signifikanz, wenn der Genauigkeitsgrad der Näherung diesem Modell angepaßt ist.

Die meßbare Ionisierungsenergie, die Differenz der elektronischen *Gesamtenergien* des neutralen Moleküls und seines Ions, ist nur in der Hartree-Fock-Näherung mathematisch als Orbitalenergie zu verstehen; mit *exakten* Wellenfunktionen gäbe es *keine* Orbitale und keine „Orbitalenergien", wie wir bereits am Ende von § 5.2 festgestellt haben.

Wenden wir uns den heteronuklearen Molekülen zu, so ist das Verhalten der Molekülorbitale und deren Energie als Funktion des interatomaren Abstands von besonderem Interesse, denn solche Moleküle dissoziieren manchmal nicht in freie Atome sondern in Ionen. Werden die Atome auseinandergezogen, so muß ein Punkt erreicht werden, an dem sich die Elektronen in einem Molekülorbital, das sich über beide Zentren erstreckt, „entscheiden" müssen, ob sie beide zu demselben Atom gehen oder nicht. Mit anderen Worten, dieses MO kann plötzlich die Form eines Atomorbitals annehmen. Eindrucksvolle Bilder über dieses Geschehen sind von Wahl und Mitarbeitern (1968) hergestellt worden. Fig. 6.6 zeigt drei Situationen bei der Bildung des stark polaren Moleküls LiF aus den neutralen Atomen. Bei großen Abständen hat jedes Atom im wesentlichen die Ladungswolke eines freien Atoms (Fig. 6.6(*a*)); die Niveaulinien zeigen deutlich die ziemlich diffuse Li-2s-Verteilung. Bei einem Abstand von 13.9 bohr verliert das Li-Atom plötzlich sein 2s-Elektron, so daß ein Li^+-Rumpf übrig bleibt; gleichzeitig wird das Oktett der Fluor-Valenzschale gebildet, so daß ein F^- entsteht. Wird der Gleichgewichtsabstand erreicht, dann taucht der Li^+-Rumpf offensichtlich in die etwas ausgedehnte Ladungswolke des F^--Ions

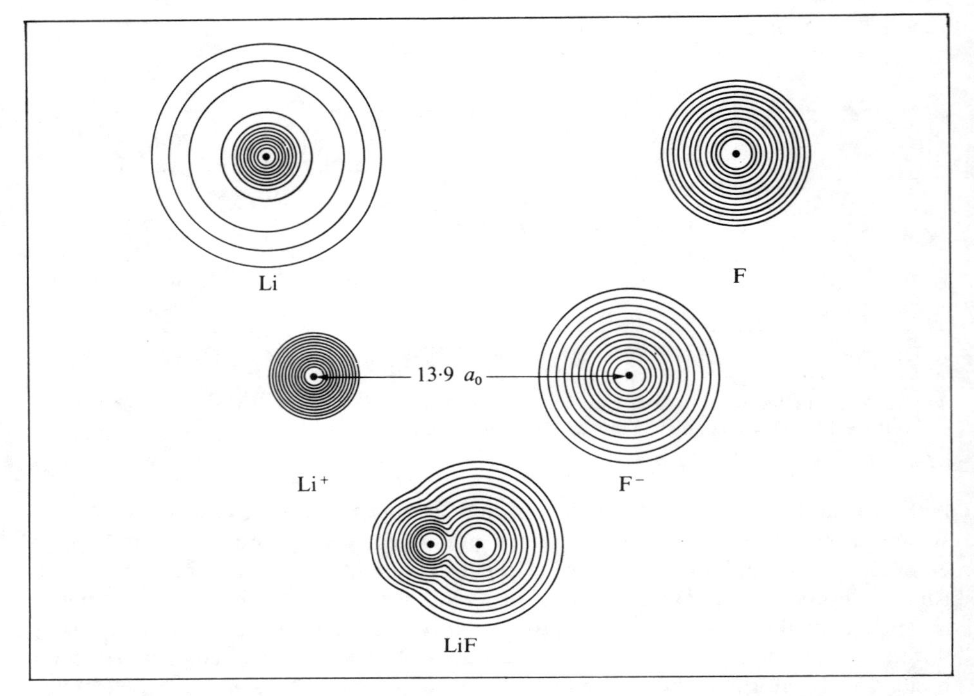

Fig. 6.6. Die Annäherung der Atome Fluor und Lithium und die Bildung des Lithiumfluorid-Moleküls. Bei $R = 13.9a_0$ wird das Ionenpaar stabiler als das Paar der neutralen Atome. (Nach A. C. Wahl *et al., Int. J. Quantum Chem. Symp.* **3** (Pt. II) 499 (1970).)

ein. Bei der resultierenden Elektronendichte behält der Li-Kern nur seine K-Schale.

Die meisten polaren Moleküle dissoziieren aber nicht in Ionen. Die einfachste Beschreibung (mit Hilfe der GVB-Theorie, § 5.5) sagt aus, daß sich das höchste doppelt besetzte MO in zwei einfach besetzte, einander überlappende Orbitale „aufspaltet", die bei fortschreitender Trennung der Atome mehr und mehr atomaren Charakter annehmen, bis schließlich neutrale Atome entstehen. Ein typisches Beispiel ist das Lithiumhydrid-Molekül mit der Konfiguration LiH $[(1\sigma)^2(2\sigma)^2]$. Die GVB-Orbitale sind in Fig. 6.7 gezeichnet; am Gleichgewichtsabstand haben beide Orbitale „molekularen" Charakter und zeigen eine starke Überlappung; aber bei 10 bohr sind daraus die Orbitale $1s_H$ und $2s_{Li}$ entstanden.

Berechnungen von MO-Energien liefern eine quantitative Bestätigung der in Kapitel 4 behandelten Prinzipien. Demnach zeigen die Berechnungen von Lithiumhydrid nach Ransil, daß aus energetischen Gründen das Li-1s-Orbital kein Valenz-AO ist, aber *sowohl* 2s als auch 2p am Lithium-Atom sowie 1s am Wasserstoff-Atom werden erwartungsgemäß das bindende 2σ-MO aufbauen, und die Rechnungen haben das bestätigt, wie wir gleich sehen werden.

Tabellierte Orbitalenergien, Orbitalformen und Elektronendichtebilder der bereits gezeigten Art stehen uns zur Verfügung (Wahl *et al.* (1968; 1970); Bader

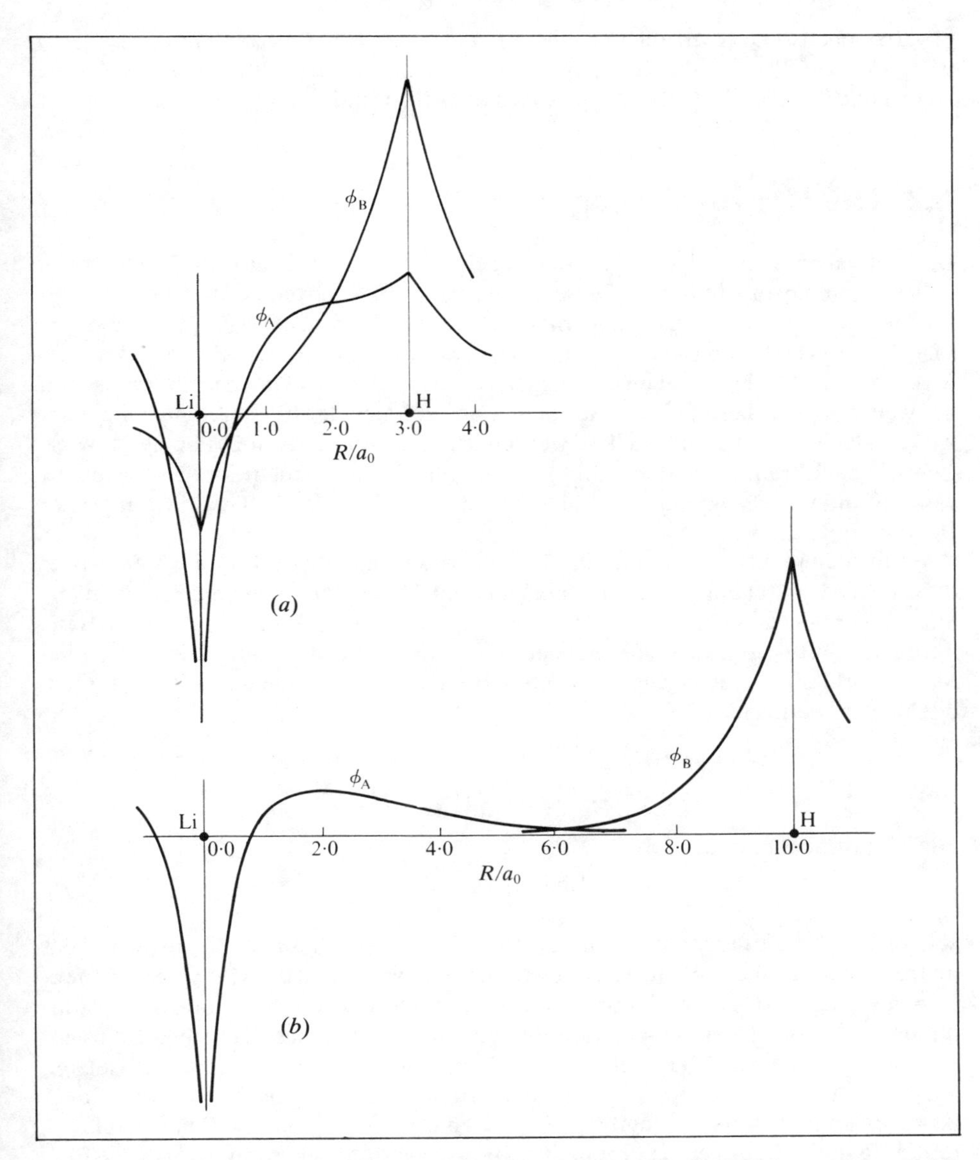

Fig. 6.7. Die Beschreibung des Aufbrechens der Bindung in LiH durch Valenzstrukturen. (*a*) Am Gleichgewichtsabstand spaltet sich das MO in einfach besetzte, stark überlappende, „polarisierte" Atomorbitale auf (die Funktionen ϕ_A und ϕ_B sind entlang der interatomaren Achse gezeichnet). (*b*) Mit fortschreitender Trennung entstehen daraus das Li-2s- und das H-1s-Orbital. Die Spitze am Li-Kern entsteht aus der Forderung der Orthogonalität zwischen den Valenzorbitalen und der Li-K-Schale. (Nach L. Newbould, Ph. D.-Arbeit, University of Sheffield (1977).)

(1970)), ebenso Differenzdichten wie in Fig. 4.7; diese sind besonders von Bader *et al.* (1967; 1968) verwendet worden, um den Ursprung der elektrostatischen Kräfte zu diskutieren, die für die Bindungen verantwortlich sind.

6.2 Die Hybridisierung

Bis jetzt haben wir uns damit zufrieden gegeben, was uns umfangreiche Rechnungen an Resultaten gebracht haben. Diese Ergebnisse haben uns die Formen der beteiligten Molekülorbitale gezeigt; bei Kernabständen, wo die einfache MO-Näherung versagt, haben wir die Formen der beteiligten Atomorbitale an den schwach wechselwirkenden, fast freien Atomen kennengelernt. Wir haben aber noch nicht untersucht, auf welche Weise diese Orbitale aus den Atomorbitalen der freien Atome aufgebaut werden. Holen wir das nun nach, so werden wir auf einer sicheren Grundlage gewisse Begriffe einführen, die in der Frühzeit der Bindungstheorie mehr intuitiv formuliert worden sind und die immer noch im Rahmen einer qualitativen Theorie von großer Bedeutung sind.

Wir wollen nun etwas genauer das Beispiel des Lithiumhydrids betrachten, wobei die LCAO-Darstellung der Molekülorbitale im Mittelpunkt stehen soll. *Ab initio*-SCF-Rechnungen mit minimaler Basis (eine Li-Basis mit 1s, 2s, 2p* und eine H-Basis mit 1s wird mit $\phi_{1s}, \phi_{2s}, \phi_{2p}, \phi_H$ bezeichnet) führen nach Ransil (1960) zu den folgenden Molekülorbitalen (eine geringfügige Kombination von ϕ_{1s} mit den anderen Atomorbitalen wird vernachlässigt)

$$\begin{aligned} 1\sigma &\simeq \phi_{1s} \\ 2\sigma &\simeq 0{\cdot}323\phi_{2s} + 0{\cdot}231\phi_{2p} + 0{\cdot}685\phi_H . \end{aligned} \tag{6.2}$$

Die Elektronenkonfiguration

$$\mathrm{LiH}[(1\sigma)^2(2\sigma)^2]$$

setzt sich somit aus der inneren Schale $(1\sigma)^2$ des Lithiumatoms zusammen, die mit der im freien Atom nahezu identisch ist sowie aus dem bindenden 2σ-MO, das zwei Elektronen enthält und eine σ-Bindung repräsentiert. Diese Situation ist in Übereinstimmung mit der nach Kapitel 4 erwarteten, mit Ausnahme eines deutlichen Beitrages vom 2p-AO im 2σ-MO, an Stelle einer Kombination von nur den einfach besetzten Valenzorbitalen ϕ_{2s} und ϕ_H der getrennten Atome. Das Li-2p-AO ist wirklich zugelassen, denn es liegt nur geringfügig höher als das 2s-AO, und nach dem Energiekriterium (§ 4.3) gibt es keinen Grund, das 2p-AO auszuschließen. In der LCAO-Entwicklung sollten wir alle Atomorbitale mit nicht zu unterschiedlicher Energie miteinander kombinieren lassen und die Lösungen der Säkulargleichungen (§ 3.8) abwarten; genau diese Vorgangsweise (die Methoden werden später beschrieben) führt zu (6.2).

* Die 2p-Funktion ist entlang der Bindungsachse ausgerichtet, um einen Beitrag im Rahmen der σ-Symmetrie zu liefern.

Zunächst scheint dieses Ergebnis im Widerspruch zu unserer qualitativen Erkenntnis (§ 4.3) zu stehen, wonach die Molekülorbitale für zweiatomige Moleküle aus einander überlappenden *Paaren* von Orbitalen, an jedem Atom eines, gebildet werden können. Wir sollten eigentlich an diesem sehr einfachen Prinzip festhalten, wenn das überhaupt möglich ist. Und das ist möglich, wenn (6.2) in der Form

$$2\sigma = 0{\cdot}397(0{\cdot}813\phi_{2s} + 0{\cdot}582\phi_{2p}) + 0{\cdot}685\phi_{H} \tag{6.3}$$

geschrieben wird. Dieser Ausdruck ist eine Linearkombination zweier Orbitale, an jedem Atom eines, wobei *das Lithiumorbital eine Kombination von ϕ_{2s} und ϕ_{2p} ist.* Die so definierte Kombination wird *Hybridorbital* genannt, und der Vorgang der Kombination wird *Hybridisierung* genannt. Die AO-Koeffizienten in dem Hybrid

$$\phi_{\text{Hybrid}} = 0{\cdot}813\phi_{2s} + 0{\cdot}582\phi_{2p} \tag{6.4}$$

stehen in dem Verhältnis 0.323 : 0.231, aber sie sind mit einem gemeinsamen Faktor multipliziert worden, damit das Hybrid normiert ist. Dafür muß die Bedingung

$$\int (a\phi_{2s} + b\phi_{2p})^2 \, d\tau = a^2 + b^2 = 1$$

erfüllt sein, wobei angenommen ist, daß ϕ_{2s} und ϕ_{2p} normiert und orthogonal sind (§ 3.10). Der Faktor ist also so zu wählen, daß die Quadratsumme in (6.4) eins ergibt. Mit dem so gebildeten Hybrid lautet (6.3) nun

$$2\sigma = 0{\cdot}397\phi_{\text{Hyb}} + 0{\cdot}685\phi_{H} \tag{6.5}$$

und somit wird das bindende MO durch die Überlappung des H-1s-AO mit einem Li-*Hybrid* gebildet.

Unter Hybridisierung wollen wir im allgemeinen die Kombination von Atomorbitalen *am gleichen Atom* verstehen, und das ist eher die Regel als die Ausnahme, wenn wir eine MO-Berechnung durchführen. Die Tatsache, daß die genauen Ergebnisse meistens mit Hilfe einfacher paarweiser Überlappungen neu interpretiert werden können, manchmal vielleicht mittels der Hybride an Stelle von reinen Atomorbitalen, gestattet uns die Beibehaltung und Verbesserung des qualitativen Konzepts aus Kapitel 4. Die Form eines Hybrids wie (6.4) ist in Fig. 6.8* dargestellt, die das Prinzip der maximalen Überlappung (§ 4.3) bekräftigt, das die Grundlage unserer qualitativen Diskussion war. Die „Beimischung" von etwas „2p-Charakter" zu einem reinen 2s-AO liefert ein Hybrid, das deutlich gegen das H-1s gerichtet ist, so daß eine stärkere Überlappung entsteht. Die Energie wird abgesenkt (das muß so sein, denn die Koeffizienten werden nach dem Variationsprinzip bestimmt), die Wellenfunktion wird verbessert und die Bindungsstärke wird erhöht. Sogar ohne die Durchführung einer Rechnung haben wir mit Hilfe des Prinzips der maximalen Überlappung geschlossen,

* Das Hybrid in Fig. 6.8 hat einen etwas höheren 2p-Gehalt als das in (6.4) definierte; es ist ein „sp^3"-Hybrid (§ 7.6).

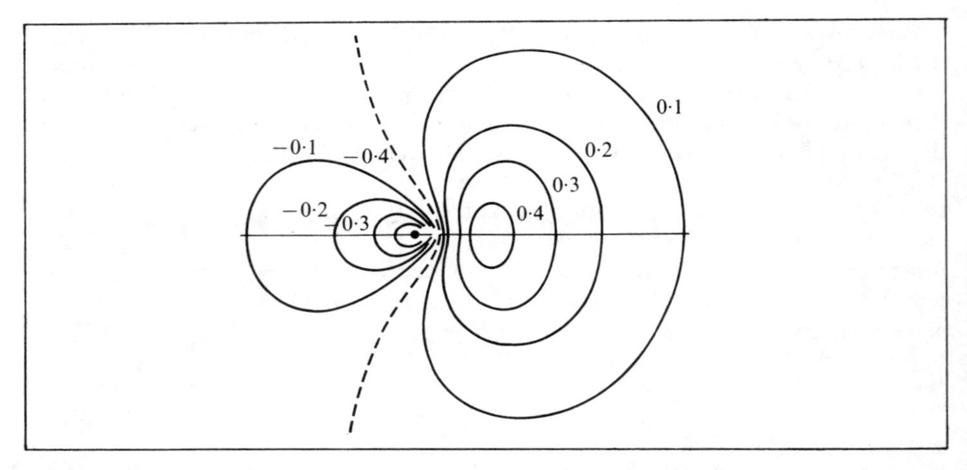

Fig. 6.8. Niveaulinien für ein Hybridorbital, das aus einer s-p-Kombination gebildet wird.

daß die Hybridisierung eines Li-2s-AO (damit es sich zum Wasserstoffatom hin erstrecken kann) eine bessere Beschreibung der Bindung liefert. Die Rechnung dient nur dazu, genaue Werte für die Kombinationskoeffizienten zu erhalten.

Die Hybridisierung kann stets als ein Rezept betrachtet werden, um die Überlappung zwischen den Atomorbitalen zu verstärken, und deshalb ist die Frage berechtigt, warum der Effekt manchmal groß und manchmal klein ist. Mit anderen Worten, während wir erkannt haben, daß mit der Hybridisierung die Energie abgesenkt wird, indem mehr Elektronendichte in den Überlappungsbereich befördert wird (dabei wird die *Bindung* verstärkt), fragen wir uns, welche Effekte der Hybridisierung *entgegenwirken* und somit die Kontrolle über die Kombinationskoeffizienten für s und p ausüben?

Um die Antwort zu finden, müssen wir uns nur daran erinnern, daß das 2p-AO nur deshalb in der Rechnung zugelassen war, weil das Li-2p-AO eine nicht viel größere Energie als das 2s-AO hat. Wäre es nämlich viel höher gelegen, so hätten wir tatsächlich eine viel geringere 2p-Beteiligung gefunden. Diese Begründung ist einleuchtend, denn für ein Elektron in einem Hybridorbital

$$\phi_{\mathrm{Hyb}} = a\phi_{2\mathrm{s}} + b\phi_{2\mathrm{p}} \tag{6.6}$$

lautet der Erwartungswert für die Energie

$$\begin{aligned} \varepsilon_{\mathrm{Hyb}} &= \int \phi_{\mathrm{Hyb}} \hat{h} \phi_{\mathrm{Hyb}} \,\mathrm{d}\tau \\ &= a^2 \int \phi_{2\mathrm{s}} \hat{h} \phi_{2\mathrm{s}} \,\mathrm{d}\tau + b^2 \int \phi_{2\mathrm{p}} \hat{h} \phi_{2\mathrm{p}} \,\mathrm{d}\tau. \end{aligned}$$

Die anderen Integrale verschwinden aus Symmetriegründen (vgl. § 4.3); die notwendigen Energieintegrale sind einfach die 2s- und 2p-Orbitalenergien. Demnach gilt

$$\varepsilon_{\mathrm{Hyb}} = a^2\varepsilon_{2\mathrm{s}} + b^2\varepsilon_{2\mathrm{p}}. \tag{6.7}$$

Da a^2 und b^2 positive Zahlen sind, deren Summe eins ist, ist die Hybridorbitalenergie ein gewichtetes Mittel, das irgendwo in dem Intervall zwischen ε_{2s} und ε_{2p} liegt. Die durch die Bindung bewirkte *Energieabsenkung,* die durch eine Vergrößerung von b^2 gefördert wird (für ein reines 2s-AO ist b gleich null), wird demnach durch einen *Energieanstieg* der „atomaren“ Komponente ausgeglichen, wofür die Elektronen im Hybrid verantwortlich sind. Liegt ε_{2p} viel höher als ε_{2s}, so ist für die Kombination von 2p mit 2s ein großer Energiebetrag erforderlich, wodurch eine Hybridisierung weitgehend vermieden wird.

Wir sind nun zu einem tieferen Verständnis der energetischen Verhältnisse bei der Bindungsbildung gelangt. Um dieses Verständnis mit den einfacheren qualitativen Vorstellungen aus Kapitel 4 in Verbindung zu bringen, wollen wir wieder einmal vom Korrelationsdiagramm (§ 4.7) ausgehen. Wir wollen die Hybridisierung in LiH in zwei Schritten durchführen: zuerst kombinieren wir am Lithiumatom 2s und 2p, um ein Hybrid zu bilden, dann lassen wir dieses Hybrid mit H-1s überlappen, um die Bindung zu bilden. Das Ergebnis ist in Fig. 6.9 schematisch dargestellt. Es muß darauf hingewiesen werden, daß dieses Diagramm lediglich zur Darstellung der energetischen Verhältnisse dient; Hybridisierung ist kein physikalischer Effekt, sondern ein Konzept unserer theoretischen Beschreibung. Die Bindungsbildung darf keinesfalls als zweistufiger Prozeß aufgefaßt werden. Trotzdem zeigt uns das Diagramm, wie die für die Hybridisierung aufzubringende Energie durch die nun stärkere Überlappung mehr als zurückgewonnen wird, wodurch eine stärkere Bindung entsteht; die unterbrochene Linie deutet das Ergebnis ohne Hybridisierung an. Der hypothetische „Zustand“ des Lithiumatoms mit der Elektronenkonfiguration Li$[(1s)^2(\phi_{\mathrm{Hyb}})]$ wird „Valenzzustand“ bezeichnet. Dieser ist keinesfalls ein spektroskopisch beobachtbarer Zustand, sondern eher das Ergebnis einer gedachten Dissoziation des Moleküls, wobei die Lithiumorbitale, wie sie zur Beschreibung des Moleküls verwendet wurden, „eingefroren“ sind.

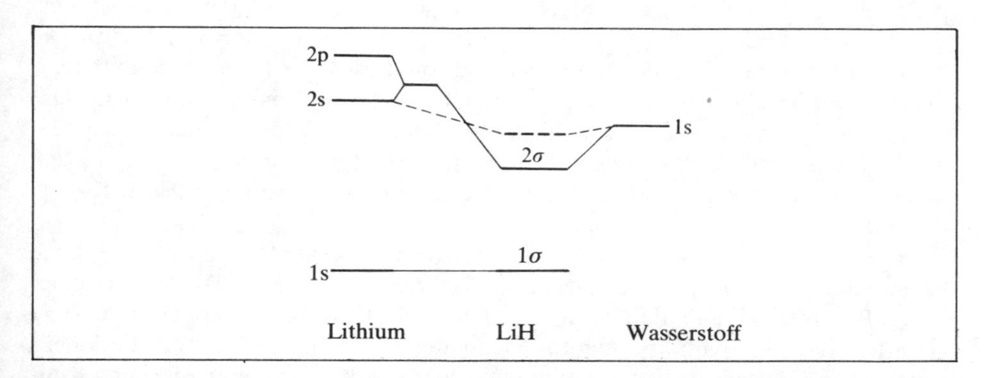

Fig. 6.9. Das Korrelationsdiagramm für die Bildung von Lithiumhydrid (schematisch). Die Miteinbeziehung des Li-2pσ-AO im 2σ-MO erniedrigt die Energie beträchtlich, was einer stärkeren Bindung entspricht. Die unterbrochene Linie zeigt das Ergebnis an, das man allein mit dem 2s-AO am Li-Atom erhält.

Das Konzept des Valenzzustands wird in Kapitel 7 genauer diskutiert; an dieser Stelle sei nur angemerkt, daß der durch die Kombination der Orbitale 2s und 2p bewirkte Energieanstieg als „Promotion" bezeichnet wird. Dabei wird ein gewisser Anteil der 2s-Elektronendichte durch einen Anteil der 2p-Elektronendichte ersetzt. Das folgt aus der Elektronendichte von ϕ_{Hyb}

$$P_{\text{Hyb}} = \phi_{\text{Hyb}}^2 = a^2\phi_{2s}^2 + b^2\phi_{2p}^2 + 2ab\phi_{2s}\phi_{2p}. \tag{6.8}$$

Integration dieses Ausdruckes liefert eins (ein Elektron); dabei liefert die 2s-Dichte den Beitrag a^2, während die 2p-Dichte den Beitrag b^2 liefert; der dritte Term entfällt wegen der Orthogonalität von 2s und 2p. Das Produkt $\phi_{2s}\phi_{2p}$ hat dieselbe allgemeine Form wie ein p-Orbital, mit positiven und negativen Lappen zu beiden Seiten der Knotenebene; dieser Term liefert zwar keinen Beitrag zum Integral, aber er „polarisiert" die Dichte P_{Hyb}, indem sich diese verstärkt in Richtung des positiven Lappens erstreckt. Im Sinne der Diskussion in § 4.5 können wir sagen, daß die AO 2s und 2p die Populationen a^2 und b^2 haben. Demnach können wir für die Elektronenkonfiguration $\text{Li}[(1s)^2(\phi_{\text{Hyb}})]$ formal auch $\text{Li}[(1s)^2(2s)^{a^2}(2p)^{b^2}]$ schreiben. Der Lithium-Valenzzustand, oben angeführter LiH-Berechnung entsprechend, kann als

$$\text{Li}[(1s)^2(2s)^{0\cdot661}(2p)^{0\cdot339}] \tag{6.9}$$

geschrieben werden; 0.339 Elektronen sind vom 2s-Zustand in einen 2p-Zustand „promoviert".

Die Verwendung von Populationen zur Kennzeichnung des s- und p-Charakters in einem Hybrid hat eine bedeutende Anwendung, wenn zwei oder mehr Hybride durch Kombination von zwei oder mehr Atomorbitalen gebildet werden. Aus einem 2s- und einem 2p-AO können wir zwei voneinander unabhängige Hybride (Linearkombinationen) mit denselben Orthogonalitätseigenschaften bilden wie sie die ursprünglichen Atomorbitale haben. Hat ein Hybrid 30% s-Charakter und 70% p-Charakter ($a^2 = 0.3$, $b^2 = 0.7$), so hat das andere Hybrid 70% s-Charakter und 30% p-Charakter. (Der Beweis ist einfach. Sind ϕ_1 und ϕ_2 orthonormiert, so sind auch $\psi_1 = a\phi_1 + b\phi_2$ und $\psi_2 = b\phi_1 - a\phi_2$ orthonormiert, denn $\int\psi_1\psi_2\,d\tau = ab - ba = 0$. Die Normierungsforderung lautet $a^2 + b^2 = 1$ und somit folgt das Ergebnis unmittelbar. Dieses kann für eine beliebige Anzahl von Orbitalen verallgemeinert werden.) Das zweite der beiden Hybride, in dem die Atomorbitale 2s und 2p ausgetauscht werden, ist somit bestimmt, wenn wir uns einmal für die Form des ersten Hybrids entschieden haben. Die Beziehung zwischen den einzelnen Hybriden wird im nächsten Kapitel diskutiert.

Eine Hybridisierung ist energetisch eher möglich, wenn der Betrag von $\varepsilon_p - \varepsilon_s$ klein ist, und das ist für eine geringe Anzahl von Elektronen außerhalb des Bereichs eines festen Rumpfes (eine Punktladung darstellend) der Fall. Aus diesem Grunde ist zu erwarten, daß die Hybridisierung für Elemente auf der linken Seite des Periodensystems von größerer Bedeutung sein wird. Beispielsweise ist dieser Effekt im Kohlenmonoxidmolekül für das C-Atom stärker ausgeprägt als für das O-Atom. Für heteronukleare zweiatomige Moleküle wie CO hat die Hybridisierung auf das Korrelationsdiagramm einen bedeutenden Einfluß und kann deshalb nicht vernachlässigt

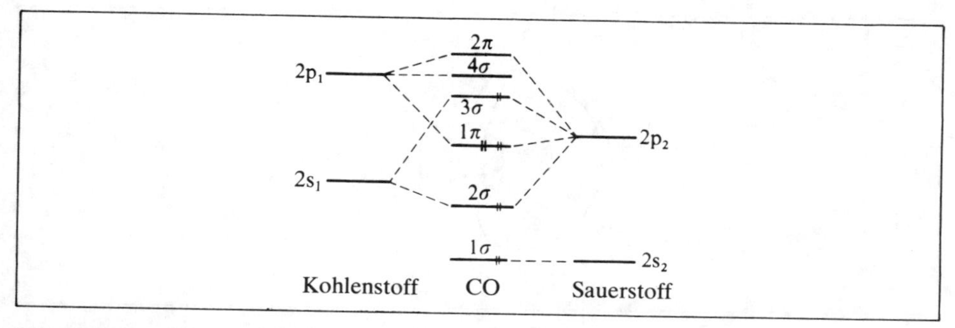

Fig. 6.10. Das Korrelationsdiagramm für das CO-Molekül, ohne Hybridisierung. Das höchste besetzte MO (3σ) ist antibindend.

werden. Das CO-Molekül selbst ist ein ausgezeichnetes Beispiel. Ohne Hybridisierung erhalten wir das Korrelationsdiagramm (nur für die Valenzelektronen) in Fig. 6.10: paart man jene Atomorbitale, die sich energetisch am nächsten sind, so ist das niedrigste σ-MO im wesentlichen das O-2s-AO, ein einsames Elektronenpaar am Sauerstoff; die nächsten sechs Valenzelektronen werden durch $(2\sigma)^2(1\pi)^4$ (eine σ-Bindung und zwei π-Bindungen) beschrieben; schließlich ist $(3\sigma)^2$ ein Elektronenpaar in einem *antibindenden* σ-MO. Diese Beschreibung steht im Widerspruch zu den experimentellen Befunden, die auf eine starke σ-Bindung und auf ein einsames Paar am Kohlenstoff hindeuten. Der Effekt einer geringfügigen 2s-2p-Kombination (das 2p-AO hat σ-Symmetrie) ist in Fig. 6.11 dargestellt. Der geringe energetische Unterschied zwischen h_1 (im wesentlichen C-2s) und h_2 (im wesentlichen O-2p), zusammen mit deren verstärkter Überlappung, liefert eine stark vergrößerte Aufspaltung zwischen den bindenden und den antibindenden Niveaus. Das 3σ-MO ist im wesentlichen das Kohlenstofforbital l_1, das ein Hybrid für ein einsames Elektronenpaar ist, das im wesentlichen aus dem 2p-AO besteht, aber mit etwas 2s-Charakter. Das anti-

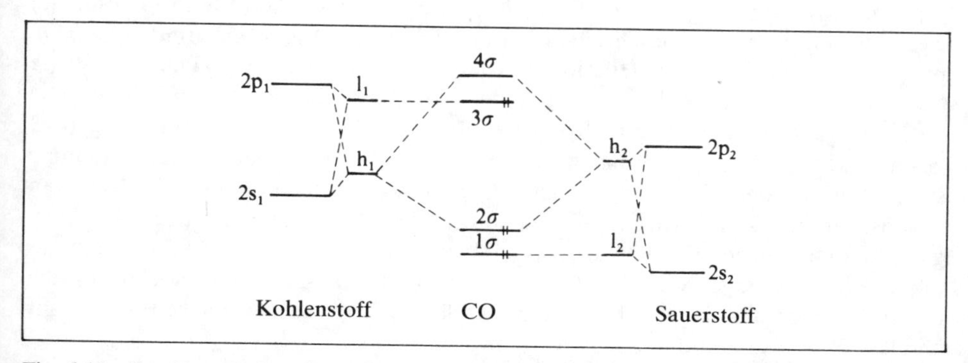

Fig. 6.11. Das Korrelationsdiagramm für das CO-Molekül, mit Hybridisierung. Mit der verstärkten Trennung der bindenden von den antibindenden σ-MO wird das höchste besetzte MO (3σ) ein Orbital für ein einsames Elektronenpaar am Kohlenstoff, in Übereinstimmung mit dem Experiment. (Um die Übersichtlichkeit zu wahren, wurden die π-Niveaus weggelassen.)

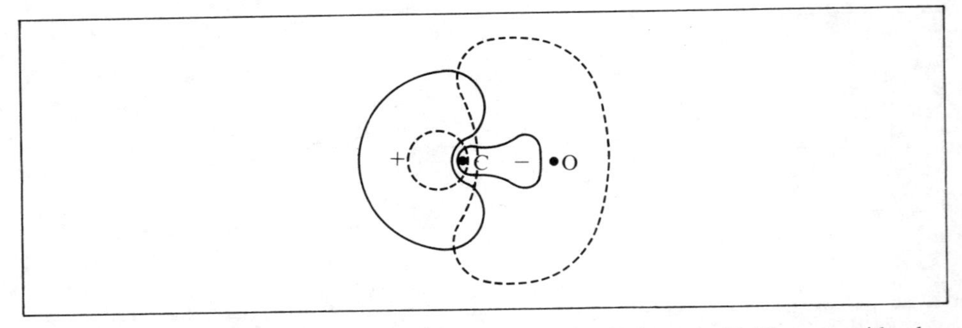

Fig. 6.12. Das Hybrid für das einsame Elektronenpaar am C-Atom im Kohlenmonoxidmolekül. Dieses ist der orthogonale Partner des bindenden Hybrids (durch unterbrochene Linien dargestellt) und zeigt deshalb in die entgegengesetzte Richtung (vom Sauerstoff *weg*).

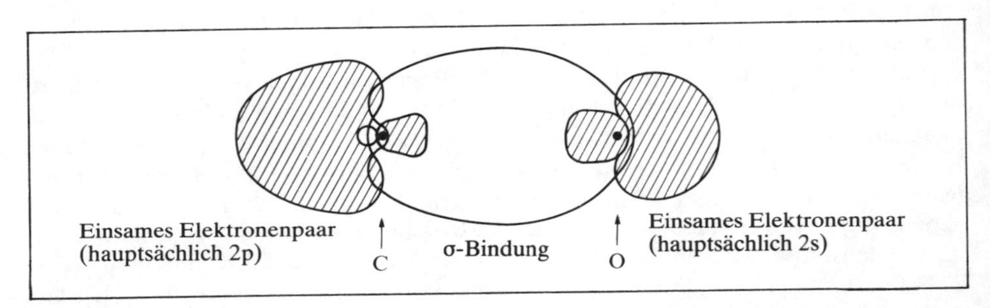

Fig. 6.13. Schematische Darstellung der zu erwartenden Elektronendichte in CO (die π-Beiträge sind nicht berücksichtigt). Das einsame Elektronenpaar am C-Atom, das mehr 2p-Charakter hat, wird stärker räumlich gerichtet sein als das einsame Paar am O-Atom, das mehr 2s-Charakter hat.

bindende MO ist nun unbesetzt, die am höchsten gelegenen zwei Elektronen sind im wesentlichen durch $(l_1)^2$ beschrieben; darüberhinaus zeigt h_1 in die Bindung *hinein*, und deshalb muß das zweite Hybrid l_1 aus der Bindung *herauszeigen* (Fig. 6.12). (Wie bereits erwähnt lautet für $h_1 = a2s + b2p$ der orthogonale Partner $l_1 = b2s - a2p$.) Die Elektronendichte für $(1\sigma)^2(2\sigma)^2(3\sigma)^2$ (die σ-Elektronendichte) dürfte die in Fig. 6.13 gezeigte schematische Form haben. Dieses Bild steht in völliger Übereinstimmung sowohl mit genauen Rechnungen* am CO-Molekül, als auch mit den beobachteten Eigenschaften des Moleküls. Im einzelnen wird die CO-Gruppe sehr leicht an Übergangsmetallionen gebunden, wobei das elektronenreiche Kohlenstoffende durch das positive Ion angezogen wird. Die Gruppen CN^- und NO^+ sind zu CO isoelektronisch und treten ebenfalls häufig in Übergangsmetallkomplexen auf, wobei die Bindung auf ähnliche Weise zu erklären ist.

* MO-Bilder sind bei Huo (1965) zu finden; einige davon werden in einem späteren Abschnitt gezeigt (§ 6.5).

Zusammenfassend kann festgestellt werden, daß das Konzept der Hybridisierung in der qualitativen Bindungstheorie von großer Bedeutung ist. Dieses Konzept liefert uns im Vorhinein die wichtigsten Ergebnisse einer vollständigen wellenmechanischen Berechnung, wobei die einfachen, bildlich dargestellten Prinzipien beibehalten werden können (diese sind die Paarung der Orbitale mit vergleichbaren Energien und eine ausreichende Überlappung), wie sie in Kapitel 4 eingeführt worden sind. In den folgenden Kapiteln wird dieses Konzept nicht weniger wertvoll sein, wenn es um die Behandlung mehratomiger Moleküle geht.

6.3 Polare Bindungen

In heteronuklearen zweiatomigen Molekülen ist häufig eine beachtliche Ladungsverschiebung von einem Atom zum anderen zu beobachten. Diese hängt von den relativen „elektronenanziehenden Kräften" der beiden Atome ab. Wir stellen fest, daß die Bindung „polar" wird. Die Polarität der Bindung offenbart sich experimentell im elektrischen Dipolmoment des Moleküls; in der MO-Theorie zeigt sich die Polarität in der Ungleichheit der Koeffizienten der beiden Atomorbitale im bindenden MO. Betrachten wir eine Bindung, die durch zwei Elektronen (das eine kommt vom Atom A, das andere von B) in dem normierten MO von (4.3), nämlich

$$\psi = N(\phi_A + \lambda\phi_B) \tag{6.10}$$

beschrieben wird, so würden in den Grenzfällen $\lambda \rightarrow 0$ und $\lambda \rightarrow \infty$ die beiden Elektronen vollständig am Atom A oder vollständig am Atom B konzentriert sein ($\psi \rightarrow \phi_A$ oder $\psi \rightarrow \phi_B$). In diesen beiden Fällen würden wir rein *ionische* Bindungen erhalten, entweder A^-B^+ oder A^+B^-. Für $\lambda \simeq 1$ wäre keine Polarität festzustellen, und die Elektronen sind dann zu gleichen Anteilen auf die beiden Atome aufgeteilt; dieser Fall entspricht der rein *kovalenten* Bindung. In den dazwischen liegenden Situationen, wo eine beschränkte Elektronenverschiebung von einem Atom zum anderen vorliegt, ist die Bindung polar und zeigt sozusagen einen gewissen „Ionencharakter".

Die Polarität einer Bindung deutet auf eine Differenz der „Elektronegativitäten" zwischen den beteiligten Atomen hin. Die ursprüngliche Definition der Elektronegativität von Pauling (1973) ist die „Kraft eines Atoms in einem Molekül, Elektronen anzuziehen"*. Wir müssen uns nun ein quantitatives Maß für den Ionencharakter besorgen und gehen dabei von seiner Beziehung zu beobachtbaren Größen wie dem Dipolmoment aus. Das ist für uns eine gute Vorbereitung auf eine Diskussion der Elektronegativität im folgenden Abschnitt (§ 6.5).

* Der Begriff der Elektronegativität geht auf J. J. Berzelius (1819) zurück, der bereits erkannt hat, daß die chemische Bindung elektrischer Natur ist und auf den elektropositiven und den elektronegativen Charakter der sich verbindenden Atome zurückzuführen sei. Diese Erkenntnis ist für die damalige Zeit insofern bemerkenswert, als das Elektron als Teilchen noch unbekannt war. Berzelius hat aber auch erkannt, daß sich eine derartige Beschreibung nicht auf die Elemente anwenden ließ, wo die gebundenen Atome gleich sind. (Anmerkung des Übersetzers)

Zunächst gehen wir von der einfachen MO-Theorie aus. Um die Ladungsverschiebung zu beschreiben, bedienen wir uns der „Populationsanalyse", wie sie in § 4.5 und § 5.4 eingeführt worden ist*. Die Elektronendichte für die beiden Elektronen in dem MO (6.10) lautet

$$P = 2\psi^2 = 2N^2[\phi_A^2 + 2\lambda\phi_A\phi_B + \lambda^2\phi_B^2]. \qquad (6.11)$$

Der Normierungsfaktor N kann aus der Forderung $\int P\,d\tau = 2$ ermittelt werden, denn der Betrag der Ladung in der Verteilung ist zwei Elektronen. Wegen $\int\phi_A^2\,d\tau = \int\phi_B^2\,d\tau = 1$ und $\int\phi_A\phi_B\,d\tau = S$ (Überlappungsintegral) erhalten wir durch Integration von (6.11) $2 = 2N^2[1 + 2\lambda S + \lambda^2]$. Dieses Ergebnis stimmt mit (4.4) überein:

$$N^2 = \frac{1}{1 + 2\lambda S + \lambda^2}. \qquad (6.12)$$

Es ist bequem, den Ausdruck (6.11) in der Standardform

$$P = P_{AA}\phi_A^2 + P_{BB}\phi_B^2 + 2P_{AB}\phi_A\phi_B \qquad (6.13)$$

zu schreiben, wobei die Koeffizienten durch die numerischen Werte von λ und S bestimmt sind. Die Elektronenpopulationen für die Orbitalbereiche und den Überlappungsbereich (vgl. § 5.4) sind durch Integration der Elektronendichte (6.13) über den gesamten Raum bestimmt. Die drei Bereiche (drei Terme) liefern die Beiträge $q_A = P_{AA}, q_B = P_{BB}, q_{AB} = 2P_{AB}S$ mit $q_A + q_B + q_{AB} = 2$ (die Anzahl der Elektronen in der Verteilung). Ein Vergleich mit (6.11) zeigt, daß die Populationen für die Orbitalbereiche und den Überlappungsbereich wie folgt lauten

$$q_A = 2N^2, \qquad q_B = 2\lambda^2N^2, \qquad q_{AB} = 4\lambda N^2 S, \qquad (6.14)$$

wobei N^2 durch (6.12) gegeben ist. Mit Hilfe der Populationen kann (6.13) auch in der Form (vgl. § 5.4)

$$P = q_A d_A + q_B d_B + q_{AB} d_{AB} \qquad (6.15)$$

geschrieben werden, mit

$$d_A = \phi_A^2, \qquad d_B = \phi_B^2, \qquad d_{AB} = \phi_A\phi_B/S. \qquad (6.16)$$

Das sind *normierte* Dichtefunktionen – zwei Orbitaldichten und eine „Überlappungsdichte".

Resultiert $\lambda \neq 1$, so gilt $q_A \neq q_B$ und die daraus sich ergebende Ladungsverschiebung liefert den Ionencharakter der Bindung. Wir führen die Konvention ein, daß in A–B die Elektronenverschiebung von A nach B erfolgt (womit A^+B^- entsteht), was $\lambda > 1$ entspricht. Sind q_A und q_B ursprünglich gleich (kovalente Bindung, kein Ionencharak-

* Eine Diskussion über die Allgemeingültigkeit des Konzepts ist bei McWeeny (1954; 1955) zu finden. Weiteres im Rahmen der LCAO-MO-Darstellung liefert Mulliken (1955).

ter), und werden dann q Elektronen von A nach B verschoben, so lautet die Populationsdifferenz $q_B - q_A = 2q$. Die Bindung wird vollständig ionisch, wenn der Fall $q_B = 2, q_A = 0$ erreicht ist, was einem Elektronentransfer ($q = 1$) entspricht. Es ist deshalb naheliegend, die Größe $1/2\,(q_B - q_A)$ als Maß für den „partiellen Ionencharakter" der Bindung einzuführen:

$$\mathrm{PIC} = \tfrac{1}{2}(q_B - q_A). \tag{6.17}$$

Dieser Index wurde als „Polaritätsparameter" von Klessinger und McWeeny (1965) eingeführt und bei der Berechnung von mehratomigen Molekülen angewandt. Nach der MO-Theorie folgt der partielle Ionencharakter der Bindung, wenn man sich der MO-Beschreibung (6.10) bedient, nach (6.12) und (6.14) zu

$$\mathrm{PIC} = \frac{\lambda^2 - 1}{1 + 2\lambda S + \lambda^2}. \tag{6.18}$$

Der Grenzfall 0 tritt für die kovalente Bindung ein ($\lambda = 1$), und der Grenzfall 1 entspricht einer vollständig ionischen Bindung ($\lambda \to \infty$). Es ist zu erwarten, daß diese Größe zumindest näherungsweise mit dem Dipolmoment der Bindung korreliert werden kann.

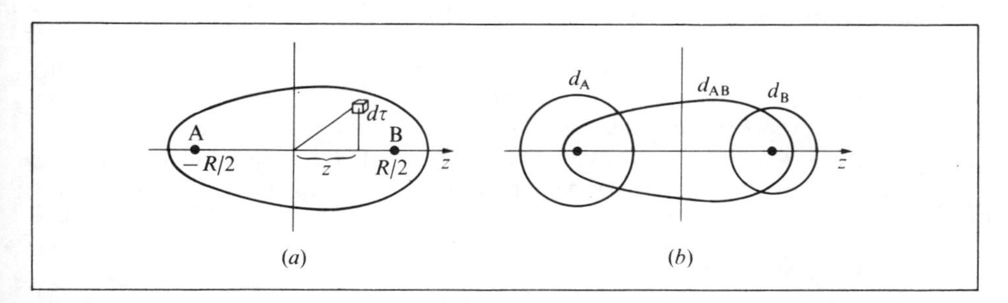

Fig. 6.14. Die Entwicklung des Dipolmoments der Bindung. (*a*) Die Ladung in $d\tau$ beträgt $-eP\,d\tau$, und deren Beitrag zum elektrischen Moment in z-Richtung lautet $-ezP\,d\tau$. (*b*) Die Dichten d_A, d_B, d_{AB}, aus denen P durch gewichtete Summation gebildet wird. Die Ladungsschwerpunkte dieser Dichten liegen bei den Kernen, beziehungsweise etwa im Mittelpunkt der Bindung.

Zur Berechnung des Dipolmoments entwickeln wir das elektrische Moment der Ladungswolke (6.15), die in Fig. 6.14(*a*) schematisch dargestellt ist, wobei die Abstände (z) vom Mittelpunkt von A–B aus gemessen werden; über die Form der Orbitale werden keine einschränkenden Annahmen gemacht. Nun ist $-eP$ der Betrag der Ladung pro Volumeneinheit, und deshalb lautet das elektrische Moment

$$-e\int zP\,d\tau = -e[q_A\bar{z}_A + q_B\bar{z}_B + q_{AB}\bar{z}_{AB}],$$

wobei $\bar{z}_A$ der Erwartungswert der z-Koordinate für die Verteilung $d_A = \phi_A^2$ ist, nämlich die z-Koordinate des Ladungsschwerpunkts

$$\bar{z}_A = \int z\phi_A^2 \, d\tau \, .$$

Das Dipolmoment resultiert als Summe des elektronischen Anteils (aus den bindenden Elektronen) und des elektrischen Moments der verbleibenden positiven Ionen (jedes hat ein Elektron für die Bindung abgegeben). Nehmen wir an, daß der letztere Beitrag mit Hilfe der Punktladungen $(+e)$ bei $z = R/2$ und $z = -R/2$ (Fig. 6.14(a)) beschrieben wird, so ist das resultierende Moment bezüglich des Mittelpunkts null, und deshalb wird das Gesamtdipolmoment durch den oben hergeleiteten elektronischen Term allein dargestellt, nämlich durch

$$\mu = -e[q_A \bar{z}_A + q_B \bar{z}_B + q_{AB} \bar{z}_{AB}]. \tag{6.19}$$

Genau dieses Ergebnis erhalten wir für drei Punktladungen $-eq_A, -eq_B, -eq_{AB}$ in den Punkten $\bar{z}_A, \bar{z}_B, \bar{z}_{AB}$. Zwischen μ und PIC gibt es natürlich keine direkte Beziehung, wenn nicht weitere vereinfachende Annahmen gemacht werden. Diese lauten (Fig. 6.14(b)), daß (1) ϕ_A und ϕ_B gewöhnliche Atomorbitale (keine Hybride) an ihren Kernen sind, so daß $\bar{z}_A = -1/2R$, $\bar{z}_B = +1/2R$ resultiert, und (2) der Schwerpunkt der Überlappungsdichte $\phi_A \phi_B$ mehr oder weniger im Mittelpunkt von A–B liegt, so daß $\bar{z}_{AB} = 0$ resultiert. Setzen wir diese Näherung in (6.19) ein, so erhalten wir unmittelbar

$$\mu = -\tfrac{1}{2}eR(q_B - q_A) = -eR \times (\text{PIC}). \tag{6.20}$$

Somit ist eine Proportionalität zwischen Dipolmoment und partiellem Ionencharakter erreicht worden. Das Minuszeichen besagt nur, daß das linke Atom das positive Ende des Dipols ist, was unserer Annahme $q_B > q_A$ (Elektronenverschiebung von links nach rechts) entspricht. In der MO-Näherung erhält man durch Einsetzen von (6.18) ein Dipolmoment der Größe

$$|\mu| = \frac{eR(\lambda^2 - 1)}{1 + 2\lambda S + \lambda^2} \tag{6.21}$$

und somit haben wir eine einfache Beziehung zwischen dem MO-Parameter λ und der experimentell meßbaren Größe μ erhalten.

In Fig. 6.15 ist der Verlauf des PIC als Funktion von λ nach (6.18) dargestellt, wobei für S der Wert 1/3 eingesetzt wurde. In Tabelle 6.2 sind einige experimentelle Daten für eine Reihe von Molekülen aufgeführt (das bindende Orbital wurde am Halogenatom als reines p-Orbital angenommen; man beachte auch die Anmerkungen in § 6.5), mit Hilfe derer durch Fig. 6.15 die entsprechenden λ-Werte gewonnen werden können. Geringfügige Abweichungen des Überlappungsintegrals S von dem angenommenen Wert beeinflussen die Werte in der letzten Spalte der Tabelle kaum, dasselbe gilt für den Kurvenverlauf. Für die λ-Werte gilt in jedem Fall $\lambda > 1$ für das Halogen-AO. Aus der Tabelle folgt, daß mit Ausnahme von sehr polaren Molekülen wie HF oder KCl die Größe λ nicht besonders stark von eins abweicht.

Tabelle 6.2. Partieller Ionencharakter und MO-Parameter λ aus gemessenen Dipolmomenten

Molekül	μ/ea_0* (exp.)	R/a_0	μ/eR (= PIC)	λ
HF	0·716	1·74	0·412	1·80
HCl	0·405	2·40	0·168	1·28
HBr	0·326	2·66	0·123	1·17
HI	0·176	3·04	0·058	1·10
KCl	2·48	5·27	0·470	2·00

* μ/ea_0 ist das Dipolmoment in atomaren Einheiten ($ea_0 = 8.478 \cdot 10^{-30}$ Cm); entsprechendes gilt für die Bindungslänge (R/a_0). Der Quotient ergibt μ/eR (= PIC, nach Gleichung (6.20)) und den Parameter λ nach (6.21). Für das Überlappungsintegral wurde der Wert 1/3 verwendet. Ein Beispiel für eine genaue Bestimmung des Dipolmoments ist bei Van Dijk und Dymanus (1970) zu finden.

Bevor die soeben angewandten Näherungen diskutiert werden, soll darauf hingewiesen werden, daß die VB-Theorie genau das gleiche Resultat liefert, nämlich (6.19); der einzige Unterschied liegt darin (vgl. § 5.4), daß die Größen q_A und q_B nicht dieselben sind, die man mit der MO-Methode erhält. Solange die Wellenfunktion nur aus zwei Atomorbitalen, ϕ_A und ϕ_B, aufgebaut ist, wird die Ladungsdichte die Form (6.15) haben, und die zu (6.20) führende Rechnung gilt sogar dann noch, wenn beide

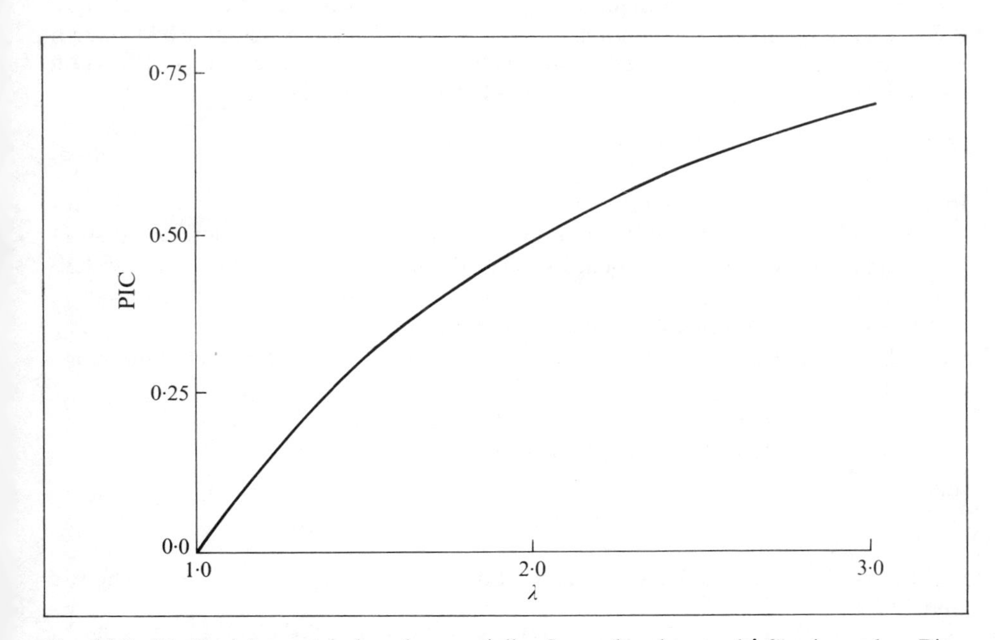

Fig. 6.15. Die Beziehung zwischen dem partiellen Ionencharakter und λ für eine polare Bindung (MO-Theorie). Für die Überlappung wurde $S = 1/3$ gewählt.

Methoden so weit verbessert worden sind, daß sie übereinstimmen. Diese Feststellung wurde bereits in § 5.3 gemacht. Der einzige Unterschied besteht, wie gesagt, in der etwas anderen Bestimmung von q_A und q_B.

In der VB-Näherung ist die Ladungsdichte nicht einfach eine Summe von Orbitalbeiträgen, wie das in der MO-Theorie der Fall ist. Die Ladungsdichte muß deshalb aus der vollständigen Zweielektronenwellenfunktion entwickelt werden, wie wir das für das H_2-Molekül bereits gemacht haben (§ 5.4). Dieses Mal reicht die kovalente (Heitler-London) Funktion nicht aus und deshalb müssen die ionischen Terme hinzugefügt werden. Die bestmögliche Funktion ist (5.23), nämlich

$$\Psi = c_1\Psi_{AB} + c_2\Psi_{A^+B^-} + c_3\Psi_{A^-B^+}, \tag{6.22}$$

wobei

$$\Psi_{AB} = N_1[\phi_A(1)\phi_B(2) + \phi_B(1)\phi_A(2)] \tag{6.23a}$$

$$\Psi_{A^+B^-} = N_2[\phi_B(1)\phi_B(2)] \tag{6.23b}$$

$$\Psi_{A^-B^+} = N_3[\phi_A(1)\phi_A(2)] \tag{6.23c}$$

die kovalente Struktur und die beiden ionischen Strukturen sind; die Spinfaktoren sind weggelassen. Wir stellen wieder fest, daß der Singulett-Spinfaktor die berechnete Elektronendichte nicht beeinflußt und deshalb weggelassen wurde (siehe § 5.6). In einem homonuklearen Molekül wie H_2 sind die Koeffizienten c_2 und c_3 aus Symmetriegründen gleich, aber in einem heteronuklearen Molekül ist die Struktur mit zwei Elektronen an dem Atom mit der größeren Elektronegativität energetisch stark begünstigt. Mit unserer Konvention, daß B das Atom mit der größeren Elektronegativität sei, wird $c_2 \gg c_3$ gelten und damit haben wir eine Rechtfertigung, den Term für A^-B^+ in (6.22) zu streichen. Die verbleibende Funktion lautet

$$\Psi = N[\Psi_{AB} + \lambda'\Psi_{A^+B^-}] \tag{6.24}$$

und wieder hängt der Ionencharakter von einem einzigen Parameter λ' ab; der Faktor N ergibt sich aus der üblichen Normierungsbedingung. Dieser Parameter λ' ist sorgfältig von dem Parameter λ, der in der MO-Methode verwendet wurde, zu unterscheiden; λ ist ein AO-Koeffizient in einem MO, während λ' das Gewicht einer ionischen VB-Struktur in der Zweielektronenwellenfunktion darstellt. Eine einfache Rechnung zeigt, daß die Ladungsdichte in der Form (6.15) resultiert, aber daß die Populationen nun durch

$$q_A = D^{-1}, \qquad q_B = D^{-1}[1 + 2S\sqrt{\{2(1+S^2)\}}\lambda' + 2(1+S^2)\lambda'^2]$$
$$q_{AB} = 2D^{-1}S[S + \sqrt{\{2(1+S^2)\}}\lambda']$$

mit

$$D = (1+S^2)(1+\lambda'^2) + 2S\sqrt{\{2(1+S^2)\}}\lambda'$$

gegeben sind. Diese Ergebnisse, die zweifellos komplizierter als die der MO-Theorie sind, liefern

$$(\mathrm{PIC})_{VB} = \tfrac{1}{2}(q_B - q_A) = \frac{(1+S^2)\lambda'^2 + S\sqrt{\{2(1+S^2)\}}\lambda'}{(1+S^2)(1+\lambda'^2) + 2S\sqrt{\{2(1+S^2)\}}\lambda'}, \tag{6.25}$$

was mit dem entsprechenden Ausdruck der MO-Näherung (6.18) verglichen werden kann. Die einzige Möglichkeit einer Vereinfachung dieses Ausdruckes besteht in der etwas unbefriedigenden Näherung der Vernachlässigung der Überlappung, wie das gelegentlich in der VB-Theorie gemacht wird. Mit $S=0$ erhalten wir

$$(\mathrm{PIC})_{\mathrm{VB}} \simeq \frac{\lambda'^2}{1+\lambda'^2}. \tag{6.26}$$

Das entsprechende Dipolmoment erhält man unter den gleichen Annahmen, die zu (6.21) geführt haben, zu

$$|\mu| = eR(\mathrm{PIC})_{\mathrm{VB}} = \frac{eR\lambda'^2}{1+\lambda'^2}. \tag{6.27}$$

Die Kurve für PIC als Funktion von λ', wie sie durch (6.26) gegeben ist, ist in Fig. 6.16 (unterbrochene Kurve) dargestellt; das genauere Ergebnis (6.25) ist durch die ausgezogene Kurve dargestellt, wobei wieder die Überlappung $S=1/3$ verwendet wurde. Die gemessenen Werte für μ bei einigen Halogenwasserstoffmolekülen liefern die in Tabelle 6.3 angegebenen Werte für PIC und λ'.

Die aus den gemessenen Dipolmomenten erhaltenen λ'-Werte haben eine gewisse anschauliche Bedeutung, denn unter der Annahme der weitgehenden Orthogonalität zwischen Ψ_{AB} und $\Psi_{A^+B^-}$ sind die relativen Gewichte der beiden Strukturen A–B und A^+B^- in (6.24) $1/(1+\lambda'^2)$ und $\lambda'^2/(1+\lambda'^2)$; die kovalente Struktur ist unpolar und

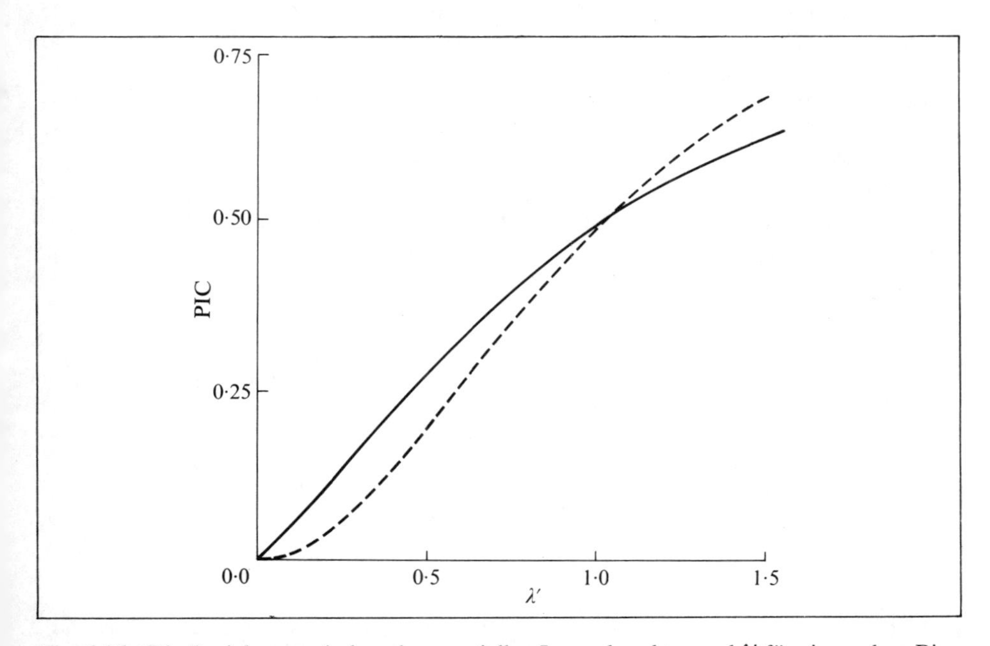

Fig. 6.16. Die Beziehung zwischen dem partiellen Ionencharakter und λ' für eine polare Bindung (VB-Theorie). Die unterbrochene Kurve entspricht der Vernachlässigung der Überlappung; die ausgezogene Kurve entspricht der Überlappung $S=1/3$.

Tabelle 6.3. Partieller Ionencharakter und VB-Parameter λ'

Molekül	HF	HCl	HBr	HI
PIC	0.41	0.17	0.12	0.06
λ'	0.84*	0.45	0.37	0.25

* Diese Werte wurden durch die genäherte VB-Beziehung (6.26) gewonnen.

der PIC in (6.26) ist demnach, wie erwartet, einfach das Gewicht der Struktur A^+B^-. Die so berechneten Werte haben allerdings nur eine geringe quantitative Bedeutung und zeigen bestenfalls einen allgemeinen Trend.

Schließlich sollen noch die Näherungen diskutiert werden, auf denen die Formel für das Dipolmoment beruht (6.20). Wir wollen diese nacheinander besprechen.

(1) Sind ϕ_A und ϕ_B, die sich beim Aufbau der Elektronenpaarwellenfunktion überlappenden Orbitale, gewöhnliche Atomorbitale, so gilt $\bar{z}_A = -1/2R$ und $\bar{z}_B = 1/2R$. Dieser Fall trifft für die MO-Funktion (6.10) zu, aber auch für die VB-Funktion (Heitler-London) (6.22), vorausgesetzt, daß die Hybridisierung vernachlässigt wird. Durch Rechnungen, wie sie in § 6.2 besprochen worden sind, werden wir aber gewarnt, daß die einfache Beschreibung einer Bindung mit Hilfe eines sich überlappenden AO-*Paares* häufig zu unrealistischen Ergebnissen führt, wenn die Atomorbitale nicht durch Hybridisierung verändert werden. Beispielsweise wird die Wellenfunktion für die Bindung in LiH ziemlich schlecht dargestellt, wenn für ϕ_A (am Li-Atom) das reine 2s-AO verwendet wird. Viel besser ist, wie wir in § 6.2 gesehen haben, eine 2s-2p-Kombination, mit anderen Worten, ein s-p-Hybrid. In diesem Fall wandert der Schwerpunkt der ϕ_A^2-Dichte vom Kern in die Bindung hinein (Fig. 6.17 (*a*)). Wir stellen dabei fest, daß die Hybridisierung ein *atomares Dipolmoment* hervorruft, das durch die Deformation des ursprünglich radialsymmetrischen Atomorbitals entsteht. Solche Effekte können oft sehr groß sein und werden in § 6.5 genauer behandelt.

(2) In einem homonuklearen Molekül haben ϕ_A und ϕ_B identische Form und deshalb gilt $\bar{z}_{AB} = 0$; aber in einem heteronuklearen Molekül haben die beiden Atom-

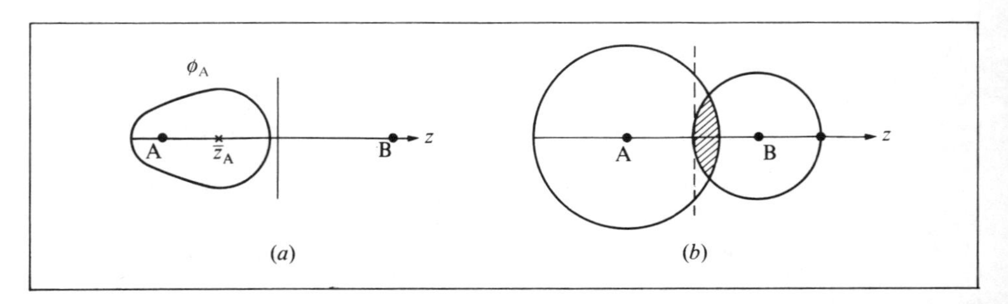

Fig. 6.17. Ursprung des Atomdipols und des homöopolaren Dipols. (*a*) Unter Berücksichtigung der Hybridisierung wird der Schwerpunkt $\bar{z}_A$ der Dichte $d_A = |\phi_A|^2$ nicht mehr am Kern A liegen. (*b*) Sind ϕ_A und ϕ_B von unterschiedlicher Form, so wird der Schwerpunkt der Überlappungsdichte nicht mehr im Bindungsmittelpunkt liegen.

orbitale unterschiedliche Formen, und deshalb wird der Schwerpunkt der Überlappungsdichte $\phi_A\phi_B$ nicht im Mittelpunkt der Bindung liegen (siehe Fig. 6.17(*b*)), so daß $\bar{z}_{AB} \neq 0$ resultiert. Das bedeutet, daß die Überlappungsdichte zum Dipolmoment beiträgt; es gibt sozusagen einen „Bindungsdipol". Dieser Effekt tritt auch dann auf, wenn ϕ_A und ϕ_B einfache Atomorbitale sind, vorausgesetzt, daß sie sich in ihrer Größe unterscheiden, und sogar dann, wenn die homöopolare Situation vorliegt, in der es keine globale Ladungsverschiebung von A nach B gibt (in diesem Fall ist im MO (6.10) $\lambda = 1$ oder in der VB-Funktion (6.24) $\lambda' = 0$, was einer rein kovalenten Bindung ohne ionischen Charakter entspricht). Das daraus resultierende Dipolmoment wird deshalb gelegentlich das „homöopolare Dipolmoment" genannt und dieses kann ziemlich groß sein, wie wir noch sehen werden, wenn wir ein spezielles Beispiel diskutieren (§ 6.5).

(3) Wir haben bisher nur die Ladungsverteilung in einer isolierten Elektronenpaarbindung betrachtet und dabei angenommen, daß das Dipolmoment der Kerne und der übrigen Elektronen so berechnet werden kann, als handele es sich um zwei positive Ionen, die als Punktladungen bei $\pm R/2$ betrachtet werden. Das ist natürlich eine grobe Näherung. Zunächst kann es auch noch andere Bindungen geben (etwa die π-Bindungen in N_2), für die wir in ähnlicher Weise zu verfahren haben, um anschließend die Teilergebnisse zu summieren. Des weiteren können die verbleibenden positiven Rümpfe nach der Behandlung der bindenden Elektronen (die Rümpfe können einfach, zweifach oder dreifach ionisiert sein, wenn Einfach-, Zweifach- oder Dreifachbindungen vorliegen) gewiß nicht als positive Punktladungen angesehen werden. Die Kerne sind zwar Punktladungen, aber diese sind von Elektronen in inneren Schalen und in einsamen Paarorbitalen umgeben, und diese Orbitale können im Vergleich zu den radialsymmetrischen Atomorbitalen der freien Atome stark verändert oder polarisiert sein. Ein beträchtlicher Beitrag zum Gesamtdipolmoment kann deshalb durch die Polarisierung der nicht-bindenden Elektronen bewirkt werden. Auch dazu werden wir später sehen (§ 6.5), daß solche Effekte sehr wichtig sein können.

Nun müßte es klar sein, warum die in den Tabellen 6.2 und 6.3 angegebenen Werte λ und λ', die aus den gemessenen Dipolmomenten hervorgegangen sind, bestenfalls allgemeine Tendenzen beschreiben können.

6.4 Die Elektronegativität

Bei der Einführung in die Behandlung polarer Bindungen wurde Paulings Definition der Elektronegativität eines Atoms erwähnt; eine Verschiebung der Elektronendichte von einem Atom zu einem anderen entsteht durch einen Unterschied in deren „elektronenanziehenden Kräften", oder mit anderen Worten, durch eine *Elektronegativitätsdifferenz*. Wir müssen nun versuchen, diesem Begriff einen quantitativen Gehalt zu verleihen. Wie können wir den Atomen A, B, ... gewisse Größen $x_A, x_B, \ldots$ zuordnen, so daß für $x_B > x_A$ die Bindung A–B so polarisiert wird, daß sie mit einer Elektronenverschiebung von A nach B im Einklang steht? Ein Satz von x-Werten für alle Elemente liefert eine *Elektronegativitätsskala*; dabei ist aber keine der Zahlen eindeutig bestimmt, denn jede additive Konstante wird die definierte Eigenschaft der x-Werte nicht beeinflussen (vgl. die Wahl des Nullpunkts einer Temperaturskala); außerdem wird die *Multiplikation* aller x-Werte mit einer Konstanten (vgl. die Größe der Graduierung auf einer Temperaturskala) keinen Einfluß auf die Eigenschaft der x-Werte haben. Demzufolge werden im allgemeinen unterschiedliche Skalen verwendet, die aber durch Verschiebung des Nullpunkts und Änderung der Einheiten weitgehend zur Deckung gebracht werden können. Anders als bei einer Temperaturskala kann eine Elektronegativitätsskala mit einer präzisen experimentellen Signifikanz nicht aufgestellt werden; die elektronenanziehende Kraft eines Atoms in einem Molekül ist im wesentlichen ein *theoretisches* Konzept. Elektronegativitätswerte sind zur Ermittlung von *Tendenzen* geeignet und liefern eine *grobe Korrelation* mit meßbaren Größen.

Mindestens drei Elektronegativitätsskalen sind im Umlauf; wir werden diese nacheinander behandeln, wobei wir gleichzeitig ihre Verwendungszwecke erwähnen wollen.

Die Skala nach Pauling. Das Ziel Paulings war die Zuordnung der Elektronegativitätswerte zu den Elementen, derart, daß $x_B - x_A$ zur Vorhersage des Ionencharakters der Bindung A–B in einer VB-Beschreibung dienen kann. Er stellte fest, daß die Stärke einer polaren Bindung A–B, wie sie durch die Dissoziationsenergie $D(A-B)$ gegeben ist, größer sein kann als jene der unpolaren Bindungen A–A und B–B. Er führte eine Größe Δ_{AB} ein, die er die „ionisch-kovalente Resonanzenergie" nannte, um die Stabilisierung aufgrund des anwachsenden Ionencharakters angeben zu können. Pauling hat eine VB-Wellenfunktion (6.24) verwendet und definierte Δ_{AB} als die Differenz zwischen der *wirklichen* Dissoziationsenergie $D(A-B)$ und der Größe $D_{kov}(A-B)$, die unter der Annahme berechnet worden ist, daß die Molekülwellenfunktion einer *einzigen kovalenten Struktur* ($\lambda' = 0$ in (6.24)) entspricht. Während $D_{kov}(A-B)$ nach (5.26) prinzipiell berechnet werden könnte, ist es üblich, sich einer empirischen Beziehung zu bedienen, indem $D_{kov}(A-B)$ als geometrisches Mittel von $D(A-A)$ und $D(B-B)$ betrachtet wird. Die Differenz Δ_{AB}, nämlich $D(A-B) - D_{kov}(A-B)$, stellt die Stabilisierung (Energieerniedrigung) dar, die durch die Beimischung des Ionencharakters zur Wellenfunktion bewirkt wird. Diese Größe muß positiv sein, denn eine Verbesserung der Wellenfunktion (§ 3.6) kann die berechnete Energie nur *erniedrigen.* Ursprünglich schlug Pauling das arithmetische Mittel für die Berechnung der Δ-Werte vor; dieses wurde aber zugunsten des geometrischen Mit-

Tabelle 6.4. Ionisch-kovalente Resonanzenergien

Bindung	HF	HCl	ClF	LiH	NaH
Bindungsenergie ($kJmol^{-1}$)	565	430	364	241	218
D_{kov} (geometrisches Mittel)* ($kJmol^{-1}$)	237	322	177	213	176
Δ ($kJmol^{-1}$)	328	108	185	28	43

* Basierend auf den folgenden Bindungsenergien ($kJmol^{-1}$): H_2(432), Li_2(105), Na_2(72), F_2(130), Cl_2(240) (siehe Tabelle 7.7).

tels verworfen, denn gelegentlich ergaben sich damit negative Δ-Werte. Gewöhnlich sind aber die Diskrepanzen gering. In Tabelle 6.4 sind einige Δ-Werte aufgeführt, die auf diese Weise aus experimentellen Dissoziationsenergien gewonnen worden sind. Diejenigen Bindungen, die gewöhnlich als „stärker polar“ beschrieben werden, entsprechen tatsächlich größeren Δ-Werten.

Aus rein empirischen Gründen nahm Pauling $\sqrt{\Delta}$ als Maß für die Polarität oder den Ionencharakter und versuchte dann, durch das Postulat

$$\sqrt{\Delta_{AB}} \simeq |x_A - x_B| \tag{6.28}$$

eine Skala aufzustellen. Eine Proportionalitätskonstante kann zu eins angenommen werden, wenn alle Größen in eV angegeben werden. Die Wahl der Quadratwurzel beruht auf der experimentellen Erfahrung, daß für drei beliebige Bindungen A–B, B–C, A–C (alle diese Bindungen werden von links nach rechts als polar angenommen) folgende Beziehung gilt

$$\sqrt{\Delta_{AB}} + \sqrt{\Delta_{BC}} \simeq \sqrt{\Delta_{AC}}. \tag{6.29}$$

Gleichung (6.28) ist mit (6.29) verträglich, denn es gilt

$$\sqrt{\Delta_{AB}} + \sqrt{\Delta_{BC}} = (x_B - x_A) + (x_C - x_B) = x_C - x_A,$$

was nach dem genannten Postulat gleich $\sqrt{\Delta_{AC}}$ ist, in Übereinstimmung mit (6.29). Man beachte, daß nach den gemachten Annahmen $x_C > x_B > x_A$ gilt, und daß alle angegebenen Differenzen positiv sind. Die auf diese Weise durch Pauling aufgestellte Skala (mit weiteren Korrekturen und Zusätzen, die auf verbesserten Dissoziationsenergien beruhen) ist in Tabelle 6.5 dargestellt. Sie zeigt den erwarteten Anstieg der Elektronegativitäten von links nach rechts entlang einer Zeile des Periodensystems und einen Abfall in jeder Spalte von oben nach unten (vgl. § 2.6). Die Werte in Ta-

Tabelle 6.5. Elektronegativitäten (x) nach Pauling*

H						
2·2						
Li	Be	B	C	N	O	F
0·98	1·57	2.04	2·55	3·04	3·41	3·98
Na	Mg	Al	Si	P	S	Cl
0·93	1·31	1·61	1·90	2·19	2·58	3·16
K	Ca		Ge	As	Se	Br
0·82	1·00		2·01	2·18	2·55	2·96
Rb						I
0·82						2·66
Cs						
0·79						

* Die Zahlen sind so gewählt, daß $x_A - x_B$ die ionisch-kovalenten Resonanzenergien unmittelbar nach (6.28) in eV angibt.

Tabelle 6.6. Dipolmomente und Elektronegativitätsdifferenzen

Molekül	HF	HCl	HBr	HI
$x_A - x_B$	1.78	0.96	0.76	0.46
μ(D)	1.82	1.03	0.83	0.45

belle 6.5 können für die grobe Abschätzung der Stabilisierung einer Bindung mit Hilfe ihres Ionencharakters herangezogen werden. Beispielsweise lautet für HCl die „ionisch-kovalente Resonanzenergie" $(3.0-2.1)^2$ eV, in qualitativer Übereinstimmung mit dem Wert in Tabelle 6.4.

Da Elektronegativitätsdifferenzen den Ionencharakter anzeigen, ist es nicht überraschend, daß sie auch mit den Dipolmomenten korrelieren. Eine bemerkenswerte, aber zufällige Beziehung besteht darin, daß $x_B - x_A$ etwa gleich dem Dipolmoment $\mu_{AB}(A^+B^-)$ ist, wenn dieses in den alten „Debye-Einheiten" (1 Debye $= 3.334 \times 10^{-30}$ Cm) ausgedrückt wird. Tabelle 6.6 zeigt diese Übereinstimmung für die Halogenwasserstoffe. Aus (6.20) folgt, daß der partielle Ionencharakter einer Bindung A – B, wie er in (6.17) definiert ist, etwa proportional zur Elektronegativitätsdifferenz $x_B - x_A$ ist:

$$(\mathrm{PIC})_{AB} \simeq \text{Konstante} \times (x_B - x_A). \tag{6.30}$$

In der alten Literatur, wo der partielle Ionencharakter mit Hilfe von (6.20) aus den gemessenen Dipolmomenten ermittel wurde, hat man versucht, eine genauere Beziehung zu erhalten, indem man eine glatte Kurve für PIC über $x_B - x_A$ gezeichnet hat, wobei die beste Angleichung an die gemessenen Werte angestrebt wurde. Eine solche Kurve, die auf Hannay und Smyth (1946) zurückgeht, ist in Fig. 6.18 gezeigt und durch die Gleichung

$$\mathrm{PIC} = 0{\cdot}16(x_B - x_A) + 0{\cdot}035(x_B - x_A)^2 \tag{6.31}$$

gegeben. Verschiedene damit „rivalisierende" Kurven wurden vorgeschlagen (eine Übersicht gibt Gordy (1955)), die auf verschiedenen Bestimmungen des Ionencharakters basieren. Hinsichtlich der vielen möglichen Näherungen und theoretischen Unsicherheiten, die solchen Beziehungen anhaften, ist es fraglich, ob irgend etwas gewonnen wird, wenn man über eine einfache lineare Beziehung hinausgeht. Elektronegativitäten sind nur für die *halbquantitative* Diskussion von *Tendenzen* innerhalb einer Reihe von ähnlichen Bindungen sinnvoll. Für diesen Zweck sind die Werte in Tabelle 6.5 ausreichend.

Skalen nach Mulliken. Kurze Zeit nach der Einführung von Paulings Elektronegativitätsskala hat Mulliken (1934; 1935) eine andere Definition einer „absoluten" Elektronegativität mit Hilfe genau meßbarer Größen vorgeschlagen. (Eine tiefergehende Begründung wurde von Moffitt (1949) geliefert.) Um Verwechslungen zu vermeiden, werden wir von nun an den griechischen Buchstaben χ für Mullikens Elektronegativität verwenden, die durch

$$\chi_A = \tfrac{1}{2}(\mathrm{IP}_A + \mathrm{EA}_A) \tag{6.32}$$

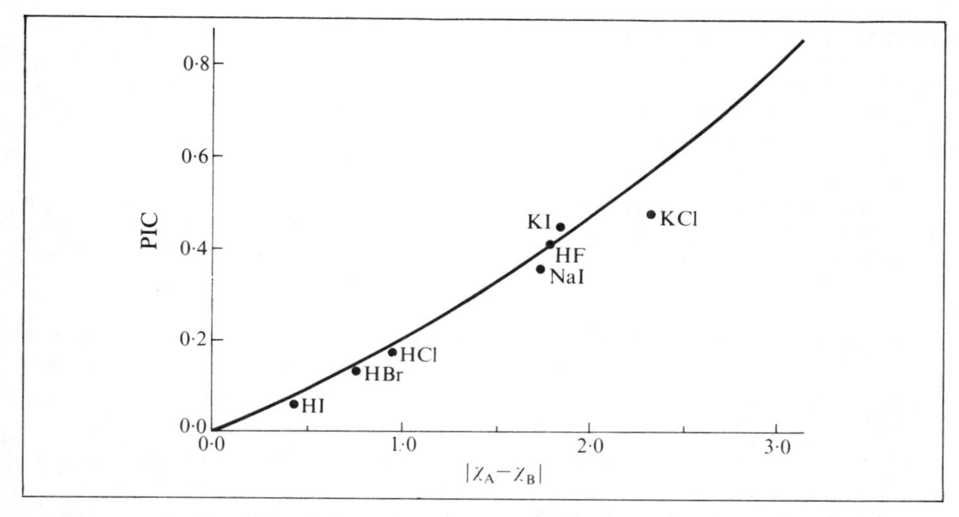

Fig. 6.18. Partieller Ionencharakter über der Elektronegativitätsdifferenz $|\chi_A - \chi_B|$ unter Verwendung der Formel von Hannay und Smyth. Meßwerte sind durch Punkte gekennzeichnet.

definiert ist. Dabei ist IP_A die Ionisierungsenergie des Atoms A und EA_A seine Elektronenaffinität. Mulliken folgert, daß die Bindung A–B durch eine kovalente Struktur dann gut beschrieben wird, wenn keine besondere Bevorzugung entweder der einen oder der anderen ionischen Struktur A^+B^- oder A^-B^+ vorliegt. In so einem Fall gilt $E(A^+B^-) \simeq E(A^-B^+)$. Die für die Bildung von A^+B^- notwendige Energie, falls A und B hinreichend weit voneinander entfernt sind, lautet nach Definition $IP_A - EA_B$, während sie für A^-B^+ $IP_B - EA_A$ lautet. Das Kriterium für eine unpolare Bindung lautet deshalb $IP_A - EA_B = IP_B - EA_A$, oder

$$IP_A + EA_A = IP_B + EA_B,$$

aber das ist die definitive Eigenschaft der Elektronegativitäten, und deshalb ist $IP_A + EA_A$ ein vernünftiges Maß für die Elektronegativität. In Wirklichkeit nahm Mulliken das Mittel von IP_A und EA_A an, wie dieses in (6.32) steht.

Der Vorteil von Mullikens Definition besteht darin, daß sie eine theoretisch genau definierte Grundlage für die Berechnung oder Messung von Elektronegativitäten darstellt. Die resultierende Skala kann auch in eine bemerkenswerte Übereinstimmung mit Paulings empirischer Skala gebracht werden, was durch eine Verschiebung des Nullpunkts und eine Änderung der Einheiten gemäß

$$x_A = 0{\cdot}336(\chi_A - 0{\cdot}615) \qquad (6.33)$$

erreicht werden kann. Die auf diese Weise aus Mullikens Elektronegativitäten berechneten x-Werte weichen im allgemeinen nicht besonders stark von den in Tabelle 6.5 angegebenen Werten ab. Der Nachteil von Mullikens Definition besteht darin, daß sie strenggenommen überhaupt keine Elektronegativität darstellt, im Pauling-

Tabelle 6.7. Die Abhängigkeit der Elektronegativität von der Hybridisierung*

Hybridisierung	sp	sp^2	sp^3	p
C	3.29	2.75	2.48	1.75
N	4.67	3.94	3.68	2.28

* Berechnet für ein Valenzorbital (s-p-Kombination) mit Mullikens Definition (6.32) und mit Hilfe von (6.33) auf die Paulingsche Skala übertragen. (Siehe J. Hinze (1963) und die darin zitierte Literatur.)

schen Sinne des Begriffes, denn sie bezieht sich auf *freie Atome* und nicht auf Atome „in einem Molekül"! Die Theorie ist jedoch flexibel genug, um die Wahl eines theoretischen Modells zu erlauben, je nach der Natur der Bindung A–B.

Diese Bindung kann beispielsweise ein s-Orbital am Atom A, ein p-Orbital oder ein s-p-Hybrid enthalten; in jedem dieser Fälle wird das Orbital sein eigenes genau definiertes IP haben. Somit ist es möglich geworden, das Konzept der Elektronegativität hinsichtlich der Unterscheidung zwischen verschiedenen Valenzzuständen eines Atoms zu erweitern, indem „Orbital-Elektronegativitäten" eingeführt werden. Ausführliche Tabellen für Valenzzustands-IP wurden von Pritchard und Skinner (1955) hergestellt. Die Abhängigkeit der Elektronegativität vom Hybridisierungsgrad des Orbitals ist tatsächlich beträchtlich. Für Kohlenstoff und Stickstoff ist die Abhängigkeit des χ-Wertes vom Hybridisierungsgrad (mit Hilfe von (6.33) auf die Paulingsche Skala übertragen) in Tabelle 6.7 gezeigt. Ein 2s-Elektron ist stärker gebunden als ein 2p-Elektron, und deshalb wird ein Anstieg der Elektronegativität mit steigendem s-Beitrag erwartet, was auch tatsächlich zu beobachten ist. Der allgemein übliche Wert in Tabelle 6.5 ($x \simeq 2.5$) entspricht einem Hybrid mit nur 25 % s-Charakter, was für gesättigte Kohlenstoffverbindungen typisch ist und in Kapitel 7 genauer erläutert wird. Für eine derartige Variation der Elektronegativität gibt es auch gewisse experimentelle Hinweise, denn die Bindungsstärke eines Protons (und somit die Acidität) steht in Beziehung zur Elektronegativität des Atoms, das mit dem Proton gebunden ist.

In den letzten Jahren wurde die Mullikensche Definition noch weiter entwickelt, im wesentlichen durch Jaffé, Hinze, Whitehead und Mitarbeiter*. Dabei wurde die *Variabilität* der Elektronegativität berücksichtigt, die auf die elektronische Ladung zurückzuführen ist, die durch ein Atom *in der molekularen Umgebung* verursacht wird. Somit ist man dem Konzept von Paulings ursprünglicher Definition entgegengekommen. Die Werte in Tabelle 6.5 beziehen sich auf neutrale Atome, so daß eine Elektronenverschiebung zum Atom hin oder vom Atom weg unberücksichtigt ist.

Der Gehalt der Methode kann erläutert werden, indem man wieder einmal eine Einfachbindung A–B betrachtet (ähnliche Überlegungen können aber auch für mehrfach gebundene Atome in mehratomigen Molekülen durchgeführt werden). Wir wissen bereits, daß die formale Elektronenladung, die das Orbital ϕ_A *im Molekül*

* Siehe beispielsweise Hinze *et al.* (1963); Baird und Whitehead (1964); Whitehead *et al.* (1965).

ergibt, durch q_A (die „Orbitalpopulation" in § 6.4) gegeben ist. Für ein freies Atom mit einem Valenzelektron in ϕ_A gilt $q_A = 1$, während für das Anion und Kation $q_A = 2$ und $q_A = 0$ gilt. Wir wollen nun annehmen, daß die Energie der Elektronen in ϕ_A im Feld aller übrigen Elektronen (deren Energie wird als konstant angenommen) eine glatte Funktion der Anzahl der Elektronen in ϕ_A sei. Dabei stoßen wir aber auf eine Schwierigkeit, die wir erst umgehen müssen, bevor wir weitergehen.

In einem freien Atom ist die Anzahl der Elektronen in ϕ_A sicher eine ganze Zahl, während in einem Molekül, *sogar in Abwesenheit jeglicher Polarisierung der Bindung*, q_A keine ganze Zahl mehr ist, was auf die Elektronenverschiebung in den Bindungsbereich zurückzuführen ist. Sind wir an den wesentlichen Erscheinungen einer Ladungsverschiebung *von einem Atom zum anderen* interessiert, so brauchen wir die Elektronendichte nicht so differenziert zu betrachten und diese in *drei* Anteile aufteilen (die entsprechenden Ladungen sind q_A, q_B und q_{AB}); stattdessen ist es einfacher, die Überlappungsdichte als halb zum Atom A und halb zum Atom B gehörend anzusehen. Die Zahlen

$$Q_A = q_A + \tfrac{1}{2}q_{AB}, \qquad Q_B = q_B + \tfrac{1}{2}q_{AB} \tag{6.34}$$

sind die Elektronenladungen, die formal den Orbitalen ϕ_A und ϕ_B zugeordnet werden. Q_A und Q_B werden gewöhnlich die „*Brutto*-Orbitalpopulationen"* von ϕ_A und ϕ_B genannt, während q_A und q_B die *Nettowerte* sind, die verbleiben, nachdem ein Teil der Ladung „in die Bindung" gegangen ist. Aus (6.34) folgt unmittelbar

$$q_B - q_A = Q_B - Q_A$$

und somit ist der in (6.17) definierte PIC, zusammen mit der gesamten nachfolgenden Diskussion davon unabhängig, ob wir die Q-Werte oder die q-Werte verwenden; die Q-Werte beschreiben die Ladungsverschiebung genauso gut. Trennen wir die Atome, so gilt $q_{AB} \rightarrow 0$ und $Q_A \rightarrow q_A$, $Q_B \rightarrow q_B$. Aus diesem Grund können wir nach wie vor $Q_A = 1$, 2 und 0 mit dem einwertigen Atom, seinem Anion und seinem Kation assoziieren.

Nun sind wir in der Lage, fortzufahren. Die Energie der mit ϕ_A assoziierten Elektronenladung wird als Funktion von Q_A angenommen, für die drei experimentell bekannte Punkte auf der Kurve existieren; diese entsprechen den Werten $Q_A = 0, 1, 2$. Nun führen wir eine quadratische Interpolation durch:

$$E_A = a_A + b_A Q_A + c_A Q_A^2. \tag{6.35}$$

Wir setzen $a_A = 0$, denn, wenn ϕ_A nicht besetzt ist ($Q_A = 0$), ist die Energie null; für die Energie der ϕ_A-Elektronen im positiven Ion gilt demnach $E_A^+ = 0$. Für das neutrale Atom und das Anion erhalten wir

$$\begin{aligned} E_A^0 &= b_A + c_A \qquad & (Q_A = 1) \\ E_A^- &= 2b_A + 4c_A \qquad & (Q_A = 2). \end{aligned}$$

* Das ist die Mulliken-Terminologie (1955). Für frühere Diskussionen der Populationen und deren Anwendungen siehe McWeeny (1951; 1952; 1954).

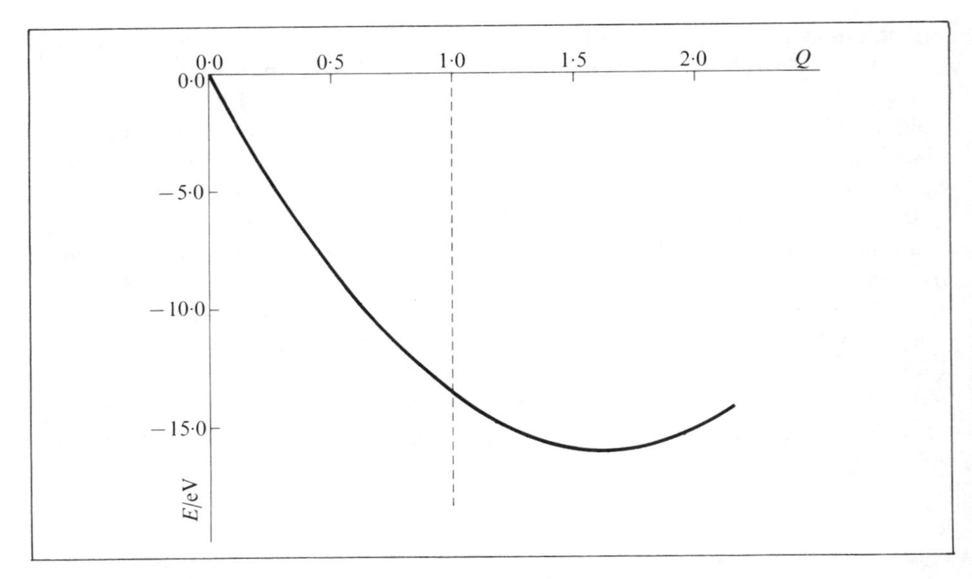

Fig. 6.19. Die Abhängigkeit der Energie von der Orbitalpopulation Q.

Das Orbital-Ionisierungspotential und die Elektronenaffinität sind durch

$$\begin{aligned} \mathrm{IP}_A &= E_A^+ - E_A^0 = -(b_A + c_A) \\ \mathrm{EA}_A &= E_A^0 - E_A^- = -(b_A + 3c_A) \end{aligned} \tag{6.36}$$

definiert und somit können wir die Konstanten b_A und c_A durch Lösen des linearen Gleichungssystems bestimmen; das Ergebnis lautet

$$b_A = -\tfrac{1}{2}(3\mathrm{IP}_A - \mathrm{EA}_A), \qquad c_A = \tfrac{1}{2}(\mathrm{IP}_A - \mathrm{EA}_A). \tag{6.37}$$

Wir können nun eine Kurve zeichnen, die zeigt, wie sich die mit dem AO ϕ_A verbundene Energie ändert, wenn sich die entsprechende Population ändert; eine solche Populationsänderung entspricht einer Elektronenverschiebung zum Bereich von ϕ_A hin, oder von diesem Bereich weg. Eine solche Kurve ist in Fig. 6.19 gezeigt, wobei es sich um ein 2p-Orbital in einem Sauerstoffatom handelt. Links von der senkrechten Linie bei $Q=1$ entspricht die Kurve einem Abzug von Elektronen, so daß kontinuierlich ein positives Ion entsteht; rechts von der senkrechten Linie ($Q>1$) entspricht die Kurve der Anlagerung von Elektronen, so daß kontinuierlich ein negatives Ion entsteht. Die Elektronegativität, die dem Orbital ϕ_A des Atoms in einem Molekül zugeordnet wird, kann nun als ein Maß für seine „Begierde" nach Elektronen definiert*

* Diese Definition wurde zuerst von R. P. Iczkowski und J. A. Margrave (1961) vorgeschlagen. Man beachte die Vorzeichen in (6.38) und an anderen Stellen, denn diese unterscheiden sich von einigen in der Literatur zitierten. Das Vorzeichen beruht auf unserer Verwendung der Population (Q) an Stelle der entsprechenden elektrischen Ladung ($-eQ$) oder der Nettoladung am Ion.

werden; darunter kann man das Ausmaß verstehen, mit dem die entsprechende Energie abnimmt und gegen das Minimum strebt, wenn Elektronen hinzugefügt werden. In mathematischer Einkleidung heißt das

$$\chi_A = -\frac{\partial E_A}{\partial Q_A}. \tag{6.38}$$

Der negative Anstieg der Kurve in Fig. 6.19 in einem beliebigen Punkt ist die *Q-abhängige Orbital-Elektronegativität.* Differentiation von (6.35) liefert

$$\chi_A = -(b + 2cQ_A) = \tfrac{1}{2}(3IP_A - EA_A) - (IP_A - EA_A)Q_A. \tag{6.39}$$

Im Punkt $Q_A = 1$ erhalten wir unmittelbar den Wert für das neutrale Atom

$$\chi_A^0 = -(b_A + 2c_A) = \tfrac{1}{2}(IP_A + EA_A) \tag{6.40}$$

und somit sind wir wieder bei Mullikens Definition, die offensichtlich für ein näherungsweise neutrales Atom geeignet ist. Lagert das Atom Elektronen an, so *sinkt* die Elektronegativität (sinkender Betrag der Steigung in Fig. 6.19), bis jenseits des Minimums das teilweise negative Ion weitere Elektronen eventuell abstößt; in diesem Bereich wird die Steigung positiv, so daß χ negativ wird. Einige Daten für Wasserstoff und für die Halogene sind in Tabelle 6.8 zusammengestellt.

Tabelle 6.8. Repräsentative Daten aus Berechnungen von Orbital-Elektronegativitäten

	b	c	χ^0
H	−20·02*	6·42	7·18
F	−29·54**	8·68	12·18
Cl	−20·75	5·67	9·41
Br	−17·80	4·70	8·40
I	−17·25	4·57	8·11

* Alle Werte in eV.
** Die Werte für die Halogene entsprechen reinen 2p-Orbitalen (keine Hybridisierung).

Die Berücksichtigung der Abhängigkeit der Elektronegativität von der *Orbitalform* in der Bindung (unter Einschluß der Hybridisierung) und von der *Population* des Orbitals stellt eine interessante und aufschlußreiche Verbesserung der ursprünglichen Mullikenschen Definition mit vielen möglichen Anwendungen dar. Im einzelnen gestattet die Q-Abhängigkeit von χ eine einfache Diskussion der Ladungsverschiebungen in Bindungen, wobei die empirische Beziehung (6.30) durch ein einfaches physikalisches Prinzip ersetzt wird – das „Prinzip von der Gleichheit der Orbital-Elektronegativitäten". Dieses Prinzip* besagt, daß eine Elektronenverschiebung von

* Das erste Mal von Sanderson (1945) formuliert; weitere Entwicklungen wurden von Iczkowski und Margrave (1961), Hinze *et al.* (1963), Baird und Whitehead (1964) verfolgt.

A nach B stattfindet (unter der Annahme, daß B elektronegativer als A ist), so lange, bis die beiden Elektronegativitäten gleich werden: $\chi_A = \chi_B$; dabei muß χ_B abnehmen und χ_A zunehmen. Daraus folgt nach (6.39)

$$b_A + 2c_A Q_A = b_B + 2c_B Q_B$$

und außerdem befinden sich zwei Elektronen in der Bindung

$$Q_A + Q_B = q_A + q_B + q_{AB} = 2.$$

Als Lösungen dieses Gleichungssystems erhalten wir

$$Q_A = \frac{b_B - b_A + 4c_B}{2(c_A + c_B)}, \qquad Q_B = \frac{b_A - b_B + 4c_A}{2(c_A + c_B)}. \tag{6.41}$$

Für den partiellen Ionencharakter erhalten wir unter Verwendung von (6.17) und (6.34)

$$\mathrm{PIC} = \tfrac{1}{2}(Q_B - Q_A) = \frac{\chi_B^0 - \chi_A^0}{2(c_A + c_B)}. \tag{6.42}$$

Dieses Prinzip führt zu einer Beziehung, die genau parallel zu der in (6.30) verläuft; allerdings ist die zuletzt gefundene Beziehung besser fundiert und die Proportionalitätskonstante ist mit Hilfe der „Ladungskoeffizienten" c_A und c_B festgelegt.

Einige nach (6.42) erhaltene Resultate für die in Tabelle 6.8 enthaltenen Elemente sind in Tabelle 6.9 aufgeführt. Die Tatsache, daß die Formel von Hannay und Smyth eine bessere Korrelation mit den experimentellen Daten liefert, im besonderen für HF und HCl, darf uns nicht überraschen; erstens ist deren Angleichung rein empirisch, wobei die Paulingschen empirischen Elektronegativitäten verwendet werden, und zweitens sind in Tabelle 6.8 die Orbital-Elektronegativitäten der Halogene für rein p-artige Valenzorbitale bestimmt worden; in Wirklichkeit wird eine zwar geringe, aber nennenswerte Hybridisierung vorliegen. Für solche Fälle, bei denen eine Hybridisierung weniger bedeutungsvoll ist, ist auch die Übereinstimmung besser.

Heutzutage stehen umfangreiche Informationen aus *ab initio*-Rechnungen zur Verfügung, so daß weitere Untersuchungen zur Begründung der Orbital-Elektronegativitäten recht nützlich sein können. Nicht zuletzt ist es beruhigend, festzustellen, daß recht unterschiedliche Definitionen und Vorgangsweisen alle mehr oder weniger zu qualitativ ähnlichen Ergebnissen führen und sogar zu numerischen Elektronegativitäten, die nicht stark voneinander abweichen (falls die Skalen geeignet verschoben

Tabelle 6.9. Der partielle Ionencharakter aus der Orbital-Elektronegativität

	HF	HCl	HBr	HI
PIC aus (6.42)	0.166	0.089	0.082	0.069
PIC „gemessen"*	0.412	0.168	0.123	0.058

* Mit Hilfe der experimentellen Dipolmomente und (6.20), siehe Tabelle 6.2.

Tabelle 6.10. Der Vergleich von Elektronegativitäten aus verschiedenen Definitionen

	Li	Be	B	C	N	O	F
Pauling	0·98	1·57	2·04	2·55	3·04	3·41	3·98
Mulliken-Jaffé*	0·84	1·40 (sp)	1·93 (sp^2)	2·48 (sp^3)	3·68 (sp^3)	3·04 (p)	3·90
Allred-Rochow	0·97	1·47	2·01	2·50	3·07	3·50	4·10

* In die Paulingsche Skala übertragen. Die angenommene Hybridisierung steht in Klammern: für C, N und O hängt die berechnete Orbital-Elektronegativität stark vom Betrag des s-Charakters ab, etwa 10–15 % führt zu Werten, die näher bei den Paulingschen liegen.

werden, um Übereinstimmung anzustreben), es sei denn für Atome in stark ionischen Situationen oder in ungewöhnlichen Valenzzuständen.

Die Allred-Rochow-Skala. Eine weitere, in weiten Kreisen anerkannte Skala mit einer unmittelbar physikalischen Interpretation wurde von Allred und Rochow (1958) eingeführt. Sie haben vorgeschlagen, daß die Kraft, die ein Atom auf ein „Testelektron" bei einem Abstand vom empirischen kovalenten Radius (§ 7.9) ausübt, ein geeignetes Maß für dessen elektronenanziehende Wirkung ist. Die einfachste Methode zur Bestimmung der Kraft ist in der Anwendung der Slaterregeln zu sehen, um eine effektive Kernladung Z_e zu definieren. Zur Bestimmung dieser effektiven Ladung haben Allred und Rochow *alle* Elektronen in dem Atom berücksichtigt (nicht $N-1$, wie in § 2.6); aber Relativwerte hängen von dieser Wahl nicht besonders stark ab. Die anziehende Kraft lautet dann einfach $Z_e e^2/\varkappa_0 r_{kov}^2$. Um diese Skala mit der Paulingschen zur Deckung zu bringen, haben Allred und Rochow die Elektronegativität als

$$x = 1{\cdot}282\frac{Z_e}{r_{kov}^2} + 0{\cdot}744 \tag{6.43}$$

definiert, wobei r_{kov} in bohr einzusetzen ist. Es ist beruhigend, wiederum festzustellen, daß die so berechneten Elektronegativitäten im allgemeinen nicht sehr verschieden sind von denen, die nach den Definitionen von Pauling oder Mulliken bestimmt werden. Der wesentliche Vorteil dieser Skala ist ihre Einfachheit und ihre problemlose Erweiterung auf schwerere Atome, für die keine anderen Werte zur Verfügung stehen. Diese Skala ist deshalb in der Chemie der Übergangsmetalle besonders verbreitet. Einige Werte der Allred-Rochow-Skala sind in Tabelle 6.10 aufgeführt und mit den entsprechenden Werten der anderen Skalen verglichen; ausführlichere Tabellen findet man beispielsweise bei Huheey (1972).

6.5 Polare Bindungen: experimentelle Folgerungen

Das Dipolmoment eines Moleküls ist vielleicht das unmittelbarste Anzeichen einer Bindungspolarität, aber aus bereits erwähnten Gründen (§ 6.3) ist es für quantitative Zwecke nicht immer das zuverlässigste. Die Ladungsverteilung in einer Bindung kann experimentell durch zahlreiche andere Methoden untersucht werden, aber die Interpretation der Ergebnisse mit Hilfe einfacher Konzepte wie das der Elektronegativitätsdifferenz oder des Hybridisierungsgrads ist niemals einfach.

Im folgenden wollen wir einige Beispiele betrachten, um einige dieser Schwierigkeiten zu erläutern.

(1) *Dipolmomente.* Diese erfordern die Berechnung des elektrischen Moments der Ladungswolke. Die einfache Vorstellung, die zu (6.20) geführt hat, ist unzureichend, denn dabei werden die Existenz von Atomdipolen und Bindungsdipolen (homöopolare Dipole) ignoriert; nur die Ladungsverschiebung zwischen den beiden Zentren wird berücksichtigt. Ebenso wird die asymmetrische Verteilung der nichtbindenden Elektronen ignoriert, indem sie als Teil des kompakten, positiv geladenen Rumpfes behandelt wird.

Es ist nicht allzu schwer, die Größe derartiger Effekte abzuschätzen. Aus Fig. 6.17 (*a*) folgt ziemlich eindeutig, daß der Schwerpunkt eines Hybrids in einem gewissen Abstand vom Kern liegt. Für ein Hybrid $(s+\lambda p_z)/(1+\lambda^2)^{1/2}$ liegt der Schwerpunkt in einem Abstand $\bar{z}$ vom Kern entfernt, wobei

$$\bar{z} = \int z \frac{(s+\lambda p_z)^2}{1+\lambda^2} d\tau = (1+\lambda^2)^{-1}(\bar{z}_s + \lambda^2 \bar{z}_p + 2\lambda \bar{z}_{sp}).$$

Nun sind aber $\bar{z}_s$ und $\bar{z}_p$, die Schwerpunkte der Atomorbitale s und p_z, gleich null, und deshalb gilt

$$\bar{z} = \frac{2\lambda}{1+\lambda^2} \bar{z}_{sp} = \frac{2\lambda}{1+\lambda^2} \int z s p_z \, d\tau. \tag{6.44}$$

Für reine s-Orbitale $(\lambda = 0)$ und reine p-Orbitale $(\lambda = \infty)$ verschwindet $\bar{z}$; aber für Hybride von s und p kann $\bar{z}$ ziemlich groß werden, wobei für das digonale Hybrid der maximale Wert von 1 erreicht werden kann. Sind s und p_z Kohlenstoff-Atomorbitale, so hat $\bar{z}_{sp}$ den Wert $0.89a_0$. Diese Ladungsasymmetrie bedeutet für den Prozeß der Vorbereitung des C-Atoms für die Bindungsbildung die Einführung eines beträchtlichen Atomdipols. Die Größenordnung eines solchen Dipols ist $\mu = e\bar{z}$ pro Elektron, oder in dem vorliegenden Beispiel $0.89ea_0$. Wie in Tabelle 6.2 verwenden wir die atomare Einheit des elektrischen Moments, ea_0; die entsprechende SI-Einheit beträgt $ea_0 = 8.478 \cdot 10^{-30}$ Cm. Solche Dipolmomente sind ziemlich groß, wie Fig. 6.20 für den Fall des Kohlenstoffs zeigt, wobei jedes Elektron den Beitrag von $0.89ea_0$ liefern kann. Dieser Betrag entspricht der Verschiebung eines Elektrons zwischen den Zentren um fast 1 bohr! Bei der Behandlung der Polarisierung der nicht-bindenden Elektronen, einige davon können Hybridorbitale besetzen, werden sogar noch größere Dipolmomente erwartet; ein einsames *Elektronenpaar* liefert ein *doppelt* so großes Moment wie das soeben berechnete.

Den anderen Effekt, den wir berücksichtigen müssen, können wir auf die Asymmetrie der Überlappungsdichte d_{AB} in (6.16) zurückführen. Dieser Effekt kann nach Fig. 6.17 (*b*) sogar für s-Orbitale beträchtlich sein. Gehen wir von den beiden 1s-Atomorbitalen (unter Verwendung atomarer Einheiten)

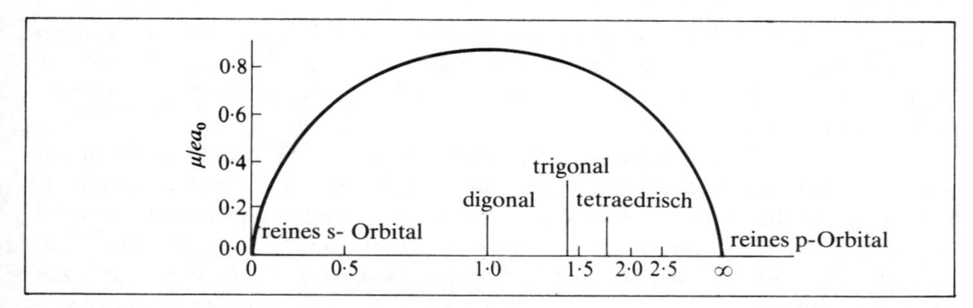

Fig. 6.20. Das Atomdipolmoment für ein Kohlenstoffhybrid. (Die horizontale Skala gibt das Gewicht des p-Orbitals an, $\lambda^2/(1+\lambda^2) \to 1$ für $\lambda \to \infty$; aufgetragen sind die λ-Werte.)

$$\phi_A = \pi^{-1/2} \exp(-r_A), \qquad \phi_B = \left(\frac{k^3}{\pi}\right)^{1/2} \exp(-kr_B)$$

aus, so bestimmt k das Verhältnis der Größen. Es ergibt sich

$$\bar{z}_{AB} = \frac{1}{S_{AB}} \frac{k^{3/2}}{\pi} \int z \exp(-r_A - kr_B)\, d\tau. \tag{6.45}$$

Die Werte für das Momentintegral und das Überlappungsintegral (S_{AB}) können aus Formeln erhalten werden, die zuerst von Coulson (1942) angegeben worden sind. Dadurch erhält man das homöopolare Dipolmoment, das aus der Überlappungsdichte resultiert, zu $\mu = e\bar{z}_{AB}$ pro Elektron (dabei ist d_{AB} auf eins normiert). Im Ausdruck (6.19) für den Bindungsdipol wird das homöopolare Dipolmoment mit dem Wert der Überlappungspopulation q_{AB} gewichtet. Die k-Abhängigkeit von μ ist in Fig. 6.21

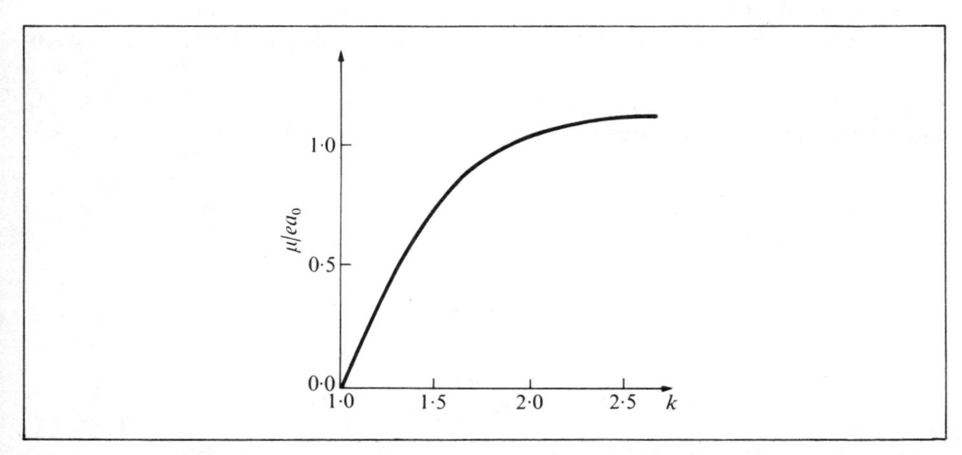

Fig. 6.21. Das homöopolare Dipolmoment für zwei unterschiedliche 1s-Orbitale. (Die effektiven Kernladungen lauten e und ke; für den interatomaren Abstand wurde $2a_0$ eingesetzt.)

dargestellt. Für $k=1$, was einem homonuklearen Molekül entspricht, verschwindet μ; aber sogar eine nur geringe Asymmetrie kann zu einem Moment der Größe von $0.1 ea_0$ führen. Zur glaubwürdigen Bestimmung solcher Effekte sind sehr genaue Wellenfunktionen erforderlich.

(2) *Kernabschirmungskonstanten.* Ein Elektron ist ein „Spin 1/2"-Teilchen mit einer Drehimpulsquantenzahl $s=1/2$. Kerne dagegen können unterschiedliche Werte für den Spindrehimpuls haben; diese werden durch eine Kernspinquantenzahl I charakterisiert (^{1}H, ^{13}C haben den Kernspin $I=1/2$; für ^{12}C, ^{16}O gilt $I=0$; für ^{14}N gilt $I=1$). Ist für einen Kern der Spin von null verschieden, so ist damit ein *magnetischer Dipol* μ_{nuc} verbunden (ähnlich wie für das Elektron, (3.60)), sowie eine Kopplungsenergie, falls ein Magnetfeld angelegt wird. Die Kopplungsenergie hängt vom Zustand des Kernspins ab, der durch eine Quantenzahl M_I charakterisiert wird. Diese Energie (vgl. (3.61)) lautet

$$\Delta E_{\text{nuc}} = -g_N \mu_N M_I B \qquad (M_I = I, I-1, \ldots, -I). \tag{6.46}$$

Die Vorzeichenänderung wird durch die positive Kernladung bewirkt. Die Größe g_N ist der „Kern-g-Wert" und μ_N ist das „Kernmagneton", das durch $\mu_N = e\hbar/2M_p$ gegeben ist, wobei M_p die Protonenmasse ist.

Die Aufspaltung der Kernspin-Energieniveaus durch das Feld (Fig. 6.22) wird der Kern-Zeeman-Effekt (vgl. § 3.10) genannt. Für ein gegebenes Feld ist die Aufspaltung der Niveaus $g_N\mu_N B$. Übergänge zwischen solchen Niveaus können durch ein oszillierendes Feld im Radiofrequenzbereich induziert werden und erscheinen mit den entsprechenden Frequenzen, so daß $h\nu = g_N\mu_N B$ gilt. Diese liefern eine kernmagnetische Resonanz (NMR, vom englischen nuclear magnetic resonance) mit einem Signal, das für einen bestimmten Kern charakteristisch ist.

NMR-Signale betrachten wir als „Fingerabdrücke" der einzelnen Kerne in einer Verbindung. Bei der Behandlung der Molekülstruktur und der Moleküldynamik haben diese für die Chemie eine enorme Bedeutung erlangt. Wesentlich für die Bindungstheorie ist die Tatsache, daß diese Signale nicht nur vom Kern, sondern auch von seiner elektronischen Umgebung abhängen. Die „Lage" der Signale (die Absorptionsfrequenz) erfährt im allgemeinen eine „chemische Verschiebung", die hauptsächlich von der Elektronendichte um den jeweiligen Kern abhängt. Der Me-

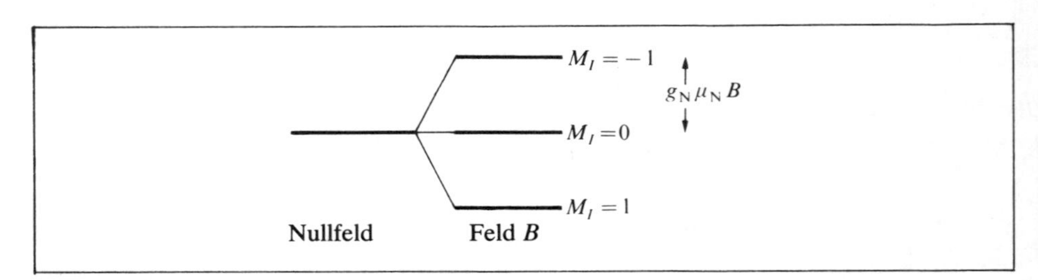

Fig. 6.22. Die Aufspaltung der Kernspin-Energieniveaus (für $I=1$) durch ein Magnetfeld. Übergänge zwischen solchen Niveaus werden in der NMR-Spektroskopie beobachtet.

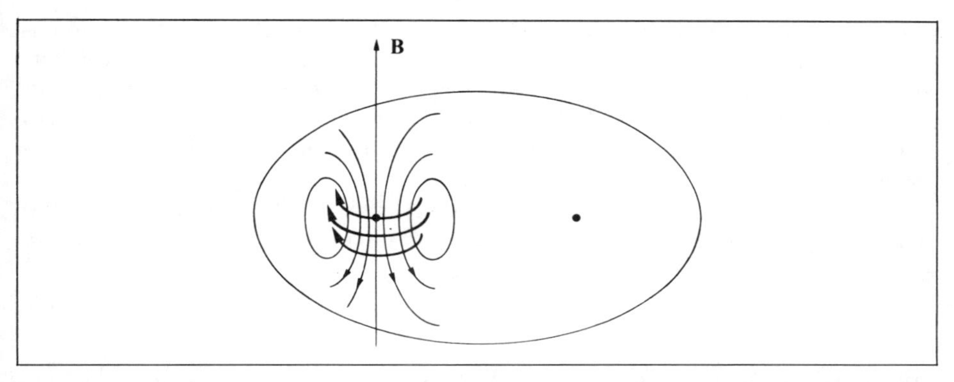

Fig. 6.23. Ursprung der „chemischen Verschiebung" von NMR-Signalen. Die induzierten Ströme in der Elektronenverteilung erzeugen ein Sekundärfeld, das dem äußeren Feld B entgegenwirkt, wodurch ein „Abschirmungseffekt" entsteht.

chanismus, durch den die Verschiebung entsteht, ist in Fig. 6.23 erläutert. Das äußere Feld B induziert in der Elektronenverteilung Ströme (einen gewissen Orbitaldrehimpuls), die ein *entgegengesetztes* Feld erzeugen, das proportional zu B ist. Folglich ist das Feld, das der Kern „spürt", mit $B(1-\sigma)$ etwas abgeschwächt, wobei σ die sogenannte „NMR-Abschirmkonstante" ist. Je „dünner" die Elektronenwolke um den Kern ist, um so schwächer ist der induzierte Strom. Es ist deshalb zu erwarten, daß σ etwa proportional zur mittleren Elektronendichte in Kernnähe ist. Mit anderen Worten: entfernen wir von einem Kern einen gewissen Betrag der Elektronenladung, so reduzieren wir dabei die chemische Abschirmung. Für eine bestimmte Bindung heißt das, daß eine Beziehung zwischen den Abschirmkonstanten und den Elektronegativitätsdifferenzen bestehen muß. Bei dem Versuch, solche Beziehungen aufzustellen, hat es allerdings Enttäuschungen gegeben. Die Protonen in Säuren (etwa in Schwefliger Säure oder Essigsäure) sind zwar nur schwach abgeschirmt, und die Verschiebungen in organischen Molekülen können gelegentlich mit der elektronenanziehenden Wirkung der verschiedenen Substituenten in Beziehung gebracht werden, aber die induzierten Elektronenströme, die sich über das ganze Molekül erstrecken, und die Verschiebungen stellen einen Gesamteffekt einer großen Anzahl von Beiträgen dar, die einer einfachen quantitativen Darstellung nicht zugänglich sind. Ausführliche Diskussionen darüber sind vorhanden (Carrington und McLachlan (1967)).

(3) *Elektrische Feldgradienten.* Ist der Kernspin von null verschieden, so bewirkt er ein *elektrisches* Feld, das dem einer nicht-sphärischen Ladung entspricht. Das *elektrische Dipolmoment* eines Kerns ist immer null, aber es kann ein sehr kleines, von null verschiedenes *Quadrupolmoment* Q geben. Ist das Feld am Kern, das sowohl durch die Elektronenwolke als auch durch die anderen Kerne verursacht wird, nicht homogen, so gibt es wieder eine kleine Kopplungsenergie, die vom Zustand des Kernspins abhängt. Dieses Mal erhalten wir an Stelle von (6.46) die Beziehung (man beachte, daß es für $I=0, 1/2$ kein Quadrupolmoment gibt)

$$\Delta E_{\text{quad}} = \frac{eQ}{4} q_{zz} \left\{ \frac{3M_I^2 - I(I+1)}{I(2I-1)} \right\}, \tag{6.47}$$

wobei der „elektrische Feldgradient" $q_{zz} = \partial^2\phi/\partial z^2$ (ϕ ist das elektrostatische Potential) am Kern zu entwickeln ist und die z-Achse die Quantisierungsachse ist. Übergänge zwischen Niveaus mit verschiedenen M_I-Werten werden in der Kernquadrupol-Resonanzspektroskopie (NQR, vom englischen nuclear quadrupole resonance) beobachtet. Vorausgesetzt, daß Q bekannt ist, erhält man Auskunft über die Feldgradienten.

Zur Berechnung von q_{zz} müssen wir nur die klassische Elektrostatik auf die Ladungsdichtefunktion P anwenden. Das Ergebnis lautet

$$q_{zz} = \frac{-e}{\kappa_0} \int \frac{3\cos^2\theta - 1}{r^3} P(\mathbf{r})\,\mathrm{d}\tau, \tag{6.48}$$

wobei $P(\mathbf{r})$ die Ladungsdichte in dem Punkt ist, dessen Ortsvektor bezüglich des Kerns $\mathbf{r}$ lautet; θ ist der Winkel dieses Vektors zur z-Achse.

Um den Feldgradienten am Kern A eines gebundenen Paares A–B zu erhalten, müssen wir (6.15) einsetzen, um Beiträge von $d_{A,}$ d_{AB} und d_B zu erhalten. Dazu müssen wir einen Kernbeitrag von B addieren, nämlich $2Z_B e/\varkappa_0 R_{AB}^3$. Wenn wir uns daran erinnern, daß ϕ_A und ϕ_B Hybride sein können und daß auch Beiträge von nicht-bindenden Elektronen addiert werden müssen, so wird es verständlich werden, daß das Ergebnis eine Summe von vielen Termen sein wird. Bei semiempirischen Methoden ist es üblich, Beiträge zu vernachlässigen, die von weiter auseinanderliegenden Teilen der Ladungswolke herrühren. Wird nämlich r vom Kern aus gemessen, so begünstigt der r^3-Nenner in (6.48) den kernnahen Bereich. Weitere Vereinfachungen (Aufgabe 6.9) führen zu einem Ergebnis der Form

$$q_{zz} = \frac{e}{\varkappa_0}(2 - q_A) I_{\sigma\sigma}^{A}. \tag{6.49}$$

Mit anderen Worten gibt der Feldgradient die Größe an, die dem Halogen zur Vervollständigung seiner p-Schale noch *fehlt*; für $q_A \to 2$ verschwindet dieser. Der Effekt der s-p-Hybridisierung ist Gegenstand von Aufgabe 6.10.

In den fünfziger Jahren war man sich über die relative Bedeutung des polaren Charakters, der Hybridisierung, der Natur der einsamen Paare, usw. nicht einig (man beachte beispielsweise die Originalarbeiten von Townes und Dailey (1949) und andere Zitate in (1955), oder auch andere Übersichtsartikel: Orville-Thomas (1957) und Lucken (1963)). Man hat nun erkannt, daß solche Konzepte nur „begriffliche" Bedeutung haben (obwohl sie überall zur Diskussion allgemeiner Tendenzen verwendet werden) und daß nur sehr genaue *ab initio*-Rechnungen glaubwürdige Werte für die Feldgradienten liefern können.

(4) *Chemische Verschiebungen in der ESCA.* In § 1.5 wurde die relativ neue experimentelle Methode ESCA (Elektronenspektroskopie für die chemische Analyse) erwähnt, wobei die Ionisierungsenergien, die für die Entfernung von Elektronen aus inneren Schalen aufgebracht werden müssen, durch Messung der kinetischen Energie der austretenden Photoelektronen bestimmt werden (Fig. 1.3). Diese Ionisierungsenergien hängen von der molekularen Umgebung ab und sind größer, wenn ein Atom einen Elektronenmangel aufweist, und kleiner, wenn das Atom einen Elektronen-

überschuß aufweist. Aus diesem Grund können die Ionisierungsenergien mit Bindungspolaritäten und Elektronegativitäten in Beziehung gesetzt werden. In den letzten Jahren sind die ESCA-Untersuchungen (neben ihrer Verwendung in der chemischen Analyse zur Identifizierung von Atomen) zur Behandlung der elektronischen Struktur sehr bedeutungsvoll geworden. Die grundlegende Literatur ist Siegbahn *et al.* (1967), aber auch kürzere Abhandlungen stehen zur Auswahl (etwa Hollander und Jolly (1970)). Hier wollen wir ganz einfach nur die Beziehung zwischen den „chemischen Verschiebungen" in den ESCA-Signalen und den Elektronenpopulationen der das Atom umgebenden Bereiche erwähnen.

In der Hartree-Fock-Näherung kann jede Orbitalenergie ε_i mit einer negativen Ionisierungsenergie $(-I_i)$ identifiziert werden, so daß die ESCA-Maxima die Messung (im Rahmen dieser Näherung) von Orbitalenergien ermöglichen. Wir fragen demnach, auf welche Weise die Orbitalenergie einer inneren Schale von ihrer molekularen Umgebung abhängen kann. Wir wollen diese Situation an einem Kohlenstoff-1s-Elektron erläutern; dafür können wir schreiben

$$I_{1s} \simeq -\varepsilon_{1s} = -\{\varepsilon_{1s}(C^{4+}) + V_{val} + V_{ext}\}, \tag{6.50}$$

wobei $\varepsilon_{1s}(C^{4+})$ die Energie des Elektrons ist, wenn alle Valenzelektronen entfernt worden wären (das 1s-Orbital bleibt dabei „eingefroren"); V_{val} ist die potentielle Energie des Elektrons im Feld der Valenzelektronen des Kohlenstoffatoms und V_{ext} ist die potentielle Energie des Elektrons im Feld der Elektronen und Kerne der Atome, mit denen das Kohlenstoffatom eine Bindung bildet. Der erste Term ist für das Kohlenstoffatom charakteristisch und kann deshalb als Konstante betrachtet werden; die anderen beiden Terme hängen von der elektronischen Umgebung ab und sind deshalb von Molekül zu Molekül verschieden; sie bestimmen die chemischen Verschiebungen. Als erste Näherung nehmen wir an, daß die Atome der Umgebung elektrisch neutral sind, so daß V_{ext} vernachlässigt werden kann. Die Verschiebungen hängen dann von V_{val} ab und sind direkt proportional zur Elektronenpopulation Q_C der Valenzschale des Kohlenstoffatoms. Diese ist eine *Brutto*-Population (§ 6.4), in der die Elektronen des Überlappungsbereichs auf die beiden an der Bindung beteiligten Atome aufgeteilt wird. Somit ist die Ladungsdichte eine Summe von „atomaren" Beiträgen.

Trägt man die Verschiebungen $\Delta\varepsilon_{1s}$ oder $\Delta\varepsilon_{2p}$ (für S) über den Populationen auf, so erhält man meistens eine weitgehend geradlinige Korrelation (Fig. 6.24). Die Verschiebungen können folglich zur Identifizierung von Valenzzuständen oder formalen Oxidationszahlen von Atomen in großen Molekülen oder Kristallen herangezogen werden, für die eine Berechnung nicht möglich ist. Selbstverständlich können die Effekte der Umgebung, die in V_{ext} enthalten sind, dann nicht vernachlässigt werden, wenn stark polare Bindungen vorhanden sind. Wird aber V_{ext} berücksichtigt, so wird die gute Korrelation meistens wieder hergestellt (siehe beispielsweise Carver *et al.* (1974)). Auf diesem Gebiet ist noch viel zu tun (besonders bei der Verbesserung der Näherung (6.50), um „Relaxationseffekte" nach der Ionisierung zu berücksichtigen). ESCA-Untersuchungen liefern zweifellos nach wie vor interessante Einblicke in die heteropolare Bindung und in die elektronische Struktur der Bindung im allge-

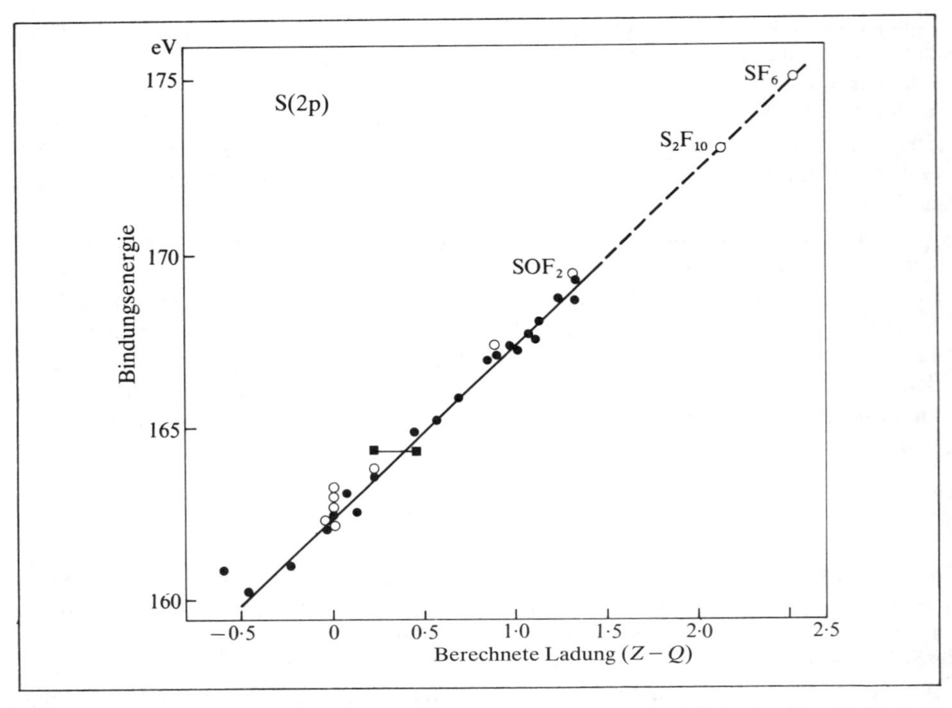

Fig. 6.24. Die Bindungsenergie der S-2p-Elektronen in Abhängigkeit der Population am Schwefelatom in verschiedenen Verbindungen. (Nach Hamrin *et al.* (1968); die Populationen sind mit Hilfe der Elektronegativitätswerte, vgl. § 6.4, semiempirisch bestimmt worden.)

meinen. Ausführliche Überblicke über die gegenwärtigen Anwendungen sind bei Orchard *et al.* (1972–74) zu finden.

Am Ende dieses Abschnitts wollen wir ein spezielles Molekül betrachten, nämlich das Kohlenmonoxidmolekül. Die besetzten Orbitale in CO können wie folgt beschrieben werden* (Fig. 6.25):

(1) Zunächst gibt es zwei innere Schalen, $C(1s)^2$ und $O(1s)^2$.

(2) Dann gibt es drei besetzte σ-MO, 1σ, 2σ, 3σ, und zwei besetzte π-MO, $1\pi_x$, $1\pi_y$; die σ-Orbitale setzen sich zusammen aus $C(2s)$, $C(2p_z)$, $O(2s)$, $O(2p_z)$; die π-Orbitale setzen sich zusammen aus $C(2p_x)$, $O(2p_x)$ und $C(2p_y)$, $O(2p_y)$.

(3) Das 1σ-Orbital ist sehr stark gebunden (Ionisierungsenergie etwa 43 eV) und besteht hauptsächlich aus $O(2s)$ mit einem geringen Betrag des fast digonalen Kohlenstofforbitals $C(2s)+C(2p_z)$, das so gewählt wird, daß die Überlappung im Bindungsbereich zwischen den Kernen positiv ist. Somit ist die $(1\sigma)^2$-Ladungsdichte zwi-

* Die Ergebnisse mit dem minimalen Basissatz stammen von Ransil (1959; 1960); genauere Ergebnisse wurden von Huo (1965) angegeben.

schen den Kernen konzentriert, und zwar mehr auf der Seite des Sauerstoffkerns als auf der Seite des Kohlenstoffkerns.

(4) Das 2σ-Orbital ist hauptsächlich eine O(2s) – O($2p_z$)-Kombination, die in der Nähe des O-Kerns lokalisiert ist, aber deren Zentrum etwas weiter vom C-Kern entfernt ist; die $(2\sigma)^2$-Elektronen tragen zur Bindungsenergie kaum etwas bei.

(5) Das 3σ-Orbital ist fast ausschließlich ein digonales Hybrid C(2s) – C($2p_z$), das stark gerichtet ist und vom Sauerstoffkern wegzeigt. Die 2σ- und 3σ-Elektronen halten sich in verschiedenen Bereichen des Moleküls auf und deshalb ist die Wechselwirkung zwischen ihnen vergleichsweise gering. Die 3σ-Elektronen sind mit 13 eV durch Ionisation leichter vom Molekül abzulösen als die 2σ-Elektronen.

(6) Das $1\pi_x$-Orbital lautet 0.42 C($2p_x$) + 0.81 O($2p_x$), wodurch die π-Population am O-Atom viermal so groß wie die am C-Atom ist. Die Bindung im CO-Molekül ist demnach stark polar. Das $1\pi_y$-Orbital sieht natürlich genauso aus, aber bezüglich der CO-Achse um 90° gedreht.

Das Dipolmoment setzt sich aus allen vier Molekülorbitalen zusammen, aber der Beitrag des einsamen Elektronenpaares (5) ist so groß, daß er die von (3), (4) und (6)

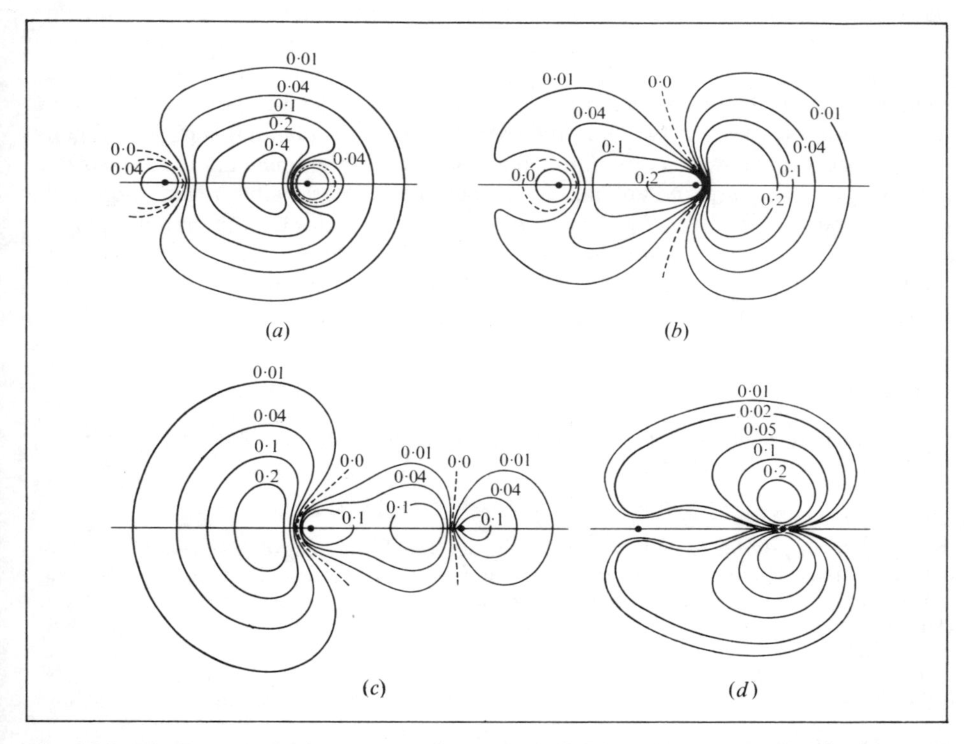

Fig. 6.25. Die Formen der besetzten Valenz-Molekülorbitale im CO-Molekül (Kohlenstoff auf der linken Seite). (*a*) 1σ, (*b*) 2σ, (*c*) 3σ, (*d*) 1π. (Entnommen aus W. M. Huo, *J. Chem. Phys.* **43**, 624 (1965), mit Erlaubnis.)

kompensieren kann. Daraus erhält man ein berechnetes Gesamtdipolmoment mit der Richtung C^-O^+. Ransil hat gezeigt, daß man durch Summierung der entsprechenden Beiträge der einzelnen Atomorbitale die folgenden AO-Populationen erhält:

$$\begin{array}{llllll} \text{Kohlenstoff:} & (1s)^{2\cdot0}, & (2s)^{1\cdot68}, & (2p_z)^{0\cdot96}, & (2p_x)^{0\cdot62}, & (2p_y)^{0\cdot62} \\ \text{Sauerstoff:} & (1s)^{2\cdot0}, & (2s)^{1\cdot85}, & (2p_z)^{1\cdot51}, & (2p_x)^{1\cdot37}, & (2p_y)^{1\cdot37}. \end{array}$$

Diese Zahlen sind *Brutto*-Populationen (vgl. § 6.4), wobei alle Bindungsbeiträge zu gleichen Anteilen auf die beiden Atome aufgeteilt sind; die Summe aller Brutto-Populationen liefert die Anzahl der Elektronen, hier 14.

Nach der hier gegebenen Beschreibung handelt es sich beim CO-Molekül um eine Dreifachbindung, denn es liegen gemäß der Konfiguration $(1\sigma)^2(1\pi_x)^2(1\pi_y)^2$ sechs bindende Elektronen vor. Infolge der ausgeprägten Asymmetrie der π-Orbitale ist jedoch die Bindungsstärke geringer als in einer normalen Dreifachbindung, wie etwa in N_2. Allerdings erhöhen die weitgehend nicht-bindenden Beiträge $(2\sigma)^2(3\sigma)^2$ die Bindungsstärke noch geringfügig.

Die wirklichen Formen der Molekülorbitale, wie sie durch die Niveauliniendiagramme in Fig. 6.25 gezeigt sind, entspringen einer wesentlich genaueren Rechnung als der von Ransil. Die allgemeinen Eigenschaften der Orbitale können mit Hilfe der geeigneten Hybride weit besser verstanden werden, als ohne Hybride. Andererseits ist es nicht überraschend, daß die Integration von so komplizierten Ladungswolken nicht immer eine gute numerische Übereinstimmung mit dem Experiment liefert, es sei denn, man verwendet Wellenfunktionen von höchster Genauigkeit. Alle Eigenschaften, die wir in diesem Abschnitt behandelt haben, leiten sich unmittelbar von der Form der Elektronenverteilung ab, die als Summe von Orbitalbeiträgen dargestellt ist. Wir haben die wichtige *Erkenntnis* gewonnen, warum das Dipolmoment als Summe einander weitgehend kompensierender Beiträge so schwer zu berechnen ist; oder warum ein NMR- (oder NQR oder ESCA) Maximum bald in die eine Richtung, bald in die andere verschoben wird, je nach der Art des Substituenten.

Aufgaben

6.1. Eine Berechnung eines heteronuklearen zweiatomigen Moleküls AB liefert ein bindendes σ-MO der normierten Form

$$\psi = 0{\cdot}5s_A + 0{\cdot}3p_A + 0{\cdot}7s_B - 0{\cdot}2p_B$$

wobei p_A und p_B p-Orbitale sind, die in Richtung der Kernverbindungslinie zeigen. Man drücke dieses Ergebnis als Linearkombination zweier normierter Hybridorbitale h_A und h_B aus. Was läßt sich aufgrund der verschiedenen Koeffizienten über die Natur der beiden Atome sagen? (Hinweis: man überprüfe zunächst das Verständnis für die Erzeugung der Gleichungen (6.3) und (6.4).)

6.2. Mit Hilfe der Erläuterungen in § 6.2 bilde man für das Molekül AB in Aufgabe 6.1 Hybride für einsame Elektronenpaare, wobei die Orthogonalität bezüglich der Hybride h_A und h_B der Bindung gewährleistet sein soll.

6.3. Das Molekül AB in den Aufgaben 1 und 2 enthält eine σ-Bindung und ein einsames Elektronenpaar vom σ-Typ an jedem Atom. Wie kann die Besetzung der Atomorbitale s und p_σ im Valenzzustand jedes Atoms numerisch beschrieben werden? (Hinweis: man drücke die

Elektronendichte für $A[l_A^2h_A]$ und $B[l_B^2h_B]$ so wie in Gleichung (6.8) mit Hilfe der Atomorbitale s und p aus.)

6.4. Unter Vorgabe des normierten Molekülorbitals aus Aufgabe 6.1 leite man den Wert des Überlappungsintegrals zwischen den Hybriden h_A und h_B her. Ferner bestimme man die Orbitalpopulationen und den partiellen Ionencharakter der σ-Bindung. (Hinweis: $\psi = c_A\phi_A + c_B\phi_B$ ist normiert, wenn $c_A^2 + c_B^2 + 2Sc_Ac_B = 1$ gilt. Man schreibe die Ladungsdichte in (6.11) mit Hilfe von c_A und c_B und verwende (6.17).)

6.5. Mit Hilfe einer Wellenfunktion der Form (6.24) beschreibe man die Bindung A − B in Aufgabe 6.4; dann verwende man die Näherung (6.26), um eine VB-Funktion zu erhalten, die denselben PIC wie die MO-Funktion liefert. Wie würde sich der durch den VB-Ansatz bestimmte PIC ändern, wenn die Überlappung nicht vernachlässigt werden würde? (Hinweis: man verwende (6.25) mit dem für λ bereits gefundenen Wert und mit S aus Aufgabe 6.4, um den PIC noch einmal zu berechnen.)

6.6. Mit Hilfe der Hanney-Smyth-Formel, wobei der quadratische Term vernachlässigt wird, leite man die Elektronegativitätsdifferenz zwischen den Atomen A und B des Moleküls AB in Aufgabe 6.5 her. Man diskutiere über den Wert dieser Interpretation im Sinne von Tabelle 6.7.

6.7. Die Ionisierungsenergien und Elektronenaffinitäten von Wasserstoff, Sauerstoff und Fluor lauten

	H	O	F
IP	13·60	13·62	17·42 eV
EA	0·76	1·47	3·40 eV

Man berechne die Elektronegativitäten nach Mulliken und nach Pauling, indem Gleichung (6.33) verwendet wird. Sodann vergleiche man die Ergebnisse mit den Werten in Tabelle 6.5.

6.8. Mit Hilfe der Daten von Aufgabe 6.7 berechne man die von den Populationen abhängigen Elektronegativitäten, wie diese in Gleichung (6.39) definiert sind, für H, O und F. Man trage die Ergebnisse über Q graphisch auf und gebe eine graphische Methode zur Bestimmung des PIC an. Durch Vergleich der Ergebnisse für OH und FH mit denen aus Gleichung (6.40) überprüfe man den Rechengang. (Hinweis: man beachte, daß für eine Elektronenpaarbindung $Q_A + Q_B = 2$ gilt.)

6.9. Für eine abgeschlossene p-Schale eines Atoms A ist die Elektronendichte $P(\mathbf{r})$ sphärisch symmetrisch (Aufgabe 2.9); das Integral (6.48), das in einem Molekül AB den Feldgradienten q_{zz}^A angibt, verschwindet. Mit Hilfe dieser Tatsache leite man (6.49) her, wobei nur die Populationen der AO des jeweiligen Kerns berücksichtigt werden; ferner ist das Integral $I_{\sigma\sigma}^A$ zu bestimmen. Warum ist die Vernachlässigung der Beiträge vom Kern B eine gute Näherung?

6.10. Es ist zu zeigen, daß die in Aufgabe 6.9 angewandte Methode auch dann noch sinnvoll ist, wenn die σ-Bindung durch ein Hybrid $\phi_A = N(s + \lambda p_\sigma)$ dargestellt wird und außerdem ein entsprechendes polarisiertes einsames Paar vom σ-Typ vorliegt. Es ist eine zu (6.49) analoge Formel herzuleiten, die den Hybridisierungsparameter enthält. Man vergleiche diese Vorgangsweise mit der von Townes und Dailey (1949). (Hinweis: man schreibe die Ladungsdichte der Valenzschale als eine Summe eines sphärischen Terms und eines p_σ-Beitrages.)

7. Mehratomige Moleküle: elektronische Struktur und Molekülgestalt

7.1 Lokalisierte Bindungen in mehratomigen Molekülen: Bindungseigenschaften

Unsere Kenntnisse haben nun einen Stand erreicht, der uns die Behandlung mehratomiger Moleküle gestattet. Die nächsten drei Kapitel befassen sich mit den verschiedenen Kategorien mehratomiger Moleküle: zunächst die quantenmechanisch einfachsten Moleküle, dann die gesamte Kohlenstoffchemie und schließlich die Molekülkomplexe in ihren Erscheinungsformen, wie sie in der Chemie der Übergangsmetalle diskutiert werden.

Zunächst verwenden wir die MO-Näherung. Bei dem Versuch der Anwendung von MO-Methoden auf mehratomige Moleküle stoßen wir unmittelbar auf eine Schwierigkeit. Diese wollen wir an Hand eines Beispiels erläutern. Dazu wollen wir das Methanmolekül CH_4 betrachten. Nach den Prinzipien von Kapitel 4, die für zweiatomige Moleküle so nützlich waren, sollten sich die 10 Elektronen von Methan wie folgt verteilen: zwei Elektronen besetzen die K-Schale des Kohlenstoffs; acht Elektronen besetzen Molekülorbitale mit mehrzentrischem Charakter, wobei alle fünf Kerne umfaßt werden. Eine solche Beschreibung erzeugt mehr Probleme als sie löst, denn es ist bekannt, daß die CH-Bindung charakteristische Eigenschaften hat, wie etwa die Bindungslänge, die Kraftkonstante und die Polarität. Diese Eigenschaften sind zwar nicht genau konstant, aber sie variieren von Molekül zu Molekül nur geringfügig. Ein Beispiel ist die charakteristische, in der Infrarotspektroskopie zu beobachtende CH-Schwingungsfrequenz im Bereich von 3000 cm^{-1}. Diese zeigt nicht nur die Anwesenheit von CH-Bindungen in einem unbekannten Molekül an, sondern liefert auch die Anzahl solcher Bindungen in einem Molekül. Alle erwähnten Bindungseigenschaften hängen von der Elektronenverteilung ab. Aus diesem Grund ist es kaum einzusehen, warum die CH-Bindung eine so markante Einheit darstellt und warum die CH-Bindung hinsichtlich der anderen Substituenten am Kohlenstoffatom kaum wesentlich beeinflußt wird, obwohl sich das MO selbst über alle Atome erstreckt. Mit einfachen Worten heißt das, daß man aus der Beobachtung von Bindungseigenschaften auf eine lokalisierte Ladungsverteilung schließen kann, obwohl die MO-Methode delokalisierte Orbitale zu benötigen scheint. Der einzig mögliche Ausweg aus diesem Dilemma besteht darin, daß eine alternative Beschreibung gefunden werden kann, in der trotz der mehratomigen Natur des Moleküls die Molekülorbitale im wesentlichen zweizentrisch sind. Bereits 1931 bemerkte Hund (1931;

1932), daß man von der chemischen Intuition und Erfahrung gezwungen wird, die bereits vorhandenen nicht-lokalisierten Orbitale durch lokalisierte zu ersetzen. Auf diese Weise ist zu erwarten, daß die Bindungen in einem mehratomigen Molekül jeweils solche Bindungen sind, die in den Kapiteln 4 und 6 bereits behandelt worden sind.

Energiebetrachtungen untermauern diese Ansicht. Die Tatsache, daß sich die Bildungswärme von H_2O (916 $kJmol^{-1}$) nur um etwa 10% vom Zweifachen der Bildungswärme des OH-Radikals ($2 \times 416\ kJmol^{-1} = 832\ kJmol^{-1}$) unterscheidet, führt unmittelbar zu dem Schluß, daß die beiden OH-Bindungen in H_2O ziemlich ähnlich der Bindung im OH-Radikal sind. Genau dieselbe Situation findet man in der Reihe der Alkane vor, wobei die angenommenen Werte für die Bindungsenergien der CC- und der CH-Bindung 346 und 411 $kJmol^{-1}$ sind, die bei der Berechnung molekularer Bildungswärmen zu Abweichungen von nur 1 bis 2% führen. Die Existenz von Tabellen für Bindungsenergien einzelner Bindungen (numerische Werte findet man bei Cottrell (1958) und Dasent (1970)) zwingt uns zu dem Schluß, daß die bindenden Elektronen im Bereich einer speziellen Bindung lokalisiert sind und daß das Konzept der Elektronenpaarbindung, dem die letzten beiden Kapitel gewidmet waren, von außerordentlich großer Bedeutung ist.

An dieser Stelle muß hinzugefügt werden, daß man vollständig delokalisierte Molekülorbitale ansetzen und damit Rechnungen durchführen *kann*. Wir werden später darauf zurückkommen (§ 7.3). Dabei muß aber darauf hingewiesen werden, welcher Art der Unterschied zwischen lokalisierten und nicht-lokalisierten Molekülorbitalen ist. Gewiß ist es besser, lokalisierte Molekülorbitale zu verwenden, falls das möglich ist. Einerseits kann man sich diese leichter vorstellen, auch sind sie leichter handzuhaben als nicht-lokalisierte Molekülorbitale. Andererseits bleibt der Begriff der Bindung zwischen zwei Atomen in einem mehratomigen Molekül erhalten. Diese Bindung wird in konventionellen chemischen Diagrammen durch das Symbol A–B dargestellt, wie etwa in dem Molekül A–B–C. Verwenden wir für so einfache Fälle keine lokalisierten Molekülorbitale, obwohl das möglich wäre, so verstoßen wir gegen die alte chemische Tradition, die auf die bekannte Arbeit über Elektronenpaarbindungen von G. N. Lewis von 1916 zurückgeht. Nur für gewisse Arten von Molekülen (hauptsächlich die aromatischen und konjugierten Verbindungen in Kapitel 8) bricht die Sprache der lokalisierten Molekülorbitale vollständig zusammen. Mit Ausnahme dieser Fälle (sowie bei der Behandlung angeregter Zustände, die in diesem Buch nicht behandelt werden können) bleibt das Konzept der Elektronenpaare bestehen. Die lokalisierten Molekülorbitale, die in der MO-Beschreibung für solche Paare verwendet werden, werden üblicherweise „Bindungsorbitale" genannt.

Es besteht die Möglichkeit, für die Verwendung von „Bindungsorbitalen" eine plausible Rechtfertigung zu liefern, wenn wir das Kriterium der maximalen Überlappung aus § 4.3 dafür heranziehen. Diese Rechtfertigung soll am Beispiel des Wassermoleküls H_2O demonstriert werden. In Fig. 7.1 ist die Papierebene mit der Molekülebene identisch und als *xy*-Ebene definiert, wobei das Sauerstoffatom im Ursprung liegt. Derartige Abbildungen sind rein schematisch aufzufassen. Beispielsweise sind die p-Atomorbitale im allgemeinen etwas vergrößert dargestellt, um die Zeichnung zu vereinfachen. Die benötigten Atomorbitale für die LCAO-Wellenfunktion sind

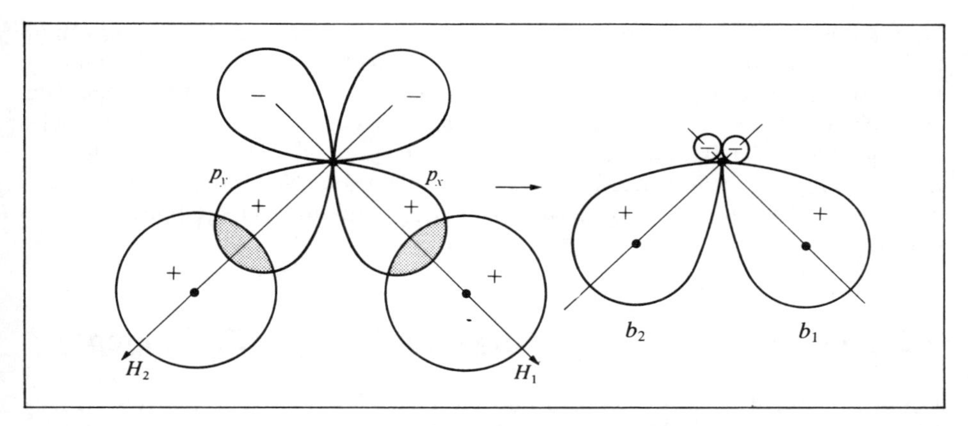

Fig. 7.1. Die Bildung von lokalisierten Bindungsorbitalen für das H_2O-Molekül.

die beiden 1s-Orbitale an den Wasserstoffatomen (H_1 und H_2), sowie die Sauerstofforbitale $2p_x$ und $2p_y$, die wir der Einfachheit halber p_x und p_y nennen. Die $2p_z$-Elektronen können mit den Wasserstoff-1s-Atomorbitalen infolge ihrer Antisymmetrie bezüglich der xy-Ebene nicht kombinieren und die Sauerstoff-2s-Elektronen sind zu stark gebunden (Ionisierungsenergie 32 eV im Vergleich zu 13 eV für die Sauerstoff-$2p_z$-Elektronen), um für die Bildung des Moleküls eine Bedeutung zu haben. Die H-Atome sollen nach Fig. 7.1 (linke Seite) genau in der Richtung plaziert sein, in der sich die Orbitale $2p_x$ und $2p_y$ des O-Atoms erstrecken. Nun gibt es eine starke Überlappung zwischen H_1 und p_x, sowie zwischen H_2 und p_y, aber praktisch keine Überlappung in jedem anderen Paar. An Stelle einer Linearkombination aller vier Atomorbitale können wir deshalb die Größe der Linearkombination auf zwei reduzieren. Mit H_1 und p_x bilden wir das Bindungsorbital

$$b_1 = N(p_x + \lambda H_1) \tag{7.1a}$$

und auf ähnliche Weise bilden wir

$$b_2 = N(p_y + \lambda H_2). \tag{7.1b}$$

Dieselbe Normierungskonstante (N) und derselbe Polaritätsparameter (λ) garantieren die Gleichwertigkeit der beiden Bindungen. Diese beiden Bindungsorbitale sind schematisch auf der rechten Seite der Abbildung dargestellt. In erster Näherung sind die beiden Bindungsorbitale unabhängig voneinander. Wird ein Wasserstoffatom H_2 durch eine andere Gruppe substituiert, etwa durch eine Methylgruppe CH_3, so werden wir erwartungsgemäß b_2 ändern, aber kaum b_1. Mit anderen Worten heißt das, daß die Elektronen in einer OH-Bindung eine charakteristische Wellenfunktion haben. Diese stellt die Grundlage für die annähernde Gleichheit der Energie, der Bindungslänge und weiterer charakteristischer Eigenschaften dieser Bindung dar.

Nun ist es klar ersichtlich, daß die *Lokalisierung* der Wellenfunktion für jede Bindung von Bedeutung ist und weniger die Methode, durch die diese erzeugt wird. Wir könnten die VB-Näherung anwenden, bei der an Stelle von einer Besetzung von b_1 durch zwei Elektronen zur Beschreibung der rechten OH-Bindung eine Wellenfunktion vom Heitler-London-Typ angesetzt wird, wobei die beiden sich überlappenden Atomorbitale H_1 und p_x verwendet werden. In jedem der beiden Fälle wird die Elektronendichte in der Bindung ähnlich sein, nämlich eine Überlagerung von Orbital- und Überlappungstermen wie in (6.13), obwohl die beiden Näherungen etwas unterschiedliche Werte für die Populationen von H_1, p_x und ihren Überlappungsbereich liefern.

7.2 Die räumliche Trennung lokalisierter Bindungen

Die soeben durchgeführten Untersuchungen zeigen, daß die näherungsweise Unabhängigkeit der beiden OH-Bindungen in H_2O auf die zu vernachlässigende Überlappung der Atomorbitale zurückzuführen ist, die zur Beschreibung der Bindungen verwendet worden sind. In mathematischer Ausdrucksweise heißt das, daß die entsprechenden Überlappungsintegrale verschwinden. Die Überlappung zwischen den Orbitalen H_1 und H_2 kann infolge ihrer räumlichen Trennung im allgemeinen vernachlässigt werden (der Abstand ist viel größer als im Wasserstoffmolekül); dasselbe gilt für H_1 und p_y, beziehungsweise für H_2 und p_x. Die Überlappung zwischen p_x und p_y ist null, denn diese Atomorbitale gehören dem gleichen Atom an, und deshalb sind sie streng orthogonal (§ 3.10), was aus ihrer Symmetrie folgt:

$$\int p_x p_y \, d\tau = 0. \tag{7.2}$$

An dieser Stelle gibt es keinen zwingenden Grund dafür, daß die Bindungsorbitale aus p-Funktionen gebildet werden, die wie in Fig. 7.1 *senkrecht* zueinander stehen, denn eine p-Funktion hat Vektoreigenschaften (Fig. 7.2). Eine Funktion mit einer Achse in der xy-Ebene und mit einer Richtung, die durch einen Winkel θ bezüglich p_x festgelegt ist, lautet

$$p = \cos\theta p_x + \sin\theta p_y. \tag{7.3}$$

Wir hätten auch zwei andere Atomorbitale vom p-Typ verwenden können, die wir p_1 und p_2 nennen und die an Stelle von 90° einen Winkel von 100° bilden. Wenn das so wäre, so gäbe es offenbar keinen Grund dafür, daß H_2O ein gewinkeltes Molekül ist; wir hätten auch Bindungsorbitale konstruieren können, die in einer gemeinsamen Achse in entgegengesetzte Richtungen zeigen. Dann hätten wir ein *lineares* Molekül H–O–H vorliegen. Was also ist entscheidend für die Eigenschaft der Nicht-Überlappung (Orthogonalität) der Bindungsorbitale?

Zur Beantwortung dieser Frage, die in der Stereochemie eine besondere Bedeutung hat, müssen wir unsere Motive noch einmal überprüfen, die uns zur *lokalisierten* Beschreibung einer Bindung geführt haben. Dabei müssen wir uns dann genau bewußt sein (im nächsten Abschnitt werden die entsprechenden Diskussionen geführt), daß eine unmittelbare Anwendung der LCAO-Darstellung zu *nicht*-lokalisierten

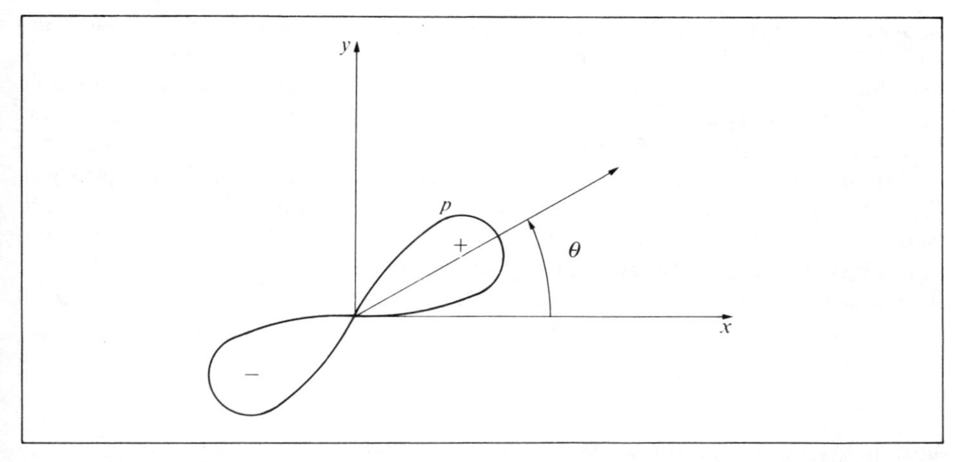

Fig. 7.2. Die Vektoreigenschaft eines p-Orbitals. Ein p-Orbital, das in eine durch θ festgelegte Richtung weist, läßt sich durch p_x und p_y darstellen, genauso, als würde es sich um Einheitsvektoren handeln (Gleichung (7.3)).

Molekülorbitalen führt. Wenn immer möglich, wollen wir lokalisierte Molekülorbitale verwenden, um die Wellenfunktion und die daraus resultierende Elektronendichte darzustellen. Die so erhaltene Wellenfunktion kann leicht in „getrennte" Anteile zerlegt werden. Anschließend können wir die Energie des Moleküls sowie die Molekülform bestimmende Faktoren mit Hilfe der Energien der getrennten Anteile (Bindungen, innere Schalen, einsame Elektronenpaare) diskutieren und auch deren gegenseitige Wechselwirkung untersuchen. Die Forderung der Orthogonalität zwischen den einzelnen Bindungsorbitalen garantiert (was mathematisch gezeigt werden kann) die Möglichkeit der „Trennung" der Bindungen in dem Sinne, daß die einzelnen Beiträge zur gesamten Ladungswolke des Moleküls additiv sind. Um die Elektronendichte zu erhalten, müssen wir nur die Dichten der einzelnen Anteile überlagern. Wir könnten ebenso gut die Wellenfunktion aus nicht-orthogonalen Orbitalen aufbauen, aber die Berechnung der Elektronendichte würde dann schwierig werden, und wir könnten nicht mehr erkennen, daß sie sich aus den Dichten der einzelnen Bindungen aufbaut. Außerdem könnten wir nicht mehr mit physikalischen Begriffen operieren, die etwa die Energie beeinflussen. Die physikalischen und chemischen Einblicke würden in diesem mathematischen Formalismus verloren gehen.

Die Verwendung orthogonaler Bindungsfunktionen ist demnach durch unser Bedürfnis nach Einfachheit motiviert sowie durch die Möglichkeit der Aufteilung der Ladungswolke in anschauliche Anteile. Das allgemeine Ergebnis* kann sehr einfach formuliert werden: wir können jede Bindung durch eine Elektronenpaarfunktion be-

* Das erste Mal von Hurley, Lennard-Jones und Pople (1953) für Elektronenpaare angegeben (siehe auch Parks und Parr (1958)); von McWeeny (1959) verallgemeinert, um separierbare Anteile mit einer beliebigen Anzahl von Elektronen (etwa in inneren Schalen) zu berücksichtigen.

schreiben (entweder in MO- oder in VB-Form); setzt man voraus, daß die Orbitale zum Aufbau jeder Paarfunktion orthogonal zu denen für die anderen Paare sind, so besteht die Ladungsdichte aus einer Summe von Anteilen, von denen jeder eine Bindung beschreibt. Diese Anteile sind offensichtlich weitgehend voneinander unabhängig, es gibt keine „Interferenzeffekte".

Zur mathematischen Herleitung bilden wir für die Bindung A eine Wellenfunktion Ψ_A, für die Bindung B eine Wellenfunktion Ψ_B, usw., genauso wie in Kapitel 5. Damit bilden wir den Produktansatz $\Psi_A(1,2)\Psi_B(3,4)\ldots$ (vgl. § 5.1). Dann erzeugen wir eine antisymmetrische Wellenfunktion, indem die Variablen permutiert und die einzelnen Beiträge addiert werden. Für ein Orbitalprodukt (§ 5.6) ist diese Prozedur bereits durchgeführt worden. Die oben gemachte Aussage,

$$P = P_A + P_B + P_C + \ldots$$

folgt dann unmittelbar, vorausgesetzt, daß die Orbitale zur Darstellung von Ψ_A orthogonal zu den Orbitalen zur Darstellung von Ψ_B sind, usw.

Die Orthogonalität der Funktionen p_x und p_y, die durch (7.2) ausgedrückt wird, wird für die Beschreibung verschiedener Elektronenpaare ausgenützt. Demzufolge kann im Wassermolekül die Elektronendichte als Überlagerung zweier OH-Bindungsdichten aufgefaßt werden, wie das in § 7.1 bereits geschehen ist. Daraus folgt auch, daß die Energie des Moleküls mit zwei miteinander in Wechselwirkung stehenden getrennten Bindungen diskutiert werden kann, wobei der Begriff der Energie einer Bindung im Vordergrund steht.

Wir sind nun in der Lage, die Diskussion in § 7.1 fortzusetzen. Im Fall von H_2O, wobei (7.1*a*) und (7.1*b*) die Bindungsorbitale sind, wird die Bindung am stärksten sein, wenn die Überlappung zwischen H_1 und p_x so groß wie möglich ist. Diese Situation haben wir bereits dadurch erreicht, indem wir die H-Atome auf den Achsen x und y plaziert haben. Wir verstehen nun, warum der Valenzwinkel etwa 90° beträgt. Er wird immer dann in diesem Bereich liegen, wenn das Zentralatom zwei ungepaarte p-Elektronen enthält, mit denen Bindungen gebildet werden können. Beispielsweise ist auch für H_2S etwa ein rechter Winkel zu erwarten, tatsächlich beträgt er 93°.

Überlegungen dieser Art liefern die Grundlage für die Theorie der gerichteten Bindung, und somit werden wir zum Kern der Theorie der Stereochemie geführt. Diese Theorie beruht auf zwei fundamentalen Prinzipien: (1) die Möglichkeit der Verwendung *lokalisierter* Molekülorbitale (Bindungsorbitale); (2) das Kriterium der maximalen Überlappung.

Die oben angestellten Überlegungen für H_2O können verallgemeinert werden. Hat ein Zentralatom drei ungepaarte p-Elektronen, mit denen Bindungen gebildet werden können, so werden die Bindungswinkel etwa rechte Winkel sein. Tatsächlich bilden alle p-Bindungen dieser Art etwa rechte Winkel. Stickstoff, mit der Atomkonfiguration

$$\mathrm{N}[(1s)^2(2s)^2(2p_x)(2p_y)(2p_z)]$$

ist ein Beispiel dafür. Wir erfüllen die Orthogonalitätsbedingung am N-Atom selbst, wenn wir die Atomorbitale $2p_x$, $2p_y$ und $2p_z$ verwenden, und wir erhalten maximale

Überlappung mit den drei Wasserstoffatomen im Ammoniakmolekül, wenn diese auf den Achsen x, y und z plaziert werden. Das Ammoniakmolekül hat deshalb die Form einer Pyramide, deren Winkel an der Spitze näherungsweise rechte Winkel sind. Dasselbe gilt für weitere dreiwertige Verbindungen wie die des Phosphors und des Arsens.

Jedes der soeben verwendeten p-Atomorbitale hat eine Symmetrie bezüglich seiner Achse. Daraus folgt, daß die damit gebildete Bindung, etwa die von (7.1*a*) oder (7.1*b*), ihrerseits bezüglich der Kernverbindungslinie symmetrisch ist. Aus diesem Grund können wir hier von einer σ-Bindung sprechen, in Analogie zur Situation (§ 4.7) bei zweiatomigen Molekülen. Sind jedoch einige der benachbarten Bindungen stark polar, so kann das dadurch entstehende elektrische Feld den σ-Charakter einer Bindung stören. Nichts deutet aber darauf hin, daß derartige Störungen groß sind. Nichtsdestoweniger sind die gemessenen Winkel größer als der durch unsere Überlegungen vorgeschlagene charakteristische Wert von 90° (104°31′ für H_2O*, 107° für NH_3, 93.5° für PH_3, 92° für AsH_3, 93° für H_2S).

Die wesentlichen Gründe für diese Abweichungen sind: (*a*) wir haben den Effekt der elektrostatischen Wechselwirkung zwischen verschiedenen Elektronenpaaren vernachlässigt; (*b*) wir haben die möglichen Folgen der Hybridisierung ignoriert, deren weitreichende Bedeutung wir in § 6.2 bereits kennengelernt haben. Bevor wir diese Einflüsse diskutieren werden, sollten wir uns mit einer anderen Behandlung des H_2O-Moleküls befassen, nämlich die mit der Verwendung nicht-lokalisierter Molekülorbitale.

7.3 Nicht-lokalisierte Orbitale

Bisher wurde nachdrücklich die Verwendung lokalisierter Molekülorbitale empfohlen, wo immer die Möglichkeit dazu besteht. Wir sind daran aber nicht gebunden, denn die gesamte Theorie kann auch mit Hilfe nicht-lokalisierter Orbitale entwickelt werden. Wenn dieser Schritt vollzogen ist, so werden wir einige interessante Beziehungen zwischen diesen beiden Arten von Molekülorbitalen erkennen können. Es soll uns genügen, diese Beziehungen an einem einzigen Beispiel aufzuzeigen. Dazu wollen wir die nicht-lokalisierten Molekülorbitale des H_2O-Moleküls betrachten** und annehmen, daß die Atomorbitale zur Beschreibung der Bindung im Molekül die beiden Sauerstoff-2p-Atomorbitale p_x und p_y, sowie die beiden Wasserstoff-1s-Atomorbitale H_1 und H_2 sind. Zunächst soll der HOH-Winkel (Fig. 7.3) zu 2α gewählt werden. Eines unserer Ziele ist die Bestimmung von α, so daß die Gesamtenergie minimal wird. Ist der Bindungswinkel 90°, so gilt $\alpha = 45°$.

* Diese und viele weitere geometrische Daten wie Winkel und Abstände in Molekülen stammen aus der ausgezeichneten Übersicht von Bowen *et al.* (1958) und der entsprechenden Ergänzung von Sutton *et al.* (1965).

** Die erste MO-Behandlung stammt von Hund (1931) und (1932). Seit dieser Zeit wurden viele ausführliche Berechnungen durchgeführt: siehe beispielsweise Ellison und Shull (1955). Pitzer und Merrifield (1970) und Arrighini und Guidotti (1970) führten eine „bestmögliche" Einkonfigurationen-MO-Rechnung durch.

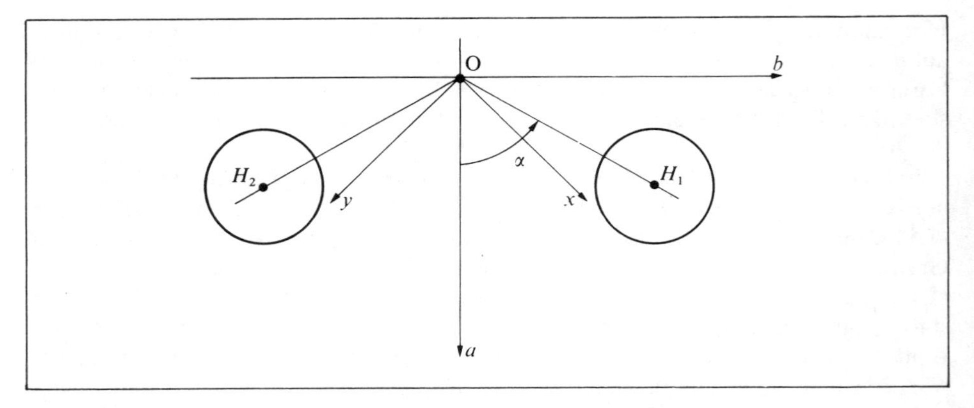

Fig. 7.3. Achsenkonvention für die Darstellung nicht-lokalisierter Molekülorbitale für H_2O.

Wie üblich wollen wir nur die Valenzelektronen diskutieren, wobei der Sauerstoffrumpf (Kern mit K-Schale) als Punktladung betrachtet wird. Die Molekülorbitale werden durch Linearkombination von p_x, p_y, H_1 und H_2 dargestellt, wobei angenommen wird, daß wie in § 7.1 die doppelt besetzten Atomorbitale, 2s und $2p_z$, einsame Elektronenpaare des Sauerstoffs beschreiben und an der Bindung nicht beteiligt sind. Ein Blick auf Fig. 7.3 zeigt, daß durch Einführung der Achsen a, b, die den Winkel H_1OH_2 sowohl innen als auch außen halbieren, die Symmetrie des Moleküls bezüglich Oa hervorgeht. Genauer gesagt ist das Molekül bezüglich einer Spiegelung an der zOa-Ebene symmetrisch. Daraus folgt in vollkommener Analogie zu § 4.4, daß die Molekülorbitale bezüglich dieser Ebene entweder symmetrisch oder antisymmetrisch sein müssen. Somit müssen H_1 und H_2 immer als Kombinationen H_1+H_2 (in einem symmetrischen MO) oder H_1-H_2 (in einem antisymmetrischen MO) in Erscheinung treten. Derartige Kombinationen von Atomorbitalen mit gewissen Symmetrieeigenschaften werden im allgemeinen „Symmetrieorbitale" genannt. Jedes MO einer vorgegebenen Symmetrie wird durch eine Linearkombination von Symmetrieorbitalen desselben Typs dargestellt. Offensichtlich sind p_x und p_y weder symmetrisch noch antisymmetrisch bezüglich dieser Spiegelung und deshalb versuchen wir, diese Funktionen durch ein passendes Paar zu ersetzen. Der Vektorcharakter der p-Orbitale ermöglicht die Ersetzung der Linearkombination von p_x und p_y durch eine Linearkombination von p_a und p_b, denn es gilt

$$p_a = \frac{1}{\sqrt{2}}(p_x + p_y) \qquad p_b = \frac{1}{\sqrt{2}}(p_x - p_y) \tag{7.4a}$$

$$p_x = \frac{1}{\sqrt{2}}(p_a + p_b) \qquad p_y = \frac{1}{\sqrt{2}}(p_a - p_b). \tag{7.4b}$$

Dabei ist p_b bezüglich der zOa-Ebene antisymmetrisch und p_a symmetrisch. Daraus folgt, daß die Molekülorbitale Kombinationen von p_a und H_1+H_2, oder solche von p_b mit H_1-H_2 sind. Bezeichnen wir diese mit ψ_1 und ψ_2, so erhalten wir

$$\psi_1 = N_1[p_a + \mu_1(H_1 + H_2)] \tag{7.5a}$$

$$\psi_2 = N_2[p_b + \mu_2(H_1 - H_2)], \tag{7.5b}$$

wobei μ_1 und μ_2 zwei Konstanten sind, die sowohl vom Winkel, als auch von den Elektronegativitäten von H und O abhängen.

Nun können wir die Säkulargleichungen (3.41) aufschreiben. Sodann werden die Konstanten μ_1 und μ_2 eliminiert (genau genommen sind es die Verhältnisse c_1:c_2 der Standardform (3.36)), womit wir die Säkulardeterminanten erhalten. Dabei wird E durch ε ersetzt, um die *Einelektronenenergien* (Orbitalenergien) anzudeuten

$$\begin{vmatrix} \alpha_p - \varepsilon & \beta_a \\ \beta_a & 2(\alpha_H - \varepsilon) \end{vmatrix} = 0 \tag{7.6a}$$

$$\begin{vmatrix} \alpha_p - \varepsilon & \beta_b \\ \beta_b & 2(\alpha_H - \varepsilon) \end{vmatrix} = 0. \tag{7.6b}$$

Die erste Gleichung liefert die symmetrischen Lösungen der Form (7.5*a*); die zweite Gleichung liefert die antisymmetrischen Lösungen der Form (7.5*b*). Die Größe α_p ist etwa die Energie eines Sauerstoff-2p-Elektrons ($2p_x$, $2p_y$, $2p_a$ oder $2p_b$); α_H ist etwa die Energie eines Wasserstoffelektrons. Die Größen β_a und β_b werden mit Hilfe des Hamiltonoperators $\hat{H}$ analog zu (4.10) durch folgende Beziehungen definiert:

$$\beta_a = \int p_a \hat{H}(H_1 + H_2)\,d\tau \tag{7.7a}$$

$$\beta_b = \int p_b \hat{H}(H_1 - H_2)\,d\tau \tag{7.7b}$$

Der Einfachheit halber haben wir dabei alle Überlappungsintegrale vernachlässigt. Die Lösungen dieser beiden Säkulardeterminanten lauten

$$\varepsilon = \varepsilon_a = \tfrac{1}{2}(\alpha_p + \alpha_H) \pm \tfrac{1}{2}\{(\alpha_p - \alpha_H)^2 + 2\beta_a^2\}^{1/2}$$

und entsprechend $\varepsilon = \varepsilon_b$, wobei β_a durch β_b zu ersetzen ist. Nun haben wir die Orbitale mit den niedrigsten Energien mit vier Elektronen zu besetzen. Diese Energien sind die jeweils energetisch niedrigsten Lösungen der beiden Säkulargleichungen und entsprechen den negativen Vorzeichen in den Formeln für ε_a und ε_b. Demzufolge lautet die Gesamtenergie für die vier Elektronen

$$E = 2\varepsilon_a + 2\varepsilon_b = 2(\alpha_p + \alpha_H) - \{(\alpha_p - \alpha_H)^2 + 2\beta_a^2\}^{1/2} - \{(\alpha_p - \alpha_H)^2 + 2\beta_b^2\}^{1/2}. \tag{7.8}$$

Nun soll gezeigt werden, daß (7.8) minimal wird, wenn $2\alpha = 90°$ ist. Dazu müssen wir β_a und β_b mit Hilfe des Winkels α ausdrücken. Die Funktion p_a kann geschrieben werden als Summe von $\cos\alpha$ mal einem p-Orbital in Richtung OH_1 plus $\sin\alpha$ mal einem p-Orbital senkrecht zu OH_1. Also gilt

$$\int p_a \hat{H} H_1 \, \mathrm{d}\tau = \beta_{\mathrm{OH}} \cos\alpha, \tag{7.9}$$

wobei β_{OH} das Resonanzintegral zwischen einem Wasserstofforbital und einem Sauerstoff-2p-Orbital in Richtung dieses H-Orbitals ist. Der Term mit sin α verschwindet aus Symmetriegründen. Aus ähnlichen Überlegungen resultiert

$$\int p_a \hat{H} H_2 \, \mathrm{d}\tau = \beta_{\mathrm{OH}} \cos\alpha$$

und folglich lautet (7.7*a*)

$$\beta_a = 2\beta_{\mathrm{OH}} \cos\alpha. \tag{7.10a}$$

Entsprechend gilt

$$\beta_b = 2\beta_{\mathrm{OH}} \sin\alpha. \tag{7.10b}$$

Die Kombination von (7.10*a*) und (7.10*b*) mit (7.8) liefert für die Gesamtenergie

$$E = 2(\alpha_{\mathrm{p}} + \alpha_{\mathrm{H}}) - \{(\alpha_{\mathrm{p}} - \alpha_{\mathrm{H}})^2 + 8\beta_{\mathrm{OH}}^2 \cos^2\alpha\}^{1/2} - \{(\alpha_{\mathrm{p}} - \alpha_{\mathrm{H}})^2 + 8\beta_{\mathrm{OH}}^2 \sin^2\alpha\}^{1/2}. \tag{7.11}$$

Durch eine einfache Rechnung kann gezeigt werden, daß dieser Ausdruck für $\alpha = 45°$ minimal wird. Somit ist gezeigt, daß das System bei einem rechten Winkel am stabilsten ist.

Jeder, der diese Theorie mit der früheren aus § 7.1 vergleicht, wird erkennen, daß der anschauliche Charakter bei den nicht-lokalisierten Orbitalen fast vollständig verlorengegangen ist. Sogar die Rechtfertigung für den rechten Winkel im Molekül scheint die Einführung spezieller Größen wie α_{p}, α_{H} und β_{OH} notwendig zu machen, die bei der früheren Diskussion offensichtlich nicht erforderlich waren. Ein weiterer Nachteil besteht darin, daß die gesamte Herleitung auf der Voraussetzung der vollständigen Symmetrie bezüglich der zOa-Ebene beruht. Wird aber eines der Wasserstoffatome durch ein anderes Atom ersetzt, so wird die gesamte Berechnung wertlos und wir erhalten keine Erklärung für die experimentell nachgewiesene Individualität der OH-Bindung. Des weiteren hat diese Theorie einen noch stark approximativen Charakter, denn wir haben *alle* Überlappungsintegrale vernachlässigt (sogar die zwischen p_x und H_1, p_y und H_2)*, alle Elektronenwechselwirkungseffekte (es wurden ganz einfach die Energien der einzelnen Elektronen addiert, um (7.11) zu erhalten), und sogar die Kernabstoßung wurde außer acht gelassen**!

* Genauer gesagt wird hier die Überlappung nur bis einschließlich der ersten Ordnung berücksichtigt, was zu einem augenscheinlichen Verschwinden des Überlappungsintegrals S aus dem Energieausdruck führt. Wären wirklich *alle* Überlappungen vernachlässigt, so würde wegen $\beta \sim S$ die Bindung verloren gehen. (Anmerkung des Übersetzers)

** Die Elektronenwechselwirkungseffekte und die Kernabstoßung wurden nicht sorglos außer acht gelassen, sondern mit dem Bewußtsein ihrer weitgehenden gegenseitigen Kompensation. Genau genommen wurde die Kernabstoßung sogar verdoppelt: einmal steht sie in ihrer ursprünglichen Bedeutung da und ein zweites Mal als Ersatz für die weggelassene Elektronenabstoßung (vgl. § 5.1). (Anmerkung des Übersetzers)

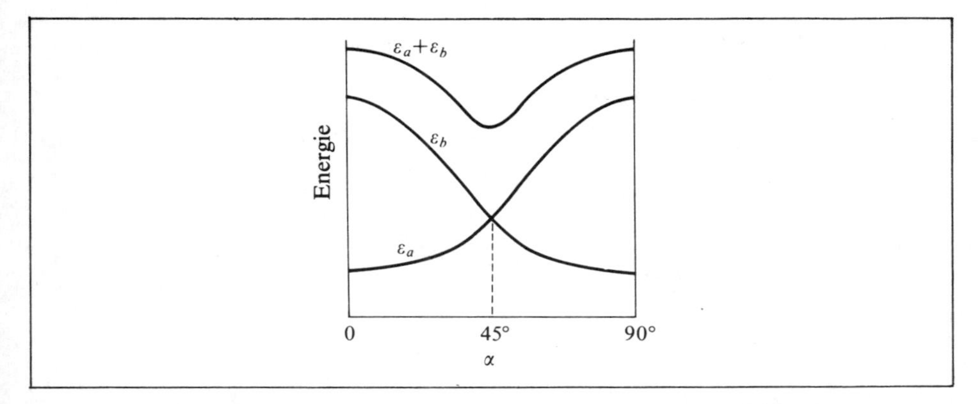

Fig. 7.4. Die Abhängigkeit der Orbitalenergien ε_a und ε_b für H_2O vom Bindungswinkel 2α.

Diese Bemerkungen sind gerechtfertigt, und wir werden später erkennen, daß beispielsweise die Wechselwirkungseffekte groß und von höchster Bedeutung sind. Ebenso werden wir feststellen (§ 8.9), daß im Bereich des Gleichgewichts eine näherungsweise Proportionalität zwischen der Gesamtenergie und der Summe der Orbitalenergien besteht. Somit können wir hoffen, daß die aus der Summe der Orbitalenergien abgeleiteten Folgerungen gerechtfertigt sind. Wie dem auch sei, wir *haben eine Berechnung durchgeführt*, die zwar etwas ungenau ist, aber die uns den Verlauf der Energien der beiden bindenden Orbitale liefert, wenn der Winkel α sich zwischen 0° und 90° bewegt. Dieser Energieverlauf gibt uns einen guten Einblick in die Natur des Moleküls. In Fig. 7.4 ist der Verlauf der beiden Energien ε_a und ε_b, sowie deren Summe $\varepsilon_a+\varepsilon_b$ dargestellt. In der Gleichgewichtslage ist $\varepsilon_a+\varepsilon_b$ am kleinsten, wobei für den Winkel $\alpha=45°$ resultiert; dabei gilt $\varepsilon_a=\varepsilon_b$, also kreuzen sich die beiden Kurven. Gegen diese Kreuzung gibt es keinen Einwand, denn die entsprechenden Wellenfunktionen haben verschiedene Symmetrien. Für $\alpha=45°$ gilt $\mu_1=\mu_2$ (und $N_1=N_2$) in (7.5*a*) und (7.5*b*). Es ist anzunehmen, daß sogar bei einer Verbesserung dieser Rechnung ebenfalls die Gleichheit von μ_1 und μ_2 resultiert. Für $\alpha<45°$ werden die hier gemachten Näherungen beim Ansatz (7.6*a*) und (7.6*b*) allerdings zusehends schlechter, so daß die Kurven für $\alpha\to 0$ völlig bedeutungslos werden. Außerdem wird der Kreuzungspunkt nicht mehr bei genau $\alpha=45°$ liegen.

Das hier geschilderte Verfahren wurde in ausführlicher Weise von Walsh (1953) entwickelt, das letzten Endes zur Formulierung der „Walsh-Regeln" zur Vorhersage der Gleichgewichtsformen kleiner Moleküle führt. Diese Thematik soll später in einem anderen Zusammenhang behandelt werden (Kapitel 10).

Um diesen Abschnitt zusammenzufassen, suchen wir nach einer Beziehung zwischen der soeben geschilderten Beschreibungsart, wobei nicht-lokalisierte Molekülorbitale verwendet worden sind, und der mehr qualitativen Beschreibung in § 7.1, wobei Bindungsorbitale im Mittelpunkt standen. Die Formen der Molekülorbitale (7.5*a*) und (7.5*b*) sind in Fig. 7.5 (*a*, *b*) dargestellt; die Elektronenkonfiguration lautet

$$H_2O[K(2s)^2(2p_z)^2\psi_1^2\psi_2^2]. \tag{7.12}$$

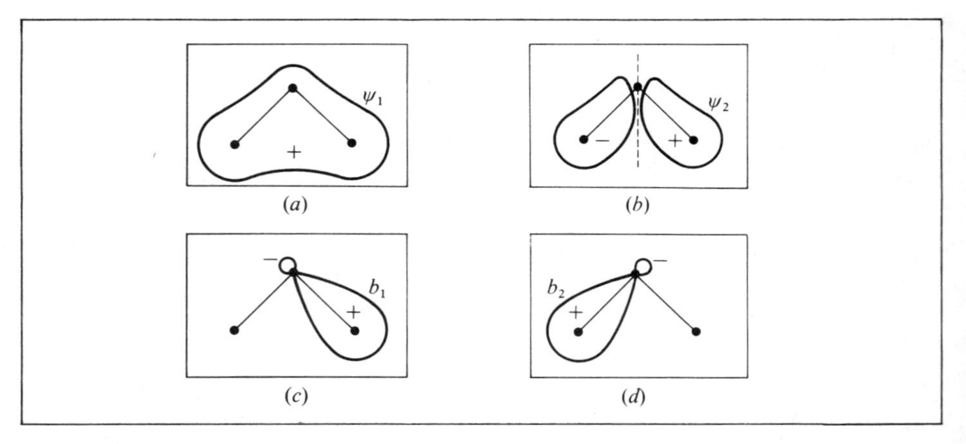

Fig. 7.5. Die Beziehung zwischen nicht-lokalisierten Molekülorbitalen (ψ_1 und ψ_2) und lokalisierten Molekülorbitalen (Bindungsorbitale b_1 und b_2) für H_2O.

Das Zustandekommen einer Bindung ist verständlich, denn sowohl ψ_1 als auch ψ_2 zeigen eine Anhäufung von Elektronendichte in den Bereichen der OH-Bindungen; dieser Teil der Dichte lautet

$$P_{\text{Bind.}} = 2\psi_1^2 + 2\psi_2^2. \tag{7.13}$$

Es ist aber auch möglich, dieses Ergebnis so umzuformen, daß die Verwendung von *lokalisierten* Molekülorbitalen in Erscheinung tritt. Bilden wir nämlich die Summe und die Differenz von ψ_1 und ψ_2, um die normierten Orbitale

$$b_1 = (\psi_1 + \psi_2)/\sqrt{2}, \quad b_2 = (\psi_1 - \psi_2)/\sqrt{2} \tag{7.14}$$

zu definieren, so erhalten wir eine ausgeprägte Lokalisierung. Demnach ist b_1 im Bereich der rechten Bindung groß, wobei ψ_1 und ψ_2 (Fig. 7.5 (a,b)) das gleiche Vorzeichen haben und somit einander verstärken. Im Bereich der linken Bindung ist b_1 sehr klein, denn dort „löschen" sich ψ_1 und ψ_2 gegenseitig aus. Ebenso werden ψ_1 und $-\psi_2$ überlagert, wodurch b_2 als Spiegelbild von b_1 entsteht. Diese Funktion konzentriert sich im wesentlichen in der linken Bindung. Tatsächlich sind b_1 und b_2 in Fig. 7.5 (c,d) die Bindungsorbitale, die bei der qualitativen Diskussion in § 7.1 eingeführt worden sind. Um das zu zeigen, müssen wir nur (7.5a,b) in (7.14) einsetzen und uns daran erinnern, daß für $\alpha = 45°$ $\mu_1 = \mu_2$ gilt und somit

$$b_1 = \frac{1}{\sqrt{2}}[N_1(p_a + p_b) + 2N_1\mu_1 H_1].$$

Mit (7.4b) erhalten wir daraus

$$b_1 = N_1[p_x + \sqrt{2}\,\mu_1 H_1], \tag{7.15a}$$

was gleichwertig zu (7.1*a*) ist. Auf ähnliche Weise erhalten wir

$$b_2 = N_1[p_y + \sqrt{2}\,\mu_1 H_2], \tag{7.15b}$$

was dem Ausdruck (7.1*b*) äquivalent ist.

Die bemerkenswerte Eigenschaft bei der Einführung der lokalisierten Orbitale besteht darin, daß wir b_1 und b_2 mit je zwei Elektronen besetzen können, um exakt dieselbe Beschreibung des Moleküls zu erhalten; *die Ergebnisse sind mathematisch gleichwertig*! Mit Hilfe von Bindungsorbitalen lautet die Elektronenkonfiguration

$$H_2O[K(2s)^2(2p_z)^2 b_1^2 b_2^2] \tag{7.16}$$

an Stelle von (7.12). Der Anteil der Ladungsdichte für die Bindung lautet

$$\begin{aligned} P_{\text{Bind.}} &= 2b_1^2 + 2b_2^2 \\ &= (\psi_1 + \psi_2)^2 + (\psi_1 - \psi_2)^2 \qquad \text{(nach (7.14))} \\ &= 2\psi_1^2 + 2\psi_2^2 \end{aligned}$$

genauso wie in (7.13). Ob wir lokalisierte oder nicht-lokalisierte Orbitale verwenden, ist in gewisser Weise gleichgültig. Es handelt sich einfach um zwei Möglichkeiten zur Beschreibung des Moleküls mit unterschiedlicher Aufteilung der Elektronendichte in gewisse Anteile. Der Vorteil der Bindungsorbitale besteht darin, daß die Anteile einer unmittelbaren chemischen Interpretation fähig sind. Wären μ_1 und μ_2 nicht genau gleich, so wäre das Verschwinden des H_2-Terms, das zu (7.15*a*) führt, nicht vollkommen, so daß b_1 einen gewissen Beitrag von H_2 enthalten würde. Die Bindungen könnten dann nicht mehr so gut durch einander überlappende *Paare* von Atomorbitalen dargestellt werden. Die Ergebnisse, die aus (7.15*a*) und (7.15*b*) resultieren, sind nicht *genau* dieselben, wie die einer etwas vollständigeren MO-Behandlung. Etwas verallgemeinert kann man sagen, daß zwischen den beiden fast gleichwertigen Möglichkeiten der Betrachtung eines Moleküls kaum ein Unterschied besteht. Es ist immer möglich, von der Beschreibung mit Hilfe vollständig delokalisierter Molekülorbitale zu einer anderen Beschreibung zu gelangen, in der die Orbitale viel stärker lokalisiert sind. Dieser Übergang ist immer durch eine Transformation der Art (7.14) möglich*. In der Ein-Konfigurationennäherung ist nicht nur die Ladungsdichte, sondern auch die Mehr-Elektronenwellenfunktion gegenüber einer solchen Änderung der Beschreibung unverändert (der mathematische Ausdruck dafür lautet „invariant“)** (siehe beispielsweise Coulson (1949)).

* Das bedeutet aber nicht, daß zu jedem Satz delokalisierter Molekülorbitale immer ein Satz lokalisierter Orbitale existieren muß. Beispielsweise lassen sich die delokalisierten π-Molekülorbitale von Benzol nicht lokalisieren. (Anmerkung des Übersetzers)

** Die Folgerungen aus dieser Invarianz wurden von Lennard-Jones und Mitarbeitern ausführlich diskutiert: siehe im einzelnen Lennard-Jones (1949) und einen nützlichen Übersichtsartikel von Pople (1957).

7.4 Die Näherung der vollkommenen Paarung. Die Wechselwirkung zwischen den Bindungen

Wir konnten bisher feststellen, daß sogar in mehratomigen Molekülen die Bindungen meistens als lokalisiert betrachtet werden können. Dabei hat jede Bindung charakteristische Eigenschaften und ihre eigene „persönliche“ Wellenfunktion. Genauso wie für eine einzelne Elektronenpaarbindung ist es gleichgültig, ob jedes Paar durch eine lokalisierte MO-Funktion oder durch eine VB-Funktion vom Heitler-London-Typ beschrieben wird*. Tatsächlich ist die Beschreibung durch lokalisierte Bindungen mit deren starken Anklang in der Chemie im Rahmen der VB-Theorie zuerst entwickelt worden. In diesem Fall entspricht die Wellenfunktion einer einzigen „Struktur“ im Sinne von § 5.3, wobei der Spin der Elektronen in jeder Bindung „gepaart“ war (zueinander antiparallele Einstellung), um eine Singulettwellenfunktion zu beschreiben. Die resultierende „Näherung der vollkommenen Paarung“, wie die Näherung der lokalisierten Molekülorbitale bezeichnet werden kann, setzt für ihre Gültigkeit die Möglichkeit der Anordnung einfach besetzter Atomorbitale der beteiligten Atome voraus, so daß sich stark überlappende *Paare* entstehen. Auf diese Weise muß das Paarungsschema, das die Gesamtheit der Bindungen beschreibt, eindeutig erstellt werden können. Innerhalb eines jeden Paares sollte die Überlappung groß sein, während sie zwischen verschiedenen Paaren vernachlässigbar sein sollte. Das sind die wesentlichen Merkmale der „Näherung der vollkommenen Paarung“, zusammen mit der in § 7.2 entwickelten erweiterten Interpretation.

Wir werden keinen Gebrauch vom Energieausdruck machen, der in der VB-Theorie hergeleitet werden kann, denn dieser ist für die beschriebene Situation im wesentlichen nur noch von historischer Bedeutung. Stattdessen aber soll eine Energieformel angegeben werden, die nur im Rahmen der angegebenen Näherungen gültig ist (im einzelnen betrifft das die Orthogonalität der Orbitale, die beim Aufbau der verschiedenen Paarfunktionen verwendet werden) und die sogar für Paarfunktionen von besonderer Form gilt (etwa für die Funktionen „HL + ionische Strukturen“ oder „MO + CI“, wie diese in § 5.4 verwendet worden sind). Die benötigte Formel (die allgemeine Form findet man bei McWeeny (1959; 1960)) kann immer dann angewendet werden, wenn wir eine Anzahl von schwach wechselwirkenden Gruppen von Elektronen (innere Schalen, Bindungspaare, einsame Paare) unterscheiden können. Nennen wir diese etwa A, B, C, ..., so kann jede dieser Gruppen durch eine Wellenfunktion ($\Psi_A, \Psi_B, \ldots$) beschrieben werden. Dabei wird angenommen, daß die Orbitale für zwei verschiedene Gruppen zueinander orthogonal sind. Die Formel lautet

$$E = E_A + E_B + E_C + \ldots + G_{AB} + G_{AC} + G_{BC} + \ldots, \tag{7.17}$$

wobei E_A die Energie der Elektronen aus Gruppe A im Feld aller Kerne ist und wobei alle anderen Elektronen ignoriert werden. G_{AB} ist die Wechselwirkungsenergie zwischen den Elektronen aus Gruppe A und denen aus Gruppe B. Offensichtlich erhält

* Siehe beispielsweise die ausführlichen numerischen Vergleiche beim H_2O-Molekül von McWeeny und Ohno (1960).

man die Molekülkonformation mit der niedrigsten Energie (Gleichgewichtsgeometrie) dann, wenn die negativen Terme $E_A, E_B, \ldots$ ihre niedrigsten Werte (stabilste Bindungen) annehmen. Dabei dürfen die Werte der Wechselwirkungsterme G_{AB}, $G_{AC}, \ldots$, die positiv sind, natürlich nicht zu groß sein. Diese Terme entsprechen der gegenseitigen Abstoßung der Elektronen aus verschiedenen Gruppen. Die Formel (7.17) liefert somit eine sichere und physikalisch durchsichtige Grundlage für die Diskussion der Molekülgeometrie. Die Bedingungen für starke Bindungen (betragsmäßig große negative E-Werte für die einzelnen Bindungen) sind uns bereits geläufig. Ein neuer Gesichtspunkt, der erst bei der Behandlung mehratomiger Moleküle bedeutungsvoll wird, betrifft die Stärke der Abstoßung der einzelnen „nicht-bindenden“ Elektronenpaare. Die G-Werte sind einer einfachen elektrostatischen Interpretation fähig, denn es gilt

$$G_{\mathrm{AB}} = J_{\mathrm{AB}} - K_{\mathrm{AB}}, \tag{7.18}$$

wobei der „Austauschterm“ K_{AB} klein ist, falls die Überlappung der Gruppen A und B gering ist. Unter diesen Voraussetzungen erhalten wir

$$G_{\mathrm{AB}} \simeq J_{\mathrm{AB}} = \frac{e^2}{\kappa_0} \int \frac{P_{\mathrm{A}}(1) P_{\mathrm{B}}(2)}{r_{12}} \mathrm{d}\tau_1 \, \mathrm{d}\tau_2. \tag{7.19}$$

Dieser Ausdruck stellt einfach die Coulomb-Abstoßung zweier Ladungswolken dar; die eine wird durch die Dichte P_A (für die Elektronen aus Gruppe A) beschrieben, die andere durch die Dichte P_B (für die Elektronen aus Gruppe B)*. Sind beispielsweise A und B Bindungen, so kann jede Ladungsdichte durch eine Elektronenpaar-Wellenfunktion berechnet werden, genauso wie in Kapitel 5, unter der Vernachlässigung aller weiteren Bedingungen.

Die Gleichgewichtsgeometrie eines Moleküls, auf das die Näherung der vollkommenen Paarung angewendet wird, kann nun als das Ergebnis zweier zueinander in Konkurrenz stehender Effekte betrachtet werden; jede Bindung versucht so stark wie möglich zu werden (die entsprechenden Orbitale werden dabei so justiert, daß die maximale Überlappung erreicht wird). Dabei stehen alle Bindungen untereinander in Konkurrenz, derart, daß sie möglichst einander „ausweichen“, so daß ihre gegenseitigen Abstoßungen möglichst gering bleiben. Die Formel (7.17) liefert eine Grundlage für ein häufig verwendetes „Modell“, das zuerst von Sidgwick und Powell (1940) vorgeschlagen wurde, und das später von Nyholm und Gillespie (1957) sehr ausführlich weiterentwickelt worden ist (Gillespie (1975)); wir werden gleich noch darauf zurückkommen. Zunächst aber müssen wir untersuchen, wie die Energien der einzelnen Bindungen abgesenkt werden, wenn die Überlappung in jedem Elektronenpaar maximiert wird; denn wir wissen bereits, daß nach § 6.2 die Berücksichtigung der

* $-eP_A(1)\,\mathrm{d}\tau_1$ ist der Betrag der Ladung in $\mathrm{d}\tau_1$ am Punkt 1, während $-eP_B(2)\,\mathrm{d}\tau_2$ der in $\mathrm{d}\tau_2$ am Punkt 2 ist; die entsprechende Abstoßungsenergie erhält man durch Division durch $\varkappa_0 r_{12}$. Das Integral liefert die Summe dieser Beiträge für alle Paare von Volumenelementen in beiden Ladungswolken.

Hybridisierung, die in § 7.1 und § 7.3 ignoriert wurde, zu einem starken Anstieg der Überlappung führen kann.

7.5 Die Berücksichtigung der Hybridisierung: H_2O

Wir haben in § 6.2 festgestellt, daß die Beschreibung der Bindung in LiH stark verbessert werden kann, wenn an Stelle eines reinen 2s-Atomorbitals am Lithiumatom ein *Hybrid* der Form

$$h = N(s + \lambda p) \tag{7.20}$$

verwendet wird. Dabei bestimmt die Konstante λ die s-p-Mischung, und die Normierung bewirkt, daß die Summe der Quadrate der Koeffizienten für s und p den Wert eins ergibt; somit gilt

$$N^2 = 1/(1 + \lambda^2).$$

Die Hybridisierung bewirkte einen Anstieg der Überlappung zwischen dem Hybrid und dem Wasserstoff-1s-AO, wobei die Energie abgesenkt wurde. Die Überlagerung von s- und p-Atomorbitalen zur Erzeugung eines Hybrids ist in Fig. 6.8 dargestellt; demnach verursacht jede derartige Mischung ein räumlich deutlich gerichtetes Orbital.

Ermöglicht man die freie Mischung der Valenzschalen-Orbitale s, p_x, p_y und p_z eines Atoms, so können vier Hybride gebildet werden, die in verschiedene Richtungen zeigen. Auf diese Weise ist eine beachtliche Vielfalt von Mehrfach-Bindungen möglich. An Hand einer Zeichnung wollen wir zum Wassermolekül zurückkehren. An Stelle der Verwendung von p_x und p_y (Fig. 7.1), die jeweils mit H_1 und H_2 überlappen, können Hybride der Form

$$s + \lambda p_x, \quad s + \lambda p_y$$

eingeführt werden, die sich genau zu den Wasserstoffatomen hin erstrecken und deshalb eine stärkere Überlappung und somit eine tiefere Energie liefern. Eine kurze Überlegung zeigt allerdings, daß diese Hybride eine nicht-verschwindende Überlappung aufweisen und deshalb (§ 7.2) als Komponenten zweier verschiedener Bindungsorbitale nicht in Frage kommen können. Wir müssen uns deshalb nach einer Bedingung umschauen, die zwei Hybride erfüllen müssen, um orthogonal zu sein.

Diese Bedingung ist zwar einfach, hat aber weitreichende Konsequenzen. Wir wollen zwei beliebige Hybride betrachten (Fig. 7.6); das eine zeigt in Richtung des p-AO p_1 und das andere in Richtung p_2. Also schreiben wir dafür

$$h_1 = N_1(s + \lambda_1 p_1), \quad h_2 = N_2(s + \lambda_2 p_2). \tag{7.21}$$

Unter der Annahme, daß s, p_1 und p_2 normiert sind, lautet das Überlappungsintegral

$$\int h_1 h_2 \,\mathrm{d}\tau = N_1 N_2 \left[1 + \lambda_1 \int p_1 s \,\mathrm{d}\tau + \lambda_2 \int s p_2 \,\mathrm{d}\tau + \lambda_1 \lambda_2 \int p_1 p_2 \,\mathrm{d}\tau\right]. \tag{7.22}$$

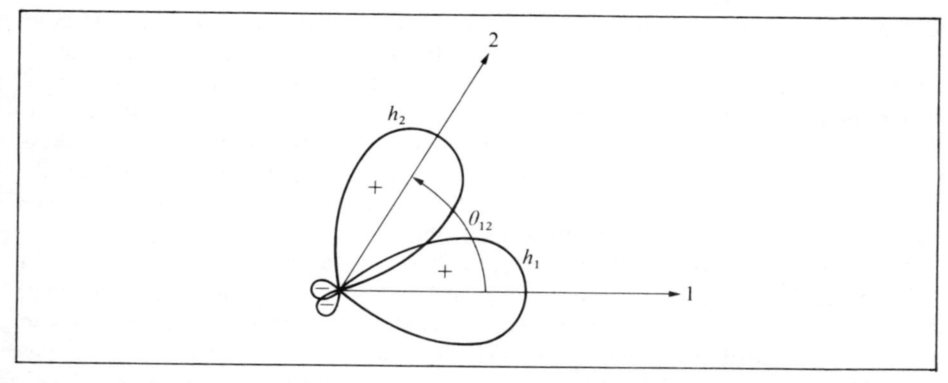

Fig. 7.6. Die Herleitung der Überlappung zwischen zwei Hybriden h_1 und h_2, die aus p-Orbitalen (p_1 und p_2) gebildet werden, die sich entlang der Achsen 1 und 2 erstrecken.

Die beiden mittleren Terme verschwinden aus Symmetriegründen, und deshalb müssen wir nur das letzte Integral berechnen, das die Überlappung zweier beliebig gerichteter p-Orbitale darstellt. In Fig. 7.6 haben wir p_1 zur Festlegung der x-Achse verwendet ($p_1 = p_x$). Unter Verwendung der Vektoreigenschaften der p-Funktionen (§ 7.2) können wir p_2 in seine Komponenten zerlegen:

$$p_2 = \cos\theta_{12} p_x + \sin\theta_{12} p_y.$$

Das zu berechnende Überlappungsintegral lautet demnach

$$\int p_1 p_2 \, d\tau = \cos\theta_{12} \int p_x^2 \, d\tau + \sin\theta_{12} \int p_x p_y \, d\tau = \cos\theta_{12}.$$

Dieser Wert wird in (7.22) eingesetzt. Aus der Forderung der Orthogonalität erhalten wir die dazu notwendige Bedingung:

$$\lambda_1 \lambda_2 = -1/\cos\theta_{12}. \qquad (7.23)$$

Der Winkel zwischen den orthogonalen Hybriden hängt demnach von der relativen Stärke der s-p-Mischung ab. Nun sind λ_1 und λ_2 positiv (wenn die Hybride sich in Richtung der positiven Anteile von p_1 und p_2 erstrecken), und deshalb ist $\cos\theta_{12}$ negativ. Daraus folgt, daß der Winkel zwischen den beiden Hybriden größer als 90° sein muß.

Kehren wir nun zum H_2O-Molekül zurück und verwenden für die zu bildenden Orbitale Hybride (aus Symmetriegründen gilt $\lambda_1 = \lambda_2$), so müssen diese einen Winkel bilden, für den die Beziehung $\cos\theta_{12} = -1/\lambda^2$ erfüllt sein muß. Ein solcher Winkel ist immer größer als 90°, und deshalb bewirkt die Hybridisierung eine Öffnung des H_2O-Valenzwinkels. Nehmen wir an, daß die Hybride genau in Richtung der Bindungen zeigen und setzen somit $\theta_{12} = 104.5°$ (der gemessene Winkel), so erhalten wir $\lambda = 1.998$. Die Beträge für den s- und p-Charakter lauten N^2 und $N^2\lambda^2$; daraus folgt, daß der p-Charakter 80% und der s-Charakter 20% beträgt. Aufgrund der energetischen Betrachtungen im letzten Abschnitt ergibt die Hybridisierung eine Energieabsenkung der beiden Bindungspaare (E_A und E_B). Diese wird durch die verstärkte Überlappung zwischen h_1 und H_1, beziehungsweise zwischen h_2 und H_2 bewirkt. Gleichzeitig entfernen sich die Bindungen voneinander, wodurch die Abstoßungsenergie J_{AB} reduziert wird. Die zu erwartende Stabilisierung ist demnach beträchtlich, und die Öffnung des HOH-Winkels bezüglich 90° steht mit den experimentell beobachteten Geometrieeigenschaften in Einklang.

Das einfache Bild von § 7.1 ist noch auf andere Weise verändert worden, was von besonderer Bedeutung ist. Bei der ursprünglichen Behandlung wurde angenommen, daß das 2s-AO ein einsames Elektronenpaar darstellt und mit den anderen Orbitalen nicht gemischt wird. Nun aber mischen wir *drei* Atomorbitale (s, p_x, p_y), und nur das $2p_z$-AO verbleibt für ein einsames Elektronenpaar. Zwei Kombinationen, h_1 und h_2, bilden die Bindungsorbitale; eine dritte Linearkombination (ebenfalls ein Hybrid $h_3 = s + \lambda_3 p_3$) beschreibt zwei Elektronen als einsames Paar. Die Richtung von p_3 (Fig. 7.7) ist durch die Orthogonalität zu $h_1 = s + \lambda p_1$ und $h_2 = s + \lambda p_2$ festgelegt, denn (7.23) liefert $\cos \theta_{13} = -1/(\lambda\lambda_3)$ und $\cos \theta_{23} = -1/(\lambda\lambda_3)$. Daraus folgt $\theta_{13} = \theta_{23}$, und das Hybrid des einsamen Elektronenpaares zeigt vom Sauerstoff in eine von den Wasserstoffatomen abgewandte Richtung, wobei der HOH-Winkel halbiert wird. Aus $\theta_{12} = 104.5°$ erhalten wir $\theta_{13} = \theta_{23} = 127.75°$, was zu einem s-Gehalt von 60% und einem p-Gehalt von 40% führt. Der gesamte s-Gehalt aller Hybride beträgt $2(0.20) + 1(0.60) = 1$ (wir haben *ein* s-Orbital verwendet) und der gesamte p-Gehalt beträgt $2(0.80) + 1(0.40) = 2$ (wir haben *zwei* p-Orbitale verwendet). Auf diese Weise ist die Rechnung geprüft.

Unsere Vorstellung von der elektronischen Struktur des H_2O-Moleküls ist nun ziemlich befriedigend. Wir haben nicht nur die Natur der Kompensation der Energiebeiträge verstanden, durch die eine Öffnung des HOH-Winkels über 90° hinaus bewirkt wird, was mit der Beobachtung übereinstimmt. Wir haben auch gefunden, daß der restliche Teil der Elektronenverteilung ebenfalls „polarisiert“ ist, nämlich

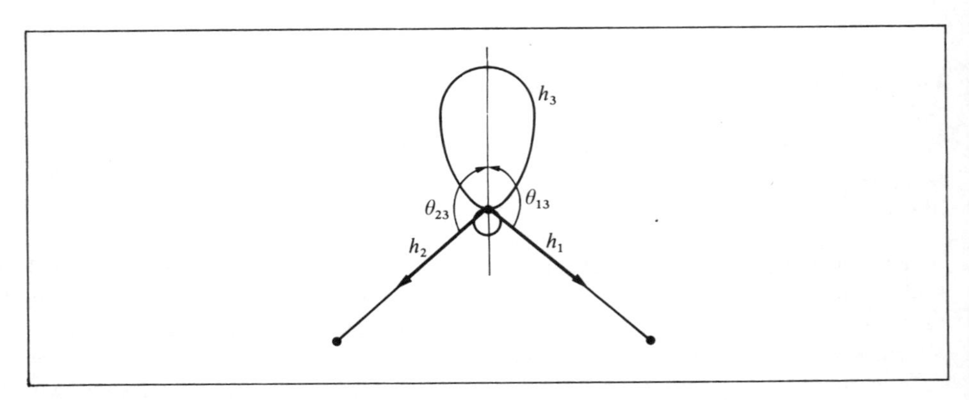

Fig. 7.7. Die Form des Hybrids für das einsame Elektronenpaar in H_2O.

das einsame Elektronenpaar 2s am Sauerstoff. Dieses wird auf die „Rückseite“ des Sauerstoffatoms verschoben. Wie im Fall des CO-Moleküls (§ 6.2) hat diese Umverteilung der Elektronendichte des einsamen Paares wichtige Folgerungen für die Chemie (siehe beispielsweise Pass (1973)). Sie ist beispielsweise die Ursache für „Wasserstoffbrückenbindungen“, bei denen eine Anziehung zwischen einem Elektronenüberschußbereich und einem elektronenarmen Wasserstoffatom in einer anderen chemischen Gruppe besteht. Solche Bindungen liefern den Mechanismus für die Basenpaarung in der DNA-Helix; außerdem halten diese Bindungen die Wassermoleküle im Eiskristall zusammen (Kapitel 12).

7.6 Die Hauptarten der s-p-Hybridisierung

In Molekülen wie H_2O können zwei oder mehr Hybride exakt dieselben λ-Werte haben, was eine Folge der Molekülsymmetrie ist, denn im allgemeinen haben die Bindungen nicht identische Formen. Solche Hybride werden *äquivalent* genannt; sie sind mit Ausnahme der räumlichen Orientierung in jeder Hinsicht identisch. Für ein Atom mit einer Valenzschale, die s- und p-Orbitale enthält, können wir drei Hauptarten der Hybridisierung unterscheiden.

(1) Durch Kombination eines s-Orbitals mit einem p-Orbital (die anderen beiden bleiben unverändert) können wir *zwei* äquivalente Hybride bilden.

(2) Durch Kombination eines s-Orbitals mit zwei p-Orbitalen (das dritte bleibt unverändert) können wir *drei* äquivalente Hybride bilden.

(3) Durch Kombination eines s-Orbitals mit allen drei p-Orbitalen können wir *vier* äquivalente Hybride bilden.

Zur Bestimmung der Formen dieser Hybride sowie der Winkel zwischen ihnen, müssen wir nur beachten, daß jedes Hybrid eines Satzes aus Äquivalenzgründen denselben s-Anteil $1/(1+\lambda^2)$ und denselben p-Anteil $\lambda^2/(1+\lambda^2)$ hat.

Fall (*1*). Für nur zwei Hybride folgt aus der Bedingung, daß der gesamte s-Anteil 1 sein muß, $1/(1+\lambda^2)=1/2$ für jedes Hybrid, somit gilt $\lambda^2=1$ und aus (7.20) folgt

$$h=\frac{1}{\sqrt{2}}(s+p).$$

Die beiden Hybride entsprechen verschiedenen Richtungen des p-Orbitals. Nach (7.23) gilt für den Winkel zwischen den p-Orbitalen $\cos\theta=-1$. Somit gilt $\theta=180°$ und die beiden Hybride zeigen in entgegengesetzte Richtungen entlang derselben Achse:

$$h_1=\frac{1}{\sqrt{2}}(s+p_1),\quad h_2=\frac{1}{\sqrt{2}}(s+p_2)\qquad (p_1,p_2{:}180°). \tag{7.24}$$

Definieren wir mit p_1 die positive z-Achse, so erhalten wir $p_1=p_z$ und $p_2=-p_z$; die Wahl der Achsen ist aber bedeutungslos und aus Fig. 7.8 (*a*) folgt alles was wir wissen müssen. Wir nennen h_1 und h_2 *digonale* oder *sp-Hybride*; ihr s-Anteil ist 1/2.

Fall (*2*). Für drei äquivalente Hybride muß der s-Anteil jeweils 1/3 betragen, und ähnliche Überlegungen liefern

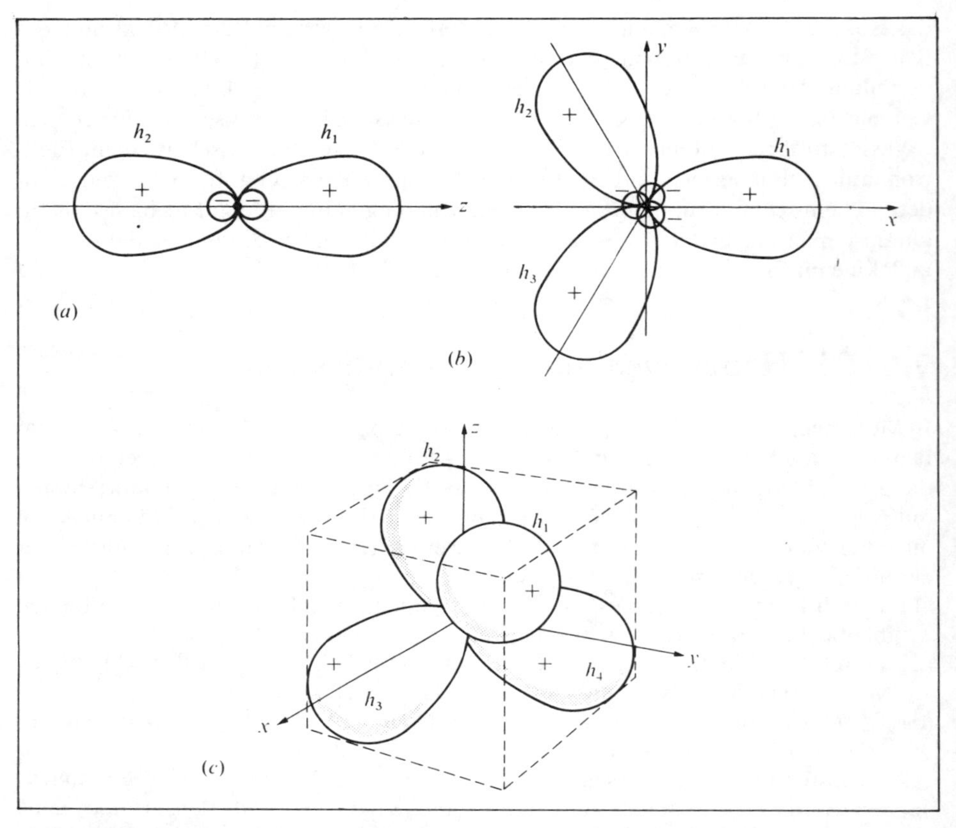

Fig. 7.8. Die Hauptarten der s-p-Hybridisierung: (*a*) digonal, die Hybride sind entlang derselben Achse in entgegengesetzter Richtung angeordnet; (*b*) trigonal, die Hybride sind in einer Ebene angeordnet und zeigen in drei verschiedene Richtungen, die jeweils miteinander einen Winkel von 120° bilden; (*c*) tetragonal, die Hybride zeigen in die Ecken eines regulären Tetraeders.

$$h_1 = \frac{1}{\sqrt{3}}(s+\sqrt{2}\,p_1), \quad h_2 = \frac{1}{\sqrt{3}}(s+\sqrt{2}\,p_2), \quad h_3 = \frac{1}{\sqrt{3}}(s+\sqrt{2}\,p_3) \qquad (7.25)$$

wobei p_1,p_2,p_3 in einer Ebene liegen und paarweise einen Winkel von 120° bilden. Wir nennen h_1,h_2,h_3 *trigonale* oder sp^2*-Hybride* (Fig. 7.8 (*b*)); ihr s-Anteil ist 1/3.

Fall (*3*). Auf genau dieselbe Weise erhalten wir

$$h_i = \tfrac{1}{2}(s+\sqrt{3}\,p_i) \qquad (i = 1, 2, 3, 4) \qquad (7.26)$$

wobei p_1,p_2,p_3,p_4 paarweise einen Winkel von 109°28′ bilden. Mit anderen Worten, die vier Hybride zeigen vom Zentrum zu den Ecken eines regulären Tetraeders. Wir nennen h_1,h_2,h_3,h_4 *tetragonale* oder sp^3*-Hybride* (Fig. 7.8 (*c*)); ihr s-Anteil ist 1/4. In diesem Fall sowie im Fall (2), können die Hybride p_i leicht mit Hilfe von p_x,p_y,p_z ausgedrückt werden, wenn von den Vektoreigenschaften (§ 7.2) Gebrauch gemacht wird.

Obwohl die soeben beschriebenen Fälle sehr speziell sind und genau genommen nur für solche Atome zutreffen, die zwei, drei oder vier *identische* Hybridbindungen bilden, so können diese Fälle doch oft als erste Näherungen in weniger symmetrischen Fällen verwendet werden. Demnach bildet das Kohlenstoffatom in Methan, einem tetraedrischen Molekül, vier identische CH-Bindungen. Die vier identischen Elektronenpaare werden durch die Überlappung der vier tetragonalen Hybride mit den vier Wasserstoff-1s-Atomorbitalen (Fig. 7.9(*a*)) beschrieben. Aber auch dann, wenn eine Bindung etwas verschieden ist, wie etwa in CH_3F (Fig. 7.9(*b*)), liefert der Satz der tetragonalen Hybride immer noch ein brauchbares Bild der elektronischen Struktur: das Elektronenpaar der CF-Bindung ist nicht dasselbe wie das der CH-Bindung, aber die Geometrie um das Kohlenstoffatom ist nach wie vor tetraedrisch. Der Satz der tetraedrischen Hybride ist für die Beschreibung der Bindung des vierwertigen Kohlenstoffs in gesättigten Molekülen tatsächlich allgemein brauchbar. Ein analoges Beispiel stellt das Kohlenstoffatom in einer Graphitschicht dar. Dabei bildet das C-Atom (Fig. 7.10(*a*)) offensichtlich drei identische lokalisierte Bindungen, die jeweils einen Winkel von 120° bilden; der Satz der trigonalen Hybride eignet sich in diesem Fall zur Beschreibung der elektronischen Struktur. Ebenso wird das Kohlenstoffatom im Benzolmolekül (Fig. 7.10(*b*)) durch die trigonalen Hybride passend beschrieben, obwohl sich die CH-Bindung von den beiden CC-Bindungen etwas unterscheidet. Die trigonale Hybridisierung ist für den Kohlenstoff in aromatischen Kohlenwasserstoffen charakteristisch. Schließlich kommt Kohlenstoff auch in linearen Molekülen vor, wie etwa in $O=C=O$ oder $H-C\equiv N$. Wir können annehmen, daß Kohlenstoff dabei Bindungen mit digonalen oder nahezu digonalen Hybriden bildet; die restlichen 2p-Elektronen können π-Bindungen bilden, wie das auch im CO-Molekül der Fall ist (§ 6.2)*.

Nun erkennen wir, daß die Unterscheidung der drei Hauptarten der s-p-Hybridisierung auf einen Schlag das Tor zum Verständnis des umfangreichen Gebietes der Stereochemie geöffnet hat. Eine systematische Behandlung wird gesondert erfolgen. An dieser Stelle wollen wir uns bei der Diskussion nur auf frühere Abschnitte beziehen.

Bei der ersten Einführung der Hybridisierung (§ 6.2) haben wir auch den Begriff des *Valenzzustands* zur Beschreibung der Elektronenkonfiguration eines Atoms *in einem Molekül* eingeführt. Wird also beispielsweise die LiH-Bindung aufgebrochen, wobei die elektronische Struktur des Li-Atoms sich nicht umordnen soll, so enthält das Li-Atom ein Elektron in einem geringfügig hybridisierten Orbital. Der entsprechende Valenzzustand lautet demnach $\mathrm{Li}[(1s)^2h]$ mit $h = as + bp$. Mit Hilfe des s- und p-Atomorbitals kann man dafür auch schreiben

$$\mathrm{Li}[(1s)^2(2s)^{a^2}(2p)^{b^2}], \tag{7.27}$$

* Auch die Annahme einer tetragonalen Hybridisierung an den Atomen C, N, O, die zu gebogenen Bindungen führt, ist zulässig. Die in diesem Abschnitt unterschiedenen Hauptarten der s-p-Hybridisierung scheinen für viele Fälle, insbesondere auch für Ethylen und Acetylen, nicht besonders signifikant zu sein. (Anmerkung des Übersetzers)

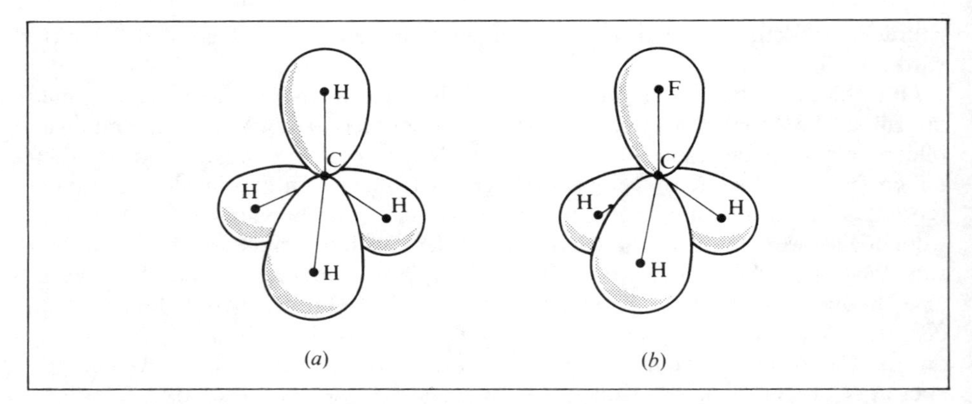

Fig. 7.9. Die tetraedrische Anordnung der Elektronenpaarbindungen: (*a*) CH_4 (die Bindungen werden durch die Überlappung des Kohlenstoff-sp^3-Hybrids mit dem Wasserstoff-1s-Orbital gebildet); (*b*) CH_3F (die CF-Bindung wird durch ein Kohlenstoff-sp^3-Hybrid und ein Fluor-2p-Orbital gebildet).

wobei a^2 und b^2 den s- und p-Anteil des Hybrids angeben. Im Fall des Lithiums (§ 6.2) entspricht die „Deformation" des Atoms einem Austausch von etwa 34 % der 2s-Elektronendichte im Grundzustand gegen eine 2p-Elektronendichte. In einer bildlichen Sprache, die allerdings nicht zu wörtlich genommen werden sollte, können wir sagen, daß 0.34 Elektronen von einem 2s-AO in ein 2p-AO „befördert" werden. Diese Beförderung erfordert eine Energie, die aber bei der Bindungsbildung mehr als zurückgezahlt wird, denn das Hybrid erhöht die Bindungsstärke beträchtlich. Ähnliche Überlegungen können für ein mehrfach gebundenes Atom angestellt werden. Dazu müssen wir nur den Valenzzustand in typischen Bindungssituationen untersuchen sowie den Einfluß der Hybridisierung auf die Bindungsstärke.

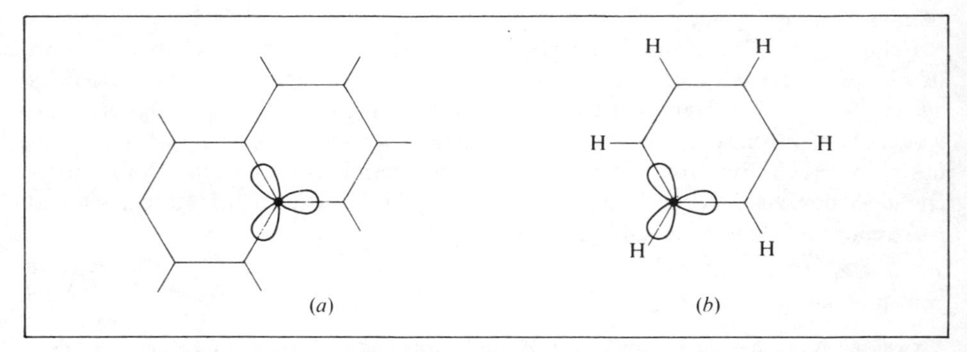

Fig. 7.10. Trigonale Hybride: (*a*) Kohlenstoff in einer Graphitschicht mit den passenden sp^2-Hybriden (jede CC-Bindung wird durch ein sich überlappendes Hybridpaar beschrieben); (*b*) Kohlenstoff-sp^2-Hybride in Benzol.

Für den Fall des H_2O-Moleküls stellen wir zunächst fest, daß die Elektronenkonfiguration von Sauerstoff im Grundzustand, nämlich $O[K(2s)^2(2p)^4]$ oder

$$O[K(2s)^2(2p_z)^2(2p_x)(2p_y)] \tag{7.28}$$

eindeutig ein zweiwertiges Atom vorhersagt, das ein gewinkeltes (90°) Molekül bildet*. Demnach ist die Hybridisierung im wesentlichen eine *Verbesserung*, die erklärt, warum der HOH-Winkel etwas größer als 90° ist. Die Elektronenkonfiguration des hybridisierten Valenzzustands kann geschrieben werden als

$$O[K(2p_z)^2 l^2 h_1 h_2], \tag{7.29a}$$

wobei l das Hybrid des einsamen Paares ist, das in § 7.5 mit h_3 bezeichnet worden ist. Summieren wir die s- und p-Anteile von l, h_1 und h_2 (dabei sind in l zwei Elektronen zu berücksichtigen), so erhalten wir die zu obiger Schreibweise gleichwertige Beschreibung

$$O[K(2p_z)^2(2s)^{1.6}(2p)^{2.4}], \tag{7.29b}$$

wobei sich $(2p)^{2.4}$ auf die gesamte Elektronenpopulation der 2p-Atomorbitale in der Molekülebene bezieht. Die in der einfachen Beschreibung (7.28) abgeschlossene $(2s)^2$-Schale ist im Valenzzustand demnach geringfügig „geöffnet" worden, indem etwa 0.4 Elektronen in die 2p-Schale befördert werden.

Ähnliche Überlegungen können beim Stickstoffatom angestellt werden, dessen Grundzustandskonfiguration

$$N[K(2s)^2(2p)^3]$$

offensichtlich die Dreiwertigkeit anzeigt, wobei bei der Molekülbildung die pyramidale Form bevorzugt wird.

Im Fall des Kohlenstoffatoms mit der Konfiguration

$$C[K(2s)^2(2p)^2]$$

ist eine detaillierte Interpretation der beobachteten (unterschiedlichen) Wertigkeit ohne Verwendung der Hybridisierung nicht möglich! Zunächst hat es den Anschein, daß

* Sogar in diesem Fall, wo es keinerlei Promotion gibt, liegt der Valenzzustand energetisch etwas höher als der spektroskopische Grundzustand (^3P). Im letzteren setzen sich Bahn- und Spindrehimpuls so zusammen, daß ein Zustand mit niedriger Energie resultiert (Hundsche Regel, § 2.5), während im Valenzzustand eine derartige Zusammensetzung gebrochen ist. Der Bahndrehimpuls wird durch die Annäherung anderer Atome „gelöscht" und die Spindrehimpulse sind entkoppelt und zu einer neuen Kopplung innerhalb der Elektronenpaarbindungen bereit. Wir werden uns nicht um die Einzelheiten kümmern, aber wir sollten daran denken, daß die *Elektronenkonfiguration* weder den Valenzzustand, noch den Grundzustand vollständig beschreibt. Eine einzige Konfiguration kann zu vielen spektroskopischen Zuständen führen, ein vorgegebener Valenzzustand ist im allgemeinen eine Mischung. In den meisten Fällen werden wir aber die aus der *Valenzkonfiguration* resultierenden Aussagen als ausreichend betrachten.

das Atom *zweiwertig* ist und gewinkelte Moleküle wie H_2O bildet, aber nichts kann den beobachteten Tatsachen ferner liegen. Das Kohlenstoffatom ist in seiner Bindung überraschenderweise vielseitig; die Beförderung in eine große Vielfalt von Valenzzuständen ist leicht möglich, denn die 2s-2p-Energiedifferenz ist gering. Sowohl die Anzahl der verschiedenen Bindungen, als auch deren Stärke, die wir mit Hilfe der Hybridisierung verstehen können, führt zu einer Mannigfaltigkeit von stabilen Verbindungen. Die drei Hauptarten der Hybridisierung führen alle zu Valenzzuständen, in denen ein Elektron vom 2s-AO zu einem 2p-AO befördert wird. Beispielsweise ist die tetragonale Valenzkonfiguration

$$\mathrm{C}[\mathrm{K}\, h_1 h_2 h_3 h_4] \tag{7.30a}$$

zu der Konfiguration

$$\mathrm{C}[\mathrm{K}(2\mathrm{s})(2\mathrm{p})^3] \tag{7.30b}$$

gleichwertig, denn der s-Anteil eines jeden Hybrids ist 1/4 (der p-Anteil ist demnach 3/4). In diesem Fall ist die Beförderung eines Elektrons in ein anderes Orbital ein wesentlich bedeutsamerer Effekt als beim Sauerstoff, der allerdings leicht eintreten kann, denn erstens ist das s-p-Intervall nur etwa halb so groß wie beim Sauerstoff und zweitens wird die Anzahl der Bindungen, die gebildet werden können, von zwei auf vier erhöht*. Dadurch wird die Rückgewinnung von Energie in Form von Bindungsenergie besonders groß.

Schließlich brauchen wir eine quantitative Bestätigung, daß sich die Hybridisierung „selbst bezahlen" kann. Damit ist gemeint, daß der energetische Aufwand bei der Elektronenbeförderung durch die Vergrößerung der Überlappung, die zu einer Bindungsstärkung führt, mehr als zurückgewonnen wird. Ein Blick auf Fig. 7.11 bestätigt tatsächlich diese Aussage. Die Kurve zeigt die Abhängigkeit des Überlappungsintegrals S für zwei Hybride der Form $s + \lambda p$, die gegeneinander gerichtet sind, bei einem festen interatomaren Abstand, vom prozentualen s-Charakter $(100/(1 + \lambda^2))$. Das erstaunliche Ergebnis bei dieser Kurve ist folgendes: obwohl die reine s- oder p-Überlappung geringer als 0.5 ist, können wir durch passende Hybridisierung eine Überlappung von über 0.8 erzielen. Die stärkste Überlappung tritt in der Gegend der sp-

Tabelle 7.1. Eigenschaften von CH-Bindungen mit verschiedenen Hybridisierungen

Hybridisierung	Molekül	CH-Bindungslänge (pm)	Bindungskraftkonstante ($\mathrm{Nm^{-1}}$)	Genäherte Bindungsenergie ($\mathrm{kJmol^{-1}}$)
sp	Acetylen	106.1	639.7	500
sp^2	Ethylen	108.6	612.6	440
sp^3	Methan	109.3	538.7	411
(p)	CH-Radikal	112.0	449.4	330

* Vgl. Sauerstoff, wo eine Promotion $2s \rightarrow 2p$ auch nur zu *zwei* einfach besetzten Orbitalen führt, die für die Bindung bereit sind.

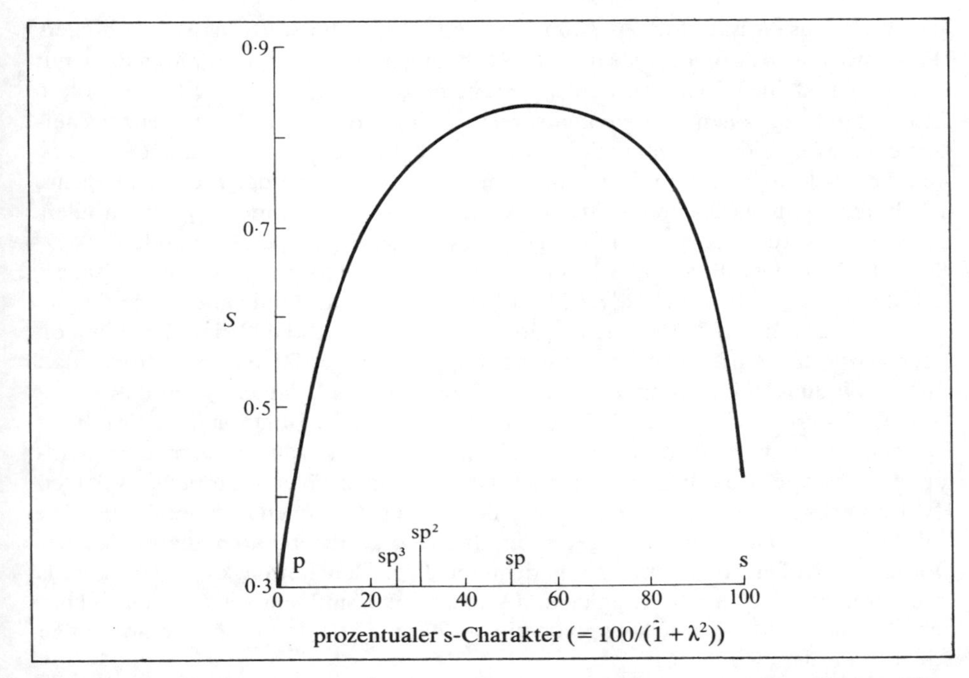

Fig. 7.11. Die Abhängigkeit der Überlappung vom Hybridisierungsparameter λ für zwei Hybride in einer CC-Bindung bei festem interatomaren Abstand.

Hybridisierung auf, woraus folgt, daß die sp-Bindungen stärker als die sp^2 oder die sp^3-Bindungen sein sollten. Daten für CH-Bindungen sind in Tabelle 7.1 aufgeführt, und diese scheinen die angestellten Überlegungen zu bestätigen. Obwohl die genauen Werte für die Bindungsenergie mit Unsicherheiten behaftet sind (letzte Spalte), so kann doch über den Anstieg der Bindungslänge und über den Abfall der Kraftkonstante kein Zweifel bestehen. Diese Beobachtungen offenbaren eine sinkende Bindungsenergie, was mit einer abnehmenden Überlappung der Atomorbitale verbunden ist, wenn wir in der Tabelle von oben nach unten gehen.

7.7 Die Hybridisierung mit der Beteiligung von d-Orbitalen

Obwohl die Anzahl der Atomorbitale bei der MO-Behandlung eines Moleküls prinzipiell unbeschränkt ist, so gibt es doch in den Molekülorbitalen der Valenzelektronen dominierende Beiträge, die im allgemeinen aus den Valenzschalen der beteiligten Atome hervorgehen. Somit haben wir die Molekülorbitale für H_2O aus den Wasserstoff-1s-Atomorbitalen und aus den Sauerstoff-2s- und 2p-Atomorbitalen gebildet, aber nicht aus Wasserstoff-2p-Atomorbitalen oder Sauerstoff-3d-Atomorbitalen. Hätten wir solche Atomorbitale in einer Rechnung berücksichtigt, so wären diese mit einem sehr kleinen Koeffizienten in Erscheinung getreten; einerseits, weil diese Atomorbitale zu hohen Energien entsprechen (eine große Energiedifferenz verhindert eine erfolgreiche Kombination, wie wir in § 4.8 gesehen haben), andererseits, weil diese Atomorbitale zu diffus sind, um zur Beschreibung der Elektronendichte im ziemlich kompakten Bereich der Bindung beitragen zu können. Wenn wir allerdings zu schwereren Elementen übergehen, wird die Beteiligung von anderen AO-Typen bedeutungsvoll. So hat Schwefel – ein Element der Gruppe VI mit der sauerstoffähnlichen Konfiguration $S[KL(3s)^2(3p)^4]$ – 3d-Atomorbitale mit einer Energie, die nicht wesentlich höher als die der 3p-Atomorbitale ist, so daß eine Kombination nicht auszuschließen ist. Diese Situation befähigt den Schwefel, eine größere Vielfalt von Verbindungen bilden zu können als Sauerstoff. Als Beispiele seien das Tetrafluorid SF_4 und das Hexafluorid SF_6 genannt. Eine ähnliche Situation finden wir beim Nickelatom, wo die Niveaus für 3d, 4s und 4p (vgl. Fig. 2.11) alle in einem Energieintervall von etwa 4 eV liegen. Demnach gibt es keinen Grund, an der erwarteten Hybridisierung unter der Beteiligung von d-, s- und p-Orbitalen zu zweifeln. Pauling (1931) hat als erster darauf hingewiesen, daß eine geeignete Kombination solcher Orbitale zu außerordentlich stark gerichteten Hybriden führen kann. Die daraus resultierenden Koordinationszahlen und Valenzwinkel sind sehr verschieden von denen, die man bei der Verwendung von nur s- oder nur p- oder nur d-Atomorbitalen erhalten würde.

Nun wollen wir die Wirkung der Beteiligung von d-Orbitalen studieren. Auch hier ist es möglich, Hauptarten der Hybridisierung zu definieren. Diese bestehen aus Sätzen von zwei, drei, vier, fünf oder sechs Hybriden, die für besondere, hoch symmetrische Moleküle geeignet sind. Auch diese können mit geringfügigen Veränderungen zur Beschreibung von Molekülen mit geringerer Symmetrie verwendet werden. Die

Tabelle 7.2. Bedeutende Arten der Hybridisierung

Koordinationszahl der Hybride	Verwendete Atomorbitale	Resultierende Hybride
2	sp	Linear
	dp	Linear
	sd	Gewinkelt
3	sp^2	Trigonale Ebene
	dp^2	Trigonale Ebene
	d^2s	Trigonale Ebene
	d^2p	Trigonale Pyramide
4	sp^3	Tetraedrisch
	d^3s	Tetraedrisch
	dsp^2	Tetragonale Ebene
5	dsp^3	Trigonale Bipyramide
	d^3sp	Trigonale Bipyramide
	d^4s	Tetragonale Pyramide
6	d^2sp^3	Oktaedrisch
	d^4sp	Trigonales Prisma

Anzahl der Möglichkeiten ist nun wesentlich höher, so daß eine vollständige Behandlung komplizierter ist.

In Tabelle 7.2 sind die häufiger vorkommenden Hybridisierungsarten unter der Beteiligung von s-, p- und d-Orbitalen aufgeführt, unabhängig von der Hauptquantenzahl, wobei vorausgesetzt wird, daß die Orbitale energetisch dicht beisammen liegen.

An Stelle der mathematischen Herleitung einiger Hybride wollen wir für einige wichtige Fälle deren Zusammensetzung bildlich erläutern.

(1) *Oktaedrische Hybride* (d^2sp^3). Die Schreibweise d^2sp^3 bedeutet, daß wir *zwei* d-Orbitale mit *einem* s-Orbital und mit *drei* p-Orbitalen kombinieren. Manchmal entspricht die Reihenfolge der Buchstaben der aufsteigenden Folge der Hauptquantenzahlen der Atomorbitale, die energetisch dicht beisammen liegen und kombiniert werden. In diesem Fall sollten wir zwischen sp^3d (oder $(3s)(3p)^3(3d)$) für Schwefel und dsp^3 (oder $(3d)(4s)(4p)^3$) für Nickel unterscheiden. An dieser Stelle machen wir aber keinen Unterschied zwischen „äußeren“ und „inneren“ Hybriden, denn die beiden Arten sind in Gestalt und Eigenschaften ähnlich.

Ein Satz oktaedrischer Hybride besteht aus sechs stark gerichteten Kombinationen, die in Richtung der positiven und negativen Koordinatenachsen x, y und z zeigen. Diese Hybride werden durch Kombination von $d_{x^2-y^2}$ und d_{z^2} (siehe Fig. 2.9) mit s, p_x, p_y und p_z erhalten. Nach Fig. 7.12 ergeben die Summe und die Differenz von p_z und d_{z^2} zwei Hybride, die entlang der z-Achse in entgegengesetzte Richtungen zeigen; diese sind ein Beispiel für die lineare dp-Hybridisierung (Tabelle 7.2). Auf ähnliche Weise ergibt die Überlagerung von s, p_x und $d_{x^2-y^2}$ (Fig. 7.13) ein spd-Hybrid, das sich im wesentlichen entlang der positiven x-Achse erstreckt, während die Umkehrung des Vorzeichens von p_x ein ähnliches Hybrid liefert, das entlang der negativen x-Achse gerichtet ist. Zwei weitere dazu ähnliche Hybride können mit Hilfe von s, p_y und $d_{x^2-y^2}$ gebildet werden, indem die Kombinationskoeffizienten passend gewählt werden. Schließlich haben wir vier äquivalente „koplanare“ (oder „äquatoriale“) Hybride und zwei äquivalente „axiale“ Hybride gewonnen. Die beiden Sätze unterscheiden sich geringfügig in ihrer Form, weil sie aus verschiedenen Atomorbitalen gebildet

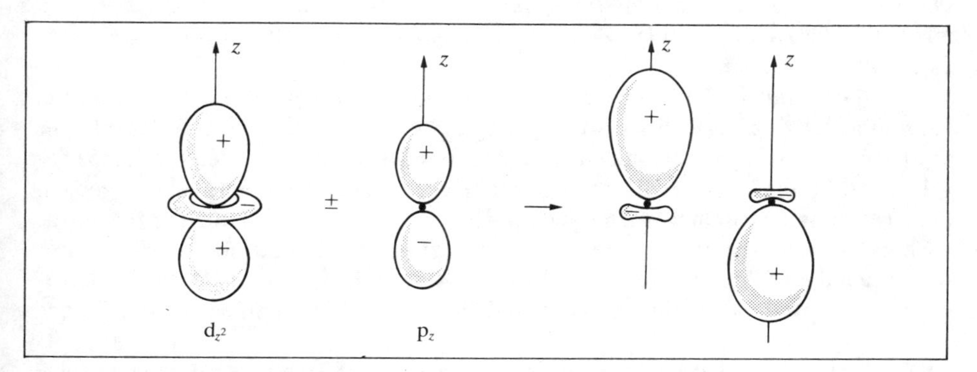

Fig. 7.12. Die Kombination des d_{z^2}- und p_z-Atomorbitals zur Bildung zweier dp-Hybride.

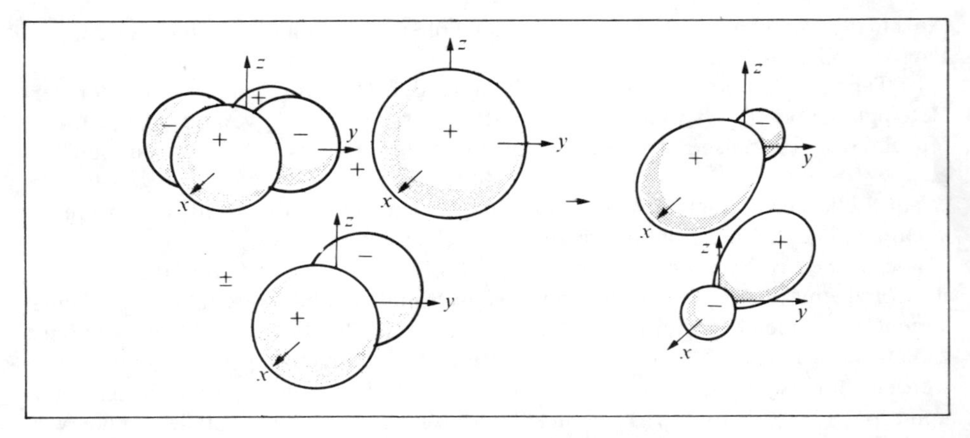

Fig. 7.13. Die Kombination des $d_{x^2-y^2}$-, s- und p_x-Atomorbitals zur Bildung von zwei dsp-Hybriden. Ein ähnliches Paar, das sich entlang der positiven und negativen y-Achse erstreckt, kann durch Vorzeichenumkehr von $d_{x^2-y^2}$ und Ersetzung von p_x durch p_y erzeugt werden.

worden sind. Wenn wir aber eine Kombination zwischen den beiden Sätzen zulassen, so erhalten wir sechs Hybride von *identischer* Form. Diese sechs d^2sp^3-Hybride lauten (falls alle Atomorbitale normiert sind)

$$h_{\pm z} = \frac{1}{\sqrt{6}}(\mathrm{s} \pm \sqrt{3}\,\mathrm{p}_z + \sqrt{2}\,\mathrm{d}_{z^2}) \tag{7.31}$$

und zeigen entlang der positiven und negativen z-Achse. Zwei weitere Paare erhält man durch Ersetzung von z durch x, beziehungsweise durch y. Die Funktion d_{x^2} sieht genauso wie d_{z^2} in Fig. 7.12 aus und erstreckt sich entlang der x-Achse; sie kann als Linearkombination von $d_{x^2-y^2}$ und d_{z^2} geschrieben* werden,

$$\mathrm{d}_{x^2} = \tfrac{1}{2}\sqrt{3}\,\mathrm{d}_{x^2-y^2} - \tfrac{1}{2}\mathrm{d}_{z^2}. \tag{7.32}$$

Die Tatsache, daß die drei Funktionspaare, eines davon ist in (7.31) angegeben, sich nur durch die Achsenwahl (x, y oder z) unterscheiden, zeigt die vollständige Äquivalenz der sechs Hybride.

(2) *Bipyramidale Hybride* (dsp^3). Durch Kombination von d_{z^2} mit s, p_x, p_y und p_z kann man zwei axiale Hybride (nämlich $d_{z^2} \pm p_z$) und drei äquatoriale Hybride der sp^2-Form erzeugen (die trigonalen Kombinationen aus s, p_x und p_y sind in (7.25) gegeben). In diesem Fall ist es nicht möglich, fünf exakt äquivalente Formen zu erzeugen (wie das im oktaedrischen Fall möglich war), auch wenn den axialen Hybriden etwas s-Charakter und den äquatorialen Hybriden etwas d_{z^2}-Charakter beigemischt wird, wobei sich die Richtungen und die allgemeine Form nicht ändern. Die trigonale Bipyramide besitzt eine Symmetrieachse, und die axialen Hybride spiegeln diese Eigen-

* Vgl. Gleichung (2.20), die zur Diskussion von Beziehungen zwischen den d-Atomorbitalen verwendet wurde.

schaft wieder, indem sie sich von denen in der äquatorialen Ebene geringfügig unterscheiden.

(3) *Tetragonale planare Hybride* (dsp^2). Kombinieren wir nur vier Orbitale, nämlich $d_{x^2-y^2}$, s, p_x und p_y, so erhalten wir den Satz der vier quadratisch-planaren Hybride, die bereits in (1) vorgekommen sind, als die oktaedrischen Hybride hergeleitet worden sind. Das Paar entlang der x-Achse (Fig. 7.13) lautet

$$h_{\pm x} = \tfrac{1}{2}(\mathrm{s} \pm \sqrt{2}\,\mathrm{p}_x + \mathrm{d}_{x^2-y^2}) \tag{7.33}$$

und das zweite Paar folgt durch Austausch von x und y (dabei gilt $d_{y^2-x^2} = -d_{x^2-y^2}$). Alle vier Hybride sind bis auf ihre Orientierungen identisch.

Die oben definierten Hybridsätze entsprechen den höchsten Symmetrien, die für die Koordinationszahlen 6, 5 und 4 überhaupt möglich sind, und deshalb sind diese Hybride für Moleküle mit einer ähnlich hohen Symmetrie geeignet. An dieser Stelle wollen wir nur je ein Beispiel anführen, denn später folgt eine ausführliche Behandlung.

Schwefelhexafluorid (Fig. 7.14) hat die Symmetrie eines regulären Oktaeders, und deshalb ist die d^2sp^3-Hybridisierung am Schwefelatom zur Beschreibung der Bindungen geeignet. Bezeichnen wir die sechs Hybride mit $h_1, h_2, \ldots, h_6$, so wird die Änderung der Elektronenkonfiguration beim Übergang zum Valenzzustand des Schwefels durch

$$\mathrm{S}[\mathrm{K\,L}(3\mathrm{s})^2(3\mathrm{p})^4] \rightarrow \mathrm{S}[\mathrm{K\,L}\,h_1h_2h_3h_4h_5h_6] \tag{7.34}$$

angedeutet. Dabei ist jedes Hybrid einfach besetzt und steht somit zur Bildung einer Elektronenpaarbindung mit einem „Ligandenatom" zur Verfügung. In diesem Fall ist es das Fluoratom mit einem einfach besetzten 2p-AO. Schreiben wir die Hybride in der Form (7.31) und berechnen dann die AO-Populationen, wie das für s-p-Hybride bereits geschehen ist (durch den Übergang von (7.29*a*) zu (7.29*b*)), so erhalten wir

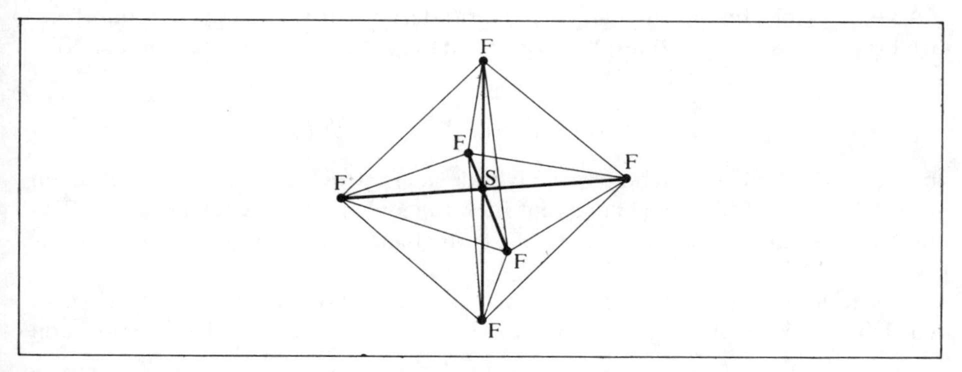

Fig. 7.14. Das oktaedrische SF_6-Molekül. Die dünnen Linien stellen die Kanten eines regulären Oktaeders dar; wird um das Oktaeder ein Würfel gezeichnet, so liegen die Fluoratome in den Zentren der sechs quadratischen Flächen. Alle SF-Bindungen sind äquivalent.

eine zur vorhergehenden Schreibweise äquivalente Beschreibung der Elektronenkonfiguration des Valenzzustandes

$$S[K\,L(3s)^{1\cdot5}(3p)^{3\cdot0}(3d)^{1\cdot5}]. \qquad (7.35)$$

Diese entspricht der Beförderung von 0.5 Elektronen aus der 3s-Ladungswolke und 1.0 Elektronen aus der 3p-Schale in die vorher „leere“ 3d-Schale. Genauso wie im Fall des Kohlenstoffs (§ 7.6) wird der Energieanstieg, der mit diesem imaginären Prozeß verbunden ist, durch die Bildung von sechs starken Hybridbindungen mehr als kompensiert. Die Grundzustandskonfiguration ($(3s)^2(3p)^4$) hätte nur zwei vergleichsweise schwache Bindungen unter Beteiligung der einfach besetzten 3p-Atomorbitale geliefert. Im Gegensatz dazu wäre Sauerstoff mit einer ähnlichen Valenzelektronenkonfiguration ($(2s)^2(2p)^4$) völlig unfähig, eine sechsfache Koordination einzugehen, denn das energetisch tiefste d-AO (3d) liegt nicht in der energetischen Reichweite der 2s- und 2p-Elektronen.

Obwohl die erforderliche Promotionsenergie ein wesentlicher Faktor für die Bestimmung der verschiedenen Valenzmöglichkeiten eines vorgegebenen Atoms ist, so ist doch Vorsicht geboten. Wäre d_{z^2} in (7.31) ein 3d-Orbital, das aus einer Hartree-Fock-Rechnung für den Grundzustand des Schwefelatoms resultiert, so wäre dieses viel mehr diffus („größer“) als 3s oder 3p. Wie Maccoll als erster gezeigt hat (1950; die numerische Bestätigung erfolgte 1954), kann man sich unter diesen Umständen kaum vorstellen, wie das 3d-AO mit 3s und 3p wirkungsvoll kombiniert werden kann, um stark gerichtete Hybride zu erzeugen. Wir müssen uns nur daran erinnern, daß die optimalen Orbitale im Molekül durch die Variationsmethode bestimmt werden sollten. In diesem Fall werden die 3d-Atomorbitale stark kontrahiert, und diese Kontraktion führt zu einer Energieabsenkung und somit zu einer besseren Wellenfunktion. Derartige „Orbitalkontraktionen“, die zuerst von Craig und Magnusson (1956; siehe auch Craig und Zauli 1962) vorgeschlagen worden sind, werden sicher eintreten*. Die Energie eines unkontrahierten d-Orbitals eines freien Atoms muß deshalb mit Vorsicht behandelt werden, wenn man seine Bereitschaft für eine wirkungsvolle Beteiligung diskutiert.

Als ein Beispiel für die bipyramidale Hybridisierung verwenden wir Phosphorpentachlorid (Fig. 7.15). Das Phosphoratom besitzt fünf Valenzelektronen, und die Bildung eines Valenzzustands wird durch

$$P[K\,L(3s)^2(3p)^3] \rightarrow P[K\,L\,h_1h_2h_3h_4h_5] \qquad (7.36)$$

angezeigt. Die fünf einfach besetzten Hybride überlappen sich mit einfach besetzten 3p-Orbitalen von Chlor und bilden fünf Elektronenpaarbindungen. Die axialen Bindungen unterscheiden sich in ihrer Länge geringfügig von den äquatorialen Bindungen.

Um ein Beispiel für eine quadratisch-planare Verbindung zu finden, müssen wir zu den Übergangsmetallen gehen. Nickel, beispielsweise, bildet das Komplexion

* Für *ab initio*-Rechnungen siehe beispielsweise Hillier und Saunders (1970), sowie Gianturco *et al.* (1971). Sogar für ein freies Atom gibt es eine ähnliche Kontraktion im Valenzzustand (siehe beispielsweise Coulson und Gianturco (1968)).

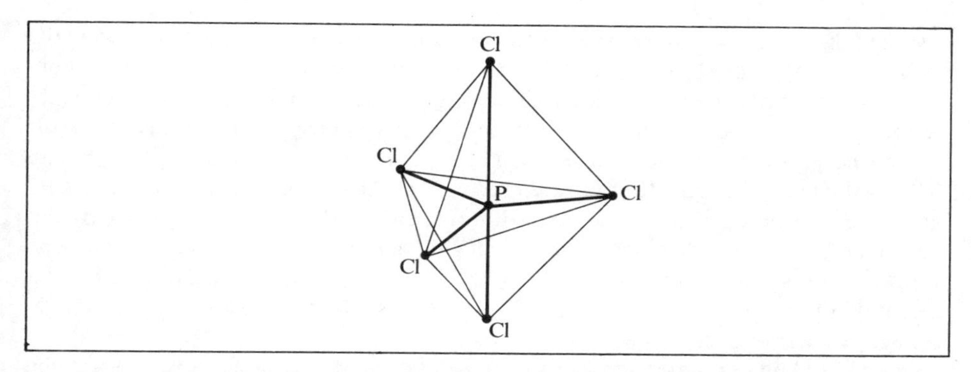

Fig. 7.15. Die trigonale Bipyramide des PCl_5-Moleküls. Die dünnen Linien deuten die trigonale Bipyramide an. Die beiden axialen Bindungen (vertikal) unterscheiden sich etwas von denen in der äquatorialen (horizontalen) Ebene.

$Ni(CN)_4^{2-}$, wobei die CN-Gruppen zum Ni-Atom gleiche Abstände haben; diese verlaufen entlang der x- und y-Achse. Die Bindung kann durch die Hybride der Art (7.33) beschrieben werden. Die Übergangsmetalle stellen jedoch ein eigenes Forschungsfeld dar, auf das wir in Kapitel 9 zurückkommen werden. Für die leichteren Atome (etwa Silicium) ist die bevorzugte vierfach koordinierte Form das Tetraeder, und weniger die quadratisch-planare Form. Für die tetraedrische Form werden keine d-Orbitale benötigt.

7.8 Molekülstrukturen und ihre Ursachen

Bei unserem Studium mehratomiger Moleküle haben wir nun nahezu einen Stand erreicht, bei dem wir die Prinzipien und Methoden verlassen können und uns stattdessen mit den speziellen Atomen und ihren Neigungen zu Valenzbildungen beschäftigen. Dabei können wir systematisch Gruppe für Gruppe durch das Periodensystem gehen. In diesem Kapitel wollen wir nur solche Moleküle untersuchen, in denen die Bindungen durch einen eindeutigen Satz streng lokalisierter Elektronenpaare gut beschrieben werden können; oder mit anderen Worten, wo die Näherung der vollständigen Paarung (§ 7.4) ein brauchbares Bild für die Struktur liefert. Wir schließen demnach gewisse Klassen von Molekülen aus (etwa konjugierte Moleküle, Übergangsmetallverbindungen), in denen ein beträchtliches Maß nicht-lokalisierter Bindungen auftritt. Diese Moleküle werden in späteren Kapiteln gesondert behandelt.

Bevor wir den Versuch eines allgemeinen Überblicks unternehmen, müssen wir einige allgemeine Dinge beachten. Die Verwendung von Formel (7.17) als Grundlage für die Diskussion der Faktoren, von denen die Molekülgestalt abhängt, wurde in § 7.4 umrissen. Die Gesamtenergie ist eine Summe von (1) Elektronenpaarenergien, wobei sich jedes Paar im Feld aller Kerne befindet, (2) Abstoßungsenergien zwischen den einzelnen Elektronenpaaren, (3) Abstoßungsenergien zwischen den Kernen. Die Bindungsenergie wird durch (1) allein bewirkt, denn dieser Term ist der einzig negative und die Größe dieses Beitrages kann erhöht werden, wenn die Überlappung der Atomorbitale (oder Hybride) in jeder Bindung maximiert wird. In diesem Zusammenhang ist zu beachten, daß eine Erhöhung der Überlappung (die eine Energieabsenkung bewirkt) in einigen Paaren zu einer weniger günstigen Hybridisierung (die einen Energieanstieg bewirkt) in anderen Paaren führen kann. Ebenso wissen wir aus § 7.5, wie die Richtungen der einzelnen Hybride durch die Orthogonalitätsbedingungen (7.23) festgelegt sind. Die Energiedifferenzen, die durch geringe Geometrieänderungen bewirkt werden, sind gewöhnlich viel kleiner als die Bindungsenergie und werden hauptsächlich durch die Abstoßungsbeiträge (2) und (3) verursacht. Bei der Behandlung von Molekülstrukturen müssen wir deshalb den Abstoßungstermen besondere Beachtung schenken.

Die Gültigkeit der elektrostatischen Interpretation, die wir hier verwenden, hängt von der Bedingung ab, daß verschiedene Paare nicht nur durch zueinander *orthogonale* Orbitale, sondern durch *räumlich getrennte* Orbitale beschrieben werden. Auf diesen Unterschied wird in Fig. 7.16 hingewiesen. In Fig. 7.16 (*a*) hat man ein s-artiges (*A*) und ein p-artiges (*B*) Elektronenpaar. Der entsprechende Beitrag G_{AB}, definiert in (7.18), enthält einen beachtlichen „Austausch"-Beitrag (K_{AB}), denn trotz der Or-

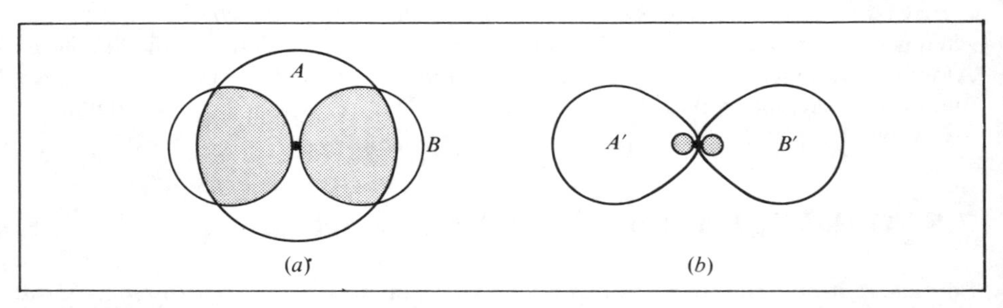

Fig. 7.16. Zur Überlappung von Elektronenpaaren: (*a*) das s-Orbital *A* und das p-Orbital *B* mit großem Überlappungsbereich; (*b*) *A′* und *B′* sind durch neue sp-Kombinationen definiert, so daß ein kleiner Überlappungsbereich entsteht.

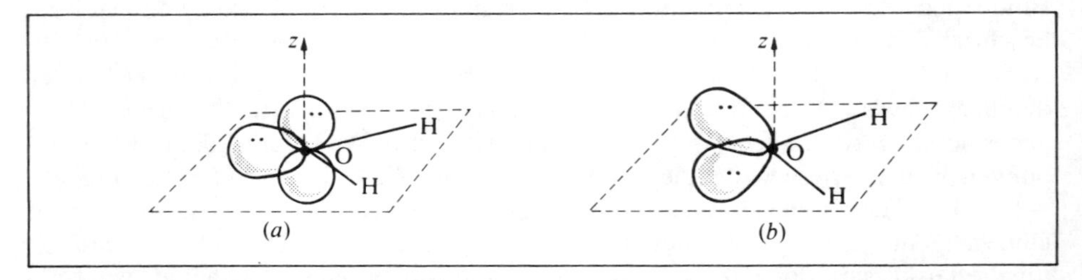

Fig. 7.17. Alternative Möglichkeiten für die einsamen Elektronenpaare in H_2O: (*a*) ein p-artiges und ein sp^2-hybridisiertes einsames Paar mit einem gewissen Überlappungsbereich; (*b*) zwei äquivalente einsame Paare, eines oberhalb und eines unterhalb der Molekülebene, mit geringem Überlappungsbereich. (Der Übersichtlichkeit halber sind die Bindungspaare nicht eingezeichnet.)

thogonalität (aus Symmetriegründen) der Orbitale überlappen sich diese insofern, als sie sich in einem gewissen räumlichen Bereich gemeinsam aufhalten. In Fig. 7.16(*b*) dagegen, wo die Paare durch zwei digonale Hybride beschrieben werden, A' und B', ist der Austauschbeitrag wegen der weitgehend reduzierten Überlappung der Elektronenpaare sehr viel geringer. Die entsprechenden Vierelektronenwellenfunktionen (vgl. § 7.3) sind mathematisch äquivalent, und deshalb sind die Gesamtenergien für die alternativen Möglichkeiten der Orbitale identisch. Der einzige Unterschied ist der, daß der K_{AB}-Term (dieser ist nicht so leicht anschaulich darzustellen wie etwa die Coulombwechselwirkung (7.19) zwischen zwei Ladungswolken) vernachlässigt werden kann, wenn wir die Elektronenpaare wie in Fig. 7.16(*b*) trennen. Verwenden wir aber die Beschreibung Fig. 7.16(*a*), so kann der Austauschterm nicht vernachlässigt werden. *Um die durchsichtigste Interpretation der energetischen Verhältnisse in einem Molekül zu erhalten, sollten wir deshalb verschiedene Elektronenpaare durch Orbitale beschreiben, die soweit wie möglich einander ausweichen.* Eine derartige Wahl der Orbitale berücksichtigt auf einfachste Weise einen großen Teil der Elektronenkorrelation, auf die wir uns in § 5.4 bezogen haben (gemeint ist derjenige Anteil, der mit dem Pauliprinzip in Verbindung steht). Dieser Korrelationsbeitrag wird dadurch berücksichtigt, daß Elektronen mit dem gleichen Spin soweit wie möglich voneinander entfernt sind, nämlich in verschiedenen lokalisierten Elektronenpaaren*; der größte Anteil der verbleibenden Elektronenkorrelation ist derjenige zwischen den Elektronen entgegengesetzten Spins innerhalb der einzelnen Paare. Dieser kann durch eine Verbesserung der getrennten Paarfunktionen berücksichtigt werden.

Um diese Prinzipien praktisch anzuwenden, wollen wir zum H_2O-Molekül zurückkehren, das in § 7.5 mit Hilfe von mehr oder weniger trigonalen Hybriden beschrieben wurde (Fig. 7.17(*a*)). Können wir diese Beschreibung dem Bild der getrennten Elektronenpaare einen Schritt näher bringen, indem wir den beiden einsamen Elektronenpaaren zwei Hybride zuordnen (l_1 und l_2), anstelle eines Hybrids (h_3) und eines Sauerstoff-2p_z-Atomorbitals? Diese Frage können wir spontan mit ja beantworten. Wie in § 7.3 kann uns nichts daran hindern, an Stelle von h_3 und p_z die Hybride (vgl. (7.14))

$$l_1 = (h_3 + p_z)/\sqrt{2}, \qquad l_2 = (h_3 - p_z)/\sqrt{2}$$

zu verwenden. Die Orthogonalitätseigenschaft ist erhalten geblieben und die elektronische Gesamtwellenfunktion und auch die Ladungsdichte sind unverändert geblieben. Die einzige Änderung ist formaler Natur, nämlich die Änderung in der Beschreibung

$$H_2O[K\, h_3^2 p_z^2 b_1^2 b_2^2] \to H_2O[K\, l_1^2 l_2^2 b_1^2 b_2^2]. \tag{7.37}$$

Die Hybride l_1 und l_2 der einsamen Elektronenpaare sind nun in ihrer Form (Fig. 7.17(*b*)) äquivalent und soweit wie möglich voneinander getrennt. Infolge der Verminderung des Überlappungsbereichs (und somit auch des Austauschterms) können

* Mathematische Untersuchungen dieser Beobachtung wurden beispielsweise von Lennard-Jones (1949 und 1952) durchgeführt.

Energiebetrachtungen für das Molekül wesentlich genauer vorgenommen werden, indem einfache elektrostatische Beziehungen verwendet werden. Das ist für Fig. 7.17 (*b*) eher gerechtfertigt als für Fig. 7.17 (*a*). Somit können wir uns die Valenzschale des Sauerstoffs als ein Oktett vorstellen, in dem sich vier Elektronenpaare soweit wie möglich voneinander entfernt aufhalten und deshalb eine tetraedrische Anordnung annehmen. Somit sind die zunächst im Widerspruch stehenden Vorstellungen von Lewis (die Bedeutung der Bildung von Elektronenpaaren) und von Langmuir (die Vervollständigung des Oktetts) bestens miteinander in Einklang gebracht.

Die soeben gewonnenen Einsichten liefern die quantenmechanische Grundlage für eine geläufige empirische Näherung für die Interpretation von Molekülstrukturen. Diese Näherungen wurden im wesentlichen durch Gillespie (1975) entwickelt und im allgemeinen als „Valenzschalen-Elektronenpaar-Abstoßung" (VSEPR, vom englischen „valence-shell-electron-pair-repulsion") bezeichnet. Bei der Demonstration der Anwendung dieser Näherung ist es von Vorteil, eine ganze Serie von Molekülen (Fig. 7.18), in denen ein Oktett zu erkennen ist, zu betrachten. Selbstverständlich sind CH_4 (tetraedrisch), NH_3 (trigonale Pyramide) und H_2O (gewinkelt) im *elektronischen* Sinne alle tetraedrisch und sollten deshalb Bindungswinkel von etwa 109° haben. Das Ion NH_4^+ sollte ebenfalls tetraedrisch sein und kann als die protonierte Form von NH_3 betrachtet werden, wobei das Proton den Platz des einsamen Elektronenpaares einnimmt. Diese Vorstellung steht mit der Basizität von NH_3 im Einklang. Abweichungen vom Tetraederwinkel werden in der VSEPR-Theorie auf die unterschiedliche Stärke der Wechselwirkung zwischen den einsamen Paaren und den Bindungspaaren zurückgeführt. Diese Wechselwirkungen gehorchen der empirisch gefundenen Reihenfolge

$$\text{(einsames Paar/einsames Paar)} > \text{(einsames Paar/Bindungspaar)} > \\ > \text{(Bindungspaar/Bindungspaar)} \qquad (7.38)$$

Diese Regel liefert für NH_3 einen Winkel, der etwas kleiner sein muß als der Tetraederwinkel (er beträgt in Wirklichkeit 107°) und einen abermals kleineren Winkel für H_2O (dieser beträgt 104.5°). Bei genauerer Betrachtung können wir die verstärkte Abstoßung der einsamen Paare auf (1) die geringere Entfernung des Orbitals vom Kern (Bindungsorbitale zeigen eine größere Entfernung vom Zentralatom, wodurch

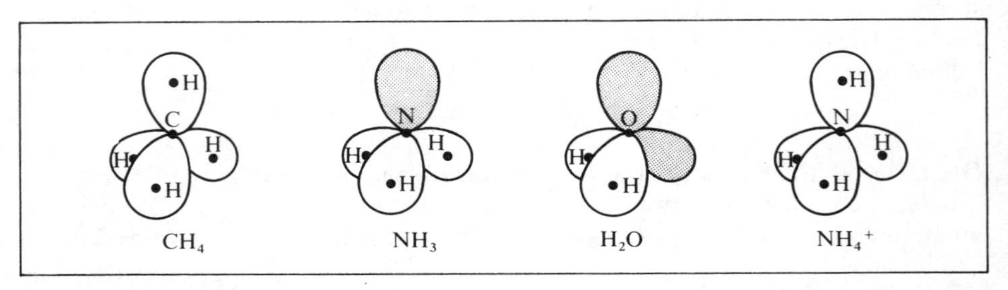

Fig. 7.18. Eine Reihe von elektronisch ähnlichen Molekülen mit vier mehr oder weniger tetraedrisch angeordneten Elektronenpaaren. Einsame Paare sind schattiert.

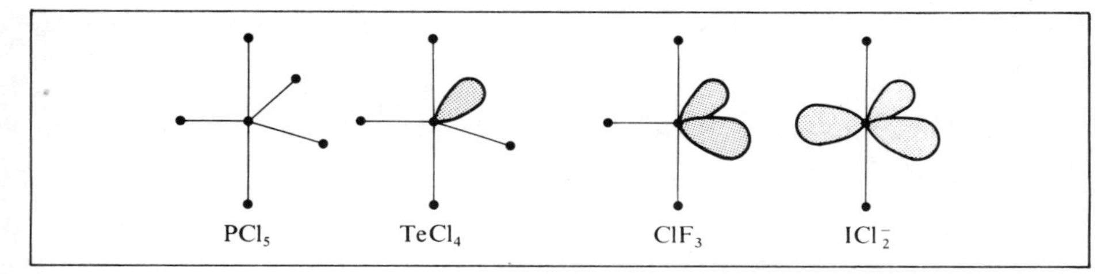

Fig. 7.19. Eine Reihe von elektronisch ähnlichen Molekülen mit fünf Elektronenpaaren in der Anordnung einer trigonalen Bipyramide. Einsame Paare sind schattiert.

deren Abstoßung geringer ist) und (2) die „dickere“ Form der Orbitale für einsame Paare (ihre Elektronen werden nur durch einen Kern angezogen) zurückführen. Ebenfalls ist zu erwarten (was wir auch finden werden), daß jeglicher Anstieg des s-Beitrages eines Hybrids für ein einsames Elektronenpaar die Abstoßung verstärken wird, denn das Hybrid wird dabei näher an den Kern rücken. Ursachen dafür sind (*a*) eine große s-p-Energiedifferenz und (*b*) eine hohe Elektronegativität des Atoms.

Ein weiteres Beispiel für eine Gruppe elektronisch ähnlicher Moleküle ist in Fig. 7.19 aufgeführt, wobei dieses Mal die dsp^3-Hybridisierung zu verwenden ist, um die Orbitale für die einsamen Paare und die Bindungspaare angeben zu können. An Stelle eines Oktetts gibt es jetzt fünf Paare am Zentralatom. Obwohl die Molekülstrukturen dieses Mal bipyramidal, irregulär tetraedrisch, T-förmig und linear sind, so zeigen alle vier Moleküle auch hier wieder eine gemeinsame Anordnung der Elektronenpaare. Die Regel (7.38) sagt uns, wie Mehrdeutigkeiten in der Anordnung der Bindungspaare und einsamen Paare beseitigt werden können. Demnach ist die $TeCl_4$-Struktur in der angegebenen Form stabiler (mit der geringeren Abstoßung) als diejenige mit einem axialen einsamen Paar. Eine dritte Gruppe ist in Fig. 7.20 dargestellt, wobei ähnliche Überlegungen angestellt werden können.

Zum Abschluß wollen wir uns noch einmal daran erinnern, daß Hybridisierung kein physikalischer Effekt ist. Sie stellt vielmehr einen Weg für die Konstruktion von Orbitalen dar, die für die Beschreibung lokalisierter Elektronenpaare und deren gegenseitiger Beziehungen geeignet ist. Es wäre völlig falsch zu behaupten, daß beispielsweise CH_4 deshalb tetraedrisch ist, *weil* das Kohlenstoffatom sp^3-hybridisiert war. Die

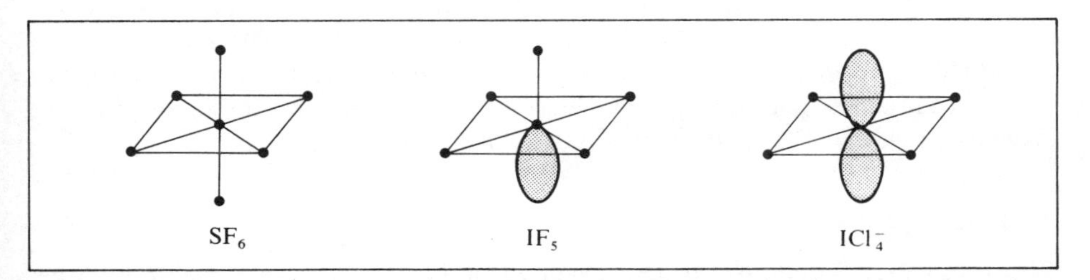

Fig. 7.20. Eine Reihe von elektronisch ähnlichen Molekülen mit sechs mehr oder weniger oktaedrisch angeordneten Elektronenpaaren. Einsame Paare sind schattiert.

Gleichgewichtsgeometrie eines Moleküls hängt von der *Energie* ab – und nur von der Energie. Die Verwendung von Hybriden oder anderen Orbitalen jeglicher Art liefert uns einfach ein Mittel, um die Gründe für die wesentlichen Beiträge zur Energie in einfacher bildlicher Weise zu erkennen sowie ihre Abhängigkeit von der Geometrie studieren zu können.

7.9 Valenzregeln

Nun sind wir ausreichend darauf vorbereitet, uns mit den ersten Reihen von Mendelejevs Periodensystem zu beschäftigen. Das Periodensystem ist am Ende dieses Buches zu finden, allerdings in modernisierter Form, und wir werden nun die Valenzeigenschaften der Elemente diskutieren. Die Anordnung der Tabelle und ihre Bedeutung in der Chemie sind in dem Buch von Puddephatt (1972) beschrieben. Jede Spalte in der Tabelle stellt eine chemische Gruppe dar; die Atome jeder Gruppe sind durch eine gemeinsame Valenzschalen-Elektronenkonfiguration gekennzeichnet, woraus die Ähnlichkeit der Eigenschaften resultiert. Aus diesem Grunde werden wir gruppenweise vorgehen.

Unsere Vorstellung von einer gewöhnlichen Einfachbindung (σ-Bindung) basiert auf zwei Elektronen, im allgemeinen je eines von jedem Atom; sie haben entgegengesetzten Spin und werden näherungsweise durch eine VB-Wellenfunktion oder durch ein lokalisiertes MO beschrieben. Diese Wellenfunktion wird mit Hilfe von zwei Orbitalen gebildet, die je den beiden Atomen zugeordnet sind und die so gewählt werden, daß sie sich möglichst stark überlappen. In mehratomigen Molekülen, auch in zweiatomigen, sind diese Orbitale passend gewählte Hybride; die Hybride an einem Zentralatom müssen zueinander orthogonal sein. Solche Hybride sind energetisch betrachtet nur dann zweckmäßig, wenn ihre Anteile der s-, p- und d-Orbitale von vergleichbarer Energie sind. Die Hybride zweier Atome einer Bindung zeigen normalerweise genau gegeneinander und führen dann zu einer geraden Bindung. Ist das aber aus sterischen Gründen nicht möglich, so sind die Bindungen gebogen und in ihrer Stärke etwas vermindert. Eine Doppelbindung ist eine Überlagerung einer σ-Bindung und einer π-Bindung; eine Dreifachbindung hat die Konfiguration $\sigma\pi^2$. In all diesen Fällen ist es relativ belanglos, ob wir das VB-Modell oder das Modell der lokalisierten Molekülorbitale verwenden. Wesentlich ist nur, daß die Valenzschale eines Atoms einfach besetzte Atomorbitale (oder Hybride) enthalten soll. Die Wertigkeit eines Atoms ist die Anzahl solcher Orbitale, entweder im Grundzustand oder in einem zur Verfügung stehenden Valenzzustand. Nun wollen wir die Gruppen der Reihe nach durchgehen, beginnend mit den Alkaliatomen.

7.9.1 Gruppe I: Die Alkaliatome

Charakteristisch für alle Atome der Gruppe I ist die Existenz eines Valenzelektrons außerhalb der abgeschlossenen inneren Schalen. Im Fall des Lithiums ist das ein 2s-Elektron, bei Natrium ist es ein 3s-Elektron, und so fort. Mit einem ungepaarten Va-

Tabelle 7.3. Die Hybridisierung in zweiatomigen Alkalimolekülen

Molekül	Li_2	Na_2	K_2	Rb_2	Cs_2
Prozentualer p-Charakter	14.0	6.8	5.5	5.0	5.5

lenzelektron ist Einwertigkeit zu erwarten, und genau das finden wir auch. Beispiele dafür sind Li_2 und LiF. Das äußerste Orbital ist sehr diffus, und deshalb ist seine Fähigkeit der Überlappung mit einem Orbital eines anderen Atoms gering. Demzufolge sind kovalente Bindungen mit solchen Atomen schwach, und die Bindungslängen sind groß. Stärkere Bindungen treten in polaren Molekülen auf, in denen die Atome der Gruppe I ihr Valenzelektron im wesentlichen abgegeben haben. Dadurch verringert sich die Größe dieser Atome, und sie können deshalb näher an den Liganden heranrücken. Diese Situation macht sich durch das sehr große Dipolmoment solcher zweiatomiger Moleküle bemerkbar. Die Dipolmomente für die zweiatomigen Alkalihalide CsF, KBr und NaCl betragen 7.9, 9.1 und 8.5 D*. Die Dipolmomente für Wasser (1.8 D) und Ammoniak (1.5 D) sind demgegenüber vergleichsweise klein.

Das s-artige Valenzelektron besetzt ein großräumiges Orbital ohne gerichteten Charakter, und deshalb kann es mit einer Anzahl von Liganden recht gut gleichzeitig überlappen. Zum Teil ist das der Grund für die Neigung solcher Atome zur Metallbildung, wobei die Bindungen vollständig delokalisiert sind (Kapitel 11).

In kleinen Molekülen, wie etwa in Li_2, neigt ein Atom der Gruppe I zu einer geringfügigen s-p-Hybridisierung. Der prozentuale p-Charakter in zweiatomigen Molekülen in dieser Gruppe ist in Tabelle 7.3 aufgeführt. Diese Werte gehen auf Pauling (1949) zurück. Auch einige *ab initio*-Rechnungen liegen für zweiatomige Moleküle mit Elementen aus Gruppe I vor, allerdings ist es nicht leicht, befriedigende Dissoziationsenergien ohne beträchtliche Entwicklung der Wellenfunktion zu erhalten. Die Bindungen sind im wesentlichen s-Bindungen, wie auch die Betrachtungen im Kapitel 4 vermuten lassen. Die Ladungswolke für Li_2 ist bereits gezeigt worden (Fig. 6.1); sie besteht aus zwei „Rümpfen", die in der $2\sigma_g^2$-Verteilung eingebettet sind. Entfernen wir eines dieser Elektronen, um Li_2^+ zu erhalten, so reicht die Bindungsstärke des verbleibenden $2\sigma_g$-Elektrons aus, um das Molekül stabil zu erhalten. Die gegenseitige Abstoßung zwischen den $2\sigma_g$-Elektronen in Li_2 ist offensichtlich etwa ebenso stark wie die Bindungsstärke jedes einzelnen. Demnach ändert sich die Bindungsenergie nach der Entfernung eines Elektrons kaum. Diese beträgt für Li_2^+ 1.46 eV und ist somit sogar geringfügig größer als die für Li_2 (1.07 eV). Damit ist deutlich gezeigt, wie schwach diese Bindungen sind.

7.9.2 Gruppe II

Die Atome in dieser Gruppe (Be, Mg, Ca, ...) sind durch eine Valenzkonfiguration $(ns)^2$ charakterisiert und haben deshalb eine „normale" Wertigkeit null. Das np-AO

* Obwohl das keine im SI „erlaubte" Einheit ist, wird die Debye-Einheit wegen ihrer bequemen Größe nach wie vor verwendet. 1 D $= 3.334 \times 10^{-30}$ Cm.

liegt jedoch nur geringfügig über dem ns-AO, und deshalb ist die Beteiligung aller drei np-AO an der Bindung zu erwarten. Als ein Beispiel dafür, wie *ab initio*-Rechnungen zu unserem Verständnis von ungewöhnlichen Valenzsituationen beitragen können, wollen wir Berylliumoxid betrachten. Die beste MO-Rechnung (Yoshimine und McLean (1967)) für BeO ($n=2$) liefert eine Elektronenkonfiguration BeO $[(1\sigma)^2(2\sigma)^2(3\sigma)^2(4\sigma)^2(1\pi)^4]$, die in Übereinstimmung mit dem spektroskopisch gefundenen $^1\Sigma$-Grundzustand steht. Die Molekülorbitale 1σ und 2σ dienen zur Beschreibung der beiden K-Schalen, aber die Existenz zweier π-Bindungen deutet auf einen Valenzzustand von Beryllium mit der Konfiguration $(2p)^2$ hin; die Elektronen sind mit zwei Sauerstoff-2p-Elektronen gepaart, um die Konfiguration $(1\pi_x)^2(1\pi_y)^2$ zu bilden. Die Molekülorbitale 3σ und 4σ bilden eine σ-Bindung und ein einsames Elektronenpaar; ersteres enthält Be-2s und letzteres hauptsächlich O-2s und O-2p$_z$. Aus unserer Beschreibung folgt, daß diese vier Elektronen vom Sauerstoffatom (ursprünglich $(2s)^2(2p_z)^2$) zur Verfügung gestellt werden, und deshalb kann die σ-Bindung als Donorbindung beschrieben werden (Fig. 7.21); sicherlich ist diese Beschreibung nur formal, denn sie bezieht sich nur auf die Art, auf die wir uns das Molekül aufgebaut denken. Ähnliche Überlegungen können für Mg und Ca angestellt werden; bei Sr und schwereren Metallen tritt auch δ-Bindung auf. Die Bindungsverhältnisse in zweiatomigen Molekülen mit Elementen der Gruppe II sind gewiß nicht einfach.

Es gibt jedoch zahlreiche lineare Moleküle wie MgF_2, $MgCl_2$ und $HgMe_2$, in denen uns die Valenzzustände geläufiger sind. Demnach kann Hg (ein Element der Gruppe IIB, denn neben einer äußeren $(6s)^2$-Schale besitzt es auch eine gefüllte 5d-Schale) lineares Dimethyl-Quecksilber bilden, indem es mit den Atomorbitalen 6s und 6p zwei digonale Hybride bereitstellt; diese können sich dann mit den einfach besetzten Kohlenstoff-Atomorbitalen der beiden Methylradikale überlappen, um die beobachtete Struktur zu bilden. Diese Vorstellung wird dadurch unterstützt, daß die Dissoziation einer Hg-Me-Bindung 213 kJmol^{-1} erfordert, während die zweite nur 23 kJmol^{-1} benötigt. Die Erklärung besteht darin, daß nach der Entfernung einer Gruppe die elektronische Struktur um das Hg-Atom „relaxiert", wobei ein großer Teil der

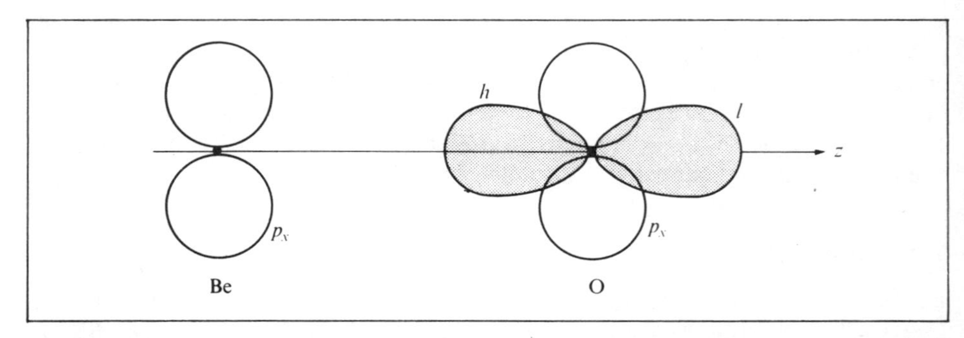

Fig. 7.21. Eine mögliche Darstellung der Valenzzustände in BeO. Die einsamen Paare des Sauerstoffs sind schattiert; alle 2p-Atomorbitale sind einfach besetzt. Im Molekül kombiniert h mit dem (leeren) Be-2s-Orbital, um das bindende 3σ-MO zu bilden. Die Überlappung der 2p-Atomorbitale (zwei Paare) liefert die bindenden Molekülorbitale $1\pi_x$ und $1\pi_y$.

Promotionsenergie wieder zurückgewonnen wird, so daß die verbleibende Bindung geschwächt wird.

Ein interessanter Unterschied zwischen den Elementen der Gruppe IIA und der Gruppe IIB, wie etwa Ba und Hg, besteht darin, daß in ersterer die am nächsten liegende d-Schale leer ist, während sie in letzterer gefüllt ist. Demnach resultieren Valenzzustände für Hg nur durch die Promotion 6s→6p; in Ba aber lautet die Promotion mit der niedrigsten Energie 6s→5d. Demzufolge sind die bevorzugten Valenzzustände unterschiedlich. Während die sp-Hybridisierung lineare Quecksilberverbindungen favorisiert, führen Kombinationen von s und d_{xy} zu Hybriden mit einem Winkel von 90°. Demnach werden Bariumverbindungen wie BaF_2 gewinkelt sein und nicht linear. Diese Unterschiede scheinen nun gut verstanden zu sein (Wharton, Berg und Klemperer (1963). *Ab initio*-Rechnungen von Gole, Siu und Hayes (1973) führen zu denselben Aussagen).

7.9.3 Gruppe III

Die Atome der Gruppe III haben Grundzustände mit der Valenzelektronenkonfiguration $(ns)^2(np)$, so daß ihre natürliche Wertigkeit 1 ist. Einwertigkeit wird gefunden in BH, BF, BBr und BCl. Häufiger jedoch wird das Bor-Atom in einen Valenzzustand befördert, dem die Konfiguration $(2s)(2p_x)(2p_y)$ entspricht; dann werden drei Bindungen gebildet. Sind alle drei Bindungen äquivalent, wie in BF_3 und BCl_3, so werden wir mit s, p_x und p_y trigonale Hybride wie in Fig. 7.8 (*b*) bilden. Wir erwarten also planare Moleküle mit einer dreizähligen Symmetrieachse. Genau das ist auch gefunden worden.

Sowie aber ein viertes Orbital beansprucht wird, ist das Atom nicht mehr trigonal. Genauso wie NH_3 ein Proton anlagern kann, um tetraedrisches Ammonium NH_4^+ zu bilden (Fig. 7.18 (*d*)), so kann BF_3 ein Fluoridion anlagern, um tetraedrisches BF_4^- zu bilden. Ebenso finden wir BH_4^- in kristallinem $NaBH_4$, KBH_4 und $RbBH_4$. In allen Fällen nehmen die vier Elektronenpaare die erwartete tetraedrische Anordnung um das Atom der Gruppe III an.

Die Neigung eines Boratoms, sein viertes (leeres) Valenzorbital zu verwenden, um ein Elektronenoktett in abgeschlossenen Schalen zu erreichen, zeigt sich nicht nur bei den Ionen, sondern auch im Borazan-Molekül H_3N-BH_3. Dabei nähert sich das axiale einsame Paar des Stickstoffs (Fig. 7.18 (*b*)) entlang der Achse der BH_3-Gruppe; mit der Beteiligung des Bor-$2p_z$-Atomorbitals (das nunmehr als Hybrid vorliegt) entsteht nun eine BN-Donorbindung. Das resultierende Molekül zeigt tetraedrischen Charakter an beiden Enden der BN-Bindung. Diese Bindung ist im Sinne von N^+B^- polar, was auf den teilweisen Übergang des einsamen Paares vom Stickstoff zum Bor hinweist. Solche Bindungen unterscheiden sich nicht allzusehr von jeder anderen kovalenten Bindung. Aluminium hat ähnliche Eigenschaften.

Die Elemente der Gruppe III bilden aber auch eine große Vielfalt von Verbindungen, die wir jetzt noch nicht behandeln können, denn viele Bindungen sind über mehr als zwei Zentren delokalisiert. Weitere Betrachtungen dieser Elemente verschieben wir auf einen späteren Abschnitt (§ 12.3).

7.9.4 Gruppe IV

Obwohl die Elektronenkonfiguration $(ns)^2(np)^2$ in Gruppe IV auf eine natürliche Wertigkeit von 2 hinweist, so wissen wir bereits, daß mit vier Elektronen in der Valenzschale ein tetraedrischer Valenzzustand stark bevorzugt ist, wobei jedes Hybrid von einem Elektron besetzt ist. Die übliche Wertigkeit ist deshalb 4. Genauso wie Kohlenstoff tetraedrisches CH_4 bildet, so bilden auch Silicium und Germanium die tetraedrischen Hydride SiH_4 und GeH_4. Wir haben ebenfalls den trigonalen (sp^2) und den digonalen (sp) Valenzzustand von Kohlenstoff (§ 7.6) ausführlich behandelt, die zu planaren und linearen Molekülen führen, wobei π-Bindungen vorliegen.

Die schwereren Elemente der Gruppe IV, wie etwa Zinn, sind weniger geneigt, vierwertig zu sein. Zinnchlorid, $SnCl_2$, ist ein gewinkeltes Molekül, in dem die Valenzkonfiguration für Sn als $(l)^2(h_1)(h_2)$ beschrieben werden kann. Dabei hat das Orbital l für das einsame Elektronenpaar einen hohen s-Gehalt ($l \sim 5s$), während h_1 und h_2 wahrscheinlich nahezu reine 5p-Atomorbitale sind. Man erhält somit eine deformierte trigonale Anordnung der beiden Bindungspaare und des einsamen Paares, mit einem leeren π-Orbital senkrecht zur Molekülebene. Die stark angewachsene Größe solcher Atome (Sn ~ 140 pm, vgl. C ~ 77 pm) ist wahrscheinlich der entscheidende Faktor; die verringerte Abstoßung zwischen den nun weiter voneinander entfernten Bindungspaaren bewirkt weniger „Bedarf" an Hybridisierung und somit eine steigende Tendenz für die Unberührtheit des ns-Paares*.

Eine weitere charakteristische Eigenschaft der Elemente jenseits des Kohlenstoffs ist ihre Fähigkeit, die Wertigkeit über 4 anwachsen zu lassen, was auf die Erreichbarkeit von d-Orbitalen zurückzuführen ist. Beispielsweise bildet Silicium das oktaedrische Ion SiF_6^{2-}, wobei mit Hilfe zweier zusätzlicher Elektronen der Valenzzustand des Siliciums (Si^{2-}) als ein Satz von sechs d^2sp^3-Hybriden betrachtet werden kann (vgl. SF_6 in Fig. 7.14).

Zum Abschluß soll noch einmal darauf hingewiesen werden, daß die Atome der Gruppe IV Verbindungen bilden, in denen nicht-lokalisierte Bindungen ebenfalls von Bedeutung sind – im besonderen sind das die aromatischen Moleküle. Solche Verbindungen werden in noch folgenden Kapiteln behandelt.

7.9.5 Gruppe V

Mit einem fünften Elektron in der Valenzschale erhält man die Grundzustandskonfiguration $(ns)^2(np)^3$. Dabei muß immer ein Orbital doppelt besetzt sein, welche Art von s-p-Hybridisierung auch immer verwendet wird. Die erwartete Wertigkeit ist demnach 3. Für die leichteren Atome nehmen die drei Bindungspaare und ein ein-

* Die soeben hervorgehobene Voraussetzung für das Modell der sich abstoßenden Elektronenpaare ist deren weitgehende räumliche Trennung, die nur mittels Hybridisierung bewirkt werden kann (§ 7.2). Der geringe „Bedarf" an Hybridisierung beruht eher auf den stark unterschiedlichen Orbitalgrößen, so daß es trotz Hybridisierung zu keiner nennenswerten Steigerung der Überlappung kommen würde. Es gibt zahlreiche Beispiele, bei denen ein schweres Zentralatom mit hinreichend großen Liganden zur Hybridisierung (Vergrößerung des Bindungswinkels) „gezwungen" wird, etwa SiH_2 (92°) – $Si(CH_3)_2$ (100°). (Anmerkung des Übersetzers)

Tabelle 7.4. Valenzwinkel für Hydride der Gruppe VB

Molekül	NH_3	PH_3	AsH_3	SbH_3
Valenzwinkel (°)	107	93.5	92	91

sames Paar die erwartete, geringfügig verzerrte tetraedrische Anordnung an (Fig. 7.18). Für die größeren Atome P, As, Sb, ... wird die Hybridisierung zunehmend weniger ergiebig (wie in Gruppe IV), das einsame Elektronenpaar wird immer s-ähnlicher und die Bindungshybride p-ähnlicher. Folglich nähern sich die Bindungswinkel 90°, wie in Tabelle 7.4 zu sehen ist, wobei es sich um experimentelle Resultate handelt. Wir haben bereits die Bereitschaft des einsamen Elektronenpaares in NH_3 erwähnt, ein Proton anzulagern und somit das tetraedrische Ion NH_4^+ zu bilden (Fig. 7.18). Bei diesem Vorgang ändert sich die NH-Bindungslänge um weniger als 2 %, was unsere allgemeine Vorstellung von stark lokalisierten und weitgehend voneinander unabhängigen Bindungen bekräftigt.

Die gegenseitige Abstoßung zwischen einsamen Paaren und Bindungspaaren, wie sie im letzten Abschnitt diskutiert wurde, ist nicht auf die Valenzschale nur eines einzigen Zentralatoms beschränkt. Die Abstoßungen dienen auch der Bestimmung der Strukturen größerer Moleküle wie etwa Hydrazin H_2N-NH_2, wobei jede NH_2-Gruppe im wesentlichen tetraedrisch ist. Die verdeckte Konformation ist durch die Abstoßung der einsamen Paare destabilisiert. Demzufolge bewirkt eine Drehung der NH_2-Gruppen gegeneinander um die NN-Bindung eine größere Entfernung der einsamen Paare.

Die Elemente der Gruppe V in der zweiten und in den folgenden Zeilen des Periodensystems können infolge der Beteiligung von d-Orbitalen eine höhere Wertigkeit annehmen. Die fünffach koordinierten Verbindungen PF_5, PCl_5, AsF_5 und $SbCl_5$ sind alle bekannt und liegen alle in Form einer trigonalen Bipyramide vor (Fig. 7.15). Die Tatsache, daß die axialen Bindungen in beispielsweise PCl_5 schwächer und länger (219 pm) als die äquatorialen Bindungen (204 pm) sind, ist nicht unerwartet, denn die p-d-Kombination erfordert eine höhere Promotionsenergie als die s-p-Kombination und wird zu einem gewissen Grad nur dann auftreten, wenn das 3d-AO kontrahiert werden kann (§ 7.7). Eine alternative Beschreibung dieser Art von axialer Bindung, die keinerlei Gebrauch von d-Orbitalen macht, wird später gegeben werden. Welche Beschreibungsart die bessere ist, kann ohne ausführliche Rechnungen nicht entschieden werden.

7.9.6 Gruppe VI

Die Atome O, S, Se, Te und Po haben alle die Grundzustandskonfiguration $(ns)^2(np)^4$. Von den vier Orbitalen müssen für jegliche Art von s-p-Hybridisierung *zwei* doppelt besetzt sein. Es ist deshalb zu erwarten, daß die Valenzschale im Molekül zwei Bindungspaare und zwei einsame Paare enthält, wobei die gegenseitige Abstoßung zu einer mehr oder weniger tetraedrischen Anordnung führt. Das H_2O-Molekül (Fig. 7.18) ist in diesem Zusammenhang bereits behandelt worden. Der extreme Stand-

Tabelle 7.5. Valenzwinkel für Hydride der Gruppe VIB

Molekül	H_2O	SH_2	SeH_2	TeH_2
Valenzwinkel (°)	104.5	93	91	89.5

punkt der völligen Vernachlässigung einer s-p-Kombination war unser Ausgangspunkt am Anfang dieses Kapitels (§ 7.1), so daß zunächst ein HOH-Winkel von 90° erhalten wurde. Die beobachteten Winkel in den Dihydriden der Gruppe VIB sind in Tabelle 7.5 aufgeführt. Genauso wie in Gruppe V (Tabelle 7.4) wird die Hybridisierung für die schwereren Atome schnell bedeutungslos. An dieser Stelle soll noch einmal darauf hingewiesen werden, daß es für die Geometrieänderungen in Tabelle 7.5 keinen ersichtlichen Grund gibt, der von einem empfindlichen Gleichgewicht zwischen konkurrierenden Faktoren herrührt (man vergleiche dazu § 7.8). Ein Vergleich mit Tabelle 6.5 zeigt uns aber die Dominanz der ansteigenden Elektronegativität, wenn man in einer Zeile fortschreitet (etwa von N zu O, oder von P zu S). Die ansteigende Elektronegativität zieht die Bindungspaare näher an den Kern des Zentralatoms heran*. Gehen wir in einer Spalte des Periodensystems hinunter, so dominiert der „Größeneffekt“, den wir bereits bei Gruppe IV erwähnt haben**. Die tetraedrische Anordnung der Elektronenpaare in H_2O liefert uns eine Vorstellung über die Struktur des Oxoniumions H_3O^+, das ähnlich wie NH_4^+ als das Ergebnis einer Protonierung an einem der einsamen Elektronenpaare betrachtet werden kann. Die resultierende Struktur ist deutlich pyramidal und nicht planar.

Höhere Wertigkeiten treten auch in dieser Gruppe auf, wenn d-Orbitale zur Verfügung stehen. Beispielsweise erhält man $TeCl_4$ (Fig. 7.19) aus einer bipyramidalen Anordnung eines einsamen Paares und vier Bindungspaaren, denen fünf dsp^3-Hybride zugrunde liegen. Demgegenüber ist TeF_6 (Fig. 7.20) ein regulär oktaedrisches Molekül; der Valenzzustand enthält sechs einfach besetzte d^2sp^3-Hybride. Auch Schwefel bildet ein oktaedrisches SF_6, obwohl in einem isolierten S-Atom die 3d-Atomorbitale ziemlich außerhalb der 3s-3p-Schale liegen; demnach ist eine beträchtliche Kontraktion (§ 7.7) erforderlich. Derartige Kontraktionen sind gewiß durch eine Elektronenverschiebung von der Valenzschale zu den stark elektronegativen Fluor-

* Ein nur scheinbarer Zusammenhang zwischen der Elektronegativität des Zentralatoms und dem Bindungswinkel tritt dann auf, wenn man sich auf einen einheitlichen Liganden (hier Wasserstoff) beschränkt. Geht man zu anderen Liganden über, so müßte die Elektronegativität dem jeweiligen Valenzzustand des Zentralatoms angepaßt werden, aber dieser hängt wiederum von den Hybridisierungsverhältnissen ab (§ 6.4). Beim Vergleich der Bindungswinkel NH_3 (107.3°) – H_2O (104.5°) und NF_3 (102.1°) – F_2O (103°) zeigt sich kein Zusammenhang zwischen der Elektronegativität des freien Zentralatoms und dem Bindungswinkel. Auch die Elektronegativität der Liganden zeigt keinen Zusammenhang mit dem Bindungswinkel: NH_3 (107.3°) – NF_3 (102.1°) und PH_3 (93.3°) – PF_3 (97.8°). Wie in Gruppe IV ist auch hier das Größenverhältnis der Atomorbitale für die Hybridisierungsbereitschaft und somit für den Bindungswinkel entscheidend. (Anmerkung des Übersetzers)

** Die Größe des freien Zentralatoms allein zeigt ebenfalls keinen Zusammenhang mit dem Bindungswinkel. Man vergleiche dazu beispielsweise PH_3 (93.3°) – AsH_3 (91.8°) und PH_3 (93.3°) – AsF_3 (98.5°). (Anmerkung des Übersetzers)

Liganden begünstigt. Das effektive Zentralfeld des elektronenarmen Schwefels wird dadurch verstärkt. Vollständige und zuverlässige Berechnungen solcher Effekte wären wünschenswert. Es ist sogar möglich, Bindungsschemata zu verwenden, die keinen Gebrauch von d-Orbitalen machen, und wir werden bald entscheiden können, welche Vorstellung die geeignetere ist.

7.9.7 Gruppe VII

Die Halogene F, Cl, Br und I haben alle ein ungepaartes Elektron in einer ansonsten gefüllten Schale; die entsprechende Elektronenkonfiguration lautet $(ns)^2(np)^5$. Die normale Wertigkeit ist 1, und es gibt eine Fülle von Verbindungen wie HF, F_2, ClF, die diese Einwertigkeit bestätigt. Das s-p-Intervall für Atome am Ende einer Zeile des Periodensystems ist groß und deshalb ist eine Hybridisierung nicht möglich; an der Bindung ist im allgemeinen ein nahezu unverändertes p-Orbital beteiligt*. Darüberhinaus sind die Bindungen mit weniger elektronegativen Atomen meistens ziemlich stark polar. Beispielsweise folgt aus dem gemessenen Dipolmoment für HF, daß sich am Wasserstoff eine formale Ladung von $+0.4e$ und am Fluor eine von $-0.4e$ befindet. In Fig. 6.6 wurde bereits gezeigt, wie gut man sich ein solches Molekül wie folgt vorstellen kann: ein nacktes Proton befindet sich in der Ladungswolke eines F^-. Die Polarität solcher Bindungen nimmt jedoch ab, wenn die Elektronegativität in der Reihe F, Cl, Br, I abnimmt.

Obwohl die Halogene weniger vielseitig als manche der bereits besprochenen Gruppen sind, so bilden sie doch eine Anzahl bemerkenswerter Moleküle wie etwa ClF_3, BrF_5 und sogar IF_7. Das T-förmige Molekül ClF_3 kann mit Hilfe der dsp^3-Hybridisierung verstanden werden; man erhält drei Bindungspaare und zwei einsame Paare wie in Fig. 7.19. Das quadratisch-pyramidale BrF_5 kann auf ähnliche Weise (Fig. 7.20) mit Hilfe des oktaedrischen Systems beschrieben werden. Hat man es aber mit einem Atom zu tun, das in seiner Elektronegativität dem Fluor ähnlich ist, so können wir als Alternative ein ionisches Modell verwenden, wobei wir das Konzept der VB-Theorie heranziehen. Diese Näherung soll bereits an dieser Stelle erwähnt werden, um später die Bindung in Edelgasverbindungen verstehen zu können (§ 12.5).

Wir beginnen mit einem gewöhnlichen ClF-Molekül, wobei die σ-Bindung durch das einfach besetzte Chlor-$3p_z$-AO und das einfach besetzte Fluor-$2p_z$-AO gebildet wird. Nun nehmen wir ein Elektron vom Chlor-$3p_x$-Paar und ordnen dieses einem zweiten F-Atom zu, um F^- und ClF^+ entstehen zu lassen; ClF^+ ist dann gewiß im Stande, eine gewöhnliche σ-Bindung mit dem *dritten* Atom zu bilden, wodurch ein rechtwinkliges ClF_2^+ entsteht. Wir können uns vorstellen, daß das gesamte System so wie in Fig. 7.22 (*a*) dargestellt aussieht. Selbstverständlich ist diese Anordnung ungleichmäßig, und wir können auf diese Weise keine zwei äquivalente ClF-Bindungen erhalten. Der einzige Weg dazu führt über die Erkenntnis, daß die Anordnung in Fig.

* Die Hybridisierung im HF-Molekül ist aber noch immer stark genug, daß man sich das Bindungspaar und die drei einsamen Paare ähnlich wie bei NH_3 und H_2O in tetraedrischer Anordnung vorstellen kann. Diese Vorstellung unterstützt der Bindungswinkel in H_2F^+ von 115° und der H-F ... H-Winkel in $(HF)_2$ von 108°. Erst bei Chlor dürfte eine s-p-Hybridisierung bedeutungslos werden. (Anmerkung des Übersetzers)

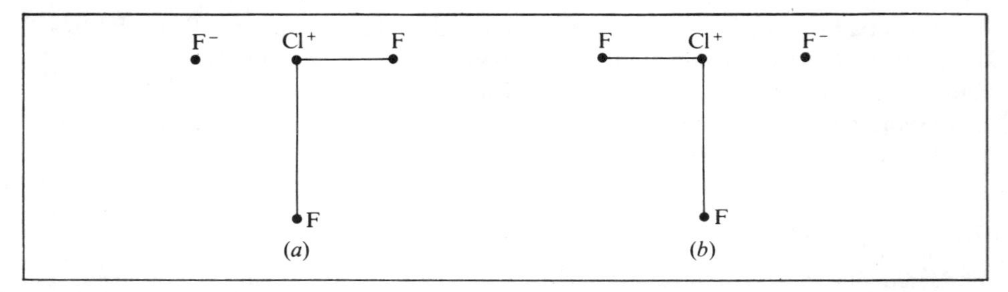

Fig. 7.22. Die VB-Beschreibung der Bindung in ClF_3: (*a*) und (*b*) sind alternative ionische Strukturen.

7.22 (*b*) ebenfalls möglich ist. Beide Anordnungen können als VB-Strukturen (§ 5.3) betrachtet werden, die miteinander in „Resonanz" stehen, um die vollkommen symmetrische T-Form des Moleküls zu beschreiben. Dabei gibt es zwei etwas schwächere, hauptsächlich ionische Bindungen im linearen FClF-Bereich. Diese Feststellung stimmt mit den Beobachtungen überein (die Bindungslänge beträgt 170 pm, verglichen mit der Länge der kovalenten Bindung von 160 pm). Gleichzeitig stellen wir fest, daß wir keine Hybridisierung mit der Beteiligung von d-Orbitalen herangezogen haben. Der Preis, den wir für die beiden zusätzlichen Bindungen zu zahlen haben, ist eine Ionisierungsenergie; früher war es eine Promotionsenergie. Nur ausführliche Rechnungen können zeigen, welches Modell der Wirklichkeit am nächsten kommt. Eine *ab initio*-Behandlung wurde von Guest, Hall und Hillier (1973) vorgenommen.

7.9.8 Gruppe 0

Die Edelgasatome He, Ne, Ar, Kr, Xe und Rn haben alle die Konfigurationen $(ns)^2$ $(np)^6$ und somit abgeschlossene Schalen, woraus die Wertigkeit null resultiert; sie alle werden als Edelgase bezeichnet. Während der letzten 15 Jahre wurde allerdings eine beträchtliche Anzahl von Verbindungen synthetisiert, und der neue Zweig der Edelgaschemie wurde entwickelt. Diese Verbindungen sind so einmalig, daß sie einen eigenen Abschnitt verdienen (§ 12.5).

7.10 Atomradien, Bindungslängen und Bindungsenergien

Im ganzen Verlauf dieses Kapitels haben wir uns mit Molekülen befaßt, in denen die Bindungen als lokalisiert vorliegen und somit individuelle Eigenschaften besitzen. Es ist deshalb nicht überraschend, daß man immer wieder versucht hat, Tabellen für Bindungseigenschaften herzustellen, und diese Eigenschaften mit denen der gebundenen Atome in Beziehung gesetzt hat. Wir untersuchen kurz zwei solche Eigenschaften – Bindungslängen und Bindungsenergien.

Die auffallende Konstanz einer Bindungslänge A–B besagt, daß wir versuchen könnten, empirische Atomradien r_A und r_B einzuführen, so daß für alle Elemente $r_{AB} = r_A + r_B$ gilt. Die Bindungslänge im Fluormolekül beträgt 142 pm und daraus folgt, daß wir $r_F = 71$ pm als den kovalenten Radius des Fluoratoms definieren können. Gewiß werden Abweichungen auftreten und wir dürfen nicht erwarten, daß ein Satz empirischer Werte die Bindungslängen in allen Molekülen wiedergeben kann. Trotzdem haben sich die Radien in Tabelle 7.6 als brauchbar erwiesen. Alle angegebenen Werte beziehen sich auf σ-artige Einfachbindungen mit hauptsächlich kovalentem Charakter.

Die Tabelle 7.6 kann unmittelbar zur Bestimmung von Bindungslängen in den meisten Molekülen herangezogen werden. Abweichungen werden auftreten, (1) wenn Zweifach- oder Dreifachbindungen oder partieller π-Bindungscharakter vorliegen (§ 8.3), (2) wenn Atome stark unterschiedliche Elektronegativitäten aufweisen und die Bindung stark polar ist (starker Ionencharakter) und (3) wenn sich das Hybridisierungsverhältnis ändert. Alle diese Abweichungen sind von Interesse, weil sie das Wesen der Bindung aufklären helfen.

Der erste Effekt ist für C, N und O von Bedeutung. Die Radien werden auf 67, 61 und 57 pm reduziert, wenn eine π-Bindung vorliegt. Liegen zwei π-Bindungen vor (in Dreifachbindungen), so sinken die Radien für C und N auf 60 und 55 pm. Später werden wir feststellen (§ 8.5), daß eine *partielle* π-Bindung, die aus nicht-lokalisierten Bindungen hervorgeht, ebenfalls eine Verkürzung der gewöhnlichen Einfachbindung bewirkt.

Der Ionencharakter bewirkt ebenfalls eine Bindungsverkürzung, und dieser Zusammenhang wird durch eine Näherungsformel vorgestellt, die auf Schomaker und Stevenson (1941) zurückgeht (siehe auch Pauling (1973), Seite 220–22)

$$r_{AB} = r_A + r_B - \beta |x_A - x_B|.$$

Dabei sind x_A und x_B die Elektronegativitäten nach Pauling und es gilt $\beta \simeq 9$ pm. In Extremfällen wie etwa in Ionenkristallen (§ 11.6), wo die Einheiten im wesentlichen

Tabelle 7.6. Kovalente Radien für Atome (in pm)*

H					
30**					
Li	B	C	N	O	F
134	81	77	75	73	71
Na	Al	Si	P	S	Cl
154	130	118	110	102	99
K		Ge	As	Se	Br
196		122	121	117	114
Rb		Sn	Sb	Te	I
211		140	143	135	133

* Im wesentlichen den Bindungslängen aus Bowen *et al.* (1958) und der Ergänzung von Sutton *et al.* (1965) zugrunde gelegt. Ausführliche Daten findet man bei J. E. Huheey (1972).

** Dieser Wert gilt mit Ausnahme von H_2 (diesem Molekül entspricht ein Atomradius von 37 pm).

Anionen und Kationen sind, bricht diese Näherung zusammen. Dann muß man an Stelle von Atomradien Tabellen für *Ionenradien* aufstellen, sowohl für Anionen als auch Kationen.

Der dritte Effekt, der mit einer Änderung der Hybridisierung verbunden ist, wurde von Coulson untersucht. Er hat die Lage des Ladungsdichtemaximums als Maß für die Entfernung eines s-p-Hybrids vom Kern verwendet. Mit diesem überraschend einfachen Modell konnte er ziemlich feine Unterschiede zwischen den CC-Bindungslängen in organischen Molekülen simulieren, wie wir später in § 8.2 sehen werden.

Die Variation der Bindungslängen deutet auf eine Variation der Bindungsstärke hin, aber solche Variationen sind im allgemeinen gering, es sei denn, sie sind mit einer größeren Änderung des Valenzzustandes verbunden. Die hochgradige Unabhängigkeit der lokalisierten Elektronenpaare gestattet es, daß auch Tabellen für *Bindungsenergien* hergestellt werden können, derart, daß die Bindungsenergie eines Moleküls als Summe von Bindungsenergien aller vorliegenden Bindungen geschrieben werden kann. Obwohl solche Additivitätsregeln von besonderem Wert sind, so mußten wir bereits feststellen, daß die Energie für das Aufbrechen der zweiten von zwei ähnlichen Bindungen nicht unbedingt gleich der Energie für die erste Bindung ist. Die Elektronenverteilung reorganisiert sich nämlich, und der Valenzzustand jedes Atoms ändert sich mit jeder gebrochenen Bindung beträchtlich. Die erforderliche Energie, um in Methan die vier Wasserstoffatome vom Kohlenstoffatom zu lösen, beträgt 425 $kJmol^{-1}$ für das erste, 470 $kJmol^{-1}$ für das zweite, 415 $kJmol^{-1}$ für das dritte und 335 $kJmol^{-1}$ für das letzte – zusammen 1645 $kJmol^{-1}$. *Im Methanmolekül* sind die Bindungen identisch und ziemlich ähnlich denen in anderen gesättigten Molekülen mit C-Atomen im sp^3-Valenzzustand. Einer solchen CH-Bindung können wir des-

Tabelle 7.7. Bindungsenergien für X–X-Bindungen* ($kJmol^{-1}$)

H 432							He 0
Li 105	Be 208**	B 347	C 346	N 167	O 142	F 130***	Ne 0
Na 72	Mg 130	Al	Si 222	P 201	S 268	Cl 240	Ar 0
K 49	Ca 105		Ge 188	As 146	Se 172	Br 190	Kr 0
Rb 45	Sr 84		Sn 146	Sb 121	Te 126	I 149	Xe 0
Cs 44							

* Basierend auf den Werten von Darwent (1970). Für zusätzliche Werte und weiterführende Diskussionen siehe auch Dasent (1970).
** Huheey und Evans (1970).
*** Dieser Wert ist noch umstritten; 130 $kJmol^{-1}$ wurden erhalten von Dibeler, Walker und McCulloh (1970). Der früher gängige Wert war 155 $kJmol^{-1}$.

Tabelle 7.8. Energien für Mehrfachbindungen (kJmol⁻¹)*

	Einfachbindung	Doppelbindung	Dreifachbindung
C—C	346	602	835
N—N	167	418	942**
O—O	142	494	
C—N	305	615	887

* Basierend auf den Werten von Darwent (1970).
** Nach Tabelle 4.3: 725 $kJmol^{-1}$. (Anmerkung des Übersetzers)

halb eine Bindungsenergie von ~411 $kJmol^{-1}$ zuordnen. Mit diesem Wert erhalten wir die richtige Bindungsenergie für das gesamte Molekül, wenn dieses in die Atome zerlegt wird. Einige Bindungsenergien, die man durch derartige Überlegungen für kovalente Einfachbindungen der Art X–X erhält, sind in Tabelle 7.7 zusammengestellt. Mit Hilfe dieser Bindungsenergien kann man solche für heteropolare Bindungen bestimmen, wenn man sich der Betrachtungen über die Elektronegativität in § 6.4 bedient.

Genauso wie bei der Behandlung der Bindungslängen müssen auch die entsprechenden Änderungen bei der Diskussion von Mehrfachbindungen vorgenommen werden. Einige Werte für Bindungsenergien von Einfach-, Zweifach- und Dreifachbindungen sind in Tabelle 7.8 angegeben. Glücklicherweise sind hier keine umfangreichen Tabellen nötig, denn Mehrfachbindungen sind selten. Ausnahmen gibt es bei einigen Atomen in den ersten beiden Reihen des Periodensystems. Es handelt sich hierbei um eine interessante Erscheinung, die mit der Größe der gebundenen Atome in Verbindung steht. Für leichtere Atome kann die Anzahl der Elektronen, die an einer Bindung beteiligt sind, ziemlich groß im Verhältnis zur gesamten Anzahl der Elektronen sein; in diesem Fall können Mehrfachbindungen auftreten und die verhältnismäßig kleinen inneren Schalen können zusammenrücken, trotz ihrer gegenseitigen Abstoßung. Für schwerere Atome sind die für die Bindung zur Verfügung stehenden Elektronen in ihrer Anzahl relativ gering; demgegenüber ist die Anzahl der nichtbindenden Elektronen sowie die einander abstoßenden Rümpfe groß. Die Aussicht auf wirkungsvolle Mehrfachbindungen ist demnach gering.

Aufgaben

7.1. Man zeige, daß p-Atomorbitale Vektoreigenschaften haben (Gleichung (7.3)). (Hinweis: es sei $p = x'f(r)$, wobei x' die x-Koordinate eines Punktes ist, wobei *beliebige* Achsen in der xy-Ebene angenommen werden; nun schreibe man x' mit Hilfe neuer Koordinaten.)

7.2. Man drücke die Hybride sp^2 und sp^3, wie sie in (7.25) und (7.26) definiert und in Fig. 7.8 dargestellt sind, mit Hilfe von s, p_x, p_y und p_z aus. (Hinweis: man beachte die Richtungen relativ zum gegebenen Koordinatensystem und verwende die Vektoreigenschaft.)

7.3. Man setze drei p-Atomorbitale an, die vom Mittelpunkt zu den Seiten eines gleichseitigen Dreiecks in der xy-Ebene zeigen, und zeige, daß durch Beimischung von p_z zu jeder dieser p-Funktion diese aus der Ebene gebogen werden. Sie zeigen dann in Richtung der Kanten einer trigonalen Pyramide. Wie lautet der Winkel zwischen jedem Paar als Funktion des Koeffizienten von p_z? (Hinweis: der Winkel zwischen zwei Einheitsvektoren mit den x, y, z-Komponenten l_1, m_1, n_1 und l_2, m_2, n_2 ist durch $\cos\theta = l_1l_2 + m_1m_2 + n_1n_2$ gegeben. Die Normierung der Orbitale darf nicht vergessen werden.)

7.4. Man diskutiere das Ammoniak-Molekül mit den Begriffen aus § 7.5 und mit der Verwendung von Hybriden, wie sie aus den p-Orbitalen von Aufgabe 7.3 entstehen. Welcher λ-Wert in $h = s + \lambda p$ ist mit der Orthogonalität der Hybride und mit dem beobachteten Bindungswinkel von 107° verträglich? Was läßt sich über die Form des einsamen Paares am Stickstoff sagen?

7.5. Wie könnte der Valenzzustand des Stickstoffatoms in NH_3 (Aufgabe 7.4) mit Hilfe der Besetzung von s- und p-AO beschrieben werden? (Hinweis: man verwende die gleiche Vorgehensweise wie für das Wassermolekül (§ 7.6).)

7.6. Man verifiziere Gleichung (7.32) und drücke die sechs oktaedrischen d^2sp^3-Hybride mit Hilfe von s, p und dem Standardsatz von fünf d-Orbitalen aus. (Hinweis: man schreibe (7.32) mittels $x^2, y^2, z^2, xy, yz, zx$ und vergleiche die Koeffizienten der entsprechenden Glieder.)

7.7. Für einen quadratisch-planaren Komplex setze man Hybride in der Form

$$h_{\pm x} = N(s + ad_{x^2-y^2} \pm bp_x)$$

an mit ähnlichen Ausdrücken für $h_{\pm y}$. Man zeige, daß die Koeffizienten a und b durch Orthogonalitätsbedingungen festgelegt sind. Man leite das dsp^2-Hybrid von Gleichung (7.33) her.

7.8. Mit Hilfe der Elektronegativitätswerte in Tabelle 6.5 diskutiere man den zu erwartenden Charakter der Bindungen in SF_6, wobei angenommen wird, daß die sechs Elektronenpaare durch Überlappung der oktaedrischen Hybride mit den 2p-Atomorbitalen der Fluoratome gebildet werden. Wieviele Elektronen gehören zur Valenzschale des Schwefelatoms *im Molekül*; wieviele sind es im einzelnen für die Schalen s, p und d? Ist die vorhergesagte Nettoladung am Schwefelatom eher realistisch oder übertrieben? Wie kann diese einfache Diskussion verbessert werden? Welche experimentellen Informationen könnte man zur Bestätigung dieser Vorhersagen beziehen? (Hinweise: man benötigt (6.31) (der quadratische Term ist zu streichen), (6.18) (S kann vernachlässigt werden), und die oktaedrischen Hybride aus Aufgabe 7.6. Man versuche auch, $S = 1/2$ in (6.18) einzusetzen und die Population (6.34) zu verwenden. Man studiere noch einmal den Abschnitt über die variable Elektronegativität (§ 6.4).)

7.9. Unter Verwendung der Argumente von § 7.8 diskutiere man die zu erwartenden elektronischen Strukturen und geometrischen Formen der folgenden Moleküle:

CH_2 (gewinkelt), CH_3 (planar), NH_3^+ (planar), H_3O^+ (pyramidal), CO_2 (linear), CF_2 (gewinkelt).

(Hinweise: (1) ein halbes einsames Elektronenpaar ist nicht viel besser als gar keines; (2) die Wirkung der π-Bindung ist im allgemeinen zweitrangig.)

8. Kohlenstoffverbindungen

8.1 Die wesentlichen Merkmale der Bindungen in einfachen organischen Molekülen

Wie wir bereits festgestellt haben, zeichnet sich das Kohlenstoffatom durch eine außerordentliche Vielfalt von Bindungsmöglichkeiten aus. Aus deren Eigenschaften leitet sich die gesamte organische Chemie ab. Kohlenstoffverbindungen verdienen deshalb ein eigenes Kapitel.

Am Anfang können drei Hauptarten von Kohlenstoff-Kohlenstoff-Bindungen unterschieden werden, in denen Kohlenstoff vierwertig erscheint. Die typische Einfachbindung liegt im Ethan vor, die Doppelbindung in Ethylen und die Dreifachbindung in Acetylen.

Im Ethan (Fig. 8.1 (*a*)) sind die Bindungswinkel dem Tetraederwinkel (109°28′) ähnlich und deshalb befindet sich das Kohlenstoffatom im tetragonalen (sp^3) Valenzzustand, im wesentlichen so wie im Methanmolekül (§ 7.6). Die CC- und CH-Bindungen können mit Hilfe lokalisierter Elektronenpaar-Wellenfunktionen recht gut beschrieben werden, wie in Kapitel 7 festgestellt worden ist. Die beiden Elektronen der CC-Bindung besetzen ein bindendes MO, das aus zwei einander überlappenden sp^3-Hybriden besteht, während die Elektronen der CH-Bindungen Molekülorbitale besetzen, die aus der Überlappung eines Wasserstoff-1s-Atomorbitals mit dem entsprechenden sp^3-Hybrid (Fig. 7.8 (*c*)) entstehen. Alle Bindungen sind demnach Einfachbindungen und vom σ-Typ. Die Betrachtungen in § 7.8 liefern für die Gleichgewichtsgeometrie die „gestaffelte“ Form, wobei eine CH_3-Gruppe gegenüber der anderen um 60° gedreht ist. Der Ursprung der Energiebarriere für die Drehung um die CC-Achse war lange Zeit ein Streitpunkt; wir werden später noch darauf zurückkommen (§ 12.6). Wie bekannt ist, können die Elektronenpaare mindestens ebenso gut durch Wellenfunktionen der Heitler-London-Form beschrieben werden, und es ist ziemlich gleichgültig, ob wir die Sprache der VB-Theorie oder der MO-Theorie verwenden.

In Ethylen betragen die Bindungswinkel etwa 120°, das Molekül ist planar und ähnliche Überlegungen können angestellt werden, wobei die tetragonale durch die trigonale (sp^2) Hybridisierung zu ersetzen ist. Die in einer Ebene liegenden σ-Bindungen enthalten die sp^2-Hybride des Kohlenstoffatoms; aber das 2p-Elektron an jedem Kohlenstoffatom beteiligt sich an einer π-Bindung. Die beiden Atomorbitale bilden ein lokalisiertes π-MO, das bezüglich der Molekülebene antisymmetrisch ist (Fig. 8.1 (*b*)). Die Kohlenstoff-Kohlenstoff-Bindung ist jetzt eine Doppelbindung; eine davon ist eine σ-Bindung, die andere eine π-Bindung. Sogar ohne eine weitere Theorie folgt unmittelbar, daß das Molekül planar ist. Beide CH_2-Gruppen liegen in derselben Ebene. Wäre eine Gruppe gegenüber der anderen verdreht, so wäre die Paral-

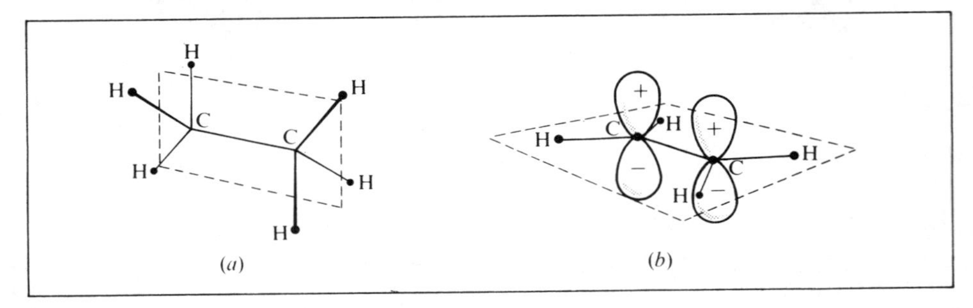

Fig. 8.1. Ethan und Ethylen. (*a*) In Ethan ist jeder Kohlenstoff im tetragonalen Valenzzustand, so daß vier σ-Bindungen entstehen. Die Konformation ist gestaffelt, diagonal einander gegenüberliegende CH-Bindungen liegen in der angedeuteten Ebene. (*b*) Im Ethylen ist jeder Kohlenstoff im trigonalen Valenzzustand, so daß drei σ-Bindungen entstehen. Die restlichen Elektronen bilden eine π-Bindung, deren MO aus der Überlappung der eingezeichneten 2p-Atomorbitale entsteht; dieses MO ist antisymmetrisch bezüglich der Molekülebene.

lelität der beiden 2p-Atomorbitale des π-Molekülorbitals zerstört und die Überlappung wäre reduziert. Die σ-Molekülorbitale und ihre entsprechenden Energien wären davon kaum berührt (vorausgesetzt, daß die sp^2-Hybridisierung an jedem Kohlenstoff erhalten bleibt). Die Bindungsstärke des π-Molekülorbitals würde allerdings stark zurückgehen, was einem Energieanstieg gleichkommt. Der Energieverlauf in Abhängigkeit des Verdrillungswinkels (θ) würde demnach für $\theta = 0$ ein *Minimum* aufweisen, so daß die Gleichgewichtskonformation auf ein *ebenes Molekül* hinweist. Tatsächlich kann die Unterteilung der Orbitale in σ- und π-artige nur dann erfolgen, wenn das Molekül eine Symmetrieebene enthält, hinsichtlich der eine Wellenfunktion symmetrisch oder antisymmetrisch sein kann. Bei der Verdrillung geht die Unterscheidung von σ- und π-Orbitalen verloren.

In Acetylen sind die Atome kolinear angeordnet; die entsprechende Kohlenstoffhybridisierung ist offensichtlich digonal (sp) und die Kohlenstoff-Kohlenstoff-Dreifachbindung ähnelt der im Stickstoffmolekül (§ 4.6); sie besteht aus einer σ-Bindung und zwei π-Bindungen.

Die zwei wesentlichen Gruppen organischer Moleküle sind (1) die *gesättigten* Verbindungen, in denen jedes Kohlenstoffatom *vier* Bindungen mit σ-Charakter bildet (vier Valenzen sind „gesättigt"), und (2) die *ungesättigten* und *konjugierten* Verbindungen, in denen ein oder mehrere Kohlenstoffatome nur *drei* σ-Bindungen bilden, während das vierte Valenzelektron an einer etwas schwächeren π-Bindung beteiligt ist. Die hier gemachte Unterscheidung ist eher elektronisch als „chemisch"; Ethan ist gesättigt und Ethylen ist ungesättigt, was aufgrund der Anordnung der Elektronenpaare um die Kohlenstoffatome herum verstanden werden kann. Allerdings beruhen die entsprechenden Unterschiede im chemischen Verhalten der Moleküle aus den beiden Gruppen auf ihren elektronischen Unterschieden.

Bis jetzt war die Quantentheorie bei der Beschreibung bestimmter Eigenschaften von ungesättigten Molekülen, speziell der konjugierten Kohlenwasserstoffe und anderer planarer Moleküle besonders erfolgreich, in denen die π-Bindung über einen größeren Bereich „delokalisiert“ ist. Demzufolge sei der größte Teil dieses Kapitels solchen π-Elektronensystemen gewidmet. In den letzten Jahren konnten aufgrund der Entwicklung großer Rechenmaschinen auch erhebliche Fortschritte bezüglich der Untersuchung elektronischer Strukturen und Eigenschaften von gesättigten Molekülen gemacht werden. Dabei konnte auf vielerlei Weise eine genauere Überprüfung der Theorie erreicht werden. In späteren Abschnitten werden wir auf diese Untersuchungen kurz eingehen.

8.2 Heteroatomare Verbindungen, Valenzzustände und Molekülgeometrie

Bevor wir uns der ausführlichen Behandlung von π-Elektronensystemen zuwenden, sollte etwas mehr über das zugrunde gelegte „Kohlenstoffgerüst“ und über „Heteroatome“ gesagt werden, denn über diesen bewegen sich die π-Elektronen. Für Ethylen kann die planare H_2C-CH_2-Anordnung mit Hilfe lokalisierter Elektronenpaarbindungen gut beschrieben werden; diese sind vom σ-Typ, was in Kapitel 7 bereits erwähnt worden ist. Die π-Elektronen, die in Ethylen die Doppelbindung verursachen, stabilisieren und „versteifen“ das σ-gebundene Gerüst und helfen, dieses flach zu halten. Obwohl die Bindungen des Gerüsts ziemlich konstante Eigenschaften haben, gibt es doch geringe Abweichungen, beispielsweise bei den CH-Bindungslängen und bei den Bindungswinkeln. Diese Abweichungen sind von besonderem Interesse und beziehen sich unmittelbar auf die Valenzzustände der beteiligten Atome. Die entsprechenden Valenzzustände sind im wesentlichen durch die Geometrie des Moleküls festgelegt, was immer von Anfang an zu berücksichtigen ist. In einem gesättigten Molekül gibt es keine π-Elektronen und deshalb kann das Gerüst nicht planar sein*; aber in allen Fällen sollten die Valenzzustände der beteiligten Atome sofort festgestellt werden. Die folgenden Beispiele schildern einige bekannte Situationen.

* Der Begriff des π-Orbitals wird im allgemeinen nicht einheitlich verwendet. Die π-Orbitale der Spektroskopie treten nur bei linearen Molekülen auf. Solche π-Orbitale sind immer zweifach entartet (vgl. § 4.6). In der organischen Chemie spricht man zunächst dann von einem π-Orbital, wenn alle Kohlenstoffatome eines Moleküls in einer Ebene liegen, die für das MO eine Knotenebene ist. Somit wären auch Ethan, Propan, Cyclopropan, usw. π-Elektronensysteme. Trotzdem vermeidet man die Verwendung des Begriffes des π-Orbitals bei gesättigten Verbindungen, weil man in diesem Fall meistens mit lokalisierten Bindungen arbeitet. Ethylen gab lange Zeit Anlaß zu der letzten Endes nur scheinbaren Kontroverse, ob dabei die CC-Bindung durch eine stärkere σ-Bindung und eine schwächere π-Bindung zu beschreiben ist, oder durch zwei gleich starke gebogene Bindungen. Diese Frage kann weder theoretisch noch experimentell beantwortet werden, denn der HCH-Winkel liegt mit 115.5° ziemlich genau zwischen dem Wert der tetragonalen (109.5°) und dem der trigonalen (120°) Hybridisierung. Daß man sich schließlich für das σ-π-Bild entschlossen hat, liegt lediglich daran, daß Ethylen als Bezugsverbindung zur Bestimmung von π-Delokalisierungsenergien konjugierter Systeme dient und daß einige spektroskopische Eigenschaften augenscheinlicher werden. Erst bei den aromatischen Verbindungen ist die Verwendung von π-Orbitalen einheitlich, da sie dort unumgänglich ist. (Anmerkung des Übersetzers)

(1) *Pyridin.* Eine CH-Bindung eines Benzolringes wird durch ein Stickstoffatom ersetzt (Fig. 8.2 (*a*)); alle Bindungswinkel sind nahezu 120°. Der passende Valenzzustand ist trigonal (sp^2), sowohl für C als auch für N; letzteres hat wegen der fünf Valenzelektronen ein einsames Paar (sp^2).

(2) *Pyrrol.* Wieder ist das Molekül planar (Fig. 8.2 (*b*)); die Winkel am Stickstoff deuten auf eine trigonale Hybridisierung hin. Das Vorliegen von drei Bindungen in einer Ebene (demnach gibt es drei einfach besetzte Hybride) zeigt, daß das einsame Paar vom π-Typ ist; es stehen also *zwei* Elektronen für die π-Bindung zur Verfügung. Nun ist der Ring nicht hexagonal, und deshalb muß der Kohlenstoffvalenzzustand, der im wesentlichen trigonal ist, geringfügig deformiert sein. Zwei der Hybride bilden einen Winkel von etwas weniger als 120°.

(3) *Amide.* Die Moleküle sind planar und von der Art

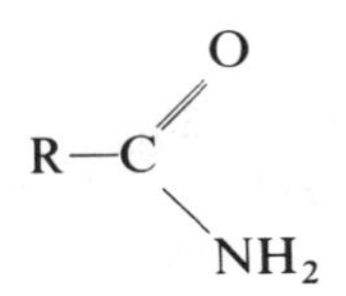

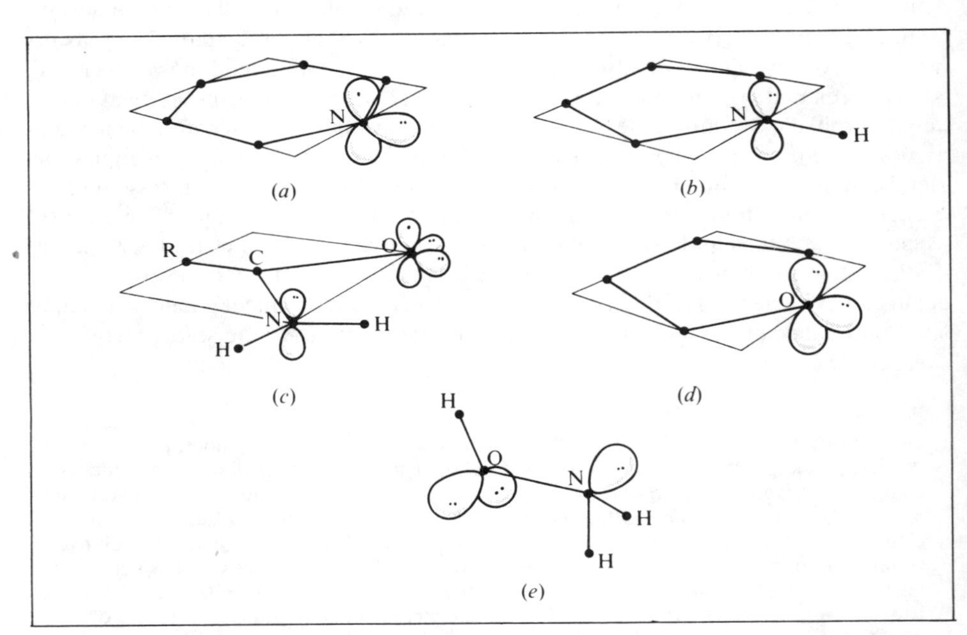

Fig. 8.2. Die Beziehung zwischen den Valenzzuständen und der Molekülgeometrie. (*a*) Stickstoff in Pyridin bildet zwei CN-Bindungen in der Molekülebene; es verbleiben ein einsames Paar und ein einfach besetztes π-AO. (*b*) Stickstoff in Pyrrol bildet drei koplanare σ-Bindungen; es verbleiben *zwei* π-Elektronen. (*c*) Stickstoff und Sauerstoff in einem Amid (planar) liefern zwei, beziehungsweise ein π-Elektron. (*d*) Sauerstoff in Furan bildet zwei CO-Bindungen in der Molekülebene; es verbleiben ein einsames Paar vom σ-Typ und zwei π-Elektronen. (*e*) Sauerstoff und Stickstoff in Hydroxylamin; die nicht-planare Molekülgeometrie weist auf die tetragonalen Valenzzustände hin; ebenso die Abstoßung der einsamen Paare.

wobei alle Bindungswinkel nahezu 120° sind. Die geeigneten Valenzzustände sind in Fig. 8.2 (*c*) angedeutet; Stickstoff liefert demnach zwei Elektronen für die π-Bindung, während Sauerstoff eines liefert.

(4) *Furan.* Der Fünfring (Fig. 8.2 (*d*)) deutet wieder auf die etwa trigonale Hybridisierung an jedem Ringatom hin. Die Abwesenheit eines äußeren Atoms am Sauerstoff läßt auf ein einsames Paar vom sp^2-Typ, auf zwei einfach besetzte Hybride für die CO-Bindungen sowie auf zwei Elektronen im π-artigen 2p-AO schließen.

(5) *Hydroxylamin.* In diesem Fall ist das Molekül nicht planar; die Bindungswinkel (Fig. 8.2 (*e*)) lassen auf tetragonale Valenzzustände für N und O schließen. Demnach verhalten sich die einsamen Paare wie angedeutet. Die Gleichgewichtsgeometrie des Moleküls wird im wesentlichen durch die gegenseitige Abstoßung der einsamen Elektronenpaare bestimmt.

In allen erwähnten Beispielen deutet die Geometrie der Moleküle Hybridisierungen an, die mit den Orthogonalitätsbedingungen aus § 7.5 in Einklang stehen, auch dann, wenn gelegentlich Unregelmäßigkeiten auftreten (einige Hybride sind untereinander nicht äquivalent). Richten wir beispielsweise die Kohlenstoffhybride in Pyrrol direkt gegen ihre Nachbarn, um maximale Überlappung zu erhalten, so folgen aus dem Bindungswinkel von ~108° (unter der Annahme eines regulären Fünfecks) 30% 2s-Charakter in den Ringhybriden und 40% in den radialen Hybriden. Derartige geometrieabhängige Änderungen in der Hybridisierung können mit den Bindungslängen in Verbindung gebracht werden und somit auch mit dem effektiven Atomradius des Kohlenstoffs in verschiedenen Bindungen. Die Überlegungen sind einfach und trotzdem scharfsinnig*. Die CH-Bindungslängen in Acetylen, Ethylen und Ethan betragen im einzelnen 106.1, 108.6, und 109.3 pm, während die entsprechenden Hybridisierungsverhältnisse (λ in $s+\lambda p$) die Werte 1, $\sqrt{2}$ und $\sqrt{3}$ haben. Verwenden wir in diesen Bindungen für Wasserstoff den kovalenten Radius von 32.2 pm, so erhalten wir durch Subtraktion die effektiven Kohlenstoffradien in Tabelle 8.1. Diese Justierung bewirkt, daß die CC-Bindungslänge in Ethan exakt herauskommt. Die Radien sind ein Maß dafür, inwieweit das Kohlenstoffhybrid von seinem Kern entfernt ist, und deshalb müssen sie von λ abhängen. Die Entfernung des Zentrums vom Kern sei ($\bar{r}$), und diese Größe ist durch

$$\bar{r} = \frac{1+(4/\sqrt{3})\lambda+(3/2)\lambda^2}{1+\sqrt{3}\lambda+\lambda^2} \times \text{Konstante} \tag{8.1}$$

Tabelle 8.1. Der kovalente Radius von Kohlenstoff in verschiedenen Valenzzuständen (in pm)

	Acetylen (sp)	Ethylen (sp^2)	Ethan (sp^3)
Gemessen	73.9	76.4	77.1
Berechnet	73.2	75.8	77.1

* Coulson (1948). Bei dieser Diskussion werden verbesserte Werte für die experimentellen Bindungslängen verwendet.

gegeben, wobei die Konstante zwar von der Orbitalform abhängt, aber nicht von λ. Nehmen wir an, daß der kovalente Radius (r_c) proportional $\bar{r}$ ist, so können wir die Konstante an Ethan fixieren. Auf diese Weise erhalten wir die „berechneten" Werte in der letzten Zeile in Tabelle 8.1. Offensichtlich können wir eine Verkürzung der σ-Bindung sogar in quantitativer Hinsicht auf einen Anstieg des s-Charakters im Kohlenstoffhybrid zurückführen. Ebenso ist die „natürliche" Länge der CC-Einfachbindungen (bevor die Verkürzung durch die π-Bindung eintritt) vom Hybridisierungsverhältnis am Kohlenstoff abhängig. Diese natürlichen Bindungslängen betragen für verschiedene typische Verbindungen

$$154.2 \text{ pm (Ethan)} \quad 152.8 \text{ (Ethylen)*} \quad 147.8 \text{ (Acetylen)}.$$

Diese Standardwerte für die Bindungslängen werden wir später bei der Behandlung der Bindungsverkürzung durch zusätzliche π-Bindung verwenden.

Abschließend wollen wir solche Moleküle behandeln, für die wir offensichtlich die Orthogonalitätsbedingungen (7.23) in dem Sinne nicht erfüllen *können*, daß wir keine λ-Werte finden können, für die die orthogonalen Hybride an einem Atom genau in Richtung der benachbarten Atome zeigen. Solche Moleküle nennen wir „gespannt" und wir sagen, daß diese „gebogene" Bindungen enthalten.

Das bekannteste Beispiel ist Cyclopropan (Fig. 8.3 (*a*)), das aus drei Kohlenstoffatomen besteht, die ein gleichseitiges Dreieck bilden. Die drei Paare von H-Atomen liegen symmetrisch über und unter der Dreiecksebene, wobei der HCH-Winkel etwa 115° beträgt. Dieser Wert ist deutlich größer als der bekannte Tetraederwinkel von 109°28′.

Es ist unmittelbar einleuchtend, daß bei der Bildung der vier äquivalenten tetragonalen Hybride an jedem Kohlenstoffatom das Paar der Hybride für eine CC-Bin-

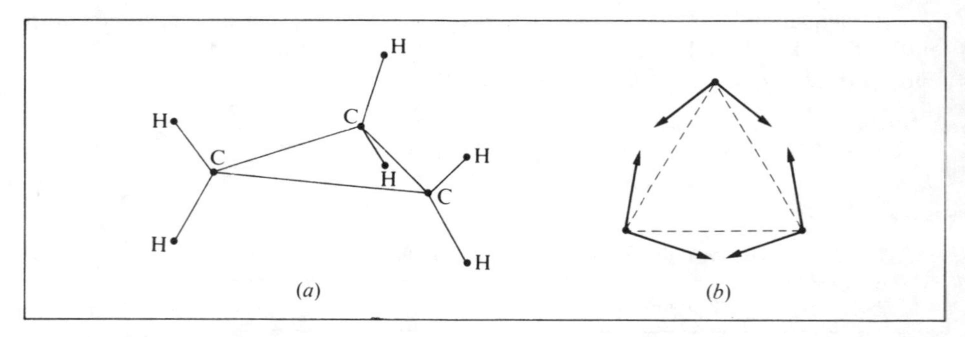

Fig. 8.3. Struktur und Bindungen von Cyclopropan: (*a*) die Kohlenstoffatome der drei CH_2-Gruppen bilden ein gleichseitiges Dreieck, jede Gruppe bildet eine dazu senkrechte Ebene; (*b*) die Richtungen der Hybride, die zur Bildung der CC-Bindungen verwendet werden.

* Die CC-Bindungslänge des um 90° verdrillten Ethylenmoleküls beträgt allerdings nur 148 pm. (Anmerkung des Übersetzers)

dung nicht genau gegeneinander gerichtet sein kann, so daß die Überlappung reduziert wird. Wählen wir aber die Hybride so, daß der Winkel zwischen zweien kleiner als der Tetraederwinkel ist, so wird die Überlappung für die CC-Bindungen verstärkt. Die Folge davon ist, daß wegen der Beibehaltung der Orthogonalität die anderen beiden Hybride einen größeren Winkel als den Tetraederwinkel bilden. Aus der fundamentalen Gleichung (7.23) folgt nun, daß keine reelle Kombination von s und p einen Valenzwinkel von weniger als 90° liefern kann. Somit muß ein Kompromiß geschlossen werden. Offensichtlich wird dieser dadurch erreicht, daß die Hybride für die CC-Bindungen einen Winkel von etwa 100° bilden, während die CH-Bindungen, die gerade bleiben können, einen Winkel von etwa 115° bilden. Diese Situation konnte auch experimentell bestätigt werden. Die Pfeile in Fig. 8.3(*b*) geben die Richtungen an, in die die Hybride in der CCC-Ebene zeigen. Demzufolge müssen die Bindungen gebogen sein und ihre Ladungsdichte muß sich von der einer geraden Bindung unterscheiden.

Ein beachtenswerter Beweis für die Existenz solcher gebogenen Bindungen wurde von Hartman und Hirshfeld (1966) geliefert. Dazu verwendeten sie Tricyanocyclopropan. Die Substitution von drei Wasserstoffatomen durch Cyanogruppen wird erwartungsgemäß die elektronische Ladungsdichte in der C_3-Ebene nur geringfügig beeinflussen. In dieser Ebene haben wir drei gebogene CC-Bindungen. Die Überlappungsbereiche der in Fig. 8.3(*b*) angedeuteten Hybride werden bezüglich der Verbindungslinien der Kohlenstoffatome nicht symmetrisch sein, sondern mehr außerhalb des CCC-Dreiecks liegen. Während ein Differenzdichtediagramm für gerade Bindungen entlang der Verbindungslinie der Atome einen Ladungsdichteanstieg auf-

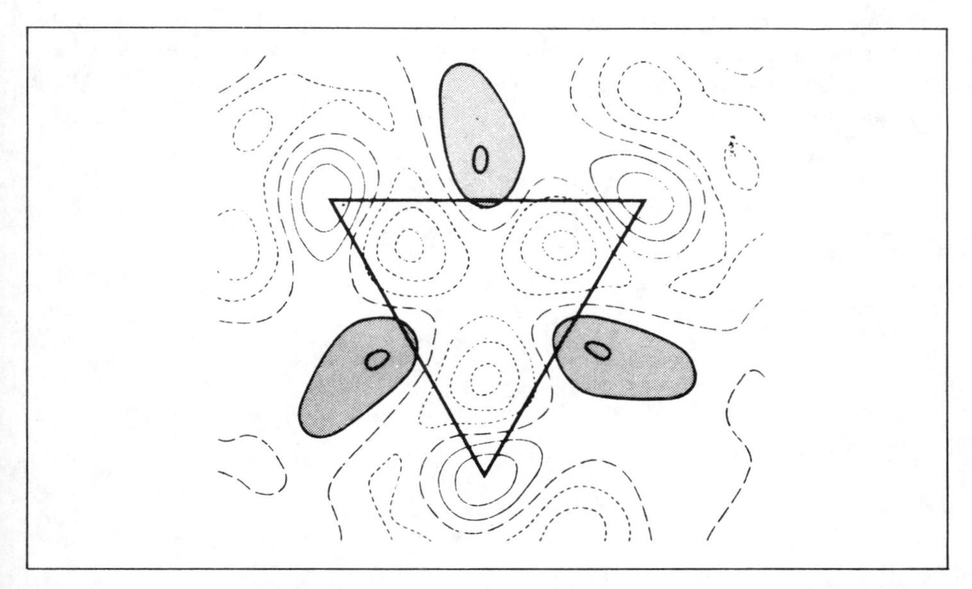

Fig. 8.4. Das Differenzdichtediagramm für Tricyanocyclopropan in der C_3-Ebene. Die wichtigsten Überlappungsbereiche wurden durch Schattierung hervorgehoben.

weisen wird (das ist der Fall für die bisher untersuchten Verbindungen), wird im Falle von gebogenen Bindungen dieser Dichteanstieg außerhalb der Verbindungslinie erscheinen. Genau das wurde auch gefunden und ist in Fig. 8.4 dargestellt.

Somit hat die Theorie der Ringspannung in einem Molekül (Baeyer) ihre moderne Interpretation erhalten. Diese lautet, daß infolge sterischer Bedingungen die maximale Überlappung nicht erreicht werden kann. Damit verbunden ist eine Verringerung der Bindungsenergie der gebogenen Bindungen und somit eine Verringerung der gesamten Bindungsenergie des Moleküls (Bildungswärme).

8.3 Konjugierte und aromatische Moleküle: Benzol

In allen bisher behandelten Molekülen war die Lokalisierung der Bindungen möglich; nicht-lokalisierbare Anteile waren ziemlich klein. Es gibt aber eine außerordentlich große und bedeutungsvolle Klasse von Molekülen, für die eine wirkungsvolle Lokalisierung ganz unmöglich ist. Es sind dies die konjugierten und aromatischen Moleküle, die eine wichtige Rolle in der organischen Chemie spielen.

Als erstes Beispiel wollen wir das bekannteste dieser Moleküle behandeln, nämlich das Benzol C_6H_6. Dieses ist der Prototyp aller aromatischen Verbindungen. Die Röntgenkristallographie sowie Schwingungsspektren zeigen ziemlich eindeutig, daß die Kohlenstoffatome ein reguläres, planares Sechseck bilden; die sechs Wasserstoffatome liegen in derselben Ebene und die CH-Bindungen sind radial nach außen gerichtet, so daß alle Valenzwinkel 120° betragen. Wie wir bereits in § 8.2 festgestellt haben, folgt daraus die trigonale Hybridisierung an jedem Kohlenstoffatom. Wir müssen deshalb die Hybride so wie in Fig. 8.5 dargestellt anordnen; auf diese Weise ergeben sich zwischen den Orbitalpaaren starke Überlappungen, so daß lokalisierte CC- und CH-Bindungen entstehen; dabei handelt es sich um σ-Bindungen. Diese Bindungen können entweder in der MO- oder in der VB-Sprache beschrieben wer-

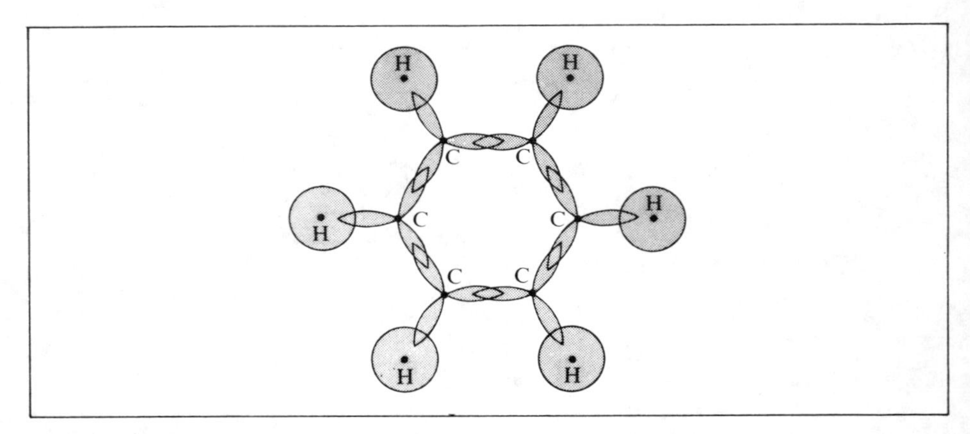

Fig. 8.5. Die Konstruktion von σ-Bindungen im Benzolmolekül (die Kohlenstoffhybride sind der Einfachheit halber stark stilisiert).

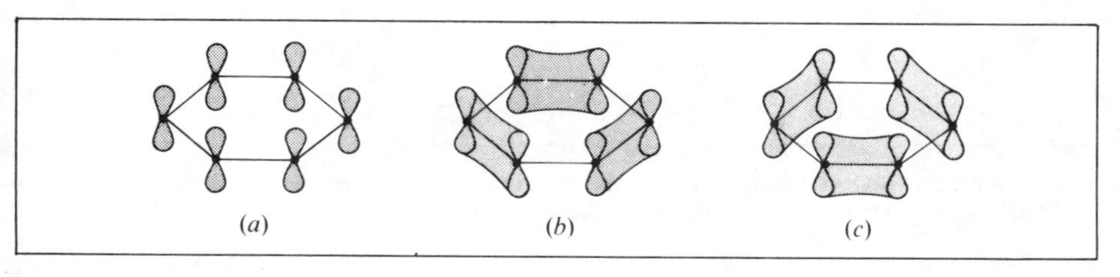

Fig. 8.6. (*a*) die π-Atomorbitale in Benzol und (*b,c*) zwei Paarungsschemata, den „Kekulé-Grenzformeln" entsprechend.

den; in jedem Fall ist ihr wesentlicher Charakter derselbe. Die Abzählung der Elektronen zeigt, daß noch sechs zur Verfügung stehen; diese besetzen die unhybridisierten hantelförmigen 2p-Orbitale, von denen jedes Kohlenstoffatom eines besitzt. Liegt das Molekül in der (x,y)-Ebene, so sind diese Orbitale die $2p_z$-Atomorbitale; sie stehen senkrecht zur Molekülebene, was in Fig. 8.6 (*a*) dargestellt ist. Aus diesem Grunde werden diese Orbitale als „π-artig" bezeichnet. Genau an dieser Stelle entsteht eine Schwierigkeit, wenn man versucht, das geeignetste Paarungsschema für diese Orbitale zu finden. Ohne ein Paarungsschema ist die Lokalisierung der Bindungen nicht möglich, und wir werden auch keines finden.

Die Art der Schwierigkeit hängt davon ab, ob wir die VB- oder die MO-Näherung verwenden. In ersterer wird die Spinpaarung für solche Elektronen durchgeführt, die Paare sich stark überlappender Atomorbitale besetzen; das sind die Atomorbitale benachbarter Atome. Diese Prozedur kann auf zweierlei Weise durchgeführt werden, so daß man die „VB-Strukturen"* (§ 5.3) in Fig. 8.6 (*b,c*) erhält. Beide Strukturen sind offensichtlich als Komponenten der VB-Wellenfunktion zur Beschreibung der π-Elektronen gleichwertig. Es handelt sich dabei um die „Kekulé-Grenzformeln", die nach Kekulé (1865) benannt sind, der die Oszillation der Doppelbindungen zwischen den beiden Möglichkeiten angenommen hat. Die quantenmechanische Beschreibungsweise dagegen erfordert keine Oszillation zwischen den beiden Formen. Trotz der „Resonanzterminologie" (§ 5.3) ist der Begriff der Oszillation dem Begriff des stationären Zustands fremd. Es gibt nur einen *einzigen* Grundzustand, der als eine eindeutige Kombination der alternativen Strukturen dargestellt werden kann. Die Eigenschaften des Moleküls liegen erwartungsgemäß zwischen denen, die für die einzelnen Strukturen zu erwarten sind. Diese Aussage bewahrheitet sich beispielsweise für die CC-Bindungslängen, die bei 139 pm liegen. Sie liegen somit zwischen dem Wert 154 pm für die Einfachbindung und dem Wert 134 pm für die Doppelbindung. Die Energie liegt für die Kombination selbstverständlich tiefer als die für jede beteiligte Struktur (in der die π-Bindungen benachbarte Paare von Kohlenstoffatomen verbinden). Diese Eigenschaft der Energie wird für eine lineare Variationsfunktion (§ 3.8) erwartet. In der VB-Theorie wird die resultierende Stabilisierung (die Energieerniedrigung, die mit der Delokalisierung der π-Bindungen verbunden ist) als

* „Struktur" darf hier keinesfalls als etwas reales aufgefaßt werden, sondern ist im Sinne von Grenzformel zu verstehen. (Anmerkung des Übersetzers)

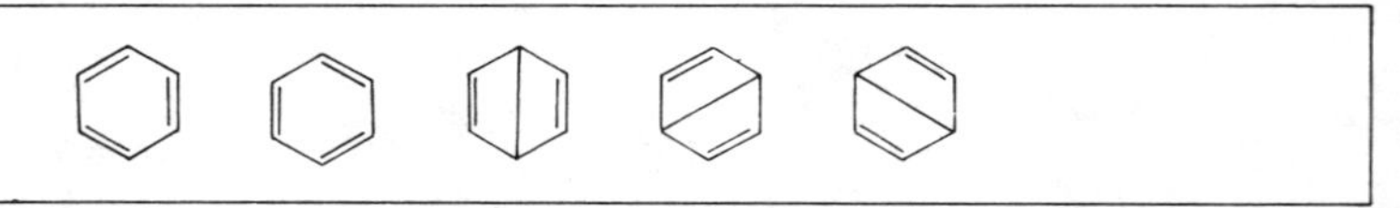

Fig. 8.7. Einfache Darstellungen von fünf VB-Strukturen für Benzol. Die beiden ersten sind „Kekulé-Grenzformeln“ (Fig. 8.6); die restlichen sind „Dewar-Grenzformeln“.

„Resonanzenergie“ bezeichnet. Die Energie kann sogar weiter abgesenkt werden, wenn weitere Strukturen berücksichtigt werden, etwa solche, in denen nicht-benachbarte Atome gebunden sind (Fig. 8.7). Der Umfang der Rechnung steigt dadurch allerdings stark an, so daß man sich im allgemeinen auf die Hauptstrukturen beschränkt.

Die MO-Näherung geht ebenfalls von dem Satz der sechs π-artigen 2p-Orbitale in Fig. 8.6(*a*) aus, die wir mit $\phi_1, \phi_2, \ldots, \phi_6$ bezeichnen. An Stelle des Ansatzes von Mehrelektronenwellenfunktionen für Strukturen wird angenommen, daß jedes Elektron einzeln durch eine Wellenfunktion (MO) beschrieben werden kann, die als Kombination geeigneter Atomorbitale dargestellt wird. Da nun aber die Atomorbitale nicht auf natürliche Weise bereits als Paare vorliegen, sondern sich jedes mit *beiden* Nachbar-Atomorbitalen überlappt, sind wir gezwungen, die Molekülorbitale in der Form

$$\psi = c_1\phi_1 + c_2\phi_2 + \ldots + c_6\phi_6 \tag{8.2}$$

zu schreiben, wobei die Koeffizienten $c_1, \ldots, c_6$ so gewählt werden, daß die Energie stationär wird. Aus (8.2) folgt, daß die sechs Elektronen solche Molekülorbitale besetzen, die sich über alle sechs Kohlenstoffatome erstrecken und demnach vollständig delokalisiert sind. Hätten wir lokalisierte Molekülorbitale wie etwa $c_1\phi_1 + c_2\phi_2$ angesetzt, um die Elektronenpaare in einer „Kekulé-Grenzformel“ (Fig. 8.6(*b*,*c*)) darzustellen, so wäre die berechnete Energie wesentlich höher. Die MO-Interpretation der „Resonanzenergie“ ist somit eindeutig mit der Delokalisierung verbunden, die jedem MO erlaubt, sich über das gesamte Molekül zu erstrecken. In Zukunft werden wir fast immer den Begriff der Delokalisierungsenergie für den Energiegewinn verwenden, den man erhält, wenn man von einer (hypothetischen) Kekulé-Wellenfunktion, basierend auf *lokalisierten* Molekülorbitalen, zu einer MO-Funktion ohne jede einschränkende Lokalisierung übergeht*.

Unter Vorwegnahme der Ergebnisse des nächsten Abschnitts können wir sagen, daß es sechs Molekülorbitale der Form (8.2) gibt, drei bindende und drei antibin-

* Die Existenz zweier Kekulé-Grenzformeln liefert noch keinen Hinweis auf eine ausgeprägte Stabilität und die sechszählige Symmetrie der *Struktur* des Benzols. Im Grunde handelt es sich dabei nur um eine Vorschrift, eine *Wellenfunktion* mit sechszähliger Symmetrie herzustellen, was auf ähnliche Weise auch für jedes andere reguläre Polygon möglich ist, auch für die $4n$-Annulene. Weder in der MO-Theorie noch in der VB-Theorie sind aromatische und antiaromatische Systeme hinsichtlich ihrer Stabilität miteinander vergleichbar, so daß die Stabilität der ersteren gegenüber den letzteren genau genommen theoretisch nicht begründbar ist. Die experimentelle Resonanzenergie des Benzols ist die Energiedifferenz zwischen einem fiktiven nicht-konjugierten Cyclohexatrien (mit alternierenden Bindungslängen – im Gegensatz zur Kekulé-Grenzformel) und dem Benzol (vgl. dazu § 8.5 und § 10.6). (Anmerkung des Übersetzers)

*Tabelle 8.2. Die bindenden π-Molekülorbitale in Benzol**

	c_1	c_2	c_3	c_4	c_5	c_6
ψ_1	1	1	1	1	1	$1 \times (1/\sqrt{6})$
ψ_2	1	2	1	-1	-2	$-1 \times (1/2\sqrt{3})$
ψ_3	-1	0	1	1	0	$-1 \times (1/2)$

* Die Zahlen in jeder Zeile der Tabelle müssen mit dem ganz rechts stehenden Normierungsfaktor multipliziert werden.

dende. Im Grundzustand besetzen die sechs π-Elektronen die drei bindenden Molekülorbitale und geben somit dem Molekül eine hohe Stabilität. Die Werte der Koeffizienten $c_1, c_2, \ldots, c_6$ für diese Molekülorbitale sind in Tabelle 8.2 angegeben.

Das MO mit der niedrigsten Energie, ψ_1, ist in Fig. 8.8 dargestellt. Es besteht aus zwei Lappen, einen oberhalb der Molekülebene und einen unterhalb, von denen jeder die Form eines Torus hat; die Wellenfunktion unterscheidet sich in den beiden Bereichen durch das Vorzeichen und verschwindet in der Molekülebene, die eine Knotenebene ist. Die anderen beiden Molekülorbitale sind offensichtlich weniger symmetrisch; infolge ihrer Entartung sind ihre Formen nicht eindeutig – alternative Linearkombinationen der Art $a\psi_2 + b\psi_3$ sind ebenfalls Wellenfunktionen derselben Energie. Diejenigen Kombinationen von ψ_2 und ψ_3 mit der höchsten Symmetrie erhält man, wenn man für die Koeffizienten komplexe Zahlen zuläßt (alle mit dem gleichen *Betrag*, $1/\sqrt{6}$). Solche Molekülorbitale sind allerdings weniger einfach darzustellen als die in Tabelle 8.2. Die drei bindenden Molekülorbitale sind in reeller Form in Fig. 8.9 schematisch dargestellt.

Um zu zeigen, daß alle CC-Bindungen äquivalent sind, trotz der reduzierten Symmetrie der Molekülorbitale, wollen wir die Ladungsdichte für die π-Elektronen berechnen. Diese lautet in der Standardform (vgl. (6.13))

$$P = P_{11}\phi_1^2 + P_{22}\phi_2^2 + \ldots + 2P_{12}\phi_1\phi_2 + 2P_{23}\phi_2\phi_3 + \ldots, \qquad (8.3)$$

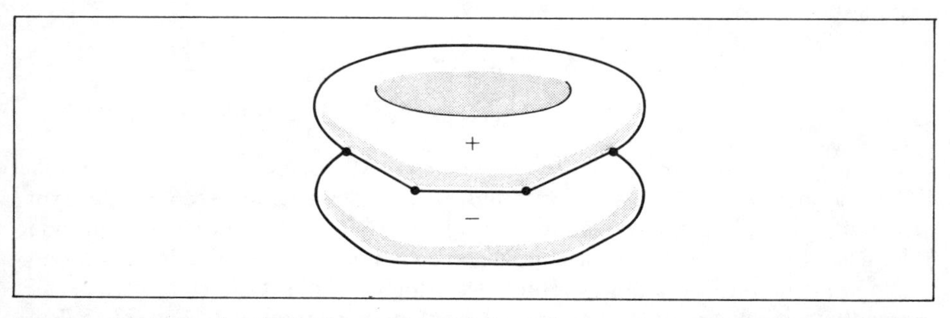

Fig. 8.8. Die Form des bindenden π-Molekülorbitals in Benzol mit der niedrigsten Energie. (Es handelt sich um ein MO mit zwei Lappen, die durch eine Knotenebene getrennt sind, in der die Kohlenstoffatome liegen).

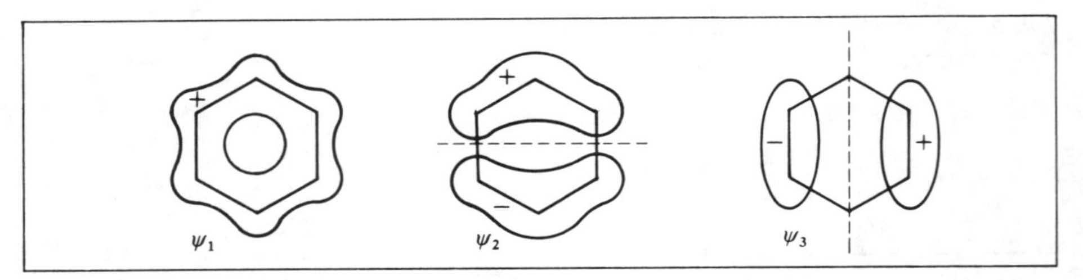

Fig. 8.9. Die bindenden Molekülorbitale in Benzol. ψ_1 ist das in Fig. 8.8 dargestellte MO, während ψ_2 und ψ_3 ein entartetes Paar höherer Energie ist. Die Knoten sind durch gestrichelte Linien dargestellt.

wobei P_{rr} die Summe aller Koeffizientenquadrate (c_r^2) in allen besetzten Molekülorbitalen ist (für ein *doppelt* besetztes MO müssen wir mit 2 multiplizieren). Auf ähnliche Weise entsteht P_{rs} aus den Produkten $c_r c_s$. Im Zusammenhang mit der π-Elektronentheorie ist es üblich, P_{rr} mit q_r zu bezeichnen, und diese Größe nennen wir die *π-Ladung* am Atom r. Ebenso bezeichnen wir P_{rs} mit p_{rs} und nennen diese Größe die *π-Bindungsordnung* des Atompaares r–s. Die Größen P_{rs} werden meistens in einem quadratischen Feld angeordnet, und die Gesamtheit der so geordneten Zahlen nennen wir die „Ladungs- und Bindungsordnungsmatrix" **P**. Die Ladungen sind die Diagonalelemente, die Bindungsordnungen sind die Nichtdiagonalelemente. Es ist nicht schwer, diese Größen für Benzol zu berechnen. Addieren wir die Werte von c_1^2 für alle Molekülorbitale in Tabelle 8.2 und multiplizieren das Ergebnis mit 2 (zwei Elektronen), so erhalten wir die Ladungen

$$q_1 = q_3 = 2\,(1/6 + 1/12 + 1/4) = 1$$

und auf ähnliche Weise

$$q_2 = 2\,(1/6 + 1/3 + 0) = 1.$$

Tatsächlich haben $q_1, q_2, \ldots, q_6$ alle den Wert eins. Die π-Ladungen sind für alle sechs Kohlenstoffatome identisch. Auf ähnliche Weise erhält man die Gewichte der Überlappungsterme $\phi_1\phi_2, \phi_2\phi_3, \ldots$ zu

$$p_{12} = 2\{(1/\sqrt{6} \times 1/\sqrt{6}) + (1/2\sqrt{3} \times 1/\sqrt{3}) - (1/2 \times 0)\} = 2/3$$

$$p_{23} = 2\{(1/\sqrt{6} \times 1/\sqrt{6}) + (1/\sqrt{3} \times 1/2\sqrt{3}) + (0 \times 1/2)\} = 2/3$$

usw. Jedes Atompaar 1–2, 2–3, 3–4, ... hat deshalb denselben Koeffizienten für die Elektronendichte. Die Elektronenverteilung besitzt demnach die sechszählige Symmetrie des Benzolrings; alle Bindungen sind exakt gleich. Es gibt keine Spur einer klassischen Struktur, wobei die π-Bindungen an gewissen Stellen lokalisiert wären.

Die Verwendung des Begriffes „Bindungsordnung" für die Größen p_{rs} wird bei der Behandlung von π-Elektronensystemen besonders bedeutungsvoll. Für eine π-Bindung zwischen *zwei* sich überlappenden 2p-Atomorbitalen, wie etwa in Ethylen, hat das MO die Form $\psi = (\phi_1 + \phi_2)/\sqrt{2}$ und deshalb gilt $p_{12} = 2 \times (1/\sqrt{2}) \times (1/\sqrt{2}) = 1$; es gibt *eine* π-Bindung. Benzol kann deshalb mit *partiellen* π-Bindungen geschrieben werden; jedes gebundene Atompaar besitzt 2/3 einer π-Bindung, die der CC-σ-Bindung überlagert ist, oder einen „Doppelbindungscharakter" von 2/3. Dieses Konzept der (π-)Bindungsordnung (Coulson (1939)) hat sich als besonders wertvoll bei der elektronischen Interpretation der organischen Chemie erwiesen und wird in späteren Abschnitten weiter entwickelt werden.

Offensichtlich stellt die π-Ladung q_r die Population des π-Atomorbitals ϕ_r dar, während p_{rs} als Überlappungspopulation für das Orbitalpaar ϕ_r, ϕ_s betrachtet werden kann:

$$q_r = P_{rr}, \qquad q_{rs} = 2S_{rs}P_{rs} = 2S_{rs}p_{rs} \qquad (r \neq s) \tag{8.4}$$

Dabei ist S_{rs} das Überlappungsintegral für ϕ_r und ϕ_s. Die Verwendung von Ladungen und Bindungsordnungen kann deshalb als eine spezielle Anwendung des sehr allgemeinen Konzepts (§ 6.3 sowie dort zitierte Literatur) der Elektronenpopulationsanalyse betrachtet werden. Die Vorschrift, die wir zur Gewinnung dieser Größen im Rahmen einer einfachen MO-Näherung beachten müssen, lautet in mathematischer Form

$$P_{rr}(=q_r) = \sum_K n_K c_r^{(K)2}, \qquad P_{rs}(=p_{rs}) = \sum_K n_K c_r^{(K)} c_s^{(K)} \tag{8.5}$$

Dabei ist $c_r^{(K)}$ der Koeffizient von ϕ_r im MO ψ_K; n_K (=0, 1 oder 2) ist die Anzahl der Elektronen (Besetzungszahl), die ψ_K enthält.

8.4 Die Hückel-Theorie: konjugierte Ketten und Ringe

Wir wollen uns nun der Bestimmung der Molekülorbitale zuwenden, wobei Näherungen verwendet werden, die durch Hückel (1931) eingeführt worden sind. Zunächst nehmen wir an, daß die Elektronen der inneren Schalen der Atome und die der lokalisierten σ-Bindungen (zusammen mit den Kernen) im wesentlichen ein effektives Feld bilden, in dem sich die verbleibenden π-Elektronen bewegen. Dann sei daran erinnert (vgl. § 4.2 und § 2.5), daß in der MO-Beschreibung die Wechselwirkung der Elektronen untereinander mit relativ hoher Genauigkeit durch einen Mittelungsprozeß berücksichtigt werden kann. Dieser stellt den Kernpunkt der Näherung des selbstkonsistenten Feldes dar. In unserem Zusammenhang bewegt sich jedes π-Elektron in einem vorgegebenen Feld, das durch das Gerüst der σ-Bindungen des Moleküls, ergänzt durch ein gemitteltes Feld der Ladungsverteilung der restlichen π-Elektronen, verursacht wird. Im Prinzip könnte dieses Feld und somit der effektive Hamiltonoperator für ein π-Elektron auf Grund fundamentaler Prinzipien berechnet werden. Tatsächlich sind mit dem Aufkommen großer elektronischer Rechenmaschinen große Fortschritte in dieser Richtung erzielt worden. Im Rahmen der einfachen MO-Theorie ist es jedoch üblich, sich einer wesentlich einfacheren „semiempirischen" Näherung zu bedienen. Die Säkulargleichungen für ein Elektron im MO (8.2), das man aus dem Einelektronen-Hamiltonoperator $\hat{h}$ erhält, lauten

$$\begin{aligned}(H_{11}-\varepsilon)c_1+(H_{12}-\varepsilon S_{12})c_2+\ldots&=0\\(H_{21}-\varepsilon S_{21})c_1+\quad(H_{22}-\varepsilon)c_2+\ldots&=0\\\ldots\ldots\ldots\ldots\ldots\ldots\ldots\ldots\ldots\ldots\ldots\ldots\ldots\end{aligned}\tag{8.6}$$

wobei die Atomorbitale $\phi_1, \phi_2, \ldots$ als normiert angenommen werden und

$$H_{rs}=\int\phi_r\hat{h}\phi_s\,\mathrm{d}\tau,\qquad S_{rs}=\int\phi_r\phi_s\,\mathrm{d}\tau\tag{8.7}$$

gesetzt wird. Es ist deshalb unnötig, die exakte Form des Operators $\hat{h}$ zu kennen; lediglich die „Matrixelemente" H_{rs} benötigen wir, und deren numerische Werte können entweder (1) mit Hilfe fundamentaler Prinzipien berechnet werden, oder (2) mit Hilfe des Experiments ermittelt werden. Die zweite Möglichkeit, die wir verfolgen werden, wird „semiempirisch" genannt. Dabei werden die unbekannten Größen so gewählt, daß die Ergebnisse die experimentell bekannten Daten für einige Standardmoleküle möglichst gut wiedergeben. Anschließend können die auf diese Weise geeichten Verfahren zur Vorhersage der Eigenschaften anderer Moleküle verwendet werden. Um die Anzahl der Parameter (die erforderlichen Matrixelemente) möglichst niedrig zu halten, hat Hückel folgende Näherungen vorgeschlagen:

(1) $H_{rr}=\alpha$ für alle konjugierten Kohlenstoffatome (r)

(2) $H_{rs}=\beta$ für jede konjugierte Kohlenstoff-Kohlenstoff-Bindung r–s (benachbarte Atome);
$H_{rs}=0$ für alle nicht benachbarten Atome

(3) $S_{rs}=0, r\neq s$ (alle Überlappungsintegrale in den Säkulargleichungen werden vernachlässigt)*.

Diese Annahmen sind inzwischen sehr gängig geworden (vgl. § 7.3); Hückel hat diese als erster eingeführt und im Rahmen einer systematischen Behandlung konjugierter Systeme erfolgreich genutzt. Wie in den vorhergehenden Kapiteln nennen wir α ein „Coulombintegral" und β ein „Bindungsintegral", wobei daran erinnert sei, daß es sich dabei um negative Größen handelt.

Nun wollen wir unter Verwendung der Hückelnäherung die Säkulargleichungen formulieren, zuallererst für in der organischen Chemie typische Systeme, nämlich kettenförmige und ringförmige Moleküle (Fig. 8.10). Die ersten Vertreter der Polyenketten sind Ethylen ($N=2$), das Allylradikal ($N=3$) und Butadien ($N=4$); die bekannteste Ringverbindung ist Benzol ($N=6$). Für eine Kette oder einen Ring mit $N=4$ nehmen die Gleichungen (8.6) die Form

$$\begin{array}{ccccccccl}(\alpha-\varepsilon)c_1&+&\beta c_2&&&&&[+\beta c_4]&=0\\\beta c_1&+&(\alpha-\varepsilon)c_2&+&\beta c_3&&&&=0\\&&\beta c_2&+&(\alpha-\varepsilon)c_3&+&\beta c_4&&=0\\{[+\beta c_1]}&&&+&\beta c_3&+&(\alpha-\varepsilon)c_4&&=0\end{array}$$

* Genau genommen wird S in der Gesamtenergie bis einschließlich der ersten Ordnung berücksichtigt. Diese Näherung drückt sich im Verschwinden von S in den Säkulargleichungen aus, wohl aber nicht im Verschwinden von β ($\sim S$) (Anmerkung des Übersetzers, vgl. § 4.4).

an, wobei die Glieder in eckigen Klammern im Fall der Kette fehlen (dann sind die Atome 1 und 4 nicht verbunden), während sie für den Ring gelten (dabei sind die Atome 1 und 4 verbunden). Diese Gleichungen können zu einer Standardform vereinfacht werden, indem jede Zeile durch β dividiert wird; dabei setzt man

$$\frac{\alpha-\varepsilon}{\beta} = -x \qquad (\text{d. h. } \varepsilon = \alpha+\beta x). \tag{8.8}$$

Die Säkulargleichungen lauten nun

$$\begin{aligned} -xc_1 + c_2 \qquad [+c_4] &= 0 \\ c_1 - xc_2 + c_3 \qquad &= 0 \\ c_2 - xc_3 + c_4 &= 0 \\ [c_1] \qquad + c_3 - xc_4 &= 0. \end{aligned}$$

Demnach stellt x die Energie „*bezüglich α als Nullpunkt*" (für $\varepsilon=\alpha$ gilt $x=0$) dar, wobei „in Einheiten von β" gemessen wird ($\varepsilon-\alpha$ wird durch β dividiert). Auf diese Weise haben wir sowohl α als auch β eliminiert. Für eine Kette oder einen Ring mit N konjugierten Kohlenstoffatomen lauten die Gleichungen ganz ähnlich, nur an Stelle von 4 haben wir jetzt N Gleichungen. Diese lauten

$$\begin{aligned} -xc_1 + c_2 \qquad\qquad [+c_N] &= 0 \\ \cdots\cdots\cdots\cdots\cdots\cdots \\ c_{m-1} - xc_m + c_{m+1} \qquad &= 0 \\ \cdots\cdots\cdots\cdots\cdots\cdots \\ [c_1] \qquad\qquad + c_{N-1} - xc_N &= 0. \end{aligned} \tag{8.9}$$

Zur Lösung des Systems (8.9) ist es ausreichend, die allgemeine Gleichung

$$c_{m-1} - xc_m + c_{m+1} = 0 \tag{8.10}$$

zu betrachten, die eine Beziehung zwischen den Koeffizienten dreier benachbarter Atomorbitale hergestellt. Die Einzelheiten können beim erstmaligen Studium überschlagen werden; die Resultate findet man in (8.18) und (8.19).

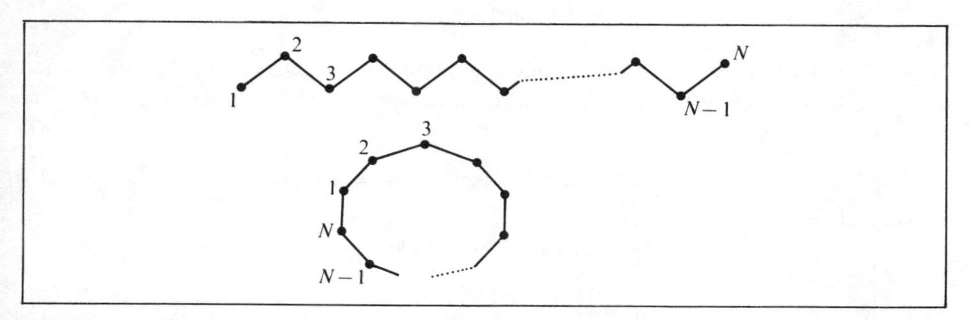

Fig. 8.10. Konjugierte Ketten und Ringe. Alle Moleküle werden als planar angenommen. Jedes Atom hat ein π-AO, $\phi_1, \phi_2, \ldots, \phi_N$.

Zunächst wollen wir kettenförmige Systeme behandeln, wobei die Glieder in eckigen Klammern in der ersten und in der letzten Gleichung in (8.9) zu streichen sind. Diese beiden Gleichungen nehmen dann die Form (8.10) an, wobei einmal $m=1$ und das andere Mal $m=N$ einzusetzen ist. Dabei müssen wir allerdings zwei zusätzliche Koeffizienten einführen *und diese als null definieren*:

$$c_0 = 0, \qquad c_{N+1} = 0. \tag{8.11}$$

Man kann diese Festsetzung als „Randbedingungen" betrachten, die uns sagen, daß es außerhalb von $m=1$ bis $m=N$ keine Koeffizienten gibt.

Als Lösung für die allgemeine Gleichung (8.10) versuchen wir, eine *periodische* Lösung anzusetzen, denn für ein Teilchen in einem Potentialkasten (§ 3.4) haben die Wellenfunktionen Sinus- und Cosinusform. Eine mögliche Form von c_m (aufgrund der Position in der Kette) könnte demnach

$$c_m = \exp(\mathrm{i}m\theta) \tag{8.12}$$

sein, wobei θ eine Konstante ist, mit der die „Wellenlänge" verbunden ist. Setzen wir (8.12) in (8.10) ein, so erhalten wir

$$\exp\{\mathrm{i}(m-1)\theta\} - x\exp(\mathrm{i}m\theta) + \exp\{\mathrm{i}(m+1)\theta\} = 0$$

oder, nach Kürzung mit dem Faktor $\exp(\mathrm{i}m\theta)$,

$$\exp(\mathrm{i}\theta) + \exp(-\mathrm{i}\theta) - x = 0. \tag{8.13}$$

Mit anderen Worten sind alle Gleichungen in (8.9) erfüllt, wenn θ mit der Energie (x) durch die Beziehung

$$x = 2\cos\theta \tag{8.14}$$

verknüpft ist*. Ein Vorzeichenwechsel von θ bewirkt keinen Vorzeichenwechsel von $\cos\theta$ und deshalb erfüllt auch $c_m = \exp(-\mathrm{i}m\theta)$ die Gleichungen. Somit ist

$$c_m = A\exp(\mathrm{i}m\theta) + B\exp(-\mathrm{i}m\theta) \tag{8.15}$$

eine allgemeine Lösung, wobei A und B beliebige Konstanten sind. Die möglichen „Wellenlängen" (θ-Werte) sind durch die Bedingungen (8.11) festgelegt. Die erste liefert $c_0 = A + B = 0$ und somit

$$c_m = A\{\exp(\mathrm{i}m\theta) - \exp(-\mathrm{i}m\theta)\} = C\sin m\theta \tag{8.16}$$

während die zweite

$$c_{N+1} = C\sin(N+1)\theta = 0$$

* Dabei wird die Eulersche Formel $\exp(\pm\mathrm{i}\theta) = \cos\theta \pm \mathrm{i}\sin\theta$ verwendet. (Anmerkung des Übersetzers)

liefert und somit

$$(N+1)\theta = k\pi \qquad (k = 1, 2, \ldots). \tag{8.17}$$

Die ganze Zahl k ist eine *Quantenzahl*; jedem k-Wert ist eine Lösung zugeordnet. Das MO erhält man durch Einsetzen von (8.17) in (8.16); die Energie dazu erhält man durch Einsetzen von (8.17) in (8.14).

Schließlich erhält man den Koeffizienten für das m-te AO im k-ten MO (ψ_k) als

$$c_m^{(k)} = C_k \sin\left(\frac{mk\pi}{N+1}\right) \tag{8.18a}$$

mit der MO-Energie

$$x_k = 2\cos\left(\frac{k\pi}{N+1}\right). \tag{8.18b}$$

Somit hat man die Lösungen für *alle* Polyenketten gewonnen, gleichgültig, wieviele Atome (N) vorliegen. Die Konstante C_k ist der Normierungsfaktor des Molekülorbitals ψ_k; dieser lautet $C_k = \sqrt{\{2/(N+1)\}}$. Mit Hilfe von α und β ausgedrückt, liefert (8.8) für den k-ten Energiewert

$$\varepsilon_k = \alpha + 2\beta\cos\left(\frac{k\pi}{N+1}\right) \qquad (k = 1, 2, \ldots, N). \tag{8.19}$$

Es gibt nur N verschiedene Lösungen (würden wir $k = N+1, N+2, \ldots$ versuchen, so würden sich die Resultate für $k = 1, 2 \ldots$ wiederholen), und die Verteilung der Energiewerte ist in Fig. 8.11 zu sehen. Die N Werte sind bezüglich $\varepsilon = \alpha$ symmetrisch angeordnet; diese Energie hat ein π-Elektron in einem isolierten Kohlenstoffatom. Die unterhalb von $\varepsilon = \alpha$ liegenden Energien entsprechen bindenden Molekülorbitalen, die oberhalb von $\varepsilon = \alpha$ liegenden Energien entsprechen antibindenden Molekülorbitalen. Wir können auch feststellen, daß es für *ungerades* N immer eine Lösung mit $x_k = 0$ ($k = 1/2\,(N+1)$) und somit $\varepsilon_k = \alpha$ gibt; das entsprechende Orbital ist das „nichtbindende MO". Wird die Kette länger, so erhalten wir ein nahezu kontinuierliches „Band" von Energiewerten mit einer Breite von 4β. Die Wechselwirkung zwischen den Atomen und die daraus resultierende Delokalisierung der Wellenfunktionen be-

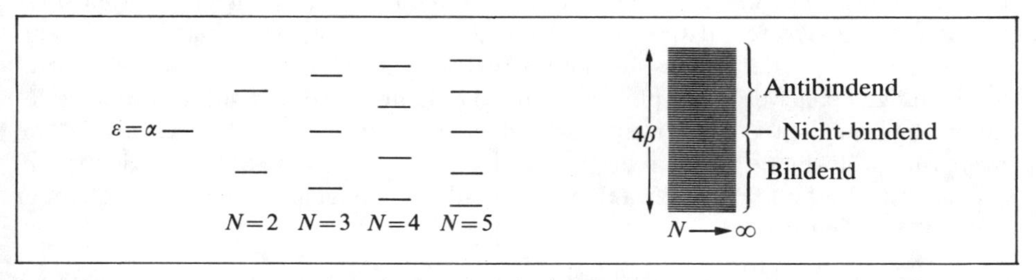

Fig. 8.11. Die Verteilung der Energiewerte für eine konjugierte Kette von N Atomen. Mit wachsendem N rücken die Energiewerte immer dichter zusammen und bilden schließlich ein „Energieband" der Breite 4β.

wirkt eine „Aufspaltung" eines atomaren Energiewertes in ein Band von N Niveaus. Je größer die Wechselwirkung β ist (diese hängt von der Überlappung der benachbarten Atomorbitale ab), um so größer wird die Bandbreite.

Die soeben erhaltenen Resultate sind von größter Bedeutung, denn sie liefern uns einen Einblick in die Theorie des Bändermodells für die elektronische Struktur von Kristallen; wir werden in Kapitel 11 darauf zurückkommen. Ein langes Polyen sowie viele andere Arten von kettenförmigen Polymeren können tatsächlich als „eindimensionaler Kristall" betrachtet werden.

Für ein *cyclisches* Polyen müssen die Glieder in eckigen Klammern in (8.9) beibehalten werden. Diese Glieder entstehen durch die Wechselwirkung zwischen den endständigen Atomen 1 und N, wenn aus der Kette ein Ring gebildet wird (Fig. 8.10). Damit die erste und die letzte Gleichung die allgemeine Form (8.10) erfüllen, müssen wir

$$c_0 = c_N, \qquad c_{N+1} = c_1 \tag{8.20}$$

wählen. Mit anderen Worten, wir ersetzen einfach (8.11) durch neue Randbedingungen; diese werden oft „periodische Randbedingungen" genannt, denn sie garantieren, daß bei einer Zählung rund um den Ring herum das $(N+1)$-te Atom (und sein AO-Koeffizient) mit dem ersten übereinstimmt, das $(N+2)$-te mit dem zweiten, und so fort. Die neuen Bedingungen führen zu den Lösungen

$$c_m^{(k)} = A_k \exp\left(\frac{2\pi i m k}{N}\right), \qquad x_k = 2\cos\left(\frac{2k\pi}{N}\right) \tag{8.21}$$

an Stelle von (8.18), wobei nun positive und negative ganze Zahlen für die Quantenzahl k zu den verschiedenen Lösungen führen,

$$k = 0, \pm 1, \pm 2, \ldots$$

Jedes Wertepaar (etwa ± 2) liefert dieselbe Energie x_k. Die Molekülorbitale sind demnach paarweise entartet, mit Ausnahme des energetisch tiefsten ($k=0$) und, im Falle einer *geraden* Anzahl von Atomen, des energetisch höchsten ($k=N/2$); für $|k|>N/2$ wiederholen sich die Lösungen, so daß es keine neuen gibt.

Die komplexen Molekülorbitale mit den AO-Koeffizienten (8.21) sind Lösungen der Schrödingergleichung, die einer „fortschreitenden Welle" entsprechen; positive und negative k-Werte entsprechen verschiedenen Richtungen für das im Ring umlaufende Elektron; der Impuls steigt mit k (vgl. § 11.2). Meistens werden die entarteten Lösungen paarweise kombiniert, indem die Summe und die Differenz der Molekülorbitale mit den k-Werten unterschiedlichen Vorzeichens gebildet werden, um *reelle* Molekülorbitale zu erhalten. Diese erfüllen ebenfalls die Säkulargleichungen, sind aber leichter bildlich darzustellen. Die beiden Lösungen in der Form „stehender Wellen" für die Energie

$$\varepsilon_k = \alpha + 2\beta \cos\left(\frac{2k\pi}{N}\right) \tag{8.22}$$

haben Koeffizienten mit den Eigenschaften des Sinus und des Cosinus:

$$a_m^{(k)} = C_k \sin\left(\frac{2\pi mk}{N}\right), \qquad b_m^{(k)} = C_k \cos\left(\frac{2\pi mk}{N}\right) \tag{8.23}$$

Nun können wir uns auf positive Werte für k beschränken; C_k ist der Normierungsfaktor für ψ_k. Für $N=6$ kann leicht gezeigt werden, daß die Benzol-Molekülorbitale aus Tabelle 8.2 erzeugt werden, wenn $k=0$ (b-Koeffizienten) und $k=1$ (a- und b-Koeffizienten für das entartete Paar) gesetzt werden.

Die Verteilung der Energieniveaus bezüglich des Referenzwertes $\varepsilon=\alpha$ ist in Fig. 8.12 dargestellt. Für Ringe mit einer geraden Anzahl von Atomen ist die Verteilung symmetrisch, aber für ungerades N nicht. Für $N\rightarrow\infty$ bilden die Niveaus wieder ein kontinuierliches Energieband der Breite 4β, obwohl jetzt jedes Niveau einem entarteten *Paar* von Zuständen entspricht.

Aus Fig. 8.12 können einige interessante Schlußfolgerungen gewonnen werden. Zunächst haben die Moleküle mit symmetrisch verteilten Niveaus (bezüglich $\varepsilon=\alpha$) eine gemeinsame Eigenschaft; die Kohlenstoffatome können in zwei Gruppen unterteilt werden. Gehen wir im Ring herum und versehen jedes zweite Atom mit einem Stern, um „gesternte" und „ungesternte" Atome zu erhalten, so sind *keine zwei gesternten Atome benachbart.* Solche Moleküle werden *alternierende Kohlenwasserstoffe* genannt. Die Ketten (Fig. 8.10) sind offensichtlich alternierend, denn sie haben symmetrisch angeordnete Energieniveaus; Ringe mit einer *ungeraden* Anzahl von Atomen sind *nicht-alternierend*, denn der Markierungsprozeß endet mit zwei benachbarten Sternen. Die Eigenschaften alternierender Moleküle sind von großer Bedeutung und werden später behandelt.

Aus Fig. 8.12 folgt eine weitere Besonderheit, nämlich eine auf Hückel zurückgehende bekannte Regel, die als „Hückelsche $4n+2$" -Regel bekannt ist. Die Regel bezieht sich auf die Eigenschaften von cyclisch konjugierten Molekülen mit N π-Elektronen. Diese Eigenschaften hängen auf bestimmte Weise von der ganzen Zahl N ab. Wird N mit Hilfe einer kleineren Zahl n ausgedrückt, so lautet die Regel wie folgt:

$N=4n+2 \rightarrow$ das Molekül ist sehr stabil
$N=4n+1 \rightarrow$ das Molekül ist ein freies Radikal
$N=4n \quad \rightarrow$ das Molekül hat einen Triplett-Grundzustand und ist instabil

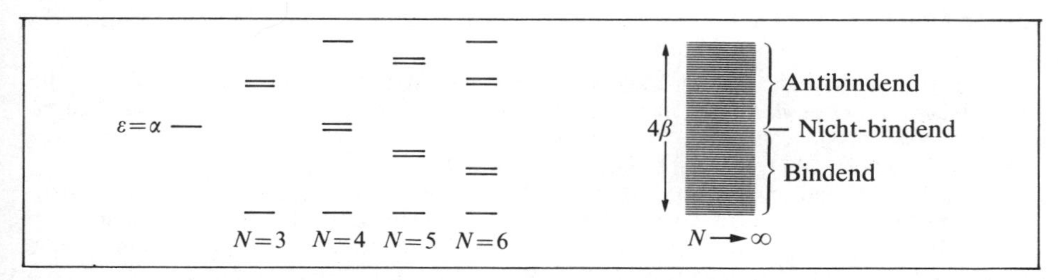

Fig. 8.12. Die Verteilung der Energieniveaus für einen konjugierten Ring mit N Atomen. Alle Niveaus des Bandes sind zweifach entartet, mit Ausnahme des tiefsten und, für gerades N, des höchsten.

Die Begründung dieser Regel folgt unmittelbar aus Fig. 8.12. Wegen der Existenz von nur einem niedrigsten Orbital, aber der paarweisen Entartung der anderen, muß die Anzahl der besetzten oder teilweise besetzten Niveaus von der Form $1 + 2n$ sein (mit n entarteten Paaren). Diese Niveaus sind durch die doppelte Anzahl von Elektronen gefüllt, das sind $N = 4n + 2$ Elektronen, und man erhält einen Grundzustand mit abgeschlossenen Schalen. Wird N um 1 vermindert, so enthält das höchste entartete Paar nur drei Elektronen; das einfach besetzte MO zeigt die Ursache für das radikalische Verhalten an. Wird N um 2 vermindert, so besetzen die verbleibenden zwei Elektronen die entarteten Molekülorbitale je einfach, wobei der parallele Spin zu einem Triplettzustand führt (Hundsche Regel).

Die $4n + 2$-Regel bestätigt sich für Benzol, Cyclopentadienyl und Cyclobutadien. Benzol ($N = 4n + 2$ mit $n = 1$) ist durch die π-Bindung stark stabilisiert. Cyclopentadienyl ($N = 4n + 1$ mit $n = 1$) hat radikalische Eigenschaften, aber ein zusätzliches Elektron erzeugt abgeschlossene Schalen und es entsteht ein stabiles Anion, während die Entfernung eines Elektrons ein instabiles Kation liefert. Cyclobutadien ($N = 4n$ mit $n = 1$) sollte einen Triplett-Grundzustand haben und instabil sein. Viele Jahre widerstand dieses Molekül allen Versuchen seiner Synthese. Inzwischen ist es bekannt (Emerson, Watts und Pettit (1965)), aber es hat sich als ausgesprochen instabil erwiesen.*

Bei der Behandlung von Ringen müssen wir immer daran denken, daß die Stabilität von der *Gesamtenergie* abhängt, nicht nur von der π-Elektronenenergie alleine. Des weiteren ist zu bedenken, daß jede Abweichung von den „natürlichen" planaren Bindungswinkeln (120°, entsprechend der trigonalen Hybridisierung) die Energie des σ-gebundenen Gerüsts um den Betrag der Ringspannungsenergie (§ 8.2) erhöht. Beispielsweise können in Cyclobutadien die überlappenden Hybride nicht genau gegeneinander gerichtet sein, so daß „gebogene Bindungen" vorliegen, es sei denn, der s-Beitrag wird auf null reduziert. In jedem Falle aber liefert die reduzierte Überlappung eine schwächere σ-Bindung und somit eine höhere σ-Elektronenenergie. Derselbe Effekt tritt in Cyclooctatetraen auf (C_8H_8), wobei die Planarität des Moleküls Bindungswinkel von 135° erfordern würde, an Stelle von 120°. In diesem Fall hat sich gezeigt, daß die Nichtplanarität für das Molekül energetisch günstiger ist. Dabei erniedrigt sich zwar die σ-Elektronenenergie, aber auf Kosten des größten Teils der π-Elektronen-Delokalisierungsenergie; die Bindungsintegrale (β) werden betragsmäßig stark reduziert, wenn die 2p-Atomorbitale nicht mehr parallel sind. In solchen Fällen gehen die Planarität und der π-Charakter des Moleküls fast vollständig

* In der zitierten Arbeit wird nur die Darstellung eines Metallkomplexes der Verbindung beschrieben. Maier *et al.* (1978) haben erstmals das freie Tetra-tert.-butyl-cyclobutadien beschrieben. Masamune *et al.* (1978) haben mit Hilfe von IR-Spektren die im Kohlenstoffgerüst rechteckige Form des freien C_4H_4 nachgewiesen; es hat einen Singulettgrundzustand.

Bisher gibt es zahlreiche weitere Ausnahmen bezüglich Hückels Klassifikation nach Systemen mit $4n + 2$ oder $4n$ π-Elektronen. Im Cyclopropenylanion ($C_3H_3^-$) liegt einer lokalisierten C=C-Bindung ein Methinanion (CH^-) mit sp^3-hybridisiertem Kohlenstoff gegenüber; dabei liegt ein Singulettgrundzustand vor; $C_4H_4^{2+}$ ist ebenfalls nicht planar (Schleyer *et al.* (1978)); auch Cyclooctatetraen (C_8H_8) ist weder planar, noch hat es einen Triplettgrundzustand. Alle diese Systeme entziehen sich somit einer Behandlung im Rahmen der π-Elektronennäherung. (Anmerkung des Übersetzers)

verloren, die CC-Bindungen alternieren zwischen Einfach- und Doppelbindungen. Es muß deshalb stets daran erinnert werden, daß trotz der überzeugenden Erkenntnis, daß viele Eigenschaften von konjugierten Molekülen auf ihre π-Elektronen zurückgeführt werden können, manchmal auch andere Faktoren dominieren können. Wenn immer die Bindungswinkel von 120° abweichen, oder wenn Nichtplanarität vorliegt, können wir sicher sein, daß auch andere Faktoren bedeutungsvoll sind.

8.5 Alternierende Kohlenwasserstoffe. Ladungen und Bindungsordnungen

In § 8.3 ist gezeigt worden, daß die π-Ladungen an den Kohlenstoffatomen in Benzol alle den Wert eins haben und daß deshalb die π-Elektronen über das Molekül gleichmäßig verteilt sind. Dasselbe Ergebnis erhält man für alle in § 8.4 betrachteten Moleküle, die im Rahmen der Hückel-Näherung behandelt worden sind; dabei ging man von der Annahme aus, daß jedes Kohlenstoffatom nur ein π-Elektron beisteuert. Unter diesen Voraussetzungen ist die Gleichförmigkeit der π-Elektronenverteilung ($q_r = 1$ für alle r) eine charakteristische Eigenschaft *aller alternierenden Kohlenwasserstoffe.* Solche Moleküle haben viele gemeinsame Eigenschaften, die wir für alternierende Ketten und Ringe bereits erwähnt haben. Diese Eigenschaften können wie folgt zusammengefaßt werden.

(1) Jedes bindende MO hat einen antibindenden „Partner"; die entsprechenden Energien liegen symmetrisch über und unter der eines π-Elektrons in einem isolierten Kohlenstoffatom ($\varepsilon = \alpha$).

(2) Ist die Anzahl der konjugierten Atome ungerade, so gibt es mindestens ein *nicht*-bindendes MO mit $\varepsilon = \alpha$.

(3) Sind die Molekülorbitale in aufsteigender energetischer Reihenfolge mit Elektronen besetzt, wobei von jedem konjugierten Kohlenstoffatom eines kommt, so ist die π-Ladung an jedem Atom eins. (Alle nicht-bindenden Molekülorbitale sind nach der Hundschen Regel einfach besetzt.)

Die mögliche Existenz nicht-bindender Orbitale (NBMO) ist von großer Bedeutung. Enthalten sie nur ein Elektron, so vermittelt uns die Kenntnis der Orbitalform die aktiven Zentren in freien Radikalen. Darüber hinaus können diese Orbitale noch in vielerlei anderer Hinsicht verwendet werden, wie wir gleich sehen werden.

Zunächst aber soll gezeigt werden, wie die gesamte π-Elektronenenergie als Funktion der Ladungen und Bindungsordnungen geschrieben werden kann, denn auf dieser Beziehung beruht der Wert dieser Größen hauptsächlich. Im Rahmen der Hückel-Näherung ist die Energie der π-Elektronen gleich der Summe der Energien der besetzten Orbitale (ist ein Orbital doppelt besetzt, so ist auch die Orbitalenergie doppelt zu zählen). Die Orbitalenergie (ε) hat die Form

$$\begin{aligned}\varepsilon &= \int (c_1\phi_1 + c_2\phi_2 + \ldots)\, \hat{h}(c_1\phi_1 + c_2\phi_2 + \ldots)\, d\tau \\ &= c_1^2\alpha_1 + c_2^2\alpha_2 + \ldots + 2c_1c_2\beta_{12} + \ldots\end{aligned}$$

wobei α und β die Coulomb- und Bindungsintegrale sind (für C-Atome sind alle α gleich, für CC-Bindungen sind alle β gleich). Die gesamte elektronische Energie erhält man durch Summierung der Orbitalbeiträge. Beachtet man dabei, daß die Summe der Produkte die Bindungsordnungen sind, wie diese in (8.5) definiert worden sind, so erhalten wir

$$E = q_1\alpha_1 + q_2\alpha_2 + \ldots + 2p_{12}\beta_{12} + \ldots. \tag{8.24}$$

Es gibt deshalb für jedes Atom r einen Energieterm $q_r\alpha_r$, und für jede Bindung r—s gibt es einen Energieterm $2p_{rs}\beta_{rs}$. Der letztere dieser Terme stellt die Absenkung der elektronischen Energie auf Grund der π-Bindung im r—s-Glied dar. Dieser Beitrag ist proportional zur Bindungsordnung und auch zu β; (diese Größe hängt von der Überlappung der Orbitale ϕ_r und ϕ_s ab).

Das Ergebnis (8.24) liefert eine quantitative Grundlage für einige bereits früher erarbeitete Erkenntnisse über die Effekte der π-Bindung. An erster Stelle sagt es uns, daß ein Energieterm $2p_{rs}\beta_{rs}$, der proportional zur Bindungsordnung p_{rs} ist, auf Grund der π-Bindung im Glied r—s auftritt. Je größer die Bindungsordnung ist, desto größer ist die Stabilisierung. Zweitens gestattet uns dieses Ergebnis einen Einblick darüber, wie das Molekül hinsichtlich jeglicher auftretender *Änderungen* reagiert; beispielsweise können das Winkeländerungen oder Verlängerungen einer Bindung sein. Die Änderung der π-Elektronenenergie in erster Ordnung kann aus (8.24) berechnet werden, indem die Coulomb- und Bindungsintegrale entsprechend verändert werden, wobei die Koeffizienten (q und p) unverändert bleiben. Das ist ein bekanntes Ergebnis der „Störungstheorie" in der Quantenmechanik. Dieses Resultat gilt auch für die LCAO-Darstellung, vorausgesetzt, daß die AO-Koeffizienten durch Variation bestimmt worden sind (damit ist die Lösung der Säkulargleichungen gemeint). Wird also die r—s-Bindungslänge verändert, so ändert sich β_{rs} um $\delta\beta_{rs}$. Die daraus resultierende Änderung der π-Elektronenenergie lautet

$$\delta E = 2p_{rs}\delta\beta_{rs}. \tag{8.25}$$

Die π-Elektronenenergie, die wir unter der Annahme gleicher Bindungslängen berechnen, kann demnach erniedrigt werden, wenn man eine Verkürzung des Glieds r—s ermöglicht (eine ansteigende Überlappung erhöht den *Betrag* von β_{rs}; diese Größe ist aber negativ, und deshalb hat $\delta\beta_{rs}$ einen negativen Wert). Somit wird die entsprechende σ-Bindung verkürzt, und je größer die Bindungsordnung p_{rs} ist, desto stärker ist die Verkürzung. Wir können deshalb erwarten, daß jede CC-Bindung in einem konjugierten System verkürzt wird, relativ zur gewöhnlichen Einfachbindung, wobei die Bindungsordnung p_{rs} ein Maß dafür ist. Diese Vermutung wird durch Beobachtungen bestätigt; berechnete Bindungsordnungen und beobachtete CC-Bindungslängen für eine große Anzahl konjugierter Systeme liefern eine recht gute lineare Beziehung (Fig. 8.13).

Es gibt noch zwei weitere unmittelbare Folgerungen aus (8.24). Wird ein konjugiertes Molekül „gefaltet", indem es aus der Ebene heraus zwischen den beiden Bindungen r—s und t—u gewinkelt wird, so wird der Betrag der beiden Bindungsintegrale β_{rs} und β_{tu} drastisch reduziert, indem die Überlappung der 2p-AO-Paare redu-

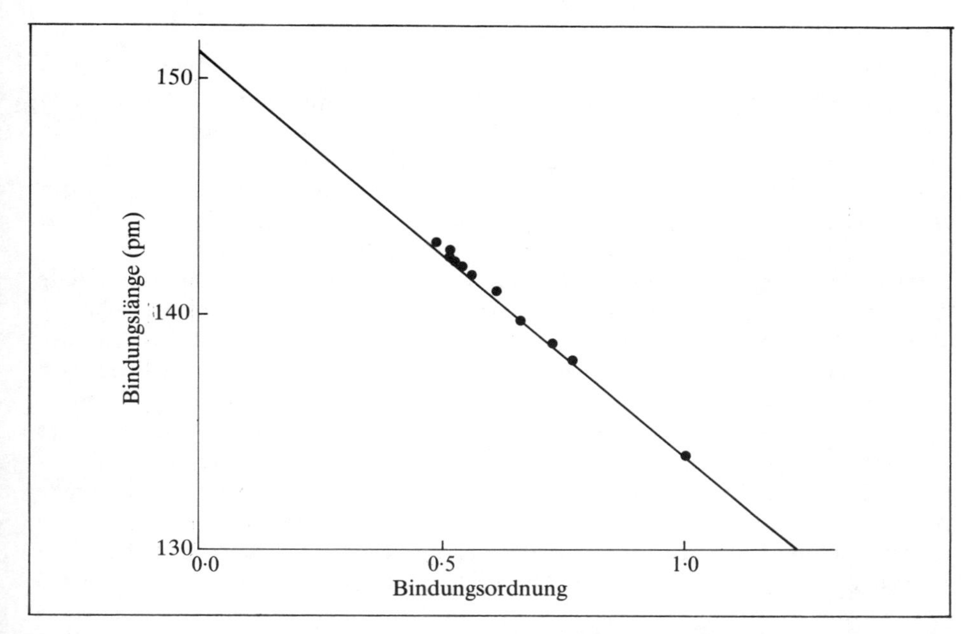

Fig. 8.13. Die näherungsweise lineare Beziehung zwischen CC-Bindungslängen und π-Bindungsordnungen. Die Punkte entsprechen Bindungen in einer großen Anzahl konjugierter Kohlenwasserstoffe, in denen die Kohlenstoffatome näherungsweise sp^2-Hybride bilden.

ziert wird; $\delta\beta_{rs}$ und $\delta\beta_{tu}$ werden positiv sein. Daraus folgt, daß auch δE positiv sein wird, woraus eine Kraft resultiert, die zur Beibehaltung der Planarität wirkt. Das ist die Begründung der Planarität konjugierter Systeme. Gleichzeitig können wir feststellen, daß dieselbe Winkelung leichter erhalten werden kann (δE kleiner), wenn die betroffenen Bindungen kleine π-Bindungsordnungen haben. Diese Tatsache liefert eine quantitative Bestätigung der Vorstellung, daß die planare Konformation durch die π-Bindung stabilisiert wird.

Schließlich kann man die Delokalisierungsenergie („Resonanzenergie"), die mit der π-Bindung verbunden ist, sehr leicht nach (8.24) berechnen, wenn einmal die Ladungen und Bindungsordnungen bekannt sind. Die „Referenzenergie", die einer „Kekulé-Grenzformel" entspricht, enthält für jedes Doppelbindungsglied einen Term $q_r\alpha_r + q_s\alpha_s + 2p_{rs}\beta_{rs}$, mit $q_r = q_s = p_{rs} = 1$. Mit der Hückel-Näherung $\alpha_r = \alpha_s = \alpha$, $\beta_{rs} = \beta$ erhält man dafür einfach $2\alpha + 2\beta$. Wir haben nun folgendes Ergebnis erhalten.

Die π-Elektronendelokalisierungsenergie eines konjugierten Kohlenwasserstoffmoleküls erhält man durch Subtraktion der Größe $2\alpha + 2\beta$, für jede Doppelbindung in der zu Grunde gelegten Valenzstruktur, von der Energie (8.24).	(8.26)

Unsere früheren Beobachtungen hinsichtlich möglicher Änderungen der σ-Elektronenenergie auf Grund von Bindungen oder Verkürzungen von σ-Bindungen deuten darauf hin, daß die „Resonanzenergie", über die während der Anfänge der Quantenchemie viel geschrieben wurde, kein befriedigendes Konzept darstellt; es stellt keinen Zusammenhang zu beobachtbaren Größen her. Sogar dann, wenn eine „experimentelle" π-Elektronenenergie einer Valenzstruktur zugeordnet werden könnte (unter Verwendung thermodynamisch bestimmter Bindungsenergien für C−C- und C=C-Bindungen), so hätte diese Struktur Bindungen mit alternierenden Längen, und diese sind nicht die gleichen wie im wirklichen Molekül. Man müßte stets ungewisse Korrekturen für die „Kompressionsenergie" einführen, wenn ein Vergleich zwischen Experiment und Theorie vorgenommen werden soll. Nichtsdestoweniger kann daran kaum ein Zweifel bestehen, daß die Beziehungen zwischen den berechneten Delokalisierungsenergien cyclisch kondensierter Systeme und ihren Stabilitäten brauchbare Informationen liefern. Wir werden auf die Diskussion der Stabilität und ihre chemische Bedeutung in Kapitel 10 zurückkommen. Hückel-Rechnungen sind durchgeführt worden, und deren Ergebnisse sind für eine große Anzahl konjugierter Systeme tabelliert (Streitwieser und Brauman (1965)), sowohl für alternierende als auch für nicht-alternierende Moleküle. Die Korrelation zwischen berechneter und „experimenteller" Delokalisierungsenergien ist in Tabelle 8.3 zu ersehen.

Tabelle 8.3. Delokalisierungsenergien für einige Kohlenwasserstoffe

Verbindung	Delokalisierungs-energie*	Beobachteter Wert** (kJ mol^{-1})	Theoretischer Wert§ (kJ mol^{-1})
Benzol	$2{\cdot}00\beta$	155	155
Naphthalin	$3{\cdot}68\beta$	314	285
Anthracen	$5{\cdot}32\beta$	439	412
Phenanthren	$5{\cdot}45\beta$	460	422
Diphenyl	4.38β	330	339
Butadien	$0{\cdot}47\beta$	15	36
Hexatrien	$0{\cdot}99\beta$	—	77

* Aus MO-Rechnungen mit gleichen β-Werten für alle CC-Bindungen. Diese Annahme ist für Ringverbindungen sinnvoll, aber für Ketten weniger (dort wird die Delokalisierungsenergie überbetont).

** Übernommen von Pauling (1973). Für eine kritische Betrachtung von Resonanzenergieberechnungen siehe auch Cottrell und Sutton (1947).

§ Der Parameter β wurde so gewählt, daß der experimentelle Wert für Benzol reproduziert wird.

8.6 Alternierende Radikale und Ionen

Die Form des nicht-bindenden Orbitals (NBMO), das in alternierenden Kohlenwasserstoffen vorhanden ist, die eine ungerade Anzahl von Zentren aufweisen, ist wegen ihrer Beziehung zu Radikaleigenschaften von besonderer Bedeutung. Diese Form ist sehr leicht zu bestimmen, denn man braucht dazu nicht mehr als eine einfache Arithmetik! Man muß lediglich die Kohlenstoffatome in zwei Gruppen unterteilen, indem man alternierende Atome mit einem Stern kennzeichnet, und die folgende Regel anwenden.

Im NBMO sind die Koeffizienten der Atomorbitale im kleineren der beiden Sätze (gewöhnlich der ungesternte Satz) null; die *Summe* der Koeffizienten der zu einem ungesternten Atom benachbarten Atomorbitale ist ebenfalls null.	(8.27)

Der Ursprung dieser Regel ist in den Säkulargleichungen zu sehen. Diejenige, die für die Verbindung des Koeffizienten von ϕ_r mit den Koeffizienten seiner Nachbarn (ϕ_s) sorgt, lautet

$$-xc_r + \sum_{s(r-s)} c_s = 0, \qquad (8.28)$$

wobei $(r—s)$ unter dem Summenzeichen bedeutet: „für s gebunden mit r". Nach Definition gilt für das nicht-bindende Orbital $x = 0$, und deshalb muß die Summe über die Nachbarn in dem entsprechenden MO verschwinden. Ein strenger Beweis (Longuet-Higgins (1950)) der Existenz von mindestens einem NBMO ist etwas schwieriger. Hier soll nur darauf hingewiesen werden, daß es in manchen Fällen mehr als ein NBMO gibt.

Als Beispiel wollen wir das Benzylradikal heranziehen. Die Unterscheidung der beiden Gruppen alternierender Atome ist in Fig. 8.14(a) angedeutet. Wird der AO-Koeffizient am linken Kohlenstoffatom als 1 angenommen, so folgen alle übrigen Koeffizienten aus der Regel (8.27) unmittelbar. Diese lauten -1 und $+2$, was in Fig. 8.14(b) dargestellt ist. Zur Normierung des NBMO multiplizieren wir alle Koeffizienten mit k und fordern, daß die Summe der Quadrate eins sei. Somit gilt $k^2(1 + 1 + 1 + 4) = 1$ und $k = 1/\sqrt{7}$. Der endgültige Satz der Koeffizienten ist in Fig. 8.14(c) zu sehen. Die entsprechenden Quadrate liefern die Ladungsbeiträge $q_1, q_2, \ldots, q_7$ des Elektrons im NBMO. Diese Zahlen sind in Fig. 8.14(d) zu sehen.

Nach Regel (1) (§ 8.5) erwarten wir drei bindende und drei antibindende Molekülorbitale. Im Grundzustand werden die sieben π-Elektronen alle bindenden Molekülorbitale doppelt besetzen, wobei ein π-Elektron das NBMO besetzt. Die Koeffizientenquadrate in Fig. 8.14(d) zeigen an, wo das zusätzliche Elektron gefunden werden kann. Die Wahrscheinlichkeit, dieses Elektron am endständigen Kohlenstoff zu finden, ist viermal so groß wie die Wahrscheinlichkeit für den para-Kohlenstoff; am meta-Kohlenstoff wird es nie gefunden. Diese Ergebnisse stehen im Einklang mit der beobachteten Radikalaktivität des Systems; außerdem werden sie durch die beobachtete Hyperfeinstruktur des ESR-Signals bestätigt, die durch die Kopplung mit dem Spin der Protonen bewirkt wird, die den vorhergesagten aktiven Zentren benachbart sind.

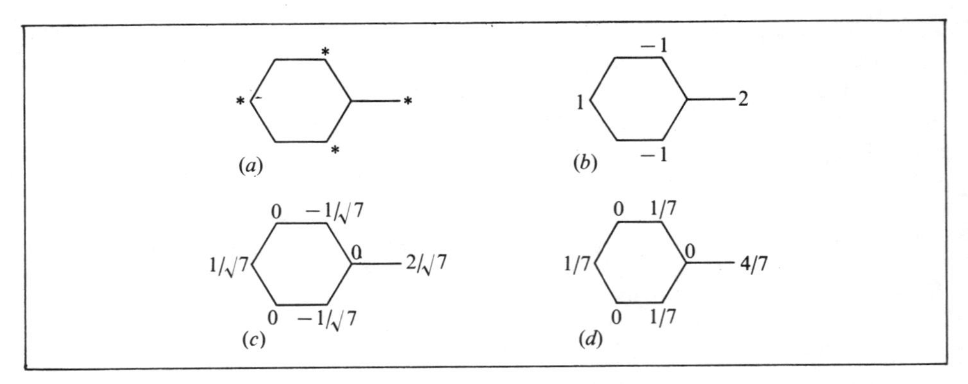

Fig. 8. 14. Die Bestimmung des nicht-bindenden Molekülorbitals im Benzylradikal: *(a)* Definition der beiden Atomgruppen; *(b)* AO-Koeffizienten (unnormiert); *(c)* normierte Koeffizienten; *(d)* π-Ladungsbeiträge.

Wir wollen uns kurz der VB-Beschreibung der Radikalaktivität zuwenden. Dabei müssen wir die Hauptstrukturen aufzeichnen, wobei bei einer ungeraden Anzahl von Elektronen immer ein Elektron „übrig bleibt" (es bleibt ungepaart); dieses entspricht dem zusätzlichen Elektron in der MO-Näherung. Die Strukturen des Benzylradikals sind in Fig. 8. 15 dargestellt, und sie liefern dieselben aktiven Zentren wie die MO-Näherung. Viel bemerkenswerter ist jedoch, und das kann allgemein bewiesen werden (Longuet-Higgins und Dewar (1952)), *daß die Anzahl der Hauptstrukturen mit dem ungepaarten Elektron an einem bestimmten Zentrum proportional dem Betrag des AO-Koeffizienten, an diesem Zentrum, im NBMO ist.* Die Anzahl der Hauptstrukturen liefert demnach, abgesehen von den Vorzeichen, ebenfalls die AO-Koeffizienten (Fig. 8. 14(*b*)), genauso, als hätten wir die Säkulargleichungen für die Molekülorbitale gelöst. Demnach gibt es eine sehr tiefgründige Parallele zwischen den Vorhersagen der MO-Theorie und denen auf Grund von einfachen bildlichen Vorstellungen mit Hilfe von möglichen Resonanzstrukturen. Das ist kein Zufall sondern eine mathematische Folgerung auf Grund der Struktureigenschaften der Diagramme. Die relativen Anzahlen von Strukturen mit dem Punkt an verschiedenen Stellen erfüllen Gleichungen, die ähnlich denen für die NBMO-Koeffizienten sind. Aus diesem Grunde ist es leicht zu verstehen, trotz der Einwände vom Standpunkt der Quantenmechanik, daß die sogenannte „Resonanztheorie" als ein qualitatives Konzept in der organischen Chemie auf eine sehr erfolgreiche Vergangenheit zurückblicken kann.

Die Kenntnis der Form des NBMO gestattet uns auch, ohne weitere Rechnungen, die π-Ladungsverteilung in Radikalionen zu diskutieren. Im Falle des Benzylanions haben wir *zwei* Elektronen im NBMO. Die Zahlen in Fig. 8. 14(*d*) stellen deshalb auch die negativen Nettoladungen an den einzelnen Kohlenstoffatomen dar, denn bevor das Elektron hinzukommt ist die gesamte π-Ladung an jedem Zentrum eins (Regel (3), § 8.5). Die Situation ist für das Kation genau umgekehrt. Entfernung des einsamen NBMO-Elektrons erzeugt ein Kation mit den *positiven* Nettoladungen von 1/7 und 4/7 an denselben Stellen.

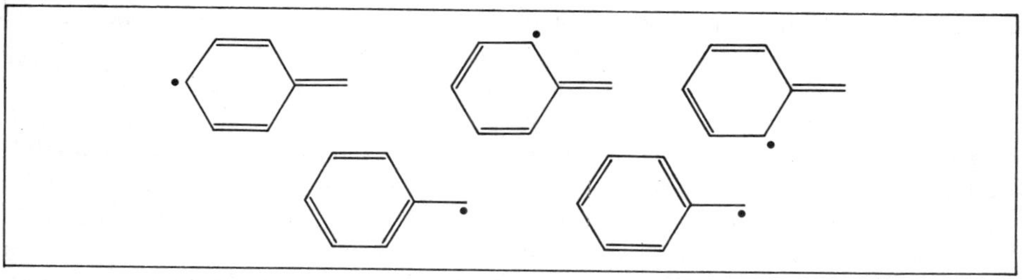

Fig. 8. 15. Die Haupt-VB-Strukturen für das Benzylradikal. Bei zwei Strukturen befindet sich das zusätzliche Elektron am endständigen Kohlenstoffatom; für alle anderen aktiven Zentren gibt es jeweils nur eine Struktur. Die Vorhersagen der „Resonanztheorie" sind demnach denen der MO-Theorie ähnlich.

8.7 Heterocyclen und Substituenteneffekte

Bisher haben wir nur Kohlenwasserstoffe behandelt, und nun wollen wir uns heterocyclischen Molekülen zuwenden, in denen ein Kohlenstoffatom durch ein anderes Atom (N oder O) ersetzt wird. Gleichzeitig sollen substituierte Moleküle diskutiert werden, in denen ein Wasserstoffatom entweder durch ein anderes Atom, oder durch eine Substituentengruppe (F oder NH_2) ersetzt wird.

Der wesentliche Unterschied zwischen einem heterocyclischen Molekül und dem entsprechenden ursprünglichen Kohlenwasserstoff besteht in der geänderten Elektronegativität am Heteroatom. Das Matrixelement H_{rr} ($= \alpha_r$) für das Heteroatom wird sich von denen für die Kohlenstoffatome unterscheiden. Die entsprechenden Resonanzintegrale β_{rs}, wobei r der Index für das Heteroatom ist, werden sich ebenfalls geringfügig ändern. Diese Änderungen, im besonderen für Stickstoff als Heteroatom, sind gering. Es kann gezeigt werden, daß sich die Änderungen nur durch einen Effekt zweiter Ordnung auf die resultierende Ladungsverteilung auswirken. Für Pyridin (das N-Atom trägt die Nummer 1) sind die Säkulargleichungen näherungsweise dieselben wie für Benzol, lediglich der Term α in der ersten Zeile ist zu ändern. Diese Änderung hängt von der Elektronegativitätsänderung ab, und deshalb kann sie als proportional zur Differenz der Elektronegativitäten der beiden Atome angenommen werden (§ 6.4). Im Falle von Stickstoff ist es üblich, α durch $\alpha + 2\beta$ zu ersetzen (am Stickstoffatom). In späteren Arbeiten wird ein passenderer Wert von $\alpha + 1/2\beta$ vorgeschlagen. Viele Vorschläge für α-Werte von Heteroatomen sind in der Literatur zu finden. Einige repräsentative Werte werden von Streitwieser (1961) angegeben. Im allgemeinen wird für ein Heteroatom der Einfachheit halber der Ersatz $\alpha \rightarrow \alpha + k\beta$ vorgenommen. Demzufolge wird in der „x-Form" der Säkulargleichungen (siehe § 8.4) der Term $-x$ durch $-x + k$ ersetzt, wenn er sich auf ein Heteroatom bezieht. Unglücklicherweise wird dadurch die Einfachheit der Gleichungen zerstört, und deshalb läßt sich die Lösung nicht mehr in einer so einfachen Form wie in § 8.4 angeben. Die Gleichungen können aber auf jeden Fall numerisch gelöst werden. Die Ladungen und Bindungsordnungen können aus den resultierenden Molekülorbitalen mit Hilfe von (8.5) berechnet werden.

In Stickstoff-Heterocyclen, wie Pyridin, wird der Stickstoff durch sp^2-Hybride beschrieben, wobei das einsame Elektronenpaar in der Ringebene nach außen zeigt. Ein Valenzelektron verbleibt zur Beteiligung am π-System. Pyridin ist demnach zu Benzol *isoelektronisch.* Die Ladungen und Bindungsordnungen ergeben sich aus den drei doppelt besetzten Molekülorbitalen. Einige Ergebnisse für Pyridin und für Chinolin sind in Fig. 8.16 für $k = 0.5$ dargestellt. Sie zeigen, wie die π-Elektronenladung zu dem elektronegativeren Stickstoffatom hingezogen wird, und zwar auf Kosten der Kohlenstoffatome. Man sieht auch, wenn man sich vom Heteroatom entfernt, daß nur die *alternierenden* Atome davon stark betroffen sind. Diese Beobachtung steht in Einklang mit dem empirischen „Gesetz der alternierenden Polarität", dessen allgemeine Begründung in der MO-Theorie möglich ist (Coulson und Longuet-Higgins (1947)).

Ähnliche Rechnungen können auch für andere Moleküle leicht durchgeführt werden, indem man sich einer Rechenmaschine bedient. Dabei ist aber besonders interessant, daß dieselben qualitativen Vorhersagen oft auch ohne Rechnung erhalten werden können, indem man die Eigenschaften des NBMO ausnutzt, die im letzten Abschnitt behandelt worden sind. Um diese Vorgangsweise zu erläutern, wollen wir das Pyridinmolekül heranziehen und uns vorstellen, daß das Stickstoffatom mit seinem π-Elektron aus dem Ring herausgeschnitten ist. Das restliche Molekül ist dann im wesentlichen ein Pentadienylradikal (Fig. 8.17(*a*)), für das die Form des NBMO unmittelbar aus den Regeln des letzten Abschnitts resultiert. Das Elektron im NBMO verteilt sich gleichmäßig über drei Zentren (Fig. 8.17(*b*)). Nun bauen wir den Stickstoff wieder ein und versuchen zu verstehen, was geschehen wird. Der Stickstoff liefert ein zusätzliches π-Elektron, aber er ist stärker elektronegativ als die Kohlenstoffatome und behält deshalb sein eigenes π-Elektron. Darüber hinaus versucht er sogar, Ladungsdichte vom restlichen π-System zu „stehlen". Nehmen wir an, Stickstoff übernimmt 0. 15 Elektronen vom höchsten besetzten Orbital (NBMO); das bedeutet, daß jedes aktive Zentrum in Fig. 8.17(*b*) 0.05 Elektronen liefert. Die resultierenden π-Ladungen sind dann die in Fig. 8.17(*c*) angegebenen. Diese Werte stimmen bemerkenswert gut mit den berechneten überein, wobei Säkulargleichungen zu lösen sind (Fig. 8.16(*a*)). Ähnliche Überlegungen für Chinolin führen ebenfalls zu Vorher-

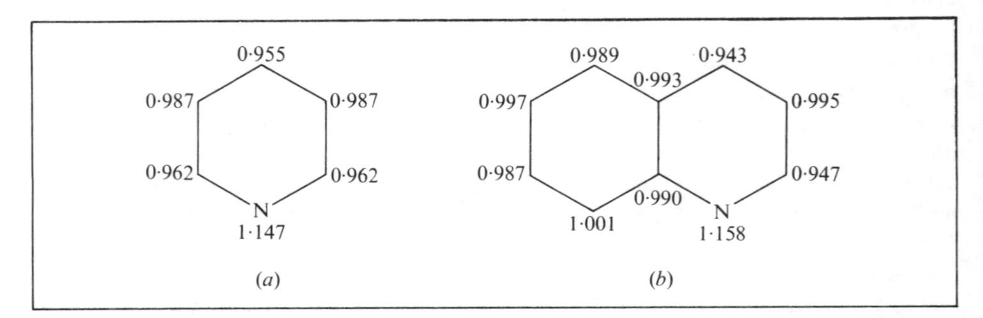

Fig. 8. 16. Die π-Elektronenladungen in Pyridin und Chinolin. Für die entsprechenden isoelektronischen Kohlenwasserstoffe (Benzol und Naphthalin) wären alle Ladungen 1.

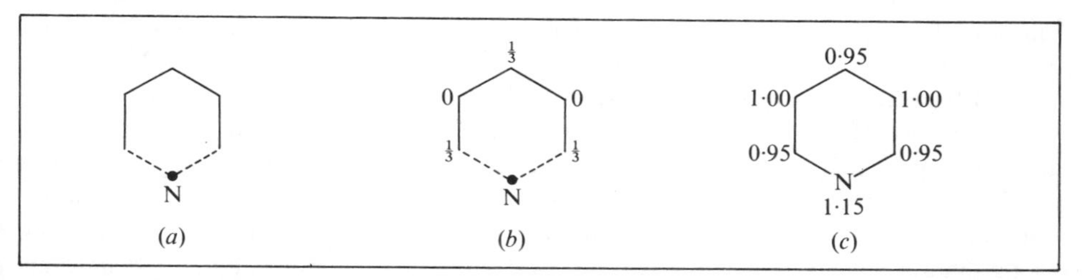

Fig. 8.17. Die Bestimmung der π-Ladungen in Pyridin: *(a)* der Bruch zweier Bindungen führt zum Pentadienylradikal; *(b)* die Elektronenverteilung im NBMO des Pentadienylradikals; *(c)* die Wiederherstellung der Bindung bewirkt eine Ladungsverschiebung im NBMO zum Stickstoff hin, woraus die angegebenen totalen π-Ladungen resultieren.

sagen, die gut mit den Lösungen der Säkulargleichungen übereinstimmen (Fig. 8.16(*b*)). In beiden Fällen steht die „alternierende Polarität" in klar ersichtlicher Beziehung zu den Merkmalen des NBMO.

Ein Beispiel für einen anderen Valenzzustand des Stickstoffatoms stellt das Pyrrolmolekül dar (Fig. 8.2(*b*)). Hier ist der Stickstoff etwa sp^2-hybridisiert, und deshalb stellt er ein π-artiges einsames Elektronenpaar für die Konjugation zur Verfügung. Die Hückelsche $4n+2$-Regel besagt, daß diese Ringverbindung mit ihren sechs π-Elektronen stabil sein wird, und das ist tatsächlich der Fall. Wäre das Stickstoffatom eher sp^3-hybridisiert, wie das in Ammoniak der Fall ist, so wäre das einsame Paar nicht π-artig. Die NH-Bindung und das einsame Paar würden bezüglich der Ringebene nach oben, beziehungsweise nach unten zeigen und somit wäre der konjugierte Ringschluß unterbrochen, was mit einem Verlust an Delokalisierungsenergie verbunden wäre. Die Elektronenverteilung in Pyrrol kann qualitativ wieder durch Betrachtung der Stickstoffbindungen gewonnen werden. Stickstoff, mit seinen zwei π-Elektronen, ist an die beiden endständigen Kohlenstoffatome eines kettenförmigen Butadienfragments gebunden (Fig. 8.18(*a*)). Die Delokalisierung kann nur zu einer Elektronenverschiebung führen, die vom N-Atom *wegführt* (nur ein unendlicher negativer α-Wert könnte das π-Orbital am Stickstoff gefüllt halten). Als Ergebnis dieser Betrachtung erhält man eine positive Nettoladung am Stickstoff, im Gegensatz zur negativen Nettoladung in Pyridin. Die Ergebnisse einer Berechnung (Miller *et al.* (1962)) sind in Fig. 8.18(*b*) dargestellt. Ähnliche Betrachtungen können auch für andere Heterocyclen, wie Furan (Fig. 8.2(*d*)) und Thiophen, angestellt werden (die Heteroatome Sauerstoff und Schwefel haben die Elektronegativitätswerte 3.4 und 2.6, verglichen mit 3.0 für Stickstoff). Im Thiophenmolekül gibt es auf Grund der Möglichkeit einer Beteiligung von d-Orbitalen eine zusätzliche Komplikation (Zauli (1960); siehe auch § 12.4).

Man erhält eine interessante Bestätigung des Unterschieds zwischen Pyrrol und Pyridin, wenn man ihre Dipolmomente vergleicht. Das Dipolmoment von Pyrrol (Nygaard *et al.* (1969)) hat den Wert 1.74 D, wobei die Richtung für ein positives N-Atom sorgt. Davon werden höchstens 0.4 D durch die σ-Elektronen in den Bindungen CH, CN und NH verursacht*, so daß etwa 1.3 D von den π-Elektronen her-

* Bindungsmomente findet man bei Nash *et al.* (1968).

rühren. Der aus der π-Elektronenverteilung in Fig. 8. 18(b) resultierende Wert beträgt etwa 1.9 D, und dieses Dipolmoment hat die korrekte Richtung. In Pyridin hat das beobachtete Dipolmoment den Wert 2.15 D, wobei die Richtung das N-Atom als negativ ausweist (DeMore *et al.* (1952)). Zu demselben Ergebnis kommt man durch die Ladungen in Fig. 8. 17(c). Diese führen zu einem π-Dipolmoment (manchmal wird dieses als Resonanzmoment bezeichnet) von $\mu_\pi = 1.2$ D. Addieren wir dazu die Momente der σ-Bindungen von CH und CN sowie das Moment des einsamen Elektronenpaares am Stickstoffatom (Fig. 8.2(a)), so erhalten wir etwa den beobachteten Wert.

Die Behandlung von Substituenten, wobei das Heteroatom ein peripheres Wasserstoffatom ersetzt, so daß der Ring dabei weitgehend unverändert bleibt, verläuft ganz ähnlich. Wir können entweder Säkulargleichungen lösen, indem wir dem Substituenten ein Coulombintegral $\alpha + k\beta$ mit einem geeigneten k-Wert zuordnen, oder wir können mehr qualitativ argumentieren. Dabei verwendet man die Fähigkeit des Substituenten, Elektronen an die Molekülorbitale des ursprünglichen Kohlenwasserstoffs abzugeben oder davon aufzunehmen. Zur Illustration des letzteren der beiden Fälle, die von Dewar (siehe Dewar und Dougherty (1975)) ausführlich behandelt worden sind und die wir später in einer etwas mehr quantitativen Weise diskutieren werden, wollen wir Anilin und Nitrobenzol verwenden (Fig. 8. 19). Diese Verbindungen leiten sich von Benzol ab, wobei die Substituenten NH_2 und NO_2 sind und für beide Moleküle die Planarität angenommen wird. Die Existenz von sieben konjugierten Zentren besagt, daß wir das Benzylradikal als den ursprünglichen Kohlenwasserstoff betrachten können, für den wir den Effekt des Ersatzes der endständigen CH_2-Gruppe durch NH_2 oder NO_2 studieren müssen. Die NH_2-Gruppe liefert zwei π-Elektronen, und deshalb ist Anilin mit dem *Benzylanion* isoelektronisch. Das zusätzliche Elektron im NBMO befindet sich hauptsächlich am Stickstoff (vgl. Fig. 8. 14(d)). Zu einem gewissen Anteil ist dieses Elektron auch delokalisiert, so daß etwas negative Ladung auch an der ortho- und an der para-Position auftritt. Im Gegensatz dazu ist im Nitrobenzol der Stickstoff in der NO_2-Gruppe elektronenarm (die π-Elektronen sind hauptsächlich an den elektronegativeren Sauerstoffatomen

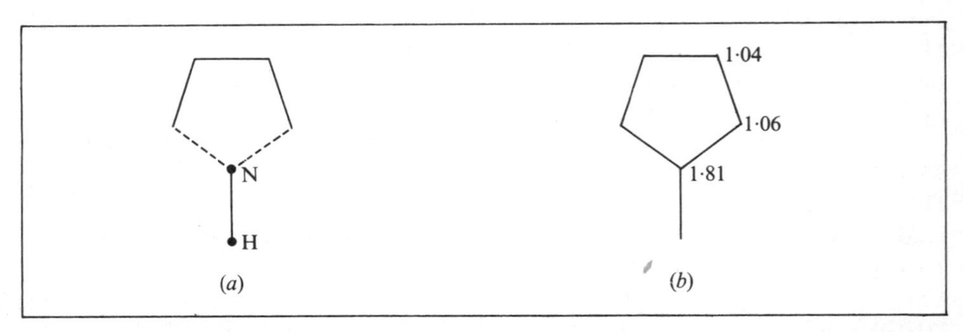

Fig. 8. 18. Die π-Ladungen in Pyrrol: *(a)* der Bruch zweier Bindungen liefert Butadien; *(b)* bei der Wiederherstellung der Bindungen verliert Stickstoff (mit *zwei* π-Elektronen) etwas an Ladung, so daß die angegebenen totalen π-Ladungen resultieren.

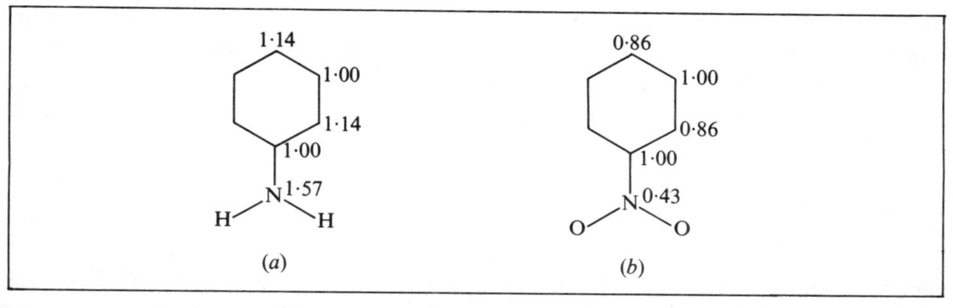

Fig. 8. 19. Die π-Ladungen in Anilin und Nitrobenzol: *(a)* das π-System in Anilin ist isoelektronisch mit dem Benzylanion und liefert negative Nettoladungen (Elektronenüberschuß) an der ortho- und an der para-Position; *(b)* Nitrobenzol ist isoelektronisch mit dem Benzylkation und liefert positive Nettoladungen (Elektronenmangel) an der ortho- und an der para-Position.

konzentriert), und deshalb liefert er *keine* π-Elektronen an das siebenzentrische konjugierte System. Mit nur sechs π-Elektronen am Kohlenstoffring ist das resultierende System mit dem *Benzylkation* isoelektronisch, wobei *positive* Nettoladungen an der ortho- und an der para-Position auftreten. Man kann wieder eine alternierende Polarität feststellen, wenn man vom Heteroatom ausgehend im Ring herumgeht. Auch hier wurden die erwarteten Ladungsverteilungen durch MO-Rechnungen bestätigt.

Für Anilin ist es keine gute Näherung, das Molekül als planar zu betrachten, denn Experimente haben gezeigt (Lister und Tyler (1966)), daß die Valenzwinkel am Stickstoff eher denen im Ammoniak entsprechen. Demzufolge ist das einsame Paar genaugenommen kein π-Orbital, so daß eine Konjugation mit dem Ring nicht gut möglich ist. Trotz des entsprechend reduzierten Wertes für β_{CN} sind die oben gemachten Aussagen in qualitativem Sinne korrekt.

Es ist interessant zu ergründen, *warum* Anilin nicht planar ist. Wäre es planar, so müßte sich die Hybridisierung am Stickstoffatom vom nahezu tetraedrischen Charakter, wie er in Ammoniak vorliegt, zum trigonalen ändern. Dazu ist Energie erforderlich, deren Betrag man auf Grund des Studiums des Schwingungsspektrums von Ammoniak ermitteln kann. Bei der sogenannten „Inversion" bewegt sich das Stickstoffatom durch die Ebene der drei Wasserstoffatome hindurch zu einer anderen Lage mit minimaler Energie, die bezüglich der ersten symmetrisch ist. Etwa 0.25 eV sind für diese Inversion erforderlich (Swalen und Ibers (1962)). Diese Energie muß aufgebracht werden, um das ursprünglich pyramidale Molekül planar zu machen. Im planaren Zustand sind die Bindungsorbitale trigonal hybridisiert. Demnach ist für die Hybridisierungsänderung etwa 0.25 eV erforderlich. Höchstwahrscheinlich gelten für Anilin ähnliche Überlegungen. Diese aufzubringende Energie ist mit der gewinnbaren Delokalisierungsenergie zu vergleichen, die man infolge der Koplanarität erhalten würde. Die beobachtete Delokalisierungsenergie für Anilin ist um etwa 0.26 eV größer als die für Benzol. Um also das Molekül planar zu machen, wäre eine Delokalisierungsenergie von mindestens $0.26\ \text{eV} + 0.25\ \text{eV} = 0.51\ \text{eV}$ größer als in Benzol erforderlich. Es ist nicht überraschend, daß dieser Betrag nicht erreicht werden kann, denn die beiden zusätzlichen Elektronen besetzen ein Orbital, das dem NBMO des Benzylsystems ähnlich ist. Die Kompensierung der Energieterme dürfte aber fast erreicht sein, denn im Harnstoff

$$\begin{matrix} H_2N \\ & \diagdown \\ & & CO \\ & \diagup \\ H_2N \end{matrix}$$

begünstigt der Anstieg der Delokalisierungsenergie ein vollständig planares Molekül (Vaughan und Donohue (1952); Waldron und Badger (1950)).

Obwohl die Delokalisierungsenergie in Anilin (zwischen Ring und NH_2-Gruppe) für die Planarität des Moleküls nicht ausreicht, ist sie doch von Bedeutung. Nach der Protonierung zu $C_6H_5-NH_3^+$ sind die Bindungsverhältnisse am Stickstoff genau tetraedrisch, was zu einem Energieanstieg führt. Diese Reaktion verläuft demnach langsamer als die Reaktion $NH_3 + H^+ \rightarrow NH_4^+$, wobei kein derartiger Energieanstieg auftritt. Somit haben wir eine unmittelbare Erklärung für die Tatsache, daß Anilin eine viel schwächere Base als Ammoniak ist.

Die experimentellen Kenntnisse über Substitutionseffekte kommen aus verschiedenen Quellen. Wir haben bereits festgestellt, daß die Verschiebungen von π-Ladungen einen wesentlichen Beitrag zum Dipolmoment liefern. Das sogenannte „Resonanzmoment" kann als die Differenz zwischen den Dipolmomenten der entsprechenden aromatischen und aliphatischen Moleküle definiert werden. Wir haben also die Dipolmomente von CH_3X und C_6H_5X zu vergleichen. In Tabelle 8.4 sind die Werte für gewisse Substituenten X angegeben. Für die ersten vier Moleküle ist das Resonanzmoment, das sich aus der Differenz der entsprechenden Zahlen in den beiden Zeilen ergibt, so gerichtet, daß der Substituent im aromatischen Molekül stets weniger negativ geladen ist als im aliphatischen Molekül. Für die beiden letzten Moleküle ist die Situation aber umgekehrt. Diese Ergebnisse stehen mit unseren theoretischen Vorhersagen in vollständiger Übereinstimmung, wonach Gruppen mit π-artigen einsamen Paaren Elektronenladung zum Ring hin abgeben, während Gruppen wie NO_2 Ladung dem Ring entnehmen.

Für die vier ersten Moleküle konnte auch experimentell bestätigt werden, daß die in den Ring fließende Ladung hauptsächlich an der ortho- und an der para-Position konzentriert ist, denn alle vier Substituenten dirigieren in die ortho- und para-Position*. Ein positiv geladenes Radikal (etwa NO_2^+) wird vorzugsweise an den ortho- und para-Positionen angreifen. Diese Substitution ist zweifellos durch die elektrostatische Anziehung bedingt, die infolge der negativen Überschußladung an den genannten Stellen den Angriff des Ions erleichtert. Dieser Effekt wirkt im Falle der beiden letzten Moleküle umgekehrt. Gegenüber dem elektrophilen NO_2^+ verhalten sich die beiden Moleküle ziemlich unreaktiv (*meta*-Position), aber gegenüber dem

* Die Originalarbeit auf diesem Gebiet geht hauptsächlich auf Ingold zurück; dabei sei auf den Übersichtsartikel Ingold (1934) verwiesen. Zu diesem Gebiet findet man in Kapitel 10 genaueres.

Tabelle 8.4. Dipolmomente (in Debye-Einheiten) einiger substituierter Kohlenwasserstoffe

X	F	Cl	Br	OH	NO_2	CN
$\mu(CH_3X)$	1·81	1·87	1·80	1·70	3·44	3·97
$\mu(C_6H_5X)$	1·58	1·72	1·77	1·45	4·23	4·42

nucleophilen OH^- oder NH_2^- sind die beiden Moleküle sehr reaktiv, und die reaktiven Zentren sind die *ortho*- und die *para*-Position.

Einiges spricht auch dafür, daß die Einfachbindung C−X einen partiellen Doppelbindungscharakter besitzt. Zunächst ist eine geringe Bindungsverkürzung festzustellen. Des weiteren zeigt eine genaue Mikrowellenspektroskopie, wie erstmalig von Wilson (1950) erwähnt, daß die Zylindersymmetrie um die Bindungsachse gestört ist. Dieser Effekt kann durch den π-Charakter der Bindung erklärt werden. Im Fall des Chlorethylens $CH_2{=}CHCl$ ist die Ladungsverteilung um die C−Cl-Achse mit einem Doppelbindungscharakter von etwa 5% verträglich.

Zusammenfassend können wir feststellen, daß wir zwei Hauptgruppen von Substituenten unterscheiden müssen, die im allgemeinen als „induktiv“ und „mesomer“ bezeichnet werden. In der MO-Terminologie zeichnet sich ein induktiver Substituent durch seine große Elektronegativität aus. Er ändert den α-Wert an dem Zentrum, an das er gebunden ist, aber er erweitert nicht das konjugierte Gerüst des ursprünglichen Moleküls. Ein Beispiel dafür ist Fluor in Fluorbenzol. Dabei ist das π-artige einsame Elektronenpaar am Fluor in einem ziemlich kompakten AO stark gebunden, so daß mit dem Kohlenstoff-$2p_\pi$-AO keine bedeutende Überlappung auftritt. Das Fehlen eines nennenswerten β-Wertes, für die Bindung von Fluor und dem Ring, schließt eine Konjugation weitgehend aus. Aus diesem Grund ist die Verschiebung von π-Ladung zwischen Ring und Substituent zu vernachlässigen. Trotzdem kann die CF-σ-Bindung stark polar sein, und dadurch wird eine zusätzliche positive Ladung am Kohlenstoffion des Moleküls induziert (α wird infolge der verstärkten Elektronenanziehung dem Betrage nach größer). Das ist die Begründung für die Verwendung des Begriffes „induktiver Effekt“. Demgegenüber zeichnet sich ein mesomerer Substituent durch eine deutliche Überlappung seines π-artigen Orbitals mit dem Kohlenstoff-$2p_\pi$-AO aus. Diese verstärkte Überlappung führt zu einem betragsmäßig großen β-Wert zwischen Ring und Substituent. Demzufolge wird auch das konjugierte System erweitert. Ein entsprechendes Beispiel ist Nitrobenzol, wobei das sechszentrische Benzolsystem vergrößert wird, indem der Stickstoff* der NO_2-Gruppe hinzukommt. Als Resultat erhält man das siebenzentrische Benzylsystem. Gewiß sind diese beiden Effekte strenggenommen nicht trennbar, denn im allgemeinen treten immer beide gleichzeitig auf. Aber meistens dominiert einer der beiden Fälle, so daß die Klassifikation qualitativen Charakter hat.

* Genau genommen sollten wir auch die Sauerstoffatome mit einschließen, so daß das konjugierte System aus neun Zentren besteht. In einfacher Näherung stellt man sich die NO_2-Gruppe als „Pseudoatom“ vor, mit einem leeren Orbital, das im wesentlichen durch ein $2p_\pi$-AO am Stickstoff dargestellt werden kann.

8.8 Verbesserungen der einfachen Theorie

Bisher hat sich unsere einfache MO-Theorie in ihrer allgemeinen Form als Hilfsmittel zur Berechnung der vollständig delokalisierten Molekülorbitale in großen Molekülen auf π-Elektronensysteme beschränkt. Für solche Systeme war es möglich, eine Anzahl nicht ganz unvernünftiger Näherungen anzuwenden, um die Form der Säkulargleichungen zu vereinfachen. Beispielsweise ist die Überlappung π-artiger Atomorbitale benachbarter Atome viel kleiner (~ 0.25) als die Werte von $0.7-0.8$ für die Überlappung von Hybriden in einer σ-Bindung. Aus diesem Grund scheint die Vernachlässigung der Überlappung der π-Atomorbitale gegenüber dem Wert eins in der einfachen Hückel-Näherung sinnvoll zu sein. In diesem Abschnitt wollen wir einige Verbesserungen und Erweiterungen der Theorie vornehmen, die schließlich zu der Behandlung von σ-Elektronen auf derselben Basis wie der für π-Elektronen führen. Eine etwas ausführlichere Behandlung einiger dieser Methoden, wobei die Grundlagen der Näherung des selbstkonsistenten Feldes (SCF) anzuwenden sind (§ 2.5), wird im Rahmen der LCAO-Darstellung in Kapitel 13 nachgeholt. In diesem Abschnitt geht es nur um das Wesen der Näherungen im Rahmen der Hückel-Theorie, und deshalb könnte man die folgenden Betrachtungen ohne Verlust an Kontinuität überspringen.

Beim Versuch zur Verbesserung der Theorie müssen wir zunächst die einfachste Näherung betrachten, in der effektiv kein Überlappungsintegral in den Säkulargleichungen auftritt. Diese Näherung ist nur ein scheinbarer Verstoß gegen das „Prinzip der maximalen Überlappung", wobei wir die Bedeutung der Überlappung für die chemische Bindung erkannt haben. Zum Verständnis des Wesens dieser Näherung betrachten wir ein π-Elektronensystem mit N konjugierten Zentren und ersetzen die Hückel-Gleichungen (§ 8.4) durch die entsprechenden Gleichungen mit den Überlappungsintegralen. Wir setzen $S_{rs} = S$ für alle benachbarten Atome und $S_{rs} = 0$ für alle anderen Atompaare und erhalten (vgl. (8.28))

$$(\alpha-\varepsilon)c_r + \sum_{s(r-s)} (\beta-\varepsilon S)c_s = 0. \tag{8.29}$$

Für jedes konjugierte Atom (r) gibt es eine solche Gleichung, mit der der entsprechende AO-Koeffizient eines jeden Molekülorbitals mit den Koeffizienten aller anderen Atomorbitale, die zu benachbarten Atomen gehören, verknüpft wird. Dividieren wir jede Gleichung durch $\beta-\varepsilon S$, so erhalten wir

$$\frac{\alpha-\varepsilon}{\beta-\varepsilon S}c_r + \sum_{s(r-s)} c_s = 0. \tag{8.30}$$

Das ist aber genau dasselbe Gleichungssystem, das wir bereits kennen (nämlich (8.28)), lediglich $-x$ $(= (\alpha-\varepsilon)/\beta)$ ist durch $(\alpha-\varepsilon)/(\beta-\varepsilon S)$ zu ersetzen. Mit anderen Worten, wir können unsere ursprünglichen Lösungen (wo die Überlappung nicht effektiv auftritt) weiter verwenden. Für ein bestimmtes MO erhalten wir $x = x_K$ und die AO-Koeffizienten $c_1^{(K)}, c_2^{(K)}, \ldots, c_N^{(K)}$, nur müssen wir (1) die Energie nach

$$\frac{\alpha-\varepsilon_K}{\beta-\varepsilon_K S} = -x_K$$

ausrechnen, oder, nach ε_K aufgelöst,

$$\varepsilon_K = \frac{\alpha+\beta x_K}{1+Sx_K} = \frac{\varepsilon_K^0}{1+Sx_K}, \tag{8.31}$$

wobei ε_K^0 die Energie des K-ten Orbitals ist; dabei wird die ursprüngliche Näherung zu Grunde gelegt; und (2) dieselben AO-Koeffizienten in jedem MO verwenden, wobei jetzt bei der Normierung die Überlappung zu berücksichtigen ist. Nach dem Variationsprinzip lautet die Energie für ein normiertes Orbital in der ursprünglichen Näherung $\varepsilon_K^0 = \int \psi_K^0 \hat{h} \psi_K^0 \mathrm{d}\tau$. Zur Berücksichtigung der Überlappung müssen wir diesen Ausdruck durch $1 + Sx_K$ dividieren. Daraus folgt $\psi_K = \psi_K^0/\sqrt{(1 + Sx_K)}$ (der Index null bedeutet wieder die ursprüngliche Näherung). Die AO-Koeffizienten lauten jetzt

$$c_r^{(K)} = \frac{c_r^{(K)0}}{\sqrt{(1+Sx_K)}}. \tag{8.32}$$

Es ist deshalb möglich, in der Näherung der nächsten Nachbarn die Überlappung zu berücksichtigen, ohne daß dazu eine weiterführende Rechnung notwendig wäre. Die Energien und AO-Koeffizienten sind nach (8.31) und (8.32) lediglich zu „skalieren". Auf diese Möglichkeit hat zuerst Wheland (1942) hingewiesen. Die resultierenden Molekülorbitale werden gelegentlich Wheland-Orbitale genannt.

Die Wirkung der auf diese Weise berücksichtigten Überlappung besteht in der Aufhebung der Symmetrie bezüglich $\varepsilon = \alpha$ im Energieniveaudiagramm, was in Fig. 8.20 gezeigt ist. Dieses Diagramm gibt den für ein zweiatomiges Molekül (§ 4.6) bereits erwähnten Effekt richtig wieder, daß ein doppelt besetztes bindendes MO und das entsprechende doppelt besetzte antibindende MO zusammen eine *antibindende* Wirkung zeigen.

In der verbesserten Näherung verschwindet auch eine fundamentale Inkonsistenz, mit der man ursprünglich bei der Verwendung von Orbital- und Überlappungspopulationen konfrontiert war. Denn obwohl die Bindung mit einer Ladungsanhäufung in den Überlappungsbereichen verknüpft war, verschwinden die Überlappungspopulationen in (8.4), wenn die Überlappungsintegrale bei der Normierung vernachlässigt werden. Die Beiträge zu den Größen P_{rr} und P_{rs}, die in (8.3) auftreten und von einem Elektron im MO ψ_K herrühren, folgen aus den Koeffizienten in (8.32). Die Populationen sind durch $q_r = P_{rr}$, $q_{rs} = 2P_{rs}S_{rs}$ definiert, und deshalb lauten die entsprechenden *Teilpopulationen* für ein Elektron in ψ_K

$$q_r^{(K)} = \frac{|c_r^{(K)0}|^2}{1+Sx_K}, \qquad q_{rs}^{(K)} = \frac{2Sc_r^{(K)0}c_s^{(K)0}}{1+Sx_K}. \tag{8.33}$$

Vernachlässigt man in diesen Ausdrücken die Überlappungsintegrale, so enthält jedes Orbital ϕ_r einen Betrag von $q_r^{(K)0}$ $(= |c_r^{(K)0}|^2)$ Elektronen, während der Betrag in jedem Überlappungsbereich null ist. Unter Berücksichtigung der Überlappung wird aber

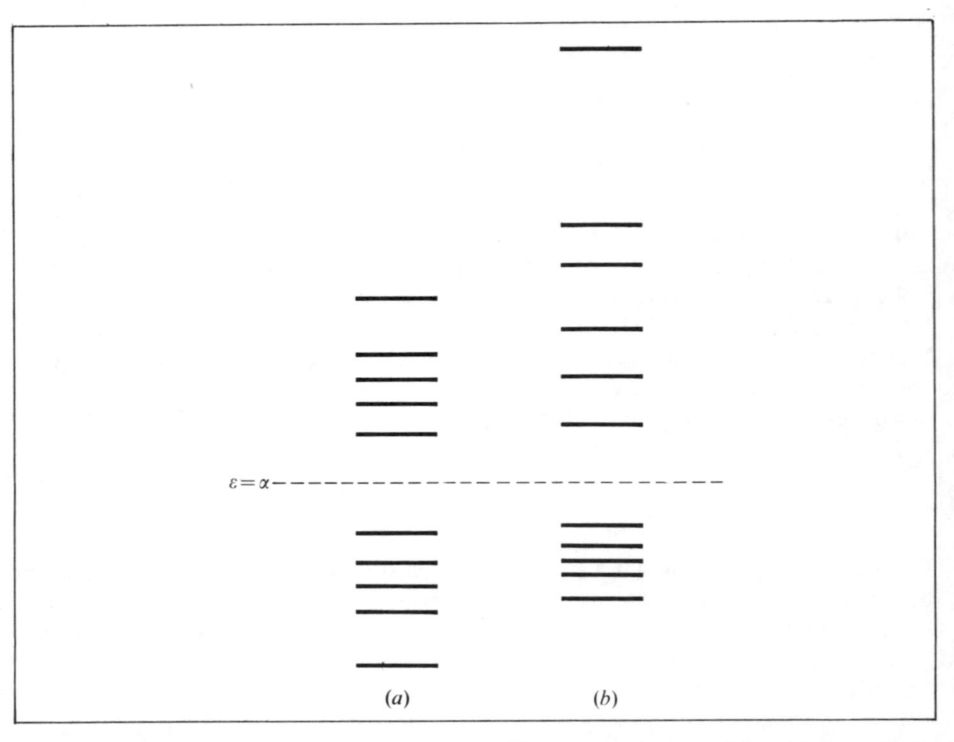

Fig. 8.20. Die Wirkung der Berücksichtigung der Überlappung für benachbarte Atome auf die π-Niveaus für Naphthalin: *(a)* $S = 0$; *(b)* $S = 0.25$.

jedes $q_r^{(K)0}$ um einen Faktor $(1 + Sx_K)^{-1}$ reduziert. Die Überlappungsbereiche erhalten nun die Ladungen, die den Atomen weggenommen werden. Somit erhält man eine physikalisch eher gerechtfertigte Beschreibung der Bindung, die genau mit dem übereinstimmt, was wir für den Zweizentren-Fall (§ 4.6) gefunden haben, wo die Überlappung von Anfang an berücksichtigt war.

Es ist ebenfalls möglich, einen Ausdruck für die gesamte elektronische Energie herzuleiten, der dieselbe Form wie (8.24) hat. Die Ladungen und Bindungsordnungen sind durch

$$q_r = P_{rr} = \sum_K \frac{n_K |c_r^{(K)0}|^2}{1+Sx_K}, \qquad p_{rs} = P_{rs} = \sum_K \frac{n_K c_r^{(K)0} c_s^{(K)0}}{1+Sx_K} \tag{8.34}$$

definiert, wobei n_K die Besetzungszahl des Molekülorbitals ψ_K ist. Nach einer Umformung von $\Sigma_K n_K \varepsilon_K$ erhalten wir (mit $\alpha_r = \alpha$ für jedes Zentrum)

$$E = N\alpha + 2\sum_{(rs)} p_{rs}\gamma_{rs}, \tag{8.35}$$

wobei (rs) bedeutet, daß über alle Bindungen r—s zu summieren ist. Dabei erhalten

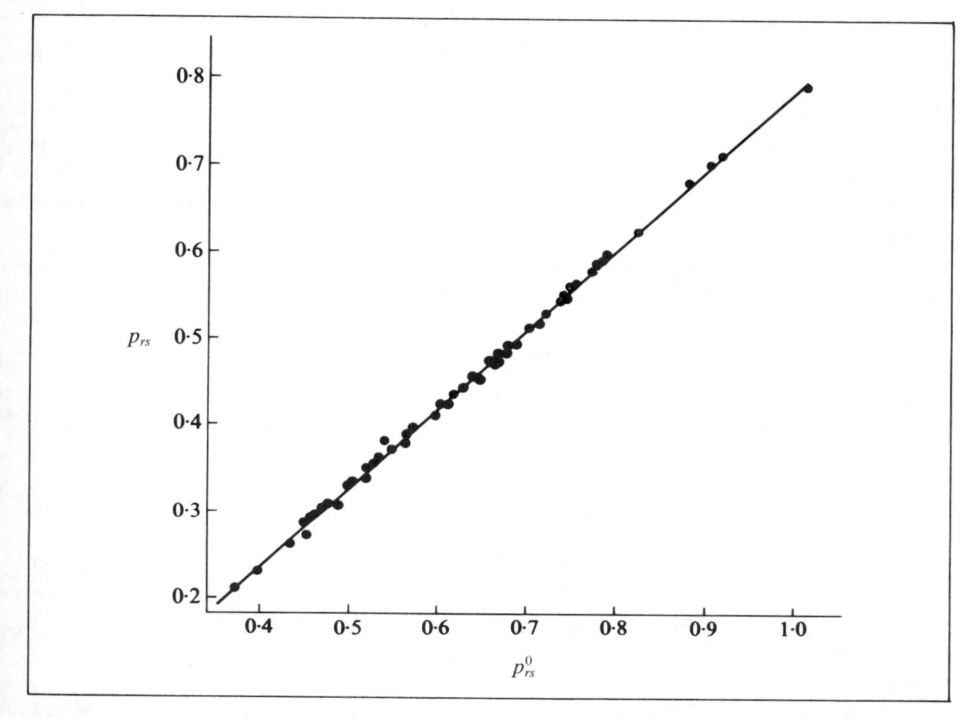

Fig. 8.2 1. Die lineare Beziehung zwischen Bindungsordnungen mit und ohne Überlappung. Die Punkte beziehen sich auf eine große Anzahl von alternierenden Kohlenwasserstoffen.

wir das neue Bindungsintegral γ_{rs}, das an die Stelle von β_{rs} in (8.24) tritt. Dieses soll wieder für alle Bindungen denselben Wert haben, nämlich

$$\gamma_{rs} = \gamma = \beta - \alpha S. \tag{8.36}$$

Die so beschriebene Einführung der Überlappung verursacht nur geringfügige Änderungen im Formalismus. Die Energie bezüglich des „Nullpunkts" $N\alpha$ ist nach wie vor eine Summe von Bindungsordnungen mal Bindungsintegralen. Wir müssen lediglich die Bindungsintegrale nach (8.36) neu interpretieren. Werden solche Größen als Parameter betrachtet, deren Werte an experimentellen Daten justiert werden, so ist der Aufwand für beide Näherungen etwa der gleiche.

Die Verwendung von Wheland-Molekülorbitalen wurde durch allgemeine Betrachtungen in einer Reihe von Arbeiten von Ruedenberg und Mitarbeitern* diskutiert. Die oben erhaltenen Resultate werden durch Rechnungen bestätigt. Obwohl die numerischen Werte für Bindungsordnungen und Orbitalenergien durch die Berück-

* Siehe vor allem Ham und Ruedenberg (1958). Eine andere Näherung von Maslen und Coulson (1957) führte zu ähnlichen Resultaten.

sichtigung des Überlappungsintegrals etwas beeinflußt werden, ist eine auffallende Parallele zur Hückelnäherung festzustellen. Diese wird in Fig. 8.21 sichtbar, aus der eine gute lineare Beziehung zwischen den Bindungsordnungen der Hückelnäherung und denen unter Berücksichtigung der Überlappung nach (8.34) hervorgeht. Letztere scheinen eine wichtigere Rolle für die Diskussion von π-Bindungen zu spielen, denn sie geben die Bindungspopulationen an. Deren Wirkung auf die Bindungslängen dürfte ebenfalls signifikant sein. Da aber solche Korrelationen empirischer Natur sind, hat die Wahl zwischen den beiden Näherungen nur wenig praktische Bedeutung. Ham und Ruedenberg haben gezeigt, daß für alternierende Kohlenwasserstoffe die lineare Beziehung in Fig. 8.21 theoretisch zu erwarten ist. Sie erhalten für $S = 0.25$ die Näherung

$$p_{rs} = p_{rs}^0 - 0{\cdot}18$$

und diese ist bis auf $\pm 2\%$ genau. Der Energieausdruck (8.35) kann deshalb mit Hilfe von p_{rs} als

$$E = N\alpha' + 2 \sum_{(rs)} p_{rs}^0 \gamma_{rs} \tag{8.37}$$

geschrieben werden, wobei $N\alpha'$ ein „verschobener" Energienullpunkt ist, der von der Verteilung der Bindungsordnungen unabhängig ist. Mit anderen Worten heißt das, daß wir die Bindungsordnungen *unter Vernachlässigung der Überlappung* verwenden können und die Überlappung anschließend dadurch einführen, indem wir einfach die Werte der Bindungsintegrale ändern.

Die soeben gegebenen Erläuterungen machen es verständlich, warum die Wheland-Näherung in der π-Elektronentheorie heute kaum noch verwendet wird. Sie liefert aber die Begründung für zwei weitere Entwicklungen, die für die richtige Einschätzung des Wesens semi-empirischer Näherungen von Bedeutung sind. Zunächst kann festgestellt werden, daß die Hückel-Näherung sehr global angewandt werden kann, unabhängig davon, wie groß die Überlappung ist. Dabei wird allerdings vorausgesetzt, daß die Parameter nicht quantitativ aufzufassen sind, sondern daß sie nur zur Aufstellung numerischer Korrelationen zwischen Theorie und experimentellen Daten verwendet werden. Die übliche Annahme der Proportionalität zwischen Bindungsintegralen und Überlappungsintegralen (diese werden bei der Normierung der Molekülorbitale vernachlässigt) ist nur eine scheinbare Inkonsistenz, denn mit dieser Annahme bleibt das reduzierte Bindungsintegral γ (definiert in (8.36)), genauso wie β, zum Überlappungsintegral S proportional, obwohl die Energieformel (8.37) Bindungsordnungen enthält, die unter der *Vernachlässigung von S* berechnet worden sind. Es zeigt sich tatsächlich, daß die Wheland-Näherung sehr allgemein ist, solange β_{rs} als proportional zu S_{rs} angenommen wird (für *alle* Paare, nicht nur für benachbarte Atome) und für α_r ein gemeinsamer „mittlerer Wert" für alle Atomorbitale verwendet wird. Mit dieser Näherung wäre es nicht verständlich, warum wir die Hückel-Näherung nicht *erweitern* könnten, um alle Valenzelektronen zu beschreiben. Dabei würden wir die σ-Elektronen genauso behandeln wie die π-Elektronen. Die sich ergebende „erweiterte Hückel-Theorie" ist auch tatsächlich entwickelt und von Hoffmann (1963) und vielen anderen umfangreich angewandt worden. Trotz ihrer theoretischen Einschränkungen liefert sie wertvolle Einblicke in die Struktur der Molekülorbitale, auch in sehr komplizierten Molekülen.

Des weiteren liefert die Wheland-Näherung für die formale „Eliminierung" der Überlappungsintegrale eine alternative Methode für Berechnungen mit Überlappung, und diese ist weniger einschränkend. Diese Methode kann am einfachsten durch die Betrachtung der Kombination zweier Atomorbitale ϕ_1 und ϕ_2 dargelegt werden, wenn wir die Molekülorbitale für ein homonukleares zweiatomiges Molekül bilden. Die Säkulargleichungen mit Überlappung lauten

$$(\alpha-\varepsilon)c_1+(\beta-\varepsilon S)c_2=0$$
$$(\beta-\varepsilon S)c_1+(\alpha-\varepsilon)c_2=0\,.$$

Nehmen wir an, wir hätten die Rechnung mit zwei anderen „Atomorbitalen" durchgeführt. Das erste besteht im wesentlichen aus ϕ_1, wovon ein geringer Betrag von ϕ_2 abgezogen wird; das zweite besteht im wesentlichen aus ϕ_2, wovon ein geringer Betrag von ϕ_1 abgezogen wird:

$$\overline{\phi}_1=\phi_1-\lambda\phi_2,\qquad \overline{\phi}_2=\phi_2-\lambda\phi_1\,. \tag{8.38}$$

Jedes LCAO-MO, das aus ϕ_1 und ϕ_2 gebildet wird, kann genauso gut mit Hilfe von $\bar{\phi}_1$ und $\bar{\phi}_2$ ausgedrückt werden. Im allgemeinen gilt also

$$\psi=c_1\phi_1+c_2\phi_2=\overline{c}_1\overline{\phi}_1+\overline{c}_2\overline{\phi}_2, \tag{8.39}$$

vorausgesetzt (Koeffizientenvergleich für ϕ_1 und ϕ_2), es gelten die Beziehungen

$$\overline{c}_1-\lambda\overline{c}_2=c_1\qquad -\lambda\overline{c}_1+\overline{c}_2=c_2,$$

die nach $\bar{c}_1$, $\bar{c}_2$ aufgelöst werden können

$$\overline{c}_1=\frac{c_1+\lambda c_2}{1-\lambda^2}\qquad \overline{c}_2=\frac{c_2+\lambda c_1}{1-\lambda^2}. \tag{8.40}$$

Im allgemeinen können die Molekülorbitale, die mit einem Basissatz $\phi_1, \phi_2, \phi_3, \ldots$ gebildet werden, ebenso gut mit Hilfe eines neuen Basissatzes $\bar{\phi}_1, \bar{\phi}_2, \bar{\phi}_3, \ldots$ (Linearkombinationen von ϕ_1, ϕ_2, ϕ_3, ...) ausgedrückt werden. Dabei können die neuen Entwicklungskoeffizienten mit Hilfe der alten ausgedrückt werden. Eine derartige Basisänderung wird *Basistransformation* genannt.

Für das vorliegende Beispiel können wir die Transformation so wählen, durch Wahl eines entsprechenden λ-Wertes, daß ϕ_1 und ϕ_2 *weitgehend orthogonal* sind. In diesem Fall nehmen die Säkulargleichungen zur Bestimmung der Koeffizienten der *orthogonalisierten* Atomorbitale die übliche einfache Form an. Zur Bestimmung von λ fordern wir

$$\int(\phi_1-\lambda\phi_2)(\phi_2-\lambda\phi_1)\,\mathrm{d}\tau=S-\lambda-\lambda+\lambda^2 S=0.$$

Sind S und λ beide klein, so können wir den letzten Term vernachlässigen und erhalten dadurch $\lambda \simeq 1/2S$. Diese Näherung dient unserem Vorhaben. Die neuen orthogonalisierten Atomorbitale

$$\overline{\phi}_1 = \phi_1 - \tfrac{1}{2}S\phi_2, \qquad \overline{\phi}_2 = \phi_2 - \tfrac{1}{2}S\phi_1 \tag{8.41}$$

sind auch normiert, wenn wir die Terme in S^2 vernachlässigen. Mit Hilfe von $\bar{\phi}_1$ und $\bar{\phi}_2$ lauten die Molekülorbitale

$$\psi = \overline{c}_1\overline{\phi}_1 + \overline{c}_2\overline{\phi}_2 \tag{8.42}$$

und die neuen Säkulargleichungen haben die Form

$$\begin{aligned}(\bar{\alpha}-\varepsilon)\bar{c}_1 + \bar{\beta}\bar{c}_2 &= 0\\ \bar{\beta}\bar{c}_1 + (\bar{\alpha}-\varepsilon)\bar{c}_2 &= 0.\end{aligned} \tag{8.43}$$

Die neuen Coulomb- und Bindungsintegrale lauten

$$\overline{\alpha} = \int(\phi_1 - \lambda\phi_2)\hat{H}(\phi_1 - \lambda\phi_2)\,\mathrm{d}\tau = (1+\lambda^2)\alpha - 2\lambda\beta$$

$$\overline{\beta} = \int(\phi_1 - \lambda\phi_2)\hat{H}(\phi_2 - \lambda\phi_1)\,\mathrm{d}\tau = (1+\lambda^2)\beta - 2\lambda\alpha.$$

Setzen wir $\lambda = 1/2S$ ein und streichen die Terme in λ^2, so erhalten wir

$$\bar{\alpha} \simeq \alpha - S\beta, \qquad \bar{\beta} \simeq \beta - S\alpha. \tag{8.44}$$

Mit anderen Worten heißt das, daß wir nur die Säkulargleichungen (8.43) (Überlappungsintegrale treten nicht auf) lösen müssen, wenn wir stets mit der neuen Basis (8.41) arbeiten. Dabei erhalten wir die Molekülorbitale (8.42). Am Ende der Rechnung können wir die Parameter α und β nach (8.44) neu interpretieren. Diese Vorgehensweise entspricht nicht genau der Wheland-Näherung, aber sie ist viel allgemeiner. Sie wurde von Löwdin (1950) eingeführt und wurde die Grundlage für viele darauf folgende Diskussionen über semi-empirische Näherungen*. Darüber hinaus stellt sie eine bequeme Methode für die Durchführung von *ab initio*-Rechnungen dar (siehe beispielsweise McWeeny und Ohno (1960)). Ein großer Vorteil dieser Transformation besteht, neben der Eliminierung aller Überlappungsintegrale, darin, daß sie die numerischen Werte vieler schwieriger Integrale so weit reduziert, daß sie getrost vernachlässigt werden können. Somit haben wir eine überzeugende Grundlage für manche semiempirischen Näherungen gewonnen, auf die wir in Kapitel 13 zurückkommen werden. Gleichzeitig sind, mit der üblichen Annahme $\beta \sim S$, auch die Bindungsintegrale $\overline{\beta}$, resultierend aus den orthogonalisierten Atomorbitalen, propor-

* Siehe beispielsweise McWeeny (1954, 1955*a*) im Rahmen der VB-Näherung; McWeeny (1964) im Rahmen der π-Elektronen-MO-Näherung; Cook *et al.* (1967) im Rahmen der Allelektronen-MO-Näherung.

tional zur Überlappung der Atomorbitale, *bevor* diese orthogonalisiert werden. Dieses Ergebnis steht nicht im Widerspruch zur verschwindenden Überlappung der orthogonalisierten Atomorbitale. Es liefert ein nützliches Hilfsmittel, um den Bindungsintegralen in semiempirischen Näherungen numerische Werte zuzuordnen.

An dieser Stelle sei auf die Literatur bezüglich der Anwendungen der Hückelschen MO-Theorie auf σ-Bindungen in organischen Molekülen hingewiesen. Die verwendeten Basissätze bestehen aus den bekannten s- und p-Atomorbitalen der beteiligten Atome (siehe beispielsweise Hoffmann (1963)). In diesem Fall sind die Molekülorbitale, die man durch die numerische Lösung großer Säkulargleichungen erhält, vollständig delokalisiert. Gleichzeitig wollen wir die Verbindung mit dem qualitativen Bild (§ 8.1) aufrechterhalten, indem wir mit Hybriden arbeiten. Auf diese Weise erhalten wir eine „natürliche" Beschreibung der lokalisierten σ-Bindungen. Diese Näherung geht auf Sandorfy (1955) zurück und wurde von Yoshizumi (1957), Pople und Santry (1964) und anderen weiterentwickelt und angewandt. In beiden Fällen ist es normalerweise möglich, einen äquivalenten Satz lokalisierter Kombinationen von Molekülorbitalen zu finden, nämlich die in § 7.3 diskutierten Bindungsorbitale. Diese zeigen viel deutlicher die weitgehende Unabhängigkeit der Elektronenpaarbindungen, auf der im wesentlichen die qualitative Bindungstheorie beruht. Derartige Erweiterungen der Hückel-Näherung werden wir an dieser Stelle nicht weiter verfolgen (mit Ausnahme von Aufgabe 8.14), obwohl wir sie später bei der Behandlung von Übergangsmetallkomplexen (§ 9.13) benötigen.

8.9 Orbitalenergien und Gesamtenergie

Wenn auch die einfache MO-Näherung verbessert und erweitert wird, wie das im letzten Abschnitt geschehen ist, so bleibt sie offensichtlich doch nur ein semiempirisches Schema für die Berechnung von *Orbitalenergien* ε_K, die einem Elektron im Orbital ψ_K zugeordnet sind. Dieses Elektron bewegt sich in einem hypothetischen Feld (im Idealfall ist es das selbstkonsistente Feld), das die Kerne und alle übrigen Elektronen bewirken. Diese Energien sind von besonderer Bedeutung, denn in den meisten Fällen liefern sie die genaue Reihenfolge, in der die Orbitale nach dem Aufbauprinzip mit Elektronen gefüllt werden. Außerdem stehen diese Energien in gewisser Beziehung zu den Ionisierungsenergien ($I_K = -\varepsilon_K$), sowie zu Elektronenspektren. Sie beschreiben näherungsweise Ionisierungen und Anregungen. Gleichzeitig wird, wie etwa in (8.24), die Summe der Orbitalenergien ε_K

$$E_{\text{orb}} = \sum_K n_K \varepsilon_K$$

(ε_K wird n_K-mal gezählt, wenn sich in ψ_K n_K Elektronen befinden) an Stelle der Gesamtenergie E verwendet, wenn die Stabilität eines Moleküls oder die Geometrieabhängigkeit der Energie diskutiert werden. Beispielsweise haben wir in § 7.3 im wesentlichen E_{orb} bei der Diskussion der Form des Wassermoleküls verwendet. In § 8.5 haben wir E_{orb} (nur für die π-Elektronen) für die Diskussion des Stabilisierungseffekts der Elektronendelokalisierung herangezogen. Die Wirkung der Elektron-Elektron-Abstoßung wurde nur im Zusammenhang mit der rein qualitativen Interpretation von Molekülstrukturen mit Hilfe von einsamen Paaren und Bindungspaaren sowie deren Wechselwirkungen (§ 7.4) eingeführt. Die *Kernabstoßung* ist offensichtlich ganz vergessen worden. Diese Feststellungen stellen eine ernst zu nehmende Kritik an der MO-Näherung dar, soweit wir diese bisher entwickelt haben. In dieser Situation sind wir eine Erklärung schuldig*.

Zunächst muß festgestellt werden, daß die angewandten Näherungen sehr grob sind. Die vernachlässigte Elektronenabstoßungsenergie beträgt sogar in kleinen Molekülen, wie etwa N_2, immerhin 34 000 kJ mol^{-1}. Diese Energie ist unvergleichlich viel größer als die für die Änderung der Molekülform oder die für das Aufbrechen einer Bindung! Warum können wir erwarten, daß E_{orb} überhaupt irgendeine Bedeutung im Sinne einer Vorhersage hat? Dafür kann es nur eine Antwort geben. Ist E_{orb} überhaupt in irgendeinem Sinne zu gebrauchen, so muß diese Größe zumindest ein ähnliches Verhalten zeigen wie die Gesamtenergie E. Folgt beispielsweise aus einem Anstieg von E_{orb} auf Grund einer bestimmten Geometrieänderung oder einer bestimmten Substitutionsreaktion notwendigerweise ein entsprechender Anstieg von E (was beispielsweise bei einer Proportionalität zwischen E und E_{orb} der Fall wäre), so wäre es gewiß von Vorteil, die einfachere Größe zu verwenden, zumindest zur Vorhersage von Tendenzen.

Die genaue Untersuchung der Ergebnisse von *ab initio* SCF-Rechnungen an Molekülen in ihren Gleichgewichtslagen *zeigt* eine näherungsweise Proportionalität zwischen E und E_{orb}. Diese Beobachtung lieferte den Ansporn für umfangreiche grundlegende Untersuchungen. Warum sollte es eine einfache Beziehung zwischen E und E_{orb} geben? Die Gesamtenergie hat in der Hartree-Fock-Näherung die Form

$$E = \sum_K n_K \varepsilon_K - V_{ee} + V_{nn} = E_{orb} + (V_{nn} - V_{ee}), \qquad (8.45)$$

wobei V_{nn} die Kernabstoßungsenergie und V_{ee} die Elektronenabstoßungsenergie ist; letztere ist *abzuziehen*, was in § 4.2 (siehe auch Tabelle 4.2) erläutert worden ist. Die einfachste Erklärung für die Verwendung von E_{orb} an Stelle von E wäre die Hypothese, daß die Energien für die Kernabstoßung und für die Elektronenabstoßung etwa gleich sind. Damit vereinfacht sich (8.45) zu

$$E \simeq E_{orb}.$$

* Daß E_{orb} eine brauchbare Näherung für die Gesamtenergie ist, falls wir wie in § 5.1 die interatomare Elektronenabstoßung näherungsweise durch die Kernabstoßung ersetzen, sollte nun nicht mehr überraschen. In den folgenden Absätzen wird aber eine ganz andere Frage behandelt: Wie erklärt sich die Proportionalität von E_{orb} aus *ab initio* Rechnungen zu E? Wir haben also zwei grundsätzlich verschiedene Sätze von Orbitalen vorliegen. Erstere stellen in der Summe ihrer Energien, E_{orb}, recht gut die Gesamtenergie E dar, während letztere (mit effektiver Berücksichtigung der Elektronenabstoßung) als Näherungen für Ionisierungsenergien verwendet werden können. Es gibt prinzipiell keinen Satz von Orbitalen, der beides kann. Das ist insbesondere bei der Justierung von Hückel-Parametern zu beachten. (Anmerkung des Übersetzers)

Quantitative Untersuchungen haben allerdings gezeigt, daß diese Annahme unhaltbar ist*.

Im nächsten Schritt müssen wir versuchen, fundamentale Beziehungen zwischen den verschiedenen Beiträgen zur Gesamtenergie zu finden. Beispielsweise gibt es ein Theorem, welches besagt, daß die vollständige Kenntnis der Elektronendichte P (einschließlich ihrer Abhängigkeit von gewissen Parametern wie Kernladungen und Kernlagen) prinzipiell für die Bestimmung der Grundzustandsenergie ausreicht. Mit P kann aber nur der Elektronen-Kerne-Term V_{en} unmittelbar bestimmt werden. Daraus folgt, daß durch P *indirekt* alle anderen Terme bestimmt sind. Tatsächlich konnte Politzer (1976) eine Beziehung theoretisch begründen, daß für ein Molekül im Grundzustand und in der Gleichgewichtslage

$$E \simeq \tfrac{3}{7}(V_{\text{en}} + 2V_{\text{nn}})$$

gilt, wobei V_{ee} und die kinetische Energie der Elektronen eliminiert worden sind. Wie Ruedenberg (1977) gezeigt hat, folgt daraus eine näherungsweise Beziehung (im Rahmen der SCF-Näherung) in der gewünschten Form:

$$E \simeq \tfrac{3}{2}\sum_K n_K \varepsilon_K = \tfrac{3}{2}E_{\text{orb}}. \tag{8.46}$$

Diese Beziehung wird durch *ab initio*-Rechnungen bestätigt. Sie liefert elektronische Gesamtenergien (wie üblich inklusive Kernabstoßung), die im allgemeinen nur 2 bis 3% von den berechneten Werten abweichen.

Zweifellos untermauert die Existenz einer näherungsweisen Beziehung dieser Art viele bildliche und qualitative Argumente, die für eine einfache Theorie der chemischen Bindung charakteristisch sind. Gleichzeitig wird man dadurch an die Grenzen unserer derzeitigen Kenntnisse über die Quantenmechanik der Moleküle geführt.

Aufgaben

8. 1. Man zeichne eine Kurve, die den Verlauf der elektronischen Energie in Abhängigkeit des Torsionswinkels θ um die CC-Bindung in Ethylen zeigt; dabei soll $\theta = 0°$ der „verdeckten" Konformation entsprechen. Man nenne einige Gründe für die vorliegende Gleichgewichtsgeometrie.

8.2. Man diskutiere *quantitativ* den Verlauf der π-Elektronenenergie in Ethylen und zeichne eine ähnliche Kurve wie in Aufgabe 1. Was bewirkt die Anregung eines π-Elektrons in ein antibindendes MO? Könnte diese Anregung photochemische Konsequenzen haben? (Hinweis: mit Hilfe der Vektoreigenschaft der p-Orbitale bestimme man die Abhängigkeit von β vom Torsionswinkel.)

8.3. Man gebe konjugierte Moleküle an (zusätzlich zu den bisher erwähnten), die einen sp^2-Stickstoff, bzw. einen sp^2-Sauerstoff enthalten, vorausgesetzt, daß (*a*) ein π-Elektron, (*b*) zwei π-Elektronen vorliegen. (Man verwende dazu eventuell ein Lehrbuch der organischen Chemie.)

* Natürlich dürften nur die *inter*atomaren Elektronenabstoßungsbeiträge mit der Kernabstoßung gleichgesetzt werden. Mit den verbleibenden *intra*atomaren Elektronenabstoßungsbeiträgen verfahre man wie bei der Abschirmung (§ 2.6). (Anmerkung des Übersetzers)

8.4. Nitroamid (H_2NNO_2) ist am Aminostickstoff nicht planar. Man gebe die entsprechenden Valenzzustände für die Stickstoff- und die Sauerstoffatome an.

8.5. Mit Hilfe der Methode, die zu Tabelle 8.1 führte, gebe man die Bindungslänge im CH-Radikal an. (Die experimentelle Bindungslänge beträgt 112 pm.)

8.6. Man führe eine Hückelrechnung für das Allylradikal durch (Polyenkette mit $N = 3$) und vergleiche die Ergebnisse mit denen, die aus den Gleichungen (8.18) und (8.19) resultieren. (Hinweise: man schreibe die Säkulargleichungen in der „x-Form" auf und leite daraus die Säkulardeterminante her. Durch Entwicklung erhält man eine kubische Gleichung, die man in Faktoren zerlegen kann. Daraus erhält man drei MO-Energien. Durch deren Verwendung erhält man der Reihe nach die entsprechenden MO-Koeffizienten. Man setze $c_1 = 1$ und normiere anschließend.)

8.7. Ausgehend von Aufgabe 8.6 und unter Verwendung der Symmetrie am mittleren Kohlenstoffatom setze man symmetrische und antisymmetrische Kombinationen der ursprünglichen Atomorbitale an. Anschließend behandle man die beiden Symmetriearten getrennt. (Hinweis: man wiederhole, falls nötig, noch einmal § 7.3 und verfahre auf dieselbe Weise.)

8.8. Man zeige, daß für $N = 6$ die allgemeinen Gleichungen (8.23) zu den Benzol-Molekülorbitalen in Tabelle 8.2 führen.

8.9. Mit Hilfe der Methode von Aufgabe 8.7 berechne man die beiden bindenden π-Molekülorbitale in Butadien ($N = 4$). Anschließend sollen die Gesamtenergie und die Bindungsordnungen in den drei CC-Bindungen berechnet werden. Die Ergebnisse sollen durch (8.24) geprüft werden. Der Wert der Delokalisierungsenergie in Tabelle 8.3 ist zu bestätigen. Man zeige auch (durch passende Anwendung von Spiegelungen oder Drehungen), daß für die cis- oder trans-Form des Moleküls ähnliche Überlegungen angestellt werden können.

8.10. Man erweitere die Methode von Aufgabe 8.7, um den Fall behandeln zu können, in dem *zwei* Symmetrieebenen vorliegen, wie das im Naphthalinmolekül der Fall ist.

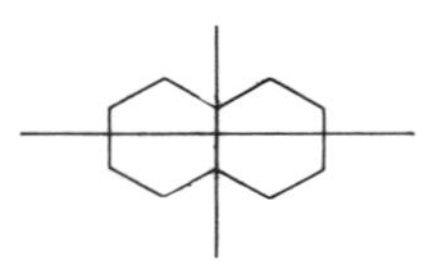

Man bestimme Symmetrieorbitale der vier Arten SS, SA, AS, AA (symmetrisch bezüglich beider Ebenen, symmetrisch bezüglich der ersten und antisymmetrisch bezüglich der zweiten, usw.) und löse die Säkulargleichungen für jede Art getrennt. Wie unterscheidet sich die gesamte π-Elektronenenergie von der für ein cyclisches Polyen, das man durch Entfernung der CC-Bindung im Zentrum erhält?

8.11. Man untersuche, ob die π-Elektronenenergie die Ringöffnung oder den Ringschluß begünstigt, wobei die Beispiele von $N = 4$ bis $N = 10$ untersucht werden sollen. Was folgt aus den Ergebnissen, wenn man sie hinsichtlich der Stabilität konjugierter Ringe betrachtet, und wie lauten die Folgerungen hinsichtlich der $4n + 2$-Regel von Hückel? (Hinweis: man verwende (8.19) und (8.22) für Ketten und Ringe.)

8.12. Man streiche das Stickstoffatom in Chinolin (Fig. 8.16(b)) und berechne das NBMO des verbleibenden Moleküls durch Anwendung von Regel (8.27). Durch Wiedereinführung des Stickstoffs zeige man, daß die Ladungsverteilung in Fig. 8.16(b) die erwartete Form hat.

8.13. Die Hyperfeinstruktur des ESR-Maximums im Spektrum des Perinaphthenylradikals

zeigt eine starke Kopplung zwischen den Protonen, die an den gesternten Kohlenstoffatomen gebunden sind, und dem ungepaarten π-Elektron, von dem das Signal herrührt. Wie kann diese

Beobachtung verstanden werden? (Hinweis: man bestimme das NBMO unter Verwendung der im Text angegebenen Bedingungen. Wenn immer der Wert eines Koeffizienten zunächst nicht bestimmt werden kann, nenne man diesen x (oder y, oder z, ...) und setze die Berechnung fort. Schließlich werden alle Unbekannten mit Hilfe der Bedingungen bestimmt.)

8. 14. Man schreibe die Säkulargleichungen für eine Valenzelektronen-MO-Behandlung des Ethylenmoleküls auf. Dabei werden an jedem Kohlenstoffatom drei sp^2-Hybride und ein $2p\pi$-Orbital verwendet (alle Orbitale werden als zueinander orthogonal angenommen). Man zeige, daß mit der Vernachlässigung von β zwischen den Hybriden desselben Atoms die Gleichungen leicht gelöst werden können. Wie sind die resultierenden Molekülorbitale zu besetzen? Durch passende Kombination der Molekülorbitale zur Beschreibung der CH-σ-Bindungen erzeuge man vier lokalisierte Bindungsorbitale. Die Paarung sich stark überlappender Atomorbitale als sinnvolle Näherung für die Beschreibung lokalisierter σ-Bindungen ist zu rechtfertigen. (Hinweise: man verwende dieselbe Symmetrieklassifizierung wie in Aufgabe 8. 10, aber mit einem zusätzlichen σ- oder π-Faktor. Für die σ-Elektronen benötigt man α_C, α_H, β_{CH}, β_{CC}, β'_{CC} (intraatomar); der Wert des letzten Integrals ist klein. Man behandle jede Symmetrie getrennt.)

9. Übergangsmetallverbindungen

9.1 Die d-Elektronen in den Übergangselementen

Es ist bekannt, daß die Übergangselemente eine Vielfalt von Komplexverbindungen bilden. Diese reichen von ionischen Verbindungen wie $[FeF_6]^{3-}$ bis zu hydratisierten Komplexen wie $[Ti(H_2O)_6]^{3+}$. Es scheint nahezu sicher zu sein, daß diese Mannigfaltigkeit der Eigenschaften in gewisser Weise mit dem wesentlichen Merkmal der Übergangselemente in Verbindung gebracht werden muß, nämlich daß sie alle d-Elektronen enthalten. Neben der Verwendung von d-Orbitalen zur Bildung von Hybriden im Sinne von Pauling, wie diese in § 7.7 bereits behandelt worden sind, haben wir sie bisher für die Interpretation der Bindung nicht verwendet. In diesem Kapitel wollen wir die Eigenschaften von Atomen studieren, die eine gewisse Anzahl von d-Elektronen besitzen. Dabei wird vorausgesetzt, daß wir die Verteilung und die Eigenschaften der d-Elektronen in den freien Atomen kennen. Daran anschließend können wir verfolgen, wie die Verteilungen durch die Anwesenheit umgebender Gruppen beeinflußt werden. Diese Gruppen werden im allgemeinen Liganden genannt, die sich rund um das Atom in gewisser Weise anordnen.

Wir haben bereits in § 2.4 festgestellt, daß es fünf verschiedene d-Orbitale gibt, so daß jede Schale eines Atoms höchstens 10 d-Elektronen enthalten kann. Gehen wir in der ersten langen Periode vom Scandium zum Kupfer, so füllt sich die 3d-Nebenschale. In Tabelle 9.1 sind die Elektronenkonfigurationen außerhalb eines argonähnlichen Rumpfes ($1s^2 2s^2 2p^6 3s^2 3p^6$) angegeben, wenn sich die Atome im Grundzustand befinden. Am Anfang dieser Reihe hat das 4s-Elektron (der Einfachheit halber mit s bezeichnet) eine niedrigere Energie als das 3d-Elektron (mit d bezeichnet). Schreiten wir aber in dieser Tabelle nach rechts fort, so erniedrigt sich die Energie des 3d-Elektrons bezüglich des 4s-Elektrons; die entsprechenden Energiedifferenzen sind aber niemals besonders groß. Aus diesem Grund sind die mittleren Größen der 4s- und 3d-Ladungswolken am Anfang der Periode etwa gleich. Am Ende der Reihe sind aber die d-Orbitale kompakter als die s-Orbitale. Im neutralen Fe-Atom, beispielsweise, zeigen SCF-Rechnungen, daß das äußerste Maximum des 4s-Orbitals 4.5-mal so weit vom Kern entfernt ist wie das Maximum der 3d-Orbitale. Die 3d-

Tabelle 9.1. Die Elektronenkonfigurationen (ohne den argon-ähnlichen Rumpf) der ersten Übergangsmetallatome

Atom	K	Ca	Sc	Ti	V	Cr	Mn	Fe	Co	Ni	Cu	Zn
Elektronenkonfiguration	s	s^2	ds^2	d^2s^2	d^3s^2	d^5s	d^5s^2	d^6s^2	d^7s^2	d^8s^2	$d^{10}s$	$d^{10}s^2$

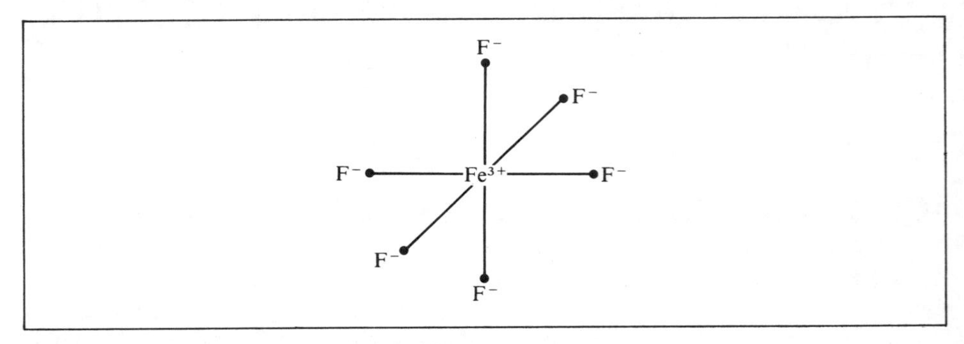

Fig. 9.1. Die oktaedrische Anordnung der Liganden in $[FeF_6]^{3-}$.

Orbitale haben etwa die gleiche Größe wie die 3p-Orbitale. In vielerlei Hinsicht können die 3d-Orbitale als Rumpforbitale betrachtet werden, die durch chemische und andere Bindungen kaum beeinflußt werden. Demnach findet man (Stern (1956)) innerhalb eines Abstands (etwa $2.5a_0$), der gleich der Hälfte des interatomaren Abstands in metallischem Eisen ist, nicht weniger als 95% der d-Elektronen-Ladungswolke. In $[FeF_6]^{3-}$ (Fig. 9.1) können wir in guter Näherung von einem Eisenion Fe^{3+} mit fünf 3d-Elektronen sprechen, das sich im Zentrum eines Oktaeders befindet und von sechs Fluoridionen F^- umgeben ist. Im hydratisierten Eisenion Fe^{2+} enthält das Zentralatom sechs 3d-Elektronen. In $[Cr(NH_3)_6]Cl_3$ enthält Cr^{3+} drei d-Elektronen und ist von sechs neutralen Ammoniakmolekülen umgeben. In allen diesen Fällen verwenden wir ein einfaches ionisches Modell, in dem die elektronegativen Atome ihre Oktetts aufgefüllt haben. Dabei bleibt ein positives Metallion mit einer kompakten äußeren Schale mit d-Elektronen übrig.

9.2 Die Kristallfeld- oder elektrostatische Aufspaltung

Im isolierten Atom haben alle fünf d-Orbitale dieselbe Energie. Wird aber das Atom durch die umgebenden Liganden gestört, so gilt diese Aussage nicht mehr. Von größter Bedeutung ist die Art der Aufspaltung der ursprünglich entarteten Niveaus. Kann die Störung durch ein elektrostatisches Feld dargestellt werden, so sprechen wir von der elektrostatischen Aufspaltung. Solche Situationen treten besonders in Ionenkristallen auf (beispielsweise kann NaCl als Gitter mit Na^+- und Cl^--Ionen aufgefaßt werden, wenn wir auf Kapitel 11 vorgreifen). In diesem Zusammenhang hat Bethe (1929) erstmals die Aufspaltung von Orbitalen beliebiger Symmetrie studiert*. Aus diesem Grund spricht man häufig von der Kristallfeldaufspaltung. Unterschiedliche Kristallarten verursachen elektrische Felder mit unterschiedlichen Symmetrien. Die Art und Weise, in der die Entartung der d-Elektronen aufgehoben wird, hängt

* Die erste Anwendung auf *Moleküle* geht auf Van Vleck (1935) zurück.

von dieser Symmetrie ab. Eine gewisse Kenntnis der Gruppentheorie ist zum Verständnis der vorliegenden Einzelheiten unumgänglich. Aber wir werden feststellen, daß man schon mit Hilfe einfacher bildlicher Vorstellungen auch ziemlich weit kommen kann. Einiges aus der Gruppentheorie findet man im Anhang 3.

9.3 Ein einfaches Beispiel: der quadratisch-planare Komplex

Wir wollen ein Zentralatom betrachten (Fig. 9.2.), dessen d-Orbitale symmetrisch zwischen vier Liganden auf der x- und y-Achse angeordnet sind. In allen uns interessierenden Fällen besitzen die Liganden entweder negative Ladungen (wie etwa in F^-), oder sie sind so angeordnet, daß ein negativer Ladungsbereich (wie etwa das einsame Paar am Sauerstoff in H_2O) dem Zentralatom am nächsten ist. Das elektrische Feld ist also so angeordnet, daß es Elektronen längs der x- und y-Achse zum Zentralatom hindrängt.

Nun müssen wir die fünf passenden d-Orbitale wählen. Die vorliegende Symmetrie besagt, daß die in Fig. 9.2 gewählten Richtungen gut geeignet sind, denn die Orbitale verhalten sich bezüglich der Symmetrieoperationen der Spiegelung und der Drehung, womit die Symmetrie des Quadrats charakterisiert ist, auf die einfachste Weise. Beispielsweise erstreckt sich das d_{z^2}-AO entlang der z-Achse und ist invariant bezüglich einer Drehung um diese Achse, ebenso bezüglich einer Spiegelung an einer Ebene, in der die z-Achse liegt.

Fig. 9.2(a) zeigt, daß im $d_{x^2-y^2}$-Orbital alle vier Ladungsbereiche hinsichtlich der Lage der Liganden, die durch Punkte gekennzeichnet sind, ziemlich ungünstig plaziert sind. Die Energie dieses Orbitals ist durch die elektrostatische Abstoßung von den Liganden beträchtlich angehoben. Aus Fig. 9.2(b) folgt, daß die Energie des d_{xy}-

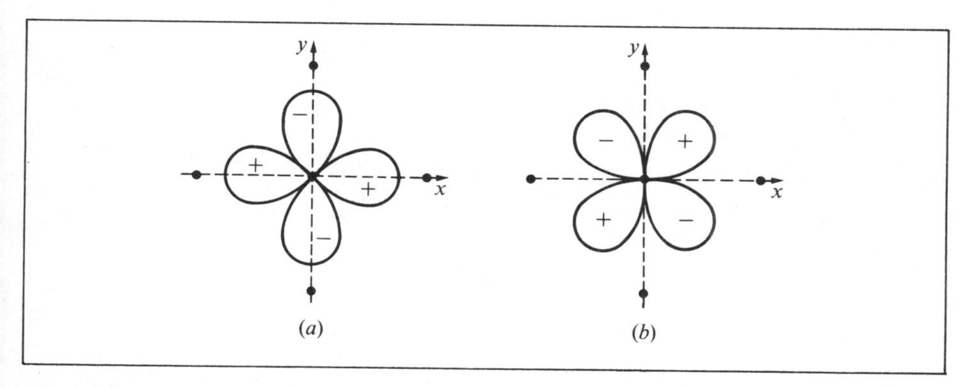

Fig. 9.2. Die Wahl der d-Orbitale für den quadratisch-planaren Komplex. Die vier Liganden sind durch Punkte gekennzeichnet. Bei negativ geladenen Liganden wird $d_{x^2-y^2}$ in (a) eine höhere Energie haben als d_{xy} in (b).

Orbitals weit weniger stark angehoben wird. Die übrigen drei Orbitale werden durch die Liganden kaum beeinflußt, denn ihre stärksten Ladungskonzentrationen liegen in räumlichen Bereichen, die weit vom störenden Einfluß der Liganden entfernt sind. Derartige Überlegungen sind nicht unfehlbar, denn die energetische Reihenfolge hängt sowohl von der Form der d-Orbitale, als auch von der Art der Störung ab. Aus Symmetriegründen ist das Paar d_{xz}, d_{yz} immer entartet. Demnach wird die ursprünglich fünffache Entartung aufgehoben, so daß ein entartetes Paar und drei einzelne Niveaus entstehen. Die Stärke der Aufspaltungen ist proportional zum elektrischen Feld, aber für hinreichend einfache Formen der Felder hängen die Verhältnisse der Aufspaltungen von der Symmetrie ab. Aus diesem Grund müssen die Aufspaltungen für jede Symmetrieart und für jedes Zentralatom nur einmal berechnet werden. In Fig. 9.3 ist die gewöhnliche Reihenfolge der Niveaus angegeben.

Aus Fig. 9.3 kann eine einfache Aussage gewonnen werden. Jedes Orbital kann mit zwei Elektronen unterschiedlichen Spins besetzt werden, und demnach sollten Systeme mit acht oder neun d-Elektronen die quadratisch-planare Anordnung bevorzugen. Diese Tendenz sollte für acht Elektronen stärker ausgeprägt sein als für neun. Denn mit acht, bzw. neun Elektronen ist das energetisch ungünstige $d_{x^2-y^2}$-Orbital entweder leer oder höchstens halb besetzt. Ein Beispiel dafür ist das Nickel-Cyanid-Ion $[Ni(CN)_4]^{2-}$. Schreiben wir dieses in der Form $Ni^{2+}(CN^-)_4$, so erkennen wir die Anwesenheit von acht d-Elektronen. Das Ion ist quadratisch-planar. Mit weniger als acht Elektronen können andere Symmetriearten bevorzugt werden. Bei einer oktaedrischen Anordnung der Liganden gibt es ein entartetes *Paar* energetisch sehr ungünstiger Orbitale. Mit nur sechs Elektronen wären diese Orbitale unbesetzt. Diese Situation tritt dann ein, wenn Ni durch Fe ersetzt wird. Das Ferrocyanid-Ion

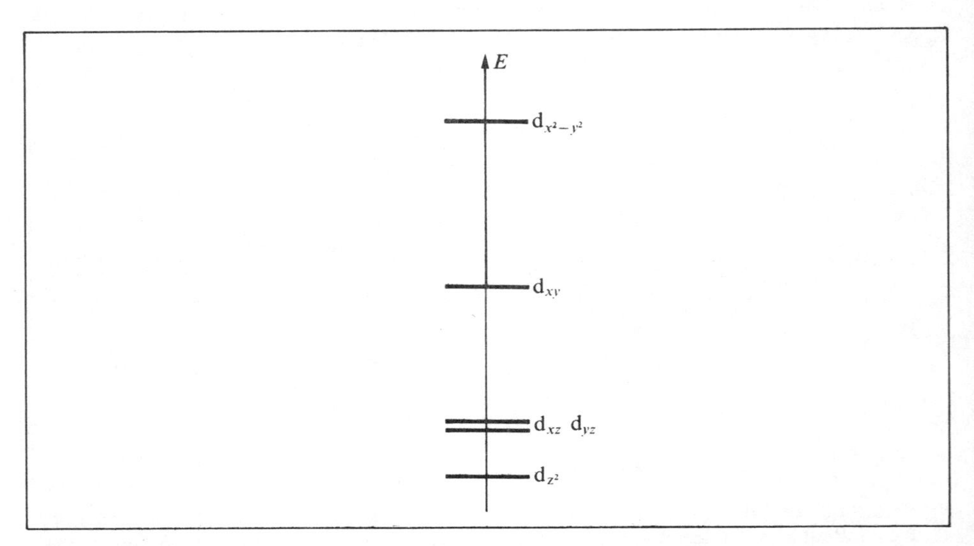

Fig. 9.3. Die energetische Reihenfolge der d-Orbitale im quadratisch-planaren Komplex.

$[Fe(CN)_6]^{4-}$ ist tatsächlich oktaedrisch. Eine allgemeine Regel besagt, daß Ni, Pd und Pt zur Bildung planarer Komplexe neigen, wenn acht d-Elektronen vorhanden sind.

9.4 Komplexe anderer Symmetrien

Die am häufigsten vorkommende Symmetrie molekularer Komplexe ist die in Fig. 9.1 dargestellte oktaedrische. Wählen wir für die Richtungen vom zentralen Metallatom zu den Liganden die x-, y- und z-Achse, so ist unsere Wahl der d-Orbitale dieselbe wie in § 9.3. Ein einfaches Diagramm, analog zu dem in Fig. 9.2, zeigt eine Aufspaltung derart, daß d_{xy}, d_{zx}, d_{yz} entartet bleiben und energetisch tiefer liegen als d_{z^2}, $d_{x^2-y^2}$, die ebenfalls entartet bleiben. Die Entartung von d_{z^2} und $d_{x^2-y^2}$ kann leicht eingesehen werden, denn nach Gleichung (2.20) kann d_{z^2} als Linearkombination von $d_{z^2-x^2}$ und $d_{z^2-y^2}$ dargestellt werden. Die letzteren beiden Funktionen müssen aus Symmetriegründen dieselbe Energie wie $d_{x^2-y^2}$ haben.

Die Aufspaltung in ein Triplett und ein Dublett kann gruppentheoretisch begründet werden. In der gruppentheoretischen Terminologie (Anhang 3) sagen wir

d_{z^2} und $d_{x^2-y^2}$ haben die Symmetrie e_g (manchmal auch d_γ genannt)
d_{xy}, d_{yz}, d_{zx} haben die Symmetrie t_{2g} (manchmal auch d_ε genannt).

Wir werden sehr oft die Gelegenheit haben, diese Orbitale mit Hilfe ihrer Symmetriesymbole zu schreiben. Dabei hat der Index g dieselbe Bedeutung wie in § 4.6. In Zukunft müssen wir zwischen der x-, y- und z-Achse nicht mehr unterscheiden.

Es wäre wünschenswert, wenn wir für die Energieänderungen einen einheitlichen Maßstab hätten. Zu diesem Zweck ist es sinnvoll, die Aufspaltung auf einen Energienullpunkt zu beziehen, der das Zentrum der gesamten Gruppe der d-Niveaus angibt. Von nun an sind wir hauptsächlich an der Reihenfolge der Energieniveaus und ihrer energetischen Abstände untereinander interessiert. Die gesamte Gruppe der Niveaus kann durch die Anwesenheit der Liganden verschoben werden, aber die *absoluten* Lagen der Niveaus sind nicht besonders interessant. Die Anwesenheit negativ geladener Liganden schiebt alle Niveaus um einen gewissen Energiebetrag nach oben, der gewöhnlich viel größer als der Betrag der relativen Aufspaltungen ist. Bei der Herstellung von Energieniveaudiagrammen ist es üblich, derartige generelle Verschiebungen zu ignorieren. Beim oktaedrischen Komplex gibt es drei niedrige Niveaus und zwei höher gelegene Niveaus; daraus folgt für die Verschiebungen bezüglich des Zentrums das Verhältnis 2:3. Die Gesamtaufspaltung wird üblicherweise durch das Symbol Δ ausgedrückt, oder (in der älteren Literatur) durch $10Dq$, wobei $Dq > 0$. Die e_g-Niveaus sind demnach um $6Dq\,(=3/5\,\Delta)$ angehoben, während die t_{2g}-Niveaus um $4Dq\,(=2/5\,\Delta)$ abgesenkt sind.

Ähnliche Rechnungen können für andere Symmetriearten durchgeführt werden. In Fig. 9.4 sind die Ergebnisse für die wichtigsten Symmetriearten dargestellt (übernommen von Griffith und Orgel (1957) und von Pearson (1959)). Ein großer Teil

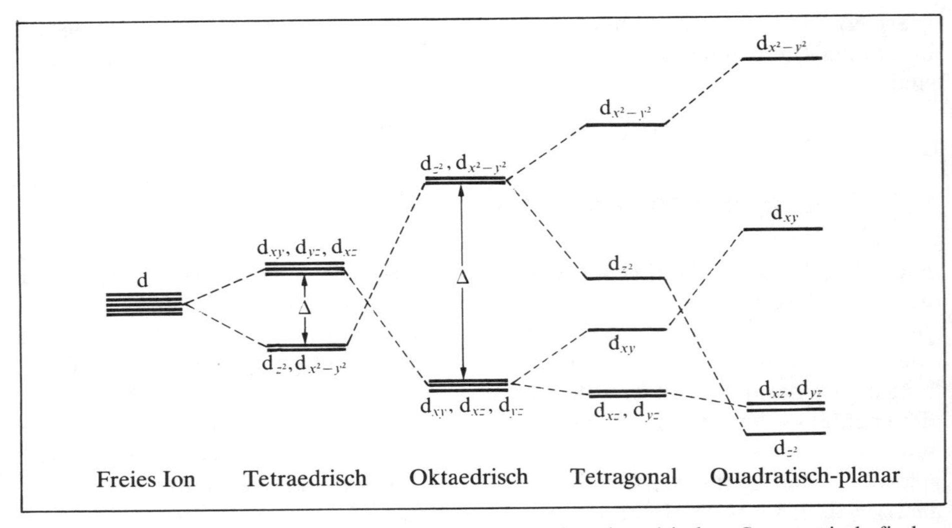

Fig. 9.4. Die Reihenfolge der d-Orbitalenergien. In der oktaedrischen Symmetrie befinden sich die Liganden auf der x-, y- und z-Achse in den Zentren der sechs Flächen eines Würfels; in der tetraedrischen Symmetrie befinden sich die Liganden in vier Ecken eines Würfels; in der tetragonalen Symmetrie ist der Würfel entlang der z-Achse auseinandergezogen (es entsteht dabei ein quadratisches Prisma); im quadratisch-planaren Fall fehlen die Liganden auf der z-Achse.

unserer späteren Diskussionen wird aufgrund dieses wichtigen Diagrammes geführt werden.

Folgende Frage kann gestellt werden: Was wäre geschehen, wenn wir nicht die spezielle Achsenwahl getroffen und somit auch andere d-Orbitale verwendet hätten, als die in Fig. 9.4 angegebenen? Die Antwort auf diese Frage lautet wie folgt: Hätten wir für die fünf d-Orbitale andere Koordinatenrichtungen gewählt, so hätte eine ausführliche Berechnung des Einflusses der Störung veränderte Atomorbitale geliefert, die sich als Linearkombinationen der ursprünglichen Funktionen ergeben hätten. Somit hätten wir tatsächlich neue d-Orbitale erhalten, die bezüglich der Liganden symmetrisch angeordnet wären, wie zu Beginn dieses Abschnitts auch angenommen worden ist. Glücklicherweise erhält man geeignete d-Orbitale, wenn zur Definition der Koordinatenachsen die Liganden herangezogen werden, so daß die Verwendung der Gruppentheorie nicht erforderlich ist.

9.5 Die spektrochemische Reihe

Nach der experimentellen Erfahrung liegen die meisten Δ-Werte in dem Bereich

$$7000 < \Delta < 30\,000\,\mathrm{cm}^{-1}.$$

Nun entspricht 8068 cm^{-1} etwa 1 eV, woraus für die Δ-Werte der Bereich 1 bis 4 eV resultiert. Es wäre wünschenswert, wenn wir diese Kristallfeld-Aufspaltungen berechnen könnten. Leider war das bisher nicht möglich, denn bis heute ist unsere Kenntnis über die Größe von d-Orbitalen in schweren Atomen sehr lückenhaft. Darüberhinaus ist die Berechnung der Polarisation eines Orbitals (im Feld der Liganden) nicht einfach! Beispielsweise ist der Na^+-Rumpf kompakter als der Au^+-Rumpf, und deshalb ist es vernünftig, anzunehmen, daß die Polarisierbarkeit von Na^+ geringer ist. Dagegen ist es nicht leicht, zwischen den d-Elektronen in Fe und Ni zu unterscheiden, denn in diesen Atomen liegen die d-Elektronen innerhalb der äußersten Elektronenschale. Des weiteren wäre es nicht ausreichend, den numerischen Wert von Δ zu kennen, denn neben der rein elektrostatischen Kristallfeld-Aufspaltung spielen noch andere Effekte bei der vollständigen Beschreibung der Elektronenstruktur eine Rolle, wie wir später noch sehen werden.

Auf empirische Weise konnte für viele der am häufigsten vorkommenden Liganden eine Reihenfolge gefunden werden, in der die Liganden nach ansteigendem Δ-Wert angeordnet sind. Der genaue Δ-Wert hängt natürlich von der Wahl des zentralen Metallatoms ab, aber die spektrochemische Reihe ist nahezu unabhängig von dieser Wahl (Tsuchida (1938); Jørgensen (1962)). Diese Reihung der Liganden nach steigendem Δ-Wert lautet

$$I^-, Br^-, S^{2-}, Cl^-, F^-, OH^-, C_2H_5OH, H_2O, NH_3, \text{en}, NO_2^-, CN^-, CO,$$

wobei en = Ethylendiamin bedeutet (siehe § 9.7).

Die wichtigste Bedeutung der Bestimmung von Δ betrifft die Anregungsenergien der d-Niveaus untereinander. Die Wellenlänge des absorbierten Lichts liegt meistens im sichtbaren Bereich; demnach sind viele dieser Komplexe farbig. Das einfachste Beispiel ist etwa der Titan-Wasser-Komplex, $[Ti(H_2O)_6]^{3+}$. Das zentrale Metallatom hat nur ein d-Elektron. In einer oktaedrischen Anordnung der Liganden ist der niedrigste Zustand (siehe Fig. 9.4) ein dreifach entartetes t_{2g}-Niveau. Die Anregung des Elektrons in das doppelt entartete e_g-Niveau erfordert eine Energie Δ, die einer Absorptionsfrequenz ν mit $\Delta = h\nu$ entspricht. Experimente zeigen eine Bande bei 20000 cm^{-1}, die auf den Übergang $t_{2g} \rightarrow e_g$ zurückzuführen ist. Demnach gilt näherungsweise $\Delta = 20000 \text{ cm}^{-1}$. Mit mehr als einem d-Elektron müssen noch andere Faktoren berücksichtigt werden, die später behandelt werden, aber die Methode bleibt im wesentlichen dieselbe.

Abschließend soll darauf hingewiesen werden, daß die Δ-Werte für die zweite und dritte Reihe der Übergangsmetalle (unter Einschluß von 4d- und 5d-Orbitalen) etwa 40–80 % größer als die für die erste Reihe (mit 3d-Orbitalen) sind. Dieser Effekt ist teilweise auf den größeren Radius und die größere Polarisierbarkeit zurückzuführen.

9.6 Starke und schwache Felder: hohe und niedrige Spinmultiplizität

Wir wollen uns nun mit einigen zusätzlichen Effekten befassen, die dann auftreten, wenn mehrere d-Elektronen vorliegen. Für die folgenden Untersuchungen wollen wir als Wechselwirkung nur das Kristallfeld mit der geeigneten Symmetrie berücksichtigen und alle anderen Wechselwirkungen mit den Liganden vernachlässigen. Später werden wir diese Einschränkung aufheben.

Zunächst betrachten wir den oktaedrischen Vanadium-Komplex $[V(H_2O)_6]^{3+}$, in dem das Zentralatom üblicherweise als V(III) oder V^{3+} dargestellt wird. Das neutrale Vanadium-Atom hat fünf Valenzelektronen, und demnach hat V^{3+} zwei. Nach Fig. 9.4 besetzen diese beiden Elektronen die drei tiefsten t_{2g}-Niveaus. Nach der Hundschen Regel besetzen die beiden Elektronen verschiedene Funktionen des entarteten Satzes und haben parallelen Spin. Für den entsprechenden Chrom-Komplex $[Cr(H_2O)_6]^{3+}$ mit drei d-Elektronen ist zu erwarten, daß alle drei t_{2g}-Orbitale mit je einem Elektron besetzt sind, mit jeweils gleichem Spin. Wegen $S=1/2$ liefert jedes Elektron ein magnetisches Moment $\mu_B\,(g\mu_B S \rightarrow \mu_B)$. Daraus folgt, daß diese beiden Komplexe resultierende Momente der Größe $2\mu_B\,(S=1)$ und $3\mu_B\,(S=3/2)$ besitzen. Gehen wir aber weiter zu einem vierten d-Elektron, wie etwa in $[Cr(H_2O)_6]^{2+}$, wo Cr(II) vorliegt, so wissen wir nicht, ob dabei eines der t_{2g}-Orbitale besetzt wird und der Spin zu dem der drei bereits vorhandenen Elektronen entgegengesetzt ist, oder ob eines der e_g-Orbitale besetzt wird. Natürlich liegen diese Orbitale um den Betrag Δ höher als die t_{2g}-Orbitale. Ist aber Δ nicht zu groß, so kann diese Energie zurückgewonnen werden, indem die Elektronen so weit wie möglich voneinander entfernt sind und ihr Spin gleich bleibt. In diesem Fall ist die gegenseitige Coulombabstoßung klein und die Austauschbeiträge (§ 5.6) erniedrigen die Gesamtenergie*. Alles hängt von der Größe von Δ ab. Ist Δ klein, so besetzen zwei weitere Elektronen die e_g-Orbitale, alle mit gleichem Spin. Haben wir mehr als fünf d-Elektronen, so beginnen wir erneut mit dem t_{2g}-Niveau, aber nun mit entgegengesetztem Spin. Ist Δ groß, so füllen wir zunächst die t_{2g}-Unterschale, bevor die e_g-Unterschale besetzt wird. Im ersteren Fall erhalten wir eine hohe Spinmultiplizität; im letzteren eine niedrigere. Somit sind die Begriffe wie Komplexe mit hoher Spinmultiplizität, beziehungsweise Komplexe mit niedriger Spinmultiplizität, ihrem Ursprung nach geklärt. In Tabelle 9.2 sind die beiden Situationen und der resultierende Spin aufgeführt. Im allgemeinen entspricht, für ein vorgegebenes Metallatom, einem Komplex mit hoher Spinmultiplizität ein geringer Δ-Wert und einem Komplex mit niedriger Spinmultiplizität ein hoher Δ-Wert. Aus diesem Grunde werden die beiden Arten von Komplexen oft Komplexe schwachen Feldes und Komplexe starken Feldes genannt. In dem bereits genannten Fall von $[Cr(H_2O)_6]^{2+}$ besetzt das vierte Elektron ein e_g-Orbital ($\Delta = 14\,000\ \mathrm{cm}^{-1}$), was zu einem Komplex mit hoher Spinmultiplizität führt. Im Fall des $[Co(H_2O)_6]^{3+}$, wobei Co(III) sechs 3d-Orbitale besitzt, haben wir einen Komplex mit der Elektronenkonfiguration t_{2g}^6, wobei eine niedrige Spinmultiplizität vorliegt. Aus Tabelle 9.2 folgt, daß sich die Situationen der hohen und der niedrigen Spinmultiplizität nur in den Fällen d^4–d^7 unterscheiden. Dieses magnetische Kriterium für die Unterscheidung der beiden Situationen wurde sehr früh erkannt, da es von größter Bedeutung ist (Pauling (1973); eine Übersicht über die Magnetochemie der Übergangsmetall-Komplexe ist bei Figgis und Lewis (1964) zu finden).

* Dieser Satz müßte nun lauten: In diesem Fall ist die gegenseitige Coulombabstoßung zwar größer, aber die Einelektronenbeiträge erniedrigen die Gesamtenergie (siehe Fußnote in § 5.6). (Anmerkung des Übersetzers)

Tabelle 9.2. Der Spin in oktaedrischen Komplexen

Anzahl der d-Elektronen	Hohe Spinmultiplizität (schwaches Feld) t_{2g}	e_g	Resultierender Spin	Niedrige Spinmultiplizität (starkes Feld) t_{2g}	e_g	Resultierender Spin
1	↑ — —		½	↑ — —		½
2	↑ ↑ —		1	↑ ↑ —		1
3	↑ ↑ ↑		1½	↑ ↑ ↑		1½
4	↑ ↑ ↑	↑ —	2	↑↓ ↑ ↑		1
5	↑ ↑ ↑	↑ ↑	2½	↑↓ ↑↓ ↑		½
6	↑↓ ↑ ↑	↑ ↑	2	↑↓ ↑↓ ↑↓		0
7	↑↓ ↑↓ ↑	↑ ↑	1½	↑↓ ↑↓ ↑↓	↑ —	½
8	↑↓ ↑↓ ↑↓	↑ ↑	1	↑↓ ↑↓ ↑↓	↑ ↑	1
9	↑↓ ↑↓ ↑↓	↑↓ ↑	½	↑↓ ↑↓ ↑↓	↑↓ ↑	½
10	↑↓ ↑↓ ↑↓	↑↓ ↑↓	0	↑↓ ↑↓ ↑↓	↑↓ ↑↓	0

Ein spezielles Beispiel für die Unterscheidung zwischen Komplexen mit hoher und mit niedriger Spinmultiplizität ist in Fig. 9.5 (von Nyholm (1958) übernommen) dargestellt. Dieses Beispiel zeigt die Kristallfeldaufspaltungen in zwei verschiedenen oktaedrischen Komplexen des Eisenions. Im Fluorid liegt ein kleiner Δ-Wert und somit ein Komplex mit hoher Spinmultiplizität vor. Im Cyanid dagegen ist der Δ-Wert groß, so daß der Komplex eine niedrige Spinmultiplizität hat.

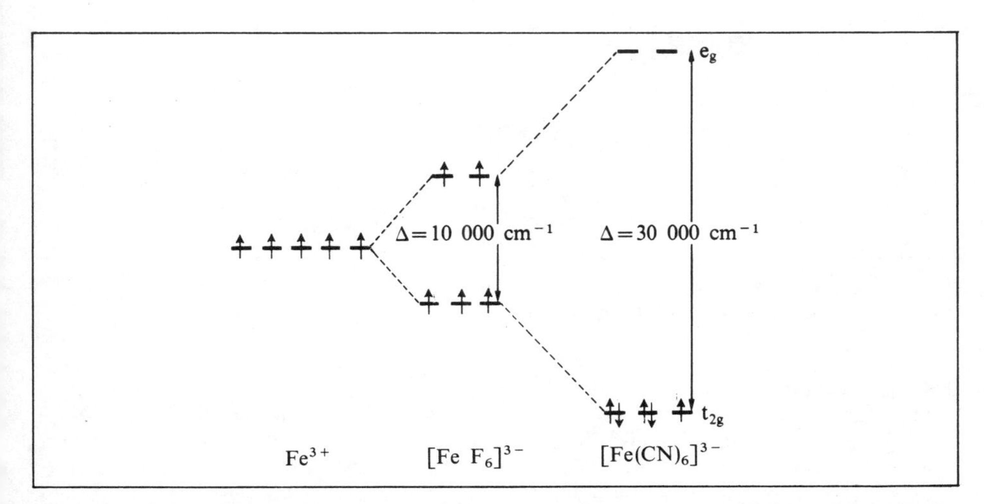

Fig. 9.5. Die Kristallfeldaufspaltung in oktaedrischen Komplexen des Eisenions. Ein kleiner Δ-Wert liefert einen Komplex mit hoher Spinmultiplizität; ein großer Δ-Wert liefert einen Komplex mit niedriger Spinmultiplizität.

Es gibt noch zwei weitere Effekte des rein elektrostatischen Kristallfeldes, die kurz erwähnt werden sollen. Beide führen zu einer Verkomplizierung des soeben beschriebenen einfachen Bildes. Der eine dieser Effekte betrifft die Spin-Bahn-Kopplung, die wegen der Wechselwirkung zwischen dem magnetischen Effekt des Elektrons in seiner Bahn (magnetisches Bahnmoment) und dem Spin auftritt. Im Fall eines einzelnen Elektrons, wie etwa in dem Beispiel des Ti(III) in $[Ti(H_2O)_6]^{3+}$, hebt die Spin-Bahn-Wechselwirkung die Entartung der t_{2g}-Niveaus auf. Glücklicherweise ist diese Aufspaltung im allgemeinen nicht groß, mit Ausnahme von schweren Atomen (Slater (1960)). Der andere Effekt ist als Jahn-Teller-Effekt bekannt (Jahn und Teller (1937); für eine einfachere Darstellung siehe Clinton und Rice (1959)): ein symmetrisches nicht-lineares Molekül kann in einem Zustand mit entarteten Ortsfunktionen nicht im Gleichgewicht vorliegen*; die Struktur wird sich auf solche Weise ändern, daß die Entartung aufgehoben wird. Der Fall des Ti(III) soll als Beispiel dienen (Carrington und Longuet-Higgins (1960)). Hier besetzt das einzige Elektron eines der dreifach entarteten t_{2g}-Orbitale. Diese Situation entspricht einem instabilen System, das sich demnach derart verändert, daß das Oktaeder entlang der x-, y- oder z-Achse gestaucht oder gedehnt wird. Fig. 9.6 zeigt, wie eines der drei t_{2g}-Niveaus bezüglich der anderen abgesenkt wird. Instabilitäten dieser Art treten immer dann auf, wenn die Orbitale einer entarteten Gruppe ungleichmäßig besetzt sind. In diesem Fall besitzt die Ladungswolke nicht die volle Symmetrie des Moleküls. Die daraus resultierende Asymmetrie der Kräfte auf die Kerne bewirkt die Strukturänderung. Dieser Effekt ist im allgemeinen ziemlich klein.

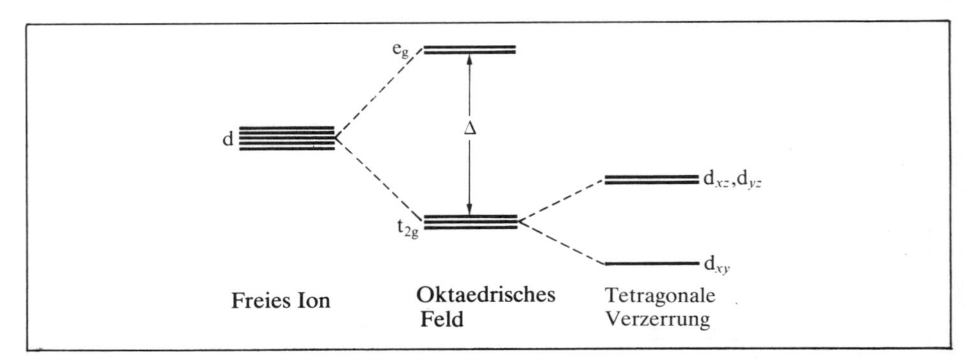

Fig. 9.6. Die Jahn-Teller-Aufspaltung des t_{2g}-Niveaus (oktaedrisches Feld) durch tetragonale Verzerrung (Stauchung oder Dehnung entlang der z-Achse).

* Korrekterweise ist hier zwischen der Entartung von *Orbitalen* (Pseudo-Jahn-Teller-Effekt oder Jahn-Teller-Effekt 2. Ordnung) und der Entartung von *Zuständen* (Jahn-Teller-Effekt) zu unterscheiden. Beispielsweise hat das quadratische Cyclobutadien entartete Orbitale, aber keine entarteten Zustände. Rechnungen haben gezeigt, daß bei einer Rechtecksverzerrung die Energie in zweiter Ordnung abgesenkt wird. Andererseits hat H_3 in der Struktur eines regulären Dreiecks einen entarteten Grundzustand, und es läßt sich ohne numerische Rechnung zeigen, daß eine Symmetrieerniedrigung die Energie in erster Ordnung absenkt. (Anmerkung des Übersetzers)

9.7 Die Ligandenfeld-Theorie

Die bisher geführte Diskussion bezog sich ausschließlich auf das Kristallfeld, das durch die Liganden verursacht wird. Des weiteren wurde der Einfluß der Liganden auf die Energien der d-Elektronen studiert. Wir haben angenommen, daß die Liganden der einfachen elektrostatischen Anziehung unterliegen. Die Beteiligung der Elektronen der Liganden wurde bisher außer acht gelassen. Diese Vernachlässigung ist ziemlich schwerwiegend, denn in vielen Fällen gehen die Elektronen der Liganden eine kovalente Bindung zwischen den Liganden und dem zentralen Metallatom ein. Zwei verschiedene Arten einer solchen Bindung sind möglich, die σ-Bindung und die π-Bindung. Der σ-gebundene Anteil ist gewöhnlich der bedeutendere, und deshalb soll er zuerst behandelt werden.

Unsere Aufgabe lautet wie folgt: Es mögen fünf d-Orbitale am Metallatom zentriert sein sowie ein Orbital an jedem der Liganden. Welche Molekülorbitale können durch Linearkombinationen gebildet werden? Die Ligandenorbitale sollen axiale Symmetrie besitzen bezüglich der Achsen, die den Liganden mit dem Metallatom verbinden. Im Fall des Fluoridions $[FeF_6]^{3-}$, dargestellt in Fig. 9.1, besteht das σ-Orbital aus einem $2p_\sigma$-Fluororbital, dessen Achse mit der Kernverbindungslinie von Fe und F zusammenfällt. Im Fall des Cobaltamminkomplexes $[Co(NH_3)_6]^{3+}$ sind die σ-Orbitale die Hybride der einsamen Elektronenpaare der Ammoniak-Moleküle (siehe Fig. 7.18). Im Fall von Liganden, die zu einer Chelatbindung führen, wie etwa bei Ethylendiamin NH_2-CH_2-CH_2-NH_2, werden durch einen Liganden zwei Koordinationsstellen besetzt (siehe Fig. 9.7). Dabei sind die Ligandenorbitale die Orbitale der einsamen Paare der beiden endständigen Stickstoffatome. Die zu bildenden Molekülorbitale sind offensichtlich vollständig delokalisiert. Rein mathematisch gesehen finden wir hier eine ähnliche Situation vor wie in Kapitel 8, wo wir für aromatische und konjugierte Moleküle delokalisierte Molekülorbitale gebildet haben. Ein Unterschied besteht nur darin, daß jedes Ligandenorbital lokalen σ-Charakter hat, aber keinen π-Charakter.

Nun wollen wir zum Fall des quadratisch-planaren Komplexes zurückkommen, der in Fig. 9.2 dargestellt ist. Wir wollen wissen, wie die vier Ligandenorbitale kom-

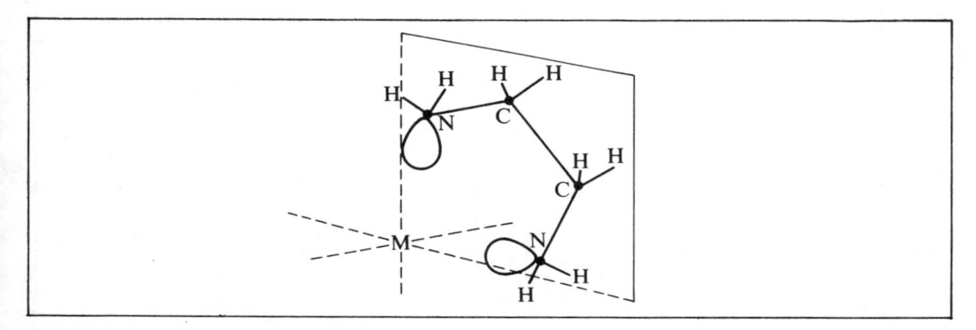

Fig. 9.7. Die Chelatbindung mit Ethylendiamin.

biniert werden müssen, damit diese Kombinationen die erforderliche Symmetrie haben, um mit den s-, p- und d-Orbitalen am Zentralatom zu kombinieren. Die Gruppentheorie liefert die allgemeine Methode zur Lösung dieser Aufgabe, aber wiederum reicht dazu auch eine einfache, bildlich dargestellte Näherung, wie das in §7.3 und in einigen Aufgaben in den Kapiteln 7 und 8 bereits geschehen ist. Hinweise sind im Anhang 3 zu finden. Wir müssen die Ligandenorbitale zu *Symmetrieorbitalen* kombinieren, die sich so verhalten wie die Atomorbitale am Zentralatom, wenn diese verschiedenen Spiegelungen oder Drehungen unterworfen werden. Diese Symmetrieoperationen beschreiben die Symmetrie des Moleküls.

Die Ligandenorbitale sollen so definiert werden, daß deren positive Bereiche dem Zentralatom zugewandt sind. In Fig. 9.8 werden die Ligandenorbitale mit A, B, C, D bezeichnet, woraus die folgenden möglichen Kombinationen resultieren.

(I) $A+B+C+D$ hat die totale Symmetrie des Komplexes und wird deshalb mit dem s-Orbital des Zentralatoms kombinieren.

(II) $A-B$ hat dieselbe Symmetrie wie ein p_x-Orbital am Zentralatom, wodurch damit eine Kombination möglich ist.

(III) $C-D$ hat dieselbe Symmetrie wie ein p_y-Orbital am Zentralatom, wodurch eine Kombination zwischen den beiden Orbitalen möglich ist.

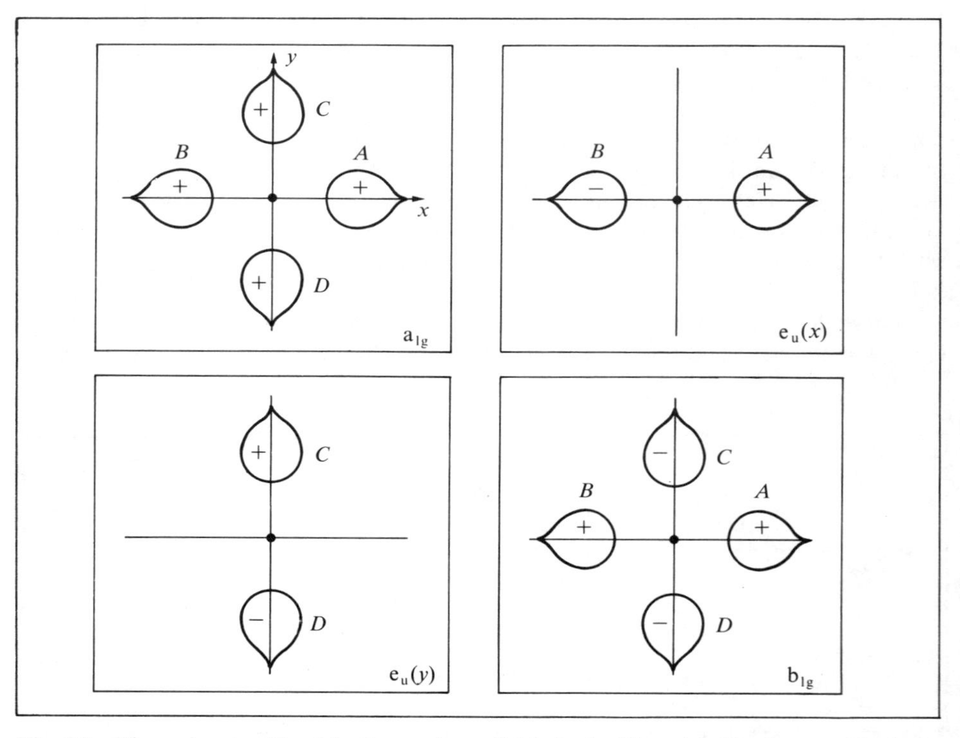

Fig. 9.8. Die geeigneten Kombinationen der σ-Orbitale der Liganden für einen quadratisch-planaren Komplex; die Kennzeichnung erfolgte aufgrund der Symmetrieeigenschaften.

(IV) $A+B-C-D$ hat dieselbe Symmetrie wie ein $d_{x^2-y^2}$-Orbital am Zentralatom (siehe Fig. 9.2 (*a*)), wodurch eine Kombination zwischen den beiden Orbitalen möglich ist.

Die Überlappung zwischen A, B, C und D ist nahezu null. Die Energien der vier Kombinationen von $A, \ldots, D$ sind deshalb nahezu dieselben und gleich derjenigen von A allein. Die gruppentheoretischen Bezeichnungen dieser vier Kombinationen, die auch für die entsprechenden Molekülorbitale gelten, sind in Fig. 9.8 angegeben. Wir sollten auch die restlichen d-Atomorbitale am Zentralatom (siehe Fig. 2.9), nämlich $d_{z^2}(a_{1g})$, $d_{xy}(b_{2g})$ und d_{xz}, d_{yz} (ein e_g-Paar), nicht vergessen. Die resultierenden Molekülorbitale lauten wie folgt:

$$
\begin{array}{ll}
\{A+B+C+D\}+\lambda_1 s+\lambda_2 d_{z^2} & \text{Symmetrie } a_{1g} \\
\left.\begin{array}{l}\{A-B\}+\mu p_x \\ \{C-D\}+\mu p_y\end{array}\right\} & \text{Symmetrie } e_u \\
\{A+B-C-D\}+\nu d_{x^2-y^2} & \text{Symmetrie } b_{1g} \\
\left.\begin{array}{l}d_{xz} \\ d_{yz}\end{array}\right\} & \text{Symmetrie } e_g \\
d_{xy} & \text{Symmetrie } b_{2g}
\end{array}
$$

Die numerischen Werte der Koeffizienten λ, μ, ν müssen mit Hilfe des Variationsprinzips ermittelt werden. Die Lösung der Säkulargleichungen für jede Symmetrie liefert drei a_{1g}-Niveaus, zwei entartete e_u-Paare (für x und y), zwei b_{1g}-Niveaus, ein entartetes e_g-Paar und ein b_{2g}-Niveau. Wie bekannt (§ 3.9) verhalten sich die Orbitalniveaus so, als würden sie aufgrund der Kombination einander abstoßen.

Der oktaedrische Fall kann auf ähnliche Weise behandelt werden. Aufgrund seiner großen Bedeutung sind die Orbitale am Zentralatom sowie die einzelnen Kombinationen der Ligandenorbitale $A, B, \ldots, F$ (Fig. 9.9), mit denen ein LCAO-MO gebildet werden kann, in Tabelle 9.3 zusammengestellt. Diese Linearkombinationen

Tabelle 9.3. Die Molekülorbitale für oktaedrische Komplexe

Atomorbitale am Zentralatom	Ligandenorbitale vom σ-Typ	Ligandenorbitale vom π-Typ	Symmetriebezeichnung
s	$(A+B+C+D+E+F)$	Keine	a_{1g}
p_x	$(A-B)$	$(C_{\pi x}+D_{\pi x}+E_{\pi x}+F_{\pi x})$	t_{1u}
p_y	$(C-D)$	$(A_{\pi y}+B_{\pi y}+E_{\pi y}+F_{\pi y})$	
p_z	$(E-F)$	$(A_{\pi z}+B_{\pi z}+C_{\pi z}+D_{\pi z})$	
$d_{x^2-y^2}$	$(A+B-C-D)$	Keine	e_g
d_{z^2}	$-(A+B+C+D)+2(E+F)$		
d_{xy}	Keine	$A_{\pi y}-B_{\pi y}+C_{\pi x}-D_{\pi x}$	t_{2g}
d_{yz}		$C_{\pi z}-D_{\pi z}+E_{\pi y}-F_{\pi y}$	
d_{zx}		$A_{\pi z}-B_{\pi z}+E_{\pi x}-F_{\pi x}$	

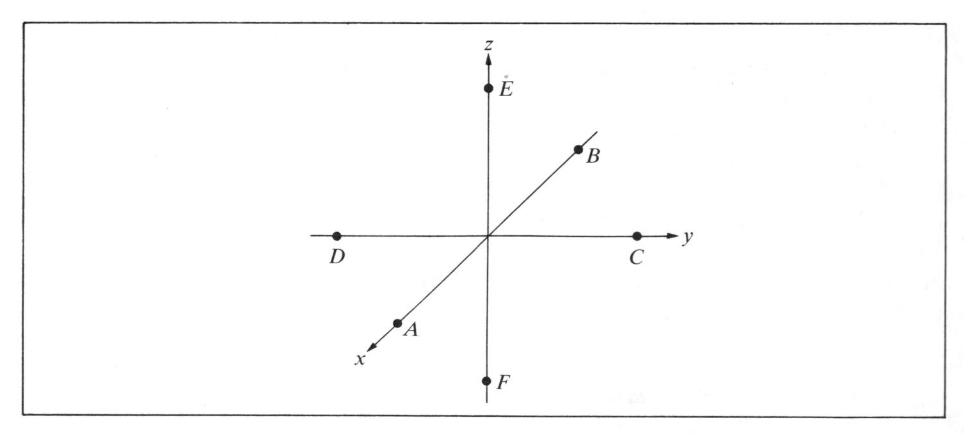

Fig. 9.9. Die Bezeichnung der Ligandenorbitale am Oktaeder.

können daraufhin gebildet werden. Eine typische Situation ist in Fig. 9.10 dargestellt, wobei die Metallorbitale auf der linken Seite und die Ligandenorbitale auf der rechten Seite angegeben sind. In der Mitte ist die Reihenfolge der Molekülorbitale zu sehen. Die Liganden sind im allgemeinen stärker elektronegativ als das Metall. Aus diesem Grund liegt das Niveau auf der rechten Seite tiefer als die Niveaus auf der linken Seite.

Nun können wir sehen, wie sich das neue Diagramm in Fig. 9.10 bezüglich des früheren Bildes in Fig. 9.5 verändert hat. Früher haben wir nur die d-Elektronen des

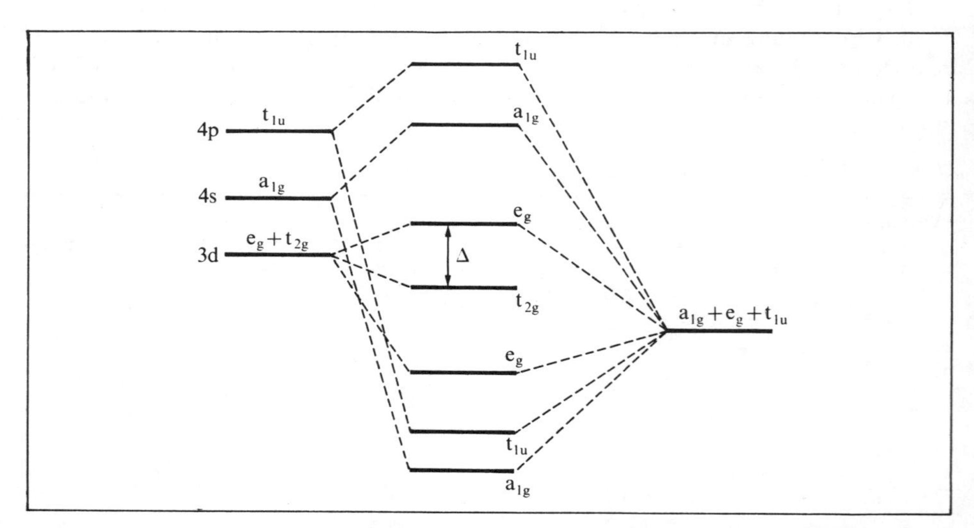

Fig. 9.10. Die Energieniveaus der Molekülorbitale (in der Mitte) eines oktaedrischen Komplexes im Verhältnis zu denen der Metall-Atomorbitale (links) und denen der Ligandenorbitale (rechts). Die e- und t-Orbitale sind zweifach und dreifach entartet. (Nur die Reihenfolge der Niveaus ist signifikant.)

Zentralatoms berücksichtigt, aber nun schließen wir die Elektronen der Liganden sowie die s- und p-Elektronen des Metallatoms in unsere Betrachtung mit ein. Normalerweise ist jedes Ligandenorbital $A, \ldots, F$ (in der ionischen Struktur) mit zwei Elektronen besetzt. Nach Fig. 9.10 besetzen diese die drei niedrigsten Niveaus vollständig. In diesen sind sechs $(1+3+2)$ Molekülorbitale enthalten, womit alle 12 Elektronen untergebracht sind. Diese „Ligandenelektronen“ sind nun aber teilweise in die Metallatomorbitale 3d, 4s und 4p zurückgegangen, wodurch der rein ionische Charakter der Bindung im Kristallfeldmodell verloren geht. Die ursprünglich reinen Metallorbitale d_{z^2} und $d_{x^2-y^2}$ (das e_g-Paar) enthalten nun einen gewissen Anteil der Ligandenorbitale. Demnach ist die Aufspaltung Δ, die in der Abbildung angegeben ist, nicht mehr dieselbe wie zuvor. Die Berechnung dieses Δ-Wertes ist viel schwieriger, denn sowohl die Orbitale des Metallatoms als auch die Ligandenorbitale gehen darin ein. Oft ist es jedoch so, daß die Ligandenorbitale weit unterhalb der d-Orbitale des Metallatoms liegen. Die e_g- und t_{2g}-Orbitale entsprechen dann ziemlich genau denen, die aufgrund des elektrostatischen Kristallfeldes berechnet werden.

Diagramme wie solche in Fig. 9.10 können für jede Symmetrie, die in Fig. 9.4 erwähnt ist, gezeichnet werden. Aufgrund solcher Diagramme kann die Aufteilung der Elektronen auf die einzelnen Orbitale vorgenommen werden. Die Unterscheidung zwischen Komplexen mit hoher und mit niedriger Spinmultiplizität wird durch die Mitberücksichtigung der Ligandenorbitale nicht berührt.

Die soeben beschriebene Theorie wird Ligandenfeldtheorie genannt und ist von der weniger genauen aber einfacheren elektrostatischen Kristallfeldtheorie zu unterscheiden, mit der wir begonnen haben.

9.8 Die Beziehung zwischen der Ligandenfeldtheorie und den oktaedrischen Hybriden nach Pauling

Wir sind nun in der Lage, die Beschreibung eines oktaedrischen Komplexes durch die Ligandenfeldtheorie mit der Hybridisierungsnäherung von Linus Pauling in Verbindung zu bringen. Letztere kann aufgrund von § 7.7 angewandt werden. Als Beispiel wollen wir das Eisencyanid $[Fe(CN)_6]^{3-}$ betrachten, wobei das Zentralatom ein Übergangsmetall ist. In der Paulingschen Näherung wird ursprünglich angenommen, daß sich die negative Ladung am Metallatom befindet. Daraus resultiert die Elektronenkonfiguration

$$Fe^{3-}[KL(3s)^2(3p)^6(3d)^9(4s)^2].$$

Jede CN-Gruppe besitzt ein ungepaartes Elektron, und deshalb bilden wir sechs einfach besetzte oktaedrische Hybride (d^2sp^3), damit sechs σ-artige Elektronenpaarbindungen entstehen können. Dabei besetzen fünf Elektronen die d-Orbitale mit niedriger Energie und bleiben somit weitgehend am Zentralatom lokalisiert. Werden die Bindungen durch eine VB-Wellenfunktion beschrieben, und zwar ohne ionische Strukturen, so sind in jeder Bindung ein Elektron des Metallatoms und eines des Liganden enthalten. Das System wäre dann als $Fe^{3-}(CN)_6$ beschrieben. Beschreibt man das System aber mit Hilfe einer rein ionischen VB-Struktur, wobei jedes Elektronenpaar einem Liganden zugeordnet wird, so hätten wir das System als $Fe^{3+}(CN^-)_6$ beschrieben. Hinsichtlich der höheren Elektronegativität der CN-Gruppe bezüglich Fe entspricht die letztere Beschreibung eher der Realität. Wäre diese Näherung absolut korrekt, so hätten wir den Fall des elektrostatischen Kristallfeldes vorliegen. In diesem Fall wäre es nicht sehr vernünftig, die Beschreibung mit oktaedrischen Fe-Hybriden zu beginnen, um hinterher feststellen zu müssen, daß diese nutzlos sind. Die wahre Situation ist irgendwo in der Mitte; jede Bindung ist teilweise kovalent und teilweise ionisch – mit anderen Worten *polar*. Die VB-Näherung von Pauling kann eine solche Polarität ohne Einschluß einer großen Anzahl ionischer Strukturen nicht ausreichend beschreiben. Die Ligandenfeldnäherung, in der die relativen Gewichte der Metall- und der Liganden-Atomorbitale in jedem MO prinzipiell durch das Variationsverfahren bestimmt werden (durch Lösung von Säkulargleichungen), liefert die richtige Polarität automatisch. Diese ist im allgemeinen sehr stark. Die Ligandenfeldnäherung scheint deshalb die empfindlichere Beschreibung zu sein. Die ionische Beschreibung $Fe^{3+}(CN^-)_6$ liefert eine unwahrscheinlich hohe Ladung am Zentralatom; die kovalente Beschreibung $Fe^{3-}(CN)_6$ ist sogar noch unwahrscheinlicher.

Der Effekt der Polarität der Bindungen ist die „Glättung" der Ladungsverteilung. Pauling kleidet diese Beobachtung in ein „Neutralitätspostulat": Die Berücksichtigung ionischer Strukturen minimisiert die Abweichungen von der elektrischen Neutralität der beteiligten Atome im Molekül. Als Beispiel betrachten wir das Hexammin-Cobalt-Ion $[Co(NH_3)_6]^{3+}$, das in den Cobaltamminen auftritt und oktaedrische Struktur hat. Zur Bildung von sechs Elektronenpaarbindungen müssen wir von jeder NH_3-Gruppe ein Elektron nehmen. Es verbleibt ein einfach besetztes tetraedrisches Hybrid, das zum Metallatom hin gerichtet ist. Das Cobaltatom liegt dann in der Form Co^{3-} vor, mit 6−3 Überschußelektronen. Die Elektronegativitätsdifferenz zwischen Co und N ($x_{Co} = 1.8, x_N = 3.0$) führt aber zu einem ionischen Charakter jeder Bindung von etwa 50% (nach (6.31)). Demnach verlassen $6 \times 1/2 = 3$ Elektronen das Cobaltatom und gehen zu den Stickstoffatomen zurück. Auf diese Weise wird Cobalt etwa neutral. Die größte Abweichung von der Neutralität übersteigt 1/2 Elektron an jedem der sechs Liganden nicht.

Rückblickend kann man feststellen, daß Paulings einleuchtende Verwendung der Hybridisierung nur deshalb mißlungen ist, weil sie für stark polare Bindungen nicht bequem angewandt werden konnte, wobei die VB-Theorie zugrunde gelegt worden ist. Für die Verwendung von Hybriden in einem lokalisierten MO (Bindungsorbital) gibt es keinen ähnlichen Einwand, wenn die Beschreibung für jedes Elektronenpaar so wie in § 8.8 angedeutet verläuft. Der wesentliche Nachteil von Paulings Näherung könnte auf diese Weise ausgeglichen werden. In Fällen hoher Symmetrie verläuft die Berechnung vollständig delokalisierter Molekülorbitale als Kombinationen geeigneter Symmetrieorbitale routinemäßig (wir werden darauf in § 9.13 zurückkommen), und dieses Verfahren im Rahmen der Ligandenfeldtheorie hat sich allgemein durchgesetzt.

Schließlich soll noch bemerkt werden, daß unabhängig von der gewählten Beschreibungsweise einige nicht-bindende d-Elektronen übrigbleiben, die t_{2g}-Orbitale (d_{xy}, d_{yz}, d_{zx}) besetzen. Diese bewirken den Paramagnetismus solcher Verbindungen. Die

Paulingsche Näherung ist im allgemeinen nicht ausreichend, die geringe Delokalisierung dieser „magnetischen" Elektronen auf sechs Liganden zu erklären, die in Spinresonanzexperimenten beobachtet wird. Eine derartige Delokalisierung ist nach Tabelle 9.3 aber möglich, wenn wir einen geringen Grad von π-Bindungen zulassen. Die Paulingsche Näherung ist auch zu unflexibel, um eine einfache Beschreibung von Anregungsprozessen zu ermöglichen. Davon betroffen ist etwa der Übergang eines Elektrons zwischen den zentralen t_{2g}- und e_g-Niveaus in Fig. 9.10. Diese Näherung ist somit für die Interpretation von Spektren nicht besonders geeignet. Für solche Zwecke ist die Beschreibung der Ligandenfeldtheorie vorzuziehen (Griffith und Orgel (1957)).

9.9 Das Wesen der π-Bindung

Bis jetzt haben wir uns lediglich mit der σ-Bindung zwischen dem Metallatom und den Liganden beschäftigt. Offensichtlich gibt es aber auch eine π-Bindung. In Fig. 9.11 ist eine Art von π-Bindung im quadratisch-planaren Komplex dargestellt. Aus diesem Diagramm folgt, daß die Kombination der Ligandenorbitale

$$A_{\pi y} - B_{\pi y} + C_{\pi x} - D_{\pi x}$$

genau die richtige Symmetrie hat, um sich mit dem d_{xy}-Orbital des Zentralatoms stark überlappen zu können. Nach Tabelle 9.3 ist d_{xy} eines der Atomorbitale, es hat b_{2g}-Symmetrie, das bisher in keinem delokalisierten MO verwendet wurde. Nun aber wird es zumindest teilweise delokalisiert. Ähnliche Beschreibungen betreffen auch die anderen Orbitale. In der vorletzten Spalte in Tabelle 9.3 sind jene Kombinationen

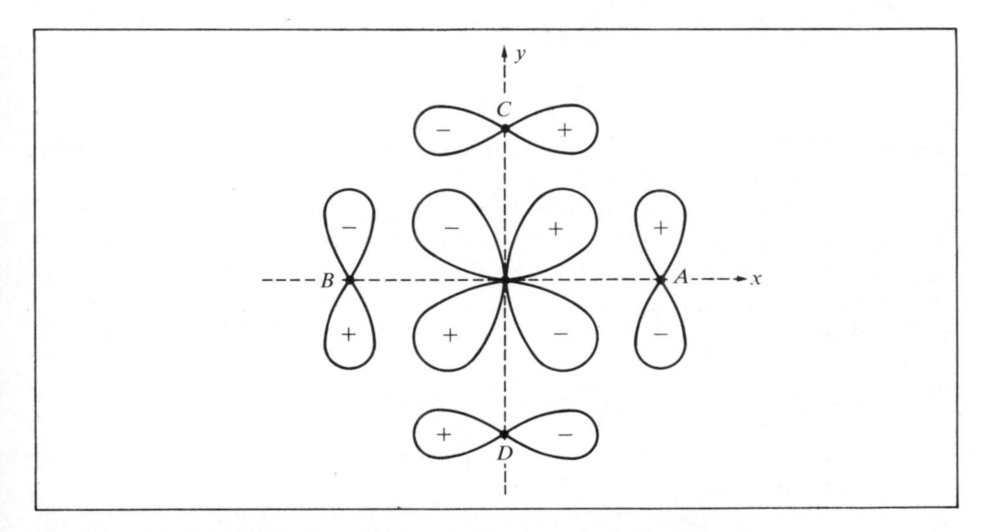

Fig. 9.11. Ein Beispiel für die π-Bindung in einem quadratischen Komplex.

der π-Orbitale der Liganden aufgeführt, die in oktaedrischen Komplexen mit p- und d-Orbitalen des Zentralatoms kombinieren. Diese π-Bindung verkompliziert die Analyse, ohne daß hier etwas wesentlich Neues gewonnen wird. Aus diesem Grund sollen im weiteren die resultierenden Änderungen bezüglich Fig. 9.10 nicht verfolgt werden. Einige der wichtigsten Anwendungen betreffen die Cyanid- und Carbonyl-Komplexe. Weitere Details sind in den Büchern von Orgel (1960), Griffith (1961) und Figgis (1966) zu finden.

9.10 Die experimentelle Begründung der Elektronendelokalisierung

Eines der bedeutendsten Ergebnisse der Ligandenfeldtheorie ist die Vorhersage der Elektronendelokalisierung. Diese vollzieht sich von den Liganden zum Metallatom in den niedrig gelegenen a_{1g}-, t_{1u}- und e_g-Niveaus; sie alle sind doppelt besetzt. Außerdem tritt sie vom Metallatom zu den Liganden auf, wobei die teilweise besetzten Nebenschalen t_{2g} und e_g (Fig. 9.10) eine Rolle spielen. Wie aus Tabelle 9.3 folgt, besteht ein t_{2g}-MO hauptsächlich aus einem d-Orbital des Metalls; ein e_g-MO liefert nur σ-Orbitale. Wie in § 6.6 bereits erwähnt, kann die Physik Informationen über die Form der Elektronenverteilung liefern.

In diesem Fall stammt die Bestätigung der Elektronendelokalisierung im wesentlichen aus drei Quellen.

(I) *g-Werte.* Nach § 3.10 führt ein Magnetfeld (Flußdichte B) für ein System mit einem ungepaarten Elektron zu einer geringen Wechselwirkungsenergie $\Delta E_{\text{Spin}} = g\mu_B m_s B$, wobei $m_s = \pm 1/2$ die Spinquantenzahl des Elektrons ist. Die Übergänge zwischen den beiden Niveaus eines solchen „Spindubletts" können in ESR-Experimenten beobachtet werden. Etwas allgemeiner gilt

$$\Delta E_{\text{Spin}} = g\mu_B M_s B,$$

wobei (mit mehreren ungepaarten Elektronen) M_s eine *resultierende* Spinkomponente in Feldrichtung ist. Verbleibt in irgendeiner Form ein Orbitaldrehimpuls, so weicht der g-Wert etwas von dem Wert 2 für ein freies Elektron ab. Entfernen sich die d-Elektronen vom Zentralatom, so verringert sich ihr Beitrag zum Orbitaldrehimpuls und der g-Wert strebt gegen den Wert für das freie Elektron. Durch Messung des g-Wertes können wir auf die Verteilung der ungepaarten d-Elektronen schließen. Im Fall des Komplexes $[IrCl_6]^{2-}$ wurde gefunden (Cipollini *et al.* (1962)), daß dem Zentralatom etwa 0.68 Elektronen zur Füllung der t_{2g}^6-Schale fehlen. An jedem der sechs Liganden befinden sich somit 0.05 Elektronen mit ungepaartem Spin.

(II) *Die Hyperfeinkopplung mit den Liganden.* In dem soeben angeführten Beispiel fehlen jedem Chloratom 0.05 Elektronen zur Erzielung einer abgeschlossenen Schale. Dadurch entsteht an jedem Liganden ein gewisser verbleibender Elektronenspin. Dieser steht in Wechselwirkung mit dem Spin des Chlorkerns, so daß das Iridium-ESR-Signal eine Hyperfeinstruktur erhält. Wird diese Situation richtig interpretiert (Griffiths *et al.* (1953)), so bestätigen die Ergebnisse die Werte, die aus den Messungen der *g*-Werte erhalten werden.

(III) *Die Hyperfeinkopplung mit dem Metall.* Wandern ungepaarte Elektronen vom Metallatom zu den Liganden, so liefern sie eine geringere magnetische Kopplung mit dem Metallkern. Die entsprechende Hyperfeinaufspaltung wird geringer. Auch dieser Effekt ist experimentell bestätigt worden; die entsprechende Technik ist komplementär zu der in (II).

Obwohl die geschilderten Experimente physikalischer Natur sind, bestätigen sie im großen und ganzen das Bild, das uns chemische Betrachtungsweisen geliefert haben. Das trifft besonders für den Grundzustand dieser Komplexe zu. Für weiterführende Diskussionen zu diesen weitreichenden Methoden sei auf Carrington und McLachlan (1967) verwiesen.

Schließlich erhält man weitere Einsichten in die Delokalisierung durch das Studium angeregter Zustände. Jørgensen (1959) hat für eine Reihe von Hexahalidkomplexen gezeigt, daß diese im sichtbaren und im nahen ultravioletten Bereich starke Absorptionsbanden aufweisen. Diese Beobachtung kann auf „charge-transfer"-Übergänge zurückgeführt werden. Dabei springt ein Elektron, das ursprünglich ein MO an den sechs Halidionen besetzt hat, in ein d- oder s-Orbital am Metallatom. In Fig. 9.10 ist zu sehen, daß es normalerweise leere Orbitale mit der Symmetrie e_g oder a_{1g} gibt. Ausführliche Untersuchungen bestätigen diese Zuordnung.

Bevor wir uns anderen Arten von Übergangsmetallkomplexen zuwenden, soll zusammenfassend bemerkt werden, daß die drei Konzepte der Aufspaltung der d-Orbitale, der Komplexe mit hoher und mit niedriger Spinmultiplizität und der Delokalisierung der Ligandenorbitale eine gewisse Ordnung in die vielfältigen Erscheinungsformen dieses bedeutsamen Gebietes der anorganischen Chemie gebracht haben, die lange Zeit vermißt wurde. Es ist zu bezweifeln, ob eines dieser drei Konzepte ohne die vereinfachenden Vorstellungen der Wellenmechanik entwickelt worden wäre. Diese Konzepte können als einige der größten Erfolge der Quantenchemie in der Zeit 1945–1960 angesehen werden. Vor allem ist es der hohe Grad des Verständnisses, der hier hervorzuheben ist.

9.11 Liganden mit π-Elektronen

Die bisher betrachteten Komplexe waren durch die Verwendung von σ-Elektronen für die Koordination charakterisiert. In den letzten 20 Jahren wurden aber viele neue Komplexe entdeckt, in denen π-Elektronen von Molekülen wie Butadien und Benzol für die Koordination unmittelbar verantwortlich sind. Demnach gibt es einen Ethylenkomplex mit Platin (*a*), einen Acetylenkomplex mit Dicobalthexacarbonyl (*b*), einen Butadienkomplex (*c*) und einen para-Benzochinonkomplex mit $Fe(CO)_3$ (*d*). Eines der interessantesten Beispiele für Liganden mit π-Elektronen ist Dicyclopentadienyleisen (*e*), das Ferrocen genannt wird (Kealy und Pauson (1951); Miller *et al.* (1952)). Diese Substanz bildet orangefarbige Kristalle. Die Verbindung ist so stabil, daß der Übergang in die Gasphase ohne Zerfall verläuft. Die beiden Cyclopentadienylringe sind nicht für die Koordination notwendig, was aus der Existenz von (*f*) folgt. Offensichtlich gibt es eine enge Beziehung zwischen der Fähigkeit der π-Elektronen in diesen Molekülen, als Ligandenelektronen in einem Komplex zu fungieren, und der Fähigkeit, sogenannte π-Komplexe zu bilden (Dewar (1946, 1969)), wie etwa zwischen Ethylen und Br^+ (*g*). In vielen chemischen Reaktionen werden solche Komplexe als Zwischenstufen angenommen.

Es ist nicht allzu schwer, einige dieser Moleküle zu verstehen (Dewar (1951); Chatt (1953)). In den Fällen (*a*) und (*g*) können wir für die Orbitale zur Beschreibung der π-Bindung annehmen (Fig. 9.12 (*a*)), daß sie so verändert werden (Fig. 9.12 (*b*)), daß eine wirkungsvolle Überlappung mit einem leeren Metallorbital zustande kommt. Das gesamte Ethylenmolekül verhält sich dann genauso wie jeder andere Ligand; das veränderte π-Orbital führt zu einer Bindung mit näherungsweiser σ-Symmetrie, wenn dieses zum Metallatom hin ausgerichtet ist, was in Fig. 9.12 dargestellt ist. Es gibt ge-

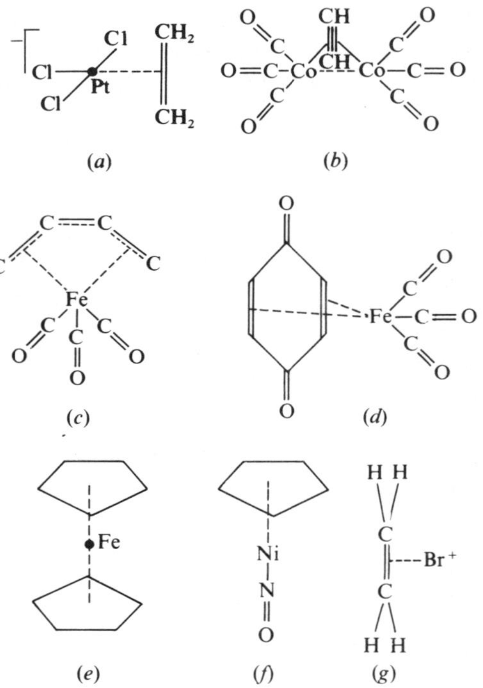

(*a*) (*b*)

(*c*) (*d*)

(*e*) (*f*) (*g*)

wisse geringfügige Änderungen im Sinne einer Kompensation, denn die strenge Unterteilung in σ- und π-Elektronen im Ethylenmolekül war von der Symmetrieebene abhängig, die nun verschwunden ist. Demnach sind in Butadien (Mills und Robinson (1960)) im Komplex (*c*) alle drei CC-Abstände nahezu gleich. Sie haben einen Wert von 145 pm, der einem relativ geringen Doppelbindungscharakter entspricht. Man kann auch feststellen, daß in vielen solchen Komplexen die Geometrie des Butadienmoleküls nahezu die des ersten angeregten Zustandes ist, wobei ein Elektron in das erste antibindende Orbital befördert worden ist. Diese Beobachtung

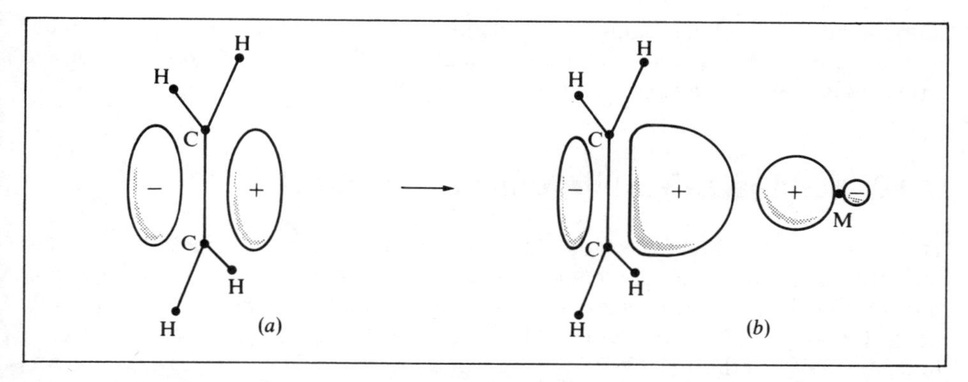

Fig. 9.12. Die Änderung des bindenden π-Molekülorbitals in Ethylen bei der Bildung eines π-Komplexes. M bezeichnet ein leeres σ-Orbital am Metallatom. Die gebildete Bindung hat im wesentlichen σ-Charakter.

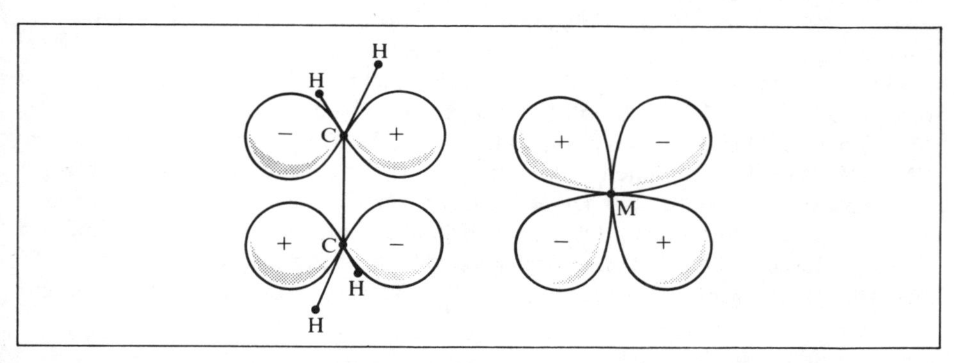

Fig. 9.13. Die Überlappung zwischen dem antibindenden π-MO in Ethylen und einem d-Orbital des Metallatoms. Die gebildete Bindung hat π-Charakter. Das Metallatom wirkt als Elektronendonor.

weist auf das Wechselspiel von Elektronenabgabe und Elektronenaufnahme (engl. back-donation, McWeeny *et al.* (1969)) hin. Der Fall des Ethylenmoleküls ist ein gutes Beispiel dafür. In Fig. 9.12 ist die Abgabe eines Elektrons vom bindenden MO des Olefins an das Metall dargestellt. Wie in Fig. 9.13 zu sehen ist, gibt es aber auch eine Rückwanderung zum leeren antibindenden π-Orbital der Doppelbindung. Dieses zeigt eine starke Überlappung mit einem passenden d-Orbital des Metallatoms. Derartige Elektronenabgaben und Wiederaufnahmen treten sehr häufig auf. Sie liefern einen Mechanismus für die Glättung der Ladungsverteilung in einer Weise, die im Einklang mit Paulings Postulat der elektrischen Neutralität steht (§ 9.8). Offensichtlich ist die Bindung von π-Elektronen-Liganden formal mit derjenigen sehr verwandt, die wir in diesem Kapitel für oktaedrische und andere ähnliche Molekül-Komplexe beschrieben haben. Aus diesem Grund muß darüber nicht weiter diskutiert werden. Es soll aber darauf hingewiesen werden, daß das gesamte Feld der „Organometall-Chemie“, wobei organische Liganden an Metallatome gebunden sind, zu einem der wichtigsten und am weitesten entwickelten Gebiete der Chemie geworden ist (siehe beispielsweise Coates *et al.* (1968)).

9.12 Sandwich-Verbindungen*. Ferrocen

Das Dicyclopentadienyleisen-Molekül (*e*), Ferrocen genannt, ist keinesfalls eine einmalige Erscheinung**. Es gibt heute eine große Familie dieser „Sandwich“-Verbindungen; sie alle zusammen werden *Metallocene* genannt, wobei das Fe-Atom durch Ti, V, Cr, Mn, Co, Ni, Ru, Os oder Mg, ja sogar durch U, Np oder Pu (Streitwieser und Muller-Westerhoff (1968); Hayes und Edelstein (1972)) ersetzt werden kann. Die Fünfringe können (allerdings nicht in jedem Fall) durch Vier-, Sechs-, Sieben- und Achtringe C_nH_n ersetzt werden. Derartige Moleküle führen zu einer großen Anzahl interessanter Abkömmlinge.

Ursprünglich wurde angenommen, daß Ferrocen als ionischer Komplex $(C_5H_5)^-$ $Fe^{2+}(C_5H_5)^-$ aufzufassen ist, wobei jeder Fünfring sein „aromatisches Sextett“ vervollständigt, um die nach der Hückelschen $4n+2$-Regel (§ 8.4) zu erwartende Stabilität zu erreichen. Diese Vorstellung kann aber nicht richtig sein, denn das Molekül verhält sich chemisch so, als ob die Gruppen im wesentlichen neutral wären. Für Nickelocen $Ni(C_5H_5)_2$, wo das Zentralatom zwei d-Elektronen mehr hat, gibt es über NMR-Messungen (McConnell und Holm (1957)) Hinweise dafür, daß eine gewisse Ladungswanderung stattfindet. Diese führt zu einem Überschuß von 0.14 Elektronen an jedem Kohlenstoffatom und zu einem Nickelatom mit einer positiven Ladung von 1.4*e*. Zur Berücksichtigung von sowohl des kovalenten als auch des ionischen Charakters in der Bindung müssen wir die Ligandenfeldtheorie verwenden. Durch Kombina-

Fig. 9.14. Die Überlagerung einiger Schnitte aus einer dreidimensionalen Fourieranalyse liefert eine Vorstellung über die Elektronendichte in Ferrocen.

* Das sogenannte „Sandwich“-Modell wurde gleichzeitig und unabhängig voneinander in Deutschland durch Fischer *et al.* (1952) und in Amerika durch Wilkinson *et al.* (1952) vorgeschlagen und später experimentell bestätigt. (Anmerkung des Übersetzers)

** Eine Übersicht über die Eigenschaften dieses und ähnlicher Moleküle findet man beispielsweise bei Huheey (1972), ebenso bei Orgel (1960).

tion der π-Molekülorbitale der Liganden mit den s-, p- und d-Orbitalen des Metallatoms müssen wir Molekülorbitale mit der passenden Symmetrie bilden.

Die genaue Struktur des Ferrocen-Moleküls war viele Jahre umstritten. Die Röntgenbeugungs-Analyse von Dunitz, Orgel und Rich (1956) liefert ziemlich eindeutig eine Sandwich-Struktur, in der die C_5H_5-Ringe zueinander parallel liegen und wobei das Metallatom symmetrisch dazwischen liegt. Die beiden Ringe liegen zueinander in der gestaffelten Konformation vor, wie aus Fig. 9.14 zu erkennen ist. Spätere Arbeiten (Bone und Haaland (1966); Haaland und Nilsson (1968)) lieferten Ergebnisse, die auf eine verdeckte Konformation der beiden Ringe schließen lassen. Heutzutage wird allgemein angenommen (für eine weiterführende Diskussion siehe Churchill und Wormald (1969) und Palenik (1969)), daß das freie Molekül (in der Gasphase) die verdeckte Konformation aufweist, aber daß die Barrierenhöhe für die Rotation eines Ringes bezüglich des anderen sehr gering ist (~ 4 kJmol^{-1}). Demzufolge wird die im Kristall angenommene Konformation durch solche Einflüsse bestimmt, die eine gestaffelte Konformation begünstigen*. Für die folgenden Betrachtungen nehmen wir die beiden Ringe als zueinander gestaffelt an und wählen das in Fig. 9.15 (*a*) angegebene Koordinatensystem.

Wir wollen mit den π-Molekülorbitalen** der beiden Ringe beginnen, wobei die antibindenden Orbitale, die einige eV über den anderen liegen, unberücksichtigt

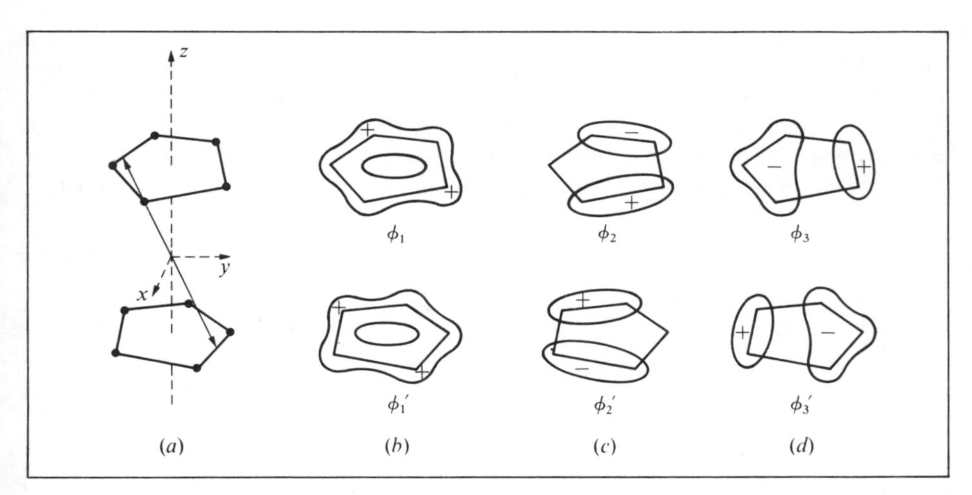

Fig. 9.15. Die gestaffelte Konformation der C_5H_5-Ringe in Ferrocen: (*a*) Koordinatenwahl und Andeutung der Inversionssymmetrie (das Metallion liegt im Ursprung); (*b*), (*c*), (*d*) die auf das Inversionszentrum bezogenen Molekülorbitale des oberen und des unteren Moleküls.

* Neuere Untersuchungen haben ergeben, daß im Kristall weder die gestaffelte, noch die verdeckte, sondern eine ungeordnete Konformation vorliegt. Literatur dazu ist bei Haaland (1979) zu finden. (Anmerkung des Übersetzers)

** Weitere Diskussionen im Rahmen der MO-Theorie findet man bei Moffitt (1954*a*); Robertson und McConnell (1960); Sohn *et al.* (1971).

bleiben. Die Molekülorbitale sind in Fig. 9.15 (b, c, d) dargestellt; ihre Formen folgen aus den Resultaten von § 8.3. Für jeden Ring gibt es das totalsymmetrische bindende MO (ϕ_1), gefolgt von einem entarteten Paar (ϕ_2, ϕ_3), wobei jedes MO eine Knotenfläche hat. Bezüglich einer Rotation um die z-Achse (Hauptachse) stellen diese Orbitale etwa ein σ-MO eines zweiatomigen Moleküls und ein Paar π-Molekülorbitale (π_x, π_y) dar. Das gesamte System hat ein Symmetriezentrum, und deshalb müssen die Molekülorbitale g- oder u-Symmetrie besitzen. Demnach bilden wir g- und u-Kombinationen mit den Ligandenorbitalen. Diese lauten $\phi_1 \pm \phi_1', \phi_2 \pm \phi_2'$, und $\phi_3 \pm \phi_3'$, wobei die oberen Vorzeichen die g-Kombinationen und die unteren Vorzeichen die u-Kombinationen liefern (unter Verwendung der in Fig. 9.15 definierten Orbitale). Die Atomorbitale des Metallatoms sind bereits Symmetrieorbitale; die s- und d-Orbitale haben g-Symmetrie und die p-Orbitale haben u-Symmetrie. Die zu kombinierenden Orbitale zur Bildung der Molekülorbitale sind unten zusammengestellt und mit gruppentheoretischen Symbolen versehen.

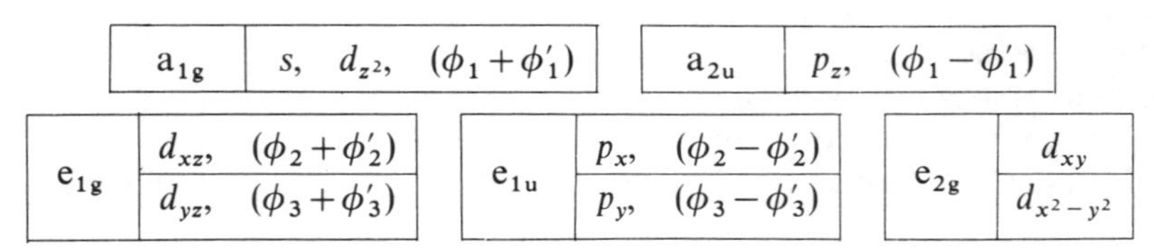

a_{1g}	$s,\ d_{z^2},\ (\phi_1+\phi_1')$
a_{2u}	$p_z,\ (\phi_1-\phi_1')$
e_{1g}	$d_{xz},\ (\phi_2+\phi_2')$
	$d_{yz},\ (\phi_3+\phi_3')$
e_{1u}	$p_x,\ (\phi_2-\phi_2')$
	$p_y,\ (\phi_3-\phi_3')$
e_{2g}	d_{xy}
	$d_{x^2-y^2}$

Nach § 9.7 werden wir daran erinnert, daß das Symbol a ein nicht-entartetes Orbital kennzeichnet. Dieses bleibt bei der Anwendung der Symmetrieoperation der Rotation um die Hauptachse unverändert (man vergleiche dazu auch d_{z^2}). Das Symbol e kennzeichnet ein entartetes Paar (etwa p_x, p_y). Die Anwendung der Rotation macht daraus neue Linearkombinationen der beiden Funktionen. Die weitere Klassifikation mit Hilfe des Index 1 oder 2 wird im Anhang 3 erklärt. Wie immer ist diese Klas-

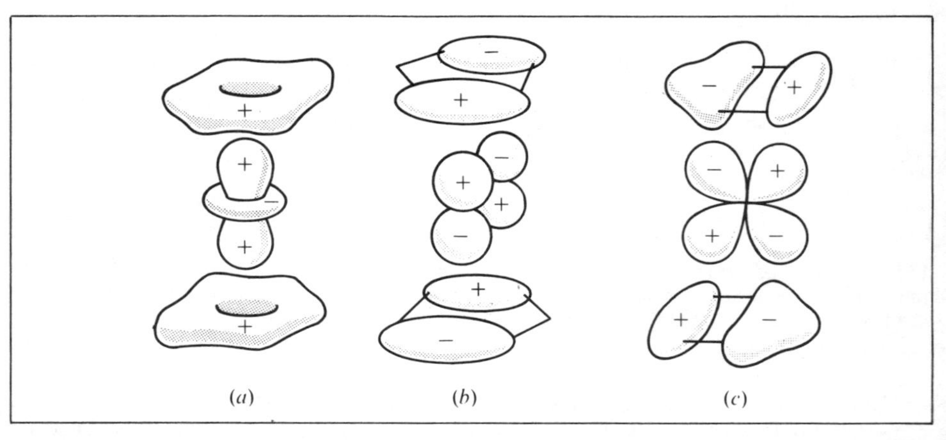

Fig. 9.16. Die Ferrocen-Molekülorbitale (schematisch), die durch Kombination der Ringorbitale (Fig. 9.15) und der d-Orbitale des Metalls entstehen. (Aus Gründen der Übersichtlichkeit sind die horizontalen Knotenebenen in den Ringorbitalen nicht eingezeichnet.)

sifikation bei der Bildung der Molekülorbitale von Bedeutung, wobei nur Funktionen derselben Symmetrie miteinander kombinieren. Diese stehen in den oben angegebenen Kästchen. In Fig. 9.16 ist zu sehen, wie aus den a_{1g}- und e_{1g}-Funktionen drei bindende Molekülorbitale (ein nicht-entartetes und zwei eines entarteten Paares) entstehen. Wir können auch etwas über die relativen Lagen der entsprechenden Energieniveaus aus der Betrachtung der Größe der Überlappung zwischen den Metallorbitalen und den Ligandenorbitalen sagen. Beispielsweise zeigt das d_{z^2}-AO in das „Loch" eines jeden Cyclopentadienyl-Molekülorbitals mit der Kombination $\phi_1 + \phi_1'$, woraus eine geringe Überlappung und eine relativ schwache Metall-Liganden-Bindung resultiert (auch dann, wenn die Energie niedrig ist). Im Gegensatz dazu zeigt das d_{xz}-Orbital eine starke Überlappung mit der Kombination $\phi_2 + \phi_2'$, so daß ein MO für ein stark bindendes Elektronenpaar entsteht.

Die zu erwartende Reihenfolge der Energien der resultierenden Molekülorbitale ist in den meisten Fällen die in dem Korrelationsdiagramm in Fig. 9.17 angegebene. Einzelheiten sind ungewiß und von Molekül zu Molekül wird es noch gewisse Unterschiede geben. Das Korrelationsdiagramm reicht aber zur Erklärung der wesentlichen Fakten aus. Demnach gibt es in Ferrocen neun bindende (oder energetisch niedrig liegende nicht-bindende) Molekülorbitale, und diese werden durch die zur Verfügung stehenden Elektronen $(5+5+8)$ besetzt. Dabei handelt es sich um zwei π-Elektronen-Ringe und die Eisen-d^6s^2-Konfiguration. Das Ergebnis ist eine abgeschlossene Schale mit zusammen 18 Elektronen. In vielen Komplexen dieser Art wird eine „18 Elektronen-Regel" beobachtet. Werden die d-Elektronen zur Valenzschale des Zentralatoms gezählt, so entspricht die Elektronenkonfiguration mit maximaler Stabilität formal einer kryptonähnlichen $d^{10}s^2p^6$-Struktur. Aufgrund solcher Überlegungen haben Longuet-Higgins und Orgel (1956) als erste vorhergesagt, daß das instabile Cyclobutadienmolekül (§ 8.4) im Komplex $(C_4H_4)MX_2$ existieren könnte, wobei X ein einwertiger Ligand ist und für M entweder Ni, Pd oder Pt eingesetzt werden kann. Diese Vorhersage wurde später durch Criegee und Schröder (1959) bestätigt, die ein Dimeres von $(C_4H_4)NiCl_2$ herstellten und zeigten, daß es die erwartete Struktur hat.

Das Korrelationsdiagramm (Fig. 9.17) liefert uns auch das Verständnis für die magnetischen Eigenschaften der Metallocene. Ferrocen, mit neun doppelt besetzten Molekülorbitalen müßte diamagnetisch sein. Demgegenüber müßte die entsprechende Cobaltverbindung mit ihrem Zusatzelektron im ersten antibindenden Orbital paramagnetisch und weniger stabil sein. Nickelocen mit zwei zusätzlichen Elektronen hat ein Elektron in jedem der beiden entarteten Orbitale (wahrscheinlich e_{1u}); der parallele Spin (Hundsche Regel) führt zum Paramagnetismus. Die Mangan-, Chrom- und Vanadiumkomplexe müßten eine fortlaufende Abnahme der Anzahl der Elektronen im höchsten Bindungspaar (e_{2g}) aufweisen, was wieder zum Paramagnetismus führt. Sicherlich ist unsere Theorie sehr vereinfacht (wir haben sogar die antibindenden Molekülorbitale an den Ringen vernachlässigt), und deshalb können wir von Fig. 9.17 nicht erwarten, daß das dort dargestellte Diagramm unverändert auf alle Metallocene angewandt werden kann. Es gibt sogar Hinweise auf verschiedene Reihenfolgen der Niveaus. Im allgemeinen liefert diese einfache Behandlung aber doch eine befriedigende Vorstellung über die Bindung und die Eigenschaften solcher Moleküle.

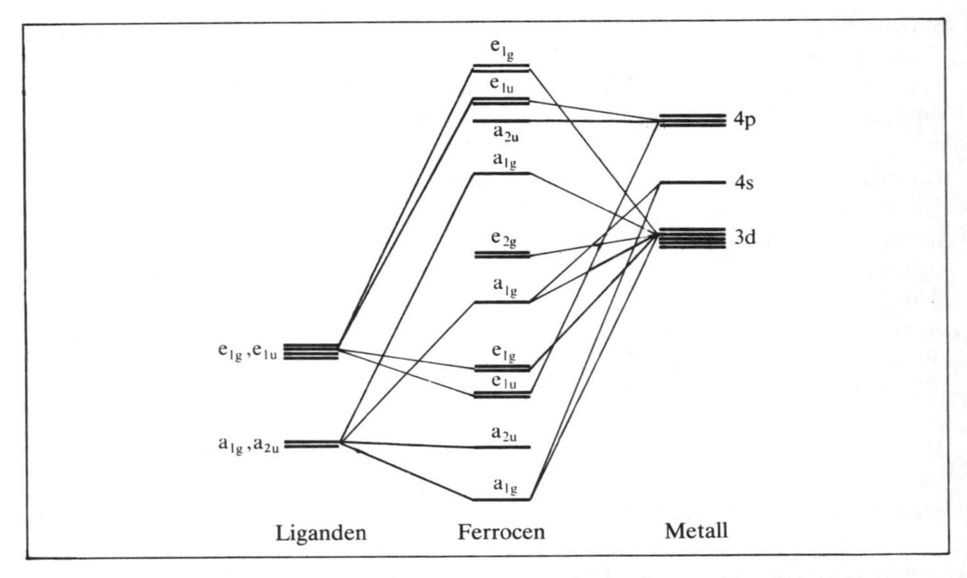

Fig. 9.17. Die Orbitalenergien des Ferrocens hinsichtlich der des Metalls und der Liganden.

9.13 Einfache semiempirische Näherungen

Bisher haben wir eine rein qualitative Diskussion über die Bindung in Übergangsmetallverbindungen geführt. Diese basierte auf der Kombination der Metall-Atomorbitale und der Ligandenorbitale mit gleicher Symmetrie. Meistens ist die Anzahl der Funktionen einer vorgegebenen Symmetrie klein. Somit geben einfache Betrachtungen über die Metall-Liganden-Überlappung Auskunft über die Eigenschaften der resultierenden Molekülorbitale und die Form des Korrelationsdiagramms. Wir sind dazu fähig, die hohe Symmetrie eines solchen Moleküls zu nutzen, um die unmittelbare Lösung der Säkulargleichungen zu vermeiden. Ohne Berücksichtigung der Symmetrie wären die Säkulargleichungen von ziemlich hoher Ordnung. Es besteht das Bedürfnis, die Näherung einen Schritt weiter zu treiben und eine mehr oder weniger quantitative Berechnung der Molekülorbitale zu versuchen. Dabei sollen ähnliche Näherungen verwendet werden, wie das bei der Hückelnäherung in der organischen Chemie geschehen ist. Es bestehen sichere Gründe (§ 8.8) für die Annahme, daß ähnliche Näherungen auf Übergangsmetallverbindungen angewandt werden können, obwohl wir keine π-Elektronensysteme vor uns haben. In diesem Abschnitt soll das Verfahren angedeutet werden. Sicherlich kann man auch versuchen, genauere SCF-Rechnungen durchzuführen, sogar auf *ab initio*-Niveau (vgl. § 6.1), aber wir wollen darüber erst in Kapitel 13 etwas sagen.

Bei der Anwendung der Hückelnäherung in Kapitel 8 waren die Matrixelemente H_{rs} in den Säkulargleichungen vorgegebene Zahlen α_r (für $s = r$) und β_{rs} (für $s \neq r$). Diese Coulomb- und Bindungsintegrale wurden als frei wählbare Parameter aufgefaßt und empirisch bestimmt. Es wurde angenommen, daß α_r, die Energie eines Elektrons im AO ϕ_r darstellend, etwa den Wert $-I_r$ hat (dabei ist I_r die Ionisierungsenergie für die Entfernung eines Elektrons aus ϕ_r für das entsprechende freie Atom in seinem Valenzzustand). Die Parameter β_{rs} waren mehr oder weniger proportional zur Überlappung der AO-Paare ϕ_r und ϕ_s. In den Säkulargleichungen selbst wurden die Überlappungsintegrale im allgemeinen vernachlässigt.

Bei der Behandlung von Übergangsmetallkomplexen mit hoher Symmetrie, wobei Molekülorbitale einer vorgegebenen Symmetrie durch Kombination von Metall-Atomorbitalen und Orbitalen von *Ligandengruppen* mit derselben Symmetrie zu konstruieren sind, haben die Matrixelemente eine etwas andere Bedeutung. Ist beispielsweise ϕ_r ein Metall-AO und ϕ_s ein Orbital der Ligandengruppe, so ist S_{rs} eine „Gruppenüberlappung". Die einfachste Form einer semiempirischen Theorie geht auf Wolfsberg und Helmholz (1952) zurück. Diese erfordert nur die Berechnung der Gruppenüberlappungen. Ihre Annahmen sind die folgenden.

(I) Die Werte von $-H_{rr}$ werden als Näherungen der Ionisierungsenergien aus Metall- oder Ligandenorbitalen in den entsprechenden Valenzzuständen angenommen. Sind die Liganden untereinander nicht gebunden, so ist die Ionisierungsenergie aus einem *Ligandengruppenorbital* etwa gleich der aus einem einzelnen Ligandenorbital.

(II) Die H_{rs}-Werte sind proportional zu den Gruppenüberlappungen S_{rs}. Sie hängen aber auch von den Elektronegativitäten der gebundenen Atome ab. Eine sinnvolle Näherung lautet

$$H_{rs} = \tfrac{1}{2}kS_{rs}(H_{rr}+H_{ss}), \tag{9.1}$$

wobei k eine Konstante ist, deren Wert zwischen 1.5 und 2.0 liegt (ersterer für σ-Überlappung und letzterer für π-Überlappung).

(III) Die Überlappungsintegrale der Gruppen, deren Größen sehr unterschiedlich sind, werden in den Säkulargleichungen explizit beibehalten.

Es ist nicht schwer, die Gruppenüberlappung S_{rs} für jede geometrische Anordnung der Liganden mit Hilfe zweizentrischer Überlappungsintegrale für bestimmte Paare von Slaterorbitalen zu berechnen. Die zuletzt genannten Basisintegrale können mit Hilfe von Standardformeln berechnet werden. Um das Überlappungsintegral für zwei p_x-Orbitale zu erhalten, eines am Metallatom und das andere an einem Liganden (Fig. 9.18), müssen wir uns der Vektoreigenschaften der p-Orbitale (§ 7.2) bedienen, wobei jedes p-Orbital mit Hilfe von drei anderen p-Orbitalen ausgedrückt wird, die in Richtung der Kernverbindungslinie sowie senkrecht dazu angeordnet sind (p_σ, p_π und $p_{\bar\pi}$). Es ist demnach die Überlappung zwischen $p_{x1}=lp_{\sigma1}+mp_{\pi1}+np_{\bar\pi1}$ und $p_{x2}=lp_{\sigma2}+mp_{\pi2}+np_{\bar\pi2}$, wobei l, m und n die entsprechenden Richtungscosinusse sind, zu berechnen. Nun haben p-Orbitale von verschiedener Symmetrie (σ und π) die Überlappung null. Aus diesem Grund erhalten wir

$$S(p_x, p_x) = l^2S(pp, \sigma)+m^2S(pp, \pi)+n^2S(pp, \bar\pi).$$

Die Integrale mit π und $\bar\pi$ sind identisch (die π-Atomorbitale unterscheiden sich nur durch Drehung um 90° um die Achse) und außerdem gilt $l^2+m^2+n^2=1$. Als Endergebnis erhalten wir

$$S(p_x, p_x) = l^2S(pp, \sigma)+(1-l^2)S(pp, \pi). \tag{9.2}$$

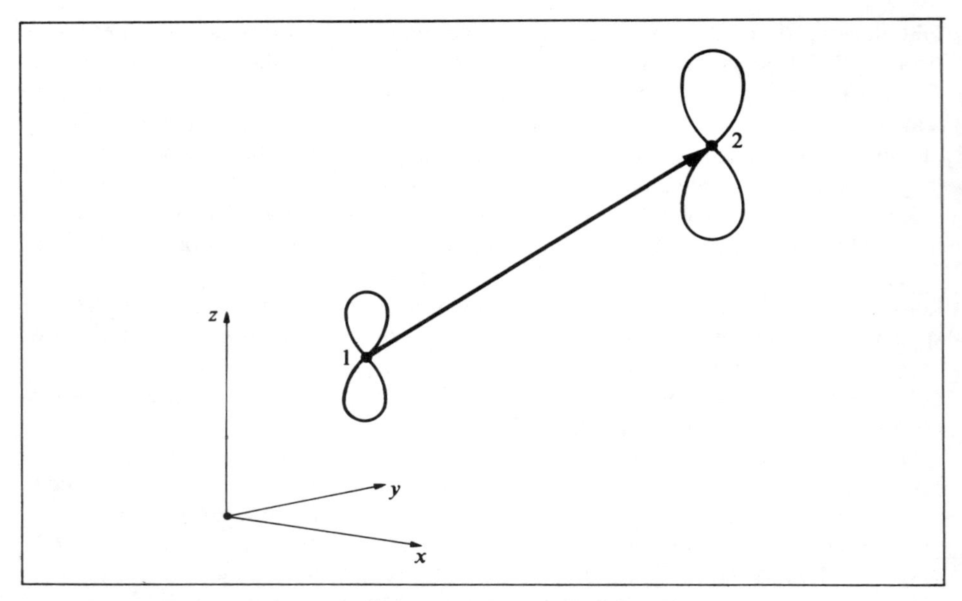

Fig. 9.18. Zwei p_z-Orbitale an den Zentren 1 und 2, global definiert.

Die Überlappungsintegrale für AO-Paare, deren Verbindungslinien im Komplex definiert sind, können deshalb mit Hilfe von zweizentrischen Standardüberlappungsintegralen vom σ-, π-, δ-, ... Typ dargestellt werden. Wir müssen demnach nur solche Integrale geeignet zusammenfügen, um die Überlappung zwischen einem Metallorbital und einem Gruppenorbital zu erhalten.

Die am häufigsten benötigten Überlappungsintegrale für s-, p- und d-Orbitale für eine vorgegebene „globale" Orientierung (Fig. 9.18) sind in Tabelle 9.4 aufgeführt. Dabei wurden die Richtungscosinusse der Kernverbindungslinie ($1 \rightarrow 2$) und die Zweizentren-Basisüberlappungen verwendet. Nicht erwähnte Integrale können durch erneute Interpretation der Achsenrichtungen hergeleitet werden. Die Überlappungsintegrale der Gruppen für beliebige Symmetriekombinationen der Ligandenorbitale können aus diesen Resultaten leicht hergeleitet werden und sind ebenfalls tabelliert (siehe beispielsweise Wolfsberg und Helmholz (1952), Ballhausen und Gray (1965)).

Obwohl die Resultate der Berechnungen im oben angegebenen Sinne im allgemeinen ermutigend sind, hat man ziemlich bald erkannt, daß weitere Verbesserungen notwendig sind. Im besonderen ist es die Reihenfolge der Niveaus im Korrelationsdiagramm (Fig. 9.17), die bezüglich der Parameterwahl ziemlich empfindlich ist; dabei ist auch der Orbitalexponent gemeint, der die Ausdehnung oder Kontraktion des Orbitals bestimmt und somit auch die Überlappung. Sogar geringe Variationen können zu einer „Instabilität" führen, in der es zu einer einem „Erdrutsch" gleichkommenden Elektronenladungsverschiebung entweder zum Metall hin oder zu den Liganden kommt. Der Grund für ein solches Verhalten ist nicht schwer zu finden. Es ist

*Tabelle 9.4. Überlappungsintegrale zwischen global definierten s-, p- und d-Orbitalen**

$$S(\mathrm{s},\mathrm{s}) = S(\mathrm{ss},\sigma)$$
$$S(\mathrm{s},\mathrm{p}_x) = lS(\mathrm{sp},\sigma)$$
$$S(\mathrm{s},\mathrm{d}_{z^2}) = \tfrac{1}{2}(2n^2-l^2-m^2)S(\mathrm{sd},\sigma)$$
$$S(\mathrm{s},\mathrm{d}_{x^2-y^2}) = \tfrac{1}{2}\sqrt{3}\,(l^2-m^2)S(\mathrm{sd},\sigma)$$
$$S(\mathrm{s},\mathrm{d}_{xy}) = \sqrt{3}\,lm\,S(\mathrm{sd},\sigma)$$
$$S(\mathrm{p}_x,\mathrm{p}_x) = l^2S(\mathrm{pp},\sigma)+(1-l^2)S(\mathrm{pp},\pi)$$
$$S(\mathrm{p}_x,\mathrm{p}_y) = lm\,S(\mathrm{pp},\sigma)-lm\,S(\mathrm{pp},\pi)$$
$$S(\mathrm{p}_x,\mathrm{d}_{z^2}) = \tfrac{1}{2}l(2n^2-l^2-m^2)S(\mathrm{pd},\sigma)-\sqrt{3}\,ln^2\,S(\mathrm{pd},\pi)$$
$$S(\mathrm{p}_x,\mathrm{d}_{x^2-y^2}) = \tfrac{1}{2}\sqrt{3}\,l(l^2-m^2)S(\mathrm{pd},\sigma)+l(1-l^2+m^2)S(\mathrm{pd},\pi)$$
$$S(\mathrm{p}_y,\mathrm{d}_{z^2}) = \tfrac{1}{2}m(2n^2-l^2-m^2)S(\mathrm{pd},\sigma)-\sqrt{3}\,mn^2\,S(\mathrm{pd},\pi)$$
$$S(\mathrm{p}_y,\mathrm{d}_{x^2-y^2}) = \tfrac{1}{2}\sqrt{3}\,m(l^2-m^2)S(\mathrm{pd},\sigma)-m(1+l^2-m^2)S(\mathrm{pd},\pi)$$
$$S(\mathrm{p}_z,\mathrm{d}_{z^2}) = \tfrac{1}{2}n(2n^2-l^2-m^2)S(\mathrm{pd},\sigma)+\sqrt{3}\,n(l^2+m^2)S(\mathrm{pd},\pi)$$
$$S(\mathrm{p}_z,\mathrm{d}_{x^2-y^2}) = \tfrac{1}{2}\sqrt{3}\,n(l^2-m^2)S(\mathrm{pd},\sigma)-n(l^2-m^2)S(\mathrm{pd},\pi)$$
$$S(\mathrm{p}_x,\mathrm{d}_{xy}) = \sqrt{3}\,l^2m\,S(\mathrm{pd},\sigma)+m(1-2l^2)S(\mathrm{pd},\pi)$$
$$S(\mathrm{p}_x,\mathrm{d}_{yz}) = \sqrt{3}\,lmn\,S(\mathrm{pd},\sigma)-2lmn\,S(\mathrm{pd},\pi)$$
$$S(\mathrm{p}_x,\mathrm{d}_{zx}) = \sqrt{3}\,l^2n\,S(\mathrm{pd},\sigma)+n(1-2l^2)S(\mathrm{pd},\pi)$$

* Die s-, p- und d-Orbitale sind die in den Tabellen 2.3 und 2.4 angegebenen; die „globalen" Cartesischen Achsen sind in Fig. 9.18 definiert; d-Orbitale gibt es nur an *einem* Zentrum. Die Cosinusse der Winkel zwischen $1 \to 2$ und den Koordinatenachsen sind mit l,m,n, bezeichnet. Jede Größe $S(\phi_1,\phi_2)$ ist mit Hilfe von σ- und π-Überlappungen zwischen ähnlichen Funktionen dargestellt; diese sind *lokal* mit $1 \to 2$ als z-Achse definiert. Demnach bedeutet $S(\mathrm{pd},\sigma)$ die Überlappung zwischen p_z und d_{z^2}, die eine gemeinsame z-Achse haben. $S(\mathrm{pd},\pi)$ ist die Überlappung zwischen p_x und d_{xz}, die senkrecht zur Achse liegen.

Die in der Tabelle nicht aufgeführten Größen können durch cyclische Permutation von x,y,z und l,m,n erzeugt werden. Beispielsweise folgt der Ausdruck für $S(\mathrm{p}_y,\mathrm{p}_z)$ aus $S(\mathrm{p}_x,\mathrm{p}_y)$ durch Ersetzung von x,y,z durch y,z,x und somit von l,m,n durch m,n,l.

natürlich ziemlich unrealistisch, den Parametern H_{rr} *feste* numerische Werte zuzuordnen, denn wir wissen aus unseren Diskussionen in § 6.4, daß die damit zusammenhängenden Elektronegativitäten von der Ladungsverteilung abhängen. Fließen Elektronen zum Metall, so erhöht sich die Population der Valenzschale, womit eine Verringerung der Anziehung weiterer Elektronen verbunden ist. Damit verbunden ist schließlich auch die Verringerung des Betrages von H_{rr}. Wird dieser Effekt berücksichtigt, so findet der oben angedeutete „Erdrutsch" nicht statt, denn die Reduktion von $|H_{rr}|$ garantiert, daß bei der Lösung der Säkulargleichungen das entsprechende Atom keinen unvernünftig großen Ladungsbetrag aufnimmt.

Die einfachste Erweiterung der Wolfsberg-Helmholz-Näherung geht auf Ballhausen und Gray (1962; 1965) zurück. Sie setzten für H_{rr} ein einfaches Polynom an, wenn sich diese Größe auf ein Metallorbital (ϕ_r) bezog. Die Variable des Polynoms ist die Nettoladung des Metalls. Wird die Gesamtpopulation mit Q bezeichnet (diese ist, wie in § 6.4, eine Brutto-Population), so lautet die angesetzte Beziehung

$$H_{rr}\,(\text{Metall}) = a + bQ + cQ^2, \tag{9.3}$$

wobei die Konstanten so gewählt werden, daß sie die aufeinanderfolgenden Ionisierungsenergien des freien Atoms (oder des berechneten Valenzzustands) gut wiedergeben. Um diese Beziehung in die Rechnung einzubauen, ist wie bei der Methode des selbstkonsistenten Feldes nach Hartree zu verfahren (§2.5). Zunächst schätzen wir die wahrscheinlichste Elektronenverteilung im Metall und an den Liganden ab, setzen dann die Säkulargleichungen für jede Symmetrie an, verwenden dabei (9.3) mit den entsprechenden Populationen und lösen die Gleichungen, um die Molekülorbitale zu erhalten. Unterscheiden sich die ursprünglich angenommenen Populationen von denen aus den Molekülorbitalen berechneten, so verwenden wir letztere zur erneuten Berechnung der Matrixelemente H_{rr}. Dieser Cyclus wird so lange wiederholt, bis schließlich „selbstkonsistente" Werte erhalten werden. Die so erhaltenen Resultate (siehe beispielsweise Viste und Gray (1964), Dahl und Ballhausen (1968) sowie viele darin zu findende Zitate) sind sicher wesentlich befriedigender. Diese Methode wurde mit geringfügigen Modifikationen auf eine große Anzahl interessanter Systeme und Probleme angewandt.

Wir konnten feststellen, daß die Einführung der Populationsabhängigkeit der Parameter ein Schritt in Richtung der Einführung der Selbstkonsistenz im Sinne von Hartree-Fock ist (§2.5). Die erweiterte Wolfsberg-Helmholz-Methode kann deshalb als sehr vereinfachte Form der SCF-Näherung betrachtet werden. Wäre die Entwicklung von Rechenautomaten nicht so stürmisch verlaufen, so hätte diese Art von semiempirischer Näherung wahrscheinlich eine große Zukunft gehabt – ähnlich wie die der Hückelnäherung in der organischen Chemie. Die einfachen Näherungen sind allerdings in gewissem Sinne von den Ereignissen überrannt worden. Heutzutage ist es möglich, viel zuverlässigere Rechnungen durchzuführen. Obwohl man dabei die Hartree-Fock-Güte nicht ganz erreichen kann, wie etwa für kleinere Moleküle, so erlauben sie doch eine wesentlich bessere Berücksichtigung der Elektronenwechselwirkung. Wir werden auf die Entwicklung semiempirischer SCF-Näherungen in Kapitel 13 zurückkommen.

Aufgaben

9.1. In Aufgabe 3.4 wurde ein Satz dreier entarteter Orbitale d_{xy}, d_{yz}, d_{zx} gefunden. Man interpretiere das Verhalten der entsprechenden Orbitalenergien in Fig. 9.4, wenn die axialen Liganden des oktaedrischen Komplexes entfernt werden.

9.2. Man stelle dreidimensionale Skizzen für die σ-artigen Orbitale der Ligandengruppen in Tabelle 9.3 her. Diese sollen ähnlich denen von Fig. 9.8 sein. Man stelle auch deren Ähnlichkeit (vom Gesichtspunkt der Symmetrie) mit den entsprechenden s-, p- und d-Atomorbitalen des Zentralatoms fest.

9.3. Man zeige, daß die Benennung der Orbitale aus Aufgabe 9.2 (siehe Tabelle 9.3) korrekt ist. Dazu verwende man die Konventionen der Gruppentheorie aus Anhang 3.

9.4. Man stelle dreidimensionale Skizzen für die σ-artigen Gruppenorbitale her, die in einem tetraedrischen Komplex mit den s- und p-Atomorbitalen des Zentralatoms kombinieren könnten. Man benenne die Orbitale wie in Aufgabe 9.3 und stelle eine Tabelle analog zu Tabelle 9.3 auf (π-artige Liganden-Atomorbitale werden zur Konstruktion der Gruppenorbitale benötigt, um mit den d-Atomorbitalen des Zentralatoms kombinieren zu können: die Ergebnisse sind nicht leicht zu zeichnen). Man versuche, die Bilder in anderen Büchern zu verstehen, etwa Fig. 6.42 in Karplus und Porter (1970). (Hinweis: man stelle die Liganden-Atomorbitale ($A, B, C,$

D) durch vier Kugeln dar und zwar an den entsprechenden Ecken eines Würfels, dessen Zentrum im Ursprung liegt. Mit geeigneten Vorzeichen deute man jene für die Atomorbitale am Zentralatom an).

9.5. Die bindenden Molekülorbitale in Ferrocen, deren Energien in Fig. 9.17 angedeutet sind, haben die folgende Zusammensetzung (in aufsteigender energetischer Reihenfolge):

a_{1g}: hauptsächlich $(\phi_1 + \phi_1')$ und 4s, mit etwas $3d_{z^2}$
a_{2u}: hauptsächlich $(\phi_1 - \phi_1')$ mit etwas $4p_z$
e_{1u}: hauptsächlich $(\phi_2 - \phi_2')$ und $4p_x$ (analog für y)
e_{1g}: hauptsächlich $(\phi_2 + \phi_2')$ und $3d_{xz}$ (analog für y)
a_{1g}: hauptsächlich $(\phi_1 + \phi_1')$ und $3d_{z^2}$, mit etwas 4s
e_{2g}: hauptsächlich $3d_{xy}$ (mit $3d_{x^2-y^2}$)

Man versuche, diese Angaben ohne numerische Rechnung zu verstehen. Man zeichne die antibindenden Orbitale der Liganden, setze entsprechende Symmetriekombinationen an und diskutiere die zu erwartenden Effekte, wenn diese berechnet werden.

9.6. Man berechne einige Überlappungsintegrale für p- und d-Orbitale an einem Metallatom und den Ligandengruppenorbitalen der entsprechenden Symmetrie, sowohl für oktaedrische als auch tetraedrische Geometrie. Dabei können σ-artige Ligandenorbitale angenommen werden, deren gegenseitige Überlappung vernachlässigt werden kann. (Hinweis: Man verwende die Kombinationen in Tabelle 9.3 sowie die in Aufgabe 9.4 aufzustellende Tabelle. Man schreibe die Richtungscosinusse der Liganden auf und entnehme ihre Überlappungsintegrale der Tabelle 9.4. Mit passenden Koeffizienten versehen ermittle man durch Aufsummieren die Gruppenüberlappungen.)

9.7. Das Vanadylion $VO(H_2O)_5^{2+}$ hat eine gestörte oktaedrische Struktur mit einem stark gebundenen Sauerstoff und schwach gebundenen H_2O-Molekülen, wobei vier H_2O-Moleküle äquatorial angelagert sind. Man diskutiere die möglichen Formen der Molekülorbitale (unter Verwendung der reduzierten, quadratisch-planaren Symmetrie) und gebe die Symmetriearten an. Es ist ein Korrelationsdiagramm anzusetzen, wobei die MO-Energien mit den Energien der Metall- und Ligandenorbitale korreliert werden. Wie lautet eine mögliche Elektronenkonfiguration für das Ion? (Hinweise: man verwende die 3d-, 4s- und 4p-Atomorbitale von Vanadium, σ-artige Hybride an den Sauerstoffatomen der Wassermoleküle sowie σ- und π-Atomorbitale am Oxidsauerstoff. Es wird vorausgesetzt, daß die Metallorbitalenergien (in aufsteigender Reihenfolge 3d, 4s, 4p) höher als die Ligandenorbitalenergien $(\sigma(O), \sigma(H_2O), \pi(O))$ liegen. Es sei daran erinnert, daß Orbitalpaare (einschließlich Gruppenorbitale), die am meisten überlappen, auch die stärkste Wechselwirkung zeigen; Überlappungen können verstärkt werden, indem Hybride angesetzt werden. Alle Orbitale sollen gezeichnet werden (vgl. Fig. 9.2 und Fig. 9.11).)

(Eine vollständige Behandlung dieses Systems erfordert den größten Teil des in Kapitel 9 präsentierten Stoffes. Ist diese Aufgabe so weit wie möglich erledigt, so wende man sich an Ballhausen und Gray (1962), beziehungsweise an ihr Buch (1965).)

10. Die chemische Reaktivität

10.1 Grundlagen für Theorien der Reaktivität. Substitutionsreaktionen

Die Untersuchung der elektronischen Struktur eines Moleküls ist nur eine der Aufgaben der theoretischen Chemie. Die Vorhersage von Moleküleigenschaften, im besonderen die chemische Reaktivität, ist eine weitaus schwierigere Angelegenheit. Trotzdem wurden dabei viele Fortschritte erzielt, und deshalb wäre ein kurzer Überblick über die wesentlichen Grundlagen – insofern diese die Theorie der chemischen Bindung berühren – wünschenswert. Diese Grundlagen wurden hauptsächlich durch Anwendungen in der organischen Chemie entwickelt; dazu parallel laufende Entwicklungen in anderen Gebieten stecken noch in ihren Kinderschuhen. Das Schwergewicht dieses Kapitels fällt deshalb auf die organischen Reaktionen.

Die ersten Grundlagen dazu wurden im wesentlichen von Vorlander, Lapworth, Robinson und Ingold während der Zeit 1900–1935 geliefert. Diese basierten überwiegend auf der klassischen Elektrostatik. In einer heterolytischen Reaktion, in der sich ein geladener Reaktionspartner annähert, wird die Angriffsstelle im wesentlichen durch die Nettoladungen an den einzelnen in Frage kommenden Positionen des Moleküls bestimmt sein. Diese Vorstellung haben wir tatsächlich bereits verwendet (§ 8.7), um den dirigierenden Einfluß der Substituenten zu studieren.

Für eine mehr quantitative Behandlung müssen wir auf die Thermodynamik zurückgreifen. Die Gleichgewichtskonstante (K) in einer reversiblen Reaktion ist durch den Anstieg der molaren freien Energie

$$\Delta G = G_{\text{Produkte}} - G_{\text{Reaktanden}}$$

gemäß

$$-RT \log K = \Delta G \tag{10.1}$$

bestimmt. Für eine irreversible Reaktion ist die Reaktionsrate (k) durch eine ähnliche Gleichung

$$-RT \log k = \Delta G^{\ddagger} \tag{10.2}$$

bestimmt, wobei $\Delta G^{\ddagger}$ der Anstieg der freien Energie ist, der einem *Übergangszustand* entspricht, von dem aus die Produkte irreversibel gebildet werden. Die genaue Berechnung einer Änderung der freien Energie ΔG ist natürlich nicht möglich, denn wegen $G = U - TS + PV$ enthält ΔG eine Entropieänderung (die eine genaue Kenntnis der Zustandssummen für Schwingungen usw. erfordert) sowie die Energie *aller* Elektronen, zusammen mit den Wechselwirkungen mit dem Lösungsmittel usw. In vielen Fällen, besonders in der organischen Chemie, interessieren wir uns aber nicht für *absolute* Reaktionsraten, sondern für die Reaktionsrate einer Reaktion *hinsicht-*

lich der einer anderen, ziemlich ähnlichen Reaktion. Dürfen wir annehmen, daß ähnliche Entropieänderungen, Solvatationsenergien, usw. auftreten, so kann für die Differenz zwischen der Änderung der freien Energie ΔG einer Reaktion und ΔG_0 für eine Standardreaktion angenommen werden, daß diese hauptsächlich von der Differenz zwischen ΔU und ΔU_0 herrührt. Die Größe ΔU ist einfach ΔE für 1 mol, und deshalb können wir für eine typische irreversible Reaktion

$$-RT\log(k/k_0) \simeq \Delta E - \Delta E_0 \tag{10.3}$$

schreiben, wobei ΔE die Änderung der gesamten *elektronischen* Energie ist (der relevante Teil der Änderung der inneren Energie). Für viele Klassen von organischen Reaktionen (im wesentlichen die Substitutionsreaktionen aromatischer Moleküle) rührt die Differenz $\Delta E - \Delta E_0$ größtenteils von der Differenz der *Änderungen der π-Elektronenenergie* her. Für Reaktionen dieser Art sind die einfachsten Theorien am erfolgreichsten gewesen. Wir wollen deshalb unsere Betrachtungen auf Substitutionsreaktionen konjugierter Systeme beschränken.

Das allseits bekannte Modell des Übergangszustands geht auf Wheland (1942) zurück, nach dem man sich vorstellt, daß die Substitution drei Phasen durchläuft, die in Fig. 10.1 angedeutet sind. Die Konformation (*b*), in der sowohl X als auch H am Kohlenstoffatom sitzen (näherungsweise in tetraedrischer Anordnung), stellt den hypothetischen „Übergangszustand" dar, von dem das System spontan nach (*c*) übergeht. X kann ein Radikal oder ein Ion sein (handelt es sich um ein positives Ion, so wird an Stelle von H ein *Proton* abgespalten). In jedem Fall aber nimmt dabei das Kohlenstoffatom nicht mehr an der Konjugation teil und 0, 1 oder 2 π-Elektronen gehen in die *lokalisierte* C-X-Bindung. Tritt dieselbe Substitution an verschiedenen Positionen auf, so kann angenommen werden, daß die Änderungen der σ-Elektronenenergie ähnlich sind (entsprechend den ähnlichen *lokalen* Änderungen der Molekülgeometrie), aber die Änderungen der π-Elektronenenergie können sehr unterschiedlich sein. Diese hängen von der Form und der Größe des gesamten konjugierten Systems ab. In solchen Fällen ist die Interpretation eines jeden ΔE in (10.3) als eine Änderung der π-Elektronenenergie vernünftig; die anderen Beiträge fallen heraus.

Nun wollen wir den Verlauf der π-Elektronenenergie darstellen, wenn sich ein vorgegebener Substituent zwei verschiedenen reaktiven Zentren nähert. Dazu betrachten wir die beiden Kurven in Fig. 10.2. Das Ziel aller theoretischen Diskussio-

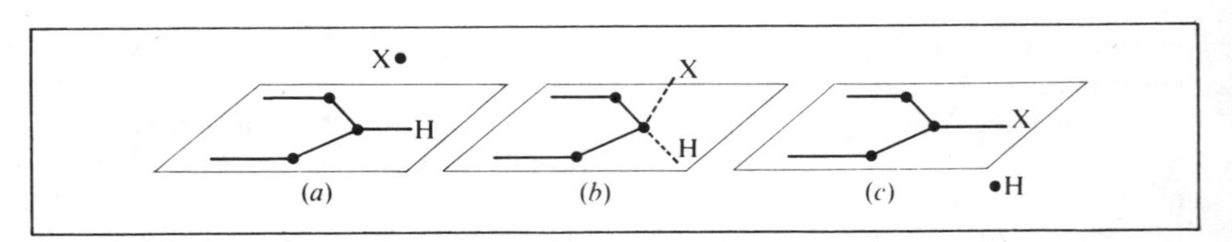

Fig. 10.1. Das Wheland-Modell einer Substitutionsreaktion: (*a*) Annäherung eines Substituenten X; (*b*) tetraedrischer Übergangszustand; (*c*) Abspaltung eines Wasserstoffatoms.

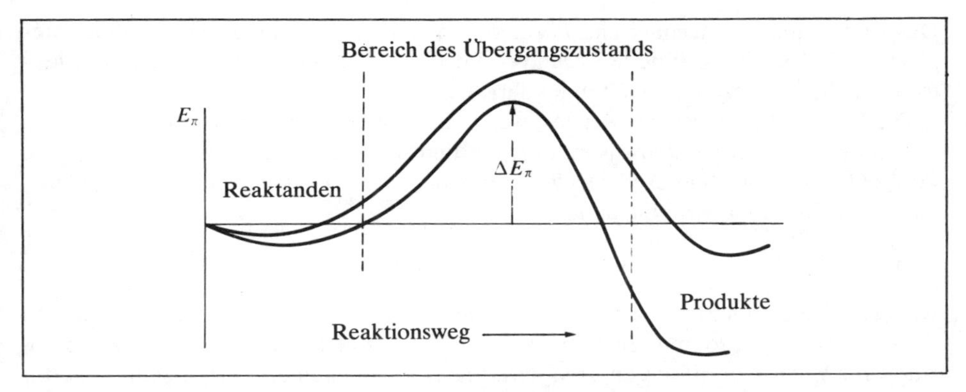

Fig. 10.2. Der Verlauf der π-Elektronenenergie für zwei Substitutionsstellen.

nen über aromatische Substitutionen ist die Bestimmung der Formen solcher Kurven für alternative Substitutionsstellen. Im wesentlichen gibt es zwei Näherungen, die sich dadurch unterscheiden, daß wir das eine Mal auf den anfänglichen Verlauf der Kurven schauen (die „Näherung der isolierten Moleküle"), während wir das andere Mal den Bereich des Übergangszustands (die „Lokalisierungsnäherung") als Ausgangspunkt wählen. Für beide Näherungen werden wir herausfinden, daß die Energieänderungen mit den Ladungen und Bindungsordnungen zusammenhängen.

10.2 Die Theorie der isolierten Moleküle

Wir beginnen mit Formel (8.24), die sich auf das π-Elektronensystem des isolierten Moleküls bezieht, bevor es durch den sich nähernden Substituenten X spürbar gestört wird. Die Formel drückt die gesamte π-Elektronenenergie mit Hilfe von Ladungen und Bindungsordnungen aus. Wir haben bereits festgestellt, daß die Effekte erster Ordnung einer Störung mit Hilfe der Größen q und p des isolierten Moleküls berechnet werden können. Dabei ist die Änderung von α und β zu berücksichtigen, wenn der Hamiltonoperator durch die Störung verändert wird. Nähert sich eine Ladung (heterolytischer Reaktand) dem Zentrum r, so wird sich in erster Linie der Wert von α_r ändern. Die zusätzliche potentielle Energie im Hamiltonoperator wird für das Elektron in ϕ_r am größten sein. Die Änderung von E in erster Ordnung ergibt sich somit zu

$$\delta E = q_r \delta\alpha_r \,. \tag{10.4}$$

Ist der Reaktand elektrophil, so werden Elektronen zum Zentrum r hingezogen, woraus folgt, daß $\delta\alpha_r$ negativ ist. Die untere Kurve in Fig. 10.2 ist demnach diejenige, für die q_r den größeren numerischen Wert hat. Daraus kann geschlossen werden:

Positionen mit hoher Ladung q_r neigen am stärksten zu einem Angriff durch elektrophile Reaktanden; solche mit niedrigem q_r neigen am stärksten zu einem Angriff durch nucleophile Reaktanden.	(10.5)

Das ist die quantenmechanische Form von Ingolds Feststellung: elektrophile oder positiv geladene Reaktanden werden von Positionen hoher negativer Ladung (Elektronendichte) angezogen, und umgekehrt.

Die Regel (10.5) ist sicher wertlos, wenn alle q-Werte gleich sind, wie etwa für einen alternierenden Kohlenwasserstoff, bei dem an jedem Zentrum $q_r = 1$ gilt. Die Formel (10.4) kann aber erweitert werden, indem auch die Änderung in *zweiter* Ordnung berücksichtigt wird. Sie lautet dann

$$\delta E = q_r \delta\alpha_r + \tfrac{1}{2}\pi_r \delta\alpha_r^2, \tag{10.6}$$

wobei π_r „Selbstpolarisierbarkeit" des Atoms r genannt wird. Haben zwei Positionen denselben q-Wert, so muß man ihre π-Werte heranziehen, um zu sehen, welche Position für einen Angriff am ehesten bereit ist. Im allgemeinen ist π_r negativ und $\delta\alpha_r^2$ positiv und daraus folgt:

> Gilt für zwei Positionen r und s die Gleichheit $q_r = q_s$, so neigt diejenige mit dem numerisch größten π-Wert eher zu einem Angriff durch einen heterolytischen Reaktanden (elektrophil oder nucleophil). (10.7)

Die π-Werte sind ziemlich schwierig zu berechnen. Deren Ausdrücke, hergeleitet aus einer formalen Störungsrechnung, sind keiner einfachen physikalischen Interpretation fähig. Es ist aber möglich, eine ausgezeichnete Näherungsformel zu erhalten, die gleichzeitig einen unmittelbaren, chemischen Einblick gewährt (McWeeny (1956)). Sind die β_{rs}-Werte, die r mit seinen Nachbarn verbinden, alle gleich ($\beta_{rs} = \beta$), so lautet die Formel

$$\pi_r = \frac{2q_r - q_r^2}{2N_r\beta}. \tag{10.8}$$

Hier ist N_r die Anzahl der π-Bindungen, die r mit seinen Nachbarn eingeht, wobei (wie in Kapitel 8 hat hier $s - r$ die Bedeutung „s ist mit r verbunden")

$$N_r = \sum_{s(s-r)} p_{rs}. \tag{10.9}$$

Diese Größe wird gelegentlich als der „Reaktivitätsindex nach Dewar" bezeichnet, denn sie ist von Dewar in ganz anderem Zusammenhang umfangreich verwendet worden. Für Benzol gilt $N_r = 2 \times 2/3, q_r = 1, \pi_r = 3/(8\beta)$; vergleicht man diesen Wert mit dem aus der Störungstheorie, $0.398/\beta$, so erkennt man einen Unterschied von nur $\sim 5\%$. Die Gleichung (10.8) zeigt, daß die am leichtesten polarisierbaren Zentren diejenigen sind, die am *wenigsten* an der Bindung teilnehmen (kleiner N_r-Wert). Dieses Ergebnis steht mit den intuitiven Überlegungen im Einklang, die schon vor langer Zeit von Thiele angestellt worden sind. Die Begründung für die Bezeichnung „Polarisierbarkeit" besteht darin, daß π_r auch die Änderung von q_r beschreibt, die durch eine Änderung von α_r bewirkt wird (die Polarisierung der Ladungsverteilung)

$$\delta q_r = \pi_r \delta\alpha_r. \tag{10.10}$$

Bei einem elektrophilen Angriff ($\delta\alpha_r$ negativ, π_r negativ) ist δq_r positiv und Elektronenladung fließt zur Angriffsstelle, wodurch der Angriff erleichtert wird. Analog dazu ist beim nucleophilen Angriff $\delta\alpha_r$ positiv und δq_r negativ; Elektronenladung fließt von der Angriffsstelle *weg*, wodurch der Angriff wiederum erleichtert wird (negative Reaktanden). In beiden Fällen bewirkt die Polarisierung eine *Erniedrigung* der Energie und demnach gibt es keine Unterscheidung zwischen elektrophilen und nucleophilen Substituenten.

Ist der angreifende Reaktand *ungeladen* (homolytische Reaktion), so treten keine starken elektrischen Felder auf, und somit werden die α-Werte nicht besonders stark beeinflußt. In diesem Fall müssen wir darauf achten, was in einem sehr frühen Stadium der Orbitalüberlappung geschieht (Fig. 10.3). Nähert sich X, so beginnt der Kohlenstoff, seine Bindung auf alle *vier* Nachbarn (einschließlich X) zu erweitern, indem die s-p-Kombination sich so ändert, daß eine Hybridüberlappung mit X entsteht. Das reine 2p-AO des konjugierten Systems erhält eine 2s-Beimischung, womit die Überlappung mit den benachbarten 2p-Atomorbitalen vermindert wird. Als Folge davon ist β_{rs} durch $\beta_{rs}+\delta\beta_{rs}$ zu ersetzen, für jeden Nachbar s, wobei $\delta\beta_{rs}$ *positiv* ist (β_{rs} wird weniger negativ). Nehmen wir an, daß jede C-C-Bindung in gleichem Maße beeinflußt wird (durch $\delta\beta$), so liefert die Energieformel (8.24) die Änderung in erster Ordnung

$$\delta E = 2 \sum_{s(s-r)} p_{rs}\delta\beta = 2N_r\delta\beta, \tag{10.11}$$

wobei wieder N_r die Anzahl der Bindungen zwischen r und seinen Nachbarn (s) bedeutet. Diese Größe wurde in (10.9) bereits definiert. In einer homolytischen Reaktion liefert die Position mit der niedrigsten „Bindungszahl" (N_r) die niedrigste Kurve in Fig. 10.2. Diese Beziehung ist meistens durch die Einführung von $N_{\max}$ (mit einem theoretischen Wert von $\sqrt{3}$) anders ausgedrückt, wobei durch

$$F_r = N_{\max} - N_r \tag{10.12}$$

(Coulson (1947)) die „freie Valenz" an der Position r definiert ist. Diese Größe, die den maximal möglichen Anstieg von N_r angibt, liefert ein Maß für Thieles „Partialvalenz" oder Werners „Restaffinität". Unsere Folgerung lautet:

Positionen mit hoher freier Valenz werden bei einem Angriff durch homolytische Reaktanden bevorzugt.	(10.13)

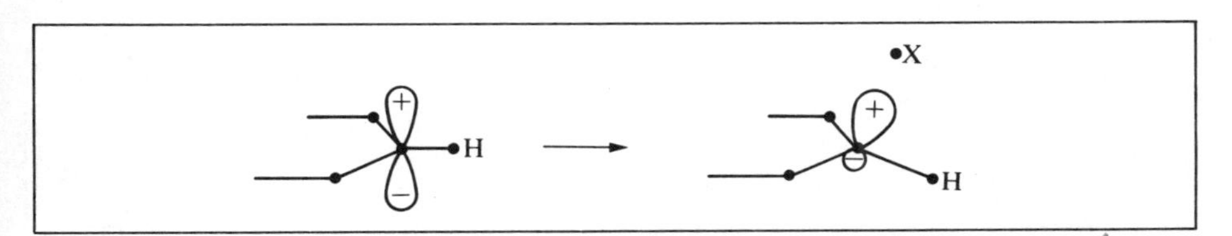

Fig. 10.3. Die Änderung der Hybridisierung während der Annäherung eines Substituenten.

Alle bisher definierten Indices beziehen sich auf die *frühen Stadien* einer Substitutionsreaktion, noch bevor größere Geometrieänderungen eingetreten sind. Aus diesem Grund erreichen diese Indices niemals einen hohen Grad an Zuverlässigkeit, dafür aber sind sie einfach handzuhaben und korrelieren gut mit dem Experiment.

Gelegentlich werden die Ladungen, Bindungsordnungen und freien Valenzen in einem Moleküldiagramm (Fig. 10.4) zusammengestellt. Man erkennt die Nettoladung $(1-q_r)$ an jedem Atom r, die gesamte Bindungsordnung $(1+p_{rs})$, wobei auch die σ-Bindung mitgerechnet wird, für jede Bindung r–s sowie die freie Valenz (F_r), gekennzeichnet durch einen Pfeil. Solche Diagramme liefern einen guten Überblick über die Moleküleigenschaften: die Bindungsordnungen zeigen lange und kurze Bindungen an; sie zeigen auch an, ob es eine spürbare „Bindungsfixierung" im Sinne lokaler Doppelbindungen, wie in einer klassischen Struktur, gibt; die Nettoladungen (falls diese von null verschieden sind) liefern die bevorzugten Angriffspunkte von Ionen, wie etwa NO_2^+ oder NH_2^-; des weiteren liefern sie eine ungefähre Abschätzung von Dipolmomenten (im besonderen das „Resonanzmoment", § 8.7); die freien Valenzen liefern die Positionen, die zumindest zu Beginn einer Reaktion von neutralen freien Radikalen bevorzugt werden. Es ist erwähnenswert, daß F_r-Werte größer als 1.0 gewöhnlich freien Radikalen entsprechen, Werte um 0.8 entsprechen endständigen Kohlenstoffatomen, Werte um 0.4 entsprechen Kohlenstoffatomen in aromatischen Systemen (wie in Benzol); sehr kleine Werte entsprechen den inneren Atomen in polycyclischen kondensierten Molekülen.

Es wurde bereits darauf hingewiesen, daß die bisher benutzten Indices, im besonderen die Ladungen, eine quantitative Grundlage für Ingolds Betrachtungen liefern. Diese Größen bestimmen nämlich (zumindest näherungsweise) das elektrische Feld außerhalb des isolierten Moleküls: der Wert der Ladungen wurde für diesen Zweck von Julg (1975) untersucht. Es ist demnach nicht überraschend, daß sorgfältig berechnete graphische Darstellungen des elektrostatischen Potentials außerhalb eines Moleküls ebenfalls zur Diskussion der Reaktivität herangezogen worden sind. Die Angriffsrichtungen geladener Reaktanden werden durch die „Täler" in der Fläche der potentiellen Energie angegeben. Diese Entwicklung (Scrocco und Tomasi (1973)) kann als Höhepunkt der Ingold-Näherung betrachtet werden: sie wurde mit beacht-

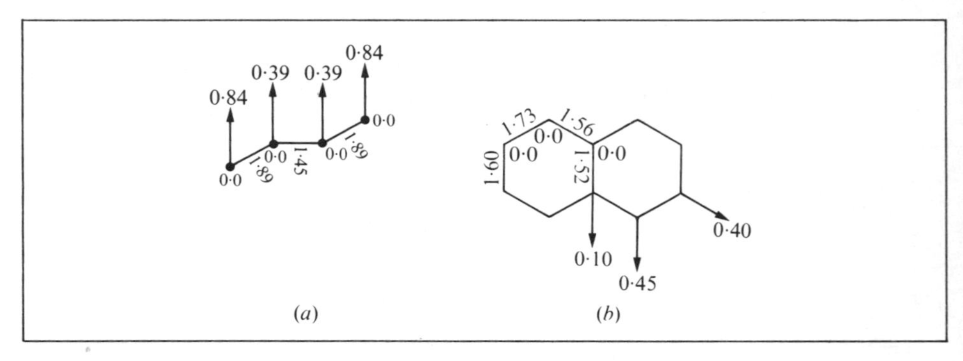

Fig. 10.4. Beispiele für Moleküldiagramme: (*a*) Butadien; (*b*) Naphthalin.

lichem Erfolg auch auf große Moleküle angewandt, wie beispielsweise auf Protonierungsreaktionen von Nucleinsäure-Basen (siehe Pullman und Pullman (1973), mit vielen Literaturzitaten).

10.3 Die Lokalisierungstheorie

In dieser Näherung (Wheland (1942)) betrachten wir einen „Übergangskomplex“. Damit wird beabsichtigt, eine Konformation darzustellen, die das System in der Nähe des Maximums der Energiekurve annimmt. In einem solchen Komplex ist der Substituent wirklich mit dem Molekül verbunden, wie beispielsweise in Fig. 10.1 (*b*). Für verschiedene Stellen der Anfügung des Substituenten kann die Höhe des Maximums verschieden sein; das niedrigere Maximum zeigt die reaktivere Position an.

Wir betrachten die Substitutionsreaktion und nehmen an, daß im Übergangszustand (Fig. 10.1 (*b*)) das Angriffszentrum r von der Konjugation ausgenommen wird, wenn sich die tetraedrische Bindung ausbildet. Das restliche Molekül ist dann eine offene Kette mit der π-Elektronenenergie E_r. Manchmal behält das konjugierte System alle seine Elektronen (ein nucleophiler Reaktand mag keine Elektronen); manchmal verliert das System ein Elektron (in einer Radikalreaktion wird ein Elektron für die Bildung einer neuen σ-Bindung benötigt); manchmal verliert es sogar zwei Elektronen (wenn der Reaktand elektrophil ist und beide Elektronen benötigt). Die Anzahl der Elektronen, die auf diese Weise *lokalisiert* werden, wird durch einen Index $n(=0,1,2)$ angegeben. Die *Lokalisierungsenergie* ist definiert als

$$L_r^{(n)} = E_r^{(n)} - E. \qquad (10.14)$$

Diese Größe kann als Maß für den π-Anteil der Aktivierungsenergie ΔE in einer Gleichung wie (10.3) für die Geschwindigkeitskonstante verwendet werden. Nach dieser Definition handelt es sich sicher nicht um die gesamte Lokalisierungsenergie, denn es ist die Energie der Elektronen (falls es davon welche gibt) vernachlässigt worden, die bei der Bildung der neuen σ-Bindung C–X lokalisiert worden sind, aber diese Größe berücksichtigt in jedem Falle jegliche Änderung in der Anzahl der π-Elektronen. Wie gewöhnlich nehmen wir an, daß beim *Vergleich* der Reaktionsgeschwindigkeiten an zwei verschiedenen Zentren dieselben Änderungen in den σ-Bindungen eintreten. Die *Differenz* zweier Aktivierungsenergien sollte demnach durch die Differenz der (π-) Lokalisierungsenergien bestimmt sein:

$$\Delta E_r - \Delta E_s = L_r^{(n)} - L_s^{(n)}, \qquad (10.15)$$

wobei die beiden Positionen r und s verglichen werden. Es ist erwähnenswert, daß für alternierende Kohlenwasserstoffe die Größe $L_r^{(n)}$ für $n=0,1,2$ denselben Wert haben muß, denn das höchste MO des Restmoleküls ist das NBMO (vereinbarungsgemäß der Energienullpunkt). Für nicht-alternierende Moleküle und Heterocyclen ist das aber nicht so, so daß bei der richtigen Wahl des Index Sorgfalt geboten ist.

Die Berechnung von Lokalisierungsenergien verläuft routinemäßig; dazu sind nur zwei Berechnungen (im allgemeinen Hückel-Rechnungen) notwendig, eine für das ursprüngliche Molekül und eine für das Restmolekül; mit den entsprechenden Energien ist die Differenz zu bilden. Viele derartige Berechnungen sind schon durchgeführt worden, wobei es wieder eine recht gute Korrelation mit solchen Ergebnissen gibt, die aus experimentellen Geschwindigkeitskonstanten resultieren. Insbesondere besteht zwischen dem Konzept der Lokalisierungsenergie und dem der „Aromatizität" eine unmittelbare Beziehung. Ursprünglich war die Bedeutung des Begriffes „aromatisch" gleichzusetzen mit „ein Molekül benimmt sich chemisch wie Benzol". Mit der Entwicklung der Quantentheorie bedeutet aber aromatisch so viel wie eine hohe Resonanzenergie (Delokalisierungsenergie) besitzend. Aus Fig. 10.2 folgt nun, daß die beiden Überlegungen nicht unbedingt gleichwertig sind: für die Chemie ist die *Aktivierungsenergie* von Bedeutung (die *Energiedifferenz* zwischen Molekül und Übergangskomplex), während sich die Resonanzenergie nur auf das Molekül in seinem Grundzustand bezieht. Eine hohe Resonanzenergie bedeutet nur, daß das Niveau auf der linken Seite der Energiebarriere niedrig ist. Die Lokalisierungsenergie scheint demnach ein viel befriedigender theoretischer Index für die Aromatizität zu sein und Rechnungen scheinen diese Folgerung zu bestätigen. Beispielsweise haben Naphthalin und Azulen eine viel höhere Resonanzenergie als Benzol, aber sie sind *weniger* aromatisch. Für Naphthalin gilt $L = -2.30\beta$ (am niedrigsten an der α-Position), und für Azulen gilt $L^{(1)} = -2.24\beta, L^{(0)} = L^{(2)} = -1.98\beta$, woraus der geringere aromatische Charakter hinsichtlich Benzol ($L = -2.54\beta$) folgt sowie eine viel höhere Reaktivität bezüglich elektrophiler und nucleophiler Reaktanden. Grob gesprochen ist ein aromatischer Charakter dann zu erwarten, wenn alle Lokalisierungsenergien den Wert -2β übertreffen. Die „konventionelle" Definition der Aromatizität (hohe Resonanzenergie) ist trotzdem ganz nützlich, wenn es um die Charakterisierung der Reaktivität in Prozessen geht, in denen Ringöffnungen und -schließungen stattfinden. Darauf werden wir in einem späteren Abschnitt eingehen.

Für die Bestimmung von Lokalisierungsenergien unter Vermeidung der vollständigen Berechnungen des Moleküls und des Restmoleküls wurden verschiedene Wege vorgeschlagen. Vorausgesetzt, wir kennen die Bindungsordnungen des Moleküls, so können wir nach (10.11) einen Näherungswert für die Energieänderung beim Aufbrechen der Konjugation am Atom r erhalten. Wir müssen lediglich $\delta\beta = -\beta$ setzen, um

$$L_r = -2\beta N_r \tag{10.16}$$

zu erhalten. Daraus erhält man für die α-Position in Naphthalin (Fig. 10.4(b)) $L = -2.58\beta$ und für die β-Position $L = -2.66\beta$. Beide Werte sind etwa 10 % zu groß, aber ihre relative Lage wird richtig vorhergesagt.

Eine sogar noch einfachere Methode wurde von Dewar (Dewar und Dougherty (1975)) ziemlich umfangreich angewandt. Sie basiert auf einer quantitativen Form der Überlegungen, die in § 8.7 zur Diskussion des Einflusses von Heteroatomen herangezogen worden sind. An Stelle des Herausnehmens eines Kohlenstoffatoms aus der Konjugation durch Aufbrechen zweier π-Bindungen betrachten wir das Molekül, das aus der *Vereinigung* des Restmoleküls mit dem einzelnen Kohlenstoffatom mit seinem π-Elektron entsteht. Für einen geradzahligen alternierenden Kohlenwasserstoff ist das Restmolekül ungerade und ein Radikal; die Orbitalenergien sind in Fig.

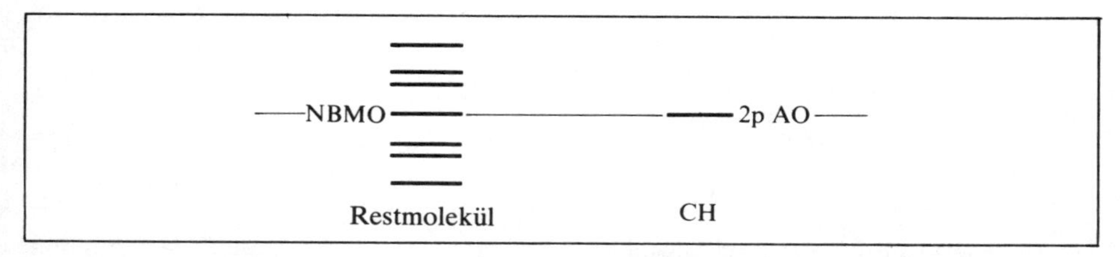

Fig. 10.5. Die Lokalisierungsenergie nach der Dewar-Methode. Ein geradzahliger alternierender Kohlenwasserstoff kann durch die Vereinigung eines Radikals und eines CH-Fragments gebildet werden; deren Orbitalenergien sind links und rechts dargestellt.

10.5 dargestellt. An Stelle der Darstellung der Molekülorbitale des vollständigen Moleküls als LCAO wollen wir diese als Linearkombinationen der Molekülorbitale der beiden getrennten Teilsysteme auffassen. Diese LCMO-Darstellung ist der gewöhnlichen LCAO-Darstellung völlig gleichwertig, vorausgesetzt, wir verwenden *alle* Molekülorbitale der beiden Fragmente. Wir wissen aber auch aufgrund allgemeiner Prinzipien (§4.7), daß diejenigen Orbitale, die am wirksamsten miteinander kombinieren, gleiche oder fast gleiche Energien haben. Dewar hat deshalb die Methode dahingehend vereinfacht, daß er nur ein solches Orbitalpaar betrachtet. Im vorliegenden Fall (Fig. 10.5) ist zu erwarten, daß die Verknüpfung der beiden Fragmente zu einer bindenden und einer antibindenden Kombination des NBMO des Restmoleküls und des Kohlenstoff-Atomorbitals führt, wobei beide dieselbe Energie haben ($H_{11}=H_{22}=\alpha$). Wie bekannt beträgt die Energieänderung $\pm H_{12}$, wobei H_{12} ein nicht-diagonales Matrixelement der beiden Orbitale ist und demnach die Form

$$H_{12} = \int \phi_r \hat{h}(c_1\phi_1 + c_2\phi_2 + \ldots + c_s\phi_s + \ldots)\,\mathrm{d}\tau$$

hat. Die Koeffizienten sind die des NBMO des Restmoleküls (in diesem kommt r nicht vor). Mit der bekannten Näherung der nächsten Nachbarn treten nur solche Beiträge auf, die zu ϕ_r benachbarten Atomorbitalen ϕ_s entsprechen. Die Wechselwirkungsenergie (das neue bindende MO enthält zwei Elektronen) lautet dann

$$E_{\mathrm{W}} = 2H_{12} = 2\beta \sum_{s(s-r)} c_s^{\mathrm{NBMO}}. \tag{10.17}$$

Diese ist negativ (die Wechselwirkung erniedrigt die Energie), und die Umkehrung des Vorzeichens liefert die Energie

$$L_r = -2\beta \sum_{s(s-r)} c_s^{\mathrm{NBMO}}, \tag{10.18}$$

die zur Trennung der Fragmente erforderlich ist. Der besondere Erfolg dieses genäherten Ergebnisses besteht darin, daß die Koeffizienten im NBMO in wenigen Sekunden bestimmt werden können, wobei nur ganz einfache Rechenschritte notwendig sind. Der Vergleich von (10.18) mit (10.16) zeigt, daß wir in Wirklichkeit das

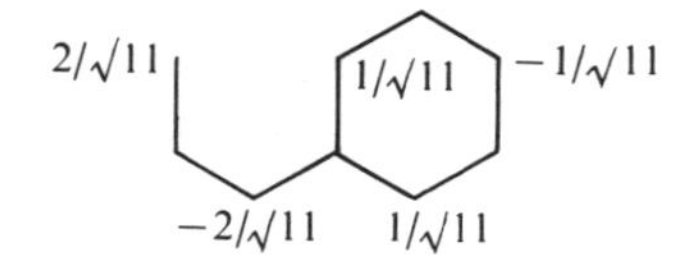

$2/\sqrt{11}$ $1/\sqrt{11}$ $-1/\sqrt{11}$

$-2/\sqrt{11}$ $1/\sqrt{11}$

Fig. 10.6. Das entstehende Restmolekül bei der Entfernung des Kohlenstoffs in 1-Position in Naphthalin aus der Konjugation. Die Zahlen stellen die NBMO-Koeffizienten dar.

NBMO zur Bestimmung der Bindungsordnungen, die sich auf die Bindungen zwischen r und dem Restmolekül beziehen, verwenden. Näherungsweise gilt

$$p_{rs} \simeq c_s^{\text{NBMO}}.$$

Diese Näherung kann leicht überprüft werden. Entfernen wir einen Kohlenstoff-1 aus dem Naphthalin, so erhalten wir das in Fig. 10.6 dargestellte Restmolekül mit den angegebenen NBMO-Koeffizienten (diese wurden wie in §8.6 bestimmt). Die resultierenden Bindungsordnungen von 0.30 und 0.60 stimmen mit den Werten 0.56 und 0.73 in Fig. 10.4 nicht besonders gut überein (das ist nicht überraschend, denn die Kombination mit allen niedriger liegenden Molekülorbitalen in Fig. 10.5 wurde vernachlässigt), aber zumindest ihre Reihenfolge ist richtig. Die Lokalisierungsenergie nach (10.18) lautet -1.81β und ist damit um etwa 20% niedriger als der berechnete Wert von -2.30β. Wie aber Dewar hervorgehoben hat, spiegeln selbst so stark genäherte Werte das allgemeine Verhalten beim Übergang von einer Position zu einer anderen, oder von einem Molekül zu einem anderen, überraschend gut wieder.

10.4 Einige Anwendungen auf Substitutionsreaktionen

Die beiden soeben beschriebenen Näherungen sind als repräsentativ für viele Versuche zu betrachten, die in den letzten 40 Jahren unternommen worden sind, um eine einfache, aber hinreichend realistische Theorie der Reaktivität zu erhalten. Außerdem haben wir nur Substitutionsreaktionen behandelt, aber beispielsweise Oxidations-Reduktions-Reaktionen, wofür andere wichtige Überlegungen notwendig werden, haben wir nicht betrachtet. Im besonderen sind für den Ladungsübertragungsmechanismus („charge-transfer“) das höchste besetzte Orbital (HOMO) des Donors und das niedrigste unbesetzte Orbital (LUMO) des Akzeptors von zentraler Bedeutung. Ein Vergleich vieler verschiedener Indices wurde von Greenwood und McWeeny (1966) durchgeführt; gegenwärtige Entwicklungen sind von Fujimoto und Fukui (1972) beschrieben worden. Es ist sogar möglich geworden, mit Hilfe der heute zur Verfügung stehenden Rechenautomaten einfache Substitutionsreaktionen oder auch andere Reaktionen zu behandeln. Dabei werden nicht-empirische Berechnungen der gesamten elektronischen Energie entlang eines angenommenen Reaktionsweges durchgeführt.

An Stelle einer Weiterentwicklung der Theorie wollen wir diesen Abschnitt der Anwendung widmen. Dabei soll gezeigt werden, wie die bisher eingeführten einfachen Indices im Laboratorium angewendet werden können, ohne daß dabei mehr als Papier und Bleistift verwendet werden. Die Näherung, die auf Longuet-Higgins (1950) und Dewar zurückgeht, besteht hauptsächlich auf der Verwendung von Differenzen der Lokalisierungsenergie, um Differenzen der Aktivierungsenergie für vorgegebene Substitutionsstellen anzunähern. Dabei können Fragen beantwortet werden, inwieweit solche Differenzen durch die Anwesenheit von Heteroatomen oder anderer Substituenten beeinflußt werden. Aus dem großen Bereich der Anwendungen wollen wir drei Beispiele herausgreifen:

(I) Ein klassisches Problem betrifft die Orientierung von Substituenten im Benzolring. Wie wird die Substitutionsbereitschaft für Y durch die Anwesenheit eines Substituenten X beeinflußt? Diese Frage ist gleichbedeutend mit der Frage, wie die Lokalisierungsenergie an der Y-Position (Fig. 10.7 (*a*)) von der $\delta\alpha$-Änderung abhängt, die an dem Zentrum entsteht, an das X gebunden ist. Wir wollen die Energien des Moleküls und des Restmoleküls in Abwesenheit der Substituenten mit E und E' bezeichnen. Die Lokalisierungsenergie für die Y-Substitution, in Abwesenheit von X, lautet dann $L_0 = E' - E$. Wird nun X an der Position r eingeführt, so lauten diese Energien $E + q_r\delta\alpha$ und $E' + q'_r\delta\alpha$, entsprechend (10.4). Die Lokalisierungsenergie in Anwesenheit von X an der Position r lautet demnach

$$L = (E' + q'_r\delta\alpha) - (E + q_r\delta\alpha) = L_0 + (q'_r - q_r)\delta\alpha\,. \tag{10.19}$$

Dazu ist lediglich die Kenntnis der Ladung am Zentrum r im Molekül und im Restmolekül für die Y-Substitution notwendig. Nun gilt für Benzol an jeder Position $q_r = 1$, während für das Restmolekül (die fünfgliedrige Kohlenstoffkette) die Ladungen q'_r aus der Form des NBMO folgen. An den Positionen ortho, meta und para bezüglich des Y-Substituenten lauten diese wie folgt (Fig. 10.7 (*b*)).

	ortho	meta	para	
4 Elektronen	$\frac{2}{3}$	1	$\frac{2}{3}$	(elektrophil)
5 Elektronen	1	1	1	(radikalisch)
6 Elektronen	$1\frac{1}{3}$	1	$1\frac{1}{3}$	(nucleophil)

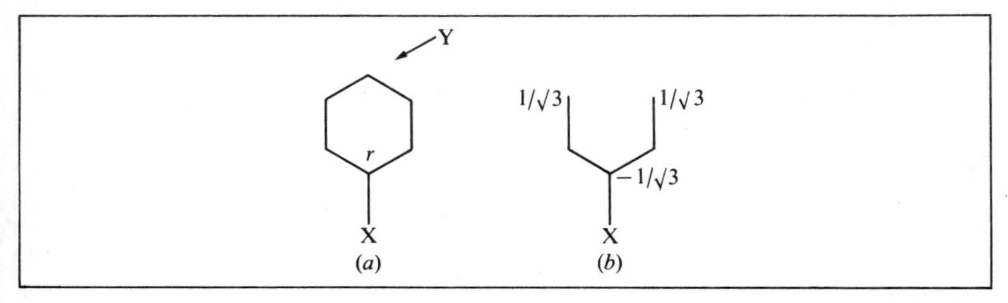

Fig. 10.7. Die Orientierung des Substituenten Y in Anwesenheit von X: (*a*) der Substituent nähert sich einer Position; (*b*) die Koeffizienten des NBMO des Restmoleküls.

Ist die Änderung $\delta\alpha$ negativ (falls X ein Halogen ist), so sollten die ortho- und para-Positionen bezüglich der elektrophilen Substitution desaktiviert werden, während für positives $\delta\alpha$ (falls für X die Substituenten NO_2, CN eingesetzt werden) diese aktiviert werden sollten. Der Einfluß eines existierenden Substituenten auf Radikalreaktionen sollte demnach gering sein. Diese Folgerungen liefern eine etwas genauere Interpretation der bereits vorhergesagten Richtungseffekte (§ 8.7) auf der Grundlage einfacher elektrostatischer Überlegungen am isolierten Molekül. Die Folgerung lautet, daß die beiden Kurven in Fig. 10.2 ihre relativen Lagen beibehalten, wenn man vom isolierten Molekül zum Übergangszustand geht.

(II) Ähnliche Überlegungen können für heterocyclische Systeme angestellt werden. Als Beispiel wollen wir die Hydrolyse von 1-Chlornaphthalin (Fig. 10.8 (*a*)) sowie die der aza-Verbindung mit einem Stickstoff an der Position r betrachten. Das Hydroxylradikal ist nucleophil, so daß alle 10 π-Elektronen in dem 9-zentrischen Restmolekül bleiben. Demnach ist das NBMO doppelt besetzt und liefert die in Fig. 10.8 (*b*) angegebenen Ladungen. Nach den Überlegungen beim letzten Beispiel erhöht sich die Lokalisierungsenergie um $(q_r' - q_r)\delta\alpha$, wenn C an der Stelle r durch N ersetzt wird. Diese Beträge lauten $(4/11)\delta\alpha$ an den Positionen 2 und 4 sowie $(1/11)\delta\alpha$ an den Positionen 5, 7 und 9. Die Hydrolyse des Chloratoms sollte deshalb besonders stark begünstigt sein, wenn die aza-Substitution an den Positionen 2 oder 4 erfolgt.

(III) Im letzten Beispiel wollen wir versuchen, die Eigenschaften einiger aromatischer Stickstoffbasen zu verstehen. In diesem Fall wirkt das einsame Elektronenpaar des heterocyclischen Stickstoffatoms als Protonakzeptor. Die Reaktion ist reversibel und nach (10.3) gilt

$$-RT \log (K/K_0) \simeq \Delta E - \Delta E_0 \,. \tag{10.20}$$

Mit anderen Worten, zwischen dem pK_a-Wert und ΔE sollte ein linearer Zusammenhang bestehen, wobei ΔE die Änderung der π-Elektronenenergie bezüglich der Protonierung ist. Ist nun q_r die Ladung an der Stelle r im ursprünglichen Molekül (mit C an Stelle von N), so ist die Energieänderung beim Übergang zur Base $q_r\delta\alpha$. Beim Übergang zur protonierten Base lautet er $q_r\delta\alpha^+$. Dabei bedeutet $\delta\alpha$ die Änderung von α für C→N, während $\delta\alpha^+$ die Änderung von α für C→NH^+ ist. Kennen wir demnach q_r, so können wir ΔE für die Protonierung zu

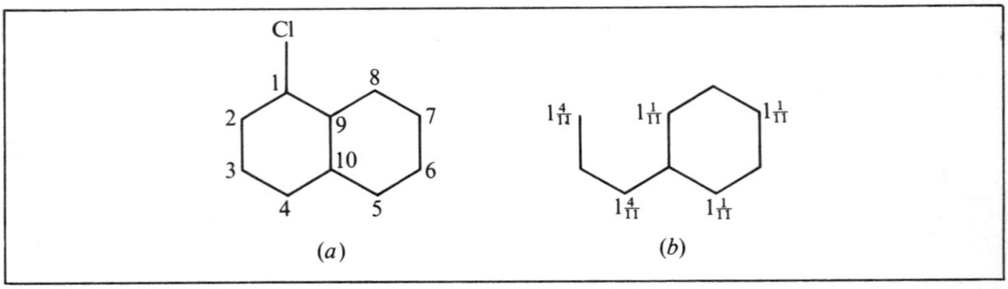

Fig. 10.8. Die Hydrolyse von 1-Chlornaphthalin: (*a*) die konventionelle Numerierung der Zentren; (*b*) die Ladungen im Restmolekül mit 10 Elektronen.

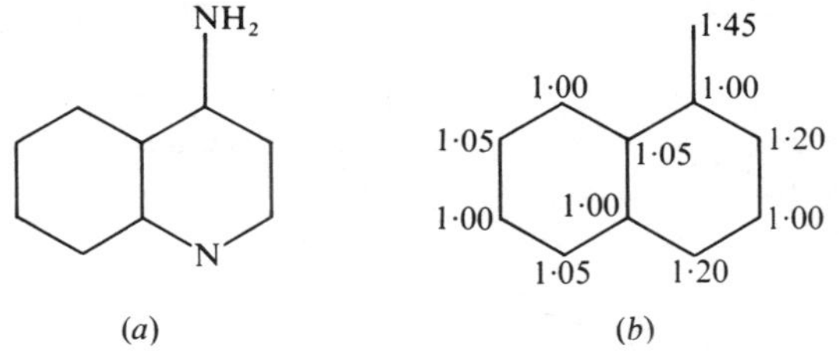

Fig. 10.9. Der Einfluß der aza-Substitution auf die Basizität: (*a*) 4-Aminochinolin; (*b*) die π-Ladungen im isoelektronischen Carbanion.

$$\Delta E \simeq q_r(\delta\alpha^+ - \delta\alpha) \qquad (10.21)$$

bestimmen. Diese Größe ist negativ, denn $\delta\alpha^+$ und $\delta\alpha$ sind negativ, wobei das erstere der beiden Inkremente dem Betrage nach größer ist. Für einen Kohlenwasserstoff als Ausgangsmolekül gilt überall $q_r = 1$, so daß die Basizität nicht besonders stark von der Position des Stickstoffs abhängen sollte. Demgegenüber wird in aza-aromatischen Aminen wie 4-Aminochinolin (Fig. 10.9(*a*)) q_r an der Stickstoffposition durch die Anwesenheit der NH_2-Gruppe beträchtlich erhöht. Die einfachste Möglichkeit der Bestimmung dieser Vergrößerung besteht wieder einmal in der Verwendung des NBMO. Der Stickstoff trägt zwei π-Elektronen und die Überschußladungen im 11-zentrischen isoelektronischen Carbanion sind in Fig. 10.9(*b*) dargestellt. Unter Vernachlässigung der Elektronegativitätsdifferenzen erwarten wir an der 4-Position 1/5 eines Zusatzelektrons; $q_r = 1.2$, verglichen mit 1 in Abwesenheit der NH_2-Gruppe. Nach (10.21) folgt unmittelbar, daß 4-Aminochinolin (der beobachtete pK_a-Wert beträgt 9.08) basischer als Chinolin ($pK_a = 4.85$) sein sollte.

Mit den in diesem Abschnitt verwendeten einfachen Überlegungen wurden bemerkenswerte Fortschritte erzielt*. Hinsichtlich der Einblicke in die Chemie, die diese Methoden liefern sowie ihrer einfachen Handhabung, haben sie immer noch viel zu bieten.

10.5 Ringschluß und Ringöffnung. Die Woodward-Hoffmann-Regeln

In § 8.8 haben wir die Grundlagen der Hückel-Näherung entwickelt und somit ein Verständnis für die Gründe ihres Erfolges gewonnen. Im einzelnen wurde festgestellt, daß die Coulomb- und Bindungsintegrale (α und β) als *Parameter* zu betrachten sind. Die genaue Interpretation der zugrunde gelegten Atomorbitale spielt weder für die

* Siehe beispielsweise Dewar (1969) sowie Dewar und Dougherty (1975), wo zahlreiche interessante Beispiele behandelt werden.

Struktur der Theorie, noch für die Form der Säkulargleichungen eine Rolle. Sowohl die Energiesequenz als auch die allgemeine Form der Molekülorbitale werden weniger durch die Parameterwerte als durch die Geometrie des Moleküls bestimmt. Im Rahmen der Näherung der nächsten Nachbarn ist sogar die Geometrie des Moleküls von untergeordneter Bedeutung. Wirklich entscheidend ist die Tatsache, welche Atomorbitale man als benachbart betrachtet. Nähern sich nämlich ϕ_r und ϕ_s einander, so wird ein Bindungsintegral β_{rs} auftreten. In dieser Näherung sagt man dann, daß die *Topologie** des Moleküls das Auftreten der β-Werte in den Säkulargleichungen angibt; dementsprechend werden sich die Formen und Energien der LCAO-Molekülorbitale ergeben. Unsere Analyse bietet ganz ähnliche Näherungen, auch mit einem ähnlichen Gültigkeitsbereich, für das Studium der σ-Elektronen. Dabei werden geeignet orthogonalisierte Atomorbitale verwendet, mit oder ohne Hybridisierung, um die σ-Molekülorbitale darzustellen. Die damit sich ergebende „erweiterte Hückel-Näherung“ (EHT, vom englischen extended Hückel theory) mit ihren zahlreichen vereinfachenden Näherungen (es wird sogar die Elektronenwechselwirkung vernachlässigt) kann selbstverständlich in keiner Weise zur Vorhersage genauer numerischer Daten herangezogen werden. Und trotzdem haben Rechnungen auf diesem Niveau zu einem überraschenden Fortschritt im Verständnis bezüglich der Änderungen der elektronischen Struktur bei chemischen Reaktionen geführt. Solche Änderungen sind sehr häufig wesentlich gravierender als im Falle von Substitutionsreaktionen. Dabei findet eine vollständige Änderung der Geometrie statt, wobei die σ-π-Klassifikation verloren geht. In so einem Falle wird die Berücksichtigung aller Valenzelektronen unumgänglich, zumindest in dem Teil des Systems, in dem größere Änderungen auftreten.

Um zu zeigen, wie weit man mit rein qualitativen Betrachtungen kommen kann, wollen wir eine der wichtigsten Entwicklungen der letzten Jahre aufzeigen. Wir werden einige Beispiele der Cycloaddition und elektrocyclischer Reaktionen heranziehen, um den Ursprung der nun sehr bekannten Woodward-Hoffmann-Regeln zu erläutern. Obwohl die Formulierung dieser Regeln ursprünglich stark von der Erfahrung abhängig war, die durch EHT-Rechnungen gewonnen worden ist, so werden diese nun üblicherweise rein bildlich dargestellt, wobei das Schwergewicht auf der Symmetrie der Orbitale liegt, die sich am meisten ändern. Diese Näherung ist sehr ausführlich entwickelt worden und zusammen mit zahlreichen Anwendungen von Woodward und Hoffmann (1972) auch beschrieben worden. Auf die Anwendung von Symmetriebetrachtungen haben zuerst Longuet-Higgins und Abrahamson (1965) hingewiesen. Darüber hinaus hat auch Dewar (Dewar und Dougherty (1975)) darauf hingewiesen, daß ähnliche Ergebnisse, in einem beschränkteren Zusammenhang, viele Jahre vorher von M. G. Evans erhalten worden sind. Wir wollen mit den Woodward-Hoffmann-Regeln beginnen und die Regeln von Evans und Dewar im nächsten Abschnitt behandeln.

* Darunter versteht man die Art und Weise, in der die numerierten Zentren (oder genau genommen die Orbitale) als zueinander *benachbart* betrachtet werden (Näherung der nächsten Nachbarn). Demnach haben *cis-* und *trans-*Butadien zwar dieselbe Topologie, aber verschiedene Geometrie.

Beispiel 1

Als erstes Beispiel einer Additionsreaktion wollen wir die Dimerisierung zweier Ethylenmoleküle zu Cyclobutan untersuchen, wobei die Näherung der maximalen Symmetrie (Fig. 10.10) zur Vereinfachung der Diskussion gewählt wird. In Fig. 10.10(*a*) haben sich die beiden Moleküle so weit einander genähert, daß sich ihre $2p_\pi$-Atomorbitale zu überlappen beginnen. Dabei soll sich aber die Hybridisierung noch nicht merklich ändern. Es handelt sich dabei um ein vereinfachtes Modell für einen Übergangszustand, in dem die intramolekularen π-Bindungen geschwächt werden und sich intermolekulare σ-Bindungen ausbilden. In Fig. 10.10(*b*) ist die Reaktion vollendet, wobei die verstärkte σ-Überlappung durch eine Hybridisierungsänderung von der trigonalen zur verzerrten tetragonalen Hybridisierung begünstigt wird. Dadurch entstehen gebogene Bindungen im Cyclobutanring, wobei die CH_2-Gruppen radial nach außen gerichtet sind (es gibt eine vierzählige Symmetrieachse). In der Woodward-Hoffmann-Näherung wird das Augenmerk auf die sich ändernden Orbitalenergien der Elektronen gerichtet, die sich bei der Bildung des Übergangskomplexes (Fig. 10.10(*a*)) am stärksten verändern. Die Diskussion verläuft demnach ähnlich zu derjenigen, die zu den Walsh-Regeln (§7.3) führt. Ursprünglich gibt es zwei Paare von π-Elektronen, und nach der Reaktion sind es zwei Paare von σ-Elektronen. Die wesentlichsten Änderungen können ohne besondere Beeinflussung der Elektronenpaare in den CC- und CH-Einfachbindungen ablaufen.

Setzen wir voraus, daß die vier Kohlenstoffatome in Fig. 10.10(*a*) ein Rechteck bilden, so ist es nicht schwer, Molekülorbitale der richtigen Symmetrie anzusetzen (Aufgabe 8.10). Bei einer Spiegelung an einer der beiden Symmetrieebenen – die vertikale Ebene halbiert die π-Bindungen und die horizontale Ebene halbiert die entstehenden σ-Bindungen – bleiben die Molekülorbitale entweder unverändert, oder sie ändern ihr Vorzeichen. Natürlich gibt es noch eine dritte Symmetrieebene, näm-

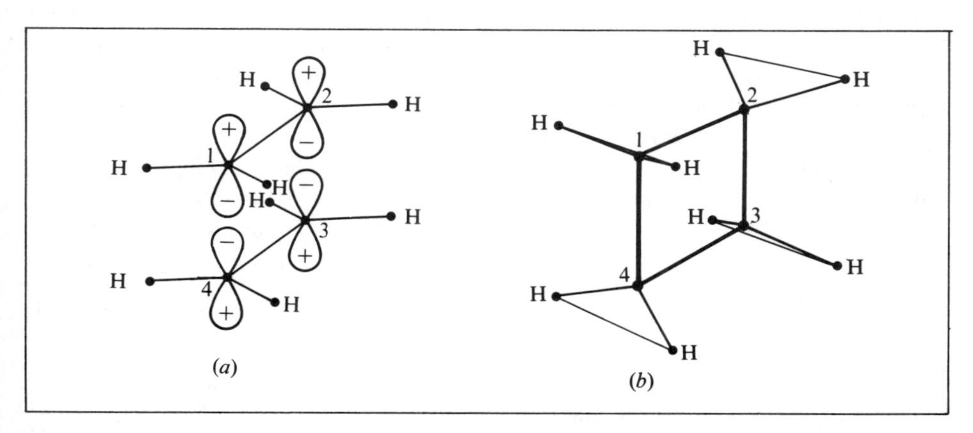

Fig. 10.10. Die Dimerisierung zweier Ethylenmoleküle zu Cyclobutan: (*a*) die Annäherung in maximaler Symmetrie, geringe intermolekulare Überlappung der $2p_\pi$-Atomorbitale; (*b*) ansteigende Überlappung und Hybridisierungsänderung, die zu einem σ-gebundenen C_4-Ring führt.

lich die C_4-Ebene. Diese ist für unsere Betrachtungen uninteressant, denn alle hier betrachteten Orbitale sind bezüglich dieser Ebene symmetrisch. Die entsprechenden Symmetrieorbitale werden mit SS, SA, usw. bezeichnet, je nachdem ob sie bezüglich der vertikalen und der horizontalen Spiegelebene symmetrisch oder antisymmetrisch sind. Im einzelnen lauten diese*

$$
\begin{aligned}
\text{SS:} \quad \psi_1 &= N_1(\phi_1+\phi_2+\phi_3+\phi_4) \\
\text{SA:} \quad \psi_2 &= N_2(\phi_1+\phi_2-\phi_3-\phi_4) \\
\text{AS:} \quad \psi_3 &= N_3(\phi_1-\phi_2-\phi_3+\phi_4) \\
\text{AA:} \quad \psi_4 &= N_4(\phi_1-\phi_2+\phi_3-\phi_4).
\end{aligned}
\tag{10.22}
$$

Da es zu jeder Art nur ein einziges Orbital gibt, müssen wir keine Säkulargleichungen lösen; jedes Symmetrieorbital ist ein MO. Zu Beginn der Annäherung, wenn zwischen den beiden Ethylenmolekülen noch keine Überlappung vorliegt, sind ψ_1 und ψ_2 nahezu entartet. Es handelt sich um Orbitale niedriger Energie, die beiden π-Bindungen beschreibend. Diese Tatsache wird bei der Verwendung von π_{12} als Bezeichnung für das lokalisierte π-Bindungsorbital zwischen den Zentren 1 und 2 verdeutlicht. Die unnormierten π-Bindungsorbitale an den beiden Ethylenmolekülen lauten dann

$$
\begin{aligned}
\pi_{12} &= \phi_1+\phi_2 \qquad & \pi_{43} &= \phi_4+\phi_3 \\
\pi_{12}^* &= \phi_1-\phi_2 \qquad & \pi_{43}^* &= \phi_4-\phi_3,
\end{aligned}
\tag{10.23}
$$

wobei ein Stern den antibindenden Charakter andeutet. Setzt man diese Ausdrücke in (10.22) ein, so erhält man

$$
\psi_1 = N_1(\pi_{12}+\pi_{43}) \qquad \psi_2 = N_2(\pi_{12}-\pi_{43}). \tag{10.24}
$$

Sind die Nichtdiagonalelemente bezüglich π_{12} und π_{43} zu vernachlässigen (geringe Überlappung), so sind die MO-Energien identisch mit denen für ein π-Elektron in Ethylen (π_{12} oder π_{43}). Die Elektronenkonfiguration mit der niedrigsten Energie lautet demnach $[\psi_1^2\psi_2^2]$, sie ist links unten in Fig. 10.11 dargestellt. Aus diesem Diagramm folgt auch, daß die Energien für ψ_3 und ψ_4 etwa der eines π-Elektrons in einem *antibindenden* Orbital (π_{12}^* oder π_{43}^*) entsprechen.

Was geschieht nun, wenn sich die beiden Ethylenmoleküle einander nähern? Die Seiten 1-4 und 2-3 des Rechtecks werden zu (gebogenen) σ-Bindungen (Fig. 10.10 (*b*)). Bevor aber eine Hybridisierungsänderung eintritt, sollen die lokalisierten Kombinationen

$$
\begin{aligned}
\sigma_{14} &= \phi_1+\phi_4 \qquad & \sigma_{23} &= \phi_2+\phi_3 \\
\sigma_{14}^* &= \phi_1-\phi_4 \qquad & \sigma_{23}^* &= \phi_2-\phi_3
\end{aligned}
\tag{10.25}
$$

gebildet werden, die zwei getrennte σ-Bindungen beschreiben, die aus den axial gerichteten 2p-Atomorbitalen gebildet werden. In dieser (hypothetischen) Phase der

* Man beachte dabei die Konvention für die Achsenrichtungen der einzelnen π-Atomorbitale der beiden Ethylenmoleküle in Fig. 10.10(*a*) (Anmerkung des Übersetzers).

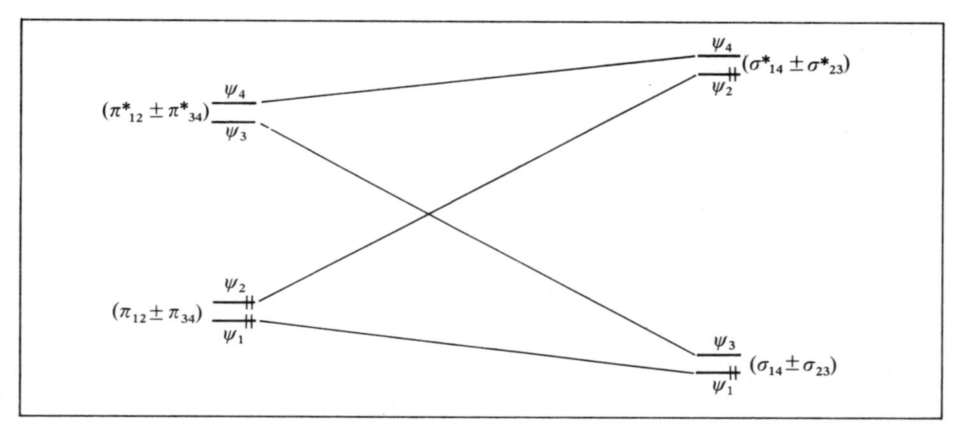

Fig. 10.11. Das Korrelationsdiagramm für die Annäherung zweier Ethylenmoleküle in der in Fig. 10.10(*a*) dargestellten Weise. Ursprünglich sind die MO-Energien ähnlich denen des bindenden und antibindenden π-Molekülorbitals in Ethylen (links); nach der Reaktion entsprechen die MO-Energien bindenden und antibindenden σ-Molekülorbitalen (rechts). Die Konfiguration $[\psi_1^2\psi_2^2]$ führt zu einem hoch angeregten Zustand des Produkts in Fig. 10.10(*b*).

Reaktion haben die Molekülorbitale noch die Formen (10.24), aber es erscheint etwas natürlicher, diese in Form von σ-artigen Bindungsorbitalen (10.25) anzugeben. An Stelle von (10.24) können wir genauso gut

$$\begin{aligned} \psi_1 &= N_1(\sigma_{14}+\sigma_{23}) \\ \psi_2 &= N_2(\sigma^*_{14}+\sigma^*_{23}) \end{aligned} \tag{10.26}$$

schreiben, wobei in (10.22) die Ausdrücke (10.25) eingesetzt worden sind. Es ist nun leicht zu erkennen, daß beim Verlauf der Reaktion die Elektronen in ψ_2 in ein *angeregtes* MO des σ-gebundenen Komplexes befördert werden. Dabei handelt es sich um eine delokalisierte Kombination der beiden *antibindenden* σ^*-Orbitale. Die restlichen Molekülorbitale, ψ_3 und ψ_4, können auf dieselbe Weise behandelt werden und in der Form

$$\begin{aligned} \psi_3 &= N_3(\pi^*_{12}+\pi^*_{43}) = N_3(\sigma_{14}-\sigma_{23}) \\ \psi_4 &= N_4(\pi^*_{12}-\pi^*_{43}) = N_4(\sigma^*_{14}-\sigma^*_{23}) \end{aligned} \tag{10.27}$$

geschrieben werden. Auf der linken Seite in Fig. 10.11 ist die Wechselwirkung zwischen den starken π-Bindungen schwach. Die Energie der Kombination ψ_3 ist nur geringfügig tiefer als die von ψ_4; beide Energien sind näherungsweise gleich der eines antibindenden π-Orbitals. Auf der rechten Seite ist die Wechselwirkung zwischen den starken σ-Bindungen schwach. Während die ψ_3-Energie der eines bindenden Orbitals gleichkommt, ist die ψ_4-Energie etwa die des entsprechenden antibindenden Partners und liegt somit wesentlich höher. Eine Eindeterminantenwellenfunktion (siehe §5.6), basierend auf der Konfiguration $[\psi_1^2\psi_2^2]$, beschreibt demnach den Grundzustand der beiden Ethylenmoleküle recht gut. Während des Verlaufs der

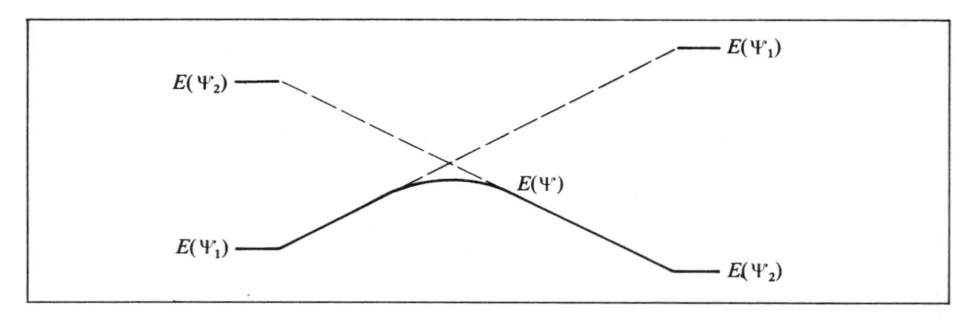

Fig. 10.12. Der Energieverlauf bei einer Reaktion, die durch Konfigurationenwechselwirkung möglich wird. Können Ψ_1 und Ψ_2 miteinander kombinieren, so gibt es eine „vermiedene Kreuzung", wenn Ψ von Ψ_1 zu Ψ_2 übergeht.

Reaktion geht der Grundzustand in einen hoch angeregten Zustand des Dimeren über. Zur Beschreibung des Grundzustands des Dimeren benötigen wir eine andere Besetzung der Orbitale, wobei die Konfiguration $[\psi_1^2\psi_3^2]$ Verwendung findet.

Das Korrelationsdiagramm in Fig. 10.11 führt uns zu dem Schluß, daß die untersuchte Addition zweier Ethylenmoleküle im Grundzustand energetisch „verboten" ist. Diejenige Energie, die für das elektronisch angeregte Produkt erforderlich wäre, übersteigt die normalerweise zur Verfügung stehende thermische Energie bei weitem. Könnten aber die beiden Ethylenmoleküle vor der Reaktion in einen Zustand mit der Elektronenkonfiguration $[\psi_1^2\psi_2\psi_3]$ angeregt werden, so würde die Reaktion spontan ablaufen, wobei der Energieanstieg des Elektrons in ψ_2 durch den Energieabfall des Elektrons in ψ_3 mehr als kompensiert wird. Die Cycloaddition zweier Ethylenmoleküle zu Cyclobutan ist „thermisch verboten" aber „photochemisch erlaubt".

Die Überlegungen wurden absichtlich stark vereinfacht, aber die Folgerungen sind unabhängig von Verbesserungen. Beispielsweise entspricht die Eindeterminantenwellenfunktion $\Psi_1[\psi_1^2\psi_2^2]$ bezüglich der ursprünglichen Elektronenkonfiguration am „Kreuzungspunkt" in Fig. 10.11 derselben Energie wie die Funktion $\Psi_2[\psi_1^2\psi_3^2]$. Zur Erzielung einer verbesserten Beschreibung müssen wir die beiden Funktionen kombinieren. Dazu machen wir den Ansatz

$$\Psi = c_1\Psi_1 + c_2\Psi_2 \tag{10.28}$$

und bestimmen die Koeffizienten aus den Säkulargleichungen auf die übliche Weise. Diese beiden Funktionen kombinieren sicher miteinander, denn beide haben SS-Charakter* bezüglich Spiegelung an beiden Symmetrieebenen. Demnach werden wir eine „vermiedene Kreuzung" erhalten, wenn wir die *gesamte* elektronische Energie (Fig. 10.12) wie in der Diskussion in §3.9 aufzeichnen. In dieser verbesserten Beschreibung kann das System von $[\psi_1^2\psi_2^2]$ auf der linken Seite glatt in die Grundzu-

* Es ist zu beachten, daß ψ_3 in Ψ_2 *zweimal* auftritt. Bei der Spiegelung an der vertikalen Ebene werden *beide* Faktoren mit -1 multipliziert, wodurch die Mehrelektronenwellenfunktion für diese Spiegelung den S-Charakter erhält.

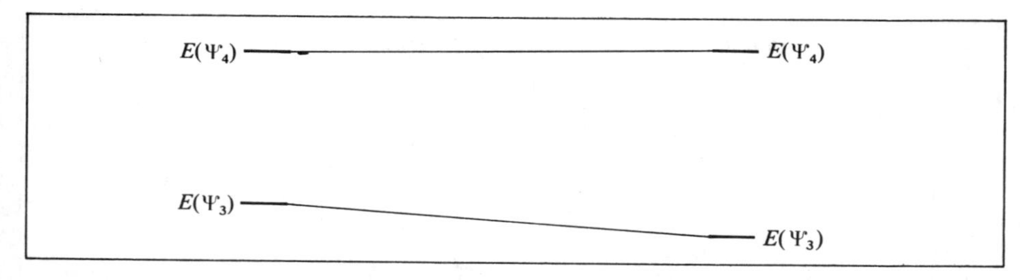

Fig. 10.13. Die Wirkungslosigkeit der Konfigurationenwechselwirkung bei angeregten Zuständen. Während der gesamten Geometrieänderung sind die Konfigurationen energetisch stark separiert.

standskonfiguration $[\psi_1^2\psi_3^2]$ auf der rechten Seite übergehen. Am Kreuzungspunkt verringert sich c_1 drastisch, während c_2 plötzlich anwächst. Die modifizierte Folgerung lautet demnach, daß ein Übergang vom Grundzustand der Reaktanden zum Grundzustand der Produkte im Prinzip *möglich* ist, aber nur über eine sehr hohe Energiebarriere. Die Reaktion ist offensichtlich immer noch thermisch „verboten"; dieses Ergebnis hat auch die ursprüngliche Diskussion geliefert. Ähnliche Überlegungen müssen im Prinzip auch für die angeregten Zustände angestellt werden. In der Praxis liegt aber die Wellenfunktion $\Psi_3[\psi_1^2\psi_2\psi_3]$ energetisch so weit von der nächsten Wellenfunktion mit derselben Symmetrie (nämlich AA) entfernt, daß die Situation einer vermiedenen Kreuzung nicht auftritt (Fig. 10.13) und somit eine Kombination bedeutungslos ist.

Beispiel 2

Ein weiteres Beispiel betrifft die [4+2]-Cycloaddition von Butadien und Ethylen (Fig. 10.14) zu Cyclohexen; dabei handelt es sich um eine Diels-Alder-Reaktion. Bei diesem Beispiel gibt es nur eine einzige Symmetrieebene, trotzdem sind die anzustellenden Betrachtungen ganz ähnlich. Die Energieniveaus für Ketten mit $N=2$ und $N=4$ sind in (8.19) angegeben. Die Symmetrien der entsprechenden Molekülorbitale (die AO-Koeffizienten gehorchen der Sinusfunktion in (8.18*a*)) sind abwechselnd S und A, wobei das MO mit der niedrigsten Energie S-Charakter hat. Die Bindungen in Cyclohexen werden am besten wieder mit Hilfe einer Umhybridisierung beschrieben, die gleichzeitig mit der Geometrieänderung abläuft. Bei der Betrachtung der hypothetischen Vorstufe der Reaktion vernachlässigen wir wieder derartige Änderungen und verwenden den ursprünglichen Satz der $2p_\pi$-Atomorbitale.

Die beiden energetisch tiefsten Molekülorbitale der Reaktanden sind auf der linken Seite in Fig. 10.15 dargestellt; sie haben S-Charakter. Diese beiden Molekülorbitale können zu

$$\psi = a(\phi_1+\phi_2)+b(\phi_3+\phi_4)+c(\phi_5+\phi_6) \qquad \text{(S)} \qquad (10.29)$$

kombiniert werden, wobei die Koeffizienten a, b, c in der energetisch niedrigsten Kombination alle positiv sind. Bilden sich die Wechselwirkungen 1–3 und 2–4 aus,

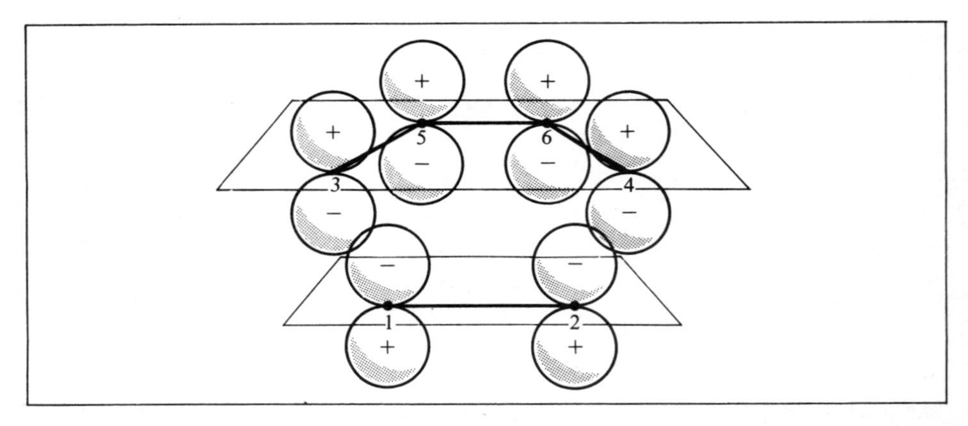

Fig. 10.14. Die Zusammenführung von Ethylen und Butadien bei der [4+2]-Cycloaddition. Es gibt eine Symmetrieebene, welche die Bindungen 1−2 und 5−6 halbiert. (Die Numerierung berücksichtigt die Symmetrie – ungerade Zahlen auf der einen Seite, gerade auf der anderen.)

so werden die beiden ersten Terme auf Kosten des dritten gewichtsmäßig gewinnen. Nähern sich die Moleküle einander, so wird das energetisch niedrigste MO des Produkts die Form

$$\psi_1^P \simeq (a\phi_1 + b\phi_3) + (a\phi_2 + b\phi_4) \tag{10.30}$$

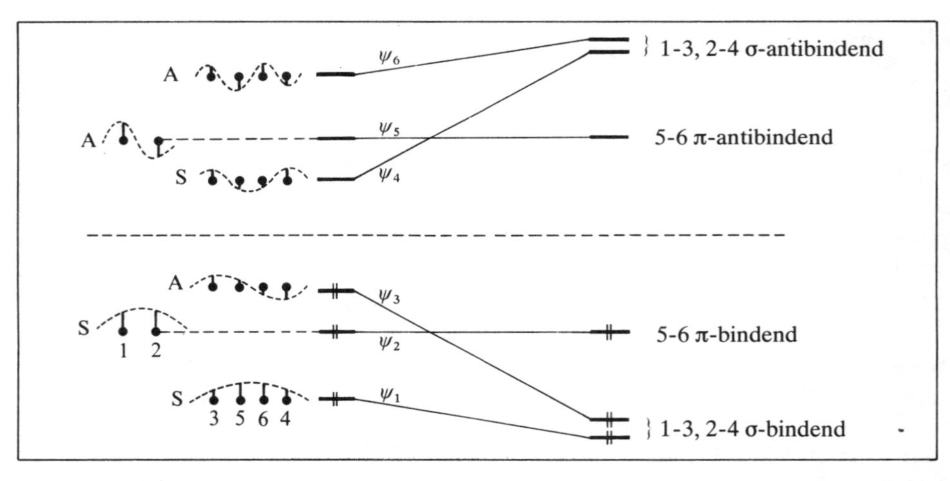

Fig. 10.15. Das Korrelationsdiagramm für die gegenseitige Annäherung von Ethylen und Butadien nach Fig. 10.14. Energieniveaus und Molekülorbitale (vertikale Striche zeigen die AO-Koeffizienten an den numerierten Atomen an) der Reaktanden sind auf der linken Seite dargestellt. Die entsprechenden Niveaus für das Produkt (Cyclohexen) sind auf der rechten Seite angegeben. Die Bildung von σ-Bindungen und einer 5−6 π-Bindung ist besonders beachtenswert.

annehmen. Das ist eine symmetrische Kombination der lokalisierten Molekülorbitale, die zwei σ-Bindungen beschreiben, nämliche $1-3$ und $2-4$. Das zweite MO der Art (10.29) muß zum ersten orthogonal bleiben und somit vom σ-Bindungsbereich räumlich getrennt sein. Es lautet

$$\psi_2^{\mathrm{P}} \simeq c(\phi_5+\phi_6) \tag{10.31}$$

und stellt eine lokalisierte π-Bindung in der Mitte des Butadienmoleküls dar. Das dritte MO ist ursprünglich das erste Butadien-MO mit A-Charakter (auf der linken Seite in Fig. 10.15). Dieses kann mit anderen A-Orbitalen kombinieren; das energetisch am nächsten gelegene ist das antibindende Ethylen-MO. Mit dem Ansteigen der Ethylen-Butadien-Wechselwirkung erhalten wir Molekülorbitale von der Form

$$\psi = a'(\phi_1-\phi_2)+b'(\phi_3-\phi_4)+c'(\phi_5-\phi_6) \qquad (\mathrm{A}).$$

Die Kombination mit der niedrigsten Energie ist bindend bezüglich der neuen $1-3$- und $2-4$-Wechselwirkungen. Das erste MO des Produkts mit A-Charakter lautet demnach

$$\psi_3^{\mathrm{P}} \simeq (a'\phi_1+b'\phi_3)-(a'\phi_2+b'\phi_4) \tag{10.33}$$

(a', b' positiv), während die antibindende Kombination die Form

$$\psi_4^{\mathrm{P}} \simeq c'(\phi_5-\phi_6) \qquad (\mathrm{A}) \tag{10.34}$$

hat. Nun wissen wir, wie sich die energetisch niedrigsten Molekülorbitale während des Verlaufs der Reaktion verhalten. Es ist zu erkennen, daß die Grundzustands-Elektronenkonfiguration der getrennten Moleküle (auf der linken Seite in Fig. 10.15) glatt in die des Cyclohexenmoleküls

$$[(\psi_1^{\mathrm{R}})^2(\psi_2^{\mathrm{R}})^2(\psi_3^{\mathrm{R}})^2] \rightarrow [(\psi_1^{\mathrm{P}})^2(\psi_2^{\mathrm{P}})^2(\psi_3^{\mathrm{P}})^2]$$

übergehen kann. Es gibt keine Beförderung von Elektronen in die *antibindenden* Molekülorbitale des Produkts.

Das vollständige Korrelationsdiagramm ist in Fig. 10.15 dargestellt; dieses sollte mit dem in Fig. 10.11 verglichen werden. Die Schlußfolgerung ist genau umgekehrt; die $[4+2]$-Cycloadditionsreaktion von Butadien und Ethylen sollte eher *thermisch* begünstigt sein und weniger *photochemisch*. Dieses Ergebnis steht wieder in vollkommener Übereinstimmung mit dem Experiment. Es ist nicht schwer, die angestellten Überlegungen zu verallgemeinern. Diese beruhen im wesentlichen auf der Änderung der S- und A-Charaktere der Molekülorbitale bei der Addition eines Polyens mit N_1 Kohlenstoffatomen und eines mit N_2 Kohlenstoffatomen. Das Ergebnis lautet, daß für $N_1+N_2=4n$ (n sei eine ganze Zahl) die Reaktion thermisch verboten und photochemisch erlaubt sein wird, während für $N_1+N_2=4n+2$ die Aussage umgekehrt ist.

Beispiel 3

Woodward und Hoffmann führten den Begriff „elektrocyclische Reaktion“ ein, um die Bildung einer Einfachbindung zwischen den endständigen Kohlenstoffatomen einer konjugierten Kette zu beschreiben. Auch der umgekehrte Prozeß ist von Interesse, wenn die Einfachbindung aufbricht, so daß sich der Ring öffnet. Als Beispiel betrachten wir die Ringöffnung, bei der Cyclobuten durch Erhitzen zu Butadien umgewandelt wird.

```
 HC═CH                         HC—CH
  |  |        ——————→         //    \\
 H2C—CH2                   H2C        CH2
```

Der Zusammenhang mit unseren vorhergehenden Beispielen wird besonders deutlich, wenn wir die umgekehrte Reaktion betrachten. Die Umwandlung von Butadien zu Cyclobuten kann als *intramolekulare* Cycloadditionsreaktion aufgefaßt werden. Es gibt zwei Möglichkeiten, diese Änderung in einer symmetrischen Form zu behandeln. Die Reaktion muß sicher nicht in einer vollständig symmetrischen Weise ablaufen. Aber durch die Betrachtung der Fälle mit der höchsten Symmetrie können wir die Diskussion sehr vereinfachen und ziemlich leicht die beiden wesentlichen *Arten* des Prozesses voneinander unterscheiden. Im ersten Fall (Fig. 10.16 (*a*)) werden die CH_2-Gruppen in entgegengesetzten Richtungen (*disrotatorisch*) verdreht, während im zweiten Fall (Fig. 10.16 (*b*)) diese in gleichen Richtungen (*konrotatorisch*) verdreht werden. Beim disrotatorischen Prozeß bleibt eine *Symmetrieebene* erhalten, während beim konrotatorischen Prozeß eine zweizählige *Symmetrieachse* erhalten bleibt. In jedem der beiden Fälle können die Orbitale mit S oder A klassifiziert werden.

Wir wollen die 2p-Atomorbitale mit $\phi_1,\ldots,\phi_4$ bezeichnen, wobei ϕ_1 und ϕ_4 stets senkrecht zu den CH_2-Gruppen stehen sollen. Das energetisch niedrigste π-MO von Butadien hat die Form (siehe Fig. 10.15)

$$\psi_1 = a(\phi_1+\phi_4)+b(\phi_2+\phi_3) \qquad \text{(S)} \tag{10.36}$$

die bei der disrotatorischen Drehung erhalten bleibt. Nähert sich die Drehung dem Wert 90°, so überlappen sich die positiven Bereiche von ϕ_1 und ϕ_4 (das Überlappungsintegral ist positiv, β_{14} negativ). Die Kombination $\phi_1+\phi_4$ sieht nun wie eine lokalisierte σ-Bindung aus, während $\phi_2+\phi_3$ im wesentlichen ein ethylenartiges π-Bindungs-MO bleibt. Aus diesem Grund kann nun ψ_1 als

$$\psi_1 = a\sigma_{14}+b\pi_{23} \tag{10.37}$$

geschrieben werden. Das nächste Butadien-MO mit S-Symmetrie ist ψ_3 (in Fig. 10.15 ist dieses mit ψ_4 bezeichnet, weil in dieser Zählung auch die Ethylen-Molekülorbitale mit eingeschlossen sind). Es kann auf ähnliche Weise geschrieben werden

$$\psi_3 = c\sigma_{14}+d\pi_{23}.$$

Das MO mit der niedrigsten Energie für das gedrehte System (als Modell für den Übergangskomplex) ist eine Kombination von ψ_1 und ψ_3, in der σ_{14} durch den ansteigenden Betrag des Bindungsintegrals β_{14} begünstigt ist. Das energetisch niedrigste

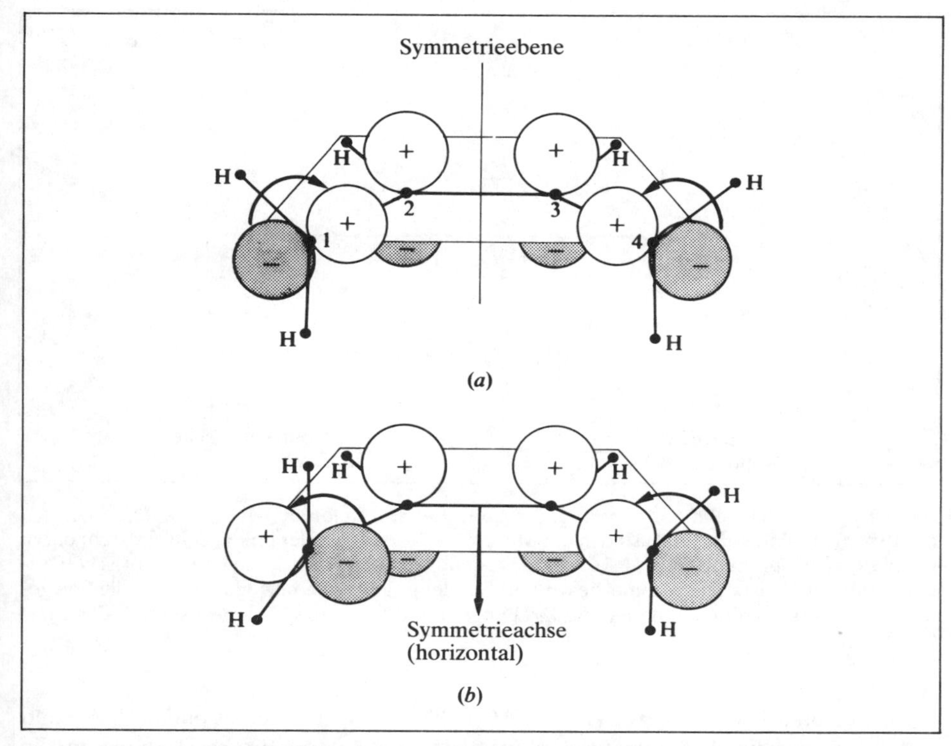

Fig. 10.16. Die beiden Möglichkeiten der Drehung der CH_2-Gruppen in Butadien: (*a*) disrotatorisch (eine im Uhrzeigersinn, die andere gegen den Uhrzeigersinn); (*b*) konrotatorisch (beide gegen den Uhrzeigersinn). In (*a*) nähern sich die positiven Bereiche der $2p_\pi$-Orbitale; in (*b*) nähern sich die Bereiche unterschiedlichen Vorzeichens.

MO des Produkts ist erwartungsgemäß σ_{14}, die energetisch höhere Kombination (sie ist immer noch bindend) ist im wesentlichen π_{23}:

$$\psi_1 \to \psi_1^{\mathrm{P}} \simeq \sigma_{14}, \qquad \psi_3 \to \psi_2^{\mathrm{P}} \simeq \pi_{23}. \tag{10.38}$$

Auf ähnliche Weise können die Butadien-Molekülorbitale ψ_2 und ψ_4 mit A-Charakter behandelt werden. Diese sind von der Form

$$\psi = a'(\phi_1 - \phi_4) + b'(\phi_2 - \phi_3) \qquad (\mathrm{A}) \tag{10.39}$$

und können mit Hilfe der lokalisierten *antibindenden* Orbitale σ_{14}^* und π_{23}^* ausgedrückt werden. Das energetisch nächste MO des Produkts, ψ_3^{P}, besteht deshalb hauptsächlich aus π_{23}^* (das am wenigsten *antibindende*), während ψ_4 in σ_{14}^* übergeht:

$$\psi_2 \to \psi_3^{\mathrm{P}} \simeq \pi_{23}^*, \qquad \psi_4 \to \psi_4^{\mathrm{P}} \simeq \sigma_{14}^*. \tag{10.40}$$

Nun können wir die linke Seite in Fig. 10.17 (die Butadienniveaus sind in der Mitte), das Korrelationsdiagramm für den disrotatorischen Prozeß, verstehen.

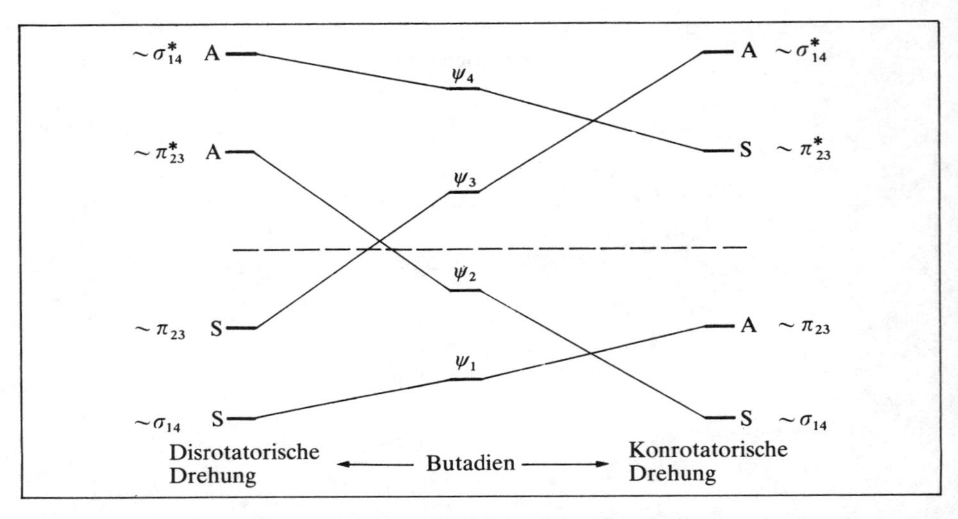

Fig. 10.17. Das Korrelationsdiagramm für die Butadien-Cyclobuten-Reaktion. Die Energien der Butadien-Molekülorbitale sind in der Mitte. Das Produkt auf der linken Seite entsteht durch disrotatorische Drehung (Fig. 10.16 (*a*)); das auf der rechten Seite durch konrotatorische Drehung (Fig. 10.16 (*b*)). Die Symmetriesymbole auf der linken Seite beziehen sich auf die Spiegelung; die auf der rechten Seite auf die Drehung um die *Symmetrieachse* (Austausch der CH_2-Gruppen).

Im konrotatorischen Prozeß (Fig. 10.16 (*b*)) haben die Kombinationen (10.36) und (10.39) wieder eine bestimmte Symmetrie, nämlich A und S für die Drehung um die Symmetrieachse, so daß sich die Indizierung umdreht. Nähert sich die Drehung dem Wert 90°, so gilt $\phi_1 + \phi_4 \rightarrow \sigma_{14}^*$ und deshalb sind ψ_1 und ψ_3 (A-Charakter) von der Form

$$\psi = a\sigma_{14}^* + b\pi_{23} \qquad (\mathrm{A}).$$

Die Kombination mit der niedrigsten Energie besteht im wesentlichen aus π_{23} (π-bindend), deren Energie über der von σ_{14} liegt

$$\psi_1 \rightarrow \psi_2^{\mathrm{P}} \simeq \pi_{23} \qquad (10.41a)$$

während die zweite Kombination zum energetisch höchsten Niveau (σ-antibindend)

$$\psi_3 \rightarrow \psi_4^{\mathrm{P}} \simeq \sigma_{14}^* \qquad (10.41b)$$

führen muß. Auf ähnliche Weise erhalten wir für die symmetrischen Orbitale

$$\psi_2 \rightarrow \psi_1^{\mathrm{P}} \simeq \sigma_{14}, \qquad \psi_4 \rightarrow \psi_3^{\mathrm{P}} \simeq \pi_{23}^*. \qquad (10.42)$$

Die Änderungen der Orbitalenergien während der konrotatorischen Drehung verlaufen demnach so wie auf der rechten Seite des Korrelationsdiagrammes (Fig. 10.17) angegeben.

Es ist nun leicht zu verstehen, daß die Grundzustandskonfiguration von Butadien, $[\psi_1^2\psi_2^2]$, bei der disrotatorischen Drehung in die angeregte Elektronenkonfiguration $[(\psi_1^P)^2(\psi_3^P)^2]$ des Produkts übergeht, während die konrotatorische Bewegung die Konfiguration $[(\psi_2^P)^2(\psi_1^P)^2]$ liefert, in der die beiden Molekülorbitale mit der niedrigsten Energie besetzt bleiben. Wie in Beispiel 1 zeigt eine weitere Untersuchung der Mehrelektronenwellenfunktion, daß der angeregte Zustand bei der disrotatorischen Drehung nicht wirklich angenommen wird. Konfigurationenwechselwirkung liefert eine vermiedene Kreuzung, aber es verbleibt trotzdem eine hohe Energiebarriere, die beim konrotatorischen Prozeß nicht auftritt. Experimente zeigen, daß die Reaktion tatsächlich konrotatorisch verläuft. Wie bei der Cycloaddition kehrt sich die Regel um, wenn die Reaktion photochemisch verläuft.

Auch hier war die Diskussion wieder auf das wesentliche beschränkt. Ändert sich die Geometrie (etwa beim Ringschluß), so ändert sich auch die Hybridisierung an den Kohlenstoffatomen. Die p-Orbitale der CH_2-Gruppen nehmen s-Charakter an und die CC-Bindungen werden etwas gebogen, bis die Hybridisierung um jedes Kohlenstoffatom näherungsweise tetraedrisch ist. Die Berücksichtigung solcher Änderungen wird die wesentlichen Merkmale unserer Überlegungen nicht beeinflussen und auch unser Verständnis für den Prozeß nicht fördern.

Wie im Fall der Cycloadditionsreaktionen können die Überlegungen leicht verallgemeinert werden. Mit N konjugierten Zentren verläuft eine thermische, elektrocyclische Reaktion für $N = 4n + 2$ disrotatorisch, aber für $N = 4n$ konrotatorisch, wobei n eine ganze Zahl ist. Demnach ist für Hexatrien $N = 6 = (4 \times 1) + 2$, womit die Ringschlußreaktion *disrotatorisch* verläuft.

Die drei etwas genauer behandelten Beispiele sind typisch für eine große Anzahl von Reaktionen, die in der neueren Literatur auf diese Weise erläutert worden sind. Für weitere Beispiele sei auf die Lehrbücher der organischen Chemie verwiesen (im besonderen auf Woodward und Hoffmann (1972)).

10.6 Aromatizität. Die Evans-Dewar-Regeln

Eine vollkommen andere als die soeben diskutierte Art der Näherung im Rahmen der Theorie der Reaktionen wurde ausführlich von Dewar entwickelt. Ausgangspunkt dabei ist ein Prinzip, das zuerst von Evans (1939) genannt worden ist. Diese Näherung hängt so stark vom Konzept der Aromatizität ab, daß wir zunächst zurückgehen müssen, um unsere früher geführte Diskussion (§10.3) zu vertiefen. Wir haben bereits festgestellt, daß Aromatizität so viel wie „hohe Resonanzenergie (Bindungsdelokalisierungsenergie)" bedeutet. Diese Eigenschaft selbst führte allerdings nicht unmittelbar zu *chemischen* Aussagen. Zur Diskussion der Chemie eines Moleküls und somit seiner Aromatizität im älteren Sinne sollten wir das Verhalten der Resonanzenergie bezüglich der Reaktionen untersuchen, die ein Molekül eingehen kann. Von dieser Seite betrachtet ist die hohe Stabilität von Benzol gegenüber elektrophiler Substitution (gleichbedeutend mit starker „chemischer" Aromatizität) eine Folge der hohen Lokalisierungsenergie (Aktivierungsenergie) des Übergangszustandes nach Wheland. Diese wiederum resultiert aus dem Verlust von Resonanzenergie, wenn der Ring aufgebrochen wird und durch eine offene Kette ersetzt wird, deren Resonanzenergie viel kleiner ist. Die Resonanzenergie ist nur insofern von Bedeutung, als sie in eine *Energiedifferenz* eingeht, nämlich in die Aktivierungsenergie. Die Resonanzenergie des Übergangszustands ist genauso wichtig wie die des Moleküls selbst. Demzufolge ist es nicht überraschend, daß die Cycloaddition und elektrocyclische Reaktionen auch so diskutiert werden können, daß man nach den *Änderungen* der Resonanzenergie fragt, wenn der Übergangszustand erreicht wird. Denn je aromatischer der Übergangskomplex ist (im herkömmlichen energetischen Sinn), um so niedriger wird die Aktivierungsenergie sein. Das ist im wesentlichen das Prinzip von Evans.

Nun wollen wir eine hohe Resonanzenergie (gleichbedeutend mit niedriger π-Elektronenenergie) als Kennzeichen für die Aromatizität verwenden und untersuchen, wie diese sich hinsichtlich der Eigenschaften von Ketten und Ringen verhält. Bevorzugen sechs π-Elektronen einen Ring (Benzol) oder eine Kette (Hexatrien)? Aus § 8.4 (mit $N=6$) folgen unmittelbar die Gesamt-π-Energien

$$E_{\text{Ring}} = 6\alpha + 8\beta, \qquad E_{\text{Kette}} = 6\alpha + 6.99\beta.$$

Der Ring ist demnach um 1.01β (β ist negativ) begünstigt, und wir sagen, daß Benzol aromatisch ist. Das hier verwendete Maß für die Aromatizität ist nicht dasselbe wie die in (8.26) definierte Delokalisierungsenergie, aber es berücksichtigt die Tatsache, daß sogar in einer offenen Kette, für die eine einzige klassische Struktur ausreichend zu sein scheint, eine bestimmte Delokalisierung der π-Bindung vorliegt. Ein ähnlicher Vergleich zwischen Cyclobutadien und Butadien ($N=4$) liefert

$$E_{\text{Ring}} = 4\alpha + 4\beta, \qquad E_{\text{Kette}} = 4\alpha + 4.47\beta.$$

Die *Kette* ist somit um 0.47β begünstigt, und wir sagen, daß der Cyclobutadienring *antiaromatisch* ist. Diese Antiaromatizität zeigt sich in extremer Instabilität*.

* In der Hückel-Theorie werden in einem konjugierten System alle CC-Bindungen als gleich betrachtet. Dadurch wird die ohnehin geringe Resonanzenergie von Butadien bereits überbetont (vgl. Tabelle 8.3). Für das quadratische Cyclobutadien erhält man die Resonanzenergie 0, und das ist ein Artefakt der naiven MO-Theorie. Die VB-Theorie gibt keinen Hinweis dafür, daß der quadratische Vierring eine wesentlich geringere Resonanzenergie als Benzol haben sollte. Genauere Rechnungen liefern für den quadratischen Vierring eine Resonanzenergie von 110 kJmol^{-1}. Beim Cyclobutadien reicht die Resonanzenergie für die Stabilisierung der quadratischen Struktur nicht aus, so daß eine rechteckige Struktur mit zwei nicht-konjugierten C=C-Bindungen bevorzugt wird, wobei der Ring um weitere 50 kJmol^{-1} stabilisiert wird. Die für den quadratischen Ring falschen Hückel-Ergebnisse stimmen rein formal zufällig für die rechteckige Struktur, so daß schließlich zwischen Kette und Ring hinsichtlich der π-Elektronenenergie *kein* nennenswerter Unterschied besteht (16 kJmol^{-1}).
Die Instabilität von Cyclobutadien bedeutet dessen schnelle Diels-Alder-Reaktion, die beim Tetra-tert.-butyl-cyclobutadien nicht beobachtet wird. Also handelt es sich beim unsubstituierten Cyclobutadien um eine *kinetische* Instabilität, die keinerlei Zusammenhang mit der nach Hückel im Rahmen der π-Elektronennäherung definierten Antiaromatizität aufweist. (Anmerkung des Übersetzers)

Es ist nicht schwer, mit Hilfe der Ergebnisse von § 8.4 den Vergleich auf andere N-Werte zu übertragen. Die Schlußfolgerung besagt (diese folgt auch analytisch aus den Gleichungen (8.19) und (8.22)), daß für $N=4n$ (n ganzzahlig) die Kette stabiler als der Ring ist (dieser ist dann *antiaromatisch*), während für $N=4n+2$ der Ring stabiler als die Kette ist (dieser ist *aromatisch*). Dewar hat darauf hingewiesen, daß dieselbe qualitative Folgerung durch die sehr einfache Überlegung, die zu (10.17) führte, erhalten werden kann (obwohl die numerischen Werte Abweichungen von 50% und mehr aufweisen). Diese Gleichung liefert die π-Wechselwirkungsenergie, wenn ein einzelnes Kohlenstoffatom mit einer Kette mit ungeradzahlig vielen C-Atomen eine Additionsreaktion eingeht. Beispielsweise kann Hexatrien durch Addition eines sechsten Kohlenstoffs (Methyl) zu einer Kette mit $N=5$ (Pentadienylradikal) wie in Fig. 10.18(a) gebildet werden. Die Koeffizienten des NBMO lauten $c_1=c_5=c$, $c_3=-c$ mit $c=1/\sqrt{3}$. Die Formel (10.17) für die Wechselwirkungsenergie liefert

$$E_{\text{Kette}}=E_0+2\beta c_1=E_0+2\beta c,$$

wobei die Energie für das Radikal mit E_0 bezeichnet ist. Wird aber die Methylgruppe mit *beiden* endständigen Kohlenstoffen verbunden, um Benzol zu erzeugen, so erhält man

$$E_{\text{Ring}}=E_0+2\beta[c_1+c_5]=E_0+4\beta c.$$

Wegen $c=1/\sqrt{3}$ sollte die π-Energie des Ringes *niedriger* als die der Kette liegen; die entsprechende Differenz beträgt $2\beta/\sqrt{3}$. Dieser Wert (1.15β) ist etwa 15% größer als der Wert, den man als Lösung der Säkulargleichungen erhält. Wesentlich ist aber nur das richtige Vorzeichen! Dieselbe Methode ergibt für $N=4$, daß die Kette eine tiefere π-Elektronenenergie als der Ring hat; die Differenz beträgt $2\beta/\sqrt{2}$ oder 1.41β (vgl. 0.47β). Obwohl der numerische Wert einen größeren Fehler aufweist, ist das Vorzeichen wieder richtig. Der Butadienring ergibt sich als antiaromatisch.

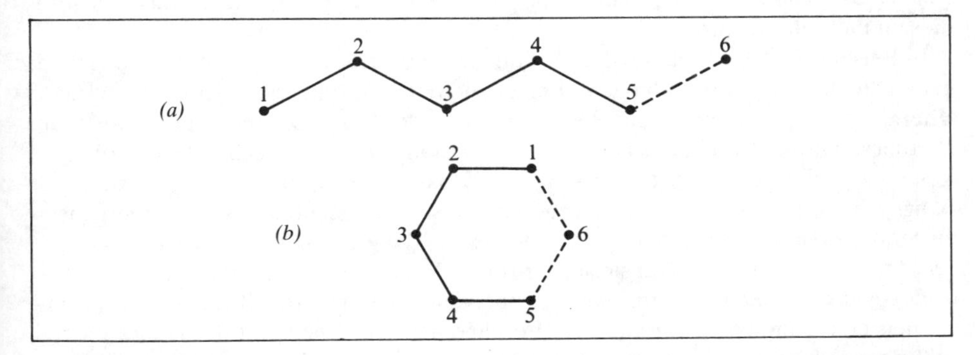

Fig. 10.18. Die Bestimmung der π-Elektronenenergie mit Hilfe des NBMO. Die Addition eines sechsten konjugierten Kohlenstoffs zum Pentadienylradikal liefert entweder (a) Hexatrien (eine Wechselwirkung) oder (b) Benzol (zwei Wechselwirkungen).

Die „$4n+2$-Regel“ in dieser Form, die im wesentlichen der Hückel-Regel (§ 8.4) äquivalent ist, folgt unmittelbar aus der NBMO-Näherung, denn in einer ungeraden Kette weisen die AO-Koeffizienten im NBMO alternierende Vorzeichen auf. Die Koeffizienten an den endständigen Atomen, wie c_1 und c_5 in der obigen Energieformel, verschwinden demnach exakt, wenn das Radikal 3,7,11,... oder allgemein $4n-1$ Atome enthält, oder wenn der Ring $4n$ Atome enthält, der dann antiaromatisch ist. Die Koeffizienten führen zu einer Vergrößerung der Bindungsenergie und zu einem aromatischen Ring, wenn das Radikal $4n+1$ und der Ring $4n+2$ Atome enthält. Es ist bemerkenswert, daß eine so einfache Methode ein qualitativ richtiges Ergebnis von solcher Allgemeinheit und Bedeutung liefern kann.

Nun wollen wir zu den Beispielen 1 und 2 des letzten Abschnitts zurückkehren und die Aktivierungsenergie mit Hilfe der Stabilität betrachten. Mit anderen Worten heißt das, daß wir den *Übergangskomplex* hinsichtlich seiner Aromatizität untersuchen. Aus Beispiel 1 folgt, daß am Kreuzungspunkt in Fig. 10.11 die Situation der Energieniveaus der in Cyclobutadien ähnelt. Es gibt ein bindendes MO (ψ_1), ein entartetes Paar (ψ_2, ψ_3, etwa nichtbindend) sowie ein antibindendes MO (ψ_4). Fig. 10.10 zeigt, daß diese Situation nicht nur ein Zufall ist. Wir haben einen Ring mit vier Atomorbitalen, wobei bei einem bestimmten Abstand die Bindungsintegrale β_π und β_σ denselben numerischen Wert annehmen (diese Integrale haben dieselben Vorzeichen, denn sie beziehen sich auf die Überlappung von Bereichen mit gleichen Vorzeichen). Schauen wir nur auf die Säkulargleichungen, so ist es nicht möglich, zu entscheiden, ob wir einen σ-π-Übergangskomplex oder die π-Elektronen von Cyclobutadien vor uns haben! Solche Systeme sind zueinander *isokonjugiert* und weisen demnach notwendigerweise dieselbe Struktur der Energieniveaus und Molekülorbitale auf mit denselben AO-Koeffizienten. Der einzige Unterschied besteht in den *Basisfunktionen* $\phi_1, \phi_2, \ldots$, die in dem vorliegenden Beispiel *in der Ringebene* liegen und nicht senkrecht dazu wie in Cyclobutadien. Daraus folgt unmittelbar, daß die Annäherung zweier Ethylenmoleküle unter Beibehaltung der D_{2h}-Symmetrie über einen *antiaromatischen Übergangszustand* verlaufen muß. Diese Beobachtung wurde zuerst von Evans gemacht, der darauf hingewiesen hat, daß die Dimerisierung mit diesem Mechanismus nicht stattfinden kann, denn die Energie des Übergangszustands liegt in diesem Fall relativ hoch.

In Beispiel 2 ist die Situation der Orbitalenergien am Kreuzungspunkt in Fig. 10.15 genau die der π-Molekülorbitale in Benzol, nämlich ein bindendes MO mit niedriger Energie, gefolgt von einem entarteten Paar und den entsprechenden antibindenden Partnern. Dieses Ergebnis ist wieder kein Zufall. Der entsprechende Übergangskomplex ist mit dem π-System des Benzols isokonjugiert, obwohl zwei Glieder des Ringes an Stelle einer π-Bindung σ-gebunden sind. Demzufolge ist der Übergangszustand *aromatisch*; die Energie wird bei der Bildung des konjugierten Rings *abgesenkt* und Elektronendelokalisierung tritt auf. Evans hat festgestellt, daß die Diels-Alder-Reaktion leicht ablaufen sollte, wobei der einstufige Prozeß über einen aromatischen Übergangszustand führt. Die Verallgemeinerung liegt auf der Hand: Cycloadditionen dieser Art sind thermisch erlaubt, wenn sie über einen aromatischen Übergangszustand verlaufen; sie sind thermisch verboten, wenn sie über einen antiaromatischen Übergangszustand führen. Von der $4n+2$-Regel für die Aromatizität führt dieses Prinzip dann wieder zu den Woodward-Hoffmann-Regeln für die Cycloaddition zweier beliebiger Polyene.

Das Beispiel 3 kann auf ähnliche Weise diskutiert werden, wobei allerdings ein neuer und interessanter Gesichtspunkt auftritt. Beim disrotatorischen Prozeß (Fig. 10.16(*a*)) ist der σ-π-Übergangskomplex etwa isokonjugiert mit dem π-Elektronensystem von Cyclobutadien. Die Beträge von β_{12} und β_{34} werden etwas kleiner als der des normalen π-Bindungsintegrals (β_{23}) sein, denn durch die Drehung verringert sich die Überlappung. Demgegenüber wird β_{14} mit den anderen vergleichbar werden, wenn die Drehung abläuft. Geben wir allen β-Werten einen gemeinsamen mittleren Wert, so erhalten wir Säkulargleichungen, die mit denen von Cyclobutadien identisch sind. Daraus kann man schließen, daß die Reaktion auf disrotatorische Weise nicht stattfinden wird, denn sie würde über einen antiaromatischen Übergangszustand verlaufen.

Eine neue Situation tritt aber auf, wenn wir uns mit dem konrotatorischen Prozeß (Fig. 10.16(*b*)) befassen. Halten wir uns bei den Vorzeichen der Bereiche der 2p-Atomorbitale an die Butadien-Konvention, so werden die Beträge von β_{12} und β_{34} durch die Drehung verringert; β_{14} wird aber nicht zu einem vergleichbaren Wert anwachsen, sondern *unausweichlich das umgekehrte Vorzeichen* annehmen. Nun sind aber die Vorzeichen der Bereiche der 2p-Atomorbitale beliebig wählbar. Haben wir ein MO der Form $\psi = c_1\phi_1 + c_2\phi_2 + \ldots$, so können wir dieses ebenso in der Form $\psi = c_1\phi_1 + (-c_2)(-\phi_2) + \ldots$ schreiben, wobei $-\phi_2$ für die Bereiche umgekehrte Vorzeichen hat, was durch die Umkehrung des Vorzeichens des entsprechenden AO-Koeffizienten bewirkt wird. In diesem Sinne können wir das Vorzeichen eines bestimmten β-Integrals nach Belieben umkehren. Es sind lediglich Gründe der Bequemlichkeit, daß wir in einem konjugierten System die Vorzeichen aller $2p_\pi$-Atomorbitale so wählen, daß auf einer Seite der Molekülebene die einen Vorzeichen auftreten, während auf der anderen Seite die andere Vorzeichensorte in Erscheinung tritt*. Wir könnten es als „natürlich" betrachten, allen $2p_\pi$-Atomorbitalen „dieselbe Phase" zu geben. Demzufolge haben dann alle β-Integrale für π-Bindungen ein gemeinsames (negatives) Vorzeichen, was einem positiven Überlappungsintegral entspricht. Wir können für einen β-Wert *allein* keine Vorzeichenumkehr durchführen, es sei denn, er bezieht sich auf die Bindung zwischen einem endständigen Atom und dem Rest einer Kette. Im Innern einer Kette hat jedes Atom zwei Nachbarn und die Inversion eines 2p-Atomorbitals führt demnach zu einem Vorzeichenwechsel bei *zwei* β-Integralen. Unser gegenwärtiges Dilemma besteht darin, daß bei der Drehung in einer Kette ein β-Integral sich im Vorzeichen von den restlichen unterscheidet. Dabei waren alle Atomorbitale der Konvention unterworfen, dieselbe Phase zu besitzen (damit haben alle β-Werte dasselbe Vorzeichen). Unabhängig von der Phasenwahl der 2p-Atomorbitale, es gelingt nicht, einheitliche Vorzeichen für alle β-Werte zu erzielen. Immer trifft *ein* konventionelles 2p-AO auf eines mit entgegengesetzter Phase. Es gibt demnach einen „Phasensprung". Als Ergebnis dieses „topologischen" Unterschieds müssen sich die Säkulargleichungen für den konrotatorischen Über-

* Allgemeiner und kürzer gesagt: Jegliche Symmetriebetrachtung ist wertlos, wenn nicht zuvor die *Achsenkonvention* getroffen worden ist. (Anmerkung des Übersetzers)

gangskomplex wesentlich von denen für das Cyclobutadien-π-System in der üblichen Hückelnäherung unterscheiden (§ 8.4). Um diesen Unterschied gebührend hervorzuheben, nennen wir ein System mit einem Phasensprung ein „anti-Hückel"-System.

Die Energieniveaus und Molekülorbitale eines anti-Hückel-Systems können mit algebraischen Methoden gewonnen werden, indem die Säkulardeterminante entlang der Zeile oder Spalte entwickelt wird, in der $-\beta$ steht. Dewar hat darauf hingewiesen, daß die Regeln der Aromatizität oder Antiaromatizität unmittelbar aus der NBMO-Methode folgen. Für eine Kette mit einer ungeraden Zentrenzahl gibt es ein nichtbindendes MO. Ist eines der β-Integrale, das sich auf die Verknüpfung von ϕ_r mit den Nachbarn ϕ_s und ϕ_t bezieht, negativ, so lautet die Bedingung $(\alpha-\varepsilon)c_r+\beta_{rs}c_s+\beta_{rt}c_t=0$ mit $\varepsilon=\alpha$ an Stelle von

$$\beta_{rs}c_s+\beta_{rt}c_t = 0$$

jetzt $\beta c_s-\beta c_t=0$. Nun muß an Stelle der Summe die *Differenz* der Koeffizienten beiderseits des gesternten Atoms, an dem der Phasensprung auftritt, verschwinden. Während eine Kette mit $4n-1$ Atomen ein NBMO hat, dessen endständige Atomorbitale mit den Koeffizienten c und $-c$ beteiligt sind, bewirkt die Einfügung eines Phasensprungs einen Koeffizienten c an beiden Enden. Die Hinzufügung einer Methylgruppe an eines der Enden, oder an beide, liefert eine Kette, oder einen Ring, mit $4n$ Atomen. Nach den bereits angestellten Überlegungen ist der $4n$-Ring *aromatisch*. Ähnliche Betrachtungen zeigen, daß der $(4n+2)$-Ring *antiaromatisch* ist.

Nun können wir zum konrotatorischen Mechanismus bei der elektrocyclischen Reaktion Cyclobuten$\leftrightarrow$Butadien zurückkehren. Der Übergangszustand enthält einen Phasensprung in einem Ring mit vier Orbitalen, aber der *anti*-Hückel-Ring mit $4n$ Zentren ist *aromatisch* und deshalb wird die Energie des konrotatorischen Übergangszustandes durch Elektronendelokalisierung erniedrigt. Damit wurden die Vorhersagen der Woodward-Hoffmann-Regeln erneut bestätigt.

Die in diesem und im vorhergehenden Abschnitt behandelten Beispiele sind typisch für eine große Anzahl von Reaktionen, die in der neueren Literatur beschrieben worden sind. Die Tatsache, daß die beiden Näherungen zu ähnlichen Vorhersagen führen, ist beruhigend; die Tatsache, daß sie im allgemeinen mit dem Experiment in Einklang stehen, ist erstaunlich. Von den beiden Formulierungen hat jene von Evans und Dewar den Vorteil der extremen Einfachheit und Allgemeinheit. Sie ist ihrem Wesen nach mehr topologisch als geometrisch und ist demnach unabhängig von irgendwelchen einschränkenden Annahmen hinsichtlich der Symmetrie des Übergangszustandes – alles was entscheidend ist, ist die allgemeine Natur der Orbitalüberlappungen. Alle hier untersuchten Reaktionen sind nach Woodward und Hoffmann als *pericyclisch* zu bezeichnen. Sie beinhalten eine cyclische Permutation von Bindungen in einem Ring (beispielsweise werden bei der Ethylendimerisierung zwei π-Bindungen gebrochen und zwei σ-Bindungen gebildet). Die kürzeste Aussage hinsichtlich der Ergebnisse in diesem Abschnitt lautet dann:

Thermische pericyclische Reaktionen verlaufen vorzugsweise über aromatische Übergangszustände

Dafür hat Dewar die Bezeichnung „Evans-Prinzip" geprägt.

Aufgaben

10.1. Für die Polyenkette mit $N=6$ (Hexatrien) lauten die π-Bindungsordnungen $p_{12}=0.871$, $p_{23}=0.483$, $p_{34}=0.785$. Mit Hilfe der Näherungsformel (10.8) ist vorherzusagen, welche Kohlenstoffatome die höchste Selbstpolarisierbarkeit haben. Man bestimme auch den Wert der freien Valenz an jedem Zentrum.

An welchen Stellen werden bevorzugt (aufgrund der Theorie des isolierten Moleküls) (I) Anionen, (II) Kationen und (III) neutrale Radikale angreifen?

10.2. Man berechne die Lokalisierungsenergien für die Positionen 1, 2, 3 in Hexatrien (Aufgabe 10.1). Bestätigen die Ergebnisse die Folgerungen aus der Theorie des isolierten Moleküls oder stehen sie dazu im Widerspruch? (Hinweis: Man verwende die Ergebnisse der Aufgaben 8.6 und 8.11, um die Energien der Fragmente zu erhalten.)

10.3. Ausgehend von Aufgabe 10.2 bestimme man die Lokalisierungsenergie an der Position 1 (I) nach Formel (10.16) und (II) nach der Formel (10.18) von Dewar. Man vergleiche die Resultate mit denen von Aufgabe 10.2. Die anderen Positionen sind auf dieselbe Weise zu behandeln.

10.4. Substitutionsreaktionen finden bevorzugt an der 1-Position und weniger an der 2-Position des Naphthalins statt. Wie kann dieser Effekt theoretisch erklärt werden, wenn man alle zur Verfügung stehenden Methoden heranzieht?

10.5. Welche der nachfolgenden Reaktionen wird bevorzugt ablaufen: Die 1-Nitrierung von Naphthalin oder die 4-Nitrierung von Chinolin? (Hinweise: Man bestimme das NBMO für das Restmolekül mit fehlender 1-Position (Fig. 10.6). Wieviele π-Elektronen sind lokalisiert? Man bestimme die π-Ladungen. Wie hängen die Energien des Moleküls und des Restmoleküls, und somit die Aktivierungsenergien, von der Anwesenheit eines Sauerstoffs an der Position 4 ab (bei Chinolin wird diese Position nach Konvention mit 1 bezeichnet)? Man verwende Gleichung (10.4), wobei sich $\delta\alpha$ auf den Sauerstoff bezieht.)

10.6. Mit Hilfe der Dewar-Methode (§ 10.6) zeige man, daß (I) ein Ring mit 10 konjugierten Kohlenstoffatomen aromatisch ist und (II) ein Ring mit $4n+2$ (n ganzzahlig) konjugierten C-Atomen aromatisch ist. Man vergleiche die Ergebnisse mit denen der Aufgabe 8.11.

10.7. Man zeige, daß das Cyclopentadienylanion aromatisch und das entsprechende Kation antiaromatisch ist; ferner ist zu zeigen, daß die entsprechende Aussage für die Tropyliumionen umgekehrt lautet. (Hinweis: Mit Hilfe der Gleichungen (8.19) und (8.22) für Ketten und Ringe sind die Molekülorbitale entsprechend zu besetzen. Warum kann hier die Dewar-Methode nicht angewandt werden?)

10.8. Es ist zu zeigen, daß für einen alternierenden Kohlenwasserstoff ein Heteroatom wie etwa Stickstoff die nucleophile Substitution beschleunigt und die elektrophile Substitution verzögert, am stärksten an Positionen entgegengesetzter Art (gesternt oder ungesternt) hinsichtlich des Heteroatoms.

10.9. Man begründe die $4n+2$-Regel von Aufgabe 10.6 mit Hilfe der genaueren Gleichungen (8.19) und (8.22) an Stelle der Dewar-Näherung. (Hinweis: Es sind die Summen für die Gesamtenergie zu entwickeln, und zwar für Ketten und Ringe mit den entsprechenden MO-Besetzungen, genauso wie in Aufgabe 8.11, aber für einen allgemeinen N-Wert. Mit Hilfe der Beziehung $\cos k\theta = \mathrm{Re}\{e^{ik\theta}\}$ summiere man die geometrische Reihe.)

10.10. Unter Verwendung des in Fig. 10.10(a) angegebenen Modells für die Cycloaddition zweier Ethylenmoleküle führe man quantitative Berechnungen am Korrelationsdiagramm in Fig. 10.11 durch. (Hinweise: Mit dem Ansatz $\beta_\sigma = k\beta_\pi$ kann der Ringschluß beschrieben werden, wenn k von 0 auf etwa 1.2 ansteigt. Ansonsten sollen die Überlappungsintegrale vernachlässigt und die Energien der Orbitale in (10.22) berechnet werden, indem $\varepsilon_1 = H_{11}$ usw. gesetzt wird. Hybridisierungsänderungen dürfen vernachlässigt werden.)

10.11. Man versuche eine quantitative Diskussion des konrotatorischen und des disrotatorischen Ringschlußprozesses, wie diese in Fig. 10.16 angedeutet sind. Dazu ist ein Korrelationsdiagramm ähnlich dem in Fig. 10.17 herzustellen. (Hinweise: Hybridisierungsänderungen und Überlappungsintegrale können vernachlässigt werden. β_{23} sei das übliche π-Bindungsintegral (β); β_{12} $(=\beta_{34})$ und β_{14} sind vom Drehwinkel θ abhängig, wobei die Vektoreigenschaft der p-Orbitale und die Beziehung $\beta_\sigma = 1.2\beta_\pi$ verwendet werden soll. Mit Hilfe der Symmetrie (vgl.

Aufgabe 8.9) sind die Säkulargleichungen zu vereinfachen, womit Orbitalenergien für einige θ-Werte zu berechnen sind. Der Einfachheit halber können die Kohlenstoffatome in quadratischer Anordnung angenommen werden.)

10.12. Der konrotatorische Prozeß in Aufgabe 10.11 soll noch einmal vom Standpunkt der Evans-Dewar-Theorie her betrachtet werden. Es ist zu zeigen, daß mit den im Text (§ 10.6) beschriebenen einfacheren Näherungen ähnliche Folgerungen resultieren. (Hinweis: Man kann entweder die Symmetrie verwenden oder die Säkulargleichungen durch Entwickeln der Determinante lösen. In beiden Fällen lautet ein Bindungsintegral $-\beta$, während die anderen den Wert β haben. Man vergleiche die Niveaus mit denen, die man erhält, wenn man $-\beta$ zuerst durch 0 und dann durch β ersetzt.)

11. Der feste Zustand*

11.1 Die vier Hauptarten von Festkörpern

Unsere bisherigen Diskussionen bezogen sich fast ausschließlich auf Moleküle. Wir dürfen annehmen, daß zumindest einige der Prinzipien, die für isolierte Moleküle in der Gasphase gelten, auch noch bei Festkörpern eine Bedeutung haben. Bevor wir aber solche Anwendungen versuchen werden, müssen wir vier Hauptarten von Festkörpern unterscheiden. Dabei werden wir erkennen, daß in jedem der Fälle die bisher entwickelte Theorie der Bindung unserem Verständnis hilft. Die vier Hauptarten der Festkörper sind die folgenden:

(1) Metallische Leiter und Legierungen
(2) Molekülkristalle
(3) Kovalente Kristalle mit identischen oder ähnlichen Atomen
(4) Ionenkristalle.

Diese vier Klassen sind nicht streng voneinander getrennt. Manche Kristalle werden durch Wasserstoffbrückenbindungen gebildet (Kapitel 12) und liegen somit zwischen (2) und (4). Analog dazu liegt Graphit zwischen (1) und (3). Einige davon werden in der folgenden Diskussion behandelt werden. Die Klassifikation (1)–(4) wird dabei als Grundlage recht nützlich sein. Zunächst sollen einige Beispiele der vier Hauptarten aufgeführt werden.

Metalle haben zwei sehr charakteristische Eigenschaften: (I) sie sind elektrische Leiter und (II) sie kristallisieren fast immer mit einer hohen Koordinationszahl. Demnach sind die typischen Metallstrukturen die kubisch-raumzentrierten, die kubisch-flächenzentrierten und die hexagonal-dichtesten Packungen; sie alle sind in Fig. 11.1 dargestellt. Im ersten Fall ist jedes Atom von 14 Nachbarn umgeben, acht davon haben den kürzesten Abstand R und sechs weitere liegen bei $2R/\sqrt{3} = 1.15R$. Bei den anderen beiden Strukturen gibt es 12 äquidistante Nachbarn.

Aus der ersten der charakteristischen Eigenschaften können wir schließen, daß zumindest einige der Elektronen relativ frei im Kristall beweglich sind. Unter dem Einfluß eines angelegten elektrischen Feldes können diese in jede beliebig gewählte Richtung fließen.

Aus der zweiten Eigenschaft können wir schließen, daß die Bindungen nicht von der geläufigen lokalisierten Art sein können, die in früheren Kapiteln diskutiert wurde. Wenn es 12 Nachbarn gibt, so ist die Oktettregel offensichtlich vollständig außer Kraft gesetzt worden. Es gibt tatsächlich keinen möglichen Weg, auf dem ein Atom gleichzeitig 12 kovalente Bindungen eingehen kann. Es ist vollkommen klar, daß Me-

* Eine ausführliche und allgemeine Darstellung gibt beispielsweise Kittel (1973).

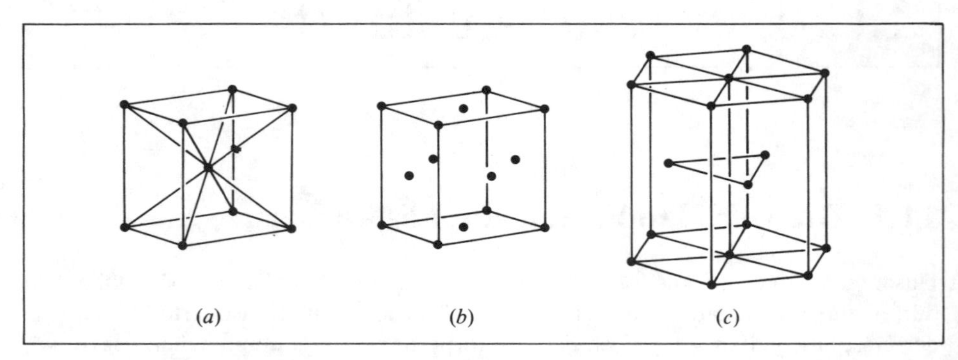

Fig. 11.1. Typische Metallstrukturen: (*a*) kubisch-raumzentriert (Lithium); (*b*) kubisch-flächenzentriert (Kupfer); (*c*) hexagonal-dichteste Kugelpackung (Zink).

talle einen Extremfall delokalisierter Bindungen darstellen, der bereits in Kapitel 8 beschrieben worden ist.

Betrachten wir als Beispiel das Lithiumatom (Fig. 11.1 (*a*)), so ist dieses mit seinem 2s-Valenzelektron zumindest mit seinen *acht* nächsten Nachbarn verbunden. Die Bindung muß in diesem Fall wesentlich delokalisierter sein als im Li_2-Molekül, wo jedes Atom nur einen einzigen Nachbarn hat. Aus der Bindungslänge von 303 pm im Metall und der von 267 pm im Molekül folgt, daß die metallischen Bindungen die schwächeren sind, dafür gibt es aber mehr Bindungen. Demzufolge steigt die gesamte Bindungsenergie pro Atom von 0.564 eV im Molekül auf 1.69 eV im Metall. Zusammenfassend kann man feststellen, daß die Valenzelektronen – oder in diesem Fall die „Leitungselektronen" – im Metall stärker als im Molekül gebunden sind. Die bindende Wirkung muß aber im Metall viel stärker auf die einzelnen Zentren aufgeteilt sein.

Als Beispiel für einen Molekülkristall betrachten wir Iod. Wird eine Substanz mit nicht-polaren Molekülen wie I_2 hinreichend abgekühlt, so geht diese durch Kristallisation in die feste Form über. Röntgenuntersuchungen zeigen aber, daß die Einheit dieses Kristalls immer noch das zweiatomige Molekül ist. Wie in Fig. 11.2 zu sehen ist, sind die Einheiten nach einem gewissen Schema angeordnet. Die Bindungslänge steigt von 265 pm in der Gasphase auf 270 pm im Kristall an. Dieser Abstand ist im-

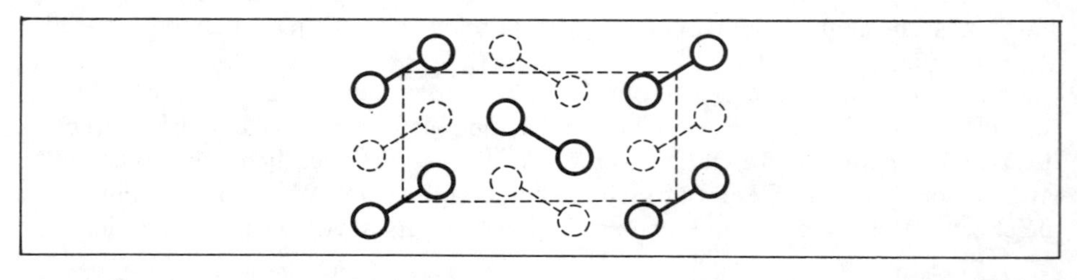

Fig. 11.2. Iodkristall, in dem die I_2-Moleküle angedeutet sind (die gestrichelt dargestellten Moleküle liegen in einer zur Papierebene parallelen Ebene).

mer noch viel kürzer als der kürzeste Abstand von 354 pm zwischen Atomen aus benachbarten Molekülen. Es ist unmittelbar einleuchtend, daß die Kräfte für die Kristallbildung ganz anderer Natur sind als die Bindungskräfte in jeder I_2-Einheit. Erstere sind „van der Waals"-Kräfte, deren geringe Bindungsstärke, verglichen mit den Valenzkräften, durch die niedrige Schmelztemperatur augenscheinlich wird. Außerdem erfordern Schmelz- und Verdampfungsprozeß nur geringe Energien. In Cl_2 liegt eine ähnliche Situation vor. Die Dissoziationsenergie des Moleküls beträgt 238 $kJmol^{-1}$, die mit der Sublimationswärme von 17–20 $kJmol^{-1}$ zu vergleichen ist. Die Kräfte zwischen den Einheiten in einem Molekülkristall neigen dazu, nicht gerichtet zu sein. Demnach ordnen sich die Moleküle so dicht wie möglich an. Die Edelgase Ne, Ar, Kr,... kristallisieren demnach in der Form der dichtesten Kugelpackung.

In den Kristallen der dritten Gruppe sind die strukturbestimmenden Kräfte nahezu identisch mit denen in der üblichen kovalenten Bindung – daher auch der Name „kovalente Kristalle". Ein erstes Beispiel ist der Diamant (Fig. 11.3), in dem die Kohlenstoffatome in tetraedrischer Form angeordnet sind. Das überrascht uns nicht, denn wir wissen, daß ein Kohlenstoffatom mit sp^3-Hybridisierung starke, tetraedrisch angeordnete Bindungen bilden kann, genauso wie in Methan und in Paraffinketten. In kovalenten Kristallen sind die Bindungen zwischen allen Paaren benachbarter Atome streng lokalisiert. Ein solcher Kristall ist nichts anderes als ein riesiges gesättigtes Molekül, in dem ausschließlich Elektronenpaarbindungen vorliegen. Kovalente Kristalle gehorchen einer „$8-N$-Regel". Jedes Atom hat $8-N$ Valenzelektronen und $8-N$ nächste Nachbarn, wobei N die chemische Gruppe angibt (4 für C, 5 für N, usw.).

Die vierte Gruppe von Kristallen bezieht sich auf solche, in denen Atome mit sehr unterschiedlicher Elektronegativität anwesend sind. In diesem Fall erhalten wir Ionenkristalle, von denen die Alkalihalogenide (Fig. 11.4) die bekanntesten Beispiele sind. Für Natrium und Chlor erhalten wir mit den Elektronegativitäten aus Tabelle 6.5 $\chi_{Cl}-\chi_{Na}=2.23$. Sogar für das zweiatomige Molekül NaCl ist der Ionencha-

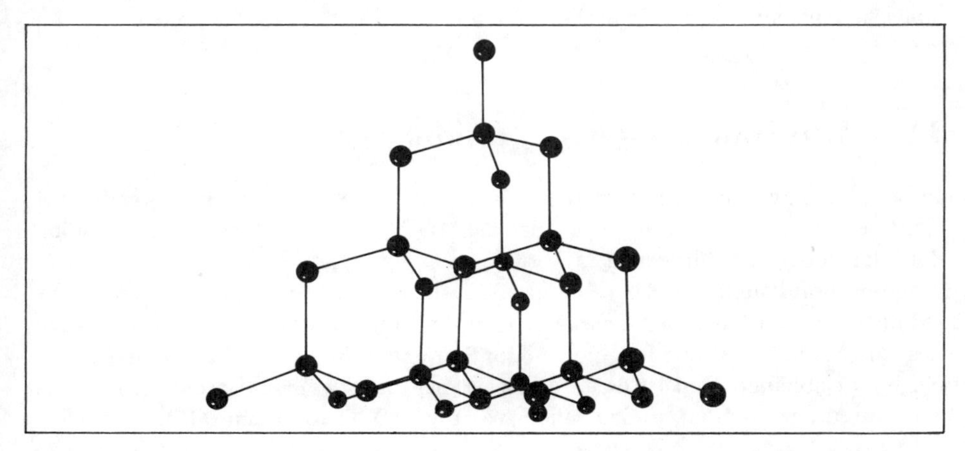

Fig. 11.3. Ausschnitt aus einem Diamantkristall. Jedes Kohlenstoffatom ist in tetraedrischer Anordnung von vier anderen umgeben.

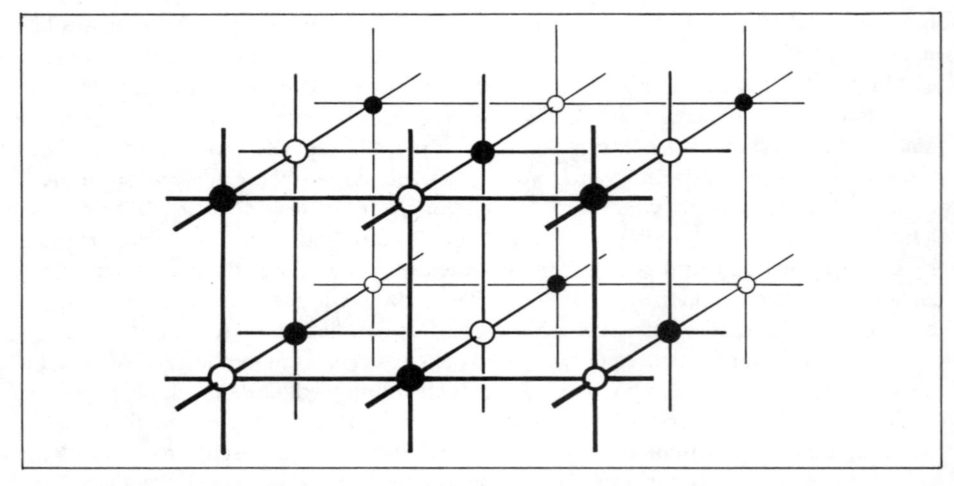

Fig. 11.4. Das kubische Gitter von NaCl. Die weißen Kugeln stellen Na^+-Ionen dar, die schwarzen Cl^--Ionen.

rakter der Bindung groß, nach (6.31) etwa 53 %. Im NaCl-*Kristall* (Fig. 11.4) ist jedes Natriumatom der Anziehungskraft von nicht weniger als sechs benachbarten Chloratomen ausgesetzt, ebenso ist jedes Chloratom von sechs Natriumatomen umgeben. Unter solchen Umständen läßt sich kaum leugnen, daß das äußerste Elektron (3s) jedes Natriumatoms zu einem benachbarten Chloratom übergeht, wodurch das Gitter nun aus Na^+- und Cl^--Ionen besteht. In einem solchen Gitter kann es fast keinen kovalenten Charakter in der Bindung geben. Es gibt zwei sehr verschiedene Einheiten, aber diese sind im wesentlichen *Ionen* und nicht elektrisch neutrale Einheiten wie im Molekülkristall. Die Bindungskräfte im Ionenkristall sind im wesentlichen elektrostatische Anziehungskräfte zwischen den unterschiedlich geladenen Ionen.

11.2 Das Bändermodell. Metalle

In § 8.4 haben wir festgestellt, daß eine lange Polyenkette als eindimensionaler Kristall* betrachtet werden könnte, und daß die MO-Methode genauso gut zum Studium der Elektronendelokalisierung in Metallen herangezogen werden könnte. Ebenso konnten wir feststellen, daß bei einer großen Anzahl von Atomen, die eine lange Kette bilden, die resultierenden Energieniveaus der Molekülorbitale ein „Band" bilden, das eine bestimmte Breite hat, die von der Stärke der Wechselwirkung zwischen den Nachbarn abhängt. Nun ist es an der Zeit, sich den zwei- und dreidimensionalen Strukturen zuzuwenden, um zu sehen, wie die MO-Theorie zum „Bändermodell"

* Einen interessanten Überblick über ein- und zweidimensionale Kristalle gibt Yoffe (1976).

für Kristalle führt, wenn immer mehr Atome hinzugefügt werden. Auch andere Näherungen sind versucht worden, hauptsächlich durch Pauling (1938; 1973), der eine VB-Beschreibung versucht hat. Gerechterweise ist aber dazu zu bemerken, daß die damit verbundenen Schwierigkeiten unüberwindbar sind und daß das Bändermodell, die natürliche Erweiterung der MO-Theorie, immer noch die beste allgemeine Methode zur Behandlung von Kristallen und im besonderen von Metallen ist.

Die Näherung in § 8.4 wollen wir noch einmal zusammenfassen, indem wir diese auf ein hypothetisches „eindimensionales Metall" anwenden, nämlich eine Kette mit N Lithiumatomen an Stelle eines Polyens. Zwischen den 2s-Valenzorbitalen benachbarter Lithiumatome (Fig. 11.5) kommt es zu einer beträchtlichen Überlappung. Demnach setzen wir die Molekülorbitale in der Form

$$\psi_\kappa = c_1^\kappa \phi_1 + c_2^\kappa \phi_2 + \ldots + c_N^\kappa \phi_N = \sum_m c_m^\kappa \phi_m \qquad (11.1)$$

an, die sich über die gesamte Kette erstrecken. Die Quantenzahl k ist hier durch $\varkappa$ ersetzt, denn in der Festkörpertheorie wird k für einen anderen Begriff verwendet (§ 11.3). Die Gleichungen zur Bestimmung der AO-Koeffizienten sind genau dieselben wie die in § 8.4, nur die α- und β-Werte ändern sich beim Übergang von den Kohlenstoff-2p-Atomorbitalen zu den Lithium-2s-Atomorbitalen. Die Lösungen haben demnach die Form (8.18*a*) und (8.19). In jedem MO bilden die Koeffizienten ein wellenartiges Muster. Sie geben die Gewichte an, mit denen die Atomorbitale von Fig. 11.5 kombiniert werden. Die resultierende Wellenfunktion $\psi_\varkappa$ sieht etwa so wie die in Fig. 11.6 dargestellte Funktion aus. Wellenfunktionen dieser allgemeinen Art werden gewöhnlich „Kristallorbitale" genannt.

Die Koeffizienten nach (8.18*a*) wurden unter der Annahme ermittelt, daß der Kristall an den Atomen 1 und N zwei Enden hat. Diese Annahme ist in der Festkörpertheorie nicht besonders nützlich, denn die entsprechenden Lösungen in Form „stehender Wellen" sind für die Beschreibung der elektrischen Leitfähigkeit nicht geeig-

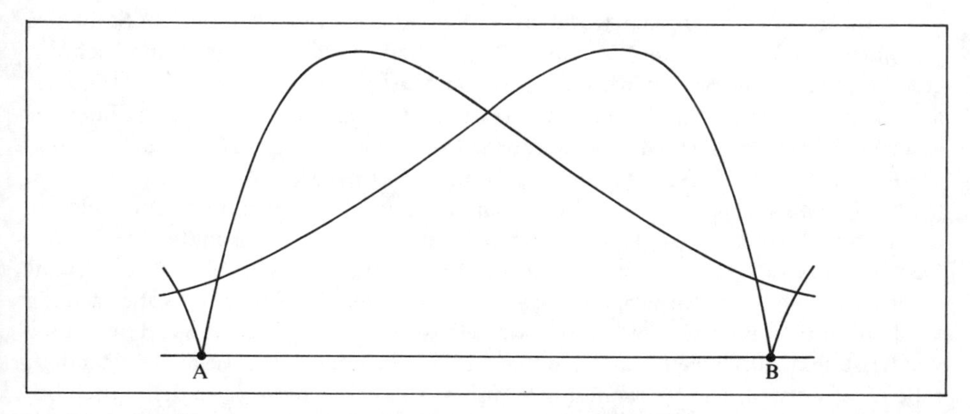

Fig. 11.5. Die Überlappung zweier (Slater) 2s-Orbitale für zwei benachbarte Atome im metallischen Lithium.

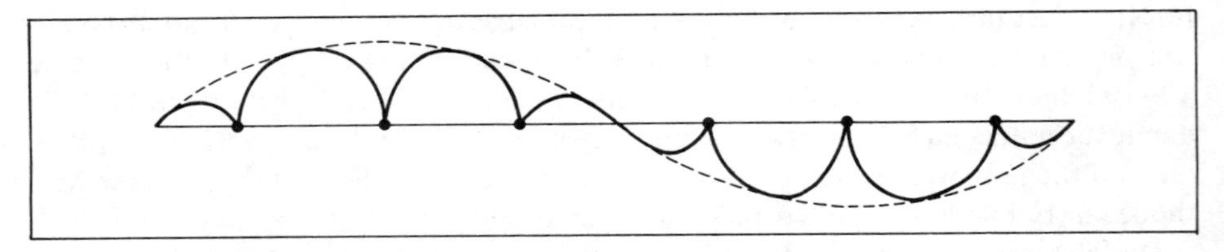

Fig. 11.6. Eine typische Bloch-Funktion für eine Kette von Lithiumatomen. (Um die Zeichnung übersichtlicher zu gestalten, wurden die Abstände vergrößert, so daß sich die 2s-Orbitale weniger stark überlappen.)

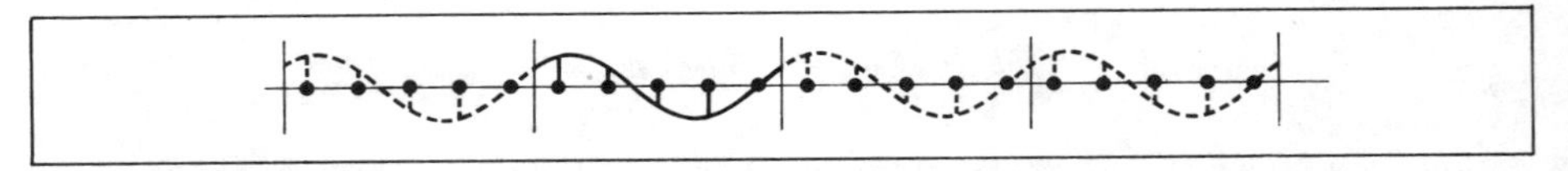

Fig. 11.7. Zur Illustration periodischer Randbedingungen. Der Verlauf der AO-Koeffizienten (vertikale Linien) innerhalb eines aus fünf Atomen bestehenden „Mikrokristalls" (ausgezogene Kurve) wird für benachbarte Mikrokristalle (gestrichelte Kurven) ohne Ende wiederholt.

net. Aber gerade damit befaßt man sich in der Festkörpertheorie besonders häufig. Wir benötigen Lösungen in Form „wandernder Wellen", die ein Elektron beschreiben können, dessen Impuls einem von null verschiedenen Erwartungswert entspricht. Die Bewegung soll dabei in Richtung der Kette erfolgen. Solche Lösungen kennen wir bereits, denn die Enden der Kette verschwinden, wenn diese zu einem Ring zusammengefügt werden. Aus diesem Grund können wir an Stelle von (8.18*a*) den Ausdruck (8.21) für die AO-Koeffizienten der Molekülorbitale eines cyclischen Polyens verwenden. Die resultierenden Molekülorbitale können wir noch auf andere Weise betrachten. Die für einen Ring verwendeten Randbedingungen (8.20) besagen, daß die Wellenfunktion am $(N+1)$-ten Atom identisch mit der am ersten Atom sein muß, wobei die Atome entlang der Kette entsprechend numeriert werden. An Stelle des Umbiegens unseres „Metalls" zu einem Ring haben wir die Kette in beiden Richtungen durch Hinzufügen weiterer Gruppen von N Atomen unendlich weit fortgesetzt (Fig. 11.7). Dieselbe Randbedingung erfordert dann einfach die Wiederholung der ursprünglichen Gruppe in allen weiteren Gruppen. Genauer gesagt bedeutet das, daß der m-te Koeffizient im MO $\psi_\varkappa$ identisch mit dem $(m+N)$-ten Koeffizienten, dem $(m+2N)$-ten Koeffizienten, usw. ist. Das mathematische Prinzip für die Behandlung eines „unendlichen" Kristalls ist die Verwendung „periodischer Randbedingungen". Der „unendliche" Kristall setzt sich aus „Mikrokristallen" (ein solcher besteht aus einer endlichen aber sehr großen Anzahl N von Atomen) zusammen, wobei sich die Wellenfunktion unendlich oft wiederholt. Dieses Konzept gestattet die Behandlung von Kristallen, durch die Elektronen fließen können, ohne daß diese an den Rändern reflektiert werden. Die Verwendung komplexer Koeffizienten ist mathematisch besonders vorteilhaft. Setzt man (8.21) in (11.1) ein, so erhält man ein MO in Form einer fortschreitenden Welle,

$$\psi_\kappa = C_\kappa \sum_m \exp\left(\frac{2\pi i \kappa m}{N}\right) \phi_m. \tag{11.2}$$

Die entsprechende Orbitalenergie lautet

$$\varepsilon_\kappa = \alpha + 2\beta \cos\left(\frac{2\pi\kappa}{N}\right). \tag{11.3}$$

Der Normierungsfaktor $C_\varkappa$ wird gewöhnlich so gewählt, daß $\psi_\varkappa$ innerhalb des „periodischen Volumens" von N Atomen normiert ist. Durch Vernachlässigung der Überlappung ergibt sich $C_\varkappa = 1/\sqrt{N}$. Der Real- und Imaginärteil von $\psi_\varkappa$, die aus (11.2) folgen, sind einfach die Funktionen Cosinus und Sinus (entsprechend den alternativen Lösungen in (8.23)). Beide haben die Sinusform in Fig. 11.6; die eine ist bezüglich der anderen phasenverschoben. Die Energieniveaus befinden sich in einem Band der Breite 4β, genauso wie in § 8.4 beschrieben. Kristallorbitale, die nach (11.2) in der LCAO-Darstellung angesetzt sind, werden im allgemeinen „Bloch-Orbitale" genannt. Bloch hat diese 1928 als erster in die Festkörpertheorie eingeführt. Diese Arbeit hätte den Zeitpunkt der Entstehung der MO-Theorie beinahe zurückversetzt, so daß die Reihenfolge der historischen Ereignisse umgekehrt worden wäre. Eine wichtige Eigenschaft dieser Orbitale besteht darin, daß sie gemäß $\varkappa = 0, \pm 1, \pm 2, \ldots$ in Form entarteter Paare auftreten. Betragsmäßig gleiche Quantenzahlen mit entgegengesetzten Vorzeichen beschreiben Elektronen, die mit derselben Energie durch den Kristall wandern, allerdings in entgegengesetzten Richtungen.

Ähnliche Überlegungen können für die anderen Orbitale des freien Atoms angestellt werden: ein Lithium-$2p_x$-AO wird sich mit dem entsprechenden $2p_x$-AO des Nachbaratoms überlappen. Man kann deshalb auch hier Bloch-Orbitale der Standardform (11.2) ansetzen, wobei ϕ_m an Stelle des 2s-Atomorbitals ein $2p_x$-AO am Atom m ist. Jede AO-Energie führt somit zu einem *Energieband* für Blochorbitale. Sind die einzelnen AO-Energien (2s und 2p für Lithium) hinreichend voneinander getrennt, oder ist der Abstand zwischen benachbarten Atomen so groß, daß die Überlappung zwischen benachbarten Atomorbitalen klein ist (was zu einem betragsmäßig kleinen β-Wert führt), so bleiben die einzelnen Energiebänder schmal und voneinander getrennt. Liegen aber die ursprünglichen AO-Energien dicht beisammen, oder kommen sich die benachbarten Atome hinreichend nahe, so werden die Bänder aufgeweitet, wobei sie sogar einander überlappen können. Grob gesprochen bedeutet das, daß sich die Molekülorbitale nicht nur aus einer AO-Sorte zusammensetzen, sondern daß beide Atomorbitale gleichzeitig zu verwenden sind. Genauer gesagt heißt das, daß die Berücksichtigung der Wechselwirkung zwischen den Bändern zu einer „Abstoßung" der Niveaus aus dem Überlappungsbereich heraus führt (vgl. die vermiedene Kreuzung in Fig. 3.13), so daß eine zusätzliche Energieabsenkung bewirkt wird. Sind die ursprünglichen Atomorbitale entartet, wie das bei p- oder d-Orbitalen der Fall ist, so wird sich das resultierende Band in mehrere Teile aufspalten (was von der Kristallsymmetrie abhängt). Die gesamte Anzahl der Zustände in allen diesen Bändern entspricht drei pro Atom für p-Bänder und fünf pro Atom für d-Bänder.

Die Energieniveaus in einem Metall können wir wie folgt beschreiben. Sind die Atome unendlich weit voneinander entfernt, so sind die Energien im wesentlichen

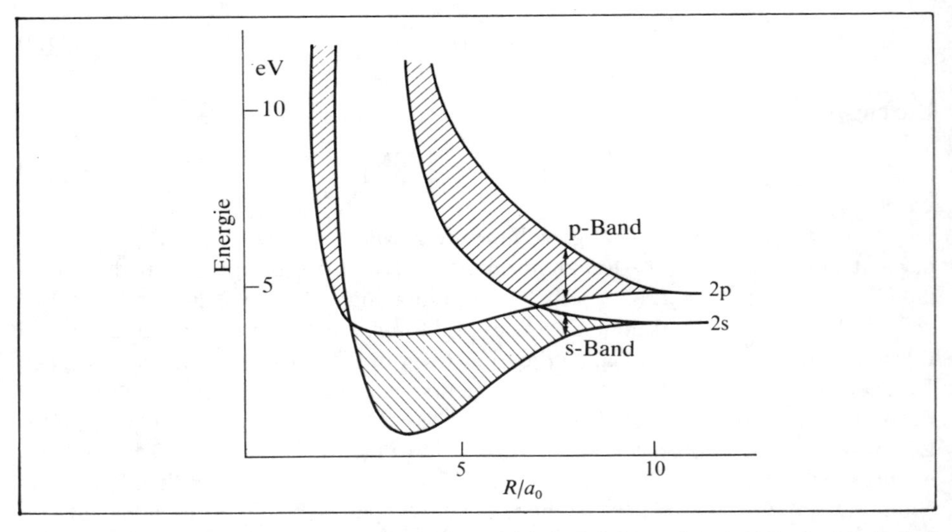

Fig. 11.8. Die Energiebänder im metallischen Lithium. Die Energien der Blochorbitale sind über dem Abstand R der nächsten Nachbarn aufgetragen. Im Überlappungsbereich der beiden Bänder enthalten die Blochorbitale sowohl s- als auch p-Charakter.

die der isolierten Atomorbitale. Verringert sich aber die Gitterkonstante, so macht sich die Wechselwirkung bemerkbar, wodurch sich jedes einzelne Niveau in ein Band aufspaltet, dessen Breite zunehmend größer wird. Schließlich überlappen sich die Bänder, wie im Fall des metallischen Lithiums in Fig. 11.8 zu sehen ist.

Die elektronische Struktur des gesamten Metalls wird im wesentlichen durch dieselben Prinzipien bestimmt, die auch bei den Atomen und Molekülen Anwendung gefunden haben. Unter Verwendung des Aufbauprinzips werden stets zwei Elektronen mit entgegengesetztem Spin in aufsteigender energetischer Reihenfolge den Blochorbitalen zugeordnet. Die resultierende Wellenfunktion beschreibt den elektronischen Grundzustand des Kristalls. Damit kann im Prinzip genauso wie für ein Molekül die Energie berechnet werden.

Wir haben die Entstehung der Energiebänder im allgemeinen verstanden; ebenso auch die Vorgehensweise zur Bestimmung der elektronischen Struktur des Kristalls. Nun wäre zu zeigen, daß die mathematischen Methoden nicht nur beim eindimensionalen Modell, sondern genauso gut auch bei richtigen Kristallen mit zwei oder drei Dimensionen funktionieren. Alle wesentlichen Gesichtspunkte des Bändermodells können tatsächlich an Hand eines *zweidimensionalen* Kristalls illustriert werden. Aus diesem Grund wollen wir unsere Betrachtungen auf diesen Fall beschränken. Dabei wollen wir annehmen, daß die Atome in Form eines regulären Gitters angeordnet sind, was in Fig. 11.9 dargestellt ist. Die Position eines Atoms ist dann mit zwei ganzen Zahlen festgelegt (n_1, n_2); diese geben die Anzahl der Schritte $\mathbf{a}_1$, bzw. $\mathbf{a}_2$ an, die zur Erreichung des Atoms nötig sind. Mit Hilfe der Vektorschreibweise erhält man bezüglich des Ursprungs den Ortsvektor

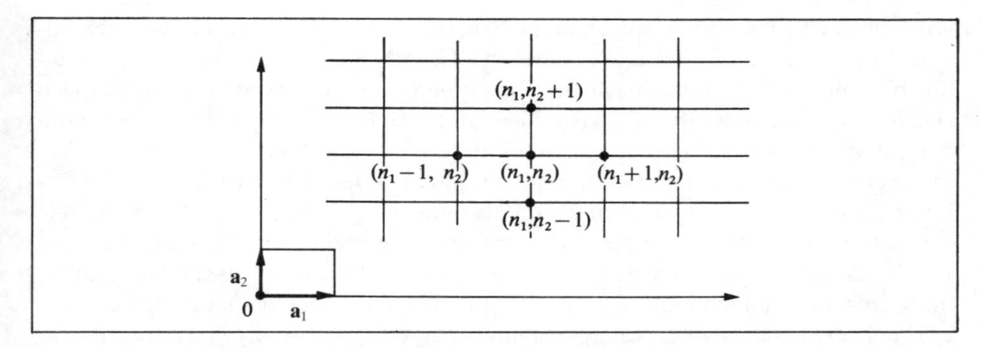

Fig. 11.9. Ein Ausschnitt aus einem zweidimensionalen Gitter, der die Numerierung der Gitterpunkte zeigt. Ein herausgegriffener Punkt (n_1, n_2) hat vier nächste Nachbarn, deren Numerierungsweise angegeben ist.

$$\mathbf{R}_n = n_1 \mathbf{a}_1 + n_2 \mathbf{a}_2 . \qquad (11.4)$$

Ein AO (ϕ) an diesem speziellen Zentrum wird dann mit $\phi_{n_1 n_2}$ bezeichnet. Die mit diesen Atomorbitalen gebildeten Blochorbitale haben die Form

$$\psi = \sum_{n_1 n_2} c_{n_1 n_2} \phi_{n_1 n_2} . \qquad (11.5)$$

Es ist nicht schwer zu zeigen, daß mit den Näherungen von § 8.4 die Säkulargleichungen, in denen $c_{n_1 n_2}$ mit den Koeffizienten der Atomorbitale an den nächsten Nachbarn verbunden ist, durch $c_{n_1 n_2} = \exp(\mathrm{i}n_1\theta_1) \times \exp(\mathrm{i}n_2\theta_2)$ erfüllt werden. Die Größen θ_1 und θ_2 sind durch die Bedingung bestimmt, daß sich die Werte wiederholen, wenn man N Schritte *entweder* in Richtung $\mathbf{a}_1$ oder $\mathbf{a}_2$ weitergeht (das ist gleichbedeutend mit einer Erhöhung von n_1 oder n_2 um N). Die resultierenden AO-Koeffizienten lauten dann

$$c_{n_1 n_2}^{\kappa_1 \kappa_2} = \exp\{2\pi \mathrm{i}(n_1 \kappa_1 + n_2 \kappa_2)/N\}, \qquad (11.6)$$

während die entsprechende MO-Energie die Form

$$\varepsilon_{\kappa_1 \kappa_2} = \alpha + 2\beta_1 \cos(2\pi\kappa_1/N) + 2\beta_2 \cos(2\pi\kappa_2/N) \qquad (11.7)$$

hat. Die Größen $\varkappa_1$ und $\varkappa_2$ sind wieder ganzzahlige Quantenzahlen. Die N^2 Bloch-Orbitale, die mit den N^2 Atomorbitalen des periodischen Flächenelements gebildet werden, entsprechen den Werten $\varkappa_1, \varkappa_2 = 0, \pm 1, \pm 2, \ldots$. Der Cosinus nimmt die Extremwerte ± 1 an, und deshalb bilden die Orbitalenergien ein Band der Breite $4\beta_1 + 4\beta_2$. Wie im eindimensionalen Fall wiederholt sich die Lösung, wenn $\varkappa_1$ oder $\varkappa_2$ um ein ganzzahliges Vielfaches von N verändert wird. Demnach kann jeder Satz von N^2 verschiedenen Wertepaaren verwendet werden.

Ganz analoge Betrachtungen können am dreidimensionalen Kristall angestellt werden, wobei jetzt die Bloch-Orbitale und ihre Energien von *drei* Quantenzahlen $(\varkappa_1, \varkappa_2, \varkappa_3)$ abhängen. Jedes AO des Atoms (oder der Atome) der Einheitszelle des

Kristalls führt zu einem entsprechenden Satz von Blochorbitalen. Die Energien bilden ein Band mit einer Breite, die durch die Überlappung benachbarter Atomorbitale bestimmt ist. Vergrößert sich die Überlappung der Atomorbitale, so überlappen sich die Energiebänder ihrerseits (das bedeutet, daß Bloch-Orbitale aus verschiedenen Atomorbitalen zur gleichen Energie führen). Wie im Fall des metallischen Lithiums (Fig. 11.8) verschmelzen die Bänder miteinander. Demnach können die Orbitale im Kristall nicht immer eindeutig als reine 2s- oder reine 2p-Bloch-Orbitale charakterisiert werden. Stattdessen entsprechen sie mehr einer *Kombination* von Blochorbitalen, die sich aus mehreren Atomorbitalen zusammensetzen. Die Bestimmung solcher Kombinationen für einen bestimmten Satz von Quantenzahlen $\varkappa_1, \varkappa_2, \varkappa_3$ erfordert die Lösung von Säkulargleichungen, deren Dimension von der Anzahl der Bloch-Orbitale abhängt, die kombiniert werden. Das ist das technische Problem im Rahmen des Bändermodells.

Der Begriff der Energiebänder, die durch verbotene Zonen voneinander getrennt sind, in denen sich keine Energieniveaus befinden, liefert die Grundlage für die qualitative Diskussion vieler Festkörpereigenschaften, sogar ohne weiterführende Ausarbeitung. Dazu benötigen wir lediglich einen weiteren Begriff, nämlich den der „Zustandsdichte". Diese Größe gibt an, wieviel Niveaus sich in einem Energieintervall an einer bestimmten Stelle eines Bandes befinden. Genauer gesagt suchen wir die Zustandsdichtefunktion $N(\varepsilon)$, so daß $N(\varepsilon)$ die Anzahl der Energieniveaus im Intervall $(\varepsilon, \varepsilon + \mathrm{d}\varepsilon)$ angibt. Eine typische Zustandsdichte-Kurve ist in Fig. 11.10 dargestellt. Sie entspricht zwei Energiebändern mit einer zwischen ε_2 und ε_3 liegenden verbotenen Zone. In diesem Beispiel liegen die Zustände in der Nähe der Mitte des Bandes, das sich von ε_1 (untere Bandgrenze) bis ε_2 (obere Bandgrenze) erstreckt, am dichtesten, während sie an den Bandgrenzen weniger dicht liegen.

Eine unmittelbare Anwendung des Bändermodells bezieht sich auf die Charakterisierung von elektrischen Leitern und Isolatoren. Aus unseren Betrachtungen folgt unmittelbar, daß die Charakterisierung der elektronischen Niveaus mit Hilfe der Begriffe „erlaubte" und „verbotene" Bänder für alle periodischen Systeme, metallische oder andere, von Bedeutung ist. Ob die gleichzeitige Verwendung dieser Begriffe für Nicht-Metalle als auch für Metalle angemessen ist, hängt von den zu diskutierenden Erscheinungen ab. Zweifellos gestattet das Bändermodell, zu entscheiden, ob ein vorgegebener Festkörper ein Leiter oder ein Isolator ist. Dazu wollen wir eine

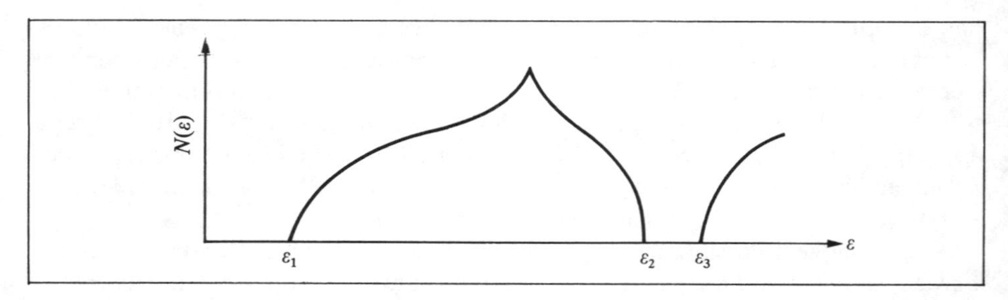

Fig. 11.10. Zustandsdichte für den Fall getrennter Bänder.

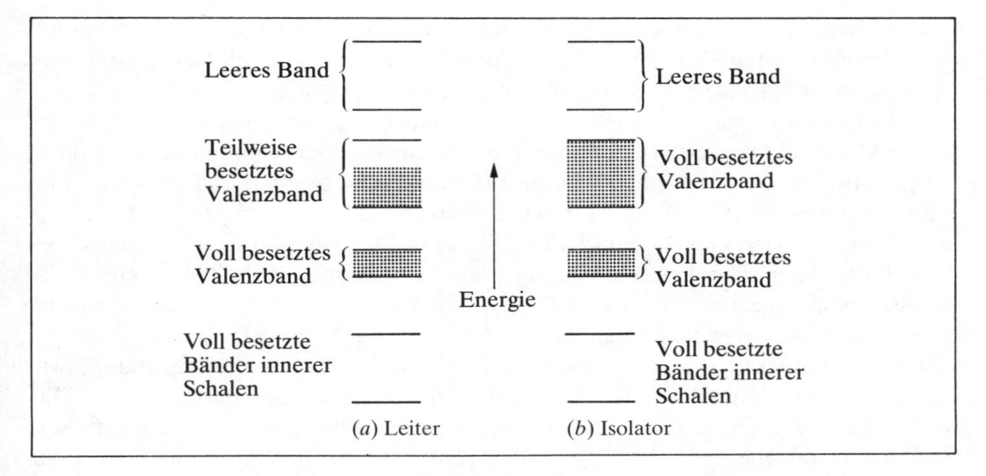

Fig. 11.11. Leiter und Isolatoren. (*a*) Der Leiter hat ein teilweise gefülltes Band; (*b*) der Isolator hat nur voll besetzte, energetisch voneinander getrennte Bänder.

idealisierte Substanz betrachten, für die alle Bänder deutlich voneinander getrennt sind (Fig. 11.11). Wie gewöhnlich besetzen die vorhandenen Elektronen die erlaubten Niveaus, von unten nach oben fortschreitend. Die schattierten Niveaus sind die besetzten; die nicht schattierten Niveaus sind die unbesetzten. Im linken der beiden Fälle ist das oberste Band nur teilweise gefüllt; im rechten Fall ist es vollständig gefüllt. Nun ist aber jedes Energieniveau mindestens zweifach entartet, wobei die beiden Zustände einer Elektronenwanderung im Kristall in einander entgegengesetzten Richtungen entsprechen. Sodann legen wir ein äußeres elektrisches Feld an, indem die beiden Enden des Metalls mit den Polen einer Batterie verbunden werden. Als unmittelbare Folge werden mehr Elektronen in die eine als in die andere Richtung fließen. Diese Situation kann im linken Fall eintreten, wenn die in Feldrichtung fließenden Elektronen mehr Energie erhalten, indem sie in einige der zuvor noch leeren Niveaus des Bandes befördert werden. Als Ergebnis erhalten wir einen Strom, so daß die Substanz als metallischer Leiter bezeichnet werden kann. Dieser Vorgang würde sich fortsetzen, mit einem bis in das Unendliche anwachsenden Strom, gäbe es nicht Stöße zwischen den Elektronen und den positiven Kernen. Diese Vorstellung liefert die Grundlage für eine Theorie der Leitfähigkeit. Andererseits kann im Fall der rechts dargestellten Situation kein Strom fließen. Denn ist das Band vollständig besetzt, wobei sich in alle Richtungen gleich viel Elektronen bewegen, so kann man niemals einen Strom in Feldrichtung erhalten. Die Substanz ist in diesem Fall ein Isolator. Die einzige Möglichkeit, einen Strom zu erzeugen, wäre die Anlegung eines so starken elektrischen Feldes, daß einigen Elektronen ein so hoher Energiebetrag zugeführt werden kann, daß sie in das nächste Band übergehen. Das ursprünglich leere Band wird dann zum Leitungsband. Das wäre die Erklärung für den dielektrischen Zusammenbruch.

Die bisher angestellten Überlegungen können leicht verallgemeinert werden. Liegen teilweise besetzte Bänder vor, so ist die Substanz ein Leiter; gibt es nur vollständig besetzte und vollständig leere Bänder, so ist sie ein Isolator.

Zur Illustration wollen wir die Beispiele Lithium und Diamant betrachten. Ersteres ist ein Metall und letzteres ein Isolator. Die Bandstruktur von Lithium ist in Fig. 11.8 dargestellt. Die entsprechende Struktur für Diamant ist in Fig. 11.12 zu sehen. Für Lithium gibt es nur ein Valenzelektron pro Atom, so daß das niedrigste Band nur halb gefüllt ist; der Kristall ist demnach ein Leiter. Für Diamant gibt es vier Valenzelektronen pro Atom. Die in der Abbildung schattierten Bänder enthalten jeweils N Niveaus, wobei angenommen wird, daß der Kristall N Atome enthält. Außerdem gibt es zwei weitere sehr schmale Bänder, die den Kurven (a) und (b) folgen und weitere $2N$ Niveaus liefern. Am Gleichgewichtsabstand ist demnach das untere Band (zwischen a und c) vollständig gefüllt. Damit sind alle $4N$ Elektronen berücksichtigt. Die höheren Bänder sind demnach leer. Der Energieunterschied zwischen dem gefüllten und dem leeren Band ist groß, womit die Eigenschaft des Diamanten, ein Isolator zu sein, erklärt ist. Obwohl diese Beschreibung des Diamanten vollkommen korrekt ist, so werden wir gleich erkennen, daß eine Beschreibung mit Hilfe lokalisierter σ-Bindungen einfacher und genauso brauchbar ist.

Es gibt noch weitere Punkte, die sich auf diese Unterscheidung zwischen Metallen und Isolatoren beziehen. Wir wollen uns damit begnügen, einige davon aufzuzählen und kurz zu kommentieren.

(I) Unsere Beschreibung eines Metalls führt dazu, jedes Atom als ionisiert zu betrachten, das sich in einem „Elektronensee" befindet. Die Bindung beruht auf dieser annähernd gleichförmigen Elektronenwolke. Aus diesem Grund sind die inneren Kräfte in Metallen anders als die in polaren Kristallen, wo die Einheiten aus mehr

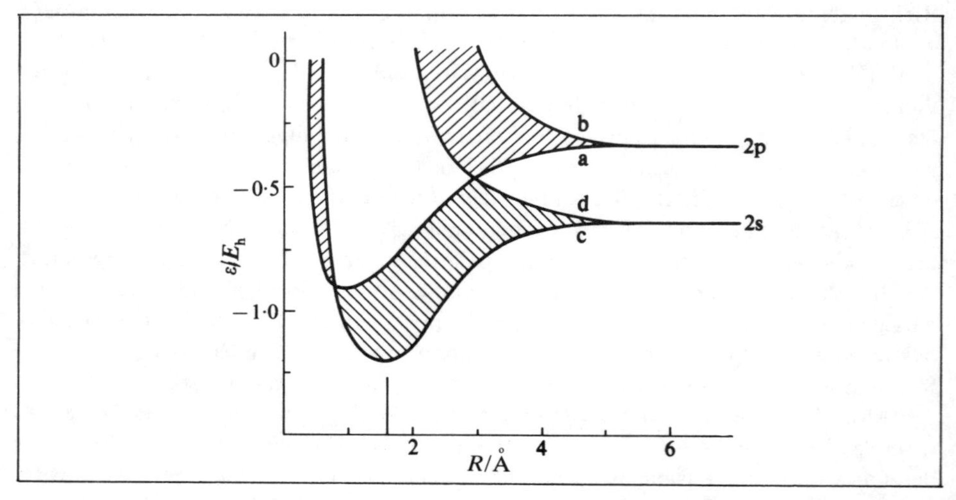

Fig. 11.12. Die Energiebänder im Diamant. Die senkrechte Linie deutet den Gleichgewichtsabstand an.

oder weniger deutlich getrennten positiven und negativen Ionen bestehen. Des weiteren sind hinsichtlich des „Elektronensees" beträchtliche Bewegungen der positiven Ionen möglich, ohne daß dazu größere Energiebeträge notwendig wären. Diese Beobachtung liefert eine Erklärung für die Plastizität der Metalle sowie für die Effekte der Materialhärtung.

(II) Damit der „Elektronensee" gebildet werden kann, müssen in den getrennten Atomen ein oder mehrere leicht ablösbare Elektronen vorliegen. Zu stark gebundene Elektronen können kaum dem restlichen Kristall zugeordnet werden. Das ist ein Grund, warum die Elemente der vorderen Gruppen des Periodensystems als Metalle vorliegen, während die hinteren Gruppen Elemente enthalten, die der 8-N-Regel (§ 11.1) gehorchen, die für kovalente Kristalle charakteristisch ist.

(III) Die Bedeutung der Elektronenkonzentration, gemeint ist die Anzahl der Valenzelektronen pro Atom, kann kaum überschätzt werden. Diese Größe dürfte der dominierende Faktor bei der Bestimmung der Eigenschaften von Metallen und Legierungen sein, worauf Hume-Rothery und andere (Hume-Rothery (1960)) hingewiesen haben. Tatsächlich besteht der Hauptgrund für das Hinzufügen einer zweiten Atomsorte zur Bildung einer Legierung darin, den Füllungsgrad der Energiebänder durch Elektronenzufuhr oder -abzug zu variieren.

(IV) Die Bandstruktur erklärt, wie ein Isolator die Photoleitfähigkeit erlangen kann, wenn ultraviolettes Licht eingestrahlt wird. Alles was dazu nötig ist, ist eine solche Frequenz ν des Lichtes, daß $h\nu$ zumindest gleich dem Energieunterschied zwischen dem höchsten besetzten Band und dem niedrigsten unbesetzten Band ist. Die Absorption dieses Lichtes befördert Elektronen in das Leitungsband, wo sie unter dem Einfluß eines elektrischen Feldes fließen können.

(V) Die Halbleitereigenschaft hängt sowohl von der Bandstruktur als auch von der Elektronenkonzentration ab. In einem eigentlichen Halbleiter, liegt ein sehr geringer Energieunterschied zwischen einem gefüllten Band und einem leeren Band vor, so daß Elektronen von dem einen zum anderen Band „thermisch" angeregt werden können (dabei ist die Energiezufuhr von der Größenordnung kT). Die angeregten Elektronen und die verbleibenden „Löcher" wirken als negative und positive (n- und p-artige) Ladungsträger, die eine temperaturabhängige Leitfähigkeit bewirken. Wird ein solcher Kristall mit elektronenreichen oder elektronenarmen Verunreinigungen versehen, so kann die Anzahl der n- und p-artigen Ladungsträger variiert werden, um im wesentlichen „n-artige oder p-artige Halbleiter" zu erzeugen.

11.3 Brillouin-Zonen*

In der Festkörpertheorie ist es üblich, die Abhängigkeit der Energieniveaus von den Quantenzahlen bildlich darzustellen. Zu diesem Zweck werden die „Gittervektoren" (11.4) explizit eingeführt, und die Quantenzahlen werden zur Definition eines soge-

* Dieser Abschnitt kann bei der ersten Phase des Studiums ohne Verlust an Kontinuität übersprungen werden. Eine ausführlichere Darstellung auf anspruchsvollerem Niveau ist in Ziman (1963) zu finden.

nannten „**k**-Vektors“ herangezogen. Wieder soll das zweidimensionale Beispiel (§ 11.2) verwendet werden. In diesem Fall ist der **k**-Vektor als

$$\mathbf{k} = k_1(2\pi\mathbf{b}_1)+k_2(2\pi\mathbf{b}_2) \tag{11.8}$$

definiert, wobei $k_1 = \varkappa_1/N, k_2 = \varkappa_2/N$. Die Vektoren $\mathbf{b}_1$ und $\mathbf{b}_2$ werden so gewählt, daß sich die Formel (11.6) zu

$$c_{n_1 n_2}^{\kappa_1 \kappa_2} = c_{\mathbf{R}_n}^{\mathbf{k}} = \exp(\mathrm{i}\mathbf{k}\cdot\mathbf{R}_n) \tag{11.9}$$

reduziert, wobei $\mathbf{k}\cdot\mathbf{R}_n$ das skalare Produkt* der beiden Vektoren **k** und $\mathbf{R}_n$ ist. Das erreicht man durch eine entsprechende Definition der Vektoren $\mathbf{b}_1$ und $\mathbf{b}_2$, so daß $\mathbf{b}_1$ orthogonal zu $\mathbf{a}_2$ ($\mathbf{b}_1\cdot\mathbf{a}_2 = 0$) und $\mathbf{b}_2$ orthogonal zu $\mathbf{a}_1$ ($\mathbf{b}_2\cdot\mathbf{a}_1 = 0$) ist. Die Längen von $\mathbf{b}_1$ und $\mathbf{b}_2$ stehen mit denen von $\mathbf{a}_1$ und $\mathbf{a}_2$ gemäß $\mathbf{b}_1\cdot\mathbf{a}_1 = 1$, $\mathbf{b}_2\cdot\mathbf{a}_2 = 1$ in Beziehung. Demnach gilt

$$\mathrm{i}\mathbf{k}\cdot\mathbf{R}_n = 2\pi\mathrm{i}(k_1\mathbf{b}_1+k_2\mathbf{b}_2)\cdot(n_1\mathbf{a}_1+n_2\mathbf{a}_2) = 2\pi\mathrm{i}(k_1 n_1+k_2 n_2)$$

und (11.9) wird mit der ursprünglichen Form (11.6) identisch. Die Vektoren $\mathbf{b}_1$ und $\mathbf{b}_2$ definieren das „reziproke Gitter“, das in der Kristallographie verwendet wird. Jedes Bloch-Orbital und die entsprechende Energie sind vollständig spezifiziert, wenn ein **k**-Vektor der Form (11.8) angegeben ist, der im „reziproken Raum“ die Komponenten $2\pi k_1$ und $2\pi k_2$ hat. Demnach lautet (11.5) mit den Koeffizienten in der Form (11.9)

$$\psi_{\mathbf{k}} = \sum_n \exp(\mathrm{i}\mathbf{k}\cdot\mathbf{R}_n)\phi_n, \tag{11.10}$$

während (11.7) die Gestalt

$$\varepsilon_{\mathbf{k}} = \alpha+2\beta_1\cos(2\pi k_1)+2\beta_2\cos(2\pi k_2) \tag{11.11}$$

annimmt. Es ist zu beachten, daß n in (11.10) über alle Gitterpunkte läuft und deshalb eine Abkürzung für das *Paar* der ganzen Zahlen (n_1, n_2) darstellt. Derjenige Teil des „**k**-Raums“, der den Werten von k_1 und k_2 im Bereich von 0 bis 1 entspricht ($\varkappa_1$ und $\varkappa_2$ laufen jeweils von 0 bis N), ist für das Gitter von Fig. 11.9 in Fig. 11.13 (*a*) dargestellt. Die einzelnen Punkte im schraffierten Bereich entsprechen $\varkappa_1$ und $\varkappa_2$, wobei diese Werte in Einheitsschritten verändert werden. Jedem Punkt entspricht ein Zustand und somit ein Bloch-Orbital. Wir haben bereits festgestellt, daß diejenigen Punkte, deren $\varkappa$-Werte sich um N unterscheiden (die Komponenten der **k**-Vektoren unterscheiden sich um eins), identisch denselben Bloch-Orbitalen entsprechen. Es ist deshalb nicht notwendig, die Zustände darzustellen, deren **k**-Vektoren sich im schraffierten Bereich in Fig. 11.13 (*a*) befinden. Vielmehr ist es üblich, eine solche Zone zu verwenden, die im **k**-Raum bezüglich des Ursprungs symmetrisch ist. Diese ist die zentrale Zone in Fig. 11.13 (*b*), die genau dieselbe Anzahl von Punkten ent-

* Darunter versteht man das Produkt der Längen der beiden Vektoren, multipliziert mit dem Cosinus des Winkels zwischen den Vektoren (für zueinander senkrechte Vektoren ist dieses Produkt null).

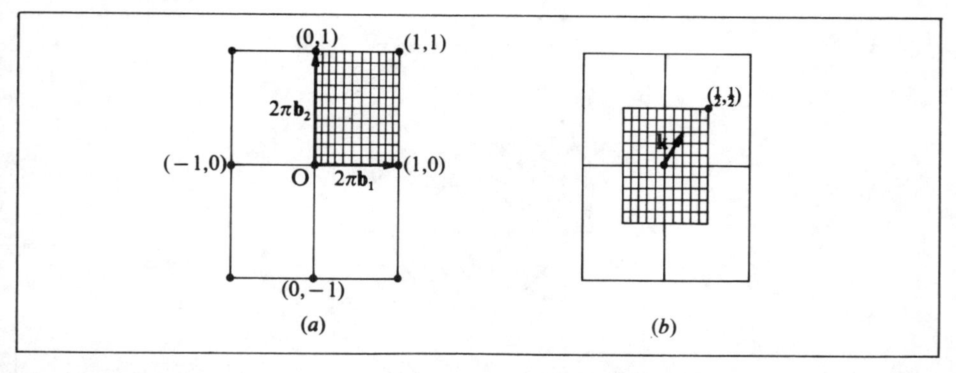

Fig. 11.13. Die Beziehung zwischen Zuständen und Vektoren im **k**-Raum. (*a*) Die Vektoren $2\pi\mathbf{b}_1$ und $2\pi\mathbf{b}_2$ definieren, dem Gitter in Fig. 11.9 entsprechend, eine Zelle im **k**-Raum. Jeder Punkt, der durch die gitterartige Schraffierung definiert ist, liefert ein Paar (k_1, k_2)-Werte für einen Zustand. (*b*) Genau dieselben Zustände sind durch die (k_1, k_2)-Werte in der zentralen Zone definiert, die bezüglich des Ursprungs O symmetrisch ist.

hält, die allen Lösungen entsprechen. Diese sogenannte „Brillouin-Zone", die viel klarer die aus der Kristallsymmetrie resultierenden Folgerungen wiedergibt, ist durch die zueinander senkrechten Verbindungslinien zwischen dem Ursprung und den nächsten Nachbarn begrenzt, wobei die Komponenten ganzzahlig sind. Aus Fig. 11.13(*a*) folgt $(k_1, k_2) = (0,1), (1,0), (0,-1), (-1,0)$. Im zweidimensionalen Kristall mit N^2 Atomen im periodischen Volumen gibt es genau N^2 **k**-Vektoren, die vom Ursprung zu den Gitterpunkten innerhalb der Brillouin-Zone zeigen. Jeder Punkt charakterisiert demnach einen möglichen Zustand eines Elektrons, das sich im Gitter bewegt.

Um zu zeigen, wie die Energie eines Zustands von den Quantenzahlen abhängt (und somit von seinem **k**-Vektor), können die Punkte durch die entsprechenden ε-Werte gekennzeichnet werden. Punkte mit derselben Energie können miteinander verbunden werden, so daß die *isoenergetischen* Linien graphisch dargestellt werden können. Ein typisches Energiediagramm ist in Fig. 11.14 dargestellt. Solche Bilder finden Anwendung in vielerlei Hinsicht. Ohne weitere Einzelheiten zu behandeln, wollen wir folgende Anmerkungen machen.

(I) Sind die zur Verfügung stehenden Kristall-Orbitale in energetisch aufsteigender Reihenfolge besetzt, so definiert das höchste besetzte Niveau die sogenannte „Fermi-Energie" ε_F. Tatsächlich gibt es eine vollständig geschlossene Linie mit dieser Energie; alle Punkte auf dieser Linie entsprechen **k**-Vektoren zur gleichen Energie. Die Linie markiert die Grenze der besetzten Zone im **k**-Raum. Für einen dreidimensionalen Kristall wird aus der Linie eine *Fläche* – die Fermi-Fläche.

(II) Fällt die Fermi-Energie mit einer Unstetigkeit zusammen, so daß die nächste Linie um einen endlichen Betrag über ε_F liegt und dazwischen keine Zustände liegen, so haben wir unmittelbar über dem besetzten Band eine Lücke und somit einen Isolator vorliegen. Gibt es zumindest einige Bereiche, in denen keine Unstetigkeit auf-

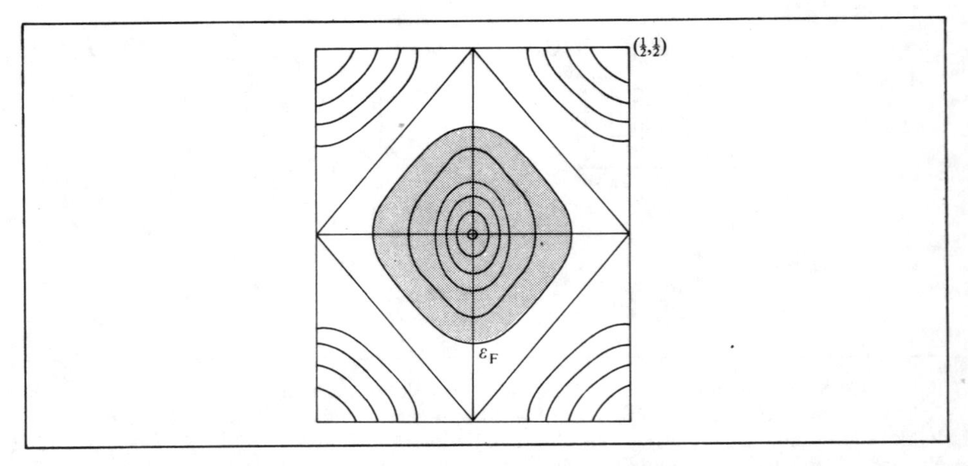

Fig. 11.14. Ein typisches Energiediagramm innerhalb einer Brillouin-Zone. Jede Linie verbindet Punkte im **k**-Raum, deren Zustände zur gleichen Energie gehören. Sind die Zustände besetzt (schattierte Fläche), so gibt die mit ε_F bezeichnete Linie die „Fermi-Fläche“ an.

tritt, so werden wir metallische Eigenschaften vorfinden. Das Verhalten der Energielinien innerhalb der Brillouin-Zone liefert genaue Einblicke in den Ursprung der Zwischenräume zwischen den Energiebändern.

(III) Durch Abzählen der Punkte im **k**-Raum, die den Zuständen zwischen benachbarten Energielinien zu ε und $\varepsilon + d\varepsilon$ entsprechen, können wir die Zustandsdichte $N(\varepsilon)$ unmittelbar bestimmen. Diese wird für weiterführende Diskussionen von vielen Eigenschaften benötigt.

(IV) Durch eine genaue Untersuchung der Kristallorbitale kann gezeigt werden, daß zwischen dem **k**-Vektor und dem Impulsvektor des durch das Gitter wandernden Elektrons eine formale Beziehung besteht. Aber das Elektron verhält sich infolge seiner Wechselwirkung mit dem durch die Kerne verursachten periodischen Potential nicht wie ein *freies* Elektron. Als Beispiel wollen wir ein quadratisches Gitter betrachten, wobei $\beta_1 = \beta_2 = \beta$ in (11.11) und $\mathbf{a}_1, \mathbf{a}_2$ zueinander senkrecht stehen. In der Umgebung des Zentrums der Brillouin-Zone, wo die Komponenten des **k**-Vektors klein sind, können wir die Cosinus-Funktionen in (11.11) entwickeln, um mit $\beta_1 = = \beta_2 = \beta$ den Ausdruck

$$\begin{aligned}\varepsilon_{\mathbf{k}} &= \alpha + 2\beta\{1 - \tfrac{1}{2}(2\pi k_1)^2 + \ldots\} + 2\beta\{1 - \tfrac{1}{2}(2\pi k_2)^2 + \ldots\}\\ &= \text{Konstante} - 4\pi^2 \beta k^2\end{aligned}$$

mit $k^2 = k_1^2 + k_2^2$ zu erhalten. Für ein *freies* Elektron, mit dem Impuls $\mathbf{p} = \hbar\mathbf{k}$, lautet die entsprechende Energie

$$\varepsilon_{\mathbf{k}} = \frac{\hbar^2}{2m} k^2 .$$

Daraus folgt für Zustände in der Nähe des Zonenzentrums, daß die elektronischen

Energieniveaus denen eines freien Elektrons ziemlich ähnlich sind. Ein Unterschied besteht nur darin, daß den Zuständen eine „effektive Masse" der Größe

$$m_{\mathrm{eff}} = -\hbar^2/8\pi^2\beta \tag{11.12}$$

entspricht und daß sie um ein konstantes Glied verschoben sind, was aber vergleichsweise bedeutungslos ist. Ist der Betrag von β klein, wie das für die Elektronen der inneren Schalen der beteiligten Atome der Fall ist, so ist auch die Beweglichkeit gering. Für die Valenzelektronen sind die Beträge der β-Werte groß, wodurch die effektive Masse sehr klein wird. Ähnliche Überlegungen können auch für das Verhalten der Elektronen in anderen Zuständen in der Zone angestellt werden, etwa in Punkten auf der Fermifläche und an den Ecken der Zone.

Das Studium der Brillouin-Zonen liefert offensichtlich den Schlüssel für eine weiterführende Theorie der Elektronenstruktur und der Eigenschaften von Kristallen, insbesondere von Metallen, wo die Verwendung von Lösungen der Schrödingergleichung in Form von delokalisierten wandernden Wellen zum Verständnis der elektrischen Leitfähigkeit wesentlich ist. Wir wollen uns nun anderen Arten von Festkörpern zuwenden, bei denen die elektronische Struktur viel einfacher mit Hilfe lokalisierter Orbitale beschrieben werden kann.

11.4 Molekülkristalle

Die Molekülkristalle wurden bereits in § 11.1 eingeführt und dadurch charakterisiert, daß die Einheiten der Struktur nicht Atome, sondern Moleküle sind. Die Kohäsionskräfte zwischen den Molekülen sind relativ schwach und nicht gerichtet. Die Anordnung und Orientierung der Moleküle ist dann im wesentlichen durch die günstigste Packung bestimmt. Ausschlaggebend dafür sind Größe und Form der Moleküle. Jedes Molekül verhält sich wie ein Teil des Festkörpers. Bei der Überlappung der Elektronenverteilungen zweier Moleküle treten starke Abstoßungskräfte auf. Die Moleküle stehen miteinander „in Kontakt", aber sie durchdringen sich nicht. Die weitreichenden Kohäsionskräfte halten sich mit den Abstoßungskräften, die von kurzer Reichweite sind, die Waage. Die beiden Arten von Kräften werden durch die Quantenmechanik richtig vorhergesagt (obwohl ihre genaue Berechnung ziemlich schwierig ist). Verglichen mit den Valenzkräften, die innerhalb eines Moleküls die Atome zusammenhalten, sind die hier beschriebenen Kräfte vergleichsweise schwach. Diese Situation kann als charakteristisch für Molekülkristalle betrachtet werden.

Den größten Einfluß auf die Form der Packung hat die Gestalt des Moleküls. Moleküle mit näherungsweise sphärischer Struktur, wie HCl*, HBr, H_2S und CH_4, liegen in der dichtgepackten kubischen Struktur vor, wobei jedes Molekül 12 nächste Nachbarn hat, genauso wie in den Kristallen der idealen Gase. Bei entsprechend ho-

* Das Wasserstoffatom verursacht in den Elektronendichtelinien um das Halogenatom nur eine kleine Ausbuchtung.

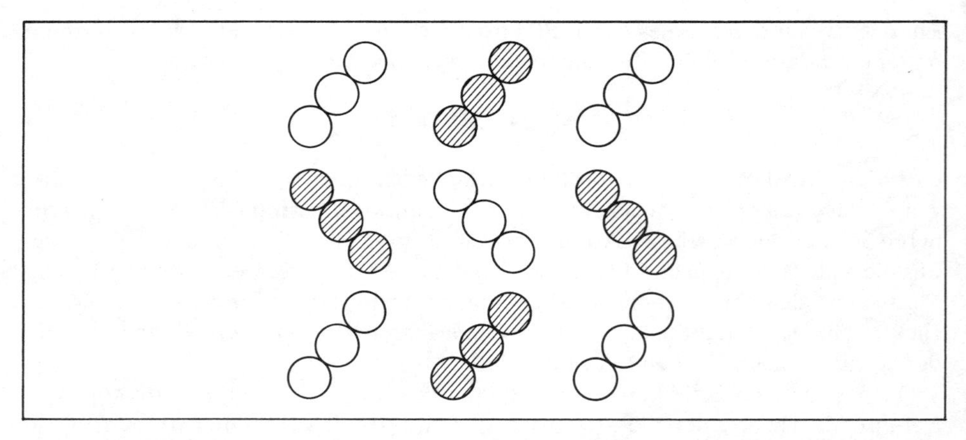

Fig. 11.15. Die Struktur des kristallinen Benzols. Jeder Kreis stellt eine CH-Gruppe dar; die Ebene des Sechsringes steht senkrecht zur Papierebene. Die schraffiert dargestellten Moleküle sind um die halbe Höhe der Einheitszelle oberhalb, bzw. unterhalb der Papierebene versetzt.

hen Temperaturen (aber noch unterhalb des Schmelzpunktes) steigt die thermische Bewegung, so daß die einzelnen Moleküle in einem solchen Kristall Rotationen ausführen können. Dabei verhält sich jedes Molekül so, als befände es sich in einem Käfig, der durch die Moleküle der Umgebung gebildet wird. Kann aber die Molekülgestalt bei weitem nicht als sphärisch betrachtet werden, wie etwa bei Benzol, so lagern sich an jedes Molekül trotzdem noch so viele Moleküle wie möglich an. In Fig. 11.15 ist die Situation für Benzol dargestellt. Die Ebenen der Moleküle verlaufen senkrecht zur Papierebene. Jedes Molekül (in Fig. 11.15 das Zentrum der dargestellten Gruppe) ist von 12 Nachbarmolekülen umgeben, vier unschattierte in derselben Ebene sowie vier schattierte oberhalb und vier schattierte unterhalb dieser Ebene. Aufgrund der beiden Richtungen, die die Anordnung der Molekülebenen bestimmen, ist eine dichtere Packung möglich, als wenn alle Ebenen zueinander parallel wären. Es ist nicht überraschend, daß Moleküle dieser Art im Festkörper, in der Flüssigkeit und in der Gasphase fast dieselben inneren Schwingungen aufweisen, denn das Molekül als Individuum bleibt stets erhalten und die interne Bindung wird durch die reguläre Assoziation im Festkörper oder durch die irreguläre Assoziation in der Flüssigkeit nur sehr geringfügig geschwächt. Tabelle 11.1 zeigt, wie gering die Änderungen bei zwei Schwingungsfrequenzen von Benzol sind. Eine ähnliche Situation liegt bei allen Kristallen dieser Art vor.

Offensichtlich üben die intermolekularen Kräfte nur einen geringen Einfluß auf die Struktur solcher Kristalle aus; der wesentliche Einfluß ist geometrischer Natur. Der Hauptunterschied zwischen Flüssigkeit und Festkörper besteht in der regulären und unveränderlichen Assoziation im Festkörper, im Gegensatz zur zufälligen und stetem Wechsel unterworfenen Assoziation in der Flüssigkeit.

Während der letzten 20 Jahre hat sich unser Verständnis für die Eigenschaften von Molekülkristallen beträchtlich erweitert. Die Wirkungsweise der intermolekularen

Tabelle 11.1. Beispiele einiger Schwingungsfrequenzen (cm^{-1}) von Benzol

ν (Gas)	ν (Flüssigkeit)	ν (Festkörper)
3099	3089	3090
3045	3034	3035

Kräfte hinsichtlich der Eigenschaften der einzelnen Moleküle versteht man nun recht gut. Ohne hier auf Einzelheiten einzugehen, sollen zwei Gesichtspunkte der Theorie erwähnt werden. Der interessierte Leser sei auf Craig und Walmsley (1968) verwiesen.

Zunächst betrachten wir nur zwei Moleküle A und B des Kristalls und erinnern uns an den bereits verwendeten Ausdruck (§ 7.4) für die Energie eines Systems, das aus zwei schwach wechselwirkenden Teilen besteht. Diese Vorstellung wird zu einer guten ersten Näherung führen, solange sich die Wellenfunktionen Ψ_A und Ψ_B der getrennten Systeme kaum überlappen. Die Grundzustandsenergie in dieser Näherung lautet

$$E_0 = E_A + E_B + J_{AB} + E_{AB}^K, \tag{11.13}$$

wobei E_A die Energie der Elektronen von A im Feld *aller* Kerne (von A und B) ist; ähnliches gilt für B; J_{AB} ist die Abstoßungsenergie (vgl. (7.19)) der beiden Ladungsverteilungen mit den Dichten $-eP_A$ und $-eP_B$:

$$J_{AB} = \frac{e^2}{\kappa_0} \int \frac{P_A(1) P_B(2)}{r_{12}} d\tau_1 \, d\tau_2 \tag{11.14}$$

Schließlich ist noch die Abstoßungsenergie zwischen den Kernen von A und denen von B hinzuzufügen. Nun besteht E_A aus zwei Anteilen: Die Energie E_A^0 (kinetische plus potentielle Energie) der Elektronen des Moleküls A sowie deren Energie (V_{AB}) im Feld der Kerne von B. Dieselbe Zerlegung wird für E_B vorgenommen, so daß wir schreiben können

$$E_A = E_A^0 + V_{AB} \qquad E_B = E_B^0 + V_{BA}. \tag{11.15}$$

Demzufolge kann (11.13) in der Form

$$E_0 = E_A^0 + E_B^0 + (V_{AB} + V_{BA} + J_{AB} + E_{AB}^K) \tag{11.16}$$

geschrieben werden. Die Bedeutung der in Klammern stehenden Terme ist in Fig. 11.16 schematisch dargestellt. Insgesamt stellen sie die klassische elektrostatische Wechselwirkung zwischen den beiden Molekülen dar. Jedes Molekül wird als ein Satz von Kernen betrachtet, die von den Ladungswolken mit den Dichten $-eP_A$ oder $-eP_B$ umgeben sind. Die Gesamtenergie des Systems lautet in dieser Näherung somit

$$E_0 = E_A^0 + E_B^0 + E_{es}, \tag{11.17}$$

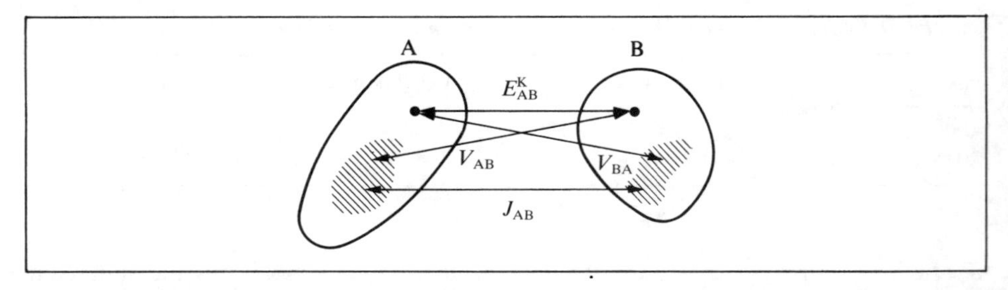

Fig. 11.16. Schematische Darstellung der Wechselwirkung zwischen zwei Molekülen (der Einfachheit halber ist für jedes Molekül nur ein Kern eingezeichnet). E_{AB}^{K} ist die Abstoßungsenergie zwischen den Kernen von A und denen von B; J_{AB} ist die Abstoßungsenergie zwischen den Ladungswolken; V_{AB} ist die Anziehungsenergie zwischen der Ladungswolke von A und den Kernen von B; V_{BA} ist die Anziehungsenergie zwischen der Ladungswolke von B und den Kernen von A.

wobei E_{es} die klassische elektrostatische Wechselwirkung ist. Dieses Ergebnis gilt unabhängig von der Anzahl der Moleküle. Der dominierende Term in der Kohäsionsenergie eines Molekülkristalls ist demnach E_{es}. Diese Größe errechnet sich aus der Summe über alle Molekülpaare.

Tragen die wechselwirkenden Einheiten eine Nettoladung, wie in Ionenkristallen, wo positive und negative Ionen vorliegen, so kann die elektrostatische Wechselwirkung dominieren und die gesamte Kohäsionsenergie darstellen. Für Molekülkristalle, insbesondere für solche, deren Moleküle eine hohe Symmetrie und somit weder eine Nettoladung, noch ein Dipolmoment besitzen, ist E_{es} viel zu klein, um die Kohäsionsenergie beschreiben zu können. In solchen Fällen ist eine bessere Näherung unumgänglich. Wir wissen bereits, wie das mit Hilfe des Variationsprinzips zu geschehen hat. Die bisherige Wellenfunktion Φ_{AB} können wir durch Hinzufügen weiterer Terme wie Φ_{A^*B}, Φ_{AB^*} und $\Phi_{A^*B^*}$ verbessern. Dabei bedeutet etwa Φ_{A^*B}, daß das Molekül A in einem angeregten Zustand vorliegt. Die Koeffizienten in der Variationsfunktion

$$\Psi = \Phi_{AB} + c_{A^*B}\Phi_{A^*B} + c_{AB^*}\Phi_{AB^*} + c_{A^*B^*}\Phi_{A^*B^*} \tag{11.18}$$

können dann wie gewohnt durch Lösen der Säkulargleichungen gewonnen werden. Nun ist Φ_{AB} selbst eine gute Wellenfunktion, wenn die Wechselwirkungen zwischen den Molekülen vernachlässigt werden. Demnach werden die zu bestimmenden Koeffizienten dem Betrage nach klein sein. Die Wechselwirkung kann als eine kleine „Störung“ betrachtet werden, deren Wirkung in einer geringfügigen Veränderung von Φ_{AB} besteht. Dieser Funktion werden geringe Beiträge der anderen Funktionen beigemischt, die formal lokale Anregungen beschreiben. Eine näherungsweise Lösung kann mit der in § 4.7 beschriebenen Methode erhalten werden. Jedes Glied in (11.18) liefert einen additiven Beitrag zu einer weiteren Absenkung der Energie. Das endgültige Ergebnis erhält man durch Ergänzung von (11.17) zu

$$E = E_A^0 + E_B^0 + E_{es} + E_{Pol} + E_{Disp}, \tag{11.19}$$

wobei die neuen Beiträge E_{Pol} und E_{Disp} „Polarisationsenergie" und „Dispersionsenergie" genannt werden. E_{Pol} entsteht durch die Hinzufügung der einfach angeregten Terme wie Φ_{A^*B} (dabei ist über alle möglichen Anregungen A* zu summieren). Damit verbunden ist eine geringfügige Änderung der Elektronendichte in jedem Molekül, die durch das Feld der umgebenden Moleküle bewirkt wird. Somit ist die Bezeichnungsweise „Polarisationsenergie" verständlich. Demgegenüber entsteht E_{Disp} aus Termen der Art $\Phi_{A^*B^*}$ (dabei ist über alle möglichen Anregungen in jedem *Molekülpaar* zu summieren). Dieser Beitrag kann auf die gleichzeitige „Korrelation" der elektronischen Bewegung in allen Molekülpaaren zurückgeführt werden. Solche Korrelationen wurden zuerst von London erkannt, der die Wechselwirkung bei zwei Oszillatoren behandelt hat. Nach London wird diese auch heute noch als „Dispersionsenergie" diskutiert. Die Dispersionswechselwirkung zwischen den Molekülen A und B kann in der neuen Form

$$E_{\text{Disp}}^{\text{AB}} = -\sum_{A^*B^*} \frac{J_{AA^*,BB^*}}{\Delta E(A \to A^*, B \to B^*)} \tag{11.20}$$

geschrieben werden, wobei der Nenner die Anregungsenergie darstellt, die für die Anregung beider Moleküle A und B benötigt wird. Die Summe läuft über alle möglichen Anregungen der beiden Moleküle. Der Zähler hat die Form

$$J_{AA^*,BB^*} = \frac{e^2}{\kappa_0} \int \frac{P_{AA^*}(1) P_{BB^*}(2)}{r_{12}} \mathrm{d}\tau_1 \, \mathrm{d}\tau_2 . \tag{11.21}$$

Diese Größe kann elektrostatisch interpretiert werden, ganz ähnlich wie (11.14). Allerdings sind jetzt die Dichtefunktionen keine Elektronendichten im Grundzustand, sondern „Übergangsdichten". Solche Übergangsdichten, die sich auf zwei verschiedene Zustände beziehen, sind auch in der Spektroskopie bekannt. Beispielsweise bestimmt die x-Komponente des elektrischen Moments der Dichte P_{AA^*} die Übergangswahrscheinlichkeit für $A \to A^*$ unter dem Einfluß einer Strahlung, die in x-Richtung polarisiert ist. Demnach scheinen diejenigen Moleküle eine starke Dispersionswechselwirkung aufzuweisen, bei denen die Übergänge in energetisch niedrig liegende angeregte Zustände besonders intensiv sind (in diesem Fall haben die Übergangsdichten hohe elektrische Momente und der Nenner in (11.20) ist klein). Eine große Vielfalt organischer Moleküle, insbesondere solche mit aromatischem Charakter, steht mit dieser Erwartung im Einklang. Solche Systeme sind theoretisch ausführlich untersucht worden (beispielsweise von Craig und Walmsley (1968)).

Obwohl die Spektroskopie außerhalb der Zielsetzung dieses Buches steht, sollte erwähnt werden, daß die oben angedeutete Theorie für den Grundzustand auch auf angeregte Zustände erweitert werden kann. Die dabei resultierende „Excitonen-Theorie" für Kristallspektren hat während der letzten Jahre große Fortschritte gemacht und verdient zumindest einen beiläufigen Hinweis.

In einem Kristall, der eine große Anzahl identischer Moleküle enthält, ist es möglich, Funktionen $\Phi_n(M^*)$ für Einfachanregungen zu definieren, wobei sich das n-te Molekül (am Gitterpunkt $\mathbf{R}_n$) in einem angeregten Zustand M* befindet, während alle übrigen sich im Grundzustand (M) befinden. Dieser „lokal angeregte Zustand" kann keinen richtigen angeregten Zustand des Kristalls darstellen. Denn eine andere, ebenfalls mögliche Funktion mit derselben Energie ist $\Phi_m(M^*)$, wobei die Anregung zu einem benachbarten Molekül am Gitterpunkt $\mathbf{R}_m$ „gesprungen" ist. Zur Beschreibung eines angeregten Zustands müssen wir alle diese Funktionen miteinander kombinieren und die Säkulargleichungen lösen, um die entsprechenden Kombinationskoeffizienten zu erhalten. Nun ist zu erkennen, daß diese Vorgangsweise formal identisch ist mit derjenigen, die zu den Blochorbitalen führte. An Stelle eines delokalisierten Orbitals, das ein *Elektron* beschreibt, das sich im Metall bewegt, erhalten wir nun ein *Exciton*, das eine delokalisierte *Anregung* beschreibt und von Molekül zu Molekül wandert. Die Koeffizienten, mit denen die Funktionen für die lokalen Anregungen kombiniert werden müssen, ergeben sich wieder als Bloch-Faktoren $e^{i\mathbf{k}\mathbf{R}_n}$. Der Wellenvektor $\mathbf{k}$ gibt die Richtung an, in die die Anregung wandert. Die Energie des angeregten Molekülzustands M* ist durch ein *Band* angeregter Kristallzustände zu ersetzen. Die gesamte Theorie ist ähnlich der des Bändermodells für Metalle, nur die Bandbreite wird durch ein Wechselwirkungsintegral der Art (11.21) (für ein Paar benachbarter Moleküle A und B) bestimmt, und nicht durch das β-Integral einander überlappender Atomorbitale. Für eine genaue Beschreibung sei auf Craig und Walmsley (1968), Davydov (1962) oder Knox (1963) verwiesen.

11.5 Kovalente Kristalle

Der Diamantkristall wurde in §11.1 als Beispiel für einen kovalenten Kristall erwähnt. Die Bindungen sind im wesentlichen zwischen den nächsten Nachbarn lokalisiert und sind ähnlichen Bindungen in einem kovalent gebundenen Molekül nahezu identisch. In solchen Kristallen ist die Elektronegativitätsdifferenz der gebundenen Atome im allgemeinen sehr klein; die Bindungen sind stark und nicht besonders polar. Diese Kristalle zeichnen sich durch eine große Härte aus, durch einen sehr hohen Schmelzpunkt sowie durch eine große spezifische Wärme. Silicium, Germanium und graues Zinn sind alle von derselben Art wie Diamant. Carborund (SiC) ist ebenfalls ein Beispiel für eine tetraedrische Anordnung um jedes Atom. Auch hier können wir von stark lokalisierten Bindungen sprechen, wobei die Atome C und Si einander abwechseln.

Tetraedrische Strukturen dieser Art sind von geringer Dichte und haben ein großes atomares Volumen (Volumen pro Atom). Diese Situation kann nur so verstanden werden, daß gerichtete Kräfte eine wichtige Rolle spielen. Daraus wiederum folgt die Erklärung dafür, daß die Bindungen einen ausgeprägten Valenzcharakter besitzen. Tatsächlich können wir immer dann auf diese Art von Bindung schließen, wenn Tetraederwinkel vorliegen, selbst dann, wenn wie bei Zinksulfid, ZnS, dies aus anderen Gründen nicht augenscheinlich sein kann. Im Fall des ZnS scheint jede „Bindung" aus tetraedrischen sp^3-Hybriden an beiden Atomen gebildet zu sein. Wären solche Bindungen rein kovalent, so hätten wir eine durch $Zn^{2-}S^{2+}$ dargestellte Situation vorliegen. Wären diese Bindungen rein ionisch, so hätten wir $Zn^{2+}S^{2-}$, obwohl in diesem

Fall die offene tetraedrische Struktur nicht leicht zu verstehen wäre. Demnach scheint die Annahme vernünftig zu sein, daß die Bindungen teils kovalent, teils ionisch sind. Ausführliche Rechnungen (Coulson, Redei und Stocker (1962)) besagen, daß der ionische Charakter in diesem Kristall, sowie in den meisten anderen tetraedrischen Kristallen, zu einer geringen elektronischen Überschußladung am Element mit der größeren Elektronegativität (hier Schwefel) führt; diese beträgt etwa 0.3. Der kovalente Charakter ist für das Zustandekommen gerichteter Valenzkräfte hinreichend stark, wodurch die Stereochemie bestimmt ist. Aus diesem Grund wird dieser Kristall noch als Valenzkristall bezeichnet. In diesem Zusammenhang bezieht man sich oft auf die Gruppenzahl (siehe §7.9) der beteiligten Atome. Diamant und Carborund sind von der Art IV–IV, während ZnS zu II–VI gehört. Die zunehmend an Bedeutung gewinnenden Halbleiter wie GaAs oder InSb gehören zur Gruppenkombination III–V. Ein damit verwandtes System, ZnO, liegt in einer hexagonal dichtesten Kugelpackung vor und zeigt entlang einiger ZnO-Bindungen eine Anhäufung von Elektronen (darauf haben zuerst James und Johnson (1939) hingewiesen). Das entspricht ganz dem Modell der kovalent-ionischen Resonanz.

Es gibt andere Festkörper derselben allgemeinen Art, aber mit unterschiedlichen geometrischen Formen. Schwefel, beispielsweise, ist ursprünglich zweiwertig und bildet lange Ketten mit dem charakteristischen Valenzwinkel von 105°, wenn er auf etwa 200°C erhitzt wird (plastischer Schwefel). Diese Ketten enthalten stark lokalisierte kovalente SS-Bindungen und werden teils durch van der Waals'sche Polarisationskräfte und teils durch die gegenseitige Durchdringung zusammengehalten, letzteres natürlich nur bei hinreichender Kettenlänge. Im ganzen handelt es sich somit um zwei gegenseitig „verflochtene" Effekte. Ganz ähnlich (Fig. 11.17) bilden kristallines Se und Te zueinander parallele Zickzack-Ketten, in denen jedes Atom zwei Nachbarn hat. Die Substanz SiS_2 besteht aus unendlich langen Ketten mit SiS_4-Tetraedern als

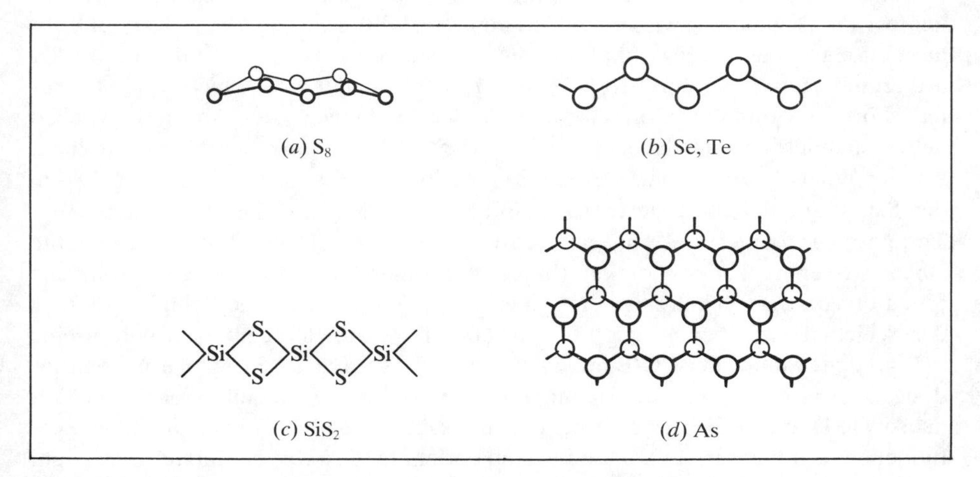

Fig. 11.17. Beispiele für die Bindung in Festkörpern, die Atome der Gruppen IV bis VI enthalten.

Glieder; zwischen den Ketten herrschen schwache van der Waals-Kräfte. Es scheint keinen einfachen Grund dafür zu geben, daß CS_2 molekular bleibt und nicht auch Ketten bildet, ähnlich wie SiS_2. Dieses Beispiel erinnert uns daran, daß bei Festkörpern verschiedene Strukturen oft nur durch einen sehr geringen Energieunterschied voneinander getrennt sind. Das ist auch der Grund dafür, daß Polymorphismus allgemein verbreitet ist, so daß eine Substanz in zwei oder mehr verschiedenen Formen existieren kann, je nach den äußeren Bedingungen wie Temperatur und Druck. Aus demselben Grund ist es viel leichter, eine Struktur *a posteriori* zu verstehen, als diese vorherzusagen.

Arsen ist in diesem Zusammenhang besonders interessant, denn es kristallisiert in Doppelschichten (Fig. 11.17 (*d*)), wobei jedes As-Atom bei einem Abstand von 251 pm drei Nachbarn hat. Der Abstand zwischen den Schichten ist wesentlich größer, 315 pm, woraus folgt, daß immer noch ein geringer Anteil von Delokalisierung in den Bindungen zwischen den Schichten vorliegt, obwohl die Bindungen fast so stark lokalisiert sind wie in dem Molekül AsH_3. Dieser spezielle Festkörper ist demnach zwischen den beiden Arten (1) und (3) aus § 11.1 einzureihen. Antimon und Wismuth zeigen ähnliche Eigenschaften, aber die Schichten liegen näher beisammen, wodurch angedeutet wird, daß die lokalisierten Bindungen zugunsten einer metallischen Struktur verlassen werden.

Es gibt eine Vielzahl weiterer Beispiele für diese kovalente Art der Bindung. Sie alle illustrieren die 8-N-Regel (§ 11.1), die offensichtlich nur eine andere Version der Oktettregel ist. Die Anwendbarkeit dieser Regel auf einen kristallinen Festkörper hängt davon ab, inwieweit die Bindungen als lokalisiert betrachtet werden können und somit molekularen Valenzcharakter besitzen.

Wir haben festgestellt, daß die Kristallstruktur von Diamant im wesentlichen durch die tetraedrische Hybridisierung der sp^3-Orbitale bedingt ist. Die Bestätigung dafür folgt aus der Tatsache, daß der interatomare Abstand von 154 pm fast derselbe wie in Ethan und in den schwereren Paraffinen ist. Als einen sehr natürlichen Schritt können wir die Beziehung zwischen der trigonalen Hybridisierung, die in Kapitel 8 für aromatische Moleküle diskutiert wurde, und der Graphitstruktur auffassen. In der Tat erinnert uns die Graphitstruktur (Fig. 7.10 (*a*)), in der jede Schicht eine hexagonale Form aufweist, an große aromatische Verbindungen. Der Abstand zwischen nebeneinanderliegenden Ebenen beträgt 335 pm. Ein so großer Wert kann nur durch van der Waals-Kräfte erklärt werden. Innerhalb einer Ebene gibt es aber pro Atom den Satz trigonaler, lokalisierter sp^2-σ-Bindungen. Die restlichen Elektronen, in der Terminologie von Kapitel 8 als π-Elektronen bezeichnet, besetzen über die gesamte Ebene sich erstreckende Molekülorbitale. Wir finden hier halbwegs eine metallische Situation vor. Tatsächlich zeigt Graphit eine geringe elektrische Leitfähigkeit entlang der Schichtebene, aber nicht senkrecht dazu. Explizite Berechnungen liefern eine π-Bindungsordnung der CC-Bindungen von 0.53. Aus Fig. 8.13 folgt dafür eine Bindungslänge von 142 pm, in vollständiger Übereinstimmung mit dem Experiment. Genauso wie Diamant die Erweiterung der für gesättigte Kohlenstoffverbindungen gefundenen Bindungsart auf unendlich ausgedehnte Festkörper darstellt, so stellt Graphit die Erweiterung der für aromatische Moleküle gefundenen Bindungsart dar.

Wir haben bereits festgestellt, daß ZnS die Diamantstruktur besitzt, aber sowohl durch kovalente, als auch durch ionische Kräfte zusammengehalten wird. Auf dieselbe Weise bildet Bornitrid (BN) ein Schichtgitter, genauso wie Graphit, nur daß Bor- und Stickstoffatome in jedem Ring abwechselnd auftreten. In diesem Gitter sind die σ-Bindungen teilweise kovalent und teilweise ionisch, genauso wie in ZnS, nur daß die Hybride sp^2-trigonal und nicht sp^3-tetragonal sind. Auch hier gibt es wieder bewegliche Elektronen, die π-Molekülorbitale besetzen, die sich über die gesamte Ebene erstrecken, genauso wie in Graphit. Hier liegt somit ein Festkörper vor, der die Eigenschaften der Arten (1), (3) und (4) aus § 11.1 in sich vereinigt. Es ist interessant, daß Bornitrid, ähnlich wie Kohlenstoff, nicht nur ein Schichtgitter bildet, sondern auch ein tetraedrisches, diamantartiges Gitter mit großer Härte (Wentorf (1957)). Alle Elektronen bilden hierbei lokalisierte σ-Bindungen, wie in typischen III–V-Verbindungen.

Es sollte nun klar geworden sein, daß für die Interpretation der Bindung in kovalenten Kristallen keine wesentlich neuen theoretischen Konzepte nötig sind. Solche Systeme können zum größten Teil mit Hilfe des Begriffes der lokalisierten Elektronenpaarbindung recht gut verstanden werden, der bereits in früheren Kapiteln behandelt worden ist. Alle „übriggebliebenen" Elektronen tragen zu einer nicht-lokalisierten Bindung oder zum metallischen Charakter bei, wie wir das von den π-Elektronen des Benzols her bereits kennen. Solche Kristalle können mit Hilfe von Bloch-Orbitalen vollständig beschrieben werden, wie das in § 11.2 und § 11.3 geschehen ist. Der Valenzkristall dagegen zeichnet sich durch die Möglichkeit aus, die besetzten Bloch-Orbitale in einen dazu äquivalenten Satz lokalisierter Bindungsorbitale zu transformieren. Existiert eine solche Möglichkeit, so können wir die Bindungen mit Hilfe der in der Chemie üblichen Begriffe beschreiben, indem wir Gebrauch von unseren Kenntnissen über zueinander ähnliche Bindungen in kleinen Molekülen machen.

11.6 Ionenkristalle

In einem formalen Sinn ist ein Ionenkristall das Analogon zu einem Molekülkristall. Er besteht aus getrennt identifizierbaren Einheiten, die sich bei großen und mittleren Abständen gegenseitig anziehen, aber die stark einander abstoßen, wenn die Elektronenverteilungen beginnen, sich gegenseitig zu durchdringen. Die Diskussion von § 11.4 ist mit einigen Vorbehalten auch hier anwendbar. Der wesentliche Unterschied besteht darin, daß die einzelnen Einheiten im Kristall nun *geladen* sind (positiv und negativ geladene Ionen). Die Anziehung zwischen ihnen ist demnach viel stärker und von größerer Reichweite.

Wir wollen uns zuerst mit dem anziehenden Anteil der Energie befassen, indem wir das semiklassische Bild heranziehen, für das unsere früheren Diskussionen eine Grundlage liefern. Der NaCl-Kristall (Fig. 11.4) ist ein gutes Beispiel; er enthält positive und negative Ionen mit den Ladungen Z^+e und $-Z^-e$, wobei in dem vorliegenden Fall für die Ladungsbeträge $Z^+ = Z^- = 1$ gilt. Im allgemeinen gilt für einen Kristall mit NaCl-Struktur und mit einem interionischen Abstand R, daß ein Kation mit der Ladung Z^+e von sechs Anionen mit der Ladung $-Z^-e$ umgeben ist; dann folgen 12 weitere Kationen (Z^+e) bei einem Abstand $\sqrt{2}R$, und so weiter. Die potentielle Energie des herausgegriffenen Kations im Feld aller Nachbarn lautet demnach

$$-\frac{Z^+Z^-e^2}{\kappa_0 R}\left\{6-\frac{12}{\sqrt{2}}\left(\frac{Z^+}{Z^-}\right)+\frac{8}{\sqrt{3}}-\frac{6}{2}\left(\frac{Z^+}{Z^-}\right)+\ldots\right\}, \qquad (11.22)$$

wobei ein gemeinsamer Faktor ausgeklammert worden ist. Das Verhältnis Z^+/Z^- ist eine Konstante, die durch den Kristall festgelegt ist. Die in Klammern stehende Größe ist eine strukturabhängige Summe, die allen Kristallen derselben Art gemeinsam ist. Eine ähnliche Summe beschreibt die Wechselwirkungen zwischen jedem Anion und allen übrigen Ionen. Addieren wir nun diese beiden Summen, so wird dadurch jede Wechselwirkungsenergie doppelt gezählt. Die Energie pro Ionenpaar ist demnach die Hälfte der Summe der beiden Ausdrücke von der Form (11.22). Für die Berechnung der Summen für diese und mögliche andere geometrische Anordnungen wurden verschiedene mathematische Methoden versucht. Das Ergebnis kann stets in der Form

$$E_{\text{Ion}} = -\frac{AZ^+Z^-e^2}{\varkappa_0 R} \qquad (11.23)$$

geschrieben werden, wobei der Wert für A, im vorliegenden Beispiel etwa 1.75, von der Kristallstruktur abhängt. A-Werte für einige wichtige Strukturen sind in Tabelle 11.2 angegeben. In jedem Fall ist R der kürzeste Anion-Kation-Abstand, und die Energie (11.23) bezieht sich auf ein stöchiometrisches Molekül. Die Konstante A wird Madelung-Konstante für eine bestimmte Struktur genannt*.

Aus dieser Tabelle folgt unmittelbar, daß jegliche Neigung zu einer ionischen Bindung im Kristall beträchtlich verstärkt wird, so daß nahezu ein vollständiger Ladungstransfer zustandekommt. Dieser Transfer kann aber nicht ganz perfekt sein, denn wir müssen die Wellenfunktion für den gesamten Kristall als Linearkombination von Funktionen betrachten, die rein ionische und rein kovalente Situationen darstellen.

Tabelle 11.2. Einige Werte für die Madelung-Konstante

Struktur	Beispiel	A
Kubisch	NaCl	1.748
Kubisch-raumzentriert	CsCl	1.763
Fluorit	CaF_2	2.519
Wurtzit	ZnS	1.641
Rutil	TiO_2	2.385

* Gelegentlich werden die Ladungen der Ionen, die in (11.23) auftreten, in die Definition der Madelungkonstanten einbezogen; für eine diesbezügliche Diskussion sei auf Quane (1970) verwiesen.

Die Energiefunktion wird stationär, wenn letztere mit kleinen, aber nicht-verschwindenden Koeffizienten auftreten.

Röntgenbeugung liefert eine experimentelle Bestätigung für einen fast vollständigen Ladungstransfer in stark ionischen Kristallen. Mit Hilfe von Elektronendichtediagrammen (vgl. Fig. 8.4) ist es möglich, durch numerische Integration die Anzahl der Elektronen an jedem Kern zu berechnen (dabei gibt es aufgrund der Definition der „Größe" der verschiedenen Ionen gewiß einige Unsicherheiten). Auf diese Weise wurde gefunden, daß in NaCl etwa 17.9 Elektronen zum Chloratom „gehören", so daß im wesentlichen ein Cl^--Ion vorliegt. Bei dem elektronegativeren Fluor ist der ionische Charakter der Bindung sogar noch stärker. Eine weitere Bestätigung dafür, daß der kovalente Charakter vernachlässigbar klein ist, resultiert aus der Berechnung der Überlappungsintegrale am beobachteten interatomaren Abstand. Für NaCl ist der größte Wert eines solchen Integrals etwa 0.06, woraus sich die fast vollständige Unabhängigkeit der beiden Ionen von der kovalenten Bindung ergibt.

Nun müssen wir den Ursprung der *Abstoßungskräfte* erkunden, die dann in Erscheinung treten, wenn die Ladungswolken der Ionen miteinander in „Kontakt" kommen. Ohne diese Kräfte würde der Kristall zusammenbrechen. Die bereits durchgeführte Berechnung der Anziehungsenergie basiert auf einem Punktladungsmodell für die Ionen und gilt nur dann (im Sinne der klassischen Elektrostatik), wenn sich die sphärischen Ladungswolken kaum überlappen. Durchdringen diese sich aber, so tritt eine Deformation der Ladungswolken ein, wodurch neue Energieterme entstehen.

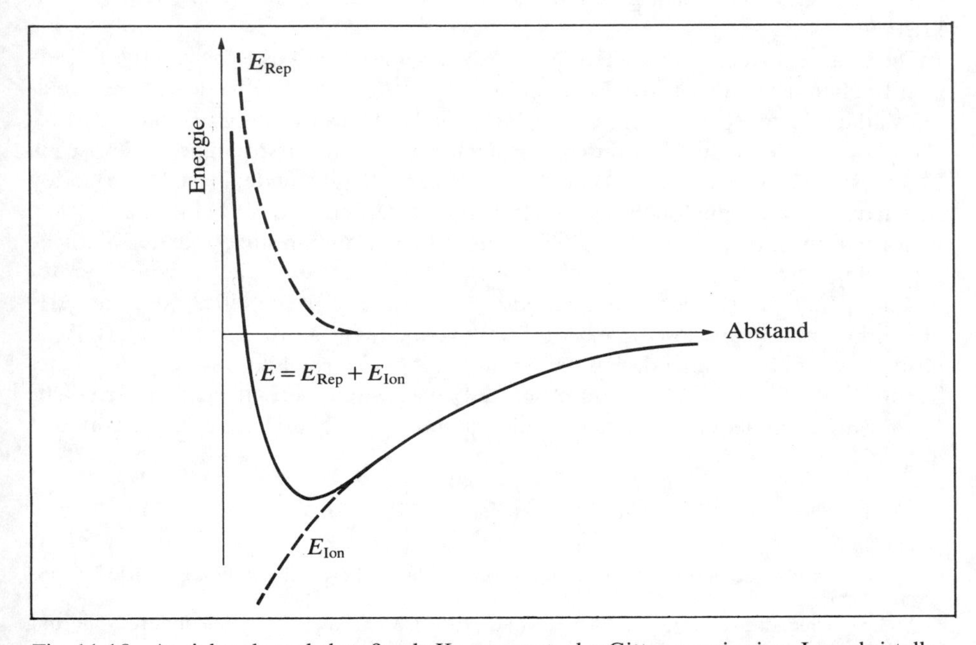

Fig. 11.18. Anziehende und abstoßende Komponente der Gitterenergie eines Ionenkristalls.

Die klassische Näherung für die Berücksichtigung der Abstoßungsenergie besteht in einem Ansatz der Art*

$$E_{\mathrm{Rep}} = B/R^n, \tag{11.24}$$

wobei B eine positive Konstante ist und n im allgemeinen als ganzzahlig angenommen wird. Ist n groß (geeignete Werte liegen in dem Bereich 5–12), so steigt E_{Rep} für kleine R-Werte sehr plötzlich an, wie in Fig. 11.18 zu sehen ist. Die Energie pro stöchiometrischem Molekül, multipliziert mit der Avogadro-Konstante L, liefert die molare Gitterenergie des Kristalls in der Form

$$U = L\left(-\frac{AZ^+Z^-e^2}{\kappa_0 R} + \frac{B}{R^n}\right). \tag{11.25}$$

Der Parameter B kann empirisch bestimmt werden, so daß U am gemessenen interatomaren Abstand $R=R_e$ ein Minimum annimmt. Die entsprechende Gleichgewichtsgitterenergie kann leicht zu

$$U_0 = -\frac{ALZ^+Z^-e^2}{\kappa_0 R_e}\left(1-\frac{1}{n}\right) \tag{11.26}$$

bestimmt werden. Ein Vergleich mit E_{Ion} (nach (11.23)) zeigt unmittelbar, daß der abstoßende Beitrag zur Gitterenergie vom $(1/n)$-Term herrührt und demnach relativ klein ist, wenn er mit dem Madelung-Term verglichen wird. Diese Näherung ist sicherlich rein empirisch und „erklärt" den Ursprung der Abstoßungen keineswegs. Sie führt jedoch zu einer recht guten Wiedergabe der Eigenschaften von vielen Ionenkristallen.

Die quantenmechanische Theorie des Abstoßungspotentials ist schwierig. Die ersten Rechnungen wurden von Born und Mayer (1932) durchgeführt; neuere Arbeiten sind in vielen Büchern und Übersichtsartikeln** berücksichtigt. Bildlich gesprochen kommt die Abstoßung durch eine Deformation der ursprünglich sphärischen Ladungswolken der Ionen mit abgeschlossenen Schalen zustande; diese Deformation tritt dann auf, wenn die Ionen zusammengedrängt werden. Die Wirkung einer solchen Deformation kann in einer Orbitalnäherung auf Überlappungsintegrale und ähnliche Integrale zurückgeführt werden, die eine exponentielle Abhängigkeit vom interatomaren Abstand aufweisen. Genauer gesagt handelt es sich um ein Produkt aus Exponentialfunktion und Polynom, wobei das exponentielle Verhalten dominiert. Es ist deshalb nicht überraschend, daß der gesamte Abstoßungseffekt besser mittels eines Terms $E_{\mathrm{Rep}} = C\exp(-aR)$ als durch (11.24) dargestellt werden kann. Eine solche Form wurde seit der ersten Arbeit von Born und Mayer häufig benutzt. Sie lautet im allgemeinen

$$E_{\mathrm{Rep}} = c\exp\left(-\frac{R-R_{\mathrm{A}}-R_{\mathrm{B}}}{\varrho}\right), \tag{11.27}$$

* Diese Form wurde bereits in Aufgabe 1.4 verwendet, auf die sich die hier geführte Diskussion bezieht.

** Siehe beispielsweise Margenau und Kestner (1969), Murrell (1974); eine andere Näherung wird von McWeeny (1970*a*) diskutiert.

Tabelle 11.3. Born-Mayer-Radien (pm) für Alkalihalogenide

Li^+	47·5	F^-	111·0
Na^+	87·5	Cl^-	147·5
K^+	118·5	Br^-	160·0
Rb^+	132·0	I^-	178·5
Cs^+	145·5		

wobei R_A und R_B Ionenradien sind, während c und ϱ zu justierende Parameter sind. Die „Born-Mayer"-Radien für die Alkalihalogenide sind in Tabelle 11.3 aufgeführt. Sie sind etwas kleiner als die konventionellen Ionenradien, die auf „Packungsbetrachtungen" beruhen, auf die wir sogleich zurückkommen werden. Die Wahl

$$c = 4{\cdot}0 \times 10^{-19}\,\text{J}, \qquad \varrho = 34{\cdot}5\ \text{pm}$$

führt zu einer guten Wiedergabe der Eigenschaften der Alkalihalogenide; im besonderen erhalten wir das Minimum der Gitterenergie $U = L(E_{\text{Ion}} + E_{\text{Rep}})$, wenn R den beobachteten Wert annimmt. Ebenso erhält man die korrekte Kompressibilität.

Aus der bisherigen Diskussion folgt, daß die Bindung in Ionenkristallen mit Hilfe elektrostatischer Anziehungen von langer Reichweite und viel stärkeren Abstoßungen von kurzer Reichweite (quantenmechanischen Ursprungs) recht gut verstanden werden kann. Zusätzlich sollten wir aber auch die folgenden Bemerkungen beachten.

(I) Die Anziehungsenergie kann eine geringe kovalente Komponente enthalten (der Ladungstransfer ist unvollständig).

(II) Die resultierenden Ionen (Na^+, Cl^-) sind polarisierbar, das große „weiche" Anion viel stärker als das „harte" kompakte Kation. Aus diesem Grund sollte eine Polarisationsenergie hinzugefügt werden.

(III) Es gibt eine endliche Schwingungsenergie (die „Nullpunktsenergie"), auch dann, wenn die Temperatur gegen null geht und die thermische Bewegung auf ein Minimum reduziert ist.

Die Aussage (I) betrifft die kovalente Komponente, und diese ist nicht leicht genau zu definieren; sie ist ziemlich klein und kann als im empirisch justierten, nichtklassischen Term der Abstoßungsenergie enthalten betrachtet werden. Der Beitrag (II) kann mit Hilfe der Polarisierbarkeiten der freien Ionen bestimmt werden. Er ist wegen der ziemlich hohen Symmetrie des elektrischen Feldes um jedes Ion ebenfalls klein. Der Beitrag (III) beträgt $1/2h\nu$ pro Schwingungsmodus mit der klassischen Frequenz ν. Mit L Ionenpaaren gibt es $2 \times (3L - 6)$ Schwingungsmoden. Die resultierende Energie ist signifikant, obwohl sie ein kleiner Bruchteil der Gesamtenergie ist. Aus Tabelle 11.4 erhalten wir eine Vorstellung über die relativen Größen der einzelnen Energiebeiträge.

Es ist zu beachten, daß die Dispersionswechselwirkungen (§ 11.4), die für die Erklärung der schwachen Bindung zwischen den elektrisch neutralen Einheiten in einem Molekülkristall so wichtig waren, vernachlässigt worden sind. In einem Ionenkristall sind sie tatsächlich (obwohl stets vorhanden) nahezu vollständig vernachlässigbar, verglichen mit den starken elektrostatischen Wechselwirkungen.

Tabelle 11.4. Energiebeiträge (in eV) für den NaCl-Kristall

Elektrostatische Energie	−8.92
Polarisationsenergie	−0.13
Abstoßungsenergie	1.03
Nullpunktsenergie der Schwingung	0.08
Gesamte Gitterenergie	−7.94 (pro NaCl-Einheit)
Gemessene Gitterenergie	−7.86

Schließlich ist noch die Frage zu beantworten, warum verschiedene Kristalle verschiedene Strukturen annehmen. Der Energieunterschied zwischen zwei verschiedenen Anordnungen der Ionen ist ein besonders kleiner Bruchteil der gesamten elektronischen Energie. Demnach kann eine einfache Antwort kaum erwartet werden. Allerdings zeigen sich elementare Packungsbetrachtungen, denen die charakteristische „Größe" der einzelnen Ionen zugrunde gelegt ist, als besonders nützlich. Wie bei unserer Diskussion der kovalenten Radien (§ 7.10) müssen wir versuchen, einen Satz von *Ionenradien* zu finden, so daß der Gleichgewichtsabstand zwischen benachbarten Ionen in irgendeinem Ionenkristall etwa gleich der Summe der entsprechenden Radien ist. Die Messung von R_e für einen Kristall liefert uns nur die *Summe* zweier Radien, und da wir nicht wissen, wo das Anion endet und das Kation anfängt, können wir die einzelnen Radien nicht messen. Zur Bewältigung dieser Schwierigkeit machte Pauling (1973) die Annahme, daß die Größe der Ionen mit einer Edelgasstruktur umgekehrt proportional zur abgeschirmten Kernladung $Z_e = Z - s$ sein sollte. Diese Annahme ist durch (2.23)* theoretisch gerechtfertigt. Für die Bestimmung der Abschirmkonstanten (s) aus den Slater-Regeln gibt es keinerlei Schwierigkeiten. Wir wollen beispielsweise K^+ und Cl^- betrachten; beide Ionen haben eine argonähnliche Struktur. In beiden Fällen gilt $s = 11.25$, so daß $Z - s$ die Werte 7.75 und 5.75 annimmt. Der experimentelle KCl-Abstand im Kristall beträgt 314 pm. Unterteilen wir diesen im Verhältnis der Werte $3/(Z-s)$, so erhalten wir $R(K^+) = 133$ pm und $R(Cl^-) = 181$ pm. Durch diese Vorgehensweise erhalten wir einen Satz von Radien für einwertige Ionen (Tabelle 11.5). Mit nur wenigen Ausnahmen, auf die wir

Tabelle 11.5. Radien (pm) einwertiger Ionen im Kristall

Li^+	60	H^-	208
Na^+	95	F^-	136
K^+	133	Cl^-	181
Rb^+	148	Br^-	195
Cs^+	169	I^-	216

* Es ist zu beachten, daß die Quantenzahl n ebenfalls in die Definition der „Größe" eingeht. Im allgemeinen wird die Proportionalität zu n angenommen, aber der dominierende Faktor ist die effektive Kernladung.

gleich zu sprechen kommen, ist der interionische Abstand im Kristall fast genau gleich der Summe der entsprechenden Radien aus dieser Tabelle.

Für stärker geladene Ionen wird die Verkürzung der Radien der einwertigen Ionen erforderlich, um die „Kompression“ der Ionen zu berücksichtigen, die durch die stark angewachsene Coulomb-Anziehung zwischen ihnen hervorgerufen wird. Wir wollen uns damit begnügen, einige der wichtigsten Radien für Kristalle in Tabelle 11.6 aufzuführen. Für weitere Einzelheiten sei auf Pauling (1973) verwiesen. Verbesserte und umfangreichere Tabellen, im besonderen für Metallionen, sind von Shannon und Prewitt (1969) zusammengestellt worden. Dabei fällt auf, daß die positiven Ionen immer viel kleiner als die entsprechenden negativen Ionen sind; je höher die positive Ladung ist, um so kleiner ist der Ionenradius. Außerdem kann man feststellen, daß für eine vorgegebene Nettoladung der Ionenradius mit der Ordnungszahl ansteigt. Die einzige Ausnahme zu dieser Regel tritt dann auf, wenn wie bei $Ca^{2+} \rightarrow Zn^{2+}$ oder $Sc^{3+} \rightarrow Ga^{3+}$ der Unterschied in der Ordnungszahl mit dem Auffüllen von inneren d-Orbitalen verbunden ist.

Die Ionenradien aus Tabelle 11.5 liefern uns das Verständnis für einen wichtigen Faktor, der die Art der Kristallstruktur für vorgegebene Atome bestimmt. Dieser ist das Radienverhältnis der Ionen. Angenommen, dieses Verhältnis ist viel kleiner als $\sqrt{2} - 1 = 0.414$, wie das für Li^+I^- der Fall ist. (Für Li^+I^- lautet dieses Verhältnis $60/216 = 0.28$, aber für Li^+F^- lautet es $60/136 = 0.44$). Wie in Fig. 11.19 zu sehen ist, können sich die positiven und negativen Ionen an zwei benachbarten Ecken der Einheitszelle nicht berühren. Solche Berührungen treten aber zwischen den viel größeren Anionen auf. Demzufolge ist der interatomare Abstand größer als die Summe der Radien im Kristall (für LiI beträgt der Abstand 302 pm, an Stelle des erwarteten Wertes von 276). Die positiven Kationen passen in die Lücken der dichtesten Packung der negativen Anionen.

Ein weiterer Punkt kann in diesem Zusammenhang diskutiert werden. Solange sich die Ionenradien deutlich unterscheiden, wird die Natriumchlorid-Anordnung für Alkalihalogenidkristalle die stabilste sein. Werden aber die Radien nahezu vergleichbar, wie in CsCl (169 und 181 pm), so reicht für die Kationen der Platz nicht aus, so daß die Struktur in die raumzentrierte Form übergeht, die in Fig. 11.1 (*a*) dargestellt ist. Dabei ist jedes Ion von so vielen entgegengesetzt geladenen Ionen umgeben, wie nur irgend möglich ist. Im Caesiumchloridgitter beträgt diese Zahl acht, an Stelle von sechs wie im Natriumchloridgitter. Diese Situation liegt für die Chloride, Bromide und Iodide des Caesiums und des Rubidiums vor.

Als Zusammenfassung dieser Diskussion sollen einige Kriterien genannt werden, denen die Kristallstruktur einer Substanz gehorcht. Die Kristallstruktur hängt haupt-

Tabelle 11.6. Radien (pm) mehrwertiger Ionen im Kristall

Be^{2+}	31	B^{3+}	20		
Mg^{2+}	65	Al^{3+}	50	O^{2-}	140
Ca^{2+}	99	Sc^{3+}	81	S^{2-}	184
Zn^{2+}	74	Ga^{3+}	62		

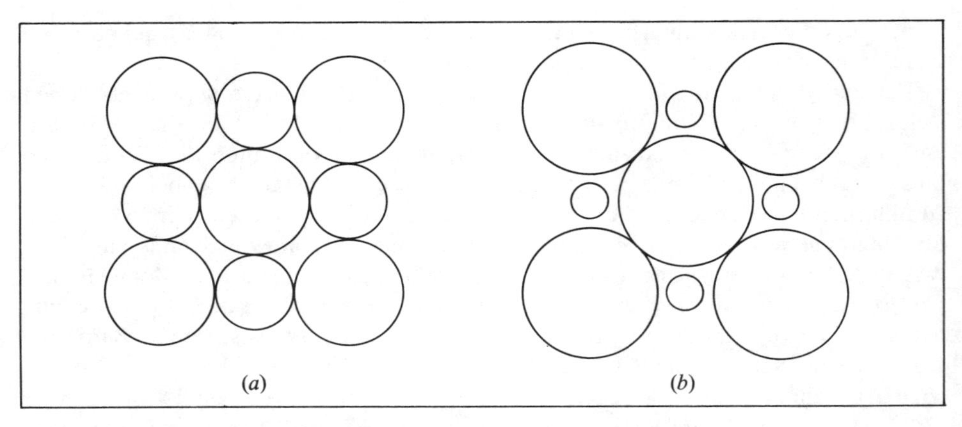

Fig. 11.19. Die Kristallstrukturen von (*a*) LiF und (*b*) LiI.

sächlich ab von (*a*) der relativen Anzahl der Ionen von jeder Sorte, (*b*) dem Bestreben der Ionen der einen Sorte, sich mit möglichst vielen Ionen der anderen Sorte zu umgeben, (*c*) den starken Abstoßungskräften, die dann auftreten, wenn der Abstand der Ionen geringer als die Summe der entsprechenden Radien wird, (*d*) dem Verhältnis der Ionenradien, durch das die Art der Packung zufriedenstellend erklärt werden kann. Regeln dieser Art wurden zuerst von Goldschmidt aus Experimenten hergeleitet.

Zum Schluß soll noch darauf hingewiesen werden, daß es viele Kristallarten gibt, die weder in die ionische Kategorie, noch in irgendeine andere Kategorie aus diesem Kapitel eingeordnet werden können. Beispielsweise sind die Einheiten in Eis neutrale H_2O-Moleküle, obwohl ziemlich starke elektrostatische Kräfte aufgrund der polaren Moleküle wirken. Sogar dann, wenn ein Kristall im wesentlichen ionisch ist, können die einzelnen Gruppen (Ferricyanid, Cobaltammin) so komplex sein, daß die einfachen Überlegungen aus diesem Abschnitt nicht unmittelbar angewandt werden können. Solche Strukturen können aber mit Hilfe derselben Grundlagen verstanden werden. Ein oder zwei Sonderfälle werden in Kapitel 12 behandelt.

Aufgaben

11.1. Wir betrachten ein quasi-unendliches Polyen mit 10^8 Kohlenstoffatomen mit einem Abstand von 150 pm und einem Bindungsintegral $\beta = -2.5$ eV. Man trage ε_k (cyclischen Randbedingungen entsprechend) über dem Betrag k des Wellenvektors auf. Man berechne (I) die Breite des π-Bandes, (II) den Abstand benachbarter Niveaus am oberen Rand, im Mittelbereich und am unteren Rand des Bandes, (III) die Zustandsdichten an denselben drei Punkten. Ist das System ein Leiter oder ein Isolator, wenn jedes Atom ein π-Elektron trägt*? (Hinweis: hier gilt $k = \varkappa/N$ mit $\varkappa = 0, \pm 1, \pm 2, \ldots$, und es kann (11.3) verwendet werden. Die Zustandsdichte ist einfach die Anzahl pro Energieeinheit.)

* Für große N-Werte ist das System instabil. In einer wirklichen Kette alternieren die Bindungslängen. Wie werden dadurch die Folgerungen beeinflußt? (Man denke dabei an die extreme Situation, in der die alternierenden Bindungen unabhängig werden.)

11.2. Wir betrachten ein Teilchen mit der Masse m, das sich zwischen zwei 1.5 cm voneinander entfernten Grenzen frei bewegt (das ist die Länge der Polyenkette von Aufgabe 11.1), wobei periodische Randbedingungen angenommen werden. Man löse die Schrödingergleichung des freien Teilchens, um die Energieniveaus in der Form $\varepsilon_k = (\hbar^2/2m)k^2$ und die Wellenfunktionen $\psi_k = \exp(2\pi ikx)$ zu erhalten. Es ist zu zeigen, wie die k-Werte als Folge der periodischen Randbedingungen quantisiert sind. Man wähle eine effektive Masse m, so daß für kleine k-Werte dieselben Niveauabstände entstehen wie in Aufgabe 11.1. Die beiden ε_k-Kurven sind in demselben Diagramm miteinander zu vergleichen. (Hinweis: es ist wie in Aufgabe 3.9 zu verfahren, jedoch unter der Bedingung, daß sich ψ_k wiederholt, wenn x um L wächst.

11.3. Man zeige, daß das Bloch-Orbital für ein π-Elektron einer Polyenkette (Aufgabe 11.1), nämlich

$$\psi_k = C_k \sum_n \exp(2\pi ikn)\phi_n \qquad (k = \kappa/N),$$

unter Vernachlässigung der Überlappung normiert ist, falls $C_k = 1/\sqrt{N}$. Sodann ist der Ausdruck (mit Hilfe der Näherung der nächsten Nachbarn)

$$\langle p_x \rangle_k = 2\hbar d \sin 2k$$

für den Erwartungswert des Elektronenimpulses entlang der Kette (x-Richtung) im Zustand ψ_k herzuleiten, wobei d durch

$$d = \int \phi_1 (\partial/\partial x) \phi_2 \, \mathrm{d}\tau$$

definiert ist. Dabei ist ϕ_2 der erste Nachbar von ϕ_1, wenn man in positiver x-Richtung weitergeht. Welche Zustände im Band entsprechen den größten Impulsen? Man beachte, wie zum oberen Rand des Bandes hin der Impuls sinkt, d. h., wenn man sich einer Energielücke nähert. (Hinweis: man entwickle den Erwartungswert mit Hilfe von (3.54) unter Rücksicht darauf, daß die Wellenfunktion komplex ist. Mit reellen Atomorbitalen gilt infolge der Hermitizität (§ 3.8)

$$D_{mn} = \int \phi_m (\hbar/\mathrm{i}) (\partial \phi_n / \partial x) \, \mathrm{d}\tau = D_{nm}^*$$

Man muß lediglich D_{12} für ein repräsentatives Paar von Nachbarn berechnen (CC-Glied).)

11.4. Man beschreibe die Durchführung einer LCAO-MO-Rechnung an einer eindimensionalen Kette von N Berylliumatomen, wobei 2s- und $2\mathrm{p}_\sigma$-Orbitale und periodische Randbedingungen verwendet werden. Ist das System ein Leiter oder ein Isolator (a) für eine Gitterkonstante, mit der die Bänder getrennt sind, und (b) für eine Gitterkonstante, mit der sie sich überlappen? Würden die s- und p-Blochfunktionen kombinieren oder nicht, wenn sich die Bänder überlappen? Wenn ja, wie könnte man die Kombinationen bestimmen und wie würden die Bandstrukturen beeinflußt werden? (Hinweise: sind ψ_{sk} und ψ_{pk} Blochfunktionen, so müssen beide denselben k-Wert haben, damit eine Kombination möglich ist. Die Kombination (falls es überhaupt eine gibt) kann dann für jeden k-Wert durch ein Matrixelement $\int \psi_{sk}^* \hat{h} \psi_{pk} \, \mathrm{d}\tau$ bestimmt werden. In der Näherung der nächsten Nachbarn bestimme man einen Ausdruck dafür, ähnlich wie in Aufgabe 11.3. Für die Coulomb- und Bindungsintegrale $\alpha_\mathrm{s}, \alpha_\mathrm{p}, \beta_\mathrm{ss}, \beta_\mathrm{sp}, \beta_\mathrm{pp}$ sind plausible Werte einzusetzen. Man führe die Rechnungen für einige typische k-Werte durch.)

11.5. Man zeige, daß ein Blochorbital der Form (11.10) die Säkulargleichungen für jedes Gitter erfüllt, wenn die Atome an den Punkten $\mathbf{R}_n$ liegen, die durch (11.4) gegeben sind. Dabei wird vorausgesetzt, daß an jedem Atom nur ein AO zur Verfügung steht. Man zeige auch, daß die entsprechende Energie (unter Vernachlässigung von Überlappungsintegralen) die Form

$$\varepsilon_\mathbf{k} = \alpha + \sum_\rho \mathrm{e}^{\mathrm{i}\mathbf{k}\cdot\boldsymbol{\rho}} \beta(\boldsymbol{\rho})$$

hat, wobei $\beta(\boldsymbol{\rho})$ das „Bindungsintegral“ für Atome ist, deren Entfernung durch den Vektor $\boldsymbol{\rho}$ gegeben ist; die Summe läuft über die Nachbarn aller Ordnungen. (Hinweise: man setze die Säkulargleichungen in der Form

$$(\alpha - \varepsilon)c_n + \sum_m \beta(\mathbf{R}_n, \mathbf{R}_m)c_m = 0$$

an, wobei c_n und c_m die Koeffizienten der Orbitale ϕ_n und ϕ_m sind, die sich an den Punkten $\mathbf{R}_n$ und $\mathbf{R}_m$ befinden. Man beachte, daß $\beta(\mathbf{R}_n, \mathbf{R}_m)$ nur von der Vektordifferenz $\boldsymbol{\rho} = \mathbf{R}_m - \mathbf{R}_n$ abhängt und substituiere $c_n = e^{ik\mathbf{R}_n}$ gemäß (11.10)).

11.6. Mit Hilfe des Ergebnisses von Aufgabe 11.5 ist (11.11) auf ein quadratisches Gitter zu erweitern, wobei die Wechselwirkungen der zweiten und dritten Nachbarn berücksichtigt werden. Man stelle eine Zeichnung ähnlich wie Fig. 11.13 (*b*) her und schattiere die Zone, die den besetzten Orbitalen entspricht; dabei soll angenommen werden, daß jedes Atom ein Elektron beisteuert.

11.7. Man führe eine LCAO-Rechnung für die σ-Elektronen des Benzols durch, wobei als Basis drei sp^2-Atomorbitale (a_n, b_n, c_n) an jedem Kohlenstoff (n) und die 1s-Atomorbitale $(d_1, \ldots, d_6)$ an den Wasserstoffen verwendet werden sollen. Es sollen ähnliche Näherungen wie in Aufgabe 8.14 angewandt werden.

Es ist zu zeigen, daß es unter Vernachlässigung der intraatomaren β-Werte zwei besetzte Energiebänder gibt, und daß durch geeignete Kombination der entsprechenden doppelt besetzten Bloch-Molekülorbitale das System mit Hilfe doppelt besetzter Bindungsorbitale beschrieben werden kann, die in den Bereichen der CC- und CH-Bindungen lokalisiert sind. Welche Bedeutung haben die Ergebnisse für die Interpretation der elektronischen Strukturen von (I) Graphit und (II) Diamant? (Hinweise: die Atomorbitale können so kombiniert werden, daß Symmetrieorbitale der Form $\phi^a = \Sigma_n \exp(2\pi i\varkappa n/N)a_n$ usw. entstehen; diese sind im wesentlichen Blochorbitale für ein eindimensionales Gitter mit N (= 6) Einheitszellen. Es gibt vier solche Blochfunktionen für jeden $\varkappa$-Wert ($\varkappa = 0, \pm 1, \pm 2, 3$), entsprechend den vier Atomorbitalen in jeder Einheitszelle. Man schreibe die Säkulargleichungen für die Blochfunktionen auf und löse sie.)

11.8. Für zwei Systeme A und B mit den Elektronenkonfigurationen $A[\phi_A^2]$ und $B[\phi_B^2]$ zeige man, daß bei beginnender Überlappung die Elektronendichte nicht mehr die Form $2\phi_A^2 + 2\phi_B^2$ hat, sondern

$$P = 2(\phi_A^2 + \phi_B^2 - 2S\phi_A\phi_B)/(1 - S^2)$$

lautet, wobei S das Überlappungsintegral $\int \phi_A \phi_B \, d\tau$ ist. Man zeige, daß die Ladung vom Betrag $4S^2/(1 - S^2)$ aus dem Überlappungsbereich herausgedrängt wird. Das ist die Grundlage für die Interpretation der Abstoßung von Systemen mit abgeschlossenen Schalen (§ 11.6). (Hinweis: die Gesamtwellenfunktion für vier Elektronen ist eine Determinante, gemäß der Elektronenkonfiguration $[\phi_A^2 \phi_B^2]$; diese ist äquivalent einer Determinante für $[\psi_+^2 \psi_-^2]$, wobei $\psi_\pm = N_\pm(\phi_A \pm \phi_B)$ zueinander *orthogonale* Linearkombinationen sind. Man arbeite mit $\psi_\pm$, bestimme die Normierungsfaktoren und beachte, daß für orthogonale Orbitale P eine Summe von Orbitalbeiträgen ist. Man beachte die Bedeutung dieser Diskussion für das hypothetische He_2-Molekül (§ 4.6).)

12. Schwache Wechselwirkungen und außergewöhnliche Bindungen

12.1 Außergewöhnliche Bindungsarten

In den vorhergehenden Kapiteln haben wir alle häufiger auftretenden Arten der Valenzwechselwirkung behandelt. Die Bindungen in den meisten Molekülen können durch lokalisierte Elektronenpaare beschrieben werden. Sie sind σ-artig und halten sich in den Bereichen auf, die durch die Bindungsstriche (–) in den chemischen Formeln gekennzeichnet sind; manchmal wird die resultierende Molekülgestalt durch die delokalisierte π-Bindung noch zusätzlich verfestigt. Dabei wird jeder Bindung nur ein Bruchteil eines Elektronenpaares zugeordnet, was zu einer „partiellen" Doppelbindung führt. Gelegentlich ist die Delokalisierung von nicht so einfacher Art, wie etwa in Übergangsmetallkomplexen oder im Festkörper (besonders bei der Beteiligung von d-Orbitalen), wo die Bindung stärker delokalisiert ist. Wir wissen auch etwas über nicht-bindende Wechselwirkungen, die für die Bestimmung der Molekülgestalt (§7.8) und bei den intermolekularen Kräften (§11.4) eine Rolle spielen. Es gibt aber noch viele andere Bindungsarten, mit ganz spezifischen und charakteristischen Eigenschaften, die nicht leicht in eine dieser Kategorien einzuordnen sind: einige davon sind schwach, verglichen mit den bekannten Elektronenpaarbindungen (Wasserstoffbrückenbindungen sind ein Beispiel dafür); andere, wie die Bindungen in Borverbindungen, sind ziemlich stark, aber in anderer Hinsicht eine Ausnahme; einige erscheinen uns auf den ersten Blick völlig unerwartet, wie die Bindungen bei Edelgasen. In diesem Kapitel behandeln wir diese neuen Varianten der Bindung sowie einige andere interessante Effekte, die auf den Wechselwirkungen zwischen verschiedenen chemischen Gruppen beruhen (es sind das die „behinderte Rotation" von Gruppen, die mit σ-Bindungen verknüpft sind und nicht frei drehbar sind, oder die Winkeldeformation, die in sterisch behinderten Molekülen auftreten).

12.2 Die Wasserstoffbrückenbindung*

Die meisten Bindungen, mit denen wir uns bisher befaßt haben, haben eine Energie im Bereich 200–500 $\mathrm{kJmol^{-1}}$, aber es gibt eine sehr häufig auftretende Bindung, deren Energie wesentlich geringer ist, und die wir nun beschreiben wollen. Zunächst

* Ausführlichere Behandlungen findet man bei Pimentel und McClellan (1960), Hamilton und Ibers (1968) und Schuster *et al.* (1976). Eine kurze Übersicht gibt Coulson (1957).

können wir feststellen, daß in dieser Bindung, die im allgemeinen Wasserstoffbrückenbindung genannt wird, ein einziges Wasserstoffatom an zwei bestimmte Atome gebunden zu sein scheint; eines davon ist meistens Sauerstoff. Die Wasserstoffbrückenbindung ist von besonderem Interesse, weil ihre Energie so gering ist, von der Größenordnung 25 $kJmol^{-1}$, und außerdem, weil die Hydroxylgruppe in den meisten biologischen Systemen sehr häufig auftritt.

Das überzeugendste Beispiel einer solchen Bindung liefert Eis, wobei die Bindungen zwischen den Wassermolekülen durch die gestrichelten Linien in Fig. 12.1 (*a*) angedeutet sind. Bei hinreichend niedriger Temperatur tritt eine praktisch vollständige Koordination dieser Art auf, so daß um jedes Sauerstoffatom die relativ lockere tetraedrische Struktur angenommen wird. Hätten diese gestrichelt angedeuteten Wasserstoffbrückenbindungen keine derartige Struktur auch angenommen, so könnte man sich kaum vorstellen, daß eine so lockere Struktur stabil wäre. Für den Schmelzprozeß kann man sich vorstellen, daß dabei hauptsächlich eine gewisse Anzahl dieser Bindungen gebrochen wird. Bei Zimmertemperatur bleibt nur etwa die Hälfte aller möglichen dieser Bindungen ungebrochen. Das Aufbrechen aller restlichen Bindungen bewirkt den Übergang von der Flüssigkeit in die Gasphase (die beim Schmelzen aufgenommene Wärmemenge beträgt 6.02 $kJmol^{-1}$; die bei der Sublimation aufgenommene Wärmemenge beträgt 51.2 $kJmol^{-1}$). Daraus folgt, daß stark assoziierte Flüssigkeiten, mit hoher Dielektrizitätskonstante, sehr häufig diese Art von Bindung aufweisen.

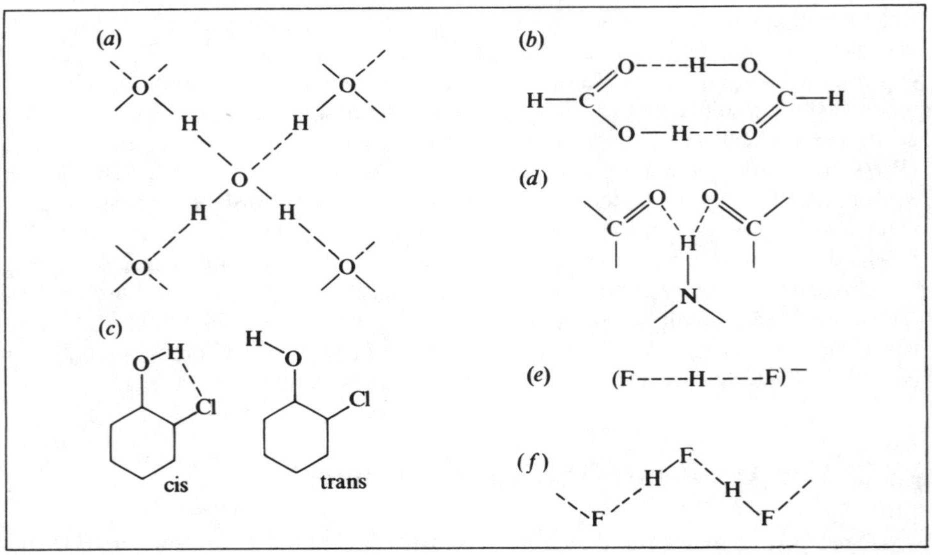

Fig. 12.1. Einige Arten von Wasserstoffbrückenbindungen: (*a*) Wasser, mit einer tetraedrischen Koordination an jedem Sauerstoffatom; (*b*) die cyclisch-dimere Form der Ameisensäure; (*c*) cis- und trans-ortho-Chlorphenol (nur die cis-Form weist eine Wasserstoffbrückenbindung auf); (*d*) eine gegabelte Wasserstoffbrückenbindung, wie sie in manchen Diacyl-diphenylaminen auftritt; (*e*) die HF_2^--Einheit im Ionenkristall $K^+(HF_2)^-$; (*f*) die polymere Form von HF.

Wir können mindestens fünf verschiedene Arten von Wasserstoffbrückenbindungen unterscheiden. Diese sind in Fig. 12.1 (*a*)–(*e*) dargestellt und können wie folgt beschrieben werden.

(*a*) Intermolekular, sich über viele Moleküle erstreckend.
(*b*) Intermolekular, sich über zwei Moleküle erstreckend, so daß eine dimere Form entsteht.
(*c*) Intramolekular, wobei das Wasserstoffatom an zwei Atome desselben Moleküls gebunden ist und nur eine Wasserstoffbrückenbindung entsteht.
(*d*) Intramolekular, wobei das Wasserstoffatom durch zwei gleiche Wasserstoffbrückenbindungen gehalten wird (gegabelte Wasserstoffbrückenbindungen).
(*e*) $(FHF)^-$, wobei das Anion des polaren Kristalls KHF_2 als geladene Einheit im Festkörper existiert. Die Bindungen sind zu unterscheiden (siehe später) von denen im flüssigen HF, die in (*f*) dargestellt sind; dabei ist der Winkel zwischen aufeinanderfolgenden FHF-Richtungen etwa 120°.

Die erste Frage, die zu beantworten ist, gilt der Gleichgewichtslage des H-Atoms. Röntgenexperimente geben oft keine befriedigende Antwort, denn die geringe Elektronendichte am Proton bewirkt nur eine geringfügige Streuung. Demgegenüber zeigen die Infrarot- und die Ramanspektroskopie auf mittelbare Weise, daß in den meisten Fällen die Bindung am besten durch $A-H\cdots B$ dargestellt wird, wobei in $A-H$ etwa die normale Länge eines Hydrids vorliegt, während $H\cdots B$ wesentlich länger ist. Mit anderen Worten, die Wasserstoffbrückenbindung erzeugt eine schwache Wechselwirkung zwischen Molekülen (oder chemischen Gruppen), die dessen ungeachtet ihre Individualität beibehalten. Die gebundenen Einheiten in Eis sind immer noch als Wassermoleküle zu erkennen; jene in Dimeren in Fig. 12.1 (*b*) sind als Moleküle der Ameisensäure zu erkennen. Demnach ändern sich die OH-Schwingungsfrequenzen in Ameisensäure bei der Dimerisierung nur von 3570 cm^{-1} auf 3110 cm^{-1}. Die niedrigere der beiden Frequenzen steht in Einklang mit einer geringfügigen Schwächung der Bindungen; deren Länge wächst von 98 pm in der monomeren Form auf 104 pm. Im Eis beträgt der OH-Abstand 100 pm, verglichen mit 96 in der Gasphase; der $O\cdots O$-Abstand beträgt etwa 276 pm und die Länge der Wasserstoffbrückenbindung $H\cdots O$ ist demnach fast zweimal so groß wie die der gewöhnlichen OH-Bindung. Im allgemeinen ist aber die Lage des Wasserstoffatoms in $A-H\cdots B$ vom gesamten $A\cdots B$-Abstand abhängig. Liefert die Geometrie der Verbindung einen außergewöhnlich kurzen $A\cdots B$-Abstand, so kann das H-Atom eine Lage im Zentrum annehmen. In Kaliumhydrogenmalonat (siehe Currie und Speakman (1970)) beträgt der $O\cdots O$-Abstand 249 pm und das Wasserstoffatom liegt genau in der Mitte. Solche Fälle stellen eher eine Ausnahme als eine Regel dar. Viel häufiger stellt $A-H$ eine normale kovalente Bindung dar, während die Wasserstoffbrückenbindung $H\cdots B$ viel länger und viel schwächer ist.

Infolge der unterschiedlichen Längen der Wasserstoffbrückenbindungen für dieselben Elemente in verschiedenen Verbindungen ist eine Tabellierung einheitlicher Bindungsenergien nicht möglich, trotzdem sind in Tabelle 12.1 die zu erwartenden Größenordnungen zusammengefaßt. Es ist beachtenswert, daß die entsprechende Bindungsenergie im symmetrischen Ion $(FHF)^-$ etwa 220 $kJmol^{-1}$ beträgt; es kann angenommen werden, daß die Bindungen in diesem System über alle drei Zentren

Tabelle 12.1. Energien für Wasserstoffbrückenbindungen ($A - H \cdots B$)[a]

A \ B	N	O	F	S
C	12–20	8–12		
N	12–50	12–16	~20	
O	16–30	12–30		
F		~45	25–35[b]	
S				~20

[a] Die Werte beziehen sich auf $-\Delta H$ in kJmol^{-1}. Die Zahlen an den Kreuzungen der Zeile A und der Spalte B beziehen sich auf die Wasserstoffbrückenbindung $A - H \cdots B$.
[b] Diese Werte beziehen sich auf $(HF)_n$-Polymere und nicht auf das Ion $(FHF)^-$.

delokalisiert sind, aber ihrem Wesen nach kovalent sind. Diese Interpretation wird in einem späteren Abschnitt hergeleitet.

Vom theoretischen Standpunkt kann die Wasserstoffbrückenbindung am leichtesten mit Hilfe der Diskussion verstanden werden, die zur Gleichung (11.19) für die Energie zweier in Wechselwirkung stehenden Moleküle führte. Ist die Wasserstoffbrückenbindung schwach, so ist die Wechselwirkung zwischen den Systemen in erster Ordnung elektrostatisch (diese Situation ist in Fig. 11.16 dargestellt); die Bindungsenergie kann dann aus der Kenntnis der Ladungswolken der beiden Systeme klassisch bestimmt werden. Diese Vorstellung wird durch die Tatsache unterstützt, daß Wasserstoffbrückenbindungen nur zwischen Atomen mit hoher Elektronegativität auftreten; auf diese Weise treten starke Dipole auf. Außerdem ist zu beobachten, daß in solchen Bindungen ein elektronenarmer Bereich (die Umgebung des Protons) in die Nähe eines elektronenreichen Bereichs, wie ihn ein einsames Elektronenpaar darstellt, kommt (als Beispiel sei auf die einsamen Paare am Sauerstoff in H_2O hingewiesen (Fig. 7.18)). Tatsächlich liefert eine sehr einfache Rechnung für Eis von Bernal und Fowler (1933), die ein Punktladungsmodell verwendeten, mit einer negativen Überschußladung am Sauerstoff und diese kompensierende positive Ladungen an den Wasserstoffen, eine bemerkenswert gute Kohäsionsenergie. In einem genaueren Modell (Lennard-Jones und Pople (1951); Pople (1951)) wurde die Tatsache berücksichtigt, daß verschiedene Bereiche der H_2O-Ladungswolke ihre Schwerpunkte nicht genau am Kern haben; aber die Folgerungen sind ähnlich und es scheint nicht so wesentlich zu sein, wie und wo die positiven und negativen Ladungen plaziert sind, so lang diese das molekulare Dipolmoment richtig wiedergeben*.

* Einfache Punktladungsmodelle und Dipol-Näherungen im Zusammenhang mit Wasserstoffbrückenbindungen haben sich bisher trotz gelegentlicher Teilerfolge als trügerisch erwiesen. Die für das Zustandekommen einer Wasserstoffbrücke entscheidenden einsamen Elektronenpaare des Protonakzeptors haben immerhin einen oft fünfmal so großen Radius wie das Wasserstoffatom. Schon die Strukturen der am besten bekannten Wasserstoffbrückensysteme wie $(HF)_2$ (vgl. § 7.9), $(H_2O)_2$ oder $HOHF^-$ widersprechen beispielsweise der klassischen Dipol-Vorstellung. (Anmerkung des Übersetzers)

Wir werden bald erkennen, warum nur Wasserstoff (oder Deuterium) als Zentralatom der Bindung geeignet sein kann. Damit die elektrostatische Wechselwirkungsenergie dem Betrage nach groß werden kann, müssen die Einheiten so nahe wie möglich zusammenrücken. In dieser Hinsicht hat Wasserstoff zwei günstige Eigenschaften. Der Atomradius (30 pm) ist extrem klein und es gibt keine Elektronen in inneren Schalen. Folglich können die benachbarten Moleküle sehr nahe zusammenrücken, ohne daß dabei große Beiträge der Abstoßungsenergie auftreten. Natürlich ist es notwendig, ein elektropositives Atom im Zentrum zu haben. Würden wir aber beispielsweise versuchen, H durch Na zu ersetzen, so würde der größere Atomradius des Na-Atoms und die Anwesenheit einer vollständigen inneren L-Schale die Struktur so weit lockern, daß keine Bindungsenergie mehr übrig bliebe. Das Bestreben nach einem ziemlich elektronegativen Atom an jedem Ende des Systems kann auf ähnliche Weise erklärt werden. Auch hier erlaubt der relativ kleine Radius solcher Atome (Tabelle 7.6) eine starke Annäherung der beiden Moleküle.

Bei der Berücksichtigung von Termen höherer Ordnung wird die elektrostatische Bindung durch Polarisationseffekte (E_{Pol} in (11.19)) modifiziert; dabei wird jede Ladungswolke durch die Anwesenheit der anderen geringfügig verändert; van der Waals-Beiträge (E_{Disp} in (11.19)) dürften ebenfalls eine Rolle spielen. Derartige Verbesserungen beeinflussen aber das allgemeine Bild der beiden verschiedenen, miteinander in Wechselwirkung stehenden Systeme nicht. Dieses wird durch die Wahl der Wellenfunktion in *Produktform* (§ 5.2) verkörpert. Eine Wellenfunktion dieser Form gestattet es nicht, daß sich Elektronen zwischen den beiden Systemen aufhalten. Aus diesem Grund können wir nicht erwarten, daß das beschriebene Modell dann noch geeignet wäre, wenn sich die Ladungswolken auch nur geringfügig durchdringen würden. In diesem Fall hätte die Verknüpfung kovalenten Charakter.

Es gibt zwei Möglichkeiten, daß in einer solchen Situation ein kovalenter Charakter bedeutungsvoll werden könnte: (I) das gesamte System* $-\mathrm{A}-\mathrm{H}\cdots\mathrm{B}-$ kann als „Super-Molekül" betrachtet werden, auf das wir die üblichen MO-Methoden anwenden können (die Molekülorbitale erstrecken sich mindestens über alle drei Zentren), oder (II) wir können mit der bisher verwendeten Formulierung weiterfahren, aber es werden Wellenfunktionen zur Beschreibung der Situation $(-\mathrm{A}-\mathrm{H})^-(\mathrm{B}-)^+$ hinzugefügt, wobei ein Elektron von einem System zum anderen hinübergegangen ist. Die Supermolekül-Näherung wurde im Rahmen von *ab initio*-Rechnungen umfangreich verwendet (beispielsweise in Rechnungen für das dimere Wasser, siehe Del Bene und Pople (1970), Diercksen (1971)); solche Rechnungen erfordern natürlich keinerlei neue Überlegungen. Die Alternative dazu, bei der der Begriff zweier Moleküle erhalten bleibt, aber wobei „Ladungsübertragungs-Zustände" (charge transfer) als Komponenten der Wellenfunktion zugelassen sind, wurde von Fujimoto und Fukui (1972) in anderem Zusammenhang untersucht. Diese Alternative hat viel mit der VB-Näherung gemeinsam, wie aus der Betrachtung des Systems $-\mathrm{O}-\mathrm{H}\cdots\mathrm{O}-$ hervorgeht. Bei der Übertragung eines Elektrons erhalten wir mit $(-\mathrm{O}-\mathrm{H})^-\mathrm{O}^+$ eine

* Es sei daran erinnert, daß A und B an weitere Atome gebunden sind. Sprechen wir vom A- und B-Ende der Wasserstoffbrückenbindung, so meinen wir in Wirklichkeit zwei Moleküle A und B.

Situation mit zwei *einfach* besetzten und einander überlappenden Orbitalen (eines davon ist ein Orbital für ein einsames Elektronenpaar am Sauerstoff, das andere ist ein Orbital an der O–H-Gruppe). Durch antiparallele Spineinstellung beschreibt die entsprechende Wellenfunktion eine kovalente Bindung zwischen den beiden Systemen. Obwohl *ab initio*-Rechnungen in diesem Sinne kaum versucht worden sind, haben die frühen semiempirischen VB-Rechnungen gezeigt, daß für normale Wasserstoffbrückenbindungen der kovalente Charakter gering ist und die wesentlichen Wechselwirkungen elektrostatischer Natur sind. Die hervorstechendste Ausnahme zu dieser Regel scheint das $(FHF)^-$-Ion zu sein, für das in einer Reihe von Arbeiten gezeigt wurde (Kollman und Allen (1970); Noble und Kortzeborn (1970)), daß dieses System linear ist, wobei sich die Molekülorbitale über alle drei Zentren erstrecken. In der VB-Terminologie heißt das, daß die durch

$$F^- \; H—F, \qquad F—H \; F^-, \qquad F^- \; H^+ \; F^-$$

dargestellten Strukturen wirkungsvoll miteinander kombinieren. Aus der Symmetrie des Systems folgt, daß die beiden ersten Strukturen mit gleichen Gewichten auftreten, woraus zwei hauptsächlich kovalente H–F-Bindungen resultieren. Tatsächlich ist die beobachtete Bindungslänge (113 pm) nicht wesentlich länger als die im freien HF-Molekül (92 pm). Sehen wir von solchen Ausnahmen ab, so kann die Wasserstoffbrückenbindung auf qualitativem Niveau am besten mit Hilfe elektrostatischer Modelle verstanden werden.

Die Bedeutung von Wasserstoffbrückenbindungen kann kaum überschätzt werden. Die außergewöhnlich hohe Dielektrizitätskonstante von Flüssigkeiten wie CH_3OH, H_2O und HCN, verglichen mit anderen Flüssigkeiten mit ebenfalls hohen Dipolmomenten, die in Flüssigkeiten häufig auftretenden Assoziationen, die Orientierung der Moleküle in vielen organischen Kristallen wie etwa bei Purinen und Pyrimidinen, das Haften des gewöhnlichen „Schmutzes" auf der Haut des menschlichen Körpers, die reguläre Anordnung von Polypeptidketten in einer Proteinstruktur, ähnlich der in Fig. 12.2 und die Basenpaarung in der Doppelhelix einer Nucleinsäure und ihre Bedeutung für die Duplikation der Genstruktur: alle diese Erscheinungen hängen von der Wasserstoffbrückenbindung ab. Für die Bedeutung der Wasserstoff-

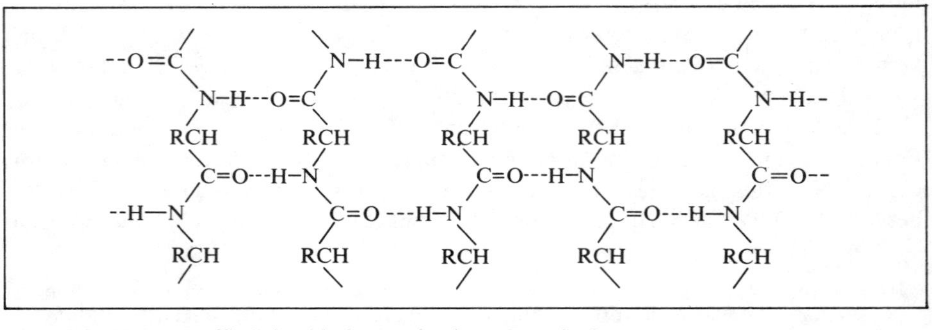

```
        /          \          /          \          /
--O=C            N–H---O=C            N–H---O=C
      \          /          \          /          \
       N–H---O=C            N–H---O=C            N–H--
      /          \          /          \          /
   RCH        RCH        RCH        RCH        RCH
      \          /          \          /          \
       C=O---H–N            C=O---H–N            C=O--
      /          \          /          \          /
--H–N            C=O ---H–N            C=O---H–N
      \          /          \          /          \
   RCH        RCH        RCH        RCH        RCH
      /          \          /          \          /
```

Fig. 12.2. Wasserstoffbrückenbindungen in einem Protein-System.

brückenbindung in solchen Systemen sei beispielsweise auf Stryer (1975) verwiesen. Tatsächlich scheinen in irgendeiner Weise fast alle biologischen Vorgänge von der Wasserstoffbrückenbindung beeinflußt zu sein. Ein interessantes Beispiel sind die Anaesthetika (Paolo und Sandorfy (1974)), bei denen die anaesthetische Wirkung oft davon abhängt, inwieweit eine solche Verbindung befähigt ist, Wasserstoffbrükkenbindungen im biologischen System zu *brechen*.

12.3 Bindungen in Elektronenmangelverbindungen

Eine weitere Art von Bindung, die nicht in die bisher behandelten Kategorien paßt, tritt in „Elektronenmangelverbindungen" auf. In solchen Molekülen scheinen alle benachbarten Atome durch die üblichen kovalenten Bindungen gebunden zu sein – ohne daß dafür genug Elektronenpaare zur Verfügung stehen! Mit anderen Worten, die Anzahl der Valenzelektronen ist geringer als das Doppelte der Anzahl der Bindungen. Die ersten Moleküle dieser Art waren die Borhydride*, aber viele weitere ähnliche Verbindungen mit Elementen aus den Gruppen II und III, wie etwa Beryllium und Aluminium, sind hergestellt und untersucht worden.

Die Tatsache, daß nur Elemente aus den Gruppen II und III solche Verbindungen bilden, ist mit dem Elektronenmangel der Atome selbst verbunden. Dieser ist so zu verstehen, daß es „leere Räume" in den Valenzschalen gibt**. Mit der s-p-Hybridisierung stehen für Be und B für die Bindung vier Orbitale in der Valenzschale zur Verfügung, aber es gibt nur zwei, beziehungsweise drei Elektronen. In Ionenkristallen wird der Mangel oft durch Elektronentransfer wieder gutgemacht. Das Komplexion BeF_4^{2-} ist tetraedrisch, und das steht in Übereinstimmung damit, daß die beiden zusätzlichen Elektronen an das Metall abgegeben worden sind, dessen vier einfach besetzte sp^3-Hybride zur kovalenten Bindung mit den Fluoratomen verwendet werden können. In den sogenannten Elektronenmangelverbindungen ist aber die Bindung von einer noch außergewöhnlicheren Art.

Wir werden mit der Diskussion des Diboranmoleküls B_2H_6 beginnen. Zuerst hat man geglaubt, daß Diboran eine ethanartige Struktur hat, und deshalb wurde es oft in der Form $BH_3{-}BH_3$ geschrieben (das Monoboranmolekül BH_3 war noch unbekannt). Es gibt allerdings nur 12 Valenzelektronen, und diese reichen nicht aus, um sieben Elektronenpaarbindungen zu bilden. Es hat sich bald herausgestellt, daß die Geometrie des Moleküls die in Fig. 12.3 (*a*) dargestellte ist, wobei die BH_2-Gruppen in einer Ebene liegen (wie die CH_2-Gruppen in Ethylen); die Boratome sind durch

* Eine Übersicht über die ersten Untersuchungen liefert H. C. Longuet-Higgins, *Quart. Rev.* **11**, 121 (1957). Für eine umfangreiche Behandlung der Hydride und ähnlicher Verbindungen sei auf W. N. Lipscomb, *Boron hydrides*, W. A. Benjamin, New York (1963) verwiesen.

** Die Elemente der Gruppe I sind in diesem Sinne ebenfalls Elektronenmangelsysteme. Mit nur einem Valenzelektron außerhalb einer abgeschlossenen Schale ist aber die bevorzugte Bindungsart entweder „metallisch" (die Elektronen sind über eine große Anzahl von Nachbaratomen verteilt) oder „ionisch" (das Elektron ist abgegeben). Die Neigung zur Bildung von Elektronenmangelmolekülen ist in Gruppe III am stärksten ausgeprägt.

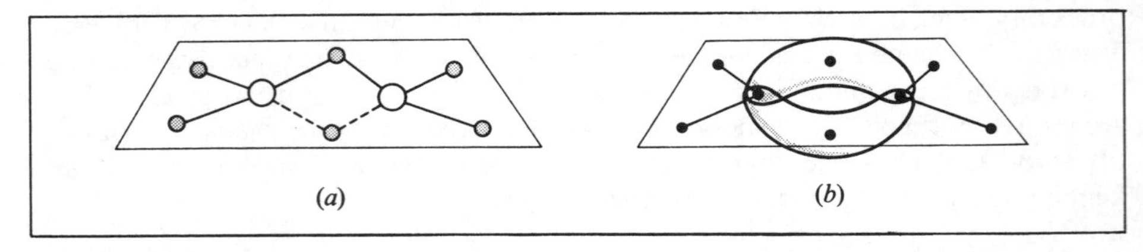

Fig. 12.3. Diboran: (*a*) die Geometrie des Moleküls (die BH_2-Gruppen liegen in einer Ebene, die „Brückenwasserstoffe" liegen darüber und darunter); (*b*) Dreizentren-Bindungsorbitale für die beiden Brückenbindungen.

zwei „Brückenbindungen" miteinander verknüpft, eine davon oberhalb der Ebene und die andere darunter. Jede Brückenbindung enthält ein Proton. Diese Situation führte Pitzer (1945) zu der Annahme, daß die richtige Analogie nicht zu Ethan sondern zu Ethylen besteht (womit $B_2H_4^{2-}$ isoelektronisch ist). Dabei befinden sich zwei Protonen in der Doppelbindung. In ihrer einfachsten Form steht diese Beschreibung im Widerspruch zu den Beobachtungen, (I) daß die Doppelbindungslänge um 15 pm *länger* als die Einfachbindungslänge (162) ist, die auf dem kovalenten Radius aus Tabelle 7.6 beruht, und (II) daß die Chemie des Moleküls keine Spur des Charakters einer Säure zeigt, auf die aufgrund der beiden relativ nackten Protonen zu schließen wäre.

Der erfolgreichste Vorschlag zur Beseitigung dieser Schwierigkeiten stammt von Longuet-Higgins (1949). Dabei wurden Molekülorbitale angesetzt, die sowohl Bor-Atomorbitale als auch Wasserstoff-1s-Atomorbitale der Brücken enthalten. Dadurch wird es den Brückenprotonen ermöglicht, sich selbst mit Elektronen passend „einzukleiden". Longuet-Higgins hat auch demonstriert, daß die Gesamtwellenfunktion mit ihren σ- und π-Molekülorbitalen ebenso gut mit Hilfe von lokalisierten Molekülorbitalen geschrieben werden kann. Zwei davon haben die in Fig. 12.3(*b*) gezeigte Form. Die resultierende Beschreibung des Brückenbereichs, mit Hilfe zweier Dreizentren-Bindungsorbitale, war somit unmittelbar überzeugend und lieferte eine ausgezeichnete Erklärung der wesentlichen Eigenschaften des Diborans. Daran anschließende Arbeiten, hauptsächlich von Lipscomb und seinen Mitarbeitern, führten unmittelbar zu einem vollständigen Verständnis der Strukturen der sehr großen Familie der Borhydride und ihrer Abkömmlinge, einschließlich einer Vielfalt von Verbindungen, in denen die Boratome ein Polyeder oder einen „Käfig" bilden (Lipscomb (1963)).

Der unmittelbare Weg zur Bestimmung des Wesens der Bindung in Diboran ist zweifellos eine vollständige MO-Rechnung unter Berücksichtigung aller Valenz-Atomorbitale; anschließend ist dann die daraus resultierende Form der Ladungswolke zu untersuchen (etwa mit Hilfe einer Populationsanalyse). Wir wissen aber, daß man an Stelle der Verwendung von Atomorbitalen vom s- und p-Typ der Rechnung beliebige Kombinationen (Hybride) zugrunde legen kann. In beiden Fällen führt die Lösung der Säkulargleichungen zu denselben Molekülorbitalen. Bei der Beschreibung kann demnach die chemische Intuition zum Tragen kommen. Beispielsweise können wir gebogene Bindungen bilden, indem wir an jedem Boratom tetraedrische

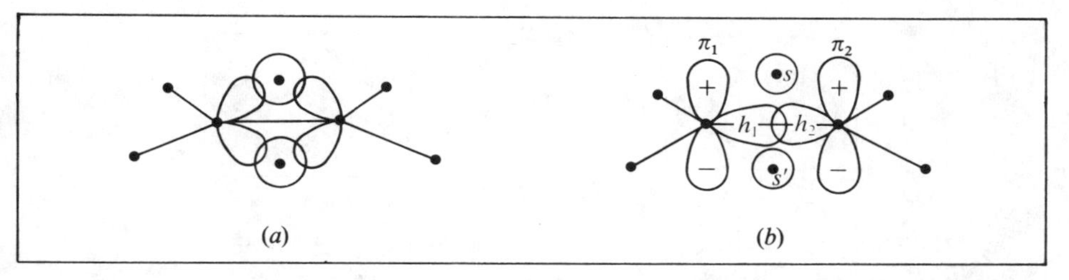

Fig. 12.4. Diboran: (*a*) die Bildung von Bindungsorbitalen mit Hilfe tetragonaler Borhybride; (*b*) die Orbitale in der σ-π-Beschreibung.

Hybridisierung annehmen (Fig. 12.4(*a*)); demgegenüber können wir auch die Vorstellung der „protonierten Doppelbindung" in den Vordergrund stellen, indem wir trigonale Hybride in der Molekülebene (σ-Orbitale) verwenden, während die restlichen Orbitale als π-artige Kombinationen angesetzt werden (Fig. 12.4(*b*)). Das erste Bild wurde zuerst verwendet (Eberhart *et al.* (1954)), aber wir werden das zweite verfolgen (der BH_2-Winkel beträgt 121.5° und entspricht somit nahezu perfekt dem Bild der trigonalen Hybridisierung) und werden die Gleichwertigkeit der beiden Beschreibungsarten zeigen.

Wir wollen die Orbitale wie in Fig. 12.4(*b*) kennzeichnen, wo die 1s-Orbitale der Brückenwasserstoffatome (s und s') Spiegelbilder voneinander sind, wenn man sich auf die Molekülebene als Spiegelebene bezieht. Die endständigen BH-Bindungen erscheinen uns als „normal" und werden durch zwei sp^2-Hybride an jedem Boratom beschrieben. Mit den restlichen Orbitalen können wir auf die übliche Weise Symmetriekombinationen bilden, die wir mit S oder A bezeichnen, je nachdem ob bei einer Spiegelung an der Ebene durch die Brückenwasserstoffe (wodurch das Molekül halbiert wird) Symmetrie oder Antisymmetrie auftritt. Ohne Berücksichtigung der Normierung erhalten wir demnach die Symmetrieorbitale

$$\begin{aligned}\sigma\mathrm{S}&:\ (h_1+h_2),\quad (s+s')\\ \sigma\mathrm{A}&:\ (h_1-h_2)\\ \pi\mathrm{S}&:\ (\pi_1+\pi_2),\quad (s-s')\\ \pi\mathrm{A}&:\ (\pi_1-\pi_2).\end{aligned}$$

Die resultierenden Molekülorbitale für die Beschreibung des Brückenbereichs haben somit unter Vernachlässigung der Normierung die Form

$$\begin{aligned}\sigma\mathrm{S}&:\ \psi_\sigma=(h_1+h_2)+\lambda\,(\mathrm{s}+\mathrm{s}')\\ \pi\mathrm{S}&:\ \psi_\pi=(\pi_1+\pi_2)+\lambda\,(s-s').\end{aligned}\tag{12.1}$$

Ähnliche Ausdrücke erhalten wir für die Molekülorbitale vom A-Typ. Mit positiven λ-Werten haben die Molekülorbitale vom S-Typ die in Fig. 12.5(*a*) dargestellte Form; beide sind im Brückenbereich bindend. Sie können alle vier Elektronen aufnehmen (eines von jedem Boratom und eines von jedem Brückenwasserstoffatom), um eine Dreizentren-σ-Bindung und eine Dreizentren-π-Bindung zu beschreiben.

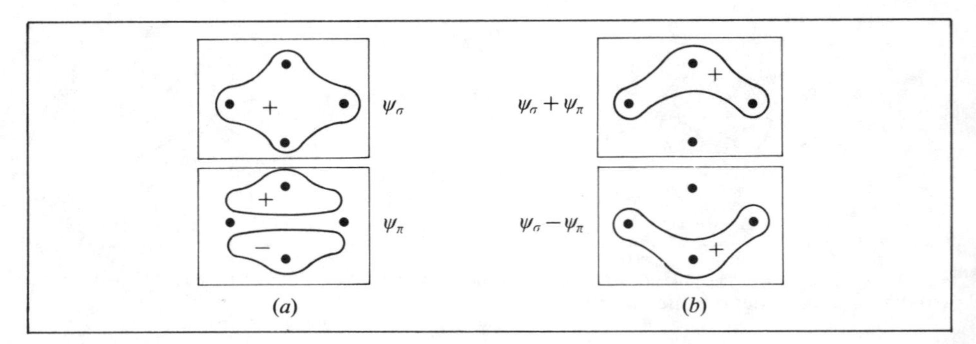

Fig. 12.5. Diboran: (*a*) σ- und π-Molekülorbitale; (*b*) Bindungsorbitale, die durch Linearkombinationen (Summe und Differenz) von σ- und π-Molekülorbitalen gebildet werden.

Das ist die Beschreibung mittels delokalisierter Molekülorbitale. Sie zeigt, daß die Protonen sowohl in die σ-Bindung als auch in die π-Bindung eingebettet sind.

Der Übergang zum Bild der gebogenen Bindungen kann durch die Bildung lokalisierter Orbitale, genauso wie das in § 7.3 für H_2O geschehen ist, vollzogen werden. Die Atome B und H haben vergleichbare Elektronegativitäten (Tabelle 6.5), weshalb die λ-Werte nahe bei eins liegen müssen. Durch die Bildung der Summe und der Differenz der σ- und π-Molekülorbitale (12.1) erhalten wir

$$\begin{aligned}\psi &\simeq (h_1+\pi_1)+2s+(h_2+\pi_2)\\ \psi' &\simeq (h_1-\pi_1)+2s'+(h_2-\pi_2).\end{aligned} \tag{12.2}$$

Die Wellenfunktion für den Zustand abgeschlossener Schalen mit der Elektronenkonfiguration $(\psi_\sigma)^2(\psi_\pi)^2$ ist identisch mit der für $(\psi)^2(\psi')^2$. Die in Fig. 12.5 (*b*) dargestellten „Summen- und Differenzen-Orbitale" (12.2) stellen gebogene Bindungen oberhalb und unterhalb der Molekülebene dar. Im einzelnen sind $h_1+\pi_1$ und $h_1-\pi_1$ Hybride, die am Zentrum 1 jeweils nach oben und unten gerichtet sind; $h_2+\pi_2$ und $h_2-\pi_2$ sind ähnliche Hybride am Zentrum 2. Diese Bindungsorbitale hätten deshalb aufgrund von Fig. 12.4 (*a*) angesetzt werden können.

Welche Beschreibung wir auch immer wählen, es ist unmittelbar einleuchtend, daß es (*a*) keine normale Zweizentren-σ-Bindung in Richtung der Achse gibt und daß (*b*) die Brückenwasserstoffe bei weitem keine nackten Protonen sind (einfache Rechnungen liefern sogar negative Überschußladungen an den Protonen). Diese Folgerungen werden durch viele MO-Rechnungen bekräftigt, die mit ganz unterschiedlichen Genauigkeiten durchgeführt worden sind (siehe beispielsweise Laws *et al.* (1972)).

Ist die Vorstellung von den Brückenbindungen einmal akzeptiert, so ist es nicht schwer, eine große Anzahl anderweitig ungewöhnlicher Strukturen zu verstehen. Neben höheren Borhydriden wie etwa B_4H_{10} (Fig. 12.6) kommen Wasserstoffbrücken auch bei anderen Elementen der Gruppe III wie Al und Ga vor. Die Aluminiumverbindung

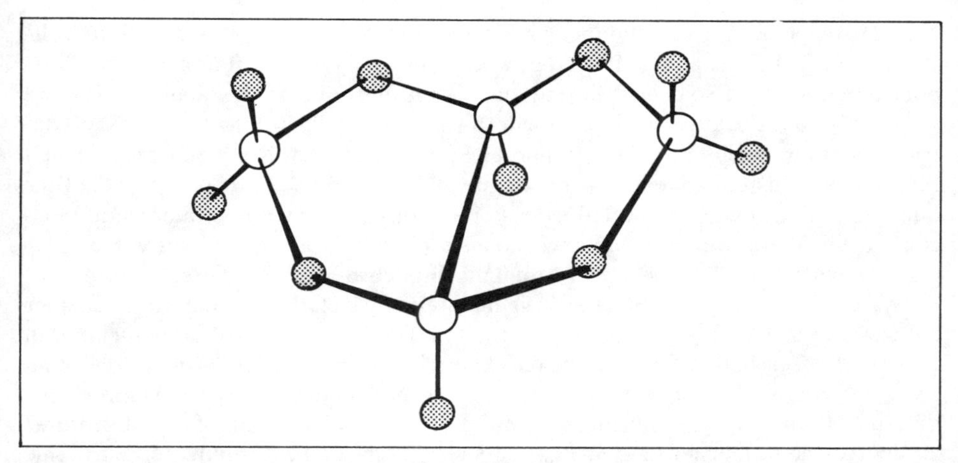

Fig. 12.6. Die Struktur von B_4H_{10} mit Brückenbindungen. Die schattierten Kreise stellen die H-Atome dar.

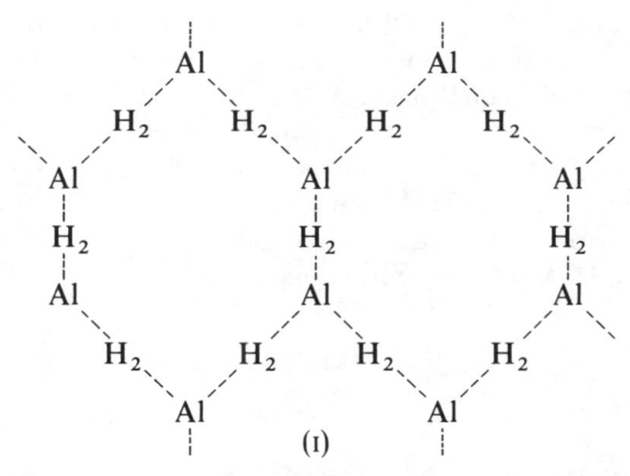

(I)

bildet Ebenen von unbestimmtem Ausmaß. Zwischen jedem benachbarten Paar von Al-Atomen befinden sich zwei Brückenbindungen; dabei befinden sich ein Wasserstoff oberhalb und einer unterhalb der Ebene. Auf ähnliche Weise bildet Gallium eine Verbindung (II), deren Geometrie der von Diboran ähnelt. In manchen Fällen kann ein Atom der Gruppe II eingebaut werden (III) (Cook und Morgan (1969)), wobei eine BH_2-Gruppe durch BeH ersetzt wird.

Me H H
Ga B
Me H H

(II)

H
Be
H H
H_2B BH_2
H

(III)

In den bekannteren Verbindungen bilden die Elektronenmangelatome häufig vollständige oder unvollständige Polyeder, wobei sich die Wasserstoffatome an der Peripherie befinden. In solchen Verbindungen liegt ein höherer Delokalisierungsgrad vor. Die Grundstruktur ist die Ikosaederform, dargestellt in Fig. 12.7(*a*), die vom $B_{12}H_{12}^{2-}$-Anion angenommen wird. Dieses System wurde im Rahmen der einfachen MO-Theorie ausführlich diskutiert (Longuet-Higgins und Roberts (1955)); die Bindungsverhältnisse wurden mit Hilfe der Populationsanalyse von Hoffmann und Lipscomb (1962) interpretiert. Dabei wurde auch ein vereinfachtes Modell vorgeschlagen, das auf „semi-lokalisierten" Molekülorbitalen beruht. In diesem Fall gleicht der durch die Boratome gebildete Käfig mehr einem Metall als einem Molekül, aber ein gewisser Lokalisierungsgrad bleibt erhalten. Die Hydride Decaboran, Octaboran und Hexaboran haben Strukturen, die dadurch erzeugt werden können, daß man zwei, vier oder sechs Boratome vom $B_{12}H_{12}^{2-}$-Ikosaeder entfernt und eine hinreichende Anzahl von Protonen hinzufügt, um die verbleibenden „entblößten" Boratome zu überbrücken. Decaboran ($B_{10}H_{14}$) entsteht durch die Entfernung der Boratome 1 und 6 in Fig. 12.7(*a*) sowie durch Hinzufügen zweier Protonen, wie das in Fig. 12.7 (*b*) dargestellt ist. Die peripheren Boratome werden durch die vier gesternten Wasserstoffatome überbrückt. Für die Diskussion des gesamten Bereichs der exotischen Verbindungen, die sich von den polyederförmigen Hydriden ableiten lassen, sei auf die Bücher von Lipscomb (1963) und von Muetterties und Knoth (1968) verwiesen.

Es gibt viele andere interessante Borverbindungen, in denen die Bindung die herkömmliche Eigenschaft der Zweizentrigkeit aufweist. In einigen dieser Verbindungen wird der Elektronenmangel in der Valenzschale des Boratoms durch die Einfügung des einsamen Paares einer anderen chemischen Gruppe behoben. Demnach existiert BH_3CO, wobei das Boratom einen tetragonalen Zustand aufweist. Das stark ausge-

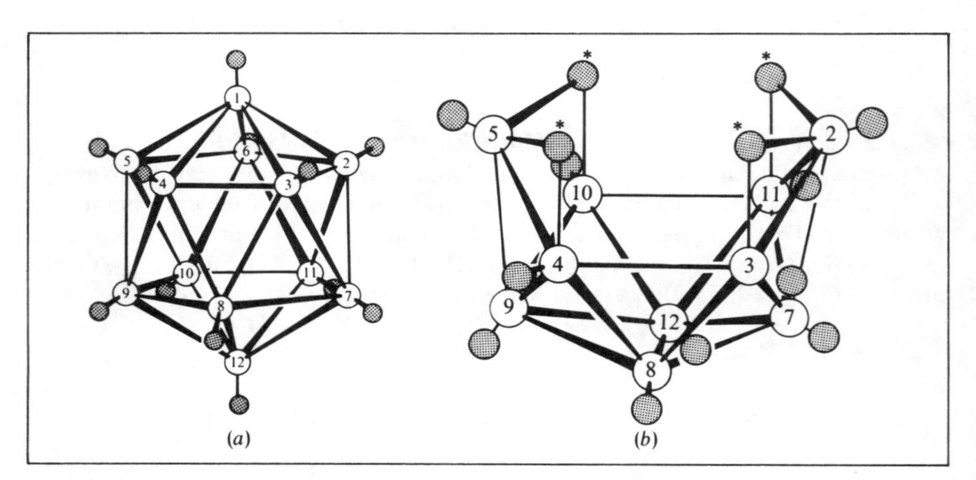

Fig. 12.7. Käfigmoleküle. (*a*) Das $B_{12}H_{12}^{2-}$-Ikosaeder. (*b*) Decaboran ($B_{10}H_{14}$), das aus dem Ikosaeder durch Entfernung zweier Boratome und Hinzufügen zweier Wasserstoffatome entsteht; letztere bilden Brückenbindungen um das entstandene „Loch". (Aus E. L. Muetterties (1967). *The chemistry of boron and its compounds*. Wiley, New York, mit Erlaubnis.)

richtete einsame Elektronenpaar am Kohlenstoff in CO überlappt sich offensichtlich mit einem leeren sp^3-Hybrid eines tetragonalen Boratoms, um eine Elektronenpaarbindung zu bilden, die als „normal“ zu betrachten ist. Die Ausnahme besteht lediglich darin, daß beide Elektronen von der CO-Gruppe geliefert werden. Eine andere Verbindung dieser Art ist BH_3-NH_3, in der das einsame Elektronenpaar am Stickstoff eine ähnliche Funktion hat. In anderen Situationen kann das Boratom als trigonal hybridisiert betrachtet werden, wobei der Elektronenmangel durch Elektronenaufnahme durch ein leeres π-AO behoben wird. Ein Musterbeispiel dafür ist Borazin ($B_3N_3H_6$), das auch „anorganisches Benzol“ (I) genannt wird. Jedes Stickstoffatom,

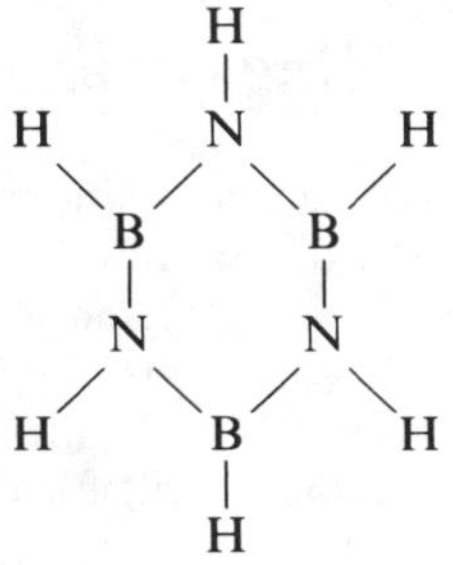

(I) 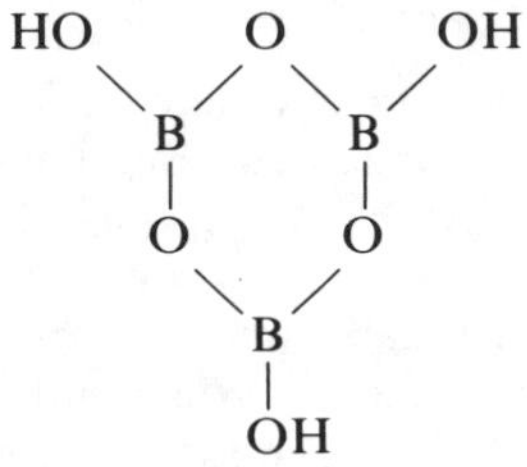 (II)

das sich in einem trigonalen Valenzzustand befindet, liefert zwei π-Elektronen, und somit ist das Molekül isoelektronisch mit Benzol. Die sechs π-Elektronen verleihen jeder BN-Bindung einen gewissen Doppelbindungscharakter*. Dieser macht sich in der beobachteten Bindungslänge von 144 pm bemerkbar, die deutlich kürzer als die Länge der Einfachbindung von 158 pm ist. Ein Sauerstoffanalogon für dieses System ist ebenfalls bekannt (II) (Peters und Milberg (1964)). Die π-artigen einsamen Paare des Sauerstoffs ersetzen die des Stickstoffs, obwohl die Konjugation in diesem Fall in gewisser Weise auch die angrenzenden OH-Gruppen erfaßt.

Die Erkenntnis, daß zwei konjugierte Kohlenstoffatome durch ein Boratom und ein Stickstoffatom ersetzt werden können, hat zur Entwicklung neuer Arten heteroaromatischer Moleküle geführt (vgl. §8.7). Ein Beispiel dafür ist der aza-Abkömm-

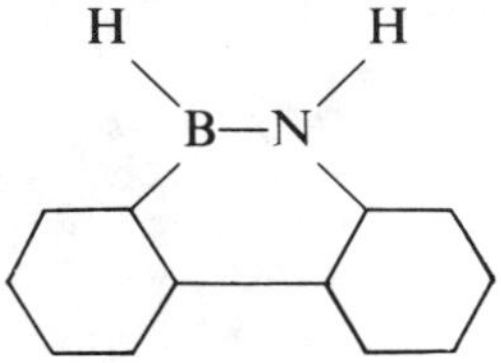

(III) 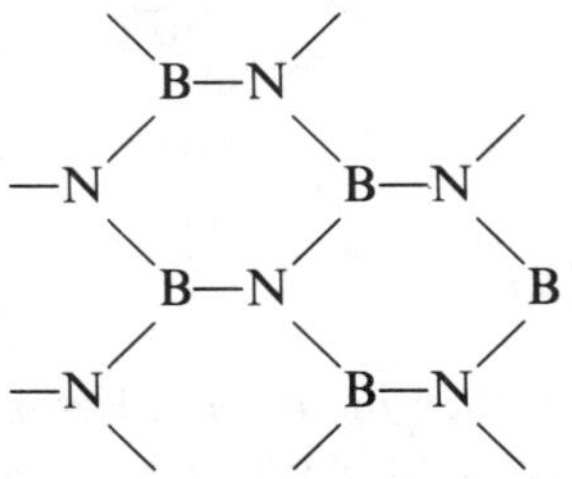 (IV)

* Einfache MO-Rechnungen für Bindungsordnungen hat beispielsweise Davies (1960) durchgeführt. *Ab initio*-Rechnungen findet man bei Armstrong und Clark (1970, 1972) und bei Peyerimhoff und Buenker (1970).

ling des Phenanthrens (III) (Dewar *et al.* (1958)). Ein Extremfall tritt in Bornitrid (IV) auf, das in Kapitel 11 (§ 11.5) bereits erwähnt wurde. Dabei handelt es sich um einen Schichtgitterkristall, wobei jede Ebene eine strukturelle Ähnlichkeit mit einer Graphitschicht hat. Viele heteroaromatische Systeme, die neben Stickstoff- oder Sauerstoffatomen auch Boratome enthalten, sind inzwischen bekannt. In allen diesen Systemen kann aber die Bindung leicht mit Hilfe der zweizentrischen Elektronenpaarbindung erklärt werden, gelegentlich mit einem gewissen π-Bindungscharakter. Somit treten keine weiteren neuen Gesichtspunkte auf.

12.4 Phosphornitrile und verwandte Ringsysteme

Neben Borazin sind noch andere Ringsysteme in der anorganischen Chemie bekannt. In einigen liegt eine neue Bindungssituation vor in dem Sinne, daß d-Orbitale beteiligt sind, obwohl es sich um π-Bindungen handelt. Die am besten untersuchten Verbindungen dieser Art sind die Phosphornitrilhalogenide, wofür (I) ein Beispiel ist. Es handelt sich dabei um eine trimere Form, die aus drei PCl_2N-Einheiten besteht und nahezu planar ist (Wilson und Carroll (1960)). Ähnliches gilt für das Bromid (Zoer *et al.* (1969)) und für das Fluorid (Dougall (1963)). Andere Beispiele enthalten Schwefel an Stelle von Phosphor (II), und tetramere Formen (III) treten genauso wie trimere auf, obwohl erstere im allgemeinen gewellt sind, so daß sie eine „wannenförmige“ oder „kronenförmige“ Konformation annehmen. Die Halogene können auch durch NH_2- oder CH_3-Gruppen ersetzt werden.

Betrachten wir Stickstoff als dreiwertig, so tritt in allen diesen Systemen Schwefel als vierwertig auf, während Phosphor als fünfwertig in Erscheinung tritt. Aus diesem Grund können die „Doppelbindungen“ nicht auf eindeutige Weise angeordnet werden, wodurch eine gewisse Ähnlichkeit mit den aromatischen Molekülen aus Kapitel 8 entsteht. Allerdings gibt es auch wesentliche Unterschiede, so daß man nicht von „anorganischen Aromaten“ sprechen sollte.

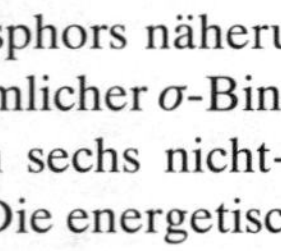

(I) 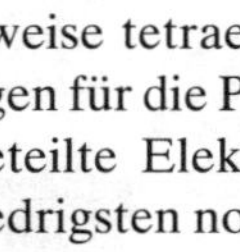 (II) 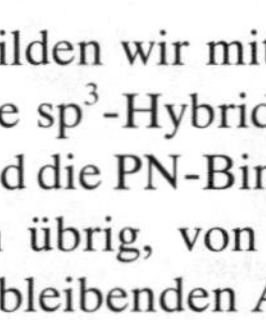 (III)

Wir betrachten die trimere Form in Fig. 12.8(*a*). Bilden wir mit den 3s- und 3p-Orbitalen des Phosphors näherungsweise tetraedrische sp^3-Hybride, so können wir einen Satz herkömmlicher σ-Bindungen für die PCl- und die PN-Bindungen erhalten. Schließlich bleiben sechs nicht-zugeteilte Elektronen übrig, von jedem der sechs Ringatome eines. Die energetisch niedrigsten noch verbleibenden Atomorbitale, mit denen wir delokalisierte Molekülorbitale bilden können, sind die $2p_\pi$-Orbitale an

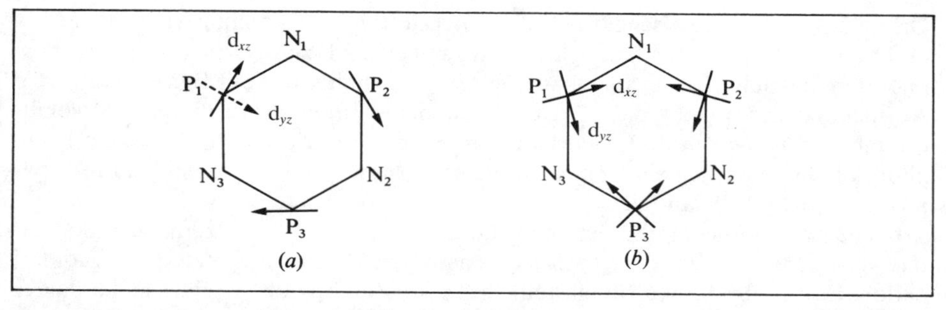

Fig. 12.8. Der Phosphornitril-Ring: (*a*) „radiale" und „tangentiale" d-Orbitale am Phosphor; (*b*) alternative Orientierung der d-Orbitale.

jedem N-Atom und die fünf 3d-Orbitale an jedem P-Atom. Ein passend gewähltes d-Orbital kann mit einem benachbarten p_π-Orbital in Konjugation treten, wie aus Fig. 12.9 zu erkennen ist. Mit den angegebenen Achsenrichtungen überlappt sich das d_{xz}-Orbital (ϕ_B genannt) in gleichem Maße mit ϕ_A und ϕ_C, womit die notwendige Bedingung für eine delokalisierte π-Bindung erfüllt ist. Der wesentliche Unterschied besteht darin, daß die Überlappung für ϕ_B und ϕ_C positiv, aber für ϕ_A und ϕ_B negativ ist, was aus den Vorzeichen der einzelnen Orbitalbereiche folgt. Damit kann zwischen bindenden und antibindenden Molekülorbitalen unterschieden werden. Wären alle drei Orbitale p-Orbitale, so hätte ein bindendes MO die allgemeine Form $\phi_A + \phi_B + \phi_C$. In Fig. 12.9 würde diese Form aber zu einer Antibindung im Bereich AB und zu einer Bindung im Bereich BC führen. Eine Bindung in beiden Bereichen wäre durch $-\phi_A + \phi_B + \phi_C$ gewährleistet. In der Sprache von § 10.6 führen die d-Orbitale einen „Phasensprung" im Konjugationsweg herbei: zwei benachbarte β-Werte zeigen einen unvermeidbaren Vorzeichenunterschied.

Folgen wir Craig und Paddock (1958), (siehe auch Craig (1959)), so können die drei „tangentialen" d-Orbitale an den Phosphoratomen (Fig. 12.8(*a*)) mit den 2p-

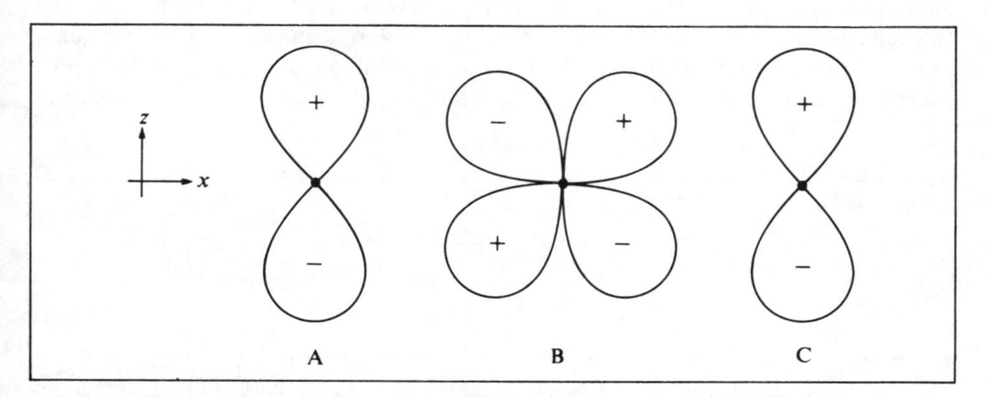

Fig. 12.9. Die Konjugation eines d-Orbitals mit zwei benachbarten p-Orbitalen.

Orbitalen an den dazwischenliegenden Stickstoffatomen kombiniert werden, wodurch ein sechszentrischer konjugierter Weg mit einem Phasensprung an jedem Phosphoratom entsteht. Das System hat eine gewisse Ähnlichkeit mit Benzol, wobei die Ausnahme darin besteht, daß die Koeffizienten der *antibindenden* Benzol-Molekülorbitale die *bindenden* Molekülorbitale für Phosphornitril liefern. An jedem Phosphoratom befindet sich ein Knoten, wodurch sich die π-Ladungsdichte in drei allylartige Bereiche PNP aufteilt.

In einer ausführlicheren Behandlung können „tangentiale" und „radiale" d-Orbitale verwendet werden, oder auch jede damit gebildete orthogonale Linearkombination. Der in Fig. 12.8(*b*) dargestellte Satz, der durch Drehung eines jeden Paares um 45° entsteht, ist ebenfalls für die Überlappung mit den 2p-Atomorbitalen an den Stickstoffatomen geeignet. Dieser Satz liefert die Grundlage für die von Dewar *et al.* (1960) geführte Diskussion. Betrachten wir den Bereich $P_1N_1P_2$, so können wir ein π-artiges dreizentrisches Bindungsorbital in der Form

$$\psi_1 = c_1 (d_{xz}^{(1)} + d_{yz}^{(2)}) + c_2 p_N^{(1)}$$

schreiben. Das N-Atom ist etwas elektronegativer als das P-Atom, weshalb der Koeffizient c_2 etwas größer sein wird als c_1. Die Bildung dieses Orbitals ist in Fig. 12.10 schematisch dargestellt. Ein ähnliches Bindungsorbital ψ_2 kann mit Hilfe von $d_{xz}^{(2)}$, $p_N^{(2)}$ und $d_{yz}^{(3)}$ und ein drittes ψ_3 mit Hilfe von $d_{xz}^{(3)}$, $p_N^{(3)}$ und $d_{yz}^{(1)}$ gebildet werden. Diese drei Orbitale sind in guter Näherung zueinander orthogonal. Die π-Elektronenkonfiguration $[\psi_1^2 \psi_2^2 \psi_3^2]$ liefert demnach eine Elektronendichte, die sich als Summe dreier verschiedener Dreizentrenbeiträge schreiben läßt. Keine zwei Molekülorbitale haben ein gemeinsames AO. Die entsprechende Lokalisierung ist demnach vollständiger als bei der Beschreibung nach Craig und Paddock. Ist aber eine freie Kombination aller neun Atomorbitale gewährleistet, so wird ein gewisser Grad von Delokalisierung resultieren. Wie üblich liegt die beste Beschreibung irgendwo dazwischen. Ein allgemeiner Vergleich der lokalisierten und der delokalisierten Beschreibung der p_π–d_π-Bindung wurde von Craig und Mitchell (1965) angestellt.

Viele andere anorganische Ring- und Käfigmoleküle sind während der letzten 20 Jahre entdeckt worden. Dabei sind nicht nur Schwefel und Phosphor, sondern auch Silicium, Selen, Tellur und Antimon beteiligt. Dadurch sind aber nicht unbedingt neue Bindungsarten aufgetreten. Das einfachste Käfigmolekül, P_4 (weißer Phosphor), hat Tetraedergestalt, wobei die Bindungen ziemlich gut durch „gebogene"

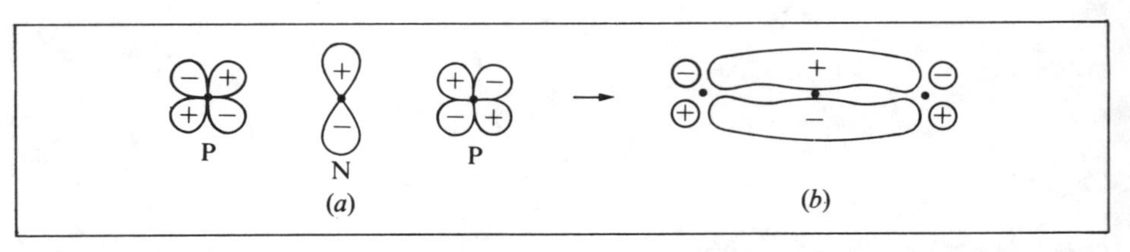

Fig. 12.10. Die dreizentrische PNP-Bindung: (*a*) die verwendeten Atomorbitale; (*b*) das resultierende Bindungsorbital.

Bindungsorbitale dargestellt werden können. Diese können durch die drei einfach besetzten 3p-Atomorbitale eines Phosphoratoms gebildet werden*. Für weitere Strukturen sei auf die neueren Lehrbücher der anorganischen Chemie hingewiesen.

12.5 Bindungen in Edelgasverbindungen**

In § 12.3 haben wir einige Elektronenmangelmoleküle behandelt, wobei die atomaren Valenzschalen zu wenig Elektronen enthielten, um zweizentrische Orbitale zu besetzen, die zwischen den gebundenen Atomen lokalisiert sind. Demzufolge werden die Edelgase (falls diese überhaupt Verbindungen eingehen) zu „elektronenreichen" Molekülen führen, denn ihre Valenzschalen sind vollständig gefüllt. Für Helium lautet die äußere Schale $(1s)^2$; für die anderen Edelgase lautet diese $(ns)^2(np)^6$ mit $n = 2, 3, 4, 5, 6$ für Ne, Ar, Kr, Xe und Rn. Auf den ersten Blick würden wir erwarten, daß diese Atome die Wertigkeit null haben, denn sie haben keine einfach besetzten Orbitale. Lange Zeit glaubte man, daß mit Ausnahme für angeregte Zustände (He_2 weist ein beträchtliches Elektronenspektrum auf) diese Atome keine Verbindungen eingehen. Im Jahr 1962 konnte aber Bartlett (1962) zeigen, daß in dem ionischen Komplex $O_2^+(PtF_6)^-$ das Xenonatom sehr leicht die Rolle des O_2 übernehmen kann; das Xenonhexafluoroplatinat $Xe^+(PtF_6)^-$ konnte isoliert werden. Das ist nicht überraschend, denn das Ionisierungspotential von Xe ist vergleichbar mit dem von O_2 und die Größen sind ebenfalls ähnlich. Bald danach und unabhängig voneinander konnten Claassen *et al.* (1962) und Chernik *et al.* (1962) in Amerika und Hoppe *et al.* (1962) in Deutschland zeigen, daß Xe und Rn mit unterschiedlich vielen F-Atomen kovalente Bindungen bilden können. Seit langem gibt es zahlreiche Literaturhinweise auf die Synthese, Struktur und Eigenschaften von Edelgasverbindungen. Die frühe Geschichte der Edelgasverbindungen ist durch Hoppe (1964), Chernik (1963), Hyman (1963) und Bartlett (1964) charakterisiert. Als Ergebnis dieser Arbeiten stechen zwei Tatsachen hervor:

(*a*) Nur die schweren Edelgase (Kr, Xe, Rn) bilden Verbindungen dieser Art.
(*b*) Die Bildung stabiler Verbindungen erfordert elektronegative Liganden.

Einige typische Verbindungen sind XeF_n ($n = 2, 4, 6$), $XeCl_2$, XeO_n ($n = 3, 4$), KrF_n ($n = 2, 4$) und $KrCl_2$; es gibt auch Oxyfluoride wie $XeOF_4$. In solchen Molekülen betragen die Bindungsenergien der XeF-Bindung etwa 120 $kJmol^{-1}$. Die Bindungsenergien für XeCl und KrF sind wesentlich geringer. Die Strukturen dieser Moleküle

* Genaue Rechnungen haben aber gezeigt, daß mit s- und p-Orbitalen allein keine Stabilität für P_4 erreicht wird (Brundle *et al.* (1972)). Erst die Beimischung von d-Orbitalen führt zur Stabilität, wobei die Elektronendichte innerhalb des Tetraeders ansteigt (Fluck *et al.* (1979)). Somit liefert die Valenzvorstellung allein keine Begründung für ein tetraedrisches P_4, denn nach dieser wäre wie beim Cyclobutadien eine rechteckige Struktur begünstigt und außerdem müßte das tetraedrische P_4 bezüglich eines kubischen P_8 instabil sein (vgl. § 1.3). (Anmerkung des Übersetzers)

** Eine gute Übersicht geben Bartlett und Sladky (1973). Frühe theoretische Untersuchungen sind bei Hyman (1963) gut dargestellt.

sind ebenfalls interessant. Moleküle wie XeF_2 sind linear, XeF_4 ist quadratisch-planar, XeF_6 ist ein irreguläres Oktaeder, XeO_3 ist pyramidal und XeO_4 ist tetraedrisch.

Trotz des offensichtlichen Versagens der Oktettregel ist die Existenz dieser interessanten Moleküle nicht schwer zu verstehen, so daß für die Ergebnisse (*a*) und (*b*) eine Erklärung gefunden werden kann. Wir beginnen mit der Bemerkung, daß die elektronische Struktur eines Edelgasatoms ziemlich ähnlich der eines negativ geladenen Halogenatoms ist. Beispielsweise ist I^- isoelektronisch mit Xe. Außerdem sind wir bereits mit Halogenverbindungen (§ 7.9) vertraut, und zu diesen gehören die Ionen ICl_2^-, das linear ist, und IO_4^-, das tetraedrisch ist. Diese beiden Ionen sind isoelektronisch mit $XeCl_2$ und XeO_4. Der eine Satz von Molekülen ist deshalb nicht schwieriger zu verstehen als der andere.

Die einfachste vorgeschlagene Beschreibung* macht von der VB-Theorie Gebrauch. Diese wollen wir am Beispiel des linearen FXeF demonstrieren. Wir beginnen mit zwei Valenzstrukturen

$$\text{(I)}\ F^-Xe^+-F, \qquad \text{(II)}\ F-Xe^+F^-.$$

In beiden hat das Edelgasatom eines seiner äußersten p-Elektronen abgegeben (in Xe handelt es sich um ein 5p-Elektron). Deshalb kann Xe^+ durch Elektronenpaarung mit einem 2p-Elektron des Fluoratoms eine kovalente σ-Bindung bilden. Diese beiden Strukturen sind viel stabiler als man zunächst vermuten würde, denn erstens hat Fluor eine hohe Elektronenaffinität und zweitens ist die Coulombanziehung der beiden Ladungen ziemlich stark. Zusätzlich wird die Resonanz zwischen diesen beiden Strukturen die Energie noch weiter absenken. Einfache numerische Rechnungen sprechen für ein stabiles Molekül. Dieses wird linear sein, denn dasselbe p-Orbital in Xe wird sowohl in (I) als auch in (II) verwendet. Das Prinzip der maximalen Überlappung fordert, daß die beiden F-Atome mit diesem Orbital symmetrisch überlappen. Die XeF-Bindungen in (I) und (II) sind nicht exakt homöopolar. Eine grobe Beschreibung der Ladungsverteilung liefert $F^{-\delta}Xe^{+2\delta}F^{-\delta}$ mit $\delta \simeq 1/2$. Die Untersuchung der chemischen Abschirmung des F-Atoms mit Hilfe der kernmagnetischen Resonanz (unter Verwendung des ^{19}F-Isotops, vgl. § 6.5) steht in ihren Ergebnissen in Übereinstimmung mit dieser Ladungsverschiebung.

Das System XeF_4 kann auf ähnliche Weise behandelt werden. Haben wir in (I) und (II) für die Bindung das $5p_x$-Orbital verwendet, so gibt es am Xe-Atom ein gemeinsames Elektronenpaar der Form $(5p_y)^2$. Nun können wir für die y-Richtung dieselben Überlegungen wie für die x-Richtung anstellen. Das Molekül XeF_4 sollte deshalb quadratisch-planar sein.

Ähnliche Überlegungen gelten auch für die Oxide. Demnach können wir in XeO_3 die drei 5p-Orbitale zur Bildung eines pyramidalen Moleküls verwenden. Dabei bestehen die Valenzstrukturen aus einem Xe^+-O^--Glied und zwei nicht-gebundenen Sauerstoffatomen. Die Resonanz delokalisiert dann die Bindung über alle drei Sauer-

* Coulson (1964). Andere semiempirische Theorien (bei einigen werden d-Orbitale am Xenonatom verwendet) wurden zur gleichen Zeit vorgeschlagen und von Jortner und Rice (1965) beschrieben.

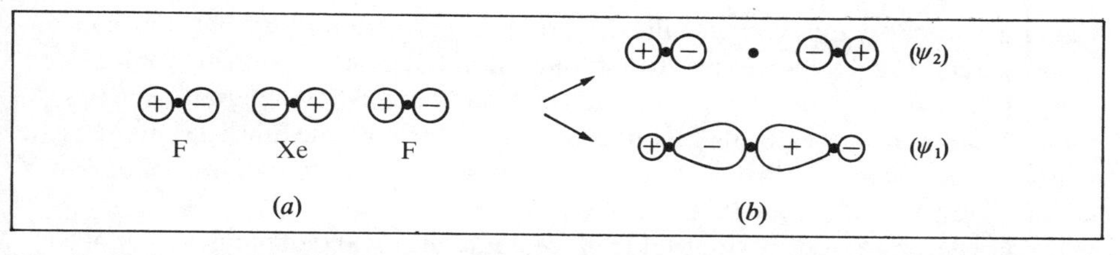

Fig. 12.11. Die Dreizentrenbindung in Xenondifluorid: (*a*) die Wahl der 2p-Atomorbitale zur Erzeugung positiver Überlappungsintegrale; (*b*) die Formen des bindenden und des nicht-bindenden Molekülorbitals.

stoffatome. Mit zwei nicht-gebundenen Atomen in jeder Struktur ist die Bindungsenergie allerdings etwas geringer (~ 80 kJmol^{-1}). In $XeCl_4$ können wir vier sp^3-Hybride zur Erzeugung der beobachteten tetraedrischen Anordnung heranziehen; anschließend werden wieder dieselben Überlegungen angestellt.

Die Edelgasverbindungen können auch mit Hilfe der MO-Theorie diskutiert werden*. Wieder wollen wir mit XeF_2 beginnen und der Einfachheit halber nur das $2p_\sigma$-AO an jedem Fluoratom und das $5p_\sigma$-AO am Xenonatom betrachten. Wählen wir die in Fig. 12.11 (*a*) angegebenen Phasen, so daß beide β-Werte dasselbe Vorzeichen haben, so sind die Säkulargleichungen zur Bestimmung der Molekülorbitale identisch mit denen für die π-Molekülorbitale im Allylradikal. Unter Verwendung der entsprechenden AO-Koeffizienten erhalten wir die in Fig. 12.11 (*b*) dargestellten Molekülorbitale. Das bindende MO ist ein dreizentrisches Orbital, das zu zwei starken σ-Bindungen führt. Es gibt auch ein NBMO, das ein einsames Paar an den endständigen Atomen beschreibt. Es ist interessant, daß dreizentrische Molekülorbitale eine Erklärung der Bindung in Elektronenmangelverbindungen wie die Borhydride (§ 12.3) geliefert haben, daß diese aber ebenso eine befriedigende Erklärung für die Existenz elektronenreicher Verbindungen liefern.

Wir müssen noch eine Erklärung für die Beobachtungen (*a*) und (*b*) zu Beginn dieses Abschnitts finden, und diese folgt am einfachsten aus der VB-Näherung. Die Begründung dafür, daß nur die schwereren Zentralatome gefunden wurden, beruht offensichtlich auf der Änderung der Ionisierungsenergie in der Reihe der Edelgasatome. Die folgende Tabelle zeigt, daß die Ionisierungsenergie monoton fällt, wenn wir zu schwereren Edelgasatomen gehen.

Atom	He	Ne	Ar	Kr	Xe	Rn
IP (eV)	24·7	21·6	15·7	14·0	12·1	10·6

Bilden wir die Valenzstrukturen (I) und (II), so müssen wir vom Edelgasatom ein Elektron entfernen. Ist dafür zuviel Energie erforderlich, so werden wir nicht genug

* Beispiele aus der umfangreichen Literatur sind Jortner *et al.* (1963), Lohr und Lipscomb (1963) und Coulson (1964).

Energie zurückgewinnen, wenn die Elektronenpaarbindung und die ionische Ladungsverteilung gebildet werden. Ein stabiles Molekül kann dann nicht erhalten werden. Es ist deshalb zu erwarten, daß Edelgasverbindungen bevorzugt mit den schwereren Atomen in dieser Reihe gebildet werden. Nur eine ausführliche numerische Untersuchung kann zu einer Trennungslinie zwischen stabilen und instabilen Molekülen führen, und diese müßte nach Argon liegen.

Die Forderung einer starken Elektronegativität der Liganden hängt von ähnlichen Betrachtungen ab. Natürlich sind die Strukturen (I) und (II) energetisch bevorzugt, wenn die Liganden (Akzeptoren) eine hohe Elektronenaffinität und der Donor eine niedrige Ionisierungsenergie aufweisen. Das alleine kann aber nicht ausreichend sein, wie die reduzierte Stabilität von $XeCl_2$ gegenüber XeF_2 zeigt. Ein weiterer wesentlicher Faktor (dieser ist sogar der numerisch dominante) ist die Coulomb-Anziehung der beiden unterschiedlichen Ladungen. Diese ist um so stärker, je geringer die Entfernung der Ladungen ist. Diese Entfernung ist näherungsweise gleich der Summe der beiden Ionenradien und deshalb sind natürlich die kleinen Liganden bevorzugt. Nun ist es nicht mehr überraschend, daß mit den Liganden F und O wesentlich mehr Verbindungen existieren als mit Cl.

Zurückblickend können wir feststellen, daß wir für diese Gruppe von Verbindungen eigentlich nichts Unerwartetes gefunden haben. Obwohl solche Verbindungen bis 1962 unbekannt waren, so hätte doch die grundlegende theoretische Erklärung ihrer Existenz und ihrer Struktur schon gut 30 Jahre früher erfolgen können. Die dazu notwendigen qualitativen Prinzipien waren zu dieser Zeit jedenfalls schon bestens bekannt. Ausführliche Berechnungen (siehe beispielsweise die *ab initio*-SCF-Rechnungen von Basch *et al.* (1971)) sind zur Bestätigung der Aspekte für einfache Vorstellungen recht nützlich (so konnten die Ladungsverschiebung vom Xenon zu den Halogenatomen oder die Bedeutungslosigkeit einer d-Orbitalbeteiligung bestätigt werden). Zum Verständnis der grundlegenden Strukturen dieser Moleküle tragen diese Rechnungen aber kaum etwas bei.

12.6 Stereochemische Wechselwirkungen

Hinter diesem Begriff in der Überschrift verbirgt sich eine große Klasse von Wechselwirkungen. Einige davon sind abstoßend und andere sind anziehend. Üblicherweise studiert man die Wechselwirkung zwischen verschiedenen chemischen Gruppen innerhalb eines Moleküls. Diese Wechselwirkungen bestimmen beispielsweise die relative Orientierung zweier CH_3-Gruppen und den Energiebetrag, der zur Verdrehung der einen Gruppe hinsichtlich der anderen notwendig ist (dieser stellt die Energiebarriere für die „behinderte Rotation" dar). Ein weiteres Beispiel betrifft die Anordnung einer solchen Gruppe bezüglich eines mit ihr verbundenen konjugierten Ringes (der für eine Erklärung verwendete Mechanismus wird „Hyperkonjugation" genannt). Ein anderes Beispiel betrifft stereochemische Veränderungen von Molekülen, in denen untereinander nicht-gebundene Paare von Atomen oder chemischen Gruppen einander näher kommen als ihre bekannten Größen das zu erlauben scheinen (solche Moleküle wollen wir als „sterisch behindert“ bezeichnen). Die Wechselwirkungsenergien sind im allgemeinen so klein, daß sie nur 1/20000 der Gesamtenergie ausmachen. Es ist deshalb zu erwarten, daß diese kaum zuverlässig ausgerechnet werden können, auch nicht durch die genauesten *ab initio*-Berechnungen. Aus diesem Grund müssen wir wieder versuchen, die Rechenergebnisse in einfache Modelle einzukleiden, die es gestatten, die Strukturen und deren Eigenschaften sinnvoll zu interpretieren.

Die behinderte Rotation*

Zunächst wollen wir die Frage nach der behinderten Rotation um eine Einfachbindung behandeln, wofür wir als Beispiel eine Reihe von Molekülen der Art CH_3X heranziehen werden. Ist die CH_3-Gruppe mit X verbunden, wobei wir eine σ-artige Einfachbindung annehmen und X nicht näher spezifizieren, so tritt bei einer Drehung um diese Bindung stets ein geringer, manchmal aber auch kein innerer Widerstand auf. In dieser Hinsicht gibt es einen deutlichen Unterschied zwischen σ- und π-Bindungen, denn nach § 8.1 vermindert die reduzierte Überlappung der π-Atomorbitale in einer Doppelbindung bei einer Drehung einer Gruppe gegenüber der anderen die Bindung ganz wesentlich und erzeugt somit eine Energiebarriere (siehe Aufgabe 8.2). Die Überlappung der σ-Atomorbitale wird durch eine ähnliche Drehung dagegen nicht verringert, weshalb wir um eine σ-Bindung freie Rotation erwarten sollten. Tatsächlich sind es im allgemeinen Barrieren der Höhe 1–20 $kJmol^{-1}$, die solche Rotationen zu behindern versuchen. In Tabelle 12.2 sind einige experimentell ermittelte Barrierenhöhen für CH_3X-Moleküle aufgeführt. Solche Barrierenhöhen können mit hoher Genauigkeit mit Hilfe der Mikrowellenspektroskopie erhalten werden (siehe beispielsweise Wilson (1959)).

Die Erklärung für diese überraschend hohen Werte ist mit einigen Schwierigkeiten verbunden. Als Beispiel wollen wir das Ethanmolekül verwenden. Die Barriere ist relativ hoch, obwohl die Polarität der CH-Bindungen gering ist. Deshalb können wir uns auf eine Interpretation, die ausschließlich auf der elektrostatischen Abstoßung beruht, kaum verlassen. Sogar dann, wenn die sechs H-Atome ihre Elektronen vollständig abgegeben hätten, so daß sechs Protonen übrigbleiben, wäre die Barrierenhöhe für eine Drehung um 60° nur etwa 25 $kJmol^{-1}$. Eine realistischere Nettoladung von $e/10$ an jedem Wasserstoffatom würde nur zu einem Hundertstel dieses Wertes führen, und das sind etwa 2 % des beobachteten Wertes. Eine Interpretation mit Hilfe der Elektronenpaarabstoßungen (vgl. § 7.8) führt zu ähnlichen Schwierigkeiten**,

Tabelle 12.2. Barrierenhöhen (in $kJmol^{-1}$) für die innere Rotation in CH_3X-Molekülen

X	CH_3	C_2H_5	CF_3	OH	CHO
Barrierenhöhe	11.8	13.9	6.3	4.5	4.8

* Einen guten Überblick geben Pethrick und Wyn-Jones (1969).
** Dessen ungeachtet wurden qualitative Diskussionen in diesem Sinne versucht; beispielsweise von Lowe (1974).

denn die Elektronenpaare befinden sich hier nicht am gleichen Atom, sondern sind relativ weit voneinander entfernt.

Frühere Versuche einer Erklärung im Rahmen von MO- oder VB-Rechnungen waren zweifelhaft, hauptsächlich wegen der zahlreichen Näherungen. Während der letzten Jahre wurden aber viele *ab initio*-Rechnungen durchgeführt, so daß es nun möglich geworden ist, zumindest die wesentlichen Faktoren zu identifizieren.

Zunächst ist festzustellen, daß sich gute Hartree-Fock-Rechnungen als außerordentlich erfolgreich für die Vorhersage von Barrierenhöhen erwiesen haben, trotz der Tatsache, daß die Energieänderung nur ein winziger Bruchteil der Gesamtenergie ist. Im Fall von Ethan haben Rechnungen von verschiedener Genauigkeit und von verschiedenen Gruppen durchgeführt überraschend übereinstimmende Resultate erzielt und Barrierenhöhen mit einer Abweichung vom Experiment von etwa 20% erhalten. Diese Feststellung gilt auch für viele andere Moleküle (Allen (1969)). Daraus muß der Schluß gezogen werden, daß die meisten der sehr großen Energieterme (etwa die Energien der Elektronen in inneren Schalen) von der Rotation kaum beeinflußt werden und sich demnach bei der Berechnung der Barriere ziemlich exakt gegenseitig kompensieren, selbst wenn sie fehlerhaft sind. Die Barrierenhöhe ergibt sich mit Sicherheit aus einer *Energiedifferenz*. Die Fehler der Hartree-Fock-Näherung sind bei solchen Anwendungen nicht von besonders großer Bedeutung. Die geometrieabhängigen Energieterme werden offensichtlich mit einer gewissen Glaubwürdigkeit bestimmt. Somit ergibt sich eine sichere Situation, die zu ausführlichen Berechnungen ermutigt hat. Clementi und Popkie (1973) haben beispielsweise *ab initio*-Rechnungen an einem Zucker-Phosphat-Zucker-Fragment einer Polynucleotid-Kette durchgeführt und Barrierenhöhen erhalten, deren Genauigkeit mit 20% angegeben wurde. Allerdings hilft eine berechnete Barrierenhöhe unserem Verständnis nichts, und deshalb sollten wir uns um eine Interpretation solcher Berechnungen kümmern. Diese kann viel einfacher durch semiempirische Modelle erfolgen, die auch viel umfangreicher und mit weniger Aufwand angewandt werden können.

Eine Analyse der Energiebeiträge wird sehr nützlich sein. Die Gesamtenergie kann in Beiträge aufgeteilt werden, deren physikalische Bedeutung genau definiert ist und deren Verhalten bei irgendeiner Geometrieänderung verfolgt werden kann. Die wesentlichen Effekte können dann voneinander unterschieden und interpretiert werden. Im wesentlichen wurden zwei Arten einer solchen Analyse vorgeschlagen. Bei der einen* wird die Energie in Beiträge aufgeteilt, die sich auf ein Atom (A), zwei Atome (AB), drei Atome (ABC), usw. beziehen. Die andere (Allen (1968)) untersucht die Kompensation zwischen den abstoßenden und den anziehenden Energietermen. Von Bedeutung ist dann die Änderung dieser Kompensation während der Drehung. Hier werden wir die zweite Methode verwenden, die sehr einfach ist und nicht von der Art der verwendeten Wellenfunktion abhängt.

Es gibt nur einen einzigen anziehenden (negativen) Energieterm, nämlich V_{en}, die Energie der Elektronenladungswolke im Feld der Kerne. Die anderen Terme sind deutlich positiv und lauten V_{ee} (die Abstoßungsenergie zwischen den Elektronen),

* Die erste einer langen Reihe von Arbeiten stammt von Clementi (1967); die Ethanbarriere wird in (1971) und (1972) behandelt.

V_{nn} (der entsprechende Term für die Kerne) und T (die kinetische Energie der Elektronen). Die attraktiven und die repulsiven Beiträge lauten demnach

$$V_{att} = V_{en}, \qquad V_{rep} = T + V_{ee} + V_{nn}.$$

Allen hat gezeigt, wie sich diese Beiträge verhalten, wenn in Ethan die innere Drehung um die CC-Bindung erfolgt. Ausgangspunkt ist dabei die Referenzkonformation ($\theta = 0°$), die in Fig. 12.12 (*a*) dargestellt ist. Das Ergebnis ist in Fig. 12.12 (*b*) zu sehen. Die Energie erreicht bei $\theta = 60°$ ein Minimum, denn die Anziehungsenergie fällt stärker als die Abstoßungsenergie ansteigt. Das Gleichgewicht tritt bei $\theta = 60°$ (gestaffelte Konformation) ein und die Barriere kann mit Hilfe der dominierenden Abstoßung erklärt werden. Mit anderen Worten, die Barriere kann dadurch erklärt werden, daß gleiche Ladungen so weit wie möglich einander auszuweichen versuchen.

Eine ähnliche Analyse kann für Hydroxylamin durchgeführt werden. Dabei gehen wir von der in Fig. 12.13 (*a*) dargestellten Referenzkonformation aus. Die Analyse liefert zwei verschiedene Barrieren. Läuft θ von 0° bis 53.5° (bei diesem Winkel wird

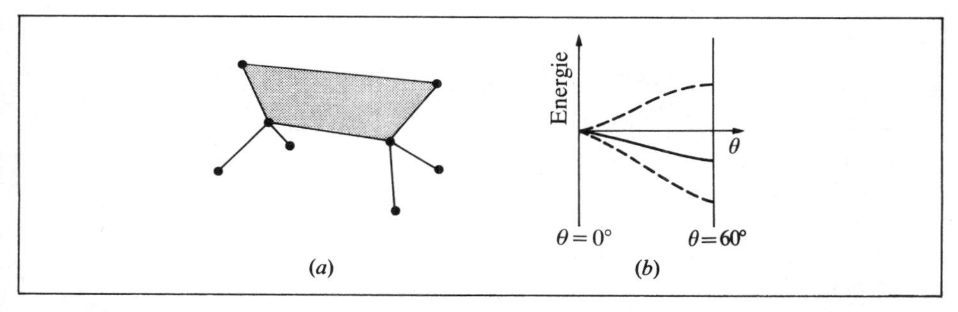

Fig. 12.12. Die behinderte Rotation im Ethanmolekül: (*a*) die verdeckte Konformation ($\theta = 0°$); (*b*) der Energieverlauf in Abhängigkeit des Drehwinkels. Der attraktive und der repulsive Beitrag sind gestrichelt dargestellt.

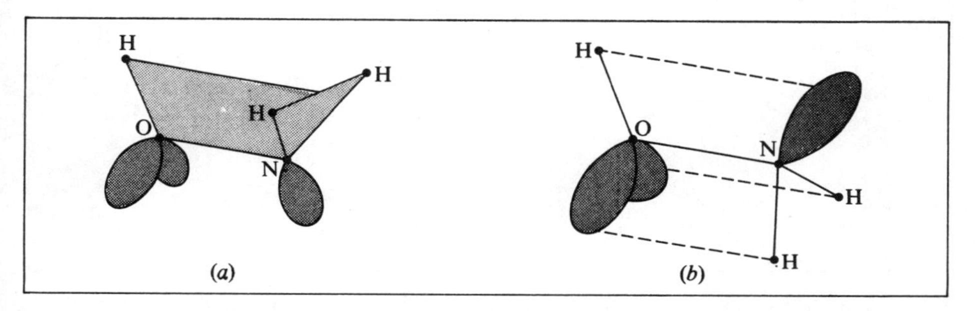

Fig. 12.13. Die behinderte Rotation im Hydroxylamin-Molekül: (*a*) die Konformation für $\theta = 0°$; (*b*) die stabile Gleichgewichtskonformation.

die OH-Bindung durch eine NH-Bindung verdeckt), so steigt V_{rep} stärker als V_{att} fällt. Diese Situation ist in Fig. 12.14 dargestellt. Die erste Barriere ist demnach wie in Ethan durch die dominierende Abstoßung zu erklären. Verfolgen wir die Drehung weiter, so sinkt jetzt V_{att} viel stärker als V_{rep} ansteigt. Auf diese Weise erreicht die Energie ein Minimum bei $\theta = 180°$. Die entsprechende Konformation ist in Fig. 12.13 (*b*) dargestellt.

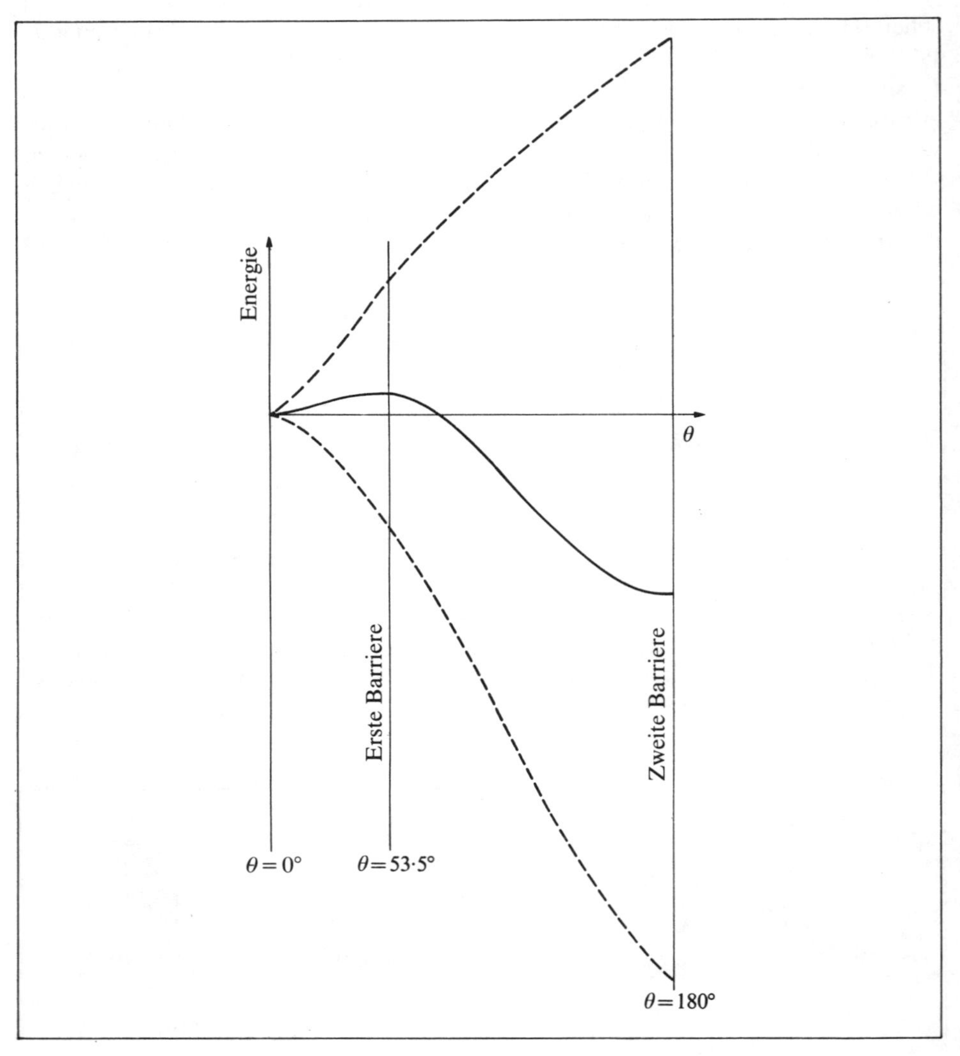

Fig. 12.14. Die Rotationsbarrieren im Hydroxylamin-Molekül. Die erste Barriere bei $\theta = 53.5°$ tritt auf, wenn die OH-Bindung durch eine NH-Bindung verdeckt ist, wobei die Abstoßungskräfte dominieren; bei der zweiten Barriere dominieren die Anziehungskräfte.

Die erste Barriere, die zwischen den Konformationen $\theta=0°$ und $\theta=53.5°$ liegt, beruht genauso wie in Ethan auf der dominierenden Abstoßung. Das Energiemaximum tritt dann auf, wenn das einsame Elektronenpaar am Stickstoffatom durch das am Sauerstoffatom verdeckt wird. Verfolgen wir die Drehung weiter, wobei sich die einsamen Paare voneinander entfernen, so verringert sich die Wirkung ihrer Abstoßungen und es bildet sich eine ziemlich starke Anziehung aus. Sie erreicht ihr Maximum, wenn jedes einsame Paar an einem Ende des Moleküls ein Bindungspaar am anderen Molekülende verdeckt. Die Tatsache, daß bei der zweiten Barriere die *Anziehung* dominiert, liefert einen Hinweis dafür, daß eine Interpretation nur mit Hilfe der Elektronenpaarabstoßungen (§7.8) zu stark vereinfacht ist. Eine solche Interpretation kann höchstens dann erfolgreich sein, wenn die Elektronenpaare an einem einzigen Atom dicht beieinander angeordnet sind.

Die bisher erwähnten Berechnungen liefern keinesfalls eine Erklärung für das Zustandekommen der Barrieren, aber sie bekräftigen zwei sehr einfache Vorstellungen, nämlich (I) daß die Abstoßungseffekte zwischen zwei Teilen eines Systems durch eine Ladungsverminderung im Überlappungsbereich der Ladungswolken hervorgerufen werden und (II) daß die Anziehungseffekte durch eine Ladungsanhäufung im Überlappungsbereich bewirkt werden. Abgesehen vom Zusammenhang, in dem diese Vorstellungen diskutiert werden, unterscheiden sich diese nicht von denen, die wir laufend für die Interpretation der chemischen Bindung verwendet haben: es gibt bindende Wechselwirkungen, bei denen die Elektronenladungswolke zwischen den positiven Kernen verstärkt wird, und es gibt „antibindende Abstoßungen", bei denen eine Ladungsverminderung im Zwischenbereich der beiden Systeme (etwa Edelgasatome), deren Elektronenstrukturen abgeschlossene Schalen aufweisen, stattfindet. Eine genaue Analyse (siehe beispielsweise Jorgensen und Allen (1971)) der Ladungsdichteänderungen, die während der behinderten Rotation in Ethan auftreten, zeigt eine gegenseitige „Abstoßung" der Dichten für jedes Elektronenpaar aller CH-Paare, wenn diese sich gegenseitig verdecken. Diese Situation ist analog zur Wechselwirkung bei der Überlappung von abgeschlossenen Schalen, die zum Abstoßungspotential in der Theorie der Ionenkristalle (siehe §11.6 und Aufgabe 11.8) führte. Bei der Barriere in Hydroxylamin, für die anziehende Kräfte dominieren, ist die Situation aber anders. Die Ladungsdichte im Überlappungsbereich einer NH-Bindung und eines einsamen Paares am Sauerstoffatom *steigt an*, wenn die Verdeckung der beiden Orbitale eintritt, wodurch eine bindende Wechselwirkung angedeutet ist (Fig. 12.13 (*b*)).

Die Unterscheidung zwischen diesen beiden Arten der Wechselwirkung kann qualitativ auf verschiedene Weise erfolgen. In der VB-Näherung könnte man ionische Strukturen berücksichtigen, bei denen ein Elektron des einsamen Paares am Sauerstoff zu einem Bindungshybrid am Stickstoff übergeht. Es ist nicht schwer zu zeigen, daß die Berücksichtigung solcher Strukturen zu einer Erhöhung der Ladungsdichte im Überlappungsbereich führt. Eine genauere Untersuchung führt zu den folgenden Ergebnissen.

(I) Es kann zu einer Anziehung zwischen einem einsamen Paar und einem Bindungspaar kommen, und diese wird durch die Bereitschaft des einsamen Paares, ein Elektron abzugeben, begünstigt. Weitere günstige Faktoren sind die Bereitschaft eines Atoms am Bindungspaar, ein Elektron aufzunehmen sowie der diffuse Charakter des Orbitals für das einsame Paar (dadurch entsteht eine gute Überlappung).

(II) Bei diesem Mechanismus gibt es keine Anziehung zwischen einsamen Paaren (es ist nicht möglich, in einem Orbital drei Elektronen unterzubringen).

(III) Die Anziehung zwischen stark gebundenen Bindungspaaren ist bedeutungslos, denn ein Elektronenübergang ist energetisch aufwendig, und die Überlappung zwischen relativ kompakten Orbitalen ist zu gering, um eine Dichteänderung erzeugen zu können.

Kurz gesagt, damit eine Anziehung auftritt, muß es ein ziemlich schwach gebundenes Elektronenpaar geben, das ein Orbital besetzt, das diffus genug ist, um eine Delokalisierung der Bindung bezüglich eines zweiten Paares zu erzeugen. Einsame Paare, und daran erinnert uns Fig. 6.25 (*c*), sind für diesen Zweck gut geeignet. In einem komplizierten Molekül liegt sicher eine sehr empfindliche Ausgewogenheit zwischen einer Anzahl von anziehenden und abstoßenden Termen vor. Dessen ungeachtet dürfte die allgemeine Interpretation in diesem Sinne als nützlich zu betrachten sein.

Die Hyperkonjugation

Der Begriff der Hyperkonjugation wurde von Mulliken (1939) zur Beschreibung der Wechselwirkung zwischen einem π-Elektronensystem und einer daran gebundenen Gruppe wie CH_3 eingeführt. Diese Gruppe scheint zunächst um die σ-Bindung zwischen der Gruppe und dem benachbarten konjugierten Kohlenstoffatom frei drehbar zu sein. Zu diesem Thema gibt es eine umfangreiche Literatur (siehe Dewar (1962) und darin enthaltene Zitate). Seitdem semiempirische Rechnungen an solchen Molekülen zur Routine geworden sind, wird das ursprüngliche einfache Modell weniger häufig verwendet. Die Idee ist aber immer noch bedeutsam genug, um eine kurze Beschreibung zu verdienen.

Lassen wir einmal die behinderte Rotation außer acht, so kommt man auch aufgrund experimenteller Befunde zu dem Schluß, daß eine Methylgruppe als Substituent an einem konjugierten Molekül sich oft so verhält, als wäre diese ein Teil des Konjugationsbereichs. Im Fall des Benzols scheint Ladung von der CH_3-Gruppe in das π-Elektronensystem des Ringes zu fließen. Demzufolge wirkt die Gruppe so, daß ortho- und para-Substitution bevorzugt ist, ähnlich wie bei anderen Substituenten, was in § 8.7 diskutiert wurde. Ein weiterer Effekt betrifft das Dipolmoment, wobei die Methylgruppe positiv bezüglich des Benzolringes ist. Das gilt ganz allgemein für alternierende Kohlenwasserstoffe, bei denen in Abwesenheit von Substituenten die π-Ladungsverteilung gleichförmig und das Dipolmoment vernachlässigbar ist. Andere Gruppen wie $-CH_2CH_3$ und CH_2, wenn es Teil des Ringes ist, zeigen ein ähnliches Verhalten, jedoch in geringerem Maße. Die Methylierung bewirkt durch Elektronenzufuhr bei einem alternierenden Kohlenwasserstoff auch eine Verringerung des π-Ionisationspotentials und der Anregungsenergien. Die daraus folgende Rotverschiebung der elektronischen Absorptionsbanden ist bei der Entwicklung von

Farbstoffmolekülen von Bedeutung. Ein weiterer Effekt der Hyperkonjugation ist eine geringe, aber meßbare Verringerung der $C-CH_3$-Bindungslänge auf weniger als 154 pm für eine CC-Einfachbindung. Obwohl eine solche Verringerung zu erwarten wäre, weil der sp^2-Atomradius kleiner ist als der sp^3-Radius (§ 8.2), so scheint diese Bindung tatsächlich durch eine π-artige Bindung verstärkt zu sein.

Eine einfache qualitative Interpretation dieser Effekte kann wieder einmal mit Hilfe der VB-Theorie dadurch gegeben werden, daß Ladungsübertragungsstrukturen eingeführt werden. Im Fall des Toluols sind demnach die kovalenten Strukturen wie etwa (I) durch Strukturen wie (II) und (III) zu ergänzen. In letzteren wird ein Elektron der Methylgruppe dem Ring zugeordnet. Ist das Kohlenstoffatom der Methylgruppe sp^3-hybridisiert, so ist die „Doppelbindung" zwischen Methylgruppe und

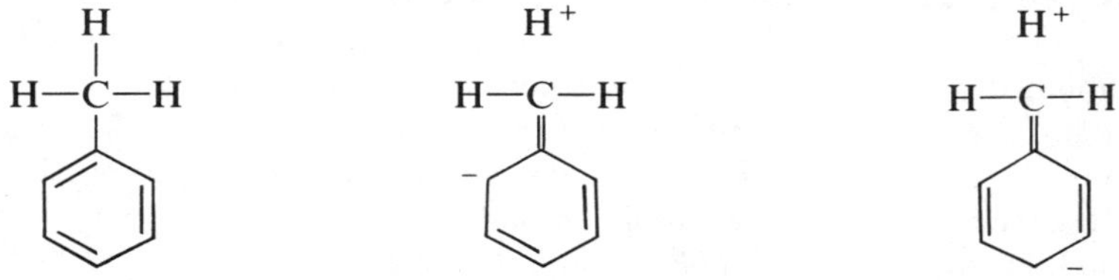

(I) (II) (III)

Ring nicht von der üblichen Form. Die Überlappung mit einem $2p_\pi$-AO ist geringer als sonst, aber die Interpretation der π-artigen Bindung und der ortho-para-Effekte ist bemerkenswert einfach.

Für quantitative Aussagen ist die MO-Näherung besser geeignet. Die Methode haben wir bereits entwickelt, zunächst für H_2O (§ 7.3) und dann bei der Behandlung der Übergangsmetallverbindungen (Kapitel 9). In beiden Fällen lieferte die Symmetrie die Ansätze für die „Gruppenorbitale", die sich über zwei oder mehr Ligandenatome erstreckten. Diese konnten dann mit Orbitalen derselben Symmetrie am Zentralatom in Wechselwirkung treten. Für CH_3 an einem Ring können wir ähnliche Gruppenorbitale ansetzen, die *mehr oder weniger* symmetrisch oder antisymmetrisch

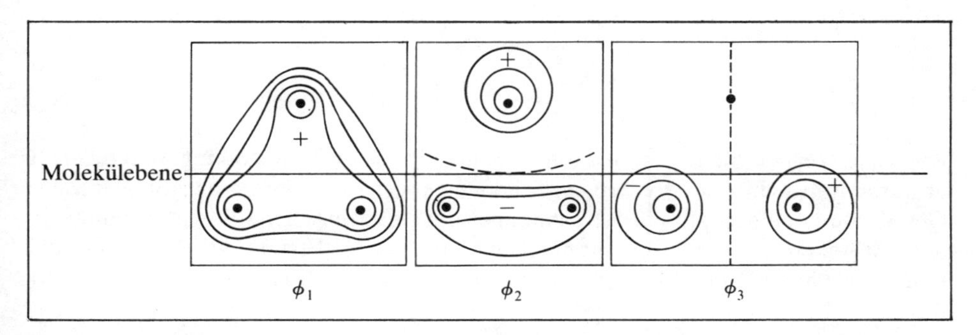

Fig. 12.15. Die Hyperkonjugation. Gruppenorbitale in CH_3. Das Orbital ϕ_2 steht mit dem π-Elektronensystem in Konjugation, denn es ähnelt einem $2p_\pi$-AO, das senkrecht zur Molekülebene steht.

bezüglich der Molekülebene sind. Dann müssen wir versuchen zu erkennen, wie diese mit dem Ring in Wechselwirkung stehen. Die Molekülorbitale einer CH_3-Gruppe haben die in Fig. 12.15 dargestellten Formen. Sind diese mit sechs Valenzelektronen besetzt (drei vom Kohlenstoffatom und drei von den Wasserstoffatomen), so resultiert eine Ladungsverteilung, die identisch mit der für drei lokalisierte CH-Bindungsorbitale ist. Das Orbital ϕ_2 wird sich mit dem $2p_\pi$-AO am Ringatom überlappen. Auf diese Weise kann die ganze Gruppe als ein Pseudoatom mit zwei Elektronen in einem annähernd π-artigen Orbital betrachtet werden. Toluol kann dann formal genauso behandelt werden wie Anilin oder Nitrobenzol (§ 8.7). Es gibt, von der Wirkung her, ein endständiges Heteroatom X; dieses hat ein Coulombintegral α_X und mit dem Nachbaratom ein Resonanzintegral β_{CX}. Das Heteroatom liefert in diesem Fall zwei π-Elektronen an das siebenzentrische konjugierte System. Entsprechende Werte für diese Parameter können mit Hilfe semiempirischer Methoden bestimmt werden. Die Beschreibung der Effekte der hyperkonjugierten Gruppen kann allgemein als zufriedenstellend bezeichnet werden (siehe beispielsweise Streitwieser (1961)). Gewisse allgemeine Gesetzmäßigkeiten wurden von Mulliken (1959) hervorgehoben. Er konnte feststellen, daß die Hyperkonjugation bei Radikalen und Ionen viel bedeutsamer ist als bei neutralen Molekülen. Diese Beobachtung steht in Übereinstimmung mit der Tatsache, daß das einfach besetzte höchste Orbital leicht Elektronendichte von dem doppelt besetzten Pseudo-π-Orbital der in Hyperkonjugation stehenden Gruppe übernehmen kann, wodurch eine bindende Wechselwirkung entsteht.

Sterisch behinderte Moleküle

In vielen Molekülen, besonders in großen organischen, können ein oder mehrere Atompaare infolge eines mehr oder weniger starren Molekülgerüsts in den gleichen räumlichen Bereich gezwungen werden. Solche Atome sind im allgemeinen periphere Wasserstoffatome eines planaren konjugierten Kohlenwasserstoffs. Ein Beispiel dafür ist das in Phenanthren vorliegende Paar.

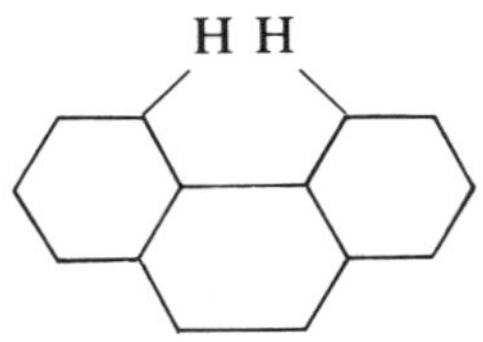

H H

Zwischen solchen nicht-gebundenen Atomen gibt es eine Abstoßung, und deshalb erfährt das Molekül eine Verzerrung, um der sterischen Behinderung auszuweichen. Genaue quantenmechanische Berechnungen der elektronischen Energie als Funktion aller Atomkoordinaten sind nicht möglich*, und deshalb besteht die einzige realistische Möglichkeit in der Anwendung empirischer Modelle. Das Molekül wird als ein

* Zur Untersuchung des Energieverlaufs als Funktion der Auslenkung aus der Ebene, wobei für jedes Atom zwei Auslenkungen nach oben und zwei nach unten berücksichtigt werden, wären etwa 5^{16} vollständige Energieberechnungen erforderlich!

mechanisches Gerüst betrachtet, das durch „normale" Bindungslängen und Bindungswinkel und Kraftkonstanten charakterisiert wird. Letztere bestimmen die Änderungen der Kernlagen unter dem Einfluß äußerer Kräfte. In diesem Fall werden die Kräfte durch die im Raum sich zu nahe kommenden Atome bewirkt. Die resultierende Molekülkonformation wird durch die Gesamtenergie als Funktion der Kernlagen bestimmt, indem diese ihren Minimalwert annimmt.

Hinweise auf frühe Arbeiten auf diesem Gebiet können in einer Arbeit von Coulson und Haigh (1963) gefunden werden, wo eine elegante Behandlung planarer Moleküle beschrieben wird. Kurz gesagt, die Energie des Moleküls hinsichtlich eines hypothetischen Systems, in dem die Deformation verhindert ist und in dem die Atome in ihren „normalen" Positionen vorliegen, kann als

$$E = U(R) + V_{xy} + V_z$$

geschrieben werden. Dabei ist $U(R)$ die Abstoßungsenergie für das betreffende Atompaar im Abstand R; V_{xy} ist die Deformationsenergie für eine in der Ebene stattfindende Verzerrung; V_z ist die dazu analoge Größe für die Verzerrung aus der Ebene heraus. Eine gebräuchliche Form für das Abstoßungspotential (vgl. § 11.6) ist

$$U(R) = -AR^{-6} + B\exp(-CR),$$

während V_{xy} und V_z in den Deformationskoordinaten quadratisch sind. Die Koeffizienten können im Prinzip empirisch aus der Schwingungsspektroskopie erhalten werden. Der Abstand zwischen den sich abstoßenden Atomen hängt von der Deformationsweise des Gerüsts ab, und deshalb ist auch R eine Funktion der Deformationskoordinaten (es gibt somit eine interne Beziehung oder „Bedingung"). Zur Bestimmung der Gleichgewichtskonformation ist lediglich das mit der Deformation zusammenhängende Minimum von E aufzusuchen, unter Berücksichtigung der Bedingung. Dazu müssen die Ableitungen gebildet und gleich null gesetzt werden, und zwar für jede unabhängige Deformation. Letzten Endes erhält man ein gekoppeltes Gleichungssystem.

Es ist bemerkenswert, daß man mit geeignet gewählten Parametern in der Abstoßungsenergie $U(R)$ dieses primitiven mechanischen Modells Molekülkonformationen erhält, die in sehr guter Übereinstimmung mit den durch kristallographische Methoden experimentell bestimmten stehen. Mit dieser Kraftfeld-Näherung wurden viele Untersuchungen durchgeführt. Nun sind aber Molekülkonformationen im Rahmen einer Theorie der chemischen Bindung von untergeordneter Bedeutung, und deshalb werden wir diese nicht weiter verfolgen (stattdessen sei auf die Übersichtsartikel von Williams *et al.* (1968) und von Allinger (1976) hingewiesen). Es soll aber darauf hingewiesen werden, daß dasselbe Konzept der „natürlichen" Valenzwinkel und Bindungslängen, deren Änderungen durch äußere Kräfte bewirkt werden, auch als Grundlage für die Vorhersage von Geometrieänderungen erfolgreich ist, wenn Kohlenstoffatome durch Heteroatome wie Stickstoff ersetzt werden (Flory (1969)). Auch dabei wird angenommen, daß es einen natürlichen CNC-Bindungswinkel ϕ_N gibt und eine entsprechende Winkelkraftkonstante k_N. Ferner wird angenommen, daß die empirische Angleichung der vorhergesagten und der beobachteten Geometrien dann erreicht wird, wenn ϕ_N den außerordentlich vernünftigen Wert von 109° annimmt.

Eine der erfolgreichsten Anwendungen dieser allgemeinen Näherung, wobei empirische Wechselwirkungspotentiale verwendet werden, betrifft die Vorhersage der statistischen Verteilung der Konformationen von langkettigen Molekülen wie Polypeptide.

13. Die Theorie des selbstkonsistenten Feldes

13.1 Der Bedarf an verbesserten Theorien

In der einfachen MO-Theorie werden nach Hückel die Coulomb- und die Bindungsintegrale als frei wählbare Parameter betrachtet und am Experiment justiert. Diese Vorgehensweise erschien uns in den letzten Kapiteln als recht nützlich. Auf diesem einfachen Niveau sind wir zu einem überraschend umfangreichen Verständnis der Struktur und der Eigenschaften von Molekülen und Festkörpern gekommen. Wir konnten sogar einen gewissen Einblick in verschiedene Arten von chemischen Reaktionen gewinnen. Allerdings sind wir auch auf Mängel der einfachen Theorie gestoßen. Obwohl wir die allgemeinen Formen der Molekülorbitale diskutieren konnten, so mußten wir alle jene Effekte, die sich auf die *Elektronenwechselwirkung* bezogen, auf ziemlich qualitative Weise gesondert behandeln. Die Elektron-Elektron-Abstoßung bei der Bestimmung der Strukturen mehratomiger Moleküle wurde beispielsweise rein bildlich berücksichtigt (§ 7.8), *nachdem* die Elektronen durch passend lokalisierte Molekülorbitale dargestellt worden sind. Die Molekülorbitale selbst wurden immer so bestimmt, als würden sich die Elektronen in einem gemeinsamen Feld alle *unabhängig* voneinander bewegen. Wir wissen von den Arbeiten von Hartree über Atome (§ 2.5), daß dieses Modell der unabhängigen Teilchen ausgezeichnete Resultate liefern kann, vorausgesetzt, daß das Feld an jedem Elektron sorgfältig berechnet wurde und daß bei der Berechnung der Energie alle Beiträge zur Elektronenwechselwirkung berücksichtigt wurden. In unseren semiempirischen Diskussionen haben wir aber keinen Versuch in dieser Richtung unternommen. Das „Hartree-Feld" erscheint im Hamiltonoperator für jedes Elektron. In der semiempirischen Näherung werden die Matrixelemente dieses Hamiltonoperators als Parameter betrachtet, weshalb wir die explizite Form dieser Elemente niemals kennen mußten.

Neben der Unfähigkeit, einen quantitativ befriedigenden Weg zur elektronischen Gesamtenergie zu liefern, versagt die einfache MO-Theorie in einigen Situationen auch qualitativ. In § 9.13 haben wir beispielsweise festgestellt, daß man leicht eine vollkommen unrealistische Ladungsverteilung erhalten kann, wenn die Parameterwerte nicht mit besonders großer Sorgfalt gewählt werden. Im besonderen war das für die Übergangsmetallkomplexe der Fall, bei denen sich um ein zentrales Metallatom viele Liganden anordnen. Sogar geringe Ladungsverschiebungen in jeder einzelnen Bindung können zu einer gewaltigen Ladungsanhäufung am Metallatom führen. Es ist auch allgemein bekannt, daß beim Auftreten von ausgeprägten Unregelmäßigkeiten in der Elektronendichte (etwa in heterocyclischen organischen Molekülen) die Theorie nicht mehr so befriedigend ist. Der Ursprung dieser Schwierigkeit wurde bereits angedeutet. Die Parameter wie Coulomb- und Bindungsintegrale sind *keine* Konstanten, die, einmal fixiert, von Molekül zu Molekül unverändert übertragen werden können. Die Integrale hängen von der jeweils vorliegenden Ladungsverteilung ab und müssen so lange verändert werden, bis ihre Werte mit derjenigen Ladungsverteilung konsistent sind, zu der sie führen (über die Säkulargleichungen). Wir haben bereits gesehen, daß einfache Methoden bei der Aufstellung von Beziehungen zwischen den Parameterwerten (Coulomb-Integrale) und den atomaren Valenzschalen-Populationen wie in (9.3) eine befriedigende qualitative Verwirklichung dieser Vorstellungen liefern. Der einzige zuverlässige Weg führt aber nur über die SCF-Theorie im Sinne von Hartree und Fock.

Einige Ergebnisse von *ab initio*-SCF-Rechnungen wurden in Kapitel 6 vorgestellt, aber die Verwendung von SCF-Methoden auf *ab initio*-Niveau ist für viele große Moleküle, die in der Chemie von Bedeutung sind, noch immer nicht uneingeschränkt möglich. Demzufolge wurden zahlreiche approximative oder semiempirische Varianten entwickelt. Diese sind fundierter als die Methode zur Bestimmung von Hückel-Molekülorbitalen, denn sie basieren auf der vollständigen quantenmechanischen Behandlung des Mehrelektronensystems. Demnach wird die Elektronenwechselwirkung explizit berücksichtigt. Allerdings ist die Zuverlässigkeit der Ergebnisse oft bei weitem nicht mit der von *ab initio*-Methoden zu vergleichen, denn es wird eine große Anzahl kleiner Beiträge vernachlässigt, während die restlichen meistens an experimentellen Daten justiert werden. Mit anderen Worten heißt das, daß zwar der mathematische Formalismus der *ab initio*-Methoden verwendet wird, aber daß gleichzeitig so viele Näherungen wie möglich vorgenommen werden, um eine optimale Vereinfachung zu erzielen. Eine ausführliche Behandlung solcher Entwicklungen ist in diesem Buch nicht möglich, aber diese Methoden haben sich derart eingebürgert, daß keine Einführung in die Theorie der chemischen Bindung vollständig wäre, ohne sie erwähnt zu haben. Wir werden demnach eine dieser Entwicklungen genauer darlegen – die SCF-Theorie für ein System, das im Grundzustand abgeschlossene Schalen besitzt. Diese liefert die Basis für die MO-Methode, soweit sie hier verwendet wurde.

13.2 Die ab initio-SCF-Näherung

Der Ausgangspunkt für die SCF-Näherung bei abgeschlossenen Schalen ist die Variation der Energie E bezüglich einer Wellenfunktion Ψ in Form eines antisymmetrischen Produkts, das aus den Spinorbitalen (siehe § 5.6) $\psi_1\alpha, \psi_1\beta, \psi_2\alpha, \ldots, \psi_n\beta$ (alle Orbitale sind doppelt besetzt) gebildet wird. Unter der Voraussetzung, daß alle Molekülorbitale zueinander orthonormal sind, lautet die entsprechende Energie*

$$E = 2\sum_{K} \langle\psi_K|\hat{h}|\psi_K\rangle + 2\sum_{K,L} [\langle\psi_K\psi_L|g|\psi_K\psi_L\rangle - \tfrac{1}{2}\langle\psi_K\psi_L|g|\psi_L\psi_K\rangle]. \quad (13.1)$$

* Dieser Ausdruck wurde das erste Mal von Slater (1929) angegeben. Für die Herleitung und die Erweiterung auf nicht-orthogonale Orbitale sei auf McWeeny und Sutcliffe (1969) verwiesen.

Dabei erstrecken sich die Summationen K, L über die doppelt besetzten Molekülorbitale ($K, L = 1, 2, \ldots, n$) und es wurden die üblichen Abkürzungen

$$\langle \psi_K | \hat{h} | \psi_K \rangle = \int \psi_K^* \hat{h} \psi_K \, d\tau \tag{13.2}$$

$$\langle \psi_K \psi_L | g | \psi_K \psi_L \rangle = \frac{e^2}{\kappa_0} \int \psi_K^*(1) \psi_L^*(2) \frac{1}{r_{12}} \psi_K(1) \psi_L(2) \, d\tau_1 \, d\tau_2 \tag{13.3}$$

verwendet. Das Integral $\langle \psi_K \psi_L | g | \psi_L \psi_K \rangle$ unterscheidet sich von (13.3) dadurch, daß die Reihenfolge der Indices K und L im rechten Teil des Integranden vertauscht ist. Das erste Integral stellt den Erwartungswert der Energie eines Elektrons dar, welches das Orbital ψ_K besetzt; diese Energie setzt sich aus den Anteilen des Einelektronen-Hamiltonoperators $\hat{h}$ zusammen. Das zweite Integral stellt die elektrostatische Abstoßungsenergie zwischen „Elektron 1" in ψ_K (Ladungswolke $|\psi_K|^2$) und „Elektron 2" in ψ_L (Ladungswolke $|\psi_L|^2$) dar. Das „Austauschintegral" $\langle \psi_K \psi_L | g | \psi_L \psi_K \rangle$ stellt die elektrostatische Abstoßungsenergie zwischen zwei durch Überlagerung entstandene Ladungswolken der Dichte $\psi_K \psi_L$ dar, falls die Molekülorbitale reell sind; andernfalls lauten die „Dichten" $\psi_K^* \psi_L$ und $\psi_K \psi_L^*$.

Nun müssen wir nach § 3.6 die Formen aller Molekülorbitale so lange variieren, bis E den minimalen Wert erreicht. Dann haben wir die „beste" Wellenfunktion in der Eindeterminantenform. Es ist aber nicht gerade einfach, für die Variation der Funktionen $\psi_1, \ldots, \psi_n$ ganz allgemeine numerische Methoden anzuwenden. Aus diesem Grund wählen wir die LCAO-Darstellung

$$\psi_K = \sum_r c_r^{(K)} \phi_r, \tag{13.4}$$

wobei jedes MO mit Hilfe einer gewählten AO-Basis $\phi_1, \phi_2, \ldots, \phi_m$ dargestellt wird. An Stelle der frei zu variierenden *Funktion* ψ_K haben wir nur die m Koeffizienten $c_r^{(K)}$ ($r = 1, 2, \ldots, m$) zu variieren, was trotz der Einschränkung mathematisch wesentlich einfacher ist. Setzen wir (13.4) in (13.1) ein und verwenden die Matrix mit den Elementen P_{rs} (definiert in (8.5)), die formal den Ladungen und Bindungsordnungen entsprechen, so erhalten wir nach einigen Umformungen

$$E = \sum_{r,s} P_{sr} h_{rs} + \tfrac{1}{2} \sum_{r,s} P_{sr} G_{rs} \tag{13.5}$$

mit (vgl. (13.2))

$$h_{rs} = \langle \phi_r | \hat{h} | \phi_s \rangle = \int \phi_r^* \hat{h} \phi_s \, d\tau \tag{13.6}$$

als Matrixelement des Operators $\hat{h}$ bezüglich der *Atomorbitale*. Die Größe G_{rs} resultiert aus den Zweielektronenintegralen (13.3) und ist definiert durch

$$G_{rs} = \sum_{t,u} P_{ut} [\langle \phi_r \phi_t | g | \phi_s \phi_u \rangle - \tfrac{1}{2} \langle \phi_r \phi_t | g | \phi_u \phi_s \rangle]. \tag{13.7}$$

Die Zweielektronenintegrale in diesem Ausdruck sind analog zu denen in (13.3); auch sie beziehen sich auf *Atomorbitale*, die für die Rechnung als Basis gewählt wurden. Sie lauten

$$\langle \phi_r \phi_t | g | \phi_s \phi_u \rangle = \frac{e^2}{\kappa_0} \int \phi_r^*(1)\phi_t^*(2) \frac{1}{r_{12}} \phi_s(1)\phi_u(2)\, \mathrm{d}\tau_1\, \mathrm{d}\tau_2 \tag{13.8}$$

und haben eine ähnliche Interpretation als elektrostatische Abstoßungsenergie zwischen kleinen Anteilen der molekularen Ladungswolke, $\phi_r\phi_s$ und $\phi_t\phi_u$ (unter der Annahme reeller Funktionen), genauso wie in (11.14). Solche Größen sind leicht zu interpretieren, aber ausgesprochen schwierig zu berechnen. Ist einmal die Wahl einer AO-Basis getroffen worden, so sind alle Integrale (13.6) und (13.8) im Prinzip fest vorgegeben. Diese müssen berechnet werden, bevor wir fortfahren können. Die Anzahl der verschiedenen auftretenden Integrale ist bei m Basis-Atomorbitalen von der Ordnung $m^4/8$*. Beispielsweise werden mit 20 Atomorbitalen etwa 20000 sehr schwierige Integrale zu Beginn der Rechnung benötigt. Die Arbeit der Integralberechnung war vor dem Aufkommen großer Rechenautomaten einer der Engpässe für solche Berechnungen.

Die wesentliche Eigenschaft der „Elektronenwechselwirkungs-Matrix", deren Elemente G_{rs} im Energieausdruck (13.5) auftreten, den wir minimieren müssen, besteht in ihrer Abhängigkeit von den Ladungen und Bindungsordnungen (P_{rs}). Diese können aber nur dann berechnet werden, wenn wir die Lösung bereits kennen (die Molekülorbitale in (13.4))! Diese Schwierigkeit wollen wir für einen Augenblick außer acht lassen. Wir müssen die durch (13.5) angegebene Energie E unter der Bedingung minimieren (wie bei der Herleitung des Energieausdruckes von Slater angenommen wurde), daß die Molekülorbitale nur so variiert werden, daß sie normiert und zueinander orthogonal bleiben. Diese Vorgehensweise ist nicht mehr als eine mathematische Übung. Die AO-Koeffizienten in den Molekülorbitalen, die unter diesen Bedingungen E minimieren, erfüllen die Gleichungen

$$\begin{aligned}
&(h_{11}^{\mathrm{F}} - \varepsilon)c_1 + (h_{12}^{\mathrm{F}} - \varepsilon S_{12})c_2 + \ldots + (h_{1m}^{\mathrm{F}} - \varepsilon S_{1m})c_m = 0 \\
&(h_{21}^{\mathrm{F}} - \varepsilon S_{21})c_1 + (h_{22}^{\mathrm{F}} - \varepsilon)c_2 + \ldots + (h_{2m}^{\mathrm{F}} - \varepsilon S_{2m})c_m = 0 \\
&\cdots\cdots\cdots\cdots\cdots\cdots\cdots\cdots\cdots\cdots\cdots\cdots\cdots\cdots \\
&(h_{m1}^{\mathrm{F}} - \varepsilon S_{m1})c_1 + (h_{m2}^{\mathrm{F}} - \varepsilon S_{m2})c_2 + \ldots + (h_{mm}^{\mathrm{F}} - \varepsilon)c_m = 0
\end{aligned} \tag{13.9}$$

Das sind gewöhnliche Säkulargleichungen, genauso wie sie in der einfachen MO-Näherung (einschließlich Überlappung) verwendet worden sind. Nur die Matrixelemente h_{rs}^{F} werden jetzt nicht mehr als Parameter betrachtet (Coulomb- und Bindungsintegrale). Diese Elemente sind durch

$$h_{rs}^{\mathrm{F}} = h_{rs} + G_{rs} \tag{13.10}$$

* Die Anzahl der Integrale kann oft noch beträchtlich reduziert werden, wenn man die Symmetrie der vier Atomorbitale eines jeden Integrals beachtet und auch von einer eventuell vorhandenen Molekülsymmetrie Gebrauch macht. (Anmerkung des Übersetzers)

gegeben. Die Matrixelemente des „Fockschen Hamiltonoperators", die ein Elektron beschreiben, das sich im effektiven Feld der Kerne *und aller anderen Elektronen* bewegt, setzen sich demnach aus zwei Termen zusammen: dem Beitrag der Kerne (h_{rs}) (in diesem ist auch die kinetische Energie des Elektrons enthalten) und dem Beitrag der Elektronenwechselwirkung (G_{rs}).

Die Säkulargleichungen (13.9) sind die Hartree-Fock-Gleichungen in der LCAO-Darstellung (siehe Roothaan (1951); Hall (1951)). Sie müssen mit Hilfe der Methode des selbstkonsistenten Feldes (SCF) gelöst werden, die eng verwandt mit der durch Hartree (§2.5) eingeführten Methode ist. Denn h^{F}_{rs} erfordert die Kenntnis von G_{rs}, und für diese Größe benötigt man die Molekülorbitale, durch die die Ladungen und Bindungsordnungen P_{rs} bestimmt sind. Die Vorgehensweise besteht nun darin, zunächst einen Satz von Molekülorbitalen zu „erraten", mit dem die Rechnung begonnen wird (das kann beispielsweise ein Satz Hückel-artiger Molekülorbitale sein, der so wie in früheren Abschnitten berechnet wird). Damit werden nach (8.5) die Ladungen und Bindungsordnungen und nach (13.7) die Elektronenwechselwirkungsbeiträge berechnet. Schließlich werden die Säkulargleichungen (13.9) gelöst. Der Satz der Koeffizienten, der die besetzten Molekülorbitale definiert (für den Grundzustand sind es diejenigen mit der niedrigsten Energie), weicht im allgemeinen von dem als Startnäherung verwendeten Satz etwas ab. Damit können wir nun „verbesserte" Elektronenwechselwirkungsterme G_{rs} berechnen und dann die Berechnung der Molekülorbitale wiederholen. Stimmen dann die resultierenden Molekülorbitale mit denen überein, die für die Aufstellung der Säkulargleichungen verwendet worden sind, so sagen wir, daß die Selbstkonsistenz erreicht worden ist.

Die *ab initio*-Rechnungen, die zu den in Kapitel 6 diskutierten Resultaten führten, wurden hauptsächlich durch die hier beschriebene SCF-Methode erhalten; gelegentlich wurden aber auch weiterführende Versionen dafür verwendet.

13.3 Allgemeines zu semiempirischen SCF-Näherungen

Aus dem letzten Abschnitt folgt unmittelbar, daß die Grenzen hinsichtlich der Molekülgröße bei genauen Berechnungen hauptsächlich durch die Berechnung und Handhabung einer extrem großen Anzahl von Zweielektronenintegralen gegeben ist. Des weiteren verbrauchen solche Rechnungen viel Rechenzeit und sind auch trotz des Einsatzes der leistungsfähigsten Rechenmaschinen ziemlich kostspielig.

Andererseits wird bei den semiempirischen SCF-Näherungen versucht, die Berechnung einer großen Anzahl von Integralen zu umgehen. Nur diejenigen mit den größten numerischen Werten werden wirklich ausgerechnet, oder auch mit Hilfe experimenteller Daten justiert. Für solche Vorgehensweisen können theoretische Begründungen gefunden werden. In § 8.8 haben wir gesehen, wie die Überlappungsintegrale S_{rs} durch Orthogonalisierung der Atomorbitale beseitigt werden können. Ebenso ist es möglich, so zu orthogonalisieren, daß die Elektronenabstoßungsintegrale in der AO-Darstellung (13.8) sehr kleine Werte annehmen, wenn sich die Ladungsdichten $\phi_r\phi_s$ oder $\phi_t\phi_u$ auf ein Paar *verschiedener* Atomorbitale beziehen, wenn also $r \neq s$ oder $t \neq u$. Die verbleibenden Integrale

$$\gamma_{rt} = \frac{e^2}{\kappa_0} \int \phi_r^2(1) \frac{1}{r_{12}} \phi_t^2(2) \, d\tau_1 \, d\tau_2 \tag{13.11}$$

stellen die Coulombabstoßung zwischen den AO-förmigen Ladungswolken ϕ_r^2 und ϕ_t^2 dar, die durch die klassische Elektrostatik näherungsweise bestimmt werden kann. Diese Näherung wird im allgemeinen ZDO-Näherung genannt (vom englischen „zero differential overlap"). Dieser Begriff wurde von Parr eingeführt, wobei $\phi_r \phi_s = 0$ in allen Punkten des Raumes gesetzt wird. Diese Näherung ist viel stärker als $S_{rs} = \int \phi_r \phi_s \, d\tau = 0$. Somit werden alle Zweielektronenintegrale vernachlässigt, die eine Überlappungsdichte enthalten. Als Ergebnis erhalten wir eine drastische Vereinfachung der Elektronenwechselwirkungsterme in (13.7). Durch Streichung aller Terme in der Summe für $r \neq s$ und/oder $t \neq u$ erhalten wir nun

$$G_{rr} = \tfrac{1}{2} P_{rr} \gamma_{rr} + \sum_s P_{ss} \gamma_{rs} \quad \text{(„Diagonalglieder")} \tag{13.12a}$$

$$G_{rs} = -\tfrac{1}{2} P_{rs} \gamma_{rs} \quad \text{(„Nichtdiagonalglieder", } r \neq s\text{).} \tag{13.12b}$$

Dabei treten bei m reellen Atomorbitalen nur $1/2m(m+1)$ verschiedene γ-Integrale auf. Das sind für $m = 20$ etwa 200 Integrale an Stelle von 20000.

Weitere wünschenswerte Vereinfachungen sind, (1) nur die Valenzelektronen zu behandeln (dabei wird angenommen, daß die atomaren „Rümpfe" ein effektives Feld liefern, in dem sich die Valenzelektronen bewegen) und (2) die Integrale h_{rs} durch einen geeigneten Satz von Atom- und Bindungsparametern zu approximieren. Die Art und Weise der Einführung dieser Parameter hängt in gewisser Weise von der Art des zu behandelnden Systems ab. Die nächsten beiden Abschnitte sind zwei wichtigen Anwendungsgebieten gewidmet.

13.4 Die Berechnung von π-Elektronensystemen

Betrachten wir die π-Elektronen für sich, so bewegen sich diese im effektiven Feld von σ-Elektronen. Für den Einelektronen-Hamiltonoperator $\hat{h}$ können wir die Form

$$\hat{h} = -\tfrac{1}{2}\nabla^2 + (V_1 + V_2 + \ldots) \tag{13.13}$$

annehmen, wobei atomare Einheiten verwendet werden. Die potentielle Energie V wird als Summe von Anteilen dargestellt, die sich auf die beteiligten Atome beziehen. Demnach ist V_r die potentielle Energie eines π-Elektrons in dem Feld, das durch denjenigen Teil der σ-Elektronen bewirkt wird, die wir als zum Atom r „gehörend" betrachten. Genauer gesagt handelt es sich um das *Ion r* ohne seine π-Elektronen. Aus (13.6) erhalten wir

$$\langle \phi_r | \hat{h} | \phi_r \rangle = W_r + \sum_{s(\neq r)} \langle \phi_r | V_s | \phi_r \rangle \tag{13.14}$$

mit

$$W_r = \langle \phi_r | -\tfrac{1}{2}\nabla^2 + V_r | \phi_r \rangle. \tag{13.15}$$

Dabei ist W_r die Orbitalenergie eines π-Elektrons in ϕ_r in Anwesenheit der σ-Elektronen am Atom r, wobei der Rest des Systems ignoriert wird. Demnach wird $-W_r$ oft die „Ionisierungsenergie des Valenzzustands" genannt. Diese Bezeichnungsweise darf allerdings nicht zu wörtlich aufgefaßt werden, denn V_r entspricht einem Teil eines *gebundenen Systems* (nicht einem freien Atom); außerdem entspricht W_r nicht einer beobachtbaren Größe. Wichtig ist aber, daß W_r für das gebundene Atom r charakteristisch ist, unabhängig davon, in welchem konjugierten Molekül dieses auftritt; der Wert von $-W_r$ stellt *näherungsweise* die Ionisierungsenergie dar.

Die restlichen Terme in (13.14) können dadurch bestimmt werden, indem man beachtet, daß für Z_s π-Elektronen am Atom s

$$V_s + V(Z_s, \phi_s) = V_s^{\text{neut}} \tag{13.16}$$

gilt. Dabei ist $V(Z_s, \phi_s)$ die potentielle Energie für ein Elektron im Feld von Z_s π-Elektronen im Orbital ϕ_s; V_s^{neut} ist die potentielle Energie für ein Elektron im Feld eines *neutralen* gebundenen Atoms s (gemeint ist hier ein gebundenes Ion mit seinen üblichen zusätzlichen π-Elektronen). Unter Verwendung von (13.16) und unter Vernachlässigung des Feldes bei ϕ_r aufgrund des neutralen Atoms s erhalten wir aus (13.14)

$$\alpha_r = \langle \phi_r | \hat{h} | \phi_r \rangle \simeq W_r - \sum_{s(\neq r)} Z_s \gamma_{rs}. \tag{13.17a}$$

Mit der Definition (13.11) für γ_{rs} ist das die Energie eines Elektrons in ϕ_r im Feld eines anderen in ϕ_s. Wir verwenden α_r für das Coulombintegral, wobei zu beachten ist, daß dieses sich auf ein Elektron im Feld des nackten Gerüsts bezieht. Das entsprechende Bindungsintegral lautet

$$\beta_{rs} = \langle \phi_r | \hat{h} | \phi_s \rangle \simeq \langle \phi_r | -\tfrac{1}{2}\nabla^2 + V_r + V_s | \phi_s \rangle \tag{13.17b}$$

wobei die Terme $V_t (t \neq r,s)$ vernachlässigt werden können, wenn ϕ_r und ϕ_s im r–s-Bereich lokalisiert und orthogonal sind; β_{rs} ist als Parameter zu betrachten, der für die Bindung r–s charakteristisch ist.

Durch Hinzufügen der Elektronenwechselwirkungsterme (13.12*a*) und (13.12*b*) zu (13.17*a*) und (13.17*b*) erhalten wir analog zu (13.10) die diagonalen und die nichtdiagonalen Matrixelemente des Fockschen Hamiltonoperators zu

$$\alpha_{rr}^{\text{F}} = W_r + \tfrac{1}{2} P_{rr} \gamma_{rr} + \sum_{s(\neq r)} (P_{ss} - Z_s) \gamma_{rs} \tag{13.18a}$$

$$\beta_{rs}^{\text{F}} = \beta_{rs} - \tfrac{1}{2} P_{rs} \gamma_{rs}. \tag{13.18b}$$

Diese Gleichungen (Pople (1953)) bildeten die Grundlage für die meisten semiempirischen Untersuchungen von π-Elektronensystemen (die über die Hückelnäherung hinausgehen) während der letzten 20 Jahre. Gleichzeitig wurden zahlreiche Varianten hinsichtlich dieser Näherungen vorgeschlagen*. Man kann befriedigt feststellen,

* Für eine weiterführende Diskussion semiempirischer Näherungen sei auf Streitwieser (1961) und Parr (1963) verwiesen.

daß die SCF-Behandlung konjugierter Systeme weitgehend parallel zur Hückel-Näherung verläuft. Obwohl numerische Unterschiede auftreten, ändern sich viele der in der einfachen Näherung eingeführten Konzepte kaum, wenn die Elektronenwechselwirkung effektiv berücksichtigt wird.

13.5 Die Berechnung aller Valenzelektronen

In einem gesättigten Molekül, oder in einem konjugierten System einschließlich der σ-Elektronen, oder in einer allgemeinen mehratomigen Verbindung wie etwa einem Übergangsmetallkomplex ist es im allgemeinen notwendig, mehrere Valenz-Atomorbitale an jedem Atom zu berücksichtigen. Die Situation wird deshalb etwas komplizierter. Solche Näherungen, die für π-Elektronensysteme geeignet waren, können nun weniger gut sein. Aber trotzdem können Vereinfachungen ähnlich denen von §13.4 angewandt werden, um zahlreiche semiempirische Näherungen (CNDO, NDDO, INDO, usw.) zu erhalten, die in früheren Zeiten umfangreich angewandt worden sind.

Wir wollen die Bezeichnungsweise von Fig. 13.1 verwenden, wobei $\phi_a, \phi_{a'}, \phi_{a''}, \ldots$ die Valenz-Atomorbitale am Atom A sind; analog dazu sind $\phi_b, \phi_{b'}, \phi_{b''}, \ldots$ die Valenz-Atomorbitale am Atom B, usw. Falls keine Zuordnung der Orbitale zu den Atomen gewünscht wird, werden wir so wie früher $\phi_r, \phi_s, \ldots$ schreiben. Wir werden hier nur die einfachste Näherung besprechen (Pople und Segal (1965)), nämlich die CNDO-Näherung (vom englischen „complete neglect of differential overlap"). Die dabei angewandten einzelnen Näherungen entsprechen denen der Autoren. Die ZDO-

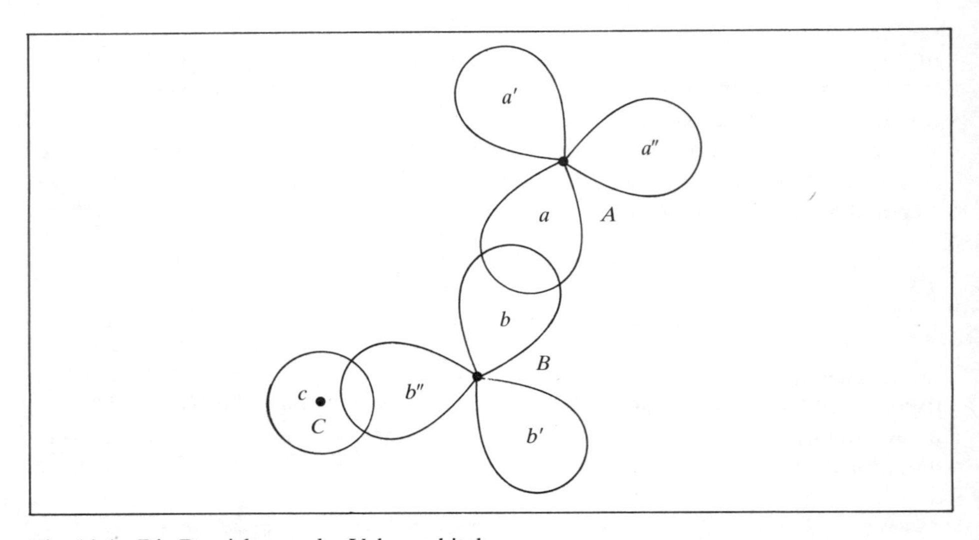

Fig. 13.1. Die Bezeichnung der Valenzorbitale.

Näherung wird als gültig angenommen, unabhängig davon, ob zwei Orbitale r und s zum selben oder zu verschiedenen Atomen gehören. Somit können wir schreiben (vgl. (13.12 a))

$$G_{aa} = \tfrac{1}{2} P_{aa}\gamma_{aa} + \sum_B \sum_b \gamma_{ab} P_{bb} \tag{13.19}$$

für $r=s=a$, ein Orbital am Atom A. Die Summationen laufen über alle Valenzorbitale (b) am Atom B, und über alle Atome B ($\neq A$).

In der CNDO-Näherung ist es üblich, jedem Elektronenabstoßungsintegral (γ_{aa}, γ_{ab}) einen „mittleren Wert" zuzuordnen. Dieser Wert ist charakteristisch für das entsprechende Atom, beziehungsweise für das entsprechende Atompaar. Werden diese gemittelten Werte mit γ_{AA} und γ_{AB} bezeichnet, so führt die Summation über alle Orbitale bei B zu $\Sigma_b P_{bb} = P_B$. Das ist die gesamte Elektronenpopulation der Valenz-Atomorbitale am Atom B. Die drei Arten der G_{rs}-Terme lauten nun

$$G_{aa} = \tfrac{1}{2} P_{aa}\gamma_{AA} + \sum_{a'(\neq a)} P_{a'a'}\gamma_{AA} + \sum_B P_B \gamma_{AB} \tag{13.20a}$$

$$G_{aa'} = -\tfrac{1}{2} P_{aa'}\gamma_{AA} \qquad (a' \neq a) \tag{13.20b}$$

$$G_{ab} = -\tfrac{1}{2} P_{ab}\gamma_{AB}, \tag{13.20c}$$

wobei die letzte Summe in G_{aa} die Coulombabstoßungsenergie zwischen einem Elektron in ϕ_a und den Valenzelektronen an *anderen* Atomen (P_B Elektronen am Atom B) darstellt. Die davorstehenden Beiträge sind die *intraatomaren*.

Weitere Näherungen werden bei der Behandlung der Größen h_{rs} eingeführt. Im einzelnen wird oft die Beziehung $h_{rs} = k_{rs} S_{rs}$ ($r \neq s$) angenommen. Die Proportionalitätskonstante hängt nur von der Art der Atome ab, zu denen ϕ_r und ϕ_s gehören. Für $r=s=a$ (ein Orbital am Atom A) ist die Näherung analog zu der, die zu (13.17 a) geführt hat. Zusammenfassend erhalten wir*

$$h_{aa} = \alpha_a = U_{aa} - \sum_B \gamma_{AB} Z_B \tag{13.21a}$$

$$h_{aa'} = \beta_{aa'} \simeq 0 \tag{13.21b}$$

$$h_{ab} = \beta_{ab} = \beta^0_{AB} S_{ab}. \tag{13.21c}$$

Obwohl hier (13.21 a) eine ähnliche Form wie (13.17 a) hat, sollte darauf hingewiesen werden, daß U_{aa} die Energie eines Elektrons in ϕ_a im Feld des *Rumpfes* des Atoms A allein (ohne *alle* weiteren Valenzelektronen) darstellt; Z_B ist die *gesamte* Anzahl der Valenzelektronen, die vom Atom B geliefert werden. Die Konstante β^0_{AB} bestimmt das Bindungsintegral für ein gegebenes Atompaar A, B. Die Abhängigkeit von den entsprechenden Elektronegativitätswerten im Sinne von (9.1) wird gelegentlich herangezogen.

* Die Näherung $\beta_{aa'} \simeq 0$ ist nur für Orbitale mit geringer Überlappung gut (etwa für Hybride); in anderen Fällen (etwa für s- und p-Atomorbitale am gleichen Atom) ist sie aber leicht zu umgehen.

Die Zusammensetzung von (13.20) und (13.21) sowie die Beziehung

$$P_{aa} + \sum_{a'(\neq a)} P_{a'a'} = P_A$$

führen zu den diagonalen und nichtdiagonalen Elementen des Fockschen Hamilton-operators in der Form (vgl. (13.18))

$$\alpha^{\mathrm{F}}_{aa} = U_{aa} + (P_A - \tfrac{1}{2}P_{aa})\ \gamma_{AA} + \sum_B (P_B - Z_B)\gamma_{AB} \tag{13.22a}$$

$$\beta^{\mathrm{F}}_{aa'} = -\tfrac{1}{2}P_{aa'}\gamma_{AA} \tag{13.22b}$$

$$\beta^{\mathrm{F}}_{ab} = \beta^0_{AB} S_{ab} - \tfrac{1}{2}P_{ab}\gamma_{AB}\,. \tag{13.22c}$$

Diese Gleichungen stellen die sogenannte CNDO/2-Näherung dar, die früher eines der am häufigsten verwendeten semiempirischen SCF-Berechnungsverfahren war.

An dieser Stelle sollte besonders darauf hingewiesen werden, daß das Wesen der Valenzorbitale nicht näher spezifiziert worden ist. Das ist einer der großen Vorteile der semiempirischen Verfahren. Denn an Stelle einer expliziten Definition von Orbitalen sowie der genauen Berechnung der entsprechenden Matrixelemente müssen wir lediglich die numerischen Werte einiger Parameter wie U_{aa} und β^0_{AB} festlegen, um für einige einfache Moleküle mit dem Experiment übereinstimmende Resultate zu erhalten. Andererseits benötigen wir aber für die Diskussion der Elektronenverteilung, oder Eigenschaften, die davon abhängen, die genaue Form der Orbitale. Die *Interpretation* der einzelnen semiempirischen Methoden führt deshalb zu neuen und komplizierten Situationen. Sollen wir von der Annahme ausgehen, daß die Atomorbitale an jedem Atom die herkömmlichen s-, p-, d-Orbitale sind? Wenn ja, wie sollen wir deren Orientierung wählen? Oder sollen wir uns diese als Hybride vorstellen, die durch ein Kriterium der maximalen Überlappung bestimmt werden? Haben wir die Atomorbitale als orthogonal angenommen, als wir unsere vereinfachten Gleichungen angesetzt haben, so stellt sich die Frage, ob diese dann die *orthogonalisierten* Atomorbitale sind, die in § 8.8 verwendet worden sind?

Es hat sich allgemein die Auffassung durchgesetzt*, daß die innere Konsistenz solcher Näherungen eine Interpretation der Basisfunktionen nicht als Orbitale freier Atome, sondern als Linearkombinationen von Atomorbitalen erfordert. Diese sind so zu wählen, daß sie so weit wie möglich atomaren Charakter haben und mit den Orthogonalitätsbedingungen verträglich sind. Die Frage danach, ob die Orbitale als s-, p-, d-artig betrachtet werden sollen, oder als Hybride, wirft neue Überlegungen auf. Diese Wahl spiegelt sich im Ansatz unserer Molekülorbitale wieder sowie in der geeigneten Wahl der Parameter. In den CNDO-artigen Näherungen werden die Orbitale als s-, p-, d-artig angenommen, und die Überlappungsintegrale werden mit Hil-

* Für die frühen Untersuchungen von π-Elektronensystemen sei verwiesen auf McWeeny (1955, 1956), Parr (1960), Fischer-Hjalmars (1965). Allgemeinere Abhandlungen geben McWeeny und Ohno (1960), Klessinger und McWeeny (1965), Pople und Segal (1965), Cook *et al.* (1967).

fe der Standardformeln berechnet. Die Abstoßungsintegrale γ_{AB} in (13.22) werden im allgemeinen durch die Formel (Mataga-Nishimoto)

$$\gamma_{AB} = (e^2/4\pi\varepsilon_0)(R_{AB}+a_{AB})^{-1} \tag{13.23a}$$

bestimmt. Dabei ist R_{AB} die Entfernung der Atome A und B und es gilt

$$a_{AB} = 2(e^2/4\pi\varepsilon_0)(\gamma_{AA}+\gamma_{BB})^{-1}. \tag{13.23b}$$

Die Größe β^0_{AB} wird wie folgt interpoliert

$$\beta^0_{AB} = \tfrac{1}{2}(\beta^0_A+\beta^0_B). \tag{13.24}$$

Die entsprechenden Werte der fundamentalen Parameter für eine Anzahl von Atomen der ersten Reihe sind in Tabelle 13.1 aufgeführt. Diese liefern eine Grundlage für die theoretische Untersuchung einer großen Anzahl von Molekülen.

Die Werte aller Integrale (im besonderen (13.6) und (13.8)) in einer *vollständigen* SCF-Rechnung sind in jedem Fall von der Wahl der Orientierung der Atomorbitale an den einzelnen Atomen abhängig. Die Werte hinsichtlich der verschiedenen Wahl der Basis werden durch „Transformationsgleichungen" bestimmt, die dafür sorgen, daß die *Resultate* der SCF-Rechnung unabhängig von dieser Wahl sind und somit eine gewisse *Invarianz* zeigen. Ein interessanter Gesichtspunkt der CNDO-Näherung besteht darin, daß bei der Annahme des Verschwindens aller Integrale mit Ausnahme des Typs $\langle\phi_a\phi_b|g|\phi_a\phi_b\rangle$ und dem anschließenden Gebrauch der Transformationsgleichungen zur Berechnung der Zweielektronenintegrale für die Orbitale $\tilde{\phi}_a, \tilde{\phi}_b, \ldots$ mit einer anderen Orientierung wir wieder feststellen können, daß alle Integrale verschwinden, mit Ausnahme des Typs $\langle\tilde{\phi}_a\tilde{\phi}_b|g|\tilde{\phi}_a\tilde{\phi}_b\rangle$. Mit anderen Worten, die CNDO-*Näherung* ist invariant bezüglich der Wahl der Orientierung, und deshalb brauchen wir uns über die Wahl der Orientierung der Atomorbitale nicht allzu viel Gedanken zu machen. Obwohl diese Invarianz der Näherung in gewissem Sinn eine innere Konsistenz verleiht, so ist sie eigentlich *unnötig*. Sie wird auf Kosten der Forderung erkauft (siehe oben), daß den Größen $\gamma_{aa'}$ und γ_{ab} *gemittelte Werte* $(\gamma_{AA}, \gamma_{AB})$ zugeordnet werden, unabhängig von der Orientierung der entsprechenden Orbitale. Diese Näherung ist somit erwiesenermaßen mangelhaft. Die andere Vorgehensweise bei der Wahl der Funktionen ϕ als orthogonale Hybride hat ebenfalls gewisse Vorteile.

Tabelle 13.1. Einige Parameterwerte für CNDO-*Rechnungen**

Atom (A)	H	Li	Be	B	C	N	O	F
U_{aa} (s)	−13·60	−5·00	−15·54	−30·37	−50·69	−70·09	−101·31	−129·54
U_{aa} (p)		−3·67	−12·28	−24·70	−41·53	−57·85	−84·28	−108·93
β^0_A	−9·0	−9·0	−13·0	−17·0	−21·0	−25·0	−31·0	−39·0
γ_{AA}	12·85	3·46	5·95	8·05	10·33	11·31	13·91	15·23

* Alle Zahlen sind in eV angegeben. Diese Werte werden empfohlen von J. M. Sichel und M. A. Whitehead, *Theoret. Chim. Acta* **7**, 32 (1967), mit Ausnahme der β^0_A-Werte, die von J. A. Pople und G. A. Segal, *J. chem. Phys.* **43**, S136 (1965) stammen.

Sie ermöglicht uns die Beibehaltung herkömmlicher Konzepte (beispielsweise kann das MO für eine lokalisierte Bindung recht gut als Kombination zweier Hybride dargestellt werden). Zwei Hybride sind im allgemeinen in verschiedenen räumlichen Bereichen lokalisiert (vgl. Fig. 7.16), und deshalb kann die Gültigkeit der ZDO-Näherung besonders gut gerechtfertigt werden. Mit Rechnungen, basierend auf Hybriden (siehe beispielsweise Cook, Hollis und McWeeny (1967)), wurden die *nicht-empirisch* berechneten Parameterwerte in enger Übereinstimmung mit den aus experimentellen Daten gewonnenen gefunden. Diese Tatsache unterstützt den CNDO-Formalismus und liefert eine klare Grundlage für die Interpretation der Ergebnisse. Auf diesem Gebiet verbleibt noch viel zu tun.

13.6 Kommentare zu Anwendungen und Zukunftsaussichten

Die Entwicklung der semiempirischen Methoden hat die Quantenchemiker fast ein halbes Jahrhundert lang beschäftigt. Neben den *ab initio*-Methoden, die schon vor 20 Jahren nahezu unvorstellbare Höhepunkte erlebt haben, gibt es nun eine unüberschaubare Vielfalt von Näherungsverfahren. Für die Wahl der Parameterwerte zur Reproduktion spektroskopischer oder kalorimetrischer Daten gibt es zu den einzelnen Berechnungsverfahren eine umfangreiche Literatur. Der Zweck dieses Buches sollte nicht darin bestehen, einen Weg durch diesen wahren Urwald der Näherungen zu bahnen (dafür gibt es andere Bücher wie etwa Murrell und Harget (1972), Pople und Beveridge (1970))*. Dafür aber sollte jeder, der die Grundlagen bis hierher verfolgt hat, weder abgeschreckt sein, noch uneingeweiht bleiben. Die gängigen Berechnungsmethoden bedienen sich in irgendeiner Weise des SCF-Verfahrens, um als erstes Ergebnis einen Satz von Molekülorbitalen zu liefern. Im Anschluß daran kann, falls erforderlich, eine CI-Prozedur durchgeführt werden (etwa so wie in §5.4), um die Mängel der Einkonfigurationen-MO-Wellenfunktion zu beheben und um angeregte Zustände sowie spektroskopische Informationen zu gewinnen. Darüberhinaus liegen diese Methoden in Form von Computerprogrammen vor, die überall zur Verfügung stehen.

Schließlich sollen noch einige Bemerkungen zum Wert solcher Berechnungen gemacht werden, denn bisher haben wir diese kaum benötigt. Für ziemlich kleine Moleküle ist es möglich, mit großem numerischen Aufwand die Schrödingergleichung näherungsweise zu lösen, um einige Eigenschaften von Molekülen wie Dissoziationsenergie, Bindungslänge oder Bindungswinkel zu erhalten. Von solchen Berechnungen haben wir wenig Gebrauch gemacht. Als eine Möglichkeit zur Gewinnung von Informationen sind solche Rechnungen bestenfalls als Konkurrenz zu experimentellen Methoden zu betrachten. Für uns sind Rechnungen viel wertvoller in dem Sinne,

* Für neuere Literatur sei auf Segal (1977), Scholz und Köhler (1981), Klessinger (1982) verwiesen. (Anmerkung des Übersetzers)

daß sie die Einführung von Konzepten sowie eine gewisse Hierarchie für einfache theoretische Modelle aufzubauen gestatten. Unsere einfachen Vorstellungen über Orbitalformen, die in Kapitel 4 und auch anderswo mit Hilfe der bildlichen Überlagerung von Atomorbitalen gewonnen worden sind, werden durch genau berechnete Diagramme nicht nur bestätigt, sondern auch in großem Umfang vervollständigt. Im einzelnen sei hier auf die Diagramme in Fig. 6.1 und 6.25 verwiesen. Die Allgemeingültigkeit des Begriffes der Hybridisierung wurde in § 6.2 durch die Untersuchung der berechneten Molekülorbitale nachdrücklich bestätigt. In der Geschichte dieser Materie gab es aber ebenso viele Theorien und Konzepte, die verworfen worden sind. Diese wurden beim Aufkommen der entsprechenden Berechnungsmöglichkeiten geprüft und für unhaltbar gefunden. Eine sehr wichtige Eigenschaft einer anspruchsvollen Theorie besteht darin, daß sie zwischen „guten“ und „schlechten“ Theorien auf niedrigerem Niveau zu unterscheiden vermag. Vor allem handelt es sich um die Unterscheidung zwischen einem „physikalisch empfindlichen“ Modell und einem solchen, das zu Inkonsistenzen und Widersprüchen führt.

Zur Illustration dieser Anmerkungen sollen einige Beispiele herangezogen werden. Das erste kommt aus der Kohlenstoffchemie, das zweite aus der Chemie der Übergangsmetalle und das dritte aus der Festkörpertheorie.

Eine gute Übersicht über frühe Aktivitäten im oben zuerst genannten Anwendungsbereich hat Parr (1963) geliefert, im besonderen für konjugierte Moleküle. Die Hückelnäherung, wie sie in diesem Buch in früheren Kapiteln verwendet worden ist, war bei der Anwendung auf Moleküle, im besonderen auf alternierende Kohlenwasserstoffe, besonders erfolgreich. In diesen Verbindungen ergab sich die Ladungsverteilung als gleichförmig ($q_r = 1$ an jedem konjugierten Zentrum); die ursprüngliche Annahme, $\alpha_r = \alpha$ an jedem Zentrum, war deshalb selbstkonsistent. Diskrepanzen traten aber bei Abweichungen von der Selbstkonsistenz auf. Diese konnten nicht eher gelöst werden, bis die SCF-Theorie entwickelt worden war, so wie sie in § 13.4 beschrieben ist. Die Näherung von Pariser, Parr, Pople erlebte eine besonders erfolgreiche Periode, aber sie war noch eine π-Elektronennäherung. Es war bereits bekannt, daß sich die π-Elektronen nicht „außerhalb“ des σ-gebundenen Gerüsts bewegen. Einfache Rechnungen haben nämlich gezeigt, daß die π-Molekülorbitale in die σ-Elektronenverteilung mehr oder weniger eingebettet sind. Jeglicher Grad von Unabhängigkeit zwischen π- und σ-Elektronen kann deshalb nur auf die Orthogonalität zwischen den entsprechenden Molekülorbitalen zurückgeführt werden. Es gibt nämlich keinerlei Anlaß zu einer Trennung im physikalischen Sinn. Es war deshalb nicht überraschend, daß *ab initio*-Rechnungen unter Berücksichtigung aller Elektronen, die um die Mitte der sechziger Jahre von Clementi und anderen* durchgeführt worden sind, eine bemerkenswerte Abhängigkeit zwischen σ- und π-Elektronen gezeigt haben. Für Pyrrol als Beispiel (§ 8.7) zeigt die Rechnung, daß die beiden höchsten besetzten Molekülorbitale zwar tatsächlich π-Orbitale sind, daß aber die drei nächsten (in energetisch absteigender Reihenfolge) σ-Molekülorbitale sind, und erst dann kommt das niedrigste besetzte π-MO. Für die entsprechenden La-

* Siehe beispielsweise Schaefer (1972); den Fortschritt in rechentechnischer Hinsicht beschreiben Clementi (1972) und Steiner (1976).

dungswolken gibt es demnach eine gewisse Durchdringung. Obwohl der stärker elektronegative Stickstoff versucht, Elektronen zu gewinnen, geschieht das in zwei Schritten. Die Populationswerte zeigen einen Gewinn von 0.75 σ-Elektronen, aber einen *Verlust* von 0.34 π-Elektronen. Stickstoff ist demnach ein σ-Akzeptor, aber ein π-Donor. Das Ausmaß der beiden Verschiebungen kann nur mit Hilfe einer SCF-Prozedur unter Berücksichtigung *aller* Valenz-Elektronen zuverlässig bestimmt werden. Aus diesem Grund basieren semiempirische Berechnungen im allgemeinen auf Theorien, die in § 13.5 dargelegt worden sind. Die einfacheren Berechnungen können den physikalischen Mechanismus ganz gut beschreiben und können sogar die Ergebnisse von *ab initio*-Rechnungen recht gut reproduzieren*. Als dieser Sachverhalt geklärt wurde, konnten die semiempirischen Methoden umfangreicher und mit größerem Vertrauen eingesetzt werden. Beide Methoden, sowohl die semiempirischen als auch die *ab initio*, sind Näherungen, und deshalb wäre es unvernünftig und ungerechtfertigt, bei jeder Gelegenheit eine *ab initio*-Methode anzuwenden**.

Auf dem Gebiet der Übergangsmetallkomplexe ist der Bedarf an SCF-Rechnungen für alle Valenzelektronen – sowohl *ab initio* als auch semiempirisch – viel ausgeprägter, wie das in § 9.13 offenbar wurde. Auch heute noch liegen gute *ab initio*-SCF-Rechnungen für solche Systeme an den Grenzen der rechnerischen Möglichkeiten. Die rasche Entwicklung auf diesem Gebiet kann neueren Übersichtsartikeln entnommen werden*. Solche Rechnungen bestätigen im wesentlichen die qualitativen Prinzipien aus Kapitel 9. Sie liefern eine befriedigende Erklärung gewisser Eigenschaften wie der d-Orbitalkontraktion (§ 7.7), der Elektronenpopulationen (und somit „Oxidationszustände") des Metallions und der Reihenfolge der Orbitalenergien, wie sie durch die Photoelektronenspektroskopie experimentell gewonnen werden kann. Semiempirische Modelle sind in der anorganischen Chemie inzwischen weit verbreitet, wofür es gute Beschreibungen gibt (Dahl und Ballhausen (1968)).

Ab initio-Berechnungen der Bandstruktur und der Brillouin-Zonen für Kristalle sind noch schwieriger, hauptsächlich wegen der riesigen Anzahl von Ein- und Zweielektronenintegralen, die zu berechnen sind. Es gibt jedoch für die Formulierung der SCF-Prozedur für ein periodisches System, das mit Blochorbitalen beschrieben wird, keine prinzipielle Schwierigkeit. Beispielsweise kann eine Graphitschicht als ein riesiger polycyclischer Kohlenwasserstoff betrachtet werden und ist somit den in § 13.4 geschilderten theoretischen Methoden zugänglich. In einer frühen Berechnung des π-Bandes von Graphit formulierten Peacock und McWeeny (1959) die SCF-Metho-

* Man beachte auch als Beispiel die Berechnung von Formaldehyd von Cook *et al.* (1967), wo am Sauerstoffatom eine ähnliche Abgabe und Rückgewinnung zu beobachten ist. Eine systematische Behandlung des Zusammenhangs zwischen der σ- und der π-Verteilung wurde von McWeeny (1970*b*) durchgeführt.

** Ein wesentlicher Unterschied zwischen semiempirischen und *ab initio* Verfahren besteht darin, daß das gelegentliche Versagen eines semiempirischen Verfahrens prinzipiell nicht behoben werden kann, während bei *ab initio* Verfahren durch hinreichende Entwicklung der Wellenfunktion immer ein Weg zu beliebig genauen Ergebnissen offen ist.
Trotz der großen Erfolge semiempirischer Verfahren müssen die damit erhaltenen Ergebnisse – oft auch in qualitativer Hinsicht – stets mit Vorsicht genossen werden. Versagensfälle semiempirischer Verfahren wurden nur selten publiziert (siehe dazu Janoschek (1978)). (Anmerkung des Übersetzers)

de im Rahmen der Festkörpertheorie. Die Autoren haben die Pariser, Parr, Pople-Näherungen (§13.3) verwendet, wobei dieselben Parameterwerte wie für aromatische Kohlenwasserstoffe verwendet worden sind. Es wurde eine SCF-Rechnung für die Struktur der Brillouinzone durchgeführt; die berechnete Energiefunktion ist in guter Übereinstimmung mit dem Experiment. Das ist eine überzeugende Demonstration der allgemeinen Anwendbarkeit der LCAO-SCF-Methoden auf Systeme, die von kleinen Molekülen bis zu den Festkörpern reichen. Die Methode wurde später von Del Re *et al.* (1967) und anderen weiterentwickelt, gefolgt von einer Anzahl von interessanten Anwendungen auf Polymere. Beispielsweise haben André *et al.* (1971) verschiedene Näherungen im Rahmen solcher Rechnungen sorgfältig verglichen, wobei der „eindimensionale Kristall" des Polyethylens zugrunde gelegt war. Die Aktivitäten auf diesem Gebiet wachsen weiter an, und es besteht kein Zweifel, daß einer der nächsten wesentlichen Fortschritte der MO-Theorie deren Anwendung auf Biopolymere sein wird („helikale Kristalle"). Weitere Anwendungsgebiete betreffen die Vielzahl außergewöhnlicher Kristalle, die in der Festkörperchemie erzeugt werden.

* Eine umfangreiche Literaturübersicht geben Hammet, Cox und Orchard (1972). Diese ergänzt die Zitate zu den vollständigen *ab initio*-Berechnungen, die in Richards, Walker und Hinkley (1971, 1974, 1978) zu finden sind.
Die neueste Literatursammlung zu *ab initio* Rechnungen ist Ohno und Morokuma (1982). (Anmerkung des Übersetzers)

Anhang 1

Wahrscheinlichkeitstheoretische Grundbegriffe

Definitionen und Eigenschaften

Der Begriff der „Wahrscheinlichkeit“ wird in diesem Buch fortlaufend verwendet, wobei eine sehr genaue Bedeutung dieses Begriffes zugrunde gelegt wird. Aus diesem Grund sollten wir mit der Definition und mit den wichtigsten Eigenschaften der Wahrscheinlichkeit vertraut sein, auch dann, wenn wir von der mathematischen Theorie nicht allzu viel benötigen.

Nehmen wir einmal an, wir beobachten eine Größe A, die gewisse Werte $A_1, A_2, \ldots, A_k, \ldots$ annehmen kann. Wie können wir die *Wahrscheinlichkeit* für ein bestimmtes Ereignis A_k ermitteln? Wir führen eine große Anzahl N von Beobachtungen durch und zählen die Anzahl N_k, wie oft $A = A_k$ eingetreten ist. Dieses Ereignis nennen wir ein „günstiges“. Wir werden dabei feststellen, daß die relative Häufigkeit N_k/N des Eintretens des günstigen Ereignisses sich einem bestimmten Grenzwert p_k nähert, falls N zunehmend größer wird. Dieser Grenzwert ist die Wahrscheinlichkeit des Ereignisses $A = A_k$, die durch die experimentellen Bedingungen festgelegt ist. Wir schreiben

$$p_k = \lim_{N \to \infty} \left\{ \frac{N_k \text{ (Anzahl der günstigen Ereignisse)}}{N \text{ (Anzahl der Beobachtungen)}} \right\} \qquad \text{(Al.1)}$$

Ist beispielsweise A die Zahl, die bei einem Würfelexperiment beobachtet wird, so sind die möglichen Werte $(A_1, A_2, \ldots)$ die Zahlen $1, 2, \ldots, 6$. Eine Reihe von Versuchen könnte etwa folgende Ergebnisse liefern.

Die relative Häufigkeit der Ereignisse (N_k/N)

Anzahl der Versuche (N)	$A_k =$ 1	2	3	4	5	6
10	0·2	0·1	0·0	0·2	0·2	0·3
100	0·16	0·20	0·14	0·20	0·18	0·22
1000	0·155	0·175	0·165	0·171	0·155	0·179
10 000	0·1464	0·1740	0·1668	0·1721	0·1505	0·1902
$N \to \infty$	p_1	p_2	p_3	p_4	p_5	p_6

Sind die Wahrscheinlichkeitswerte einmal gefunden worden, so können diese für die *Vorhersage* von zukünftigen Ergebnissen herangezogen werden. Mit dem hier verwendeten speziellen Würfel erscheint die Zahl 6 häufiger als jede der anderen Zahlen. In einer großen Serie zukünftiger Würfelversuche ist zu erwarten, daß die Zahl 6 mit der größten relativen Häufigkeit von etwa 0.1902 auftritt. Dieser Würfel ist natürlich nicht *ideal*, denn man erwartet von einem Würfel, daß in einer „großen Serie" jede Zahl mit derselben Häufigkeit auftritt, so daß auch die Zahl 6 die Wahrscheinlichkeit 1/6 hat. Die „Definition der relativen Häufigkeit" in (A1.1) beruht auf einem Experiment und nicht auf einer Überlegung „a priori". Diese Definition liefert keine Hypothesen über „ideale" Eigenschaften.

Nun können wir bereits einige der wichtigsten Eigenschaften der Wahrscheinlichkeit formulieren.

(1) Die Wahrscheinlichkeit ist stets eine *positive Zahl*, die zwischen 0 und 1 liegt.
(2) Die Grenzen $p=0$ und $p=1$ entsprechen im einzelnen der *Unmöglichkeit* (das günstige Ereignis tritt *nie* ein), beziehungsweise der *Gewißheit* (das günstige Ereignis tritt *immer* ein).
(3) Die Summe der Wahrscheinlichkeiten aller möglichen Ereignisse muß den Wert 1 haben.

Die Eigenschaft (3) ist ein Sonderfall einer weiteren fundamentalen Eigenschaft. Fragen wir beispielsweise nach der Wahrscheinlichkeit, mit einem Würfel *entweder* die Zahl 1 *oder* die Zahl 2 zu würfeln, so müssen wir die Klasse der als günstig betrachteten Ereignisse erweitern. Treten die beiden Ereignisse je N_1-, beziehungsweise N_2-mal ein, so lautet bei N Versuchen die Wahrscheinlichkeit für das Eintreten *entweder* des einen *oder* des anderen Ereignisses

$$p=\frac{\text{Anzahl der günstigen Ereignisse}}{\text{Anzahl der Beobachtungen}}=\frac{N_1+N_2}{N}=p_1+p_2$$

Dabei ist $p_1=N_1/N$ die Wahrscheinlichkeit nur für die Zahl 1, und $p_2=N_2/N$ ist die Wahrscheinlichkeit nur für die Zahl 2. Hierbei handelt es sich um ein sehr allgemeines Ergebnis, das wir wie folgt formulieren wollen.

(4) Die Wahrscheinlichkeit für das Eintreten des einen *oder* des anderen Ereignisses (gleichgültig welches) ist die Summe der Wahrscheinlichkeiten der Einzelereignisse, $p=p_1+p_2$.

Die Eigenschaft (3) erhält man aus der wiederholten Anwendung von (4). Durch Erweiterung der Klasse der günstigen Ereignisse erhält man schließlich $p_1+p_2+\ldots+p_6=1$, wobei *jedes* Ereignis als günstig betrachtet wird. Die Anzahlen der jeweiligen Ereignisse der sechs Klassen müssen aufsummiert die Anzahl der Versuche ergeben.

Das einzige andere Ergebnis, das wir in Kapitel 5 benötigen, bezieht sich auf *zwei* Versuche sowie auf die Betrachtung der *beiden* Einzelereignisse. Wir beobachten die beiden Größen A und B, die im einzelnen die Werte $A_1, A_2, \ldots A_i, \ldots$ und $B_1, B_2, \ldots, B_j, \ldots$ annehmen mögen. Nun fragen wir nach der Wahrscheinlichkeit eines speziellen *Paares* von Ereignissen, etwa $A = A_i$ und $B = B_j$. Diese Wahrscheinlichkeit bezeichnen wir mit p_{ij}^{AB} und es gilt

p_{ij}^{AB} = relativer Anteil der Ereignisse, die $A = A_i$ und $B = B_j$ liefern, wobei jeder Versuch aus der Beobachtung von A *und* B besteht.

Nun stellen wir die Frage nach der Wahrscheinlichkeit für das Ereignis $A = A_i$, *ohne* nach B zu fragen. Es wäre unnütz, das Experiment mit 10000 Versuchen erneut durchzuführen, wobei A beobachtet wird, aber *nicht* B! Stattdessen können wir obige Eigenschaft (4) verwenden. Die Wahrscheinlichkeit für das Ereignis $A = A_i$, $B = B_1$ lautet p_{i1}^{AB}; die Wahrscheinlichkeit für $A = A_i$, $B = B_2$ lautet p_{i2}^{AB}. Aus (4) folgt

$$\begin{pmatrix}\text{Wahrscheinlichkeit für } A = A_i \\ \text{und } B = B_1 \text{ oder } B_2\end{pmatrix} = p_{i1}^{AB} + p_{i2}^{AB}$$

Selbstverständlich können wir die Überlegungen verallgemeinern, indem wir für die Wahrscheinlichkeit von $A = A_i$ und $B = B_1$ oder B_2 oder B_3 oder ... den Wert $p_{i1}^{AB} + p_{i2}^{AB} + p_{i3}^{AB} + \ldots$ finden. Im allgemeinen verwenden wir dafür die Summenschreibweise und drücken das Ergebnis wie folgt aus.

(5) Hat die Wahrscheinlichkeit für das Simultanereignis $A = A_i$ und $B = B_j$ den Wert p_{ij}^{AB}, so lautet die Wahrscheinlichkeit für $A = A_i$, unabhängig von B,

$$p_i^A = \sum_j p_{ij}^{AB}, \tag{A1.2}$$

wobei j alle möglichen Werte $1, 2, \ldots, j, \ldots$ durchläuft.

Das heißt mit anderen Worten, daß durch die Summation aller Anteile für $A = A_i$ und mit allen möglichen Werten für B der Anteil der Ereignisse für $A = A_i$ und B *beliebig* (und somit gar nicht beobachtet!) angegeben wird.

Die Eigenschaft (5) gilt ganz allgemein, selbst wenn die Werte für A und B miteinander „korreliert" sind. Es könnte beispielsweise die Situation eintreten, daß die gleichzeitige Beobachtung großer Werte für A und B weniger häufig auftritt als Wertepaare, wobei der eine Wert groß und der andere klein ist. Somit scheint es sinnvoll zu sein, den Begriff der „bedingten" Wahrscheinlichkeit einzuführen, der wie in (A1.3) definiert werden kann. Die Interpretation von $p_j^B(A = A_i)$ folgt aus den früheren Überlegungen. Kurz gesagt liefert (A1.3) denjenigen Anteil p_i^A der Ereignisse $A = A_i$, der durch den weiteren Faktor $p_j^B(A = A_i)$ reduziert wird, um den Anteil für $A = A_i$ *und* $B = B_j$ zu erhalten.

Ein wichtiger Sonderfall von (A1.3) tritt dann auf, wenn $p_j^B(A = A_i)$ den Wert p_j^B hat und deshalb vollständig unabhängig von A ist. In diesem Fall ist $p_{ij}^{AB} = p_i^A \times p_j^B$ das

(6) Schreiben wir

$$p_{ij}^{AB} = p_i^A \times p_j^B(A = A_i), \tag{A1.3}$$

so stellt der zweite Faktor auf der rechten Seite eine bedingte Wahrscheinlichkeit dar; es ist die Wahrscheinlichkeit für $B = B_j$ *unter der Bedingung* $A = A_i$.

Produkt der Wahrscheinlichkeiten, das man erhält, wenn A und B getrennt beobachtet werden. Die Werte von A und B nennt man dann „unkorreliert" oder „statistisch unabhängig".

Der Begriff der Korrelation hat in der Quantenmechanik eine fundamentale Bedeutung, die in diesem Buch nur berührt worden ist. Die wesentliche Aufgabe bei der Berechnung von sehr genauen Wellenfunktionen besteht in der Beschreibung der Korrelation zwischen den Bewegungen der einzelnen Elektronen. Die Wahrscheinlichkeit für das gleichzeitige Auffinden zweier Elektronen mit ähnlichen Koordinatenwerten ist geringer, als wenn die Bewegungen unkorreliert wären. Die Korrelation entsteht durch die gegenseitige Abstoßung der Elektronen.

Die Wahrscheinlichkeitsdichte

Wir wollen annehmen, daß die zu messende Größe *kontinuierlich* veränderliche Werte annehmen kann. Beispielsweise kann die x-Koordinate eines entlang der x-Achse oszillierenden Teilchens innerhalb eines gewissen Bereichs jeden beliebigen Wert annehmen und nicht nur die diskreten Werte $x_1, x_2, \ldots, x_k, \ldots$. Zur Beschreibung der Wahrscheinlichkeit, das Teilchen an einer bestimmten Stelle zu finden, oder genauer gesagt in einem bestimmten kleinen Intervall, führen wir die *Wahrscheinlichkeitsdichte* oder die Wahrscheinlichkeit *pro Einheitsbereich* ein. Diese Funktion der Wahrscheinlichkeitsdichte $P(x)$ kann experimentell wie folgt konstruiert werden. Die x-Achse wird in „Einheitsintervalle" oder „Kästen" unterteilt, und die Lage des Teilchens wird wiederholt beobachtet. Jedesmal, wenn das Teilchen an einer gewissen Stelle aufgefunden wird, enthält der entsprechende Kasten einen Punkt. Durch Abzählung der Punkte erhalten wir den Anteil in jedem Kasten und somit die Wahrscheinlichkeit für das Auffinden des Teilchens in dem entsprechenden Intervall. Machen wir die Kästen zusehends kleiner, so werden die relativen Wahrscheinlichkeiten durch eine stetige Funktion $P(x)$ beschrieben.

Wird ein Teilchen durch eine Wellenfunktion $\psi(x)$ beschrieben, so ist $P(x) = |\psi(x)|^2$ eine Wahrscheinlichkeitsdichte. Die Größe $P(x)\,\mathrm{d}x$ ist dann die Wahrscheinlichkeit, das Teilchen zwischen x und $x + \mathrm{d}x$ aufzufinden, oder den Wert der x-Koordinate im Intervall $\mathrm{d}x$ an der Stelle x vorzufinden.

Die Eigenschaften der Wahrscheinlichkeit sind auf die Eigenschaften der Wahrscheinlichkeitsdichte zurückzuführen. Die Eigenschaft (3) ist wieder ein Sonderfall von (4). Die Wahrscheinlichkeit, überhaupt ein Ergebnis zu erhalten, muß den Wert 1 haben, was der Gewißheit entspricht.

(1) $P(x)$ ist eine positive Größe*.
(2) Die Wahrscheinlichkeit, daß der x-Wert im Bereich zwischen x und $x + \mathrm{d}x$ liegt, lautet $P(x)\,\mathrm{d}x$.
(3) Das *Integral* von $P(x)$ über alle möglichen x-Werte muß den Wert 1 haben,

$$\int P(x)\,\mathrm{d}x = 1 \tag{A 1.4}$$

in diesem Fall ist die Wahrscheinlichkeitsdichte normiert**.
(4) Die Wahrscheinlichkeit, daß x einen Wert zwischen x_1 und x_2 annimmt lautet

$$P = \int_{x_1}^{x_2} P(x)\,\mathrm{d}x. \tag{A 1.5}$$

Beobachten wir zwei Größen, etwa die Koordinaten x und y eines Teilchens, das sich in einer Ebene bewegt, so kann die früher geführte Diskussion wiederholt werden. Wir unterteilen die xy-Ebene in „Einheitskästen" und zählen, wie oft wir das Teilchen in jedem Kasten finden. Die Wahrscheinlichkeitsdichte ist jetzt eine Wahrscheinlichkeit *pro Einheitsfläche* und hängt sowohl vom x-Wert als auch vom y-Wert ab:

$P(x,y)\,\mathrm{d}x\,\mathrm{d}y$ = Wahrscheinlichkeit für das Auffinden des Teilchens innerhalb der Fläche $\mathrm{d}x\,\mathrm{d}y$ am Punkt x, y.

Von den früheren Resultaten benötigen wir an dieser Stelle nur das folgende Analogon.

(5) Hat die Wahrscheinlichkeit für die gleichzeitige Beobachtung von x und y in den Intervallen x bis $x + \mathrm{d}x$ und y bis $y + \mathrm{d}y$ den Wert $P(x,y)\,\mathrm{d}x\,\mathrm{d}y$, so hat die Wahrscheinlichkeit für die Beobachtung von x im Intervall x bis $x + \mathrm{d}x$ und y mit einem *beliebigen* Wert*** die Form

$$\mathrm{d}x \int P(x,y)\,\mathrm{d}y.$$

Wird dieses Ergebnis mit $P_x(x)\,\mathrm{d}x$ bezeichnet, so lautet die *eindimensionale* Wahrscheinlichkeitsdichte

$$P_x(x) = \int P(x,y)\,\mathrm{d}y. \tag{A 1.6}$$

Dabei ist über den gesamten Bereich der y-Werte zu integrieren.

* Diese Zahl ist aber nicht dimensionslos; in unserem Beispiel hat $P(x)$ die Dimension (Länge)$^{-1}$, denn nach Multiplikation mit $\mathrm{d}x$ erhält man eine Wahrscheinlichkeit.
** Die Integrationsgrenzen ergeben sich sinngemäß. In dem angegebenen Beispiel wird von $-\infty$ bis $+\infty$ integriert.
*** Man beachte, wie die Summation in (A1.2) durch die Integration ersetzt wird.

Alle bisher gemachten Aussagen können auf eine beliebige Anzahl von Variablen erweitert werden. Demnach ist $P(x,y,z) = |\psi(x,y,z)|^2$ eine Wahrscheinlichkeit *pro Einheitsvolumen* für ein Teilchen, das sich in drei Dimensionen bewegt. $P(x,y,z)\,\mathrm{d}\tau$ (mit $\mathrm{d}\tau = \mathrm{d}x\,\mathrm{d}y\,\mathrm{d}z$) ist die Wahrscheinlichkeit, das Teilchen im Volumenelement $\mathrm{d}\tau$ am Punkt x,y,z vorzufinden. Mit Hilfe der Abkürzung $P(1,2) = |\Psi(1,2)|^2$ ist $P(1,2)$ $\mathrm{d}\tau_1\,\mathrm{d}\tau_2$ die Wahrscheinlichkeit, das Teilchen 1 in $\mathrm{d}\tau_1$ am Punkt x_1,y_1,z_1 und das Teilchen 2 in $\mathrm{d}\tau_2$ am Punkt x_2,y_2,z_2 zu finden. Die Wahrscheinlichkeit pro Einheitsvolumen für das Elektron 1 am Punkt x_1,y_1,z_1 und für das Elektron 2 irgendwo lautet

$$\int |\Psi(1, 2)|^2\,\mathrm{d}\tau_2 .$$

Dieses Ergebnis haben wir in Kapitel 5 (§ 5.4) verwendet.

Anhang 2

Der Drehimpuls

Bahn- und Spin-Drehimpuls

Als wir in Kapitel 2 die Atomorbitale eingeführt haben, diente die Quantenzahl m zur Unterscheidung der $2l+1$ entarteten Zustände zu gegebenem n und l. Demnach können die fünf 3d-Zustände, die zu $n=3$ und $l=2$ gehören, durch $m=0,\pm 1,\pm 2$ indiziert werden. Im folgenden haben wir mit neuen Linearkombinationen gearbeitet, indem wir die Summe und die Differenz derjenigen Orbitale gebildet haben, deren m-Werte dem Betrage nach gleich sind, aber entgegengesetzte Vorzeichen haben. Dadurch haben wir *reelle* Atomorbitale erzeugt, die leichter zeichnerisch darzustellen sind als komplexe Wellenfunktionen. Später haben wir festgestellt (§ 3.10), daß die Quantenzahlen l und m eine fundamentale Bedeutung haben. Diese Quantenzahlen bestimmen Zustände, in denen das Quadrat des Drehimpulses L^2 und eine seiner Komponenten (wir haben L_z gewählt) bestimmte meßbare Werte annehmen, genauso wie das bei der Energie E der Fall ist. Solche Zustände sind in der Spektroskopie von Bedeutung, im besonderen bei der Behandlung von Mehrelektronen-Atomen. Die entsprechenden Zusammenhänge sollen zumindest erwähnt werden.

Die Tatsache, daß ein in einem Zentralfeld sich bewegendes Elektron in einem stationären Zustand für L^2 und L_z bestimmte Werte annehmen kann, wird oft mit Hilfe eines *Vektormodells* interpretiert. Der Drehimpuls wird durch einen Vektor der Länge l dargestellt (obwohl die Quantenmechanik dafür den Wert $\{l(l+1)\}^{1/2}$ und nicht l liefert). Die Orientierung dieses Vektors ist quantisiert, so daß seine Komponenten entlang der z-Achse nur ganzzahlige Werte m_l annehmen, die in Einheitsschritten von l bis $-l$ reichen (Fig. A2.1 (a)). Das unmittelbare klassische Analogon des Quantenzustands mit der Wellenfunktion ψ_{nlm} ist das sich auf einer Bahn bewegende Teilchen, wobei der Betrag des Drehimpulses konstant ist (ein Pfeil der Länge l senkrecht zur Bahnebene). Durch die Präzession um die z-Achse (Fig. A2.1 (b)) ändert sich die Richtung des Drehimpulses laufend. Dadurch ist die z-Komponente des Drehimpulses eine Bewegungskonstante, während sich die x- und y-Komponente laufend ändern, wenn der Vektor bei der Bewegung eine Kegelfläche beschreibt. Dieses Vektormodell liefert trotz seiner Grenzen eine einfache bildhafte Grundlage für die Klassifizierung der Zustände von Mehrelektronen-Atomen.

Zwei beliebige Drehimpulse können „gekoppelt“ sein. Somit können ein Bahndrehimpuls mit den Komponenten L_x, L_y, L_z und ein Spindrehimpuls mit den Komponenten S_x, S_y, S_z gekoppelt sein, was zu einem *Gesamtdrehimpuls* mit den Komponenten

$$J_x = L_x + S_x, \qquad J_y = L_y + S_y, \qquad J_z = L_z + S_z \tag{A2.1}$$

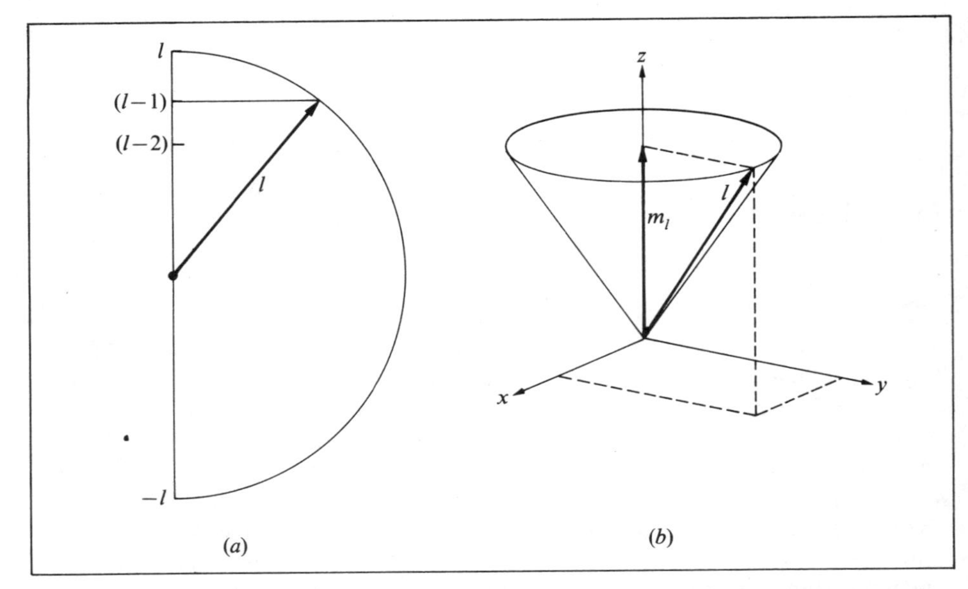

Fig. A2.1. Das Vektormodell für den Drehimpuls. (*a*) Die Länge des Pfeils stellt den Betrag des Drehimpulses dar; jede mögliche Projektion deutet eine bestimmte Komponente entlang der z-Achse an. (*b*) Während der Präzession des Vektors bleibt die z-Komponente eine Bewegungskonstante; die anderen Komponenten ändern sich laufend.

führt. Hat der Hamiltonoperator eines freien Atoms die in diesem Buch verwendete Form (die Beiträge des Spins sind vernachlässigbar), so sind die entsprechenden Operatoren $\hat{J}^2$ und eine Komponente, $\hat{J}_z$, mit $\hat{H}$ vertauschbar. Demzufolge können wir Einelektronenzustände ψ_{jm_j} finden, mit

$$\hat{J}^2\psi_{jm_j} = j(j+1)\psi_{jm_j} \tag{A2.2}$$

$$\hat{J}_z\psi_{jm_j} = m_j\psi_{jm_j}. \tag{A2.3}$$

Diese Beziehungen sind analog zu (3.51) und (3.50), und ψ_{jm_j} ist ein Zustand mit bestimmter „Spin-Bahn-Kopplung". Der maximale und der minimale Wert von m_j lautet $(m_l+1/2)$, beziehungsweise $-(m_l+1/2)$, falls die beiden Drehimpulse parallel gekoppelt sind (Fig. A2.2(*a*)). Bei antiparalleler Kopplung lauten die Werte $(m_l-1/2)$ und $-(m_l-1/2)$ (Fig. A2.2(*b*)). Somit gibt es zwei Gruppen von Zuständen; diese entsprechen $j=l+1/2$ und $j=l-1/2$, wie in Fig. A2.2 zu sehen ist. Die Kopplung zweier Drehimpulse kann mit Hilfe eines klassischen Modells (Fig. A2.3) dargestellt werden. Der j-Vektor präzessiert um die z-Achse, so daß nur eine Komponente (m_j) konstant ist. Gleichzeitig präzessieren der l- und der s-Vektor um den j-Vektor. Aus dem Diagramm folgt, daß nun keine *Komponente* des l- und des s-Vektors Bewegungskonstanten sind, was aus quantenmechanischen Überlegungen folgt. Der Grund dafür ist darin zu sehen, daß *weder* $\hat{L}_z$ *noch* $\hat{S}_z$ mit $\hat{J}^2$ kommutieren, so daß

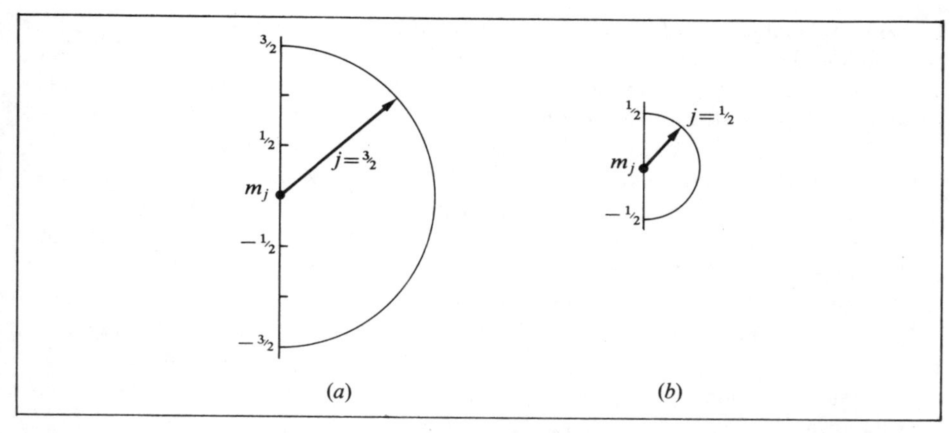

Fig. A2.2. Zwei verschiedene Zustände bei der Spin-Bahn-Kopplung. (*a*) Bei der „parallelen Kopplung" mit $l=1, s=1/2$ gilt für die resultierenden Zustände $j=3/2$, so daß vier Komponenten m_j möglich sind. (*b*) Bei der „antiparallelen Kopplung" resultiert $j=1/2$, so daß zwei Zustände möglich sind.

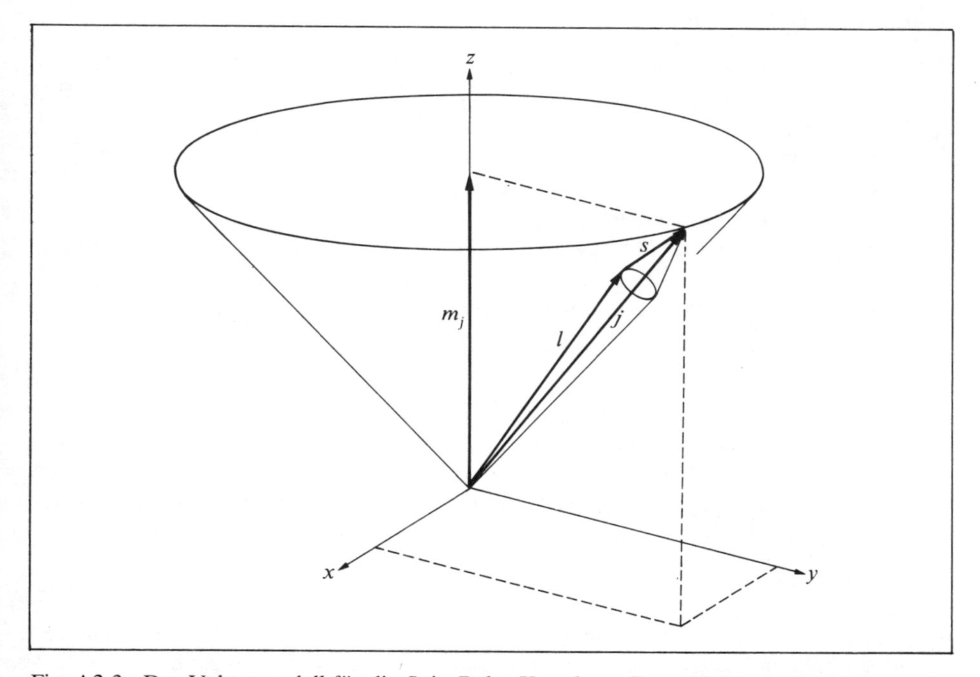

Fig. A2.3. Das Vektormodell für die Spin-Bahn-Kopplung. Der j-Vektor präzessiert um die z-Achse, während l und s um j präzessieren. Die einzigen Bewegungskonstanten sind j, m_j. (Es ist zu beachten, daß die tatsächlichen Längen der Vektoren nicht l sondern $\{l(l+1)\}^{1/2}$ betragen, usw.)

die entsprechenden Drehimpulse nicht auch Bewegungskonstanten sein können, wenn schon der Gesamtdrehimpuls eine Konstante der Bewegung ist. Das Vektordiagramm darf sicher nicht so ganz wörtlich genommen werden, aber als bildliche Hilfestellung ist es meistens recht nützlich.

Als Beispiel soll das Natriumatom dienen. Betrachten wir einen angeregten Zustand, in dem das Valenzelektron ein 3p-Orbital ($l=1$) besetzt, so kann der Spin entweder „parallel" oder „antiparallel" zum Bahndrehimpuls stehen. Auf diese Weise erhalten wir zwei Gruppen von Zuständen, die durch $j=3/2$ (vier Zustände) und $j=1/2$ (zwei Zustände) charakterisiert sind, was in Fig. A2.2 dargestellt ist. Werden die geringen magnetischen Wechselwirkungen zwischen Bahndrehimpuls und Spin berücksichtigt, so unterscheiden sich die Zustände für $j=3/2$ und $j=1/2$ energetisch um 17.2 cm^{-1}. Diese durch die „Spin-Bahn-Kopplung" bewirkte Aufspaltung des 3p-Niveaus zeigt sich in der gelben Spektrallinie (Dublett) im Natrium-Spektrum. Darüber hinaus bewirkt die Anlegung eines Magnetfeldes, daß sich die beiden Sätze entarteter Niveaus ($j=3/2$ und $j=1/2$) vierfach und zweifach aufspalten; die Niveaus entsprechen den J_z-Werten $\pm 3/2, \pm 1/2$ und $\pm 1/2$ in Feldrichtung. Diese sogenannte „Zeeman-Aufspaltung" steht auch mit den experimentellen Beobachtungen in Übereinstimmung.

Atome mit mehreren Elektronen

Für ein Atom mit mehreren Elektronen können der Bahndrehimpuls und der Spin der einzelnen Elektronen getrennt gekoppelt werden. Demzufolge können L und S in (A2.1) im einzelnen *resultierende Größen* sein. Beispielsweise ist $\hat{L}_z = \hat{L}_z(1) + \hat{L}_z(2)$ der Operator für die z-Komponente des gesamten Bahndrehimpulses eines Zweielektronensystems. Zur Beschreibung der Vorgehensweise ist es ausreichend, ein Zweielektronensystem zu betrachten. Die einzelnen Schritte sind die folgenden.

(1) Die Elektronen werden Orbitalen mit den l-Quantenzahlen l_1 und l_2 zugeordnet. Der *resultierende* Bahndrehimpuls wird durch eine Quantenzahl* L charakterisiert, die folgende Werte annehmen kann:

$$L = (l_1 + l_2), (l_1 + l_2 - 1), \ldots, |l_1 - l_2|.$$

Für jeden möglichen Gesamtdrehimpuls gilt für die z-Komponenten $M_L = L, L-1, \ldots, -L$. Die Zustände der Mehrelektronenatome werden gemäß $L = 0, 1, 2, \ldots$ mit S, P, D, ... bezeichnet.

(2) Mit $s_1 = s_2 = 1/2$ wird der Gesamtspin durch eine Quantenzahl S charakterisiert, die folgende Werte annehmen kann:

$$S = s_1 + s_2, \qquad s_1 - s_2 \qquad \text{(den Werten 1 und 0 entsprechend)}$$

(3) Der resultierende Bahndrehimpuls und der resultierende Spin sind miteinander gekoppelt und liefern den Gesamtdrehimpuls, der durch eine Quantenzahl J

* Großbuchstaben werden für die Bezeichnung der Quantenzahlen für *Gesamtdrehimpulse* in einem Mehrelektronensystem verwendet; die zu (3.50) analoge Beziehung lautet demnach $\hat{L}^2 \Psi_{LM_L} = L(L+1)\Psi_{LM_L}$.

charakterisiert ist; diese kann die Werte $J = L + S, L + S - 1, \ldots, |L - S|$ annehmen. Für $S < L$ gibt es $2S + 1$ derartige Werte, für $L < S$ sind es $2L + 1$. Die Anzahl dieser Werte wird die *Multiplizität* der Zustände genannt. Zu einem vorgegebenen J-Wert gibt es die z-Komponenten $M_J = J, J - 1, \ldots, -J$.

(4) Ein spektroskopischer Zustand eines Atoms ist durch die Angabe der Werte für L, S, J und M_J definiert. Ein Zustand ist durch einen Buchstaben S, P, D, ... mit einem oberen, vorangestellten Index 1, 2, 3, ... gekennzeichnet, letzterer gibt die Spinmultiplizität $2S + 1$ an. Gelegentlich wird auch der J-Wert als unterer, nachgestellter Index hinzugefügt.

Bei der Erweiterung der Anwendung dieser Regeln auf Mehrelektronenatome führt die Existenz von abgeschlossenen Unterschalen der Art $(n\mathrm{s})^2, (n\mathrm{p})^6, (n\mathrm{d})^{10}, \ldots$ zu einer starken Vereinfachung. Solche gefüllten Schalen liefern keine Beiträge zum resultierenden Bahndrehimpuls und auch nicht zum Gesamtspin. Bei der Klassifizierung der Zustände können deshalb abgeschlossene Schalen außer acht gelassen werden. Die spektroskopischen Zustände werden durch die Elektronen außerhalb der abgeschlossenen Schalen bestimmt. Für Atome in derselben Spalte des Periodensystems ist die Situation der Zustände ähnlich.

Es sollte noch einmal daran erinnert werden, daß die beschriebene Vorgehensweise auf der Verwendung eines Hamiltonoperators beruht, der entweder keine oder nur kleine Spinterme enthält. In diesem Zusammenhang sprechen wir von der *LS*- oder auch Russell-Saunders-Kopplung. Diese beschreibt für leichte Atome die Situation recht gut. Für schwere Atome werden die Spinterme bedeutungsvoller. Die Spin-Bahn-Kopplung dominiert für jedes einzelne Elektron, so daß die *jj*-Kopplung anzuwenden ist.

Sind nur zwei Elektronen außerhalb der abgeschlossenen Schalen vorhanden, so können die angegebenen Regeln unmittelbar angewandt werden. In anderen Fällen können die Regeln erweitert werden, indem die Kopplung zweier Vektoren wiederholt angewandt wird. Der Grundzustand des Kohlenstoffatoms dient als einfaches Beispiel. Für die Kohlenstoff-$(1\mathrm{s}^2 2\mathrm{s}^2)2\mathrm{p}^2$-Konfiguration gilt für die beiden 2p-Elektronen $l_1 = l_2 = 1$. Die möglichen L-Werte lauten demnach 2, 1, 0, so daß es D-, P- und S-Zustände gibt. Der Spin der beiden Elektronen nimmt durch die Kopplung die Werte $S = 0$ oder 1 an (die Multiplizität $2S + 1$ ist 1 oder 3), wodurch die Zustände $^1\mathrm{S}, ^1\mathrm{P}, ^1\mathrm{D}, ^3\mathrm{S}, ^3\mathrm{P}$ und $^3\mathrm{D}$ zu erwarten wären. Eine kurze Überlegung zeigt aber, daß einige dieser Zustände nicht zulässig sind. Ein typischer Vertreter der $^3\mathrm{D}$-Zustände würde zwei Elektronen in demselben Orbital ($m_l = 1$) erfordern, wobei auch die Spinkomponente ($m_s = 1/2$) dieselbe wäre. Diese Situation ist mit dem Pauliprinzip nicht verträglich. Für das Kohlenstoffatom sind nur die Zustände $^1\mathrm{S}, ^3\mathrm{P}$ und $^1\mathrm{D}$ möglich. Nach der Hundschen Regel* ist $^3\mathrm{P}$ der Grundzustand. Andererseits hat das Stickstoff-

* In etwas ausführlicherer Form besagen die Hundschen Regeln, daß
(1) die Zustände mit der höchsten Spinmultiplizität am tiefsten liegen,
(2) für eine vorgegebene Multiplizität die Zustände mit dem größten L-Wert am tiefsten liegen,
(3) für vorgegebenem L- und S-Wert die Zustände mit dem größten oder kleinsten J-Wert am tiefsten liegen, je nachdem ob die Unterschale mehr oder weniger als halb gefüllt ist.

atom *drei* einfach besetzte 2p-Orbitale, und demnach wird für den Grundzustand ein *Quartettzustand* ($S=3/2, 2S+1=4$) erwartet. Dieser Fall illustriert die bedeutsame Tatsache, daß eine *halb gefüllte* Unterschale den Bahndrehimpuls *null* hat ($L=0$) und ^4S der Grundzustand ist. Für weitere Anwendungen sei auf ein Lehrbuch der Atomspektroskopie verwiesen (beispielsweise Kuhn (1970)).

Der Drehimpuls in linearen Molekülen

Die Zustände linearer Moleküle werden ähnlich wie für Atome klassifiziert, nur ist die Situation jetzt etwas einfacher. An Stelle der sphärischen Symmetrie hat die Funktion der potentiellen Energie nun nur noch axiale Symmetrie, so daß nur *eine Komponente* des Drehimpulses (die bezüglich der Molekülachse, nach Konvention die z-Achse) eine Bewegungskonstante ist. In Kapitel 4 haben wir die Molekülorbitale eines zweiatomigen Moleküls mit $\sigma, \pi, \delta, \ldots$ klassifiziert und festgestellt, daß diese Molekülorbitale $0, \pm 1, \pm 2, \ldots$ Drehimpulseinheiten bezüglich der Molekülachse besitzen. Somit sind die Molekülorbitale in beschränktem Sinne Analoga zu den Atomorbitalen s, p, d, ... Auch hier hatten wir die Wahl zwischen *reellen* Molekülorbitalen (etwa π_x und π_y) und *komplexen* Molekülorbitalen ($\pi_{+1} = 1/\sqrt{2}\,(\pi_x + i\pi_y)$, $\pi_{-1} = 1/\sqrt{2}\,(\pi_x - i\pi_y)$). Letztere beschreiben Zustände mit bestimmtem Drehimpuls bezüglich der Molekülachse und werden deshalb in der Spektroskopie verwendet. Sind die entarteten Paare von Molekülorbitalen ungleich besetzt, so gibt es einen resultierenden axialen Drehimpuls (beispielsweise liefert die Konfiguration $\pi_{+1}^2 \pi_{-1}$ einen Zustand mit $+1$ Drehimpulseinheiten). Die Mehrelektronenzustände werden gemäß dem Gesamtdrehimpuls mit $\Sigma, \Pi, \Delta, \ldots$ bezeichnet. Andererseits wird der Gesamtspin nach wie vor durch S und M_S charakterisiert. Die Molekülachse stellt die „natürliche" Achse für die Spin-Bahn-Kopplung dar. Demnach ist ein „Dublett-pi"-Zustand ($^2\Pi$) ein solcher, der eine Drehimpulseinheit bezüglich der Molekülachse besitzt ($M_L = +1$) sowie eine halbe Drehimpulseinheit für den Spin, der entweder parallel ($M_S = +1/2$) oder antiparallel ($M_S = -1/2$) gekoppelt sein kann. Wie bei den Atomen führen die verschiedenen Kopplungen zwischen Spin und Bahndrehimpuls zu etwas verschiedenen Energien, wenn magnetische Effekte berücksichtigt werden.

Die elektronischen Zustände einfacher zweiatomiger Moleküle, die in Tabelle 4.3 aufgeführt sind, wurden nach den hier behandelten Prinzipien klassifiziert. Zusätzlich wurden ein unterer Index g oder u sowie ein oben angebrachtes Vorzeichen, + oder −, eingeführt. Der Mehrelektronenzustand ist nur dann u-artig, wenn die Anzahl der Elektronen in u-artigen Molekülorbitalen ungerade ist (daraus resultiert eine ungerade Anzahl von Vorzeichenänderungen, wenn die Inversion durchgeführt wird); im anderen Fall hat der Zustand g-Charakter. Der Index + oder − wird oft hinzugefügt, um anzugeben, wie sich der räumliche Anteil der Wellenfunktion bei einer Spiegelung an einer Ebene, die die Molekülachse enthält, ändert. Für weitere Einzelheiten sei auf die Lehrbücher der Molekülspektroskopie verwiesen. Man beachte beispielsweise Herzberg (1950), oder die einfachere Darstellung von Barrow (1962).

Anhang 3

Gruppentheorie

Gruppen

Bei vielen Gelegenheiten haben wir von der Molekülsymmetrie und ihren Folgen Gebrauch gemacht. Das mathematische Konzept für die Behandlung der Symmetrie ist die Gruppentheorie, denn ein Satz von Symmetrieoperationen bildet in mathematischem Sinne eine *Gruppe*. Größtenteils kommen wir aber ohne sie aus. Ein gewisser Anteil der Terminologie hat sich in einigen Kapiteln breit gemacht, und zum korrekten Verständnis und zum richtigen Gebrauch dieser Begriffe sind einige grundlegende Konzepte der Gruppentheorie erforderlich.

Diejenigen Operationen, die ein geometrisches Gebilde „in sich" überführen (das „Bild" ist vom Original nicht zu unterscheiden) bilden eine *Symmetriegruppe*. Das Wassermolekül (Fig. A3.1 (*a*)) wird in sich übergeführt durch (1) eine Drehung um die z-Achse um 180°, (2) eine Spiegelung an der Molekülebene (yz-Ebene), (3) eine Spiegelung an der xz-Ebene, die den Bindungswinkel halbiert, (4) die Operation des „Nichtstuns" – die sogenannte Operation der „Identität". Die zuletzt genannte Operation scheint trivial und überflüssig zu sein, aber die Menge der Operationen bildet nur dann eine Gruppe, wenn diese berücksichtigt ist.

Für alle diese Operationen gibt es Standardbezeichnungen (Herzberg (1945)):

E = die Operation der Identität

C_n = die Drehung um $2\pi/n$ um die Haupt-Symmetrieachse (vertikale Achse genannt). Für die „kubischen Gruppen" gibt es keine eindeutige Hauptachse; Drehungen um andere Achsen werden durch einen hochgestellten Index charakterisiert.

σ_v = die Spiegelung an einer Ebene, die die Hauptachse enthält (v = vertikal)

σ_h = die Spiegelung an einer Ebene, die senkrecht zur Hauptachse liegt (h = horizontal)

σ_d = die Spiegelung an einer Ebene, die die Hauptachse enthält und zwischen einem Paar zweizähliger Achsen liegt, die senkrecht zur Hauptachse stehen (d = diedrisch)

S_n = die Drehung um $2\pi/n$, gefolgt von einer Spiegelung an einer Ebene, die senkrecht zu dieser Achse liegt.

i = die Inversion, wobei jedem Punkt (§4.6) ein Bildpunkt zugeordnet wird, der jenseits des Ursprungs liegt.

Die Operationen σ, S und i haben die Eigenschaft, daß sie eine rechtsgängige Schraube in eine linksgängige verwandeln, weshalb sie als „uneigentlich" bezeichnet werden, obwohl diese vollkommen akzeptierte Symmetrieoperationen sind.

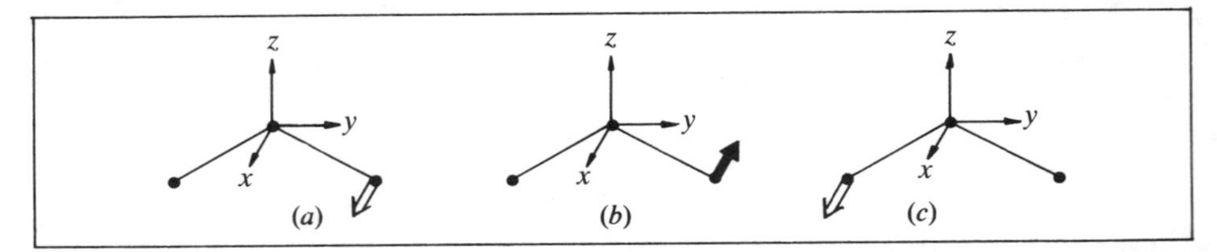

Fig. A3.1. Die Symmetrie des Wassermoleküls: (*a*) die Wahl der Koordinatenachsen; (*b*) die Wirkung von σ_v'; (*c*) die Wirkung von σ_v', gefolgt von C_2, es gilt $C_2\sigma_v' = \sigma_v$. Der „weiße" Pfeil dient zur Erkennung der Wirkung der Symmetrieoperationen; der schwarze Pfeil stellt seine Spiegelung an der Molekülebene dar.

Das Wassermolekül hat eine zweizählige Achse und somit ist C_2 eine Symmetrieoperation. Zusätzlich gibt es zwei Operationen der Spiegelung der Art σ_v; wir wollen diese σ_v und σ_v' nennen und meinen damit die *xz*- und die *yz*-Ebene. Diese Gruppe wird C_{2v} genannt; sie enthält die Operationen C_2 und zweimal σ_v und besteht insgesamt aus den Operationen

$$\{E, \quad C_2^{(z)}, \quad \sigma_v^{(xz)}, \quad \sigma_v'^{(yz)}\}.$$

Jedes Paar von Operationen kann zu einer dritten kombiniert werden. Demnach kann σ_v', gefolgt von C_2, als $C_2\sigma_v'$ geschrieben werden. Wie aus Fig. A3.1 zu erkennen ist, ist dieses Paar von Operationen exakt äquivalent zu der einzigen Operation σ_v. Dieser Sachverhalt wird durch die Schreibweise $\sigma_v = C_2\sigma_v'$ angedeutet. Man beachte die durch Konvention festgelegte Reihenfolge der Operationen; die *rechts* stehende Operation ist zuerst anzuwenden. Auf ähnliche Weise ist C_2C_2 äquivalent zur Operation des Nichtstuns. In unserer Terminologie schreiben wir dafür $E = C_2^2$. Somit können alle Operationen der Gruppe, die *Gruppenelemente*, mit Hilfe von C_2 und σ_v' ausgedrückt werden. Die letzteren beiden Elemente werden deshalb *erzeugende Elemente* genannt. Für viele Zwecke reicht es aus, lediglich die erzeugenden Elemente zu betrachten, was zu entscheidenden Vereinfachungen führt. Beispielsweise enthält die Symmetriegruppe des Würfels 48 Operationen, aber diese können durch Kombinationen von nur *drei* erzeugenden Elementen beschrieben werden. Gibt es in einer Gruppe nur Drehungen und Spiegelungen (und keine Translationsoperationen), so wird die Gruppe eine *Punktgruppe* genannt, denn bei allen Symmetrieoperationen bleibt mindestens ein Punkt unverändert.

Die Benennung von Gruppen mit einer Haupt-Symmetrieachse (die axialen Gruppen) ist unmittelbar einleuchtend. Es gibt Gruppen wie C_n, C_{nv}, C_{nh} mit den jeweiligen erzeugenden Elementen $\{C_n\}, \{C_n, \sigma_v'\}$ und $\{C_n, \sigma_h\}$. Es gibt Gruppen D_n mit den erzeugenden Elementen $\{C_n, C_2'\}$, wobei C_2' eine Drehung um eine Achse bedeutet, die *senkrecht* zur Hauptachse steht. Die wiederholte Kombination dieser Operationen zeigt, daß es *n* solche Achsen der zweiten Kategorie gibt. Es gibt Gruppen D_{nd}* mit den erzeugenden Elementen $\{C_n, C_2', \sigma_d\}$, wobei σ_d eine Spiegelung an einer Ebene bedeutet,

* Dabei ist $n = 2, 3$. Für größere *n*-Werte tritt unter den Operationen σ_h auf, weshalb dann die Gruppen mit D_{nh} bezeichnet werden.

die zwischen zwei zweizähligen Achsen liegt. Es gibt Gruppen D_{nh} mit den erzeugenden Elementen $\{C_n, C_2', \sigma_h\}$.

Die in der Chemie wichtigsten Gruppen, die noch verbleiben, sind die kubischen Gruppen, die in Kapitel 9 aufgetreten sind. Sie beschreiben die Symmetrieeigenschaften eines Würfels, des darin einbeschriebenen Tetraeders (die Kanten verbinden vier nicht-benachbarte Würfelecken) und des einbeschriebenen Oktaeders (die Kanten verbinden die Zentren der Würfelflächen). T und O sind die Gruppen des Tetraeders und des Oktaeders, wenn uneigentliche Operationen in den Gruppen nicht enthalten sind. Die Gruppen der entsprechenden geometrischen Gebilde, wobei auch die Spiegelsymmetrie berücksichtigt ist, lauten T_d und O_h. Die verbleibende Gruppe T_h erhält man durch Hinzufügen von i zu den erzeugenden Elementen von T. Das Tetraeder selbst besitzt keine Inversionssymmetrie und T_h ist die Symmetriegruppe für eine geometrische Figur, die aus zwei zusammengefügten Tetraedern besteht, einem Di-Dodekaeder.

Gelegentlich sind höhere Symmetrien zu betrachten (etwa das Ikosaeder von Boratomen, Fig. 12.7 (*a*)); dabei sind aber keine prinzipiell neuen Überlegungen notwendig. Einen Sonderfall stellen lineare Moleküle dar, für die C_n in C_∞ übergeht (das erzeugende Element ist eine infinitesimale Drehung). Derartige Gruppen sind jedoch einfach genug, um mit Hilfe einfacher Prinzipien diskutiert werden zu können.

Die Darstellungen von Gruppen

Von der Symmetrie haben wir bisher des öfteren in intuitiver Weise Gebrauch gemacht, etwa bei der Vereinfachung der Säkulargleichungen im Zusammenhang mit der LCAO-Darstellung. Dabei haben wir Aussagen der Gruppentheorie verwendet, ohne den Versuch zu machen, diese zu verstehen. Im einzelnen handelte es sich dabei um die Terminologie bei der Klassifizierung der Molekülorbitale nach den entsprechenden Symmetrieeigenschaften. Derartige Anwendungen der Gruppentheorie sind heutzutage so verbreitet, daß wir zumindest mit den Prinzipien vertraut sein sollten.

Bei der Diskussion des H_2O-Moleküls in § 7.3 konnten wir die Molekülorbitale als symmetrisch oder antisymmetrisch bezüglich einer Spiegelung an der Ebene klassifizieren, die das Molekül halbiert (in Fig. A3.1 ist das die xz-Ebene). Diese Molekülorbitale wurden als Linearkombinationen von Atomorbitalen dargestellt, die solche Eigenschaften bereits in sich tragen. Beispielsweise sind die Kombinationen* $H_1 - H_2$ der 1s-Atomorbitale der Wasserstoffatome sowie das $2p_y$-AO des Sauerstoffatoms beide antisymmetrisch bezüglich der σ_v-Operation. Bei der Spiegelung ändert sich das Vorzeichen der Funktion. Nun können wir die Symmetrieeigenschaften ausführlicher behandeln, indem wir eine Tabelle aufstellen (Tabelle A3.1), aus der wir ablesen können, ob eine Funktion mit $+1$ oder mit -1 multipliziert wird, wenn eine Symmetrieoperation der C_{2v}-Gruppe angewandt wird. Die Tabelle zeigt, daß die ersten drei Funktionen bezüglich der Operationen der Gruppe identische Eigenschaften haben; entsprechendes gilt für die nächsten beiden Funktionen. Das $2p_x$-AO

* Nun ist die Bezeichnung „Symmetrieorbital" für diese Kombination in § 7.3 verständlich.

Tabelle A3.1. *Das Verhalten der Symmetrieorbitale von H_2O bezüglich der Operationen von C_{2v}*

	E	$C_2^{(z)}$	$\sigma_v^{(xz)}$	$\sigma_v'^{(yz)}$	
s	1	1	1	1	A_1
p_z	1	1	1	1	A_1
H_1+H_2	1	1	1	1	A_1
p_y	1	-1	-1	1	B_2
H_1-H_2	1	-1	-1	1	B_2
p_x	1	-1	1	-1	B_1

hat wieder ganz andere Eigenschaften. Jeder Satz enthält Orbitale derselben Symmetrie. Werden diese miteinander kombiniert, um Molekülorbitale zu bilden, so brauchen wir nur Orbitale mit *derselben Symmetrie* zu kombinieren, wodurch eine Vereinfachung der Säkulargleichungen erzielt wird.

Die Zahlen in der Tabelle haben eine sehr fundamentale Eigenschaft. Wir haben bereits festgestellt, daß beispielsweise $C_2\sigma_v' = \sigma_v$ gilt, und es scheint nun so zu sein, daß die mit diesen Operationen verknüpften Zahlen diese Eigenschaft in jeder Zeile der Tabelle widerspiegeln. Für die ersten drei Zeilen gilt $1 \times 1 = 1$; für die nächsten beiden Zeilen gilt $-1 \times 1 = -1$; für die letzte Zeile gilt $-1 \times -1 = 1$. Mit anderen Worten heißt das, daß die mit zwei Operationen verknüpften Zahlen bei ihrer Multiplikation diejenige Zahl ergeben, die der dritten Operation entspricht. Die Menge der Zahlen in jeder Zeile wird eine *Darstellung* der Gruppe genannt. Diejenige Funktion, deren Verhalten diese Zahlen beschreiben, „trägt" die Darstellung. Funktionen mit identischem Verhalten „gehören" zur selben Darstellung. Die Darstellungen in Tabelle A3.1 werden „eindimensional" genannt, da sie jeweils durch eine einzige Funktion repräsentiert werden. Diese werden mit Hilfe der folgenden Konventionen symbolisiert:

(1) A oder B steht für $+1$ oder -1, wenn es sich um ein erzeugendes Element der Art C_n (oder auch S_n) bezüglich der Hauptachse handelt; im Fall der kubischen Gruppen ist das eine Würfeldiagonale. Für die Hauptachse wird die z-Achse gewählt.

(2) Der untere Index 1 oder 2 steht für $+1$ oder -1, wenn es sich um das erzeugende Element σ_v handelt und falls dieses ein Element in C_{nv}-Gruppen ist. Die Indizierung bezieht sich auf C_2', wenn dieses ein Element in D_n-Gruppen ist*. (Die Normale zur Spiegelebene für σ_v, beziehungsweise die zweitrangige Achse für C_2', wird zur Definition der xz-Ebene verwendet.)

(3) Der untere Index g oder u steht für $+1$ oder -1, wenn es sich um die Inversion i handelt, wo immer diese auftritt.

* In den Gruppen D_2 und D_{2h} gibt es drei zweizählige Achsen. Bezieht sich $+1$ auf $C_2^{(z)}$, $C_2^{(y)}$ oder $C_2^{(x)}$, so werden im einzelnen die Bezeichnungen B_1, B_2 oder B_3 verwendet; -1 bezieht sich auf die anderen beiden Operationen. Für eine ausführliche Beschreibung der Konventionen sei auf Mulliken (1955) verwiesen.

(4) Alle weiteren Klassifikationen werden durch Strichindices angedeutet. Tritt beispielsweise σ_h auf, so wird der gerade oder der ungerade Charakter (+1 oder −1) durch einen einfachen Strich oder durch einen Doppelstrich angegeben.

Derartige Konventionen gestatten eine eindeutige Bezeichnungsweise der Symmetrieeigenschaften aller Wellenfunktionen, die zu eindimensionalen Darstellungen gehören, wie jene in Tabelle A3.1. Eine nützliche Erweiterung der Konvention ist die Verwendung von Großbuchstaben, wenn man sich auf vollständige Mehrelektronenwellenfunktionen bezieht. Die entsprechenden Kleinbuchstaben werden für Orbitale verwendet. Diejenigen Molekülorbitale des Wassermoleküls, die in Fig. 7.5 mit ψ_1 und ψ_2 bezeichnet worden sind, haben die a_1-, beziehungsweise die b_2-Symmetrie. Als weiteres Beispiel sollen die Ligandengruppenorbitale $(A+B+C+D)$ und $(A+B-C-D)$ in Fig. 9.8 betrachtet werden. Diese haben im einzelnen die Symmetrien a_{1g} und b_{1g}; das d_{xy}-Orbital (dessen Bereiche sich *zwischen* den Koordinatenachsen erstrecken) hat b_{2g}-Symmetrie, denn bei einer Spiegelung an der xz-Ebene wird die Funktion mit −1 multipliziert.

Neben den in Tabelle A3.1 gezeigten eindimensionalen Darstellungen können noch ganz andere Darstellungsarten auftreten. Im Fall eines Moleküls in Gestalt einer quadratischen Pyramide lautet die Symmetriegruppe C_{4v}. Die Ligandengruppenorbitale in Fig. 9.8 sind auch dafür geeignet, und es ist unmittelbar zu erkennen, daß die Kombinationen $(A-B)$ und $(C-D)$ bei gewissen Operationen sich gegenseitig *austauschen*, obwohl sie bei anderen Operationen mit +1 oder −1 multipliziert werden. Bei der Anwendung von C_4 gilt $A \to C$, $B \to D$ und daraus folgt $(A-B) \to (C-D)$. Die Funktionen p_x, p_y verhalten sich genauso; es gilt $p_x \to p_x' = p_y$ und $p_y \to p_y' = -p_x$. Im allgemeinen gilt, daß die „Bilder" p_x' und p_y' als Linearkombinationen der ursprünglichen Funktionen geschrieben werden können. Es ist üblich, die Transformation mit Hilfe der Schreibweise

$$(p_x' \, p_y') = (p_x \, p_y) \begin{pmatrix} 0 & -1 \\ 1 & 0 \end{pmatrix}$$

anzudeuten. Die quadratische Matrix auf der rechten Seite enthält die Koeffizienten, die mit den ursprünglichen Funktionen zu multiplizieren sind, um die neuen Funktionen darzustellen. Führen wir also die Matrizenmultiplikation aus (erstes Element = Zeile × erste Spalte, usw.), so erhalten wir

$$p_x' = C_4 p_x = p_x \times 0 + p_y \times 1 = p_y,$$
$$p_y' = C_4 p_y = p_x \times (-1) + p_y \times 0 = -p_x.$$

Der Satz von Matrizen, den man auf diese Weise erhält, indem der Reihe nach jede Operation der C_{4v}-Gruppe untersucht wird, ist in Tabelle A3.2 angegeben. Dieser Satz bildet eine *zweidimensionale Darstellung* der Gruppe: werden beispielsweise C_2 und C_4 kombiniert*, so daß $C_2 C_4 = C_4^{-1}$ resultiert, so gilt für die entsprechenden Matrizen ganz analog:

* Es ist zu beachten, daß bei Symmetriebetrachtungen zwischen einer positiven Dreivierteldrehung und einer negativen Vierteldrehung nicht unterschieden wird; entscheidend ist der *resultierende Effekt.*

Tabelle A3.2. Die Darstellung der C_{4v}-Gruppe mit Hilfe eines Paares von p-*Orbitalen* (p_x,p_y)

	E	C_2	C_4	C_4^{-1}	$\sigma^{(x)}$	$\sigma^{(y)}$	$\sigma^{(x\bar{y})}$	$\sigma^{(xy)}$
Matrix	$\begin{pmatrix}1&0\\0&1\end{pmatrix}$	$\begin{pmatrix}-1&0\\0&-1\end{pmatrix}$	$\begin{pmatrix}0&-1\\1&0\end{pmatrix}$	$\begin{pmatrix}0&1\\-1&0\end{pmatrix}$	$\begin{pmatrix}1&0\\0&-1\end{pmatrix}$	$\begin{pmatrix}-1&0\\0&1\end{pmatrix}$	$\begin{pmatrix}0&-1\\-1&0\end{pmatrix}$	$\begin{pmatrix}0&1\\1&0\end{pmatrix}$
Charakter (χ)	2	−2	0	0	0	0	0	0

Hinweise: C_4^{-1} ist die Drehung um $(2\pi/4)$ in *negativem* Sinne. Der obere Index deutet die Richtung der *Normalen* der Spiegelebene an; somit bedeutet (x) die x-Achse; $(x\bar{y})$ ist die Achse zwischen der (positiven) x-Achse und der negativen y-Achse.

$$\begin{pmatrix}-1&0\\0&-1\end{pmatrix}\begin{pmatrix}0&-1\\1&0\end{pmatrix}=\begin{pmatrix}0&1\\-1&0\end{pmatrix}$$

Die Regel für die Zusammensetzung von Symmetrieoperationen wird durch die Multiplikation von Matrizen dargestellt. Die letzte Zeile in Tabelle A3.2 zeigt das System der „Charaktere" der Darstellung. Jede Zahl ist die Summe der Diagonalelemente der entsprechenden Matrix. Die Charaktere spielen in der Gruppentheorie eine wichtige Rolle und sind deshalb für die am häufigsten vorkommenden Gruppen tabelliert. Charaktertafeln sind beispielsweise bei Atkins *et al.* (1970) zu finden.

In Systemen mit höherer Symmetrie, wie etwa in Übergangsmetallkomplexen (Kapitel 9), sind auch *dreidimensionale* Darstellungen von Bedeutung. Somit transformieren sich die drei p-Orbitale, die sich im oktaedrischen Komplex in Fig. 9.9 entlang der Achsen erstrecken, unter den Symmetrieoperationen der O_h-Gruppe untereinander. Genauso wie die Orbitale p_x und p_y eine zweidimensionale Darstellung der C_{4v}-Gruppe gebildet haben, bilden die drei Orbitale p_x,p_y,p_z eine *dreidimensionale* Darstellung der O_h-Gruppe.

Die Nomenklatur der zwei- und dreidimensionalen Darstellungen wurde in Kapitel 9 verwendet, und es gelten folgende Konventionen:

(1) E und T sind Symbole für zwei- und dreidimensionale Darstellungen. Die T-Darstellungen treten nur in *kubischen* Punktgruppen auf. Eine typische Darstellung liefern die p-Orbitale (p_x,p_y,p_z), die sich entlang der Koordinatenachsen erstrekken (Fig. 9.9). Die E-Darstellungen treten häufiger auf. Eine typische Darstellung liefern die beiden p-Orbitale (p_x,p_y), die sich senkrecht zur Hauptachse (in axialen Gruppen) erstrecken; ein weiteres Beispiel betrifft die dreizählige Achse in kubischen Gruppen.

(2) Gibt es zwei verschiedene E-Darstellungen, so werden diese nach dem Verhalten der darstellenden Funktionen wie folgt klassifiziert:
Werden beide bei Anwendung von C_2 mit $+1$ oder -1 multipliziert: $E\rightarrow E_2$ oder E_1.
Werden beide bei Anwendung von σ_h mit $+1$ oder -1 multipliziert: $E\rightarrow E'$ oder E''.
Werden beide bei Anwendung von i mit $+1$ oder -1 multipliziert: $E\rightarrow E_g$ oder E_u.
(Bei den kubischen Gruppen treten nur E_g und E_u auf.)

(3) Gibt es zwei verschiedene T-Darstellungen, so wird die durch (p_x,p_y,p_z) dargestellte mit T_1 bezeichnet, wenn es sich um die oktaedrischen Gruppen O und O_h

handelt (die zweite Darstellung wird mit T_2 bezeichnet). Bei der tetraedrischen Gruppe T_d ist die Bezeichnungsweise umgekehrt. Bei der Inversion i wird zur Kennzeichnung des geraden oder ungeraden Charakters ein unterer Index g oder u hinzugefügt.

Mit diesen Regeln sind die Darstellungen, denen die Funktionen in Tabelle 9.3 angehören, ausreichend und korrekt bezeichnet.

Irreduzible Darstellungen und ihre Bedeutung

Die hier definierten Darstellungen verdanken ihre Bedeutung einer Eigenschaft, die wir „irreduzibel" nennen und die sehr leicht mit Hilfe eines Beispiels verstanden werden kann. Wären in Fig. 9.8 die Achsen etwas gedreht, so daß die z-Achse nicht mehr senkrecht zur Ebene der Liganden stünde, so würden alle *drei* p-Orbitale bei den Symmetrieoperationen untereinander transformiert werden. In diesem Fall würden wir eine *dreidimensionale* Darstellung der C_{4v}-Gruppe erhalten und nicht eine zweidimensionale wie in Tabelle A3.2. Für jede beliebige Achsenwahl können die entsprechenden Matrizen bestimmt werden, wobei von den Vektoreigenschaften der p-Orbitale (§ 7.2) Gebrauch gemacht wird. Im allgemeinen wären alle Matrixelemente von null verschieden. Wählt man aber eine spezielle Achsenorientierung (Fig. 9.8), wobei p_z senkrecht zur Ebene steht, so haben alle Matrizen die spezielle Form

$$\left(\begin{array}{cc|c} M_{11} & M_{12} & 0 \\ M_{21} & M_{22} & 0 \\ \hline 0 & 0 & M_{33} \end{array}\right)$$

Dabei beschreibt der 2×2-Block (oben links) die Transformation von p_x und p_y, während der 1×1-Block (unten rechts) in jeder Matrix den Wert 1 hat. Damit wird ausgedrückt, daß p_z durch alle Symmetrieoperationen in sich selbst übergeht. Die Wahl der Orientierung der Vektoren oder Funktionen, die einer solchen Darstellung angehören, daß alle Matrizen eine gemeinsame „Block-Diagonal"-Form annehmen, wird als „Reduktion der Darstellung" bezeichnet. Kann die Reduktion nicht weiter durchgeführt werden, so definieren die Blöcke *irreduzible Darstellungen* der Symmetriegruppe. Die Funktionen mit den entsprechenden Darstellungen zerfallen in Gruppen (diese repräsentieren die *irreduziblen* Darstellungen), die sich bei der Anwendung der Symmetrieoperationen *nur unter sich* transformieren, genauso wie (p_x, p_y) und p_z in dem gewählten Beispiel.

Sind die Funktionen, die einer Darstellung angehören, Lösungen einer Schrödingergleichung, wobei das System eine vorgegebene Symmetrie hat, so hat die Existenz von irreduziblen Darstellungen eine unmittelbare, physikalische Bedeutung. Eine Symmetrieoperation transformiert eine Wellenfunktion Ψ in eine neue Funktion Ψ'; da aber die Operation keine beobachtbare Veränderung beim Molekül bewirkt, bleibt der Hamiltonoperator unverändert ($\hat{H}' = \hat{H}$). Ist demnach Ψ eine Lösung von $\hat{H}\Psi = E\Psi$, so muß Ψ' dieselbe Gleichung $\hat{H}\Psi' = E\Psi'$ erfüllen. Ist der Zustand nicht entartet, so lautet die einzige Lösung zu diesem E-Wert Ψ oder $c\Psi$ (c ist eine beliebige Konstante). Das Bild von Ψ kann deshalb nur ein Vielfaches von Ψ sein; $\Psi' = c\Psi$. Das ist aber die Eigenschaft einer Wellenfunktion, die einer *eindimensionalen* Darstellung angehört. Aus Tabelle A3.1 ist zu ersehen, daß für ein System mit C_{2v}-Symmetrie einige dieser Funktionen bezüglich σ_v' mit $+1$ multipliziert werden, aber bezüglich C_2 und σ_v mit -1; diese sind demnach von der Art B_2 und so fort. Ist aber ein Zustand zweifach entartet, wobei Ψ_1 und Ψ_2 die beiden unabhängigen Wellenfunktionen zur Energie E sind, so müssen Ψ_1' und Ψ_2' Linearkombinationen von Ψ_1 und Ψ_2 sein (denn $c_1\Psi_1 + c_2\Psi_2$ ist die allgemeinste Lösung zur Energie E). Demnach sind Ψ_1 und Ψ_2 Repräsentanten der zweidimensionalen Darstellung der Symmetriegruppe.

Transformieren sich zwei Lösungen der Schrödingergleichung bezüglich der Gruppe der Symmetrieoperationen untereinander, so müssen sie ein *entartetes* Paar bilden. Transformieren sich drei Funktionen, so müssen diese einen *dreifach entarteten* Satz bilden, und so weiter. Die alleinige Existenz der Molekülsymmetrie – und somit einer Punktgruppe mit bestimmten irreduziblen Darstellungen – befähigt uns zur Vorhersage gewisser grundlegender Eigenschaften des Energiespektrums sowie des Verhaltens der entsprechenden Wellenfunktionen bei der Anwendung von Symmetrieoperationen. Andererseits müssen solche Funktionen, die bei der Anwendung der Symmetrieoperationen *nicht* mittransformiert werden, nicht zum selben Eigenwert gehören. Bei dem Versuch, den *kleinsten* Satz von Funktionen zu finden, der eine Darstellung repräsentiert (damit ist das Aufsuchen irreduzibler Darstellungen gemeint), stoßen wir demnach auf die *wesentlichen* Entartungen. Solche Funktionen, die verschiedenen Sätzen angehören, aber zum selben Eigenwert gehören, werden von nun an nicht mehr benötigt.

Die Aufhebung von Entartungen durch Kristallfelder, wie das in Kapitel 9 diskutiert worden ist, kann nun leicht verstanden werden. Drei Orbitale p_x, p_y, p_z sind entartet, denn sie bilden eine irreduzible Darstellung der Symmetriegruppe (sämtliche Drehungen im dreidimensionalen Raum; das System ist somit sphärisch-symmetrisch). Wirkt nun ein Feld mit C_{4v}-Symmetrie (Fig. 9.8), so transformieren sich das Paar (p_x, p_y) und die Funktion p_z bei Symmetrieoperationen nicht mehr untereinander, denn diese Funktionen gehören jetzt zu verschiedenen irreduziblen Darstellungen. Wird das Feld mit C_{4v}-Symmetrie von null herkommend aufgebaut, so gehen die entsprechenden Energiewerte auseinander – das dreifach entartete Niveau spaltet sich in ein nicht-entartetes und in ein zweifach entartetes Niveau auf. Ähnliche Überlegungen gelten für alle anderen Fälle in Fig. 9.4. Die fünf entarteten d-Funktionen zerfallen in verschiedene irreduzible Darstellungen, wenn die Symmetrie durch das Kristallfeld erniedrigt wird.

Es gibt viele interessante Anwendungen der Gruppentheorie im Rahmen der Quantenmechanik der Atome und Moleküle, aber dafür müssen wir den Leser auf weiterführende Literatur verweisen. Kurze Darstellungen, die für die meisten Zwekke ausreichend sind, findet man in Atkins (1970), McWeeny und Sutcliffe (1969) und McWeeny (1973)*.

* Für die Bedürfnisse der Chemie sind noch Cotton (1971), Jaffé und Orchin (1973), Hollas (1975), Kober (1983) zu erwähnen. (Anmerkung des Übersetzers)

Literaturverzeichnis

Allen, L. C. (1968). *Chem. Phys. Lett.* **2,** 597.
– (1969). *Ann. Rev. phys. Chem.* **20,** 315.
Allinger, W. L. (1976). *Adv. in phys. org. Chem.* **13,** 1.
Allred, A. L. und Rochow, E. G. (1958). *J. inorg. nucl. Chem.* **5,** 264.
André, J. M., Kapsomenos, G. S. und Leroy, G. (1971). *Chem. Phys. Lett.* **8,** 195.
Armstrong, D. R. und Clark, D. T. (1970). *J. Chem. Soc.* D 99; (1972). *Theor. chim. Acta* **24,** 307.
Arrighini, G. P. und Guidotti, C. (1970). *Chem. Phys. Lett.* **6,** 435.
Atkins, P. W. (1970). *Molecular quantum mechanics.* Clarendon Press, Oxford.
– Child, M. S., und Phillips, C. S. G. (1970). *Tables for group theory.* Clarendon Press, Oxford.
Bacon, G. E. (1969). *Endeavour* **25,** 129.
Bader, R. F. W. (1970). *An introduction to the electronic structure of atoms and molecules.* Clarke-Irwin, Toronto.
– Henneker, W. H., und Cade, P. E. (1967). *J. chem. Phys.* **46,** 3341.
– Keaveny, I., und Cade, P. E. (1968). *J. chem. Phys.* **47,** 3381.
Baird, N. C., und Whitehead, M. A. (1964). *Theor. chim. Acta* **2,** 259.
Baker, A. D. (1970). *Acc. Chem. Res.* **3,** 17.
Ballhausen, C. J. und Gray, H. B. (1962). *Inorg. Chem.* **1,** 111; (1965). *Molecular orbital theory.* Benjamin, New York.
Barrow, G. M. (1962). *Introduction to molecular spectroscopy.* McGraw-Hill, New York.
Bartlett, N. (1962). *Proc. Chem. Soc.* 218.
– (1964). *Endeavour* **23,** 3.
– und Sladky, F. P. (1973). In *Comprehensive inorganic chemistry;* Seite 213. Pergamon Press, Oxford.
Basch, H., Moskowitz, J. W., Hollister, C., und Hankin, D. (1971). *J. chem. Phys.* **55,** 1922.
Bates, D. R., Ledsham, K., und Stewart, A. L. (1953). *Phil. Trans. R. Soc.* A **246,** 215.
Bauer, S. H. (1970). In *Physical chemistry,* Vol. IV, (eds: H. Eyring, D. Henderson, und W. Jost). Academic Press, New York.
Bernal, J. D. und Fowler, R. H. (1933). *J. chem. Phys.* **1,** 515.
Bethe, H. (1929). *Ann. Phys.* **3,** 133.
Bloch, F. (1928). *Z. Phys.* **52,** 555.
Bone, R. K. und Haaland, A. (1966). *J. organomet. Chem.* **5,** 470.
Born, M. und Mayer, J. E. (1932). *Z. Phys.* **75,** 1.
– und Oppenheimer, J. R. (1927). *Ann. Phys.* **84,** 457.
– und Huang, K. (1954). *Dynamical theory of crystal lattices.* Clarendon Press, Oxford.
Bowen, M. J. M., *et al.* (eds) (1958). *Tables of interatomic distances and configurations in molecules and ions, Chem. Soc. Spec. Publ.* **11.**
Boys, S. F. (1950). *Proc. R. Soc.* A **200,** 542.
Brundle, C. R., Kuebler, N. A., Robin, M. B., und Basch, H. (1972). *Inorg. Chem.* **11,** 20.
Burrau, Ø. (1927). *K. Danske Vidensk. Selsk. Mat.-Fys. Medd.* **7,** 1.
Cade, P. E., Sales, K. D., und Wahl, A. C. (1966). *J. chem. Phys.* **44,** 1973.
Carrington, A. und Longuet-Higgins, H. C. (1960). *Quart. Rev.* **14,** 427.
– und McLachlan, A. D. (1967). *Introduction to magnetic resonance.* Harper and Row, New York.
Carver, J. C., Gray, R. C. und Hercules, D. M. (1974). *J. Am. Chem. Soc.* **96,** 6851.
Chatt, J. (1953). *J. Chem. Soc.* 2939.

Chernik, C. L. (1963). *Rec. Chem. Prog.* **24,** 139.
– *et al.* (1962). *Science* **138,** 136.
Chirgwin, B. H. und Coulson, C. A. (1950). *Proc. R. Soc.* A **201,** 197.
Churchill, M. R. und Wormald, J. (1969). *Inorg. Chem.* **8,** 716.
Cipollini, E., Owen, J., Thornley, J. H. M., und Windsor, C. (1962). *Proc. Phys. Soc.* **79,** 1083.
Claassen, H. H., Selig, H., und Malm, J. G. (1962). *J. Am. Chem. Soc.* **84,** 3593.
Clementi, E. (1967). *J. chem. Phys.* **46,** 3842.
– (1971). *J. chem. Phys.* **54,** 521.
– (1972). *J. chem. Phys.* **57,** 4870.
– (1972). *Physics of electronic and atomic collisions,* Vol. III. ICPEAC 1971; North Holland, Amsterdam.
– *et al.* (1963). *IBM Tech. Rept.* R-J256.
– (1964). *J. chem. Phys.* **40,** 1944.
– (1967). *J. chem. Phys.* **47,** 1865.
– und Popkie, H. (1973). *Chem. Phys. Lett.* **20,** 1.
– und Raimondi, D. N. (1963). *J. chem. Phys.* **38,** 2686.
– und Roetti, C. (1974). *Atomic data and nuc. data tables* **14,** 177.
Clinton, W. L. und Rice, B. (1959). *J. chem. Phys,* **30,** 542.
Coates, G. E., Green, M. L. H., Powell, P., und Wade, K. (1968). *Principles of organometallic chemistry.* Methuen, London.
Cook, D. B., Hollis, P. C., und McWeeny, R. (1967). *Mol. Phys.* **13,** 553.
Cook, T. H. und Morgan, G. L. (1969). *J. Am. Chem. Soc.* **91,** 774.
Cotton, F. A. (1969). *Acc. Chem. Res.* **2,** 240.
– (1971). *Chemical applications of group theory.* Wiley, New York.
Cottrell, T. L. (1958). *The strengths of chemical bonds* (2nd edn). Butterworths, London.
– und Sutton, L. E. (1947). *J. chem. Phys.* **15,** 685.
Coulson, C. A. (1937). *Proc. Camb. phil. Soc.* **33,** 111.
– (1937). *Trans. Faraday Soc.* **33,** 1479.
– (1938). *Proc. Camb. phil. Soc.* **34,** 204.
– (1939). *Proc. R. Soc.* A **169,** 413.
– (1941). *Waves.* Oliver and Boyd, Edinburgh.
– (1942). *Proc. Camb. phil. Soc.* **38,** 210.
– (1947). *Discuss. Faraday Soc.* **2,** 9.
– (1948). *Contribution à l'étude de la structure moléculaire.* Desoer, Liège.
– (1949). *J. Chim. phys.* **46,** 198.
– (1957). *Research* **10,** 159.
– (1960). *Rev. mod. Phys.* **32,** 190.
– (1963). *J. Chem. Soc.* 5893.
– (1964). *J. Chem. Soc.* 1442.
– (1970). *Pure appl. Chem.* **24,** 257.
– und Fischer, I. (1949). *Phil. Mag.* **40,** 386.
– und Gianturco, F. A. (1968). *J. Chem. Soc.* 1618.
– und Haigh, C. W. (1963). *Tetrahedron* **19,** 527.
– und Longuet-Higgins, H. C. (1947). *Proc. R. Soc.* A **192,** 16.
– Redei, L. und Stocker, D. (1962). *Proc. R. Soc.* A **270,** 357.
Craig, D. P. (1959). *J. Chem. Soc.* 997.
– und Magnusson, E. A. (1956). *J. Chem. Soc.* 4895.
– und Mitchell, K. A. R. (1965). *J. Chem. Soc.* 4682.
– und Paddock, N. L. (1958). *Nature (Lond.)* **181,** 1052.
– und Walmsley, S. H. (1968). *Excitons in molecular crystals.* Benjamin, New York.
– und Zauli, C. (1962). *J. chem. Phys.* **37,** 601, 609.
Criegee, R. und Schröder, G. (1959). *Ann. Chem.* **623,** 1.
Currie, M. und Speakman, J. C. (1970). *J. Chem. Soc.* A 1923.
Dahl, J. P. und Ballhausen, C. J. (1968). *Adv. in quantum Chem.* **4,** 170.
Darwent, B. De B. (1970). *Nat. Bur. Stand. (U.S.) Publ.* NSRDS-NBS 31.

Dasent, W. E. (1970). *Inorganic energetics*. Penguin, London.
Davies, D. W. (1960). *Trans. Faraday Soc.* **56,** 1713.
Davisson, C. I. und Germer, L. H. (1927). *Nature (Lond.)* **119,** 890.
Davydov, A. S. (1962). *Theory of molecular excitons*. McGraw-Hill, New York.
Del Bene, J. und Pople, J. A. (1970) *J. chem. Phys.* **52,** 4858.
Del Re, G., Ladik, J., und Biczo, G. (1967). *Phys. Rev.* **155,** 997.
DeMore, B. B., Wilcox, W. S., und Goldstein, J. H. (1952). *J. chem. Phys.* **22,** 876.
Dewar, M. J. S. (1946). *J. Chem. Soc.* 406.
– (1951). *Bull. Soc. Chim. Fr.* **18,** C71.
– (1962). *Hyperconjugation*. Ronald Press, New York.
– (1969). *The molecular orbital theory of organic chemistry*. McGraw-Hill, New York.
– und Dougherty, R. C. (1975). *The PMO theory of organic chemistry*. Plenum Press, New York.
– Kubba, V. P., und Pettit, R. (1958). *J. Chem. Soc.* 3073.
– Lucken, E. A. C., und Whitehead, M. A. (1960). *J. Chem. Soc.* 223.
Dibeler, W. H., Walker, J. A., und McCulloh, K. E. (1970). *J. chem. Phys.* **53,** 4414.
Dickenson, B. N. (1933). *J. chem. Phys.* **1,** 317.
Diercksen, G. (1971). *Theor. chim. Acta* **21,** 335.
Dougall, M. W. (1963). *J. Chem. Soc.* 3211.
Dunitz, J. D., Orgel, L. E., und Rich, A. (1956). *Acta Crystallogr.* **9,** 373.
Eberhart, W. H., Crawford, B. L., und Lipscomb, W. N. (1954). *J. chem. Phys.* **22,** 989.
Ellison, I. O. und Shull, H. (1955). *J. chem. Phys.* **23,** 2348.
Emerson, G. F., Watts, L., und Pettit, R. (1965). *J. Am. Chem. Soc.* **87,** 131.
Evans, M. G. (1939). *Trans. Faraday Soc.* **35,** 824.
Figgis, B. N. (1966). *Introduction to ligand fields*. Wiley, New York.
– und Lewis, J. (1964). *Prog. inorg. Chem.* **6,** 37.
Fischer, E. O. und Pfab, W. (1952). *Z. Naturforsch.* B**7,** 377.
Fischer-Hjalmars, I. (1965). *Adv. in quantum Chem.* **2,** 25.
Flory, P. J. (1969). *Statistical mechanics of chain molecules*. Wiley, New York.
Fluck, E., Pavlidou, C. M. E., und Janoschek, R. (1979). *Phosphorus and Sulfur* **6,** 469.
Fock, V. (1930). *Z. Phys.* **61,** 126.
Fujimoto, H. und Fukui, K. (1972). *Adv. in quantum Chem.* **6,** 177.
Gianturco, F. A., Guidotti, C., Lamanna, U., und Moccia, R. (1971). *Chem. Phys. Lett.* **10,** 269.
Gillespie, R. J. (1963). *J. Chem. Ed.* **40,** 295.
– (1970). *J. Chem. Ed.* **47,** 18.
– (1975). *Molekülgeometrie*. Verlag Chemie, Weinheim.
– und Nyholm, R. S. (1957). *Quart. Rev.* **11,** 339.
Goddard, W. A. III, Dunning, T. H., Hunt, W. J., und Hay, P. J. (1973). *Acc. Chem. Res.* **6,** 368.
Gole, J. L., Siu, A. K. Q., und Hayes, E. F. (1973). *J. chem. Phys.* **58,** 857.
Gordy, W. (1955). *Discuss. Faraday Soc.* **19,** 14.
Greenwood, H. und McWeeny, R. (1966). *Adv. in physical organic Chem.* **4,** 73.
Griffith, J. S. (1961). *The theory of transition-metal ions*. Cambridge University Press.
– und Orgel, L. E. (1957). *Quart. Rev.* **11,** 381.
Griffiths, J. H. E., Owen, J., und Ward, I. M. (1953). *Proc. R. Soc.* A **219,** 526.
Guest, M. F., Hall, M. B., und Hillier, I. H. (1973). *J. Chem. Soc. Faraday II* **69,** 1829.
Haaland, A. und Nilsson, J. E. (1968). *Chem. Commun.* **2,** 88.
– (1979). *Acc. Chem. Res.* **12,** 415.
Hall, G. G. (1951). *Proc. R. Soc.* A **208,** 328.
Ham, N. S. und Ruedenberg, K. (1958). *J. chem. Phys.* **29,** 1215.
Hamilton, W. C. und Ibers, J. A. (1968). *Hydrogen bonding in solids*. Benjamin, New York.
Hammersley, R. E. und Richards, W. G. (1974). *Nature (Lond.)* **251,** 597.
Hammet, A., Cox, P. A., und Orchard, A. F. (1972). *Chem. Soc. Spec. Period. Rep.* **1,** 185.
Hamrin, K. *et al.* (1968). *Chem. Phys. Lett.* **1,** 557.
Hannay, N. B. und Smyth, C. P. (1946). *J. Am. Chem. Soc.* **68,** 171.

Hartman, A. und Hirshfeld, F. L. (1966). *Acta Crystallogr.* **20,** 80.
Hartree, D. R. (1928). *Proc. Camb. Phil. Soc.* **24,** 89.
– und Hartree, W. R. (1938). *Proc. R. Soc.* A **166,** 450.
Hayes, R. G. und Edelstein, N. (1972). *J. Am. Chem. Soc.* **94,** 8688.
Heisenberg, W. (1926). *Z. Phys.* **38,** 441.
– (1927). *Z. Phys.* **43,** 172.
Heitler, W. und London, F. (1927). *Z. Phys.* **44,** 455.
Herzberg, G. (1944). *Atomic spectra and atomic structure* (2nd edn). Dover, New York.
– (1945). *Infrared and Raman spectra of polyatomic molecules.* Van Nostrand, New York.
– (1950). *Spectra of diatomic molecules.* Van Nostrand, New York.
– (1970). *J. mol. Spectr.* **33,** 147.
– und Monfils, A. (1960). *J. mol. Spectr.* **5,** 482.
Hillier, I. H. und Saunders, V. R. (1970). *Int. J. quantum Chem.* **4,** 203.
Hinze, J., Whitehead, M. A., und Jaffé, H. H. (1963). *J. Am. Chem. Soc.* **85,** 148.
Hoffmann, R. (1963). *J. chem. Phys.* **39,** 1397.
– und Lipscomb, W. N. (1962). *J. chem. Phys.* **36,** 2179; **37,** 3489.
Hollander, J. M. und Jolly, W. L. (1970). *Acc. Chem. Res.* **3,** 193.
Hollas, J. M. (1975). *Die Symmetrie von Molekülen.* De Gruyter, Berlin.
Hoppe, R. (1964). *Angew. Chem. Int. Ed. Engl.* **3,** 538.
– Dähne, W., Mattauch, H., und Rödder, K. M. (1962). *Angew. Chem. Int. Ed. Engl.* **1,** 599.
Huber, K. P. und Herzberg, G. (1979). *Constants of diatomic molecules.* Van Nostrand, New York.
Hückel, E. (1931). *Z. Phys.* **70,** 204; **72,** 310.
Huheey, J. E. (1972). *Inorganic chemistry.* Harper and Row, New York.
– und Evans, R. S. (1970). *J. inorg. nucl. Chem.* **32,** 383.
Hume-Rothery, W. (1960). *Atomic theory for students of metallurgy.* Institute of Metals, London.
Hund, F. (1931). *Z. Phys.* **73,** 24, 565.
– (1932). *Z. Phys.* **74,** 429.
Huo, W. M. (1965). *J. chem. Phys.* **43,** 624.
Hurley, A. C., Lennard-Jones, J. E., und Pople, J. A. (1953). *Proc. R. Soc.* A **220,** 446.
Hyman, H. H. (ed.) (1963). *Noble gas compounds.* University of Chicago Press.
Iczkowski, R. P. und Margrave, J. L. (1961). *J. Am. Chem. Soc.* **83,** 3547.
Ingold, C. K. (1934). *Chem. Rev.* **15,** 225.
Jaffé, H. H. und Orchin, M. (1973). *Symmetrie in der Chemie.* Hüthig-Verlag, Heidelberg.
Jahn, H. A. und Teller, E. (1937). *Proc. R. Soc.* A **161,** 220.
James, H. M. (1935). *J. chem. Phys.* **3,** 9.
– und Coolidge, A. L. (1933). *J. chem. Phys.* **1,** 825.
– und Johnson, V. A. (1939). *Phys. Rev.* **56,** 119.
Janoschek, R. (1978). *Nachr. Chem. Tech. Lab.* **26,** 653.
Jørgensen, C. K. (1959). *Mol. Phys.* **2,** 309.
– (1962). *Absorption spectra and chemical bonding in complexes.* Pergamon Press, Oxford.
Jorgensen, W. L. und Allen, L. C. (1971). *J. Am. Chem. Soc.* **93,** 567.
Jortner, J. und Rice, S. A. (1965). In *Modern quantum chemistry* (ed. O. Sinanoglu), Vol. I. Academic Press, New York.
– – und Wilson, E. G. (1963). *J. chem. Phys.* **38,** 2302.
Julg, A. (1975). *Topics in Current Chemistry.* Vol. **58,** 1. Springer-Verlag, Berlin.
Karplus, M. und Porter, R. N. (1970). *Atoms and molecules.* Benjamin, New York.
Katriel, J. und Pauncz, R. (1977). *Adv. in quantum Chem.* **10,** 143.
Kealy, T. J. und Pauson, P. L. (1951). *Nature (Lond.)* **168,** 1039.
Kittel, C. (1973). *Einführung in die Festkörperphysik.* R. Oldenbourg-Verlag, München.
Klessinger, M. und McWeeny, R. (1965). *J. chem. Phys.* **42,** 3343.
– (1982). *Elektronenstruktur organischer Moleküle.* Verlag Chemie, Weinheim.
Knox, R. G. (1963). *Theory of excitons.* Academic Press, New York.
Kober, F. (1983). *Symmetrie der Moleküle.* Diesterweg, Salle, Sauerländer, Frankfurt/M.

Kollman, P. A. und Allen, L. C. (1970). *J. Am. Chem. Soc.* **92,** 6101.
Kolos, W. (1964). *J. chem. Phys.* **41,** 3674.
– (1968). *Int. J. quantum Chem.* **2,** 471.
– und Wolniewicz, L. (1968). *J. chem. Phys.* **49,** 404.
– – (1969). *J. chem. Phys.* **51,** 1417.
Kuhn, H. G. (1970). *Atomic spectra.* Longman, London.
Laws, E. A., Stevens, R. M., und Lipscomb, W. N. (1972). *J. Am. Chem. Soc.* **94,** 4461.
Lennard-Jones, J. E. (1929). *Trans. Faraday Soc.* **25,** 668.
– (1949). *Proc. R. Soc.* A **197,** 1.
– (1952). *J. chem. Phys.* **20,** 1024.
– und Pople, J. A. (1951). *Proc. R. Soc.* A **205,** 155.
Lipscomb, W. N. (1963). *Boron hydrides.* Benjamin, New York. (Neuere Literatur dazu: Paetzold, P. (1975). *Chemie in unserer Zeit* **9,** 67).
Lister, D. G. und Tyler, J. K. (1966). *Chem. Commun.* **6,** 152.
Lohr, L. L. und Lipscomb, W. N. (1963). *J. Am. Chem. Soc.* **85,** 240.
Long, L. H. (1972). *Prog. inorg. Chem.* **15,** 1.
Longuet-Higgins, H. C. (1949). *J. Chim. phys.* **46,** 275.
– (1950). *J. chem. Phys.* **18,** 265, 275, 283.
– (1957). *Quart. Rev.* **11,** 121.
– (1961). *Adv. in Spectrosc.* **2,** 429.
– und Abrahamson, E. W. (1965). *J. Am. Chem. Soc.* **87,** 2045.
– und Dewar, M. J. S. (1952). *Proc. R. Soc.* A **214,** 482.
– und Orgel, L. E. (1956). *J. Chem. Soc.* 1969.
– und Roberts, M. De V. (1955). *Proc. R. Soc.* A **230,** 110.
Löwdin, P.-O. (1950). *J. chem. Phys.* **18,** 365.
Lowe, J. P. (1974). *Science* **179,** 527.
Lucken, E. A. C. (1963). *Physical methods in heterocyclic chemistry,* Vol. 2, (ed: A. R. Katritzky), Seite 89. Academic Press, New York.
Maccoll, A. (1950). *Trans. Faraday Soc.* **46,** 369.
– (1954). *J. Chem. Soc.* 352.
Maier, G., Pfriem, S., Schaefer, U., und Matusch, R. (1978). *Angew. Chem.* **90,** 552.
Margenau, H. und Kestner, N. R. (1969). *Theory of intermolecular forces.* Pergamon Press, Oxford.
Masamune, S., Souto-Bachiller, F. A., Machiguchi, T., und Bertie, J. E. (1978). *J. Am. Chem. Soc.* **100,** 4889. (Siehe auch: Bally, T. und Masamune, S. (1980). *Tetrahedron* **36,** 343.)
Maslen, V. W. und Coulson, C. A. (1957). *J. Chem. Soc.* 4041.
McConnell, H. M. und Holm, C. H. (1957). *J. chem. Phys.* **27,** 314.
McWeeny, R. (1951). *J. chem. Phys.* **19,** 1614. (siehe **20,** 920 errata).
– (1952). *Acta Crystallogr.* **5,** 463.
– (1953). *Acta Crystallogr.* **6,** 631.
– (1954). *Proc. R. Soc.* A **223,** 63, 306.
– (1955*a*). *Proc. R. Soc.* A **227,** 288.
– (1955*b*). *Proc. R. Soc.* A **232,** 114.
– (1956). *Proc. R. Soc.* A **237,** 355.
– (1959). *Proc. R. Soc.* A **253,** 242.
– (1960). *Rev. mod. Phys.* **32,** 335.
– (1964). In *Molecular orbitals in chemistry, physics, and biology.* (eds: P. O. Löwdin und B. Pullman). Academic Press, New York.
– (1970*a*). *Spins in chemistry,* Appendix 1. Academic Press, New York.
– (1970*b*). In *Jerusalem Symp. on quantum chemistry and biochemistry,* Vol. II, Israel Academy of Sciences and Humanities, Jerusalem.
– (1972). *Quantum mechanics: principles and formalism.* Pergamon Press, Oxford.
– (1973). *Quantum mechanics: methods and basic applications.* Pergamon Press, Oxford.
– Mason, R., und Towl, A. D. C. (1969). *Discuss. Faraday Soc.* **47,** 20.

– und Ohno, K. (1960). *Proc. R. Soc.* A **255,** 367.
– und Sutcliffe, B. T. (1969). *Methods of molecular quantum mechanics.* Academic Press, London.
Miller, R. L., Lykos, P. G., und Schmeising, H. N. (1962). *J. Am. Chem. Soc.* **84,** 4623.
Miller, S. A., Tebboth, J. A., und Tremaine, J. F. (1952). *J. Chem. Soc.* 632.
Mills, O. S. und Robinson, G. (1960). *Proc. Chem. Soc.* 421.
Moffitt, W. E. (1949). *Proc. R. Soc.* A **196,** 510.
– (1954*a*). *J. Am. Chem. Soc.* **76,** 3386.
– (1954*b*). *Rept. Progr. Phys.* **17,** 173.
Morse, P. M. (1929). *Phys. Rev.* **34,** 57.
Muetterties, E. L. (1967). *The chemistry of boron and its compounds.* Wiley, New York.
– und Knoth, W. H. (1968). *Polyhedral boranes.* Marcel Dekker, New York.
Mulliken, R. S. (1932). *Rev. mod. Phys.* **4,** 1.
– (1934). *J. chem. Phys.* **2,** 782.
– (1935). *J. chem. Phys.* **3,** 573.
– (1939). *J. chem. Phys.* **7,** 339.
– (1952). *J. phys. Chem.* **56,** 295.
– (1955). *J. chem. Phys.* **23,** 1833, 1997, 2343.
– (1959). *Tetrahedron* **5,** 253.
– (1972). *Chem. Phys. Lett.* **14,** 137.
Murrell, J. N. (1974). In *Orbital theories of molecules and solids.* (ed: N. H. March). Clarendon Press, Oxford.
– und Harget, A. J. (1972). *Semi-empirical self-consistent-field molecular orbital theory of molecules.* Wiley, London.
Nash, M. A., Grossman, S. R., und Bradley, D. F. (1968). *Nature (Lond.)* **219,** 370.
Noble, P. N. und Kortzeborn, R. N. (1970). *J. chem. Phys.* **52,** 5375.
Nygaard, L., Nielsen, J. T., Kirchheimer, J., Maltesen, G., Rastrup-Andersen, J., und Sørensen, G. O. (1969). *J. mol. Struct.* **3,** 491.
Nyholm, R. S. (1958). *Rec. chem. Prog.* **19,** 45.
Ohno, K. und Morokuma, K. (1982). *Quantum chemistry literature data base.* Elsevier, Amsterdam.
Orchard, A. F. *et al.* (eds) (1972–74). *Chem. Soc. Spec. Period. Rep. Electronic structure and magnetism of inorganic compounds,* Vol. 1–3, Chemical Society, London.
Orgel, L. E. (1960). *An introduction to transition-metal chemistry.* Methuen, London.
Orville-Thomas, W. J. (1957). *Quart. Rev.* **11,** 162.
Palenik, G. J. (1969). *Inorg. Chem.* **8,** 2744.
Paolo, T. di und Sandorfy, C. (1974). *Nature (Lond.)* **252,** 471.
Parks, J. M. und Parr, R. G. (1958). *J. chem. Phys.* **28,** 335.
Parr, R. G. (1960). *J. chem. Phys.* **33,** 1184.
– (1963). *Quantum theory of molecular electronic structure.* Benjamin, New York.
Pass, G. (1973). *Ions in solution (3): inorganic properties.* Clarendon Press, Oxford.
Pauling, L. (1928). *Chem. Rev.* **5,** 173.
– (1931). *J. Am. Chem. Soc.* **53,** 1367.
– (1938). *Phys. Rev.* **54,** 899.
– (1949). *Proc. R. Soc.* A **196,** 343.
– (1973). *Die Natur der chemischen Bindung.* Verlag Chemie, Weinheim.
Peacock, T. E. und McWeeny, R. (1959). *Proc. Phys. Soc.* **74,** 385.
Pearson, R. G. (1959). *Chem. Eng. News* **37,** 72.
Peters, C. R. und Milberg, M. E. (1964). *Acta Crystallogr.* **17,** 229.
Pethrick, R. A. und Wyn-Jones, E. (1969). *Quart. Rev.* **23,** 301.
Peyerimhoff, S. D. und Buenker, R. J. (1970). *Theor. chim. Acta* **19,** 1.
Pimentel, G. C. und McClellan, A. L. (1960). *The hydrogen bond.* Freeman, San Francisco.
Pitzer, K. S. (1945). *J. Am. Chem. Soc.* **67,** 1126.
Pitzer, R. M. und Merrifield, D. P. (1970). *J. chem. Phys.* **52,** 4782.

Politzer, P. (1976). *J. chem. Phys.* **64,** 4239.
Pople, J. A. (1951). *Proc. R. Soc.* A **205,** 163.
– (1953). *Trans. Faraday Soc.* **49,** 1375.
– (1957). *Quart. Rev.* **11,** 273.
– und Beveridge, D. L. (1970). *Approximate molecular orbital theory.* McGraw-Hill, New York.
– und Santry, D. P. (1964). *Mol. Phys.* **7,** 269.
– und Segal, G. A. (1965). *J. chem. Phys.* **43,** S136.
Power, J. D. (1973). *Phil. Trans. R. Soc.* A **274,** 663.
Pritchard, H. O. und Skinner, H. A. (1955). *Chem. Rev.* **55,** 745.
Puddephatt, R. J. (1972). *The periodic table of the elements.* Clarendon Press, Oxford.
Pullman, A. und Pullman, B. (1973). In *Wave Mechanics. The first fifty years.* (eds: Price, W. C., Chissick, S., und Ravendale, T.). Butterworth, London.
Quane, D. (1970). *J. chem. Ed.* **47,** 396.
Ransil, B. J. (1959). *J. chem. Phys.* **30,** 1113.
– (1960). *Rev. mod. Phys.* **32,** 239, 245.
Richards, W. G., Walker, T. E. H., und Hinkley, R. K. (1971). *A bibliography of ab initio molecular wavefunctions.* Clarendon Press, Oxford. (*Supplements for 1970–3,* (1974); *for 1974–7* (1978)).
Robertson, R. E. und McConnell, H. M. (1960). *J. phys. Chem.* **64,** 70.
Roothaan, C. C. J. (1951). *Rev. mod. Phys.* **23,** 69.
Rosen, N. (1931). *Phys. Rev.* **38,** 2099.
Ruedenberg, K. (1977). *J. chem. Phys.* **66,** 375.
Sanderson, R. T. (1945). *J. chem. Ed.* **31,** 2.
Sandorfy, C. (1955). *Can. J. Chem.* **33,** 1337.
Schaefer, H. F. (1972). *The electronic structure of atoms and molecules.* Addison-Wesley, Reading, Mass.
Schleyer, P. v. R., *et al.* (1978). *J. Am. Chem. Soc.* **100,** 4301.
Scholz, M. und Köhler, H. J. (1981). *Quantenchemie – Ein Lehrgang,* Band 3. Hüthig-Verlag, Heidelberg.
Schomaker, V. und Stevenson, D. P. (1941). *J. Am. Chem. Soc.* **63,** 37.
Schuster, P., Zundel, G., und Sandorfy, C. (eds) (1976). *The hydrogen bond* (3 Bände). North Holland, Amsterdam.
Scrocco, E. und Tomasi, J. (1973). *Topics in Current Chemistry.* Vol. **42,** 95. Springer-Verlag, Berlin.
Segal, G. A. (1976). *Approximate methods for molecular structure calculations.* Plenum Press, New York.
– (1977). *Semiempirical methods of electronic structure calculation,* A und B. Plenum Press, New York.
Shannon, R. D. und Prewitt, C. T. (1969). *Acta Crystallogr.* B **25,** 925.
Shavitt, I. (1963). In *Methods of computational physics,* Vol. 2. Academic Press, New York.
Sichel, J. M. und Whitehead, M. A. (1967). *Theor. chim. Acta* **7,** 32.
Sidgwick, N. V. und Powell, H. M. (1940). *Proc. R. Soc.* A **176,** 153.
Siegbahn, K. *et al.* (1967). *ESCA: Atomic, molecular, and solid-state structure studied by means of electron spectroscopy.* Almquist and Wicksells, Uppsala.
Slater, J. C. (1929). *Phys. Rev.* **34,** 1293.
– (1930). *Phys. Rev.* **36,** 57.
– (1955). *Phys. Rev.* **98,** 1038.
– (1960). *Quantum theory of atomic structure,* Vol. 1, Appendix 19. McGraw-Hill, New York.
Sohn, Y. S., Hendrickson, D. N., und Gray, H. B. (1971). *J. Am. Chem. Soc.* **93,** 3603.
Steiner, E. (1976). *The determination and interpretation of molecular wavefunctions.* Cambridge University Press, Cambridge.
Stern, F. (1956). *Phys. Rev.* **104,** 684.
Straughan, B. P. und Walker, S. (eds) (1976). *Spectroscopy,* Vol. 3. Chapman and Hall, London.

Streitwieser, A. (1961). *Molecular orbital theory for organic chemists.* Wiley, New York. (Siehe auch: Heilbronner, E. und Bock, H. (1968). *Das HMO-Modell und seine Anwendung.* Verlag Chemie, Weinheim.)

– und Brauman, J. (1965). *Supplemental tables of molecular orbital calculations.* Pergamon Press, Oxford.

– und Muller-Westerhoff, U. (1968). *J. Am. Chem. Soc.* **90,** 7364.

Stryer, L. (1975). *Biochemistry.* Freeman, San Francisco.

Sutton, L. E. *et al.* (eds) (1965). *Tables of interatomic distances and configurations in molecules and ions (supplement), Chem. Soc. Spec. Publ.* **16.**

Swalen, J. D. und Ibers, J. A. (1962). *Bull. Am. Phys. Soc.* **17,** 43.

Townes, C. H. und Dailey, B. P. (1955). *Discuss. Faraday Soc.* **19,** 14.

– – (1949). *J. chem. Phys.* **17,** 782.

Tsuchida, R. (1938). *Bull. Chem. Soc. Japan* **13,** 388.

Turner, D. W., Baker, C., Baker, A. D., und Brundle, C. R. (1970). *Molecular photoelectron spectroscopy.* Wiley, New York.

Van Dijk, F. A. und Dymanus, A. (1970). *Chem. Phys. Lett.* **5,** 387.

Van Vleck, J. H. (1935). *J. chem. Phys.* **3,** 807.

Vaughan, P. und Donohue, J. (1952). *Acta Crystallogr.* **5,** 530.

Viste, A. und Gray, H. B. (1964). *Inorg. Chem.* **3,** 1113.

Wahl, A. C. (1964). *J. chem. Phys.* **41,** 2600.

– (1966). *Science* **151,** 961.

– Bertoncini, P., Kaiser, K., und Land, R. (1970). *Int. J. quantum Chem.* **Symp. 3 (pt. II),** 499.

– und Blukis, U. (1968). *Atoms to molecules.* McGraw-Hill, New York.

– – (1968). *J. chem. Ed.* **45,** 787.

– und Das, G. (1970). *Adv. in quantum Chem.* **5,** 261.

Waldron, D. R. und Badger, R. M. (1950). *J. chem. Phys.* **18,** 556.

Walsh, A. D. (1953). *J. Chem. Soc.* 2260–2331.

Wang, S. C. (1928). *Phys. Rev.* **31,** 579.

Weinbaum, S. (1933). *J. chem. Phys.* **1,** 593.

Wentorf, R. H. (1957). *J. chem. Phys.* **26,** 956.

Wharton, L., Berg, R. A., und Klemperer, W. (1963). *J. chem. Phys.* **39,** 2023.

Wheland, G. W. (1942). *J. Am. Chem. Soc.* **64,** 900.

Whitehead, M. A., Baird, N. C., und Kaplansky, M. (1965). *Theor. chim. Acta.* **3,** 135.

Wilkinson, G., Rosenblum, M., Whiting, M. C., und Woodward, R. B. (1952). *J. Am. Chem. Soc.* **74,** 2125.

Williams, B. G. (ed.) (1977). *Compton scattering: the investigation of electron momentum distribution.* McGraw-Hill, New York.

Williams, J. E., Stang, P. J., und Schleyer, P. von R. (1968). *Ann. Rev. phys. Chem.* **19,** 591.

Wilson, A. und Carroll, D. F. (1960). *J. Chem. Soc.* 2548.

Wilson, E. B. (1950). *Discuss. Faraday Soc.* **9,** 108.

– (1959). *Advances in chemical physics* **2,** 367.

Wolfsberg, M. und Helmholz, L. (1952). *J. chem. Phys.* **20,** 837.

Woodward, R. B. und Hoffmann, R. (1972). *Die Erhaltung der Orbitalsymmetrie.* Verlag Chemie, Weinheim. (Weitere Literatur dazu: Anh, N. T. (1972). *Die Woodward-Hoffmann-Regeln und ihre Anwendung.* Verlag Chemie, Weinheim. Lehr, R. E. und Marchand, A. P. (1972). *Orbital Symmetry.* Academic Press, New York. Pearson, R. G. (1976). *Symmetry Rules for Chemical Reactions.* Wiley-Interscience, New York.)

Yoffe, A. D. (1976). *Chem. Soc. Rev.* **5,** 51.

Yoshimine, M. und McLean, A. D. (1967). *Int. J. quantum Chem.* **1S,** 313.

Yoshizumi, H. (1957). *Trans. Faraday Soc.* **53,** 125.

Zauli, C. (1960). *J. Chem. Soc.* 2204.

Ziman, J. (1963). *Electrons in metals – a short guide to the fermi surface.* Taylor and Francis, London.

Zoer, H., Koster, D. A., und Wagner, A. J. (1969). *Acta Crystallogr.* A **25,** 5107.

Autorenverzeichnis

T

V

W

Y

Z

Sachverzeichnis

A

B

C

D

E

F

G

H

N

O

P

Q

R

S

T

U

V

W

Z

Substanzenverzeichnis

F

G

H

I

K

L

SI-Einheiten

Physikalische Größe	Alte Einheit	Zahlenwert in SI-Einheiten
Energie (E)	cal	4.184 J (joule)
	eV	1.602×10^{-19} J
	cm^{-1}	1.986×10^{-23} J
	E_h (hartree)	4.359×10^{-18} J
Frequenz (ν)	s^{-1}	1 Hz (hertz)
Länge (L)	Å (ångstrom)	0.100 nm (optischer Wellenlängenbereich)
		100 pm (Röntgenstrahlenbereich)
	b (bohr)	5.292×10^{-11} m
Dipolmoment (μ)	D (debye)	3.334×10^{-30} Cm
Temperatur (T)	°C und °K	1 K (kelvin)
		(0°C = 273.2 K)
Entropie (S)	cal g^{-1} °C^{-1}	4184 J kg^{-1} K^{-1}
Kraft (F)	dyn	10^{-5} N (newton)
Druck (P)	atm	1.013×10^5 Pa (pascal)
	torr	133.3 Pa
Magnetische Flußdichte (H)	G (gauss)	10^{-4} T (tesla)

Für die Umrechnung atomarer Einheiten sei auf Tabelle 2.1 verwiesen.

Vielfaches einer Grundeinheit

Vielfaches	10^9	10^6	10^3	1	(10^{-2})	10^{-3}	10^{-6}	10^{-9}	10^{-12}
Vorsilbe	giga	mega	kilo	–	(centi)	milli	micro	nano	pico
Einheit	G	M	k	–	c	m	μ	n	p

Naturkonstanten

Avogadrozahl	L oder N_A	6.022×10^{23} mol^{-1}
Bohrsches Magneton	μ_B	9.274×10^{-24} JT^{-1}
Bohrscher Radius	a_0	5.292×10^{-11} m
Boltzmann-Konstante	k	1.381×10^{-23} JK^{-1}
Faraday-Konstante	F	9.649×10^4 $Cmol^{-1}$
Gaskonstante	R	8.314 JK^{-1} mol^{-1}
Induktionskonstante	μ_0	$4\pi \times 10^{-7}$ Hm^{-1}
Influenzkonstante	ε_0	8.854×10^{-12} Fm^{-1}
Kernmagneton	μ_N	5.051×10^{-27} JT^{-1}
Ladung des Protons	e	1.602×10^{-19} C
Lichtgeschwindigkeit im Vakuum	c	2.998×10^8 ms^{-1}
Plancksche Konstante	h	6.626×10^{-34} Js
Ruhemasse des Elektrons	m_e	9.110×10^{-31} kg
Ruhemasse des Protons	m_p	1.673×10^{-27} kg

Periodensystem der Elemente

	Ia	IIa	IIIa	IVa	Va	VIa	VIIa	VIII			Ib	IIb	IIIb	IVb	Vb	VIb	VIIb	0
1	1 **H** 1.008																	2 **He** 4.003
2	3 **Li** 6.94	4 **Be** 9.01											5 **B** 10.81	6 **C** 12.011	7 **N** 14.01	8 **O** 16.00	9 **F** 19.00	10 **Ne** 20.18
3	11 **Na** 22.99	12 **Mg** 24.31											13 **Al** 26.98	14 **Si** 28.09	15 **P** 30.97	16 **S** 32.06	17 **Cl** 35.45	18 **Ar** 39.95
4	19 **K** 39.10	20 **Ca** 40.08	21 **Sc** 44.96	22 **Ti** 47.90	23 **V** 50.94	24 **Cr** 52.00	25 **Mn** 54.94	26 **Fe** 55.85	27 **Co** 58.93	28 **Ni** 58.71	29 **Cu** 63.55	30 **Zn** 65.37	31 **Ga** 69.72	32 **Ge** 72.59	33 **As** 74.92	34 **Se** 78.96	35 **Br** 79.90	36 **Kr** 83.80
5	37 **Rb** 85.47	38 **Sr** 87.62	39 **Y** 88.91	40 **Zr** 91.22	41 **Nb** 92.91	42 **Mo** 95.94	43 **Tc** 98.91	44 **Ru** 101.07	45 **Rh** 102.91	46 **Pd** 106.4	47 **Ag** 107.87	48 **Cd** 112.40	49 **In** 114.82	50 **Sn** 118.69	51 **Sb** 121.75	52 **Te** 127.60	53 **I** 126.90	54 **Xe** 131.30
6	55 **Cs** 132.91	56 **Ba** 137.34	57 **La** 138.91	72 **Hf** 178.49	73 **Ta** 180.95	74 **W** 183.85	75 **Re** 186.2	76 **Os** 190.2	77 **Ir** 192.22	78 **Pt** 195.09	79 **Au** 196.97	80 **Hg** 200.59	81 **Tl** 204.37	82 **Pb** 207.2	83 **Bi** 208.98	84 **Po** (209)	85 **At** (210)	86 **Rn** (222)
7	87 **Fr** (223)	88 **Ra** 226.03	89 **Ac** (227)	104 **(Ku)** (261)	105 **(Ha)** (262)	106												

Lanthaniden	58 **Ce** 140.12	59 **Pr** 140.91	60 **Nd** 144.24	61 **Pm** (145)	62 **Sm** 150.4	63 **Eu** 151.96	64 **Gd** 157.25	65 **Tb** 158.93	66 **Dy** 162.50	67 **Ho** 164.93	68 **Er** 167.26	69 **Tm** 168.93	70 **Yb** 173.04	71 **Lu** 174.97
Actiniden	90 **Th** 232.04	91 **Pa** 231.04	92 **U** 238.03	93 **Np** 237.05	94 **Pu** (244)	95 **Am** (243)	96 **Cm** (247)	97 **Bk** (249)	98 **Cf** (249)	99 **Es** (254)	100 **Fm** (257)	101 **Md** (258)	102 **No** (255)	103 **Lr** (256)

(zugängliches Isotop mit der längsten Halbwertszeit)